HEP MNFG 大学数学新形态辅导丛书
大学数学习题集

线性代数
精选精解 700 题

（知识点视频版）

主　编　张天德　孙钦福
副主编　王　玮　张歆秋

中国教育出版传媒集团
高等教育出版社·北京

内容提要

为帮助高校广大高校学生更好地学习大学数学课程，我们根据《大学数学课程教学基本要求》及《全国硕士研究生招生考试数学考试大纲》编写了本套《大学数学习题集》,本书是其中的《线性代数精选精解 700 题》。

全书共分六章，分别为：行列式，矩阵及其运算，向量，线性方程组，矩阵的特征值与特征向量，二次型，共 700 多道习题及解答，其中 240 余道历届考研真题（在边栏标注了“K”）。本书深度融合信息技术，在解题前给出了本题所蕴含的知识点，读者可依知识点标号来获取知识点精讲视频；此外，还给出了 100 余个典型习题的精解视频（扫描书中二维码获取）。

本书适用于大学一至四年级学生，特别是有考研及竞赛需求，以及希望提高线性代数成绩的学生。

图书在版编目（CIP）数据

线性代数精选精解 700 题 / 张天德，孙钦福主编 . -- 北京：高等教育出版社，2022. 8（2024.2 重印）

ISBN 978-7-04-058446-2

Ⅰ. ①线… Ⅱ. ①张… ②孙… Ⅲ. ① 线性代数－高等学校－习题集 Ⅳ. ① O151.2-44

中国版本图书馆 CIP 数据核字（2022）第 050221 号

Xianxing Daishu Jingxuan Jingjie 700 Ti

项目策划 徐 可　策划编辑 徐 可　责任编辑 徐 可　封面设计 王凌波
版式设计 马 云　责任绘图 邓 超　责任校对 马鑫蕊　责任印制 刘思涵

出版发行 高等教育出版社
社　　址 北京市西城区德外大街4号
邮政编码 100120
印　　刷 三河市华骏印务包装有限公司
开　　本 787mm × 1092mm 1/16
印　　张 25.75
字　　数 560 千字
购书热线 010-58581118
咨询电话 400-810-0598
网　　址 http://www.hep.edu.cn
http://www.hep.com.cn
网上订购 http://www.hepmall.com.cn
http://www.hepmall.com
http://www.hepmall.cn
版　　次 2022 年 8 月第 1 版
印　　次 2024 年 2 月第 3 次印刷
定　　价 48.80 元

物 料 号 58446-00

前　言

作为高校数学教师，每当看到学生畏惧大学数学课程，在考试、考研、竞赛中没有取得预期成绩，从而未能及时跨入人生的新阶段时，我们总感觉应该做点什么，用我们的积累和经验为大学生做点力所能及的工作。

大学生虽然学习了多年数学，但大学数学课程的抽象特点及逻辑要求，导致学生对大学数学的基本内容欠缺理解、公式定理一知半解，解题思路缺失困顿、所学不能有效所用，自然就对考试有了极深的畏难情绪。为了解决以上问题，我们花费了 3 年时间，打造了这套《大学数学习题集》，本书为其中的《线性代数精选精解 700 题》。

本书有以下特点：

一、精心编排学习内容

全书按《全国硕士研究生招生考试数学考试大纲》及《大学数学课程教学基本要求》进行编排，并兼顾大学生学习“线性代数”课程实际进度。全书共分六章，分别为：行列式，矩阵及其运算，向量，线性方程组，矩阵的特征值与特征向量和二次型，共 700 多道习题及解答。

本书每章包括以下两部分内容：

1.知识要点。对本章所涉及的基本概念、基本定理和基本公式进行概括梳理，便于学生从整体上把握本章的知识点，建立知识点的有机联系，明确目标，有的放矢。

2.基本题型。对常见的基本题型进行分类，这样的安排便于学生分类理解和掌握基本知识，迅速提高解题能力；每章的最后一节是综合提高题，这些题目综合性较强、难度较高，学生通过学习可以提高分析问题、解决问题的能力，从而全面提升思维创新能力。

书中部分题目给出了一题多解，部分典型习题还给出了评注，意在指出解题过程中易忽略的知识点、易出错之处，或解题过程中知识点之间的衔接要点，学生可深入体会学习，进一步融会贯通。

二、深度融合信息技术

对于书中的每一道习题，我们通过“知识点睛”标识出一个或几个对应的知识点，学生可以先做题，如“卡壳”了则可根据“知识点睛”指向，观看相关知识点视频；学生也可先观看知识点视频再来做题，从而实现学中做，做中学，学做融合。

此外，我们还精心挑选了约 15% 的典型题目（共约 100 道习题）给出了精解视频，以便于学生更好地理解与习题有关的知识点并掌握相关的解题模板及解题思路。

三、纳入考研元素

近几年来，大学生纷纷参加硕士研究生招生考试，为满足学生这一需求，我们收集了 240 余道历届考研真题（在边栏中标注了“K”），这些真题都是全国硕士研究生招生考试数学命题组专家经充分研究论证后命制的试题，这些试题考查基本理论，学习针对性强，望学生充分重视。我们也希望大学生从进入大学校门伊始，就有更高的学习目标，不断提高自身能力，在考研中取得满意的成绩。

本书适用于大学一至四年级学生,可作为同步学习"线性代数"课程的辅导书,特别适用于有考研需求的学生。良书在手,香溢四方,希望本书成为学生学习的好助手,祝每位学生都能顺利地进入下一个人生新阶段,开创新的辉煌。

本书由山东大学张天德、曲阜师范大学孙钦福任主编。书中不当之处,恳请读者指正。

编者

2022年6月30日

《线性代数精选精解 700 题》

（知识点视频版）

配 套 资 源

线性代数知识点视频

1–6 章习题集

注：用封四防伪码激活后即可浏览全书资源

目　录

第1章 行列式

知识要点

一、行列式的定义及性质

1. n 级排列 由 $1,2,\cdots,n$ 组成的一个有序数组称为一个 n 级排列，通常记为 $i_1i_2\cdots i_n$.

逆序 在一个排列中，如果一对数的前后位置与大小顺序相反，即前面的数大于后面的数，则它们构成一个逆序.

逆序数 一个排列中的逆序总数，称为这个排列的逆序数，通常记为 $\tau(i_1i_2\cdots i_n)$.

奇(偶)排列 逆序数为奇数(偶数)的排列，称为奇(偶)排列.

对换 把一个排列中某两个数的位置互换，而其余的数不动，就得到另一个排列，这样的一个变换称为一次对换.

2. n 级排列的性质

(1) 任意一个排列经过一次对换后，奇偶性改变；

(2) n 级排列共有 $n!$ 种，奇偶排列各占一半.

3. n 阶行列式 $\begin{vmatrix} a_{11} & a_{12} & \cdots & a_{1n} \\ a_{21} & a_{22} & \cdots & a_{2n} \\ \vdots & \vdots & & \vdots \\ a_{n1} & a_{n2} & \cdots & a_{nn} \end{vmatrix}$ 是所有取自不同行不同列的 n 个元素的乘积 $a_{1j_1}a_{2j_2}\cdots a_{nj_n}$ 的代数和，这里 $j_1j_2\cdots j_n$ 是一个 n 级排列. 当 $j_1j_2\cdots j_n$ 是偶排列时，该项前面带正号；当 $j_1j_2\cdots j_n$ 是奇排列时，该项前面带负号，即

$$\begin{vmatrix} a_{11} & a_{12} & \cdots & a_{1n} \\ a_{21} & a_{22} & \cdots & a_{2n} \\ \vdots & \vdots & & \vdots \\ a_{n1} & a_{n2} & \cdots & a_{nn} \end{vmatrix} = \sum_{j_1j_2\cdots j_n} (-1)^{\tau(j_1j_2\cdots j_n)} a_{1j_1}a_{2j_2}\cdots a_{nj_n},$$

其中 $\sum\limits_{j_1j_2\cdots j_n}$ 表示对所有 n 级排列求和.

n 阶行列式有时简记为 $|a_{ij}|_n$，而且有如下另外两种类似的定义：

$$|a_{ij}|_n = \sum_{i_1i_2\cdots i_n} (-1)^{\tau(i_1i_2\cdots i_n)} a_{i_11}a_{i_22}\cdots a_{i_nn},$$

和

$$|a_{ij}|_n = \sum_{\substack{i_1i_2\cdots i_n \\ \text{和} j_1j_2\cdots j_n}} (-1)^{\tau(i_1i_2\cdots i_n)+\tau(j_1j_2\cdots j_n)} a_{i_1j_1}a_{i_2j_2}\cdots a_{i_nj_n}.$$

由 n 级排列的性质可知，n 阶行列式共有 $n!$ 项，其中冠以正号的项和冠以负号的项(不算元素本身所带的负号)各占一半.

4. 常见行列式

(1) 二阶行列式：$\begin{vmatrix} a_{11} & a_{12} \\ a_{21} & a_{22} \end{vmatrix} = a_{11}a_{22}-a_{12}a_{21}$.

(2) 三阶行列式：

$$\begin{vmatrix} a_{11} & a_{12} & a_{13} \\ a_{21} & a_{22} & a_{23} \\ a_{31} & a_{32} & a_{33} \end{vmatrix} = a_{11}a_{22}a_{33}+a_{12}a_{23}a_{31}+a_{13}a_{21}a_{32}-a_{13}a_{22}a_{31}-a_{12}a_{21}a_{33}-a_{11}a_{23}a_{32}.$$

(3) 上三角形、下三角形、对角行列式：

$$\begin{vmatrix} a_{11} & & & * \\ & a_{22} & & \\ & & \ddots & \\ \boldsymbol{O} & & & a_{nn} \end{vmatrix} = \begin{vmatrix} a_{11} & & & \boldsymbol{O} \\ & a_{22} & & \\ & & \ddots & \\ * & & & a_{nn} \end{vmatrix} = \begin{vmatrix} a_{11} & & & \boldsymbol{O} \\ & a_{22} & & \\ & & \ddots & \\ \boldsymbol{O} & & & a_{nn} \end{vmatrix} = a_{11}a_{22}\cdots a_{nn}.$$

(4) 副对角线方向的行列式：

$$\begin{vmatrix} * & & & a_{1n} \\ & & a_{2,n-1} & \\ & \iddots & & \\ a_{n1} & & & \boldsymbol{O} \end{vmatrix} = \begin{vmatrix} \boldsymbol{O} & & & a_{1n} \\ & & a_{2,n-1} & \\ & \iddots & & \\ a_{n1} & & & * \end{vmatrix} = \begin{vmatrix} \boldsymbol{O} & & & a_{1n} \\ & & a_{2,n-1} & \\ & \iddots & & \\ a_{n1} & & & \boldsymbol{O} \end{vmatrix}$$

$$=(-1)^{\frac{n(n-1)}{2}}a_{1n}a_{2,n-1}\cdots a_{n1}.$$

(5) 范德蒙德行列式：

$$\begin{vmatrix} 1 & 1 & \cdots & 1 \\ a_1 & a_2 & \cdots & a_n \\ a_1^2 & a_2^2 & \cdots & a_n^2 \\ \vdots & \vdots & & \vdots \\ a_1^{n-1} & a_2^{n-1} & \cdots & a_n^{n-1} \end{vmatrix} = \prod_{1\leqslant j<i\leqslant n}(a_i-a_j).$$

5. 行列式的性质

性质 1 行列式 D 与它的转置行列式 D^{T}(将 D 行的项转为列的项，如第 1 行转为第 1 列，…，第 n 行转为第 n 列)相等.

性质 2 互换行列式的两行(列)，行列式变号(例如，交换第 1 行和第 2 行，记为 $r_1\leftrightarrow r_2$；交换第 1 列和第 2 列，记为 $c_1\leftrightarrow c_2$).

性质 3 行列式的某一行(列)中所有的元素都乘以同一数 k，等于用数 k 乘此行列式.

推论 行列式中某一行(列)的所有元素的公因子可以提到整个行列式的外面.

性质 4 行列式中如果有两行(列)元素成比例，则此行列式等于零.

性质 5 若行列式的某一列(行)的所有元素都是两数之和，例如第 i 列的元素都是两数之和，即

$$D=\begin{vmatrix} a_{11} & a_{12} & \cdots & a_{1i}+a'_{1i} & \cdots & a_{1n} \\ a_{21} & a_{22} & \cdots & a_{2i}+a'_{2i} & \cdots & a_{2n} \\ \vdots & \vdots & & \vdots & & \vdots \\ a_{n1} & a_{n2} & \cdots & a_{ni}+a'_{ni} & \cdots & a_{nn} \end{vmatrix},$$

则 D 等于下列两个行列式之和：

$$D=\begin{vmatrix} a_{11} & a_{12} & \cdots & a_{1i} & \cdots & a_{1n} \\ a_{21} & a_{22} & \cdots & a_{2i} & \cdots & a_{2n} \\ \vdots & \vdots & & \vdots & & \vdots \\ a_{n1} & a_{n2} & \cdots & a_{ni} & \cdots & a_{nn} \end{vmatrix}+\begin{vmatrix} a_{11} & a_{12} & \cdots & a'_{1i} & \cdots & a_{1n} \\ a_{21} & a_{22} & \cdots & a'_{2i} & \cdots & a_{2n} \\ \vdots & \vdots & & \vdots & & \vdots \\ a_{n1} & a_{n2} & \cdots & a'_{ni} & \cdots & a_{nn} \end{vmatrix}.$$

性质 6 把行列式的某一行(列)的各元素乘以同一数然后加到另一行(列)对应的元素上，行列式不变.

例如以数 k 乘第 j 列加到第 i 列上(记作 c_i+kc_j)，有

$$\begin{vmatrix} a_{11} & \cdots & a_{1i} & \cdots & a_{1j} & \cdots & a_{1n} \\ a_{21} & \cdots & a_{2i} & \cdots & a_{2j} & \cdots & a_{2n} \\ \vdots & & \vdots & & \vdots & & \vdots \\ a_{n1} & \cdots & a_{ni} & \cdots & a_{nj} & \cdots & a_{nn} \end{vmatrix} \xlongequal{c_i+kc_j} \begin{vmatrix} a_{11} & \cdots & a_{1i}+ka_{1j} & \cdots & a_{1j} & \cdots & a_{1n} \\ a_{21} & \cdots & a_{2i}+ka_{2j} & \cdots & a_{2j} & \cdots & a_{2n} \\ \vdots & & \vdots & & \vdots & & \vdots \\ a_{n1} & \cdots & a_{ni}+ka_{nj} & \cdots & a_{nj} & \cdots & a_{nn} \end{vmatrix} (i\neq j)$$

(以数 k 乘第 j 行加到第 i 行上，记作 r_i+kr_j).

二、行列式按行(列)展开定理

1. 余子式 在 n 阶行列式 $D=|a_{ij}|$ 中，去掉元素 a_{ij} 所在的第 i 行和第 j 列后，余下的 $n-1$ 阶行列式，称为 a_{ij} 的余子式，记为 M_{ij}.

代数余子式 称 $A_{ij}=(-1)^{i+j}M_{ij}$ 为 a_{ij} 的代数余子式.

k 阶子式 在 n 阶行列式 $D=|a_{ij}|$ 中，任意选定 k 行 k 列($1\leqslant k\leqslant n$)，位于这些行列交叉处的 k^2 个元素，按原来顺序构成一个 k 阶行列式，称为 D 的一个 k 阶子式.

2. 按一行(列)展开

(1) 行列式等于它的任一行(列)的各元素与其对应的代数余子式乘积之和，即

按第 i 行展开，$D=a_{i1}A_{i1}+a_{i2}A_{i2}+\cdots+a_{in}A_{in}(i=1,2,\cdots,n)$；

按第 j 列展开，$D=a_{1j}A_{1j}+a_{2j}A_{2j}+\cdots+a_{nj}A_{nj}(j=1,2,\cdots,n)$.

(2) 行列式某一行(列)的元素与另一行(列)的对应元素的代数余子式乘积之和等于零，即

$$a_{i1}A_{j1}+a_{i2}A_{j2}+\cdots+a_{in}A_{jn}=0, i\neq j,$$

或

$$a_{1i}A_{1j}+a_{2i}A_{2j}+\cdots+a_{ni}A_{nj}=0, i\neq j.$$

3. 按 k 行(k 列)展开 拉普拉斯定理：在 n 阶行列式中，任意取定 k 行(k 列)($1\leqslant k\leqslant n-1$)，由这 k 行(k 列)组成的所有的 k 阶子式与它们的代数余子式的乘积之和等于行列式的值.

三、行列式的计算

行列式的计算方法有很多种，大致有以下几种思路：

思路 1：利用行列式的定义；

思路 2:利用行列式的性质;

思路 3:利用行列式的行(列)展开.

四、克拉默法则

1. 克拉默法则 如果 n 个方程 n 个未知量的线性方程组

$$\begin{cases}a_{11}x_1+a_{12}x_2+\cdots+a_{1n}x_n=b_1,\\a_{21}x_1+a_{22}x_2+\cdots+a_{2n}x_n=b_2,\\\cdots\cdots\cdots\cdots\cdots\cdots\cdots\cdots\cdots\cdots\\a_{n1}x_1+a_{n2}x_2+\cdots+a_{nn}x_n=b_n\end{cases}$$

的系数行列式不等于零,即

$$D=\begin{vmatrix}a_{11}&\cdots&a_{1n}\\\vdots&&\vdots\\a_{n1}&\cdots&a_{nn}\end{vmatrix}\neq 0,$$

则方程组有唯一解

$$x_1=\frac{D_1}{D},x_2=\frac{D_2}{D},\cdots,x_n=\frac{D_n}{D},$$

其中 $D_j(j=1,2,\cdots,n)$ 是把系数行列式 D 中第 j 列的元素用方程组右端的常数项代替后所得到的 n 阶行列式,即

$$D_j=\begin{vmatrix}a_{11}&\cdots&a_{1,j-1}&b_1&a_{1,j+1}&\cdots&a_{1n}\\\vdots&&\vdots&&\vdots&&\vdots\\a_{n1}&\cdots&a_{n,j-1}&b_n&a_{n,j+1}&\cdots&a_{nn}\end{vmatrix}.$$

2. n 个方程 n 个未知量的齐次线性方程组

$$\begin{cases}a_{11}x_1+a_{12}x_2+\cdots+a_{1n}x_n=0,\\a_{21}x_1+a_{22}x_2+\cdots+a_{2n}x_n=0,\\\cdots\cdots\cdots\cdots\cdots\cdots\cdots\cdots\cdots\cdots\\a_{n1}x_1+a_{n2}x_2+\cdots+a_{nn}x_n=0\end{cases}$$

只有零解的充要条件是系数行列式 $D\neq 0$;有非零解的充要条件是 $D=0$.

§1.1 行列式的定义及性质

1 求下列排列的逆序数,并确定奇偶性.

(1) $n(n-1)\cdots 21$;(2) $13\cdots(2n-1)24\cdots(2n)$.

知识点睛 逆序数

解 (1) $\tau(n(n-1)\cdots 21)=(n-1)+(n-2)+\cdots+2+1=\dfrac{n(n-1)}{2}$.

当 $n=4k$ 或 $4k+1$ 时,$\dfrac{n(n-1)}{2}$为偶数,从而所给排列为偶排列;

当 $n=4k+2$ 或 $4k+3$ 时,$\dfrac{n(n-1)}{2}$为奇数,从而所给排列为奇排列.

(2) 排列中前 n 个数 $1,3,\cdots,2n-1$ 之间不构成逆序，后 n 个数 $2,4,\cdots,2n$ 之间也不构成逆序，只有前 n 个数和后 n 个数之间才构成逆序，即

$$\tau(13\cdots(2n-1)24\cdots(2n))=0+1+2+\cdots+(n-1)=\frac{n(n-1)}{2}.$$

奇偶性讨论与(1)相同.

2　如果排列 $x_1x_2\cdots x_n$ 的逆序数为 k，问：排列 $x_nx_{n-1}\cdots x_1$ 的逆序数是多少？

知识点睛　逆序数

解　显然，$x_1,x_2,\cdots,x_n$ 中任意不同的 x_i 与 x_j，必在排列 $x_1x_2\cdots x_n$ 或 $x_nx_{n-1}\cdots x_1$ 中构成逆序，而且只能在一个中构成逆序. 因此，这二排列的逆序数的和，即为从 n 个元素中取两个不同元素的组合数 $C_n^2=\dfrac{n(n-1)}{2}$. 但由于 $x_1x_2\cdots x_n$ 的逆序数为 k，故 $x_n\,x_{n-1}\cdots x_1$ 的逆序数为

$$\frac{n(n-1)}{2}-k.$$

3　选择 i 与 k，使 $a_{1i}a_{32}a_{4k}a_{25}a_{53}$ 成为五阶行列式中一个带负号的项.

知识点睛　逆序数

解　将给定的项改写成行标为自然顺序，即

$$a_{1i}a_{25}a_{32}a_{4k}a_{53}.$$

列标构成的排列 $i52k3$ 中缺 1 和 4.

令 $i=1,k=4,\tau(15243)=3+1=4$，故该项带正号.

令 $i=4,k=1,\tau(45213)=3+3+1=7$，故该项带负号.

所以，$i=4,k=1$.

4　求 $f(x)=\begin{vmatrix}2x & x & 1 & 2\\ 1 & x & 1 & -1\\ 3 & 2 & x & 1\\ 1 & 1 & 1 & x\end{vmatrix}$ 中 x^4 与 x^3 的系数.

知识点睛　0101 行列式的概念

解　根据行列式定义，只有对角线上的元素相乘才出现 x^4，而且这一项带正号，即 $2x^4$. 故 $f(x)$ 的 x^4 的系数为 2.

同理，含 x^3 的项也只有一项，即

$$x\cdot 1\cdot x\cdot x=x^3,$$

而且其列标所构成的排列为 2134. 但是

$$\tau(2134)=1,$$

故 $f(x)$ 的含 x^3 的项为 $-x^3$，它的系数为 -1.

5　证明：如果一个 n 阶行列式中等于零的元素的个数比 n^2-n 多，则此行列式必等于零.

知识点睛　0101 行列式的概念

证　n 阶行列式共有 n^2 个元素. 如果 D 是 n 阶行列式，而且其中等于零的元素的个数比 n^2-n 多，则不等于零的元素的个数比

$$n^2-(n^2-n)=n$$

少.这样，D 的展开式中每一项至少有一个因子 0，从而 $D=0$.

6 利用定义计算下列行列式.

(1) $D_n=\begin{vmatrix} 0 & \cdots & 0 & a_{1n} \\ 0 & \cdots & a_{2,n-1} & a_{2n} \\ \vdots & & \vdots & \vdots \\ a_{n1} & \cdots & a_{n,n-1} & a_{nn} \end{vmatrix}$， (2) $D_n=\begin{vmatrix} 0 & 0 & \cdots & 0 & a_1 & 0 \\ 0 & 0 & \cdots & a_2 & 0 & 0 \\ \vdots & \vdots & & \vdots & \vdots & \vdots \\ 0 & a_{n-2} & \cdots & 0 & 0 & 0 \\ a_{n-1} & 0 & \cdots & 0 & 0 & 0 \\ 0 & 0 & \cdots & 0 & 0 & a_n \end{vmatrix}$.

知识点睛 0101 行列式的概念

解 (1) 由行列式的定义，D_n 中的一般项为

$$(-1)^{\tau(j_1j_2\cdots j_n)}a_{1j_1}a_{2j_2}\cdots a_{nj_n}.$$

因为 D_n 中第 1 行除 a_{1n} 外全为零，所以 a_{1j_1} 取为 a_{1n}.

而第 2 行中除 $a_{2,n-1}$ 和 a_{2n} 外全为零，故 a_{2j_2} 取为 $a_{2,n-1}$.

同理，a_{3j_3} 取为 $a_{3,n-2}$，…，a_{nj_n} 取为 a_{n1}，即 D_n 只有一项 $a_{1n}a_{2,n-1}\cdots a_{n1}$. 而这一项的列标构成的排列的逆序数为

$$\tau(n(n-1)\cdots 21)=\frac{n(n-1)}{2},$$

故 $D_n=(-1)^{\frac{n(n-1)}{2}}a_{1n}a_{2,n-1}\cdots a_{n1}$.

(2) 由行列式的定义，第 1 行取 a_1，第 2 行取 a_2，…，第 n 行取 a_n，即 D_n 只有一项 $a_1a_2\cdots a_n$. 而这一项的列标构成的排列为：$(n-1)(n-2)\cdots 1n$，所以逆序数为

$$\tau((n-1)(n-2)\cdots 1n)=\frac{(n-1)(n-2)}{2}.$$

故 $D_n=(-1)^{\frac{(n-1)(n-2)}{2}}a_1a_2\cdots a_n$.

7 题精解视频

7 计算 $D=\begin{vmatrix} a_0 & 1 & 1 & \cdots & 1 & 1 \\ 1 & a_1 & 0 & \cdots & 0 & 0 \\ 1 & 0 & a_2 & \cdots & 0 & 0 \\ \vdots & \vdots & \vdots & & \vdots & \vdots \\ 1 & 0 & 0 & \cdots & a_{n-1} & 0 \\ 1 & 0 & 0 & \cdots & 0 & a_n \end{vmatrix}$ $(a_i\neq 0, i=1,2,\cdots,n)$.

知识点睛 0102 行列式的基本性质

解 把行列式中第 2 列$\times\left(-\frac{1}{a_1}\right)$，第 3 列$\times\left(-\frac{1}{a_2}\right)$，…，第$(n+1)$列$\times\left(-\frac{1}{a_n}\right)$加至第 1 列，可把行列式化为上三角形行列式，从而得其值. 即

$$D=\begin{vmatrix} a_0-\sum\limits_{i=1}^{n}\frac{1}{a_i} & 1 & 1 & \cdots & 1 \\ 0 & a_1 & 0 & \cdots & 0 \\ 0 & 0 & a_2 & \cdots & 0 \\ \vdots & \vdots & \vdots & & \vdots \\ 0 & 0 & 0 & \cdots & a_n \end{vmatrix}=a_1a_2\cdots a_n\left(a_0-\sum_{i=1}^{n}\frac{1}{a_i}\right).$$

8 证明：$\begin{vmatrix} a^2 & (a+1)^2 & (a+2)^2 & (a+3)^2 \\ b^2 & (b+1)^2 & (b+2)^2 & (b+3)^2 \\ c^2 & (c+1)^2 & (c+2)^2 & (c+3)^2 \\ d^2 & (d+1)^2 & (d+2)^2 & (d+3)^2 \end{vmatrix}=0.$

知识点睛 0102 行列式的基本性质

证 左端$\xlongequal[c_4-c_1]{c_2-c_1,\ c_3-c_1}\begin{vmatrix} a^2 & 2a+1 & 4a+4 & 6a+9 \\ b^2 & 2b+1 & 4b+4 & 6b+9 \\ c^2 & 2c+1 & 4c+4 & 6c+9 \\ d^2 & 2d+1 & 4d+4 & 6d+9 \end{vmatrix}\xlongequal[c_4-3c_2]{c_3-2c_2}\begin{vmatrix} a^2 & 2a+1 & 2 & 6 \\ b^2 & 2b+1 & 2 & 6 \\ c^2 & 2c+1 & 2 & 6 \\ d^2 & 2d+1 & 2 & 6 \end{vmatrix}=0.$

9 计算 $D=\begin{vmatrix} 0 & a & b & a \\ a & 0 & a & b \\ b & a & 0 & a \\ a & b & a & 0 \end{vmatrix}.$

知识点睛 0102 行列式的基本性质

解 $D\xlongequal[c_1+c_4]{c_1+c_2,\ c_1+c_3}\begin{vmatrix} 2a+b & a & b & a \\ 2a+b & 0 & a & b \\ 2a+b & a & 0 & a \\ 2a+b & b & a & 0 \end{vmatrix}=(2a+b)\begin{vmatrix} 1 & a & b & a \\ 1 & 0 & a & b \\ 1 & a & 0 & a \\ 1 & b & a & 0 \end{vmatrix}$

$\xlongequal[r_4-r_1]{r_2-r_1,\ r_3-r_1}(2a+b)\begin{vmatrix} 1 & a & b & a \\ 0 & -a & a-b & b-a \\ 0 & 0 & -b & 0 \\ 0 & b-a & a-b & -a \end{vmatrix}\xlongequal{c_2+c_3}(2a+b)\begin{vmatrix} 1 & a+b & b & a \\ 0 & -b & a-b & b-a \\ 0 & -b & -b & 0 \\ 0 & 0 & a-b & -a \end{vmatrix}$

$\xlongequal{r_3-r_2}(2a+b)\begin{vmatrix} 1 & a+b & b & a \\ 0 & -b & a-b & b-a \\ 0 & 0 & -a & a-b \\ 0 & 0 & a-b & -a \end{vmatrix}\xlongequal{c_3+c_4}(2a+b)\begin{vmatrix} 1 & a+b & a+b & a \\ 0 & -b & 0 & b-a \\ 0 & 0 & -b & a-b \\ 0 & 0 & -b & -a \end{vmatrix}$

$\xlongequal{r_4-r_3}(2a+b)\begin{vmatrix} 1 & a+b & a+b & a \\ 0 & -b & 0 & b-a \\ 0 & 0 & -b & a-b \\ 0 & 0 & 0 & -2a+b \end{vmatrix}$

$=b^2(b^2-4a^2).$

10　如果 n 阶行列式 $D_n=|a_{ij}|$ 满足 $a_{ij}=-a_{ji}(i,j=1,2,\cdots,n)$，则称 D_n 为反对称行列式.证明：奇数阶反对称行列式为零.

知识点睛　0103 几个特殊的行列式

解　设 D_n 为反对称行列式，且 n 为奇数，由定义知 $a_{ii}=-a_{ii}$，于是有 $a_{ii}=0(i=1,2,\cdots,n)$，所以

$$D_n=\begin{vmatrix}0&a_{12}&a_{13}&\cdots&a_{1n}\\-a_{12}&0&a_{23}&\cdots&a_{2n}\\-a_{13}&-a_{23}&0&\cdots&a_{3n}\\\vdots&\vdots&\vdots&&\vdots\\-a_{1n}&-a_{2n}&-a_{3n}&\cdots&0\end{vmatrix}\xlongequal{\text{行列式转置}}\begin{vmatrix}0&-a_{12}&-a_{13}&\cdots&-a_{1n}\\a_{12}&0&-a_{23}&\cdots&-a_{2n}\\a_{13}&a_{23}&0&\cdots&-a_{3n}\\\vdots&\vdots&\vdots&&\vdots\\a_{1n}&a_{2n}&a_{3n}&\cdots&0\end{vmatrix}$$

$$\xlongequal{\text{各列提出}(-1)}(-1)^n\begin{vmatrix}0&a_{12}&a_{13}&\cdots&a_{1n}\\-a_{12}&0&a_{23}&\cdots&a_{2n}\\-a_{13}&-a_{23}&0&\cdots&a_{3n}\\\vdots&\vdots&\vdots&&\vdots\\-a_{1n}&-a_{2n}&-a_{3n}&\cdots&0\end{vmatrix}\xlongequal{n\text{为奇数}}-D_n,$$

于是 $D_n=0$.

【评注】本题利用行列式的性质1和性质3先证明 $D_n=-D_n$，从而 $D_n=0$，这是证明行列式为零的常用方法.

11　证明元素为0，1的3阶行列式的值只能是0，±1，±2.

知识点睛　0101 行列式的概念

证　设 $D=\begin{vmatrix}a_{11}&a_{12}&a_{13}\\a_{21}&a_{22}&a_{23}\\a_{31}&a_{32}&a_{33}\end{vmatrix}$，$a_{ij}$ 取值0或1.

若 D 的某一列元素全为零，则 $D=0$，结论成立.否则，第1列中至少有一个非零元素，不失一般性，设 $a_{11}=1$，当 a_{21} 或 a_{31} 不全为零时，通过减去第1行，可把 D 化为

$$D=\begin{vmatrix}1&a_{12}&a_{13}\\0&b_{22}&b_{23}\\0&b_{32}&b_{33}\end{vmatrix}=b_{22}b_{33}-b_{32}b_{23},$$

其中 $b_{ij}=a_{ij}$ 或 $b_{ij}=a_{ij}-a_{1j}$，因此 b_{ij} 只能取0，1，−1，故 D 的值为0，±1，±2.

§1.2　数字型行列式的计算

12　设行列式 $D=\begin{vmatrix}3&0&4&0\\2&2&2&2\\0&-7&0&0\\5&3&-2&2\end{vmatrix}$，求第4行各元素余子式之和.

知识点睛　0104 行列式展开定理

12 题精解视频

解 由题意有，

$$M_{41}+M_{42}+M_{43}+M_{44}=-A_{41}+A_{42}-A_{43}+A_{44}$$

$$=\begin{vmatrix}3&0&4&0\\2&2&2&2\\0&-7&0&0\\-1&1&-1&1\end{vmatrix}\xlongequal{\text{按第3行展开}}(-7)\times(-1)^{3+2}\begin{vmatrix}3&4&0\\2&2&2\\-1&-1&1\end{vmatrix}$$

$$=14\begin{vmatrix}3&4&0\\1&1&1\\-1&-1&1\end{vmatrix}=-28.$$

【评注】利用行(列)展开构造新的行列式，即用 $A_{41},A_{42},A_{43},A_{44}$ 的系数 $-1,1,-1,1$ 替换 D 中的第 4 行元素.

13 (1) 设 $D_5=\begin{vmatrix}1&2&3&4&5\\1&1&1&3&3\\3&2&5&4&2\\2&2&2&1&1\\4&6&5&2&3\end{vmatrix}$，求 $1°A_{31}+A_{32}+A_{33}$；$2°A_{34}+A_{35}$.

(2) 设 $D_4=\begin{vmatrix}1&-1&2&-1\\1&1&1&1\\0&1&2&1\\2&0&0&4\end{vmatrix}$，求 $1°A_{41}+A_{42}+A_{43}+A_{44}$；$2°A_{41}+2A_{42}+3A_{43}+4A_{44}$.

知识点睛 0104 行列式展开定理

解 (1) 将 D_5 中第 3 行换成 1,1,1,3,3，行列式的值等于 0，按第 3 行展开，则有

$$(A_{31}+A_{32}+A_{33})+3(A_{34}+A_{35})=0. \quad ①$$

同理，将 D_5 中第 3 行的元素换成第 4 行的对应元素，按第 3 行展开，则有

$$2(A_{31}+A_{32}+A_{33})+(A_{34}+A_{35})=0. \quad ②$$

将①，②联立方程组，解得 $1°A_{31}+A_{32}+A_{33}=0$；$2°A_{34}+A_{35}=0$.

(2) 1°由第 2 行元素与第 4 行对应元素的代数余子式乘积之和为 0，所以

$$1\cdot A_{41}+1\cdot A_{42}+1\cdot A_{43}+1\cdot A_{44}=0,$$

即 $A_{41}+A_{42}+A_{43}+A_{44}=0$.

2°用 1,2,3,4 替换 D_4 的第 4 行元素，得 $D_4^*=\begin{vmatrix}1&-1&2&-1\\1&1&1&1\\0&1&2&1\\1&2&3&4\end{vmatrix}$，于是

$$A_{41}+2A_{42}+3A_{43}+4A_{44}$$

$$=D_4^*\xlongequal[r_4-r_2]{r_1-r_2}\begin{vmatrix}0&-2&1&-2\\1&1&1&1\\0&1&2&1\\0&1&2&3\end{vmatrix}\xlongequal{\text{按第1列展开}}-\begin{vmatrix}-2&1&-2\\1&2&1\\1&2&3\end{vmatrix}=10.$$

【评注】解此类问题，通常是利用行(列)展开的相关结论构造新的行列式从而解之.

14 设 $D_n=\begin{vmatrix}1&1&\cdots&1\\0&2&\cdots&2\\\vdots&\vdots&&\vdots\\0&0&\cdots&n\end{vmatrix}$，则 D_n 中所有元素的代数余子式之和为(　　).

(A) 0　　(B) $n!$　　(C) $-n!$　　(D) $2n!$

知识点睛　0104 行列式展开定理

解　因第1行元素与其对应的代数余子式乘积之和等于行列式的值，所以

$$1\cdot A_{11}+1\cdot A_{12}+\cdots+1\cdot A_{1n}=D_n=n!.$$

因第1行元素与第 i 行($i\geqslant 2$)对应元素的代数余子式乘积之和等于零，所以

$$1\cdot A_{i1}+1\cdot A_{i2}+\cdots+1\cdot A_{in}=0,$$

故所有元素代数余子式之和为 $n!$，应选(B).

15 求 $D_n=\begin{vmatrix}a&b&0&\cdots&0&0\\0&a&b&\cdots&0&0\\0&0&a&\cdots&0&0\\\vdots&\vdots&\vdots&&\vdots&\vdots\\0&0&0&\cdots&a&b\\b&0&0&\cdots&0&a\end{vmatrix}$.

知识点睛　0104 行列式展开定理

解　按第1列展开，得

$$D_n=a\begin{vmatrix}a&b&\cdots&0&0\\0&a&\cdots&0&0\\\vdots&\vdots&&\vdots&\vdots\\0&0&\cdots&a&b\\0&0&\cdots&0&a\end{vmatrix}+b(-1)^{n+1}\begin{vmatrix}b&0&\cdots&0&0\\a&b&\cdots&0&0\\0&a&\cdots&0&0\\\vdots&\vdots&&\vdots&\vdots\\0&0&\cdots&a&b\end{vmatrix}$$

$$=aa^{n-1}+(-1)^{n+1}bb^{n-1}=a^n+(-1)^{n+1}b^n.$$

K 2021 数学二、数学三，5分

16题精解视频

16 多项式 $f(x)=\begin{vmatrix}x&x&1&2x\\1&x&2&-1\\2&1&x&1\\2&-1&1&x\end{vmatrix}$ 中 x^3 项的系数为________.

知识点睛　0101 行列式的定义

解　用定义，逆序数.一般项 $(-1)^{\tau(j_1j_2j_3j_4)}a_{1j_1}a_{2j_2}a_{3j_3}a_{4j_4}$.

当第1行选取 a_{11}(或 a_{13})时，无论2,3,4行如何选择都不可能出现 x^3，本题 x^3 只有两种可能

$$a_{12}a_{21}a_{33}a_{44}=x\cdot 1\cdot x\cdot x=x^3,$$

$$a_{14}a_{22}a_{33}a_{41}=2x\cdot x\cdot x\cdot 2=4x^3,$$

而逆序数 $\tau(2134)=1$，$\tau(4231)=5$，均为奇排列，都应带负号，故 x^3 的系数为-5.

17 求 $D_n=\begin{vmatrix}2&1&0&\cdots&0&0\\1&2&1&\cdots&0&0\\0&1&2&\cdots&0&0\\\vdots&\vdots&\vdots&&\vdots&\vdots\\0&0&0&\cdots&2&1\\0&0&0&\cdots&1&2\end{vmatrix}$.

知识点睛 0104 行列式展开定理

解 将 D_n 按第 1 列展开得：$D_n=2D_{n-1}-D_{n-2}$，因此，有

$$D_n-D_{n-1}=D_{n-1}-D_{n-2}=\cdots=D_2-D_1.$$

又

$$D_1=2,D_2=\begin{vmatrix}2&1\\1&2\end{vmatrix}=3,$$

所以 $D_n=D_{n-1}+1=D_{n-2}+2=\cdots=D_1+(n-1)=n+1$.

【评注】行列式 $\begin{vmatrix}a&b&0&\cdots&0&0\\c&a&b&\cdots&0&0\\0&c&a&\cdots&0&0\\\vdots&\vdots&\vdots&&\vdots&\vdots\\0&0&0&\cdots&a&b\\0&0&0&\cdots&c&a\end{vmatrix}$ 称为三对角行列式.

计算此类行列式通常采用递推法，即根据行列式的行(列)展开，找出 D_n 与 D_{n-1} 或 D_n 与 D_{n-1}、D_{n-2} 之间的关系，利用递推关系求出行列式.

18 根据行列式的定义，计算以下 n 阶行列式.

(1) $\begin{vmatrix}0&0&\cdots&0&1\\0&0&\cdots&2&0\\\vdots&\vdots&&\vdots&\vdots\\0&n-1&\cdots&0&0\\n&0&\cdots&0&0\end{vmatrix}$； (2) $\begin{vmatrix}0&1&0&\cdots&0\\0&0&2&\cdots&0\\\vdots&\vdots&\vdots&&\vdots\\0&0&0&\cdots&n-1\\n&0&0&\cdots&0\end{vmatrix}$；

(3) $\begin{vmatrix}0&\cdots&0&1&0\\0&\cdots&2&0&0\\\vdots&&\vdots&\vdots&\vdots\\n-1&\cdots&0&0&0\\0&\cdots&0&0&n\end{vmatrix}$.

知识点睛 0101 行列式的概念

解 用 $\tau(i_1i_2\cdots i_n)$ 表示排列 $i_1i_2\cdots i_n$ 的逆序数，并且用 D 表示所给的行列式.

(1) 根据行列式的定义，行列式展开后每项都是 n 个元素相乘，且这 n 个元素要位于 D 中不同的行和不同的列，因此，D 除去有零的项外，只有一项，即

$$1\cdot2\cdots(n-1)n=n!.$$

这一项的行标为自然顺序，列标构成的排列为 $n(n-1)\cdots 21$. 而其逆序数为 $\frac{n(n-1)}{2}$. 所以，

$$D=(-1)^{\frac{n(n-1)}{2}}n!.$$

(2) 根据同样的道理，有

$$D=(-1)^{\tau(23\cdots n1)}n!\ =(-1)^{n-1}n!.$$

(3) 根据同样的道理，有

$$D=(-1)^{\tau(n-1,n-2,\cdots,1,n)}n!\ =(-1)^{\frac{(n-1)(n-2)}{2}}n!.$$

【评注】行列式中零元素较多而非零元素较少，以至于按定义展开后，非零项很少，此种情形可用定义法计算行列式.

19 设 $D=\begin{vmatrix} a_{11} & a_{12} & \cdots & a_{1n} \\ a_{21} & a_{22} & \cdots & a_{2n} \\ \vdots & \vdots & & \vdots \\ a_{n1} & a_{n2} & \cdots & a_{nn} \end{vmatrix}=d$，求下列 n 阶行列式的值.

$$D_1=\begin{vmatrix} a_{21} & a_{22} & \cdots & a_{2n} \\ \vdots & \vdots & & \vdots \\ a_{n1} & a_{n2} & \cdots & a_{nn} \\ a_{11} & a_{12} & \cdots & a_{1n} \end{vmatrix},\quad D_2=\begin{vmatrix} a_{n1} & a_{n2} & \cdots & a_{nn} \\ a_{n-1,1} & a_{n-1,2} & \cdots & a_{n-1,n} \\ \vdots & \vdots & & \vdots \\ a_{11} & a_{12} & \cdots & a_{1n} \end{vmatrix}.$$

知识点睛 0102 行列式的基本性质

解 将 D_1 的最后一行逐次与上一行交换，一直交换到第 1 行，共交换 $n-1$ 次，即得行列式 D.故

$$D_1=(-1)^{n-1}D=(-1)^{n-1}d.$$

将 D_2 的最后一行逐次与上一行交换，一直交换到第 1 行，共交换 $n-1$ 次，记所得的行列式为 A_1；再将 A_1 的最后一行（即 D_2 中原来的倒数第 2 行）与其上面的 $n-2$ 行，自下而上逐次交换，共交换 $n-2$ 次，记所得的行列式为 A_2. 如此继续下去，一直得到 D 为止.共交换

$$(n-1)+(n-2)+\cdots+2+1=\frac{n(n-1)}{2}$$

次.故

$$D_2=(-1)^{\frac{n(n-1)}{2}}d.$$

20 行列式 $\begin{vmatrix} a & 0 & -1 & 1 \\ 0 & a & 1 & -1 \\ -1 & 1 & a & 0 \\ 1 & -1 & 0 & a \end{vmatrix}=$______.

2020 数学一、数学二、数学三，4 分

知识点睛 0102 行列式的基本性质

解 根据行列式性质恒等变形，例如把第 2 行加到第 1 行，把第 3 行加到第 4 行，

再把第 1 列的−1 倍加到第 2 列,第 4 列的−1 倍加到第 3 列,得

$$\begin{vmatrix} a & 0 & -1 & 1 \\ 0 & a & 1 & -1 \\ -1 & 1 & a & 0 \\ 1 & -1 & 0 & a \end{vmatrix} = \begin{vmatrix} a & a & 0 & 0 \\ 0 & a & 1 & -1 \\ -1 & 1 & a & 0 \\ 0 & 0 & a & a \end{vmatrix} = \begin{vmatrix} a & 0 & 0 & 0 \\ 0 & a & 2 & -1 \\ -1 & 2 & a & 0 \\ 0 & 0 & 0 & a \end{vmatrix} = a^2 \begin{vmatrix} a & 2 \\ 2 & a \end{vmatrix} = a^2(a^2-4).$$

【评注】基本计算题,解法非常多,也可每列都加到第 1 列,再消 0,….

21 计算行列式 $\begin{vmatrix} x+a_1 & a_2 & a_3 & \cdots & a_n \\ a_1 & x+a_2 & a_3 & \cdots & a_n \\ a_1 & a_2 & x+a_3 & \cdots & a_n \\ \vdots & \vdots & \vdots & & \vdots \\ a_1 & a_2 & a_3 & \cdots & x+a_n \end{vmatrix}$ 的值.

知识点睛 0102 行列式的计算——化为三角形行列式

解 将第 1 行的−1 倍加到以后各行,有

$$\begin{vmatrix} x+a_1 & a_2 & a_3 & \cdots & a_n \\ -x & x & 0 & \cdots & 0 \\ -x & 0 & x & \cdots & 0 \\ \vdots & \vdots & \vdots & & \vdots \\ -x & 0 & 0 & \cdots & x \end{vmatrix},$$

再将后 $n-1$ 列都加到第 1 列上,有

$$\begin{vmatrix} x+\sum_{i=1}^{n} a_i & a_2 & a_3 & \cdots & a_n \\ 0 & x & 0 & \cdots & 0 \\ 0 & 0 & x & \cdots & 0 \\ \vdots & \vdots & \vdots & & \vdots \\ 0 & 0 & 0 & \cdots & x \end{vmatrix} = x^{n-1}\left(x+\sum_{i=1}^{n} a_i\right).$$

【评注】首先仔细观察行列式的行(列)排列规律,然后利用性质化为容易求解的行列式,通常为三角形行列式,进而求得行列式.

22 计算行列式 $\begin{vmatrix} 1 & 2 & 3 & \cdots & n \\ -1 & 0 & 3 & \cdots & n \\ -1 & -2 & 0 & \cdots & n \\ \vdots & \vdots & \vdots & & \vdots \\ -1 & -2 & -3 & \cdots & 0 \end{vmatrix}$ 的值.

知识点睛 0102 行列式的计算——化为上三角形行列式

解 将第 1 行分别加到以后各行,有

$$\begin{vmatrix} 1 & 2 & 3 & \cdots & n \\ 0 & 2 & 6 & \cdots & 2n \\ 0 & 0 & 3 & \cdots & 2n \\ \vdots & \vdots & \vdots & & \vdots \\ 0 & 0 & 0 & \cdots & n \end{vmatrix},$$

所以原行列式的值是 $n!$.

23 题精解视频

23 计算 n 阶行列式 $D_n=\begin{vmatrix} a & b & b & \cdots & b \\ b & a & b & \cdots & b \\ b & b & a & \cdots & b \\ \vdots & \vdots & \vdots & & \vdots \\ b & b & b & \cdots & a \end{vmatrix}$.

知识点睛 0102 行列式的计算——化为上三角形行列式

解 每列元素都是一个 a 与 $n-1$ 个 b,故可把每行均加至第 1 行,提取公因式 $a+(n-1)b$,再化为上三角形行列式,即

$$D_n=\begin{vmatrix} a+(n-1)b & a+(n-1)b & a+(n-1)b & \cdots & a+(n-1)b \\ b & a & b & \cdots & b \\ b & b & a & \cdots & b \\ \vdots & \vdots & \vdots & & \vdots \\ b & b & b & \cdots & a \end{vmatrix}$$

$$=[a+(n-1)b]\begin{vmatrix} 1 & 1 & 1 & \cdots & 1 \\ b & a & b & \cdots & b \\ b & b & a & \cdots & b \\ \vdots & \vdots & \vdots & & \vdots \\ b & b & b & \cdots & a \end{vmatrix}$$

$$=[a+(n-1)b]\begin{vmatrix} 1 & 1 & 1 & \cdots & 1 \\ 0 & a-b & 0 & \cdots & 0 \\ 0 & 0 & a-b & \cdots & 0 \\ \vdots & \vdots & \vdots & & \vdots \\ 0 & 0 & 0 & \cdots & a-b \end{vmatrix}$$

$$=[a+(n-1)b](a-b)^{n-1}.$$

24 计算 $D=\begin{vmatrix} 1 & -1 & 1 & x-1 \\ 1 & -1 & x+1 & -1 \\ 1 & x-1 & 1 & -1 \\ x+1 & -1 & 1 & -1 \end{vmatrix}$.

知识点睛 0104 行列式按行(列)展开定理

解 将各列加到第 1 列后,再提出第 1 列的公因子 x,得

$$D=\begin{vmatrix} x & -1 & 1 & x-1 \\ x & -1 & x+1 & -1 \\ x & x-1 & 1 & -1 \\ x & -1 & 1 & -1 \end{vmatrix}=x\begin{vmatrix} 1 & -1 & 1 & x-1 \\ 0 & 0 & x & -x \\ 0 & x & 0 & -x \\ 0 & 0 & 0 & -x \end{vmatrix}=x^4\begin{vmatrix} 0 & 1 & -1 \\ 1 & 0 & -1 \\ 0 & 0 & -1 \end{vmatrix}=x^4.$$

【评注】当行列式各行(列)诸元素之和相等时,先将各列(行)加到第1列(行),再提公因子,然后运用其他方法求解.

25 设 $abcd=1$,计算 $D=\begin{vmatrix} a^2+\frac{1}{a^2} & a & \frac{1}{a} & 1 \\ b^2+\frac{1}{b^2} & b & \frac{1}{b} & 1 \\ c^2+\frac{1}{c^2} & c & \frac{1}{c} & 1 \\ d^2+\frac{1}{d^2} & d & \frac{1}{d} & 1 \end{vmatrix}$.

知识点睛 0102 行列式的基本性质

解 由行列式的性质5知

$$D=\begin{vmatrix} a^2 & a & \frac{1}{a} & 1 \\ b^2 & b & \frac{1}{b} & 1 \\ c^2 & c & \frac{1}{c} & 1 \\ d^2 & d & \frac{1}{d} & 1 \end{vmatrix}+\begin{vmatrix} \frac{1}{a^2} & a & \frac{1}{a} & 1 \\ \frac{1}{b^2} & b & \frac{1}{b} & 1 \\ \frac{1}{c^2} & c & \frac{1}{c} & 1 \\ \frac{1}{d^2} & d & \frac{1}{d} & 1 \end{vmatrix}=abcd\begin{vmatrix} a & 1 & \frac{1}{a^2} & \frac{1}{a} \\ b & 1 & \frac{1}{b^2} & \frac{1}{b} \\ c & 1 & \frac{1}{c^2} & \frac{1}{c} \\ d & 1 & \frac{1}{d^2} & \frac{1}{d} \end{vmatrix}+(-1)^3\begin{vmatrix} a & 1 & \frac{1}{a^2} & \frac{1}{a} \\ b & 1 & \frac{1}{b^2} & \frac{1}{b} \\ c & 1 & \frac{1}{c^2} & \frac{1}{c} \\ d & 1 & \frac{1}{d^2} & \frac{1}{d} \end{vmatrix}$$

$=0$.

26 计算 $D_5=\begin{vmatrix} 1-a & a & 0 & 0 & 0 \\ -1 & 1-a & a & 0 & 0 \\ 0 & -1 & 1-a & a & 0 \\ 0 & 0 & -1 & 1-a & a \\ 0 & 0 & 0 & -1 & 1-a \end{vmatrix}$.

知识点睛 0104 行列式按行展开定理

解 把行列式按第1行展开,有 $D_5=(1-a)D_4+aD_3$,则

$$D_5-D_4=-a(D_4-D_3)=a^2(D_3-D_2)=-a^3(D_2-D_1)=-a^5, \quad ①$$

$$D_5+aD_4=D_4+aD_3=D_3+aD_2=D_2+aD_1=1. \quad ②$$

①×a+②,得 $(a+1)D_5=1-a^6$.故当 $a\neq-1$ 时,

$$D_5=\frac{1-a^6}{a+1}=1-a+a^2-a^3+a^4-a^5;$$

当 $a=-1$ 时,由②式得

$$D_5=D_4+1=D_3+2=D_2+3=D_1+4=6$$
$$=1-(-1)^1+(-1)^2-(-1)^3+(-1)^4-(-1)^5,$$

所以 $D_5=1-a+a^2-a^3+a^4-a^5$.

27 题精解视频

27 计算 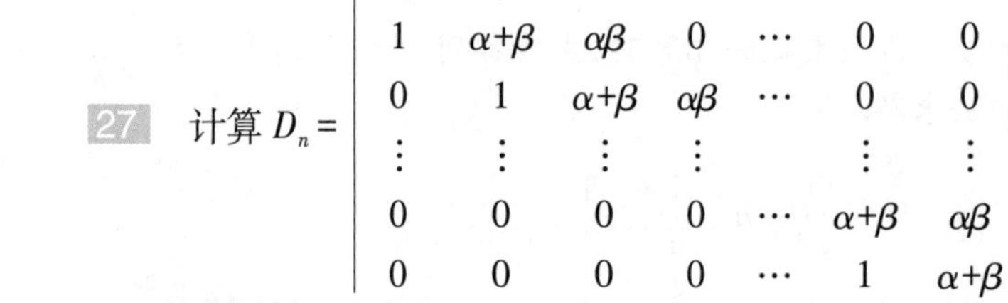

$$D_n=\begin{vmatrix}\alpha+\beta & \alpha\beta & 0 & 0 & \cdots & 0 & 0\\ 1 & \alpha+\beta & \alpha\beta & 0 & \cdots & 0 & 0\\ 0 & 1 & \alpha+\beta & \alpha\beta & \cdots & 0 & 0\\ \vdots & \vdots & \vdots & \vdots & & \vdots & \vdots\\ 0 & 0 & 0 & 0 & \cdots & \alpha+\beta & \alpha\beta\\ 0 & 0 & 0 & 0 & \cdots & 1 & \alpha+\beta\end{vmatrix}.$$

知识点睛 0104 行列式按行展开定理

解 按第 1 行展开，有

$$D_n=(\alpha+\beta)D_{n-1}-\alpha\beta D_{n-2},$$

由此可得下面两个关系式

$$\begin{cases}D_n-\alpha D_{n-1}=\beta(D_{n-1}-\alpha D_{n-2}),\\ D_n-\beta D_{n-1}=\alpha(D_{n-1}-\beta D_{n-2}),\end{cases} \qquad ①$$

则有

$$\begin{cases}D_{n-1}-\alpha D_{n-2}=\beta(D_{n-2}-\alpha D_{n-3}),\\ D_{n-1}-\beta D_{n-2}=\alpha(D_{n-2}-\beta D_{n-3}),\end{cases}\quad\cdots\quad\begin{cases}D_3-\alpha D_2=\beta(D_2-\alpha D_1),\\ D_3-\beta D_2=\alpha(D_2-\beta D_1).\end{cases}$$

把以上各式依次代入①式，得

$$\begin{cases}D_n-\alpha D_{n-1}=\beta^{n-2}(D_2-\alpha D_1),\\ D_n-\beta D_{n-1}=\alpha^{n-2}(D_2-\beta D_1).\end{cases}$$

又因为 $D_2-\alpha D_1=\beta^2$, $D_2-\beta D_1=\alpha^2$，于是，若 $\alpha\neq\beta$，则 $D_n=\dfrac{\alpha^{n+1}-\beta^{n+1}}{\alpha-\beta}$；若 $\alpha=\beta$，则

$$D_n=(n+1)\alpha^n.$$

【评注】对于典型的三对角行列式，通常用递推法.

28 计算 $D=\begin{vmatrix}1+x & 1 & 1 & 1\\ 1 & 1-x & 1 & 1\\ 1 & 1 & 1+y & 1\\ 1 & 1 & 1 & 1-y\end{vmatrix}$.

知识点睛 0102 行列式的计算——加边法

解 将 D 添加一行，一列，化为五阶行列式

$$D=\begin{vmatrix}1 & 1 & 1 & 1 & 1\\ 0 & 1+x & 1 & 1 & 1\\ 0 & 1 & 1-x & 1 & 1\\ 0 & 1 & 1 & 1+y & 1\\ 0 & 1 & 1 & 1 & 1-y\end{vmatrix}=\begin{vmatrix}1 & 1 & 1 & 1 & 1\\ -1 & x & 0 & 0 & 0\\ -1 & 0 & -x & 0 & 0\\ -1 & 0 & 0 & y & 0\\ -1 & 0 & 0 & 0 & -y\end{vmatrix}.$$

当 $xy\neq0$ 时，

$$D=\begin{vmatrix} 1+\frac{1}{x}-\frac{1}{x}+\frac{1}{y}-\frac{1}{y} & 1 & 1 & 1 & 1 \\ 0 & x & 0 & 0 & 0 \\ 0 & 0 & -x & 0 & 0 \\ 0 & 0 & 0 & y & 0 \\ 0 & 0 & 0 & 0 & -y \end{vmatrix}=x^2y^2;$$

当 $xy=0$ 时,显然 $D=0$,所以 $D=x^2y^2$.

【评注】在原行列式中添加一行,一列,且保持原行列式不变或与原行列式有某种巧妙的联系,常见的加边法是:

$$D_n=\begin{vmatrix} a_{11} & a_{12} & \cdots & a_{1n} \\ a_{21} & a_{22} & \cdots & a_{2n} \\ \vdots & \vdots & & \vdots \\ a_{n1} & a_{n2} & \cdots & a_{nn} \end{vmatrix}=\begin{vmatrix} 1 & b_1 & b_2 & \cdots & b_n \\ 0 & a_{11} & a_{12} & \cdots & a_{1n} \\ 0 & a_{21} & a_{22} & \cdots & a_{2n} \\ \vdots & \vdots & \vdots & & \vdots \\ 0 & a_{n1} & a_{n2} & \cdots & a_{nn} \end{vmatrix}.$$

29　计算 $D_n=\begin{vmatrix} 1 & 1 & 1 & \cdots & 1 \\ 2 & 2^2 & 2^3 & \cdots & 2^n \\ 3 & 3^2 & 3^3 & \cdots & 3^n \\ \vdots & \vdots & \vdots & & \vdots \\ n & n^2 & n^3 & \cdots & n^n \end{vmatrix}$.

知识点睛　0102 行列式的计算——利用范德蒙德行列式

解　从各行中提取公因式,得

$$D_n=n!\begin{vmatrix} 1 & 1 & 1 & \cdots & 1 \\ 1 & 2 & 2^2 & \cdots & 2^{n-1} \\ 1 & 3 & 3^2 & \cdots & 3^{n-1} \\ \vdots & \vdots & \vdots & & \vdots \\ 1 & n & n^2 & \cdots & n^{n-1} \end{vmatrix}=n!\begin{vmatrix} 1 & 1 & 1 & \cdots & 1 \\ 1 & 2 & 3 & \cdots & n \\ 1 & 2^2 & 3^2 & \cdots & n^2 \\ \vdots & \vdots & \vdots & & \vdots \\ 1 & 2^{n-1} & 3^{n-1} & \cdots & n^{n-1} \end{vmatrix}$$

$$=n!(2-1)(3-1)\cdots(n-1)(3-2)(4-2)\cdots(n-2)\cdots(n-(n-1))$$

$$=n!(n-1)!(n-2)!\cdots 2!1!.$$

30　用数学归纳法证明

$$D_n=\begin{vmatrix} a & b & b & \cdots & b & b \\ c & a & b & \cdots & b & b \\ c & c & a & \cdots & b & b \\ \vdots & \vdots & \vdots & & \vdots & \vdots \\ c & c & c & \cdots & a & b \\ c & c & c & \cdots & c & a \end{vmatrix}=\frac{c(a-b)^n-b(a-c)^n}{c-b}(c\neq b).$$

知识点睛　0104 行列式按行(列)展开定理

证 $D_n=\begin{vmatrix} a & b & b & \cdots & b & b \\ c & a & b & \cdots & b & b \\ c & c & a & \cdots & b & b \\ \vdots & \vdots & \vdots & & \vdots & \vdots \\ c & c & c & \cdots & a & b \\ c+0 & c+0 & c+0 & \cdots & c+0 & c+(a-c) \end{vmatrix}$

$$=\begin{vmatrix} a & b & b & \cdots & b & b \\ c & a & b & \cdots & b & b \\ c & c & a & \cdots & b & b \\ \vdots & \vdots & \vdots & & \vdots & \vdots \\ c & c & c & \cdots & a & b \\ c & c & c & \cdots & c & c \end{vmatrix}+\begin{vmatrix} a & b & b & \cdots & b & b \\ c & a & b & \cdots & b & b \\ c & c & a & \cdots & b & b \\ \vdots & \vdots & \vdots & & \vdots & \vdots \\ c & c & c & \cdots & a & b \\ 0 & 0 & 0 & \cdots & 0 & a-c \end{vmatrix}$$

$$=c\begin{vmatrix} a-b & 0 & \cdots & 0 & 0 \\ c-b & a-b & \cdots & 0 & 0 \\ \vdots & \vdots & & \vdots & \vdots \\ c-b & c-b & \cdots & a-b & 0 \\ 1 & 1 & \cdots & 1 & 1 \end{vmatrix}+(a-c)D_{n-1}$$

$$=c(a-b)^{n-1}+(a-c)D_{n-1}. \qquad ①$$

当 $n=1$ 时，$D_1=a=\dfrac{c(a-b)-b(a-c)}{c-b}$成立；

当 $n=2$ 时，$D_2=\begin{vmatrix} a & b \\ c & a \end{vmatrix}=a^2-bc=\dfrac{c(a-b)^2-b(a-c)^2}{c-b}$成立；

假设当 $n=k-1$ 时，结论成立，即 $D_{k-1}=\dfrac{c(a-b)^{k-1}-b(a-c)^{k-1}}{c-b}$成立，则由①式得

$$\begin{aligned} D_k &=c(a-b)^{k-1}+(a-c)D_{k-1} \\ &=c(a-b)^{k-1}+(a-c)\frac{c(a-b)^{k-1}-b(a-c)^{k-1}}{c-b} \\ &=\frac{c(a-b)^{k-1}[(c-b)+(a-c)]-b(a-c)^k}{c-b} \\ &=\frac{c(a-b)^k-b(a-c)^k}{c-b}. \end{aligned}$$

因此对一切自然数 n，结论成立. 原题得证.

31 证明 $D=\begin{vmatrix} x_1 & a & \cdots & a \\ b & x_2 & \cdots & a \\ \vdots & \vdots & & \vdots \\ b & b & \cdots & x_n \end{vmatrix}=\dfrac{af(b)-bf(a)}{a-b}$，其中 $f(x)=(x_1-x)(x_2-x)\cdots(x_n-x)(a\neq b)$.

知识点睛 0102 行列式的计算——换元法

证　令 $D(x)=\begin{vmatrix} x_1+x & a+x & \cdots & a+x \\ b+x & x_2+x & \cdots & a+x \\ \vdots & \vdots & & \vdots \\ b+x & b+x & \cdots & x_n+x \end{vmatrix}$,

可见 $D(-a)=f(a)$,$D(-b)=f(b)$,有

$$D(x)\xlongequal{\text{后一行减去前一行}}\begin{vmatrix} x_1+x & a+x & \cdots & a+x \\ b-x_1 & x_2-a & \cdots & 0 \\ \vdots & \vdots & & \vdots \\ 0 & 0 & \cdots & x_n-a \end{vmatrix}.$$

由行列式定义知 $D(x)$ 是关于 x 的一次多项式,因此设 $D(x)=cx+d$,其中 c,d 为待定常数,而又知 $d=D(0)=D$.故由

$$\begin{cases} D(-a)=-ca+D=f(a), \\ D(-b)=-cb+D=f(b), \end{cases}$$

得 $D=\dfrac{af(b)-bf(a)}{a-b}$.

【评注】本题证明中关键的一步是把行列式的每一元素 a_{ij} 变换为 $a_{ij}+x$,从而 D 变成 $D(x)$,进而借助于 $D(x)$ 证得结论.这种方法称为换元法.其基本思路为:令 $b_{ij}=a_{ij}+x$,于是

$$D=D(x)-x\sum_{i,j=1}^{n}A_{ij},$$

其中 A_{ij} 为 D 的元素 a_{ij} 的代数余子式,这样即可设法通过计算 $D(x)$ 及 A_{ij} 求得 D 的值.

32　四阶行列式 $\begin{vmatrix} a_1 & 0 & 0 & b_1 \\ 0 & a_2 & b_2 & 0 \\ 0 & b_3 & a_3 & 0 \\ b_4 & 0 & 0 & a_4 \end{vmatrix}$ 的值等于(　　).　K 1996 数学一,3 分

(A) $a_1a_2a_3a_4-b_1b_2b_3b_4$　　(B) $a_1a_2a_3a_4+b_1b_2b_3b_4$

(C) $(a_1a_2-b_1b_2)(a_3a_4-b_3b_4)$　　(D) $(a_1a_4-b_1b_4)(a_2a_3-b_2b_3)$

知识点睛　拉普拉斯展开,0104 行列式按行(列)展开定理

解　这是一个数字型行列式的计算,由于本题有较多的零,可以直接展开计算.若按第 1 行展开,有

$$D=a_1\begin{vmatrix} a_2 & b_2 & 0 \\ b_3 & a_3 & 0 \\ 0 & 0 & a_4 \end{vmatrix}-b_1\begin{vmatrix} 0 & a_2 & b_2 \\ 0 & b_3 & a_3 \\ b_4 & 0 & 0 \end{vmatrix}=a_1a_4\begin{vmatrix} a_2 & b_2 \\ b_3 & a_3 \end{vmatrix}-b_1b_4\begin{vmatrix} a_2 & b_2 \\ b_3 & a_3 \end{vmatrix}$$

$$=(a_1a_4-b_1b_4)(a_2a_3-b_2b_3).$$

应选(D).

【评注】若熟悉拉普拉斯展开，可通过两行互换，两列互换，把零元素调至行列式的一角.例如

$$\begin{vmatrix} a_1 & 0 & 0 & b_1 \\ 0 & a_2 & b_2 & 0 \\ 0 & b_3 & a_3 & 0 \\ b_4 & 0 & 0 & a_4 \end{vmatrix} = -\begin{vmatrix} a_1 & b_1 & 0 & 0 \\ 0 & 0 & b_2 & a_2 \\ 0 & 0 & a_3 & b_3 \\ b_4 & a_4 & 0 & 0 \end{vmatrix} = \begin{vmatrix} a_1 & b_1 & 0 & 0 \\ b_4 & a_4 & 0 & 0 \\ 0 & 0 & a_3 & b_3 \\ 0 & 0 & b_2 & a_2 \end{vmatrix}$$

$$= \begin{vmatrix} a_1 & b_1 \\ b_4 & a_4 \end{vmatrix} \begin{vmatrix} a_3 & b_3 \\ b_2 & a_2 \end{vmatrix} = (a_1a_4-b_1b_4)(a_2a_3-b_2b_3).$$

K 2014 数学一、数学二、数学三，4分

33 行列式 $\begin{vmatrix} 0 & a & b & 0 \\ a & 0 & 0 & b \\ 0 & c & d & 0 \\ c & 0 & 0 & d \end{vmatrix} = ($ $)$.

(A) $(ad-bc)^2$ (B) $-(ad-bc)^2$

(C) $a^2d^2-b^2c^2$ (D) $b^2c^2-a^2d^2$

知识点睛 0104 行列式按行(列)展开定理

解 数字型行列式，有较多的零且有规律，按拉普拉斯公式的构思，可得

$$\begin{vmatrix} 0 & a & b & 0 \\ a & 0 & 0 & b \\ 0 & c & d & 0 \\ c & 0 & 0 & d \end{vmatrix} = -\begin{vmatrix} c & 0 & 0 & d \\ a & 0 & 0 & b \\ 0 & c & d & 0 \\ 0 & a & b & 0 \end{vmatrix} = \begin{vmatrix} c & d & 0 & 0 \\ a & b & 0 & 0 \\ 0 & 0 & d & c \\ 0 & 0 & b & a \end{vmatrix} = \begin{vmatrix} c & d \\ a & b \end{vmatrix} \cdot \begin{vmatrix} d & c \\ b & a \end{vmatrix} = -(ad-bc)^2.$$

或按第1列展开，$D=-a\begin{vmatrix} a & b & 0 \\ c & d & 0 \\ 0 & 0 & d \end{vmatrix} - c\begin{vmatrix} a & b & 0 \\ 0 & 0 & b \\ c & d & 0 \end{vmatrix} = -(ad-bc)^2$.应选(B).

K 1997 数学四，3分

34 设 n 阶矩阵

$$\boldsymbol{A}=\begin{pmatrix} 0 & 1 & 1 & \cdots & 1 & 1 \\ 1 & 0 & 1 & \cdots & 1 & 1 \\ 1 & 1 & 0 & \cdots & 1 & 1 \\ \vdots & \vdots & \vdots & & \vdots & \vdots \\ 1 & 1 & 1 & \cdots & 0 & 1 \\ 1 & 1 & 1 & \cdots & 1 & 0 \end{pmatrix},$$

则 $|\boldsymbol{A}|=$________.

知识点睛 0102 行列式的基本性质——化为上三角形行列式

解 把第 $2,3,\cdots,n$ 各行均加至第1行，则第1行各元素均为 $n-1$，提取公因数 $n-1$ 后，再把第1行的 -1 倍加至第 $2,3,\cdots,n$ 各行，可化为上三角形行列式.即

$$|A|=(n-1)\begin{vmatrix}1&1&1&\cdots&1&1\\0&-1&0&\cdots&0&0\\0&0&-1&\cdots&0&0\\\vdots&\vdots&\vdots&&\vdots&\vdots\\0&0&0&\cdots&-1&0\\0&0&0&\cdots&0&-1\end{vmatrix}=(-1)^{n-1}(n-1).$$

【评注】除去用行列式性质及展开公式计算外,你能利用特征值更简单地求出行列式 $|A|$ 的值吗?

35 n 阶行列式 $D_n=\begin{vmatrix}2&0&0&\cdots&0&2\\-1&2&0&\cdots&0&2\\0&-1&2&\cdots&0&2\\\vdots&\vdots&\vdots&&\vdots&\vdots\\0&0&0&\cdots&2&2\\0&0&0&\cdots&-1&2\end{vmatrix}=$ ________. 2015 数学一,4 分

35 题精解视频

知识点睛 0104 行列式按行展开定理

解法 1(用逐行相加)

$$D_n=\begin{vmatrix}2&0&0&\cdots&0&2\\-1&2&0&\cdots&0&2\\0&-1&2&\cdots&0&2\\\vdots&\vdots&\vdots&&\vdots&\vdots\\0&0&0&\cdots&2&2\\0&0&0&\cdots&-1&2\end{vmatrix}=\begin{vmatrix}2&0&0&\cdots&0&2\\0&2&0&\cdots&0&2+\frac{2}{2}\\0&-1&2&\cdots&0&2\\\vdots&\vdots&\vdots&&\vdots&\vdots\\0&0&0&\cdots&2&2\\0&0&0&\cdots&-1&2\end{vmatrix}$$

$$=\begin{vmatrix}2&0&0&\cdots&0&2\\0&2&0&\cdots&0&\frac{2+2^2}{2}\\0&0&2&\cdots&0&\frac{2+2^2+2^3}{2^2}\\\vdots&\vdots&\vdots&&\vdots&\vdots\\0&0&0&\cdots&2&2\\0&0&0&\cdots&-1&2\end{vmatrix}=\begin{vmatrix}2&0&0&\cdots&0&2\\&2&0&\cdots&0&\frac{2+2^2}{2}\\&&2&\cdots&0&\frac{2+2^2+2^3}{2^2}\\&&&&\vdots&\vdots\\&&&&2&\frac{2+2^2+\cdots+2^{n-1}}{2^{n-2}}\\&&&&&\frac{2+2^2+\cdots+2^n}{2^{n-1}}\end{vmatrix}$$

$=2+2^2+\cdots+2^n=2(2^n-1).$

解法 2 把第 i 行的 2^{i-1} 倍加到第 1 行($i=2,3,\cdots,n$),得

$$D_n=\begin{vmatrix}2&0&0&\cdots&0&2\\-1&2&0&\cdots&0&2\\0&-1&2&\cdots&0&2\\\vdots&\vdots&\vdots&&\vdots&\vdots\\0&0&0&\cdots&2&2\\0&0&0&\cdots&-1&2\end{vmatrix}=\begin{vmatrix}0&2^2&0&\cdots&0&2+2^2\\-1&2&0&\cdots&0&2\\0&-1&2&\cdots&0&2\\\vdots&\vdots&\vdots&&\vdots&\vdots\\0&0&0&\cdots&2&2\\0&0&0&\cdots&-1&2\end{vmatrix}$$

$$=\begin{vmatrix}0&0&2^3&\cdots&0&2+2^2+2^3\\-1&2&0&\cdots&0&2\\0&-1&2&\cdots&0&2\\\vdots&\vdots&\vdots&&\vdots&\vdots\\0&0&0&\cdots&2&2\\0&0&0&\cdots&-1&2\end{vmatrix}$$

$$=\begin{vmatrix}0&0&0&\cdots&2^{n-1}&2+2^2+\cdots+2^{n-1}\\-1&2&0&\cdots&0&2\\0&-1&2&\cdots&0&2\\\vdots&\vdots&\vdots&&\vdots&\vdots\\0&0&0&\cdots&2&2\\0&0&0&\cdots&-1&2\end{vmatrix}$$

$$=\begin{vmatrix}0&0&0&\cdots&0&2+2^2+\cdots+2^n\\-1&2&0&\cdots&0&2\\0&-1&2&\cdots&0&2\\\vdots&\vdots&\vdots&&\vdots&\vdots\\0&0&0&\cdots&2&2\\0&0&0&\cdots&-1&2\end{vmatrix}$$

$$=(2+2^2+\cdots+2^n)(-1)^{n+1}\cdot(-1)^{n-1}=2(2^n-1).$$

解法3(用递推法) 按第1行展开,建立递推公式,有

$$D_n=\begin{vmatrix}2&0&0&\cdots&0&2\\-1&2&0&\cdots&0&2\\0&-1&2&\cdots&0&2\\\vdots&\vdots&\vdots&&\vdots&\vdots\\0&0&0&\cdots&2&2\\0&0&0&\cdots&-1&2\end{vmatrix}=2D_{n-1}+2(-1)^{n+1}\cdot(-1)^{n-1}=2D_{n-1}+2,$$

则

$$\begin{aligned}D_n&=2D_{n-1}+2=2(2D_{n-2}+2)+2=2^2D_{n-2}+2+2^2\\&=2^2(2D_{n-3}+2)+2+2^2=2^3D_{n-3}+2+2^2+2^3\\&\cdots\cdots\cdots\cdots\\&=2^{n-1}D_1+2+2^2+\cdots+2^{n-1}=2+2^2+\cdots+2^n=2(2^n-1).\end{aligned}$$

或

$$D_n+2=2(D_{n-1}+2)=2^2(D_{n-2}+2)=\cdots=2^{n-2}(D_2+2).$$

又因 $D_2=\begin{vmatrix}2&2\\-1&2\end{vmatrix}=6$,所以 $D_n+2=2^{n-2}\cdot 8$,故 $D_n=2^{n+1}-2$.

36　行列式 $\begin{vmatrix} \lambda & -1 & 0 & 0 \\ 0 & \lambda & -1 & 0 \\ 0 & 0 & \lambda & -1 \\ 4 & 3 & 2 & \lambda+1 \end{vmatrix}$ =________.

[K] 2016 数学一、数学三，4 分

知识点睛　0104 行列式按行展开定理

解法 1　按第 1 列展开，得

$$D=\lambda\begin{vmatrix} \lambda & -1 & 0 \\ 0 & \lambda & -1 \\ 3 & 2 & \lambda+1 \end{vmatrix}+4(-1)^{4+1}\begin{vmatrix} -1 & 0 & 0 \\ \lambda & -1 & 0 \\ 0 & \lambda & -1 \end{vmatrix}$$

$$=\lambda\left(\lambda\begin{vmatrix} \lambda & -1 \\ 2 & \lambda+1 \end{vmatrix}+3\cdot(-1)^{3+1}\begin{vmatrix} -1 & 0 \\ \lambda & -1 \end{vmatrix}\right)+4$$

$$=\lambda^4+\lambda^3+2\lambda^2+3\lambda+4.$$

解法 2　逐行相加，得

$$\begin{vmatrix} \lambda & -1 & 0 & 0 \\ 0 & \lambda & -1 & 0 \\ 0 & 0 & \lambda & -1 \\ 4 & 3 & 2 & \lambda+1 \end{vmatrix}=\begin{vmatrix} \lambda & -1 & 0 & 0 \\ \lambda^2 & 0 & -1 & 0 \\ 0 & 0 & \lambda & -1 \\ 4 & 3 & 2 & \lambda+1 \end{vmatrix}=\begin{vmatrix} \lambda & -1 & 0 & 0 \\ \lambda^2 & 0 & -1 & 0 \\ \lambda^3 & 0 & 0 & -1 \\ 4 & 3 & 2 & \lambda+1 \end{vmatrix}$$

$$=\begin{vmatrix} \lambda & -1 & 0 & 0 \\ \lambda^2 & 0 & -1 & 0 \\ \lambda^3 & 0 & 0 & -1 \\ 4+3\lambda+2\lambda^2+(\lambda+1)\lambda^3 & 0 & 0 & 0 \end{vmatrix}$$

$$=(\lambda^4+\lambda^3+2\lambda^2+3\lambda+4)\cdot(-1)^{4+1}\begin{vmatrix} -1 & 0 & 0 \\ 0 & -1 & 0 \\ 0 & 0 & -1 \end{vmatrix}$$

$$=\lambda^4+\lambda^3+2\lambda^2+3\lambda+4.$$

37　记行列式 $\begin{vmatrix} x-2 & x-1 & x-2 & x-3 \\ 2x-2 & 2x-1 & 2x-2 & 2x-3 \\ 3x-3 & 3x-2 & 4x-5 & 3x-5 \\ 4x & 4x-3 & 5x-7 & 4x-3 \end{vmatrix}$ 为 $f(x)$，则方程 $f(x)=0$ 的根的个数为(　　).

[K] 1999 数学二，3 分

(A) 1　　(B) 2　　(C) 3　　(D) 4

37 题精解视频

知识点睛　0102 行列式的基本性质，拉普拉斯展开式

解　问方程 $f(x)=0$ 有几个根，先看 $f(x)$ 是 x 的几次多项式.将第 1 列的−1 倍依次加至其余各列，有

$$f(x)=\begin{vmatrix} x-2 & 1 & 0 & -1 \\ 2x-2 & 1 & 0 & -1 \\ 3x-3 & 1 & x-2 & -2 \\ 4x & -3 & x-7 & -3 \end{vmatrix}\xlongequal{c_4+c_2}\begin{vmatrix} x-2 & 1 & 0 & 0 \\ 2x-2 & 1 & 0 & 0 \\ 3x-3 & 1 & x-2 & -1 \\ 4x & -3 & x-7 & -6 \end{vmatrix}$$

$$=\begin{vmatrix} x-2 & 1 \\ 2x-2 & 1 \end{vmatrix}\begin{vmatrix} x-2 & -1 \\ x-7 & -6 \end{vmatrix}=x(5x-5),$$

可见 $f(x)$ 是 x 的 2 次多项式，故应选(B).

【评注】由于行列式中各项均含有 x，若直接展开是繁琐的，故一定要先恒等变形；更不要错误地认为 $f(x)$ 一定是 4 次多项式.

38 设

$$A=\begin{pmatrix} 2a & 1 & & & & \\ a^2 & 2a & 1 & & & \\ & a^2 & 2a & 1 & & \\ & & \ddots & \ddots & \ddots & \\ & & & a^2 & 2a & 1 \\ & & & & a^2 & 2a \end{pmatrix}_{n\times n},$$

证明：行列式 $|A|=(n+1)a^n$.

知识点睛 0104 行列式按行(列)展开定理

证 用第二数学归纳法.记 n 阶行列式 $|A|$ 的值为 $D_n=(n+1)a^n$，当 $n=1$ 时，$D_1=2a=(1+1)a$，命题成立；当 $n=2$ 时，$D_2=\begin{vmatrix} 2a & 1 \\ a^2 & 2a \end{vmatrix}=3a^2=(2+1)a^2$，命题成立.

假设 $n<k$ 时命题成立，则当 $n=k$ 时，D_k 按第 1 列展开，有

$$D_k=2a\begin{vmatrix} 2a & 1 & & & & \\ a^2 & 2a & 1 & & & \\ & a^2 & 2a & 1 & & \\ & & \ddots & \ddots & \ddots & \\ & & & a^2 & 2a & 1 \\ & & & & a^2 & 2a \end{vmatrix}_{k-1}+a^2(-1)^{2+1}\begin{vmatrix} 1 & 0 & & & & \\ a^2 & 2a & 1 & & & \\ & a^2 & 2a & 1 & & \\ & & \ddots & \ddots & \ddots & \\ & & & a^2 & 2a & 1 \\ & & & & a^2 & 2a \end{vmatrix}_{k-1}$$

$$=2aD_{k-1}-a^2D_{k-2}=2a(ka^{k-1})-a^2[(k-1)a^{k-2}]=(k+1)a^k,$$

命题成立.所以 $|A|=(n+1)a^n$.

【评注】本题的三对角行列式也可用逐行相加的技巧将其上三角化，即把第 1 行的 $-\dfrac{1}{2}a$ 倍加至第 2 行，再把新第 2 行的 $-\dfrac{2}{3}a$ 倍加至第 3 行，….

$$|A|=\begin{vmatrix} 2a & 1 & & & & \\ a^2 & 2a & 1 & & & \\ & a^2 & 2a & 1 & & \\ & & \ddots & \ddots & \ddots & \\ & & & a^2 & 2a & 1 \\ & & & & a^2 & 2a \end{vmatrix}_n=\begin{vmatrix} 2a & 1 & & & & \\ 0 & \frac{3}{2}a & 1 & & & \\ & a^2 & 2a & 1 & & \\ & & \ddots & \ddots & \ddots & \\ & & & a^2 & 2a & 1 \\ & & & & a^2 & 2a \end{vmatrix}_n$$

$$=\begin{vmatrix} 2a & 1 & & & & & \\ 0 & \frac{3}{2}a & 1 & & & & \\ & 0 & \frac{4}{3}a & 1 & & & \\ & & a^2 & 2a & 1 & & \\ & & & \ddots & \ddots & \ddots & \\ & & & & a^2 & 2a & 1 \\ & & & & & a^2 & 2a \end{vmatrix}_n=\cdots$$

$$=\begin{vmatrix} 2a & 1 & & & & \\ 0 & \frac{3}{2}a & 1 & & & \\ & 0 & \frac{4}{3}a & 1 & & \\ & & \ddots & \ddots & \ddots & \\ & & & 0 & \frac{n}{n-1}a & 1 \\ & & & & 0 & \frac{n+1}{n}a \end{vmatrix}_n = (n+1)a^n.$$

39 已知矩阵 $\boldsymbol{A}=\begin{pmatrix} 1 & -1 & 0 & 0 \\ -2 & 1 & -1 & 1 \\ 3 & -2 & 2 & -1 \\ 0 & 0 & 3 & 4 \end{pmatrix}$，$A_{ij}$表示$|\boldsymbol{A}|$中$(i,j)$元素的代数余子式，则 $A_{11}-A_{12}=$________. K 2019 数学二，4 分

知识点睛 0104 行列式按行(列)展开定理

解 由 $|\boldsymbol{A}|=\begin{vmatrix} 1 & -1 & 0 & 0 \\ -2 & 1 & -1 & 1 \\ 3 & -2 & 2 & -1 \\ 0 & 0 & 3 & 4 \end{vmatrix}=\begin{vmatrix} 1 & 0 & 0 & 0 \\ -2 & -1 & -1 & 1 \\ 3 & 1 & 2 & -1 \\ 0 & 0 & 3 & 4 \end{vmatrix}=-4$，且按第 1 行展开，又有

$$|\boldsymbol{A}|=1\cdot A_{11}+(-1)A_{12}=A_{11}-A_{12},$$

所以 $A_{11}-A_{12}=-4$.

§1.3 抽象型行列式的计算

40 设矩阵 $\boldsymbol{A}=\begin{pmatrix} 2 & 1 \\ -1 & 2 \end{pmatrix}$，$\boldsymbol{E}$ 为 2 阶单位矩阵，矩阵 $\boldsymbol{B}$ 满足 $\boldsymbol{BA}=\boldsymbol{B}+2\boldsymbol{E}$，则 $|\boldsymbol{B}|=$________. K 2006 数学一、数学二、数学三，4 分

知识点睛 0102 行列式的基本性质，行列式的乘法公式

解 由 $\boldsymbol{BA}=\boldsymbol{B}+2\boldsymbol{E}$ 得 $\boldsymbol{B}(\boldsymbol{A}-\boldsymbol{E})=2\boldsymbol{E}$，两边取行列式，有

$$|\boldsymbol{B}|\cdot|\boldsymbol{A}-\boldsymbol{E}|=|2\boldsymbol{E}|=4,$$

因为 $|\boldsymbol{A}-\boldsymbol{E}|=\begin{vmatrix} 1 & 1 \\ -1 & 1 \end{vmatrix}=2$，所以 $|\boldsymbol{B}|=2$.

【评注】本题考查抽象行列式的计算，运用的是矩阵运算，行列式乘法公式等基础知识. 另外 $|k\boldsymbol{A}|=k^n|\boldsymbol{A}|$ 不要出错.

41 设 $\boldsymbol{A}=(a_{ij})$ 是 3 阶非零矩阵，$|\boldsymbol{A}|$为 $\boldsymbol{A}$ 的行列式，A_{ij}为 a_{ij}的代数余子式，若 $a_{ij}+A_{ij}=0(i,j=1,2,3)$，则 $|\boldsymbol{A}|=$________. K 2013 数学一、数学二、数学三，4 分

知识点睛 0104 行列式按行展开定理

解 由 $a_{ij}=-A_{ij}(i,j=1,2,3)$ 知 $\boldsymbol{A}^{\mathrm{T}}=-\boldsymbol{A}^*$.

那么 $|\boldsymbol{A}|=|\boldsymbol{A}^{\mathrm{T}}|=|-\boldsymbol{A}^*|=(-1)^3|\boldsymbol{A}^*|=-|\boldsymbol{A}|^2$，即 $|\boldsymbol{A}|(1+|\boldsymbol{A}|)=0$，故 $|\boldsymbol{A}|$ 为 0 或 -1. 又 $\boldsymbol{A}$ 是非零矩阵，不妨设 $a_{11}\neq0$. 于是

$$|\boldsymbol{A}|=a_{11}A_{11}+a_{12}A_{12}+a_{13}A_{13}=-(a_{11}^2+a_{12}^2+a_{13}^2)\neq0,$$

所以 $|\boldsymbol{A}|=-1$.

2018 数学一，4 分

42 设 2 阶矩阵 $\boldsymbol{A}$ 有两个不同的特征值，$\boldsymbol{\alpha}_1,\boldsymbol{\alpha}_2$ 是 $\boldsymbol{A}$ 的线性无关的特征向量，且满足 $\boldsymbol{A}^2(\boldsymbol{\alpha}_1+\boldsymbol{\alpha}_2)=\boldsymbol{\alpha}_1+\boldsymbol{\alpha}_2$，则 $|\boldsymbol{A}|=$ ________.

知识点睛 0501 矩阵的特征值与特征向量的性质

解 设 $\boldsymbol{A}\boldsymbol{\alpha}_1=\lambda_1\boldsymbol{\alpha}_1,\boldsymbol{A}\boldsymbol{\alpha}_2=\lambda_2\boldsymbol{\alpha}_2,\lambda_1\neq\lambda_2$，由 $\boldsymbol{A}^2(\boldsymbol{\alpha}_1+\boldsymbol{\alpha}_2)=\boldsymbol{\alpha}_1+\boldsymbol{\alpha}_2$，有

$$\lambda_1^2\boldsymbol{\alpha}_1+\lambda_2^2\boldsymbol{\alpha}_2=\boldsymbol{\alpha}_1+\boldsymbol{\alpha}_2,\ (\lambda_1^2-1)\boldsymbol{\alpha}_1+(\lambda_2^2-1)\boldsymbol{\alpha}_2=\boldsymbol{0},$$

因为 $\boldsymbol{\alpha}_1,\boldsymbol{\alpha}_2$ 是不同特征值对应的特征向量，必线性无关，所以 $\begin{cases}\lambda_1^2-1=0,\\ \lambda_2^2-1=0,\\ \lambda_1\neq\lambda_2.\end{cases}$ 不妨设 $\lambda_1=1$，$\lambda_2=-1$，故 $|\boldsymbol{A}|=\lambda_1\lambda_2=-1$.

1993 数学四，3 分

43 若 $\boldsymbol{\alpha}_1,\boldsymbol{\alpha}_2,\boldsymbol{\alpha}_3,\boldsymbol{\beta}_1,\boldsymbol{\beta}_2$ 都是 4 维列向量，且 4 阶行列式 $|\boldsymbol{\alpha}_1,\boldsymbol{\alpha}_2,\boldsymbol{\alpha}_3,\boldsymbol{\beta}_1|=m$，$|\boldsymbol{\alpha}_1,\boldsymbol{\alpha}_2,\boldsymbol{\beta}_2,\boldsymbol{\alpha}_3|=n$，则 4 阶行列式 $|\boldsymbol{\alpha}_3,\boldsymbol{\alpha}_2,\boldsymbol{\alpha}_1,\boldsymbol{\beta}_1+\boldsymbol{\beta}_2|=$（ ）.

(A) $m+n$　　(B) $-(m+n)$

(C) $n-m$　　(D) $m-n$

43 题精解视频

知识点睛 0102 行列式的基本性质

解 利用行列式的性质，有

$$\begin{aligned}|\boldsymbol{\alpha}_3,\boldsymbol{\alpha}_2,\boldsymbol{\alpha}_1,\boldsymbol{\beta}_1+\boldsymbol{\beta}_2|&=|\boldsymbol{\alpha}_3,\boldsymbol{\alpha}_2,\boldsymbol{\alpha}_1,\boldsymbol{\beta}_1|+|\boldsymbol{\alpha}_3,\boldsymbol{\alpha}_2,\boldsymbol{\alpha}_1,\boldsymbol{\beta}_2|\\&=-|\boldsymbol{\alpha}_1,\boldsymbol{\alpha}_2,\boldsymbol{\alpha}_3,\boldsymbol{\beta}_1|-|\boldsymbol{\alpha}_1,\boldsymbol{\alpha}_2,\boldsymbol{\alpha}_3,\boldsymbol{\beta}_2|\\&=-m+|\boldsymbol{\alpha}_1,\boldsymbol{\alpha}_2,\boldsymbol{\beta}_2,\boldsymbol{\alpha}_3|=n-m.\end{aligned}$$

应选(C).

【评注】作为抽象行列式，本题主要考查用行列式的性质恒等变形，化简求值.

2000 数学四，3 分

44 设 $\boldsymbol{\alpha}=(1,0,-1)^{\mathrm{T}}$，矩阵 $\boldsymbol{A}=\boldsymbol{\alpha}\boldsymbol{\alpha}^{\mathrm{T}}$，$n$ 为正整数，则 $|a\boldsymbol{E}-\boldsymbol{A}^n|=$ ________.

知识点睛 0501 矩阵的特征值的性质

解 因为 $\boldsymbol{A}=\boldsymbol{\alpha}\boldsymbol{\alpha}^{\mathrm{T}}=\begin{pmatrix}1\\0\\-1\end{pmatrix}(1,0,-1)=\begin{pmatrix}1&0&-1\\0&0&0\\-1&0&1\end{pmatrix}$，而 $\boldsymbol{\alpha}^{\mathrm{T}}\boldsymbol{\alpha}=(1,0,-1)\begin{pmatrix}1\\0\\-1\end{pmatrix}=2$，

则

$$\boldsymbol{A}^2=(\boldsymbol{\alpha}\boldsymbol{\alpha}^{\mathrm{T}})(\boldsymbol{\alpha}\boldsymbol{\alpha}^{\mathrm{T}})=\boldsymbol{\alpha}(\boldsymbol{\alpha}^{\mathrm{T}}\boldsymbol{\alpha})\boldsymbol{\alpha}^{\mathrm{T}}=2\boldsymbol{\alpha}\boldsymbol{\alpha}^{\mathrm{T}}=2\boldsymbol{A}.$$

于是 $\boldsymbol{A}^n=2^{n-1}\boldsymbol{A}$，那么 $|a\boldsymbol{E}-\boldsymbol{A}^n|=|a\boldsymbol{E}-2^{n-1}\boldsymbol{A}|=\begin{vmatrix}a-2^{n-1}&0&2^{n-1}\\0&a&0\\2^{n-1}&0&a-2^{n-1}\end{vmatrix}=a^2(a-2^n)$.

【评注】本题也可用特征值计算，由 $r(\boldsymbol{A})=1$，知 $\boldsymbol{A}$ 的特征值为 2,0,0. 那么，$\boldsymbol{A}^n$ 的特征值是 2^n,0,0. 从而 $a\boldsymbol{E}-\boldsymbol{A}^n$ 的特征值是 $a-2^n,a,a$. 故 $|a\boldsymbol{E}-\boldsymbol{A}^n|=a^2(a-2^n)$.

45 设3阶方阵 A,B 满足 $A^2B-A-B=E$，其中 E 为3阶单位矩阵，若 $A=\begin{pmatrix}1&0&1\\0&2&0\\-2&0&1\end{pmatrix}$，则 $|B|=$________. Ⓚ2003 数学二，4分

知识点睛 行列式的乘法公式

解 由已知条件有 $(A^2-E)B=A+E$，即 $(A+E)(A-E)B=A+E$.

因为 $A+E=\begin{pmatrix}2&0&1\\0&3&0\\-2&0&2\end{pmatrix}$，知 $A+E$ 可逆.故

$$(A-E)B=E,$$

两边取行列式，并由行列式的乘法公式，有 $|A-E|\cdot|B|=1$.

而 $|A-E|=\begin{vmatrix}0&0&1\\0&1&0\\-2&0&0\end{vmatrix}=2$，故 $|B|=\frac{1}{2}$.应填 $\frac{1}{2}$.

【评注】本题考查的是利用矩阵知识进行行列式的计算.

46 设 A 为 n 阶矩阵，满足 $AA^{\mathrm{T}}=E$（E 是 n 阶单位矩阵，A^{T} 是 A 的转置矩阵），$|A|<0$，求 $|A+E|$. Ⓚ1995 数学一，6分

知识点睛 0314 正交矩阵及其性质

解 因

$$|A+E|=|A+AA^{\mathrm{T}}|=|A(E+A^{\mathrm{T}})|=|A|\cdot|(E+A)^{\mathrm{T}}|=|A|\cdot|E+A|,$$

又因 $AA^{\mathrm{T}}=E$，有 $|A|\cdot|A^{\mathrm{T}}|=1$，即 $|A|^2=1$.因 $|A|<0$，故 $|A|=-1$.

那么 $|A+E|=-|A+E|$，所以 $|A+E|=0$.

47 设3阶矩阵 A 的特征值为 $2,3,\lambda$.若行列式 $|2A|=-48$，则 $\lambda=$________. Ⓚ2008 数学二，4分

知识点睛 0102 行列式的基本性质，0501 矩阵的特征值的性质

解 由 $|2A|=2^3|A|=-48\Rightarrow|A|=-6$.又 $|A|=2\cdot3\cdot\lambda$，所以 $\lambda=-1$.应填 -1.

【评注】本题属抽象行列式的计算问题，考查行列式的两个基本公式：

$$|kA|=k^n|A|;\ |A|=\prod_{i=1}^{n}\lambda_i.$$

48 设 A 为3阶矩阵，$|A|=3$，A^* 为 A 的伴随矩阵，若交换 A 的第1行与第2行得矩阵 B，则 $|BA^*|=$________. Ⓚ2012 数学二、数学三，4分

知识点睛 矩阵的乘法公式，伴随矩阵的性质

解法1 两行互换 A 变成 B，所以 $|A|=-|B|$，再由行列式的乘法公式及 $|A^*|=|A|^{n-1}$，有

$$|BA^*|=|B|\cdot|A^*|=-|A|\cdot|A|^2=-27.$$

解法2 按题意，有 $\begin{pmatrix}0&1&0\\1&0&0\\0&0&1\end{pmatrix}A=B$，即 $B=E_{12}A$.那么 $BA^*=E_{12}AA^*=|A|E_{12}=3E_{12}$，从而

$$|BA^*|=|3E_{12}|=3^3|E_{12}|=-27.$$

K 2008数学三，4分

49 设3阶矩阵 A 的特征值为1,2,2,E 为3阶单位矩阵,则 $|4A^{-1}-E|=$________.

知识点睛 0501 矩阵的特征值的性质

解 A 的特征值为 $1,2,2\Rightarrow A^{-1}$ 的特征值为 $1,\frac{1}{2},\frac{1}{2}\Rightarrow 4A^{-1}$ 的特征值为 $4,2,2\Rightarrow$ $4A^{-1}-E$ 的特征值为3,1,1,所以

$$|4A^{-1}-E|=3\times1\times1=3.$$应填3.

【评注】本题属抽象行列式的计算问题,考查的是 $|A|=\prod_{i=1}^{n}\lambda_i$ 以及相关联矩阵特征值之间的联系.

K 2010数学二、数学三,4分

50 设 A,B 均为3阶矩阵,且 $|A|=3,|B|=2,|A^{-1}+B|=2$,则 $|A+B^{-1}|=$________.

知识点睛 行列式的乘法公式

解 本题是考查抽象行列式的计算.有

$$\begin{aligned}|A+B^{-1}|&=|EA+B^{-1}E|=|(B^{-1}B)A+B^{-1}(A^{-1}A)|\\&=|B^{-1}(B+A^{-1})A|=|B^{-1}|\cdot|B+A^{-1}|\cdot|A|\\&=\frac{1}{2}\times2\times3=3.\end{aligned}$$

应填3.

K 2005数学一、数学二,4分

51题精解视频

51 设 $\alpha_1,\alpha_2,\alpha_3$ 均为3维列向量,记矩阵

$$A=(\alpha_1,\alpha_2,\alpha_3),B=(\alpha_1+\alpha_2+\alpha_3,\alpha_1+2\alpha_2+4\alpha_3,\alpha_1+3\alpha_2+9\alpha_3),$$

如果 $|A|=1$,那么 $|B|=$________.

知识点睛 0102 行列式的基本性质

解法1 用行列式的性质,例如先第3列减去第2列,再第2列减去第1列,有

$$\begin{aligned}|B|&=|\alpha_1+\alpha_2+\alpha_3\quad \alpha_1+2\alpha_2+4\alpha_3\quad \alpha_1+3\alpha_2+9\alpha_3|\\&=|\alpha_1+\alpha_2+\alpha_3\quad \alpha_2+3\alpha_3\quad \alpha_2+5\alpha_3|\\&=|\alpha_1+\alpha_2+\alpha_3\quad \alpha_2+3\alpha_3\quad 2\alpha_3|\\&=2|\alpha_1+\alpha_2+\alpha_3\quad \alpha_2+3\alpha_3\quad \alpha_3|\\&=2|\alpha_1+\alpha_2+\alpha_3\quad \alpha_2\quad \alpha_3|\\&=2|\alpha_1\quad \alpha_2\quad \alpha_3|=2|A|=2.\end{aligned}$$

解法2 用分块矩阵,由于

$$B=(\alpha_1,\alpha_2,\alpha_3)\begin{pmatrix}1&1&1\\1&2&3\\1&4&9\end{pmatrix}=A\begin{pmatrix}1&1&1\\1&2&3\\1&4&9\end{pmatrix},$$

两边取行列式,并利用行列式乘法公式,有

$$|B|=|A|\cdot\begin{vmatrix}1&1&1\\1&2&3\\1&4&9\end{vmatrix}=2|A|=2.$$

应填2.

【评注】本题的这两种解法对于计算抽象行列式是重要的.

§1.4 综合提高题

52 设 $\boldsymbol{A}$ 是 $m\times n$ 矩阵,$\boldsymbol{B}$ 是 $n\times m$ 矩阵,则(　　) 🄺1999 数学一,3 分

(A) 当 $m>n$ 时,必有 $|\boldsymbol{AB}|\neq 0$.

(B) 当 $m>n$ 时,必有 $|\boldsymbol{AB}|=0$.

(C) 当 $n>m$ 时,必有 $|\boldsymbol{AB}|\neq 0$.

(D) 当 $n>m$ 时,必有 $|\boldsymbol{AB}|=0$.

知识点睛　0402 齐次线性方程组有非零解的充要条件

解法 1　因为 $\boldsymbol{AB}$ 是 m 阶矩阵,$|\boldsymbol{AB}|=0$ 的充要条件是秩 $r(\boldsymbol{AB})<m$.

由于

$$r(\boldsymbol{AB})\leqslant r(\boldsymbol{B})\leqslant \min(m,n),$$

可见当 $m>n$ 时,必有 $r(\boldsymbol{AB})\leqslant n<m$.应选(B).

解法 2　由于方程组 $\boldsymbol{Bx}=\boldsymbol{0}$ 的解必是方程组 $\boldsymbol{ABx}=\boldsymbol{0}$ 的解,而 $\boldsymbol{Bx}=\boldsymbol{0}$ 是 n 个方程 m 个未知数的齐次线性方程组,因此,当 $m>n$ 时,$\boldsymbol{Bx}=\boldsymbol{0}$ 必有非零解,从而 $\boldsymbol{ABx}=\boldsymbol{0}$ 有非零解,故 $|\boldsymbol{AB}|=0$.应选(B).

53 设 $\boldsymbol{A}$ 为 n 阶非零实矩阵,$\boldsymbol{A}^*$ 是 $\boldsymbol{A}$ 的伴随矩阵,$\boldsymbol{A}^{\mathrm{T}}$ 是 $\boldsymbol{A}$ 的转置矩阵,当 $\boldsymbol{A}^*=\boldsymbol{A}^{\mathrm{T}}$ 时,证明 $|\boldsymbol{A}|\neq 0$. 🄺1994 数学一,6 分

知识点睛　0104 行列式展开定理

证法 1　由于 $\boldsymbol{A}^*=\boldsymbol{A}^{\mathrm{T}}$,即有 $A_{ij}=a_{ij}(\forall i,j=1,2,\cdots,n)$,其中 A_{ij}是行列式 $|\boldsymbol{A}|$中 a_{ij} 的代数余子式.

因为 $\boldsymbol{A}\neq\boldsymbol{O}$,不妨设 $a_{i1}\neq 0$,那么

$$|\boldsymbol{A}|=a_{i1}A_{i1}+a_{i2}A_{i2}+\cdots+a_{in}A_{in}=a_{i1}^2+a_{i2}^2+\cdots+a_{in}^2>0,$$

故 $|\boldsymbol{A}|\neq 0$.

证法 2(反证法)　若 $|\boldsymbol{A}|=0$,则 $\boldsymbol{AA}^{\mathrm{T}}=\boldsymbol{AA}^*=|\boldsymbol{A}|\boldsymbol{E}=\boldsymbol{O}$.设 $\boldsymbol{A}$ 的行向量为 $\boldsymbol{\alpha}_i=(a_{i1},a_{i2},\cdots,a_{in})(i=1,2,\cdots,n)$,则

$$\boldsymbol{\alpha}_i\boldsymbol{\alpha}_i^{\mathrm{T}}=a_{i1}^2+a_{i2}^2+\cdots+a_{in}^2=0\quad(i=1,2,\cdots,n).$$

于是 $\boldsymbol{\alpha}_i=(a_{i1},a_{i2},\cdots,a_{in})=\boldsymbol{0}\quad(i=1,2,\cdots,n)$.进而有 $\boldsymbol{A}=\boldsymbol{O}$,这与 $\boldsymbol{A}$ 是非零矩阵相矛盾.故 $|\boldsymbol{A}|\neq 0$.

54 解下列线性方程组

54 题精解视频

$$\begin{cases}x_1+a_1x_2+a_1^2x_3+\cdots+a_1^{n-1}x_n=1,\\x_1+a_2x_2+a_2^2x_3+\cdots+a_2^{n-1}x_n=1,\\\cdots\cdots\cdots\cdots\cdots\cdots\cdots\cdots\cdots\cdots\\x_1+a_nx_2+a_n^2x_3+\cdots+a_n^{n-1}x_n=1,\end{cases}$$

其中 $a_i\neq a_j(i\neq j,i,j=1,2,\cdots,n)$.

知识点睛　0401 克拉默法则

解　该方程组的系数行列式是范德蒙德行列式的转置行列式,有

$$D=\begin{vmatrix}1 & a_1 & a_1^2 & \cdots & a_1^{n-1}\\ 1 & a_2 & a_2^2 & \cdots & a_2^{n-1}\\ \vdots & \vdots & \vdots & & \vdots\\ 1 & a_n & a_n^2 & \cdots & a_n^{n-1}\end{vmatrix}=\prod_{1\leqslant j<i\leqslant n}(a_i-a_j)\neq 0,$$

于是由克拉默法则知方程组有唯一解. 由行列式的性质易知 $D_1=D, D_2=\cdots=D_n=0$，所以

$$x_1=\frac{D_1}{D}=1,\quad x_2=\frac{D_2}{D}=0,\quad \cdots,\quad x_n=\frac{D_n}{D}=0.$$

55 已知齐次线性方程组

$$\begin{cases}(3-\lambda)x_1+x_2+x_3=0,\\ (2-\lambda)x_2-x_3=0,\\ 4x_1-2x_2+(1-\lambda)x_3=0\end{cases}$$

有非零解，求 λ 的值.

知识点睛 0402 齐次线性方程组有非零解的充要条件

解 因齐次线性方程组有非零解，故其系数行列式为零，有

$$\begin{vmatrix}3-\lambda & 1 & 1\\ 0 & 2-\lambda & -1\\ 4 & -2 & 1-\lambda\end{vmatrix}=\begin{vmatrix}3-\lambda & 3-\lambda & 0\\ 0 & 2-\lambda & -1\\ 4 & -2 & 1-\lambda\end{vmatrix}=\begin{vmatrix}3-\lambda & 0 & 0\\ 0 & 2-\lambda & -1\\ 4 & -6 & 1-\lambda\end{vmatrix}$$

$$=(3-\lambda)[(2-\lambda)(1-\lambda)-6]=(3-\lambda)(\lambda-4)(\lambda+1)=0,$$

所以 λ 为 3,4 或 -1.

56 如果齐次线性方程组

$$\begin{cases}\lambda x_1+x_2+x_3=0,\\ x_1+\lambda x_2+x_3=0,\\ x_1+x_2+\lambda x_3=0\end{cases}$$

有非零解，求 λ.

知识点睛 0402 齐次线性方程组有非零解的充要条件

解 因方程组有非零解，故其系数行列式等于零. 方程组的系数行列式

$$D=\begin{vmatrix}\lambda & 1 & 1\\ 1 & \lambda & 1\\ 1 & 1 & \lambda\end{vmatrix}=\begin{vmatrix}\lambda+2 & \lambda+2 & \lambda+2\\ 1 & \lambda & 1\\ 1 & 1 & \lambda\end{vmatrix}$$

$$=(\lambda+2)\begin{vmatrix}1 & 1 & 1\\ 1 & \lambda & 1\\ 1 & 1 & \lambda\end{vmatrix}=(\lambda+2)\begin{vmatrix}1 & 1 & 1\\ 0 & \lambda-1 & 0\\ 1 & 1 & \lambda\end{vmatrix}$$

$$=(\lambda+2)\begin{vmatrix}1 & 1 & 1\\ 0 & \lambda-1 & 0\\ 0 & 0 & \lambda-1\end{vmatrix}=(\lambda+2)(\lambda-1)^2=0,$$

所以 $\lambda=-2$ 或 $\lambda=1$，即当方程组有非零解时，λ 只可能取 -2 或 1.

57　计算 $D_n=\begin{vmatrix}-a_1 & a_1 & 0 & 0 & \cdots & 0 & 0\\ 0 & -a_2 & a_2 & 0 & \cdots & 0 & 0\\ 0 & 0 & -a_3 & a_3 & \cdots & 0 & 0\\ \vdots & \vdots & \vdots & \vdots & & \vdots & \vdots\\ 0 & 0 & 0 & 0 & \cdots & -a_{n-1} & a_{n-1}\\ 1 & 1 & 1 & 1 & \cdots & 1 & 1\end{vmatrix}$.

知识点睛　0102 行列式的基本性质

解　将行列式中第 i 列加到第 $i+1$ 列 $(i=1,2,\cdots,n-1)$，则

$$D_n=\begin{vmatrix}-a_1 & 0 & 0 & \cdots & 0 & 0\\ 0 & -a_2 & 0 & \cdots & 0 & 0\\ 0 & 0 & -a_3 & \cdots & 0 & 0\\ \vdots & \vdots & \vdots & & \vdots & \vdots\\ 0 & 0 & 0 & \cdots & -a_{n-1} & 0\\ 1 & 2 & 3 & \cdots & n-1 & n\end{vmatrix}=(-1)^{n-1}na_1a_2\cdots a_{n-1}.$$

58　计算 $n+1$ 阶行列式：

$$D_{n+1}=\begin{vmatrix}x & a_1 & a_2 & \cdots & a_{n-1} & 1\\ a_1 & x & a_2 & \cdots & a_{n-1} & 1\\ a_1 & a_2 & x & \cdots & a_{n-1} & 1\\ \vdots & \vdots & \vdots & & \vdots & \vdots\\ a_1 & a_2 & a_3 & \cdots & x & 1\\ a_1 & a_2 & a_3 & \cdots & a_n & 1\end{vmatrix}.$$

知识点睛　0102 行列式的基本性质

解　从第 1 行起逐行相减再按最后 1 列展开，得

$$D_{n+1}=\begin{vmatrix}x-a_1 & a_1-x & 0 & \cdots & 0 & 0\\ 0 & x-a_2 & a_2-x & \cdots & 0 & 0\\ 0 & 0 & x-a_3 & \cdots & 0 & 0\\ \vdots & \vdots & \vdots & & \vdots & \vdots\\ 0 & 0 & 0 & \cdots & x-a_n & 0\\ a_1 & a_2 & a_3 & \cdots & a_n & 1\end{vmatrix}$$

$$=(x-a_1)(x-a_2)\cdots(x-a_n).$$

59　计算 $n+1$ 阶行列式：

$$D_{n+1}=\begin{vmatrix}1 & x & x^2 & \cdots & x^{n-1} & x^n\\ a_{11} & 1 & x & \cdots & x^{n-2} & x^{n-1}\\ a_{21} & a_{22} & 1 & \cdots & x^{n-3} & x^{n-2}\\ \vdots & \vdots & \vdots & & \vdots & \vdots\\ a_{n-1,1} & a_{n-1,2} & a_{n-1,3} & \cdots & 1 & x\\ a_{n1} & a_{n2} & a_{n3} & \cdots & a_{nn} & 1\end{vmatrix}.$$

知识点睛 0102 行列式的基本性质

解 从第 $n-1$ 列开始，每列都乘$-x$ 加到下一列，得

$$D_{n+1}=\begin{vmatrix}1&0&0&\cdots&0&0\\a_{11}&1-a_{11}x&0&\cdots&0&0\\a_{21}&a_{22}-a_{21}x&1-a_{22}x&\cdots&0&0\\\vdots&\vdots&\vdots&&\vdots&\vdots\\a_{n-1,1}&\cdots&\cdots&\cdots&1-a_{n-1,n-1}x&0\\a_{n1}&\cdots&\cdots&\cdots&\cdots&1-a_{nn}x\end{vmatrix}=\prod_{i=1}^{n}(1-a_{ii}x).$$

60 计算 n 阶行列式 $D_n=|a_{ij}|$，其中 $a_{ij}=|i-j|$ $(i,j=1,2,\cdots,n)$.

知识点睛 0102 行列式的基本性质

解

$$D_n=\begin{vmatrix}0&1&2&\cdots&n-2&n-1\\1&0&1&\cdots&n-3&n-2\\2&1&0&\cdots&n-4&n-3\\\vdots&\vdots&\vdots&&\vdots&\vdots\\n-2&n-3&n-4&\cdots&0&1\\n-1&n-2&n-3&\cdots&1&0\end{vmatrix},$$

第$(n-1)$行的(-1)倍加至第 n 行，第$(n-2)$行的(-1)倍加至第 $n-1$ 行，…，第 1 行的(-1)倍加至第 2 行，有

$$D_n=\begin{vmatrix}0&1&2&\cdots&n-2&n-1\\1&-1&-1&\cdots&-1&-1\\1&1&-1&\cdots&-1&-1\\\vdots&\vdots&\vdots&&\vdots&\vdots\\1&1&1&\cdots&-1&-1\\1&1&1&\cdots&1&-1\end{vmatrix}$$

$$\xrightarrow[\text{第}1,2,\cdots,n-1\text{列}]{\text{将第}n\text{列分别加到}}\begin{vmatrix}n-1&n&n+1&\cdots&2n-3&n-1\\0&-2&-2&\cdots&-2&-1\\0&0&-2&\cdots&-2&-1\\\vdots&\vdots&\vdots&&\vdots&\vdots\\0&0&0&\cdots&-2&-1\\0&0&0&\cdots&0&-1\end{vmatrix}$$

$$=(-1)^{n-1}(n-1)2^{n-2}.$$

【评注】此行列式相邻两行对应元素大小相差 1，利用逐行相减法，先将第 n 行减去第 $n-1$ 行，其次第 $n-1$ 行减去第 $n-2$ 行，依次进行下去，直至第 2 行减去第 1 行，此时，除第 1 行外，其余元素全是 1 或-1，然后化为三角形行列式.

61 计算行列式$\begin{vmatrix} 1 & 2 & 3 & \cdots & n \\ 2 & 3 & 4 & \cdots & 1 \\ \vdots & \vdots & \vdots & & \vdots \\ n-1 & n & 1 & \cdots & n-2 \\ n & 1 & 2 & \cdots & n-1 \end{vmatrix}$.

知识点睛 0102 行列式的基本性质

解 依次将第 n 行减第 $n-1$ 行,第 $n-1$ 行减第 $n-2$ 行,…,第 2 行减第 1 行,再将各列加到第 1 列,得

$$
\begin{aligned}
\text{原式} &= \begin{vmatrix} 1 & 2 & 3 & \cdots & n \\ 1 & 1 & 1 & \cdots & -n+1 \\ \vdots & \vdots & \vdots & & \vdots \\ 1 & 1 & -n+1 & \cdots & 1 \\ 1 & -n+1 & 1 & \cdots & 1 \end{vmatrix} \\
&= \begin{vmatrix} \frac{n(n+1)}{2} & 2 & 3 & \cdots & n \\ 0 & 1 & 1 & \cdots & -n+1 \\ \vdots & \vdots & \vdots & & \vdots \\ 0 & 1 & -n+1 & \cdots & 1 \\ 0 & -n+1 & 1 & \cdots & 1 \end{vmatrix} \\
&= \frac{n(n+1)}{2} \begin{vmatrix} 1 & 1 & \cdots & -n+1 \\ \vdots & \vdots & & \vdots \\ 1 & -n+1 & \cdots & 1 \\ -n+1 & 1 & \cdots & 1 \end{vmatrix} \\
&= \frac{n(n+1)}{2} \begin{vmatrix} -1 & 1 & \cdots & -n+1 \\ \vdots & \vdots & & \vdots \\ -1 & -n+1 & \cdots & 1 \\ -1 & 1 & \cdots & 1 \end{vmatrix} = \frac{n(n+1)}{2} \begin{vmatrix} -1 & 0 & \cdots & -n \\ \vdots & \vdots & & \vdots \\ -1 & -n & \cdots & 0 \\ -1 & 0 & \cdots & 0 \end{vmatrix} \\
&= \frac{n(n+1)}{2}(-1)^{\frac{(n-1)(n-2)}{2}+1}(-n)^{n-2} = (-1)^{\frac{n(n-1)}{2}} \frac{n^{n-1}(n+1)}{2}.
\end{aligned}
$$

62 计算 $2n$ 阶行列式

$$
D_{2n} = \begin{vmatrix} a & & & & & & & b \\ & a & & & & & b & \\ & & \ddots & & & \iddots & & \\ & & & a & b & & & \\ & & & c & d & & & \\ & & \iddots & & & \ddots & & \\ & c & & & & & d & \\ c & & & & & & & d \end{vmatrix}.
$$

知识点睛 0104 行列式按行展开定理

解 对 D_{2n} 按第 1 行展开,得

$$D_{2n}=a\begin{vmatrix} a & & & & & b & 0 \\ & \ddots & & & \iddots & & \\ & & a & b & & & \\ & & c & d & & & \\ & \iddots & & & \ddots & & \\ c & & & & & d & 0 \\ 0 & & & & & 0 & d \end{vmatrix}-b\begin{vmatrix} 0 & a & & & & & b \\ & & \ddots & & & \iddots & \\ & & & a & b & & \\ & & & c & d & & \\ & & \iddots & & & \ddots & \\ 0 & c & & & & & d \\ c & 0 & & & & & 0 \end{vmatrix}$$

$$=adD_{2(n-1)}-bcD_{2(n-1)}=(ad-bc)D_{2(n-1)}.$$

据此递推下去,可得

$$\begin{aligned} D_{2n}&=(ad-bc)D_{2(n-1)}=(ad-bc)^2D_{2(n-2)}=\cdots=(ad-bc)^{n-1}D_2 \\ &=(ad-bc)^{n-1}(ad-bc)=(ad-bc)^n. \end{aligned}$$

所以 $D_{2n}=(ad-bc)^n$.

63 计算 $n(n\geqslant2)$ 阶行列式

$$D_n=\begin{vmatrix} 1 & 2 & 3 & \cdots & n \\ n+1 & n+2 & n+3 & \cdots & 2n \\ 2n+1 & 2n+2 & 2n+3 & \cdots & 3n \\ \vdots & \vdots & \vdots & & \vdots \\ (n-1)n+1 & (n-1)n+2 & (n-1)n+3 & \cdots & n^2 \end{vmatrix}.$$

知识点睛 0102 行列式的基本性质

解 当 $n=2$ 时,$D_2=\begin{vmatrix} 1 & 2 \\ 3 & 4 \end{vmatrix}=-2$;

当 $n\geqslant3$ 时,将 D_n 的第 1 行乘 -1 后分别加到其余各行,得

$$D_n=\begin{vmatrix} 1 & 2 & \cdots & n \\ n & n & \cdots & n \\ 2n & 2n & \cdots & 2n \\ \vdots & \vdots & & \vdots \\ (n-1)n & (n-1)n & \cdots & (n-1)n \end{vmatrix}=0.$$

64 计算

$$D_n=\begin{vmatrix} 1+x_1y_1 & 1+x_1y_2 & \cdots & 1+x_1y_n \\ 1+x_2y_1 & 1+x_2y_2 & \cdots & 1+x_2y_n \\ \vdots & \vdots & & \vdots \\ 1+x_ny_1 & 1+x_ny_2 & \cdots & 1+x_ny_n \end{vmatrix}.$$

知识点睛 0102 行列式的基本性质

解 当 $n=2$ 时,

$$\begin{aligned} D_2&=\begin{vmatrix} 1+x_1y_1 & 1+x_1y_2 \\ 1+x_2y_1 & 1+x_2y_2 \end{vmatrix}=\begin{vmatrix} 1 & 1+x_1y_2 \\ 1 & 1+x_2y_2 \end{vmatrix}+\begin{vmatrix} x_1y_1 & 1+x_1y_2 \\ x_2y_1 & 1+x_2y_2 \end{vmatrix} \\ &=(x_2-x_1)y_2+y_1\begin{vmatrix} x_1 & 1 \\ x_2 & 1 \end{vmatrix}=(x_2-x_1)(y_2-y_1); \end{aligned}$$

当 $n\geqslant 3$ 时，

$$D_n=\begin{vmatrix}1 & 1+x_1y_2 & \cdots & 1+x_1y_n\\ 1 & 1+x_2y_2 & \cdots & 1+x_2y_n\\ \vdots & \vdots & & \vdots\\ 1 & 1+x_ny_2 & \cdots & 1+x_ny_n\end{vmatrix}+\begin{vmatrix}x_1y_1 & 1+x_1y_2 & \cdots & 1+x_1y_n\\ x_2y_1 & 1+x_2y_2 & \cdots & 1+x_2y_n\\ \vdots & \vdots & & \vdots\\ x_ny_1 & 1+x_ny_2 & \cdots & 1+x_ny_n\end{vmatrix}=0+0=0.$$

65 计算行列式

$$D_4=\begin{vmatrix}a_1^3 & a_2^3 & a_3^3 & a_4^3\\ a_1^2b_1 & a_2^2b_2 & a_3^2b_3 & a_4^2b_4\\ a_1b_1^2 & a_2b_2^2 & a_3b_3^2 & a_4b_4^2\\ b_1^3 & b_2^3 & b_3^3 & b_4^3\end{vmatrix},a_i\neq 0\quad(i=1,2,3,4).$$

知识点睛 范德蒙德行列式

解 第 i 列提取公因子 $a_i^3(i=1,2,3,4)$，可得范德蒙德行列式，再利用范德蒙德行列式的结果，得

$$D_4=a_1^3a_2^3a_3^3a_4^3\begin{vmatrix}1 & 1 & 1 & 1\\ \dfrac{b_1}{a_1} & \dfrac{b_2}{a_2} & \dfrac{b_3}{a_3} & \dfrac{b_4}{a_4}\\ \left(\dfrac{b_1}{a_1}\right)^2 & \left(\dfrac{b_2}{a_2}\right)^2 & \left(\dfrac{b_3}{a_3}\right)^2 & \left(\dfrac{b_4}{a_4}\right)^2\\ \left(\dfrac{b_1}{a_1}\right)^3 & \left(\dfrac{b_2}{a_2}\right)^3 & \left(\dfrac{b_3}{a_3}\right)^3 & \left(\dfrac{b_4}{a_4}\right)^3\end{vmatrix}$$

$$=a_1^3a_2^3a_3^3a_4^3\prod_{1\leqslant j<i\leqslant 4}\left(\frac{b_i}{a_i}-\frac{b_j}{a_j}\right)=\prod_{1\leqslant j<i\leqslant 4}(a_jb_i-a_ib_j).$$

66 利用范德蒙德行列式计算：

(1) $D_{n+1}=\begin{vmatrix}a^n & (a-1)^n & \cdots & (a-n)^n\\ a^{n-1} & (a-1)^{n-1} & \cdots & (a-n)^{n-1}\\ \vdots & \vdots & & \vdots\\ a & a-1 & \cdots & a-n\\ 1 & 1 & \cdots & 1\end{vmatrix}$;

(2) $D_n=\begin{vmatrix}1 & 1 & 1 & \cdots & 1\\ x_1 & x_2 & x_3 & \cdots & x_n\\ x_1^2 & x_2^2 & x_3^2 & \cdots & x_n^2\\ \vdots & \vdots & \vdots & & \vdots\\ x_1^{n-2} & x_2^{n-2} & x_3^{n-2} & \cdots & x_n^{n-2}\\ x_1^n & x_2^n & x_3^n & \cdots & x_n^n\end{vmatrix}$.

知识点睛 范德蒙德行列式

解 (1) 将第 $(n+1)$ 行依次与前面各行交换到第 1 行（共交换了 n 次），再将新的行列式的第 $(n+1)$ 行依次与前面各行交换到第 2 行（共交换了 $n-1$ 次），…，这样继续

做下去,共经过交换 $n+(n-1)+(n-2)+\cdots+2+1=\dfrac{n(n+1)}{2}$ 次后,就可得到一个范德蒙德行列式

$$D_{n+1}=(-1)^{\frac{n(n+1)}{2}}\begin{vmatrix}1 & 1 & \cdots & 1\\ a & a-1 & \cdots & a-n\\ \vdots & \vdots & & \vdots\\ a^{n-1} & (a-1)^{n-1} & \cdots & (a-n)^{n-1}\\ a^n & (a-1)^n & \cdots & (a-n)^n\end{vmatrix}$$

$$=(-1)^{\frac{n(n+1)}{2}}\prod_{0\leqslant j<i\leqslant n}[(a-i)-(a-j)]$$

$$=(-1)^{\frac{n(n+1)}{2}}\prod_{0\leqslant j<i\leqslant n}(j-i)=(-1)^{\frac{n(n+1)}{2}}\prod_{k=1}^{n}(-1)^k k!$$

$$=(-1)^{\frac{n(n+1)}{2}}(-1)^{1+2+\cdots+n}\prod_{k=1}^{n}k!=\prod_{k=1}^{n}k!.$$

(2) 考虑 $n+1$ 阶范德蒙德行列式

$$f(x)=\begin{vmatrix}1 & 1 & 1 & \cdots & 1 & 1\\ x_1 & x_2 & x_3 & \cdots & x_n & x\\ x_1^2 & x_2^2 & x_3^2 & \cdots & x_n^2 & x^2\\ \vdots & \vdots & \vdots & & \vdots & \vdots\\ x_1^{n-2} & x_2^{n-2} & x_3^{n-2} & \cdots & x_n^{n-2} & x^{n-2}\\ x_1^{n-1} & x_2^{n-1} & x_3^{n-1} & \cdots & x_n^{n-1} & x^{n-1}\\ x_1^n & x_2^n & x_3^n & \cdots & x_n^n & x^n\end{vmatrix}$$

$$=(x-x_1)(x-x_2)\cdots(x-x_n)\prod_{1\leqslant j<i\leqslant n}(x_i-x_j),$$

显然行列式 D_n 就是辅助行列式 $f(x)$ 中元素 x^{n-1} 的余子式 $M_{n,n+1}$,即

$$D_n=M_{n,n+1}=(-1)^{n+(n+1)}A_{n,n+1}=-A_{n,n+1}.$$

又由 $f(x)$ 的表达式知,x^{n-1} 的系数为

$$A_{n,n+1}=-(x_1+x_2+\cdots+x_n)\prod_{1\leqslant j<i\leqslant n}(x_i-x_j).$$

注意到:x^{n-1} 只在 $(x-x_1)(x-x_2)\cdots(x-x_n)$ 中出现,并且 $\prod\limits_{1\leqslant j<i\leqslant n}(x_i-x_j)$ 与 x 无关.于是

$$D_n=(x_1+x_2+\cdots+x_n)\prod_{1\leqslant j<i\leqslant n}(x_i-x_j).$$

67 题精解视频

67 设 a,b,c,d 是互不相同的正实数,x,y,z,w 是实数,满足 $a^x=bcd,b^y=cda,c^z=dab,d^w=abc$,则行列式 $\begin{vmatrix}-x & 1 & 1 & 1\\ 1 & -y & 1 & 1\\ 1 & 1 & -z & 1\\ 1 & 1 & 1 & -w\end{vmatrix}=$________.

知识点睛 加边法计算行列式,0102 行列式的基本性质

解
$$\begin{vmatrix} -x & 1 & 1 & 1 \\ 1 & -y & 1 & 1 \\ 1 & 1 & -z & 1 \\ 1 & 1 & 1 & -w \end{vmatrix}=\begin{vmatrix} 1 & 1 & 1 & 1 & 1 \\ 0 & -x & 1 & 1 & 1 \\ 0 & 1 & -y & 1 & 1 \\ 0 & 1 & 1 & -z & 1 \\ 0 & 1 & 1 & 1 & -w \end{vmatrix}$$

$$\xlongequal[i=2,3,4,5]{r_i-r_1}\begin{vmatrix} 1 & 1 & 1 & 1 & 1 \\ -1 & -x-1 & 0 & 0 & 0 \\ -1 & 0 & -y-1 & 0 & 0 \\ -1 & 0 & 0 & -z-1 & 0 \\ -1 & 0 & 0 & 0 & -w-1 \end{vmatrix}$$

$$=\begin{vmatrix} 1 & 1 & 1 & 1 & 1 \\ 1 & x+1 & 0 & 0 & 0 \\ 1 & 0 & y+1 & 0 & 0 \\ 1 & 0 & 0 & z+1 & 0 \\ 1 & 0 & 0 & 0 & w+1 \end{vmatrix}=\begin{vmatrix} 1-\frac{1}{1+x}-\frac{1}{1+y}-\frac{1}{1+z}-\frac{1}{1+w} & 1 & 1 & 1 & 1 \\ 0 & x+1 & 0 & 0 & 0 \\ 0 & 0 & y+1 & 0 & 0 \\ 0 & 0 & 0 & z+1 & 0 \\ 0 & 0 & 0 & 0 & w+1 \end{vmatrix}$$

$$=(1+x)(1+y)(1+z)(1+w)\left(1-\frac{1}{1+x}-\frac{1}{1+y}-\frac{1}{1+z}-\frac{1}{1+w}\right),$$

又 $a^x=bcd,b^y=cda,c^z=dab,d^w=abc$,所以有

$$1+x=\frac{\ln(abcd)}{\ln a},1+y=\frac{\ln(abcd)}{\ln b},1+z=\frac{\ln(abcd)}{\ln c},1+w=\frac{\ln(abcd)}{\ln d},$$

于是

$$1-\frac{1}{1+x}-\frac{1}{1+y}-\frac{1}{1+z}-\frac{1}{1+w}=1-\frac{\ln a}{\ln(abcd)}-\frac{\ln b}{\ln(abcd)}-\frac{\ln c}{\ln(abcd)}-\frac{\ln d}{\ln(abcd)}=0,$$

所以

$$\begin{vmatrix} -x & 1 & 1 & 1 \\ 1 & -y & 1 & 1 \\ 1 & 1 & -z & 1 \\ 1 & 1 & 1 & -w \end{vmatrix}=(1+x)(1+y)(1+z)(1+w)\left(1-\frac{1}{1+x}-\frac{1}{1+y}-\frac{1}{1+z}-\frac{1}{1+w}\right)=0.$$

【评注】此题的综合性较强.一方面考查了行列式的计算(加边法)、行列式的性质等计算技巧,其决定了能否计算出行列式的值;另一方面考查了对数函数的性质,其决定了能否结合已知条件将行列式的值化简出来.

68 计算 n 阶行列式

$$D_n=\begin{vmatrix} 1+a_1 & 1 & \cdots & 1 \\ 1 & 1+a_2 & \cdots & 1 \\ \vdots & \vdots & & \vdots \\ 1 & 1 & \cdots & 1+a_n \end{vmatrix},$$

其中 $a_1a_2\cdots a_n\neq 0$.

知识点睛 0102 行列式的基本性质

解法1(利用性质化为三角形行列式)

$$D_n \xlongequal[\substack{r_3-r_1\\ \cdots\\ r_n-r_1}]{r_2-r_1} \begin{vmatrix} 1+a_1 & 1 & 1 & \cdots & 1 \\ -a_1 & a_2 & 0 & \cdots & 0 \\ -a_1 & 0 & a_3 & \cdots & 0 \\ \vdots & \vdots & \vdots & & \vdots \\ -a_1 & 0 & 0 & \cdots & a_n \end{vmatrix}$$

$$\xlongequal{\text{提取公因子}} a_1a_2\cdots a_n \begin{vmatrix} \dfrac{1+a_1}{a_1} & \dfrac{1}{a_2} & \dfrac{1}{a_3} & \cdots & \dfrac{1}{a_n} \\ -1 & 1 & 0 & \cdots & 0 \\ -1 & 0 & 1 & \cdots & 0 \\ \vdots & \vdots & \vdots & & \vdots \\ -1 & 0 & 0 & \cdots & 1 \end{vmatrix}$$

$$\xlongequal{c_1+(c_2+c_3+\cdots+c_n)} a_1a_2\cdots a_n \begin{vmatrix} \dfrac{1+a_1}{a_1}+\sum\limits_{i=2}^{n}\dfrac{1}{a_i} & \dfrac{1}{a_2} & \dfrac{1}{a_3} & \cdots & \dfrac{1}{a_n} \\ 0 & 1 & 0 & \cdots & 0 \\ 0 & 0 & 1 & \cdots & 0 \\ \vdots & \vdots & \vdots & & \vdots \\ 0 & 0 & 0 & \cdots & 1 \end{vmatrix}$$

$$=a_1a_2\cdots a_n\left(1+\sum_{i=1}^{n}\frac{1}{a_i}\right).$$

解法2(加边法) 将 D_n 加一列、一行,成为 $n+1$ 阶行列式

$$D_n=\begin{vmatrix} 1+a_1 & 1 & \cdots & 1 \\ 1 & 1+a_2 & \cdots & 1 \\ \vdots & \vdots & & \vdots \\ 1 & 1 & \cdots & 1+a_n \end{vmatrix}=\begin{vmatrix} 1 & 1 & 1 & \cdots & 1 \\ 0 & 1+a_1 & 1 & \cdots & 1 \\ 0 & 1 & 1+a_2 & \cdots & 1 \\ \vdots & \vdots & \vdots & & \vdots \\ 0 & 1 & 1 & \cdots & 1+a_n \end{vmatrix}$$

$$\xlongequal[\substack{r_3-r_1\\ \cdots\\ r_{n+1}-r_1}]{r_2-r_1} \begin{vmatrix} 1 & 1 & 1 & \cdots & 1 \\ -1 & a_1 & 0 & \cdots & 0 \\ -1 & 0 & a_2 & \cdots & 0 \\ \vdots & \vdots & \vdots & & \vdots \\ -1 & 0 & 0 & \cdots & a_n \end{vmatrix}$$

$$\xlongequal{\text{提取公因子}} a_1a_2\cdots a_n \begin{vmatrix} 1 & \dfrac{1}{a_1} & \dfrac{1}{a_2} & \cdots & \dfrac{1}{a_n} \\ -1 & 1 & 0 & \cdots & 0 \\ -1 & 0 & 1 & \cdots & 0 \\ \vdots & \vdots & \vdots & & \vdots \\ -1 & 0 & 0 & \cdots & 1 \end{vmatrix}$$

$$\xlongequal{c_1+(c_2+c_3+\cdots+c_{n+1})} a_1a_2\cdots a_n\begin{vmatrix}1+\sum\limits_{i=1}^{n}\dfrac{1}{a_i} & \dfrac{1}{a_1} & \dfrac{1}{a_2} & \cdots & \dfrac{1}{a_n}\\ 0 & 1 & 0 & \cdots & 0\\ 0 & 0 & 1 & \cdots & 0\\ \vdots & \vdots & \vdots & & \vdots\\ 0 & 0 & 0 & \cdots & 1\end{vmatrix}$$

$$=a_1a_2\cdots a_n\left(1+\sum_{i=1}^{n}\frac{1}{a_i}\right).$$

解法 3(拆成两个行列式之和,再用递推法)

$$D_n=\begin{vmatrix}1+a_1 & 1 & 1 & \cdots & 1 & 1\\ 1 & 1+a_2 & 1 & \cdots & 1 & 1\\ 1 & 1 & 1+a_3 & \cdots & 1 & 1\\ \vdots & \vdots & \vdots & & \vdots & \vdots\\ 1 & 1 & 1 & \cdots & 1+a_{n-1} & 1\\ 1 & 1 & 1 & \cdots & 1 & 1\end{vmatrix}$$

$$+\begin{vmatrix}1+a_1 & 1 & 1 & \cdots & 1 & 0\\ 1 & 1+a_2 & 1 & \cdots & 1 & 0\\ 1 & 1 & 1+a_3 & \cdots & 1 & 0\\ \vdots & \vdots & \vdots & & \vdots & \vdots\\ 1 & 1 & 1 & \cdots & 1+a_{n-1} & 0\\ 1 & 1 & 1 & \cdots & 1 & a_n\end{vmatrix}.$$

前一个行列式中,前 $n-1$ 行分别减第 n 行,得

$$\begin{vmatrix}a_1 & 0 & 0 & \cdots & 0 & 0\\ 0 & a_2 & 0 & \cdots & 0 & 0\\ \vdots & \vdots & \vdots & & \vdots & \vdots\\ 0 & 0 & 0 & \cdots & a_{n-1} & 0\\ 1 & 1 & 1 & \cdots & 1 & 1\end{vmatrix}=a_1a_2\cdots a_{n-1}.$$

后一个行列式,按第 n 列展开,得 a_nD_{n-1},故

$$D_n=a_1a_2\cdots a_{n-1}+a_nD_{n-1},$$

依此类推,得

$$D_{n-1}=a_1a_2\cdots a_{n-2}+a_{n-1}D_{n-2},$$

$$D_{n-2}=a_1a_2\cdots a_{n-3}+a_{n-2}D_{n-3},$$

$$\cdots\cdots\cdots\cdots\cdots\cdots$$

$$D_2=\begin{vmatrix}1+a_1 & 1\\ 1 & 1+a_2\end{vmatrix}=a_1+a_2+a_1a_2,$$

因此

$$D_n=a_1a_2\cdots a_{n-1}+a_nD_{n-1}$$

$$
\begin{aligned}
&= a_1a_2\cdots a_{n-1} + a_n(a_1a_2\cdots a_{n-2} + a_{n-1}D_{n-2}) \\
&= a_1a_2\cdots a_{n-1} + a_1a_2\cdots a_{n-2}a_n + a_{n-1}a_nD_{n-2} \\
&= a_1a_2\cdots a_{n-1} + a_1a_2\cdots a_{n-2}a_n + a_{n-1}a_n(a_1a_2\cdots a_{n-3} + a_{n-2}D_{n-3}) \\
&= a_1a_2\cdots a_{n-1} + a_1a_2\cdots a_{n-2}a_n + a_1a_2\cdots a_{n-3}a_{n-1}a_n + a_{n-2}a_{n-1}a_nD_{n-3} \\
&= \cdots\cdots \\
&= a_1a_2\cdots a_{n-1} + a_1a_2\cdots a_{n-2}a_n + \cdots + a_1a_2a_4\cdots a_n + a_3a_4\cdots a_nD_2 \\
&= a_1a_2\cdots a_{n-1} + a_1a_2\cdots a_{n-2}a_n + \cdots + a_1a_2a_4\cdots a_n + a_3a_4\cdots a_n(a_1 + a_2 + a_1a_2) \\
&= a_1a_2\cdots a_n + (a_1a_2\cdots a_{n-1} + a_1a_2\cdots a_{n-2}a_n + \cdots + a_1a_2a_4\cdots a_n + a_1a_3a_4\cdots a_n + a_2a_3\cdots a_n).
\end{aligned}
$$

等式右边共有 $n+1$ 项,其中括号内子项分别缺因子 $a_n, a_{n-1}, a_{n-2}, \cdots, a_1$,故

$$D_n = a_1a_2\cdots a_n\left(1+\frac{1}{a_1}+\frac{1}{a_2}+\cdots+\frac{1}{a_n}\right) = a_1a_2\cdots a_n\left(1+\sum_{i=1}^{n}\frac{1}{a_i}\right).$$

解法 4(数学归纳法) 当 $n=2$ 时,

$$
\begin{aligned}
D_2 &= \begin{vmatrix} 1+a_1 & 1 \\ 1 & 1+a_2 \end{vmatrix} = (1+a_1)(1+a_2)-1 \\
&= a_1a_2+a_1+a_2 = a_1a_2\left(1+\frac{1}{a_1}+\frac{1}{a_2}\right) = a_1a_2\left(1+\sum_{i=1}^{2}\frac{1}{a_i}\right).
\end{aligned}
$$

设 $n=k$ 时,$D_k = a_1a_2\cdots a_k\left(1+\sum\limits_{i=1}^{k}\frac{1}{a_i}\right)$ 成立,则 $n=k+1$ 时,由解法 3 知,

$$
\begin{aligned}
D_{k+1} &= a_1a_2\cdots a_k + a_{k+1}D_k \\
&= a_1a_2\cdots a_ka_{k+1}\frac{1}{a_{k+1}} + a_1a_2\cdots a_ka_{k+1}\left(1+\sum_{i=1}^{k}\frac{1}{a_i}\right) \\
&= a_1a_2\cdots a_{k+1}\left(1+\sum_{i=1}^{k+1}\frac{1}{a_i}\right)
\end{aligned}
$$

成立,因此

$$D_n = a_1a_2\cdots a_n\left(1+\sum_{i=1}^{n}\frac{1}{a_i}\right).$$

解法 5(将 D_n 化成行和相等的行列式)

$$
D_n = \begin{vmatrix} 1+a_1 & 1 & 1 & \cdots & 1 \\ 1 & 1+a_2 & 1 & \cdots & 1 \\ 1 & 1 & 1+a_3 & \cdots & 1 \\ \vdots & \vdots & \vdots & & \vdots \\ 1 & 1 & 1 & \cdots & 1+a_n \end{vmatrix}
$$

$$
\xlongequal[\substack{\cdots \\ c_n \text{ 提取公因子 } a_n}]{\substack{c_1 \text{ 提取公因子 } a_1 \\ c_2 \text{ 提取公因子 } a_2}} a_1a_2\cdots a_n \begin{vmatrix} 1+\frac{1}{a_1} & \frac{1}{a_2} & \cdots & \frac{1}{a_n} \\ \frac{1}{a_1} & 1+\frac{1}{a_2} & \cdots & \frac{1}{a_n} \\ \vdots & \vdots & & \vdots \\ \frac{1}{a_1} & \frac{1}{a_2} & \cdots & 1+\frac{1}{a_n} \end{vmatrix}
$$

$$\xlongequal{c_1+(c_2+c_3+\cdots+c_n)} a_1a_2\cdots a_n\begin{vmatrix}1+\sum_{i=1}^{n}\frac{1}{a_i} & \frac{1}{a_2} & \cdots & \frac{1}{a_n}\\ 1+\sum_{i=1}^{n}\frac{1}{a_i} & 1+\frac{1}{a_2} & \cdots & \frac{1}{a_n}\\ \vdots & \vdots & & \vdots\\ 1+\sum_{i=1}^{n}\frac{1}{a_i} & \frac{1}{a_2} & \cdots & 1+\frac{1}{a_n}\end{vmatrix}$$

$$=a_1a_2\cdots a_n\left(1+\sum_{i=1}^{n}\frac{1}{a_i}\right)\begin{vmatrix}1 & \frac{1}{a_2} & \cdots & \frac{1}{a_n}\\ 1 & 1+\frac{1}{a_2} & \cdots & \frac{1}{a_n}\\ \vdots & \vdots & & \vdots\\ 1 & \frac{1}{a_2} & \cdots & 1+\frac{1}{a_n}\end{vmatrix}$$

$$=a_1a_2\cdots a_n\left(1+\sum_{i=1}^{n}\frac{1}{a_i}\right)\begin{vmatrix}1 & \frac{1}{a_2} & \cdots & \frac{1}{a_n}\\ 0 & 1 & \cdots & 0\\ \vdots & \vdots & & \vdots\\ 0 & 0 & \cdots & 1\end{vmatrix}$$

$$=a_1a_2\cdots a_n\left(1+\sum_{i=1}^{n}\frac{1}{a_i}\right).$$

69 由 $D_n=\begin{vmatrix}1 & 1 & \cdots & 1\\ 1 & 1 & \cdots & 1\\ \vdots & \vdots & & \vdots\\ 1 & 1 & \cdots & 1\end{vmatrix}=0$,证明:奇偶排列个数各为$\frac{n!}{2}$.

知识点睛 0101 行列式的概念

证 由行列式的定义,

$$D_n=\sum_{i_1i_2\cdots i_n}(-1)^{\tau(i_1i_2\cdots i_n)}=0,$$

故 1 和-1 个数相同,即奇偶排列个数相同,均为$\frac{n!}{2}$.

70 设$f(x)=C_0+C_1x+C_2x^2+\cdots+C_nx^n$,证明:若$f(x)$有 $n+1$ 个不同的根,则$f(x)$是零多项式.

知识点睛 0401 克拉默法则

证 令 $a_0,a_1,\cdots,a_n$ 是$f(x)$的 $n+1$ 个不同的根,即 $a_i\neq a_j(i\neq j,i,j=0,1,2,\cdots,n)$.因为$f(a_i)=0(i=0,1,2,\cdots,n)$,所以有线性方程组

$$\begin{cases}C_0+C_1a_0+C_2a_0^2+\cdots+C_na_0^n=0,\\ C_0+C_1a_1+C_2a_1^2+\cdots+C_na_1^n=0,\\ \cdots\cdots\cdots\cdots\cdots\cdots\cdots\cdots\cdots\cdots\\ C_0+C_1a_n+C_2a_n^2+\cdots+C_na_n^n=0,\end{cases}$$

其系数行列式为

$$D_{n+1}=\begin{vmatrix}1 & a_0 & a_0^2 & \cdots & a_0^n\\ 1 & a_1 & a_1^2 & \cdots & a_1^n\\ \vdots & \vdots & \vdots & & \vdots\\ 1 & a_n & a_n^2 & \cdots & a_n^n\end{vmatrix}=\prod_{0\leqslant j<i\leqslant n}(a_i-a_j).$$

由于当 $i\neq j$ 时，$a_i\neq a_j$，所以 $D_{n+1}\neq 0$. 由克拉默法则，方程组只有零解，即 $C_0=C_1=\cdots=C_n=0$，所以 $f(x)=0$.

71 计算 $f(x+1)-f(x)$，其中

$$f(x)=\begin{vmatrix}1 & 0 & 0 & 0 & \cdots & 0 & x\\ 1 & 2 & 0 & 0 & \cdots & 0 & x^2\\ 1 & 3 & 3 & 0 & \cdots & 0 & x^3\\ \vdots & \vdots & \vdots & \vdots & & \vdots & \vdots\\ 1 & n & \mathrm{C}_n^2 & \mathrm{C}_n^3 & \cdots & \mathrm{C}_n^{n-1} & x^n\\ 1 & n+1 & \mathrm{C}_{n+1}^2 & \mathrm{C}_{n+1}^3 & \cdots & \mathrm{C}_{n+1}^{n-1} & x^{n+1}\end{vmatrix}.$$

知识点睛 0102 行列式的基本性质

解 $f(x+1)-f(x)$

$$=\begin{vmatrix}1 & 0 & 0 & 0 & \cdots & 0 & x+1\\ 1 & 2 & 0 & 0 & \cdots & 0 & x^2+2x+1\\ 1 & 3 & 3 & 0 & \cdots & 0 & x^3+3x^2+3x+1\\ \vdots & \vdots & \vdots & \vdots & \cdots & \vdots & \vdots\\ 1 & n & \mathrm{C}_n^2 & \mathrm{C}_n^3 & \cdots & \mathrm{C}_n^{n-1} & x^n+nx^{n-1}+\mathrm{C}_n^2x^{n-2}+\cdots+1\\ 1 & n+1 & \mathrm{C}_{n+1}^2 & \mathrm{C}_{n+1}^3 & \cdots & \mathrm{C}_{n+1}^{n-1} & x^{n+1}+(n+1)x^n+\mathrm{C}_{n+1}^2x^{n-1}+\cdots+1\end{vmatrix}$$

$$-\begin{vmatrix}1 & 0 & 0 & 0 & \cdots & 0 & x\\ 1 & 2 & 0 & 0 & \cdots & 0 & x^2\\ 1 & 3 & 3 & 0 & \cdots & 0 & x^3\\ \vdots & \vdots & \vdots & \vdots & & \vdots & \vdots\\ 1 & n & \mathrm{C}_n^2 & \mathrm{C}_n^3 & \cdots & \mathrm{C}_n^{n-1} & x^n\\ 1 & n+1 & \mathrm{C}_{n+1}^2 & \mathrm{C}_{n+1}^3 & \cdots & \mathrm{C}_{n+1}^{n-1} & x^{n+1}\end{vmatrix}$$

$$=\begin{vmatrix}1 & 0 & 0 & 0 & \cdots & 0 & 1\\ 1 & 2 & 0 & 0 & \cdots & 0 & 2x+1\\ 1 & 3 & 3 & 0 & \cdots & 0 & 3x^2+3x+1\\ \vdots & \vdots & \vdots & \vdots & & \vdots & \vdots\\ 1 & n & \mathrm{C}_n^2 & \mathrm{C}_n^3 & \cdots & \mathrm{C}_n^{n-1} & nx^{n-1}+\mathrm{C}_n^2x^{n-2}+\cdots+1\\ 1 & n+1 & \mathrm{C}_{n+1}^2 & \mathrm{C}_{n+1}^3 & \cdots & \mathrm{C}_{n+1}^{n-1} & (n+1)x^n+\mathrm{C}_{n+1}^2x^{n-1}+\cdots+1\end{vmatrix}$$

$$\xlongequal{c_{n+1}+(-c_1-xc_2-x^2c_3-\cdots-x^{n-1}c_n)}\begin{vmatrix} 1 & 0 & 0 & 0 & \cdots & 0 & 0 \\ 1 & 2 & 0 & 0 & \cdots & 0 & 0 \\ 1 & 3 & 3 & 0 & \cdots & 0 & 0 \\ \vdots & \vdots & \vdots & \vdots & & \vdots & \vdots \\ 1 & n & \mathrm{C}_n^2 & \mathrm{C}_n^3 & \cdots & \mathrm{C}_n^{n-1} & 0 \\ 1 & n+1 & \mathrm{C}_{n+1}^2 & \mathrm{C}_{n+1}^3 & \cdots & \mathrm{C}_{n+1}^{n-1} & (n+1)x^n \end{vmatrix}$$

$=(n+1)!\ x^n.$

【评注】此题的特点是$f(x+1)$与$f(x)$的前 n 列是完全相同的.所以两个行列式之差可以写成一个行列式,这个行列式的前 n 列与$f(x)$的前 n 列相同,第 $n+1$ 列的元素为$f(x+1)$与$f(x)$第 $n+1$ 列相应元素之差.

第 2 章 矩阵及其运算

知识要点

一、矩阵的运算

1. 矩阵的概念　由 $m\times n$ 个数 $a_{ij}(i=1,2,\cdots,m;j=1,2,\cdots,n)$ 按一定次序排成的 m 行 n 列的矩形数表

$$\begin{pmatrix} a_{11} & a_{12} & \cdots & a_{1n} \\ a_{21} & a_{22} & \cdots & a_{2n} \\ \vdots & \vdots & & \vdots \\ a_{m1} & a_{m2} & \cdots & a_{mn} \end{pmatrix}$$

称为 $m\times n$ 矩阵(m 行 n 列矩阵).a_{ij}叫做矩阵的元素,矩阵可简记为

$$\boldsymbol{A}=(a_{ij})_{m\times n}\text{或}\boldsymbol{A}=(a_{ij}).$$

当 $m=n$ 时,即矩阵的行数与列数相同时,称 $\boldsymbol{A}$ 为 n 阶方阵;

当 $m=1$ 时,矩阵只有一行,称为行矩阵,记为

$$\boldsymbol{A}=(a_{11},a_{12},\cdots,a_{1n}),$$

这样的行矩阵也称为 n 维行向量;

当 $n=1$ 时,矩阵只有一列,称为列矩阵,记为

$$\boldsymbol{A}=\begin{pmatrix} a_{11} \\ a_{21} \\ \vdots \\ a_{m1} \end{pmatrix},$$

这样的列矩阵也称为 m 维列向量.

矩阵 $\boldsymbol{A}$ 中各元素变号得到的矩阵叫做 $\boldsymbol{A}$ 的负矩阵,记作$-\boldsymbol{A}$,即

$$-\boldsymbol{A}=(-a_{ij})_{m\times n}.$$

如果矩阵 $\boldsymbol{A}$ 的所有元素都是 0,即

$$\boldsymbol{A}=\begin{pmatrix} 0 & 0 & \cdots & 0 \\ 0 & 0 & \cdots & 0 \\ \vdots & \vdots & & \vdots \\ 0 & 0 & \cdots & 0 \end{pmatrix},$$

则 $\boldsymbol{A}$ 称为零矩阵,记为 $\boldsymbol{0}$.

2. 矩阵的运算

(1) 矩阵的相等　设

$$A=(a_{ij})_{m\times n},B=(b_{ij})_{m\times n},$$

如果 $a_{ij}=b_{ij}(i=1,2,\cdots,m;j=1,2,\cdots,n)$,则称矩阵 $\boldsymbol{A}$ 与 $\boldsymbol{B}$ 相等,记作 $\boldsymbol{A}=\boldsymbol{B}$.

(2) 矩阵的加、减法 设

$$\boldsymbol{A}=(a_{ij})_{m\times n},\boldsymbol{B}=(b_{ij})_{m\times n},\boldsymbol{C}=(c_{ij})_{m\times n},$$

其中 $c_{ij}=a_{ij}\pm b_{ij}(i=1,2,\cdots,m;j=1,2,\cdots,n)$,则称 $\boldsymbol{C}$ 为矩阵 $\boldsymbol{A}$ 与 $\boldsymbol{B}$ 的和(或差),记为 $\boldsymbol{C}=\boldsymbol{A}\pm\boldsymbol{B}$.

(3) 数与矩阵的乘法 设 k 为一个常数,

$$\boldsymbol{A}=(a_{ij})_{m\times n},\quad \boldsymbol{C}=(c_{ij})_{m\times n},$$

其中 $c_{ij}=ka_{ij}(i=1,2,\cdots,m;j=1,2,\cdots,n)$,则称矩阵 $\boldsymbol{C}$ 为数 k 与矩阵 $\boldsymbol{A}$ 的数量乘积,简称数乘,记为 $k\boldsymbol{A}$.

(4) 矩阵的乘法 设 $\boldsymbol{A}=(a_{ij})_{m\times s},\boldsymbol{B}=(b_{ij})_{s\times n},\boldsymbol{C}=(c_{ij})_{m\times n}$,其中

$$c_{ij}=\sum_{l=1}^{s}a_{il}b_{lj}\ (i=1,2,\cdots,m;j=1,2,\cdots,n),$$

则称矩阵 $\boldsymbol{C}$ 为矩阵 $\boldsymbol{A}$ 与 $\boldsymbol{B}$ 的乘积,记为 $\boldsymbol{AB}$,即 $\boldsymbol{C}=\boldsymbol{AB}$.

(5) 方阵的幂 对 n 阶方阵 $\boldsymbol{A}$,定义

$$\boldsymbol{A}^k=\underbrace{\boldsymbol{A}\cdot\boldsymbol{A}\cdot\cdots\cdot\boldsymbol{A}}_{k个},$$

称为 $\boldsymbol{A}$ 的 k 次幂.

(6) 矩阵的转置 把矩阵 $\boldsymbol{A}=(a_{ij})_{m\times n}$ 的行列互换而得到的矩阵 $(a_{ji})_{n\times m}$ 称为 $\boldsymbol{A}$ 的转置矩阵,记为 $\boldsymbol{A}^{\mathrm{T}}$(或 $\boldsymbol{A}'$).

(7) 方阵的行列式 方阵 $\boldsymbol{A}$ 的元素按原来的位置构成的行列式,称为方阵 $\boldsymbol{A}$ 的行列式,记为 $|\boldsymbol{A}|$.

若 $|\boldsymbol{A}|=0$,称 $\boldsymbol{A}$ 为奇异矩阵,否则称为非奇异矩阵.

3. 矩阵的运算公式

关于加法运算公式

(1) $\boldsymbol{A}+\boldsymbol{B}=\boldsymbol{B}+\boldsymbol{A}$; (2) $(\boldsymbol{A}+\boldsymbol{B})+\boldsymbol{C}=\boldsymbol{A}+(\boldsymbol{B}+\boldsymbol{C})$;

(3) $\boldsymbol{A}+(-\boldsymbol{A})=\boldsymbol{O}$; (4) $\boldsymbol{A}-\boldsymbol{B}=\boldsymbol{A}+(-\boldsymbol{B})$.

关于数乘运算的公式

(1) $(kl)\boldsymbol{A}=k(l\boldsymbol{A})$; (2) $(k+l)\boldsymbol{A}=k\boldsymbol{A}+l\boldsymbol{A}$;

(3) $k(\boldsymbol{A}+\boldsymbol{B})=k\boldsymbol{A}+k\boldsymbol{B}$.

关于乘法运算的公式

(1) $(\boldsymbol{AB})\boldsymbol{C}=\boldsymbol{A}(\boldsymbol{BC})$; (2) $k(\boldsymbol{AB})=(k\boldsymbol{A})\boldsymbol{B}=\boldsymbol{A}(k\boldsymbol{B})$;

(3) $\boldsymbol{A}(\boldsymbol{B}+\boldsymbol{C})=\boldsymbol{AB}+\boldsymbol{AC}$;$(\boldsymbol{B}+\boldsymbol{C})\boldsymbol{A}=\boldsymbol{BA}+\boldsymbol{CA}$;

(4) $\boldsymbol{EA}=\boldsymbol{AE}=\boldsymbol{A}$; (5) $(\lambda\boldsymbol{E})\boldsymbol{A}=\lambda\boldsymbol{A}=\boldsymbol{A}(\lambda\boldsymbol{E})$;

(6) $\boldsymbol{A}^k\boldsymbol{A}^l=\boldsymbol{A}^{k+l}$; (7) $(\boldsymbol{A}^k)^l=\boldsymbol{A}^{kl}$;

(8) 矩阵的乘法一般不满足交换律,即 $\boldsymbol{AB}$ 有意义,但 $\boldsymbol{BA}$ 不一定有意义;即使 $\boldsymbol{AB}$ 和 $\boldsymbol{BA}$ 都有意义,两者也不一定相等.

(9) 两个非零矩阵相乘,可能是零矩阵,从而不能从 $\boldsymbol{AB}=\boldsymbol{O}$ 推出 $\boldsymbol{A}=\boldsymbol{O}$ 或 $\boldsymbol{B}=\boldsymbol{O}$.

(10) 矩阵的乘法一般不满足消去律,即不能从 $\boldsymbol{AC}=\boldsymbol{BC}$ 推出 $\boldsymbol{A}=\boldsymbol{B}$.

关于矩阵转置运算的公式

(1) $(\boldsymbol{A}^{\mathrm{T}})^{\mathrm{T}}=\boldsymbol{A}$； (2) $(\boldsymbol{A}+\boldsymbol{B})^{\mathrm{T}}=\boldsymbol{A}^{\mathrm{T}}+\boldsymbol{B}^{\mathrm{T}}$；

(3) $(k\boldsymbol{A})^{\mathrm{T}}=k\boldsymbol{A}^{\mathrm{T}}$； (4) $(\boldsymbol{AB})^{\mathrm{T}}=\boldsymbol{B}^{\mathrm{T}}\boldsymbol{A}^{\mathrm{T}}$.

关于方阵的行列式的公式 若 $\boldsymbol{A},\boldsymbol{B}$ 是 n 阶方阵，则

(1) $|\boldsymbol{A}^{\mathrm{T}}|=|\boldsymbol{A}|$； (2) $|\lambda\boldsymbol{A}|=\lambda^{n}|\boldsymbol{A}|$；

(3) $|\boldsymbol{AB}|=|\boldsymbol{A}||\boldsymbol{B}|$； (4) $|\boldsymbol{AB}|=|\boldsymbol{BA}|$.

4. 几类特殊矩阵

(1) 单位矩阵 主对角线上元素都是1，其余元素均为零的方阵称为单位矩阵，记为 $\boldsymbol{E}$(或 $\boldsymbol{I}$)，即

$$\boldsymbol{E}=\begin{pmatrix}1&0&\cdots&0\\0&1&\cdots&0\\\vdots&\vdots&&\vdots\\0&0&\cdots&1\end{pmatrix}.$$

(2) 对角矩阵 主对角线上元素为任意常数，而主对角线外的元素均为零的矩阵.若对角矩阵的主对角线上的元素相等，则称为数量矩阵.

(3) 三角形矩阵 主对角线下方元素全为零的方阵称为上三角形矩阵；主对角线上方元素全为零的方阵称为下三角形矩阵；上、下三角形矩阵统称为三角形矩阵.

(4) 对称矩阵 如果 n 阶方阵 $\boldsymbol{A}=(a_{ij})$ 满足 $a_{ij}=a_{ji}(i,j=1,2,\cdots,n)$，即 $\boldsymbol{A}^{\mathrm{T}}=\boldsymbol{A}$，则称 $\boldsymbol{A}$ 为对称矩阵.

(5) 反对称矩阵 如果 n 阶方阵 $\boldsymbol{A}=(a_{ij})$ 满足 $a_{ij}=-a_{ji}(i\neq j)$，$a_{ii}=0(i,j=1,2,\cdots,n)$，即 $\boldsymbol{A}^{\mathrm{T}}=-\boldsymbol{A}$，则称 $\boldsymbol{A}$ 为反对称矩阵.

(6) 正交矩阵 对方阵 $\boldsymbol{A}$，如果有 $\boldsymbol{A}^{\mathrm{T}}\boldsymbol{A}=\boldsymbol{A}\boldsymbol{A}^{\mathrm{T}}=\boldsymbol{E}$，则称 $\boldsymbol{A}$ 为正交矩阵.

(7) 幂零矩阵 对方阵 $\boldsymbol{A}$，如果存在正整数 m，使 $\boldsymbol{A}^{m}=\boldsymbol{0}$，则称 $\boldsymbol{A}$ 为幂零矩阵.

(8) 幂等矩阵 满足 $\boldsymbol{A}^{2}=\boldsymbol{A}$ 的方阵 $\boldsymbol{A}$ 称为幂等矩阵.

(9) 对合矩阵 满足 $\boldsymbol{A}^{2}=\boldsymbol{E}$ 的方阵 $\boldsymbol{A}$ 称为对合矩阵.

二、逆矩阵

1. 逆矩阵的定义 对于 n 阶方阵 $\boldsymbol{A}$，如果存在 n 阶方阵 $\boldsymbol{B}$，使 $\boldsymbol{AB}=\boldsymbol{BA}=\boldsymbol{E}$，则称 $\boldsymbol{A}$ 是可逆的，并把 $\boldsymbol{B}$ 称为 $\boldsymbol{A}$ 的逆矩阵，记作 $\boldsymbol{A}^{-1}=\boldsymbol{B}$.

2. 关于逆矩阵的常用结论

(1) 方阵 $\boldsymbol{A}$ 可逆的充要条件是 $|\boldsymbol{A}|\neq 0$；

(2) 若 $\boldsymbol{AB}=\boldsymbol{E}$ 或 $\boldsymbol{BA}=\boldsymbol{E}$，则 $\boldsymbol{B}=\boldsymbol{A}^{-1}$；

(3) $(\boldsymbol{A}^{-1})^{-1}=\boldsymbol{A}$；

(4) $(k\boldsymbol{A})^{-1}=\dfrac{1}{k}\boldsymbol{A}^{-1}$，其中 $k\neq 0$；

(5) $(\boldsymbol{A}^{\mathrm{T}})^{-1}=(\boldsymbol{A}^{-1})^{\mathrm{T}}$；

(6) $(\boldsymbol{AB})^{-1}=\boldsymbol{B}^{-1}\boldsymbol{A}^{-1}$；

(7) $|\boldsymbol{A}^{-1}|=|\boldsymbol{A}|^{-1}$；

(8) 一般情况下，$(\boldsymbol{A}+\boldsymbol{B})^{-1}\neq\boldsymbol{A}^{-1}+\boldsymbol{B}^{-1}$；

(9) 可逆的上(下)三角形矩阵的逆矩阵仍为上(下)三角形矩阵.

3. 伴随矩阵的定义

设 $\boldsymbol{A}=(a_{ij})$ 是 n 阶方阵,行列式 $|\boldsymbol{A}|$ 的各个元素 a_{ij} 的代数余子式所构成的如下的矩阵

$$\boldsymbol{A}^*=\begin{pmatrix} A_{11} & A_{21} & \cdots & A_{n1} \\ A_{12} & A_{22} & \cdots & A_{n2} \\ \vdots & \vdots & & \vdots \\ A_{1n} & A_{2n} & \cdots & A_{nn} \end{pmatrix}$$

称为 $\boldsymbol{A}$ 的伴随矩阵.

4. 关于伴随矩阵的常用结论

(1) $\boldsymbol{AA}^*=\boldsymbol{A}^*\boldsymbol{A}=|\boldsymbol{A}|\boldsymbol{E}$;

(2) 若 $\boldsymbol{A}$ 可逆,则 $\boldsymbol{A}^{-1}=\dfrac{1}{|\boldsymbol{A}|}\boldsymbol{A}^*$, $\boldsymbol{A}^*=|\boldsymbol{A}|\boldsymbol{A}^{-1}$,且 $\boldsymbol{A}^*$ 也可逆,$(\boldsymbol{A}^*)^{-1}=(\boldsymbol{A}^{-1})^*=\dfrac{1}{|\boldsymbol{A}|}\boldsymbol{A}$;

(3) $(\boldsymbol{AB})^*=\boldsymbol{B}^*\boldsymbol{A}^*$;

(4) $(\boldsymbol{A}^*)^{\mathrm{T}}=(\boldsymbol{A}^{\mathrm{T}})^*$;

(5) $(k\boldsymbol{A})^*=k^{n-1}\boldsymbol{A}^*(k\neq 0)$;

(6) $|\boldsymbol{A}^*|=|\boldsymbol{A}|^{n-1}(n\geqslant 2)$;

(7) $(\boldsymbol{A}^*)^*=|\boldsymbol{A}|^{n-2}\boldsymbol{A}(n\geqslant 2)$.

三、初等矩阵

1. 矩阵的初等变换　矩阵的初等行变换与初等列变换统称为初等变换.下列三种关于矩阵的变换称为矩阵的初等行(列)变换:

(1) 互换矩阵中两行(列)的位置($r_i\leftrightarrow r_j$, $c_i\leftrightarrow c_j$);

(2) 以一非零常数乘矩阵的某一行(列)(kr_i, kc_j);

(3) 将矩阵的某一行(列)的 k 倍加到另一行(列)上去(r_i+kr_j, c_i+kc_j).

2. 初等矩阵

(1) 定义:由单位矩阵 $\boldsymbol{E}$ 经过一次初等变换得到的矩阵称为初等矩阵.

(2) 三种初等变换对应三种初等矩阵:

①互换两行或两列的位置

$$\boldsymbol{E}(i,j)=\begin{pmatrix} 1 &&&&&&&&& \\ & \ddots &&&&&&&& \\ && 1 &&&&&&& \\ &&& 0 & & \cdots & & 1 &&& \\ &&&& 1 &&&&& \\ &&& \vdots && \ddots && \vdots && \\ &&&&&& 1 &&& \\ &&& 1 && \cdots && 0 && \\ &&&&&&&& 1 & \\ &&&&&&&&& \ddots & \\ &&&&&&&&&& 1 \end{pmatrix}\begin{matrix} \\ \\ \\ \leftarrow 第\, i\, 行 \\ \\ \\ \\ \leftarrow 第\, j\, 行 \\ \\ \\ \\ \end{matrix}.$$

②以数 $k\neq 0$ 乘某行或某列

$$
\boldsymbol{E}(i(k))=\begin{pmatrix}1&&&&&&\\&\ddots&&&&&\\&&1&&&&\\&&&k&&&\\&&&&1&&\\&&&&&\ddots&\\&&&&&&1\end{pmatrix}\leftarrow\text{第 } i \text{ 行}.
$$

③以数 k 乘某行(列)加到另一行(列)上去

$$
\boldsymbol{E}(i,j(k))=\begin{pmatrix}1&&&&&&&&\\&\ddots&&&&&&&\\&&1&&\cdots&&k&&\\&&&\ddots&&&&&\\&&&&1&&\vdots&&\\&&&&&\ddots&&&\\&&&&&&1&&\\&&&&&&&\ddots&\\&&&&&&&&1\end{pmatrix}\begin{matrix}\\\\\leftarrow\text{第 } i \text{ 行}\\\\\\\\\leftarrow\text{第 } j \text{ 行}\\\\\\\end{matrix}.
$$

(3) $\boldsymbol{E}^{\mathrm{T}}(i,j)=\boldsymbol{E}(i,j)$, $\boldsymbol{E}^{\mathrm{T}}(i(k))=\boldsymbol{E}(i(k))$, $\boldsymbol{E}^{\mathrm{T}}(i,j(k))=\boldsymbol{E}(j,i(k))$,

$\boldsymbol{E}^{-1}(i,j)=\boldsymbol{E}(i,j)$, $\boldsymbol{E}^{-1}(i(k))=\boldsymbol{E}\left(i\left(\dfrac{1}{k}\right)\right)$, $\boldsymbol{E}^{-1}(i,j(k))=\boldsymbol{E}(i,j(-k))$,

$|\boldsymbol{E}(i,j)|=-1$, $|\boldsymbol{E}(i(k))|=k$, $|\boldsymbol{E}(i,j(k))|=1$.

3. 初等变换与初等矩阵的联系

设 $\boldsymbol{A}$ 是 $m\times n$ 矩阵,对 $\boldsymbol{A}$ 施行一次初等行变换,相当于在 $\boldsymbol{A}$ 的左边乘以相应的 m 阶初等矩阵;对 $\boldsymbol{A}$ 施行一次初等列变换,相当于在 $\boldsymbol{A}$ 的右边乘以相应的 n 阶初等矩阵.

4. 初等变换化简矩阵

(1) 行阶梯形矩阵:可画出一条阶梯线,线的下方全为 0,每个台阶只有一行,台阶数即是非零行的行数,阶梯线的竖线后面的第一个元素为非零元,就是非零行的第一个非零元.

(2) 行最简形矩阵:非零行的第一个非零元为 1,且这些非零元所在的列的其他元素都为 0.

(3) 对于任何矩阵 $\boldsymbol{A}$,总可经过有限次初等行变换把它变为行阶梯形矩阵和行最简形矩阵.

(4) 标准形:对于 $m\times n$ 矩阵 $\boldsymbol{A}$,总可经过初等变换,把它化为 $\boldsymbol{F}=\begin{pmatrix}\boldsymbol{E}_r&\boldsymbol{0}\\\boldsymbol{0}&\boldsymbol{0}\end{pmatrix}_{m\times n}$,称为 $\boldsymbol{A}$ 的等价标准形.

5. 矩阵等价

(1) 矩阵 $\boldsymbol{A}$ 经过一系列的初等变换得到矩阵 $\boldsymbol{B}$,则称 $\boldsymbol{A},\boldsymbol{B}$ 等价.特别地,$\boldsymbol{A}$ 经过一系列初等行(列)变换得到 $\boldsymbol{B}$,称 $\boldsymbol{A},\boldsymbol{B}$ 行(列)等价.

(2) 方阵 $\boldsymbol{A}$ 可逆的充要条件是存在有限个初等矩阵 $\boldsymbol{P}_1,\boldsymbol{P}_2,\cdots,\boldsymbol{P}_t$,使 $\boldsymbol{A}=\boldsymbol{P}_1\boldsymbol{P}_2\cdots\boldsymbol{P}_t$.

(3) 方阵 $\boldsymbol{A}$ 可逆的充要条件是 $\boldsymbol{A}$ 与单位矩阵等价.

(4) $m\times n$ 矩阵 $\boldsymbol{A}$ 和 $\boldsymbol{B}$ 等价的充要条件是存在 m 阶可逆矩阵 $\boldsymbol{P}$ 和 n 阶可逆矩阵 $\boldsymbol{Q}$,使 $\boldsymbol{PAQ}=\boldsymbol{B}$.

(5) $m\times n$ 矩阵 $\boldsymbol{A}$ 和 $\boldsymbol{B}$ 等价的充要条件是 $\boldsymbol{A}$ 和 $\boldsymbol{B}$ 有相同的秩.

6. 初等变换求逆矩阵

主要有三种方法:

(1) $(\boldsymbol{A} \mid \boldsymbol{E}) \xrightarrow{\text{初等行变换}} (\boldsymbol{E} \mid \boldsymbol{A}^{-1})$; (2) $\begin{pmatrix} \boldsymbol{A} \\ --- \\ \boldsymbol{E} \end{pmatrix} \xrightarrow{\text{初等列变换}} \begin{pmatrix} \boldsymbol{E} \\ --- \\ \boldsymbol{A}^{-1} \end{pmatrix}$;

(3) $\begin{pmatrix} \boldsymbol{A} & \boldsymbol{E} \\ \boldsymbol{E} & \boldsymbol{0} \end{pmatrix} \xrightarrow{\text{初等行,列变换}} \begin{pmatrix} \boldsymbol{E} & \boldsymbol{C} \\ \boldsymbol{B} & \boldsymbol{0} \end{pmatrix}$,则 $\boldsymbol{A}^{-1}=\boldsymbol{BC}$.

7. 初等矩阵的推广

(1) 设 $\boldsymbol{A}_{m\times n}=(a_{ij})_{m\times n}$,

$$\boldsymbol{E}_{ij}=\begin{pmatrix} 0 & & & & & & \\ & \ddots & & & & & \\ & & 0 & & & & \\ & & & 1 & & & \\ & & & & 0 & & \\ & & & & & \ddots & \\ & & & & & & 0 \end{pmatrix} \begin{matrix} \\ \\ \\ \leftarrow i\text{ 行}, \\ \\ \\ \\ \end{matrix}$$

$$\qquad j\text{列}$$

则

$$\boldsymbol{E}_{ij}\boldsymbol{A}=\begin{pmatrix} 0 & & & & & & \\ & \ddots & & & & & \\ & & 0 & & & & \\ & & & 1 & & & \\ & & & & 0 & & \\ & & & & & \ddots & \\ & & & & & & 0 \end{pmatrix}\boldsymbol{A}=\begin{pmatrix} 0 & 0 & \cdots & 0 \\ \vdots & \vdots & & \vdots \\ 0 & 0 & \cdots & 0 \\ a_{j1} & a_{j2} & \cdots & a_{jn} \\ 0 & 0 & \cdots & 0 \\ \vdots & \vdots & & \vdots \\ 0 & 0 & \cdots & 0 \end{pmatrix} \begin{matrix} \\ \\ \\ \leftarrow i\text{ 行}, \\ \\ \\ \\ \end{matrix}$$

即 $\boldsymbol{A}$ 左乘 $\boldsymbol{E}_{ij}$ 相当于把 $\boldsymbol{A}$ 中第 i 行换成第 j 行元素,其他元素为 0.

类似地,

$$\boldsymbol{AE}_{ij}=\boldsymbol{A}\begin{pmatrix} 0 & & & & & & \\ & 0 & & & & & \\ & & \ddots & & & & \\ & & & 1 & & & \\ & & & & 0 & & \\ & & & & & \ddots & \\ & & & & & & 0 \end{pmatrix}=\begin{pmatrix} 0 & \cdots & 0 & a_{1i} & 0 & \cdots & 0 \\ 0 & \cdots & 0 & a_{2i} & 0 & \cdots & 0 \\ \vdots & & \vdots & \vdots & \vdots & & \vdots \\ 0 & \cdots & 0 & a_{ni} & 0 & \cdots & 0 \end{pmatrix},$$

$$j\text{列}$$

即 $\boldsymbol{A}$ 右乘 $\boldsymbol{E}_{ij}$ 相当于把 $\boldsymbol{A}$ 中第 j 列换成第 i 列元素,其他元素都为 0.

（2）设 $\boldsymbol{A}=\begin{pmatrix}\boldsymbol{\alpha}_1\\ \boldsymbol{\alpha}_2\\ \vdots\\ \boldsymbol{\alpha}_n\end{pmatrix}$，其中 $\boldsymbol{\alpha}_i$ 为 $\boldsymbol{A}$ 的行向量，$i=1,\cdots,n$，则

$$\begin{pmatrix} & & & 1\\ & & 1 & \\ & \iddots & & \\ 1 & & & \end{pmatrix}\boldsymbol{A}=\begin{pmatrix} & & & 1\\ & & 1 & \\ & \iddots & & \\ 1 & & & \end{pmatrix}\begin{pmatrix}\boldsymbol{\alpha}_1\\ \boldsymbol{\alpha}_2\\ \vdots\\ \boldsymbol{\alpha}_n\end{pmatrix}=\begin{pmatrix}\boldsymbol{\alpha}_n\\ \vdots\\ \boldsymbol{\alpha}_2\\ \boldsymbol{\alpha}_1\end{pmatrix},$$

即 $\boldsymbol{A}$ 左乘 $\begin{pmatrix} & & & 1\\ & & 1 & \\ & \iddots & & \\ 1 & & & \end{pmatrix}$ 相当于把矩阵 $\boldsymbol{A}$ 的行向量颠倒了一下.

同理，设 $\boldsymbol{A}=(\boldsymbol{\beta}_1,\boldsymbol{\beta}_2,\cdots,\boldsymbol{\beta}_n)$，其中 $\boldsymbol{\beta}_j$ 为 $\boldsymbol{A}$ 的列向量，$j=1,2,\cdots,n$，则

$$\boldsymbol{A}\begin{pmatrix} & & & 1\\ & & 1 & \\ & \iddots & & \\ 1 & & & \end{pmatrix}=(\boldsymbol{\beta}_1,\boldsymbol{\beta}_2,\cdots,\boldsymbol{\beta}_n)\begin{pmatrix} & & & 1\\ & & 1 & \\ & \iddots & & \\ 1 & & & \end{pmatrix}=(\boldsymbol{\beta}_n,\cdots,\boldsymbol{\beta}_2,\boldsymbol{\beta}_1),$$

即 $\boldsymbol{A}$ 右乘 $\begin{pmatrix} & & & 1\\ & & 1 & \\ & \iddots & & \\ 1 & & & \end{pmatrix}$ 相当于把矩阵 $\boldsymbol{A}$ 的列向量颠倒了一下.

（3）设 $\boldsymbol{A}=\begin{pmatrix}\boldsymbol{\alpha}_1\\ \boldsymbol{\alpha}_2\\ \vdots\\ \boldsymbol{\alpha}_n\end{pmatrix}$，其中 $\boldsymbol{\alpha}_i$ 为 $\boldsymbol{A}$ 的行向量，$i=1,2,\cdots,n$，则

$$\begin{pmatrix}0 & 1 & & \\ & 0 & \ddots & \\ & & \ddots & 1\\ & & & 0\end{pmatrix}\boldsymbol{A}=\begin{pmatrix}0 & 1 & & \\ & 0 & \ddots & \\ & & \ddots & 1\\ & & & 0\end{pmatrix}\begin{pmatrix}\boldsymbol{\alpha}_1\\ \boldsymbol{\alpha}_2\\ \vdots\\ \boldsymbol{\alpha}_n\end{pmatrix}=\begin{pmatrix}\boldsymbol{\alpha}_2\\ \vdots\\ \boldsymbol{\alpha}_n\\ \boldsymbol{0}\end{pmatrix},$$

即矩阵 $\boldsymbol{A}$ 左乘 $\begin{pmatrix}0 & 1 & & \\ & \ddots & \ddots & \\ & & \ddots & 1\\ & & & 0\end{pmatrix}$ 相当于把 $\boldsymbol{A}$ 的各行向上递推了一次.

类似地，

$$\begin{pmatrix}0 & & & \\ 1 & \ddots & & \\ & \ddots & \ddots & \\ & & \ddots & 0\\ & & & 1\end{pmatrix}\boldsymbol{A}=\begin{pmatrix}0 & & & \\ 1 & \ddots & & \\ & \ddots & \ddots & \\ & & \ddots & 0\\ & & & 1\end{pmatrix}\begin{pmatrix}\boldsymbol{\alpha}_1\\ \boldsymbol{\alpha}_2\\ \boldsymbol{\alpha}_3\\ \vdots\\ \boldsymbol{\alpha}_n\end{pmatrix}=\begin{pmatrix}\boldsymbol{0}\\ \boldsymbol{\alpha}_1\\ \boldsymbol{\alpha}_2\\ \vdots\\ \boldsymbol{\alpha}_{n-1}\end{pmatrix},$$

即矩阵 $\boldsymbol{A}$ 左乘 $\begin{pmatrix} 0 & & & \\ 1 & \ddots & & \\ & \ddots & \ddots & \\ & & \ddots & 0 \\ & & & 1 \end{pmatrix}$ 相当于把 $\boldsymbol{A}$ 的各行向下递推了一次.

同理,设 $\boldsymbol{A}=(\boldsymbol{\beta}_1,\boldsymbol{\beta}_2,\cdots,\boldsymbol{\beta}_n)$,其中 $\boldsymbol{\beta}_j$ 为 $\boldsymbol{A}$ 的列向量,$j=1,2,\cdots,n$,则

$$\boldsymbol{A}\begin{pmatrix} 0 & 1 & & \\ & \ddots & \ddots & \\ & & \ddots & 1 \\ & & & 0 \end{pmatrix}=(\boldsymbol{\beta}_1,\boldsymbol{\beta}_2,\cdots,\boldsymbol{\beta}_n)\begin{pmatrix} 0 & 1 & & \\ & \ddots & \ddots & \\ & & \ddots & 1 \\ & & & 0 \end{pmatrix}=(\boldsymbol{0},\boldsymbol{\beta}_1,\boldsymbol{\beta}_2,\cdots,\boldsymbol{\beta}_{n-1}),$$

即矩阵 $\boldsymbol{A}$ 右乘 $\begin{pmatrix} 0 & 1 & & \\ & \ddots & \ddots & \\ & & \ddots & 1 \\ & & & 0 \end{pmatrix}$ 相当于把 $\boldsymbol{A}$ 的列向量向右递推一次.

类似地,

$$\boldsymbol{A}\begin{pmatrix} 0 & & & \\ 1 & \ddots & & \\ & \ddots & \ddots & \\ & & 1 & 0 \end{pmatrix}=(\boldsymbol{\beta}_1,\boldsymbol{\beta}_2,\cdots,\boldsymbol{\beta}_n)\begin{pmatrix} 0 & & & \\ 1 & \ddots & & \\ & \ddots & \ddots & \\ & & 1 & 0 \end{pmatrix}=(\boldsymbol{\beta}_2,\cdots,\boldsymbol{\beta}_n,\boldsymbol{0}),$$

即矩阵 $\boldsymbol{A}$ 右乘 $\begin{pmatrix} 0 & & & \\ 1 & \ddots & & \\ & \ddots & \ddots & \\ & & 1 & 0 \end{pmatrix}$ 相当于把 $\boldsymbol{A}$ 的列向量向左递推一次.

四、矩阵的秩

1. k 阶子式 在 $m\times n$ 矩阵 $\boldsymbol{A}$ 中,任取 k 行 k 列,则其交叉处的 k^2 个元素按原顺序组成一个 k 阶矩阵,其行列式称为 $\boldsymbol{A}$ 的一个 k 阶子式.

2. 矩阵的秩 矩阵 $\boldsymbol{A}$ 的不为零的子式的最高阶数称为 $\boldsymbol{A}$ 的秩,记为 $r(\boldsymbol{A})$.

3. 常用公式和结论 设 $\boldsymbol{A}$ 为 $m\times n$ 矩阵,则

(1) $0\leqslant r(\boldsymbol{A})\leqslant\min\{m,n\}$;

(2) $r(\boldsymbol{A}^{\mathrm{T}})=r(\boldsymbol{A})$;

(3) 若 $\boldsymbol{A}\neq\boldsymbol{0}$,则 $r(\boldsymbol{A})\geqslant 1$;

(4) $r(\boldsymbol{A}\pm\boldsymbol{B})\leqslant r(\boldsymbol{A})+r(\boldsymbol{B})$;

(5) 若 $\boldsymbol{P}$ 可逆,则 $r(\boldsymbol{PA})=r(\boldsymbol{A})$;若 $\boldsymbol{Q}$ 可逆,则 $r(\boldsymbol{AQ})=r(\boldsymbol{A})$;

(6) $r(\boldsymbol{AB})\leqslant\min\{r(\boldsymbol{A}),r(\boldsymbol{B})\}$;

(7) $r(\boldsymbol{AB})\geqslant r(\boldsymbol{A})+r(\boldsymbol{B})-n$;

(8) 若 $\boldsymbol{AB}=\boldsymbol{0}$,则 $r(\boldsymbol{A})+r(\boldsymbol{B})\leqslant n$;

(9) $\boldsymbol{A}$ 行满秩 $\Leftrightarrow r(\boldsymbol{A})=m\Leftrightarrow\boldsymbol{A}$ 的等价标准形为 $(\boldsymbol{E}_m,\boldsymbol{0})$;

(10) $\boldsymbol{A}$ 列满秩 $\Leftrightarrow r(\boldsymbol{A})=n\Leftrightarrow\boldsymbol{A}$ 的等价标准形为 $\begin{pmatrix}\boldsymbol{E}_n\\ \boldsymbol{0}\end{pmatrix}$;

(11) 若 $\boldsymbol{A}$ 是 n 阶方阵,则 $r(\boldsymbol{A})=n \Leftrightarrow |\boldsymbol{A}| \neq 0$, $r(\boldsymbol{A})<n \Leftrightarrow |\boldsymbol{A}|=0$;

(12) 同型矩阵 $\boldsymbol{A},\boldsymbol{B}$ 等价的充要条件是 $r(\boldsymbol{A})=r(\boldsymbol{B})$;

(13) 设 $\boldsymbol{A}^*$ 是 n 阶方阵 $\boldsymbol{A}$ 的伴随矩阵,则

$$r(\boldsymbol{A}^*)=\begin{cases} n, & 若\ r(\boldsymbol{A})=n, \\ 1, & 若\ r(\boldsymbol{A})=n-1, \\ 0, & 若\ r(\boldsymbol{A})<n-1. \end{cases}$$

五、分块矩阵

1. 分块矩阵的定义

将矩阵 $\boldsymbol{A}$ 用若干条纵线和横线分成许多个小矩阵,每个小矩阵称为 $\boldsymbol{A}$ 的子块,以子块为元素的形式上的矩阵称为分块矩阵.如

$$\boldsymbol{A}=\begin{pmatrix} a_{11} & a_{12} & a_{13} \\ \hline a_{21} & a_{22} & a_{23} \\ \hline a_{31} & a_{32} & a_{33} \end{pmatrix}=\begin{pmatrix} \boldsymbol{\alpha}_1 \\ \boldsymbol{\alpha}_2 \\ \boldsymbol{\alpha}_3 \end{pmatrix},$$

其中 $\boldsymbol{\alpha}_1=(a_{11},a_{12},a_{13})$ 是一个子块.又如

$$\boldsymbol{B}=\left(\begin{array}{cc|cc} b_{11} & b_{12} & b_{13} & b_{14} \\ b_{21} & b_{22} & b_{23} & b_{24} \\ \hline b_{31} & b_{32} & b_{33} & b_{34} \\ b_{41} & b_{42} & b_{43} & b_{44} \end{array}\right)=\begin{pmatrix} \boldsymbol{B}_1 & \boldsymbol{B}_2 \\ \boldsymbol{B}_3 & \boldsymbol{B}_4 \end{pmatrix},$$

其中,$\boldsymbol{B}_1=\begin{pmatrix} b_{11} & b_{12} \\ b_{21} & b_{22} \end{pmatrix}$,$\boldsymbol{B}_2=\begin{pmatrix} b_{13} & b_{14} \\ b_{23} & b_{24} \end{pmatrix}$,$\boldsymbol{B}_3=\begin{pmatrix} b_{31} & b_{32} \\ b_{41} & b_{42} \end{pmatrix}$,$\boldsymbol{B}_4=\begin{pmatrix} b_{33} & b_{34} \\ b_{43} & b_{44} \end{pmatrix}$,则 $\boldsymbol{B}_1,\boldsymbol{B}_2,\boldsymbol{B}_3,\boldsymbol{B}_4$ 是 $\boldsymbol{B}$ 的子块.

同一矩阵分成子块的分法有多种.

2. 分块矩阵的运算

(1)分块矩阵的加减法　若矩阵 $\boldsymbol{A}$ 与矩阵 $\boldsymbol{B}$ 有相同的行数和列数,且有

$$\boldsymbol{A}=\begin{pmatrix} \boldsymbol{A}_{11} & \cdots & \boldsymbol{A}_{1r} \\ \vdots & & \vdots \\ \boldsymbol{A}_{s1} & \cdots & \boldsymbol{A}_{sr} \end{pmatrix},\quad \boldsymbol{B}=\begin{pmatrix} \boldsymbol{B}_{11} & \cdots & \boldsymbol{B}_{1r} \\ \vdots & & \vdots \\ \boldsymbol{B}_{s1} & \cdots & \boldsymbol{B}_{sr} \end{pmatrix},$$

其中 $\boldsymbol{A}_{ij}$ 与 $\boldsymbol{B}_{ij}$ 有相同的行数和列数,则

$$\boldsymbol{A}\pm\boldsymbol{B}=\begin{pmatrix} \boldsymbol{A}_{11}\pm\boldsymbol{B}_{11} & \cdots & \boldsymbol{A}_{1r}\pm\boldsymbol{B}_{1r} \\ \vdots & & \vdots \\ \boldsymbol{A}_{s1}\pm\boldsymbol{B}_{s1} & \cdots & \boldsymbol{A}_{sr}\pm\boldsymbol{B}_{sr} \end{pmatrix}.$$

(2) 分块矩阵的数乘　设矩阵 $\boldsymbol{A}=\begin{pmatrix} \boldsymbol{A}_{11} & \cdots & \boldsymbol{A}_{1r} \\ \vdots & & \vdots \\ \boldsymbol{A}_{s1} & \cdots & \boldsymbol{A}_{sr} \end{pmatrix}$,$\lambda$ 为数,则

$$\lambda\boldsymbol{A}=\begin{pmatrix}\lambda\boldsymbol{A}_{11} & \cdots & \lambda\boldsymbol{A}_{1r}\\ \vdots & & \vdots\\ \lambda\boldsymbol{A}_{s1} & \cdots & \lambda\boldsymbol{A}_{sr}\end{pmatrix}.$$

（3）分块矩阵的乘法　若 $\boldsymbol{A}$ 为 $m\times l$ 矩阵，$\boldsymbol{B}$ 为 $l\times n$ 矩阵，且

$$\boldsymbol{A}=\begin{pmatrix}\boldsymbol{A}_{11} & \cdots & \boldsymbol{A}_{1t}\\ \vdots & & \vdots\\ \boldsymbol{A}_{s1} & \cdots & \boldsymbol{A}_{st}\end{pmatrix},\quad \boldsymbol{B}=\begin{pmatrix}\boldsymbol{B}_{11} & \cdots & \boldsymbol{B}_{1r}\\ \vdots & & \vdots\\ \boldsymbol{B}_{t1} & \cdots & \boldsymbol{B}_{tr}\end{pmatrix},$$

其中 $\boldsymbol{A}_{i1},\boldsymbol{A}_{i2},\cdots,\boldsymbol{A}_{it}$ 的列数分别与 $\boldsymbol{B}_{1j},\boldsymbol{B}_{2j},\cdots,\boldsymbol{B}_{tj}$ 的行数相等，则

$$\boldsymbol{AB}=\begin{pmatrix}\boldsymbol{C}_{11} & \cdots & \boldsymbol{C}_{1r}\\ \vdots & & \vdots\\ \boldsymbol{C}_{s1} & \cdots & \boldsymbol{C}_{sr}\end{pmatrix},$$

其中 $\boldsymbol{C}_{ij}=\sum\limits_{k=1}^{t}\boldsymbol{A}_{ik}\boldsymbol{B}_{kj}\ (i=1,\cdots,s;j=1,\cdots,r)$.

（4）分块矩阵的转置　设矩阵 $\boldsymbol{A}=\begin{pmatrix}\boldsymbol{A}_{11} & \cdots & \boldsymbol{A}_{1r}\\ \vdots & & \vdots\\ \boldsymbol{A}_{s1} & \cdots & \boldsymbol{A}_{sr}\end{pmatrix}$，则 $\boldsymbol{A}^{\mathrm{T}}=\begin{pmatrix}\boldsymbol{A}_{11}^{\mathrm{T}} & \cdots & \boldsymbol{A}_{s1}^{\mathrm{T}}\\ \vdots & & \vdots\\ \boldsymbol{A}_{1r}^{\mathrm{T}} & \cdots & \boldsymbol{A}_{sr}^{\mathrm{T}}\end{pmatrix}$.

3. 分块矩阵常用结论

（1）设 $\boldsymbol{A}=\begin{pmatrix}\boldsymbol{A}_1 & & & \\ & \boldsymbol{A}_2 & & \\ & & \ddots & \\ & & & \boldsymbol{A}_m\end{pmatrix}$，其中 $\boldsymbol{A}_i(i=1,2,\cdots,m)$ 都是方阵，则

$$|\boldsymbol{A}|=|\boldsymbol{A}_1||\boldsymbol{A}_2|\cdots|\boldsymbol{A}_m|,\quad \boldsymbol{A}^n=\begin{pmatrix}\boldsymbol{A}_1^n & & & \\ & \boldsymbol{A}_2^n & & \\ & & \ddots & \\ & & & \boldsymbol{A}_m^n\end{pmatrix}.$$

（2）设 $\boldsymbol{A}=\begin{pmatrix}\boldsymbol{A}_1 & & & \\ & \boldsymbol{A}_2 & & \\ & & \ddots & \\ & & & \boldsymbol{A}_m\end{pmatrix}$，其中 $\boldsymbol{A}_i(i=1,2,\cdots,m)$ 均为可逆矩阵，则

$$\boldsymbol{A}^{-1}=\begin{pmatrix}\boldsymbol{A}_1^{-1} & & & \\ & \boldsymbol{A}_2^{-1} & & \\ & & \ddots & \\ & & & \boldsymbol{A}_m^{-1}\end{pmatrix}.$$

（3）设 $\boldsymbol{A}=\begin{pmatrix} & & & \boldsymbol{A}_1\\ & & \boldsymbol{A}_2 & \\ & \iddots & & \\ \boldsymbol{A}_m & & & \end{pmatrix}$，其中 $\boldsymbol{A}_i(i=1,2,\cdots,m)$ 均为可逆矩阵，则

$$A^{-1}=\begin{pmatrix} & & & A_m^{-1} \\ & & \cdot^{\cdot^{\cdot}} & \\ & A_2^{-1} & & \\ A_1^{-1} & & & \end{pmatrix}.$$

§2.1 矩阵运算与初等变换

1 设 $A=\begin{pmatrix} a_{11} & a_{12} \\ a_{21} & a_{22} \\ a_{31} & a_{32} \end{pmatrix}$, $B=\begin{pmatrix} b_1 & 0 \\ 0 & b_2 \end{pmatrix}$, $C=\begin{pmatrix} c_1 & 0 & 0 \\ 0 & c_2 & 0 \\ 0 & 0 & c_3 \end{pmatrix}$,求 AB 和 CA.

知识点睛 0203 矩阵的乘法

解 $AB=\begin{pmatrix} a_{11} & a_{12} \\ a_{21} & a_{22} \\ a_{31} & a_{32} \end{pmatrix}\begin{pmatrix} b_1 & 0 \\ 0 & b_2 \end{pmatrix}=\begin{pmatrix} a_{11}b_1 & a_{12}b_2 \\ a_{21}b_1 & a_{22}b_2 \\ a_{31}b_1 & a_{32}b_2 \end{pmatrix}$,

$CA=\begin{pmatrix} c_1 & 0 & 0 \\ 0 & c_2 & 0 \\ 0 & 0 & c_3 \end{pmatrix}\begin{pmatrix} a_{11} & a_{12} \\ a_{21} & a_{22} \\ a_{31} & a_{32} \end{pmatrix}=\begin{pmatrix} c_1a_{11} & c_1a_{12} \\ c_2a_{21} & c_2a_{22} \\ c_3a_{31} & c_3a_{32} \end{pmatrix}$.

【评注】从结果可以看出:对角阵右乘矩阵 A,其积相当于以对角阵主对角线上元素依次乘以 A 的各列;对角阵左乘矩阵 A,其积相当于以对角阵主对角线上元素依次乘以 A 的各行.

2 设 $A=\begin{pmatrix} 1 & 0 & 3 \\ 2 & -1 & 0 \end{pmatrix}$, $B=\begin{pmatrix} 1 & -1 \\ 2 & 3 \\ 4 & 0 \end{pmatrix}$,求 AB, BA.

知识点睛 0203 矩阵的乘法

解 $AB=\begin{pmatrix} 1 & 0 & 3 \\ 2 & -1 & 0 \end{pmatrix}\begin{pmatrix} 1 & -1 \\ 2 & 3 \\ 4 & 0 \end{pmatrix}=\begin{pmatrix} 13 & -1 \\ 0 & -5 \end{pmatrix}$.

$BA=\begin{pmatrix} 1 & -1 \\ 2 & 3 \\ 4 & 0 \end{pmatrix}\begin{pmatrix} 1 & 0 & 3 \\ 2 & -1 & 0 \end{pmatrix}=\begin{pmatrix} -1 & 1 & 3 \\ 8 & -3 & 6 \\ 4 & 0 & 12 \end{pmatrix}$.

【评注】用矩阵的乘法直接计算,本题说明 AB, BA 不但不相等,而且 AB 与 BA 也不是同型矩阵.

3 设 $A=\begin{pmatrix} 1 & 3 \\ 0 & 1 \end{pmatrix}$,求 A^n.

知识点睛 二项式定理,0204 方阵的幂

解法1 $A=\begin{pmatrix} 1 & 3 \\ 0 & 1 \end{pmatrix}$,

$$A^2=\begin{pmatrix}1&3\\0&1\end{pmatrix}\begin{pmatrix}1&3\\0&1\end{pmatrix}=\begin{pmatrix}1&6\\0&1\end{pmatrix},$$

$$A^3=A^2A=\begin{pmatrix}1&6\\0&1\end{pmatrix}\begin{pmatrix}1&3\\0&1\end{pmatrix}=\begin{pmatrix}1&9\\0&1\end{pmatrix}.$$

猜测 $A^n=\begin{pmatrix}1&3n\\0&1\end{pmatrix}$.假设 $n=k$ 时结论成立,当 $n=k+1$ 时,

$$A^{k+1}=A^kA=\begin{pmatrix}1&3k\\0&1\end{pmatrix}\begin{pmatrix}1&3\\0&1\end{pmatrix}=\begin{pmatrix}1&3(k+1)\\0&1\end{pmatrix},$$

所以 $A^n=\begin{pmatrix}1&3n\\0&1\end{pmatrix}$.

解法 2 $A=\begin{pmatrix}1&0\\0&1\end{pmatrix}+\begin{pmatrix}0&3\\0&0\end{pmatrix}=E+B$,其中 $B=\begin{pmatrix}0&3\\0&0\end{pmatrix}$.而

$$B^2=\begin{pmatrix}0&3\\0&0\end{pmatrix}\begin{pmatrix}0&3\\0&0\end{pmatrix}=\begin{pmatrix}0&0\\0&0\end{pmatrix},$$

所以 $k\geqslant 2$ 时,有 $B^k=\mathbf{0}$,而单位矩阵 E 与任意矩阵可换,由二项式定理,我们可得

$$\begin{aligned}A^n&=(E+B)^n=E^n+C_n^1E^{n-1}B+C_n^2E^{n-2}B^2+\cdots+B^n=E^n+C_n^1E^{n-1}B\\&=\begin{pmatrix}1&0\\0&1\end{pmatrix}+n\begin{pmatrix}1&0\\0&1\end{pmatrix}\begin{pmatrix}0&3\\0&0\end{pmatrix}=\begin{pmatrix}1&0\\0&1\end{pmatrix}+\begin{pmatrix}0&3n\\0&0\end{pmatrix}=\begin{pmatrix}1&3n\\0&1\end{pmatrix}.\end{aligned}$$

【评注】解法 1 利用数学归纳法,先求出次数较低的幂,观察其规律,再归纳证明;解法 2 将矩阵拆成单位矩阵与另一矩阵和的形式,再用二项式定理展开.

4 已知矩阵 $A=\begin{pmatrix}1&0&-1\\2&-1&1\\-1&2&-5\end{pmatrix}$,若存在下三角可逆矩阵 P 和上三角可逆矩阵 Q,使 PAQ 为对角矩阵,则 P,Q 可分别为( ).

K 2021 数学二、数学三,5 分

(A) $\begin{pmatrix}1&0&0\\0&1&0\\0&0&1\end{pmatrix},\begin{pmatrix}1&0&1\\0&1&3\\0&0&1\end{pmatrix}$ (B) $\begin{pmatrix}1&0&0\\2&-1&0\\-3&2&1\end{pmatrix},\begin{pmatrix}1&0&0\\0&1&0\\0&0&1\end{pmatrix}$

(C) $\begin{pmatrix}1&0&0\\2&-1&0\\-3&2&1\end{pmatrix},\begin{pmatrix}1&0&1\\0&1&3\\0&0&1\end{pmatrix}$ (D) $\begin{pmatrix}1&0&0\\0&1&0\\1&3&1\end{pmatrix},\begin{pmatrix}1&2&-3\\0&-1&2\\0&0&1\end{pmatrix}$

知识点睛 0203 矩阵的乘法

解 对 A 作初等行变换,化为上三角矩阵 B,

$$(A\,\vdots\,E)=\left(\begin{array}{ccc:ccc}1&0&-1&1&0&0\\2&-1&1&0&1&0\\-1&2&-5&0&0&1\end{array}\right)\to\left(\begin{array}{ccc:ccc}1&0&-1&1&0&0\\0&-1&3&-2&1&0\\0&2&-6&1&0&1\end{array}\right)$$

$$\to\left(\begin{array}{ccc:ccc}1&0&-1&1&0&0\\0&-1&3&-2&1&0\\0&0&0&-3&2&1\end{array}\right)\to\left(\begin{array}{ccc:ccc}1&0&-1&1&0&0\\0&1&-3&2&-1&0\\0&0&0&-3&2&1\end{array}\right)=(B\,\vdots\,P).$$

因为$\begin{pmatrix}1&0&0\\2&-1&0\\-3&2&1\end{pmatrix}\begin{pmatrix}1&0&-1\\2&-1&1\\-1&2&-5\end{pmatrix}=\begin{pmatrix}1&0&-1\\0&1&-3\\0&0&0\end{pmatrix}$,可知$\boldsymbol{P}=\begin{pmatrix}1&0&0\\2&-1&0\\-3&2&1\end{pmatrix}$.

再对$\boldsymbol{B}$作列变换(或$\boldsymbol{B}^{\mathrm{T}}$作行变换)化为对角矩阵,可求$\boldsymbol{Q}$(或$\boldsymbol{Q}^{\mathrm{T}}$).

$$\begin{pmatrix}\boldsymbol{B}\\ \hdashline \boldsymbol{E}\end{pmatrix}=\begin{pmatrix}1&0&-1\\0&1&-3\\0&0&0\\ \hdashline 1&0&0\\0&1&0\\0&0&1\end{pmatrix}\to\begin{pmatrix}1&0&0\\0&1&0\\0&0&1\\ \hdashline 1&0&1\\0&1&3\\0&0&1\end{pmatrix},\quad 可得\quad \boldsymbol{Q}=\begin{pmatrix}1&0&1\\0&1&3\\0&0&1\end{pmatrix}.$$

或

$$(\boldsymbol{B}^{\mathrm{T}}\ \vdots\ \boldsymbol{E})=\left(\begin{array}{ccc:ccc}1&0&0&1&0&0\\0&1&0&0&1&0\\-1&-3&0&0&0&1\end{array}\right)\to\left(\begin{array}{ccc:ccc}1&0&0&1&0&0\\0&1&0&0&1&0\\0&0&0&1&3&1\end{array}\right)得\boldsymbol{Q}^{\mathrm{T}}=\begin{pmatrix}1&0&0\\0&1&0\\1&3&1\end{pmatrix}.$$

从而选(C).

【评注】本题其实是考查如何把$\boldsymbol{A}$化为其等价标准形.$\boldsymbol{P},\boldsymbol{Q}$是不唯一的(考题中用的是"$\boldsymbol{P},\boldsymbol{Q}$可分别为").

作为选择题,当求出$\boldsymbol{P}$之后,选项只能是(B)或(C),但$\boldsymbol{PA}=\boldsymbol{B}$,$\boldsymbol{B}$不是等价标准形,必须还要作列变换,也就排除(B),只能选(C).因此$\boldsymbol{Q}$是可以省略不去求解的.但若是解答题,则要按上述方法来求解,如果忘了这些原理,直接用矩阵乘法,当然也可找出正确答案.

5 设$\boldsymbol{A}=\begin{pmatrix}0&0&0\\2&0&0\\1&3&0\end{pmatrix}$,则$\boldsymbol{A}^2=$________,$\boldsymbol{A}^3=$________.

知识点睛 0204 方阵的幂

解 由矩阵乘法,有

$$\boldsymbol{A}^2=\begin{pmatrix}0&0&0\\2&0&0\\1&3&0\end{pmatrix}\begin{pmatrix}0&0&0\\2&0&0\\1&3&0\end{pmatrix}=\begin{pmatrix}0&0&0\\0&0&0\\6&0&0\end{pmatrix},$$

$$\boldsymbol{A}^3=\begin{pmatrix}0&0&0\\0&0&0\\6&0&0\end{pmatrix}\begin{pmatrix}0&0&0\\2&0&0\\1&3&0\end{pmatrix}=\begin{pmatrix}0&0&0\\0&0&0\\0&0&0\end{pmatrix},$$

故应填$\begin{pmatrix}0&0&0\\0&0&0\\6&0&0\end{pmatrix}$和$\begin{pmatrix}0&0&0\\0&0&0\\0&0&0\end{pmatrix}$.

【评注】设$\boldsymbol{A}=\begin{pmatrix}0&a_{12}&\cdots&\cdots&a_{1n}\\ &0&a_{23}&\cdots&a_{2n}\\ & &\ddots&\ddots&\vdots\\ & & &0&a_{n-1,n}\\ & & & &0\end{pmatrix}$为$n$阶方阵,则$\boldsymbol{A}^n=\boldsymbol{0}$.

同理,设 n 阶方阵 $\boldsymbol{B}=\begin{pmatrix}0&&&&\\a_{21}&0&&&\\a_{31}&a_{32}&0&&\\\vdots&\vdots&\ddots&\ddots&\\a_{n1}&a_{n2}&\cdots&a_{n,n-1}&0\end{pmatrix}$,则 $\boldsymbol{B}^n=\boldsymbol{0}$.

6 求所有与 $\boldsymbol{A}=\begin{pmatrix}1&1\\0&1\end{pmatrix}$ 乘法可交换的方阵.

知识点睛 0203 矩阵的乘法

解 设与 $\boldsymbol{A}$ 可交换的方阵为 $\begin{pmatrix}a&b\\c&d\end{pmatrix}$,则由

$$\begin{pmatrix}1&1\\0&1\end{pmatrix}\begin{pmatrix}a&b\\c&d\end{pmatrix}=\begin{pmatrix}a&b\\c&d\end{pmatrix}\begin{pmatrix}1&1\\0&1\end{pmatrix},$$

得 $\begin{pmatrix}a+c&b+d\\c&d\end{pmatrix}=\begin{pmatrix}a&a+b\\c&c+d\end{pmatrix}$. 比较对应元素,得 $c=0,d=a$.

即所有与 $\boldsymbol{A}$ 可交换的方阵都形如 $\begin{pmatrix}a&b\\0&a\end{pmatrix}$,其中 a,b 为任意数.

7 设 $\boldsymbol{A}$ 是 4 阶方阵,$\boldsymbol{B}$ 是 5 阶方阵,且 $|\boldsymbol{A}|=2$, $|\boldsymbol{B}|=-2$,则 $|-|\boldsymbol{A}|\boldsymbol{B}|=$________, $|-|\boldsymbol{B}|\boldsymbol{A}|=$________.

知识点睛 0201 矩阵的概念

解 $|-|\boldsymbol{A}|\boldsymbol{B}|=|-2\boldsymbol{B}|=(-2)^5|\boldsymbol{B}|=(-2)^6=64$.

$|-|\boldsymbol{B}|\boldsymbol{A}|=|2\boldsymbol{A}|=2^4|\boldsymbol{A}|=2^5=32$.

故应填 64 和 32.

8 设 $\boldsymbol{A},\boldsymbol{B}$ 均为 n 阶矩阵,满足 $\boldsymbol{A}\boldsymbol{A}^{\mathrm{T}}=\boldsymbol{E},\boldsymbol{B}\boldsymbol{B}^{\mathrm{T}}=\boldsymbol{E}$,且 $|\boldsymbol{A}|+|\boldsymbol{B}|=0$,求 $|\boldsymbol{A}+\boldsymbol{B}|$.

知识点睛 0314 正交矩阵及其性质

解 $\boldsymbol{A}+\boldsymbol{B}=\boldsymbol{A}\boldsymbol{B}^{\mathrm{T}}\boldsymbol{B}+\boldsymbol{A}\boldsymbol{A}^{\mathrm{T}}\boldsymbol{B}=\boldsymbol{A}(\boldsymbol{B}^{\mathrm{T}}+\boldsymbol{A}^{\mathrm{T}})\boldsymbol{B}=\boldsymbol{A}(\boldsymbol{A}+\boldsymbol{B})^{\mathrm{T}}\boldsymbol{B}$,则

$$|\boldsymbol{A}+\boldsymbol{B}|=|\boldsymbol{A}|\ |(\boldsymbol{A}+\boldsymbol{B})^{\mathrm{T}}|\ |\boldsymbol{B}|,\text{即}(1-|\boldsymbol{A}|\,|\boldsymbol{B}|)\,|\boldsymbol{A}+\boldsymbol{B}|=0.$$

又因为 $|\boldsymbol{A}|=\pm1$, $|\boldsymbol{B}|=\pm1$,且 $|\boldsymbol{A}|=-|\boldsymbol{B}|$. 所以 $|\boldsymbol{A}|\,|\boldsymbol{B}|=-1$,从而 $1-|\boldsymbol{A}|\,|\boldsymbol{B}|=2\neq0$,故由 $2|\boldsymbol{A}+\boldsymbol{B}|=0$,得 $|\boldsymbol{A}+\boldsymbol{B}|=0$.

【评注】由条件可知,$\boldsymbol{A},\boldsymbol{B}$ 均为正交矩阵,故 $\boldsymbol{A},\boldsymbol{B}$ 的行列式为 1 或 −1.

9 设 4 阶矩阵 $\boldsymbol{A}=(\boldsymbol{\alpha},\boldsymbol{\gamma}_2,\boldsymbol{\gamma}_3,\boldsymbol{\gamma}_4)$, $\boldsymbol{B}=(\boldsymbol{\beta},\boldsymbol{\gamma}_2,\boldsymbol{\gamma}_3,\boldsymbol{\gamma}_4)$,其中 $\boldsymbol{\alpha},\boldsymbol{\beta},\boldsymbol{\gamma}_2,\boldsymbol{\gamma}_3,\boldsymbol{\gamma}_4$ 均为 4 维列向量. 且已知 $|\boldsymbol{A}|=4$, $|\boldsymbol{B}|=1$,则 $|\boldsymbol{A}+\boldsymbol{B}|=$________.

9 题精解视频

知识点睛 0102 行列式的基本性质,0202 矩阵的线性运算

解 $\boldsymbol{A}+\boldsymbol{B}=(\boldsymbol{\alpha},\boldsymbol{\gamma}_2,\boldsymbol{\gamma}_3,\boldsymbol{\gamma}_4)+(\boldsymbol{\beta},\boldsymbol{\gamma}_2,\boldsymbol{\gamma}_3,\boldsymbol{\gamma}_4)=(\boldsymbol{\alpha}+\boldsymbol{\beta},2\boldsymbol{\gamma}_2,2\boldsymbol{\gamma}_3,2\boldsymbol{\gamma}_4)$. 根据行列式的性质,得

$$|\boldsymbol{A}+\boldsymbol{B}|=|\boldsymbol{\alpha}+\boldsymbol{\beta},2\boldsymbol{\gamma}_2,2\boldsymbol{\gamma}_3,2\boldsymbol{\gamma}_4|=2\times2\times2\,|\boldsymbol{\alpha}+\boldsymbol{\beta},\boldsymbol{\gamma}_2,\boldsymbol{\gamma}_3,\boldsymbol{\gamma}_4|=8(|\boldsymbol{A}|+|\boldsymbol{B}|)=40.$$

应填 40.

【评注】注意矩阵的运算规律和行列式的性质之间的联系和区别.

10 设 $\boldsymbol{A}$ 与 $\boldsymbol{B}$ 是两个 n 阶对称方阵.证明:乘积 $\boldsymbol{AB}$ 也是对称的当且仅当 $\boldsymbol{A}$ 与 $\boldsymbol{B}$ 乘法可交换.

知识点睛 对称矩阵

证 由于 $\boldsymbol{A}$ 与 $\boldsymbol{B}$ 是对称的,故

$$\boldsymbol{A}^{\mathrm{T}}=\boldsymbol{A},\quad \boldsymbol{B}^{\mathrm{T}}=\boldsymbol{B}.$$

如果 $\boldsymbol{AB}=\boldsymbol{BA}$,则可得

$$(\boldsymbol{AB})^{\mathrm{T}}=\boldsymbol{B}^{\mathrm{T}}\boldsymbol{A}^{\mathrm{T}}=\boldsymbol{BA}=\boldsymbol{AB},$$

即乘积 $\boldsymbol{AB}$ 是对称的.

反之,若 $\boldsymbol{AB}$ 是对称的,即 $(\boldsymbol{AB})^{\mathrm{T}}=\boldsymbol{AB}$,则

$$\boldsymbol{AB}=(\boldsymbol{AB})^{\mathrm{T}}=\boldsymbol{B}^{\mathrm{T}}\boldsymbol{A}^{\mathrm{T}}=\boldsymbol{BA},$$

即 $\boldsymbol{A}$ 与 $\boldsymbol{B}$ 乘法可交换.

11 设 $\boldsymbol{A},\boldsymbol{B}$ 都是对合矩阵.证明:$\boldsymbol{AB}$ 是对合矩阵的充分必要条件是 $\boldsymbol{A}$ 与 $\boldsymbol{B}$ 乘法可交换.

知识点睛 对合矩阵

证 设 $\boldsymbol{AB}$ 是对合矩阵,即有

$$\boldsymbol{E}=(\boldsymbol{AB})^2=(\boldsymbol{AB})(\boldsymbol{AB})=\boldsymbol{A}(\boldsymbol{BA})\boldsymbol{B},$$

两端左乘 $\boldsymbol{A}$、右乘 $\boldsymbol{B}$,由于 $\boldsymbol{A}^2=\boldsymbol{B}^2=\boldsymbol{E}$,故得

$$\boldsymbol{AB}=\boldsymbol{A}^2(\boldsymbol{BA})\boldsymbol{B}^2=\boldsymbol{BA}.$$

反之,设 $\boldsymbol{AB}=\boldsymbol{BA}$,此等式两端右乘 $\boldsymbol{AB}$ 得

$$(\boldsymbol{AB})^2=\boldsymbol{BAAB}=\boldsymbol{BEB}=\boldsymbol{B}^2=\boldsymbol{E},$$

故 $\boldsymbol{AB}$ 为对合矩阵.

12 证明:任意 n 阶方阵都可以表示成一个对称方阵与一个反对称方阵的和.

知识点睛 对称矩阵与反对称矩阵

证 设 $\boldsymbol{A}$ 为任意 n 阶方阵,令 $\boldsymbol{B}=\dfrac{1}{2}(\boldsymbol{A}+\boldsymbol{A}^{\mathrm{T}}),\boldsymbol{C}=\dfrac{1}{2}(\boldsymbol{A}-\boldsymbol{A}^{\mathrm{T}})$,则

$$\boldsymbol{B}^{\mathrm{T}}=\frac{1}{2}(\boldsymbol{A}+\boldsymbol{A}^{\mathrm{T}})^{\mathrm{T}}=\frac{1}{2}(\boldsymbol{A}+\boldsymbol{A}^{\mathrm{T}})=\boldsymbol{B},\quad \boldsymbol{C}^{\mathrm{T}}=\frac{1}{2}(\boldsymbol{A}-\boldsymbol{A}^{\mathrm{T}})^{\mathrm{T}}=\frac{1}{2}(\boldsymbol{A}^{\mathrm{T}}-\boldsymbol{A})=-\boldsymbol{C},$$

即 $\boldsymbol{B}$ 为对称方阵,$\boldsymbol{C}$ 为反对称方阵,且显然有 $\boldsymbol{A}=\boldsymbol{B}+\boldsymbol{C}$.

13 设 n 阶实对称矩阵 $\boldsymbol{A}$ 满足关系 $\boldsymbol{A}^2+6\boldsymbol{A}+8\boldsymbol{E}=\boldsymbol{0}$,证明 $\boldsymbol{A}+3\boldsymbol{E}$ 是正交矩阵.

知识点睛 0314 正交矩阵及其性质

证 因为 $\boldsymbol{A}^{\mathrm{T}}=\boldsymbol{A}$,所以

$$(\boldsymbol{A}+3\boldsymbol{E})(\boldsymbol{A}+3\boldsymbol{E})^{\mathrm{T}}=(\boldsymbol{A}+3\boldsymbol{E})^2=\boldsymbol{A}^2+6\boldsymbol{A}+9\boldsymbol{E},$$

又

$$\boldsymbol{A}^2+6\boldsymbol{A}+8\boldsymbol{E}=\boldsymbol{0},$$

所以 $(\boldsymbol{A}+3\boldsymbol{E})(\boldsymbol{A}+3\boldsymbol{E})^{\mathrm{T}}=\boldsymbol{E}$,即 $\boldsymbol{A}+3\boldsymbol{E}$ 是正交矩阵.

14 设 $\boldsymbol{A},\boldsymbol{B}$ 均为 $\boldsymbol{n}$ 阶矩阵,且满足 $\boldsymbol{A}^2=\boldsymbol{A},\boldsymbol{B}^2=\boldsymbol{B}$ 和 $(\boldsymbol{A}+\boldsymbol{B})^2=\boldsymbol{A}+\boldsymbol{B}$,证明 $\boldsymbol{AB}$ 为零矩阵.

知识点睛 幂等矩阵

证 由题设 $\boldsymbol{A}^2=\boldsymbol{A},\boldsymbol{B}^2=\boldsymbol{B}$ 和 $(\boldsymbol{A}+\boldsymbol{B})^2=\boldsymbol{A}+\boldsymbol{B}$,有

$$(\boldsymbol{A}+\boldsymbol{B})^2=\boldsymbol{A}^2+\boldsymbol{AB}+\boldsymbol{BA}+\boldsymbol{B}^2=\boldsymbol{A}+\boldsymbol{AB}+\boldsymbol{BA}+\boldsymbol{B}=\boldsymbol{A}+\boldsymbol{B},$$

得 $\boldsymbol{AB}+\boldsymbol{BA}=\boldsymbol{0}$.

用 $\boldsymbol{A}$ 左乘、右乘上式两边,分别得到

$$\boldsymbol{A}(\boldsymbol{AB}+\boldsymbol{BA})=\boldsymbol{A}^2\boldsymbol{B}+\boldsymbol{ABA}=\boldsymbol{AB}+\boldsymbol{ABA}=\boldsymbol{0},$$

$$(\boldsymbol{AB}+\boldsymbol{BA})\boldsymbol{A}=\boldsymbol{ABA}+\boldsymbol{BA}^2=\boldsymbol{ABA}+\boldsymbol{BA}=\boldsymbol{0},$$

从而 $\boldsymbol{AB}=\boldsymbol{BA}$.将它代入 $\boldsymbol{AB}+\boldsymbol{BA}=\boldsymbol{0}$,就得 $\boldsymbol{AB}=\boldsymbol{0}$.

14 题精解视频

15 设 $\boldsymbol{A}=\begin{pmatrix}a_{11}&a_{12}&a_{13}\\a_{21}&a_{22}&a_{23}\\a_{31}&a_{32}&a_{33}\end{pmatrix}$, $\boldsymbol{B}=\begin{pmatrix}a_{21}&a_{22}&a_{23}\\a_{11}&a_{12}&a_{13}\\a_{31}+a_{11}&a_{32}+a_{12}&a_{33}+a_{13}\end{pmatrix}$,

$\boldsymbol{P}_1=\begin{pmatrix}0&1&0\\1&0&0\\0&0&1\end{pmatrix}$, $\boldsymbol{P}_2=\begin{pmatrix}1&0&0\\0&1&0\\1&0&1\end{pmatrix}$,则必有(   ).

(A) $\boldsymbol{AP}_1\boldsymbol{P}_2=\boldsymbol{B}$ (B) $\boldsymbol{AP}_2\boldsymbol{P}_1=\boldsymbol{B}$ (C) $\boldsymbol{P}_1\boldsymbol{P}_2\boldsymbol{A}=\boldsymbol{B}$ (D) $\boldsymbol{P}_2\boldsymbol{P}_1\boldsymbol{A}=\boldsymbol{B}$

知识点睛 0211 初等矩阵及性质

解 矩阵 $\boldsymbol{B}$ 是矩阵 $\boldsymbol{A}$ 经过初等行变换得到的.首先把矩阵 $\boldsymbol{A}$ 的第 1 行加到第 3 行上去,即矩阵 $\boldsymbol{A}$ 左乘初等矩阵 $\boldsymbol{P}_2$,然后把矩阵 $\boldsymbol{P}_2\boldsymbol{A}$ 的第 1 行与第 2 行交换,也即 $\boldsymbol{P}_1\boldsymbol{P}_2\boldsymbol{A}$.

故应选(C).

16 设 $\boldsymbol{A}=\begin{pmatrix}1&2&3\\4&5&6\\7&8&9\end{pmatrix}$,$\boldsymbol{P}=\begin{pmatrix}0&0&1\\0&1&0\\1&0&0\end{pmatrix}$,$\boldsymbol{Q}=\begin{pmatrix}1&0&0\\0&0&1\\0&1&0\end{pmatrix}$,求 $\boldsymbol{P}^{20}\boldsymbol{AQ}^{21}$.

知识点睛 0211 初等矩阵及性质

解 易见 $\boldsymbol{P},\boldsymbol{Q}$ 均为初等矩阵.$\boldsymbol{A}$ 左乘 $\boldsymbol{P}$ 相当于把 $\boldsymbol{A}$ 的第 1、3 行交换,故 $\boldsymbol{P}^{20}\boldsymbol{A}$ 是把 $\boldsymbol{A}$ 的第 1、3 行交换 20 次,结果仍为 $\boldsymbol{A}$.同理可知,$\boldsymbol{AQ}^{21}$ 相当于把 $\boldsymbol{A}$ 的第 2、3 列交换 21 次,结果是把 $\boldsymbol{A}$ 的第 2、3 列交换了位置.故

$$\boldsymbol{P}^{20}\boldsymbol{AQ}^{21}=\begin{pmatrix}1&3&2\\4&6&5\\7&9&8\end{pmatrix}.$$

17 设 $\boldsymbol{A}$ 为 3 阶矩阵,将 $\boldsymbol{A}$ 的第 2 行加到第 1 行得 $\boldsymbol{B}$,再将 $\boldsymbol{B}$ 的第 1 列的 -1 倍加到第 2 列得 $\boldsymbol{C}$,记 $\boldsymbol{P}=\begin{pmatrix}1&1&0\\0&1&0\\0&0&1\end{pmatrix}$,则(   ).

2006 数学一、数学二、数学三,4 分

(A) $\boldsymbol{C}=\boldsymbol{P}^{-1}\boldsymbol{AP}$ (B) $\boldsymbol{C}=\boldsymbol{PAP}^{-1}$ (C) $\boldsymbol{C}=\boldsymbol{P}^{\mathrm{T}}\boldsymbol{AP}$ (D) $\boldsymbol{C}=\boldsymbol{PAP}^{\mathrm{T}}$

知识点睛 0211 初等矩阵及性质

解 按已知条件,用初等矩阵描述有

$$\boldsymbol{B}=\begin{pmatrix}1&1&0\\0&1&0\\0&0&1\end{pmatrix}\boldsymbol{A},\quad \boldsymbol{C}=\boldsymbol{B}\begin{pmatrix}1&-1&0\\0&1&0\\0&0&1\end{pmatrix},$$

于是 $C=\begin{pmatrix}1&1&0\\0&1&0\\0&0&1\end{pmatrix}A\begin{pmatrix}1&-1&0\\0&1&0\\0&0&1\end{pmatrix}=PAP^{-1}$，所以应选(B).

【评注】本题考查初等矩阵的左乘、右乘问题及初等矩阵逆矩阵的公式.

K 2011 数学一、数学二、数学三，4 分

18 设 A 为 3 阶矩阵，将 A 的第 2 列加到第 1 列得矩阵 B，再交换 B 的第 2 行与第 3 行得单位矩阵. 记 $P_1=\begin{pmatrix}1&0&0\\1&1&0\\0&0&1\end{pmatrix}$，$P_2=\begin{pmatrix}1&0&0\\0&0&1\\0&1&0\end{pmatrix}$，则 $A=($ $)$.

(A) P_1P_2 (B) $P_1^{-1}P_2$ (C) P_2P_1 (D) $P_2P_1^{-1}$

知识点睛 0211 初等矩阵及性质

解 按题意

$$A\begin{pmatrix}1&0&0\\1&1&0\\0&0&1\end{pmatrix}=B,\quad \begin{pmatrix}1&0&0\\0&0&1\\0&1&0\end{pmatrix}B=E,$$

即 $AP_1=B$，$P_2B=E$，从而 $P_2(AP_1)=E$. 故 $A=P_2^{-1}EP_1^{-1}=P_2P_1^{-1}$，应选(D).

K 2012 数学一、数学二、数学三，4 分

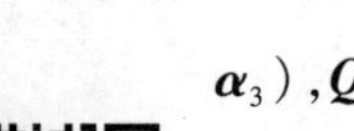

19 题精解视频

19 设 A 为 3 阶矩阵，P 为 3 阶可逆矩阵，且 $P^{-1}AP=\begin{pmatrix}1&0&0\\0&1&0\\0&0&2\end{pmatrix}$. 若 $P=(\boldsymbol{\alpha}_1,\boldsymbol{\alpha}_2,\boldsymbol{\alpha}_3)$，$Q=(\boldsymbol{\alpha}_1+\boldsymbol{\alpha}_2,\boldsymbol{\alpha}_2,\boldsymbol{\alpha}_3)$，则 $Q^{-1}AQ=($ $)$.

(A) $\begin{pmatrix}1&0&0\\0&2&0\\0&0&1\end{pmatrix}$ (B) $\begin{pmatrix}1&0&0\\0&1&0\\0&0&2\end{pmatrix}$ (C) $\begin{pmatrix}2&0&0\\0&1&0\\0&0&2\end{pmatrix}$ (D) $\begin{pmatrix}2&0&0\\0&2&0\\0&0&1\end{pmatrix}$

知识点睛 0211 初等矩阵及性质

解 由于 P 经列变换(把第 2 列加至第 1 列)为 Q，有

$$Q=P\begin{pmatrix}1&0&0\\1&1&0\\0&0&1\end{pmatrix}=PE(2,1(1)),$$

那么

$$\begin{aligned}Q^{-1}AQ&=[PE(2,1(1))]^{-1}A[PE(2,1(1))]\\&=[E(2,1(1))]^{-1}P^{-1}APE(2,1(1))\\&=\begin{pmatrix}1&0&0\\-1&1&0\\0&0&1\end{pmatrix}\begin{pmatrix}1&0&0\\0&1&0\\0&0&2\end{pmatrix}\begin{pmatrix}1&0&0\\1&1&0\\0&0&1\end{pmatrix}=\begin{pmatrix}1&0&0\\0&1&0\\0&0&2\end{pmatrix}.\end{aligned}$$

应选(B).

K 2017 数学二，4 分

20 设 A 为 3 阶矩阵，$P=(\boldsymbol{\alpha}_1,\boldsymbol{\alpha}_2,\boldsymbol{\alpha}_3)$ 为可逆矩阵，使得 $P^{-1}AP=\begin{pmatrix}0&0&0\\0&1&0\\0&0&2\end{pmatrix}$，则 $A(\boldsymbol{\alpha}_1+\boldsymbol{\alpha}_2+\boldsymbol{\alpha}_3)=($ $)$.

(A) $\boldsymbol{\alpha}_1+\boldsymbol{\alpha}_2$ (B) $\boldsymbol{\alpha}_2+2\boldsymbol{\alpha}_3$

(C) $\boldsymbol{\alpha}_2+\boldsymbol{\alpha}_3$ (D) $\boldsymbol{\alpha}_1+2\boldsymbol{\alpha}_2$

知识点睛 0501 矩阵的特征值与特征向量的性质

解 由 $\boldsymbol{P}^{-1}\boldsymbol{AP}=\boldsymbol{\Lambda}$ 知 $\boldsymbol{A}$ 的特征值为 0,1,2.$\boldsymbol{P}=(\boldsymbol{\alpha}_1,\boldsymbol{\alpha}_2,\boldsymbol{\alpha}_3)$ 说明 $\boldsymbol{A}$ 的特征向量依次为 $\boldsymbol{\alpha}_1,\boldsymbol{\alpha}_2,\boldsymbol{\alpha}_3$.即

$$\boldsymbol{A\alpha}_1=0\boldsymbol{\alpha}_1,\boldsymbol{A\alpha}_2=\boldsymbol{\alpha}_2,\boldsymbol{A\alpha}_3=2\boldsymbol{\alpha}_3,\quad 故\quad \boldsymbol{A}(\boldsymbol{\alpha}_1+\boldsymbol{\alpha}_2+\boldsymbol{\alpha}_3)=\boldsymbol{\alpha}_2+2\boldsymbol{\alpha}_3.$$

故应选(B).

或直接地,由 $\boldsymbol{AP}=\boldsymbol{P\Lambda}$,即

$$\boldsymbol{A}(\boldsymbol{\alpha}_1,\boldsymbol{\alpha}_2,\boldsymbol{\alpha}_3)=(\boldsymbol{\alpha}_1,\boldsymbol{\alpha}_2,\boldsymbol{\alpha}_3)\begin{pmatrix}0&0&0\\0&1&0\\0&0&2\end{pmatrix}=(\boldsymbol{0},\boldsymbol{\alpha}_2,2\boldsymbol{\alpha}_3),$$

得

$$\boldsymbol{A}(\boldsymbol{\alpha}_1+\boldsymbol{\alpha}_2+\boldsymbol{\alpha}_3)=\boldsymbol{A\alpha}_1+\boldsymbol{A\alpha}_2+\boldsymbol{A\alpha}_3=\boldsymbol{0}+\boldsymbol{\alpha}_2+2\boldsymbol{\alpha}_3=\boldsymbol{\alpha}_2+2\boldsymbol{\alpha}_3.$$

21 设 $\boldsymbol{A},\boldsymbol{P}$ 均为 3 阶矩阵,$\boldsymbol{P}^{\mathrm{T}}$ 为 $\boldsymbol{P}$ 的转置矩阵,且 $\boldsymbol{P}^{\mathrm{T}}\boldsymbol{AP}=\begin{pmatrix}1&0&0\\0&1&0\\0&0&2\end{pmatrix}$.若 $\boldsymbol{P}=(\boldsymbol{\alpha}_1,\boldsymbol{\alpha}_2,\boldsymbol{\alpha}_3)$,$\boldsymbol{Q}=(\boldsymbol{\alpha}_1+\boldsymbol{\alpha}_2,\boldsymbol{\alpha}_2,\boldsymbol{\alpha}_3)$,则 $\boldsymbol{Q}^{\mathrm{T}}\boldsymbol{AQ}$ 为(　　).

2009 数学二、数学三,4 分

(A) $\begin{pmatrix}2&1&0\\1&1&0\\0&0&2\end{pmatrix}$ (B) $\begin{pmatrix}1&1&0\\1&2&0\\0&0&2\end{pmatrix}$ (C) $\begin{pmatrix}2&0&0\\0&1&0\\0&0&2\end{pmatrix}$ (D) $\begin{pmatrix}1&0&0\\0&2&0\\0&0&2\end{pmatrix}$

知识点睛 0211 初等矩阵及性质

解 本题是在考查矩阵的初等变换和初等矩阵.按题意 $\boldsymbol{P}$ 经列变换为 $\boldsymbol{Q}$(把第 2 列加至第 1 列),有 $\boldsymbol{P}\begin{pmatrix}1&0&0\\1&1&0\\0&0&1\end{pmatrix}=\boldsymbol{Q}$,记 $\boldsymbol{E}(2,1(1))=\begin{pmatrix}1&0&0\\1&1&0\\0&0&1\end{pmatrix}$,于是

$$\begin{aligned}\boldsymbol{Q}^{\mathrm{T}}\boldsymbol{AQ}&=[\boldsymbol{PE}(2,1(1))]^{\mathrm{T}}\boldsymbol{A}[\boldsymbol{PE}(2,1(1))]=[\boldsymbol{E}(2,1(1))]^{\mathrm{T}}(\boldsymbol{P}^{\mathrm{T}}\boldsymbol{AP})\boldsymbol{E}(2,1(1))\\&=\begin{pmatrix}1&1&0\\0&1&0\\0&0&1\end{pmatrix}\begin{pmatrix}1&&\\&1&\\&&2\end{pmatrix}\begin{pmatrix}1&0&0\\1&1&0\\0&0&1\end{pmatrix}=\begin{pmatrix}2&1&0\\1&1&0\\0&0&2\end{pmatrix}.\end{aligned}$$

故应选(A).

22 设 $\boldsymbol{A}$ 为 3 阶矩阵,交换 $\boldsymbol{A}$ 的第 2 行和第 3 行,再将第 2 列的 -1 倍加到第 1 列,得到矩阵 $\begin{pmatrix}-2&1&-1\\1&-1&0\\-1&0&0\end{pmatrix}$,则 $\boldsymbol{A}^{-1}$ 的迹 $\mathrm{tr}(\boldsymbol{A}^{-1})=$ ________.

2022 数学二、数学三,5 分

知识点睛 0211 初等矩阵,0501 矩阵的特征值和特征向量的概念、性质及求法

解 已知 $\begin{pmatrix}1&0&0\\0&0&1\\0&1&0\end{pmatrix}\boldsymbol{A}\begin{pmatrix}1&0&0\\-1&1&0\\0&0&1\end{pmatrix}=\begin{pmatrix}-2&1&-1\\1&-1&0\\-1&0&0\end{pmatrix}$,所以

$$A=\begin{pmatrix}1&0&0\\0&0&1\\0&1&0\end{pmatrix}^{-1}\begin{pmatrix}-2&1&-1\\1&-1&0\\-1&0&0\end{pmatrix}\begin{pmatrix}1&0&0\\-1&1&0\\0&0&1\end{pmatrix}^{-1}$$

$$=\begin{pmatrix}1&0&0\\0&0&1\\0&1&0\end{pmatrix}\begin{pmatrix}-2&1&-1\\1&-1&0\\-1&0&0\end{pmatrix}\begin{pmatrix}1&0&0\\1&1&0\\0&0&1\end{pmatrix}=\begin{pmatrix}-1&1&-1\\-1&0&0\\0&-1&0\end{pmatrix},$$

于是 $A^{-1}=\begin{pmatrix}0&-1&0\\0&0&-1\\-1&1&-1\end{pmatrix}$,因此 $\operatorname{tr}(A^{-1})=-1$.应填$-1$.

【评注】本题也可以求出 A 的特征值 $\lambda_1=\mathrm{i},\lambda_2=-\mathrm{i},\lambda_3=-1$,则

$$\operatorname{tr}(A^{-1})=\frac{1}{\lambda_1}+\frac{1}{\lambda_2}+\frac{1}{\lambda_3}=\frac{1}{\mathrm{i}}+\frac{1}{-\mathrm{i}}+\frac{1}{-1}=-1.$$

23 用初等行变换把矩阵 $A=\begin{pmatrix}0&1&7&8\\1&3&3&8\\-2&-5&1&-8\end{pmatrix}$ 化成阶梯形矩阵 M,并求初等矩阵 P_1,P_2,P_3,使 A 可以写成 $A=P_1P_2P_3M$.

知识点睛 0211 初等矩阵及性质

解 $A\xrightarrow{r_1\leftrightarrow r_2}\begin{pmatrix}1&3&3&8\\0&1&7&8\\-2&-5&1&-8\end{pmatrix}\xrightarrow{r_3+2r_1}\begin{pmatrix}1&3&3&8\\0&1&7&8\\0&1&7&8\end{pmatrix}$

$$\xrightarrow{r_3+(-1)r_2}\begin{pmatrix}1&3&3&8\\0&1&7&8\\0&0&0&0\end{pmatrix}=M.$$

由初等变换与初等矩阵的对应得到三个初等矩阵

$$Q_1=\begin{pmatrix}0&1&0\\1&0&0\\0&0&1\end{pmatrix},\quad Q_2=\begin{pmatrix}1&0&0\\0&1&0\\2&0&1\end{pmatrix},\quad Q_3=\begin{pmatrix}1&0&0\\0&1&0\\0&-1&1\end{pmatrix},$$

满足 $Q_3Q_2Q_1A=M$,所以

$$A=(Q_3Q_2Q_1)^{-1}M=Q_1^{-1}Q_2^{-1}Q_3^{-1}M.$$

令 $P_1=Q_1^{-1},P_2=Q_2^{-1},P_3=Q_3^{-1}$,则 P_1,P_2,P_3 分别为

$$\begin{pmatrix}0&1&0\\1&0&0\\0&0&1\end{pmatrix},\quad\begin{pmatrix}1&0&0\\0&1&0\\-2&0&1\end{pmatrix},\quad\begin{pmatrix}1&0&0\\0&1&0\\0&1&1\end{pmatrix},$$

这三个矩阵都为初等矩阵,且满足 $A=P_1P_2P_3M$.

24 设 $A=\begin{pmatrix}1&2&3\\2&1&2\\3&3&5\\1&-1&-1\\4&2&4\end{pmatrix}$,求可逆矩阵 P,Q,使 PAQ 为 A 的等价标准形.

知识点睛 0210 矩阵的初等变换

解 $\begin{pmatrix} A & E_5 \\ E_3 & O \end{pmatrix} = \left(\begin{array}{ccc|ccccc} 1 & 2 & 3 & 1 & 0 & 0 & 0 & 0 \\ 2 & 1 & 2 & 0 & 1 & 0 & 0 & 0 \\ 3 & 3 & 5 & 0 & 0 & 1 & 0 & 0 \\ 1 & -1 & -1 & 0 & 0 & 0 & 1 & 0 \\ 4 & 2 & 4 & 0 & 0 & 0 & 0 & 1 \\ \hline 1 & 0 & 0 & & & & & \\ 0 & 1 & 0 & & & O & & \\ 0 & 0 & 1 & & & & & \end{array}\right)$

$$\xrightarrow[\substack{r_2+r_1\times(-2) \\ r_3+r_2\times(-1)+r_1\times(-1) \\ r_4+r_2\times(-1)+r_1\times 1 \\ r_5+r_2\times(-2)}]{} \left(\begin{array}{ccc|ccccc} 1 & 2 & 3 & 1 & 0 & 0 & 0 & 0 \\ 0 & -3 & -4 & -2 & 1 & 0 & 0 & 0 \\ 0 & 0 & 0 & -1 & -1 & 1 & 0 & 0 \\ 0 & 0 & 0 & 1 & -1 & 0 & 1 & 0 \\ 0 & 0 & 0 & 0 & -2 & 0 & 0 & 1 \\ \hline 1 & 0 & 0 & & & & & \\ 0 & 1 & 0 & & & O & & \\ 0 & 0 & 1 & & & & & \end{array}\right)$$

$$\xrightarrow[\substack{c_2\times\left(-\frac{1}{3}\right) \\ c_3+c_2\times\left(-\frac{4}{3}\right) \\ c_3+c_1\times(-3) \\ c_2+c_1\times(-2)}]{} \left(\begin{array}{ccc|ccccc} 1 & 0 & 0 & 1 & 0 & 0 & 0 & 0 \\ 0 & 1 & 0 & -2 & 1 & 0 & 0 & 0 \\ 0 & 0 & 0 & -1 & -1 & 1 & 0 & 0 \\ 0 & 0 & 0 & 1 & -1 & 0 & 1 & 0 \\ 0 & 0 & 0 & 0 & -2 & 0 & 0 & 1 \\ \hline 1 & \frac{2}{3} & -\frac{1}{3} & & & & & \\ 0 & -\frac{1}{3} & -\frac{4}{3} & & & O & & \\ 0 & 0 & 1 & & & & & \end{array}\right).$$

令 $P=\begin{pmatrix} 1 & 0 & 0 & 0 & 0 \\ -2 & 1 & 0 & 0 & 0 \\ -1 & -1 & 1 & 0 & 0 \\ 1 & -1 & 0 & 1 & 0 \\ 0 & -2 & 0 & 0 & 1 \end{pmatrix}$，$Q=\begin{pmatrix} 1 & \frac{2}{3} & -\frac{1}{3} \\ 0 & -\frac{1}{3} & -\frac{4}{3} \\ 0 & 0 & 1 \end{pmatrix}$，则 $PAQ=\begin{pmatrix} 1 & 0 & 0 \\ 0 & 1 & 0 \\ 0 & 0 & 0 \\ 0 & 0 & 0 \\ 0 & 0 & 0 \end{pmatrix}$.

【评注】本题是采用行列同时变换的方法，同时得到 P、Q，此方法较为新颖、简单，请读者掌握.

25 若矩阵 A 经初等列变换化成 B，则( ). 2020 数学一，4分

(A) 存在矩阵 P，使得 $PA=B$ (B) 存在矩阵 P，使得 $BP=A$

(C) 存在矩阵 P，使得 $PB=A$ (D) 方程组 $Ax=0$ 与 $Bx=0$ 同解

知识点睛 0211 初等矩阵

解 矩阵 A 经初等列变换得到 B，故存在初等矩阵 $P_i(i=1,2,\cdots,t)$，使

$$AP_1P_2\cdots P_t=B,$$

因 $\boldsymbol{P}_i$ 均可逆,故有 $\boldsymbol{A}=\boldsymbol{B}\boldsymbol{P}_t^{-1}\cdots\boldsymbol{P}_2^{-1}\boldsymbol{P}_1^{-1}$,记 $\boldsymbol{P}=\boldsymbol{P}_t^{-1}\cdots\boldsymbol{P}_2^{-1}\boldsymbol{P}_1^{-1}$,应选(B).

26 与矩阵 $\boldsymbol{A}=\begin{pmatrix}1&2&0\\2&4&0\\0&0&4\end{pmatrix}$ 等价的是(　　).

(A) $\begin{pmatrix}1&0&0\\0&0&0\\0&0&0\end{pmatrix}$　(B) $\begin{pmatrix}1&0&0\\0&2&0\\0&0&0\end{pmatrix}$　(C) $\begin{pmatrix}1&0&0\\0&2&0\\0&0&3\end{pmatrix}$　(D) $\begin{pmatrix}1&0&0\\0&2&0\\0&0&4\end{pmatrix}$

知识点睛 0213 矩阵的等价

解 $$\boldsymbol{A}=\begin{pmatrix}1&2&0\\2&4&0\\0&0&4\end{pmatrix}\xrightarrow{r_2+(-2)r_1}\begin{pmatrix}1&2&0\\0&0&0\\0&0&4\end{pmatrix}\xrightarrow{r_2\leftrightarrow r_3}\begin{pmatrix}1&2&0\\0&0&4\\0&0&0\end{pmatrix}$$

$$\xrightarrow{c_2+(-2)c_1}\begin{pmatrix}1&0&0\\0&0&4\\0&0&0\end{pmatrix}\xrightarrow{c_2\leftrightarrow c_3}\begin{pmatrix}1&0&0\\0&4&0\\0&0&0\end{pmatrix}\xrightarrow{\frac{1}{2}r_2}\begin{pmatrix}1&0&0\\0&2&0\\0&0&0\end{pmatrix},$$

所以,$\boldsymbol{A}$ 等价于$\begin{pmatrix}1&0&0\\0&2&0\\0&0&0\end{pmatrix}$.应选(B).

【评注】本题也可利用同型矩阵等价的充要条件秩相同来求解.

Ⓚ 2004 数学三,4分

27 设 n 阶矩阵 $\boldsymbol{A}$ 与 $\boldsymbol{B}$ 等价,则必有(　　).

(A) 当 $|\boldsymbol{A}|=a(a\neq0)$ 时,$|\boldsymbol{B}|=a$

(B) 当 $|\boldsymbol{A}|=a(a\neq0)$ 时,$|\boldsymbol{B}|=-a$

(C) 当 $|\boldsymbol{A}|\neq0$ 时,$|\boldsymbol{B}|=0$

(D) 当 $|\boldsymbol{A}|=0$ 时,$|\boldsymbol{B}|=0$

知识点睛 0213 矩阵的等价

解 $\boldsymbol{A}$ 经过初等变换前后的行列式的值不一定相等,所以(A)、(B)可排除.

因为 $\boldsymbol{A}$、$\boldsymbol{B}$ 等价,所以存在初等矩阵 $\boldsymbol{P}_1,\cdots,\boldsymbol{P}_t,\boldsymbol{Q}_1,\cdots\boldsymbol{Q}_m$,使

$$\boldsymbol{A}=\boldsymbol{P}_1\cdots\boldsymbol{P}_t\boldsymbol{B}\boldsymbol{Q}_1\cdots\boldsymbol{Q}_m,$$

所以当 $|\boldsymbol{A}|=0$ 时,有

$$|\boldsymbol{P}_1|\cdots|\boldsymbol{P}_t||\boldsymbol{B}||\boldsymbol{Q}_1|\cdots|\boldsymbol{Q}_m|=0.$$

因为 $\boldsymbol{P}_i,\boldsymbol{Q}_j$ 可逆,$i=1,2,\cdots,t,j=1,2,\cdots,m$,所以 $|\boldsymbol{P}_i|\neq0$,$|\boldsymbol{Q}_j|\neq0$.从而 $|\boldsymbol{B}|=0$.应选(D).

Ⓚ 2003 数学二,4分

28 设 $\boldsymbol{\alpha}$ 为3维列向量,$\boldsymbol{\alpha}^{\mathrm{T}}$ 是 $\boldsymbol{\alpha}$ 的转置,若 $\boldsymbol{\alpha}\boldsymbol{\alpha}^{\mathrm{T}}=\begin{pmatrix}1&-1&1\\-1&1&-1\\1&-1&1\end{pmatrix}$,则 $\boldsymbol{\alpha}^{\mathrm{T}}\boldsymbol{\alpha}=$ ________.

知识点睛 矩阵的迹

解 设 $\boldsymbol{\alpha}=\begin{pmatrix}a_1\\a_2\\a_3\end{pmatrix}$,则

$$\boldsymbol{\alpha}\boldsymbol{\alpha}^{\mathrm{T}}=\begin{pmatrix}a_1\\a_2\\a_3\end{pmatrix}(a_1,a_2,a_3)=\begin{pmatrix}a_1^2&a_1a_2&a_1a_3\\a_2a_1&a_2^2&a_2a_3\\a_3a_1&a_3a_2&a_3^2\end{pmatrix}=\begin{pmatrix}1&-1&1\\-1&1&-1\\1&-1&1\end{pmatrix},$$

而 $\boldsymbol{\alpha}^{\mathrm{T}}\boldsymbol{\alpha}=(a_1,a_2,a_3)\begin{pmatrix}a_1\\a_2\\a_3\end{pmatrix}=a_1^2+a_2^2+a_3^2$，所以 $\boldsymbol{\alpha}^{\mathrm{T}}\boldsymbol{\alpha}=1+1+1=3$.

【评注】本题 $\boldsymbol{\alpha}\boldsymbol{\alpha}^{\mathrm{T}}$ 是秩为 1 的矩阵，$\boldsymbol{\alpha}^{\mathrm{T}}\boldsymbol{\alpha}$ 是一个数，这两个符号不要混淆. 且若 $\boldsymbol{A}=\boldsymbol{\alpha}\boldsymbol{\beta}^{\mathrm{T}}$，其中 $\boldsymbol{\alpha},\boldsymbol{\beta}$ 均为 n 维列向量，则 $\boldsymbol{\alpha}^{\mathrm{T}}\boldsymbol{\beta}=\boldsymbol{\beta}^{\mathrm{T}}\boldsymbol{\alpha}=\sum\limits_{i=1}^{n}a_{ii}$.（矩阵 $\boldsymbol{A}$ 主对角线元素之和，称为矩阵 $\boldsymbol{A}$ 的迹.）

29 已知 $\boldsymbol{\alpha}=(1,2,3)$，$\boldsymbol{\beta}=\left(1,\frac{1}{2},\frac{1}{3}\right)$，设 $\boldsymbol{A}=\boldsymbol{\alpha}^{\mathrm{T}}\boldsymbol{\beta}$，其中 $\boldsymbol{\alpha}^{\mathrm{T}}$ 是 $\boldsymbol{\alpha}$ 的转置，则 $\boldsymbol{A}^n=$________. 1994 数学一，3 分

29 题精解视频

知识点睛 0204 方阵的幂

解 矩阵乘法有结合律，注意

$$\boldsymbol{\beta}\boldsymbol{\alpha}^{\mathrm{T}}=\left(1,\frac{1}{2},\frac{1}{3}\right)\begin{pmatrix}1\\2\\3\end{pmatrix}=3\text{（是一个数）},$$

而 $\boldsymbol{A}=\boldsymbol{\alpha}^{\mathrm{T}}\boldsymbol{\beta}=\begin{pmatrix}1\\2\\3\end{pmatrix}\left(1,\frac{1}{2},\frac{1}{3}\right)=\begin{pmatrix}1&\frac{1}{2}&\frac{1}{3}\\2&1&\frac{2}{3}\\3&\frac{3}{2}&1\end{pmatrix}$（是 3 阶矩阵），于是

$$\boldsymbol{A}^n=(\boldsymbol{\alpha}^{\mathrm{T}}\boldsymbol{\beta})(\boldsymbol{\alpha}^{\mathrm{T}}\boldsymbol{\beta})\cdots(\boldsymbol{\alpha}^{\mathrm{T}}\boldsymbol{\beta})=\boldsymbol{\alpha}^{\mathrm{T}}(\boldsymbol{\beta}\boldsymbol{\alpha}^{\mathrm{T}})\cdots(\boldsymbol{\beta}\boldsymbol{\alpha}^{\mathrm{T}})\boldsymbol{\beta}=3^{n-1}\boldsymbol{\alpha}^{\mathrm{T}}\boldsymbol{\beta}=3^{n-1}\begin{pmatrix}1&\frac{1}{2}&\frac{1}{3}\\2&1&\frac{2}{3}\\3&\frac{3}{2}&1\end{pmatrix}.$$

【评注】若 $\boldsymbol{\alpha},\boldsymbol{\beta}$ 是 n 维列向量，则 $\boldsymbol{A}=\boldsymbol{\alpha}\boldsymbol{\beta}^{\mathrm{T}}$ 是秩为 1 的 n 阶矩阵，而 $\boldsymbol{\alpha}^{\mathrm{T}}\boldsymbol{\beta}$ 是 1 阶矩阵，是一个数. 由于矩阵乘法有结合律，此时 $\boldsymbol{A}^n=l^{n-1}\boldsymbol{A}$，而 $l=\boldsymbol{\alpha}^{\mathrm{T}}\boldsymbol{\beta}$.

30 设 $\boldsymbol{A}=\begin{pmatrix}1&0&1\\0&2&0\\1&0&1\end{pmatrix}$，而 $n\geqslant 2$ 为正整数，则 $\boldsymbol{A}^n-2\boldsymbol{A}^{n-1}=$________. 1999 数学三、数学四，3 分

知识点睛 0204 方阵的幂

解 由于 $\boldsymbol{A}^n-2\boldsymbol{A}^{n-1}=(\boldsymbol{A}-2\boldsymbol{E})\boldsymbol{A}^{n-1}$，而

$$A-2E=\begin{pmatrix}-1&0&1\\0&0&0\\1&0&-1\end{pmatrix},$$

易见$(A-2E)A=0$,从而$A^n-2A^{n-1}=0$.

【评注】由于

$$A^2=\begin{pmatrix}1&0&1\\0&2&0\\1&0&1\end{pmatrix}\begin{pmatrix}1&0&1\\0&2&0\\1&0&1\end{pmatrix}=\begin{pmatrix}2&0&2\\0&4&0\\2&0&2\end{pmatrix}=2A,$$

利用数学归纳法也容易得出$A^n-2A^{n-1}=0$.本题若用相似对角化的理论来求A^n,虽说可得到正确结论,但繁琐.

Ⓚ 2004 数学四,4分

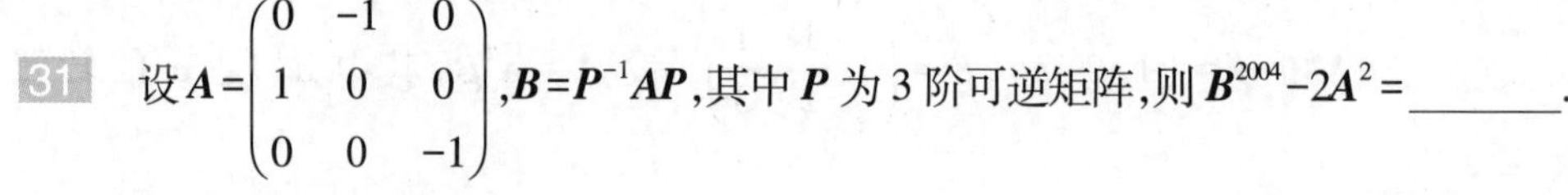

31 设$A=\begin{pmatrix}0&-1&0\\1&0&0\\0&0&-1\end{pmatrix}$,$B=P^{-1}AP$,其中$P$为 3 阶可逆矩阵,则$B^{2004}-2A^2=$________.

31 题精解视频

知识点睛 0204 方阵的幂

解 本题考查n阶方阵方幂的运算.由于

$$\begin{pmatrix}A&O\\O&B\end{pmatrix}^n=\begin{pmatrix}A^n&O\\O&B^n\end{pmatrix},\quad\begin{pmatrix}a_1&&\\&a_2&\\&&a_3\end{pmatrix}^n=\begin{pmatrix}a_1^n&&\\&a_2^n&\\&&a_3^n\end{pmatrix},$$

又$\begin{pmatrix}0&-1\\1&0\end{pmatrix}^2=\begin{pmatrix}-1&0\\0&-1\end{pmatrix}$.易见

$$A^2=\begin{pmatrix}0&-1&0\\1&0&0\\0&0&-1\end{pmatrix}^2=\begin{pmatrix}-1&0&0\\0&-1&0\\0&0&1\end{pmatrix},$$

从而$A^{2004}=(A^2)^{1002}=E$.那么

$$B^{2004}-2A^2=P^{-1}A^{2004}P-2A^2=P^{-1}EP-2A^2=\begin{pmatrix}3&0&0\\0&3&0\\0&0&-1\end{pmatrix}.$$

【评注】若$P^{-1}AP=B$,则$P^{-1}A^nP=B^n$,通过相似求A^n是求A的方幂的重要方法.

Ⓚ 1997 数学一,3分

32 设$A=\begin{pmatrix}1&2&-2\\4&t&3\\3&-1&1\end{pmatrix}$,$B$为 3 阶非零矩阵,且$AB=0$,则$t=$________.

知识点睛 0402 齐次线性方程组有非零解的充要条件

解 由$AB=0$,对B按列分块,有

$$AB=A(\beta_1,\beta_2,\beta_3)=(A\beta_1,A\beta_2,A\beta_3)=(0,0,0),$$

即β_1,β_2,β_3是齐次线性方程组$Ax=0$的解.

又因$B\neq 0$,故$Ax=0$有非零解,那么

$$|A|=\begin{vmatrix}1&2&-2\\4&t&3\\3&-1&1\end{vmatrix}=\begin{vmatrix}7&0&0\\4&t&3\\3&-1&1\end{vmatrix}=7(t+3)=0\Rightarrow t=-3.$$

若熟悉公式:$AB=0$,则 $r(A)+r(B)\leqslant n$.可知 $r(A)<3$.亦可求出 $t=-3$.

【评注】对于 $AB=0$ 要有 B 的每个列向量都满足齐次线性方程组 $Ax=0$ 的构思,还要有 $r(A)+r(B)\leqslant n$ 的知识.

§2.2　伴随矩阵与可逆矩阵

33　设 A,B 均为 n 阶方阵,则必有(　　).

(A) A 或 B 可逆,必有 AB 可逆

(B) A 或 B 不可逆,必有 AB 不可逆

(C) A 且 B 可逆,必有 $A+B$ 可逆

(D) A 且 B 不可逆,必有 $A+B$ 不可逆

知识点睛　0208 矩阵可逆的充要条件

解　因为 $|AB|=|A||B|\neq 0$,必有 $|A|\neq 0$, $|B|\neq 0$.

若 AB 可逆,必须要求 A,B 同时可逆;或者,若 A,B 中有一不可逆,则 AB 必定不可逆.应选(B).

34　设 $A=\begin{pmatrix}1&0&1\\0&2&0\\0&0&1\end{pmatrix}$,则 $(A+3E)^{-1}(A^2-9E)=$ ________.

知识点睛　矩阵的运算

解　$(A+3E)^{-1}(A^2-9E)=(A+3E)^{-1}(A+3E)(A-3E)=A-3E=\begin{pmatrix}-2&0&1\\0&-1&0\\0&0&-2\end{pmatrix}$.

故应填 $\begin{pmatrix}-2&0&1\\0&-1&0\\0&0&-2\end{pmatrix}$.

【评注】利用矩阵的运算规律先化简再求解.

35　设 A,B,C 均为 n 阶方阵,E 为 n 阶单位矩阵,若 $B=E+AB$,$C=A+CA$,则 $B-C$ 为(　　).

(A) E　　(B) $-E$　　(C) A　　(D) $-A$

知识点睛　矩阵的运算

解　由 $B=E+AB$ 得 $(E-A)B=E$,从而 $B=(E-A)^{-1}$.由 $C=A+CA$ 得 $C(E-A)=A$,从而 $C=A(E-A)^{-1}$.所以

$$B-C=(E-A)^{-1}-A(E-A)^{-1}=(E-A)(E-A)^{-1}=E.$$

故应选(A).

36　设 A,B 为 3 阶方阵,若 $|A|=3$,且 $B=2(A^{-1})^2-(2A^2)^{-1}$,则 $|B|=$ ________.

知识点睛 0207 逆矩阵的性质

解 $B=2(A^{-1})^2-(2A^2)^{-1}=2(A^{-1})^2-\frac{1}{2}(A^2)^{-1}=\frac{3}{2}(A^{-1})^2$，所以

$$|B|=\left|\frac{3}{2}(A^{-1})^2\right|=\left(\frac{3}{2}\right)^3|A^{-1}|^2=\left(\frac{3}{2}\right)^3\left(\frac{1}{3}\right)^2=\frac{3}{8}.$$

故应填$\frac{3}{8}$.

37 设A是幂零矩阵，求证$E-A$可逆，并求$(E-A)^{-1}$.

知识点睛 0207 逆矩阵的概念

解 因为A是幂零矩阵，所以存在正整数k，使$A^k=0$，则有

$$(E-A)(E+A+A^2+\cdots+A^{k-1})$$
$$=E+A+\cdots+A^{k-1}-A-A^2-\cdots-A^{k-1}-A^k=E-A^k=E,$$

从而$E-A$可逆，且$(E-A)^{-1}=E+A+A^2+\cdots+A^{k-1}$.

38题精解视频

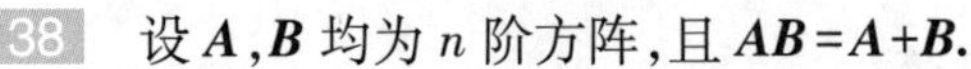

38 设A,B均为n阶方阵，且$AB=A+B$.

(1) 证明：$A-E$为可逆矩阵，其中E为n阶单位矩阵；

(2) 证明：$AB=BA$.

知识点睛 0207 逆矩阵的概念

证 (1) 由$AB=A+B$得

$$AB-A-B+E=E,\quad 即\quad (A-E)(B-E)=E,$$

从而$A-E$可逆，且$(A-E)^{-1}=B-E$.

(2) 由(1)知$(A-E)(B-E)=(B-E)(A-E)$，即

$$AB-A-B+E=BA-A-B+E,$$

所以$AB=BA$.

39 设矩阵$A=\begin{pmatrix}1&-1\\2&3\end{pmatrix}$，$B=A^2-3A+2E$，则$B^{-1}=$________.

知识点睛 0209 用伴随矩阵求逆矩阵

解 $B=A^2-3A+2E=(A-2E)(A-E)=\begin{pmatrix}-1&-1\\2&1\end{pmatrix}\begin{pmatrix}0&-1\\2&2\end{pmatrix}=\begin{pmatrix}-2&-1\\2&0\end{pmatrix}$，则$|B|=2$.

而$B^*=\begin{pmatrix}0&1\\-2&-2\end{pmatrix}$，所以

$$B^{-1}=\frac{1}{|B|}B^*=\frac{1}{2}\begin{pmatrix}0&1\\-2&-2\end{pmatrix}=\begin{pmatrix}0&\frac{1}{2}\\-1&-1\end{pmatrix}.$$

故应填$\begin{pmatrix}0&\frac{1}{2}\\-1&-1\end{pmatrix}$.

40 设A为3阶方阵，且$|A|=2$，则$|2A^{-1}|=$________，$|A^*|=$________，$|(A^*)^*|=$________，$|(A^*)^{-1}|=$________，$|3A^{-1}-2A^*|=$________，$|3A-(A^*)^*|=$________.

知识点睛 0209 伴随矩阵

解 $|2A^{-1}|=2^3|A^{-1}|=2^3\times\frac{1}{2}=4$，$|A^*|=|A|^{3-1}=|A|^2=4$，

$|(A^*)^*|=|A|^{9-6+1}=|A|^4=16$，$|(A^*)^{-1}|=|A|^{1-3}=2^{-2}=\frac{1}{4}$，

$|3A^{-1}-2A^*|=|3A^{-1}-2|A|A^{-1}|=|3A^{-1}-4A^{-1}|=|-A^{-1}|=-\frac{1}{2}$，

$|3A-(A^*)^*|=|3A-|A|^{3-2}A|=|3A-2A|=|A|=2.$

故应填 $4,4,16,\frac{1}{4},-\frac{1}{2},2.$

【评注】熟练掌握并灵活运用伴随矩阵的常用公式.

41 设 $A=\begin{pmatrix}2&1&0\\1&2&0\\0&0&1\end{pmatrix}$，矩阵 B 满足：$ABA^*=2BA^*+E$，则 $|B|=$________.　2004 数学一、数学二，4 分

知识点睛 0209 伴随矩阵及性质

解 由 $ABA^*=2BA^*+E$，得

$$(A-2E)BA^*=E,$$

等式两边同时取行列式，得 $|A-2E||B||A^*|=1$. 因为

$$|A-2E|=\begin{vmatrix}0&1&0\\1&0&0\\0&0&-1\end{vmatrix}=1,\quad |A|=\begin{vmatrix}2&1&0\\1&2&0\\0&0&1\end{vmatrix}=3,\quad |A^*|=|A|^{3-1}=9,$$

所以 $|B|=\frac{1}{9}$. 应填 $\frac{1}{9}$.

42 已知实矩阵 $A=(a_{ij})_{3\times3}$ 满足条件

(1) $a_{ij}=A_{ij}(i,j=1,2,3)$，其中 A_{ij} 是 a_{ij} 的代数余子式；

(2) $a_{11}\neq0$，

计算行列式 $|A|$.

42 题精解视频

知识点睛 0209 伴随矩阵及性质

解 因为 $a_{ij}=A_{ij}$，所以 $A^*=A^{\mathrm T}$，由

$$AA^{\mathrm T}=AA^*=|A|E,$$

两边取行列式，得 $|A|^2=|A|^3$，从而 $|A|=1$ 或 $|A|=0$.

由于 $a_{11}\neq0$，所以

$$|A|=a_{11}A_{11}+a_{12}A_{12}+a_{13}A_{13}=a_{11}^2+a_{12}^2+a_{13}^2\neq0,$$

于是 $|A|=1$.

43 证明以下常用公式：

(1) $(A^{-1})^*=(A^*)^{-1}$；　(2) $|A^*|=|A|^{n-1}$.

知识点睛 0209 伴随矩阵及性质

证 (1) 由 $AA^*=|A|E$ 得 $A^*=|A|A^{-1}$，从而

$$(A^{-1})^*=|A^{-1}|(A^{-1})^{-1}=|A^{-1}|A.$$

所以 $\boldsymbol{A}^*(\boldsymbol{A}^{-1})^* = |\boldsymbol{A}|\boldsymbol{A}^{-1}|\boldsymbol{A}^{-1}|\boldsymbol{A}=\boldsymbol{E}$,即 $(\boldsymbol{A}^*)^{-1}=(\boldsymbol{A}^{-1})^*$.

(2) 由 $\boldsymbol{A}\boldsymbol{A}^*=|\boldsymbol{A}|\boldsymbol{E}$,两边取行列式,得

$$|\boldsymbol{A}||\boldsymbol{A}^*|=|\boldsymbol{A}|^n.$$

若 $|\boldsymbol{A}|\neq 0$,则 $|\boldsymbol{A}^*|=|\boldsymbol{A}|^{n-1}$.

若 $|\boldsymbol{A}|=0$,则必有 $|\boldsymbol{A}^*|=0$,否则,由 $|\boldsymbol{A}^*|\neq 0$,即 $\boldsymbol{A}^*$ 可逆,从而

$$\boldsymbol{A}=\boldsymbol{A}\boldsymbol{A}^*(\boldsymbol{A}^*)^{-1}=|\boldsymbol{A}|\boldsymbol{E}(\boldsymbol{A}^*)^{-1}=\boldsymbol{0},$$

故 $\boldsymbol{A}^*=\boldsymbol{0}$, $|\boldsymbol{A}^*|=0$,这与 $|\boldsymbol{A}^*|\neq 0$ 矛盾.故当 $|\boldsymbol{A}|=0$ 时亦有 $|\boldsymbol{A}^*|=0$.即此时也满足 $|\boldsymbol{A}^*|=|\boldsymbol{A}|^{n-1}$.得证.

44 设矩阵 $\boldsymbol{A}=\begin{pmatrix}0&a&b\\a&0&c\\b&c&0\end{pmatrix}$, $\boldsymbol{B}=\begin{pmatrix}0&0&0\\0&k&0\\0&0&l\end{pmatrix}$, $\boldsymbol{E}=\begin{pmatrix}1&0&0\\0&1&0\\0&0&1\end{pmatrix}$,其中 $k>0$, $l>0$,则当________时, $\boldsymbol{AB}+\boldsymbol{E}$ 为可逆矩阵.

知识点睛 0208 矩阵可逆的充要条件

解
$$\boldsymbol{AB}+\boldsymbol{E}=\begin{pmatrix}0&a&b\\a&0&c\\b&c&0\end{pmatrix}\begin{pmatrix}0&0&0\\0&k&0\\0&0&l\end{pmatrix}+\begin{pmatrix}1&0&0\\0&1&0\\0&0&1\end{pmatrix}$$
$$=\begin{pmatrix}0&ka&lb\\0&0&lc\\0&kc&0\end{pmatrix}+\begin{pmatrix}1&0&0\\0&1&0\\0&0&1\end{pmatrix}=\begin{pmatrix}1&ka&lb\\0&1&lc\\0&kc&1\end{pmatrix}.$$

要使 $|\boldsymbol{AB}+\boldsymbol{E}|=1-c^2kl\neq 0$,则 $c^2kl\neq 1$.故应填 $c^2kl\neq 1$.

【评注】利用矩阵 $\boldsymbol{A}$ 可逆的充要条件 $|\boldsymbol{A}|\neq 0$ 来判定矩阵的可逆性.

45 设 $\boldsymbol{A}$, $\boldsymbol{B}$ 都是 n 阶矩阵,已知 $|\boldsymbol{B}|\neq 0$, $\boldsymbol{A}-\boldsymbol{E}$ 可逆,且有 $(\boldsymbol{A}-\boldsymbol{E})^{-1}=(\boldsymbol{B}-\boldsymbol{E})^{\mathrm{T}}$,求证 $\boldsymbol{A}$ 可逆.

知识点睛 0208 矩阵可逆的充要条件

证 因为 $\boldsymbol{A}-\boldsymbol{E}$ 可逆,则 $(\boldsymbol{A}-\boldsymbol{E})(\boldsymbol{A}-\boldsymbol{E})^{-1}=\boldsymbol{E}$,即

$$\begin{aligned}(\boldsymbol{A}-\boldsymbol{E})(\boldsymbol{A}-\boldsymbol{E})^{-1}&=(\boldsymbol{A}-\boldsymbol{E})(\boldsymbol{B}-\boldsymbol{E})^{\mathrm{T}}=(\boldsymbol{A}-\boldsymbol{E})(\boldsymbol{B}^{\mathrm{T}}-\boldsymbol{E})\\&=\boldsymbol{AB}^{\mathrm{T}}-\boldsymbol{A}-\boldsymbol{B}^{\mathrm{T}}+\boldsymbol{E}=\boldsymbol{E},\end{aligned}$$

由此得 $\boldsymbol{A}=(\boldsymbol{A}-\boldsymbol{E})\boldsymbol{B}^{\mathrm{T}}$.

又因为 $|\boldsymbol{A}|=|\boldsymbol{A}-\boldsymbol{E}||\boldsymbol{B}^{\mathrm{T}}|=|\boldsymbol{A}-\boldsymbol{E}||\boldsymbol{B}|\neq 0$,所以 $\boldsymbol{A}$ 可逆.

46 设 $\boldsymbol{A}$, $\boldsymbol{B}$ 均为 n 阶方阵, $\boldsymbol{B}$ 是可逆矩阵,且满足 $\boldsymbol{A}^2+\boldsymbol{AB}+\boldsymbol{B}^2=\boldsymbol{0}$,证明: $\boldsymbol{A}$ 和 $\boldsymbol{A}+\boldsymbol{B}$ 均可逆,并求它们的逆矩阵.

知识点睛 0208 矩阵可逆的充要条件

解 已知 $\boldsymbol{B}$ 可逆,则 $|\boldsymbol{B}|\neq 0$,由 $\boldsymbol{A}^2+\boldsymbol{AB}+\boldsymbol{B}^2=\boldsymbol{0}$,得

$$\boldsymbol{A}(\boldsymbol{A}+\boldsymbol{B})=-\boldsymbol{B}^2, \qquad ①$$

两边取行列式,得

$$|\boldsymbol{A}||\boldsymbol{A}+\boldsymbol{B}|=(-1)^n|\boldsymbol{B}|^2\neq 0,$$

所以 $|\boldsymbol{A}|\neq 0$, $|\boldsymbol{A}+\boldsymbol{B}|\neq 0$,即 $\boldsymbol{A}$ 和 $\boldsymbol{A}+\boldsymbol{B}$ 均可逆.

①式两边右乘 $-(\boldsymbol{B}^2)^{-1}$,得 $\boldsymbol{A}(\boldsymbol{A}+\boldsymbol{B})(-\boldsymbol{B}^2)^{-1}=\boldsymbol{E}$,所以

$$A^{-1}=-(A+B)(B^2)^{-1}=-A(B^{-1})^2-B^{-1},$$

①式两边左乘$-(B^2)^{-1}$，得$-(B^2)^{-1}A(A+B)=E$，所以

$$(A+B)^{-1}=-(B^2)^{-1}A=-(B^{-1})^2A.$$

47 求可逆矩阵$A=\begin{pmatrix}1&2&-1\\3&1&0\\-1&0&-2\end{pmatrix}$的逆矩阵.

知识点睛 0213 求逆矩阵的四种方法

解法 1 用逆矩阵公式.由题意可得$|A|=9$，计算所有的代数余子式：

$$A_{11}=-2,\quad A_{12}=6,\quad A_{13}=1,$$
$$A_{21}=4,\quad A_{22}=-3,\quad A_{23}=-2,$$
$$A_{31}=1,\quad A_{32}=-3,\quad A_{33}=-5,$$

所以可得$A^{-1}=\frac{1}{9}\begin{pmatrix}-2&4&1\\6&-3&-3\\1&-2&-5\end{pmatrix}=\begin{pmatrix}-\frac{2}{9}&\frac{4}{9}&\frac{1}{9}\\\frac{2}{3}&-\frac{1}{3}&-\frac{1}{3}\\\frac{1}{9}&-\frac{2}{9}&-\frac{5}{9}\end{pmatrix}$.

解法 2 用初等行变换.

$$(A\mid E)=\left(\begin{array}{ccc|ccc}1&2&-1&1&0&0\\3&1&0&0&1&0\\-1&0&-2&0&0&1\end{array}\right)\xrightarrow[r_3+r_1\times 1]{r_2+r_1\times(-3)}\left(\begin{array}{ccc|ccc}1&2&-1&1&0&0\\0&-5&3&-3&1&0\\0&2&-3&1&0&1\end{array}\right)$$

$$\xrightarrow{r_2\times\left(-\frac{1}{5}\right)}\left(\begin{array}{ccc|ccc}1&2&-1&1&0&0\\0&1&-\frac{3}{5}&\frac{3}{5}&-\frac{1}{5}&0\\0&2&-3&1&0&1\end{array}\right)\xrightarrow[r_3+r_2\times(-2)]{r_1+r_2\times(-2)}\left(\begin{array}{ccc|ccc}1&0&\frac{1}{5}&-\frac{1}{5}&\frac{2}{5}&0\\0&1&-\frac{3}{5}&\frac{3}{5}&-\frac{1}{5}&0\\0&0&-\frac{9}{5}&-\frac{1}{5}&\frac{2}{5}&1\end{array}\right)$$

$$\xrightarrow{r_3\times\left(-\frac{5}{9}\right)}\left(\begin{array}{ccc|ccc}1&0&\frac{1}{5}&-\frac{1}{5}&\frac{2}{5}&0\\0&1&-\frac{3}{5}&\frac{3}{5}&-\frac{1}{5}&0\\0&0&1&\frac{1}{9}&-\frac{2}{9}&-\frac{5}{9}\end{array}\right)$$

$$\xrightarrow[r_2+r_3\times\left(\frac{3}{5}\right)]{r_1+r_3\times\left(-\frac{1}{5}\right)}\left(\begin{array}{ccc|ccc}1&0&0&-\frac{2}{9}&\frac{4}{9}&\frac{1}{9}\\0&1&0&\frac{2}{3}&-\frac{1}{3}&-\frac{1}{3}\\0&0&1&\frac{1}{9}&-\frac{2}{9}&-\frac{5}{9}\end{array}\right),$$

因此可得 $A^{-1}=\begin{pmatrix}-\frac{2}{9} & \frac{4}{9} & \frac{1}{9}\\ \frac{2}{3} & -\frac{1}{3} & -\frac{1}{3}\\ \frac{1}{9} & -\frac{2}{9} & -\frac{5}{9}\end{pmatrix}$.

解法 3 用初等列变换.

$$\begin{pmatrix}A\\ \hdashline E\end{pmatrix}=\begin{pmatrix}1 & 2 & -1\\ 3 & 1 & 0\\ -1 & 0 & -2\\ \hdashline 1 & 0 & 0\\ 0 & 1 & 0\\ 0 & 0 & 1\end{pmatrix}\xrightarrow[c_2+c_1\times(-2)]{c_3+c_1\times 1}\begin{pmatrix}1 & 0 & 0\\ 3 & -5 & 3\\ -1 & 2 & -3\\ \hdashline 1 & -2 & 1\\ 0 & 1 & 0\\ 0 & 0 & 1\end{pmatrix}$$

$$\xrightarrow{c_2\times\left(-\frac{1}{5}\right)}\begin{pmatrix}1 & 0 & 0\\ 3 & 1 & 3\\ -1 & -\frac{2}{5} & -3\\ \hdashline 1 & \frac{2}{5} & 1\\ 0 & -\frac{1}{5} & 0\\ 0 & 0 & 1\end{pmatrix}\xrightarrow[c_1+c_2\times(-3)]{c_3+c_2\times(-3)}\begin{pmatrix}1 & 0 & 0\\ 0 & 1 & 0\\ \frac{1}{5} & -\frac{2}{5} & -\frac{9}{5}\\ \hdashline -\frac{1}{5} & \frac{2}{5} & -\frac{1}{5}\\ \frac{3}{5} & -\frac{1}{5} & \frac{3}{5}\\ 0 & 0 & 1\end{pmatrix}$$

$$\xrightarrow{c_3\times\left(-\frac{5}{9}\right)}\begin{pmatrix}1 & 0 & 0\\ 0 & 1 & 0\\ \frac{1}{5} & -\frac{2}{5} & 1\\ \hdashline -\frac{1}{5} & \frac{2}{5} & \frac{1}{9}\\ \frac{3}{5} & -\frac{1}{5} & -\frac{1}{3}\\ 0 & 0 & -\frac{5}{9}\end{pmatrix}\xrightarrow[c_1+c_3\times\left(-\frac{1}{5}\right)]{c_2+c_3\times\left(\frac{2}{5}\right)}\begin{pmatrix}1 & 0 & 0\\ 0 & 1 & 0\\ 0 & 0 & 1\\ \hdashline -\frac{2}{9} & \frac{4}{9} & \frac{1}{9}\\ \frac{2}{3} & -\frac{1}{3} & -\frac{1}{3}\\ \frac{1}{9} & -\frac{2}{9} & -\frac{5}{9}\end{pmatrix},$$

因此得到 $A^{-1}=\begin{pmatrix}-\frac{2}{9} & \frac{4}{9} & \frac{1}{9}\\ \frac{2}{3} & -\frac{1}{3} & -\frac{1}{3}\\ \frac{1}{9} & -\frac{2}{9} & -\frac{5}{9}\end{pmatrix}$.

解法 4　行列一块变换.

$$\left(\begin{array}{ccc:ccc} 1 & 2 & -1 & 1 & 0 & 0 \\ 3 & 1 & 0 & 0 & 1 & 0 \\ -1 & 0 & -2 & 0 & 0 & 1 \\ \hdashline 1 & 0 & 0 & & & \\ 0 & 1 & 0 & & \boldsymbol{O} & \\ 0 & 0 & 1 & & & \end{array}\right) \xrightarrow[\substack{c_2+c_1\times(-2) \\ c_3+c_1\times 1}]{\substack{r_3+r_1\times 1 \\ r_2+r_1\times(-3)}} \left(\begin{array}{ccc:ccc} 1 & 0 & 0 & 1 & 0 & 0 \\ 0 & -5 & 3 & -3 & 1 & 0 \\ 0 & 2 & -3 & 1 & 0 & 1 \\ \hdashline 1 & -2 & 1 & & & \\ 0 & 1 & 0 & & \boldsymbol{O} & \\ 0 & 0 & 1 & & & \end{array}\right)$$

$$\xrightarrow{r_2\times\left(-\frac{1}{5}\right)} \left(\begin{array}{ccc:ccc} 1 & 0 & 0 & 1 & 0 & 0 \\ 0 & 1 & -\frac{3}{5} & \frac{3}{5} & -\frac{1}{5} & 0 \\ 0 & 2 & -3 & 1 & 0 & 1 \\ \hdashline 1 & -2 & 1 & & & \\ 0 & 1 & 0 & & \boldsymbol{O} & \\ 0 & 0 & 1 & & & \end{array}\right) \xrightarrow[c_3+c_2\times\frac{3}{5}]{r_3+r_2\times(-2)}$$

$$\left(\begin{array}{ccc:ccc} 1 & 0 & 0 & 1 & 0 & 0 \\ 0 & 1 & 0 & \frac{3}{5} & -\frac{1}{5} & 0 \\ 0 & 0 & -\frac{9}{5} & -\frac{1}{5} & \frac{2}{5} & 1 \\ \hdashline 1 & -2 & -\frac{1}{5} & & & \\ 0 & 1 & \frac{3}{5} & & \boldsymbol{O} & \\ 0 & 0 & 1 & & & \end{array}\right) \xrightarrow{r_3\times\left(-\frac{5}{9}\right)} \left(\begin{array}{ccc:ccc} 1 & 0 & 0 & 1 & 0 & 0 \\ 0 & 1 & 0 & \frac{3}{5} & -\frac{1}{5} & 0 \\ 0 & 0 & 1 & \frac{1}{9} & -\frac{2}{9} & -\frac{5}{9} \\ \hdashline 1 & -2 & -\frac{1}{5} & & & \\ 0 & 1 & \frac{3}{5} & & \boldsymbol{O} & \\ 0 & 0 & 1 & & & \end{array}\right),$$

因此得到

$$\boldsymbol{A}^{-1}=\begin{pmatrix} 1 & -2 & -\frac{1}{5} \\ 0 & 1 & \frac{3}{5} \\ 0 & 0 & 1 \end{pmatrix}\begin{pmatrix} 1 & 0 & 0 \\ \frac{3}{5} & -\frac{1}{5} & 0 \\ \frac{1}{9} & -\frac{2}{9} & -\frac{5}{9} \end{pmatrix}=\begin{pmatrix} -\frac{2}{9} & \frac{4}{9} & \frac{1}{9} \\ \frac{2}{3} & -\frac{1}{3} & -\frac{1}{3} \\ \frac{1}{9} & -\frac{2}{9} & -\frac{5}{9} \end{pmatrix}.$$

【评注】求已知矩阵的逆矩阵,一般就是这四种方法,其中解法 2 是最常用的方法.

48　用初等变换法求下列矩阵的逆矩阵.

$$\boldsymbol{A}=\begin{pmatrix} 0 & 0 & 0 & \cdots & 0 & a_1 & 0 \\ 0 & 0 & 0 & \cdots & a_2 & 0 & 0 \\ \vdots & \vdots & \vdots & & \vdots & \vdots & \vdots \\ 0 & a_{n-2} & 0 & \cdots & 0 & 0 & 0 \\ a_{n-1} & 0 & 0 & \cdots & 0 & 0 & 0 \\ 0 & 0 & 0 & \cdots & 0 & 0 & a_n \end{pmatrix},$$

其中 $a_i\neq 0,i=1,2,\cdots,n$.

知识点睛 0213 用初等变换求矩阵的逆矩阵

解 $$(\boldsymbol{A}\mid\boldsymbol{E})=\left(\begin{array}{ccccccc|cccccc} 0&0&0&\cdots&0&a_1&0&1&0&\cdots&0&0&0\\ 0&0&0&\cdots&a_2&0&0&0&1&\cdots&0&0&0\\ \vdots&\vdots&\vdots&&\vdots&\vdots&\vdots&\vdots&\vdots&&\vdots&\vdots&\vdots\\ 0&a_{n-2}&0&\cdots&0&0&0&0&0&\cdots&1&0&0\\ a_{n-1}&0&0&\cdots&0&0&0&0&0&\cdots&0&1&0\\ 0&0&0&\cdots&0&0&a_n&0&0&\cdots&0&0&1 \end{array}\right)$$

$$\xrightarrow[r_1\leftrightarrow r_{n-1}]{\substack{\vdots\\ r_2\leftrightarrow r_{n-2}}}\left(\begin{array}{ccccccc|cccccc} a_{n-1}&0&0&\cdots&0&0&0&0&0&\cdots&0&1&0\\ 0&a_{n-2}&0&\cdots&0&0&0&0&0&\cdots&1&0&0\\ \vdots&\vdots&\vdots&&\vdots&\vdots&\vdots&\vdots&\vdots&&\vdots&\vdots&\vdots\\ 0&0&0&\cdots&a_2&0&0&0&1&\cdots&0&0&0\\ 0&0&0&\cdots&0&a_1&0&1&0&\cdots&0&0&0\\ 0&0&0&\cdots&0&0&a_n&0&0&\cdots&0&0&1 \end{array}\right)$$

$$\xrightarrow[r_1\times\frac{1}{a_{n-1}}]{\substack{r_n\times\frac{1}{a_n}\\ r_{n-1}\times\frac{1}{a_1}\\ \vdots}}\left(\begin{array}{ccccccc|cccccc} 1&0&0&\cdots&0&0&0&0&0&\cdots&0&\frac{1}{a_{n-1}}&0\\ 0&1&0&\cdots&0&0&0&0&0&\cdots&\frac{1}{a_{n-2}}&0&0\\ \vdots&\vdots&\vdots&&\vdots&\vdots&\vdots&\vdots&\vdots&&\vdots&\vdots&\vdots\\ 0&0&0&\cdots&1&0&0&0&\frac{1}{a_2}&\cdots&0&0&0\\ 0&0&0&\cdots&0&1&0&\frac{1}{a_1}&0&\cdots&0&0&0\\ 0&0&0&\cdots&0&0&1&0&0&\cdots&0&0&\frac{1}{a_n} \end{array}\right),$$

所以 $$\boldsymbol{A}^{-1}=\begin{pmatrix} 0&0&\cdots&0&\frac{1}{a_{n-1}}&0\\ 0&0&\cdots&\frac{1}{a_{n-2}}&0&0\\ \vdots&\vdots&&\vdots&\vdots&\vdots\\ 0&\frac{1}{a_2}&\cdots&0&0&0\\ \frac{1}{a_1}&0&\cdots&0&0&0\\ 0&0&\cdots&0&0&\frac{1}{a_n} \end{pmatrix}.$$

【评注】对于阶数大于 3 的矩阵求逆，我们习惯采用初等行变换的方法，但请注意，运算时只能做初等行变换，不能做初等列变换，本题利用分块矩阵求逆更简便.

49 设 $\boldsymbol{A}$ 为 n 阶非零矩阵，E 为 n 阶单位矩阵. 若 $\boldsymbol{A}^3=\boldsymbol{0}$，则(　　).　　2008 数学一、数学二、数学三，4 分

(A) $\boldsymbol{E}-\boldsymbol{A}$ 不可逆，$\boldsymbol{E}+\boldsymbol{A}$ 不可逆　　(B) $\boldsymbol{E}-\boldsymbol{A}$ 不可逆，$\boldsymbol{E}+\boldsymbol{A}$ 可逆

(C) $\boldsymbol{E}-\boldsymbol{A}$ 可逆，$\boldsymbol{E}+\boldsymbol{A}$ 可逆　　(D) $\boldsymbol{E}-\boldsymbol{A}$ 可逆，$\boldsymbol{E}+\boldsymbol{A}$ 不可逆

知识点睛　0208 矩阵可逆的充要条件

解　判断矩阵 $\boldsymbol{A}$ 可逆通常用定义，或者用充要条件行列式 $|\boldsymbol{A}|\neq 0$（当然 $|\boldsymbol{A}|\neq 0$ 又有很多等价的说法）. 因为

$$(\boldsymbol{E}-\boldsymbol{A})(\boldsymbol{E}+\boldsymbol{A}+\boldsymbol{A}^2)=\boldsymbol{E}-\boldsymbol{A}^3=\boldsymbol{E},\ (\boldsymbol{E}+\boldsymbol{A})(\boldsymbol{E}-\boldsymbol{A}+\boldsymbol{A}^2)=\boldsymbol{E}+\boldsymbol{A}^3=\boldsymbol{E},$$

所以，由定义知 $\boldsymbol{E}-\boldsymbol{A}$，$\boldsymbol{E}+\boldsymbol{A}$ 均可逆. 故选(C).

【评注】本题用特征值也是简捷的，由 $\boldsymbol{A}^3=\boldsymbol{0}\Rightarrow \boldsymbol{A}$ 的特征值 $\lambda=0\Rightarrow \boldsymbol{E}-\boldsymbol{A}$（或 $\boldsymbol{E}+\boldsymbol{A}$）特征值均不为 $0\Rightarrow |\boldsymbol{E}-\boldsymbol{A}|\neq 0$（或 $|\boldsymbol{E}+\boldsymbol{A}|\neq 0$）$\Rightarrow \boldsymbol{E}-\boldsymbol{A}$（或 $\boldsymbol{E}+\boldsymbol{A}$）可逆.

50 设 n 阶方阵 $\boldsymbol{A},\boldsymbol{B},\boldsymbol{C}$ 满足关系式 $\boldsymbol{ABC}=\boldsymbol{E}$，其中 $\boldsymbol{E}$ 是 n 阶单位矩阵，则必有(　　).　　1991 数学一，3 分

(A) $\boldsymbol{ACB}=\boldsymbol{E}$　　(B) $\boldsymbol{CBA}=\boldsymbol{E}$　　(C) $\boldsymbol{BAC}=\boldsymbol{E}$　　(D) $\boldsymbol{BCA}=\boldsymbol{E}$

知识点睛　0208 矩阵可逆的充要条件

解　矩阵的乘法没有交换律，只有一些特殊情况可交换. 由于 $\boldsymbol{A},\boldsymbol{B},\boldsymbol{C}$ 均为 n 阶方阵，且 $\boldsymbol{ABC}=\boldsymbol{E}$，根据行列式乘法公式 $|\boldsymbol{A}||\boldsymbol{B}||\boldsymbol{C}|=1$ 知 $\boldsymbol{A},\boldsymbol{B},\boldsymbol{C}$ 均可逆. 那么对 $\boldsymbol{ABC}=\boldsymbol{E}$ 先左乘 $\boldsymbol{A}^{-1}$ 再右乘 $\boldsymbol{A}$，有 $\boldsymbol{ABC}=\boldsymbol{E}\Rightarrow \boldsymbol{BC}=\boldsymbol{A}^{-1}\Rightarrow \boldsymbol{BCA}=\boldsymbol{E}$. 应选(D).

51 设 $\boldsymbol{A},\boldsymbol{B}$ 均为 2 阶方阵，$\boldsymbol{A}^*,\boldsymbol{B}^*$ 分别为 $\boldsymbol{A},\boldsymbol{B}$ 的伴随矩阵. 若 $|\boldsymbol{A}|=2$，$|\boldsymbol{B}|=3$，则分块矩阵 $\begin{pmatrix}\boldsymbol{O}&\boldsymbol{A}\\\boldsymbol{B}&\boldsymbol{O}\end{pmatrix}$ 的伴随矩阵为(　　).　　2009 数学一、数学二、数学三，4 分

(A) $\begin{pmatrix}\boldsymbol{O}&3\boldsymbol{B}^*\\2\boldsymbol{A}^*&\boldsymbol{O}\end{pmatrix}$　　(B) $\begin{pmatrix}\boldsymbol{O}&2\boldsymbol{B}^*\\3\boldsymbol{A}^*&\boldsymbol{O}\end{pmatrix}$

(C) $\begin{pmatrix}\boldsymbol{O}&3\boldsymbol{A}^*\\2\boldsymbol{B}^*&\boldsymbol{O}\end{pmatrix}$　　(D) $\begin{pmatrix}\boldsymbol{O}&2\boldsymbol{A}^*\\3\boldsymbol{B}^*&\boldsymbol{O}\end{pmatrix}$

知识点睛　0209 伴随矩阵

解法 1　由 $\begin{vmatrix}\boldsymbol{O}&\boldsymbol{A}\\\boldsymbol{B}&\boldsymbol{O}\end{vmatrix}=(-1)^{2\times 2}|\boldsymbol{A}||\boldsymbol{B}|=6$，知矩阵 $\begin{pmatrix}\boldsymbol{O}&\boldsymbol{A}\\\boldsymbol{B}&\boldsymbol{O}\end{pmatrix}$ 可逆，那么

$$\begin{pmatrix}\boldsymbol{O}&\boldsymbol{A}\\\boldsymbol{B}&\boldsymbol{O}\end{pmatrix}^*=\begin{vmatrix}\boldsymbol{O}&\boldsymbol{A}\\\boldsymbol{B}&\boldsymbol{O}\end{vmatrix}\begin{pmatrix}\boldsymbol{O}&\boldsymbol{A}\\\boldsymbol{B}&\boldsymbol{O}\end{pmatrix}^{-1}=6\begin{pmatrix}\boldsymbol{O}&\boldsymbol{B}^{-1}\\\boldsymbol{A}^{-1}&\boldsymbol{O}\end{pmatrix}=\begin{pmatrix}\boldsymbol{O}&6\boldsymbol{B}^{-1}\\6\boldsymbol{A}^{-1}&\boldsymbol{O}\end{pmatrix}=\begin{pmatrix}\boldsymbol{O}&2\boldsymbol{B}^*\\3\boldsymbol{A}^*&\boldsymbol{O}\end{pmatrix}.$$

故应选(B).

解法 2　本题也可设 $\begin{pmatrix}\boldsymbol{O}&\boldsymbol{A}\\\boldsymbol{B}&\boldsymbol{O}\end{pmatrix}^*=\begin{pmatrix}\boldsymbol{X}_1&\boldsymbol{X}_2\\\boldsymbol{X}_3&\boldsymbol{X}_4\end{pmatrix}$，那么由 $\boldsymbol{AA}^*=|\boldsymbol{A}|\boldsymbol{E}$，有

$$\begin{pmatrix}\boldsymbol{O}&\boldsymbol{A}\\\boldsymbol{B}&\boldsymbol{O}\end{pmatrix}\begin{pmatrix}\boldsymbol{X}_1&\boldsymbol{X}_2\\\boldsymbol{X}_3&\boldsymbol{X}_4\end{pmatrix}=\begin{vmatrix}\boldsymbol{O}&\boldsymbol{A}\\\boldsymbol{B}&\boldsymbol{O}\end{vmatrix}\begin{pmatrix}\boldsymbol{E}&\boldsymbol{O}\\\boldsymbol{O}&\boldsymbol{E}\end{pmatrix}=\begin{pmatrix}6\boldsymbol{E}&\boldsymbol{O}\\\boldsymbol{O}&6\boldsymbol{E}\end{pmatrix},$$

由 $\boldsymbol{AX}_3=6\boldsymbol{E}\Rightarrow \boldsymbol{X}_3=6\boldsymbol{A}^{-1}=3\boldsymbol{A}^*$. 故应选(B).

另外,需注意的是,由题中 4 个选项可知必有 $X_1=0,X_4=0$,只需检查 X_2 或 X_3 即可.

【评注】本题考查的知识点有:$AA^*=|A|E$ 或 $A^*=|A|A^{-1}$ 或 $A^{-1}=\frac{1}{|A|}A^*$;行列式的拉普拉斯展开式;分块矩阵的求逆公式,这些都是线性代数的基本内容.

2017 数学一、数学三,4 分

52 设 α 为 n 维单位列向量,E 为 n 阶单位矩阵,则( ).

(A) $E-\alpha\alpha^T$ 不可逆 (B) $E+\alpha\alpha^T$ 不可逆

(C) $E+2\alpha\alpha^T$ 不可逆 (D) $E-2\alpha\alpha^T$ 不可逆

知识点睛 0208 矩阵可逆的充要条件

解 $A=\alpha\alpha^T$ 是秩为 1 的矩阵,又 α 为单位列向量,有 $\alpha^T\alpha=1$.故矩阵 A 的特征值为 $1,0,\cdots,0$($n-1$ 个 0),所以 $E-\alpha\alpha^T$ 的特征值为 $0,1,\cdots,1$($n-1$个 1).因此,矩阵 $E-\alpha\alpha^T$ 不可逆.应选(A).

2001 数学一,3 分

53 设矩阵 A 满足 $A^2+A-4E=O$,其中 E 为单位矩阵,则 $(A-E)^{-1}=$________.

知识点睛 0207 逆矩阵的概念

解 矩阵 A 的元素没有给出,因此用伴随矩阵、用初等行变换求逆的路均堵塞.应当考虑用定义法.因为

$$(A-E)(A+2E)-2E=A^2+A-4E=O,$$

故

$$(A-E)(A+2E)=2E,$$

即 $(A-E)\cdot\dfrac{A+2E}{2}=E.$

按定义知 $(A-E)^{-1}=\frac{1}{2}(A+2E)$.应填 $\frac{1}{2}(A+2E)$.

2022 数学一,5 分

54 题精解视频

54 已知矩阵 A 和 $A-E$ 可逆,E 为单位矩阵,若矩阵 B 满足 $[E-(E-A)^{-1}]B=A$,则 $B-A=$________.

知识点睛 0208 矩阵可逆的充分必要条件

解 记 $C=E-(E-A)^{-1}$,由于 $CB=A$ 且 A 可逆,所以 $|A|=|C||B|\neq 0$,从而 $|C|\neq 0$,C 可逆,且 $B=C^{-1}A$,再由

$$C(E-A)=[E-(E-A)^{-1}](E-A)=E-A-E=-A,$$

得 $C=-A(E-A)^{-1}$, $C^{-1}=-(E-A)A^{-1}$,

所以

$$B-A=C^{-1}A-A=-(E-A)A^{-1}A-A=A-E-A=-E.$$

故应填 $-E$.

2000 数学二,3 分

55 设 $A=\begin{pmatrix}1&0&0&0\\-2&3&0&0\\0&-4&5&0\\0&0&-6&7\end{pmatrix}$,$E$ 为 4 阶单位矩阵,且 $B=(E+A)^{-1}(E-A)$,则 $(E+B)^{-1}=$________.

知识点睛 0207 逆矩阵的概念

解 虽可以由 $\boldsymbol{A}$ 先求出 $(\boldsymbol{E}+\boldsymbol{A})^{-1}$，再作矩阵乘法求出 $\boldsymbol{B}$，最后通过求逆得到 $(\boldsymbol{E}+\boldsymbol{B})^{-1}$. 但这种方法计算量太大.

本题实际是考查单位矩阵恒等变形的技巧，我们有

$$\begin{aligned}\boldsymbol{B}+\boldsymbol{E}&=(\boldsymbol{E}+\boldsymbol{A})^{-1}(\boldsymbol{E}-\boldsymbol{A})+\boldsymbol{E}\\&=(\boldsymbol{E}+\boldsymbol{A})^{-1}[(\boldsymbol{E}-\boldsymbol{A})+(\boldsymbol{E}+\boldsymbol{A})]=2(\boldsymbol{E}+\boldsymbol{A})^{-1},\end{aligned}$$

所以

$$(\boldsymbol{E}+\boldsymbol{B})^{-1}=[2(\boldsymbol{E}+\boldsymbol{A})^{-1}]^{-1}=\frac{1}{2}(\boldsymbol{E}+\boldsymbol{A})=\begin{pmatrix}1&0&0&0\\-1&2&0&0\\0&-2&3&0\\0&0&-3&4\end{pmatrix}.$$

或者，由 $\boldsymbol{B}=(\boldsymbol{E}+\boldsymbol{A})^{-1}(\boldsymbol{E}-\boldsymbol{A})$，左乘 $\boldsymbol{E}+\boldsymbol{A}$ 得 $(\boldsymbol{E}+\boldsymbol{A})\boldsymbol{B}=\boldsymbol{E}-\boldsymbol{A}$. 所以

$$(\boldsymbol{E}+\boldsymbol{A})\boldsymbol{B}+(\boldsymbol{E}+\boldsymbol{A})=\boldsymbol{E}-\boldsymbol{A}+\boldsymbol{E}+\boldsymbol{A}=2\boldsymbol{E},$$

即有

$$(\boldsymbol{E}+\boldsymbol{A})(\boldsymbol{E}+\boldsymbol{B})=2\boldsymbol{E}.$$

【评注】本题既综合又灵活，这是考生失误较多的一道考题，其解题思路方法值得认真体会.

56 设 $\boldsymbol{A}=\begin{pmatrix}1&0&0\\2&2&0\\3&4&5\end{pmatrix}$，$\boldsymbol{A}^*$ 是 $\boldsymbol{A}$ 的伴随矩阵，求 $(\boldsymbol{A}^*)^{-1}$. 【K】1995 数学三、数学四，3 分

知识点睛 0207 逆矩阵的概念，0209 伴随矩阵

解 由 $\boldsymbol{A}\boldsymbol{A}^*=|\boldsymbol{A}|\boldsymbol{E}$ 有 $\dfrac{\boldsymbol{A}}{|\boldsymbol{A}|}\boldsymbol{A}^*=\boldsymbol{E}$，故 $(\boldsymbol{A}^*)^{-1}=\dfrac{\boldsymbol{A}}{|\boldsymbol{A}|}$. 因为 $|\boldsymbol{A}|=10$，所以

$$(\boldsymbol{A}^*)^{-1}=\frac{1}{10}\begin{pmatrix}1&0&0\\2&2&0\\3&4&5\end{pmatrix}.$$

57 设 $\boldsymbol{A}$ 是任一 $n(n\geqslant 3)$ 阶方阵，$\boldsymbol{A}^*$ 是其伴随矩阵，又 k 为常数，且 $k\neq 0,\pm 1$，则必有 $(k\boldsymbol{A})^*=($ $)$. 【K】1998 数学二，3 分

(A) $k\boldsymbol{A}^*$ (B) $k^{n-1}\boldsymbol{A}^*$ (C) $k^n\boldsymbol{A}^*$ (D) $k^{-1}\boldsymbol{A}^*$

知识点睛 0209 伴随矩阵及性质

解 对任何 n 阶矩阵都成立的关系式，对特殊的 n 阶矩阵自然也要成立. 那么，当 $\boldsymbol{A}$ 可逆时，由 $\boldsymbol{A}^*=|\boldsymbol{A}|\boldsymbol{A}^{-1}$ 有

$$(k\boldsymbol{A})^*=|k\boldsymbol{A}|(k\boldsymbol{A})^{-1}=k^n|\boldsymbol{A}|\cdot\frac{1}{k}\boldsymbol{A}^{-1}=k^{n-1}\boldsymbol{A}^*.$$

故应选(B).

一般地，若 $\boldsymbol{A}=(a_{ij})$，有 $k\boldsymbol{A}=(ka_{ij})$，那么矩阵 $k\boldsymbol{A}$ 的第 i 行第 j 列元素的代数余子式为

$$(kA)_{ij}=(-1)^{i+j}\begin{vmatrix} ka_{11} & \cdots & ka_{1,j-1} & ka_{1,j+1} & \cdots & ka_{1n} \\ \vdots & & \vdots & \vdots & & \vdots \\ ka_{i-1,1} & \cdots & ka_{i-1,j-1} & ka_{i-1,j+1} & \cdots & ka_{i-1,n} \\ ka_{i+1,1} & \cdots & ka_{i+1,j-1} & ka_{i+1,j+1} & \cdots & ka_{i+1,n} \\ \vdots & & \vdots & \vdots & & \vdots \\ ka_{n1} & \cdots & ka_{n,j-1} & ka_{n,j+1} & \cdots & ka_{nn} \end{vmatrix}$$

$$=(-1)^{i+j}k^{n-1}\begin{vmatrix} a_{11} & \cdots & a_{1,j-1} & a_{1,j+1} & \cdots & a_{1n} \\ \vdots & & \vdots & \vdots & & \vdots \\ a_{i-1,1} & \cdots & a_{i-1,j-1} & a_{i-1,j+1} & \cdots & a_{i-1,n} \\ a_{i+1,1} & \cdots & a_{i+1,j-1} & a_{i+1,j+1} & \cdots & a_{i+1,n} \\ \vdots & & \vdots & \vdots & & \vdots \\ a_{n1} & \cdots & a_{n,j-1} & a_{n,j+1} & \cdots & a_{nn} \end{vmatrix}=k^{n-1}A_{ij}.$$

即$|k\boldsymbol{A}|$中每个元素的代数余子式恰好是$|\boldsymbol{A}|$相应元素的代数余子式的 k^{n-1} 倍,因而,按伴随矩阵的定义知$(k\boldsymbol{A})^*$的元素是$\boldsymbol{A}^*$对应元素的 k^{n-1} 倍.

K 2002 数学四,3 分

58 设$\boldsymbol{A},\boldsymbol{B}$均为 n 阶矩阵,$\boldsymbol{A}^*,\boldsymbol{B}^*$分别为$\boldsymbol{A},\boldsymbol{B}$对应的伴随矩阵,分块矩阵$\boldsymbol{C}=\begin{pmatrix}\boldsymbol{A} & \boldsymbol{O}\\ \boldsymbol{O} & \boldsymbol{B}\end{pmatrix}$,则$\boldsymbol{C}$的伴随矩阵$\boldsymbol{C}^*=($　　$)$.

(A) $\begin{pmatrix}|\boldsymbol{A}|\boldsymbol{A}^* & \boldsymbol{O}\\ \boldsymbol{O} & |\boldsymbol{B}|\boldsymbol{B}^*\end{pmatrix}$　　(B) $\begin{pmatrix}|\boldsymbol{B}|\boldsymbol{B}^* & \boldsymbol{O}\\ \boldsymbol{O} & |\boldsymbol{A}|\boldsymbol{A}^*\end{pmatrix}$

(C) $\begin{pmatrix}|\boldsymbol{A}|\boldsymbol{B}^* & \boldsymbol{O}\\ \boldsymbol{O} & |\boldsymbol{B}|\boldsymbol{A}^*\end{pmatrix}$　　(D) $\begin{pmatrix}|\boldsymbol{B}|\boldsymbol{A}^* & \boldsymbol{O}\\ \boldsymbol{O} & |\boldsymbol{A}|\boldsymbol{B}^*\end{pmatrix}$

知识点睛　0209 分块矩阵的伴随矩阵

解法 1　由题意,若$\boldsymbol{A},\boldsymbol{B}$都是任意 n 阶可逆矩阵,那么可观察$\boldsymbol{A},\boldsymbol{B}$可逆时$\boldsymbol{C}^*=?$由于

$$\boldsymbol{C}^*=|\boldsymbol{C}|\boldsymbol{C}^{-1}=\begin{vmatrix}\boldsymbol{A} & \boldsymbol{O}\\ \boldsymbol{O} & \boldsymbol{B}\end{vmatrix}\begin{pmatrix}\boldsymbol{A} & \boldsymbol{O}\\ \boldsymbol{O} & \boldsymbol{B}\end{pmatrix}^{-1}=|\boldsymbol{A}||\boldsymbol{B}|\begin{pmatrix}\boldsymbol{A}^{-1} & \boldsymbol{O}\\ \boldsymbol{O} & \boldsymbol{B}^{-1}\end{pmatrix}=\begin{pmatrix}|\boldsymbol{B}|\boldsymbol{A}^* & \boldsymbol{O}\\ \boldsymbol{O} & |\boldsymbol{A}|\boldsymbol{B}^*\end{pmatrix},$$

应选(D).(注:题中未给出$\boldsymbol{A},\boldsymbol{B}$均可逆,这里假设$\boldsymbol{A},\boldsymbol{B}$均可逆.)

解法 2　验证所给的四个选项,找满足条件$\boldsymbol{C}\boldsymbol{C}^*=|\boldsymbol{C}|\boldsymbol{E}$的$\boldsymbol{C}^*$即可.注意到

$$\boldsymbol{A}\boldsymbol{A}^*=|\boldsymbol{A}|\boldsymbol{E},\quad \boldsymbol{B}\boldsymbol{B}^*=|\boldsymbol{B}|\boldsymbol{E},\quad |\boldsymbol{C}|=|\boldsymbol{A}||\boldsymbol{B}|,$$

经验算可知,仅选项(D)符合条件.

实际上,因

$$\begin{pmatrix}\boldsymbol{A} & \boldsymbol{O}\\ \boldsymbol{O} & \boldsymbol{B}\end{pmatrix}\begin{pmatrix}|\boldsymbol{B}|\boldsymbol{A}^* & \boldsymbol{O}\\ \boldsymbol{O} & |\boldsymbol{A}|\boldsymbol{B}^*\end{pmatrix}=\begin{pmatrix}|\boldsymbol{B}|\boldsymbol{A}\boldsymbol{A}^* & \boldsymbol{O}\\ \boldsymbol{O} & |\boldsymbol{A}|\boldsymbol{B}\boldsymbol{B}^*\end{pmatrix}$$

$$=\begin{pmatrix}|\boldsymbol{B}||\boldsymbol{A}|\boldsymbol{E} & \boldsymbol{O}\\ \boldsymbol{O} & |\boldsymbol{A}||\boldsymbol{B}|\boldsymbol{E}\end{pmatrix}=\begin{vmatrix}\boldsymbol{A} & \boldsymbol{O}\\ \boldsymbol{O} & \boldsymbol{B}\end{vmatrix}\begin{pmatrix}\boldsymbol{E} & \boldsymbol{O}\\ \boldsymbol{O} & \boldsymbol{E}\end{pmatrix},$$

故$\boldsymbol{C}^*=\begin{pmatrix}|\boldsymbol{B}|\boldsymbol{A}^* & \boldsymbol{O}\\ \boldsymbol{O} & |\boldsymbol{A}|\boldsymbol{B}^*\end{pmatrix}$.

解法 3　作为选择题,根据这四个选项,也可如下判断:

设 $C^*=\begin{pmatrix}X_1 & X_2\\ X_3 & X_4\end{pmatrix}$,由 $CC^*=|C|E$,有

$$\begin{pmatrix}A & O\\ O & B\end{pmatrix}\begin{pmatrix}X_1 & X_2\\ X_3 & X_4\end{pmatrix}=\begin{pmatrix}AX_1 & AX_2\\ BX_3 & BX_4\end{pmatrix}=|A||B|\begin{pmatrix}E & O\\ O & E\end{pmatrix},$$

因为 $AX_1=|A||B|E\Rightarrow X_1=|A||B|A^{-1}=|B|A^*$.故应选(D).

59 设 A 是 n 阶可逆方阵,将 A 的第 i 行和第 j 行对换后得到的矩阵记为 B. Ⓚ 1997 数学一,5 分

(Ⅰ) 证明 B 可逆; (Ⅱ) 求 AB^{-1}.

知识点睛 0211 初等矩阵及其性质

解 由于 $B=E_{ij}A$,其中 E_{ij} 是初等矩阵

$$E_{ij}=\begin{pmatrix}1 & & & & & & \\ & \ddots & & & & & \\ & & 0 & & 1 & & \\ & & & \ddots & & & \\ & & 1 & & 0 & & \\ & & & & & \ddots & \\ & & & & & & 1\end{pmatrix}\begin{matrix}\\ \\ i\\ \\ j\\ \\ \\ \end{matrix},$$

(Ⅰ) 因为 A 可逆,$|A|\neq 0$,故 $|B|=|E_{ij}A|=|E_{ij}|\cdot|A|=-|A|\neq 0$.所以 B 可逆.

(Ⅱ) 由 $B=E_{ij}A$,知 $AB^{-1}=A(E_{ij}A)^{-1}=AA^{-1}E_{ij}^{-1}=E_{ij}^{-1}=E_{ij}$.

60 已知 A,B 均为 3 阶矩阵,且满足 $2A^{-1}B=B-4E$,其中 E 是 3 阶单位矩阵. Ⓚ 2002 数学二,6 分

(Ⅰ) 证明:矩阵 $A-2E$ 可逆;

(Ⅱ) 若 $B=\begin{pmatrix}1 & -2 & 0\\ 1 & 2 & 0\\ 0 & 0 & 2\end{pmatrix}$,求矩阵 A.

知识点睛 0207 逆矩阵的概念

解 (Ⅰ) 由 $2A^{-1}B=B-4E$ 左乘 A 知 $AB-2B-4A=0$.从而 $(A-2E)(B-4E)=8E$,或 $(A-2E)\cdot\dfrac{1}{8}(B-4E)=E$,故 $A-2E$ 可逆,且

$$(A-2E)^{-1}=\frac{1}{8}(B-4E).$$

(Ⅱ) 由(Ⅰ)知 $A=2E+8(B-4E)^{-1}$,而

$$(B-4E)^{-1}=\begin{pmatrix}-3 & -2 & 0\\ 1 & -2 & 0\\ 0 & 0 & -2\end{pmatrix}^{-1}=\begin{pmatrix}-\frac{1}{4} & \frac{1}{4} & 0\\ -\frac{1}{8} & -\frac{3}{8} & 0\\ 0 & 0 & -\frac{1}{2}\end{pmatrix},$$

故

$$A=\begin{pmatrix}0 & 2 & 0\\ -1 & -1 & 0\\ 0 & 0 & -2\end{pmatrix}.$$

【评注】如果只证明 $A-2E$ 可逆,那么由

$$AB-2B-4A=0 \Rightarrow (A-2E)B=4A,$$

因为 A 可逆,知 $|4A|=4^3|A|\neq 0$.故 $|A-2E|\cdot|B|\neq 0$,从而可得 $A-2E$ 可逆.

K 1996 数学一,6 分

61 题精解视频

61 设 $A=E-\xi\xi^{\mathrm{T}}$,其中 E 为 n 阶单位矩阵,ξ 是 n 维非零列向量,ξ^{T} 是 ξ 的转置.证明:(Ⅰ) $A^2=A$ 的充要条件是 $\xi^{\mathrm{T}}\xi=1$;(Ⅱ) 当 $\xi^{\mathrm{T}}\xi=1$ 时,A 是不可逆矩阵.

知识点睛 0203 矩阵的乘法

证 (Ⅰ)
$$\begin{aligned}A^2&=(E-\xi\xi^{\mathrm{T}})(E-\xi\xi^{\mathrm{T}})=E-2\xi\xi^{\mathrm{T}}+\xi\xi^{\mathrm{T}}\xi\xi^{\mathrm{T}}\\&=E-\xi\xi^{\mathrm{T}}+\xi(\xi^{\mathrm{T}}\xi)\xi^{\mathrm{T}}-\xi\xi^{\mathrm{T}}=A+(\xi^{\mathrm{T}}\xi)\xi\xi^{\mathrm{T}}-\xi\xi^{\mathrm{T}},\end{aligned}$$

那么 $A^2=A \Leftrightarrow (\xi^{\mathrm{T}}\xi-1)\xi\xi^{\mathrm{T}}=0$.因为 ξ 是非零列向量,$\xi\xi^{\mathrm{T}}\neq 0$,故 $A^2=A\Leftrightarrow \xi^{\mathrm{T}}\xi-1=0$,即 $\xi^{\mathrm{T}}\xi=1$.

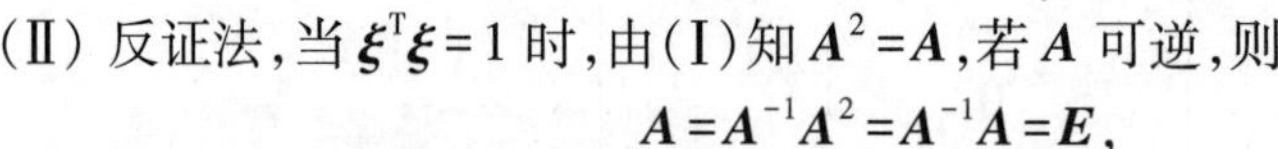

(Ⅱ) 反证法,当 $\xi^{\mathrm{T}}\xi=1$ 时,由(Ⅰ)知 $A^2=A$,若 A 可逆,则

$$A=A^{-1}A^2=A^{-1}A=E,$$

与已知 $A=E-\xi\xi^{\mathrm{T}}\neq E$ 矛盾.从而 A 是不可逆矩阵.

【评注】ξ 是 n 维列向量,则 $\xi\xi^{\mathrm{T}}$ 是 n 阶矩阵且秩为 1,而 $\xi^{\mathrm{T}}\xi$ 是一个数,数学符号的含义要搞清,不要混淆,本题考查矩阵乘法的分配律、结合律,对(Ⅱ),由 $A=E-\xi\xi^{\mathrm{T}}$,有

$$A\xi=\xi-\xi(\xi^{\mathrm{T}}\xi)=\xi-\xi=0,$$

可见 ξ 是 $Ax=0$ 的非零解,故 $|A|=0$.亦知 A 不可逆.本题证法很多,你还有别的方法吗?

K 1997 数学三,6 分;数学四,7 分

62 设 A 为 n 阶非奇异矩阵,α 为 n 维列向量,b 为常数,记分块矩阵

$$P=\begin{pmatrix}E & O\\ -\alpha^{\mathrm{T}}A^{*} & |A|\end{pmatrix},\quad Q=\begin{pmatrix}A & \alpha\\ \alpha^{\mathrm{T}} & b\end{pmatrix},$$

其中 A^{*} 是矩阵 A 的伴随矩阵,E 为 n 阶单位矩阵.

(Ⅰ) 计算并化简 PQ;

(Ⅱ) 证明矩阵 Q 可逆的充要条件是 $\alpha^{\mathrm{T}}A^{-1}\alpha\neq b$.

知识点睛 0214 分块矩阵及其运算

解 (Ⅰ) 由 $AA^{*}=A^{*}A=|A|E$ 及 $A^{*}=|A|A^{-1}$,有

$$\begin{aligned}PQ&=\begin{pmatrix}E & O\\ -\alpha^{\mathrm{T}}A^{*} & |A|\end{pmatrix}\begin{pmatrix}A & \alpha\\ \alpha^{\mathrm{T}} & b\end{pmatrix}=\begin{pmatrix}A & \alpha\\ -\alpha^{\mathrm{T}}A^{*}A+|A|\alpha^{\mathrm{T}} & -\alpha^{\mathrm{T}}A^{*}\alpha+b|A|\end{pmatrix}\\&=\begin{pmatrix}A & \alpha\\ O & |A|(b-\alpha^{\mathrm{T}}A^{-1}\alpha)\end{pmatrix}.\end{aligned}$$

(Ⅱ) 用行列式拉普拉斯展开公式及行列式乘法公式,有

$$|P|=\begin{vmatrix}E & O\\ -\alpha^{\mathrm{T}}A^{*} & |A|\end{vmatrix}=|A|,$$

$$|P||Q|=|PQ|=\begin{vmatrix}A & \alpha\\ O & |A|(b-\alpha^{\mathrm{T}}A^{-1}\alpha)\end{vmatrix}=|A|^2(b-\alpha^{\mathrm{T}}A^{-1}\alpha).$$

又因 A 可逆,$|A|\neq 0$,故 $|Q|=|A|(b-\alpha^{\mathrm{T}}A^{-1}\alpha)$.由此可知 Q 可逆的充要条件是 $b-\alpha^{\mathrm{T}}A^{-1}\alpha\neq 0$,即 $\alpha^{\mathrm{T}}A^{-1}\alpha\neq b$.

【评注】本题考查分块矩阵的运算，要把握住小块矩阵的左右位置.要看清 $\boldsymbol{\alpha}^{\mathrm{T}}\boldsymbol{A}^{-1}\boldsymbol{\alpha}$ 是 1 阶矩阵，是一个数.

63 设 n 维向量 $\boldsymbol{\alpha}=(a,0,\cdots,0,a)^{\mathrm{T}}$，$a<0$，$\boldsymbol{E}$ 为 n 阶单位矩阵.矩阵 $\boldsymbol{A}=\boldsymbol{E}-\boldsymbol{\alpha}\boldsymbol{\alpha}^{\mathrm{T}}$，$\boldsymbol{B}=\boldsymbol{E}+\frac{1}{a}\boldsymbol{\alpha}\boldsymbol{\alpha}^{\mathrm{T}}$，其中 $\boldsymbol{A}$ 的逆矩阵为 $\boldsymbol{B}$，则 $a=$________. 2003 数学三，4 分

知识点睛 0207 逆矩阵的概念

解 按可逆定义，有 $\boldsymbol{AB}=\boldsymbol{E}$，即

$$(\boldsymbol{E}-\boldsymbol{\alpha}\boldsymbol{\alpha}^{\mathrm{T}})\left(\boldsymbol{E}+\frac{1}{a}\boldsymbol{\alpha}\boldsymbol{\alpha}^{\mathrm{T}}\right)=\boldsymbol{E},$$

所以 $\boldsymbol{E}+\frac{1}{a}\boldsymbol{\alpha}\boldsymbol{\alpha}^{\mathrm{T}}-\boldsymbol{\alpha}\boldsymbol{\alpha}^{\mathrm{T}}-\frac{1}{a}\boldsymbol{\alpha}\boldsymbol{\alpha}^{\mathrm{T}}\boldsymbol{\alpha}\boldsymbol{\alpha}^{\mathrm{T}}=\boldsymbol{E}$.

又 $\boldsymbol{\alpha}^{\mathrm{T}}\boldsymbol{\alpha}=(a,0,\cdots,0,a)\begin{pmatrix}a\\0\\\vdots\\a\end{pmatrix}=2a^2$，有

$$\left(\frac{1}{a}-1-2a\right)\boldsymbol{\alpha}\boldsymbol{\alpha}^{\mathrm{T}}=\boldsymbol{0}.$$

由 $\boldsymbol{\alpha}\boldsymbol{\alpha}^{\mathrm{T}}\neq\boldsymbol{0}$，所以 $\frac{1}{a}-1-2a=0\Rightarrow 2a^2+a-1=0$.解得 $a=-1$，$a=\frac{1}{2}$（舍去）.应填 -1.

§2.3 矩阵的秩

64 设 $\boldsymbol{A}=\begin{pmatrix}a_1b_1 & a_1b_2 & \cdots & a_1b_n\\a_2b_1 & a_2b_2 & \cdots & a_2b_n\\\vdots & \vdots & & \vdots\\a_nb_1 & a_nb_2 & \cdots & a_nb_n\end{pmatrix}$，其中 $a_i\neq 0$，$b_i\neq 0$，$i=1,2,\cdots,n$，则 $r(\boldsymbol{A})=$________.

知识点睛 0212 利用子式求矩阵的秩

解 因为 $a_i\neq 0, b_i\neq 0$，所以 $\boldsymbol{A}\neq\boldsymbol{0}$，从而 $r(\boldsymbol{A})\geqslant 1$.又 $\boldsymbol{A}$ 的任意两行、两列都成比例，所以 $\boldsymbol{A}$ 的所有二阶子式都为零，因而 $r(\boldsymbol{A})\leqslant 1$.故 $r(\boldsymbol{A})=1$.应填 1.

65 求 $\boldsymbol{A}=\begin{pmatrix}1&0&1&0&0\\1&1&0&0&0\\0&1&1&0&0\\0&0&1&1&0\\0&1&0&1&1\end{pmatrix}$ 的秩.

知识点睛 0212 利用子式求矩阵的秩

解 将第 1 行、第 1 列去掉所得到的四阶子式是一个下三角形行列式，易见其值不为零，所以 $r(\boldsymbol{A})\geqslant 4$.

又由拉普拉斯定理，将 $|\boldsymbol{A}|$ 按前三行展开，得

$$|\boldsymbol{A}|=\begin{vmatrix}1&0&1\\1&1&0\\0&1&1\end{vmatrix}\begin{vmatrix}1&0\\1&1\end{vmatrix}=2\neq 0.$$

所以,$r(\boldsymbol{A})=5$.

【评注】通过观察矩阵,找出其中容易计算的子式,从而简化计算.

Ⓚ 2001 数学三,3 分

66 题精解视频

66 设矩阵 $\boldsymbol{A}=\begin{pmatrix}k&1&1&1\\1&k&1&1\\1&1&k&1\\1&1&1&k\end{pmatrix}$,且 $r(\boldsymbol{A})=3$,则 $k=$________.

知识点睛 0212 矩阵的秩

解 $$|\boldsymbol{A}|=\begin{vmatrix}k&1&1&1\\1&k&1&1\\1&1&k&1\\1&1&1&k\end{vmatrix}=\begin{vmatrix}k+3&k+3&k+3&k+3\\1&k&1&1\\1&1&k&1\\1&1&1&k\end{vmatrix}=(k+3)\begin{vmatrix}1&1&1&1\\1&k&1&1\\1&1&k&1\\1&1&1&k\end{vmatrix}$$

$$=(k+3)\begin{vmatrix}1&1&1&1\\0&k-1&0&0\\0&0&k-1&0\\0&0&0&k-1\end{vmatrix}=(k+3)(k-1)^3,$$

由 $r(\boldsymbol{A})=3$ 可得 $|\boldsymbol{A}|=0$,即 $k=1$ 或 $k=-3$.而 $k=1$ 时,显然 $r(\boldsymbol{A})=1$,故有 $k=-3$.应填-3.

【评注】利用 $r(\boldsymbol{A})<n$ 得到 $|\boldsymbol{A}|=0$ 解出 k,然后对 k 的各种不同情况讨论.

67 设 $\boldsymbol{A}$ 是 $m\times n$ 矩阵,$m<n$,则( ).

(A) $|\boldsymbol{A}^{\mathrm{T}}\boldsymbol{A}|\neq 0$ (B) $|\boldsymbol{A}^{\mathrm{T}}\boldsymbol{A}|=0$ (C) $|\boldsymbol{A}\boldsymbol{A}^{\mathrm{T}}|>0$ (D) $|\boldsymbol{A}\boldsymbol{A}^{\mathrm{T}}|<0$

知识点睛 利用秩讨论矩阵的行列式

解 由 $m<n$ 知 $r(\boldsymbol{A})=r(\boldsymbol{A}^{\mathrm{T}})\leqslant m$,又矩阵 $\boldsymbol{A}^{\mathrm{T}}\boldsymbol{A}$ 为 n 阶方阵,而

$$r(\boldsymbol{A}^{\mathrm{T}}\boldsymbol{A})\leqslant \min\{r(\boldsymbol{A}),r(\boldsymbol{A}^{\mathrm{T}})\}\leqslant m<n,$$

从而 $|\boldsymbol{A}^{\mathrm{T}}\boldsymbol{A}|=0$.故应选(B).

68 设 $\boldsymbol{A}$ 为 $m\times n$ 矩阵,$r(\boldsymbol{A})=r<m<n$,则( )成立.

(A) $\boldsymbol{A}$ 的所有 r 阶子式都不为 0.

(B) $\boldsymbol{A}$ 的所有 $r-1$ 阶子式都不为 0.

(C) $\boldsymbol{A}$ 经初等行变换可以化为$\begin{pmatrix}\boldsymbol{E}_r&\boldsymbol{O}\\\boldsymbol{O}&\boldsymbol{O}\end{pmatrix}$.

(D) $\boldsymbol{A}$ 不可能是满秩矩阵.

知识点睛 0212 利用子式讨论矩阵的秩

解 根据矩阵的秩的定义,可得:若 $r(\boldsymbol{A})=r$,则 $\boldsymbol{A}$ 有一个 r 阶子式不为 0,而不必所有的 r 阶子式均不为 0,对 $r-1$ 阶子式也是如此.从

$$A=\begin{pmatrix}1&2&0&3&4\\0&0&2&1&-3\\0&0&0&0&1\\0&0&0&0&0\end{pmatrix}$$

可以看出,$r(A)=3$,但 A 有等于 0 的 3 阶子式,也有等于 0 的 2 阶子式,因此(A)、(B)都不成立.

$\begin{pmatrix}E_r&O\\O&O\end{pmatrix}$是 A 的等价标准形,从所给具体矩阵可以看出,若对 A 仅作初等行变换,不可能把 A 化成等价标准形,(C)也不成立.

正确答案是(D).事实上,由于 $r(A)=r<m<n$,A 自然不能是行满秩矩阵,也不可能是列满秩矩阵.

故应选(D).

69 设 A,B 均为 4 阶方阵,$r(A)=3$,$r(B)=4$,它们的伴随矩阵分别为 A^*,B^*,则$r(A^*B^*)=$ ________.

知识点睛 0207 逆矩阵的性质,0209 伴随矩阵

解 由 $r(B)=4$,得 $r(B^*)=4$,从而可知 B^* 可逆.由 $r(A)=3$,得 $r(A^*)=1$,从而 $r(A^*B^*)=r(A^*)=1$.应填 1.

70 设 A 是一个秩为 1 的 n 阶矩阵,证明:

(1) $A=\begin{pmatrix}a_1\\a_2\\\vdots\\a_n\end{pmatrix}(b_1,b_2,\cdots,b_n)$; (2) $A^2=kA$.

知识点睛 0212 矩阵秩的定义

证 (1) 因为 $r(A)=1$,由矩阵秩的定义,A 中一定有一个非零行向量,而其余行向量都是它的倍数.因此不妨设

$$A=\begin{pmatrix}a_1b_1&a_1b_2&\cdots&a_1b_n\\a_2b_1&a_2b_2&\cdots&a_2b_n\\\vdots&\vdots&&\vdots\\a_nb_1&a_nb_2&\cdots&a_nb_n\end{pmatrix},\ 从而\quad A=\begin{pmatrix}a_1\\a_2\\\vdots\\a_n\end{pmatrix}(b_1,b_2,\cdots,b_n).$$

(2) 由(1)直接可得

$$A^2=\begin{pmatrix}a_1\\a_2\\\vdots\\a_n\end{pmatrix}(b_1,b_2,\cdots,b_n)\begin{pmatrix}a_1\\a_2\\\vdots\\a_n\end{pmatrix}(b_1,b_2,\cdots,b_n)=\left(\sum_{i=1}^{n}a_ib_i\right)A.$$

令 $k=\sum\limits_{i=1}^{n}a_ib_i$,则可得 $A^2=kA$.

71 设 A 是 $m\times n$ 矩阵,B 是 $n\times p$ 矩阵,C 是 $p\times q$ 矩阵,证明:$r(AB)+r(BC)-$

$r(\boldsymbol{B})\leqslant r(\boldsymbol{ABC})$.

知识点睛 0212 矩阵的秩

证 即证明 $r(\boldsymbol{AB})+r(\boldsymbol{BC})\leqslant r(\boldsymbol{ABC})+r(\boldsymbol{B})=r\begin{pmatrix}\boldsymbol{ABC}&\boldsymbol{O}\\\boldsymbol{O}&\boldsymbol{B}\end{pmatrix}$,由于

$$\begin{pmatrix}\boldsymbol{E}_m&\boldsymbol{A}\\\boldsymbol{O}&\boldsymbol{E}_n\end{pmatrix}\begin{pmatrix}\boldsymbol{ABC}&\boldsymbol{O}\\\boldsymbol{O}&\boldsymbol{B}\end{pmatrix}\begin{pmatrix}\boldsymbol{E}_q&\boldsymbol{O}\\-\boldsymbol{C}&\boldsymbol{E}_p\end{pmatrix}=\begin{pmatrix}\boldsymbol{O}&\boldsymbol{AB}\\-\boldsymbol{BC}&\boldsymbol{B}\end{pmatrix},$$

$$\begin{pmatrix}\boldsymbol{O}&\boldsymbol{AB}\\-\boldsymbol{BC}&\boldsymbol{B}\end{pmatrix}\begin{pmatrix}\boldsymbol{O}&-\boldsymbol{E}_p\\\boldsymbol{E}_p&\boldsymbol{O}\end{pmatrix}=\begin{pmatrix}\boldsymbol{AB}&\boldsymbol{O}\\\boldsymbol{B}&\boldsymbol{BC}\end{pmatrix},$$

且 $\begin{pmatrix}\boldsymbol{E}_m&\boldsymbol{A}\\\boldsymbol{O}&\boldsymbol{E}_n\end{pmatrix},\begin{pmatrix}\boldsymbol{E}_q&\boldsymbol{O}\\-\boldsymbol{C}&\boldsymbol{E}_p\end{pmatrix},\begin{pmatrix}\boldsymbol{O}&-\boldsymbol{E}_p\\\boldsymbol{E}_p&\boldsymbol{O}\end{pmatrix}$ 可逆,所以

$$r\begin{pmatrix}\boldsymbol{ABC}&\boldsymbol{O}\\\boldsymbol{O}&\boldsymbol{B}\end{pmatrix}=r\begin{pmatrix}\boldsymbol{AB}&\boldsymbol{O}\\\boldsymbol{B}&\boldsymbol{BC}\end{pmatrix}\geqslant r(\boldsymbol{AB})+r(\boldsymbol{BC}),$$

即 $r(\boldsymbol{AB})+r(\boldsymbol{BC})-r(\boldsymbol{B})\leqslant r(\boldsymbol{ABC})$.

【评注】在涉及矩阵秩的题目中,利用分块矩阵是一类重要的思想方法.我们将一些常用的分块矩阵与秩的公式列举如下:

$$r(\boldsymbol{A}\quad\boldsymbol{B})\leqslant r(\boldsymbol{A})+r(\boldsymbol{B});\quad r\begin{pmatrix}\boldsymbol{A}\\\boldsymbol{B}\end{pmatrix}\leqslant r(\boldsymbol{A})+r(\boldsymbol{B});$$

$$r\begin{pmatrix}\boldsymbol{A}&\boldsymbol{C}\\\boldsymbol{O}&\boldsymbol{B}\end{pmatrix}\geqslant r(\boldsymbol{A})+r(\boldsymbol{B});\quad r\begin{pmatrix}\boldsymbol{A}&\boldsymbol{O}\\\boldsymbol{C}&\boldsymbol{B}\end{pmatrix}\geqslant r(\boldsymbol{A})+r(\boldsymbol{B});$$

$$r\begin{pmatrix}\boldsymbol{C}&\boldsymbol{A}\\\boldsymbol{B}&\boldsymbol{O}\end{pmatrix}\geqslant r(\boldsymbol{A})+r(\boldsymbol{B});\quad r\begin{pmatrix}\boldsymbol{O}&\boldsymbol{A}\\\boldsymbol{B}&\boldsymbol{C}\end{pmatrix}\geqslant r(\boldsymbol{A})+r(\boldsymbol{B});$$

$$r\begin{pmatrix}\boldsymbol{A}&\boldsymbol{O}\\\boldsymbol{O}&\boldsymbol{B}\end{pmatrix}=r(\boldsymbol{A})+r(\boldsymbol{B});\quad r\begin{pmatrix}\boldsymbol{O}&\boldsymbol{A}\\\boldsymbol{B}&\boldsymbol{O}\end{pmatrix}=r(\boldsymbol{A})+r(\boldsymbol{B}).$$

72 设 $\boldsymbol{A}$ 为 n 阶矩阵,证明:若 $\boldsymbol{A}^2=\boldsymbol{E}$,则 $r(\boldsymbol{A}+\boldsymbol{E})+r(\boldsymbol{A}-\boldsymbol{E})=n$.

知识点睛 0212 矩阵秩的不等式

证 由 $\boldsymbol{A}^2=\boldsymbol{E}$ 可得 $(\boldsymbol{A}+\boldsymbol{E})(\boldsymbol{A}-\boldsymbol{E})=\boldsymbol{O}$,从而

$$r(\boldsymbol{A}+\boldsymbol{E})+r(\boldsymbol{A}-\boldsymbol{E})\leqslant n.$$

另一方面,有

$$r(\boldsymbol{A}+\boldsymbol{E})+r(\boldsymbol{A}-\boldsymbol{E})\geqslant r[(\boldsymbol{A}+\boldsymbol{E})-(\boldsymbol{A}-\boldsymbol{E})]=r(2\boldsymbol{E})=n,$$

故得 $r(\boldsymbol{A}+\boldsymbol{E})+r(\boldsymbol{A}-\boldsymbol{E})=n$.

【评注】熟练掌握并灵活运用矩阵的秩的常用公式和结论.

73 设 $\boldsymbol{A},\boldsymbol{B}$ 都是 $m\times n$ 矩阵,则 $\boldsymbol{A},\boldsymbol{B}$ 等价的充要条件是 $r(\boldsymbol{A})=r(\boldsymbol{B})$.

知识点睛 0213 矩阵的等价

证 必要性. 设 $\boldsymbol{A},\boldsymbol{B}$ 等价,则存在可逆矩阵 $\boldsymbol{P},\boldsymbol{Q}$ 使 $\boldsymbol{PAQ}=\boldsymbol{B}$.所以

$$r(\boldsymbol{A})=r(\boldsymbol{PAQ})=r(\boldsymbol{B}).$$

充分性.设 $r(\boldsymbol{A})=r(\boldsymbol{B})=r$,则存在可逆矩阵 $\boldsymbol{P}_1,\boldsymbol{Q}_1,\boldsymbol{P}_2,\boldsymbol{Q}_2$ 使

$$P_1AQ_1=\begin{pmatrix}E_r & O\\ O & O\end{pmatrix}\quad 且\quad P_2BQ_2=\begin{pmatrix}E_r & O\\ O & O\end{pmatrix},$$

从而由 $P_1AQ_1=P_2BQ_2$ 可得 A,B 等价.

74　设 n 阶方阵 A,B 满足 $A^2=A,B^2=B$,且 $E-A-B$ 可逆,证明:$r(A)=r(B)$.

知识点睛　幂等矩阵,0207 可逆矩阵的性质

证法 1　由 $E-A-B$ 可逆,有

$$n=r(E-A-B)\leqslant r(E-A)+r(B),$$

所以 $r(B)\geqslant n-r(E-A)$.

又由 $A^2=A$ 可得 $A(E-A)=O$,于是

$$r(A)+r(E-A)\leqslant n\quad 或\quad r(A)\leqslant n-r(E-A),$$

从而

$$r(B)\geqslant n-r(E-A)\geqslant r(A).$$

同理可证 $r(A)\geqslant r(B)$.所以 $r(A)=r(B)$.

证法 2　因为

$$A(E-A-B)=A-A^2-AB=-AB,$$

而 $E-A-B$ 可逆,所以 $r(A)=r(AB)$,

同理可证 $r(B)=r(AB)$,所以 $r(A)=r(B)$.

75　设矩阵 $A=\begin{pmatrix}1&2&1\\3&4&a\\1&2&2\end{pmatrix}$,其中 a 为常数,矩阵 B 满足关系式 $AB=A-B+E$,其中 E 是单位矩阵且 $B\neq E$,若 $r(A+B)=3$,求常数 a 的值.

75 题精解视频

知识点睛　0212 矩阵的秩

解　由 $AB=A-B+E$,得 $(A+E)(B-E)=O$,从而有

$$r(A+B)\leqslant r(A+E)+r(B-E)\leqslant 3,$$

因为 $r(A+B)=3$,所以 $r(A+E)+r(B-E)=3$,又 $r(A+E)\geqslant 2$,因为 $B\neq E$,所以 $r(B-E)\geqslant 1$. 因此,只有 $r(A+E)=2$,且

$$A+E=\begin{pmatrix}2&2&1\\3&5&a\\1&2&3\end{pmatrix}\to\begin{pmatrix}0&-2&-5\\0&-1&a-9\\1&2&3\end{pmatrix}\to\begin{pmatrix}0&0&13-2a\\0&-1&a-9\\1&2&3\end{pmatrix},$$

从而 $a=\dfrac{13}{2}$.

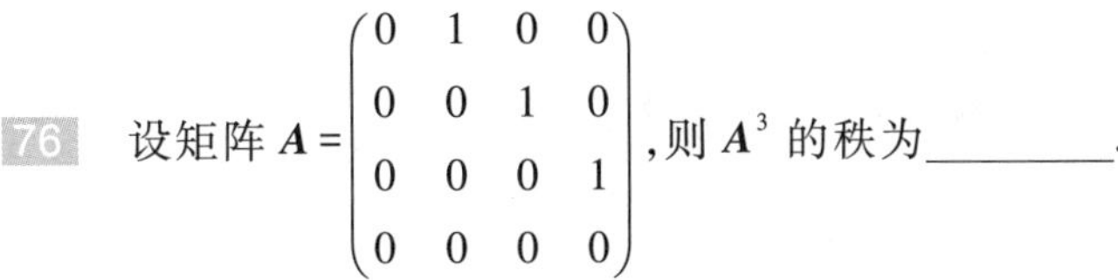

76　设矩阵 $A=\begin{pmatrix}0&1&0&0\\0&0&1&0\\0&0&0&1\\0&0&0&0\end{pmatrix}$,则 A^3 的秩为________.

2007 数学一、数学二、数学三,4 分

知识点睛　0212 矩阵的秩

解　因为 $A^2=\begin{pmatrix}0&0&1&0\\0&0&0&1\\0&0&0&0\\0&0&0&0\end{pmatrix},A^3=\begin{pmatrix}0&0&0&1\\0&0&0&0\\0&0&0&0\\0&0&0&0\end{pmatrix}$,所以 $r(A^3)=1$.

【评注】这是基础题,但考生考得并不理想.

注意,若$A=\begin{pmatrix}0&1&0&\cdots&0\\0&0&1&\cdots&0\\\vdots&\vdots&\vdots&&\vdots\\0&0&0&\cdots&1\\0&0&0&\cdots&0\end{pmatrix}$,则

$$A^2=\begin{pmatrix}0&0&1&0&\cdots&0&0\\0&0&0&1&\cdots&0&0\\\vdots&\vdots&\vdots&\vdots&&\vdots&\vdots\\0&0&0&0&\cdots&0&1\\0&0&0&0&\cdots&0&0\\0&0&0&0&\cdots&0&0\end{pmatrix}_{n\times n},\cdots,A^{n-1}=\begin{pmatrix}0&0&\cdots&0&1\\0&0&\cdots&0&0\\\vdots&\vdots&&\vdots&\vdots\\0&0&\cdots&0&0\end{pmatrix}_{n\times n},$$

从而 $A^n=\mathbf{0}$.

K 2008 数学一,10 分

77 设$\boldsymbol{\alpha},\boldsymbol{\beta}$均为 3 维列向量,矩阵$A=\boldsymbol{\alpha\alpha}^{\mathrm{T}}+\boldsymbol{\beta\beta}^{\mathrm{T}}$,其中$\boldsymbol{\alpha}^{\mathrm{T}},\boldsymbol{\beta}^{\mathrm{T}}$分别是$\boldsymbol{\alpha},\boldsymbol{\beta}$的转置.证明:

77 题精解视频

(Ⅰ) $r(A)\leqslant 2$;

(Ⅱ) 若$\boldsymbol{\alpha},\boldsymbol{\beta}$线性相关,则$r(A)<2$.

知识点睛 矩阵的秩的性质

证 (Ⅰ) 因为$\boldsymbol{\alpha},\boldsymbol{\beta}$均为 3 维列向量,那么$\boldsymbol{\alpha\alpha}^{\mathrm{T}}$和$\boldsymbol{\beta\beta}^{\mathrm{T}}$都是 3 阶矩阵,且

$$r(\boldsymbol{\alpha\alpha}^{\mathrm{T}})\leqslant 1,r(\boldsymbol{\beta\beta}^{\mathrm{T}})\leqslant 1,$$

那么

$$r(A)=r(\boldsymbol{\alpha\alpha}^{\mathrm{T}}+\boldsymbol{\beta\beta}^{\mathrm{T}})\leqslant r(\boldsymbol{\alpha\alpha}^{\mathrm{T}})+r(\boldsymbol{\beta\beta}^{\mathrm{T}})\leqslant 2.$$

(Ⅱ) 由于$\boldsymbol{\alpha},\boldsymbol{\beta}$线性相关,不妨设$\boldsymbol{\alpha}=k\boldsymbol{\beta}$,于是

$$r(A)=r(\boldsymbol{\alpha\alpha}^{\mathrm{T}}+\boldsymbol{\beta\beta}^{\mathrm{T}})=r((1+k^2)\boldsymbol{\beta\beta}^{\mathrm{T}})\leqslant r(\boldsymbol{\beta})\leqslant 1<2.$$

【评注】本题考查矩阵秩的性质公式.

(Ⅰ) 中有两个基本知识点:①$r(\boldsymbol{\alpha\alpha}^{\mathrm{T}})\leqslant 1$;②$r(A+B)\leqslant r(A)+r(B)$.

(Ⅱ) 中有两个基本知识点:①$\boldsymbol{\alpha},\boldsymbol{\beta}$线性相关的几何意义;②$r(kA)=r(A),k\neq 0$.

注意,如果分块矩阵比较熟悉,本题的(Ⅰ)也可做如下处理:

因为

$$A=\boldsymbol{\alpha\alpha}^{\mathrm{T}}+\boldsymbol{\beta\beta}^{\mathrm{T}}=(\boldsymbol{\alpha},\boldsymbol{\beta},\mathbf{0})\begin{pmatrix}\boldsymbol{\alpha}^{\mathrm{T}}\\\boldsymbol{\beta}^{\mathrm{T}}\\\mathbf{0}\end{pmatrix},$$

那么

$$|A|=|\boldsymbol{\alpha},\boldsymbol{\beta},\mathbf{0}|\cdot\begin{vmatrix}\boldsymbol{\alpha}^{\mathrm{T}}\\\boldsymbol{\beta}^{\mathrm{T}}\\\mathbf{0}\end{vmatrix}=0,$$

从而 $r(A)\leqslant 2$.

78 设 A 为 $m\times n$ 矩阵，B 为 $n\times m$ 矩阵，E 为 m 阶单位矩阵.若 $AB=E$，则（　　）. Ⓚ 2010 数学一，4 分

(A) $r(A)=m, r(B)=m$　　(B) $r(A)=m, r(B)=n$

(C) $r(A)=n, r(B)=m$　　(D) $r(A)=n, r(B)=n$.

知识点睛　0212 矩阵秩的不等式

解　本题考的是矩阵秩的概念和公式.因为 $AB=E$ 是 m 阶单位矩阵，知 $r(AB)=m$.又因 $r(AB)\leqslant\min\{r(A),r(B)\}$，故

$$m\leqslant r(A), m\leqslant r(B). \quad ①$$

另一方面，A 是 $m\times n$ 矩阵，B 是 $n\times m$ 矩阵，又有

$$r(A)\leqslant m, r(B)\leqslant m. \quad ②$$

比较①、②，得 $r(A)=m, r(B)=m$.所以选(A).

79 设 α 为 3 维单位列向量，E 为 3 阶单位矩阵，则矩阵 $E-\alpha\alpha^{\mathrm{T}}$ 的秩为________. Ⓚ 2012 数学一，4 分

知识点睛　0212 矩阵秩的求法，0501 矩阵的特征值与特征向量的性质

解法 1　设 $\alpha=\begin{pmatrix}a_1\\a_2\\a_3\end{pmatrix}$，则 $\alpha^{\mathrm{T}}\alpha=a_1^2+a_2^2+a_3^2=1$，又

$$A=\alpha\alpha^{\mathrm{T}}=\begin{pmatrix}a_1\\a_2\\a_3\end{pmatrix}(a_1,a_2,a_3)=\begin{pmatrix}a_1^2 & a_1a_2 & a_1a_3\\ a_2a_1 & a_2^2 & a_2a_3\\ a_3a_1 & a_3a_2 & a_3^2\end{pmatrix}.$$

由于 $r(A)=1$.那么

$$|\lambda E-A|=\lambda^3-(a_1^2+a_2^2+a_3^2)\lambda^2=\lambda^3-\lambda^2,$$

所以，矩阵 A 的特征值为 1,0,0.从而 $E-A$ 的特征值为 0,1,1.因此 $r(E-\alpha\alpha^{\mathrm{T}})=2$.

解法 2　因为 α 为 3 维单位向量，故 $\alpha^{\mathrm{T}}\alpha=1=\mathrm{tr}(\alpha\alpha^{\mathrm{T}})$.所以，$\alpha\alpha^{\mathrm{T}}$ 的特征值为 1,0,0.从而 $3-r(E-\alpha\alpha^{\mathrm{T}})=$ 特征值 1 对应的线性无关的特征向量的个数为 1，即 $r(E-\alpha\alpha^{\mathrm{T}})=2$.

【评注】本题主要考查了矩阵 $A=\alpha^{\mathrm{T}}\beta$，其中 α,β 为 n 维行向量. 这个知识点在考研数学中多次考查过.

令 $\alpha=(a_1,a_2,\cdots,a_n)$，$\beta=(b_1,b_2,\cdots,b_n)$.若

$$A=\alpha^{\mathrm{T}}\beta=\begin{pmatrix}a_1\\a_2\\\vdots\\a_n\end{pmatrix}(b_1,b_2,\cdots,b_n)=\begin{pmatrix}a_1b_1 & a_1b_2 & \cdots & a_1b_n\\ a_2b_1 & a_2b_2 & \cdots & a_2b_n\\ \vdots & \vdots & & \vdots\\ a_nb_1 & a_nb_2 & \cdots & a_nb_n\end{pmatrix}, t=\beta\alpha^{\mathrm{T}}=\sum_{i=1}^{n}a_ib_i,$$

则

(1) $A^n=t^{n-1}A$;

(2) $r(A)=1$;

(3) $t=\mathrm{tr}(A)$;

(4) 特征值为 $\lambda_1=t, \lambda_2=\cdots=\lambda_n=0$;

证　由 $A^2=tA$ 可得 $\lambda^2=t\lambda$，所以 A 的特征值为 t 或 0.

又 $\mathrm{tr}(A)=t=$ 特征值之和，所以 $\lambda_1=t, \lambda_2=\cdots=\lambda_n=0$.

Ⓚ 2018 数学一、数学二、数学三，4分

80　设$\boldsymbol{A},\boldsymbol{B}$均为$n$阶矩阵，记$r(\boldsymbol{X})$为矩阵$\boldsymbol{X}$的秩，$(\boldsymbol{X},\boldsymbol{Y})$表示分块矩阵，则(　　).

(A) $r(\boldsymbol{A},\boldsymbol{AB})=r(\boldsymbol{A})$　　(B) $r(\boldsymbol{A},\boldsymbol{BA})=r(\boldsymbol{A})$

(C) $r(\boldsymbol{A},\boldsymbol{B})=\max\{r(\boldsymbol{A}),r(\boldsymbol{B})\}$　　(D) $r(\boldsymbol{A},\boldsymbol{B})=r(\boldsymbol{A}^{\mathrm{T}},\boldsymbol{B}^{\mathrm{T}})$

知识点睛　0214 分块矩阵及其秩

解法1　记$\boldsymbol{AB}=\boldsymbol{C}$，对$\boldsymbol{A},\boldsymbol{C}$按列分块，有

$$(\boldsymbol{\alpha}_1,\boldsymbol{\alpha}_2,\cdots,\boldsymbol{\alpha}_n)\begin{pmatrix}b_{11}&b_{12}&\cdots&b_{1n}\\b_{21}&b_{22}&\cdots&b_{2n}\\\vdots&\vdots&&\vdots\\b_{n1}&b_{n2}&\cdots&b_{nn}\end{pmatrix}=(\boldsymbol{\gamma}_1,\boldsymbol{\gamma}_2,\cdots,\boldsymbol{\gamma}_n),$$

即$\boldsymbol{\gamma}_1,\boldsymbol{\gamma}_2,\cdots,\boldsymbol{\gamma}_n$可由$\boldsymbol{\alpha}_1,\boldsymbol{\alpha}_2,\cdots,\boldsymbol{\alpha}_n$线性表出.由矩阵的秩就是列向量组的秩，有

$$r(\boldsymbol{A}\quad\boldsymbol{AB})=r(\boldsymbol{\alpha}_1,\cdots,\boldsymbol{\alpha}_n,\boldsymbol{\gamma}_1,\cdots,\boldsymbol{\gamma}_n)=r(\boldsymbol{\alpha}_1,\cdots,\boldsymbol{\alpha}_n)=r(\boldsymbol{A}),$$

所以选(A).

解法2　如令$\boldsymbol{A}=\begin{pmatrix}1&1\\0&0\end{pmatrix}$，$\boldsymbol{B}=\begin{pmatrix}0&1\\1&0\end{pmatrix}$，则$\boldsymbol{BA}=\begin{pmatrix}0&0\\1&1\end{pmatrix}$，可见$(\boldsymbol{A},\boldsymbol{BA})=\begin{pmatrix}1&1&0&0\\0&0&1&1\end{pmatrix}$，其秩为2，而$r(\boldsymbol{A})=1$.所以(B)不正确.

如令$\boldsymbol{A}=\begin{pmatrix}1&0\\0&0\end{pmatrix}$，$\boldsymbol{B}=\begin{pmatrix}0&0\\1&0\end{pmatrix}$，则$r(\boldsymbol{A},\boldsymbol{B})=r\begin{pmatrix}1&0&0&0\\0&0&1&0\end{pmatrix}=2$，而$r(\boldsymbol{A})=1$，$r(\boldsymbol{B})=1$，知(C)不正确.此时$\boldsymbol{A}^{\mathrm{T}}=\begin{pmatrix}1&0\\0&0\end{pmatrix}$，$\boldsymbol{B}^{\mathrm{T}}=\begin{pmatrix}0&1\\0&0\end{pmatrix}$，$r(\boldsymbol{A}^{\mathrm{T}},\boldsymbol{B}^{\mathrm{T}})=r\begin{pmatrix}1&0&0&1\\0&0&0&0\end{pmatrix}=1$.知(D)不正确.故选(A).

Ⓚ 1996 数学一，3分

81　设$\boldsymbol{A}$是4×3矩阵，且$r(\boldsymbol{A})=2$，而$\boldsymbol{B}=\begin{pmatrix}1&0&2\\0&2&0\\-1&0&3\end{pmatrix}$，则$r(\boldsymbol{AB})=$________.

知识点睛　0207 逆矩阵的性质

解　本题是基础题，考查矩阵乘积的秩的公式：如果$\boldsymbol{A}$可逆，则$r(\boldsymbol{AB})=r(\boldsymbol{B})$；$r(\boldsymbol{BA})=r(\boldsymbol{B})$.本题$|\boldsymbol{B}|=10\neq0$，故$\boldsymbol{B}$为可逆矩阵，因此$r(\boldsymbol{AB})=r(\boldsymbol{A})=2$.

Ⓚ 1998 数学三，3分

82　设$n(n\geqslant3)$阶矩阵

$$\boldsymbol{A}=\begin{pmatrix}1&a&a&\cdots&a\\a&1&a&\cdots&a\\a&a&1&\cdots&a\\\vdots&\vdots&\vdots&&\vdots\\a&a&a&\cdots&1\end{pmatrix},$$

若矩阵$\boldsymbol{A}$的秩为$n-1$，则a必为(　　).

(A) 1　　(B) $\dfrac{1}{1-n}$　　(C) -1　　(D) $\dfrac{1}{n-1}$

知识点睛　0212 矩阵秩的定义

解　本题可用秩的概念：$|\boldsymbol{A}|=0$但有$n-1$阶子式不为0来分析、推断，由于

$$|\boldsymbol{A}|=[(n-1)a+1]\begin{vmatrix}1&1&1&\cdots&1\\a&1&a&\cdots&a\\a&a&1&\cdots&a\\\vdots&\vdots&\vdots&&\vdots\\a&a&a&\cdots&1\end{vmatrix}=[(n-1)a+1](1-a)^{n-1},$$

且由题意 $r(\boldsymbol{A})=n-1$ 知 $|\boldsymbol{A}|=0$，故 a 为$\dfrac{1}{1-n}$或 1. 显然 $a=1$ 时，

$$\boldsymbol{A}=\begin{pmatrix}1&1&1&\cdots&1\\1&1&1&\cdots&1\\\vdots&\vdots&\vdots&&\vdots\\1&1&1&\cdots&1\end{pmatrix},$$

而 $r(\boldsymbol{A})=1$ 不符合题意，故应选(B).

【评注】因为 $\boldsymbol{A}$ 是实对称矩阵，若特征值熟练，亦可用相似来处理. 注意：

$$\boldsymbol{A}=(1-a)\boldsymbol{E}+\begin{pmatrix}a&a&\cdots&a\\\vdots&\vdots&&\vdots\\a&a&\cdots&a\end{pmatrix},$$

所以 $\boldsymbol{A}$ 的特征值：$(n-1)a+1,1-a(n-1$ 个)，从而

$$\boldsymbol{A}\sim\begin{pmatrix}(n-1)a+1&&&\\&1-a&&\\&&\ddots&\\&&&1-a\end{pmatrix}.$$

83 设 3 阶矩阵 $\boldsymbol{A}=\begin{pmatrix}a&b&b\\b&a&b\\b&b&a\end{pmatrix}$，若 $\boldsymbol{A}$ 的伴随矩阵的秩等于 1，则必有(　　). K 2003 数学三，4 分

(A) $a=b$ 或 $a+2b=0$　　(B) $a=b$ 或 $a+2b\neq0$

(C) $a\neq b$ 且 $a+2b=0$　　(D) $a\neq b$ 且 $a+2b\neq0$

知识点睛 0209 伴随矩阵及其秩的性质

解 已知矩阵 $\boldsymbol{A}$ 的伴随矩阵的秩为 1，故应以 $r(\boldsymbol{A}^*)$ 公式为背景进行计算. 由伴随矩阵 $\boldsymbol{A}^*$ 秩的关系式

$$r(\boldsymbol{A}^*)=\begin{cases}n, & 若\ r(\boldsymbol{A})=n,\\1, & 若\ r(\boldsymbol{A})=n-1,\\0, & 若\ r(\boldsymbol{A})<n-1,\end{cases}$$

知 $r(\boldsymbol{A}^*)=1\Leftrightarrow r(\boldsymbol{A})=2$.

若 $a=b$，易见 $r(\boldsymbol{A})\leqslant1$，故可排除(A)、(B).

当 $a\neq b$ 时，$\boldsymbol{A}$ 中有二阶子式 $\begin{vmatrix}a&b\\b&a\end{vmatrix}\neq0$，若 $r(\boldsymbol{A})=2$，按定义只需 $|\boldsymbol{A}|=0$. 由于

$$|\boldsymbol{A}|=\begin{vmatrix}a+2b&a+2b&a+2b\\b&a&b\\b&b&a\end{vmatrix}=(a+2b)(a-b)^2,$$

故应选(C).

K 1993 数学一，3分

84题精解视频

84 已知 $Q=\begin{pmatrix}1&2&3\\2&4&t\\3&6&9\end{pmatrix}$,$P$ 为3阶非零矩阵,且满足 $PQ=O$,则(　　).

(A) $t=6$ 时 P 的秩必为1　　(B) $t=6$ 时 P 的秩必为2

(C) $t\neq6$ 时 P 的秩必为1　　(D) $t\neq6$ 时 P 的秩必为2

知识点睛　0212 矩阵秩的不等式

解　因为 $P\neq O$,所以 $r(P)\geqslant1$,问题是 $r(P)$ 究竟为1还是2?

若 A 是 $m\times n$ 矩阵,B 是 $n\times s$ 矩阵,$AB=O$,则 $r(A)+r(B)\leqslant n$.

当 $t=6$ 时,$r(Q)=1$.于是从 $r(P)+r(Q)\leqslant3$ 得 $r(P)\leqslant2$.因此(A)、(B)中对 $r(P)$ 的判定都有可能成立,但不是必成立.所以(A)、(B)均不正确.

当 $t\neq6$ 时,$r(Q)=2$.于是从 $r(P)+r(Q)\leqslant3$ 得 $r(P)\leqslant1$.故应选(C).

K 2003 数学四，4分

85 设矩阵 $B=\begin{pmatrix}0&0&1\\0&1&0\\1&0&0\end{pmatrix}$,已知矩阵 A 相似于 B,则 $r(A-2E)$ 与 $r(A-E)$ 之和等于(　　).

(A) 2　　(B) 3　　(C) 4　　(D) 5

知识点睛　0502 相似矩阵的性质

解　若 $P^{-1}AP=B$,则 $P^{-1}(A+kE)P=B+kE$,即若 $A\sim B$,则 $A+kE\sim B+kE$.又因相似矩阵有相同的秩,故

$$
\begin{aligned}
r(A-2E)+r(A-E)&=r(B-2E)+r(B-E)\\
&=r\begin{pmatrix}-2&0&1\\0&-1&0\\1&0&-2\end{pmatrix}+r\begin{pmatrix}-1&0&1\\0&0&0\\1&0&-1\end{pmatrix}=4,
\end{aligned}
$$

故应选(C).

【评注】本题是考查:若 $A\sim B$,则 $r(A)=r(B)$,利用相似来处理矩阵的秩,其中用到相似的性质:若 $A\sim B$,则 $A+kE\sim B+kE$.

K 1998 数学一，3分

86 设矩阵 $\begin{pmatrix}a_1&b_1&c_1\\a_2&b_2&c_2\\a_3&b_3&c_3\end{pmatrix}$ 是满秩的,则直线 $\dfrac{x-a_3}{a_1-a_2}=\dfrac{y-b_3}{b_1-b_2}=\dfrac{z-c_3}{c_1-c_2}$ 与直线 $\dfrac{x-a_1}{a_2-a_3}=\dfrac{y-b_1}{b_2-b_3}=\dfrac{z-c_1}{c_2-c_3}$(　　).

(A) 相交于一点　　(B) 重合

(C) 平行但不重合　　(D) 异面

知识点睛　0212 矩阵秩的性质

解　经初等变换矩阵的秩不变,由

$$\begin{pmatrix} a_1 & b_1 & c_1 \\ a_2 & b_2 & c_2 \\ a_3 & b_3 & c_3 \end{pmatrix} \to \begin{pmatrix} a_1 & b_1 & c_1 \\ a_2-a_1 & b_2-b_1 & c_2-c_1 \\ a_3-a_2 & b_3-b_2 & c_3-c_2 \end{pmatrix}$$

可知后者的秩仍为 3.所以这两直线的方向向量 $\boldsymbol{\nu}_1=(a_1-a_2,b_1-b_2,c_1-c_2)$ 与 $\boldsymbol{\nu}_2=(a_2-a_3,b_2-b_3,c_2-c_3)$ 线性无关,因此可排除(B)、(C).

在这两条直线上各取一点 (a_3,b_3,c_3) 与 (a_1,b_1,c_1),又可构造向量 $\boldsymbol{\nu}=(a_3-a_1,b_3-b_1,c_3-c_1)$,如果 $\boldsymbol{\nu},\boldsymbol{\nu}_1,\boldsymbol{\nu}_2$ 共面,则两条直线相交,若 $\boldsymbol{\nu},\boldsymbol{\nu}_1,\boldsymbol{\nu}_2$ 不共面,则两直线异面.为此可用混合积

$$\begin{vmatrix} \boldsymbol{\nu} \\ \boldsymbol{\nu}_1 \\ \boldsymbol{\nu}_2 \end{vmatrix} = \begin{vmatrix} a_3-a_1 & b_3-b_1 & c_3-c_1 \\ a_1-a_2 & b_1-b_2 & c_1-c_2 \\ a_2-a_3 & b_2-b_3 & c_2-c_3 \end{vmatrix} = 0,$$

或观察出 $\boldsymbol{\nu}+\boldsymbol{\nu}_1+\boldsymbol{\nu}_2=\mathbf{0}$,应选(A).

87 设 3 阶矩阵 $\boldsymbol{A}$ 的特征值互不相同,若行列式 $|\boldsymbol{A}|=0$,则 $\boldsymbol{A}$ 的秩为________. 2008 数学四,4 分

知识点睛 矩阵的特征值与矩阵秩的关系

解 因为 $\boldsymbol{A}$ 有 3 个不同的特征值,$\boldsymbol{A}$ 必可相似对角化,相似矩阵有相同的秩.设 $\boldsymbol{A}$ 的三个特征值为 $\lambda_1,\lambda_2,\lambda_3$,由 $|\boldsymbol{A}|=\lambda_1\lambda_2\lambda_3=0$.不妨设 $\lambda_1=0$,则

$$\boldsymbol{A} \sim \begin{pmatrix} 0 & & \\ & \lambda_2 & \\ & & \lambda_3 \end{pmatrix} = \boldsymbol{\Lambda},$$

从而 $r(\boldsymbol{A})=r(\boldsymbol{\Lambda})=2$.

88 设矩阵 $\boldsymbol{A}=\begin{pmatrix} a & -1 & -1 \\ -1 & a & -1 \\ -1 & -1 & a \end{pmatrix}$ 与 $\boldsymbol{B}=\begin{pmatrix} 1 & 1 & 0 \\ 0 & -1 & 1 \\ 1 & 0 & 1 \end{pmatrix}$ 等价,则 $a=$________. 2016 数学二,4 分

知识点睛 0213 矩阵等价的充要条件

解 矩阵 $\boldsymbol{A},\boldsymbol{B}$ 等价 $\Leftrightarrow r(\boldsymbol{A})=r(\boldsymbol{B})$.由于 $r\begin{pmatrix} 1 & 1 & 0 \\ 0 & -1 & 1 \\ 1 & 0 & 1 \end{pmatrix}=2$,而

$$|\boldsymbol{A}| = \begin{vmatrix} a & -1 & -1 \\ -1 & a & -1 \\ -1 & -1 & a \end{vmatrix} = (a-2)(a+1)^2=0,$$

当 $a=-1$ 时,易见 $r(\boldsymbol{A})=1$.所以当 $a=2$ 时,矩阵 $\boldsymbol{A}$ 和 $\boldsymbol{B}$ 等价.

【评注】也可对矩阵 $\boldsymbol{A}$ 作初等变换,有

$$\boldsymbol{A}=\begin{pmatrix} a & -1 & -1 \\ -1 & a & -1 \\ -1 & -1 & a \end{pmatrix} \to \begin{pmatrix} a & -1 & -1 \\ -1-a & a+1 & 0 \\ -1-a & 0 & a+1 \end{pmatrix} \to \begin{pmatrix} a-2 & -1 & -1 \\ 0 & a+1 & 0 \\ 0 & 0 & a+1 \end{pmatrix}$$

知当 $a=2$ 时,$r(\boldsymbol{A})=2$.

89 已知 $\boldsymbol{A}$ 为 n 阶可逆反对称矩阵，$\boldsymbol{b}$ 为 n 维列向量，设 $\boldsymbol{B}=\begin{pmatrix}\boldsymbol{A} & \boldsymbol{b}\\ \boldsymbol{b}^{\mathrm{T}} & 0\end{pmatrix}$，则 $r(\boldsymbol{B})=$ ________.

知识点睛 0212 矩阵的秩

解 由于 $\boldsymbol{A}$ 为可逆的反对称矩阵，所以 $\boldsymbol{A}^{-1}$ 存在且 $\boldsymbol{A}^{\mathrm{T}}=-\boldsymbol{A}$，而 $\boldsymbol{b}$ 为列向量，所以

$$\boldsymbol{b}^{\mathrm{T}}\boldsymbol{A}^{-1}\boldsymbol{b}=(\boldsymbol{b}^{\mathrm{T}}\boldsymbol{A}^{-1}\boldsymbol{b})^{\mathrm{T}}=\boldsymbol{b}^{\mathrm{T}}(\boldsymbol{A}^{-1})^{\mathrm{T}}\boldsymbol{b}=\boldsymbol{b}^{\mathrm{T}}(\boldsymbol{A}^{\mathrm{T}})^{-1}\boldsymbol{b}=\boldsymbol{b}^{\mathrm{T}}(-\boldsymbol{A})^{-1}\boldsymbol{b}=-\boldsymbol{b}^{\mathrm{T}}\boldsymbol{A}^{-1}\boldsymbol{b},$$

故 $\boldsymbol{b}^{\mathrm{T}}\boldsymbol{A}^{-1}\boldsymbol{b}=0$.

对 $\boldsymbol{B}=\begin{pmatrix}\boldsymbol{A} & \boldsymbol{b}\\ \boldsymbol{b}^{\mathrm{T}} & 0\end{pmatrix}$ 先后做列初等变换和行初等变换，可得

$$\boldsymbol{B}=\begin{pmatrix}\boldsymbol{A} & \boldsymbol{b}\\ \boldsymbol{b}^{\mathrm{T}} & 0\end{pmatrix}\to\begin{pmatrix}\boldsymbol{A} & \boldsymbol{b}-\boldsymbol{A}\boldsymbol{A}^{-1}\boldsymbol{b}\\ \boldsymbol{b}^{\mathrm{T}} & -\boldsymbol{b}^{\mathrm{T}}\boldsymbol{A}^{-1}\boldsymbol{b}\end{pmatrix}\to\begin{pmatrix}\boldsymbol{A} & \boldsymbol{O}\\ \boldsymbol{b}^{\mathrm{T}}-\boldsymbol{b}^{\mathrm{T}}\boldsymbol{A}^{-1}\boldsymbol{A} & 0\end{pmatrix}\to\begin{pmatrix}\boldsymbol{A} & \boldsymbol{O}\\ \boldsymbol{O} & 0\end{pmatrix}$$

从而得 $r(\boldsymbol{B})=r(\boldsymbol{A})=n$.

【评注】此题也可以用如下方法：一方面，$\boldsymbol{B}=\begin{pmatrix}\boldsymbol{A} & \boldsymbol{b}\\ \boldsymbol{b}^{\mathrm{T}} & 0\end{pmatrix}$ 中有一个 n 阶子式 $|\boldsymbol{A}|\neq 0$，故 $r(\boldsymbol{B})\geqslant n$；另一方面，由于 $\boldsymbol{A}$ 可逆，故 $|\boldsymbol{B}|=\begin{vmatrix}\boldsymbol{A} & \boldsymbol{b}\\ \boldsymbol{b}^{\mathrm{T}} & 0\end{vmatrix}=|\boldsymbol{A}|\cdot|0-\boldsymbol{b}^{\mathrm{T}}\boldsymbol{A}^{-1}\boldsymbol{b}|=|\boldsymbol{A}|\cdot 0=0$，故 $r(\boldsymbol{B})<n+1$. 综上所述，$r(\boldsymbol{B})=n$.

§2.4 矩阵方程

Ⓚ 2015 数学二、数学三，11分

90 题精解视频

90 设矩阵 $\boldsymbol{A}=\begin{pmatrix}a & 1 & 0\\ 1 & a & -1\\ 0 & 1 & a\end{pmatrix}$，且 $\boldsymbol{A}^3=\boldsymbol{O}$.

(Ⅰ) 求 a 的值；

(Ⅱ) 若矩阵 $\boldsymbol{X}$ 满足 $\boldsymbol{X}-\boldsymbol{X}\boldsymbol{A}^2-\boldsymbol{A}\boldsymbol{X}+\boldsymbol{A}\boldsymbol{X}\boldsymbol{A}^2=\boldsymbol{E}$，其中 $\boldsymbol{E}$ 为3阶单位矩阵，求 $\boldsymbol{X}$.

知识点睛 解矩阵方程

解 (Ⅰ) 因为 $\boldsymbol{A}^3=\boldsymbol{O}\Rightarrow|\boldsymbol{A}^3|=0\Rightarrow|\boldsymbol{A}|=0$，而

$$|\boldsymbol{A}|=\begin{vmatrix}a & 1 & 0\\ 1 & a & -1\\ 0 & 1 & a\end{vmatrix}=a^3,$$

所以 $a=0$，此时 $\boldsymbol{A}=\begin{pmatrix}0 & 1 & 0\\ 1 & 0 & -1\\ 0 & 1 & 0\end{pmatrix}$.

(Ⅱ) 由题意知，有 $\boldsymbol{X}(\boldsymbol{E}-\boldsymbol{A}^2)-\boldsymbol{A}\boldsymbol{X}(\boldsymbol{E}-\boldsymbol{A}^2)=\boldsymbol{E}$，可推出

$$(\boldsymbol{E}-\boldsymbol{A})\boldsymbol{X}(\boldsymbol{E}-\boldsymbol{A}^2)=\boldsymbol{E},$$

则 $\boldsymbol{E}-\boldsymbol{A}$，$\boldsymbol{E}-\boldsymbol{A}^2$ 必可逆，于是

$$\boldsymbol{X}=(\boldsymbol{E}-\boldsymbol{A})^{-1}(\boldsymbol{E}-\boldsymbol{A}^2)^{-1}=\begin{pmatrix}1 & -1 & 0\\ -1 & 1 & 1\\ 0 & -1 & 1\end{pmatrix}^{-1}\begin{pmatrix}0 & 0 & 1\\ 0 & 1 & 0\\ -1 & 0 & 2\end{pmatrix}^{-1}$$

$$=\begin{pmatrix}2&1&-1\\1&1&-1\\1&1&0\end{pmatrix}\begin{pmatrix}2&0&-1\\0&1&0\\1&0&0\end{pmatrix}=\begin{pmatrix}3&1&-2\\1&1&-1\\2&1&-1\end{pmatrix}.$$

91　设$(2\boldsymbol{E}-\boldsymbol{C}^{-1}\boldsymbol{B})\boldsymbol{A}^{\mathrm{T}}=\boldsymbol{C}^{-1}$,其中$\boldsymbol{E}$是4阶单位矩阵,$\boldsymbol{A}^{\mathrm{T}}$是4阶矩阵$\boldsymbol{A}$的转置矩阵,且$\boldsymbol{B}=\begin{pmatrix}1&2&-3&-2\\0&1&2&-3\\0&0&1&2\\0&0&0&1\end{pmatrix}$,$\boldsymbol{C}=\begin{pmatrix}1&2&0&1\\0&1&2&0\\0&0&1&2\\0&0&0&1\end{pmatrix}$,求矩阵$\boldsymbol{A}$.　Ⓚ1998 数学二,5分

知识点睛　0207 逆矩阵的概念

解　用矩阵$\boldsymbol{C}$左乘已知矩阵方程的两端,有$(2\boldsymbol{C}-\boldsymbol{B})\boldsymbol{A}^{\mathrm{T}}=\boldsymbol{E}$.对上式两端取转置,有$\boldsymbol{A}(2\boldsymbol{C}^{\mathrm{T}}-\boldsymbol{B}^{\mathrm{T}})=\boldsymbol{E}$.故

$$\boldsymbol{A}=(2\boldsymbol{C}^{\mathrm{T}}-\boldsymbol{B}^{\mathrm{T}})^{-1}=\begin{pmatrix}1&0&0&0\\2&1&0&0\\3&2&1&0\\4&3&2&1\end{pmatrix}^{-1}=\begin{pmatrix}1&0&0&0\\-2&1&0&0\\1&-2&1&0\\0&1&-2&1\end{pmatrix}.$$

92　设矩阵$\boldsymbol{A}$的伴随矩阵$\boldsymbol{A}^*=\begin{pmatrix}1&&\\&16&\\&&1\end{pmatrix}$,且$|\boldsymbol{A}|>0$,$\boldsymbol{ABA}^{-1}=\boldsymbol{BA}^{-1}+3\boldsymbol{E}$,其中$\boldsymbol{E}$为单位矩阵,求$\boldsymbol{B}$.

知识点睛　0207 逆矩阵的概念和性质,0209 伴随矩阵

解　由$\boldsymbol{AA}^*=|\boldsymbol{A}|\boldsymbol{E}$及$|\boldsymbol{A}^*|=16$可知,$|\boldsymbol{A}|=4$.对$\boldsymbol{ABA}^{-1}=\boldsymbol{BA}^{-1}+3\boldsymbol{E}$的两边同时左乘$\boldsymbol{A}^{-1}$、右乘$\boldsymbol{A}$得$\boldsymbol{B}=\boldsymbol{A}^{-1}\boldsymbol{B}+3\boldsymbol{E}$,即$(\boldsymbol{E}-\boldsymbol{A}^{-1})\boldsymbol{B}=3\boldsymbol{E}$,所以

$$\boldsymbol{B}=3(\boldsymbol{E}-\boldsymbol{A}^{-1})^{-1}=3\left(\boldsymbol{E}-\frac{1}{4}\boldsymbol{A}^*\right)^{-1}=\begin{pmatrix}4&&\\&-1&\\&&4\end{pmatrix}.$$

【评注】此题考查矩阵及其伴随矩阵的性质.遇到有关伴随矩阵的题目,应首先考虑其最基本的性质:$\boldsymbol{AA}^*=\boldsymbol{A}^*\boldsymbol{A}=|\boldsymbol{A}|\boldsymbol{E}$.另外,对于类似$\boldsymbol{ABA}^{-1}=\boldsymbol{BA}^{-1}+3\boldsymbol{E}$的条件,应设法将其整理为有关矩阵$\boldsymbol{B}$的等式,便于求出矩阵$\boldsymbol{B}$.

93　已知矩阵$\boldsymbol{A}=\begin{pmatrix}1&0&0\\1&1&0\\1&1&1\end{pmatrix}$,$\boldsymbol{B}=\begin{pmatrix}0&1&1\\1&0&1\\1&1&0\end{pmatrix}$,且矩阵$\boldsymbol{X}$满足$\boldsymbol{AXA}+\boldsymbol{BXB}=\boldsymbol{AXB}+\boldsymbol{BXA}+\boldsymbol{E}$,其中$\boldsymbol{E}$是3阶单位矩阵,求$\boldsymbol{X}$.　Ⓚ2001 数学二,6分

知识点睛　0207 逆矩阵的概念

解　化简矩阵方程,有

$$\boldsymbol{AX}(\boldsymbol{A}-\boldsymbol{B})+\boldsymbol{BX}(\boldsymbol{B}-\boldsymbol{A})=\boldsymbol{E},\text{即}(\boldsymbol{A}-\boldsymbol{B})\boldsymbol{X}(\boldsymbol{A}-\boldsymbol{B})=\boldsymbol{E}.$$

由于$|\boldsymbol{A}-\boldsymbol{B}|=\begin{vmatrix}1&-1&-1\\0&1&-1\\0&0&1\end{vmatrix}=1$,所以矩阵$\boldsymbol{A}-\boldsymbol{B}$可逆,且$(\boldsymbol{A}-\boldsymbol{B})^{-1}=\begin{pmatrix}1&1&2\\0&1&1\\0&0&1\end{pmatrix}$.

于是

$$X=[(A-B)^{-1}]^2=\begin{pmatrix}1&2&5\\0&1&2\\0&0&1\end{pmatrix}.$$

94 解矩阵方程 $\begin{pmatrix}3&5\\1&2\end{pmatrix}X=\begin{pmatrix}4&-1&2\\3&0&-1\end{pmatrix}$.

知识点睛 0210 利用初等变换解矩阵方程

解 令 $A=\begin{pmatrix}3&5\\1&2\end{pmatrix}$, $B=\begin{pmatrix}4&-1&2\\3&0&-1\end{pmatrix}$.

法 1 先求 A^{-1},再直接求乘积 $A^{-1}B$.由于

$$A^{-1}=\begin{pmatrix}2&-5\\-1&3\end{pmatrix},$$

故原方程的唯一解为

$$X=A^{-1}B=\begin{pmatrix}2&-5\\-1&3\end{pmatrix}\begin{pmatrix}4&-1&2\\3&0&-1\end{pmatrix}=\begin{pmatrix}-7&-2&9\\5&1&-5\end{pmatrix}.$$

法 2 利用初等变换

$$(A\,\vdots\,B)=\left(\begin{array}{cc:ccc}3&5&4&-1&2\\1&2&3&0&-1\end{array}\right)\to\left(\begin{array}{cc:ccc}1&2&3&0&-1\\3&5&4&-1&2\end{array}\right)$$

$$\to\left(\begin{array}{cc:ccc}1&2&3&0&-1\\0&-1&-5&-1&5\end{array}\right)\to\left(\begin{array}{cc:ccc}1&0&-7&-2&9\\0&1&5&1&-5\end{array}\right),$$

故原方程的唯一解为

$$X=\begin{pmatrix}-7&-2&9\\5&1&-5\end{pmatrix}.$$

95 解矩阵方程 $X\begin{pmatrix}1&0&5\\1&1&2\\1&2&5\end{pmatrix}=\begin{pmatrix}1&1&2\\0&0&-6\end{pmatrix}$.

知识点睛 0210 利用初等变换解矩阵方程

解 令 $A=\begin{pmatrix}1&0&5\\1&1&2\\1&2&5\end{pmatrix}$, $B=\begin{pmatrix}1&1&2\\0&0&-6\end{pmatrix}$.

法 1 先求 A^{-1},再直接求乘积 BA^{-1}.易知

$$|A|=\begin{vmatrix}1&0&5\\1&1&2\\1&2&5\end{vmatrix}=6\neq 0,\quad A^*=\begin{pmatrix}1&10&-5\\-3&0&3\\1&-2&1\end{pmatrix},$$

故 $A^{-1}=\dfrac{1}{6}\begin{pmatrix}1&10&-5\\-3&0&3\\1&-2&1\end{pmatrix}$,从而原方程有唯一解为

$$X=BA^{-1}=\begin{pmatrix}0&1&0\\-1&2&-1\end{pmatrix}.$$

法 2 利用初等变换.对以下分块矩阵施行初等列变换：

$$\begin{pmatrix}A\\ \hdashline B\end{pmatrix}=\begin{pmatrix}1&0&5\\1&1&2\\1&2&5\\ \hdashline 1&1&2\\0&0&-6\end{pmatrix}\to\begin{pmatrix}1&0&0\\1&1&-3\\1&2&0\\ \hdashline 1&1&-3\\0&0&-6\end{pmatrix}\to\begin{pmatrix}1&0&0\\1&1&1\\1&2&0\\ \hdashline 1&1&1\\0&0&2\end{pmatrix}\to\begin{pmatrix}1&0&0\\1&1&1\\1&0&2\\ \hdashline 1&1&1\\0&2&0\end{pmatrix}$$

$$\to\begin{pmatrix}1&0&0\\0&1&0\\1&0&2\\ \hdashline 0&1&0\\-2&2&-2\end{pmatrix}\to\begin{pmatrix}1&0&0\\0&1&0\\0&0&1\\ \hdashline 0&1&0\\-1&2&-1\end{pmatrix},$$

故得原方程的唯一解为

$$X=\begin{pmatrix}0&1&0\\-1&2&-1\end{pmatrix}.$$

96 解矩阵方程

$$\begin{pmatrix}0&1&0\\1&0&0\\0&0&1\end{pmatrix}X\begin{pmatrix}1&0&0\\0&0&1\\0&1&0\end{pmatrix}=\begin{pmatrix}1&-4&3\\2&0&-1\\1&-2&0\end{pmatrix}.$$

知识点睛 0211 初等矩阵及其性质

解 令 $P_1=\begin{pmatrix}0&1&0\\1&0&0\\0&0&1\end{pmatrix},P_2=\begin{pmatrix}1&0&0\\0&0&1\\0&1&0\end{pmatrix},B=\begin{pmatrix}1&-4&3\\2&0&-1\\1&-2&0\end{pmatrix}$,则 P_1,P_2 均为初等矩阵,且 $P_1^{-1}=P_1,P_2^{-1}=P_2$.所以

$$X=P_1BP_2=\begin{pmatrix}0&1&0\\1&0&0\\0&0&1\end{pmatrix}\begin{pmatrix}1&-4&3\\2&0&-1\\1&-2&0\end{pmatrix}\begin{pmatrix}1&0&0\\0&0&1\\0&1&0\end{pmatrix}=\begin{pmatrix}2&-1&0\\1&3&-4\\1&0&-2\end{pmatrix}.$$

97 已知 $A=\begin{pmatrix}1&1&-1\\0&1&1\\0&0&-1\end{pmatrix}$,且 $A^2-AB=E$,其中 E 是 3 阶单位矩阵,求矩阵 B. 🄺 1997 数学二,5 分

知识点睛 0213 利用初等变换求矩阵的逆矩阵

解 由

$$A^2-AB=A(A-B)=E,$$

知 $A-B=A^{-1}$,从而 $B=A-A^{-1}$.

用初等变换可求出 A^{-1}.

$$(A\,\vdots\,E)=\left(\begin{array}{ccc:ccc}1&1&-1&1&0&0\\0&1&1&0&1&0\\0&0&-1&0&0&1\end{array}\right)\to\left(\begin{array}{ccc:ccc}1&1&0&1&0&-1\\0&1&0&0&1&1\\0&0&-1&0&0&1\end{array}\right)$$

$$\to\left(\begin{array}{ccc:ccc}1&0&0&1&-1&-2\\0&1&0&0&1&1\\0&0&1&0&0&-1\end{array}\right)=(E\,\vdots\,A^{-1}),$$

所以 $A^{-1}=\begin{pmatrix}1&-1&-2\\0&1&1\\0&0&-1\end{pmatrix}$.从而

$$B=A-A^{-1}=\begin{pmatrix}0&2&1\\0&0&0\\0&0&0\end{pmatrix}.$$

98 设矩阵 A,B 满足 $A^*BA=2BA-8E$,其中 $A=\begin{pmatrix}1&0&0\\0&-2&0\\0&0&1\end{pmatrix}$,$E$ 为单位矩阵,A^* 为 A 的伴随矩阵,求 B.

知识点睛 0209 伴随矩阵

解 由原方程得$(A^*-2E)BA=-8E$.又

$$\begin{aligned}A^*-2E&=|A|A^{-1}-2E\\&=\begin{pmatrix}-2&0&0\\0&1&0\\0&0&-2\end{pmatrix}-2\begin{pmatrix}1&0&0\\0&1&0\\0&0&1\end{pmatrix}=\begin{pmatrix}-4&0&0\\0&-1&0\\0&0&-4\end{pmatrix},\end{aligned}$$

则由 A^*-2E 及 A 可逆,得

$$B=-8(A^*-2E)^{-1}A^{-1}=\begin{pmatrix}2&0&0\\0&-4&0\\0&0&2\end{pmatrix}.$$

99 设 n 阶矩阵 A 和 B 满足条件 $A+B=AB$,

(1) 证明 $A-E$ 为可逆矩阵;

(2) 已知 $B=\begin{pmatrix}1&-3&0\\2&1&0\\0&0&2\end{pmatrix}$,求矩阵 A.

知识点睛 0207 逆矩阵的概念

解 (1) 由 $A+B=AB$,有

$$A-E-(A-E)B=-E,$$

于是$(A-E)(B-E)=E$.由逆矩阵的定义知,$A-E$ 可逆.

(2) 解法1 由(1)有 $A-E=(B-E)^{-1}$,所以

$$\begin{aligned}A&=E+(B-E)^{-1}\\&=E+\begin{pmatrix}0&-3&0\\2&0&0\\0&0&1\end{pmatrix}^{-1}=\begin{pmatrix}1&0&0\\0&1&0\\0&0&1\end{pmatrix}+\begin{pmatrix}0&\frac{1}{2}&0\\-\frac{1}{3}&0&0\\0&0&1\end{pmatrix}=\begin{pmatrix}1&\frac{1}{2}&0\\-\frac{1}{3}&1&0\\0&0&2\end{pmatrix}.\end{aligned}$$

解法2 由 $A+B=AB$,有

$$A(B-E)=B,$$

由(1)已证 $A-E$ 可逆,同理 $B-E$ 也可逆,所以

$$A=B(B-E)^{-1}=\begin{pmatrix}1&-3&0\\2&1&0\\0&0&2\end{pmatrix}\begin{pmatrix}0&-3&0\\2&0&0\\0&0&1\end{pmatrix}^{-1}=\begin{pmatrix}1&\frac{1}{2}&0\\-\frac{1}{3}&1&0\\0&0&2\end{pmatrix}.$$

【评注】在求$(B-E)^{-1}$时用了分块矩阵的逆的公式：

$$\begin{pmatrix}A_1&\\&A_2\end{pmatrix}^{-1}=\begin{pmatrix}A_1^{-1}&\\&A_2^{-1}\end{pmatrix}\quad 及公式\quad\begin{pmatrix}&a_1\\a_2&\end{pmatrix}^{-1}=\begin{pmatrix}&a_2^{-1}\\a_1^{-1}&\end{pmatrix}.$$

§ 2.5 综合提高题

100 设矩阵 $A=\begin{pmatrix}1&0&0&0&0\\0&1&0&0&0\\-1&2&1&0&0\\1&1&0&1&0\\0&1&0&0&1\end{pmatrix}$，矩阵 $B=\begin{pmatrix}1&0&0&0\\-1&0&0&0\\0&1&3&-1\\0&2&1&4\\0&1&2&1\end{pmatrix}$，求 AB.

知识点睛 0214 分块矩阵及其运算

解 先将 A,B 分块为 $A=\left(\begin{array}{cc:ccc}1&0&0&0&0\\0&1&0&0&0\\\hdashline-1&2&1&0&0\\1&1&0&1&0\\0&1&0&0&1\end{array}\right)=\begin{pmatrix}E_2&O\\A_1&E_3\end{pmatrix}$，

$$B=\left(\begin{array}{c:ccc}1&0&0&0\\-1&0&0&0\\\hdashline0&1&3&-1\\0&2&1&4\\0&1&2&1\end{array}\right)=\begin{pmatrix}B_1&O\\O&B_2\end{pmatrix},$$

所以 $AB=\begin{pmatrix}E_2&O\\A_1&E_3\end{pmatrix}\begin{pmatrix}B_1&O\\O&B_2\end{pmatrix}=\begin{pmatrix}B_1&O\\A_1B_1&B_2\end{pmatrix}$，而 $A_1B_1=\begin{pmatrix}-1&2\\1&1\\0&1\end{pmatrix}\begin{pmatrix}1\\-1\end{pmatrix}=\begin{pmatrix}-3\\0\\-1\end{pmatrix}$，所以

$$AB=\begin{pmatrix}1&0&0&0\\-1&0&0&0\\-3&1&3&-1\\0&2&1&4\\-1&1&2&1\end{pmatrix}.$$

【评注】本题将矩阵 A 和矩阵 B 进行适当分块后再利用分块矩阵的乘法进行运算，将大矩阵的运算转化成多个小矩阵的运算，从而简化了运算.

101 设矩阵 $A=\begin{pmatrix}1&0&2&3\\0&1&1&4\\0&0&1&0\\0&0&0&-1\end{pmatrix}$, $B=\begin{pmatrix}1&0&0&0\\0&1&0&0\\6&3&1&2\\0&-2&2&0\end{pmatrix}$, 求 AB.

知识点睛 0214 分块矩阵及其运算

解 将 A,B 分块

$$A=\left(\begin{array}{cc:cc}1&0&2&3\\0&1&1&4\\ \hdashline 0&0&1&0\\0&0&0&-1\end{array}\right)=\begin{pmatrix}E_2&A_1\\O&A_2\end{pmatrix},\quad B=\left(\begin{array}{cc:cc}1&0&0&0\\0&1&0&0\\ \hdashline 6&3&1&2\\0&-2&2&0\end{array}\right)=\begin{pmatrix}E_2&O\\B_1&B_2\end{pmatrix},$$

由分块矩阵的运算可得

$$AB=\begin{pmatrix}E_2&A_1\\O&A_2\end{pmatrix}\begin{pmatrix}E_2&O\\B_1&B_2\end{pmatrix}=\begin{pmatrix}E_2+A_1B_1&A_1B_2\\A_2B_1&A_2B_2\end{pmatrix},$$

而

$$E_2+A_1B_1=\begin{pmatrix}1&0\\0&1\end{pmatrix}+\begin{pmatrix}2&3\\1&4\end{pmatrix}\begin{pmatrix}6&3\\0&-2\end{pmatrix}=\begin{pmatrix}1&0\\0&1\end{pmatrix}+\begin{pmatrix}12&0\\6&-5\end{pmatrix}=\begin{pmatrix}13&0\\6&-4\end{pmatrix},$$

$$A_1B_2=\begin{pmatrix}2&3\\1&4\end{pmatrix}\begin{pmatrix}1&2\\2&0\end{pmatrix}=\begin{pmatrix}8&4\\9&2\end{pmatrix},$$

$$A_2B_1=\begin{pmatrix}1&0\\0&-1\end{pmatrix}\begin{pmatrix}6&3\\0&-2\end{pmatrix}=\begin{pmatrix}6&3\\0&2\end{pmatrix},$$

$$A_2B_2=\begin{pmatrix}1&0\\0&-1\end{pmatrix}\begin{pmatrix}1&2\\2&0\end{pmatrix}=\begin{pmatrix}1&2\\-2&0\end{pmatrix},$$

所以

$$AB=\begin{pmatrix}13&0&8&4\\6&-4&9&2\\6&3&1&2\\0&2&-2&0\end{pmatrix}.$$

【评注】将矩阵 A,B 分块后再作乘积运算,在分块时尽量使矩阵的子块是特殊矩阵,如单位矩阵、对角矩阵、零矩阵等.

Ⓚ 2021 数学一,5分

102 设 A,B 均为 n 阶实矩阵,下列不成立的是( ).

(A) $r\begin{pmatrix}A&O\\O&A^{\mathrm{T}}A\end{pmatrix}=2r(A)$ (B) $r\begin{pmatrix}A&AB\\O&A^{\mathrm{T}}\end{pmatrix}=2r(A)$

(C) $r\begin{pmatrix}A&BA\\O&AA^{\mathrm{T}}\end{pmatrix}=2r(A)$ (D) $r\begin{pmatrix}A&O\\BA&A^{\mathrm{T}}\end{pmatrix}=2r(A)$

102 题精解视频

知识点睛 分块矩阵的秩

解 如果 A 可逆,4 个选项均正确,因此不正确一定发生在 A 不可逆时.利用分块矩阵 $r\begin{pmatrix}A&O\\O&B\end{pmatrix}=r(A)+r(B)$ 和 $r(A)=r(A^{\mathrm{T}}A)$ 易知(A)肯定正确.而令 $A=\begin{pmatrix}0&1\\0&0\end{pmatrix}$, $B=$

$\begin{pmatrix}0&1\\1&0\end{pmatrix}$，则由$\begin{pmatrix}\boldsymbol{A}&\boldsymbol{BA}\\\boldsymbol{O}&\boldsymbol{AA}^{\mathrm{T}}\end{pmatrix}=\begin{pmatrix}0&1&0&0\\0&0&0&1\\0&0&1&0\\0&0&0&0\end{pmatrix}$可知(C)不正确.故选(C).

103　设$\boldsymbol{A}=\begin{pmatrix}3&1&0&0\\0&3&0&0\\0&0&3&9\\0&0&1&3\end{pmatrix}$，求$\boldsymbol{A}^n$.

知识点睛　0214 分块矩阵及其运算

解　由分块矩阵公式$\begin{pmatrix}\boldsymbol{B}&\boldsymbol{O}\\\boldsymbol{O}&\boldsymbol{C}\end{pmatrix}^n=\begin{pmatrix}\boldsymbol{B}^n&\boldsymbol{O}\\\boldsymbol{O}&\boldsymbol{C}^n\end{pmatrix}$，我们只需分别算出$\begin{pmatrix}3&1\\0&3\end{pmatrix}$与$\begin{pmatrix}3&9\\1&3\end{pmatrix}$的$n$次幂.因为$\begin{pmatrix}3&1\\0&3\end{pmatrix}=\begin{pmatrix}3&0\\0&3\end{pmatrix}+\begin{pmatrix}0&1\\0&0\end{pmatrix}=3\boldsymbol{E}+\boldsymbol{B}$且$\boldsymbol{B}^2=\boldsymbol{0}$，故

$$\begin{aligned}\begin{pmatrix}3&1\\0&3\end{pmatrix}^n&=(3\boldsymbol{E}+\boldsymbol{B})^n=(3\boldsymbol{E})^n+n(3\boldsymbol{E})^{n-1}\boldsymbol{B}\\&=\begin{pmatrix}3^n&0\\0&3^n\end{pmatrix}+n\cdot3^{n-1}\begin{pmatrix}0&1\\0&0\end{pmatrix}=\begin{pmatrix}3^n&n\cdot3^{n-1}\\0&3^n\end{pmatrix}.\end{aligned}$$

而矩阵$\begin{pmatrix}3&9\\1&3\end{pmatrix}$的秩为1，有$\begin{pmatrix}3&9\\1&3\end{pmatrix}^n=6^{n-1}\begin{pmatrix}3&9\\1&3\end{pmatrix}$，从而

$$\boldsymbol{A}^n=\begin{pmatrix}3^n&n\cdot3^{n-1}&0&0\\0&3^n&0&0\\0&0&3\cdot6^{n-1}&9\cdot6^{n-1}\\0&0&6^{n-1}&3\cdot6^{n-1}\end{pmatrix}.$$

104　设$\boldsymbol{A}=\begin{pmatrix}\lambda&0&0\\0&\lambda&0\\-1&1&\lambda\end{pmatrix}$，求$\boldsymbol{A}^{50}$.

知识点睛　二项式定理，0204 方阵的幂

解　记$\boldsymbol{B}=\begin{pmatrix}0&0&0\\0&0&0\\-1&1&0\end{pmatrix}$，则$\boldsymbol{A}=\lambda\boldsymbol{E}+\boldsymbol{B}$，$\boldsymbol{B}^2$为零矩阵，故

$$\boldsymbol{A}^{50}=(\lambda\boldsymbol{E}+\boldsymbol{B})^{50}=\lambda^{50}\boldsymbol{E}+50\lambda^{49}\boldsymbol{B}=\begin{pmatrix}\lambda^{50}&0&0\\0&\lambda^{50}&0\\-50\lambda^{49}&50\lambda^{49}&\lambda^{50}\end{pmatrix}.$$

【评注】对于计算方阵的n次幂的题目，也可采取如下方法：先计算其2次幂、3次幂，进而假设其n次幂的表达式，然后利用数学归纳法证明假设成立.

105 题精解视频

105 设 4 阶方阵 $\boldsymbol{A}=\begin{pmatrix}5&2&0&0\\2&1&0&0\\0&0&1&-2\\0&0&1&1\end{pmatrix}$，则 $\boldsymbol{A}^{-1}=$________.

知识点睛 0214 分块矩阵求逆

解 令 $\boldsymbol{A}_1=\begin{pmatrix}5&2\\2&1\end{pmatrix}$，$\boldsymbol{A}_2=\begin{pmatrix}1&-2\\1&1\end{pmatrix}$，矩阵 $\boldsymbol{A}$ 为分块矩阵 $\boldsymbol{A}=\begin{pmatrix}\boldsymbol{A}_1&\boldsymbol{O}\\\boldsymbol{O}&\boldsymbol{A}_2\end{pmatrix}$，则 $\boldsymbol{A}^{-1}=\begin{pmatrix}\boldsymbol{A}_1^{-1}&\boldsymbol{O}\\\boldsymbol{O}&\boldsymbol{A}_2^{-1}\end{pmatrix}$. 对于矩阵 $\boldsymbol{A}_1,\boldsymbol{A}_2$，其逆矩阵可利用伴随矩阵求逆方法得到：

$$\boldsymbol{A}_1^{-1}=\begin{pmatrix}1&-2\\-2&5\end{pmatrix},\quad \boldsymbol{A}_2^{-1}=\frac{1}{3}\begin{pmatrix}1&2\\-1&1\end{pmatrix}.$$

故应填 $\begin{pmatrix}1&-2&0&0\\-2&5&0&0\\0&0&\frac{1}{3}&\frac{2}{3}\\0&0&-\frac{1}{3}&\frac{1}{3}\end{pmatrix}$.

106 设 n 阶方阵 $\boldsymbol{A}=\begin{pmatrix}0&a_1&0&\cdots&0\\0&0&a_2&\cdots&0\\\vdots&\vdots&\vdots&&\vdots\\0&0&0&\cdots&a_{n-1}\\a_n&0&0&\cdots&0\end{pmatrix}$，其中 $a_i\neq0,i=1,2,\cdots,n$，求 $\boldsymbol{A}$ 的逆矩阵.

知识点睛 0214 分块矩阵求逆矩阵

解 令 $\boldsymbol{A}=\begin{pmatrix}0&a_1&0&\cdots&0\\0&0&a_2&\cdots&0\\\vdots&\vdots&\vdots&&\vdots\\0&0&0&\cdots&a_{n-1}\\a_n&0&0&\cdots&0\end{pmatrix}=\begin{pmatrix}\boldsymbol{O}&\boldsymbol{B}\\\boldsymbol{C}&\boldsymbol{O}\end{pmatrix}$，$\boldsymbol{C}=(a_n)$，$\boldsymbol{B}=\begin{pmatrix}a_1&0&\cdots&0\\0&a_2&\cdots&0\\\vdots&\vdots&&\vdots\\0&0&\cdots&a_{n-1}\end{pmatrix}$，

则

$$\boldsymbol{C}^{-1}=\left(\frac{1}{a_n}\right),\quad \boldsymbol{B}^{-1}=\begin{pmatrix}\frac{1}{a_1}&0&\cdots&0\\0&\frac{1}{a_2}&\cdots&0\\\vdots&\vdots&&\vdots\\0&0&\cdots&\frac{1}{a_{n-1}}\end{pmatrix},$$

又$\begin{pmatrix} \boldsymbol{O} & \boldsymbol{B} \\ \boldsymbol{C} & \boldsymbol{O} \end{pmatrix}^{-1}=\begin{pmatrix} \boldsymbol{O} & \boldsymbol{C}^{-1} \\ \boldsymbol{B}^{-1} & \boldsymbol{O} \end{pmatrix}$，所以

$$\boldsymbol{A}^{-1}=\begin{pmatrix} 0 & 0 & 0 & \cdots & 0 & \frac{1}{a_n} \\ \frac{1}{a_1} & 0 & 0 & \cdots & 0 & 0 \\ 0 & \frac{1}{a_2} & 0 & \cdots & 0 & 0 \\ \vdots & \vdots & \vdots & & \vdots & \vdots \\ 0 & 0 & 0 & \cdots & \frac{1}{a_{n-1}} & 0 \end{pmatrix}.$$

107　设矩阵 $\boldsymbol{A}=\begin{pmatrix} 0 & 0 & 0 & \cdots & 0 & a_1 & 0 \\ 0 & 0 & 0 & \cdots & a_2 & 0 & 0 \\ \vdots & \vdots & \vdots & & \vdots & \vdots & \vdots \\ 0 & a_{n-2} & 0 & \cdots & 0 & 0 & 0 \\ a_{n-1} & 0 & 0 & \cdots & 0 & 0 & 0 \\ 0 & 0 & 0 & \cdots & 0 & 0 & a_n \end{pmatrix}$，其中 $a_i \neq 0, i=1,2,\cdots,n$，求 $\boldsymbol{A}$ 的逆矩阵.

知识点睛　0214 分块矩阵求逆矩阵

解　令 $\boldsymbol{A}=\begin{pmatrix} \boldsymbol{B} & \boldsymbol{O} \\ \boldsymbol{O} & \boldsymbol{C} \end{pmatrix}$，其中 $\boldsymbol{B}=\begin{pmatrix} 0 & 0 & \cdots & 0 & a_1 \\ 0 & 0 & \cdots & a_2 & 0 \\ \vdots & \vdots & & \vdots & \vdots \\ 0 & a_{n-2} & \cdots & 0 & 0 \\ a_{n-1} & 0 & \cdots & 0 & 0 \end{pmatrix}$，$\boldsymbol{C}=(a_n)$. 所以，$\boldsymbol{A}^{-1}=\begin{pmatrix} \boldsymbol{B}^{-1} & \boldsymbol{O} \\ \boldsymbol{O} & \boldsymbol{C}^{-1} \end{pmatrix}$，其中

$$\boldsymbol{B}^{-1}=\begin{pmatrix} & & & \frac{1}{a_{n-1}} \\ & & \frac{1}{a_{n-2}} & \\ & \iddots & & \\ \frac{1}{a_1} & & & \end{pmatrix}, \quad \boldsymbol{C}^{-1}=\left(\frac{1}{a_n}\right).$$

从而

$$\boldsymbol{A}^{-1}=\begin{pmatrix} 0 & 0 & \cdots & 0 & \frac{1}{a_{n-1}} & 0 \\ 0 & 0 & \cdots & \frac{1}{a_{n-2}} & 0 & 0 \\ \vdots & \vdots & & \vdots & \vdots & \vdots \\ 0 & \frac{1}{a_2} & \cdots & 0 & 0 & 0 \\ \frac{1}{a_1} & 0 & \cdots & 0 & 0 & 0 \\ 0 & 0 & \cdots & 0 & 0 & \frac{1}{a_n} \end{pmatrix}.$$

108 设 $\boldsymbol{A},\boldsymbol{B}$ 均为 n 阶方阵，且 $\boldsymbol{B}=\boldsymbol{E}+\boldsymbol{AB}$. 证明：$\boldsymbol{A},\boldsymbol{B}$ 乘法可交换.

知识点睛 0203 矩阵的乘法

证 由 $\boldsymbol{B}=\boldsymbol{E}+\boldsymbol{AB}$，得 $(\boldsymbol{E}-\boldsymbol{A})\boldsymbol{B}=\boldsymbol{E}$. 所以 $\boldsymbol{E}-\boldsymbol{A}$ 与 $\boldsymbol{B}$ 互为逆矩阵，从而 $\boldsymbol{B}(\boldsymbol{E}-\boldsymbol{A})=\boldsymbol{E}$，即

$$\boldsymbol{B}-\boldsymbol{BA}=\boldsymbol{E}.$$

又 $\boldsymbol{B}=\boldsymbol{E}+\boldsymbol{AB}$，所以 $\boldsymbol{AB}=\boldsymbol{BA}$.

109 已知 $\boldsymbol{\alpha}_1,\boldsymbol{\alpha}_2$ 均为 2 维列向量，矩阵 $\boldsymbol{A}=(2\boldsymbol{\alpha}_1+\boldsymbol{\alpha}_2,\boldsymbol{\alpha}_1-\boldsymbol{\alpha}_2)$，$\boldsymbol{B}=(\boldsymbol{\alpha}_1,\boldsymbol{\alpha}_2)$，若行列式 $|\boldsymbol{A}|=6$，则 $|\boldsymbol{B}|=$________.

知识点睛 0205 方阵乘积的行列式

解 由题意有

$$\boldsymbol{A}=(2\boldsymbol{\alpha}_1+\boldsymbol{\alpha}_2,\boldsymbol{\alpha}_1-\boldsymbol{\alpha}_2)=(\boldsymbol{\alpha}_1,\boldsymbol{\alpha}_2)\begin{pmatrix}2&1\\1&-1\end{pmatrix}=\boldsymbol{B}\begin{pmatrix}2&1\\1&-1\end{pmatrix}.$$

两边取行列式，$|\boldsymbol{A}|=|\boldsymbol{B}|\begin{vmatrix}2&1\\1&-1\end{vmatrix}$，即 $6=|\boldsymbol{B}|\cdot(-3)$，所以 $|\boldsymbol{B}|=-2$.

故应填 -2.

110 已知 $\boldsymbol{A}=\begin{pmatrix}\lambda&0&0\\1&\lambda&0\\0&1&\lambda\end{pmatrix}$，试求 $\boldsymbol{A}^n$.

知识点睛 二项式定理, 0204 方阵的幂

解 设 $\boldsymbol{B}=\begin{pmatrix}0&0&0\\1&0&0\\0&1&0\end{pmatrix}$，于是 $\boldsymbol{A}=\lambda\boldsymbol{E}+\boldsymbol{B}$. 因为 $(\lambda\boldsymbol{E})\boldsymbol{B}=\boldsymbol{B}(\lambda\boldsymbol{E})$，$\boldsymbol{B}^3=\boldsymbol{0}$，所以

$$\begin{aligned}\boldsymbol{A}^n&=(\lambda\boldsymbol{E}+\boldsymbol{B})^n=\sum_{k=0}^{n}\mathrm{C}_n^k(\lambda\boldsymbol{E})^{n-k}\boldsymbol{B}^k\\&=\lambda^n\boldsymbol{E}+n\lambda^{n-1}\boldsymbol{B}+\frac{n(n-1)}{2}\lambda^{n-2}\boldsymbol{B}^2=\begin{pmatrix}\lambda^n&0&0\\n\lambda^{n-1}&\lambda^n&0\\\frac{n(n-1)}{2}\lambda^{n-2}&n\lambda^{n-1}&\lambda^n\end{pmatrix}.\end{aligned}$$

111 题精解视频

111 已知 $\boldsymbol{AP}=\boldsymbol{PB}$，其中

$$\boldsymbol{B}=\begin{pmatrix}1&0&0\\0&0&1\\0&1&0\end{pmatrix},\quad \boldsymbol{P}=\begin{pmatrix}1&0&0\\2&-1&0\\2&1&1\end{pmatrix},$$

求 $\boldsymbol{A}$ 及 $\boldsymbol{A}^n$，其中 n 是正整数.

知识点睛 0204 方阵的幂

解 因为 $|\boldsymbol{P}|=-1$，所以 $\boldsymbol{P}$ 是可逆矩阵. 由于 $\boldsymbol{AP}=\boldsymbol{PB}$，因此 $\boldsymbol{A}=\boldsymbol{PBP}^{-1}$. 用初等变换法求得

$$\boldsymbol{P}^{-1}=\begin{pmatrix}1&0&0\\2&-1&0\\-4&1&1\end{pmatrix},$$

于是

$$A=\begin{pmatrix}1&0&0\\2&-1&0\\2&1&1\end{pmatrix}\begin{pmatrix}1&0&0\\0&0&1\\0&1&0\end{pmatrix}\begin{pmatrix}1&0&0\\2&-1&0\\-4&1&1\end{pmatrix}=\begin{pmatrix}1&0&0\\6&-1&-1\\0&0&1\end{pmatrix}.$$

因为 $\boldsymbol{A}=\boldsymbol{PBP}^{-1}$所以

$$\boldsymbol{A}^n=(\boldsymbol{PBP}^{-1})(\boldsymbol{PBP}^{-1})\cdots(\boldsymbol{PBP}^{-1})=\boldsymbol{PB}^n\boldsymbol{P}^{-1}.$$

又 $\boldsymbol{B}^2=\boldsymbol{E}$,故

$$\boldsymbol{A}^n=\begin{cases}\boldsymbol{E}, & \text{当 } n \text{ 为偶数时},\\ \boldsymbol{A}, & \text{当 } n \text{ 为奇数时}.\end{cases}$$

112 设 $\boldsymbol{A}$ 是 3 阶方阵,将 $\boldsymbol{A}$ 的第 1 列与第 2 列交换得 $\boldsymbol{B}$,再把 $\boldsymbol{B}$ 的第 2 列加到第 3 列得 $\boldsymbol{C}$,则满足 $\boldsymbol{AQ}=\boldsymbol{C}$ 的可逆矩阵 $\boldsymbol{Q}$ 为(　　). K 2004 数学一、数学二,4 分

(A) $\begin{pmatrix}0&1&0\\1&0&0\\1&0&1\end{pmatrix}$　　(B) $\begin{pmatrix}0&1&0\\1&0&1\\0&0&1\end{pmatrix}$

(C) $\begin{pmatrix}0&1&0\\1&0&0\\0&1&1\end{pmatrix}$　　(D) $\begin{pmatrix}0&1&1\\1&0&0\\0&0&1\end{pmatrix}$

知识点睛　0211 初等矩阵及其性质

解　将 $\boldsymbol{A}$ 的第 1 列与第 2 列交换得 $\boldsymbol{B}$,对应的初等变换矩阵为 $\boldsymbol{Q}_1=\begin{pmatrix}0&1&0\\1&0&0\\0&0&1\end{pmatrix}$;

将 $\boldsymbol{B}$ 的第 2 列加到第 3 列得 $\boldsymbol{C}$,对应的初等变换矩阵为 $\boldsymbol{Q}_2=\begin{pmatrix}1&0&0\\0&1&1\\0&0&1\end{pmatrix}$.所以

$$\boldsymbol{Q}=\boldsymbol{Q}_1\boldsymbol{Q}_2=\begin{pmatrix}0&1&0\\1&0&0\\0&0&1\end{pmatrix}\begin{pmatrix}1&0&0\\0&1&1\\0&0&1\end{pmatrix}=\begin{pmatrix}0&1&1\\1&0&0\\0&0&1\end{pmatrix}.$$

故应选(D).

113 设 $\boldsymbol{A}$ 为 $n(n\geqslant 2)$阶可逆矩阵,交换 $\boldsymbol{A}$ 的第 1 行与第 2 行得矩阵 $\boldsymbol{B}$,$\boldsymbol{A}^*$,$\boldsymbol{B}^*$ 分别为 $\boldsymbol{A}$,$\boldsymbol{B}$ 的伴随矩阵,则(　　). K 2005 数学一、数学二,4 分

(A) 交换 $\boldsymbol{A}^*$ 的第 1 列与第 2 列得 $\boldsymbol{B}^*$

(B) 交换 $\boldsymbol{A}^*$ 的第 1 行与第 2 行得 $\boldsymbol{B}^*$

(C) 交换 $\boldsymbol{A}^*$ 的第 1 列与第 2 列得 $-\boldsymbol{B}^*$

(D) 交换 $\boldsymbol{A}^*$ 的第 1 行与第 2 行得 $-\boldsymbol{B}^*$

知识点睛　0209 伴随矩阵, 0211 初等矩阵及其性质

解　设交换 $\boldsymbol{A}$ 的第 1 行与第 2 行的初等矩阵为 $\boldsymbol{P}$,则 $\boldsymbol{B}=\boldsymbol{PA}$.

$$\boldsymbol{B}^*=|\boldsymbol{B}|\boldsymbol{B}^{-1}=|\boldsymbol{PA}|(\boldsymbol{PA})^{-1}=-|\boldsymbol{A}|\boldsymbol{A}^{-1}\boldsymbol{P}^{-1}=-\boldsymbol{A}^*\boldsymbol{P},$$

从而 $\boldsymbol{A}^*\boldsymbol{P}=-\boldsymbol{B}^*$,即交换 $\boldsymbol{A}^*$ 的第 1 列与第 2 列得$-\boldsymbol{B}^*$.故应选(C).

114 设 $\boldsymbol{A}=(a_{ij})_{3\times3}$满足 $\boldsymbol{A}^*=\boldsymbol{A}^{\mathrm{T}}$,其中 $\boldsymbol{A}^*$ 为 $\boldsymbol{A}$ 的伴随矩阵,$\boldsymbol{A}^{\mathrm{T}}$ 为 $\boldsymbol{A}$ 的转置矩阵.若 a_{11},a_{12},a_{13}为三个相等的正数,则 a_{11}为(　　). K 2005 数学三,4 分

(A) $\frac{\sqrt{3}}{3}$ (B) 3 (C) $\frac{1}{3}$ (D) $\sqrt{3}$

知识点睛 0209 伴随矩阵

解 由 $\boldsymbol{A}^*=\boldsymbol{A}^{\mathrm{T}}$ 得 $a_{ij}=A_{ij}$,其中 A_{ij} 为 a_{ij} 的代数余子式.从而

$$|\boldsymbol{A}|=a_{11}A_{11}+a_{12}A_{12}+a_{13}A_{13}=a_{11}^2+a_{12}^2+a_{13}^2=3a_{11}^2.$$

另一方面,由 $\boldsymbol{AA}^*=|\boldsymbol{A}|\boldsymbol{E}$ 得

$$\boldsymbol{AA}^{\mathrm{T}}=|\boldsymbol{A}|\boldsymbol{E},$$

等式两端同时取行列式,可解得

$$|\boldsymbol{A}|=1\text{ 或 }|\boldsymbol{A}|=0(\text{舍}).$$

综上,有 $3a_{11}^2=1$,从而 $a_{11}=\frac{\sqrt{3}}{3}$.故应选(A).

115 设 $\boldsymbol{ABA}=\boldsymbol{C}$,其中 $\boldsymbol{A}=\begin{pmatrix}1&0&0\\1&1&3\\0&1&-1\end{pmatrix}$,$\boldsymbol{C}=\begin{pmatrix}1&0&1\\0&1&0\\0&0&1\end{pmatrix}$,求 $\boldsymbol{B}$ 的伴随矩阵 $\boldsymbol{B}^*$.

知识点睛 0209 伴随矩阵及其性质

解 因为 $\boldsymbol{C}$ 是可逆矩阵,$\boldsymbol{ABA}=\boldsymbol{C}$,所以 $\boldsymbol{B}$ 也为可逆矩阵,且

$$\boldsymbol{B}^{-1}=\boldsymbol{AC}^{-1}\boldsymbol{A}=\begin{pmatrix}1&0&0\\1&1&3\\0&1&-1\end{pmatrix}\begin{pmatrix}1&0&-1\\0&1&0\\0&0&1\end{pmatrix}\begin{pmatrix}1&0&0\\1&1&3\\0&1&-1\end{pmatrix}=\begin{pmatrix}1&-1&1\\2&3&1\\1&0&4\end{pmatrix}.$$

又 $|\boldsymbol{B}|=\frac{|\boldsymbol{C}|}{|\boldsymbol{A}|^2}=\frac{1}{16}$,故

$$\boldsymbol{B}^*=|\boldsymbol{B}|\boldsymbol{B}^{-1}=\frac{1}{16}\begin{pmatrix}1&-1&1\\2&3&1\\1&0&4\end{pmatrix}.$$

116 设 $|\boldsymbol{A}|=\begin{vmatrix}0&1&0&0\\0&0&\frac{1}{2}&0\\0&0&0&\frac{1}{3}\\\frac{1}{4}&0&0&0\end{vmatrix}$,那么行列式 $|\boldsymbol{A}|$ 所有元素的代数余子式之和为________.

知识点睛 0209 伴随矩阵及其性质

解 由于 $\boldsymbol{A}^*=(A_{ij})$,只要能求出 $\boldsymbol{A}$ 的伴随矩阵,就可求出 $\sum A_{ij}$.

因为 $\boldsymbol{A}^*=|\boldsymbol{A}|\boldsymbol{A}^{-1}$,而

$$|\boldsymbol{A}|=\frac{1}{4}(-1)^{4+1}\frac{1}{3!}=-\frac{1}{4!}.$$

又由分块矩阵求逆,有

$$A^{-1}=\begin{pmatrix}0&1&0&0\\0&0&\frac{1}{2}&0\\0&0&0&\frac{1}{3}\\\frac{1}{4}&0&0&0\end{pmatrix}^{-1}=\begin{pmatrix}0&0&0&4\\1&0&0&0\\0&2&0&0\\0&0&3&0\end{pmatrix}.$$

从而

$$A^*=-\frac{1}{4!}\begin{pmatrix}0&0&0&4\\1&0&0&0\\0&2&0&0\\0&0&3&0\end{pmatrix},$$

故 $\sum A_{ij}=-\frac{1}{4!}(1+2+3+4)=-\frac{5}{12}$.故应填$-\frac{5}{12}$.

117 设 A 为 n 阶反对称矩阵,若 n 为奇数,则 A^* 是对称矩阵,若 n 为偶数,则 A^* 是反对称矩阵.

知识点睛　对称矩阵与反对称矩阵的定义

证　由题设 $A^{\mathrm{T}}=-A$,所以$(A^{\mathrm{T}})^*=(-A)^*$.又因为

$$(A^{\mathrm{T}})^*=(A^*)^{\mathrm{T}},\quad (-A)^*=(-1)^{n-1}A^*,$$

所以$(A^*)^{\mathrm{T}}=(-1)^{n-1}A^*$.从而当 n 为奇数时,$(A^*)^{\mathrm{T}}=A^*$,故 A^* 为对称矩阵;当 n 为偶数时,$(A^*)^{\mathrm{T}}=-A^*$,故 A^* 为反对称矩阵.

118 设 A,B 都是 n 阶对称矩阵,且 $A,E+AB$ 都是可逆的,证明$(E+AB)^{-1}A$ 为对称矩阵.

118 题精解视频

知识点睛　对称矩阵的定义

证　因为 A,B 都是对称矩阵,所以

$$\begin{aligned}[(E+AB)^{-1}A]^{\mathrm{T}}&=A^{\mathrm{T}}[(E+AB)^{-1}]^{\mathrm{T}}=A(E+B^{\mathrm{T}}A^{\mathrm{T}})^{-1}\\&=(A^{-1})^{-1}(E+BA)^{-1}=[(E+BA)A^{-1}]^{-1}=(A^{-1}+B)^{-1}\\&=[A^{-1}(E+AB)]^{-1}=(E+AB)^{-1}A,\end{aligned}$$

故$(E+AB)^{-1}A$ 是对称矩阵.

119 设 A 是 n 阶矩阵,$E+A$ 可逆,其中 E 是 n 阶单位矩阵,证明

(1) $(E-A)(E+A)^{-1}=(E+A)^{-1}(E-A)$;

(2) 若 A 是反对称矩阵,则$(E-A)(E+A)^{-1}$是正交矩阵;

(3) 若 A 是正交矩阵,则$(E-A)(E+A)^{-1}$是反对称矩阵.

知识点睛　反对称矩阵与正交矩阵的定义

证　(1) 因为

$$(E-A)(E+A)=E-A^2=(E+A)(E-A),$$

所以,上式两边分别左乘、右乘$(E+A)^{-1}$,得

$$(E+A)^{-1}(E-A)=(E-A)(E+A)^{-1}.$$

(2) 由 $A^{\mathrm{T}}=-A$,得

$$\begin{aligned}&[(E-A)(E+A)^{-1}][(E-A)(E+A)^{-1}]^{\mathrm T}\\&=(E-A)(E+A)^{-1}((E+A)^{-1})^{\mathrm T}(E-A)^{\mathrm T},\end{aligned}$$

且由(1)知,

$$\begin{aligned}&(E-A)(E+A)^{-1}((E+A)^{\mathrm T})^{-1}(E-A)^{\mathrm T}\\&=(E+A)^{-1}(E-A)(E-A)^{-1}(E+A)=E,\end{aligned}$$

故$(E-A)(E+A)^{-1}$是正交矩阵.

(3) 由$AA^{\mathrm T}=A^{\mathrm T}A=E$,得

$$\begin{aligned}[(E-A)(E+A)^{-1}]^{\mathrm T}&=((E+A)^{-1})^{\mathrm T}(E-A)^{\mathrm T}=((E+A)^{\mathrm T})^{-1}(E-A^{\mathrm T})\\&=(E+A^{\mathrm T})^{-1}(E-A^{\mathrm T})=(E+A^{-1})^{-1}(E-A^{-1})\\&=[A^{-1}(A+E)]^{-1}(E-A^{-1})=(A+E)^{-1}A(E-A^{-1})\\&=(A+E)^{-1}(A-E)=-(A+E)^{-1}(E-A),\end{aligned}$$

且由(1)知,

$$-(A+E)^{-1}(E-A)=-(E-A)(A+E)^{-1},$$

故$(E-A)(A+E)^{-1}$是反对称矩阵.

120 设A,B均为3阶矩阵,E是3阶单位矩阵.已知

$$AB=2A+B,B=\begin{pmatrix}2&0&2\\0&4&0\\2&0&2\end{pmatrix},$$

则$(A-E)^{-1}=$________.

知识点睛 0207 逆矩阵的定义

解 由$AB=2A+B$,知$AB-B=2A-2E+2E$,即有

$$(A-E)B-2(A-E)=2E,\text{即}(A-E)(B-2E)=2E,$$

也即$(A-E)\frac{1}{2}(B-2E)=E$,所以

$$(A-E)^{-1}=\frac{1}{2}(B-2E)=\begin{pmatrix}0&0&1\\0&1&0\\1&0&0\end{pmatrix}.$$

故应填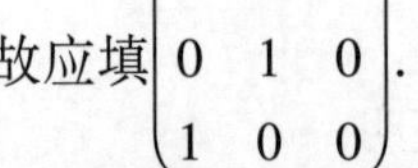$\begin{pmatrix}0&0&1\\0&1&0\\1&0&0\end{pmatrix}$.

121 题精解视频

121 设A为n阶方阵且满足条件$A^2+A-6E=0$,求

(1) $A^{-1},(A+E)^{-1}$; (2) $(A+4E)^{-1}$.

知识点睛 0207 逆矩阵的定义

解 (1) 由于$A^2+A-6E=0$,所以有$A(A+E)=6E$,从而

$$A\frac{A+E}{6}=E\quad\text{或}\quad\frac{A}{6}(A+E)=E.$$

所以A可逆,并且$A^{-1}=\frac{1}{6}(A+E)$;同理可得,$(A+E)$可逆,并且$(A+E)^{-1}=\frac{1}{6}A$.

(2) 由$A^2+A-6E=0$可得$(A+4E)(A-3E)+6E=0$,所以$(A+4E)(A-3E)=-6E$,

即$(\boldsymbol{A}+4\boldsymbol{E})\cdot\dfrac{\boldsymbol{A}-3\boldsymbol{E}}{-6}=\boldsymbol{E}$.所以$\boldsymbol{A}+4\boldsymbol{E}$可逆,并且

$$(\boldsymbol{A}+4\boldsymbol{E})^{-1}=-\frac{1}{6}(\boldsymbol{A}-3\boldsymbol{E}).$$

122 求下列矩阵的秩.

$$\boldsymbol{A}=\begin{pmatrix} x & y & y & y \\ y & x & y & y \\ y & y & x & y \\ y & y & y & x \end{pmatrix}.$$

知识点睛 0213 用初等变换求矩阵的秩

解 先把矩阵$\boldsymbol{A}$化为阶梯形.

$$\boldsymbol{A}\xrightarrow[r_4-r_1]{\substack{r_2-r_1\\ r_3-r_1}}\begin{pmatrix} x & y & y & y \\ y-x & x-y & 0 & 0 \\ y-x & 0 & x-y & 0 \\ y-x & 0 & 0 & x-y \end{pmatrix}\xrightarrow{c_1+c_2}\begin{pmatrix} x+y & y & y & y \\ 0 & x-y & 0 & 0 \\ y-x & 0 & x-y & 0 \\ y-x & 0 & 0 & x-y \end{pmatrix}$$

$$\xrightarrow{c_1+c_3}\begin{pmatrix} x+2y & y & y & y \\ 0 & x-y & 0 & 0 \\ 0 & 0 & x-y & 0 \\ y-x & 0 & 0 & x-y \end{pmatrix}\xrightarrow{c_1+c_4}\begin{pmatrix} x+3y & y & y & y \\ 0 & x-y & 0 & 0 \\ 0 & 0 & x-y & 0 \\ 0 & 0 & 0 & x-y \end{pmatrix}.$$

对于x,y的不同取值进行分析.

(1) 当$x-y=0,x+3y=0$,即$x=y=0$时,$\boldsymbol{A}=\boldsymbol{0}$,所以$r(\boldsymbol{A})=0$.

(2) 当$x+3y\neq 0,x-y\neq 0$时,$r(\boldsymbol{A})=4$.

(3) 当$x+3y\neq 0,x-y=0$时,$r(\boldsymbol{A})=1$.

(4) 当$x+3y=0,x-y\neq 0$时,$r(\boldsymbol{A})=3$.

【评注】注意对参数的讨论,做到不重复,不遗漏.

123 若矩阵$\boldsymbol{A}=\begin{pmatrix} 1 & 3 & 2 & -1 \\ -2 & -6 & -3 & 5 \\ 3 & 9 & 3 & a \end{pmatrix}$与矩阵$\boldsymbol{B}=\begin{pmatrix} 1 & 3 & 3 & -5 \\ 1 & 2 & 3 & -1 \\ 1 & 0 & 3 & 7 \end{pmatrix}$等价,则$a=$________.

知识点睛 0213 矩阵等价的充要条件

解 由

$$\boldsymbol{B}\xrightarrow{\substack{r_2-r_1\\ r_3-r_1}}\begin{pmatrix} 1 & 3 & 3 & -5 \\ 0 & -1 & 0 & 4 \\ 0 & -3 & 0 & 12 \end{pmatrix}\xrightarrow{r_3-3r_2}\begin{pmatrix} 1 & 3 & 3 & -5 \\ 0 & -1 & 0 & 4 \\ 0 & 0 & 0 & 0 \end{pmatrix},$$

可知$r(\boldsymbol{B})=2$.又

$$A\xrightarrow[r_3-3r_1]{r_2+2r_1}\begin{pmatrix}1&3&2&-1\\0&0&1&3\\0&0&-3&a+3\end{pmatrix}\xrightarrow{r_3+3r_2}\begin{pmatrix}1&3&2&-1\\0&0&1&3\\0&0&0&a+12\end{pmatrix},$$

因为 $r(A)=r(B)=2$,所以 $a=-12$.故应填-12.

124 设 A 为 n 阶方阵,A^* 是 A 的伴随矩阵,证明:

$$r(A^*)=\begin{cases}n, & 若\ r(A)=n,\\1, & 若\ r(A)=n-1,\\0, & 若\ r(A)<n-1.\end{cases}$$

知识点睛 0209 伴随矩阵的秩

证 当 $r(A)=n$ 时,$|A|\neq0$,由 $|A^*|=|A|^{n-1}\neq0$,所以 $r(A^*)=n$.

当 $r(A)=n-1$ 时,A 中至少有一个 $n-1$ 阶子式不为零.由 A^* 的定义知,A^* 中至少有一元素不为零,所以 $r(A^*)\geqslant1$.另一方面,由 $AA^*=|A|E=O$ 知,$r(A)+r(A^*)\leqslant n$.又 $r(A)=n-1$,所以 $r(A^*)\leqslant1$.综上可得,当 $r(A)=n-1$ 时,$r(A^*)=1$.

当 $r(A)<n-1$ 时,A 的所有 $n-1$ 阶子式均为零,于是 $A_{ij}=0(i,j=1,2,\cdots,n)$,故 $A^*=O$.从而 $r(A^*)=0$.

125 设 A 是秩为 r 的 $m\times n$ 矩阵,证明:

(1) 存在可逆矩阵 P,使 PA 的后 $m-r$ 行全为零;

(2) 存在可逆矩阵 Q,使 AQ 的后 $n-r$ 列全为零.

知识点睛 0211 初等矩阵及其性质

证 (1) 存在可逆矩阵 P,Q,使

$$PAQ=\begin{pmatrix}E_r&O\\O&O\end{pmatrix},\qquad ①$$

①式两端用 Q^{-1}右乘,并将 Q^{-1}分块为 $Q^{-1}=\begin{pmatrix}Q_1\\Q_2\end{pmatrix}$,这里 Q_1 为 r 行的子块,于是

$$PA=\begin{pmatrix}E_r&O\\O&O\end{pmatrix}Q^{-1}=\begin{pmatrix}E_r&O\\O&O\end{pmatrix}\begin{pmatrix}Q_1\\Q_2\end{pmatrix}=\begin{pmatrix}Q_1\\O\end{pmatrix}.$$

(2) 将 P^{-1}左乘①式两端,并将 P^{-1}分块为 $P=(P_1,P_2)$,这里 P_1 为 r 列的子块,于是

$$AQ=P^{-1}\begin{pmatrix}E_r&O\\O&O\end{pmatrix}=(P_1,P_2)\begin{pmatrix}E_r&O\\O&O\end{pmatrix}=(P_1,O).$$

Ⓚ2000 数学一,6分

126题精解视频

126 设矩阵 A 的伴随矩阵 $A^*=\begin{pmatrix}1&0&0&0\\0&1&0&0\\1&0&1&0\\0&-3&0&8\end{pmatrix}$,且 $ABA^{-1}=BA^{-1}+3E$,其中 E 为4阶单位矩阵,求矩阵 B.

知识点睛 解矩阵方程

解法1 由 $|A^*|=|A|^{n-1}$,有 $|A|^3=8$,得 $|A|=2$.

又 $(A-E)BA^{-1}=3E$,有 $(A-E)B=3A$,从而 $A^{-1}(A-E)B=3E$,由此得

$$(E-A^{-1})B=3E,\quad 即\quad \left(E-\frac{A^*}{|A|}\right)B=3E,\quad 亦即\quad (2E-A^*)B=6E.$$

于是 $B=6(2E-A^*)^{-1}$.

由 $2E-A^*=\begin{pmatrix}1&0&0&0\\0&1&0&0\\-1&0&1&0\\0&3&0&-6\end{pmatrix}$,有 $(2E-A^*)^{-1}=\begin{pmatrix}1&0&0&0\\0&1&0&0\\1&0&1&0\\0&\frac{1}{2}&0&-\frac{1}{6}\end{pmatrix}$.所以

$$B=\begin{pmatrix}6&0&0&0\\0&6&0&0\\6&0&6&0\\0&3&0&-1\end{pmatrix}.$$

解法 2　由 $|A^*|=|A|^{n-1}$,有 $|A|^3=8$,得 $|A|=2$.又 $AA^*=|A|E$,得

$$A=|A|(A^*)^{-1}=2(A^*)^{-1}=\begin{pmatrix}2&0&0&0\\0&2&0&0\\-2&0&2&0\\0&\frac{3}{4}&0&\frac{1}{4}\end{pmatrix},$$

可见 $A-E$ 为可逆矩阵,于是由 $(A-E)BA^{-1}=3E$,有 $B=3(A-E)^{-1}A$.

由 $A-E=\begin{pmatrix}1&0&0&0\\0&1&0&0\\-2&0&1&0\\0&\frac{3}{4}&0&-\frac{3}{4}\end{pmatrix}$,得 $(A-E)^{-1}=\begin{pmatrix}1&0&0&0\\0&1&0&0\\2&0&1&0\\0&1&0&-\frac{3}{4}\end{pmatrix}$.所以

$$B=\begin{pmatrix}6&0&0&0\\0&6&0&0\\6&0&6&0\\0&3&0&-1\end{pmatrix}.$$

127　设矩阵 $A=\begin{pmatrix}1&1&-1\\-1&1&1\\1&-1&1\end{pmatrix}$,矩阵 X 满足 $A^*X=A^{-1}+2X$,其中 A^* 是 A 的伴随矩阵,求矩阵 X.　K 1999 数学二,6 分

知识点睛　解矩阵方程

解　由原等式得 $(A^*-2E)X=A^{-1}$,其中 E 是 3 阶单位矩阵.用矩阵 A 左乘等式两端,得

$$(|A|E-2A)X=E,$$

可见 $(|A|E-2A)$ 可逆,从而

$$X=(|A|E-2A)^{-1}.$$

由于

$$|\boldsymbol{A}|=\begin{vmatrix}1&1&-1\\-1&1&1\\1&-1&1\end{vmatrix}=4,$$

得 $|\boldsymbol{A}|\boldsymbol{E}-2\boldsymbol{A}=2\begin{pmatrix}1&-1&1\\1&1&-1\\-1&1&1\end{pmatrix}$,从而

$$\boldsymbol{X}=\frac{1}{2}\begin{pmatrix}1&-1&1\\1&1&-1\\-1&1&1\end{pmatrix}^{-1}=\frac{1}{4}\begin{pmatrix}1&1&0\\0&1&1\\1&0&1\end{pmatrix}.$$

128 设矩阵 $\boldsymbol{A}=\begin{pmatrix}1&2&0&0\\1&3&0&0\\0&0&0&2\\0&0&-1&0\end{pmatrix}$,矩阵 $\boldsymbol{B}$ 满足 $\left(\left(\frac{1}{2}\boldsymbol{A}\right)^{*}\right)^{-1}\boldsymbol{B}\boldsymbol{A}^{-1}=2\boldsymbol{A}\boldsymbol{B}+12\boldsymbol{E}$,求矩阵 $\boldsymbol{B}$.

知识点睛 0209 伴随矩阵及其性质

解 因为 $|\boldsymbol{A}|=\begin{vmatrix}1&2\\1&3\end{vmatrix}\begin{vmatrix}0&2\\-1&0\end{vmatrix}=2$,所以 $\boldsymbol{A}$ 是可逆矩阵.又

$$\left(\frac{1}{2}\boldsymbol{A}\right)^{*}=\left(\frac{1}{2}\right)^{4-1}\boldsymbol{A}^{*}=\frac{1}{8}\boldsymbol{A}^{*},$$

于是

$$\left(\left(\frac{1}{2}\boldsymbol{A}\right)^{*}\right)^{-1}=\left(\frac{1}{8}\boldsymbol{A}^{*}\right)^{-1}=8(\boldsymbol{A}^{*})^{-1}=8\,\frac{1}{|\boldsymbol{A}|}\boldsymbol{A}=4\boldsymbol{A}.$$

故题设等式化简为

$$4\boldsymbol{A}\boldsymbol{B}\boldsymbol{A}^{-1}=2\boldsymbol{A}\boldsymbol{B}+12\boldsymbol{E},$$

即

$$2\boldsymbol{A}\boldsymbol{B}\boldsymbol{A}^{-1}=\boldsymbol{A}\boldsymbol{B}+6\boldsymbol{E}.$$

分别以 $\boldsymbol{A}^{-1}$ 和 $\boldsymbol{A}$ 左乘、右乘上式两边,得

$$2\boldsymbol{B}=\boldsymbol{B}\boldsymbol{A}+6\boldsymbol{E}\quad\text{或}\quad(2\boldsymbol{E}-\boldsymbol{A})\boldsymbol{B}=6\boldsymbol{E},$$

故

$$\boldsymbol{B}=6(2\boldsymbol{E}-\boldsymbol{A})^{-1}=6\begin{pmatrix}1&-2&0&0\\-1&-1&0&0\\0&0&2&-2\\0&0&1&2\end{pmatrix}^{-1}=\begin{pmatrix}2&-4&0&0\\-2&-2&0&0\\0&0&2&2\\0&0&-1&2\end{pmatrix}.$$

129 求解矩阵方程 $\boldsymbol{A}\boldsymbol{X}+\boldsymbol{E}=\boldsymbol{A}^2+\boldsymbol{X}$,其中

$$\boldsymbol{A}=\begin{pmatrix}1&0&0\\0&2&0\\1&6&1\end{pmatrix}.$$

知识点睛 利用待定系数法求解矩阵方程

解 由 $\boldsymbol{AX}+\boldsymbol{E}=\boldsymbol{A}^2+\boldsymbol{X}$,有

$$(\boldsymbol{A}-\boldsymbol{E})\boldsymbol{X}=\boldsymbol{A}^2-\boldsymbol{E},$$

又

$$|\boldsymbol{A}-\boldsymbol{E}|=\begin{vmatrix}0&0&0\\0&1&0\\1&6&0\end{vmatrix}=0,$$

所以 $\boldsymbol{A}-\boldsymbol{E}$ 不可逆.用待定系数法求解,令

$$\boldsymbol{X}=\begin{pmatrix}x_{11}&x_{12}&x_{13}\\x_{21}&x_{22}&x_{23}\\x_{31}&x_{32}&x_{33}\end{pmatrix}.$$

有

$$\begin{pmatrix}0&0&0\\0&1&0\\1&6&0\end{pmatrix}\begin{pmatrix}x_{11}&x_{12}&x_{13}\\x_{21}&x_{22}&x_{23}\\x_{31}&x_{32}&x_{33}\end{pmatrix}=\begin{pmatrix}0&0&0\\0&3&0\\2&18&0\end{pmatrix},$$

从而得

$$\begin{pmatrix}0&0&0\\x_{21}&x_{22}&x_{23}\\x_{11}+6x_{21}&x_{12}+6x_{22}&x_{13}+6x_{23}\end{pmatrix}=\begin{pmatrix}0&0&0\\0&3&0\\2&18&0\end{pmatrix}.$$

故

$$\begin{cases}x_{21}=x_{23}=0,\\x_{22}=3,\\x_{11}+6x_{21}=2,\\x_{12}+6x_{22}=18,\\x_{13}+6x_{23}=0,\end{cases}$$

于是

$$\begin{cases}x_{11}=2,\\x_{12}=0,\\x_{13}=0,\\x_{21}=0,\\x_{22}=3,\\x_{23}=0,\end{cases}$$

所以 $\boldsymbol{X}=\begin{pmatrix}2&0&0\\0&3&0\\a&b&c\end{pmatrix}$,其中 a,b,c 为任意常数.

【评注】遇到 $AX=B$ 类型的题,必须检验 A 是否可逆,只有 A 可逆,才有 $X=A^{-1}B$. 对于原题如不加检验,就直接去化简得到

$$X=A+E=\begin{pmatrix}2&0&0\\0&3&0\\1&6&2\end{pmatrix},$$

那就错了.

130 设 n 阶矩阵 A,B 满足 $AB=A+B$. 证明:若存在正整数 k,使 $A^k=0$,则 $|B+2017A|=|B|$.

知识点睛 0205 方阵乘积的行列式

证法 1 由 $AB=A+B\Rightarrow(A-E)(B-E)=E$,则

$$(A-E)(B-E)=(B-E)(A-E),$$

化简可得 $AB=BA$.

(1) 若 B 可逆,则由 $AB=BA$ 得 $B^{-1}A=AB^{-1}$,从而 $(B^{-1}A)^k=(B^{-1})^kA^k=0$,所以 $B^{-1}A$ 的特征值全为 0,则 $E+2017B^{-1}A$ 的特征值全为 1,因此

$$|E+2017B^{-1}A|=1,\quad |B+2017A|=|B||E+2017B^{-1}A|=|B|.$$

(2) 若 B 不可逆,则存在无穷多个数 t,使 $B_t=tE+B$ 可逆,且有 $AB_t=B_tA$. 利用(1)的结论,有恒等式

$$|B_t+2017A|=|B_t|,$$

取 $t=0$,得 $|B+2017A|=|B|$.

证法 2 由于 $A^k=0$,所以 $|A|=0$,因为 $AB=A+B$,即 $B=AB-A$,所以

$$|B+2017A|=|AB+2016A|=|A||B+2016E|=0,$$

而 $B=AB-A$, $|B|=|AB-A|=|A||B-E|=0$,所以 $|B|=0$,因此, $|B+2017A|=|B|$.

第3章 向 量

知识要点

一、向量的运算

1. 向量的定义 由 n 个数 $a_1,a_2,\cdots,a_n$ 组成的有序数组称为 n 维向量,简称向量.

$$\boldsymbol{\alpha}=(a_1,a_2,\cdots,a_n)$$

称为 n 维行向量,a_i 称为 $\boldsymbol{\alpha}$ 的第 i 个分量.

$$\boldsymbol{\beta}=\begin{pmatrix}b_1\\b_2\\\vdots\\b_n\end{pmatrix}=(b_1,b_2,\cdots,b_n)^{\mathrm{T}}$$

称为 n 维列向量.

由定义可以看出,n 维行(列)向量就是 $1\times n(n\times 1)$ 矩阵.本书约定,所讨论的向量未指明是行向量还是列向量时,都当作列向量.

分量全为0的向量称为零向量;设 $\boldsymbol{\alpha}=(a_1,a_2,\cdots,a_n)$,称 $-\boldsymbol{\alpha}=(-a_1,-a_2,\cdots,-a_n)$ 为 $\boldsymbol{\alpha}$ 的负向量.

2. 向量的运算

(1) 向量的相等

设 $\boldsymbol{\alpha}=(a_1,a_2,\cdots,a_n)$,$\boldsymbol{\beta}=(b_1,b_2,\cdots,b_n)$,如果 $a_i=b_i(i=1,2,\cdots,n)$,则称向量 $\boldsymbol{\alpha}$ 与 $\boldsymbol{\beta}$ 相等.

(2) 向量的加减

设 $\boldsymbol{\alpha}=(a_1,a_2,\cdots,a_n)$,$\boldsymbol{\beta}=(b_1,b_2,\cdots,b_n)$,则 $\boldsymbol{\alpha}\pm\boldsymbol{\beta}=(a_1\pm b_1,a_2\pm b_2,\cdots,a_n\pm b_n)$.

(3) 向量的数乘

设 $\boldsymbol{\alpha}=(a_1,a_2,\cdots,a_n)$,$k$ 为常数,则 $k\boldsymbol{\alpha}=(ka_1,ka_2,\cdots,ka_n)$.

3. 向量的运算规律

设 $\boldsymbol{\alpha},\boldsymbol{\beta},\boldsymbol{\gamma}$ 均为 n 维向量,λ,μ 为实数,则

(1) $\boldsymbol{\alpha}+\boldsymbol{\beta}=\boldsymbol{\beta}+\boldsymbol{\alpha}$; (2) $(\boldsymbol{\alpha}+\boldsymbol{\beta})+\boldsymbol{\gamma}=\boldsymbol{\alpha}+(\boldsymbol{\beta}+\boldsymbol{\gamma})$;

(3) $\boldsymbol{\alpha}+\boldsymbol{0}=\boldsymbol{\alpha}$; (4) $\boldsymbol{\alpha}+(-\boldsymbol{\alpha})=\boldsymbol{0}$;

(5) $1\boldsymbol{\alpha}=\boldsymbol{\alpha}$; (6) $\lambda(\mu\boldsymbol{\alpha})=(\lambda\mu)\boldsymbol{\alpha}$;

(7) $\lambda(\boldsymbol{\alpha}+\boldsymbol{\beta})=\lambda\boldsymbol{\alpha}+\lambda\boldsymbol{\beta}$; (8) $(\lambda+\mu)\boldsymbol{\alpha}=\lambda\boldsymbol{\alpha}+\mu\boldsymbol{\alpha}$.

二、向量间的线性关系

1. 基本概念

(1) 线性表示 对于向量 $\boldsymbol{\beta},\boldsymbol{\alpha}_1,\boldsymbol{\alpha}_2,\cdots,\boldsymbol{\alpha}_m$,如果存在一组数 $k_1,k_2,\cdots,k_m$,使得

$$\boldsymbol{\beta}=k_1\boldsymbol{\alpha}_1+k_2\boldsymbol{\alpha}_2+\cdots+k_m\boldsymbol{\alpha}_m$$

成立,则称$\boldsymbol{\beta}$是$\boldsymbol{\alpha}_1,\boldsymbol{\alpha}_2,\cdots,\boldsymbol{\alpha}_m$的线性组合,或称$\boldsymbol{\beta}$可由$\boldsymbol{\alpha}_1,\boldsymbol{\alpha}_2,\cdots\boldsymbol{\alpha}_m$线性表示.

(2) 线性相关与线性无关　设$\boldsymbol{\alpha}_1,\boldsymbol{\alpha}_2,\cdots,\boldsymbol{\alpha}_m$为一组向量,如果存在一组不全为零的数$k_1,k_2,\cdots,k_m$,使得

$$k_1\boldsymbol{\alpha}_1+k_2\boldsymbol{\alpha}_2+\cdots+k_m\boldsymbol{\alpha}_m=\boldsymbol{0}$$

成立,则称向量组$\boldsymbol{\alpha}_1,\boldsymbol{\alpha}_2,\cdots,\boldsymbol{\alpha}_m$线性相关;当且仅当$k_1=k_2=\cdots=k_m=0$时等式成立,则称向量组$\boldsymbol{\alpha},\boldsymbol{\alpha}_2,\cdots,\boldsymbol{\alpha}_m$线性无关.

2. 常用结论

设

$$\boldsymbol{\alpha}_1=(a_{11},a_{12},\cdots,a_{1n})^{\mathrm{T}},\quad \boldsymbol{\alpha}_2=(a_{21},a_{22},\cdots,a_{2n})^{\mathrm{T}},\cdots,\boldsymbol{\alpha}_m=(a_{m1},a_{m2},\cdots,a_{mn})^{\mathrm{T}},$$
$$\boldsymbol{\beta}=(b_1,b_2,\cdots,b_n)^{\mathrm{T}},$$

这里$m\leqslant n$.

(1) $\boldsymbol{\beta}$可由$\boldsymbol{\alpha}_1,\boldsymbol{\alpha}_2,\cdots,\boldsymbol{\alpha}_m$线性表示的充要条件是线性方程组$x_1\boldsymbol{\alpha}_1+x_2\boldsymbol{\alpha}_2+\cdots+x_m\boldsymbol{\alpha}_m=\boldsymbol{\beta}$有解,即下列线性方程组有解

$$\begin{cases}a_{11}x_1+a_{21}x_2+\cdots+a_{m1}x_m=b_1,\\ a_{12}x_1+a_{22}x_2+\cdots+a_{m2}x_m=b_2,\\ \cdots\cdots\cdots\cdots\cdots\cdots\\ a_{1n}x_1+a_{2n}x_2+\cdots+a_{mn}x_m=b_n.\end{cases}$$

(2) ①令$\boldsymbol{A}=(\boldsymbol{\alpha}_1,\boldsymbol{\alpha}_2,\cdots,\boldsymbol{\alpha}_m)$,$\boldsymbol{B}=(\boldsymbol{\alpha}_1,\boldsymbol{\alpha}_2,\cdots,\boldsymbol{\alpha}_m,\boldsymbol{\beta})$,则$\boldsymbol{\beta}$可由$\boldsymbol{\alpha}_1,\boldsymbol{\alpha}_2,\cdots,\boldsymbol{\alpha}_m$线性表示的充要条件是以$\boldsymbol{\alpha}_1,\boldsymbol{\alpha}_2,\cdots,\boldsymbol{\alpha}_m$为列向量的矩阵和以$\boldsymbol{\alpha}_1,\boldsymbol{\alpha}_2,\cdots,\boldsymbol{\alpha}_m,\boldsymbol{\beta}$为列向量的矩阵有相同的秩,即$r(\boldsymbol{A})=r(\boldsymbol{B})$.

② $\boldsymbol{\beta}$可由$\boldsymbol{\alpha}_1,\boldsymbol{\alpha}_2,\cdots,\boldsymbol{\alpha}_m$唯一线性表示的充要条件是$r(\boldsymbol{A})=r(\boldsymbol{B})=m$.

③ $\boldsymbol{\beta}$不能由$\boldsymbol{\alpha}_1,\boldsymbol{\alpha}_2,\cdots,\boldsymbol{\alpha}_m$线性表示的充要条件是$r(\boldsymbol{A})<r(\boldsymbol{B})$.

(3) 向量组$\boldsymbol{\alpha}_1,\boldsymbol{\alpha}_2,\cdots,\boldsymbol{\alpha}_m$线性相关的充要条件是齐次线性方程组

$$\begin{cases}a_{11}x_1+a_{21}x_2+\cdots+a_{m1}x_m=0,\\ a_{12}x_1+a_{22}x_2+\cdots+a_{m2}x_m=0,\\ \cdots\cdots\cdots\cdots\cdots\cdots\\ a_{1n}x_1+a_{2n}x_2+\cdots+a_{mn}x_m=0\end{cases}$$

有非零解,且当$m=n$时,其线性相关的充要条件是

$$|\boldsymbol{A}|=\begin{vmatrix}a_{11}&a_{21}&\cdots&a_{n1}\\ a_{12}&a_{22}&\cdots&a_{n2}\\ \vdots&\vdots&&\vdots\\ a_{1n}&a_{2n}&\cdots&a_{nn}\end{vmatrix}=0.$$

(4) 向量组$\boldsymbol{\alpha}_1,\boldsymbol{\alpha}_2,\cdots,\boldsymbol{\alpha}_m$线性无关的充要条件是齐次线性方程组

$$\begin{cases}a_{11}x_1+a_{21}x_2+\cdots+a_{m1}x_m=0,\\ a_{12}x_1+a_{22}x_2+\cdots+a_{m2}x_m=0,\\ \cdots\cdots\cdots\cdots\cdots\cdots\\ a_{1n}x_1+a_{2n}x_2+\cdots+a_{nm}x_m=0\end{cases}$$

只有零解，且当 $m=n$ 时，其线性无关的充要条件是

$$|\boldsymbol{A}|=\begin{vmatrix} a_{11} & a_{21} & \cdots & a_{n1} \\ a_{12} & a_{22} & \cdots & a_{n2} \\ \vdots & \vdots & & \vdots \\ a_{1n} & a_{2n} & \cdots & a_{nn} \end{vmatrix}\neq 0.$$

（5）向量组 $\boldsymbol{\alpha}_1,\boldsymbol{\alpha}_2,\cdots,\boldsymbol{\alpha}_m$ 线性相关的充要条件是以 $\boldsymbol{\alpha}_1,\boldsymbol{\alpha}_2,\cdots,\boldsymbol{\alpha}_m$ 为列向量的矩阵的秩小于向量个数 m.

（6）向量组 $\boldsymbol{\alpha}_1,\boldsymbol{\alpha}_2,\cdots,\boldsymbol{\alpha}_m$ 线性无关的充要条件是以 $\boldsymbol{\alpha}_1,\boldsymbol{\alpha}_2,\cdots,\boldsymbol{\alpha}_m$ 为列向量的矩阵的秩等于向量个数 m.

（7）向量组 $\boldsymbol{\alpha}_1,\boldsymbol{\alpha}_2,\cdots,\boldsymbol{\alpha}_m(m\geqslant 2)$ 线性相关的充要条件是向量组中至少有一个向量是其余向量的线性组合；向量组 $\boldsymbol{\alpha}_1,\boldsymbol{\alpha}_2,\cdots,\boldsymbol{\alpha}_m(m\geqslant 2)$ 线性无关的充要条件是向量组中任一个向量都不能由其余向量线性表示.

（8）如果向量组 $\boldsymbol{\alpha}_1,\boldsymbol{\alpha}_2,\cdots,\boldsymbol{\alpha}_m$ 线性无关，而向量组 $\boldsymbol{\alpha}_1,\boldsymbol{\alpha}_2,\cdots,\boldsymbol{\alpha}_m,\boldsymbol{\beta}$ 线性相关，则 $\boldsymbol{\beta}$ 可以由 $\boldsymbol{\alpha}_1,\boldsymbol{\alpha}_2,\cdots,\boldsymbol{\alpha}_m$ 线性表示，且表达式唯一.

（9）如果向量组 $\boldsymbol{\alpha}_1,\boldsymbol{\alpha}_2,\cdots,\boldsymbol{\alpha}_m$ 可以由向量组 $\boldsymbol{\beta}_1,\boldsymbol{\beta}_2\cdots,\boldsymbol{\beta}_t$ 线性表示，并且 $m>t$，则向量组 $\boldsymbol{\alpha}_1,\boldsymbol{\alpha}_2,\cdots,\boldsymbol{\alpha}_m$ 线性相关；或者说，如果向量组 $\boldsymbol{\alpha}_1,\boldsymbol{\alpha}_2,\cdots,\boldsymbol{\alpha}_m$ 线性无关，并且可以由 $\boldsymbol{\beta}_1,\boldsymbol{\beta}_2,\cdots,\boldsymbol{\beta}_t$ 线性表示，则 $m\leqslant t$.

（10）在向量组 $\boldsymbol{\alpha}_1,\boldsymbol{\alpha}_2,\cdots,\boldsymbol{\alpha}_m$ 中，如果有一个部分组线性相关，则整个向量组线性相关；如果整个向量组 $\boldsymbol{\alpha}_1,\boldsymbol{\alpha}_2,\cdots,\boldsymbol{\alpha}_m$ 线性无关，则其任一部分组也一定线性无关.

（11）设 r 维向量组 $\boldsymbol{\alpha}_i=(a_{i1},a_{i2},\cdots,a_{ir})(i=1,2,\cdots,m)$ 线性无关，则在每个向量上再添加 $n-r$ 个分量所得到的 n 维向量组 $\boldsymbol{\alpha}'_i=(a_{i1},a_{i2},\cdots,a_{ir},a_{i,r+1},\cdots,a_{in})(i=1,2,\cdots,m)$ 也线性无关.

（12）$n+1$ 个 n 维向量必线性相关.

（13）一个零向量线性相关；一个非零向量线性无关；两个非零向量线性相关的充要条件是对应分量成比例；含有零向量的向量组必线性相关.

（14）设 $\boldsymbol{\varepsilon}_1=(1,0,\cdots,0),\boldsymbol{\varepsilon}_2=(0,1,\cdots,0),\cdots,\boldsymbol{\varepsilon}_n=(0,0,\cdots,1)$，称 $\boldsymbol{\varepsilon}_1,\boldsymbol{\varepsilon}_2,\cdots,\boldsymbol{\varepsilon}_n$ 为 n 维单位向量组，且

①$\boldsymbol{\varepsilon}_1,\boldsymbol{\varepsilon}_2,\cdots,\boldsymbol{\varepsilon}_n$ 线性无关；

②任意 n 维向量 $\boldsymbol{\alpha}=(a_1,a_2,\cdots,a_n)$ 都可由 $\boldsymbol{\varepsilon}_1,\boldsymbol{\varepsilon}_2,\cdots,\boldsymbol{\varepsilon}_n$ 线性表示，即

$$\boldsymbol{\alpha}=a_1\boldsymbol{\varepsilon}_1+a_2\boldsymbol{\varepsilon}_2+\cdots+a_n\boldsymbol{\varepsilon}_n.$$

（15）初等行变换不改变矩阵的列向量组之间的线性关系；初等列变换不改变矩阵的行向量组之间的线性关系.

三、向量组的极大线性无关组和秩

1. 极大无关组 设向量组 $\boldsymbol{\alpha}_{i1},\boldsymbol{\alpha}_{i2},\cdots,\boldsymbol{\alpha}_{ir}$ 为向量组 $\boldsymbol{\alpha}_1,\boldsymbol{\alpha}_2,\cdots,\boldsymbol{\alpha}_m$ 的一个部分组，且满足

（1）$\boldsymbol{\alpha}_{i1},\boldsymbol{\alpha}_{i2},\cdots,\boldsymbol{\alpha}_{ir}$ 线性无关；

（2）向量组 $\boldsymbol{\alpha}_1,\boldsymbol{\alpha}_2,\cdots,\boldsymbol{\alpha}_m$ 中任一向量均可由 $\boldsymbol{\alpha}_{i1},\boldsymbol{\alpha}_{i2},\cdots,\boldsymbol{\alpha}_{ir}$ 线性表示，则称向量组

$\boldsymbol{\alpha}_{i1},\boldsymbol{\alpha}_{i2},\cdots,\boldsymbol{\alpha}_{ir}$为向量组$\boldsymbol{\alpha}_1,\boldsymbol{\alpha}_2,\cdots,\boldsymbol{\alpha}_m$的一个极大线性无关组,简称极大无关组.

2. 向量组的秩　向量组$\boldsymbol{\alpha}_1,\boldsymbol{\alpha}_2,\cdots,\boldsymbol{\alpha}_m$的极大无关组中所含向量的个数称为该向量组的秩,记为$r(\boldsymbol{\alpha}_1,\boldsymbol{\alpha}_2,\cdots,\boldsymbol{\alpha}_m)$.

如果一个向量组仅含有零向量,则规定它的秩为零.

3. 向量组的秩的性质

(1) 若$r(\boldsymbol{\alpha}_1,\boldsymbol{\alpha}_2,\cdots,\boldsymbol{\alpha}_m)=r$,则

①$\boldsymbol{\alpha}_1,\boldsymbol{\alpha}_2,\cdots,\boldsymbol{\alpha}_m$的任何含有多于$r$个向量的部分组一定线性相关;

②$\boldsymbol{\alpha}_1,\boldsymbol{\alpha}_2,\cdots,\boldsymbol{\alpha}_m$的任何含$r$个向量的线性无关部分组一定是极大无关组.

(2) $r(\boldsymbol{\alpha}_1,\boldsymbol{\alpha}_2,\cdots,\boldsymbol{\alpha}_m)\leqslant m$,且$r(\boldsymbol{\alpha}_1,\boldsymbol{\alpha}_2,\cdots,\boldsymbol{\alpha}_m)=m\Leftrightarrow\boldsymbol{\alpha}_1,\boldsymbol{\alpha}_2,\cdots,\boldsymbol{\alpha}_m$线性无关.

(3) 向量$\boldsymbol{\beta}$可用$\boldsymbol{\alpha}_1,\boldsymbol{\alpha}_2,\cdots,\boldsymbol{\alpha}_m$线性表示$\Leftrightarrow r(\boldsymbol{\alpha}_1,\boldsymbol{\alpha}_2,\cdots,\boldsymbol{\alpha}_m,\boldsymbol{\beta})=r(\boldsymbol{\alpha}_1,\boldsymbol{\alpha}_2,\cdots,\boldsymbol{\alpha}_m)$.

(4) 向量$\boldsymbol{\beta}$可用$\boldsymbol{\alpha}_1,\boldsymbol{\alpha}_2,\cdots,\boldsymbol{\alpha}_m$唯一线性表示$\Leftrightarrow r(\boldsymbol{\alpha}_1,\boldsymbol{\alpha}_2,\cdots,\boldsymbol{\alpha}_m,\boldsymbol{\beta})=r(\boldsymbol{\alpha}_1,\boldsymbol{\alpha}_2,\cdots,\boldsymbol{\alpha}_m)=m$.

(5) 向量组$\boldsymbol{\beta}_1,\boldsymbol{\beta}_2,\cdots,\boldsymbol{\beta}_t$可以用$\boldsymbol{\alpha}_1,\boldsymbol{\alpha}_2,\cdots,\boldsymbol{\alpha}_s$线性表示$\Leftrightarrow r(\boldsymbol{\alpha}_1,\boldsymbol{\alpha}_2,\cdots,\boldsymbol{\alpha}_s,\boldsymbol{\beta}_1,\boldsymbol{\beta}_2,\cdots,\boldsymbol{\beta}_t)=r(\boldsymbol{\alpha}_1,\boldsymbol{\alpha}_2,\cdots,\boldsymbol{\alpha}_s)$.

(6) 向量组$\boldsymbol{\alpha}_1,\boldsymbol{\alpha}_2,\cdots,\boldsymbol{\alpha}_s$与$\boldsymbol{\beta}_1,\boldsymbol{\beta}_2,\cdots,\boldsymbol{\beta}_t$等价$\Leftrightarrow r(\boldsymbol{\alpha}_1,\boldsymbol{\alpha}_2,\cdots,\boldsymbol{\alpha}_s)=r(\boldsymbol{\alpha}_1,\boldsymbol{\alpha}_2,\cdots,\boldsymbol{\alpha}_s,\boldsymbol{\beta}_1,\boldsymbol{\beta}_2,\cdots,\boldsymbol{\beta}_t)=r(\boldsymbol{\beta}_1,\boldsymbol{\beta}_2,\cdots,\boldsymbol{\beta}_t)$.

(7) 若$\boldsymbol{\beta}_1,\boldsymbol{\beta}_2,\cdots,\boldsymbol{\beta}_t$可用$\boldsymbol{\alpha}_1,\boldsymbol{\alpha}_2,\cdots,\boldsymbol{\alpha}_s$线性表示,则

$$r(\boldsymbol{\beta}_1,\boldsymbol{\beta}_2,\cdots,\boldsymbol{\beta}_t)\leqslant r(\boldsymbol{\alpha}_1,\boldsymbol{\alpha}_2,\cdots,\boldsymbol{\alpha}_s).$$

(8) 设$\boldsymbol{A}$是一个$m\times n$矩阵,记$\boldsymbol{\alpha}_1,\boldsymbol{\alpha}_2,\cdots,\boldsymbol{\alpha}_n$是$\boldsymbol{A}$的列向量组($m$维),$\boldsymbol{\beta}_1,\boldsymbol{\beta}_2,\cdots,\boldsymbol{\beta}_m$是$\boldsymbol{A}$的行向量组($n$维),则$r(\boldsymbol{A})=r(\boldsymbol{\alpha}_1,\boldsymbol{\alpha}_2,\cdots,\boldsymbol{\alpha}_n)=r(\boldsymbol{\beta}_1,\boldsymbol{\beta}_2,\cdots,\boldsymbol{\beta}_m)$.

4. 向量组的等价　两个向量组能够相互线性表示,则称这两个向量组等价.

向量组等价的结论:

(1) 任一向量组和它的极大无关组等价;

(2) 向量组的任意两个极大无关组等价;

(3) 两个等价的线性无关的向量组所含向量的个数相同;

(4) 两个向量组等价的充要条件是它们的极大无关组等价;

(5) 等价的两个向量组有相同的秩.

四、向量的内积与向量空间

1. 向量的内积　给定$\mathbf{R}^n$中的向量

$$\boldsymbol{\alpha}=(a_1,a_2,\cdots,a_n)^{\mathrm{T}},\quad \boldsymbol{\beta}=(b_1,b_2,\cdots,b_n)^{\mathrm{T}},$$

则称$\sum\limits_{i=1}^{n}a_ib_i$为向量$\boldsymbol{\alpha}$与$\boldsymbol{\beta}$的内积,记为$(\boldsymbol{\alpha},\boldsymbol{\beta})$,即$(\boldsymbol{\alpha},\boldsymbol{\beta})=\boldsymbol{\alpha}^{\mathrm{T}}\boldsymbol{\beta}=\sum\limits_{i=1}^{n}a_ib_i$.

内积具有下列性质:

(1) $(\boldsymbol{\alpha},\boldsymbol{\beta})=(\boldsymbol{\beta},\boldsymbol{\alpha})$;

(2) $(k\boldsymbol{\alpha},\boldsymbol{\beta})=k(\boldsymbol{\alpha},\boldsymbol{\beta})$;

(3) $(\boldsymbol{\alpha}+\boldsymbol{\beta},\boldsymbol{\gamma})=(\boldsymbol{\alpha},\boldsymbol{\gamma})+(\boldsymbol{\beta},\boldsymbol{\gamma})$;

(4) $(\boldsymbol{\alpha},\boldsymbol{\alpha})\geqslant 0$,当且仅当$\boldsymbol{\alpha}=\mathbf{0}$时,等号成立.

2. 向量的范数　设$\boldsymbol{\alpha}$为$\mathbf{R}^n$中的任意向量,将非负实数$\sqrt{(\boldsymbol{\alpha},\boldsymbol{\alpha})}$定义为$\boldsymbol{\alpha}$的长度,记为$\|\boldsymbol{\alpha}\|$,即若$\boldsymbol{\alpha}=(a_1,a_2,\cdots,a_n)^{\mathrm{T}}$,则有

$$\|\boldsymbol{\alpha}\|=\sqrt{a_1^2+a_2^2+\cdots+a_n^2}.$$

向量的长度也称为向量的范数或模.

向量范数具有下列性质:

(1) $\|\boldsymbol{\alpha}\|\geqslant 0$,当且仅当 $\boldsymbol{\alpha}=\mathbf{0}$ 时,等号成立;

(2) 对于任意向量 $\boldsymbol{\alpha}$ 和任意实数 k,都有 $\|k\boldsymbol{\alpha}\|=|k|\,\|\boldsymbol{\alpha}\|$;

(3) 对于任意 n 维向量 $\boldsymbol{\alpha}$ 和 $\boldsymbol{\beta}$,有 $|(\boldsymbol{\alpha},\boldsymbol{\beta})|=|\boldsymbol{\alpha}^{\mathrm{T}}\boldsymbol{\beta}|\leqslant\|\boldsymbol{\alpha}\|\cdot\|\boldsymbol{\beta}\|$.

3. 向量的正交 如果向量 $\boldsymbol{\alpha}$ 和 $\boldsymbol{\beta}$ 的内积等于零,即$(\boldsymbol{\alpha},\boldsymbol{\beta})=0$,则称 $\boldsymbol{\alpha}$ 和 $\boldsymbol{\beta}$ 相互正交.

如果非零向量组 $\boldsymbol{\alpha}_1,\boldsymbol{\alpha}_2,\cdots,\boldsymbol{\alpha}_s$ 中的向量两两正交,即$(\boldsymbol{\alpha}_i,\boldsymbol{\alpha}_j)=0\ (i\neq j,i,j=1,2,\cdots,s)$,则称该向量组为正交向量组.

正交向量具有下列性质:

(1) 零向量与任何向量正交;

(2) 与自己正交的向量只有零向量;

(3) 正交向量组是线性无关的;

(4) 对任意向量 $\boldsymbol{\alpha}$ 和 $\boldsymbol{\beta}$,有三角不等式

$$\|\boldsymbol{\alpha}+\boldsymbol{\beta}\|\leqslant\|\boldsymbol{\alpha}\|+\|\boldsymbol{\beta}\|,$$

当且仅当 $\boldsymbol{\alpha}$ 与 $\boldsymbol{\beta}$ 相互正交时,有 $\|\boldsymbol{\alpha}+\boldsymbol{\beta}\|^2=\|\boldsymbol{\alpha}\|^2+\|\boldsymbol{\beta}\|^2$.

4. 向量空间 设 V 是实数域 $\mathbf{R}$ 上的 n 维向量组成的集合,如果 V 关于向量的加法和数乘是封闭的,即

若 $\boldsymbol{\alpha}\in V,\boldsymbol{\beta}\in V$,则 $\boldsymbol{\alpha}+\boldsymbol{\beta}\in V$;若 $\boldsymbol{\alpha}\in V,k\in\mathbf{R}$,则 $k\boldsymbol{\alpha}\in V$,则称 V 是实数域 $\mathbf{R}$ 上的向量空间.

显然,实数域 $\mathbf{R}$ 上的 n 维向量的全体构成一个向量空间,记为 $\mathbf{R}^n$.

5. 基与坐标 在向量空间 $\mathbf{R}^n$ 中,n 个线性无关的向量 $\boldsymbol{\xi}_1,\boldsymbol{\xi}_2,\cdots,\boldsymbol{\xi}_n$ 称为 $\mathbf{R}^n$ 的一组基.若 $\boldsymbol{\alpha}\in\mathbf{R}^n$ 为任一向量,且

$$\boldsymbol{\alpha}=a_1\boldsymbol{\xi}_1+a_2\boldsymbol{\xi}_2+\cdots+a_n\boldsymbol{\xi}_n,$$

则称 $a_1,a_2,\cdots,a_n$ 为 $\boldsymbol{\alpha}$ 关于基 $\boldsymbol{\xi}_1,\boldsymbol{\xi}_2,\cdots,\boldsymbol{\xi}_n$ 的坐标,记作$(a_1,a_2,\cdots,a_n)^{\mathrm{T}}$.

6. 基变换与坐标变换 设 $\boldsymbol{\xi}_1,\boldsymbol{\xi}_2,\cdots,\boldsymbol{\xi}_n$ 和 $\boldsymbol{\eta}_1,\boldsymbol{\eta}_2,\cdots,\boldsymbol{\eta}_n$ 是 $\mathbf{R}^n$ 的两组基,且有

$$(\boldsymbol{\eta}_1,\boldsymbol{\eta}_2,\cdots,\boldsymbol{\eta}_n)=(\boldsymbol{\xi}_1,\boldsymbol{\xi}_2,\cdots,\boldsymbol{\xi}_n)\begin{pmatrix}a_{11}&a_{12}&\cdots&a_{1n}\\a_{21}&a_{22}&\cdots&a_{2n}\\\vdots&\vdots&&\vdots\\a_{n1}&a_{n2}&\cdots&a_{nn}\end{pmatrix}=(\boldsymbol{\xi}_1,\boldsymbol{\xi}_2,\cdots,\boldsymbol{\xi}_n)\boldsymbol{A},$$

称 $\boldsymbol{A}$ 为由基 $\boldsymbol{\xi}_1,\boldsymbol{\xi}_2,\cdots,\boldsymbol{\xi}_n$ 到基 $\boldsymbol{\eta}_1,\boldsymbol{\eta}_2,\cdots,\boldsymbol{\eta}_n$ 的过渡矩阵,两个基之间的过渡矩阵是可逆矩阵.

设 $\boldsymbol{\alpha}\in\mathbf{R}^n$ 在基 $\boldsymbol{\xi}_1,\boldsymbol{\xi}_2,\cdots,\boldsymbol{\xi}_n$ 和基 $\boldsymbol{\eta}_1,\boldsymbol{\eta}_2,\cdots,\boldsymbol{\eta}_n$ 下的坐标分别为

$$(x_1,x_2,\cdots,x_n)^{\mathrm{T}}\quad 与(y_1,y_2,\cdots,y_n)^{\mathrm{T}},$$

则有

$$\begin{pmatrix}x_1\\x_2\\\vdots\\x_n\end{pmatrix}=\boldsymbol{A}\begin{pmatrix}y_1\\y_2\\\vdots\\y_n\end{pmatrix}\quad 或\quad\begin{pmatrix}y_1\\y_2\\\vdots\\y_n\end{pmatrix}=\boldsymbol{A}^{-1}\begin{pmatrix}x_1\\x_2\\\vdots\\x_n\end{pmatrix},$$

称为坐标变换公式.

7. $\mathbf{R}^n$ 的标准正交基 向量空间 $\mathbf{R}^n$ 中 n 个向量 $\boldsymbol{\eta}_1,\boldsymbol{\eta}_2,\cdots,\boldsymbol{\eta}_n$ 满足

(1) 两两正交,即 $\boldsymbol{\eta}_i^{\mathrm{T}}\boldsymbol{\eta}_j=0,i\neq j,i,j=1,2,\cdots,n$;

(2) 都是单位向量,即 $\|\boldsymbol{\eta}_i\|=1,i=1,2,\cdots,n$,

则称 $\boldsymbol{\eta}_1,\boldsymbol{\eta}_2,\cdots,\boldsymbol{\eta}_n$ 为 $\mathbf{R}^n$ 的一组标准正交基.

8. 标准正交基的求法

(1) 施密特正交化方法 给定一 线性无关向量组 $\boldsymbol{\alpha}_1,\boldsymbol{\alpha}_2,\cdots,\boldsymbol{\alpha}_s$,由其生成等价的 s 个向量的正交向量组 $\boldsymbol{\beta}_1,\boldsymbol{\beta}_2,\cdots,\boldsymbol{\beta}_s$ 的公式如下:

$$\boldsymbol{\beta}_1=\boldsymbol{\alpha}_1,$$

$$\boldsymbol{\beta}_2=\boldsymbol{\alpha}_2-\frac{(\boldsymbol{\alpha}_2,\boldsymbol{\beta}_1)}{(\boldsymbol{\beta}_1,\boldsymbol{\beta}_1)}\boldsymbol{\beta}_1,$$

$$\boldsymbol{\beta}_3=\boldsymbol{\alpha}_3-\frac{(\boldsymbol{\alpha}_3,\boldsymbol{\beta}_1)}{(\boldsymbol{\beta}_1,\boldsymbol{\beta}_1)}\boldsymbol{\beta}_1-\frac{(\boldsymbol{\alpha}_3,\boldsymbol{\beta}_2)}{(\boldsymbol{\beta}_2,\boldsymbol{\beta}_2)}\boldsymbol{\beta}_2,$$

$$\vdots$$

$$\boldsymbol{\beta}_s=\boldsymbol{\alpha}_s-\frac{(\boldsymbol{\alpha}_s,\boldsymbol{\beta}_1)}{(\boldsymbol{\beta}_1,\boldsymbol{\beta}_1)}\boldsymbol{\beta}_1-\frac{(\boldsymbol{\alpha}_s,\boldsymbol{\beta}_2)}{(\boldsymbol{\beta}_2,\boldsymbol{\beta}_2)}\boldsymbol{\beta}_2-\cdots-\frac{(\boldsymbol{\alpha}_s,\boldsymbol{\beta}_{s-1})}{(\boldsymbol{\beta}_{s-1},\boldsymbol{\beta}_{s-1})}\boldsymbol{\beta}_{s-1}.$$

(2) 给定 $\mathbf{R}^n$ 的任意一组基,把它变为标准正交基的步骤如下:

①利用施密特正交化方法,由这组基生成有 n 个向量的正交向量组;

②把正交向量组中每个向量标准化,即单位化.

这样就得到 $\mathbf{R}^n$ 的一组标准正交基.这一过程称为标准正交化.

9. 两组标准正交基之间的过渡矩阵 设 $\mathbf{R}^n$ 的两组标准正交基 $\boldsymbol{\xi}_1,\boldsymbol{\xi}_2,\cdots,\boldsymbol{\xi}_n$ 到 $\boldsymbol{\eta}_1,\boldsymbol{\eta}_2,\cdots,\boldsymbol{\eta}_n$ 的过渡矩阵为 $\boldsymbol{Q}$,则存在下列关系

$$(\boldsymbol{\xi}_1,\boldsymbol{\xi}_2,\cdots,\boldsymbol{\xi}_n)=(\boldsymbol{\eta}_1,\boldsymbol{\eta}_2,\cdots,\boldsymbol{\eta}_n)\boldsymbol{Q},$$

且 $\boldsymbol{Q}$ 满足 $\boldsymbol{Q}^{\mathrm{T}}\boldsymbol{Q}=\boldsymbol{E}$,即 $\boldsymbol{Q}$ 为正交矩阵.

§3.1 向量及向量的线性表示

1 设 $3(\boldsymbol{\alpha}_1-\boldsymbol{\alpha})+2(\boldsymbol{\alpha}_2+\boldsymbol{\alpha})=5(\boldsymbol{\alpha}_3+\boldsymbol{\alpha})$,求 $\boldsymbol{\alpha}$,其中

$$\boldsymbol{\alpha}_1=\begin{pmatrix}2\\5\\1\\3\end{pmatrix},\boldsymbol{\alpha}_2=\begin{pmatrix}10\\1\\5\\10\end{pmatrix},\boldsymbol{\alpha}_3=\begin{pmatrix}4\\1\\-1\\1\end{pmatrix}.$$

知识点睛 0302 向量的线性组合

解 由 $3(\boldsymbol{\alpha}_1-\boldsymbol{\alpha})+2(\boldsymbol{\alpha}_2+\boldsymbol{\alpha})=5(\boldsymbol{\alpha}_3+\boldsymbol{\alpha})$ 可得 $\boldsymbol{\alpha}=\frac{1}{6}(3\boldsymbol{\alpha}_1+2\boldsymbol{\alpha}_2-5\boldsymbol{\alpha}_3)$.所以

$$\boldsymbol{\alpha}=\frac{1}{6}(3\boldsymbol{\alpha}_1+2\boldsymbol{\alpha}_2-5\boldsymbol{\alpha}_3)$$

$$=\frac{1}{6}\left(3\begin{pmatrix}2\\5\\1\\3\end{pmatrix}+2\begin{pmatrix}10\\1\\5\\10\end{pmatrix}-5\begin{pmatrix}4\\1\\-1\\1\end{pmatrix}\right)=\frac{1}{6}\left(\begin{pmatrix}6\\15\\3\\9\end{pmatrix}+\begin{pmatrix}20\\2\\10\\20\end{pmatrix}-\begin{pmatrix}20\\5\\-5\\5\end{pmatrix}\right)$$

$$=\frac{1}{6}\begin{pmatrix}6\\12\\18\\24\end{pmatrix}=\begin{pmatrix}1\\2\\3\\4\end{pmatrix}.$$

2 设 $2(\boldsymbol{\alpha}_1+\boldsymbol{\alpha})-3(\boldsymbol{\alpha}_2-\boldsymbol{\alpha})=5(\boldsymbol{\alpha}_3-2\boldsymbol{\alpha})$，求 $\boldsymbol{\alpha}$，其中

$$\boldsymbol{\alpha}_1=(1,1,0,1)^{\mathrm{T}},\quad \boldsymbol{\alpha}_2=(0,1,0,1)^{\mathrm{T}},\quad \boldsymbol{\alpha}_3=(3,2,5,1)^{\mathrm{T}}.$$

知识点睛 0302 向量的线性表示

解 由 $2(\boldsymbol{\alpha}_1+\boldsymbol{\alpha})-3(\boldsymbol{\alpha}_2-\boldsymbol{\alpha})=5(\boldsymbol{\alpha}_3-2\boldsymbol{\alpha})$，得

$$\begin{aligned}\boldsymbol{\alpha}&=\frac{1}{15}(-2\boldsymbol{\alpha}_1+3\boldsymbol{\alpha}_2+5\boldsymbol{\alpha}_3)\\&=\frac{1}{15}[-2(1,1,0,1)^{\mathrm{T}}+3(0,1,0,1)^{\mathrm{T}}+5(3,2,5,1)^{\mathrm{T}}]\\&=\left(\frac{13}{15},\frac{11}{15},\frac{5}{3},\frac{2}{5}\right)^{\mathrm{T}}.\end{aligned}$$

3 设 n 维行向量 $\boldsymbol{\alpha}=\left(\frac{1}{2},0,\cdots,0,\frac{1}{2}\right)$，矩阵 $\boldsymbol{A}=\boldsymbol{E}-\boldsymbol{\alpha}^{\mathrm{T}}\boldsymbol{\alpha}$，$\boldsymbol{B}=\boldsymbol{E}+2\boldsymbol{\alpha}^{\mathrm{T}}\boldsymbol{\alpha}$，其中 $\boldsymbol{E}$ 为 n 阶单位矩阵，则 $\boldsymbol{AB}=$________.

知识点睛 0301 向量的概念

解 $$\begin{aligned}\boldsymbol{AB}&=(\boldsymbol{E}-\boldsymbol{\alpha}^{\mathrm{T}}\boldsymbol{\alpha})(\boldsymbol{E}+2\boldsymbol{\alpha}^{\mathrm{T}}\boldsymbol{\alpha})=\boldsymbol{E}+\boldsymbol{\alpha}^{\mathrm{T}}\boldsymbol{\alpha}-2\boldsymbol{\alpha}^{\mathrm{T}}\boldsymbol{\alpha}\boldsymbol{\alpha}^{\mathrm{T}}\boldsymbol{\alpha}=\boldsymbol{E}+\boldsymbol{\alpha}^{\mathrm{T}}\boldsymbol{\alpha}-2(\boldsymbol{\alpha}\boldsymbol{\alpha}^{\mathrm{T}})\boldsymbol{\alpha}^{\mathrm{T}}\boldsymbol{\alpha}\\&=\boldsymbol{E}+(1-2\boldsymbol{\alpha}\boldsymbol{\alpha}^{\mathrm{T}})\boldsymbol{\alpha}^{\mathrm{T}}\boldsymbol{\alpha}=\boldsymbol{E}+\left(1-2\times\frac{1}{2}\right)\boldsymbol{\alpha}^{\mathrm{T}}\boldsymbol{\alpha}=\boldsymbol{E}.\end{aligned}$$

故应填 $\boldsymbol{E}$.

【评注】设 $\boldsymbol{\alpha}=(a_1,a_2,\cdots,a_n)$，$\boldsymbol{\beta}=(b_1,b_2,\cdots,b_n)$，则

$$\boldsymbol{\alpha}^{\mathrm{T}}\boldsymbol{\beta}=\begin{pmatrix}a_1\\a_2\\\vdots\\a_n\end{pmatrix}(b_1,b_2,\cdots,b_n)=\begin{pmatrix}a_1b_1&a_1b_2&\cdots&a_1b_n\\a_2b_1&a_2b_2&\cdots&a_2b_n\\\vdots&\vdots&&\vdots\\a_nb_1&a_nb_2&\cdots&a_nb_n\end{pmatrix},$$

且

$$\boldsymbol{\alpha}\boldsymbol{\beta}^{\mathrm{T}}=(a_1,a_2,\cdots,a_n)\begin{pmatrix}b_1\\b_2\\\vdots\\b_n\end{pmatrix}=a_1b_1+a_2b_2+\cdots+a_nb_n.$$

注意到：$\boldsymbol{\alpha}^{\mathrm{T}}\boldsymbol{\beta}$ 是 $n\times n$ 矩阵，而 $\boldsymbol{\alpha}\boldsymbol{\beta}^{\mathrm{T}}$ 是一个数，且 $\boldsymbol{\alpha}\boldsymbol{\beta}^{\mathrm{T}}$ 恰好是 $\boldsymbol{\alpha}^{\mathrm{T}}\boldsymbol{\beta}$ 主对角线上元素的和.

4 设$\boldsymbol{\alpha}$为3维列向量，若$\boldsymbol{\alpha}\boldsymbol{\alpha}^{\mathrm{T}}=\begin{pmatrix}1&-1&1\\-1&1&-1\\1&-1&1\end{pmatrix}$，则$\boldsymbol{\alpha}^{\mathrm{T}}\boldsymbol{\alpha}=$________.

知识点睛 0301 向量的概念

解 因为$\boldsymbol{\alpha}^{\mathrm{T}}\boldsymbol{\alpha}$是$\boldsymbol{\alpha}\boldsymbol{\alpha}^{\mathrm{T}}$的主对角线元素之和，所以$\boldsymbol{\alpha}^{\mathrm{T}}\boldsymbol{\alpha}=1+1+1=3$.故应填3.

🄺 1998 数学四，3分

5 若向量组$\boldsymbol{\alpha},\boldsymbol{\beta},\boldsymbol{\gamma}$线性无关；$\boldsymbol{\alpha},\boldsymbol{\beta},\boldsymbol{\delta}$线性相关，则( ).

(A) $\boldsymbol{\alpha}$必可由$\boldsymbol{\beta},\boldsymbol{\gamma},\boldsymbol{\delta}$线性表示　　(B) $\boldsymbol{\beta}$必不可由$\boldsymbol{\alpha},\boldsymbol{\gamma},\boldsymbol{\delta}$线性表示

(C) $\boldsymbol{\delta}$必可由$\boldsymbol{\alpha},\boldsymbol{\beta},\boldsymbol{\gamma}$线性表示　　(D) $\boldsymbol{\delta}$必不可由$\boldsymbol{\alpha},\boldsymbol{\beta},\boldsymbol{\gamma}$线性表示

知识点睛 0302 向量的线性表示

解 由$\boldsymbol{\alpha},\boldsymbol{\beta},\boldsymbol{\gamma}$线性无关$\Rightarrow\left.\begin{matrix}\boldsymbol{\alpha},\boldsymbol{\beta}\text{ 无关}\\\boldsymbol{\alpha},\boldsymbol{\beta},\boldsymbol{\delta}\text{ 相关}\end{matrix}\right\}\Rightarrow\boldsymbol{\delta}$可由$\boldsymbol{\alpha},\boldsymbol{\beta}$线性表示$\Rightarrow\boldsymbol{\delta}$可由$\boldsymbol{\alpha},\boldsymbol{\beta},\boldsymbol{\gamma}$线性表示.应选(C).

或者，用秩来分析，推理如下：

$\boldsymbol{\alpha},\boldsymbol{\beta},\boldsymbol{\gamma}$线性无关$\Rightarrow r(\boldsymbol{\alpha},\boldsymbol{\beta},\boldsymbol{\gamma})=3\Rightarrow r(\boldsymbol{\alpha},\boldsymbol{\beta})=2$，$\boldsymbol{\alpha},\boldsymbol{\beta},\boldsymbol{\delta}$线性相关$\Rightarrow r(\boldsymbol{\alpha},\boldsymbol{\beta},\boldsymbol{\delta})<3$，从而$r(\boldsymbol{\alpha},\boldsymbol{\beta},\boldsymbol{\delta})=2$，那么

$$r(\boldsymbol{\alpha},\boldsymbol{\beta},\boldsymbol{\gamma})=r(\boldsymbol{\alpha},\boldsymbol{\beta},\boldsymbol{\delta},\boldsymbol{\gamma}),$$

所以$\boldsymbol{\delta}$必可由$\boldsymbol{\alpha},\boldsymbol{\beta},\boldsymbol{\gamma}$线性表示，应选(C).

🄺 1999 数学四，3分

6 设向量$\boldsymbol{\beta}$可由向量组$\boldsymbol{\alpha}_1,\boldsymbol{\alpha}_2,\cdots,\boldsymbol{\alpha}_m$线性表示，但不能由向量组(Ⅰ)：$\boldsymbol{\alpha}_1,\boldsymbol{\alpha}_2,\cdots,\boldsymbol{\alpha}_{m-1}$线性表示，记向量组(Ⅱ)：$\boldsymbol{\alpha}_1,\boldsymbol{\alpha}_2,\cdots,\boldsymbol{\alpha}_{m-1},\boldsymbol{\beta}$，则( ).

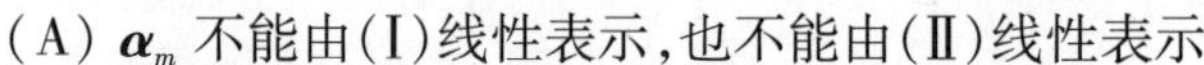

(A) $\boldsymbol{\alpha}_m$不能由(Ⅰ)线性表示，也不能由(Ⅱ)线性表示

6 题精解视频

(B) $\boldsymbol{\alpha}_m$不能由(Ⅰ)线性表示，但可由(Ⅱ)线性表示

(C) $\boldsymbol{\alpha}_m$可由(Ⅰ)线性表示，也可由(Ⅱ)线性表示

(D) $\boldsymbol{\alpha}_m$可由(Ⅰ)线性表示，但不可由(Ⅱ)线性表示

知识点睛 0302 向量的线性表示

解 因为$\boldsymbol{\beta}$可由$\boldsymbol{\alpha}_1,\boldsymbol{\alpha}_2,\cdots,\boldsymbol{\alpha}_m$线性表示，故可设

$$\boldsymbol{\beta}=k_1\boldsymbol{\alpha}_1+k_2\boldsymbol{\alpha}_2+\cdots+k_m\boldsymbol{\alpha}_m.$$

由于$\boldsymbol{\beta}$不能由$\boldsymbol{\alpha}_1,\boldsymbol{\alpha}_2,\cdots,\boldsymbol{\alpha}_{m-1}$线性表示，故上述表达式中必有$k_m\neq0$，因此

$$\boldsymbol{\alpha}_m=\frac{1}{k_m}(\boldsymbol{\beta}-k_1\boldsymbol{\alpha}_1-k_2\boldsymbol{\alpha}_2-\cdots-k_{m-1}\boldsymbol{\alpha}_{m-1}),$$

即$\boldsymbol{\alpha}_m$可由(Ⅱ)线性表示，可排除(A)、(D).

若$\boldsymbol{\alpha}_m$可由(Ⅰ)线性表示，设$\boldsymbol{\alpha}_m=l_1\boldsymbol{\alpha}_1+l_2\boldsymbol{\alpha}_2+\cdots+l_{m-1}\boldsymbol{\alpha}_{m-1}$，则

$$\boldsymbol{\beta}=(k_1+k_ml_1)\boldsymbol{\alpha}_1+(k_2+k_ml_2)\boldsymbol{\alpha}_2+\cdots+(k_{m-1}+k_ml_{m-1})\boldsymbol{\alpha}_{m-1},$$

与题设矛盾，故应选(B).

【评注】本题能否用秩来分析、推导？

提示：$r(\boldsymbol{\alpha}_1,\boldsymbol{\alpha}_2,\cdots,\boldsymbol{\alpha}_m)=r(\boldsymbol{\alpha}_1,\boldsymbol{\alpha}_2,\cdots,\boldsymbol{\alpha}_m,\boldsymbol{\beta})$，或

$$r(\boldsymbol{\alpha}_1,\boldsymbol{\alpha}_2,\cdots,\boldsymbol{\alpha}_{m-1})+1=r(\boldsymbol{\alpha}_1,\boldsymbol{\alpha}_2,\cdots,\boldsymbol{\alpha}_{m-1},\boldsymbol{\beta}).$$

7 如果向量$\boldsymbol{\beta}$可由向量组$\boldsymbol{\alpha}_1,\boldsymbol{\alpha}_2,\cdots,\boldsymbol{\alpha}_m$线性表示，则( ).

(A) 存在一组不全为零的数$k_1,k_2,\cdots,k_m$，使等式$\boldsymbol{\beta}=k_1\boldsymbol{\alpha}_1+k_2\boldsymbol{\alpha}_2+\cdots+k_m\boldsymbol{\alpha}_m$成立

(B) 存在一组全为零的数 $k_1,k_2,\cdots,k_m$，使等式 $\boldsymbol{\beta}=k_1\boldsymbol{\alpha}_1+k_2\boldsymbol{\alpha}_2+\cdots+k_m\boldsymbol{\alpha}_m$ 成立

(C) 对 $\boldsymbol{\beta}$ 的线性表达式不唯一

(D) 向量组 $\boldsymbol{\beta},\boldsymbol{\alpha}_1,\boldsymbol{\alpha}_2,\cdots,\boldsymbol{\alpha}_m$ 线性相关

知识点睛 0302 向量的线性表示

解 由线性表示的概念，可直接排除(A)，(B)，(C).故应选(D).

8 设 $\boldsymbol{\alpha}_1,\boldsymbol{\alpha}_2,\cdots,\boldsymbol{\alpha}_r,\boldsymbol{\beta}$ 都是 n 维向量，$\boldsymbol{\beta}$ 可由 $\boldsymbol{\alpha}_1,\boldsymbol{\alpha}_2,\cdots,\boldsymbol{\alpha}_r$ 线性表示，但 $\boldsymbol{\beta}$ 不能由 $\boldsymbol{\alpha}_1,\boldsymbol{\alpha}_2,\cdots,\boldsymbol{\alpha}_{r-1}$ 线性表示，证明：$\boldsymbol{\alpha}_r$ 可由 $\boldsymbol{\alpha}_1,\boldsymbol{\alpha}_2,\cdots,\boldsymbol{\alpha}_{r-1},\boldsymbol{\beta}$ 线性表示.

知识点睛 0302 向量的线性表示

证 因为 $\boldsymbol{\beta}$ 可由 $\boldsymbol{\alpha}_1,\boldsymbol{\alpha}_2,\cdots,\boldsymbol{\alpha}_r$ 线性表示，设 $\boldsymbol{\beta}=k_1\boldsymbol{\alpha}_1+k_2\boldsymbol{\alpha}_2+\cdots+k_{r-1}\boldsymbol{\alpha}_{r-1}+k_r\boldsymbol{\alpha}_r$，而 $\boldsymbol{\beta}$ 不能由 $\boldsymbol{\alpha}_1,\boldsymbol{\alpha}_2,\cdots,\boldsymbol{\alpha}_{r-1}$ 线性表示，所以 $k_r\neq0$，因而

$$\boldsymbol{\alpha}_r=\frac{1}{k_r}(\boldsymbol{\beta}-k_1\boldsymbol{\alpha}_1-k_2\boldsymbol{\alpha}_2-\cdots-k_{r-1}\boldsymbol{\alpha}_{r-1}),$$

即 $\boldsymbol{\alpha}_r$ 可由 $\boldsymbol{\alpha}_1,\boldsymbol{\alpha}_2,\cdots,\boldsymbol{\alpha}_{r-1},\boldsymbol{\beta}$ 线性表示.

【评注】判别抽象向量 $\boldsymbol{\beta}$ 是否可由抽象向量组 $\boldsymbol{\alpha}_1,\boldsymbol{\alpha}_2,\cdots,\boldsymbol{\alpha}_m$ 线性表示，首先找到一个包含 $\boldsymbol{\beta}$ 和 $\boldsymbol{\alpha}_1,\boldsymbol{\alpha}_2,\cdots,\boldsymbol{\alpha}_m$ 的等式，然后考察 $\boldsymbol{\beta}$ 的系数：若 $\boldsymbol{\beta}$ 的系数不为零，则 $\boldsymbol{\beta}$ 可由 $\boldsymbol{\alpha}_1,\boldsymbol{\alpha}_2,\cdots,\boldsymbol{\alpha}_m$ 线性表示，否则，$\boldsymbol{\beta}$ 不能由它们线性表示，简单说，就是"找等式，看系数".

9 如果向量 $\boldsymbol{\beta}=(1,0,k,2)^{\mathrm{T}}$ 能由向量组 $\boldsymbol{\alpha}_1=(1,3,0,5)^{\mathrm{T}},\boldsymbol{\alpha}_2=(1,2,1,4)^{\mathrm{T}},\boldsymbol{\alpha}_3=(1,1,2,3)^{\mathrm{T}},\boldsymbol{\alpha}_4=(1,-3,6,-1)^{\mathrm{T}}$ 线性表示，则 $k=$________.

知识点睛 0302 向量的线性表示

解 用向量 $\boldsymbol{\alpha}_1,\boldsymbol{\alpha}_2,\boldsymbol{\alpha}_3,\boldsymbol{\alpha}_4$ 及 $\boldsymbol{\beta}$ 构成矩阵 $\boldsymbol{A}=(\boldsymbol{\alpha}_1,\boldsymbol{\alpha}_2,\boldsymbol{\alpha}_3,\boldsymbol{\alpha}_4)$ 和矩阵 $\boldsymbol{B}=(\boldsymbol{A},\boldsymbol{\beta})$.对矩阵 $\boldsymbol{B}$ 施以初等行变换，得

$$\boldsymbol{B}=\begin{pmatrix}1&1&1&1&1\\3&2&1&-3&0\\0&1&2&6&k\\5&4&3&-1&2\end{pmatrix}\xrightarrow[r_4-5r_1]{r_2-3r_1}\begin{pmatrix}1&1&1&1&1\\0&-1&-2&-6&-3\\0&1&2&6&k\\0&-1&-2&-6&-3\end{pmatrix}$$

$$\xrightarrow[r_4-r_2]{r_3+r_2}\begin{pmatrix}1&1&1&1&1\\0&-1&-2&-6&-3\\0&0&0&0&k-3\\0&0&0&0&0\end{pmatrix},$$

由此可知，$r(\boldsymbol{A})=2$.因为 $\boldsymbol{\beta}$ 能由 $\boldsymbol{\alpha}_1,\boldsymbol{\alpha}_2,\boldsymbol{\alpha}_3,\boldsymbol{\alpha}_4$ 线性表示，所以，$r(\boldsymbol{A})=r(\boldsymbol{B})=2$，从而 $k=3$.故应填 3.

10 判断向量 $\boldsymbol{\beta}_1=(4,3,-1,11)$ 与 $\boldsymbol{\beta}_2=(4,3,0,11)$ 是否各为向量组 $\boldsymbol{\alpha}_1=(1,2,-1,5),\boldsymbol{\alpha}_2=(2,-1,1,1)$ 的线性组合.若是，写出表达式.

知识点睛 0302 向量的线性组合与线性表示

解 设 $k_1\boldsymbol{\alpha}_1+k_2\boldsymbol{\alpha}_2=\boldsymbol{\beta}_1$，对矩阵 $(\boldsymbol{\alpha}_1^{\mathrm{T}},\boldsymbol{\alpha}_2^{\mathrm{T}},\boldsymbol{\beta}_1^{\mathrm{T}})$ 施以初等行变换，得

$$\begin{pmatrix}1&2&4\\2&-1&3\\-1&1&-1\\5&1&11\end{pmatrix}\longrightarrow\begin{pmatrix}1&2&4\\0&-5&-5\\0&3&3\\0&-9&-9\end{pmatrix}\longrightarrow\begin{pmatrix}1&2&4\\0&1&1\\0&0&0\\0&0&0\end{pmatrix}\longrightarrow\begin{pmatrix}1&0&2\\0&1&1\\0&0&0\\0&0&0\end{pmatrix},$$

从而

$$\text{秩}\begin{pmatrix}1&2&4\\2&-1&3\\-1&1&-1\\5&1&11\end{pmatrix}=\text{秩}\begin{pmatrix}1&2\\2&-1\\-1&1\\5&1\end{pmatrix}=2,$$

因此 $\boldsymbol{\beta}_1$ 可由 $\boldsymbol{\alpha}_1,\boldsymbol{\alpha}_2$ 线性表示，且由上面的初等变换可知 $k_1=2,k_2=1$ 使 $\boldsymbol{\beta}_1=2\boldsymbol{\alpha}_1+\boldsymbol{\alpha}_2$.

类似地，对矩阵$(\boldsymbol{\alpha}_1^{\mathrm{T}},\boldsymbol{\alpha}_2^{\mathrm{T}},\boldsymbol{\beta}_2^{\mathrm{T}})$施以初等行变换，得

$$\begin{pmatrix}1&2&4\\2&-1&3\\-1&1&0\\5&1&11\end{pmatrix}\longrightarrow\begin{pmatrix}1&2&4\\0&-5&-5\\0&3&4\\0&-9&-9\end{pmatrix}\longrightarrow\begin{pmatrix}1&2&4\\0&1&1\\0&0&1\\0&0&0\end{pmatrix},$$

从而

$$\text{秩}\begin{pmatrix}1&2&4\\2&-1&3\\-1&1&0\\5&1&11\end{pmatrix}=3,\quad\text{而}\quad\text{秩}\begin{pmatrix}1&2\\2&-1\\-1&1\\5&1\end{pmatrix}=2,$$

因此，$\boldsymbol{\beta}_2$ 不能由 $\boldsymbol{\alpha}_1,\boldsymbol{\alpha}_2$ 线性表示.

11 设 $\boldsymbol{\alpha}_1,\boldsymbol{\alpha}_2,\cdots,\boldsymbol{\alpha}_{m-1}(m>3)$线性无关，而 $\boldsymbol{\alpha}_2,\boldsymbol{\alpha}_3,\cdots,\boldsymbol{\alpha}_{m-1},\boldsymbol{\alpha}_m$ 线性相关，试证：

(1) $\boldsymbol{\alpha}_m$ 可由 $\boldsymbol{\alpha}_1,\boldsymbol{\alpha}_2,\cdots,\boldsymbol{\alpha}_{m-1}$线性表示；

(2) $\boldsymbol{\alpha}_1$ 不能由 $\boldsymbol{\alpha}_2,\boldsymbol{\alpha}_3,\cdots,\boldsymbol{\alpha}_{m-1},\boldsymbol{\alpha}_m$ 线性表示.

知识点睛 0303 线性相关与线性无关的概念

证 (1) 因为 $\boldsymbol{\alpha}_1,\boldsymbol{\alpha}_2,\cdots,\boldsymbol{\alpha}_{m-1}$线性无关，所以其部分组 $\boldsymbol{\alpha}_2,\boldsymbol{\alpha}_3,\cdots,\boldsymbol{\alpha}_{m-1}$也线性无关，又因为 $\boldsymbol{\alpha}_2,\boldsymbol{\alpha}_3,\cdots,\boldsymbol{\alpha}_{m-1},\boldsymbol{\alpha}_m$ 线性相关，所以 $\boldsymbol{\alpha}_m$ 可由 $\boldsymbol{\alpha}_2,\boldsymbol{\alpha}_3,\cdots,\boldsymbol{\alpha}_{m-1}$线性表示，即

$$\boldsymbol{\alpha}_m=k_2\boldsymbol{\alpha}_2+k_3\boldsymbol{\alpha}_3+\cdots+k_{m-1}\boldsymbol{\alpha}_{m-1},$$

也即 $\boldsymbol{\alpha}_m=0\cdot\boldsymbol{\alpha}_1+k_2\boldsymbol{\alpha}_2+\cdots+k_{m-1}\boldsymbol{\alpha}_{m-1}$，因此 $\boldsymbol{\alpha}_m$ 可由 $\boldsymbol{\alpha}_1,\boldsymbol{\alpha}_2,\cdots,\boldsymbol{\alpha}_{m-1}$线性表示.

(2) 用反证法.假设 $\boldsymbol{\alpha}_1$ 可由 $\boldsymbol{\alpha}_2,\boldsymbol{\alpha}_3,\cdots,\boldsymbol{\alpha}_{m-1},\boldsymbol{\alpha}_m$ 线性表示，即

$$\boldsymbol{\alpha}_1=\lambda_2\boldsymbol{\alpha}_2+\lambda_3\boldsymbol{\alpha}_3+\cdots+\lambda_{m-1}\boldsymbol{\alpha}_{m-1}+\lambda_m\boldsymbol{\alpha}_m,$$

由(1)的证明知，$\boldsymbol{\alpha}_m=k_2\boldsymbol{\alpha}_2+k_3\boldsymbol{\alpha}_3+\cdots+k_{m-1}\boldsymbol{\alpha}_{m-1}$代入上式，得

$$\boldsymbol{\alpha}_1=(\lambda_2+\lambda_mk_2)\boldsymbol{\alpha}_2+(\lambda_3+\lambda_mk_3)\boldsymbol{\alpha}_3+\cdots+(\lambda_{m-1}+\lambda_mk_{m-1})\boldsymbol{\alpha}_{m-1}.$$

此式说明 $\boldsymbol{\alpha}_1$ 可由 $\boldsymbol{\alpha}_2,\boldsymbol{\alpha}_3,\cdots,\boldsymbol{\alpha}_{m-1}$线性表示，从而可推出 $\boldsymbol{\alpha}_1,\boldsymbol{\alpha}_2,\cdots,\boldsymbol{\alpha}_{m-1}$线性相关，与题设条件矛盾，故 $\boldsymbol{\alpha}_1$ 不能由 $\boldsymbol{\alpha}_2,\boldsymbol{\alpha}_3,\cdots,\boldsymbol{\alpha}_{m-1},\boldsymbol{\alpha}_m$ 线性表示.

【评注】线性表示与线性相关、线性无关相结合是常见的题型；反证法是判别向量线性关系常用的方法.

12 已知向量 $\boldsymbol{\alpha}_1,\boldsymbol{\alpha}_2,\boldsymbol{\alpha}_3$ 分别可由 $\boldsymbol{\beta}_1,\boldsymbol{\beta}_2,\boldsymbol{\beta}_3$ 线性表示，即

$$\begin{cases}\boldsymbol{\alpha}_1=\boldsymbol{\beta}_1-\boldsymbol{\beta}_2+\boldsymbol{\beta}_3,\\\boldsymbol{\alpha}_2=\boldsymbol{\beta}_1+\boldsymbol{\beta}_2-\boldsymbol{\beta}_3,\\\boldsymbol{\alpha}_3=-\boldsymbol{\beta}_1+\boldsymbol{\beta}_2+\boldsymbol{\beta}_3,\end{cases}$$

试将 $\boldsymbol{\beta}_1,\boldsymbol{\beta}_2,\boldsymbol{\beta}_3$ 分别用 $\boldsymbol{\alpha}_1,\boldsymbol{\alpha}_2,\boldsymbol{\alpha}_3$ 线性表示.

知识点睛　0302 向量的线性表示

12 题精解视频

解　由已知,有$(\boldsymbol{\alpha}_1,\boldsymbol{\alpha}_2,\boldsymbol{\alpha}_3)=(\boldsymbol{\beta}_1,\boldsymbol{\beta}_2,\boldsymbol{\beta}_3)\begin{pmatrix}1&1&-1\\-1&1&1\\1&-1&1\end{pmatrix}$,又$\begin{vmatrix}1&1&-1\\-1&1&1\\1&-1&1\end{vmatrix}=4\neq 0$,所以有

$$(\boldsymbol{\beta}_1,\boldsymbol{\beta}_2,\boldsymbol{\beta}_3)=(\boldsymbol{\alpha}_1,\boldsymbol{\alpha}_2,\boldsymbol{\alpha}_3)\begin{pmatrix}1&1&-1\\-1&1&1\\1&-1&1\end{pmatrix}^{-1}=(\boldsymbol{\alpha}_1,\boldsymbol{\alpha}_2,\boldsymbol{\alpha}_3)\begin{pmatrix}\frac{1}{2}&0&\frac{1}{2}\\\frac{1}{2}&\frac{1}{2}&0\\0&\frac{1}{2}&\frac{1}{2}\end{pmatrix}.$$

故

$$\boldsymbol{\beta}_1=\frac{1}{2}\boldsymbol{\alpha}_1+\frac{1}{2}\boldsymbol{\alpha}_2,\quad \boldsymbol{\beta}_2=\frac{1}{2}\boldsymbol{\alpha}_2+\frac{1}{2}\boldsymbol{\alpha}_3,\quad \boldsymbol{\beta}_3=\frac{1}{2}\boldsymbol{\alpha}_1+\frac{1}{2}\boldsymbol{\alpha}_3.$$

【评注】一组向量$\boldsymbol{\alpha}_1,\boldsymbol{\alpha}_2,\cdots,\boldsymbol{\alpha}_s$能由另一组向量$\boldsymbol{\beta}_1,\boldsymbol{\beta}_2,\cdots,\boldsymbol{\beta}_t$线性表示,即有矩阵$\boldsymbol{C}$,使得

$$(\boldsymbol{\alpha}_1,\boldsymbol{\alpha}_2,\cdots,\boldsymbol{\alpha}_s)=(\boldsymbol{\beta}_1,\boldsymbol{\beta}_2,\cdots,\boldsymbol{\beta}_t)\boldsymbol{C},$$

若令$\boldsymbol{A}=(\boldsymbol{\alpha}_1,\boldsymbol{\alpha}_2,\cdots,\boldsymbol{\alpha}_s)$,$\boldsymbol{B}=(\boldsymbol{\beta}_1,\boldsymbol{\beta}_2,\cdots,\boldsymbol{\beta}_t)$,即矩阵方程$\boldsymbol{A}=\boldsymbol{B}\boldsymbol{X}$有解$\boldsymbol{X}=\boldsymbol{C}$.

13　已知向量组(Ⅰ):$\boldsymbol{\alpha}_1=\begin{pmatrix}0\\1\\2\\3\end{pmatrix},\quad \boldsymbol{\alpha}_2=\begin{pmatrix}3\\0\\1\\2\end{pmatrix},\quad \boldsymbol{\alpha}_3=\begin{pmatrix}2\\3\\0\\1\end{pmatrix}$,

和(Ⅱ):$\boldsymbol{\beta}_1=\begin{pmatrix}2\\1\\1\\2\end{pmatrix},\quad \boldsymbol{\beta}_2=\begin{pmatrix}0\\-2\\1\\1\end{pmatrix},\quad \boldsymbol{\beta}_3=\begin{pmatrix}4\\4\\1\\3\end{pmatrix}$.

证明:(Ⅱ)可由(Ⅰ)线性表示,但(Ⅰ)不能由(Ⅱ)线性表示.

知识点睛　0302 向量的线性表示

证　令$\boldsymbol{A}=(\boldsymbol{\alpha}_1,\boldsymbol{\alpha}_2,\boldsymbol{\alpha}_3)$,$\boldsymbol{B}=(\boldsymbol{\beta}_1,\boldsymbol{\beta}_2,\boldsymbol{\beta}_3)$,对矩阵$(\boldsymbol{A},\boldsymbol{B})$施以初等行变换,得

$$(\boldsymbol{A},\boldsymbol{B})=\begin{pmatrix}0&3&2&2&0&4\\1&0&3&1&-2&4\\2&1&0&1&1&1\\3&2&1&2&1&3\end{pmatrix}\to\begin{pmatrix}1&0&3&1&-2&4\\0&1&-6&-1&5&7\\0&0&4&1&-3&5\\0&0&0&0&0&0\end{pmatrix},$$

所以$r(\boldsymbol{A})=r(\boldsymbol{A},\boldsymbol{B})=3$,即(Ⅱ)可由(Ⅰ)线性表示.

同理

$$(\boldsymbol{B},\boldsymbol{A})=\begin{pmatrix}2&0&4&0&3&2\\1&-2&4&1&0&3\\1&1&1&2&1&0\\2&1&3&3&2&1\end{pmatrix}\to\begin{pmatrix}1&1&1&2&1&0\\0&-1&1&-1&0&1\\0&0&0&-2&1&0\\0&0&0&0&0&0\end{pmatrix},$$

所以 $r(\boldsymbol{B})=2$，而 $r(\boldsymbol{B},\boldsymbol{A})=3$. 故(Ⅰ)不能由(Ⅱ)线性表示.

【评注】一组向量 $\boldsymbol{\beta}_1,\boldsymbol{\beta}_2,\cdots,\boldsymbol{\beta}_t$ 能由 $\boldsymbol{\alpha}_1,\boldsymbol{\alpha}_2,\cdots,\boldsymbol{\alpha}_s$ 线性表示的充要条件是以 $\boldsymbol{\alpha}_1,\boldsymbol{\alpha}_2,\cdots,\boldsymbol{\alpha}_s$ 为列向量的矩阵与以 $\boldsymbol{\alpha}_1,\boldsymbol{\alpha}_2,\cdots,\boldsymbol{\alpha}_s,\boldsymbol{\beta}_1,\boldsymbol{\beta}_2,\cdots,\boldsymbol{\beta}_t$ 为列向量的矩阵有相同的秩，即 $r(\boldsymbol{\alpha}_1,\boldsymbol{\alpha}_2,\cdots,\boldsymbol{\alpha}_s)=r(\boldsymbol{\alpha}_1,\boldsymbol{\alpha}_2,\cdots,\boldsymbol{\alpha}_s,\boldsymbol{\beta}_1,\boldsymbol{\beta}_2,\cdots,\boldsymbol{\beta}_t)$.

K 2021 数学二，5分

14 设3阶矩阵 $\boldsymbol{A}=(\boldsymbol{\alpha}_1,\boldsymbol{\alpha}_2,\boldsymbol{\alpha}_3)$，$\boldsymbol{B}=(\boldsymbol{\beta}_1,\boldsymbol{\beta}_2,\boldsymbol{\beta}_3)$，若向量组 $\boldsymbol{\alpha}_1,\boldsymbol{\alpha}_2,\boldsymbol{\alpha}_3$ 可以由向量组 $\boldsymbol{\beta}_1,\boldsymbol{\beta}_2,\boldsymbol{\beta}_3$ 线性表出，则(　　).

(A) $\boldsymbol{Ax}=\boldsymbol{0}$ 的解均为 $\boldsymbol{Bx}=\boldsymbol{0}$ 的解　　(B) $\boldsymbol{A}^{\mathrm{T}}\boldsymbol{x}=\boldsymbol{0}$ 的解均为 $\boldsymbol{B}^{\mathrm{T}}\boldsymbol{x}=\boldsymbol{0}$ 的解

(C) $\boldsymbol{Bx}=\boldsymbol{0}$ 的解均为 $\boldsymbol{Ax}=\boldsymbol{0}$ 的解　　(D) $\boldsymbol{B}^{\mathrm{T}}\boldsymbol{x}=\boldsymbol{0}$ 的解均为 $\boldsymbol{A}^{\mathrm{T}}\boldsymbol{x}=\boldsymbol{0}$ 的解

知识点睛　0302 向量组的线性表示

解　因 $\boldsymbol{\alpha}_1,\boldsymbol{\alpha}_2,\boldsymbol{\alpha}_3$ 可由 $\boldsymbol{\beta}_1,\boldsymbol{\beta}_2,\boldsymbol{\beta}_3$ 线性表出，设

$$\boldsymbol{\alpha}_1=c_{11}\boldsymbol{\beta}_1+c_{21}\boldsymbol{\beta}_2+c_{31}\boldsymbol{\beta}_3,$$
$$\boldsymbol{\alpha}_2=c_{12}\boldsymbol{\beta}_1+c_{22}\boldsymbol{\beta}_2+c_{32}\boldsymbol{\beta}_3,$$
$$\boldsymbol{\alpha}_3=c_{13}\boldsymbol{\beta}_1+c_{23}\boldsymbol{\beta}_2+c_{33}\boldsymbol{\beta}_3,$$

即 $(\boldsymbol{\alpha}_1,\boldsymbol{\alpha}_2,\boldsymbol{\alpha}_3)=(\boldsymbol{\beta}_1,\boldsymbol{\beta}_2,\boldsymbol{\beta}_3)\begin{pmatrix}c_{11}&c_{12}&c_{13}\\c_{21}&c_{22}&c_{23}\\c_{31}&c_{32}&c_{33}\end{pmatrix}$，记 $\boldsymbol{C}=\begin{pmatrix}c_{11}&c_{12}&c_{13}\\c_{21}&c_{22}&c_{23}\\c_{31}&c_{32}&c_{33}\end{pmatrix}$，于是 $\boldsymbol{A}=\boldsymbol{BC}$，得 $\boldsymbol{A}^{\mathrm{T}}=\boldsymbol{C}^{\mathrm{T}}\boldsymbol{B}^{\mathrm{T}}$.

若 $\boldsymbol{\alpha}$ 是 $\boldsymbol{B}^{\mathrm{T}}\boldsymbol{x}=\boldsymbol{0}$ 的任一解，即 $\boldsymbol{B}^{\mathrm{T}}\boldsymbol{\alpha}=\boldsymbol{0}$. 则 $\boldsymbol{A}^{\mathrm{T}}\boldsymbol{\alpha}=\boldsymbol{C}^{\mathrm{T}}\boldsymbol{B}^{\mathrm{T}}\boldsymbol{\alpha}=\boldsymbol{C}^{\mathrm{T}}\boldsymbol{0}=\boldsymbol{0}$，即 $\boldsymbol{\alpha}$ 必是 $\boldsymbol{A}^{\mathrm{T}}\boldsymbol{x}=\boldsymbol{0}$ 的解. 故选(D).

15 设 $\boldsymbol{\alpha}_1=(1,a,0)^{\mathrm{T}}$，$\boldsymbol{\alpha}_2=(-1,2,b)^{\mathrm{T}}$. 当 a,b 为何值时，$\boldsymbol{\alpha}_1+\boldsymbol{\alpha}_2=\boldsymbol{0}$.

知识点睛　0301 向量的概念

解　由 $\boldsymbol{\alpha}_1+\boldsymbol{\alpha}_2=(1,a,0)^{\mathrm{T}}+(-1,2,b)^{\mathrm{T}}=(0,a+2,b)^{\mathrm{T}}=\boldsymbol{0}$，得 $a=-2,b=0$.

16 设 $\boldsymbol{A}$ 是4阶矩阵，且 $|\boldsymbol{A}|=0$，则 $\boldsymbol{A}$ 中(　　).

(A) 必有一列元素全为0

(B) 必有两列元素对应成比例

(C) 必有一列向量是其余列向量的线性组合

(D) 任意一列向量是其余列向量的线性组合

知识点睛　0302 向量的线性组合

解　因为 $|\boldsymbol{A}|=0$，所以 $\boldsymbol{A}$ 的列向量组线性相关，从而(C)正确.

故应选(C).

【评注】任意矩阵既可看成行向量组排成的，也可看成是列向量组排成的. 故矩阵的问题与向量的问题有时可以相互转化.

§3.2　向量组的线性相关与线性无关

17 设 $\boldsymbol{\alpha}_1,\boldsymbol{\alpha}_2,\cdots,\boldsymbol{\alpha}_m$ 均为 n 维向量，那么，下列结论正确的是(　　).

(A) 若 $k_1\boldsymbol{\alpha}_1+k_2\boldsymbol{\alpha}_2+\cdots+k_m\boldsymbol{\alpha}_m=\boldsymbol{0}$，则 $\boldsymbol{\alpha}_1,\boldsymbol{\alpha}_2,\cdots,\boldsymbol{\alpha}_m$ 线性相关

(B) 若对任意一组不全为零的数 $k_1,k_2,\cdots,k_m$，都有 $k_1\boldsymbol{\alpha}_1+k_2\boldsymbol{\alpha}_2+\cdots+k_m\boldsymbol{\alpha}_m\neq\mathbf{0}$，则 $\boldsymbol{\alpha}_1,\boldsymbol{\alpha}_2,\cdots,\boldsymbol{\alpha}_m$ 线性无关

(C) 若 $\boldsymbol{\alpha}_1,\boldsymbol{\alpha}_2,\cdots,\boldsymbol{\alpha}_m$ 线性相关，则对任意一组不全为零的 $k_1,k_2,\cdots,k_m$，都有 $k_1\boldsymbol{\alpha}_1+k_2\boldsymbol{\alpha}_2+\cdots+k_m\boldsymbol{\alpha}_m=\mathbf{0}$

(D) 若 $0\boldsymbol{\alpha}_1+0\boldsymbol{\alpha}_2+\cdots+0\boldsymbol{\alpha}_m=\mathbf{0}$，则 $\boldsymbol{\alpha}_1,\boldsymbol{\alpha}_2,\cdots,\boldsymbol{\alpha}_m$ 线性无关

知识点睛　0303 线性相关与线性无关的概念

解　要正确解答本题必须非常清楚向量组线性相关和线性无关的概念.所谓向量组 $\boldsymbol{\alpha}_1,\boldsymbol{\alpha}_2,\cdots,\boldsymbol{\alpha}_m$ 线性相关，即存在一组不全为零的数 $k_1,k_2,\cdots,k_m$，使

$$k_1\boldsymbol{\alpha}_1+k_2\boldsymbol{\alpha}_2+\cdots+k_m\boldsymbol{\alpha}_m=\mathbf{0}.$$

选项(A)对 $k_1,k_2,\cdots,k_m$ 是否不全为零未加说明，选项(C)要求对任意一组不全为零的数 $k_1,k_2,\cdots,k_m$ 使上式成立，均不是 $\boldsymbol{\alpha}_1,\boldsymbol{\alpha}_2,\cdots,\boldsymbol{\alpha}_m$ 线性相关的定义所要求的.

所谓 $\boldsymbol{\alpha}_1,\boldsymbol{\alpha}_2,\cdots,\boldsymbol{\alpha}_m$ 线性无关，当且仅当 $k_1=k_2=\cdots=k_m=0$ 时，

$$k_1\boldsymbol{\alpha}_1+k_2\boldsymbol{\alpha}_2+\cdots+k_m\boldsymbol{\alpha}_m=\mathbf{0}.$$

显然(D)不正确，它没有强调只有当 $k_1=k_2=\cdots=k_m=0$ 时，上式成立.

故应选(B).

18　n 维向量组 $\boldsymbol{\alpha}_1,\boldsymbol{\alpha}_2,\cdots,\boldsymbol{\alpha}_s(3\leqslant s\leqslant n)$ 线性无关的充要条件是(　　).

(A) 存在一组不全为零的数 $k_1,k_2,\cdots,k_s$，使 $k_1\boldsymbol{\alpha}_1+k_2\boldsymbol{\alpha}_2+\cdots+k_s\boldsymbol{\alpha}_s\neq\mathbf{0}$

(B) $\boldsymbol{\alpha}_1,\boldsymbol{\alpha}_2,\cdots,\boldsymbol{\alpha}_s$ 中任意两个向量都线性无关

(C) $\boldsymbol{\alpha}_1,\boldsymbol{\alpha}_2,\cdots,\boldsymbol{\alpha}_s$ 中存在一个向量，它不能由其余向量线性表示

(D) $\boldsymbol{\alpha}_1,\boldsymbol{\alpha}_2,\cdots,\boldsymbol{\alpha}_s$ 中任意一个向量都不能由其余向量线性表示

知识点睛　0303 线性相关与线性无关的概念

解　向量组 $\boldsymbol{\alpha}_1,\boldsymbol{\alpha}_2,\cdots,\boldsymbol{\alpha}_s$ 线性无关的定义是等式 $k_1\boldsymbol{\alpha}_1+k_2\boldsymbol{\alpha}_2+\cdots+k_s\boldsymbol{\alpha}_s=\mathbf{0}$，只能在 $k_1,k_2,\cdots,k_s$ 全为零时才成立.对照这一定义知，只有(D)正确，(A)、(B)、(C)是此向量组线性无关的必要条件，但不是充分条件.

故应选(D).

19　已知向量组 $\boldsymbol{\alpha}_1,\boldsymbol{\alpha}_2,\boldsymbol{\alpha}_3,\boldsymbol{\alpha}_4$ 线性无关，则(　　).

19 题精解视频

(A) $\boldsymbol{\alpha}_1+\boldsymbol{\alpha}_2,\boldsymbol{\alpha}_2+\boldsymbol{\alpha}_3,\boldsymbol{\alpha}_3+\boldsymbol{\alpha}_4,\boldsymbol{\alpha}_4+\boldsymbol{\alpha}_1$ 线性无关

(B) $\boldsymbol{\alpha}_1-\boldsymbol{\alpha}_2,\boldsymbol{\alpha}_2-\boldsymbol{\alpha}_3,\boldsymbol{\alpha}_3-\boldsymbol{\alpha}_4,\boldsymbol{\alpha}_4-\boldsymbol{\alpha}_1$ 线性无关

(C) $\boldsymbol{\alpha}_1+\boldsymbol{\alpha}_2,\boldsymbol{\alpha}_2+\boldsymbol{\alpha}_3,\boldsymbol{\alpha}_3+\boldsymbol{\alpha}_4,\boldsymbol{\alpha}_4-\boldsymbol{\alpha}_1$ 线性无关

(D) $\boldsymbol{\alpha}_1+\boldsymbol{\alpha}_2,\boldsymbol{\alpha}_2+\boldsymbol{\alpha}_3,\boldsymbol{\alpha}_3-\boldsymbol{\alpha}_4,\boldsymbol{\alpha}_4-\boldsymbol{\alpha}_1$ 线性无关

知识点睛　0303 线性相关与线性无关的判别

解　利用定义，逐个验证.设有一组数 k_1,k_2,k_3,k_4，使得

$$k_1(\boldsymbol{\alpha}_1+\boldsymbol{\alpha}_2)+k_2(\boldsymbol{\alpha}_2+\boldsymbol{\alpha}_3)+k_3(\boldsymbol{\alpha}_3+\boldsymbol{\alpha}_4)+k_4(\boldsymbol{\alpha}_4+\boldsymbol{\alpha}_1)=\mathbf{0},$$

即

$$(k_1+k_4)\boldsymbol{\alpha}_1+(k_1+k_2)\boldsymbol{\alpha}_2+(k_2+k_3)\boldsymbol{\alpha}_3+(k_3+k_4)\boldsymbol{\alpha}_4=\mathbf{0}.$$

因为 $\boldsymbol{\alpha}_1,\boldsymbol{\alpha}_2,\boldsymbol{\alpha}_3,\boldsymbol{\alpha}_4$ 线性无关，故

$$\begin{cases}k_1+k_4=0,\\k_1+k_2=0,\\k_2+k_3=0,\\k_3+k_4=0,\end{cases}$$

由于其系数行列式

$$\begin{vmatrix}1&0&0&1\\1&1&0&0\\0&1&1&0\\0&0&1&1\end{vmatrix}=0,$$

故方程组有非零解 k_1,k_2,k_3,k_4，所以 $\boldsymbol{\alpha}_1+\boldsymbol{\alpha}_2,\boldsymbol{\alpha}_2+\boldsymbol{\alpha}_3,\boldsymbol{\alpha}_3+\boldsymbol{\alpha}_4,\boldsymbol{\alpha}_4+\boldsymbol{\alpha}_1$ 线性相关.同理可验证其他三组向量的线性相关性.通过计算可知(C)正确.

故应选(C).

【评注】利用定义判别向量的线性相关性，即“设出等式，考察系数”.

20 已知向量组 $\boldsymbol{\alpha}_1,\boldsymbol{\alpha}_2,\boldsymbol{\alpha}_3$ 线性无关，证明：$\boldsymbol{\alpha}_1+2\boldsymbol{\alpha}_2,2\boldsymbol{\alpha}_1+3\boldsymbol{\alpha}_3,3\boldsymbol{\alpha}_3+\boldsymbol{\alpha}_1$ 线性无关.

知识点睛 0303 线性相关与线性无关的判别

证 设 $k_1(\boldsymbol{\alpha}_1+2\boldsymbol{\alpha}_2)+k_2(2\boldsymbol{\alpha}_1+3\boldsymbol{\alpha}_3)+k_3(3\boldsymbol{\alpha}_3+\boldsymbol{\alpha}_1)=\mathbf{0}$，则

$$(k_1+2k_2+k_3)\boldsymbol{\alpha}_1+2k_1\boldsymbol{\alpha}_2+(3k_2+3k_3)\boldsymbol{\alpha}_3=\mathbf{0}.$$

由向量组 $\boldsymbol{\alpha}_1,\boldsymbol{\alpha}_2,\boldsymbol{\alpha}_3$ 线性无关，知

$$\begin{cases}k_1+2k_2+k_3=0,\\2k_1=0,\\3k_2+3k_3=0,\end{cases}$$

解得 $k_1=k_2=k_3=0$，所以 $\boldsymbol{\alpha}_1+2\boldsymbol{\alpha}_2,2\boldsymbol{\alpha}_1+3\boldsymbol{\alpha}_3,3\boldsymbol{\alpha}_3+\boldsymbol{\alpha}_1$ 线性无关.

21 已知 $\boldsymbol{\alpha}_1,\boldsymbol{\alpha}_2,\boldsymbol{\alpha}_3$ 线性无关，证明 $\boldsymbol{\alpha}_1+\boldsymbol{\alpha}_2,3\boldsymbol{\alpha}_2+2\boldsymbol{\alpha}_3,\boldsymbol{\alpha}_1-2\boldsymbol{\alpha}_2+\boldsymbol{\alpha}_3$ 线性无关.

知识点睛 0303 线性相关与线性无关的判别

证 设有一组数 k_1,k_2,k_3，使得 $k_1(\boldsymbol{\alpha}_1+\boldsymbol{\alpha}_2)+k_2(3\boldsymbol{\alpha}_2+2\boldsymbol{\alpha}_3)+k_3(\boldsymbol{\alpha}_1-2\boldsymbol{\alpha}_2+\boldsymbol{\alpha}_3)=\mathbf{0}$，即

$$(k_1+k_3)\boldsymbol{\alpha}_1+(k_1+3k_2-2k_3)\boldsymbol{\alpha}_2+(2k_2+k_3)\boldsymbol{\alpha}_3=\mathbf{0}.$$

由于 $\boldsymbol{\alpha}_1,\boldsymbol{\alpha}_2,\boldsymbol{\alpha}_3$ 线性无关，从而有线性方程组

$$\begin{cases}k_1+k_3=0,\\k_1+3k_2-2k_3=0,\\2k_2+k_3=0,\end{cases}$$

其系数行列式

$$\begin{vmatrix}1&0&1\\1&3&-2\\0&2&1\end{vmatrix}=9\neq0,$$

从而齐次线性方程组只有零解，即 $k_1=k_2=k_3=0$，所以 $\boldsymbol{\alpha}_1+\boldsymbol{\alpha}_2,3\boldsymbol{\alpha}_2+2\boldsymbol{\alpha}_3,\boldsymbol{\alpha}_1-2\boldsymbol{\alpha}_2+\boldsymbol{\alpha}_3$ 线性无关.

22 向量组 $\boldsymbol{\alpha}_1=(1,1,0)^{\mathrm{T}},\boldsymbol{\alpha}_2=(1,2,0)^{\mathrm{T}},\boldsymbol{\alpha}_3=(1,1,4)^{\mathrm{T}},\boldsymbol{\alpha}_4=(1,1,9)^{\mathrm{T}}$ 的线性关系是________.

知识点睛 0303 线性相关与线性无关的判别

解法1 设 $k_1\boldsymbol{\alpha}_1+k_2\boldsymbol{\alpha}_2+k_3\boldsymbol{\alpha}_3+k_4\boldsymbol{\alpha}_4=\mathbf{0}$，即

$$\begin{cases}k_1+k_2+k_3+k_4=0,\\ k_1+2k_2+k_3+k_4=0,\\ 4k_3+9k_4=0,\end{cases} \quad 得 \quad \begin{cases}k_1=\dfrac{5}{4}k_4,\\ k_2=0,\\ k_3=-\dfrac{9}{4}k_4,\end{cases}$$

所以 $\boldsymbol{\alpha}_1,\boldsymbol{\alpha}_2,\boldsymbol{\alpha}_3,\boldsymbol{\alpha}_4$ 线性相关.故应填“线性相关”.

解法 2　利用结论:$n+1$ 个 n 维向量必线性相关,知 4 个 3 维向量必线性相关.故应填“线性相关”.

23　向量组 $\boldsymbol{\alpha}_1=(1,1,0,0,1)^{\mathrm{T}},\boldsymbol{\alpha}_2=(0,2,1,0,2)^{\mathrm{T}},\boldsymbol{\alpha}_3=(0,3,0,1,3)^{\mathrm{T}}$ 的线性关系是________.

知识点睛　0303 线性相关与线性无关的判别

解　设 $k_1\boldsymbol{\alpha}_1+k_2\boldsymbol{\alpha}_2+k_3\boldsymbol{\alpha}_3=\mathbf{0}$,得 $k_1=0,k_2=0,k_3=0$,所以 $\boldsymbol{\alpha}_1,\boldsymbol{\alpha}_2,\boldsymbol{\alpha}_3$ 线性无关.故应填“线性无关”.

24　已知 $\boldsymbol{\alpha}_1,\boldsymbol{\alpha}_2,\boldsymbol{\alpha}_3$ 线性无关,且 $km\neq1$,证明:向量组 $k\boldsymbol{\alpha}_2-\boldsymbol{\alpha}_1,m\boldsymbol{\alpha}_3-\boldsymbol{\alpha}_2,\boldsymbol{\alpha}_1-\boldsymbol{\alpha}_3$ 线性无关.

知识点睛　0303 线性相关与线性无关的判别

证　设 $b_1(k\boldsymbol{\alpha}_2-\boldsymbol{\alpha}_1)+b_2(m\boldsymbol{\alpha}_3-\boldsymbol{\alpha}_2)+b_3(\boldsymbol{\alpha}_1-\boldsymbol{\alpha}_3)=\mathbf{0}$,整理可得

$$(b_3-b_1)\boldsymbol{\alpha}_1+(kb_1-b_2)\boldsymbol{\alpha}_2+(mb_2-b_3)\boldsymbol{\alpha}_3=\mathbf{0},$$

因为 $\boldsymbol{\alpha}_1,\boldsymbol{\alpha}_2,\boldsymbol{\alpha}_3$ 线性无关,故

$$\begin{cases}b_3-b_1=0,\\ kb_1-b_2=0,\\ mb_2-b_3=0,\end{cases} \quad 即 \quad \begin{cases}b_1=b_3,\\ b_2=kb_3,\\ (mk-1)b_3=0.\end{cases}$$

又因为 $km\neq1$,从而可解得 $b_1=b_2=b_3=0$,所以 $k\boldsymbol{\alpha}_2-\boldsymbol{\alpha}_1,m\boldsymbol{\alpha}_3-\boldsymbol{\alpha}_2,\boldsymbol{\alpha}_1-\boldsymbol{\alpha}_3$ 线性无关.

25　已知向量组 $\boldsymbol{\alpha}_1,\boldsymbol{\alpha}_2,\boldsymbol{\alpha}_3$ 线性无关.若向量组 $\boldsymbol{\alpha}_1+\boldsymbol{\alpha}_2,\boldsymbol{\alpha}_2+\boldsymbol{\alpha}_3,k\boldsymbol{\alpha}_3+l\boldsymbol{\alpha}_1$ 线性相关,则数 k 和数 l 应满足条件(　　).

(A) $k=l=1$　　(B) $k-l=1$　　(C) $k+l=1$　　(D) $k+l=0$

知识点睛　0303 线性相关与线性无关的判别

解　设有一组数 x_1,x_2,x_3,使

$$x_1(\boldsymbol{\alpha}_1+\boldsymbol{\alpha}_2)+x_2(\boldsymbol{\alpha}_2+\boldsymbol{\alpha}_3)+x_3(k\boldsymbol{\alpha}_3+l\boldsymbol{\alpha}_1)=\mathbf{0}. \qquad ①$$

则有

$$(x_1+lx_3)\boldsymbol{\alpha}_1+(x_1+x_2)\boldsymbol{\alpha}_2+(x_2+kx_3)\boldsymbol{\alpha}_3=\mathbf{0}.$$

由题设,向量组 $\boldsymbol{\alpha}_1,\boldsymbol{\alpha}_2,\boldsymbol{\alpha}_3$ 线性无关,可知

$$\begin{cases}x_1+lx_3=0,\\ x_1+x_2=0,\\ x_2+kx_3=0.\end{cases} \qquad ②$$

因为向量组 $\boldsymbol{\alpha}_1+\boldsymbol{\alpha}_2,\boldsymbol{\alpha}_2+\boldsymbol{\alpha}_3,k\boldsymbol{\alpha}_3+l\boldsymbol{\alpha}_1$ 线性相关,所以存在不全为零的数 x_1,x_2,x_3,使①式成立.也就是说,齐次线性方程组②有非零解,从而其系数行列式等于 0,又

$$\begin{vmatrix}1&0&l\\1&1&0\\0&1&k\end{vmatrix}=k+l,$$

故 $k+l=0$.

应选(D).

26 已知向量组 $\boldsymbol{\alpha}_1=(1,1,2)^{\mathrm{T}},\boldsymbol{\alpha}_2=(3,t,1)^{\mathrm{T}},\boldsymbol{\alpha}_3=(0,2,-t)^{\mathrm{T}}$ 线性相关,求 t 的值.

知识点睛 0303 线性相关与线性无关的判别

解 由于 $\boldsymbol{\alpha}_1,\boldsymbol{\alpha}_2,\boldsymbol{\alpha}_3$ 线性相关,故行列式

$$|\boldsymbol{\alpha}_1,\boldsymbol{\alpha}_2,\boldsymbol{\alpha}_3|=\begin{vmatrix}1&3&0\\1&t&2\\2&1&-t\end{vmatrix}=-t^2+3t+10=0,$$

解得 $t=5$ 或 $t=-2$.

Ⓚ2002 数学三,3分

27 题精解视频

27 已知矩阵 $\boldsymbol{A}=\begin{pmatrix}1&2&-2\\2&1&2\\3&0&4\end{pmatrix}$,向量 $\boldsymbol{\alpha}=\begin{pmatrix}a\\1\\1\end{pmatrix}$,若 $\boldsymbol{A\alpha}$ 与 $\boldsymbol{\alpha}$ 线性相关,则 $a=$________.

知识点睛 0303 线性相关与线性无关的判别

解 $\boldsymbol{A\alpha}=\begin{pmatrix}1&2&-2\\2&1&2\\3&0&4\end{pmatrix}\begin{pmatrix}a\\1\\1\end{pmatrix}=\begin{pmatrix}a\\2a+3\\3a+4\end{pmatrix}$,又 $\boldsymbol{A\alpha}$ 与 $\boldsymbol{\alpha}$ 线性相关,即 $\boldsymbol{A\alpha}=k\boldsymbol{\alpha}$,得

$$\begin{cases}a=ka,\\2a+3=k,\\3a+4=k,\end{cases}\quad 解得\quad \begin{cases}k=1,\\a=-1.\end{cases}$$

故应填-1.

28 设 $\boldsymbol{\beta}$ 可由 $\boldsymbol{\alpha}_1,\boldsymbol{\alpha}_2,\cdots,\boldsymbol{\alpha}_m$ 线性表示,试证表达式唯一的充要条件是 $\boldsymbol{\alpha}_1,\boldsymbol{\alpha}_2,\cdots,\boldsymbol{\alpha}_m$ 线性无关.

知识点睛 0302 向量的线性表示,0303 线性相关与线性无关的判别

证 必要性.设

$$\boldsymbol{\beta}=k_1\boldsymbol{\alpha}_1+k_2\boldsymbol{\alpha}_2+\cdots+k_m\boldsymbol{\alpha}_m,\qquad ①$$

$$l_1\boldsymbol{\alpha}_1+l_2\boldsymbol{\alpha}_2+\cdots+l_m\boldsymbol{\alpha}_m=\boldsymbol{0},\qquad ②$$

①+②,得

$$\boldsymbol{\beta}=(k_1+l_1)\boldsymbol{\alpha}_1+(k_2+l_2)\boldsymbol{\alpha}_2+\cdots+(k_m+l_m)\boldsymbol{\alpha}_m.\qquad ③$$

因为 $\boldsymbol{\beta}$ 的表示唯一,由①、③可知 $k_i=k_i+l_i(i=1,2,\cdots,m)$,故 $l_1=l_2=\cdots=l_m=0$,即 $\boldsymbol{\alpha}_1,\boldsymbol{\alpha}_2,\cdots,\boldsymbol{\alpha}_m$ 线性无关.

充分性.设

$$\boldsymbol{\beta}=k_1\boldsymbol{\alpha}_1+k_2\boldsymbol{\alpha}_2+\cdots+k_m\boldsymbol{\alpha}_m,$$

$$\boldsymbol{\beta}=l_1\boldsymbol{\alpha}_1+l_2\boldsymbol{\alpha}_2+\cdots+l_m\boldsymbol{\alpha}_m,$$

两式相减,得

$$(k_1-l_1)\boldsymbol{\alpha}_1+(k_2-l_2)\boldsymbol{\alpha}_2+\cdots+(k_m-l_m)\boldsymbol{\alpha}_m=\mathbf{0},$$

因为 $\boldsymbol{\alpha}_1,\boldsymbol{\alpha}_2,\cdots,\boldsymbol{\alpha}_m$ 线性无关,所以

$$k_1-l_1=0,k_2-l_2=0,\cdots,k_m-l_m=0.$$

即 $k_i=l_i(i=1,2,\cdots,m)$,故 $\boldsymbol{\beta}$ 的表示唯一.

29　设 $\boldsymbol{\alpha}_1,\boldsymbol{\alpha}_2,\cdots,\boldsymbol{\alpha}_s$ 均为 n 维列向量,$\boldsymbol{A}$ 是 $m\times n$ 矩阵,下列选项正确的是(　　).　Ⓚ2006 数学一、数学二、数学三,4 分

(A) 若 $\boldsymbol{\alpha}_1,\boldsymbol{\alpha}_2,\cdots,\boldsymbol{\alpha}_s$ 线性相关,则 $\boldsymbol{A}\boldsymbol{\alpha}_1,\boldsymbol{A}\boldsymbol{\alpha}_2,\cdots,\boldsymbol{A}\boldsymbol{\alpha}_s$ 线性相关

(B) 若 $\boldsymbol{\alpha}_1,\boldsymbol{\alpha}_2,\cdots,\boldsymbol{\alpha}_s$ 线性相关,则 $\boldsymbol{A}\boldsymbol{\alpha}_1,\boldsymbol{A}\boldsymbol{\alpha}_2,\cdots,\boldsymbol{A}\boldsymbol{\alpha}_s$ 线性无关

(C) 若 $\boldsymbol{\alpha}_1,\boldsymbol{\alpha}_2,\cdots,\boldsymbol{\alpha}_s$ 线性无关,则 $\boldsymbol{A}\boldsymbol{\alpha}_1,\boldsymbol{A}\boldsymbol{\alpha}_2,\cdots,\boldsymbol{A}\boldsymbol{\alpha}_s$ 线性相关

(D) 若 $\boldsymbol{\alpha}_1,\boldsymbol{\alpha}_2,\cdots,\boldsymbol{\alpha}_s$ 线性无关,则 $\boldsymbol{A}\boldsymbol{\alpha}_1,\boldsymbol{A}\boldsymbol{\alpha}_2,\cdots,\boldsymbol{A}\boldsymbol{\alpha}_s$ 线性无关

知识点睛　0303 线性相关与线性无关的判别

解法 1(用定义法)　因为 $\boldsymbol{\alpha}_1,\boldsymbol{\alpha}_2,\cdots,\boldsymbol{\alpha}_s$ 线性相关,故存在不全为零的数 $k_1,k_2,\cdots,k_s$,使得

$$k_1\boldsymbol{\alpha}_1+k_2\boldsymbol{\alpha}_2+\cdots+k_s\boldsymbol{\alpha}_s=\mathbf{0},$$

从而有

$$\boldsymbol{A}(k_1\boldsymbol{\alpha}_1+k_2\boldsymbol{\alpha}_2+\cdots+k_s\boldsymbol{\alpha}_s)=\boldsymbol{A}\mathbf{0}=\mathbf{0},$$

亦即

$$k_1\boldsymbol{A}\boldsymbol{\alpha}_1+k_2\boldsymbol{A}\boldsymbol{\alpha}_2+\cdots+k_s\boldsymbol{A}\boldsymbol{\alpha}_s=\mathbf{0},$$

由于 $k_1,k_2,\cdots,k_s$ 不全为 0,说明 $\boldsymbol{A}\boldsymbol{\alpha}_1,\boldsymbol{A}\boldsymbol{\alpha}_2,\cdots,\boldsymbol{A}\boldsymbol{\alpha}_s$ 线性相关.故(A)正确.

解法 2(用秩方法)　利用分块矩阵有 $(\boldsymbol{A}\boldsymbol{\alpha}_1,\boldsymbol{A}\boldsymbol{\alpha}_2,\cdots,\boldsymbol{A}\boldsymbol{\alpha}_s)=\boldsymbol{A}(\boldsymbol{\alpha}_1,\boldsymbol{\alpha}_2,\cdots,\boldsymbol{\alpha}_s)$,那么

$$r(\boldsymbol{A}\boldsymbol{\alpha}_1,\boldsymbol{A}\boldsymbol{\alpha}_2,\cdots,\boldsymbol{A}\boldsymbol{\alpha}_s)\leqslant(\boldsymbol{\alpha}_1,\boldsymbol{\alpha}_2,\cdots,\boldsymbol{\alpha}_s),$$

因为 $\boldsymbol{\alpha}_1,\boldsymbol{\alpha}_2,\cdots,\boldsymbol{\alpha}_s$ 线性相关,有 $r(\boldsymbol{\alpha}_1,\boldsymbol{\alpha}_2,\cdots,\boldsymbol{\alpha}_s)<s$,从而

$$r(\boldsymbol{A}\boldsymbol{\alpha}_1,\boldsymbol{A}\boldsymbol{\alpha}_2,\cdots,\boldsymbol{A}\boldsymbol{\alpha}_s)<s,$$

故 $\boldsymbol{A}\boldsymbol{\alpha}_1,\boldsymbol{A}\boldsymbol{\alpha}_2,\cdots,\boldsymbol{A}\boldsymbol{\alpha}_s$ 线性相关,即应选(A).

【评注】如令 $\boldsymbol{A}=\boldsymbol{O}$ 易见(B)、(D)不正确,如令 $\boldsymbol{A}=\boldsymbol{E}$ 易见(C)不正确.

30　设向量组 $\boldsymbol{\alpha}_1,\boldsymbol{\alpha}_2,\boldsymbol{\alpha}_3$ 线性无关,则下列向量组线性相关的是(　　).　Ⓚ2007 数学一、数学二、数学三,4 分

(A) $\boldsymbol{\alpha}_1-\boldsymbol{\alpha}_2,\boldsymbol{\alpha}_2-\boldsymbol{\alpha}_3,\boldsymbol{\alpha}_3-\boldsymbol{\alpha}_1$　　(B) $\boldsymbol{\alpha}_1+\boldsymbol{\alpha}_2,\boldsymbol{\alpha}_2+\boldsymbol{\alpha}_3,\boldsymbol{\alpha}_3+\boldsymbol{\alpha}_1$

(C) $\boldsymbol{\alpha}_1-2\boldsymbol{\alpha}_2,\boldsymbol{\alpha}_2-2\boldsymbol{\alpha}_3,\boldsymbol{\alpha}_3-2\boldsymbol{\alpha}_1$　　(D) $\boldsymbol{\alpha}_1+2\boldsymbol{\alpha}_2,\boldsymbol{\alpha}_2+2\boldsymbol{\alpha}_3,\boldsymbol{\alpha}_3+2\boldsymbol{\alpha}_1$

知识点睛　0303 线性相关与线性无关的判别

解　因为 $(\boldsymbol{\alpha}_1-\boldsymbol{\alpha}_2)+(\boldsymbol{\alpha}_2-\boldsymbol{\alpha}_3)+(\boldsymbol{\alpha}_3-\boldsymbol{\alpha}_1)=\mathbf{0}$,所以向量组 $\boldsymbol{\alpha}_1-\boldsymbol{\alpha}_2,\boldsymbol{\alpha}_2-\boldsymbol{\alpha}_3,\boldsymbol{\alpha}_3-\boldsymbol{\alpha}_1$ 线性相关,故应选(A).

至于(B)、(C)、(D)的线性无关性可以用 $(\boldsymbol{\beta}_1,\boldsymbol{\beta}_2,\boldsymbol{\beta}_3)=(\boldsymbol{\alpha}_1,\boldsymbol{\alpha}_2,\boldsymbol{\alpha}_3)\boldsymbol{C}$ 的方法来处理.即若 $\boldsymbol{\alpha}_1,\boldsymbol{\alpha}_2,\boldsymbol{\alpha}_3$ 线性无关,那么 $\boldsymbol{\beta}_1,\boldsymbol{\beta}_2,\boldsymbol{\beta}_3$ 线性无关 $\Leftrightarrow|\boldsymbol{C}|\neq0$.

选项(B)、(C)、(D)中的向量有

$$(\boldsymbol{\alpha}_1+\boldsymbol{\alpha}_2,\boldsymbol{\alpha}_2+\boldsymbol{\alpha}_3,\boldsymbol{\alpha}_3+\boldsymbol{\alpha}_1)=(\boldsymbol{\alpha}_1,\boldsymbol{\alpha}_2,\boldsymbol{\alpha}_3)\begin{pmatrix}1&0&1\\1&1&0\\0&1&1\end{pmatrix},$$

$$(\boldsymbol{\alpha}_1-2\boldsymbol{\alpha}_2,\boldsymbol{\alpha}_2-2\boldsymbol{\alpha}_3,\boldsymbol{\alpha}_3-2\boldsymbol{\alpha}_1)=(\boldsymbol{\alpha}_1,\boldsymbol{\alpha}_2,\boldsymbol{\alpha}_3)\begin{pmatrix}1&0&-2\\-2&1&0\\0&-2&1\end{pmatrix},$$

$$(\boldsymbol{\alpha}_1+2\boldsymbol{\alpha}_2,\boldsymbol{\alpha}_2+2\boldsymbol{\alpha}_3,\boldsymbol{\alpha}_3+2\boldsymbol{\alpha}_1)=(\boldsymbol{\alpha}_1,\boldsymbol{\alpha}_2,\boldsymbol{\alpha}_3)\begin{pmatrix}1&0&2\\2&1&0\\0&2&1\end{pmatrix},$$

由于 $\begin{vmatrix}1&0&1\\1&1&0\\0&1&1\end{vmatrix}=2\neq0$, $\begin{vmatrix}1&0&-2\\-2&1&0\\0&-2&1\end{vmatrix}=-7\neq0$, $\begin{vmatrix}1&0&2\\2&1&0\\0&2&1\end{vmatrix}=9\neq0$,可知(B)、(C)、(D)的向量组都是线性无关的,故选(A).

K 2014 数学一、数学二、数学三,4分

31 设 $\boldsymbol{\alpha}_1,\boldsymbol{\alpha}_2,\boldsymbol{\alpha}_3$ 均为3维向量,则对任意常数 k,l,向量组 $\boldsymbol{\alpha}_1+k\boldsymbol{\alpha}_3,\boldsymbol{\alpha}_2+l\boldsymbol{\alpha}_3$ 线性无关是向量组 $\boldsymbol{\alpha}_1,\boldsymbol{\alpha}_2,\boldsymbol{\alpha}_3$ 线性无关的(　　).

(A) 必要非充分条件　　(B) 充分非必要条件

(C) 充分必要条件　　(D) 既非充分也非必要条件

知识点睛　0303 线性相关与线性无关的判别

解　记 $\boldsymbol{\beta}_1=\boldsymbol{\alpha}_1+k\boldsymbol{\alpha}_3,\boldsymbol{\beta}_2=\boldsymbol{\alpha}_2+l\boldsymbol{\alpha}_3$,则

$$(\boldsymbol{\beta}_1,\boldsymbol{\beta}_2)=(\boldsymbol{\alpha}_1,\boldsymbol{\alpha}_2,\boldsymbol{\alpha}_3)\begin{pmatrix}1&0\\0&1\\k&l\end{pmatrix}.$$

若 $\boldsymbol{\alpha}_1,\boldsymbol{\alpha}_2,\boldsymbol{\alpha}_3$ 线性无关,则 $(\boldsymbol{\alpha}_1,\boldsymbol{\alpha}_2,\boldsymbol{\alpha}_3)$ 是3阶可逆矩阵,故 $r(\boldsymbol{\beta}_1,\boldsymbol{\beta}_2)=r\begin{pmatrix}1&0\\0&1\\k&l\end{pmatrix}=2$,即 $\boldsymbol{\alpha}_1+k\boldsymbol{\alpha}_3,\boldsymbol{\alpha}_2+l\boldsymbol{\alpha}_3$ 线性无关.

反之,设 $\boldsymbol{\alpha}_1,\boldsymbol{\alpha}_2$ 线性无关,$\boldsymbol{\alpha}_3=\mathbf{0}$,则对任意常数 k,l 必有 $\boldsymbol{\alpha}_1+k\boldsymbol{\alpha}_3,\boldsymbol{\alpha}_2+l\boldsymbol{\alpha}_3$ 线性无关,但 $\boldsymbol{\alpha}_1,\boldsymbol{\alpha}_2,\boldsymbol{\alpha}_3$ 线性相关.所以 $\boldsymbol{\alpha}_1+k\boldsymbol{\alpha}_3,\boldsymbol{\alpha}_2+l\boldsymbol{\alpha}_3$ 线性无关是向量组 $\boldsymbol{\alpha}_1,\boldsymbol{\alpha}_2,\boldsymbol{\alpha}_3$ 线性无关的必要而非充分条件.故应选(A).

K 2003 数学一、数学二,4分

32 设向量组Ⅰ:$\boldsymbol{\alpha}_1,\boldsymbol{\alpha}_2,\cdots,\boldsymbol{\alpha}_r$ 可由向量组Ⅱ:$\boldsymbol{\beta}_1,\boldsymbol{\beta}_2,\cdots,\boldsymbol{\beta}_s$ 线性表示,则(　　).

(A) 当 $r<s$ 时,向量组Ⅱ必线性相关

(B) 当 $r>s$ 时,向量组Ⅱ必线性相关

(C) 当 $r<s$ 时,向量组Ⅰ必线性相关

(D) 当 $r>s$ 时,向量组Ⅰ必线性相关

知识点睛　0302 向量的线性表示,0303 线性相关与线性无关的判别

解　根据定理"若 $\boldsymbol{\alpha}_1,\boldsymbol{\alpha}_2,\cdots,\boldsymbol{\alpha}_s$ 可由 $\boldsymbol{\beta}_1,\boldsymbol{\beta}_2,\cdots,\boldsymbol{\beta}_t$ 线性表示,且 $s>t$,则 $\boldsymbol{\alpha}_1,\boldsymbol{\alpha}_2,\cdots,\boldsymbol{\alpha}_s$ 必线性相关",即若多数向量可以由少数向量线性表示,则该多数向量必线性相关,故应选(D).

或者,因Ⅰ能由Ⅱ表示⇒$r(\text{Ⅰ})\leqslant r(\text{Ⅱ})$,又因 $r(\text{Ⅱ})\leqslant s$,所以 $r(\text{Ⅰ})\leqslant s<r$,故应选(D).

【评注】建议你举几个例子说明(A)、(B)、(C)均不正确.

33 设 $\boldsymbol{\alpha}_1,\boldsymbol{\alpha}_2,\boldsymbol{\alpha}_3,\boldsymbol{\alpha}_4$ 线性无关,判断下列向量组的线性相关性:

(1) $\boldsymbol{\alpha}_1+\boldsymbol{\alpha}_2+\boldsymbol{\alpha}_3,\boldsymbol{\alpha}_2+\boldsymbol{\alpha}_3+\boldsymbol{\alpha}_4,\boldsymbol{\alpha}_3+\boldsymbol{\alpha}_4+\boldsymbol{\alpha}_1,\boldsymbol{\alpha}_4+\boldsymbol{\alpha}_1+\boldsymbol{\alpha}_2$;

(2) $\boldsymbol{\alpha}_1-\boldsymbol{\alpha}_2,\boldsymbol{\alpha}_2-\boldsymbol{\alpha}_3,\boldsymbol{\alpha}_3-\boldsymbol{\alpha}_1$.

知识点睛 0303 线性相关与线性无关的判别

解 (1) 向量组 $\boldsymbol{\alpha}_1+\boldsymbol{\alpha}_2+\boldsymbol{\alpha}_3,\boldsymbol{\alpha}_2+\boldsymbol{\alpha}_3+\boldsymbol{\alpha}_4,\boldsymbol{\alpha}_3+\boldsymbol{\alpha}_4+\boldsymbol{\alpha}_1,\boldsymbol{\alpha}_4+\boldsymbol{\alpha}_1+\boldsymbol{\alpha}_2$ 对于 $\boldsymbol{\alpha}_1,\boldsymbol{\alpha}_2,\boldsymbol{\alpha}_3,\boldsymbol{\alpha}_4$ 的表示矩阵为

$$\boldsymbol{C}=\begin{pmatrix}1&0&1&1\\1&1&0&1\\1&1&1&0\\0&1&1&1\end{pmatrix},$$

即 $(\boldsymbol{\alpha}_1+\boldsymbol{\alpha}_2+\boldsymbol{\alpha}_3,\boldsymbol{\alpha}_2+\boldsymbol{\alpha}_3+\boldsymbol{\alpha}_4,\boldsymbol{\alpha}_3+\boldsymbol{\alpha}_4+\boldsymbol{\alpha}_1,\boldsymbol{\alpha}_4+\boldsymbol{\alpha}_1+\boldsymbol{\alpha}_2)=(\boldsymbol{\alpha}_1,\boldsymbol{\alpha}_2,\boldsymbol{\alpha}_3,\boldsymbol{\alpha}_4)\boldsymbol{C}$,于是

$$r(\boldsymbol{\alpha}_1+\boldsymbol{\alpha}_2+\boldsymbol{\alpha}_3,\boldsymbol{\alpha}_2+\boldsymbol{\alpha}_3+\boldsymbol{\alpha}_4,\boldsymbol{\alpha}_3+\boldsymbol{\alpha}_4+\boldsymbol{\alpha}_1,\boldsymbol{\alpha}_4+\boldsymbol{\alpha}_1+\boldsymbol{\alpha}_2)=r(\boldsymbol{C}).$$

因为 $|\boldsymbol{C}|=3\neq0$,所以 $r(\boldsymbol{C})=4$.所以(1)中向量组是线性无关的.

(2) 用同法解,本题向量组对于 $\boldsymbol{\alpha}_1,\boldsymbol{\alpha}_2,\boldsymbol{\alpha}_3,\boldsymbol{\alpha}_4$ 的表示矩阵为

$$\begin{pmatrix}1&0&-1\\-1&1&0\\0&-1&1\\0&0&0\end{pmatrix},$$

其秩为 2,于是此向量组线性相关.

34 设 $\boldsymbol{A},\boldsymbol{B}$ 为满足 $\boldsymbol{AB}=\boldsymbol{O}$ 的任意两个非零矩阵,则必有( ).

(A) $\boldsymbol{A}$ 的列向量组线性相关,$\boldsymbol{B}$ 的行向量组线性相关

(B) $\boldsymbol{A}$ 的列向量组线性相关,$\boldsymbol{B}$ 的列向量组线性相关

(C) $\boldsymbol{A}$ 的行向量组线性相关,$\boldsymbol{B}$ 的行向量组线性相关

(D) $\boldsymbol{A}$ 的行向量组线性相关,$\boldsymbol{B}$ 的列向量组线性相关

K 2004 数学一、数学二,4 分

34 题精解视频

知识点睛 0303 线性相关与线性无关的判别

解法 1 设 $\boldsymbol{A}$ 为 $m\times n$ 矩阵,$\boldsymbol{B}$ 为 $n\times s$ 矩阵.由 $\boldsymbol{AB}=\boldsymbol{O}$ 知 $r(\boldsymbol{A})+r(\boldsymbol{B})\leqslant n$.

另一方面,由 $\boldsymbol{A},\boldsymbol{B}$ 非零知 $r(\boldsymbol{A})\geqslant1,r(\boldsymbol{B})\geqslant1$,从而 $r(\boldsymbol{A})\leqslant n-1,r(\boldsymbol{B})\leqslant n-1$,即 $\boldsymbol{A}$ 的列向量组线性相关,$\boldsymbol{B}$ 的行向量组线性相关.

故应选(A).

解法 2 由 $\boldsymbol{AB}=\boldsymbol{O}$ 知,矩阵 $\boldsymbol{B}$ 的每一列均为线性方程组 $\boldsymbol{Ax}=\boldsymbol{0}$ 的解,而 $\boldsymbol{B}\neq\boldsymbol{0}$,即 $\boldsymbol{Ax}=\boldsymbol{0}$ 有非零解.令 $\boldsymbol{A}=(\boldsymbol{\alpha}_1,\boldsymbol{\alpha}_2,\cdots,\boldsymbol{\alpha}_n)$,按列分块,则 $x_1\boldsymbol{\alpha}_1+x_2\boldsymbol{\alpha}_2+\cdots+x_n\boldsymbol{\alpha}_n=\boldsymbol{0}$ 有非零解,故 $\boldsymbol{A}$ 的列向量组线性相关.

同理,由 $\boldsymbol{AB}=\boldsymbol{O}$ 得 $\boldsymbol{B}^{\mathrm{T}}\boldsymbol{A}^{\mathrm{T}}=\boldsymbol{O}$,与上述讨论类似可得 $\boldsymbol{B}^{\mathrm{T}}$ 的列向量组线性相关,从而 $\boldsymbol{B}$ 的行向量组线性相关.

【评注】解法 1 利用了矩阵的秩,解法 2 利用的是线性相关、无关的定义和线性方程组的相关理论.注意与 $\boldsymbol{AB}=\boldsymbol{O}$ 有关的两个结论:

(1) $\boldsymbol{AB}=\boldsymbol{O}\Rightarrow r(\boldsymbol{A})+r(\boldsymbol{B})\leqslant n$;

(2) $\boldsymbol{AB}=\boldsymbol{O}\Rightarrow\boldsymbol{B}$ 的每个列向量均为 $\boldsymbol{Ax}=\boldsymbol{0}$ 的解.

35 设$\boldsymbol{A},\boldsymbol{B}$为满足$\boldsymbol{AB}=\boldsymbol{E}$的任意两个矩阵,则必有(　　).

(A) $\boldsymbol{A}$的列向量组线性无关,$\boldsymbol{B}$的行向量组线性无关

(B) $\boldsymbol{A}$的列向量组线性无关,$\boldsymbol{B}$的列向量组线性无关

(C) $\boldsymbol{A}$的行向量组线性无关,$\boldsymbol{B}$的行向量组线性无关

(D) $\boldsymbol{A}$的行向量组线性无关,$\boldsymbol{B}$的列向量组线性无关

知识点睛 0303 线性相关与线性无关的判别

解 设$\boldsymbol{A}$为$m\times n$矩阵,$\boldsymbol{B}$为$n\times m$矩阵,由$\boldsymbol{AB}=\boldsymbol{E}$知

$$m=r(\boldsymbol{E})\leqslant\min\{r(\boldsymbol{A}),r(\boldsymbol{B})\}\leqslant m,$$

所以$r(\boldsymbol{A})=r(\boldsymbol{B})=m$.因此,$\boldsymbol{A}$的行向量组线性无关,$\boldsymbol{B}$的列向量组线性无关,应选(D).

36 已知向量组$\boldsymbol{\alpha}_1=(1,1,1,3)^{\mathrm{T}},\boldsymbol{\alpha}_2=(-1,-3,5,1)^{\mathrm{T}},\boldsymbol{\alpha}_3=(3,2,-1,k+2)^{\mathrm{T}},\boldsymbol{\alpha}_4=(-2,-6,10,k)^{\mathrm{T}}$线性相关,求$k$.

知识点睛 0303 线性相关与线性无关的判别

解 $\boldsymbol{A}=(\boldsymbol{\alpha}_1,\boldsymbol{\alpha}_2,\boldsymbol{\alpha}_3,\boldsymbol{\alpha}_4)=\begin{pmatrix}1&-1&3&-2\\1&-3&2&-6\\1&5&-1&10\\3&1&k+2&k\end{pmatrix}\to\begin{pmatrix}1&-1&3&-2\\0&-2&-1&-4\\0&0&1&0\\0&0&0&k-2\end{pmatrix}$,由于$\boldsymbol{\alpha}_1,\boldsymbol{\alpha}_2,\boldsymbol{\alpha}_3,\boldsymbol{\alpha}_4$线性相关,所以$k=2$.

37 设$\boldsymbol{A}$是n阶矩阵,$\boldsymbol{\alpha}_1$是n维非零列向量.若$\boldsymbol{A\alpha}_1=2\boldsymbol{\alpha}_1,\boldsymbol{A\alpha}_2=2\boldsymbol{\alpha}_2+\boldsymbol{\alpha}_1,\boldsymbol{A\alpha}_3=2\boldsymbol{\alpha}_3+\boldsymbol{\alpha}_2$,证明:向量组$\boldsymbol{\alpha}_1,\boldsymbol{\alpha}_2,\boldsymbol{\alpha}_3$线性无关.

知识点睛 0303 线性相关与线性无关的判别

证 设

$$k_1\boldsymbol{\alpha}_1+k_2\boldsymbol{\alpha}_2+k_3\boldsymbol{\alpha}_3=\boldsymbol{0},\qquad ①$$

两边同时乘以$\boldsymbol{A}$并化简整理,得

$$2k_1\boldsymbol{\alpha}_1+k_2(2\boldsymbol{\alpha}_2+\boldsymbol{\alpha}_1)+k_3(2\boldsymbol{\alpha}_3+\boldsymbol{\alpha}_2)=\boldsymbol{0}.\qquad ②$$

②-①×2,得

$$k_2\boldsymbol{\alpha}_1+k_3\boldsymbol{\alpha}_2=\boldsymbol{0}.\qquad ③$$

在③式两边同时乘以$\boldsymbol{A}$并化简整理,得

$$2k_2\boldsymbol{\alpha}_1+k_3(2\boldsymbol{\alpha}_2+\boldsymbol{\alpha}_1)=\boldsymbol{0}.\qquad ④$$

④-③×2,得$k_3\boldsymbol{\alpha}_1=\boldsymbol{0}$,由于$\boldsymbol{\alpha}_1$是$n$维非零列向量,所以$k_3=0$,代入③式得$k_2=0$,再代入①式得$k_1=0$,于是向量组$\boldsymbol{\alpha}_1,\boldsymbol{\alpha}_2,\boldsymbol{\alpha}_3$线性无关.

38题精解视频

38 已知向量组$\boldsymbol{\alpha}_1,\boldsymbol{\alpha}_2,\cdots,\boldsymbol{\alpha}_m$线性无关,证明:$\boldsymbol{\beta}_1=\boldsymbol{\alpha}_1,\boldsymbol{\beta}_2=\boldsymbol{\alpha}_1+\boldsymbol{\alpha}_2,\cdots,\boldsymbol{\beta}_m=\boldsymbol{\alpha}_1+\boldsymbol{\alpha}_2+\cdots+\boldsymbol{\alpha}_m$线性无关.

知识点睛 0303 线性相关与线性无关的判别

证 设$k_1\boldsymbol{\alpha}_1+k_2(\boldsymbol{\alpha}_1+\boldsymbol{\alpha}_2)+\cdots+k_m(\boldsymbol{\alpha}_1+\boldsymbol{\alpha}_2+\cdots+\boldsymbol{\alpha}_m)=\boldsymbol{0}$,整理可得

$$(k_1+k_2+\cdots+k_m)\boldsymbol{\alpha}_1+(k_2+k_3+\cdots+k_m)\boldsymbol{\alpha}_2+\cdots+k_m\boldsymbol{\alpha}_m=\boldsymbol{0},$$

因为$\boldsymbol{\alpha}_1,\boldsymbol{\alpha}_2,\cdots,\boldsymbol{\alpha}_m$线性无关,所以

$$\begin{cases}k_1+k_2+\cdots+k_m=0,\\ k_2+\cdots+k_m=0,\\ \cdots\cdots\cdots\cdots\\ k_m=0,\end{cases}$$

解得 $k_1=k_2=\cdots=k_m=0$,即 $\boldsymbol{\beta}_1=\boldsymbol{\alpha}_1,\boldsymbol{\beta}_2=\boldsymbol{\alpha}_1+\boldsymbol{\alpha}_2,\cdots,\boldsymbol{\beta}_m=\boldsymbol{\alpha}_1+\boldsymbol{\alpha}_2+\cdots+\boldsymbol{\alpha}_m$ 线性无关.原题得证.

39 设 $\boldsymbol{\alpha}_1=(\lambda-5,1,-3),\boldsymbol{\alpha}_2=(1,\lambda-5,3),\boldsymbol{\alpha}_3=(-3,3,\lambda-3)$,问 λ 取何值时,$\boldsymbol{\alpha}_1,\boldsymbol{\alpha}_2,\boldsymbol{\alpha}_3$ 线性相关;λ 取何值时,$\boldsymbol{\alpha}_1,\boldsymbol{\alpha}_2,\boldsymbol{\alpha}_3$ 线性无关.

知识点睛 0303 线性相关与线性无关的判别

解 向量 $\boldsymbol{\alpha}_1,\boldsymbol{\alpha}_2,\boldsymbol{\alpha}_3$ 按列排组成矩阵 $\boldsymbol{A}=(\boldsymbol{\alpha}_1^{\mathrm{T}},\boldsymbol{\alpha}_2^{\mathrm{T}},\boldsymbol{\alpha}_3^{\mathrm{T}})$,则 $\boldsymbol{\alpha}_1,\boldsymbol{\alpha}_2,\boldsymbol{\alpha}_3$ 线性相关的充要条件是 $|\boldsymbol{A}|=0$;$\boldsymbol{\alpha}_1,\boldsymbol{\alpha}_2,\boldsymbol{\alpha}_3$ 线性无关的充要条件是 $|\boldsymbol{A}|\neq 0$.而

$$|\boldsymbol{A}|=\begin{vmatrix}\lambda-5 & 1 & -3\\ 1 & \lambda-5 & 3\\ -3 & 3 & \lambda-3\end{vmatrix}=\lambda(\lambda-4)(\lambda-9),$$

所以当 $\lambda=0$ 或 $\lambda=4$ 或 $\lambda=9$ 时,$\boldsymbol{\alpha}_1,\boldsymbol{\alpha}_2,\boldsymbol{\alpha}_3$ 线性相关;当 $\lambda\neq 0$ 且 $\lambda\neq 4$ 且 $\lambda\neq 9$ 时,$\boldsymbol{\alpha}_1,\boldsymbol{\alpha}_2,\boldsymbol{\alpha}_3$ 线性无关.

【评注】若向量组所含向量个数与向量的维数相同,可利用行列式来讨论向量组的线性相关性,即 n 维列向量组 $\boldsymbol{\alpha}_1,\boldsymbol{\alpha}_2,\cdots,\boldsymbol{\alpha}_n$ 线性相关的充要条件是 $|\boldsymbol{\alpha}_1,\boldsymbol{\alpha}_2,\cdots,\boldsymbol{\alpha}_n|=0$;线性无关的充要条件是 $|\boldsymbol{\alpha}_1,\boldsymbol{\alpha}_2,\cdots,\boldsymbol{\alpha}_n|\neq 0$.

40 设 $\boldsymbol{\alpha}_1=(6,a+1,3)^{\mathrm{T}},\boldsymbol{\alpha}_2=(a,2,-2)^{\mathrm{T}},\boldsymbol{\alpha}_3=(a,1,0)^{\mathrm{T}}$.试问

(1) a 为何值时,$\boldsymbol{\alpha}_1,\boldsymbol{\alpha}_2$ 线性相关?线性无关?

(2) a 为何值时,$\boldsymbol{\alpha}_1,\boldsymbol{\alpha}_2,\boldsymbol{\alpha}_3$ 线性相关?线性无关?

知识点睛 0303 线性相关与线性无关的判别

解 (1) 因为 $\boldsymbol{\alpha}_1\neq\boldsymbol{0},\boldsymbol{\alpha}_2\neq\boldsymbol{0}$,所以,当 $\boldsymbol{\alpha}_1,\boldsymbol{\alpha}_2$ 对应分量成比例时,$\boldsymbol{\alpha}_1,\boldsymbol{\alpha}_2$ 线性相关,否则,线性无关.

所以,当 $\dfrac{6}{a}=\dfrac{a+1}{2}=\dfrac{3}{-2}$,即 $a=-4$ 时,$\boldsymbol{\alpha}_1,\boldsymbol{\alpha}_2$ 线性相关;当 $a\neq -4$ 时,$\boldsymbol{\alpha}_1,\boldsymbol{\alpha}_2$ 线性无关.

(2) $|\boldsymbol{\alpha}_1,\boldsymbol{\alpha}_2,\boldsymbol{\alpha}_3|=\begin{vmatrix}6 & a & a\\ a+1 & 2 & 1\\ 3 & -2 & 0\end{vmatrix}=-(a+4)(2a-3)$.所以,当 $a=-4$ 或 $a=\dfrac{3}{2}$ 时,$\boldsymbol{\alpha}_1,\boldsymbol{\alpha}_2,\boldsymbol{\alpha}_3$ 线性相关;当 $a\neq -4$ 且 $a\neq\dfrac{3}{2}$ 时,$\boldsymbol{\alpha}_1,\boldsymbol{\alpha}_2,\boldsymbol{\alpha}_3$ 线性无关.

41 设 $\boldsymbol{A}$ 是 n 阶矩阵,若存在正整数 k,使得线性方程组 $\boldsymbol{A}^k\boldsymbol{x}=\boldsymbol{0}$ 有解向量 $\boldsymbol{\alpha}$,且 $\boldsymbol{A}^{k-1}\boldsymbol{\alpha}\neq\boldsymbol{0}$,证明:向量组 $\boldsymbol{\alpha},\boldsymbol{A\alpha},\cdots,\boldsymbol{A}^{k-1}\boldsymbol{\alpha}$ 线性无关.

知识点睛 0303 线性相关与线性无关的判别

证 设有一组数 $l_0,l_1,\cdots,l_{k-1}$,使得 $l_0\boldsymbol{\alpha}+l_1\boldsymbol{A\alpha}+\cdots+l_{k-1}\boldsymbol{A}^{k-1}\boldsymbol{\alpha}=\boldsymbol{0}$,用 $\boldsymbol{A}^{k-1}$ 左乘上式两边,有

$$l_0\boldsymbol{A}^{k-1}\boldsymbol{\alpha}+l_1\boldsymbol{A}^{k}\boldsymbol{\alpha}+\cdots+l_{k-1}\boldsymbol{A}^{2k-2}\boldsymbol{\alpha}=\boldsymbol{0}.$$

由于 $\boldsymbol{A}^k\boldsymbol{\alpha}=\boldsymbol{0}$,所以当 $l\geqslant k$ 时,有 $\boldsymbol{A}^l\boldsymbol{\alpha}=\boldsymbol{0}$,从而 $l_0\boldsymbol{A}^{k-1}\boldsymbol{\alpha}=\boldsymbol{0}$.而 $\boldsymbol{A}^{k-1}\boldsymbol{\alpha}\neq\boldsymbol{0}$,所以 $l_0=0$,依此类推,可得 $l_1=\cdots=l_{k-1}=0$.所以 $\boldsymbol{\alpha},\boldsymbol{A\alpha},\cdots,\boldsymbol{A}^{k-1}\boldsymbol{\alpha}$ 线性无关.

42 判断下列向量组是否线性相关:

$$\boldsymbol{\alpha}_1=(1,2,-1,3)^{\mathrm{T}},\quad \boldsymbol{\alpha}_2=(2,1,0,-1)^{\mathrm{T}},\quad \boldsymbol{\alpha}_3=(3,3,-1,2)^{\mathrm{T}}.$$

知识点睛 0303 线性相关与线性无关的判别

解 设 $k_1\boldsymbol{\alpha}_1+k_2\boldsymbol{\alpha}_2+k_3\boldsymbol{\alpha}_3=\mathbf{0}$，得 $k_1=k_2=-k_3$，取 $k_1=k_2=1,k_3=-1$，可得 $\boldsymbol{\alpha}_1+\boldsymbol{\alpha}_2-\boldsymbol{\alpha}_3=0$，所以 $\boldsymbol{\alpha}_1,\boldsymbol{\alpha}_2,\boldsymbol{\alpha}_3$ 线性相关.

43 设 $\boldsymbol{\alpha}_1,\boldsymbol{\alpha}_2,\boldsymbol{\alpha}_3,\boldsymbol{\alpha}_4$ 线性无关，则 $\boldsymbol{\alpha}_1+\boldsymbol{\alpha}_2,\boldsymbol{\alpha}_1+\boldsymbol{\alpha}_3,\boldsymbol{\alpha}_1+\boldsymbol{\alpha}_4,\boldsymbol{\alpha}_2+\boldsymbol{\alpha}_3,\boldsymbol{\alpha}_2+\boldsymbol{\alpha}_4$ 的线性关系是________.

知识点睛 0303 线性相关与线性无关的判别

解 设 $k_1(\boldsymbol{\alpha}_1+\boldsymbol{\alpha}_2)+k_2(\boldsymbol{\alpha}_1+\boldsymbol{\alpha}_3)+k_3(\boldsymbol{\alpha}_1+\boldsymbol{\alpha}_4)+k_4(\boldsymbol{\alpha}_2+\boldsymbol{\alpha}_3)+k_5(\boldsymbol{\alpha}_2+\boldsymbol{\alpha}_4)=\mathbf{0}$，得

$$(k_1+k_2+k_3)\boldsymbol{\alpha}_1+(k_1+k_4+k_5)\boldsymbol{\alpha}_2+(k_2+k_4)\boldsymbol{\alpha}_3+(k_3+k_5)\boldsymbol{\alpha}_4=\mathbf{0}.$$

由 $\boldsymbol{\alpha}_1,\boldsymbol{\alpha}_2,\boldsymbol{\alpha}_3,\boldsymbol{\alpha}_4$ 线性无关知

$$\begin{cases}k_1+k_2+k_3=0,\\ k_1+k_4+k_5=0,\\ k_2+k_4=0,\\ k_3+k_5=0,\end{cases}$$

得 $k_1=0,k_2=k_5,k_3=k_4=-k_5$，所以 $\boldsymbol{\alpha}_1+\boldsymbol{\alpha}_2,\boldsymbol{\alpha}_1+\boldsymbol{\alpha}_3,\boldsymbol{\alpha}_1+\boldsymbol{\alpha}_4,\boldsymbol{\alpha}_2+\boldsymbol{\alpha}_3,\boldsymbol{\alpha}_2+\boldsymbol{\alpha}_4$ 线性相关，故应填“线性相关”.

44 已知 $\boldsymbol{\alpha}_1,\boldsymbol{\alpha}_2,\boldsymbol{\alpha}_3$ 线性无关，若 $\boldsymbol{\alpha}_1+2\boldsymbol{\alpha}_2,2\boldsymbol{\alpha}_2+a\boldsymbol{\alpha}_3,3\boldsymbol{\alpha}_3+2\boldsymbol{\alpha}_1$ 线性相关，求 a 的值.

知识点睛 0303 线性相关与线性无关的判别

解 由于 $\boldsymbol{\alpha}_1+2\boldsymbol{\alpha}_2,2\boldsymbol{\alpha}_2+a\boldsymbol{\alpha}_3,3\boldsymbol{\alpha}_3+2\boldsymbol{\alpha}_1$ 线性相关，所以存在不全为零的数 x_1,x_2,x_3，使

$$x_1(\boldsymbol{\alpha}_1+2\boldsymbol{\alpha}_2)+x_2(2\boldsymbol{\alpha}_2+a\boldsymbol{\alpha}_3)+x_3(3\boldsymbol{\alpha}_3+2\boldsymbol{\alpha}_1)=\mathbf{0},$$

整理得

$$(x_1+2x_3)\boldsymbol{\alpha}_1+(2x_1+2x_2)\boldsymbol{\alpha}_2+(ax_2+3x_3)\boldsymbol{\alpha}_3=\mathbf{0}.$$

因为 $\boldsymbol{\alpha}_1,\boldsymbol{\alpha}_2,\boldsymbol{\alpha}_3$ 线性无关，从而有

$$\begin{cases}x_1+2x_3=0,\\ 2x_1+2x_2=0,\\ ax_2+3x_3=0.\end{cases}$$

由于 x_1,x_2,x_3 不全为零，从而齐次线性方程组有非零解，系数行列式必为零，即

$$\begin{vmatrix}1&0&2\\2&2&0\\0&a&3\end{vmatrix}=6+4a=0,$$

所以 $a=-\dfrac{3}{2}$.

45 已知 n 维列向量组 $\boldsymbol{\alpha}_1,\boldsymbol{\alpha}_2,\cdots,\boldsymbol{\alpha}_s(2\leqslant s\leqslant n)$ 线性无关，$k_1,k_2,\cdots,k_{s-1}$ 是任意 $s-1$ 个数，证明向量组 $\boldsymbol{\alpha}_1+k_1\boldsymbol{\alpha}_2,\boldsymbol{\alpha}_2+k_2\boldsymbol{\alpha}_3,\cdots,\boldsymbol{\alpha}_{s-1}+k_{s-1}\boldsymbol{\alpha}_s,\boldsymbol{\alpha}_s$ 也线性无关.

知识点睛 0303 线性相关与线性无关的判别

证 记矩阵 $\boldsymbol{A}=(\boldsymbol{\alpha}_1,\boldsymbol{\alpha}_2,\cdots,\boldsymbol{\alpha}_{s-1},\boldsymbol{\alpha}_s)$，矩阵 $\boldsymbol{B}=(\boldsymbol{\alpha}_1+k_1\boldsymbol{\alpha}_2,\boldsymbol{\alpha}_2+k_2\boldsymbol{\alpha}_3,\cdots,\boldsymbol{\alpha}_{s-1}+k_{s-1}\boldsymbol{\alpha}_s,\boldsymbol{\alpha}_s)$，于是

$$B=A\begin{pmatrix}1&0&0&\cdots&0&0\\k_1&1&0&\cdots&0&0\\0&k_2&1&\cdots&0&0\\\vdots&\vdots&\vdots&&\vdots&\vdots\\0&0&0&\cdots&k_{s-1}&1\end{pmatrix}.$$

因为向量组 $\boldsymbol{\alpha}_1,\boldsymbol{\alpha}_2,\cdots,\boldsymbol{\alpha}_s$ 线性无关，所以 $r(\boldsymbol{A})=s$. 又矩阵

$$\begin{pmatrix}1&0&0&\cdots&0&0\\k_1&1&0&\cdots&0&0\\0&k_2&1&\cdots&0&0\\\vdots&\vdots&\vdots&&\vdots&\vdots\\0&0&0&\cdots&k_{s-1}&1\end{pmatrix}$$

是可逆矩阵，因此 $r(\boldsymbol{B})=r(\boldsymbol{A})=s$.

故向量组 $\boldsymbol{\alpha}_1+k_1\boldsymbol{\alpha}_2,\boldsymbol{\alpha}_2+k_2\boldsymbol{\alpha}_3,\cdots,\boldsymbol{\alpha}_{s-1}+k_{s-1}\boldsymbol{\alpha}_s,\boldsymbol{\alpha}_s$ 线性无关.

46 已知直线 $L_1:\dfrac{x-a_2}{a_1}=\dfrac{y-b_2}{b_1}=\dfrac{z-c_2}{c_1}$ 与直线 $L_2:\dfrac{x-a_3}{a_2}=\dfrac{y-b_3}{b_2}=\dfrac{z-c_3}{c_2}$ 相交于一点，记向量 $\boldsymbol{\alpha}_i=\begin{pmatrix}a_i\\b_i\\c_i\end{pmatrix},i=1,2,3$，则( ).

K 2020 数学一，4 分

46 题精解视频

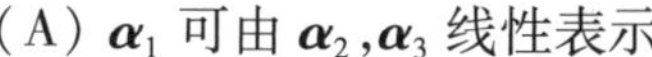

(A) $\boldsymbol{\alpha}_1$ 可由 $\boldsymbol{\alpha}_2,\boldsymbol{\alpha}_3$ 线性表示　　(B) $\boldsymbol{\alpha}_2$ 可由 $\boldsymbol{\alpha}_1,\boldsymbol{\alpha}_3$ 线性表示

(C) $\boldsymbol{\alpha}_3$ 可由 $\boldsymbol{\alpha}_1,\boldsymbol{\alpha}_2$ 线性表示　　(D) $\boldsymbol{\alpha}_1,\boldsymbol{\alpha}_2,\boldsymbol{\alpha}_3$ 线性无关

知识点睛　0303 线性相关与线性无关的性质及判别

解　由直线标准方程知 L_1,L_2 的方向向量分别是 $\boldsymbol{\alpha}_1=(a_1,b_1,c_1)^{\mathrm{T}},\boldsymbol{\alpha}_2=(a_2,b_2,c_2)^{\mathrm{T}}$，直线 L_1,L_2 分别经过 $A(a_2,b_2,c_2),B(a_3,b_3,c_3)$ 两点. 于是 L_1,L_2 交于一点 $\Leftrightarrow$ $\begin{cases}|\boldsymbol{\alpha}_1,\boldsymbol{\alpha}_2,\overrightarrow{AB}|=0,\\\boldsymbol{\alpha}_1,\boldsymbol{\alpha}_2\text{ 不平行},\end{cases}$ 即有

$$|\boldsymbol{\alpha}_1,\boldsymbol{\alpha}_2,\overrightarrow{AB}|=\begin{vmatrix}a_1&a_2&a_3-a_2\\b_1&b_2&b_3-b_2\\c_1&c_2&c_3-c_2\end{vmatrix}=|\boldsymbol{\alpha}_1,\boldsymbol{\alpha}_2,\boldsymbol{\alpha}_3|=0,$$

于是 $\boldsymbol{\alpha}_1,\boldsymbol{\alpha}_2,\boldsymbol{\alpha}_3$ 线性相关且 $\boldsymbol{\alpha}_1,\boldsymbol{\alpha}_2$ 线性无关. 从而 $\boldsymbol{\alpha}_3$ 必可由 $\boldsymbol{\alpha}_1,\boldsymbol{\alpha}_2$ 线性表示. 故选(C).

47 设 $\boldsymbol{\alpha}_1=\begin{pmatrix}0\\0\\c_1\end{pmatrix},\boldsymbol{\alpha}_2=\begin{pmatrix}0\\1\\c_2\end{pmatrix},\boldsymbol{\alpha}_3=\begin{pmatrix}1\\-1\\c_3\end{pmatrix},\boldsymbol{\alpha}_4=\begin{pmatrix}-1\\1\\c_4\end{pmatrix}$，其中 c_1,c_2,c_3,c_4 为任意常数，则下列向量组线性相关的为( ).

K 2012 数学一、数学二、数学三，4 分

(A) $\boldsymbol{\alpha}_1,\boldsymbol{\alpha}_2,\boldsymbol{\alpha}_3$　　(B) $\boldsymbol{\alpha}_1,\boldsymbol{\alpha}_2,\boldsymbol{\alpha}_4$　　(C) $\boldsymbol{\alpha}_1,\boldsymbol{\alpha}_3,\boldsymbol{\alpha}_4$　　(D) $\boldsymbol{\alpha}_2,\boldsymbol{\alpha}_3,\boldsymbol{\alpha}_4$

知识点睛　0303 线性相关与线性无关的判别

解　n 个 n 维向量相关 $\Leftrightarrow|\boldsymbol{\alpha}_1,\boldsymbol{\alpha}_2,\cdots,\boldsymbol{\alpha}_n|=0$，显然

$$|\boldsymbol{\alpha}_1,\boldsymbol{\alpha}_3,\boldsymbol{\alpha}_4|=\begin{vmatrix}0&1&-1\\0&-1&1\\c_1&c_3&c_4\end{vmatrix}=0,$$

所以 $\boldsymbol{\alpha}_1,\boldsymbol{\alpha}_3,\boldsymbol{\alpha}_4$ 必线性相关.故应选(C).

48 已知 $\boldsymbol{\beta}_1=\boldsymbol{\alpha}_1+\boldsymbol{\alpha}_2,\boldsymbol{\beta}_2=\boldsymbol{\alpha}_1-\boldsymbol{\alpha}_2,\boldsymbol{\beta}_3=3\boldsymbol{\alpha}_1-2\boldsymbol{\alpha}_2$,证明 $\boldsymbol{\beta}_1,\boldsymbol{\beta}_2,\boldsymbol{\beta}_3$ 线性相关.

知识点睛 0303 线性相关与线性无关的判别

证 设有一组数 k_1,k_2,k_3,使得 $k_1\boldsymbol{\beta}_1+k_2\boldsymbol{\beta}_2+k_3\boldsymbol{\beta}_3=\mathbf{0}$,将 $\boldsymbol{\beta}_1=\boldsymbol{\alpha}_1+\boldsymbol{\alpha}_2,\boldsymbol{\beta}_2=\boldsymbol{\alpha}_1-\boldsymbol{\alpha}_2,\boldsymbol{\beta}_3=3\boldsymbol{\alpha}_1-2\boldsymbol{\alpha}_2$ 代入,可得

$$k_1(\boldsymbol{\alpha}_1+\boldsymbol{\alpha}_2)+k_2(\boldsymbol{\alpha}_1-\boldsymbol{\alpha}_2)+k_3(3\boldsymbol{\alpha}_1-2\boldsymbol{\alpha}_2)=\mathbf{0},$$

从而有

$$(k_1+k_2+3k_3)\boldsymbol{\alpha}_1+(k_1-k_2-2k_3)\boldsymbol{\alpha}_2=\mathbf{0}.$$

若 $\boldsymbol{\alpha}_1,\boldsymbol{\alpha}_2$ 的系数为零,则上式恒成立,即

$$\begin{cases}k_1+k_2+3k_3=0,\\k_1-k_2-2k_3=0,\end{cases}$$

解得

$$\begin{pmatrix}k_1\\k_2\\k_3\end{pmatrix}=c\begin{pmatrix}-1\\-5\\2\end{pmatrix},$$

c 为任意非零常数.

从而有 $c(-\boldsymbol{\beta}_1-5\boldsymbol{\beta}_2+2\boldsymbol{\beta}_3)=\mathbf{0},c\neq0$,所以 $\boldsymbol{\beta}_1,\boldsymbol{\beta}_2,\boldsymbol{\beta}_3$ 线性相关.

【评注】本题利用线性相关的定义来证明,找出不全为零的一组数 k_1,k_2,k_3,使得 $k_1\boldsymbol{\beta}_1+k_2\boldsymbol{\beta}_2+k_3\boldsymbol{\beta}_3=\mathbf{0}$ 成立.

2010 数学二、数学三,4 分

49 设向量组Ⅰ:$\boldsymbol{\alpha}_1,\boldsymbol{\alpha}_2,\cdots,\boldsymbol{\alpha}_r$ 可由向量组Ⅱ:$\boldsymbol{\beta}_1,\boldsymbol{\beta}_2,\cdots,\boldsymbol{\beta}_s$ 线性表示.下列命题正确的是(　　).

(A) 若向量组Ⅰ线性无关,则 $r\leqslant s$

(B) 若向量组Ⅰ线性相关,则 $r>s$

(C) 若向量组Ⅱ线性无关,则 $r\leqslant s$

(D) 若向量组Ⅱ线性相关,则 $r>s$

知识点睛 0303 线性相关与线性无关的判别

解 本题考查线性表示与线性相关之间的联系.因为向量组Ⅰ可由向量组Ⅱ线性表示,故 $r(\mathrm{I})\leqslant r(\mathrm{II})$.若向量组Ⅰ线性无关,则 $r(\mathrm{I})=r(\boldsymbol{\alpha}_1,\boldsymbol{\alpha}_2,\cdots,\boldsymbol{\alpha}_r)=r$,显然 $r(\mathrm{II})=r(\boldsymbol{\beta}_1,\boldsymbol{\beta}_2,\cdots,\boldsymbol{\beta}_s)\leqslant s$.因此,向量组Ⅰ线性无关,$r\leqslant s$ 正确.故应选(A).

【评注】相关、无关、秩是难点,这类试题考生一般考得都不理想,希望复习时对这类题目的基本概念、基本理论要重视、要认真学习,举反例是有好处的.

例如若 $\boldsymbol{\alpha}_1=(1,0,0),\boldsymbol{\alpha}_2=(2,0,0),\boldsymbol{\beta}_1=(1,0,0),\boldsymbol{\beta}_2=(0,1,0),\boldsymbol{\beta}_3=(0,0,1)$ 可知(B)不正确.

若 $\boldsymbol{\alpha}_1=(1,0,0),\boldsymbol{\alpha}_2=(2,0,0),\boldsymbol{\alpha}_3=(3,0,0),\boldsymbol{\beta}_1=(1,0,0),\boldsymbol{\beta}_2=(0,1,0)$ 可知(C)不正确.

若 $\boldsymbol{\alpha}_1=(1,0,0),\boldsymbol{\alpha}_2=(2,0,0),\boldsymbol{\beta}_1=(1,0,0),\boldsymbol{\beta}_2=(0,1,0),\boldsymbol{\beta}_3=(0,0,0)$ 可知(D)不正确.

50 设 $\boldsymbol{A}$ 为 3 阶矩阵,$\boldsymbol{\alpha}_1,\boldsymbol{\alpha}_2,\boldsymbol{\alpha}_3$ 为线性无关的向量组.若 $\boldsymbol{A\alpha}_1=2\boldsymbol{\alpha}_1+\boldsymbol{\alpha}_2+\boldsymbol{\alpha}_3,\boldsymbol{A\alpha}_2=\boldsymbol{\alpha}_2+2\boldsymbol{\alpha}_3,\boldsymbol{A\alpha}_3=-\boldsymbol{\alpha}_2+\boldsymbol{\alpha}_3$,则 $\boldsymbol{A}$ 的实特征值为________. Ⓚ 2018 数学二,4 分

知识点睛 0303 线性无关的概念,0501 矩阵的特征值

解 $\boldsymbol{A}(\boldsymbol{\alpha}_1,\boldsymbol{\alpha}_2,\boldsymbol{\alpha}_3)=(2\boldsymbol{\alpha}_1+\boldsymbol{\alpha}_2+\boldsymbol{\alpha}_3,\boldsymbol{\alpha}_2+2\boldsymbol{\alpha}_3,-\boldsymbol{\alpha}_2+\boldsymbol{\alpha}_3)$

$$=(\boldsymbol{\alpha}_1,\boldsymbol{\alpha}_2,\boldsymbol{\alpha}_3)\begin{pmatrix}2&0&0\\1&1&-1\\1&2&1\end{pmatrix}.$$

记 $\boldsymbol{P}=(\boldsymbol{\alpha}_1,\boldsymbol{\alpha}_2,\boldsymbol{\alpha}_3)$ 可逆,$\boldsymbol{B}=\begin{pmatrix}2&0&0\\1&1&-1\\1&2&1\end{pmatrix}$,则 $\boldsymbol{AP}=\boldsymbol{PB}\Rightarrow\boldsymbol{P}^{-1}\boldsymbol{AP}=\boldsymbol{B}$,即 $\boldsymbol{A}\sim\boldsymbol{B}$.且

$$|\lambda\boldsymbol{E}-\boldsymbol{B}|=\begin{vmatrix}\lambda-2&0&0\\-1&\lambda-1&1\\-1&-2&\lambda-1\end{vmatrix}=(\lambda-2)[(\lambda-1)^2+2],$$

故 $\boldsymbol{A}$ 的实特征值为 2.应填 2.

51 证明:n 维列向量组 $\boldsymbol{\alpha}_1,\boldsymbol{\alpha}_2,\cdots,\boldsymbol{\alpha}_n$ 线性无关的充要条件是 Ⓚ 1991 数学三,6 分

$$D=\begin{vmatrix}\boldsymbol{\alpha}_1^{\mathrm{T}}\boldsymbol{\alpha}_1&\boldsymbol{\alpha}_1^{\mathrm{T}}\boldsymbol{\alpha}_2&\cdots&\boldsymbol{\alpha}_1^{\mathrm{T}}\boldsymbol{\alpha}_n\\\boldsymbol{\alpha}_2^{\mathrm{T}}\boldsymbol{\alpha}_1&\boldsymbol{\alpha}_2^{\mathrm{T}}\boldsymbol{\alpha}_2&\cdots&\boldsymbol{\alpha}_2^{\mathrm{T}}\boldsymbol{\alpha}_n\\\vdots&\vdots&&\vdots\\\boldsymbol{\alpha}_n^{\mathrm{T}}\boldsymbol{\alpha}_1&\boldsymbol{\alpha}_n^{\mathrm{T}}\boldsymbol{\alpha}_2&\cdots&\boldsymbol{\alpha}_n^{\mathrm{T}}\boldsymbol{\alpha}_n\end{vmatrix}\neq0.$$

51 题精解视频

知识点睛 0303 线性相关与线性无关的判别

证 令 $\boldsymbol{A}=(\boldsymbol{\alpha}_1,\boldsymbol{\alpha}_2,\cdots,\boldsymbol{\alpha}_n)$,则

$$\boldsymbol{A}^{\mathrm{T}}\boldsymbol{A}=\begin{pmatrix}\boldsymbol{\alpha}_1^{\mathrm{T}}\\\boldsymbol{\alpha}_2^{\mathrm{T}}\\\vdots\\\boldsymbol{\alpha}_n^{\mathrm{T}}\end{pmatrix}(\boldsymbol{\alpha}_1,\boldsymbol{\alpha}_2,\cdots,\boldsymbol{\alpha}_n)=\begin{pmatrix}\boldsymbol{\alpha}_1^{\mathrm{T}}\boldsymbol{\alpha}_1&\boldsymbol{\alpha}_1^{\mathrm{T}}\boldsymbol{\alpha}_2&\cdots&\boldsymbol{\alpha}_1^{\mathrm{T}}\boldsymbol{\alpha}_n\\\boldsymbol{\alpha}_2^{\mathrm{T}}\boldsymbol{\alpha}_1&\boldsymbol{\alpha}_2^{\mathrm{T}}\boldsymbol{\alpha}_2&\cdots&\boldsymbol{\alpha}_2^{\mathrm{T}}\boldsymbol{\alpha}_n\\\vdots&\vdots&&\vdots\\\boldsymbol{\alpha}_n^{\mathrm{T}}\boldsymbol{\alpha}_1&\boldsymbol{\alpha}_n^{\mathrm{T}}\boldsymbol{\alpha}_2&\cdots&\boldsymbol{\alpha}_n^{\mathrm{T}}\boldsymbol{\alpha}_n\end{pmatrix},$$

于是,$D=|\boldsymbol{A}^{\mathrm{T}}\boldsymbol{A}|=|\boldsymbol{A}|^2$.又 $\boldsymbol{\alpha}_1,\boldsymbol{\alpha}_2,\cdots,\boldsymbol{\alpha}_n$ 线性无关的充要条件是 $|\boldsymbol{A}|\neq0$,即

$$D=|\boldsymbol{A}|^2\neq0,$$

原题得证.

52 设 $\boldsymbol{A}$ 是 $m\times n$ 矩阵,$\boldsymbol{B}$ 是 $n\times m$ 矩阵,$\boldsymbol{E}$ 是 n 阶单位矩阵($m>n$).已知 $\boldsymbol{BA}=\boldsymbol{E}$,试判断 $\boldsymbol{A}$ 的列向量组是否线性相关?

知识点睛 0303 线性相关与线性无关的判别

解法 1 由 $m>n$ 知,$r(\boldsymbol{A})\leqslant n$.又 $\boldsymbol{BA}=\boldsymbol{E}$,从而 $r(\boldsymbol{A})\geqslant r(\boldsymbol{E})=n$.所以 $r(\boldsymbol{A})=n$,即 $\boldsymbol{A}$ 的列向量组线性无关.

解法2 设 $A=(\boldsymbol{\alpha}_1,\boldsymbol{\alpha}_2,\cdots,\boldsymbol{\alpha}_n)$，其中 $\boldsymbol{\alpha}_1,\boldsymbol{\alpha}_2,\cdots,\boldsymbol{\alpha}_n$ 为 m 维列向量.

设存在数 $k_1,k_2,\cdots,k_n$，使得 $k_1\boldsymbol{\alpha}_1+k_2\boldsymbol{\alpha}_2+\cdots+k_n\boldsymbol{\alpha}_n=\mathbf{0}$，即

$$(\boldsymbol{\alpha}_1,\boldsymbol{\alpha}_2,\cdots,\boldsymbol{\alpha}_n)\begin{pmatrix}k_1\\k_2\\\vdots\\k_n\end{pmatrix}=\mathbf{0}\quad\text{或}\quad A\begin{pmatrix}k_1\\k_2\\\vdots\\k_n\end{pmatrix}=\mathbf{0}.$$

由于 $BA=E$，故将上式左乘矩阵 B 后，可得

$$\begin{pmatrix}k_1\\k_2\\\vdots\\k_n\end{pmatrix}=\mathbf{0},$$

即 $k_1=k_2=\cdots=k_n=0$.因此矩阵 A 的列向量组线性无关.

【评注】利用矩阵的秩来判别向量的线性相关性，需要熟练掌握并灵活运用与矩阵的秩有关的各种结论.

Ⓚ 2018 数学三，4分

53 设 A 为3阶矩阵，$\boldsymbol{\alpha}_1,\boldsymbol{\alpha}_2,\boldsymbol{\alpha}_3$ 是线性无关的向量组，若 $A\boldsymbol{\alpha}_1=\boldsymbol{\alpha}_1+\boldsymbol{\alpha}_2$，$A\boldsymbol{\alpha}_2=\boldsymbol{\alpha}_2+\boldsymbol{\alpha}_3$，$A\boldsymbol{\alpha}_3=\boldsymbol{\alpha}_1+\boldsymbol{\alpha}_3$，则 $|A|=$________.

知识点睛 相似矩阵的性质

解 $$A(\boldsymbol{\alpha}_1,\boldsymbol{\alpha}_2,\boldsymbol{\alpha}_3)=(\boldsymbol{\alpha}_1+\boldsymbol{\alpha}_2,\boldsymbol{\alpha}_2+\boldsymbol{\alpha}_3,\boldsymbol{\alpha}_1+\boldsymbol{\alpha}_3)=(\boldsymbol{\alpha}_1,\boldsymbol{\alpha}_2,\boldsymbol{\alpha}_3)\begin{pmatrix}1&0&1\\1&1&0\\0&1&1\end{pmatrix}.$$

记 $P=(\boldsymbol{\alpha}_1,\boldsymbol{\alpha}_2,\boldsymbol{\alpha}_3)$ 可逆，$B=\begin{pmatrix}1&0&1\\1&1&0\\0&1&1\end{pmatrix}$，则 $AP=PB\Rightarrow P^{-1}AP=B$，即 $A\sim B$.从而

$$|A|=|B|=\begin{vmatrix}1&0&1\\1&1&0\\0&1&1\end{vmatrix}=2.$$

故应填2.

54 设 n 维向量组(Ⅰ) $\boldsymbol{\alpha}_1,\boldsymbol{\alpha}_2,\cdots,\boldsymbol{\alpha}_s$ 线性无关，(Ⅱ) $\boldsymbol{\beta}_1,\boldsymbol{\beta}_2,\cdots,\boldsymbol{\beta}_t$ 可由(Ⅰ)线性表示，即有 $s\times t$ 矩阵 C，使得

$$(\boldsymbol{\beta}_1,\boldsymbol{\beta}_2,\cdots,\boldsymbol{\beta}_t)=(\boldsymbol{\alpha}_1,\boldsymbol{\alpha}_2,\cdots,\boldsymbol{\alpha}_s)C,$$

则以 $\boldsymbol{\beta}_1,\boldsymbol{\beta}_2,\cdots,\boldsymbol{\beta}_t$ 为列向量排成的矩阵与矩阵 C 有相同的秩.我们称 C 为向量组 $\boldsymbol{\beta}_1,\boldsymbol{\beta}_2,\cdots,\boldsymbol{\beta}_t$ 对于 $\boldsymbol{\alpha}_1,\boldsymbol{\alpha}_2,\cdots,\boldsymbol{\alpha}_s$ 的表示矩阵.

知识点睛 0303 线性相关与线性无关的判别

证 令 $A=(\boldsymbol{\alpha}_1,\boldsymbol{\alpha}_2,\cdots,\boldsymbol{\alpha}_s)$，$B=(\boldsymbol{\beta}_1,\boldsymbol{\beta}_2,\cdots,\boldsymbol{\beta}_t)$，则有 $B_{n\times t}=A_{n\times s}C_{s\times t}$.于是

$$r(B)\leqslant\min\{r(A),r(C)\}\leqslant r(C).$$

另一方面，由 $\boldsymbol{\alpha}_1,\boldsymbol{\alpha}_2,\cdots,\boldsymbol{\alpha}_s$ 线性无关知 $r(A)=s$，从而存在可逆矩阵 P,Q，使得

$$A=P\begin{pmatrix}E_s\\O\end{pmatrix}Q,$$

其中 $\boldsymbol{E}_s$ 为 s 阶单位矩阵.令 $\boldsymbol{D}=\boldsymbol{Q}^{-1}(\boldsymbol{E}_s,\boldsymbol{O})\boldsymbol{P}^{-1}$,则有

$$\boldsymbol{DB}=\boldsymbol{Q}^{-1}(\boldsymbol{E}_s,\boldsymbol{O})\boldsymbol{P}^{-1}\boldsymbol{P}\begin{pmatrix}\boldsymbol{E}_s\\\boldsymbol{O}\end{pmatrix}\boldsymbol{QC}=\boldsymbol{E}_s\boldsymbol{C}=\boldsymbol{C}.$$

从而 $r(\boldsymbol{C})\leqslant\min\{r(\boldsymbol{D}),r(\boldsymbol{B})\}\leqslant r(\boldsymbol{B})$.所以 $r(\boldsymbol{B})=r(\boldsymbol{C})$.

【评注】已知向量组(Ⅰ)线性无关且向量组(Ⅱ)可由(Ⅰ)线性表示,要判别(Ⅱ)的线性相关性,一种方法是我们最熟悉的定义法,另一种常用方法便是根据本题的结论,利用表示矩阵的秩来判别.

55 设有 n 维向量组 $\boldsymbol{\alpha}_1,\boldsymbol{\alpha}_2,\cdots,\boldsymbol{\alpha}_n$,证明:$\boldsymbol{\alpha}_1,\boldsymbol{\alpha}_2,\cdots,\boldsymbol{\alpha}_n$ 线性无关的充要条件是任意 n 维列向量都可以由它们线性表示.

知识点睛 0303 线性相关与线性无关的判别

证 充分性.若任意 n 维列向量 $\boldsymbol{\alpha}$ 都可以由 n 维向量组 $\boldsymbol{\alpha}_1,\boldsymbol{\alpha}_2,\cdots,\boldsymbol{\alpha}_n$ 线性表示,那么 n 维单位坐标向量也可以由它们线性表示.又向量组 $\boldsymbol{\alpha}_1,\boldsymbol{\alpha}_2,\cdots,\boldsymbol{\alpha}_n$ 也可由 n 维单位坐标向量组线性表示,所以向量组 $\boldsymbol{\alpha}_1,\boldsymbol{\alpha}_2,\cdots,\boldsymbol{\alpha}_n$ 与 n 维单位坐标向量组等价.而 n 维单位坐标向量组是线性无关组,从而向量组 $\boldsymbol{\alpha}_1,\boldsymbol{\alpha}_2,\cdots,\boldsymbol{\alpha}_n$ 也是线性无关组.

必要性.若 n 维向量组 $\boldsymbol{\alpha}_1,\boldsymbol{\alpha}_2,\cdots,\boldsymbol{\alpha}_n$ 线性无关,而任意 $n+1$ 个 n 维向量必线性相关,可设 $\boldsymbol{\alpha}$ 是任一 n 维向量,则向量组 $\boldsymbol{\alpha}_1,\boldsymbol{\alpha}_2,\cdots,\boldsymbol{\alpha}_n,\boldsymbol{\alpha}$ 线性相关,故 $\boldsymbol{\alpha}$ 可以由 $\boldsymbol{\alpha}_1,\boldsymbol{\alpha}_2,\cdots,\boldsymbol{\alpha}_n$ 线性表示.

§3.3 向量组的极大线性无关组和秩

56 设矩阵 $\boldsymbol{A}=\begin{pmatrix}1&0&1\\1&1&2\\0&1&1\end{pmatrix}$,$\boldsymbol{\alpha}_1,\boldsymbol{\alpha}_2,\boldsymbol{\alpha}_3$ 为线性无关的 3 维列向量组,则向量组 $\boldsymbol{A\alpha}_1,\boldsymbol{A\alpha}_2,\boldsymbol{A\alpha}_3$ 的秩为________.

2017 数学一、数学三,4 分

知识点睛 0306 向量组的秩

解 因$(\boldsymbol{A\alpha}_1,\boldsymbol{A\alpha}_2,\boldsymbol{A\alpha}_3)=\boldsymbol{A}(\boldsymbol{\alpha}_1,\boldsymbol{\alpha}_2,\boldsymbol{\alpha}_3)$,又 $\boldsymbol{\alpha}_1,\boldsymbol{\alpha}_2,\boldsymbol{\alpha}_3$ 是 3 维线性无关列向量,所以$(\boldsymbol{\alpha}_1,\boldsymbol{\alpha}_2,\boldsymbol{\alpha}_3)$为 3 阶可逆矩阵.

故 $r(\boldsymbol{A\alpha}_1,\boldsymbol{A\alpha}_2,\boldsymbol{A\alpha}_3)=r(\boldsymbol{A})=2$.

57 设 $\boldsymbol{\alpha}_1,\boldsymbol{\alpha}_2,\cdots,\boldsymbol{\alpha}_s$ 的秩为 $s-1$,则下列说法正确的是(　　).

(A) 每个 $\boldsymbol{\alpha}_i$ 可用 $\boldsymbol{\alpha}_1,\cdots,\boldsymbol{\alpha}_{i-1},\boldsymbol{\alpha}_{i+1},\cdots,\boldsymbol{\alpha}_s$ 线性表示

(B) 有两个向量 $\boldsymbol{\alpha}_i,\boldsymbol{\alpha}_j$ 的分量成比例

(C) 对任何 $1<r<s$,$r(\boldsymbol{\alpha}_1,\boldsymbol{\alpha}_2,\cdots,\boldsymbol{\alpha}_r)\geqslant r-1$

(D) 对任何 $1<r<s$,$r(\boldsymbol{\alpha}_1,\boldsymbol{\alpha}_2,\cdots,\boldsymbol{\alpha}_r)=r-1$

知识点睛 0306 向量组的秩

解 由 $r(\boldsymbol{\alpha}_1,\boldsymbol{\alpha}_2,\cdots,\boldsymbol{\alpha}_s)=s-1$ 知向量组 $\boldsymbol{\alpha}_1,\boldsymbol{\alpha}_2,\cdots,\boldsymbol{\alpha}_s$ 的极大无关组为去掉一个向量(不妨记为 $\boldsymbol{\alpha}_{i_0}$)后的部分组,从而当 $1<r<s$ 时,若向量组 $\boldsymbol{\alpha}_1,\boldsymbol{\alpha}_2,\cdots,\boldsymbol{\alpha}_r$ 中不含向量 $\boldsymbol{\alpha}_{i_0}$,则 $r(\boldsymbol{\alpha}_1,\boldsymbol{\alpha}_2,\cdots,\boldsymbol{\alpha}_r)=r$;若向量组 $\boldsymbol{\alpha}_1,\boldsymbol{\alpha}_2,\cdots,\boldsymbol{\alpha}_r$ 中含有向量 $\boldsymbol{\alpha}_{i_0}$,则

$$r(\boldsymbol{\alpha}_1,\boldsymbol{\alpha}_2,\cdots,\boldsymbol{\alpha}_r)=r-1\text{ 或 }r.$$

故应选(C).

58 设$\boldsymbol{\alpha}_1=(1,1,2,2,1)^{\mathrm{T}},\boldsymbol{\alpha}_2=(0,2,1,5,-1)^{\mathrm{T}},\boldsymbol{\alpha}_3=(2,0,3,-1,3)^{\mathrm{T}},\boldsymbol{\alpha}_4=(1,1,0,4,-1)^{\mathrm{T}}$,则$r(\boldsymbol{\alpha}_1,\boldsymbol{\alpha}_2,\boldsymbol{\alpha}_3,\boldsymbol{\alpha}_4)=$________.

知识点睛 0306 向量组的秩

解 令$\boldsymbol{A}=(\boldsymbol{\alpha}_1,\boldsymbol{\alpha}_2,\boldsymbol{\alpha}_3,\boldsymbol{\alpha}_4)=\begin{pmatrix}1&0&2&1\\1&2&0&1\\2&1&3&0\\2&5&-1&4\\1&-1&3&-1\end{pmatrix}$,对$\boldsymbol{A}$进行初等行变换,化成行阶梯形:

$$\boldsymbol{A}\to\begin{pmatrix}1&0&2&1\\0&2&-2&0\\0&0&0&-2\\0&0&0&0\\0&0&0&0\end{pmatrix}=\boldsymbol{B}.$$

可得$\boldsymbol{A}$的秩为3,即$\boldsymbol{A}$的列向量组$\boldsymbol{\alpha}_1,\boldsymbol{\alpha}_2,\boldsymbol{\alpha}_3,\boldsymbol{\alpha}_4$的秩为3.故应填3.

59 若$\boldsymbol{\alpha}_1,\boldsymbol{\alpha}_2,\cdots,\boldsymbol{\alpha}_r$是向量组$\boldsymbol{\alpha}_1,\boldsymbol{\alpha}_2,\cdots,\boldsymbol{\alpha}_r,\cdots,\boldsymbol{\alpha}_n$的极大无关组,则下面说法中不正确的是( ).

(A) $\boldsymbol{\alpha}_n$可由$\boldsymbol{\alpha}_1,\boldsymbol{\alpha}_2,\cdots,\boldsymbol{\alpha}_r$线性表示　　(B) $\boldsymbol{\alpha}_1$可由$\boldsymbol{\alpha}_{r+1},\boldsymbol{\alpha}_{r+2},\cdots,\boldsymbol{\alpha}_n$线性表示

(C) $\boldsymbol{\alpha}_1$可由$\boldsymbol{\alpha}_1,\boldsymbol{\alpha}_2,\cdots,\boldsymbol{\alpha}_r$线性表示　　(D) $\boldsymbol{\alpha}_n$可由$\boldsymbol{\alpha}_{r+1},\boldsymbol{\alpha}_{r+2},\cdots,\boldsymbol{\alpha}_n$线性表示

知识点睛 0304 向量组的极大线性无关组

解 采取排除的方法.

(A) 正确.由向量组的极大无关组的定义知,向量组$\boldsymbol{\alpha}_1,\boldsymbol{\alpha}_2,\cdots,\boldsymbol{\alpha}_n$中的任一向量均可由其极大无关组线性表示,所以$\boldsymbol{\alpha}_n$可由$\boldsymbol{\alpha}_1,\boldsymbol{\alpha}_2,\cdots,\boldsymbol{\alpha}_r$线性表示

(C) 正确.因为$\boldsymbol{\alpha}_1=1\cdot\boldsymbol{\alpha}_1+0\cdot\boldsymbol{\alpha}_2+\cdots+0\cdot\boldsymbol{\alpha}_r$,所以$\boldsymbol{\alpha}_1$可由$\boldsymbol{\alpha}_1,\boldsymbol{\alpha}_2,\cdots,\boldsymbol{\alpha}_r$线性表示

(D) 正确.由$\boldsymbol{\alpha}_n=0\cdot\boldsymbol{\alpha}_{r+1}+0\cdot\boldsymbol{\alpha}_{r+2}+\cdots+1\cdot\boldsymbol{\alpha}_n$可知:$\boldsymbol{\alpha}_n$可由$\boldsymbol{\alpha}_{r+1},\boldsymbol{\alpha}_{r+2},\cdots,\boldsymbol{\alpha}_n$线性表示.

故应选(B).

【评注】理解极大无关组的概念.

60题精解视频

60 求向量组$\boldsymbol{\alpha}_1=(1,-2,0,3)^{\mathrm{T}},\boldsymbol{\alpha}_2=(2,-5,-3,6)^{\mathrm{T}},\boldsymbol{\alpha}_3=(0,1,3,0)^{\mathrm{T}},\boldsymbol{\alpha}_4=(2,-1,4,-7)^{\mathrm{T}},\boldsymbol{\alpha}_5=(5,-8,1,2)^{\mathrm{T}}$的秩和一个极大线性无关组,并将其余向量表示成该极大线性无关组的线性组合.

知识点睛 0304 向量组的极大线性无关组及求法,0306 向量组的秩及求法

解 将$\boldsymbol{\alpha}_1,\boldsymbol{\alpha}_2,\boldsymbol{\alpha}_3,\boldsymbol{\alpha}_4,\boldsymbol{\alpha}_5$列排成矩阵,进行初等行变换:

$$(\boldsymbol{\alpha}_1,\boldsymbol{\alpha}_2,\boldsymbol{\alpha}_3,\boldsymbol{\alpha}_4,\boldsymbol{\alpha}_5)=\begin{pmatrix}1&2&0&2&5\\-2&-5&1&-1&-8\\0&-3&3&4&1\\3&6&0&-7&2\end{pmatrix}\to\begin{pmatrix}1&2&0&2&5\\0&-1&1&3&2\\0&-3&3&4&1\\0&0&0&-13&-13\end{pmatrix}$$

$$\to\begin{pmatrix}1&2&0&2&5\\0&-1&1&3&2\\0&0&0&-5&-5\\0&0&0&1&1\end{pmatrix}\to\begin{pmatrix}1&2&0&2&5\\0&-1&1&3&2\\0&0&0&1&1\\0&0&0&0&0\end{pmatrix}=\boldsymbol{B}.$$

因为 $\boldsymbol{B}$ 中有三个非零行，所以向量组的秩为 3. 又因非零行的第一个不等于零的数分别在 1,2,4 列，所以 $\boldsymbol{\alpha}_1,\boldsymbol{\alpha}_2,\boldsymbol{\alpha}_4$ 是极大线性无关组.

对矩阵 $\boldsymbol{B}$ 继续作行变换化为最简形式，即

$$\boldsymbol{B}\to\begin{pmatrix}1&0&2&8&9\\0&1&-1&-3&-2\\0&0&0&1&1\\0&0&0&0&0\end{pmatrix}\to\begin{pmatrix}1&0&2&0&1\\0&1&-1&0&1\\0&0&0&1&1\\0&0&0&0&0\end{pmatrix},$$

可得 $\boldsymbol{\alpha}_3=2\boldsymbol{\alpha}_1-\boldsymbol{\alpha}_2,\boldsymbol{\alpha}_5=\boldsymbol{\alpha}_1+\boldsymbol{\alpha}_2+\boldsymbol{\alpha}_4$.

【评注】初等变换法求极大无关组和秩的步骤：

(1) 将所给向量组中的向量作为列构成矩阵 $\boldsymbol{A}$；

(2) 对 $\boldsymbol{A}$ 施以初等行变换使之成为行阶梯形矩阵，此行阶梯形矩阵的秩 r 就是原矩阵 $\boldsymbol{A}$ 的秩，即向量组的秩 r；

(3) 在行阶梯形矩阵的前 r 个非零行的各行中第一个非零元所在的列共 r 列，此 r 列所对应的矩阵 $\boldsymbol{A}$ 的 r 个列向量就是其极大线性无关组.

注意到：向量组的极大无关组是不唯一的. 本题中，$\boldsymbol{\alpha}_1,\boldsymbol{\alpha}_2,\boldsymbol{\alpha}_5$ 和 $\boldsymbol{\alpha}_1,\boldsymbol{\alpha}_3,\boldsymbol{\alpha}_4$ 以及 $\boldsymbol{\alpha}_1,\boldsymbol{\alpha}_3,\boldsymbol{\alpha}_5$ 都是极大无关组.

61 已知向量组 $\boldsymbol{\alpha}_1=(1,2,-1,1)^{\mathrm{T}},\boldsymbol{\alpha}_2=(2,0,t,0)^{\mathrm{T}},\boldsymbol{\alpha}_3=(0,-4,5,-2)^{\mathrm{T}}$ 的秩为 2，则 $t=$________. 1997 数学二，3 分

知识点睛 0306 向量组的秩及求法

解 令 $\boldsymbol{A}=(\boldsymbol{\alpha}_1,\boldsymbol{\alpha}_2,\boldsymbol{\alpha}_3)=\begin{pmatrix}1&2&0\\2&0&-4\\-1&t&5\\1&0&-2\end{pmatrix}$，对 $\boldsymbol{A}$ 进行初等行变换，化成行阶梯形：

$$\boldsymbol{A}\to\begin{pmatrix}1&2&0\\0&1&1\\0&0&3-t\\0&0&0\end{pmatrix}=\boldsymbol{B}.$$

因为 $\boldsymbol{A}$ 的秩为 2，所以 $3-t=0$，可得 $t=3$. 故应填 3.

62 设矩阵 $\boldsymbol{A}=\begin{pmatrix}1&-1&2&1&0\\2&-2&4&-2&0\\3&0&6&-1&1\\0&3&0&0&1\end{pmatrix}$，求 $\boldsymbol{A}$ 的行向量组的秩和一个极大无关组，并用此极大无关组线性表示其余行向量.

知识点睛 0304 向量组的极大线性无关组及求法，0306 向量组的秩及求法

解 $A^{T}=(\boldsymbol{\alpha}_1,\boldsymbol{\alpha}_2,\boldsymbol{\alpha}_3,\boldsymbol{\alpha}_4)=\begin{pmatrix}1&2&3&0\\-1&-2&0&3\\2&4&6&0\\1&-2&-1&0\\0&0&1&1\end{pmatrix}\to\begin{pmatrix}1&0&0&-1\\0&1&0&-1\\0&0&1&1\\0&0&0&0\\0&0&0&0\end{pmatrix}$

$=\boldsymbol{B}=(\boldsymbol{\beta}_1,\boldsymbol{\beta}_2,\boldsymbol{\beta}_3,\boldsymbol{\beta}_4)$.

矩阵 $\boldsymbol{B}$ 的列向量间的线性关系为 $\boldsymbol{\beta}_4=-\boldsymbol{\beta}_1-\boldsymbol{\beta}_2+\boldsymbol{\beta}_3$，所以矩阵 $\boldsymbol{A}$ 的行向量间的关系为 $\boldsymbol{\alpha}_4=-\boldsymbol{\alpha}_1-\boldsymbol{\alpha}_2+\boldsymbol{\alpha}_3$，$\boldsymbol{\alpha}_1,\boldsymbol{\alpha}_2,\boldsymbol{\alpha}_3$ 为 $\boldsymbol{A}$ 的行向量组的一个极大无关组，且 $\boldsymbol{A}$ 的行向量组的秩为 3.

63 题精解视频

63 已知向量组 $\boldsymbol{\alpha}_1=(1,-1,2,4)$，$\boldsymbol{\alpha}_2=(0,3,1,2)$，$\boldsymbol{\alpha}_3=(3,0,7,14)$，$\boldsymbol{\alpha}_4=(2,1,5,6)$，$\boldsymbol{\alpha}_5=(1,-1,2,0)$.

(1) 说明 $\boldsymbol{\alpha}_1,\boldsymbol{\alpha}_5$ 线性无关；

(2) 求包含 $\boldsymbol{\alpha}_1,\boldsymbol{\alpha}_5$ 的一个极大无关组；

(3) 将其余向量用该极大无关组线性表示.

知识点睛 0304 向量组的极大线性无关组及求法

解 (1) 由向量 $\boldsymbol{\alpha}_1,\boldsymbol{\alpha}_5$ 的对应分量不成比例知 $\boldsymbol{\alpha}_1$ 与 $\boldsymbol{\alpha}_5$ 线性无关.

(2) 把向量组列排成矩阵，进行初等行变换：

$$(\boldsymbol{\alpha}_1,\boldsymbol{\alpha}_2,\boldsymbol{\alpha}_3,\boldsymbol{\alpha}_4,\boldsymbol{\alpha}_5)=\begin{pmatrix}1&0&3&2&1\\-1&3&0&1&-1\\2&1&7&5&2\\4&2&14&6&0\end{pmatrix}\to\begin{pmatrix}1&0&3&2&1\\0&3&3&3&0\\0&1&1&1&0\\0&2&2&-2&-4\end{pmatrix}$$

$$\to\begin{pmatrix}1&0&3&2&1\\0&1&1&1&0\\0&0&0&-4&-4\\0&0&0&0&0\end{pmatrix}=\boldsymbol{B},$$

通过观察可得包含 $\boldsymbol{\alpha}_1,\boldsymbol{\alpha}_5$ 的一个极大无关组为 $\boldsymbol{\alpha}_1,\boldsymbol{\alpha}_2,\boldsymbol{\alpha}_5$.

(3)把矩阵 $\boldsymbol{B}$ 继续作初等行变换

$$\boldsymbol{B}\to\begin{pmatrix}1&0&3&2&1\\0&1&1&1&0\\0&0&0&1&1\\0&0&0&0&0\end{pmatrix}\to\begin{pmatrix}1&0&3&1&0\\0&1&1&1&0\\0&0&0&1&1\\0&0&0&0&0\end{pmatrix},$$

则 $\boldsymbol{\alpha}_3=3\boldsymbol{\alpha}_1+\boldsymbol{\alpha}_2$，$\boldsymbol{\alpha}_4=\boldsymbol{\alpha}_1+\boldsymbol{\alpha}_2+\boldsymbol{\alpha}_5$.

64 求向量组 $\boldsymbol{\alpha}_1=(1,1,1,3)^{T}$，$\boldsymbol{\alpha}_2=(-1,-3,5,1)^{T}$，$\boldsymbol{\alpha}_3=(3,2,-1,4)^{T}$，$\boldsymbol{\alpha}_4=(-2,-6,10,2)^{T}$ 的秩及一个极大无关组.

知识点睛 0304 向量组的极大线性无关组及求法，0306 向量组的秩及求法

解 令 $\boldsymbol{A}=(\boldsymbol{\alpha}_1,\boldsymbol{\alpha}_2,\boldsymbol{\alpha}_3,\boldsymbol{\alpha}_4)=\begin{pmatrix}1&-1&3&-2\\1&-3&2&-6\\1&5&-1&10\\3&1&4&2\end{pmatrix}$，对 $\boldsymbol{A}$ 进行初等行变换化成行最简形：

$$\boldsymbol{A}\to\begin{pmatrix}1&0&0&0\\0&1&0&2\\0&0&1&0\\0&0&0&0\end{pmatrix}=(\boldsymbol{\beta}_1,\boldsymbol{\beta}_2,\boldsymbol{\beta}_3,\boldsymbol{\beta}_4)=\boldsymbol{B}.$$

可得 $\boldsymbol{A}$ 的秩为 3，且 $\boldsymbol{\beta}_4=0\cdot\boldsymbol{\beta}_1+2\cdot\boldsymbol{\beta}_2+0\cdot\boldsymbol{\beta}_3$. 因为 $\boldsymbol{A}$ 的列向量组和 $\boldsymbol{B}$ 的列向量组有相同的线性关系，所以 $\boldsymbol{\alpha}_4=0\cdot\boldsymbol{\alpha}_1+2\cdot\boldsymbol{\alpha}_2+0\cdot\boldsymbol{\alpha}_3$，列向量组 $\boldsymbol{\alpha}_1,\boldsymbol{\alpha}_2,\boldsymbol{\alpha}_3,\boldsymbol{\alpha}_4$ 的一个极大无关组为 $\boldsymbol{\alpha}_1,\boldsymbol{\alpha}_2,\boldsymbol{\alpha}_3$.

65 已知 $\boldsymbol{\alpha}_1=(a,b,0)$，$\boldsymbol{\alpha}_2=(a,2b,1)$，$\boldsymbol{\alpha}_3=(1,2,3)$，$\boldsymbol{\alpha}_4=(2,4,6)$. 若 $r(\boldsymbol{\alpha}_1,\boldsymbol{\alpha}_2,\boldsymbol{\alpha}_3,\boldsymbol{\alpha}_4)=3$，则 a,b 应满足________.

知识点睛 0306 向量组的秩及求法

解 由 $r(\boldsymbol{\alpha}_1,\boldsymbol{\alpha}_2,\boldsymbol{\alpha}_3,\boldsymbol{\alpha}_4)=3$ 知，$\boldsymbol{\alpha}_1^{\mathrm{T}},\boldsymbol{\alpha}_2^{\mathrm{T}},\boldsymbol{\alpha}_3^{\mathrm{T}},\boldsymbol{\alpha}_4^{\mathrm{T}}$ 按列排成的矩阵的秩也为 3.

$$(\boldsymbol{\alpha}_1^{\mathrm{T}},\boldsymbol{\alpha}_2^{\mathrm{T}},\boldsymbol{\alpha}_3^{\mathrm{T}},\boldsymbol{\alpha}_4^{\mathrm{T}})=\begin{pmatrix}a&a&1&2\\b&2b&2&4\\0&1&3&6\end{pmatrix}\xrightarrow[c_2\leftrightarrow c_3]{c_1\leftrightarrow c_3}\begin{pmatrix}1&a&a&2\\2&b&2b&4\\3&0&1&6\end{pmatrix}$$

$$\xrightarrow[c_2-ac_1]{c_3-c_2}\begin{pmatrix}1&0&0&0\\2&b-2a&b&0\\3&-3a&1&0\end{pmatrix}\xrightarrow[r_3-3r_1]{r_2-2r_1}\begin{pmatrix}1&0&0&0\\0&b-2a&b&0\\0&-3a&1&0\end{pmatrix}$$

$$\xrightarrow{r_2-br_3}\begin{pmatrix}1&0&0&0\\0&b-2a+3ab&0&0\\0&-3a&1&0\end{pmatrix}\xrightarrow[r_2\leftrightarrow r_3]{c_2\leftrightarrow c_3}\begin{pmatrix}1&0&0&0\\0&1&-3a&0\\0&0&b-2a+3ab&0\end{pmatrix},$$

由秩为 3 得 $b-2a+3ab\neq0$. 故应填 $b-2a+3ab\neq0$.

【评注】根据矩阵的秩和向量组的秩之间的密切联系，即：矩阵的秩等于它的行向量组的秩也等于它的列向量组的秩，把矩阵秩的问题和向量组秩的问题进行相互转化，从而方便求解，同时注意到：求矩阵的秩，既可用初等行变换，也可用初等列变换.

66 已知 $\boldsymbol{\alpha}_1,\boldsymbol{\alpha}_2,\cdots,\boldsymbol{\alpha}_5$ 均为 n 维列向量，$\boldsymbol{\beta}_1=\boldsymbol{\alpha}_1+2\boldsymbol{\alpha}_2$，$\boldsymbol{\beta}_2=-\boldsymbol{\alpha}_1+\boldsymbol{\alpha}_2+2\boldsymbol{\alpha}_3$，$\boldsymbol{\beta}_3=-\boldsymbol{\alpha}_2+\boldsymbol{\alpha}_3+2\boldsymbol{\alpha}_4$，$\boldsymbol{\beta}_4=-\boldsymbol{\alpha}_3+\boldsymbol{\alpha}_4+2\boldsymbol{\alpha}_5$，$\boldsymbol{\beta}_5=-\boldsymbol{\alpha}_4+\boldsymbol{\alpha}_5$，则 $r(\boldsymbol{\alpha}_1,\boldsymbol{\alpha}_2,\cdots,\boldsymbol{\alpha}_5)$ 与 $r(\boldsymbol{\beta}_1,\boldsymbol{\beta}_2,\cdots,\boldsymbol{\beta}_5)$ 应满足关系________.

知识点睛 0306 向量组的秩

解 由题设，

$$(\boldsymbol{\beta}_1,\boldsymbol{\beta}_2,\boldsymbol{\beta}_3,\boldsymbol{\beta}_4,\boldsymbol{\beta}_5)=(\boldsymbol{\alpha}_1,\boldsymbol{\alpha}_2,\boldsymbol{\alpha}_3,\boldsymbol{\alpha}_4,\boldsymbol{\alpha}_5)\begin{pmatrix}1&-1&0&0&0\\2&1&-1&0&0\\0&2&1&-1&0\\0&0&2&1&-1\\0&0&0&2&1\end{pmatrix}.$$

记 $\boldsymbol{A}=(\boldsymbol{\beta}_1,\boldsymbol{\beta}_2,\boldsymbol{\beta}_3,\boldsymbol{\beta}_4,\boldsymbol{\beta}_5)$，$\boldsymbol{B}=(\boldsymbol{\alpha}_1,\boldsymbol{\alpha}_2,\boldsymbol{\alpha}_3,\boldsymbol{\alpha}_4,\boldsymbol{\alpha}_5)$，$\boldsymbol{C}=\begin{pmatrix}1&-1&0&0&0\\2&1&-1&0&0\\0&2&1&-1&0\\0&0&2&1&-1\\0&0&0&2&1\end{pmatrix}$，即

$A=BC$.又$|C|\neq 0$,从而C可逆,所以由矩阵秩的结论可得$r(A)=r(B)$.即

$$r(\boldsymbol{\beta}_1,\boldsymbol{\beta}_2,\boldsymbol{\beta}_3,\boldsymbol{\beta}_4,\boldsymbol{\beta}_5)=r(\boldsymbol{\alpha}_1,\boldsymbol{\alpha}_2,\boldsymbol{\alpha}_3,\boldsymbol{\alpha}_4,\boldsymbol{\alpha}_5).$$

故应填"相等".

67题精解视频

67 设3维向量组$\boldsymbol{\alpha}_1,\boldsymbol{\alpha}_2,\boldsymbol{\alpha}_3$线性无关,$\boldsymbol{\gamma}_1=\boldsymbol{\alpha}_1+\boldsymbol{\alpha}_2-\boldsymbol{\alpha}_3$,$\boldsymbol{\gamma}_2=3\boldsymbol{\alpha}_1-\boldsymbol{\alpha}_2$,$\boldsymbol{\gamma}_3=4\boldsymbol{\alpha}_1-\boldsymbol{\alpha}_3$,$\boldsymbol{\gamma}_4=2\boldsymbol{\alpha}_1-2\boldsymbol{\alpha}_2+\boldsymbol{\alpha}_3$.求向量组$\boldsymbol{\gamma}_1,\boldsymbol{\gamma}_2,\boldsymbol{\gamma}_3,\boldsymbol{\gamma}_4$的秩.

知识点睛 0306 向量组的秩

解 记$A=(\boldsymbol{\alpha}_1,\boldsymbol{\alpha}_2,\boldsymbol{\alpha}_3)$,则由$\boldsymbol{\alpha}_1,\boldsymbol{\alpha}_2,\boldsymbol{\alpha}_3$线性无关知$r(A)=3$.又因$A$为3阶方阵,故$A$可逆.

记$B=(\boldsymbol{\gamma}_1,\boldsymbol{\gamma}_2,\boldsymbol{\gamma}_3,\boldsymbol{\gamma}_4)$,则$B=AC$,其中

$$C=\begin{pmatrix}1&3&4&2\\1&-1&0&-2\\-1&0&-1&1\end{pmatrix},$$

根据A的可逆性及矩阵秩的结论可得$r(B)=r(C)$.

对矩阵C作初等行变换

$$C=\begin{pmatrix}1&3&4&2\\1&-1&0&-2\\-1&0&-1&1\end{pmatrix}\to\begin{pmatrix}1&-1&0&-2\\0&4&4&4\\0&3&3&3\end{pmatrix}\to\begin{pmatrix}1&-1&0&-2\\0&1&1&1\\0&0&0&0\end{pmatrix},$$

即$r(C)=2$,故$r(B)=2$,也即向量组$\boldsymbol{\gamma}_1,\boldsymbol{\gamma}_2,\boldsymbol{\gamma}_3,\boldsymbol{\gamma}_4$的秩为2.

68 设向量组$\boldsymbol{\alpha}_1,\boldsymbol{\alpha}_2,\cdots,\boldsymbol{\alpha}_m$中任一向量$\boldsymbol{\alpha}_i$不是它前面$i-1$个向量的线性组合,且$\boldsymbol{\alpha}_1\neq\mathbf{0}$,试证:向量组$\boldsymbol{\alpha}_1,\boldsymbol{\alpha}_2,\cdots,\boldsymbol{\alpha}_m$的秩为$m$.

知识点睛 0306 向量组的秩

证 反证法.假设$\boldsymbol{\alpha}_1,\boldsymbol{\alpha}_2,\cdots,\boldsymbol{\alpha}_m$线性相关,即有不全为零的数$k_1,k_2,\cdots,k_m$,使得

$$k_1\boldsymbol{\alpha}_1+k_2\boldsymbol{\alpha}_2+\cdots+k_m\boldsymbol{\alpha}_m=\mathbf{0}.$$

我们断言$k_m=0$,否则有

$$\boldsymbol{\alpha}_m=-\frac{k_1}{k_m}\boldsymbol{\alpha}_1-\frac{k_2}{k_m}\boldsymbol{\alpha}_2-\cdots-\frac{k_{m-1}}{k_m}\boldsymbol{\alpha}_{m-1},$$

即$\boldsymbol{\alpha}_m$可由它前面的$m-1$个向量线性表示,矛盾.所以$k_m=0$.从而我们有

$$k_1\boldsymbol{\alpha}_1+k_2\boldsymbol{\alpha}_2+\cdots+k_{m-1}\boldsymbol{\alpha}_{m-1}=\mathbf{0}.$$

类似前面的证法,我们可得$k_{m-1}=0,\cdots,k_2=0$.于是有式$k_1\boldsymbol{\alpha}_1=\mathbf{0}$.但$\boldsymbol{\alpha}_1\neq\mathbf{0}$,所以$k_1=0$.而这与$k_1,k_2,\cdots,k_m$不全为零矛盾,所以$\boldsymbol{\alpha}_1,\boldsymbol{\alpha}_2,\cdots,\boldsymbol{\alpha}_m$线性无关,从而其秩为$m$.

【评注】要证$\boldsymbol{\alpha}_1,\boldsymbol{\alpha}_2,\cdots,\boldsymbol{\alpha}_m$的秩为$m$,相当于证$\boldsymbol{\alpha}_1,\boldsymbol{\alpha}_2,\cdots,\boldsymbol{\alpha}_m$线性无关,本题用反证法证明$\boldsymbol{\alpha}_1,\boldsymbol{\alpha}_2,\cdots,\boldsymbol{\alpha}_m$线性无关较易于掌握.

69 设$\boldsymbol{\beta}_1=\boldsymbol{\alpha}_2+\boldsymbol{\alpha}_3+\cdots+\boldsymbol{\alpha}_m$,$\boldsymbol{\beta}_2=\boldsymbol{\alpha}_1+\boldsymbol{\alpha}_3+\cdots+\boldsymbol{\alpha}_m$,$\cdots$,$\boldsymbol{\beta}_m=\boldsymbol{\alpha}_1+\boldsymbol{\alpha}_2+\cdots+\boldsymbol{\alpha}_{m-1}$,其中$m>1$.证明:向量组$\boldsymbol{\beta}_1,\boldsymbol{\beta}_2,\cdots,\boldsymbol{\beta}_m$与$\boldsymbol{\alpha}_1,\boldsymbol{\alpha}_2,\cdots,\boldsymbol{\alpha}_m$有相同的秩.

知识点睛 0306 向量组的秩

证 由题设知向量组$\boldsymbol{\beta}_1,\boldsymbol{\beta}_2,\cdots,\boldsymbol{\beta}_m$可由向量组$\boldsymbol{\alpha}_1,\boldsymbol{\alpha}_2,\cdots,\boldsymbol{\alpha}_m$线性表示,且有

$$\boldsymbol{\beta}_1+\boldsymbol{\beta}_2+\cdots+\boldsymbol{\beta}_m=(m-1)\boldsymbol{\alpha}_1+(m-1)\boldsymbol{\alpha}_2+\cdots+(m-1)\boldsymbol{\alpha}_m,$$

于是 $\boldsymbol{\alpha}_1+\boldsymbol{\alpha}_2+\cdots+\boldsymbol{\alpha}_m=\dfrac{1}{m-1}(\boldsymbol{\beta}_1+\boldsymbol{\beta}_2+\cdots+\boldsymbol{\beta}_m)$，从而

$$\boldsymbol{\beta}_i+\boldsymbol{\alpha}_i=\frac{1}{m-1}(\boldsymbol{\beta}_1+\boldsymbol{\beta}_2+\cdots+\boldsymbol{\beta}_m),\quad i=1,2,\cdots,m,$$

故 $\boldsymbol{\alpha}_i=\dfrac{1}{m-1}(\boldsymbol{\beta}_1+\boldsymbol{\beta}_2+\cdots+\boldsymbol{\beta}_m)-\boldsymbol{\beta}_i$，即 $\boldsymbol{\alpha}_1,\boldsymbol{\alpha}_2,\cdots,\boldsymbol{\alpha}_m$ 可由 $\boldsymbol{\beta}_1,\boldsymbol{\beta}_2,\cdots,\boldsymbol{\beta}_m$ 线性表示，从而两个向量组等价，于是秩相同.

70 设 n 维列向量组 $\boldsymbol{\alpha}_1,\boldsymbol{\alpha}_2,\cdots,\boldsymbol{\alpha}_m(m<n)$ 线性无关，则 n 维列向量组 $\boldsymbol{\beta}_1,\boldsymbol{\beta}_2,\cdots,\boldsymbol{\beta}_m$ 线性无关的充要条件为（　　）.

K 2000 数学一，3 分

(A) 向量组 $\boldsymbol{\alpha}_1,\boldsymbol{\alpha}_2,\cdots,\boldsymbol{\alpha}_m$ 可由向量组 $\boldsymbol{\beta}_1,\boldsymbol{\beta}_2,\cdots,\boldsymbol{\beta}_m$ 线性表示

(B) 向量组 $\boldsymbol{\beta}_1,\boldsymbol{\beta}_2,\cdots,\boldsymbol{\beta}_m$ 可由向量组 $\boldsymbol{\alpha}_1,\boldsymbol{\alpha}_2,\cdots,\boldsymbol{\alpha}_m$ 线性表示

(C) 向量组 $\boldsymbol{\alpha}_1,\boldsymbol{\alpha}_2,\cdots,\boldsymbol{\alpha}_m$ 与向量组 $\boldsymbol{\beta}_1,\boldsymbol{\beta}_2,\cdots,\boldsymbol{\beta}_m$ 等价

(D) 矩阵 $\boldsymbol{A}=(\boldsymbol{\alpha}_1,\boldsymbol{\alpha}_2,\cdots,\boldsymbol{\alpha}_m)$ 与矩阵 $\boldsymbol{B}=(\boldsymbol{\beta}_1,\boldsymbol{\beta}_2,\cdots,\boldsymbol{\beta}_m)$ 等价

知识点睛 0303 线性相关与线性无关的概念，0306 向量组的秩

解 (A)、(B)、(C) 均不是 $\boldsymbol{\beta}_1,\boldsymbol{\beta}_2,\cdots,\boldsymbol{\beta}_m$ 线性无关的必要条件.

例如，$\boldsymbol{\alpha}_1=\begin{pmatrix}1\\0\end{pmatrix}$，$\boldsymbol{\beta}_1=\begin{pmatrix}0\\1\end{pmatrix}$，则 $\boldsymbol{\beta}_1\neq\boldsymbol{0}$ 线性无关. 但 (A)、(B)、(C) 均不成立，因此只有 (D) 为正确答案.

事实上，$\boldsymbol{\beta}_1,\boldsymbol{\beta}_2,\cdots,\boldsymbol{\beta}_m$ 线性无关，即

$r(\boldsymbol{\beta}_1,\boldsymbol{\beta}_2,\cdots,\boldsymbol{\beta}_m)=m\Leftrightarrow r(\boldsymbol{\beta}_1,\boldsymbol{\beta}_2,\cdots,\boldsymbol{\beta}_m)=m=r(\boldsymbol{\alpha}_1,\boldsymbol{\alpha}_2,\cdots,\boldsymbol{\alpha}_m)\Leftrightarrow r(\boldsymbol{A})=r(\boldsymbol{B})$，即 $\boldsymbol{A}$、$\boldsymbol{B}$ 等价.

故应选 (D).

【评注】秩相同是同型矩阵等价的充要条件，但只是向量组等价的必要条件，而非充分条件.

71 设 $\boldsymbol{A},\boldsymbol{B},\boldsymbol{C}$ 均为 n 阶矩阵，若 $\boldsymbol{AB}=\boldsymbol{C}$，且 $\boldsymbol{B}$ 可逆，则（　　）.

K 2013 数学一、数学二、数学三，4 分

71 题精解视频

(A) 矩阵 $\boldsymbol{C}$ 的行向量组与矩阵 $\boldsymbol{A}$ 的行向量组等价

(B) 矩阵 $\boldsymbol{C}$ 的列向量组与矩阵 $\boldsymbol{A}$ 的列向量组等价

(C) 矩阵 $\boldsymbol{C}$ 的行向量组与矩阵 $\boldsymbol{B}$ 的行向量组等价

(D) 矩阵 $\boldsymbol{C}$ 的列向量组与矩阵 $\boldsymbol{B}$ 的列向量组等价

知识点睛 0305 向量组的等价

解 将 $\boldsymbol{A},\boldsymbol{C}$ 按列分块，$\boldsymbol{A}=(\boldsymbol{\alpha}_1,\cdots,\boldsymbol{\alpha}_n)$，$\boldsymbol{C}=(\boldsymbol{\gamma}_1,\cdots,\boldsymbol{\gamma}_n)$. 由于 $\boldsymbol{AB}=\boldsymbol{C}$，故

$$(\boldsymbol{\alpha}_1,\cdots,\boldsymbol{\alpha}_n)\begin{pmatrix}b_{11}&\cdots&b_{1n}\\\vdots&&\vdots\\b_{n1}&\cdots&b_{nn}\end{pmatrix}=(\boldsymbol{\gamma}_1,\cdots,\boldsymbol{\gamma}_n),$$

即

$$\boldsymbol{\gamma}_1=b_{11}\boldsymbol{\alpha}_1+\cdots+b_{n1}\boldsymbol{\alpha}_n,\cdots,\boldsymbol{\gamma}_n=b_{1n}\boldsymbol{\alpha}_1+\cdots+b_{nn}\boldsymbol{\alpha}_n,$$

即 $\boldsymbol{C}$ 的列向量组可由 $\boldsymbol{A}$ 的列向量组线性表示.

由于 $\boldsymbol{B}$ 可逆，故 $\boldsymbol{A}=\boldsymbol{C}\boldsymbol{B}^{-1}$，从而 $\boldsymbol{A}$ 的列向量组可由 $\boldsymbol{C}$ 的列向量组线性表示，应选(B).

72 设向量组 $\boldsymbol{\alpha}_1,\boldsymbol{\alpha}_2,\cdots,\boldsymbol{\alpha}_m$ 线性无关，且可由向量组 $\boldsymbol{\beta}_1,\boldsymbol{\beta}_2,\cdots,\boldsymbol{\beta}_m$ 线性表示.证明：这两个向量组等价，从而 $\boldsymbol{\beta}_1,\boldsymbol{\beta}_2,\cdots,\boldsymbol{\beta}_m$ 也线性无关.

知识点睛 0303 线性相关与线性无关的判别

证法1 因为 $\boldsymbol{\alpha}_1,\boldsymbol{\alpha}_2,\cdots,\boldsymbol{\alpha}_m$ 线性无关且可由 $\boldsymbol{\beta}_1,\boldsymbol{\beta}_2,\cdots,\boldsymbol{\beta}_m$ 线性表示，故

$$m=r(\boldsymbol{\alpha}_1,\boldsymbol{\alpha}_2,\cdots,\boldsymbol{\alpha}_m)\leqslant r(\boldsymbol{\beta}_1,\boldsymbol{\beta}_2,\cdots,\boldsymbol{\beta}_m)\leqslant m,$$

从而必然有 $r(\boldsymbol{\beta}_1,\boldsymbol{\beta}_2,\cdots,\boldsymbol{\beta}_m)=m$.因此，$\boldsymbol{\beta}_1,\boldsymbol{\beta}_2,\cdots,\boldsymbol{\beta}_m$ 线性无关.

由此进一步可知 $\boldsymbol{\beta}_1,\boldsymbol{\beta}_2,\cdots,\boldsymbol{\beta}_m$ 是向量组

$$\boldsymbol{\alpha}_1,\boldsymbol{\alpha}_2,\cdots,\boldsymbol{\alpha}_m,\boldsymbol{\beta}_1,\boldsymbol{\beta}_2,\cdots,\boldsymbol{\beta}_m \tag{1}$$

的一个极大无关组.

因此，向量组(1)的秩为 m.但由于 $\boldsymbol{\alpha}_1,\boldsymbol{\alpha}_2,\cdots,\boldsymbol{\alpha}_m$ 为(1)中的 m 个线性无关的向量，从而它也是(1)的一个极大无关组.于是 $\boldsymbol{\beta}_1,\boldsymbol{\beta}_2,\cdots,\boldsymbol{\beta}_m$ 可由 $\boldsymbol{\alpha}_1,\boldsymbol{\alpha}_2,\cdots,\boldsymbol{\alpha}_m$ 线性表示，从而二者等价.

证法2 由于 $\boldsymbol{\alpha}_1,\boldsymbol{\alpha}_2,\cdots,\boldsymbol{\alpha}_m$ 可由 $\boldsymbol{\beta}_1,\boldsymbol{\beta}_2,\cdots,\boldsymbol{\beta}_m$ 线性表示，故对任意 $\boldsymbol{\beta}_i$，向量组 $\boldsymbol{\beta}_i,\boldsymbol{\alpha}_1,\boldsymbol{\alpha}_2,\cdots,\boldsymbol{\alpha}_m$ 仍可由 $\boldsymbol{\beta}_1,\boldsymbol{\beta}_2,\cdots,\boldsymbol{\beta}_m$ 线性表示.

由于 $m+1>m$，故 $m+1$ 个向量 $\boldsymbol{\beta}_i,\boldsymbol{\alpha}_1,\boldsymbol{\alpha}_2,\cdots,\boldsymbol{\alpha}_m$ 必线性相关.又因为 $\boldsymbol{\alpha}_1,\boldsymbol{\alpha}_2,\cdots,\boldsymbol{\alpha}_m$ 线性无关，故 $\boldsymbol{\beta}_i$ 可由 $\boldsymbol{\alpha}_1,\boldsymbol{\alpha}_2,\cdots,\boldsymbol{\alpha}_m$ 线性表示.从而向量组 $\boldsymbol{\alpha}_1,\boldsymbol{\alpha}_2,\cdots,\boldsymbol{\alpha}_m$ 与 $\boldsymbol{\beta}_1,\boldsymbol{\beta}_2,\cdots,\boldsymbol{\beta}_m$ 等价.

再由于等价向量组有相同的秩，而 $\boldsymbol{\alpha}_1,\boldsymbol{\alpha}_2,\cdots,\boldsymbol{\alpha}_m$ 线性无关，秩为 m，故 $\boldsymbol{\beta}_1,\boldsymbol{\beta}_2,\cdots,\boldsymbol{\beta}_m$ 的秩为 m，从而也线性无关.

§3.4 向量空间

73 求下列向量的夹角.

(1) $\boldsymbol{\alpha}=(2,1,3,2)^{\mathrm{T}},\boldsymbol{\beta}=(1,2,-2,1)^{\mathrm{T}}$； (2) $\boldsymbol{\alpha}=(1,2,2,3)^{\mathrm{T}},\boldsymbol{\beta}=(3,1,5,1)^{\mathrm{T}}$.

知识点睛 0311 向量的内积

解 (1) $(\boldsymbol{\alpha},\boldsymbol{\beta})=2\times1+1\times2+3\times(-2)+2\times1=0$，从而夹角

$$\theta=\arccos\frac{(\boldsymbol{\alpha},\boldsymbol{\beta})}{\|\boldsymbol{\alpha}\|\|\boldsymbol{\beta}\|}=\arccos 0=\frac{\pi}{2}.$$

(2) $\|\boldsymbol{\alpha}\|=\sqrt{1^2+2^2+2^2+3^2}=3\sqrt{2}$，$\|\boldsymbol{\beta}\|=\sqrt{3^2+1^2+5^2+1^2}=6$，且

$$(\boldsymbol{\alpha},\boldsymbol{\beta})=1\times3+2\times1+2\times5+3\times1=18,$$

从而两向量的夹角 $\theta=\arccos\dfrac{(\boldsymbol{\alpha},\boldsymbol{\beta})}{\|\boldsymbol{\alpha}\|\|\boldsymbol{\beta}\|}=\arccos\dfrac{\sqrt{2}}{2}=\dfrac{\pi}{4}$.

K 2009 数学一，4分

74 设 $\boldsymbol{\alpha}_1,\boldsymbol{\alpha}_2,\boldsymbol{\alpha}_3$ 是3维向量空间 $\mathbf{R}^3$ 的一组基，则由基 $\boldsymbol{\alpha}_1,\frac{1}{2}\boldsymbol{\alpha}_2,\frac{1}{3}\boldsymbol{\alpha}_3$ 到基 $\boldsymbol{\alpha}_1+\boldsymbol{\alpha}_2,\boldsymbol{\alpha}_2+\boldsymbol{\alpha}_3,\boldsymbol{\alpha}_3+\boldsymbol{\alpha}_1$ 的过渡矩阵为(　　).

(A) $\begin{pmatrix}1&0&1\\2&2&0\\0&3&3\end{pmatrix}$　　　(B) $\begin{pmatrix}1&2&0\\0&2&3\\1&0&3\end{pmatrix}$

(C) $\begin{pmatrix}\frac{1}{2}&\frac{1}{4}&-\frac{1}{6}\\-\frac{1}{2}&\frac{1}{4}&\frac{1}{6}\\\frac{1}{2}&-\frac{1}{4}&\frac{1}{6}\end{pmatrix}$　　　(D) $\begin{pmatrix}\frac{1}{2}&-\frac{1}{2}&\frac{1}{2}\\\frac{1}{4}&\frac{1}{4}&-\frac{1}{4}\\-\frac{1}{6}&\frac{1}{6}&\frac{1}{6}\end{pmatrix}$

知识点睛　0310 过渡矩阵

解　本题考查过渡矩阵的概念,用观察法易见

$$(\boldsymbol{\alpha}_1+\boldsymbol{\alpha}_2,\boldsymbol{\alpha}_2+\boldsymbol{\alpha}_3,\boldsymbol{\alpha}_3+\boldsymbol{\alpha}_1)=\left(\boldsymbol{\alpha}_1,\frac{1}{2}\boldsymbol{\alpha}_2,\frac{1}{3}\boldsymbol{\alpha}_3\right)\begin{pmatrix}1&0&1\\2&2&0\\0&3&3\end{pmatrix},$$

应选(A).

75　从 $\mathbf{R}^2$ 的基 $\boldsymbol{\alpha}_1=\begin{pmatrix}1\\0\end{pmatrix},\boldsymbol{\alpha}_2=\begin{pmatrix}1\\-1\end{pmatrix}$ 到基 $\boldsymbol{\beta}_1=\begin{pmatrix}1\\1\end{pmatrix},\boldsymbol{\beta}_2=\begin{pmatrix}1\\2\end{pmatrix}$ 的过渡矩阵为________.　2003 数学一,4 分

75 题精解视频

知识点睛　0310 过渡矩阵

解　根据定义,从 $\mathbf{R}^2$ 的基 $\boldsymbol{\alpha}_1=\begin{pmatrix}1\\0\end{pmatrix},\boldsymbol{\alpha}_2=\begin{pmatrix}1\\-1\end{pmatrix}$ 到基 $\boldsymbol{\beta}_1=\begin{pmatrix}1\\1\end{pmatrix},\boldsymbol{\beta}_2=\begin{pmatrix}1\\2\end{pmatrix}$ 的过渡矩阵为

$$\boldsymbol{P}=(\boldsymbol{\alpha}_1,\boldsymbol{\alpha}_2)^{-1}(\boldsymbol{\beta}_1,\boldsymbol{\beta}_2)=\begin{pmatrix}1&1\\0&-1\end{pmatrix}^{-1}\begin{pmatrix}1&1\\1&2\end{pmatrix}=\begin{pmatrix}1&1\\0&-1\end{pmatrix}\begin{pmatrix}1&1\\1&2\end{pmatrix}=\begin{pmatrix}2&3\\-1&-2\end{pmatrix}.$$

故应填 $\begin{pmatrix}2&3\\-1&-2\end{pmatrix}$.

【评注】从基 $\boldsymbol{\alpha}_1,\boldsymbol{\alpha}_2,\cdots,\boldsymbol{\alpha}_n$ 到基 $\boldsymbol{\beta}_1,\boldsymbol{\beta}_2,\cdots,\boldsymbol{\beta}_n$ 的过渡矩阵 $\boldsymbol{P}$ 满足

$$(\boldsymbol{\beta}_1,\boldsymbol{\beta}_2,\cdots,\boldsymbol{\beta}_n)=(\boldsymbol{\alpha}_1,\boldsymbol{\alpha}_2,\cdots,\boldsymbol{\alpha}_n)P.$$

76　设 $\boldsymbol{\alpha}_1,\boldsymbol{\alpha}_2,\boldsymbol{\alpha}_3$ 和 $\boldsymbol{\beta}_1,\boldsymbol{\beta}_2,\boldsymbol{\beta}_3$ 是向量空间 $\mathbf{R}^3$ 的两组基,其中

$$\boldsymbol{\alpha}_1=(1,1,0)^{\mathrm{T}},\quad \boldsymbol{\alpha}_2=(0,1,1)^{\mathrm{T}},\quad \boldsymbol{\alpha}_3=(0,0,1)^{\mathrm{T}}.$$

由基 $\boldsymbol{\alpha}_1,\boldsymbol{\alpha}_2,\boldsymbol{\alpha}_3$ 到基 $\boldsymbol{\beta}_1,\boldsymbol{\beta}_2,\boldsymbol{\beta}_3$ 的过渡矩阵为

$$\boldsymbol{A}=\begin{pmatrix}1&1&-2\\-2&0&3\\4&-1&-6\end{pmatrix},$$

求基向量 $\boldsymbol{\beta}_1,\boldsymbol{\beta}_2,\boldsymbol{\beta}_3$.

知识点睛　0310 过渡矩阵

解　由题意知

$$(\boldsymbol{\beta}_1,\boldsymbol{\beta}_2,\boldsymbol{\beta}_3)=(\boldsymbol{\alpha}_1,\boldsymbol{\alpha}_2,\boldsymbol{\alpha}_3)\boldsymbol{A}=\begin{pmatrix}1&0&0\\1&1&0\\0&1&1\end{pmatrix}\begin{pmatrix}1&1&-2\\-2&0&3\\4&-1&-6\end{pmatrix}=\begin{pmatrix}1&1&-2\\-1&1&1\\2&-1&-3\end{pmatrix},$$

所以$\boldsymbol{\beta}_1=(1,-1,2)^{\mathrm{T}}$, $\boldsymbol{\beta}_2=(1,1,-1)^{\mathrm{T}}$, $\boldsymbol{\beta}_3=(-2,1,-3)^{\mathrm{T}}$.

77 设向量组$\boldsymbol{\alpha}_1=(1,2,1)^{\mathrm{T}},\boldsymbol{\alpha}_2=(1,3,2)^{\mathrm{T}},\boldsymbol{\alpha}_3=(1,3,3)^{\mathrm{T}}$为$\mathbf{R}^3$的一个基，$\boldsymbol{\alpha}_4=(1,0,2)^{\mathrm{T}}$.证明$\boldsymbol{\alpha}_2,\boldsymbol{\alpha}_3,\boldsymbol{\alpha}_4$为$\mathbf{R}^3$的一个基,并求$\boldsymbol{\alpha}_2,\boldsymbol{\alpha}_3,\boldsymbol{\alpha}_4$到$\boldsymbol{\alpha}_1,\boldsymbol{\alpha}_2,\boldsymbol{\alpha}_3$的过渡矩阵.

知识点睛 0310 过渡矩阵

证 $\boldsymbol{A}=(\boldsymbol{\alpha}_2,\boldsymbol{\alpha}_3,\boldsymbol{\alpha}_4)=\begin{pmatrix}1&1&1\\3&3&0\\2&3&2\end{pmatrix}\to\begin{pmatrix}1&0&0\\0&1&0\\0&0&-1\end{pmatrix}$,故$\boldsymbol{\alpha}_2,\boldsymbol{\alpha}_3,\boldsymbol{\alpha}_4$为$\mathbf{R}^3$的一个基.

设$\boldsymbol{B}=(\boldsymbol{\alpha}_1,\boldsymbol{\alpha}_2,\boldsymbol{\alpha}_3)=\begin{pmatrix}1&1&1\\2&3&3\\1&2&3\end{pmatrix}$,于是

$$(\boldsymbol{A}\ \vdots\ \boldsymbol{B})=\left(\begin{array}{ccc:ccc}1&1&1&1&1&1\\3&3&0&2&3&3\\2&3&2&1&2&3\end{array}\right)\to\left(\begin{array}{ccc:ccc}1&0&0&\frac{5}{3}&1&0\\0&1&0&-1&0&1\\0&0&1&\frac{1}{3}&0&0\end{array}\right),$$

从而,$\boldsymbol{\alpha}_2,\boldsymbol{\alpha}_3,\boldsymbol{\alpha}_4$到$\boldsymbol{\alpha}_1,\boldsymbol{\alpha}_2,\boldsymbol{\alpha}_3$的过渡矩阵为$\begin{pmatrix}\frac{5}{3}&1&0\\-1&0&1\\\frac{1}{3}&0&0\end{pmatrix}$.

K 2010数学一，4分

78 设$\boldsymbol{\alpha}_1=(1,2,-1,0)^{\mathrm{T}},\boldsymbol{\alpha}_2=(1,1,0,2)^{\mathrm{T}},\boldsymbol{\alpha}_3=(2,1,1,a)^{\mathrm{T}}$.若由$\boldsymbol{\alpha}_1,\boldsymbol{\alpha}_2,\boldsymbol{\alpha}_3$生成的向量空间的维数为2,则$a=$________.

知识点睛 0308 向量空间的维数

解 本题考查向量空间及其维数的概念,因为$\boldsymbol{\alpha}_1,\boldsymbol{\alpha}_2,\boldsymbol{\alpha}_3$所生成的向量空间是2维,亦即向量组的秩$r(\boldsymbol{\alpha}_1,\boldsymbol{\alpha}_2,\boldsymbol{\alpha}_3)=2$,则

$$(\boldsymbol{\alpha}_1,\boldsymbol{\alpha}_2,\boldsymbol{\alpha}_3)=\begin{pmatrix}1&1&2\\2&1&1\\-1&0&1\\0&2&a\end{pmatrix}\to\begin{pmatrix}1&1&2\\0&1&3\\0&0&a-6\\0&0&0\end{pmatrix},$$

由秩为2,知$a=6$.应填6.

79 由向量组$\boldsymbol{\alpha}_1=(1,3,1,-1)^{\mathrm{T}},\boldsymbol{\alpha}_2=(2,-1,-1,4)^{\mathrm{T}},\boldsymbol{\alpha}_3=(5,1,-1,7)^{\mathrm{T}},\boldsymbol{\alpha}_4=(2,6,2,-3)^{\mathrm{T}}$生成的向量空间的维数是________.

知识点睛 0308 向量空间的维数

解 求向量组$\boldsymbol{\alpha}_1,\boldsymbol{\alpha}_2,\boldsymbol{\alpha}_3,\boldsymbol{\alpha}_4$的秩,由于

$$(\boldsymbol{\alpha}_1,\boldsymbol{\alpha}_2,\boldsymbol{\alpha}_3,\boldsymbol{\alpha}_4)=\begin{pmatrix}1&2&5&2\\3&-1&1&6\\1&-1&-1&2\\-1&4&7&-3\end{pmatrix}\to\begin{pmatrix}1&2&5&2\\0&-7&-14&0\\0&-3&-6&0\\0&6&12&-1\end{pmatrix}\to\begin{pmatrix}1&2&5&2\\0&1&2&0\\0&0&0&1\\0&0&0&0\end{pmatrix},$$

可知$r(\boldsymbol{\alpha}_1,\boldsymbol{\alpha}_2,\boldsymbol{\alpha}_3,\boldsymbol{\alpha}_4)=3$,所以由$\boldsymbol{\alpha}_1,\boldsymbol{\alpha}_2,\boldsymbol{\alpha}_3,\boldsymbol{\alpha}_4$生成的向量空间的维数是3 .

故应填3 .

80 将下列向量组标准正交化.

(1)$\boldsymbol{\alpha}_1=(1,1,1)^{\mathrm{T}},\boldsymbol{\alpha}_2=(1,2,3)^{\mathrm{T}},\boldsymbol{\alpha}_3=(1,4,9)^{\mathrm{T}}$;

(2)$\boldsymbol{\alpha}_1=(1,0,-1,1)^{\mathrm{T}},\boldsymbol{\alpha}_2=(1,-1,0,1)^{\mathrm{T}},\boldsymbol{\alpha}_3=(-1,1,1,0)^{\mathrm{T}}$.

知识点睛 0312 线性无关向量组的正交规范化的施密特方法

解 (1) 取 $\boldsymbol{\beta}_1=\boldsymbol{\alpha}_1=(1,1,1)^{\mathrm{T}}$, $\boldsymbol{\beta}_2=\boldsymbol{\alpha}_2-\dfrac{(\boldsymbol{\alpha}_2,\boldsymbol{\beta}_1)}{(\boldsymbol{\beta}_1,\boldsymbol{\beta}_1)}\boldsymbol{\beta}_1=(-1,0,1)^{\mathrm{T}}$,

$$\boldsymbol{\beta}_3=\boldsymbol{\alpha}_3-\frac{(\boldsymbol{\alpha}_3,\boldsymbol{\beta}_1)}{(\boldsymbol{\beta}_1,\boldsymbol{\beta}_1)}\boldsymbol{\beta}_1-\frac{(\boldsymbol{\alpha}_3,\boldsymbol{\beta}_2)}{(\boldsymbol{\beta}_2,\boldsymbol{\beta}_2)}\boldsymbol{\beta}_2=\left(\frac{1}{3},-\frac{2}{3},\frac{1}{3}\right)^{\mathrm{T}},$$

再令

$$\boldsymbol{\gamma}_1=\frac{\boldsymbol{\beta}_1}{\|\boldsymbol{\beta}_1\|}=\frac{1}{\sqrt{3}}(1,1,1)^{\mathrm{T}},$$

$$\boldsymbol{\gamma}_2=\frac{\boldsymbol{\beta}_2}{\|\boldsymbol{\beta}_2\|}=\frac{1}{\sqrt{2}}(-1,0,1)^{\mathrm{T}},$$

$$\boldsymbol{\gamma}_3=\frac{\boldsymbol{\beta}_3}{\|\boldsymbol{\beta}_3\|}=\frac{1}{\sqrt{6}}(1,-2,1)^{\mathrm{T}},$$

则 $\boldsymbol{\gamma}_1,\boldsymbol{\gamma}_2,\boldsymbol{\gamma}_3$ 即为所求.

(2) 取 $\boldsymbol{\beta}_1=\boldsymbol{\alpha}_1=(1,0,-1,1)^{\mathrm{T}}$, $\boldsymbol{\beta}_2=\boldsymbol{\alpha}_2-\dfrac{(\boldsymbol{\alpha}_2,\boldsymbol{\beta}_1)}{(\boldsymbol{\beta}_1,\boldsymbol{\beta}_1)}\boldsymbol{\beta}_1=\left(\dfrac{1}{3},-1,\dfrac{2}{3},\dfrac{1}{3}\right)^{\mathrm{T}}$,

$$\boldsymbol{\beta}_3=\boldsymbol{\alpha}_3-\frac{(\boldsymbol{\alpha}_3,\boldsymbol{\beta}_1)}{(\boldsymbol{\beta}_1,\boldsymbol{\beta}_1)}\boldsymbol{\beta}_1-\frac{(\boldsymbol{\alpha}_3,\boldsymbol{\beta}_2)}{(\boldsymbol{\beta}_2,\boldsymbol{\beta}_2)}\boldsymbol{\beta}_2=\left(-\frac{1}{5},\frac{3}{5},\frac{3}{5},\frac{4}{5}\right)^{\mathrm{T}},$$

再令

$$\boldsymbol{\gamma}_1=\frac{\boldsymbol{\beta}_1}{\|\boldsymbol{\beta}_1\|}=\frac{1}{\sqrt{3}}(1,0,-1,1)^{\mathrm{T}},$$

$$\boldsymbol{\gamma}_2=\frac{\boldsymbol{\beta}_2}{\|\boldsymbol{\beta}_2\|}=\frac{1}{\sqrt{15}}(1,-3,2,1)^{\mathrm{T}},$$

$$\boldsymbol{\gamma}_3=\frac{\boldsymbol{\beta}_3}{\|\boldsymbol{\beta}_3\|}=\frac{1}{\sqrt{35}}(-1,3,3,4)^{\mathrm{T}},$$

则 $\boldsymbol{\gamma}_1,\boldsymbol{\gamma}_2,\boldsymbol{\gamma}_3$ 即为所求.

81 把向量组 $\boldsymbol{\alpha}_1=(1,1,1)^{\mathrm{T}},\boldsymbol{\alpha}_2=(0,1,1)^{\mathrm{T}},\boldsymbol{\alpha}_3=(0,0,1)^{\mathrm{T}}$标准正交化.

知识点睛 0312 线性无关向量组的正交规范化的施密特方法

解 先正交化,取

$$\boldsymbol{\beta}_1=\boldsymbol{\alpha}_1=(1,1,1)^{\mathrm{T}},$$

$$\boldsymbol{\beta}_2=\boldsymbol{\alpha}_2-\frac{(\boldsymbol{\alpha}_2,\boldsymbol{\beta}_1)}{(\boldsymbol{\beta}_1,\boldsymbol{\beta}_1)}\boldsymbol{\beta}_1=(0,1,1)^{\mathrm{T}}-\frac{2}{3}(1,1,1)^{\mathrm{T}}=\left(-\frac{2}{3},\frac{1}{3},\frac{1}{3}\right)^{\mathrm{T}},$$

$$\boldsymbol{\beta}_3=\boldsymbol{\alpha}_3-\frac{(\boldsymbol{\alpha}_3,\boldsymbol{\beta}_1)}{(\boldsymbol{\beta}_1,\boldsymbol{\beta}_1)}\boldsymbol{\beta}_1-\frac{(\boldsymbol{\alpha}_3,\boldsymbol{\beta}_2)}{(\boldsymbol{\beta}_2,\boldsymbol{\beta}_2)}\boldsymbol{\beta}_2$$

$$=(0,0,1)^{\mathrm{T}}-\frac{1}{3}(1,1,1)^{\mathrm{T}}-\frac{1}{2}\left(-\frac{2}{3},\frac{1}{3},\frac{1}{3}\right)^{\mathrm{T}}=\left(0,-\frac{1}{2},\frac{1}{2}\right)^{\mathrm{T}}.$$

再单位化,令

$$\boldsymbol{\varepsilon}_1=\frac{\boldsymbol{\beta}_1}{\|\boldsymbol{\beta}_1\|}=\frac{1}{\sqrt{3}}(1,1,1)^{\mathrm{T}},$$

$$\boldsymbol{\varepsilon}_2=\frac{\boldsymbol{\beta}_2}{\|\boldsymbol{\beta}_2\|}=\frac{1}{\sqrt{6}}(-2,1,1)^{\mathrm{T}},$$

$$\boldsymbol{\varepsilon}_3=\frac{\boldsymbol{\beta}_3}{\|\boldsymbol{\beta}_3\|}=\frac{1}{\sqrt{2}}(0,-1,1)^{\mathrm{T}},$$

则 $\boldsymbol{\varepsilon}_1,\boldsymbol{\varepsilon}_2,\boldsymbol{\varepsilon}_3$ 即为所求.

82 题精解视频

82 已知向量组 $\boldsymbol{\alpha}_1=(1,2,1,0)^{\mathrm{T}},\boldsymbol{\alpha}_2=(1,1,3,1)^{\mathrm{T}},\boldsymbol{\alpha}_3=(1,0,5,2)^{\mathrm{T}},\boldsymbol{\alpha}_4=(2,1,-2,3)^{\mathrm{T}}$,求 $\boldsymbol{\alpha}_1,\boldsymbol{\alpha}_2,\boldsymbol{\alpha}_3,\boldsymbol{\alpha}_4$ 生成的向量空间 $\boldsymbol{V}$ 的一个标准正交基.

知识点睛 0312 线性无关向量组的正交规范化的施密特方法

解 由向量组 $\boldsymbol{\alpha}_1,\boldsymbol{\alpha}_2,\boldsymbol{\alpha}_3,\boldsymbol{\alpha}_4$ 构成矩阵 $\boldsymbol{A}$,用初等行变换将 $\boldsymbol{A}$ 化为行阶梯形矩阵:

$$\boldsymbol{A}=\begin{pmatrix}1&1&1&2\\2&1&0&1\\1&3&5&-2\\0&1&2&3\end{pmatrix}\to\begin{pmatrix}1&1&1&2\\0&-1&-2&-3\\0&2&4&-4\\0&1&2&3\end{pmatrix}\to\begin{pmatrix}1&1&1&2\\0&1&2&3\\0&0&0&1\\0&0&0&0\end{pmatrix},$$

则 $\boldsymbol{\alpha}_1,\boldsymbol{\alpha}_2,\boldsymbol{\alpha}_4$ 是向量组 $\boldsymbol{\alpha}_1,\boldsymbol{\alpha}_2,\boldsymbol{\alpha}_3,\boldsymbol{\alpha}_4$ 的一个极大线性无关组,所以 $\boldsymbol{\alpha}_1,\boldsymbol{\alpha}_2,\boldsymbol{\alpha}_4$ 是 $\boldsymbol{V}$ 的一组基.

将 $\boldsymbol{\alpha}_1,\boldsymbol{\alpha}_2,\boldsymbol{\alpha}_4$ 标准正交化.先正交化,取

$$\boldsymbol{\beta}_1=\boldsymbol{\alpha}_1=\begin{pmatrix}1\\2\\1\\0\end{pmatrix},$$

$$\boldsymbol{\beta}_2=\boldsymbol{\alpha}_2-\frac{(\boldsymbol{\alpha}_2,\boldsymbol{\beta}_1)}{(\boldsymbol{\beta}_1,\boldsymbol{\beta}_1)}\boldsymbol{\beta}_1=\begin{pmatrix}1\\1\\3\\1\end{pmatrix}-\frac{6}{6}\begin{pmatrix}1\\2\\1\\0\end{pmatrix}=\begin{pmatrix}0\\-1\\2\\1\end{pmatrix},$$

$$\boldsymbol{\beta}_3=\boldsymbol{\alpha}_4-\frac{(\boldsymbol{\alpha}_4,\boldsymbol{\beta}_1)}{(\boldsymbol{\beta}_1,\boldsymbol{\beta}_1)}\boldsymbol{\beta}_1-\frac{(\boldsymbol{\alpha}_4,\boldsymbol{\beta}_2)}{(\boldsymbol{\beta}_2,\boldsymbol{\beta}_2)}\boldsymbol{\beta}_2=\begin{pmatrix}2\\1\\-2\\3\end{pmatrix}-\frac{2}{6}\begin{pmatrix}1\\2\\1\\0\end{pmatrix}-\frac{-2}{6}\begin{pmatrix}0\\-1\\2\\1\end{pmatrix}=\frac{5}{3}\begin{pmatrix}1\\0\\-1\\2\end{pmatrix}.$$

再单位化,令

$$\boldsymbol{\varepsilon}_1=\frac{\boldsymbol{\beta}_1}{\|\boldsymbol{\beta}_1\|}=\frac{1}{\sqrt{6}}\begin{pmatrix}1\\2\\1\\0\end{pmatrix},\quad\boldsymbol{\varepsilon}_2=\frac{\boldsymbol{\beta}_2}{\|\boldsymbol{\beta}_2\|}=\frac{1}{\sqrt{6}}\begin{pmatrix}0\\-1\\2\\1\end{pmatrix},\quad\boldsymbol{\varepsilon}_3=\frac{\boldsymbol{\beta}_3}{\|\boldsymbol{\beta}_3\|}=\frac{1}{\sqrt{6}}\begin{pmatrix}1\\0\\-1\\2\end{pmatrix}.$$

于是 $\boldsymbol{\varepsilon}_1,\boldsymbol{\varepsilon}_2,\boldsymbol{\varepsilon}_3$ 是 $\boldsymbol{V}$ 的一个标准正交基.

【评注】(1) 由向量组 $\boldsymbol{\alpha}_1,\boldsymbol{\alpha}_2,\cdots,\boldsymbol{\alpha}_m$ 生成的向量空间

$$V=\{\lambda_1\boldsymbol{\alpha}_1+\lambda_2\boldsymbol{\alpha}_2+\cdots+\lambda_m\boldsymbol{\alpha}_m \mid \lambda_1,\ \lambda_2,\cdots,\ \lambda_m\in\mathbf{R}\}.$$

(2) 若向量空间 V 的 r 个向量 $\boldsymbol{\alpha}_1,\boldsymbol{\alpha}_2,\cdots,\boldsymbol{\alpha}_r$ 满足:

① $\boldsymbol{\alpha}_1,\boldsymbol{\alpha}_2,\cdots,\boldsymbol{\alpha}_r$ 线性无关;

② V 中任意向量都可由 $\boldsymbol{\alpha}_1,\boldsymbol{\alpha}_2,\cdots,\boldsymbol{\alpha}_r$ 线性表示,则称 $\boldsymbol{\alpha}_1,\boldsymbol{\alpha}_2,\cdots,\boldsymbol{\alpha}_r$ 是 V 的一个基,r 称为 V 的维数,并称 V 为 r 维向量空间;

(3) 若向量空间是由 $\boldsymbol{\alpha}_1,\boldsymbol{\alpha}_2,\cdots,\boldsymbol{\alpha}_m$ 生成的,则 V 的维数等于向量组 $\boldsymbol{\alpha}_1,\boldsymbol{\alpha}_2,\cdots,\boldsymbol{\alpha}_m$ 的秩,而 $\boldsymbol{\alpha}_1,\boldsymbol{\alpha}_2,\cdots,\boldsymbol{\alpha}_m$ 的一个极大无关组就是 V 的一个基.

83 已知 $\boldsymbol{\alpha}_1=\begin{pmatrix}1\\0\\1\end{pmatrix},\boldsymbol{\alpha}_2=\begin{pmatrix}1\\2\\1\end{pmatrix},\boldsymbol{\alpha}_3=\begin{pmatrix}3\\1\\2\end{pmatrix}$, 已知 $\boldsymbol{\beta}_1=\boldsymbol{\alpha}_1,\boldsymbol{\beta}_2=\boldsymbol{\alpha}_2-k\boldsymbol{\beta}_1,\boldsymbol{\beta}_3=\boldsymbol{\alpha}_3-l_1\boldsymbol{\beta}_1-l_2\boldsymbol{\beta}_2$.若 $\boldsymbol{\beta}_1,\boldsymbol{\beta}_2,\boldsymbol{\beta}_3$ 两两正交,则 l_1,l_2 依次为(   ). K 2021 数学一,5 分

(A) $\frac{5}{2},\frac{1}{2}$ (B) $-\frac{5}{2},\frac{1}{2}$ (C) $\frac{5}{2},-\frac{1}{2}$ (D) $-\frac{5}{2},-\frac{1}{2}$

知识点睛 0312 施密特正交化方法

解 由 $\boldsymbol{\beta}_1=\boldsymbol{\alpha}_1,\boldsymbol{\beta}_2=\boldsymbol{\alpha}_2-k\boldsymbol{\beta}_1,\boldsymbol{\beta}_3=\boldsymbol{\alpha}_3-l_1\boldsymbol{\beta}_1-l_2\boldsymbol{\beta}_2$ 两两正交,有

$$k=\frac{(\boldsymbol{\alpha}_2,\boldsymbol{\beta}_1)}{(\boldsymbol{\beta}_1,\boldsymbol{\beta}_1)}=\frac{2}{2}=1,\quad \boldsymbol{\beta}_2=\begin{pmatrix}1\\2\\1\end{pmatrix}-\begin{pmatrix}1\\0\\1\end{pmatrix}=\begin{pmatrix}0\\2\\0\end{pmatrix},$$

$$l_1=\frac{(\boldsymbol{\alpha}_3,\boldsymbol{\beta}_1)}{(\boldsymbol{\beta}_1,\boldsymbol{\beta}_1)}=\frac{5}{2},\quad l_2=\frac{(\boldsymbol{\alpha}_3,\boldsymbol{\beta}_2)}{(\boldsymbol{\beta}_2,\boldsymbol{\beta}_2)}=\frac{2}{4}=\frac{1}{2}.$$

应选(A).

84 设 $\boldsymbol{\alpha}_1,\boldsymbol{\alpha}_2,\cdots,\boldsymbol{\alpha}_n$ 是 n 维向量空间 $\mathbf{R}^n$ 中的 n 个向量,又 $\mathbf{R}^n$ 中任一向量都可由它们线性表示.证明:$\boldsymbol{\alpha}_1,\boldsymbol{\alpha}_2,\cdots,\boldsymbol{\alpha}_n$ 是 $\mathbf{R}^n$ 的一组基.

知识点睛 0308 向量空间的基

证 由 $\mathbf{R}^n$ 中任一向量都可由 $\boldsymbol{\alpha}_1,\boldsymbol{\alpha}_2,\cdots,\boldsymbol{\alpha}_n$ 线性表示知,单位向量组 $\boldsymbol{e}_1,\boldsymbol{e}_2,\cdots,\boldsymbol{e}_n$ 也可由 $\boldsymbol{\alpha}_1,\boldsymbol{\alpha}_2,\cdots,\boldsymbol{\alpha}_n$ 线性表示;而显然向量组 $\boldsymbol{\alpha}_1,\boldsymbol{\alpha}_2,\cdots,\boldsymbol{\alpha}_n$ 中任一向量均可由 $\boldsymbol{e}_1,\boldsymbol{e}_2,\cdots,\boldsymbol{e}_n$ 线性表示,从而向量组 $\boldsymbol{\alpha}_1,\boldsymbol{\alpha}_2,\cdots,\boldsymbol{\alpha}_n$ 与 $\boldsymbol{e}_1,\boldsymbol{e}_2,\cdots,\boldsymbol{e}_n$ 等价.

根据等价的向量组有相同的秩得 $r(\boldsymbol{\alpha}_1,\boldsymbol{\alpha}_2,\cdots,\boldsymbol{\alpha}_n)=n$,所以 $\boldsymbol{\alpha}_1,\boldsymbol{\alpha}_2,\cdots,\boldsymbol{\alpha}_n$ 线性无关,故可成为 $\mathbf{R}^n$ 的一组基.

85 设 $\boldsymbol{B}$ 是秩为 2 的 5×4 矩阵,$\boldsymbol{\alpha}_1=(1,1,2,3)^{\mathrm{T}},\boldsymbol{\alpha}_2=(-1,1,4,-1)^{\mathrm{T}},\boldsymbol{\alpha}_3=(5,-1,-8,9)^{\mathrm{T}}$ 是齐次线性方程组 $\boldsymbol{Bx}=\boldsymbol{0}$ 的解向量,求 $\boldsymbol{Bx}=\boldsymbol{0}$ 的解空间的一个规范正交基. K 1997 数学一,5 分

知识点睛 0313 规范正交基, 0312 施密特方法

分析 要求 $\boldsymbol{Bx}=\boldsymbol{0}$ 的解空间的一个规范正交基,首先必须确定此解空间的维数及

相应个数的线性无关的解.

解 因 $r(\boldsymbol{B})=2$,故解空间的维数 $4-r(\boldsymbol{B})=2$. 又因 $\boldsymbol{\alpha}_1,\boldsymbol{\alpha}_2$线性无关,故 $\boldsymbol{\alpha}_1,\boldsymbol{\alpha}_2$是解空间的基.取

$$\boldsymbol{\beta}_1=\boldsymbol{\alpha}_1=(1,1,2,3)^{\mathrm{T}},$$

$$\boldsymbol{\beta}_2=\boldsymbol{\alpha}_2-\frac{(\boldsymbol{\alpha}_2,\boldsymbol{\beta}_1)}{(\boldsymbol{\beta}_1,\boldsymbol{\beta}_1)}\boldsymbol{\beta}_1=(-1,1,4,-1)^{\mathrm{T}}-\frac{5}{15}(1,1,2,3)^{\mathrm{T}}$$

$$=\frac{2}{3}(-2,1,5,-3)^{\mathrm{T}}.$$

将其单位化,有

$$\boldsymbol{\gamma}_1=\frac{1}{\sqrt{15}}(1,1,2,3)^{\mathrm{T}},$$

$$\boldsymbol{\gamma}_2=\frac{1}{\sqrt{39}}(-2,1,5,-3)^{\mathrm{T}},$$

即为解空间的一个规范正交基.

【评注】由于解空间的基不唯一,施密特正交化处理后规范正交基也不唯一.已知条件中 $\boldsymbol{\alpha}_1,\boldsymbol{\alpha}_2,\boldsymbol{\alpha}_3$是线性相关的(注意: $2\boldsymbol{\alpha}_1-3\boldsymbol{\alpha}_2=\boldsymbol{\alpha}_3$),不要误以为解空间是三维的.

86 已知向量组 $\boldsymbol{\alpha}_1=(1,-1,1)^{\mathrm{T}},\boldsymbol{\alpha}_2=(1,-2,2)^{\mathrm{T}},\boldsymbol{\alpha}_3=(1,a,5)^{\mathrm{T}}$是向量空间 $\mathbf{R}^3$ 的一个基,求 a.

知识点睛 0308 向量空间的基

解 $|\boldsymbol{A}|=|\boldsymbol{\alpha}_1,\boldsymbol{\alpha}_2,\boldsymbol{\alpha}_3|=\begin{vmatrix}1&1&1\\-1&-2&a\\1&2&5\end{vmatrix}=-(a+5)$,由于 $\boldsymbol{\alpha}_1,\boldsymbol{\alpha}_2,\boldsymbol{\alpha}_3$ 是向量空间 $\mathbf{R}^3$ 的一个基,所以 $a+5\neq0$,即 $a\neq-5$.

87 设向量组 $\boldsymbol{\alpha}_1=(2,1,-2)^{\mathrm{T}},\boldsymbol{\alpha}_2=(0,3,1)^{\mathrm{T}},\boldsymbol{\alpha}_3=(0,0,k-2)^{\mathrm{T}}$为向量空间 $\mathbf{R}^3$的一个基,求 k.

知识点睛 0308 向量空间的基

解 $|\boldsymbol{A}|=|\boldsymbol{\alpha}_1,\boldsymbol{\alpha}_2,\boldsymbol{\alpha}_3|=\begin{vmatrix}2&0&0\\1&3&0\\-2&1&k-2\end{vmatrix}=6(k-2)$,由于 $\boldsymbol{\alpha}_1,\boldsymbol{\alpha}_2,\boldsymbol{\alpha}_3$为向量空间 $\mathbf{R}^3$的一个基,所以 $6(k-2)\neq0$,即 $k\neq2$.

88 已知向量组 $\boldsymbol{\alpha}_1,\boldsymbol{\alpha}_2,\cdots,\boldsymbol{\alpha}_m$线性无关,若非零向量 $\boldsymbol{\beta}$ 与 $\boldsymbol{\alpha}_1,\boldsymbol{\alpha}_2,\cdots,\boldsymbol{\alpha}_m$都正交,证明:$\boldsymbol{\alpha}_1,\boldsymbol{\alpha}_2,\cdots,\boldsymbol{\alpha}_m,\boldsymbol{\beta}$线性无关.

知识点睛 0303 线性无关的判别法

证(反证法) 假设 $\boldsymbol{\beta},\boldsymbol{\alpha}_1,\boldsymbol{\alpha}_2,\cdots,\boldsymbol{\alpha}_m$线性相关,则 $\boldsymbol{\beta}$ 可由 $\boldsymbol{\alpha}_1,\boldsymbol{\alpha}_2,\cdots,\boldsymbol{\alpha}_m$线性表示.设

$$\boldsymbol{\beta}=k_1\boldsymbol{\alpha}_1+k_2\boldsymbol{\alpha}_2+\cdots+k_m\boldsymbol{\alpha}_m,$$

因为$(\boldsymbol{\beta},\boldsymbol{\alpha}_i)=0$,所以

$$(\boldsymbol{\beta},\boldsymbol{\beta})=(\boldsymbol{\beta},k_1\boldsymbol{\alpha}_1+k_2\boldsymbol{\alpha}_2+\cdots+k_m\boldsymbol{\alpha}_m)=0,$$

从而 $\boldsymbol{\beta}=\mathbf{0}$,这与 $\boldsymbol{\beta}$ 是非零向量矛盾,故 $\boldsymbol{\alpha}_1,\boldsymbol{\alpha}_2,\cdots,\boldsymbol{\alpha}_m,\boldsymbol{\beta}$ 线性无关.

89 已知 n 维向量组 $\boldsymbol{\alpha}_1,\boldsymbol{\alpha}_2,\cdots,\boldsymbol{\alpha}_n$ 线性无关，若向量 $\boldsymbol{\beta}$ 与 $\boldsymbol{\alpha}_1,\boldsymbol{\alpha}_2,\cdots,\boldsymbol{\alpha}_n$ 都正交，证明：$\boldsymbol{\beta}$ 为零向量.

89 题精解视频

知识点睛 0302 向量的线性表示

证 因 $\boldsymbol{\beta},\boldsymbol{\alpha}_1,\boldsymbol{\alpha}_2,\cdots,\boldsymbol{\alpha}_n$ 是 $n+1$ 个 n 维向量，所以 $\boldsymbol{\beta},\boldsymbol{\alpha}_1,\boldsymbol{\alpha}_2,\cdots,\boldsymbol{\alpha}_n$ 线性相关. 又由于 $\boldsymbol{\alpha}_1,\boldsymbol{\alpha}_2,\cdots,\boldsymbol{\alpha}_n$ 线性无关，因此 $\boldsymbol{\beta}$ 可由 $\boldsymbol{\alpha}_1,\boldsymbol{\alpha}_2,\cdots,\boldsymbol{\alpha}_n$ 线性表示，设 $\boldsymbol{\beta}=k_1\boldsymbol{\alpha}_1+k_2\boldsymbol{\alpha}_2+\cdots+k_n\boldsymbol{\alpha}_n$，因为 $(\boldsymbol{\beta},\boldsymbol{\alpha}_i)=0$，所以

$$(\boldsymbol{\beta},\boldsymbol{\beta})=(\boldsymbol{\beta},k_1\boldsymbol{\alpha}_1+k_2\boldsymbol{\alpha}_2+\cdots+k_n\boldsymbol{\alpha}_n)=\mathbf{0},$$

从而 $\boldsymbol{\beta}=\mathbf{0}$.

90 设 $\boldsymbol{\alpha}_1=(1,2,3)^{\mathrm{T}}$，求非零向量 $\boldsymbol{\alpha}_2,\boldsymbol{\alpha}_3$，使 $\boldsymbol{\alpha}_1,\boldsymbol{\alpha}_2,\boldsymbol{\alpha}_3$ 为三维向量空间的一组正交基.

知识点睛 0308 向量空间的基

解 非零向量 $\boldsymbol{\alpha}_2,\boldsymbol{\alpha}_3$ 应满足方程 $\boldsymbol{\alpha}_1^{\mathrm{T}}\boldsymbol{x}=\mathbf{0}$，即 $x_1+2x_2+3x_3=0$，它的基础解系为 $\boldsymbol{\xi}_1=\begin{pmatrix}-2\\1\\0\end{pmatrix}$，$\boldsymbol{\xi}_2=\begin{pmatrix}-3\\0\\1\end{pmatrix}$. 将 $\boldsymbol{\xi}_1$，$\boldsymbol{\xi}_2$ 正交化，

$$\boldsymbol{\eta}_2=\boldsymbol{\xi}_1,$$

$$\boldsymbol{\eta}_3=\boldsymbol{\xi}_2-\frac{(\boldsymbol{\xi}_1,\boldsymbol{\xi}_2)}{(\boldsymbol{\xi}_1,\boldsymbol{\xi}_1)}\boldsymbol{\xi}_1=(-3,0,1)^{\mathrm{T}}-\frac{6}{5}(-2,1,0)^{\mathrm{T}}=\left(-\frac{3}{5},-\frac{6}{5},1\right)^{\mathrm{T}},$$

故 $\boldsymbol{\alpha}_2=(-2,1,0)^{\mathrm{T}},\boldsymbol{\alpha}_3=(-3,-6,5)^{\mathrm{T}}$.

91 设 $\boldsymbol{\alpha}_1=(1,1,1)^{\mathrm{T}},\boldsymbol{\alpha}_2=(1,-1,-1)^{\mathrm{T}}$，求与 $\boldsymbol{\alpha}_1,\boldsymbol{\alpha}_2$ 均正交的单位向量 $\boldsymbol{\beta}$，并求与向量组 $\boldsymbol{\alpha}_1,\boldsymbol{\alpha}_2,\boldsymbol{\beta}$ 等价的规范正交向量组.

知识点睛 0313 规范正交基

解 非零向量 $\boldsymbol{\beta}$ 应满足方程 $\boldsymbol{\alpha}_1^{\mathrm{T}}\boldsymbol{x}=\mathbf{0},\boldsymbol{\alpha}_2^{\mathrm{T}}\boldsymbol{x}=\mathbf{0}$，即 $\begin{cases}x_1+x_2+x_3=0,\\x_1-x_2-x_3=0,\end{cases}$ 它的基础解系为 $\boldsymbol{\xi}_1=(0,1,-1)^{\mathrm{T}}$，于是 $\boldsymbol{\beta}=\left(0,\frac{\sqrt{2}}{2},-\frac{\sqrt{2}}{2}\right)^{\mathrm{T}}$.

将 $\boldsymbol{\alpha}_1,\boldsymbol{\alpha}_2$ 正交化，$\boldsymbol{\beta}_1=\boldsymbol{\alpha}_1$，$\boldsymbol{\beta}_2=\boldsymbol{\alpha}_2-\frac{(\boldsymbol{\alpha}_1,\boldsymbol{\alpha}_2)}{(\boldsymbol{\alpha}_1,\boldsymbol{\alpha}_1)}\boldsymbol{\alpha}_1=\frac{2}{3}(2,-1,-1)^{\mathrm{T}}$，将 $\boldsymbol{\beta}_1$，$\boldsymbol{\beta}_2$ 单位化，

$$\boldsymbol{\gamma}_1=\frac{\boldsymbol{\beta}_1}{\|\boldsymbol{\beta}_1\|}=\left(\frac{\sqrt{3}}{3},\frac{\sqrt{3}}{3},\frac{\sqrt{3}}{3}\right)^{\mathrm{T}},$$

$$\boldsymbol{\gamma}_2=\frac{\boldsymbol{\beta}_2}{\|\boldsymbol{\beta}_2\|}=\left(\frac{\sqrt{6}}{3},-\frac{\sqrt{6}}{6},-\frac{\sqrt{6}}{6}\right)^{\mathrm{T}}.$$

故所求规范正交向量组为

$$\boldsymbol{\gamma}_1=\left(\frac{\sqrt{3}}{3},\frac{\sqrt{3}}{3},\frac{\sqrt{3}}{3}\right)^{\mathrm{T}},\quad\boldsymbol{\gamma}_2=\left(\frac{\sqrt{6}}{3},-\frac{\sqrt{6}}{6},-\frac{\sqrt{6}}{6}\right)^{\mathrm{T}},\quad\boldsymbol{\beta}=\left(0,\frac{\sqrt{2}}{2},-\frac{\sqrt{2}}{2}\right)^{\mathrm{T}}.$$

92 已知 3 维向量空间的一组基为 $\boldsymbol{\alpha}_1=(1,1,0)^{\mathrm{T}},\boldsymbol{\alpha}_2=(1,0,1)^{\mathrm{T}},\boldsymbol{\alpha}_3=(0,1,1)^{\mathrm{T}}$，求向量 $\boldsymbol{u}=(2,0,0)^{\mathrm{T}}$ 在上述基下的坐标.

知识点睛 向量在基下的坐标

解 $A=(\boldsymbol{\alpha}_1,\boldsymbol{\alpha}_2,\boldsymbol{\alpha}_3,\boldsymbol{u})=\begin{pmatrix}1&1&0&2\\1&0&1&0\\0&1&1&0\end{pmatrix}\to\begin{pmatrix}1&0&0&1\\0&1&0&1\\0&0&1&-1\end{pmatrix}$，故 $\boldsymbol{u}=\boldsymbol{\alpha}_1+\boldsymbol{\alpha}_2-\boldsymbol{\alpha}_3$. 可见 $\boldsymbol{u}$ 在基 $\boldsymbol{\alpha}_1,\boldsymbol{\alpha}_2,\boldsymbol{\alpha}_3$ 下的坐标是$(1,1,-1)$.

§3.5 综合提高题

93 若3维向量 $\boldsymbol{\alpha}_4$ 不能由向量组 $\boldsymbol{\alpha}_1,\boldsymbol{\alpha}_2,\boldsymbol{\alpha}_3$ 线性表示，则必有(　　).

(A)向量组 $\boldsymbol{\alpha}_1,\boldsymbol{\alpha}_2,\boldsymbol{\alpha}_3$ 线性无关

(B)向量组 $\boldsymbol{\alpha}_1,\boldsymbol{\alpha}_2,\boldsymbol{\alpha}_3$ 线性相关

(C)向量组 $\boldsymbol{\alpha}_1+\boldsymbol{\alpha}_4,\boldsymbol{\alpha}_2+\boldsymbol{\alpha}_4,\boldsymbol{\alpha}_3+\boldsymbol{\alpha}_4$ 线性无关

(D)向量组 $\boldsymbol{\alpha}_1+\boldsymbol{\alpha}_4,\boldsymbol{\alpha}_2+\boldsymbol{\alpha}_4,\boldsymbol{\alpha}_3+\boldsymbol{\alpha}_4$ 线性相关

知识点睛 0302 向量的线性表示

解 四个3维向量 $\boldsymbol{\alpha}_1,\boldsymbol{\alpha}_2,\boldsymbol{\alpha}_3,\boldsymbol{\alpha}_4$ 必线性相关. 若向量组 $\boldsymbol{\alpha}_1,\boldsymbol{\alpha}_2,\boldsymbol{\alpha}_3$ 线性无关，则 $\boldsymbol{\alpha}_4$ 可由 $\boldsymbol{\alpha}_1,\boldsymbol{\alpha}_2,\boldsymbol{\alpha}_3$ 线性表示. 所以(B)正确，(A)不正确.

对于(C)，取向量组 $\boldsymbol{\alpha}_1=\begin{pmatrix}1\\0\\0\end{pmatrix},\boldsymbol{\alpha}_2=\begin{pmatrix}2\\0\\0\end{pmatrix},\boldsymbol{\alpha}_3=\begin{pmatrix}3\\0\\0\end{pmatrix},\boldsymbol{\alpha}_4=\begin{pmatrix}0\\0\\1\end{pmatrix}$. 易知 $\boldsymbol{\alpha}_4$ 不能由向量组 $\boldsymbol{\alpha}_1,\boldsymbol{\alpha}_2,\boldsymbol{\alpha}_3$ 线性表示. 但 $\boldsymbol{\alpha}_1+\boldsymbol{\alpha}_4,\boldsymbol{\alpha}_2+\boldsymbol{\alpha}_4,\boldsymbol{\alpha}_3+\boldsymbol{\alpha}_4$ 线性相关. 可知(C)不正确.

对于(D)，取向量组 $\boldsymbol{\alpha}_1=\begin{pmatrix}1\\0\\0\end{pmatrix},\boldsymbol{\alpha}_2=\begin{pmatrix}0\\1\\0\end{pmatrix},\boldsymbol{\alpha}_3=\begin{pmatrix}0\\0\\0\end{pmatrix},\boldsymbol{\alpha}_4=\begin{pmatrix}0\\0\\1\end{pmatrix}$. 易知 $\boldsymbol{\alpha}_4$ 不能由向量组 $\boldsymbol{\alpha}_1,\boldsymbol{\alpha}_2,\boldsymbol{\alpha}_3$ 线性表示. 但 $\boldsymbol{\alpha}_1+\boldsymbol{\alpha}_4,\boldsymbol{\alpha}_2+\boldsymbol{\alpha}_4,\boldsymbol{\alpha}_3+\boldsymbol{\alpha}_4$ 线性无关. 可知(D)不正确.

故应选(B).

94 设 $\boldsymbol{\alpha}_1=(0,1,2,3),\boldsymbol{\beta}_1=(2,2,3,1),\boldsymbol{\beta}_2=(-1,2,1,2),\boldsymbol{\beta}_3=(2,1,-1,-2)$，问 $\boldsymbol{\alpha}_1$ 是否可表示成 $\boldsymbol{\beta}_1,\boldsymbol{\beta}_2,\boldsymbol{\beta}_3$ 的线性组合.

知识点睛 0302 向量的线性组合与线性表示

解
$$(\boldsymbol{\beta}_1^{\mathrm{T}},\boldsymbol{\beta}_2^{\mathrm{T}},\boldsymbol{\beta}_3^{\mathrm{T}},\boldsymbol{\alpha}_1^{\mathrm{T}})=\begin{pmatrix}2&-1&2&0\\2&2&1&1\\3&1&-1&2\\1&2&-2&3\end{pmatrix}\to\begin{pmatrix}1&2&-2&3\\0&-5&6&-6\\0&3&-1&1\\0&-5&5&-7\end{pmatrix}$$
$$\to\begin{pmatrix}1&2&-2&3\\0&1&-\frac{6}{5}&\frac{6}{5}\\0&3&-1&1\\0&0&-1&-1\end{pmatrix}\to\begin{pmatrix}1&2&-2&3\\0&1&-\frac{6}{5}&\frac{6}{5}\\0&0&\frac{13}{5}&-\frac{13}{5}\\0&0&-1&-1\end{pmatrix}$$

$$\rightarrow\begin{pmatrix}1 & 2 & -2 & 3\\0 & 1 & -\frac{6}{5} & \frac{6}{5}\\0 & 0 & 1 & 1\\0 & 0 & 0 & 1\end{pmatrix}.$$

由 $r(\boldsymbol{\beta}_1,\boldsymbol{\beta}_2,\boldsymbol{\beta}_3)=3$,$r(\boldsymbol{\beta}_1,\boldsymbol{\beta}_2,\boldsymbol{\beta}_3,\boldsymbol{\alpha}_1)=4$ 知 $\boldsymbol{\alpha}_1$不能表示为$\boldsymbol{\beta}_1,\boldsymbol{\beta}_2,\boldsymbol{\beta}_3$的线性组合.

95 设有 3 维列向量

$$\boldsymbol{\alpha}_1=\begin{pmatrix}1+\lambda\\1\\1\end{pmatrix},\quad \boldsymbol{\alpha}_2=\begin{pmatrix}1\\1+\lambda\\1\end{pmatrix},\quad \boldsymbol{\alpha}_3=\begin{pmatrix}1\\1\\1+\lambda\end{pmatrix},\quad \boldsymbol{\beta}=\begin{pmatrix}0\\\lambda\\\lambda^2\end{pmatrix},$$

问 λ 取何值时,有

(1) $\boldsymbol{\beta}$ 可由 $\boldsymbol{\alpha}_1,\boldsymbol{\alpha}_2,\boldsymbol{\alpha}_3$线性表示,且表达式唯一;

(2) $\boldsymbol{\beta}$ 可由 $\boldsymbol{\alpha}_1,\boldsymbol{\alpha}_2,\boldsymbol{\alpha}_3$线性表示,且表达式不唯一;

(3) $\boldsymbol{\beta}$ 不能由 $\boldsymbol{\alpha}_1,\boldsymbol{\alpha}_2,\boldsymbol{\alpha}_3$线性表示.

知识点睛 0302 向量的线性表示, 0306 向量组的秩

解 对 $\boldsymbol{\alpha}_1,\boldsymbol{\alpha}_2,\boldsymbol{\alpha}_3,\boldsymbol{\beta}$ 排成的矩阵施以初等行变换:

$$(\boldsymbol{\alpha}_1,\boldsymbol{\alpha}_2,\boldsymbol{\alpha}_3,\boldsymbol{\beta})=\begin{pmatrix}1+\lambda & 1 & 1 & 0\\1 & 1+\lambda & 1 & \lambda\\1 & 1 & 1+\lambda & \lambda^2\end{pmatrix}\rightarrow\begin{pmatrix}1 & 1 & 1+\lambda & \lambda^2\\0 & \lambda & -\lambda & \lambda-\lambda^2\\0 & -\lambda & 1-(1+\lambda)^2 & -\lambda^2(1+\lambda)\end{pmatrix}$$

$$\rightarrow\begin{pmatrix}1 & 1 & 1+\lambda & \lambda^2\\0 & \lambda & -\lambda & \lambda(1-\lambda)\\0 & 0 & -3\lambda-\lambda^2 & \lambda-2\lambda^2-\lambda^3\end{pmatrix},$$

从而得

当 $\lambda\neq0$ 且 $\lambda\neq-3$ 时,$r(\boldsymbol{\alpha}_1,\boldsymbol{\alpha}_2,\boldsymbol{\alpha}_3)=r(\boldsymbol{\alpha}_1,\boldsymbol{\alpha}_2,\boldsymbol{\alpha}_3,\boldsymbol{\beta})=3$,故有唯一表达式.

当 $\lambda=0$ 时,$r(\boldsymbol{\alpha}_1,\boldsymbol{\alpha}_2,\boldsymbol{\alpha}_3)=r(\boldsymbol{\alpha}_1,\boldsymbol{\alpha}_2,\boldsymbol{\alpha}_3,\boldsymbol{\beta})<3$,故 $\boldsymbol{\beta}$ 能由 $\boldsymbol{\alpha}_1,\boldsymbol{\alpha}_2,\boldsymbol{\alpha}_3$线性表示,但表达式不唯一.

当 $\lambda=-3$ 时,$r(\boldsymbol{\alpha}_1,\boldsymbol{\alpha}_2,\boldsymbol{\alpha}_3)=2$,$r(\boldsymbol{\alpha}_1,\boldsymbol{\alpha}_2,\boldsymbol{\alpha}_3,\boldsymbol{\beta})=3$,故 $\boldsymbol{\beta}$ 不能由 $\boldsymbol{\alpha}_1,\boldsymbol{\alpha}_2,\boldsymbol{\alpha}_3$线性表示.

96 确定常数 a,使向量组 $\boldsymbol{\alpha}_1=(1,1,a)^{\mathrm{T}}$,$\boldsymbol{\alpha}_2=(1,a,1)^{\mathrm{T}}$,$\boldsymbol{\alpha}_3=(a,1,1)^{\mathrm{T}}$可由向量组 $\boldsymbol{\beta}_1=(1,1,a)^{\mathrm{T}}$,$\boldsymbol{\beta}_2=(-2,a,4)^{\mathrm{T}}$,$\boldsymbol{\beta}_3=(-2,a,a)^{\mathrm{T}}$线性表示,但向量组$\boldsymbol{\beta}_1,\boldsymbol{\beta}_2,\boldsymbol{\beta}_3$不能由向量组 $\boldsymbol{\alpha}_1,\boldsymbol{\alpha}_2,\boldsymbol{\alpha}_3$线性表示.

K 2005 数学二, 9 分

知识点睛 0302 向量的线性表示, 0306 向量组的秩

解 记 $\boldsymbol{A}=(\boldsymbol{\alpha}_1,\boldsymbol{\alpha}_2,\boldsymbol{\alpha}_3)$,$\boldsymbol{B}=(\boldsymbol{\beta}_1,\boldsymbol{\beta}_2,\boldsymbol{\beta}_3)$,对矩阵$(\boldsymbol{A}\,\vdots\,\boldsymbol{B})$施行初等行变换:

$$(\boldsymbol{A}\,\vdots\,\boldsymbol{B})=\left(\begin{array}{ccc:ccc}1 & 1 & a & 1 & -2 & -2\\1 & a & 1 & 1 & a & a\\a & 1 & 1 & a & 4 & a\end{array}\right)$$

$$\rightarrow\left(\begin{array}{ccc:ccc}1 & 1 & a & 1 & -2 & -2\\0 & a-1 & 1-a & 0 & a+2 & a+2\\0 & 1-a & 1-a^2 & 0 & 4+2a & 3a\end{array}\right)$$

$$\to\left(\begin{array}{ccc:ccc}1 & 1 & a & 1 & -2 & -2\\ 0 & a-1 & 1-a & 0 & a+2 & a+2\\ 0 & 0 & -(a-1)(a+2) & 0 & 3a+6 & 4a+2\end{array}\right).$$

由于$\boldsymbol{\beta}_1,\boldsymbol{\beta}_2,\boldsymbol{\beta}_3$不能由$\boldsymbol{\alpha}_1,\boldsymbol{\alpha}_2,\boldsymbol{\alpha}_3$线性表示,故$r(\boldsymbol{A})<3$,因此$a=1$或$a=-2$.

当$a=1$时,

$$(\boldsymbol{A}\vdots\boldsymbol{B})=\left(\begin{array}{ccc:ccc}1 & 1 & 1 & 1 & -2 & -2\\ 1 & 1 & 1 & 1 & 1 & 1\\ 1 & 1 & 1 & 1 & 4 & 1\end{array}\right)\to\left(\begin{array}{ccc:ccc}1 & 1 & 1 & 1 & -2 & -2\\ 0 & 0 & 0 & 0 & 3 & 3\\ 0 & 0 & 0 & 0 & 0 & -3\end{array}\right),$$

由此可得,$r(\boldsymbol{A})=1$,$r(\boldsymbol{A}\vdots\boldsymbol{B})=3$,从而$\boldsymbol{\beta}_1,\boldsymbol{\beta}_2,\boldsymbol{\beta}_3$不能由$\boldsymbol{\alpha}_1,\boldsymbol{\alpha}_2,\boldsymbol{\alpha}_3$线性表示.

又$\boldsymbol{\alpha}_1=\boldsymbol{\alpha}_2=\boldsymbol{\alpha}_3=\boldsymbol{\beta}_1=(1,1,1)^{\mathrm{T}}$,且$\boldsymbol{\alpha}_1,\boldsymbol{\alpha}_2,\boldsymbol{\alpha}_3$能由$\boldsymbol{\beta}_1,\boldsymbol{\beta}_2,\boldsymbol{\beta}_3$线性表示,所以$a=1$符合题意.

当$a=-2$时,

$$(\boldsymbol{B}\vdots\boldsymbol{A})=\left(\begin{array}{ccc:ccc}1 & -2 & -2 & 1 & 1 & -2\\ 1 & -2 & -2 & 1 & -2 & 1\\ -2 & 4 & -2 & -2 & 1 & 1\end{array}\right)$$

$$\to\left(\begin{array}{ccc:ccc}1 & -2 & -2 & 1 & 1 & -2\\ 0 & 0 & -6 & 0 & 3 & -3\\ 0 & 0 & 0 & 0 & -3 & 3\end{array}\right),$$

因为$r(\boldsymbol{B})=2$,$r(\boldsymbol{B}\vdots\boldsymbol{A})=3$,故$\boldsymbol{\alpha}_1,\boldsymbol{\alpha}_2,\boldsymbol{\alpha}_3$不能由$\boldsymbol{\beta}_1,\boldsymbol{\beta}_2,\boldsymbol{\beta}_3$线性表示,与题设矛盾.因此$a=1$.

97 题精解视频

97 证明:若向量组$\boldsymbol{\alpha}_1,\boldsymbol{\alpha}_2,\cdots,\boldsymbol{\alpha}_s$线性无关,而向量组$\boldsymbol{\alpha}_1,\boldsymbol{\alpha}_2,\cdots,\boldsymbol{\alpha}_s,\boldsymbol{\beta}$线性相关,则$\boldsymbol{\beta}$可由向量组$\boldsymbol{\alpha}_1,\boldsymbol{\alpha}_2,\cdots,\boldsymbol{\alpha}_s$线性表示,且表达式唯一.

知识点睛 0302 向量的线性表示, 0303 线性相关与线性无关的概念

证 因向量组$\boldsymbol{\alpha}_1,\boldsymbol{\alpha}_2,\cdots,\boldsymbol{\alpha}_s,\boldsymbol{\beta}$线性相关,故一定存在一组不全为零的数$k_1,k_2,\cdots,k_s,k$,使得

$$k_1\boldsymbol{\alpha}_1+k_2\boldsymbol{\alpha}_2+\cdots+k_s\boldsymbol{\alpha}_s+k\boldsymbol{\beta}=\mathbf{0},$$

这里必有$k\neq0$,否则上式应成为

$$k_1\boldsymbol{\alpha}_1+k_2\boldsymbol{\alpha}_2+\cdots+k_s\boldsymbol{\alpha}_s=\mathbf{0},$$

且$k_1,k_2,\cdots,k_s$不全为零,这与$\boldsymbol{\alpha}_1,\boldsymbol{\alpha}_2,\cdots,\boldsymbol{\alpha}_s$线性无关矛盾,因此,$k\neq0$.故

$$\boldsymbol{\beta}=-\frac{k_1}{k}\boldsymbol{\alpha}_1-\frac{k_2}{k}\boldsymbol{\alpha}_2-\cdots-\frac{k_s}{k}\boldsymbol{\alpha}_s,$$

即$\boldsymbol{\beta}$可由$\boldsymbol{\alpha}_1,\boldsymbol{\alpha}_2,\cdots,\boldsymbol{\alpha}_s$线性表示.

再证表示法唯一.如果

$$\boldsymbol{\beta}=l_1\boldsymbol{\alpha}_1+l_2\boldsymbol{\alpha}_2+\cdots+l_s\boldsymbol{\alpha}_s,\quad 且\quad \boldsymbol{\beta}=k_1\boldsymbol{\alpha}_1+k_2\boldsymbol{\alpha}_2+\cdots+k_s\boldsymbol{\alpha}_s,$$

两式相减,则有

$$(l_1-k_1)\boldsymbol{\alpha}_1+(l_2-k_2)\boldsymbol{\alpha}_2+\cdots+(l_s-k_s)\boldsymbol{\alpha}_s=\mathbf{0},$$

由$\boldsymbol{\alpha}_1,\boldsymbol{\alpha}_2,\cdots,\boldsymbol{\alpha}_s$线性无关可知,$l_i-k_i=0(i=1,2,\cdots,s)$,即$l_i=k_i(i=1,2,\cdots,s)$.从而表示法唯一.

98 证明线性方程组

$$\begin{cases}a_{11}x_1+a_{12}x_2+\cdots+a_{1n}x_n=0,\\ a_{21}x_1+a_{22}x_2+\cdots+a_{2n}x_n=0,\\ \cdots\cdots\cdots\cdots\cdots\cdots\cdots\cdots\cdots\cdots\cdots\\ a_{m1}x_1+a_{m2}x_2+\cdots+a_{mn}x_n=0\end{cases}\qquad ①$$

的解是 $b_1x_1+b_2x_2+\cdots+b_nx_n=0$ 解的充要条件是 $\boldsymbol{\beta}$ 为 $\boldsymbol{\alpha}_1,\boldsymbol{\alpha}_2,\cdots,\boldsymbol{\alpha}_m$ 的线性组合,其中

$$\boldsymbol{\beta}=(b_1,b_2,\cdots,b_n),\quad \boldsymbol{\alpha}_i=(a_{i1},a_{i2},\cdots,a_{in})\quad (i=1,2,\cdots,m).$$

知识点睛　方程组的解与向量的线性表示之间的关系

证　充分性:设存在一组数 $k_1,k_2,\cdots,k_m$,使得

$$\boldsymbol{\beta}=k_1\boldsymbol{\alpha}_1+k_2\boldsymbol{\alpha}_2+\cdots+k_m\boldsymbol{\alpha}_m.$$

令 $\boldsymbol{x}=(x_1,x_2,\cdots,x_n)^{\mathrm{T}}$ 为 $\boldsymbol{Ax}=\boldsymbol{0}$ 的解,其中 $\boldsymbol{A}=\begin{pmatrix}\boldsymbol{\alpha}_1\\ \boldsymbol{\alpha}_2\\ \vdots\\ \boldsymbol{\alpha}_m\end{pmatrix}$,即有 $\boldsymbol{\alpha}_i\boldsymbol{x}=0$, $i=1,2,\cdots,m$,于是

$$b_1x_1+b_2x_2+\cdots+b_nx_n=\boldsymbol{\beta x}=k_1\boldsymbol{\alpha}_1\boldsymbol{x}+k_2\boldsymbol{\alpha}_2\boldsymbol{x}+\cdots+k_m\boldsymbol{\alpha}_m\boldsymbol{x}=0.$$

充分性得证.

必要性:构造方程组

$$\begin{cases}a_{11}x_1+a_{12}x_2+\cdots+a_{1n}x_n=0,\\ \cdots\cdots\cdots\cdots\cdots\cdots\cdots\cdots\cdots\cdots\cdots\\ a_{m1}x_1+a_{m2}x_2+\cdots+a_{mn}x_n=0,\\ b_1x_1+b_2x_2+\cdots+b_nx_n=0,\end{cases}\qquad ②$$

式①,②的系数矩阵分别为

$$\boldsymbol{A}=\begin{pmatrix}\boldsymbol{\alpha}_1\\ \boldsymbol{\alpha}_2\\ \vdots\\ \boldsymbol{\alpha}_m\end{pmatrix},\quad \boldsymbol{B}=\begin{pmatrix}\boldsymbol{\alpha}_1\\ \boldsymbol{\alpha}_2\\ \vdots\\ \boldsymbol{\alpha}_m\\ \boldsymbol{\beta}\end{pmatrix}.$$

要证 $\boldsymbol{\beta}$ 为 $\boldsymbol{\alpha}_1,\boldsymbol{\alpha}_2,\cdots,\boldsymbol{\alpha}_m$ 的线性组合,故需证 $r(\boldsymbol{A})=r(\boldsymbol{B})$,继而转化为证明①和②同解,而①的解必满足方程式 $b_1x_1+b_2x_2+\cdots+b_nx_n=0$,因此是②的解,反过来②的解显然是①的解,故①和②同解,从而 $r(\boldsymbol{A})=r(\boldsymbol{B})$,故 $\boldsymbol{\beta}$ 可由 $\boldsymbol{\alpha}_1,\boldsymbol{\alpha}_2,\cdots,\boldsymbol{\alpha}_m$ 线性表示.

99　已知向量 $\boldsymbol{\alpha}_1,\boldsymbol{\alpha}_2,\cdots,\boldsymbol{\alpha}_s$ 都与非零向量 $\boldsymbol{\beta}$ 正交,证明 $\boldsymbol{\beta}$ 不能由向量组 $\boldsymbol{\alpha}_1,\boldsymbol{\alpha}_2,\cdots,\boldsymbol{\alpha}_s$ 线性表示.

知识点睛　两向量正交 $\Leftrightarrow(\boldsymbol{\alpha},\boldsymbol{\beta})=0$, 0302 向量的线性表示

证　反证法:假设 $\boldsymbol{\beta}$ 能由 $\boldsymbol{\alpha}_1,\boldsymbol{\alpha}_2,\cdots,\boldsymbol{\alpha}_s$ 线性表示,则有一组数 $k_1,k_2,\cdots,k_s$,使得

$$\boldsymbol{\beta}=k_1\boldsymbol{\alpha}_1+k_2\boldsymbol{\alpha}_2+\cdots+k_s\boldsymbol{\alpha}_s,$$

从而 $(\boldsymbol{\beta},\boldsymbol{\beta})=k_1(\boldsymbol{\beta},\boldsymbol{\alpha}_1)+k_2(\boldsymbol{\beta},\boldsymbol{\alpha}_2)+\cdots+k_s(\boldsymbol{\beta},\boldsymbol{\alpha}_s)$.

由于 $\boldsymbol{\beta}$ 与 $\boldsymbol{\alpha}_1,\boldsymbol{\alpha}_2,\cdots,\boldsymbol{\alpha}_s$ 都正交,所以 $(\boldsymbol{\beta},\boldsymbol{\alpha}_i)=0,1\leqslant i\leqslant s$,于是 $(\boldsymbol{\beta},\boldsymbol{\beta})=0$,与 $\boldsymbol{\beta}\neq\boldsymbol{0}$ 矛盾. 故 $\boldsymbol{\beta}$ 不能由 $\boldsymbol{\alpha}_1,\boldsymbol{\alpha}_2,\cdots,\boldsymbol{\alpha}_s$ 线性表示.

Ⓚ 2011 数学一、数学二、数学三，11 分

100 题精解视频

100 设向量组 $\boldsymbol{\alpha}_1=(1,0,1)^{\mathrm{T}},\boldsymbol{\alpha}_2=(0,1,1)^{\mathrm{T}},\boldsymbol{\alpha}_3=(1,3,5)^{\mathrm{T}}$不能由向量组 $\boldsymbol{\beta}_1=(1,1,1)^{\mathrm{T}},\boldsymbol{\beta}_2=(1,2,3)^{\mathrm{T}},\boldsymbol{\beta}_3=(3,4,a)^{\mathrm{T}}$线性表示.

(Ⅰ) 求 a 的值；

(Ⅱ) 将 $\boldsymbol{\beta}_1,\boldsymbol{\beta}_2,\boldsymbol{\beta}_3$用 $\boldsymbol{\alpha}_1,\boldsymbol{\alpha}_2,\boldsymbol{\alpha}_3$线性表示.

知识点睛 向量的线性表示与方程组的解之间的关系

解 (Ⅰ) 因为 $|\boldsymbol{\alpha}_1,\boldsymbol{\alpha}_2,\boldsymbol{\alpha}_3|=\begin{vmatrix}1&0&1\\0&1&3\\1&1&5\end{vmatrix}=1\neq 0$，所以 $\boldsymbol{\alpha}_1,\boldsymbol{\alpha}_2,\boldsymbol{\alpha}_3$线性无关.那么 $\boldsymbol{\alpha}_1,\boldsymbol{\alpha}_2,\boldsymbol{\alpha}_3$不能由 $\boldsymbol{\beta}_1,\boldsymbol{\beta}_2,\boldsymbol{\beta}_3$线性表示$\Leftrightarrow\boldsymbol{\beta}_1,\boldsymbol{\beta}_2,\boldsymbol{\beta}_3$线性相关.即

$$|\boldsymbol{\beta}_1,\boldsymbol{\beta}_2,\boldsymbol{\beta}_3|=\begin{vmatrix}1&1&3\\1&2&4\\1&3&a\end{vmatrix}=\begin{vmatrix}1&1&3\\0&1&1\\0&2&a-3\end{vmatrix}=a-5=0,$$

所以 $a=5$.

(Ⅱ) 如果方程组 $x_1\boldsymbol{\alpha}_1+x_2\boldsymbol{\alpha}_2+x_3\boldsymbol{\alpha}_3=\boldsymbol{\beta}_j(j=1,2,3)$都有解，即 $\boldsymbol{\beta}_1,\boldsymbol{\beta}_2,\boldsymbol{\beta}_3$可由 $\boldsymbol{\alpha}_1,\boldsymbol{\alpha}_2,\boldsymbol{\alpha}_3$线性表示.因为现在的三个方程组系数矩阵是相同的，故可拼在一起加减消元，然后再独立地求解.对$(\boldsymbol{\alpha}_1,\boldsymbol{\alpha}_2,\boldsymbol{\alpha}_3 \mid \boldsymbol{\beta}_1,\boldsymbol{\beta}_2,\boldsymbol{\beta}_3)$作初等行变换，有

$$\left(\begin{array}{ccc:ccc}1&0&1&1&1&3\\0&1&3&1&2&4\\1&1&5&1&3&5\end{array}\right)\to\left(\begin{array}{ccc:ccc}1&0&1&1&1&3\\0&1&3&1&2&4\\0&1&4&0&2&2\end{array}\right)\to\left(\begin{array}{ccc:ccc}1&0&1&1&1&3\\0&1&3&1&2&4\\0&0&1&-1&0&-2\end{array}\right)$$

$$\to\left(\begin{array}{ccc:ccc}1&&&2&1&5\\&1&&4&2&10\\&&1&-1&0&-2\end{array}\right),$$

所以 $\boldsymbol{\beta}_1=2\boldsymbol{\alpha}_1+4\boldsymbol{\alpha}_2-\boldsymbol{\alpha}_3,\boldsymbol{\beta}_2=\boldsymbol{\alpha}_1+2\boldsymbol{\alpha}_2,\boldsymbol{\beta}_3=5\boldsymbol{\alpha}_1+10\boldsymbol{\alpha}_2-2\boldsymbol{\alpha}_3$.

【评注】(1) 因为四个 3 维向量 $\boldsymbol{\beta}_1,\boldsymbol{\beta}_2,\boldsymbol{\beta}_3,\boldsymbol{\alpha}$ 必线性相关，所以若 $\boldsymbol{\beta}_1,\boldsymbol{\beta}_2,\boldsymbol{\beta}_3$线性无关，那么 $\boldsymbol{\alpha}_1,\boldsymbol{\alpha}_2,\boldsymbol{\alpha}_3$必可由 $\boldsymbol{\beta}_1,\boldsymbol{\beta}_2,\boldsymbol{\beta}_3$线性表示，与题设矛盾，故 $\boldsymbol{\beta}_1,\boldsymbol{\beta}_2,\boldsymbol{\beta}_3$一定相关，由此亦可推出$|\boldsymbol{\beta}_1,\boldsymbol{\beta}_2,\boldsymbol{\beta}_3|=0$.

(2) 向量组 $\boldsymbol{\beta}_1,\boldsymbol{\beta}_2,\cdots,\boldsymbol{\beta}_t$能(不能，无穷，唯一)由向量组 $\boldsymbol{\alpha}_1,\boldsymbol{\alpha}_2,\cdots,\boldsymbol{\alpha}_m$线性表示

$\Leftrightarrow$矩阵方程 $\boldsymbol{AX}=\boldsymbol{B}$ 有解(无解，无穷解，唯一解)，其中

$$\boldsymbol{A}=(\boldsymbol{\alpha}_1,\boldsymbol{\alpha}_2,\cdots,\boldsymbol{\alpha}_m),\boldsymbol{B}=(\boldsymbol{\beta}_1,\boldsymbol{\beta}_2,\cdots,\boldsymbol{\beta}_t).$$

$\Leftrightarrow r(\boldsymbol{A},\boldsymbol{B})=r(\boldsymbol{A})$ ($r(\boldsymbol{A},\boldsymbol{B})\neq r(\boldsymbol{A})$，对应无解；$r(\boldsymbol{A},\boldsymbol{B})=r(\boldsymbol{A})<m$，对应无穷解；$r(\boldsymbol{A},\boldsymbol{B})=r(\boldsymbol{A})=m$，对应唯一解.)

因此，本题第(Ⅰ)问也可如下求解：由条件，$r(\boldsymbol{\beta}_1,\boldsymbol{\beta}_2,\boldsymbol{\beta}_3,\boldsymbol{\alpha}_1,\boldsymbol{\alpha}_2,\boldsymbol{\alpha}_3)\neq r(\boldsymbol{\beta}_1,\boldsymbol{\beta}_2,\boldsymbol{\beta}_3)$，对应无解.且

$$(\boldsymbol{\beta}_1,\boldsymbol{\beta}_2,\boldsymbol{\beta}_3,\boldsymbol{\alpha}_1,\boldsymbol{\alpha}_2,\boldsymbol{\alpha}_3)=\begin{pmatrix}1&1&3&1&0&1\\1&2&4&0&1&3\\1&3&a&1&1&5\end{pmatrix}$$

$$\rightarrow\begin{pmatrix}1&1&3&1&0&1\\0&1&1&-1&1&2\\0&2&a-3&0&1&4\end{pmatrix}$$

$$\rightarrow\begin{pmatrix}1&1&3&1&0&1\\0&1&1&-1&1&2\\0&0&a-5&2&-1&0\end{pmatrix}.$$

所以 $a=5$.

101 已知 $\boldsymbol{\alpha}_1=(1,4,0,2)^{\mathrm{T}},\boldsymbol{\alpha}_2=(2,7,1,3)^{\mathrm{T}},\boldsymbol{\alpha}_3=(0,1,-1,a)^{\mathrm{T}},\boldsymbol{\beta}=(3,10,b,4)^{\mathrm{T}}$,问 （K 1998 数学二，6 分）

(Ⅰ) a, b 取何值时,$\boldsymbol{\beta}$ 不能由 $\boldsymbol{\alpha}_1,\boldsymbol{\alpha}_2,\boldsymbol{\alpha}_3$线性表示.

(Ⅱ) a, b 取何值时,$\boldsymbol{\beta}$ 可由 $\boldsymbol{\alpha}_1,\boldsymbol{\alpha}_2,\boldsymbol{\alpha}_3$线性表示,并写出此表示式.

知识点睛 向量的线性表示与方程组的解之间的关系

分析 本题已知向量的坐标,故应当用讨论带参数的非齐次线性方程组是否有解的方法来回答.

解 设 $x_1\boldsymbol{\alpha}_1+x_2\boldsymbol{\alpha}_2+x_3\boldsymbol{\alpha}_3=\boldsymbol{\beta}$.对$(\boldsymbol{\alpha}_1,\boldsymbol{\alpha}_2,\boldsymbol{\alpha}_3,\boldsymbol{\beta})$作初等行变换,有

$$\left(\begin{array}{ccc:c}1&2&0&3\\4&7&1&10\\0&1&-1&b\\2&3&a&4\end{array}\right)\rightarrow\left(\begin{array}{ccc:c}1&2&0&3\\0&-1&1&-2\\0&1&-1&b\\0&-1&a&-2\end{array}\right)\rightarrow\left(\begin{array}{ccc:c}1&2&0&3\\0&-1&1&-2\\0&0&a-1&0\\0&0&0&b-2\end{array}\right),$$

所以

(Ⅰ) 当 $b\neq2$ 时,线性方程组$(\boldsymbol{\alpha}_1,\boldsymbol{\alpha}_2,\boldsymbol{\alpha}_3)\boldsymbol{x}=\boldsymbol{\beta}$ 无解,此时 $\boldsymbol{\beta}$ 不能由 $\boldsymbol{\alpha}_1,\boldsymbol{\alpha}_2,\boldsymbol{\alpha}_3$线性表示.

(Ⅱ) 当 $b=2$, $a\neq1$ 时,线性方程组$(\boldsymbol{\alpha}_1,\boldsymbol{\alpha}_2,\boldsymbol{\alpha}_3)\boldsymbol{x}=\boldsymbol{\beta}$ 有唯一解,即

$$\boldsymbol{x}=(x_1,x_2,x_3)^{\mathrm{T}}=(-1,2,0)^{\mathrm{T}},$$

于是 $\boldsymbol{\beta}$ 可唯一表示为 $\boldsymbol{\beta}=-\boldsymbol{\alpha}_1+2\boldsymbol{\alpha}_2$.

当 $b=2$, $a=1$ 时,线性方程组$(\boldsymbol{\alpha}_1,\boldsymbol{\alpha}_2,\boldsymbol{\alpha}_3)\boldsymbol{x}=\boldsymbol{\beta}$ 有无穷多个解.即

$$\boldsymbol{x}=(x_1,x_2,x_3)^{\mathrm{T}}=k(-2,1,1)^{\mathrm{T}}+(3,0,-2)^{\mathrm{T}},$$

于是 $\boldsymbol{\beta}=(-2k+3)\boldsymbol{\alpha}_1+k\boldsymbol{\alpha}_2+(k-2)\boldsymbol{\alpha}_3$,$k$ 为任意常数.

【评注】对常规的基础题,解题方法及思路应清晰,计算不能出错,讨论要全面、严谨.

102 设有向量组(Ⅰ):$\boldsymbol{\alpha}_1=(1,0,2)^{\mathrm{T}}$, $\boldsymbol{\alpha}_2=(1,1,3)^{\mathrm{T}}$, $\boldsymbol{\alpha}_3=(1,-1,a+2)^{\mathrm{T}}$和向量组(Ⅱ):$\boldsymbol{\beta}_1=(1,2,a+3)^{\mathrm{T}},\boldsymbol{\beta}_2=(2,1,a+6)^{\mathrm{T}},\boldsymbol{\beta}_3=(2,1,a+4)^{\mathrm{T}}$.试问:当 a 为何值时,向量组(Ⅰ)与(Ⅱ)等价?当 a 为何值时,向量组(Ⅰ)与(Ⅱ)不等价. （K 2003 数学四，13 分）

知识点睛 0305 向量组等价

分析 所谓向量组(Ⅰ)与(Ⅱ)等价,即向量组(Ⅰ)与(Ⅱ)可以互相线性表示.若方程组 $x_1\boldsymbol{\alpha}_1+x_2\boldsymbol{\alpha}_2+x_3\boldsymbol{\alpha}_3=\boldsymbol{\beta}$ 有解,即 $\boldsymbol{\beta}$ 可以由 $\boldsymbol{\alpha}_1,\boldsymbol{\alpha}_2,\boldsymbol{\alpha}_3$线性表示.若对同一个 a,三个方程组 $x_1\boldsymbol{\alpha}_1+x_2\boldsymbol{\alpha}_2+x_3\boldsymbol{\alpha}_3=\boldsymbol{\beta}_i(i=1,2,3)$均有解,即向量组(Ⅱ)可以由(Ⅰ)线性表示.

解 设 $x_1\boldsymbol{\alpha}_1+x_2\boldsymbol{\alpha}_2+x_3\boldsymbol{\alpha}_3=\boldsymbol{\beta}_i(i=1,2,3)$，由于这三个方程组的系数矩阵一样，故可拼成一个大的增广矩阵进行统一的加减消元. 对 $(\boldsymbol{\alpha}_1,\boldsymbol{\alpha}_2,\boldsymbol{\alpha}_3 \mid \boldsymbol{\beta}_1,\boldsymbol{\beta}_2,\boldsymbol{\beta}_3)$ 作初等行变换，有

$$(\boldsymbol{\alpha}_1,\boldsymbol{\alpha}_2,\boldsymbol{\alpha}_3 \mid \boldsymbol{\beta}_1,\boldsymbol{\beta}_2,\boldsymbol{\beta}_3)=\left(\begin{array}{ccc|ccc}1&1&1&1&2&2\\0&1&-1&2&1&1\\2&3&a+2&a+3&a+6&a+4\end{array}\right)$$

$$\to\left(\begin{array}{ccc|ccc}1&1&1&1&2&2\\0&1&-1&2&1&1\\0&1&a&a+1&a+2&a\end{array}\right)\to\left(\begin{array}{ccc|ccc}1&1&1&1&2&2\\0&1&-1&2&1&1\\0&0&a+1&a-1&a+1&a-1\end{array}\right).$$

(1) 当 $a\neq-1$ 时，$r(\boldsymbol{\alpha}_1,\boldsymbol{\alpha}_2,\boldsymbol{\alpha}_3,\boldsymbol{\beta}_1,\boldsymbol{\beta}_2,\boldsymbol{\beta}_3)=r(\boldsymbol{\alpha}_1,\boldsymbol{\alpha}_2,\boldsymbol{\alpha}_3)=r(\boldsymbol{\beta}_1,\boldsymbol{\beta}_2,\boldsymbol{\beta}_3)=3$，因此，当 $a\neq-1$ 时，向量组(Ⅰ)与(Ⅱ)等价.

(2) 当 $a=-1$ 时，$r(\boldsymbol{\alpha}_1,\boldsymbol{\alpha}_2,\boldsymbol{\alpha}_3,\boldsymbol{\beta}_1,\boldsymbol{\beta}_2,\boldsymbol{\beta}_3)=3\neq r(\boldsymbol{\alpha}_1,\boldsymbol{\alpha}_2,\boldsymbol{\alpha}_3)=2$，因此，向量组(Ⅰ)与(Ⅱ)不等价.

K 2019 数学二、数学三，11 分

103 已知向量组

(Ⅰ) $\boldsymbol{\alpha}_1=(1,1,4)^{\mathrm{T}},\boldsymbol{\alpha}_2=(1,0,4)^{\mathrm{T}},\boldsymbol{\alpha}_3=(1,2,a^2+3)^{\mathrm{T}}$；

(Ⅱ) $\boldsymbol{\beta}_1=(1,1,a+3)^{\mathrm{T}},\boldsymbol{\beta}_2=(0,2,1-a)^{\mathrm{T}},\boldsymbol{\beta}_3=(1,3,a^2+3)^{\mathrm{T}}$.

若向量组(Ⅰ)与向量组(Ⅱ)等价，求 a 的值，并将 $\boldsymbol{\beta}_3$ 用 $\boldsymbol{\alpha}_1,\boldsymbol{\alpha}_2,\boldsymbol{\alpha}_3$ 线性表示.

知识点睛 0305 向量组等价

解 向量组(Ⅰ)与(Ⅱ)等价，即两个方程组

$$(\boldsymbol{\alpha}_1,\boldsymbol{\alpha}_2,\boldsymbol{\alpha}_3)\boldsymbol{X}=(\boldsymbol{\beta}_1,\boldsymbol{\beta}_2,\boldsymbol{\beta}_3),$$
$$(\boldsymbol{\beta}_1,\boldsymbol{\beta}_2,\boldsymbol{\beta}_3)\boldsymbol{Y}=(\boldsymbol{\alpha}_1,\boldsymbol{\alpha}_2,\boldsymbol{\alpha}_3)$$

同时有解，亦即

$$r(\boldsymbol{\alpha}_1,\boldsymbol{\alpha}_2,\boldsymbol{\alpha}_3)=r(\boldsymbol{\alpha}_1,\boldsymbol{\alpha}_2,\boldsymbol{\alpha}_3,\boldsymbol{\beta}_1,\boldsymbol{\beta}_2,\boldsymbol{\beta}_3)=r(\boldsymbol{\beta}_1,\boldsymbol{\beta}_2,\boldsymbol{\beta}_3).$$

由

$$(\boldsymbol{\alpha}_1,\boldsymbol{\alpha}_2,\boldsymbol{\alpha}_3 \mid \boldsymbol{\beta}_1,\boldsymbol{\beta}_2,\boldsymbol{\beta}_3)=\left(\begin{array}{ccc|ccc}1&1&1&1&0&1\\1&0&2&1&2&3\\4&4&a^2+3&a+3&1-a&a^2+3\end{array}\right)$$

$$\to\left(\begin{array}{ccc|ccc}1&1&1&1&0&1\\0&-1&1&0&2&2\\0&0&a^2-1&a-1&1-a&a^2-1\end{array}\right).$$

当 $a\neq\pm1$ 时，

$$r(\boldsymbol{\alpha}_1,\boldsymbol{\alpha}_2,\boldsymbol{\alpha}_3)=r(\boldsymbol{\alpha}_1,\boldsymbol{\alpha}_2,\boldsymbol{\alpha}_3,\boldsymbol{\beta}_1,\boldsymbol{\beta}_2,\boldsymbol{\beta}_3)=r(\boldsymbol{\beta}_1,\boldsymbol{\beta}_2,\boldsymbol{\beta}_3)=3,$$

向量组(Ⅰ)与(Ⅱ)等价.

当 $a=1$ 时，

$$r(\boldsymbol{\alpha}_1,\boldsymbol{\alpha}_2,\boldsymbol{\alpha}_3)=r(\boldsymbol{\alpha}_1,\boldsymbol{\alpha}_2,\boldsymbol{\alpha}_3,\boldsymbol{\beta}_1,\boldsymbol{\beta}_2,\boldsymbol{\beta}_3)=r(\boldsymbol{\beta}_1,\boldsymbol{\beta}_2,\boldsymbol{\beta}_3)=2,$$

向量组(Ⅰ)与(Ⅱ)等价.

当 $a=-1$ 时，

$$r(\boldsymbol{\alpha}_1,\boldsymbol{\alpha}_2,\boldsymbol{\alpha}_3)=2,\ r(\boldsymbol{\alpha}_1,\boldsymbol{\alpha}_2,\boldsymbol{\alpha}_3,\boldsymbol{\beta}_1,\boldsymbol{\beta}_2,\boldsymbol{\beta}_3)=3,$$

向量组(Ⅰ)与(Ⅱ)不等价.

所以,$a\neq-1$ 时向量组(Ⅰ)与(Ⅱ)等价.

当 $a\neq\pm1$ 时,对方程组 $x_1\boldsymbol{\alpha}_1+x_2\boldsymbol{\alpha}_2+x_3\boldsymbol{\alpha}_3=\boldsymbol{\beta}_3$,有

$$(\boldsymbol{\alpha}_1,\boldsymbol{\alpha}_2,\boldsymbol{\alpha}_3,\boldsymbol{\beta}_3)=\left(\begin{array}{ccc:c}1&1&1&1\\0&-1&1&2\\0&0&a^2-1&a^2-1\end{array}\right)\to\left(\begin{array}{ccc:c}1&0&0&1\\0&1&0&-1\\0&0&1&1\end{array}\right),$$

方程组有唯一解 $(1,-1,1)^{\mathrm{T}}$,故 $\boldsymbol{\beta}_3=\boldsymbol{\alpha}_1-\boldsymbol{\alpha}_2+\boldsymbol{\alpha}_3$.

当 $a=1$ 时,对方程组 $x_1\boldsymbol{\alpha}_1+x_2\boldsymbol{\alpha}_2+x_3\boldsymbol{\alpha}_3=\boldsymbol{\beta}_3$,有

$$(\boldsymbol{\alpha}_1,\boldsymbol{\alpha}_2,\boldsymbol{\alpha}_3,\boldsymbol{\beta}_3)=\left(\begin{array}{ccc:c}1&1&1&1\\0&-1&1&2\\0&0&0&0\end{array}\right)\to\left(\begin{array}{ccc:c}1&0&2&3\\0&1&-1&-2\\0&0&0&0\end{array}\right),$$

方程组通解:$(3,-2,0)^{\mathrm{T}}+k(-2,1,1)^{\mathrm{T}}$,$k$ 为任意常数,从而

$$\boldsymbol{\beta}_3=(3-2k)\boldsymbol{\alpha}_1+(-2+k)\boldsymbol{\alpha}_2+k\boldsymbol{\alpha}_3,\ k\text{ 为任意常数}.$$

【评注】两向量组 $\boldsymbol{\alpha}_1,\boldsymbol{\alpha}_2,\cdots,\boldsymbol{\alpha}_s$ 与 $\boldsymbol{\beta}_1,\boldsymbol{\beta}_2,\cdots,\boldsymbol{\beta}_t$ 等价 $\Leftrightarrow r(\boldsymbol{\alpha}_1,\boldsymbol{\alpha}_2,\cdots,\boldsymbol{\alpha}_s)=r(\boldsymbol{\beta}_1,\boldsymbol{\beta}_2,\cdots,\boldsymbol{\beta}_t)=r(\boldsymbol{\alpha}_1,\boldsymbol{\alpha}_2,\cdots,\boldsymbol{\alpha}_s,\boldsymbol{\beta}_1,\boldsymbol{\beta}_2,\cdots,\boldsymbol{\beta}_t)$.

104 设 $\boldsymbol{\alpha}_1=\begin{pmatrix}\lambda\\1\\1\end{pmatrix},\boldsymbol{\alpha}_2=\begin{pmatrix}1\\\lambda\\1\end{pmatrix},\boldsymbol{\alpha}_3=\begin{pmatrix}1\\1\\\lambda\end{pmatrix},\boldsymbol{\alpha}_4=\begin{pmatrix}1\\\lambda\\\lambda^2\end{pmatrix}$,若向量组 $\boldsymbol{\alpha}_1,\boldsymbol{\alpha}_2,\boldsymbol{\alpha}_3$ 与 $\boldsymbol{\alpha}_1,\boldsymbol{\alpha}_2,\boldsymbol{\alpha}_4$ 等价,则 λ 的取值范围是(　　).

Ⓚ2022 数学一、数学二、数学三,5 分

(A) $\{\lambda\mid\lambda\in\mathbf{R}\}$　　(B) $\{\lambda\mid\lambda\in\mathbf{R},\lambda\neq-2\}$

(C) $\{\lambda\mid\lambda\in\mathbf{R},\lambda\neq-1,\lambda\neq-2\}$　　(D) $\{\lambda\mid\lambda\in\mathbf{R},\lambda\neq-1\}$

知识点睛　0305 向量组等价

解　由于

$$|\boldsymbol{\alpha}_1,\boldsymbol{\alpha}_2,\boldsymbol{\alpha}_3|=\begin{vmatrix}\lambda&1&1\\1&\lambda&1\\1&1&\lambda\end{vmatrix}=\lambda^3-3\lambda+2=(\lambda-1)^2(\lambda+2),$$

$$|\boldsymbol{\alpha}_1,\boldsymbol{\alpha}_2,\boldsymbol{\alpha}_4|=\begin{vmatrix}\lambda&1&1\\1&\lambda&\lambda\\1&1&\lambda^2\end{vmatrix}=\lambda^4-2\lambda^2+1=(\lambda-1)^2(\lambda+1)^2.$$

当 $\lambda=1$ 时,$\boldsymbol{\alpha}_1=\boldsymbol{\alpha}_2=\boldsymbol{\alpha}_3=\boldsymbol{\alpha}_4=\begin{pmatrix}1\\1\\1\end{pmatrix}$,此时 $\boldsymbol{\alpha}_1,\boldsymbol{\alpha}_2,\boldsymbol{\alpha}_3$ 与 $\boldsymbol{\alpha}_1,\boldsymbol{\alpha}_2,\boldsymbol{\alpha}_4$ 等价.

当 $\lambda=-2$ 时,$2=r(\boldsymbol{\alpha}_1,\boldsymbol{\alpha}_2,\boldsymbol{\alpha}_3)<r(\boldsymbol{\alpha}_1,\boldsymbol{\alpha}_2,\boldsymbol{\alpha}_4)=3$,$\boldsymbol{\alpha}_1,\boldsymbol{\alpha}_2,\boldsymbol{\alpha}_3$ 与 $\boldsymbol{\alpha}_1,\boldsymbol{\alpha}_2,\boldsymbol{\alpha}_4$ 不等价.

当 $\lambda=-1$ 时,$3=r(\boldsymbol{\alpha}_1,\boldsymbol{\alpha}_2,\boldsymbol{\alpha}_3)>r(\boldsymbol{\alpha}_1,\boldsymbol{\alpha}_2,\boldsymbol{\alpha}_4)=1$,$\boldsymbol{\alpha}_1,\boldsymbol{\alpha}_2,\boldsymbol{\alpha}_3$ 与 $\boldsymbol{\alpha}_1,\boldsymbol{\alpha}_2,\boldsymbol{\alpha}_4$ 不等价.

因此,当 $\lambda=-2$ 或 $\lambda=-1$ 时,$\boldsymbol{\alpha}_1,\boldsymbol{\alpha}_2,\boldsymbol{\alpha}_3$ 与 $\boldsymbol{\alpha}_1,\boldsymbol{\alpha}_2,\boldsymbol{\alpha}_4$ 不等价,所以 λ 的取值范围为 $\{\lambda\mid\lambda\in\mathbf{R},\lambda\neq-1,\lambda\neq-2\}$.应选(C).

【评注】向量组 $\boldsymbol{\alpha}_1,\boldsymbol{\alpha}_2,\cdots,\boldsymbol{\alpha}_s$ 与向量组 $\boldsymbol{\beta}_1,\boldsymbol{\beta}_2,\cdots,\boldsymbol{\beta}_t$ 等价的充要条件是

$$r(\boldsymbol{\alpha}_1,\boldsymbol{\alpha}_2,\cdots,\boldsymbol{\alpha}_s,\boldsymbol{\beta}_1,\boldsymbol{\beta}_2,\cdots,\boldsymbol{\beta}_t)=r(\boldsymbol{\alpha}_1,\boldsymbol{\alpha}_2,\cdots,\boldsymbol{\alpha}_s)=r(\boldsymbol{\beta}_1,\boldsymbol{\beta}_2,\cdots,\boldsymbol{\beta}_t).$$

K 2003 数学三，4 分

105　设 $\boldsymbol{\alpha}_1,\boldsymbol{\alpha}_2,\cdots,\boldsymbol{\alpha}_s$，均为 n 维向量，下列结论不正确的是(　　).

(A) 若对于任意一组不全为零的数 $k_1,k_2,\cdots,k_s$，都有 $k_1\boldsymbol{\alpha}_1+k_2\boldsymbol{\alpha}_2+\cdots+k_s\boldsymbol{\alpha}_s\neq\mathbf{0}$，则 $\boldsymbol{\alpha}_1,\boldsymbol{\alpha}_2,\cdots,\boldsymbol{\alpha}_s$线性无关

(B) 若 $\boldsymbol{\alpha}_1,\boldsymbol{\alpha}_2,\cdots,\boldsymbol{\alpha}_s$线性相关，则对于任意一组不全为零的数 $k_1,k_2,\cdots,k_s$，有 $k_1\boldsymbol{\alpha}_1+k_2\boldsymbol{\alpha}_2+\cdots+k_s\boldsymbol{\alpha}_s=\mathbf{0}$

(C) $\boldsymbol{\alpha}_1,\boldsymbol{\alpha}_2,\cdots,\boldsymbol{\alpha}_s$线性无关的充要条件是此向量组的秩为 s

(D) $\boldsymbol{\alpha}_1,\boldsymbol{\alpha}_2,\cdots,\boldsymbol{\alpha}_s$线性无关的必要条件是其中任意两个向量线性无关

知识点睛　0303 线性相关与线性无关的概念与性质

解　若 $\boldsymbol{\alpha}_1,\boldsymbol{\alpha}_2,\cdots,\boldsymbol{\alpha}_s$线性相关，则存在一组，而不是对任意一组不全为零的数 $k_1,k_2,\cdots,k_s$，都有 $k_1\boldsymbol{\alpha}_1+k_2\boldsymbol{\alpha}_2+\cdots+k_s\boldsymbol{\alpha}_s=\mathbf{0}$. 选项(B)不成立. 故应选(B).

106　设有任意两个 n 维向量组 $\boldsymbol{\alpha}_1,\boldsymbol{\alpha}_2,\cdots,\boldsymbol{\alpha}_m$ 和 $\boldsymbol{\beta}_1,\boldsymbol{\beta}_2,\cdots,\boldsymbol{\beta}_m$，若存在两组不全为零的数 $\lambda_1,\lambda_2,\cdots,\lambda_m$ 和 $k_1,k_2,\cdots,k_m$，使

$$(\lambda_1+k_1)\boldsymbol{\alpha}_1+\cdots+(\lambda_m+k_m)\boldsymbol{\alpha}_m+(\lambda_1-k_1)\boldsymbol{\beta}_1+\cdots+(\lambda_m-k_m)\boldsymbol{\beta}_m=\mathbf{0},$$

则(　　).

(A) $\boldsymbol{\alpha}_1,\boldsymbol{\alpha}_2,\cdots,\boldsymbol{\alpha}_m$和$\boldsymbol{\beta}_1,\boldsymbol{\beta}_2,\cdots,\boldsymbol{\beta}_m$都线性相关

(B) $\boldsymbol{\alpha}_1,\boldsymbol{\alpha}_2,\cdots,\boldsymbol{\alpha}_m$和$\boldsymbol{\beta}_1,\boldsymbol{\beta}_2,\cdots,\boldsymbol{\beta}_m$都线性无关

(C) $\boldsymbol{\alpha}_1+\boldsymbol{\beta}_1,\boldsymbol{\alpha}_2+\boldsymbol{\beta}_2,\cdots,\boldsymbol{\alpha}_m+\boldsymbol{\beta}_m,\boldsymbol{\alpha}_1-\boldsymbol{\beta}_1,\boldsymbol{\alpha}_2-\boldsymbol{\beta}_2,\cdots,\boldsymbol{\alpha}_m-\boldsymbol{\beta}_m$线性无关

(D) $\boldsymbol{\alpha}_1+\boldsymbol{\beta}_1,\boldsymbol{\alpha}_2+\boldsymbol{\beta}_2,\cdots,\boldsymbol{\alpha}_m+\boldsymbol{\beta}_m,\boldsymbol{\alpha}_1-\boldsymbol{\beta}_1,\boldsymbol{\alpha}_2-\boldsymbol{\beta}_2,\cdots,\boldsymbol{\alpha}_m-\boldsymbol{\beta}_m$线性相关

知识点睛　0303 线性相关与线性无关的概念

解　由已知条件得

$$\lambda_1(\boldsymbol{\alpha}_1+\boldsymbol{\beta}_1)+\cdots+\lambda_m(\boldsymbol{\alpha}_m+\boldsymbol{\beta}_m)+k_1(\boldsymbol{\alpha}_1-\boldsymbol{\beta}_1)+\cdots+k_m(\boldsymbol{\alpha}_m-\boldsymbol{\beta}_m)=\mathbf{0}.$$

且已知 $\lambda_1,\cdots,\lambda_m,k_1,\cdots,k_m$不全为零，由向量组的线性相关定义知 $\boldsymbol{\alpha}_1+\boldsymbol{\beta}_1,\cdots,\boldsymbol{\alpha}_m+\boldsymbol{\beta}_m,\boldsymbol{\alpha}_1-\boldsymbol{\beta}_1,\cdots,\boldsymbol{\alpha}_m-\boldsymbol{\beta}_m$线性相关.

故应选(D).

107　下列命题中正确的是(　　).

(A)若向量 $\boldsymbol{\alpha}_s$不能由向量组 $\boldsymbol{\alpha}_1,\boldsymbol{\alpha}_2,\cdots,\boldsymbol{\alpha}_{s-1}$线性表示，则向量组 $\boldsymbol{\alpha}_1,\cdots,\boldsymbol{\alpha}_{s-1},\boldsymbol{\alpha}_s$线性无关

(B)若向量组 $\boldsymbol{\alpha}_1,\boldsymbol{\alpha}_2,\cdots,\boldsymbol{\alpha}_s$的一个部分组 $\boldsymbol{\alpha}_1,\boldsymbol{\alpha}_2,\cdots,\boldsymbol{\alpha}_t(t<s)$线性无关，则向量组 $\boldsymbol{\alpha}_1,\boldsymbol{\alpha}_2,\cdots,\boldsymbol{\alpha}_s$线性无关

(C)若向量组 $\boldsymbol{\alpha}_1,\boldsymbol{\alpha}_2,\cdots,\boldsymbol{\alpha}_s$能由向量组 $\boldsymbol{\beta}_1,\boldsymbol{\beta}_2,\cdots,\boldsymbol{\beta}_{s-1}$线性表示，则向量组 $\boldsymbol{\alpha}_1,\boldsymbol{\alpha}_2,\cdots,\boldsymbol{\alpha}_s$线性相关

(D)若向量组 $\boldsymbol{\alpha}_1,\boldsymbol{\alpha}_2,\cdots,\boldsymbol{\alpha}_s$不能由向量组 $\boldsymbol{\beta}_1,\boldsymbol{\beta}_2,\cdots,\boldsymbol{\beta}_{s-1}$线性表示，则向量组 $\boldsymbol{\alpha}_1,\boldsymbol{\alpha}_2,\cdots,\boldsymbol{\alpha}_s$线性无关

知识点睛　0303 线性相关与线性无关的概念与判别

解　若向量组 $\boldsymbol{\alpha}_1,\boldsymbol{\alpha}_2,\cdots,\boldsymbol{\alpha}_s$能由向量组 $\boldsymbol{\beta}_1,\boldsymbol{\beta}_2,\cdots,\boldsymbol{\beta}_{s-1}$线性表示，则

$$r(\boldsymbol{\alpha}_1,\boldsymbol{\alpha}_2,\cdots,\boldsymbol{\alpha}_s)\leqslant r(\boldsymbol{\beta}_1,\boldsymbol{\beta}_2,\cdots,\boldsymbol{\beta}_{s-1})\leqslant s-1<s,$$

所以 $\boldsymbol{\alpha}_1,\boldsymbol{\alpha}_2,\cdots,\boldsymbol{\alpha}_s$ 线性相关,故(C)正确.

对于(A),由于 $\boldsymbol{\alpha}_3=\begin{pmatrix}0\\1\end{pmatrix}$ 不能由向量 $\boldsymbol{\alpha}_1=\begin{pmatrix}1\\0\end{pmatrix},\boldsymbol{\alpha}_2=\begin{pmatrix}0\\0\end{pmatrix}$ 线性表示,但向量组 $\boldsymbol{\alpha}_1,\boldsymbol{\alpha}_2,\boldsymbol{\alpha}_3$ 线性相关.可知(A)不正确.

对于(B),取向量组 $\boldsymbol{\alpha}_1=\begin{pmatrix}1\\0\end{pmatrix},\boldsymbol{\alpha}_2=\begin{pmatrix}0\\1\end{pmatrix},\boldsymbol{\alpha}_3=\begin{pmatrix}1\\1\end{pmatrix}$,它的部分组 $\boldsymbol{\alpha}_1=\begin{pmatrix}1\\0\end{pmatrix},\boldsymbol{\alpha}_2=\begin{pmatrix}0\\1\end{pmatrix}$ 是线性无关的,但 $\boldsymbol{\alpha}_1,\boldsymbol{\alpha}_2,\boldsymbol{\alpha}_3$ 线性相关.可知(B)不正确.

对于(D),取向量组 $\boldsymbol{\alpha}_1=\begin{pmatrix}1\\0\\0\end{pmatrix},\boldsymbol{\alpha}_2=\begin{pmatrix}1\\1\\0\end{pmatrix},\boldsymbol{\alpha}_3=\begin{pmatrix}0\\1\\0\end{pmatrix}$ 和 $\boldsymbol{\beta}_1=\begin{pmatrix}0\\1\\0\end{pmatrix},\boldsymbol{\beta}_2=\begin{pmatrix}0\\0\\1\end{pmatrix}$,于是 $\boldsymbol{\alpha}_1,\boldsymbol{\alpha}_2,\boldsymbol{\alpha}_3$ 不能由 $\boldsymbol{\beta}_1,\boldsymbol{\beta}_2$ 线性表示,但向量组 $\boldsymbol{\alpha}_1,\boldsymbol{\alpha}_2,\boldsymbol{\alpha}_3$ 线性相关,可知(D)也不正确.

故应选(C).

108 设 n 维向量组(Ⅰ):$\boldsymbol{\alpha}_1,\boldsymbol{\alpha}_2,\cdots,\boldsymbol{\alpha}_s$ 与向量组(Ⅱ):$\boldsymbol{\beta}_1,\boldsymbol{\beta}_2,\cdots,\boldsymbol{\beta}_t$ 均线性无关,且(Ⅰ)中的每个向量都不能由(Ⅱ)线性表示,同时(Ⅱ)中的每个向量也都不能由(Ⅰ)线性表示,则向量组 $\boldsymbol{\alpha}_1,\boldsymbol{\alpha}_2,\cdots,\boldsymbol{\alpha}_s,\boldsymbol{\beta}_1,\boldsymbol{\beta}_2,\cdots,\boldsymbol{\beta}_t$ 的线性关系是(　　).

(A)线性相关　　(B)线性无关

(C)或者线性相关,或者线性无关　　(D)既不线性相关,也不线性无关

知识点睛　0303 线性相关与线性无关的判定

解　若取

$$(\text{Ⅰ}):\boldsymbol{e}_1=\begin{pmatrix}1\\0\\0\\0\end{pmatrix},\boldsymbol{e}_2=\begin{pmatrix}0\\1\\0\\0\end{pmatrix};\quad(\text{Ⅱ}):\boldsymbol{e}_3=\begin{pmatrix}0\\0\\1\\0\end{pmatrix},\boldsymbol{e}_4=\begin{pmatrix}0\\0\\0\\1\end{pmatrix},$$

则 $\boldsymbol{e}_1,\boldsymbol{e}_2,\boldsymbol{e}_3,\boldsymbol{e}_4$ 线性无关.

若取

$$(\text{Ⅰ}):\boldsymbol{e}_1=\begin{pmatrix}1\\0\\0\\0\end{pmatrix},\boldsymbol{e}_2=\begin{pmatrix}0\\1\\0\\0\end{pmatrix};\quad(\text{Ⅱ}):\boldsymbol{e}_1+\boldsymbol{e}_3=\begin{pmatrix}1\\0\\1\\0\end{pmatrix},\boldsymbol{e}_2+\boldsymbol{e}_3=\begin{pmatrix}0\\1\\1\\0\end{pmatrix},$$

则由 $-\boldsymbol{e}_1+\boldsymbol{e}_2+(\boldsymbol{e}_1+\boldsymbol{e}_3)-(\boldsymbol{e}_2+\boldsymbol{e}_3)=\boldsymbol{0}$ 知,向量组 $\boldsymbol{e}_1,\boldsymbol{e}_2,\boldsymbol{e}_1+\boldsymbol{e}_3,\boldsymbol{e}_2+\boldsymbol{e}_3$ 线性相关.

故应选(C).

109 下列叙述中可以确定列向量组 $\boldsymbol{\alpha}_1,\boldsymbol{\alpha}_2,\cdots,\boldsymbol{\alpha}_s$ 必线性无关的是(　　).

(A)有向量组 $\boldsymbol{\beta}_1,\boldsymbol{\beta}_2,\cdots,\boldsymbol{\beta}_s$ 可由 $\boldsymbol{\alpha}_1,\boldsymbol{\alpha}_2,\cdots,\boldsymbol{\alpha}_s$ 线性表示

(B)有向量 $\boldsymbol{\beta}$,使 $r(\boldsymbol{\alpha}_1,\boldsymbol{\alpha}_2,\cdots,\boldsymbol{\alpha}_s)=r(\boldsymbol{\alpha}_1,\boldsymbol{\alpha}_2,\cdots,\boldsymbol{\alpha}_s,\boldsymbol{\beta})$

(C)有线性无关的向量组 $\boldsymbol{\beta}_1,\boldsymbol{\beta}_2,\cdots,\boldsymbol{\beta}_s$ 可由 $\boldsymbol{\alpha}_1,\boldsymbol{\alpha}_2,\cdots,\boldsymbol{\alpha}_s$ 线性表示

(D)有线性无关的向量组 $\boldsymbol{\beta}_1,\boldsymbol{\beta}_2,\cdots,\boldsymbol{\beta}_s$ 使

$$\boldsymbol{\beta}_1=\begin{pmatrix}\boldsymbol{\alpha}_1\\1\end{pmatrix},\quad\boldsymbol{\beta}_2=\begin{pmatrix}\boldsymbol{\alpha}_2\\2\end{pmatrix},\quad\cdots,\quad\boldsymbol{\beta}_s=\begin{pmatrix}\boldsymbol{\alpha}_s\\s\end{pmatrix}.$$

知识点睛　0303 线性相关与线性无关的概念与性质

解 若向量组$\boldsymbol{\beta}_1,\boldsymbol{\beta}_2,\cdots,\boldsymbol{\beta}_s$线性无关，则$r(\boldsymbol{\beta}_1,\boldsymbol{\beta}_2,\cdots,\boldsymbol{\beta}_s)=s$. 又若$\boldsymbol{\beta}_1,\boldsymbol{\beta}_2,\cdots,\boldsymbol{\beta}_s$可由$\boldsymbol{\alpha}_1,\boldsymbol{\alpha}_2,\cdots,\boldsymbol{\alpha}_s$线性表示，则

$$s=r(\boldsymbol{\beta}_1,\boldsymbol{\beta}_2,\cdots,\boldsymbol{\beta}_s)\leqslant r(\boldsymbol{\alpha}_1,\boldsymbol{\alpha}_2,\cdots,\boldsymbol{\alpha}_s)\leqslant s.$$

故$r(\boldsymbol{\alpha}_1,\boldsymbol{\alpha}_2,\cdots,\boldsymbol{\alpha}_s)=s$，即$\boldsymbol{\alpha}_1,\boldsymbol{\alpha}_2,\cdots,\boldsymbol{\alpha}_s$线性无关. 于是(C)正确.

实际上，对于(A)，向量组$\boldsymbol{\beta}_1,\boldsymbol{\beta}_2,\cdots,\boldsymbol{\beta}_s$可由$\boldsymbol{\alpha}_1,\boldsymbol{\alpha}_2,\cdots,\boldsymbol{\alpha}_s$线性表示，但这两个向量组的线性相关性都不能确定.

对于(B)，由$r(\boldsymbol{\alpha}_1,\boldsymbol{\alpha}_2,\cdots,\boldsymbol{\alpha}_s)=r(\boldsymbol{\alpha}_1,\boldsymbol{\alpha}_2,\cdots,\boldsymbol{\alpha}_s,\boldsymbol{\beta})$，可知$\boldsymbol{\beta}$能由$\boldsymbol{\alpha}_1,\boldsymbol{\alpha}_2,\cdots,\boldsymbol{\alpha}_s$线性表示，但不能确定表示法是否唯一，因而$\boldsymbol{\alpha}_1,\boldsymbol{\alpha}_2,\cdots,\boldsymbol{\alpha}_s$的线性相关性也就不能确定.

对于(D)，线性无关向量组去掉一些分量“缩短”后的向量组的线性相关性是不确定的.

故应选(C).

110 设向量$\boldsymbol{\alpha}_1=(5,1,8,0,0)$，$\boldsymbol{\alpha}_2=(6,0,2,1,0)$，$\boldsymbol{\alpha}_3=(9,0,-1,0,1)$，则$\boldsymbol{\alpha}_1,\boldsymbol{\alpha}_2,\boldsymbol{\alpha}_3$线性________.

知识点睛 0303 线性相关与线性无关的判别

解 由$\boldsymbol{\alpha}_1,\boldsymbol{\alpha}_2,\boldsymbol{\alpha}_3$的第2、4、5个分量组成的向量组是三个3维单位向量，即

$$\boldsymbol{e}_1=(1,0,0),\quad \boldsymbol{e}_2=(0,1,0),\quad \boldsymbol{e}_3=(0,0,1).$$

由于$\boldsymbol{e}_1,\boldsymbol{e}_2,\boldsymbol{e}_3$线性无关，故$\boldsymbol{\alpha}_1,\boldsymbol{\alpha}_2,\boldsymbol{\alpha}_3$也线性无关. 应填“无关”.

【评注】熟练掌握并灵活运用线性相关和线性无关的常用结论，从而快捷准确求解.

111 设$\boldsymbol{\alpha}_1=\begin{pmatrix}1\\0\\0\\k_1\end{pmatrix}$，$\boldsymbol{\alpha}_2=\begin{pmatrix}1\\2\\0\\k_2\end{pmatrix}$，$\boldsymbol{\alpha}_3=\begin{pmatrix}1\\2\\3\\k_3\end{pmatrix}$，$\boldsymbol{\alpha}_4=\begin{pmatrix}1\\1\\1\\k_4\end{pmatrix}$，其中$k_1,k_2,k_3,k_4$是任意实数，则( ).

(A)$\boldsymbol{\alpha}_1,\boldsymbol{\alpha}_2,\boldsymbol{\alpha}_3$线性相关　　(B)$\boldsymbol{\alpha}_1,\boldsymbol{\alpha}_2,\boldsymbol{\alpha}_3$线性无关

(C)$\boldsymbol{\alpha}_1,\boldsymbol{\alpha}_2,\boldsymbol{\alpha}_3,\boldsymbol{\alpha}_4$线性相关　　(D)$\boldsymbol{\alpha}_1,\boldsymbol{\alpha}_2,\boldsymbol{\alpha}_3,\boldsymbol{\alpha}_4$线性无关

知识点睛 0303 线性相关与线性无关的判别

解 设

$$\boldsymbol{\alpha}_1'=\begin{pmatrix}1\\0\\0\end{pmatrix},\quad \boldsymbol{\alpha}_2'=\begin{pmatrix}1\\2\\0\end{pmatrix},\quad \boldsymbol{\alpha}_3'=\begin{pmatrix}1\\2\\3\end{pmatrix},$$

由于$|\boldsymbol{\alpha}_1',\boldsymbol{\alpha}_2',\boldsymbol{\alpha}_3'|=6\neq0$，所以$\boldsymbol{\alpha}_1',\boldsymbol{\alpha}_2',\boldsymbol{\alpha}_3'$线性无关. 从而添加分量后得到的向量组必定线性无关，(B)为正确答案.

而$\boldsymbol{\alpha}_1,\boldsymbol{\alpha}_2,\boldsymbol{\alpha}_3,\boldsymbol{\alpha}_4$是否线性相关，与$k_1,k_2,k_3,k_4$的选取有关. 例如取$k_1=0,k_2=0,k_3=0,k_4=1$，则线性无关；若取$k_1=k_2=k_3=k_4=0$，则线性相关，所以(C)，(D)不成立.

故应选(B).

112 设$\boldsymbol{\alpha}_1,\boldsymbol{\alpha}_2,\cdots,\boldsymbol{\alpha}_s(s\leqslant n)$是一组$n$维列向量，$\boldsymbol{A}$是$n$阶矩阵. 如果

$$\boldsymbol{A}\boldsymbol{\alpha}_1=\boldsymbol{\alpha}_2,\quad \boldsymbol{A}\boldsymbol{\alpha}_2=\boldsymbol{\alpha}_3,\cdots,\quad \boldsymbol{A}\boldsymbol{\alpha}_{s-1}=\boldsymbol{\alpha}_s\neq\boldsymbol{0},\quad \boldsymbol{A}\boldsymbol{\alpha}_s=\boldsymbol{0},$$

证明：向量组$\boldsymbol{\alpha}_1,\boldsymbol{\alpha}_2,\cdots,\boldsymbol{\alpha}_s$线性无关.

知识点睛 0303 线性相关与线性无关的判别

证 设有一组数 $x_1, x_2, \cdots, x_s$，使

$$x_1\boldsymbol{\alpha}_1 + x_2\boldsymbol{\alpha}_2 + \cdots + x_s\boldsymbol{\alpha}_s = \mathbf{0}. \quad ①$$

由题设

$$\boldsymbol{A\alpha}_1 = \boldsymbol{\alpha}_2, \quad \boldsymbol{A\alpha}_2 = \boldsymbol{\alpha}_3, \cdots, \quad \boldsymbol{A\alpha}_{s-1} = \boldsymbol{\alpha}_s, \boldsymbol{A\alpha}_s = \mathbf{0},$$

可知

$$\boldsymbol{A}^{k-1}\boldsymbol{\alpha}_1 = \boldsymbol{\alpha}_k, \quad \boldsymbol{A}^{s-1}\boldsymbol{\alpha}_k = \boldsymbol{A}^{s-1}\boldsymbol{A}^{k-1}\boldsymbol{\alpha}_1 = \boldsymbol{A}^{k-1}\boldsymbol{A}^{s-1}\boldsymbol{\alpha}_1 = \boldsymbol{A}^{k-1}\boldsymbol{\alpha}_s = \mathbf{0} \ (k = 2, \cdots, s).$$

以 $\boldsymbol{A}^{s-1}$左乘①式两边，得

$$x_1\boldsymbol{\alpha}_s = \mathbf{0}.$$

因为 $\boldsymbol{\alpha}_s \neq \mathbf{0}$，所以 $x_1 = 0$. 依次类推，可知 $x_2 = x_3 = \cdots = x_s = 0$. 因此，$\boldsymbol{\alpha}_1, \boldsymbol{\alpha}_2, \cdots, \boldsymbol{\alpha}_s$线性无关.

113 设 $\boldsymbol{A}$ 是 n 阶可逆矩阵，$\boldsymbol{\alpha}_1, \boldsymbol{\alpha}_2, \cdots, \boldsymbol{\alpha}_s (s \leqslant n)$都是 n 维非零列向量，且 $\boldsymbol{\alpha}_i^{\mathrm{T}}\boldsymbol{A}^{\mathrm{T}}\boldsymbol{A}\boldsymbol{\alpha}_j = 0$ $(i \neq j)$，证明向量组 $\boldsymbol{\alpha}_1, \boldsymbol{\alpha}_2, \cdots, \boldsymbol{\alpha}_s$线性无关.

知识点睛 0303 线性相关与线性无关的判别

证 设有一组数 $k_1, k_2, \cdots, k_s$，使

$$k_1\boldsymbol{\alpha}_1 + k_2\boldsymbol{\alpha}_2 + \cdots + k_s\boldsymbol{\alpha}_s = \mathbf{0}.$$

以 $\boldsymbol{\alpha}_i^{\mathrm{T}}\boldsymbol{A}^{\mathrm{T}}\boldsymbol{A}$ 左乘上式两边，再由 $\boldsymbol{\alpha}_i^{\mathrm{T}}\boldsymbol{A}^{\mathrm{T}}\boldsymbol{A}\boldsymbol{\alpha}_j = 0 \ (i \neq j)$，得

$$k_i\boldsymbol{\alpha}_i^{\mathrm{T}}\boldsymbol{A}^{\mathrm{T}}\boldsymbol{A}\boldsymbol{\alpha}_i = 0 \ (i = 1, 2, \cdots, s).$$

因为 $\boldsymbol{A}$ 是可逆矩阵，$\boldsymbol{\alpha}_i \neq \mathbf{0}$，所以 $\boldsymbol{A\alpha}_i \neq \mathbf{0}$，$\boldsymbol{\alpha}_i^{\mathrm{T}}\boldsymbol{A}^{\mathrm{T}}\boldsymbol{A}\boldsymbol{\alpha}_i = (\boldsymbol{A\alpha}_i)^{\mathrm{T}}(\boldsymbol{A\alpha}_i) > 0$，故 $k_i = 0 (i = 1, 2, \cdots, s)$. 因此 $\boldsymbol{\alpha}_1, \boldsymbol{\alpha}_2, \cdots, \boldsymbol{\alpha}_s$线性无关.

114 设 $\boldsymbol{\alpha}_1, \boldsymbol{\alpha}_2, \cdots, \boldsymbol{\alpha}_{n-1}$为 $n-1$ 个线性无关的 n 维列向量，$\boldsymbol{\xi}_1$和 $\boldsymbol{\xi}_2$是与 $\boldsymbol{\alpha}_1, \boldsymbol{\alpha}_2, \cdots, \boldsymbol{\alpha}_{n-1}$均正交的 n 维列向量，证明：$\boldsymbol{\xi}_1, \boldsymbol{\xi}_2$线性相关.

知识点睛 0303 线性相关与线性无关的判别

证 令 $\boldsymbol{A} = \begin{pmatrix} \boldsymbol{\alpha}_1^{\mathrm{T}} \\ \boldsymbol{\alpha}_2^{\mathrm{T}} \\ \vdots \\ \boldsymbol{\alpha}_{n-1}^{\mathrm{T}} \end{pmatrix}$，则 $\boldsymbol{A}$ 为$(n-1) \times n$ 矩阵，且 $r(\boldsymbol{A}) = n-1$. 由已知有

$$(\boldsymbol{\alpha}_i, \boldsymbol{\xi}_j) = \boldsymbol{\alpha}_i^{\mathrm{T}}\boldsymbol{\xi}_j = 0, \ i = 1, 2, \cdots, n-1, \ j = 1, 2,$$

即 $\boldsymbol{A\xi}_1 = \mathbf{0}, \boldsymbol{A\xi}_2 = \mathbf{0}$. 这说明 $\boldsymbol{\xi}_1, \boldsymbol{\xi}_2$是齐次线性方程组 $\boldsymbol{Ax} = \mathbf{0}$ 的两个解向量，但由$r(\boldsymbol{A}) = n-1$ 可知，$\boldsymbol{Ax} = \mathbf{0}$ 的基础解系所含向量的个数为 1，故 $\boldsymbol{\xi}_1, \boldsymbol{\xi}_2$必定线性相关.

115 设 $\boldsymbol{A} = \begin{pmatrix} 1 & 1 & \cdots & 1 \\ a_1 & a_2 & \cdots & a_s \\ a_1^2 & a_2^2 & \cdots & a_s^2 \\ \vdots & \vdots & & \vdots \\ a_1^{n-1} & a_2^{n-1} & \cdots & a_s^{n-1} \end{pmatrix} = (\boldsymbol{\alpha}_1, \boldsymbol{\alpha}_2, \cdots, \boldsymbol{\alpha}_s)$，其中 $a_i \neq a_j (i \neq j; i = 1, 2, \cdots, s, j = 1, 2, \cdots, s)$. 讨论向量组 $\boldsymbol{\alpha}_1, \boldsymbol{\alpha}_2, \cdots, \boldsymbol{\alpha}_s$的线性相关性.

知识点睛 利用方程组 $\boldsymbol{Ax} = \mathbf{0}$ 是否有非零解讨论向量组的线性相关性

解 当 $s > n$ 时，考虑方程组 $\boldsymbol{A}_{n \times s}\boldsymbol{x} = \mathbf{0}$，由于未知量个数大于方程个数，从而方程组

必有非零解,所以 $\boldsymbol{\alpha}_1,\boldsymbol{\alpha}_2,\cdots,\boldsymbol{\alpha}_s$线性相关.

当 $s=n$ 时, $|\boldsymbol{A}|$是范德蒙德行列式,且$|\boldsymbol{A}|\neq 0$,所以 $\boldsymbol{\alpha}_1,\boldsymbol{\alpha}_2,\cdots,\boldsymbol{\alpha}_s$线性无关.

当 $s<n$ 时,因为 $s=n$ 时 $\boldsymbol{\alpha}_1,\boldsymbol{\alpha}_2,\cdots,\boldsymbol{\alpha}_s$线性无关,减少向量个数后 $\boldsymbol{\alpha}_1,\boldsymbol{\alpha}_2,\cdots,\boldsymbol{\alpha}_s$自然仍线性无关.

【评注】本题将 $\boldsymbol{\alpha}_1,\boldsymbol{\alpha}_2,\cdots,\boldsymbol{\alpha}_s$的线性相关性转化为方程组 $\boldsymbol{Ax}=\boldsymbol{0}$ 是否有非零解,并利用范德蒙德行列式.

116 设 $\boldsymbol{A}$ 是 n 阶矩阵,$\boldsymbol{\alpha}_1,\boldsymbol{\alpha}_2,\boldsymbol{\alpha}_3(n\geqslant 3)$是 n 维列向量,且 $\boldsymbol{\alpha}_3\neq\boldsymbol{0}$. 如果 $\boldsymbol{A\alpha}_1=\boldsymbol{\alpha}_1+\boldsymbol{\alpha}_2,\boldsymbol{A\alpha}_2=\boldsymbol{\alpha}_2+\boldsymbol{\alpha}_3,\boldsymbol{A\alpha}_3=\boldsymbol{\alpha}_3$,证明:向量组 $\boldsymbol{\alpha}_1,\boldsymbol{\alpha}_2,\boldsymbol{\alpha}_3$线性无关.

知识点睛 0303 线性相关与线性无关的判别

证 设有一组数 k_1,k_2,k_3,使得

$$k_1\boldsymbol{\alpha}_1+k_2\boldsymbol{\alpha}_2+k_3\boldsymbol{\alpha}_3=\boldsymbol{0}. \quad ①$$

由 $\boldsymbol{A\alpha}_1=\boldsymbol{\alpha}_1+\boldsymbol{\alpha}_2,\boldsymbol{A\alpha}_2=\boldsymbol{\alpha}_2+\boldsymbol{\alpha}_3,\boldsymbol{A\alpha}_3=\boldsymbol{\alpha}_3$,可得

$$(\boldsymbol{A}-\boldsymbol{E})\boldsymbol{\alpha}_1=\boldsymbol{\alpha}_2,\quad (\boldsymbol{A}-\boldsymbol{E})\boldsymbol{\alpha}_2=\boldsymbol{\alpha}_3,\quad (\boldsymbol{A}-\boldsymbol{E})\boldsymbol{\alpha}_3=\boldsymbol{0}.$$

以$(\boldsymbol{A}-\boldsymbol{E})$左乘①式两边,得

$$k_1\boldsymbol{\alpha}_2+k_2\boldsymbol{\alpha}_3=\boldsymbol{0}, \quad ②$$

再以$(\boldsymbol{A}-\boldsymbol{E})$左乘②式两边,得

$$k_1\boldsymbol{\alpha}_3=\boldsymbol{0}.$$

由于 $\boldsymbol{\alpha}_3\neq\boldsymbol{0}$,故 $k_1=0$.将 $k_1=0$ 代入②式,得 $k_2=0$,再将 $k_1=k_2=0$ 代入①式,得

$$k_1=k_2=k_3=0,$$

所以 $\boldsymbol{\alpha}_1,\boldsymbol{\alpha}_2,\boldsymbol{\alpha}_3$线性无关.

117 已知 m 个向量 $\boldsymbol{\alpha}_1,\boldsymbol{\alpha}_2,\cdots,\boldsymbol{\alpha}_m$线性相关,但其中任意 $m-1$ 个向量都线性无关,证明

(1) 如果存在等式

$$k_1\boldsymbol{\alpha}_1+k_2\boldsymbol{\alpha}_2+\cdots+k_m\boldsymbol{\alpha}_m=\boldsymbol{0},$$

则这些系数 $k_1,k_2,\cdots,k_m$或者全为零,或者全不为零;

(2) 如果存在两个等式

$$k_1\boldsymbol{\alpha}_1+k_2\boldsymbol{\alpha}_2+\cdots+k_m\boldsymbol{\alpha}_m=\boldsymbol{0},$$
$$l_1\boldsymbol{\alpha}_1+l_2\boldsymbol{\alpha}_2+\cdots+l_m\boldsymbol{\alpha}_m=\boldsymbol{0},$$

其中 $l_1\neq 0$,则必有

$$\frac{k_1}{l_1}=\frac{k_2}{l_2}=\cdots=\frac{k_m}{l_m}.$$

知识点睛 0303 线性相关与线性无关的概念与性质

证 (1) 如果有某个 $k_i=0$,则有

$$k_1\boldsymbol{\alpha}_1+k_2\boldsymbol{\alpha}_2+\cdots+k_{i-1}\boldsymbol{\alpha}_{i-1}+k_{i+1}\boldsymbol{\alpha}_{i+1}+\cdots+k_m\boldsymbol{\alpha}_m=\boldsymbol{0}.$$

由于 $\boldsymbol{\alpha}_1,\boldsymbol{\alpha}_2,\cdots,\boldsymbol{\alpha}_{i-1},\boldsymbol{\alpha}_{i+1},\cdots,\boldsymbol{\alpha}_m$线性无关,所以 $k_1=\cdots=k_{i-1}=k_{i+1}=\cdots=k_m=0$,于是,所有系数 $k_1,k_2,\cdots,k_m$全为零.

若有某个 $k_i\neq 0$,则必有 $k_1,\cdots,k_{i-1},k_{i+1},\cdots,k_m$全不为零.否则,若它们中有一个 $k_j=0$,则 $\boldsymbol{\alpha}_1,\boldsymbol{\alpha}_2,\cdots,\boldsymbol{\alpha}_m$中有 $m-1$ 个向量线性相关,与题设矛盾.于是 $k_1,k_2,\cdots,k_m$全不为零.

（2）因为 $l_1\neq 0$，所以由（1）知 $l_1, l_2, \cdots, l_m$ 全不为零. 又因为

$$k_1\boldsymbol{\alpha}_1+k_2\boldsymbol{\alpha}_2+\cdots+k_m\boldsymbol{\alpha}_m=\mathbf{0},$$
$$l_1\boldsymbol{\alpha}_1+l_2\boldsymbol{\alpha}_2+\cdots+l_m\boldsymbol{\alpha}_m=\mathbf{0},$$

所以有

$$k_1l_1\boldsymbol{\alpha}_1+k_2l_1\boldsymbol{\alpha}_2+\cdots+k_ml_1\boldsymbol{\alpha}_m=\mathbf{0}, \quad ①$$
$$k_1l_1\boldsymbol{\alpha}_1+k_1l_2\boldsymbol{\alpha}_2+\cdots+k_1l_m\boldsymbol{\alpha}_m=\mathbf{0}. \quad ②$$

①-②，得

$$(k_2l_1-k_1l_2)\boldsymbol{\alpha}_2+\cdots+(k_ml_1-k_1l_m)\boldsymbol{\alpha}_m=\mathbf{0}.$$

由于 $\boldsymbol{\alpha}_2,\cdots,\boldsymbol{\alpha}_m$ 线性无关，所以有

$$k_il_1-k_1l_i=0,\quad i=2,3,\cdots,m,$$

即 $\dfrac{k_1}{l_1}=\dfrac{k_2}{l_2}=\cdots=\dfrac{k_m}{l_m}$.

118 设 $\boldsymbol{\alpha}_i=(a_{i1},a_{i2},\cdots,a_{in})^{\mathrm{T}}(i=1,2,\cdots,r;r<n)$ 是 n 维实向量，且 $\boldsymbol{\alpha}_1,\boldsymbol{\alpha}_2,\cdots,\boldsymbol{\alpha}_r$ 线性无关. 已知 $\boldsymbol{\beta}=(b_1,b_2,\cdots,b_n)^{\mathrm{T}}$ 是线性方程组 K 2001 数学四，8 分

$$\begin{cases}a_{11}x_1+a_{12}x_2+\cdots+a_{1n}x_n=0,\\ a_{21}x_1+a_{22}x_2+\cdots+a_{2n}x_n=0,\\ \cdots\cdots\cdots\cdots\cdots\cdots\cdots\cdots\cdots\cdots\\ a_{r1}x_1+a_{r2}x_2+\cdots+a_{rn}x_n=0\end{cases}$$

的非零解向量. 试判断向量组 $\boldsymbol{\alpha}_1,\boldsymbol{\alpha}_2,\cdots,\boldsymbol{\alpha}_r,\boldsymbol{\beta}$ 的线性相关性.

知识点睛　0303 线性相关与线性无关的判别

解　设

$$k_1\boldsymbol{\alpha}_1+k_2\boldsymbol{\alpha}_2+\cdots+k_r\boldsymbol{\alpha}_r+l\boldsymbol{\beta}=\mathbf{0}, \quad ①$$

因为 $\boldsymbol{\beta}$ 为方程组的非零解，有

$$\begin{cases}a_{11}b_1+a_{12}b_2+\cdots+a_{1n}b_n=0,\\ a_{21}b_1+a_{22}b_2+\cdots+a_{2n}b_n=0,\\ \cdots\cdots\cdots\cdots\cdots\cdots\cdots\cdots\cdots\cdots\\ a_{r1}b_1+a_{r2}b_2+\cdots+a_{rn}b_n=0.\end{cases}$$

即 $\boldsymbol{\beta}\neq\mathbf{0}$，$\boldsymbol{\beta}^{\mathrm{T}}\boldsymbol{\alpha}_1=0,\cdots,\boldsymbol{\beta}^{\mathrm{T}}\boldsymbol{\alpha}_r=0$.

用 $\boldsymbol{\beta}^{\mathrm{T}}$ 左乘①式，并把 $\boldsymbol{\beta}^{\mathrm{T}}\boldsymbol{\alpha}_i=0$ 代入，得 $l\boldsymbol{\beta}^{\mathrm{T}}\boldsymbol{\beta}=0$. 因为 $\boldsymbol{\beta}\neq\mathbf{0}$，有 $\boldsymbol{\beta}^{\mathrm{T}}\boldsymbol{\beta}>0$，故必有 $l=0$. 从而①式为 $k_1\boldsymbol{\alpha}_1+k_2\boldsymbol{\alpha}_2+\cdots+k_r\boldsymbol{\alpha}_r=\mathbf{0}$，由于 $\boldsymbol{\alpha}_1,\boldsymbol{\alpha}_2,\cdots,\boldsymbol{\alpha}_r$ 线性无关，所以有

$$k_1=k_2=\cdots=k_r=0,$$

因此向量组 $\boldsymbol{\alpha}_1,\boldsymbol{\alpha}_2,\cdots,\boldsymbol{\alpha}_r,\boldsymbol{\beta}$ 线性无关.

【评注】由于不清楚 $\boldsymbol{\beta}$ 是齐次方程组的解，即 $\boldsymbol{\beta}^{\mathrm{T}}\boldsymbol{\alpha}_i=0$. 许多考生没想到本题应当用 $\boldsymbol{\beta}^{\mathrm{T}}$ 左乘①式.

119 设向量 $\boldsymbol{\alpha}_1,\boldsymbol{\alpha}_2,\cdots,\boldsymbol{\alpha}_t$ 是齐次方程组 $\boldsymbol{A}\boldsymbol{x}=\mathbf{0}$ 的一个基础解系，向量 $\boldsymbol{\beta}$ 不是方程组 $\boldsymbol{A}\boldsymbol{x}=\mathbf{0}$ 的解，即 $\boldsymbol{A}\boldsymbol{\beta}\neq\mathbf{0}$. 试证明：向量组 $\boldsymbol{\beta},\boldsymbol{\beta}+\boldsymbol{\alpha}_1,\boldsymbol{\beta}+\boldsymbol{\alpha}_2,\cdots,\boldsymbol{\beta}+\boldsymbol{\alpha}_t$ 线性无关. K 1996 数学三，8 分

知识点睛 利用定义及秩证明向量组线性无关

证法1(定义法) 若有一组数 $k,k_1,k_2,\cdots,k_t$,使得

$$k\boldsymbol{\beta}+k_1(\boldsymbol{\beta}+\boldsymbol{\alpha}_1)+k_2(\boldsymbol{\beta}+\boldsymbol{\alpha}_2)+\cdots+k_t(\boldsymbol{\beta}+\boldsymbol{\alpha}_t)=\boldsymbol{0}, \qquad ①$$

由 $\boldsymbol{\alpha}_1,\boldsymbol{\alpha}_2,\cdots,\boldsymbol{\alpha}_t$ 是 $\boldsymbol{Ax}=\boldsymbol{0}$ 的解,知 $\boldsymbol{A\alpha}_i=\boldsymbol{0}(i=1,2,\cdots,t)$,用 $\boldsymbol{A}$ 左乘①式的两边,有

$$(k+k_1+k_2+\cdots+k_t)\boldsymbol{A\beta}=\boldsymbol{0}.$$

由于 $\boldsymbol{A\beta}\neq\boldsymbol{0}$,故

$$k+k_1+k_2+\cdots+k_t=0. \qquad ②$$

对①重新分组为

$$(k+k_1+\cdots+k_t)\boldsymbol{\beta}+k_1\boldsymbol{\alpha}_1+k_2\boldsymbol{\alpha}_2+\cdots+k_t\boldsymbol{\alpha}_t=\boldsymbol{0}, \qquad ③$$

把②代入③,得

$$k_1\boldsymbol{\alpha}_1+k_2\boldsymbol{\alpha}_2+\cdots+k_t\boldsymbol{\alpha}_t=\boldsymbol{0}.$$

由于 $\boldsymbol{\alpha}_1,\boldsymbol{\alpha}_2,\cdots,\boldsymbol{\alpha}_t$ 是基础解系,它们线性无关,故必有 $k_1=0,k_2=0,\cdots,k_t=0$,代入②式得 $k=0$.因此,向量组 $\boldsymbol{\beta},\boldsymbol{\beta}+\boldsymbol{\alpha}_1,\boldsymbol{\beta}+\boldsymbol{\alpha}_2,\cdots,\boldsymbol{\beta}+\boldsymbol{\alpha}_t$ 线性无关.

证法2(用秩) 经初等变换向量组的秩不变.把第1列的 -1 倍分别加至其余各列,有

$$(\boldsymbol{\beta},\boldsymbol{\beta}+\boldsymbol{\alpha}_1,\boldsymbol{\beta}+\boldsymbol{\alpha}_2,\cdots,\boldsymbol{\beta}+\boldsymbol{\alpha}_t)\to(\boldsymbol{\beta},\boldsymbol{\alpha}_1,\boldsymbol{\alpha}_2,\cdots,\boldsymbol{\alpha}_t),$$

因此

$$r(\boldsymbol{\beta},\boldsymbol{\beta}+\boldsymbol{\alpha}_1,\cdots,\boldsymbol{\beta}+\boldsymbol{\alpha}_t)=r(\boldsymbol{\beta},\boldsymbol{\alpha}_1,\cdots,\boldsymbol{\alpha}_t).$$

由于 $\boldsymbol{\alpha}_1,\boldsymbol{\alpha}_2,\cdots,\boldsymbol{\alpha}_t$ 是基础解系,它们是线性无关的,$r(\boldsymbol{\alpha}_1,\boldsymbol{\alpha}_2,\cdots,\boldsymbol{\alpha}_t)=t$,又 $\boldsymbol{\beta}$ 不能由 $\boldsymbol{\alpha}_1,\boldsymbol{\alpha}_2,\cdots,\boldsymbol{\alpha}_t$ 线性表示(否则 $\boldsymbol{A\beta}=\boldsymbol{0}$),故 $r(\boldsymbol{\alpha}_1,\boldsymbol{\alpha}_2,\cdots,\boldsymbol{\alpha}_t,\boldsymbol{\beta})=t+1$.所以

$$r(\boldsymbol{\beta},\boldsymbol{\beta}+\boldsymbol{\alpha}_1,\boldsymbol{\beta}+\boldsymbol{\alpha}_2,\cdots,\boldsymbol{\beta}+\boldsymbol{\alpha}_t)=t+1,$$

即向量组 $\boldsymbol{\beta},\boldsymbol{\beta}+\boldsymbol{\alpha}_1,\boldsymbol{\beta}+\boldsymbol{\alpha}_2,\cdots,\boldsymbol{\beta}+\boldsymbol{\alpha}_t$ 线性无关.

【评注】用定义法证线性无关时,应当对

$$k\boldsymbol{\beta}+k_1(\boldsymbol{\beta}+\boldsymbol{\alpha}_1)+k_2(\boldsymbol{\beta}+\boldsymbol{\alpha}_2)+\cdots+k_t(\boldsymbol{\beta}+\boldsymbol{\alpha}_t)=\boldsymbol{0}$$

作恒等变形,常用技巧是“同乘”与“重组”,本题这两个技巧都要用到.另外,用秩也是一种常见的方法.

120题精解视频

120 设向量组 $\boldsymbol{\alpha}_1,\boldsymbol{\alpha}_2,\cdots,\boldsymbol{\alpha}_m(m>1)$ 线性无关,且 $\boldsymbol{\beta}=\boldsymbol{\alpha}_1+\boldsymbol{\alpha}_2+\cdots+\boldsymbol{\alpha}_m$,证明:向量组 $\boldsymbol{\beta}-\boldsymbol{\alpha}_1,\boldsymbol{\beta}-\boldsymbol{\alpha}_2,\cdots,\boldsymbol{\beta}-\boldsymbol{\alpha}_m$ 线性无关.

知识点睛 利用定义及矩阵的秩证明向量组线性无关

证法1 设有一组数 $k_1,k_2,\cdots,k_m$,使得 $k_1(\boldsymbol{\beta}-\boldsymbol{\alpha}_1)+k_2(\boldsymbol{\beta}-\boldsymbol{\alpha}_2)+\cdots+k_m(\boldsymbol{\beta}-\boldsymbol{\alpha}_m)=\boldsymbol{0}$,则

$$(k_2+\cdots+k_m)\boldsymbol{\alpha}_1+(k_1+k_3+\cdots+k_m)\boldsymbol{\alpha}_2+\cdots+(k_1+\cdots+k_{m-1})\boldsymbol{\alpha}_m=\boldsymbol{0}.$$

由 $\boldsymbol{\alpha}_1,\boldsymbol{\alpha}_2,\cdots,\boldsymbol{\alpha}_m$ 线性无关,得线性方程组

$$\begin{cases}k_2+k_3+\cdots+k_m=0,\\ k_1+k_3+\cdots+k_m=0,\\ \cdots\cdots\cdots\cdots\cdots\cdots\\ k_1+k_2+\cdots+k_{m-1}=0,\end{cases}$$

系数行列式

$$D_m=\begin{vmatrix}0&1&1&\cdots&1&1\\1&0&1&\cdots&1&1\\\vdots&\vdots&\vdots&&\vdots&\vdots\\1&1&1&\cdots&1&0\end{vmatrix}=(-1)^{m-1}(m-1)\neq 0,$$

所以齐次线性方程组只有零解,即 $k_1=k_2=\cdots=k_m=0$. 故 $\boldsymbol{\beta}-\boldsymbol{\alpha}_1,\boldsymbol{\beta}-\boldsymbol{\alpha}_2,\cdots,\boldsymbol{\beta}-\boldsymbol{\alpha}_m$ 线性无关.

证法 2

$$\begin{aligned}(\boldsymbol{\beta}-\boldsymbol{\alpha}_1,\boldsymbol{\beta}-\boldsymbol{\alpha}_2,\cdots,\boldsymbol{\beta}-\boldsymbol{\alpha}_m)&=(\boldsymbol{\alpha}_1,\boldsymbol{\alpha}_2,\cdots,\boldsymbol{\alpha}_m)\begin{pmatrix}0&1&\cdots&1\\1&0&\cdots&1\\\vdots&\vdots&&\vdots\\1&1&\cdots&0\end{pmatrix}\\&=(\boldsymbol{\alpha}_1,\boldsymbol{\alpha}_2,\cdots,\boldsymbol{\alpha}_m)\boldsymbol{C},\end{aligned}$$

而

$$|\boldsymbol{C}|=\begin{vmatrix}0&1&\cdots&1\\1&0&\cdots&1\\\vdots&\vdots&&\vdots\\1&1&\cdots&0\end{vmatrix}=(-1)^{m-1}(m-1)\neq 0.$$

所以 $\boldsymbol{C}$ 为可逆矩阵,因而有 $r(\boldsymbol{\beta}-\boldsymbol{\alpha}_1,\boldsymbol{\beta}-\boldsymbol{\alpha}_2,\cdots,\boldsymbol{\beta}-\boldsymbol{\alpha}_m)=r(\boldsymbol{\alpha}_1,\boldsymbol{\alpha}_2,\cdots,\boldsymbol{\alpha}_m)=m$,所以 $\boldsymbol{\beta}-\boldsymbol{\alpha}_1,\boldsymbol{\beta}-\boldsymbol{\alpha}_2,\cdots,\boldsymbol{\beta}-\boldsymbol{\alpha}_m$ 线性无关.

【评注】证法 1 利用定义,证法 2 利用矩阵的秩.

121 若 $\boldsymbol{\alpha}_1,\boldsymbol{\alpha}_2,\cdots,\boldsymbol{\alpha}_n$ 是 n 个线性无关的 n 维向量,$\boldsymbol{\alpha}_{n+1}=k_1\boldsymbol{\alpha}_1+k_2\boldsymbol{\alpha}_2+\cdots+k_n\boldsymbol{\alpha}_n$,其中 $k_1,k_2,\cdots,k_n$ 全不为零. 证明:$\boldsymbol{\alpha}_1,\boldsymbol{\alpha}_2,\cdots,\boldsymbol{\alpha}_n,\boldsymbol{\alpha}_{n+1}$ 中任意 n 个向量都线性无关.

知识点睛 证明向量组线性无关的方法——定义、矩阵的秩、向量组的等价.

证法 1 设 $\boldsymbol{\alpha}_1,\boldsymbol{\alpha}_2,\cdots,\boldsymbol{\alpha}_{i-1},\boldsymbol{\alpha}_{i+1},\cdots,\boldsymbol{\alpha}_n,\boldsymbol{\alpha}_{n+1}$ 为 $\boldsymbol{\alpha}_1,\boldsymbol{\alpha}_2,\cdots,\boldsymbol{\alpha}_n,\boldsymbol{\alpha}_{n+1}$ 中的任意 n 个向量,其中 $1\leqslant i\leqslant n$. 若有一组数 $l_1,l_2,\cdots,l_{i-1},l_{i+1},\cdots,l_n,l_{n+1}$,使得

$$l_1\boldsymbol{\alpha}_1+l_2\boldsymbol{\alpha}_2+\cdots+l_{i-1}\boldsymbol{\alpha}_{i-1}+l_{i+1}\boldsymbol{\alpha}_{i+1}+\cdots+l_n\boldsymbol{\alpha}_n+l_{n+1}\boldsymbol{\alpha}_{n+1}=\mathbf{0}.$$

将 $\boldsymbol{\alpha}_{n+1}=k_1\boldsymbol{\alpha}_1+k_2\boldsymbol{\alpha}_2+\cdots+k_n\boldsymbol{\alpha}_n$ 代入上式,整理可得

$$\begin{aligned}&(l_1+l_{n+1}k_1)\boldsymbol{\alpha}_1+(l_2+l_{n+1}k_2)\boldsymbol{\alpha}_2+\cdots+(l_{i-1}+l_{n+1}k_{i-1})\boldsymbol{\alpha}_{i-1}+l_{n+1}k_i\boldsymbol{\alpha}_i+\\&\quad(l_{i+1}+l_{n+1}k_{i+1})\boldsymbol{\alpha}_{i+1}+\cdots+(l_n+l_{n+1}k_n)\boldsymbol{\alpha}_n=\mathbf{0}.\end{aligned}$$

因为 $\boldsymbol{\alpha}_1,\boldsymbol{\alpha}_2,\cdots,\boldsymbol{\alpha}_n$ 线性无关,所以有齐次线性方程组

$$\begin{cases}l_1+l_{n+1}k_1=0,\\l_2+l_{n+1}k_2=0,\\\cdots\cdots\cdots\cdots\\l_{i-1}+l_{n+1}k_{i-1}=0,\\l_{n+1}k_i=0,\\l_{i+1}+l_{n+1}k_{i+1}=0,\\\cdots\cdots\cdots\cdots\\l_n+l_{n+1}k_n=0.\end{cases}$$

因为 $l_{n+1}k_i=0$,且 $k_i\neq 0$,所以 $l_{n+1}=0$,从而

$$l_1=l_2=\cdots=l_{i-1}=l_{i+1}=\cdots=l_n=0,$$

所以 $\boldsymbol{\alpha}_1,\boldsymbol{\alpha}_2,\cdots,\boldsymbol{\alpha}_{i-1},\boldsymbol{\alpha}_{i+1},\cdots,\boldsymbol{\alpha}_n,\boldsymbol{\alpha}_{n+1}$线性无关.若令 $i=n+1$,则 $\boldsymbol{\alpha}_1,\boldsymbol{\alpha}_2,\cdots,\boldsymbol{\alpha}_n$线性无关是已知条件,从而 $\boldsymbol{\alpha}_1,\boldsymbol{\alpha}_2,\cdots,\boldsymbol{\alpha}_n,\boldsymbol{\alpha}_{n+1}$中任意 n 个向量都线性无关.

证法2　设 $\boldsymbol{\alpha}_1,\boldsymbol{\alpha}_2,\cdots,\boldsymbol{\alpha}_{i-1},\boldsymbol{\alpha}_{i+1},\cdots,\boldsymbol{\alpha}_n,\boldsymbol{\alpha}_{n+1}$为 $\boldsymbol{\alpha}_1,\boldsymbol{\alpha}_2,\cdots,\boldsymbol{\alpha}_n,\boldsymbol{\alpha}_{n+1}$中任意 n 个向量,其中 $1\leqslant i\leqslant n$,则

$$\begin{aligned}&(\boldsymbol{\alpha}_1,\boldsymbol{\alpha}_2,\cdots,\boldsymbol{\alpha}_{i-1},\boldsymbol{\alpha}_{i+1},\cdots,\boldsymbol{\alpha}_n,\boldsymbol{\alpha}_{n+1})\\ &=(\boldsymbol{\alpha}_1,\boldsymbol{\alpha}_2,\cdots,\boldsymbol{\alpha}_n)\begin{pmatrix}1&0&\cdots&0&0&\cdots&0&k_1\\0&1&\cdots&0&0&\cdots&0&k_2\\ \vdots&\vdots&&\vdots&\vdots&&\vdots&\vdots\\0&0&\cdots&1&0&\cdots&0&k_{i-1}\\0&0&\cdots&0&0&\cdots&0&k_i\\0&0&\cdots&0&1&\cdots&0&k_{i+1}\\ \vdots&\vdots&&\vdots&\vdots&&\vdots&\vdots\\0&0&\cdots&0&0&\cdots&1&k_n\end{pmatrix}\\ &=(\boldsymbol{\alpha}_1,\boldsymbol{\alpha}_2,\cdots,\boldsymbol{\alpha}_n)\boldsymbol{B}.\end{aligned}$$

因为 $\boldsymbol{\alpha}_1,\boldsymbol{\alpha}_2,\cdots,\boldsymbol{\alpha}_n$线性无关,所以 $r(\boldsymbol{\alpha}_1,\boldsymbol{\alpha}_2,\cdots,\boldsymbol{\alpha}_{i-1},\boldsymbol{\alpha}_{i+1},\cdots,\boldsymbol{\alpha}_n,\boldsymbol{\alpha}_{n+1})=r(\boldsymbol{B})$,而 $|\boldsymbol{B}|=k_i\neq 0$,故 $r(\boldsymbol{B})=n=r(\boldsymbol{\alpha}_1,\boldsymbol{\alpha}_2,\cdots,\boldsymbol{\alpha}_{i-1},\boldsymbol{\alpha}_{i+1},\cdots,\boldsymbol{\alpha}_n,\boldsymbol{\alpha}_{n+1})$.

所以 $\boldsymbol{\alpha}_1,\boldsymbol{\alpha}_2,\cdots,\boldsymbol{\alpha}_{i-1},\boldsymbol{\alpha}_{i+1},\cdots,\boldsymbol{\alpha}_n,\boldsymbol{\alpha}_{n+1}$线性无关.

证法3　设向量组(A):$\boldsymbol{\alpha}_1,\boldsymbol{\alpha}_2,\cdots,\boldsymbol{\alpha}_{i-1},\boldsymbol{\alpha}_{i+1},\cdots,\boldsymbol{\alpha}_n,\boldsymbol{\alpha}_{n+1}$,向量组(B):$\boldsymbol{\alpha}_1,\boldsymbol{\alpha}_2,\cdots,\boldsymbol{\alpha}_{i-1},\boldsymbol{\alpha}_i,\boldsymbol{\alpha}_{i+1},\cdots,\boldsymbol{\alpha}_n$,由已知条件可知(A)能被(B)线性表示.

反之,(B)中向量除 $\boldsymbol{\alpha}_i$外,其余向量 $\boldsymbol{\alpha}_1,\boldsymbol{\alpha}_2,\cdots,\boldsymbol{\alpha}_{i-1},\boldsymbol{\alpha}_{i+1},\cdots,\boldsymbol{\alpha}_n$显然能由(A)线性表示.下证 $\boldsymbol{\alpha}_i$能由(A)线性表示.

由 $\boldsymbol{\alpha}_{n+1}=k_1\boldsymbol{\alpha}_1+k_2\boldsymbol{\alpha}_2+\cdots+k_i\boldsymbol{\alpha}_i+\cdots+k_n\boldsymbol{\alpha}_n$,而且 k_i全不为零,可得

$$\boldsymbol{\alpha}_i=-\frac{1}{k_i}(k_1\boldsymbol{\alpha}_1+k_2\boldsymbol{\alpha}_2+\cdots+k_{i-1}\boldsymbol{\alpha}_{i-1}+k_{i+1}\boldsymbol{\alpha}_{i+1}+\cdots+k_n\boldsymbol{\alpha}_n-\boldsymbol{\alpha}_{n+1}),$$

从而 $\boldsymbol{\alpha}_i$可由(A)线性表示,所以(B)也能由(A)线性表示.所以向量组(A)与向量组(B)等价,而等价的向量组有相同的秩,并且 $r(\boldsymbol{B})=n$,所以 $r(\boldsymbol{A})=n$,从而向量组(A)中的 n 个向量线性无关.

【评注】证法1利用定义,证法2利用矩阵的秩,证法3利用向量组的等价.

K 1999数学二,8分

122　设向量组 $\boldsymbol{\alpha}_1=(1,1,1,3)^{\mathrm{T}},\boldsymbol{\alpha}_2=(-1,-3,5,1)^{\mathrm{T}},\boldsymbol{\alpha}_3=(3,2,-1,p+2)^{\mathrm{T}},\boldsymbol{\alpha}_4=(-2,-6,10,p)^{\mathrm{T}}$.

(1) p 为何值时,该向量组线性无关?并在此时将向量 $\boldsymbol{\alpha}=(4,1,6,10)^{\mathrm{T}}$用 $\boldsymbol{\alpha}_1,\boldsymbol{\alpha}_2,\boldsymbol{\alpha}_3,\boldsymbol{\alpha}_4$线性表示;

(2) p 为何值时,该向量组线性相关?并在此时求出它的秩和一个极大线性无关组.

知识点睛　利用矩阵的秩讨论向量组的线性相关与线性无关

解 对矩阵$(\boldsymbol{\alpha}_1,\boldsymbol{\alpha}_2,\boldsymbol{\alpha}_3,\boldsymbol{\alpha}_4 \mid \boldsymbol{\alpha})$作初等行变换：

$$\begin{pmatrix}1&-1&3&-2&\vdots&4\\1&-3&2&-6&\vdots&1\\1&5&-1&10&\vdots&6\\3&1&p+2&p&\vdots&10\end{pmatrix}\to\begin{pmatrix}1&-1&3&-2&\vdots&4\\0&-2&-1&-4&\vdots&-3\\0&6&-4&12&\vdots&2\\0&4&p-7&p+6&\vdots&-2\end{pmatrix}$$

$$\to\begin{pmatrix}1&-1&3&-2&\vdots&4\\0&-2&-1&-4&\vdots&-3\\0&0&-7&0&\vdots&-7\\0&0&p-9&p-2&\vdots&-8\end{pmatrix}\to\begin{pmatrix}1&-1&3&-2&\vdots&4\\0&-2&-1&-4&\vdots&-3\\0&0&1&0&\vdots&1\\0&0&0&p-2&\vdots&1-p\end{pmatrix}.$$

(1) 当$p\neq2$时，向量组$\boldsymbol{\alpha}_1,\boldsymbol{\alpha}_2,\boldsymbol{\alpha}_3,\boldsymbol{\alpha}_4$线性无关.此时设$\boldsymbol{\alpha}=x_1\boldsymbol{\alpha}_1+x_2\boldsymbol{\alpha}_2+x_3\boldsymbol{\alpha}_3+x_4\boldsymbol{\alpha}_4$，解得$x_1=2$，$x_2=\dfrac{3p-4}{p-2}$，$x_3=1$，$x_4=\dfrac{1-p}{p-2}$.即

$$\boldsymbol{\alpha}=2\boldsymbol{\alpha}_1+\frac{3p-4}{p-2}\boldsymbol{\alpha}_2+\boldsymbol{\alpha}_3+\frac{1-p}{p-2}\boldsymbol{\alpha}_4.$$

(2) 当$p=2$时，$\boldsymbol{\alpha}_1,\boldsymbol{\alpha}_2,\boldsymbol{\alpha}_3,\boldsymbol{\alpha}_4$线性相关，此时$r(\boldsymbol{\alpha}_1,\boldsymbol{\alpha}_2,\boldsymbol{\alpha}_3,\boldsymbol{\alpha}_4)=3$，$\boldsymbol{\alpha}_1,\boldsymbol{\alpha}_2,\boldsymbol{\alpha}_3$是一个极大无关组.

123 已知

$$\boldsymbol{\alpha}_1=(1,0,1,2)^{\mathrm{T}},\quad \boldsymbol{\alpha}_2=(0,1,1,2)^{\mathrm{T}},\quad \boldsymbol{\alpha}_3=(-1,1,0,a-3)^{\mathrm{T}},$$
$$\boldsymbol{\alpha}_4=(1,2,a,6)^{\mathrm{T}},\quad \boldsymbol{\alpha}_5=(1,1,2,3)^{\mathrm{T}}.$$

问a为何值时，向量组$\boldsymbol{\alpha}_1,\boldsymbol{\alpha}_2,\boldsymbol{\alpha}_3,\boldsymbol{\alpha}_4,\boldsymbol{\alpha}_5$的秩等于3，并求出此时它的一个极大线性无关组.

知识点睛 利用矩阵的秩讨论向量组的秩

解 对矩阵$(\boldsymbol{\alpha}_1,\boldsymbol{\alpha}_2,\boldsymbol{\alpha}_3,\boldsymbol{\alpha}_4,\boldsymbol{\alpha}_5)$施以初等行变换：

$$\begin{pmatrix}1&0&-1&1&1\\0&1&1&2&1\\1&1&0&a&2\\2&2&a-3&6&3\end{pmatrix}\to\begin{pmatrix}1&0&-1&1&1\\0&1&1&2&1\\0&1&1&a-1&1\\0&2&a-1&4&1\end{pmatrix}\to\begin{pmatrix}1&0&-1&1&1\\0&1&1&2&1\\0&0&a-3&0&-1\\0&0&0&a-3&0\end{pmatrix}.$$

当$a=3$时向量组$\boldsymbol{\alpha}_1,\boldsymbol{\alpha}_2,\boldsymbol{\alpha}_3,\boldsymbol{\alpha}_4,\boldsymbol{\alpha}_5$的秩等于3.此时它的一个极大线性无关组是$\boldsymbol{\alpha}_1,\boldsymbol{\alpha}_2,\boldsymbol{\alpha}_5$.

124 已知n维向量组(Ⅰ)可由向量组(Ⅱ)线性表示，且r(Ⅰ)$=r$(Ⅱ).证明：向量组(Ⅱ)也可由向量组(Ⅰ)线性表示，即(Ⅰ)和(Ⅱ)等价.

知识点睛 0305 向量组等价

证 设r(Ⅰ)$=r$(Ⅱ)$=r$，并设向量组(Ⅰ)的一个极大线性无关组是$\boldsymbol{\alpha}_1,\boldsymbol{\alpha}_2,\cdots,\boldsymbol{\alpha}_r$，向量组(Ⅱ)的一个极大线性无关组是$\boldsymbol{\beta}_1,\boldsymbol{\beta}_2,\cdots,\boldsymbol{\beta}_r$.由向量组(Ⅰ)可由向量组(Ⅱ)线性表示，有$\boldsymbol{\alpha}_1,\boldsymbol{\alpha}_2,\cdots,\boldsymbol{\alpha}_r$可由$\boldsymbol{\beta}_1,\boldsymbol{\beta}_2,\cdots,\boldsymbol{\beta}_r$线性表示.

考虑向量组(Ⅲ)：$\boldsymbol{\alpha}_1,\boldsymbol{\alpha}_2,\cdots,\boldsymbol{\alpha}_r,\boldsymbol{\beta}_1,\boldsymbol{\beta}_2,\cdots,\boldsymbol{\beta}_r$.显然$\boldsymbol{\beta}_1,\boldsymbol{\beta}_2,\cdots,\boldsymbol{\beta}_r$是向量组(Ⅲ)的一个极大线性无关组，且$r$(Ⅲ)$=r$.

又由于$\boldsymbol{\alpha}_1,\boldsymbol{\alpha}_2,\cdots,\boldsymbol{\alpha}_r$的秩是$r$，所以$\boldsymbol{\alpha}_1,\boldsymbol{\alpha}_2,\cdots,\boldsymbol{\alpha}_r$也是(Ⅲ)的一个极大线性无关组.$\boldsymbol{\alpha}_1,\boldsymbol{\alpha}_2,\cdots,\boldsymbol{\alpha}_r$和$\boldsymbol{\beta}_1,\boldsymbol{\beta}_2,\cdots,\boldsymbol{\beta}_r$等价.

所以$\boldsymbol{\beta}_1,\boldsymbol{\beta}_2,\cdots,\boldsymbol{\beta}_r$可由$\boldsymbol{\alpha}_1,\boldsymbol{\alpha}_2,\cdots,\boldsymbol{\alpha}_r$线性表示.向量组(Ⅱ)可由向量组$\boldsymbol{\alpha}_1,\boldsymbol{\alpha}_2,\cdots,\boldsymbol{\alpha}_r$

线性表示.也就有向量组(Ⅱ)可由向量组(Ⅰ)线性表示.即(Ⅰ)和(Ⅱ)等价.

125 设向量组(Ⅰ):$\boldsymbol{\alpha}_1,\boldsymbol{\alpha}_2,\cdots,\boldsymbol{\alpha}_m$;向量组(Ⅱ):$\boldsymbol{\beta}_1,\boldsymbol{\beta}_2,\cdots,\boldsymbol{\beta}_m$;向量组(Ⅲ):$\boldsymbol{\gamma}_1,\boldsymbol{\gamma}_2,\cdots,\boldsymbol{\gamma}_m$的秩分别为$s_1, s_2, s_3$.证明:如果$\boldsymbol{\gamma}_i=\boldsymbol{\alpha}_i-\boldsymbol{\beta}_i(i=1,2,\cdots,m)$,则

$$s_1\leqslant s_2+s_3,\quad s_2\leqslant s_1+s_3,\quad s_3\leqslant s_1+s_2.$$

知识点睛 0306 向量组的秩

证 作向量组(Ⅳ):$\boldsymbol{\gamma}_1+\boldsymbol{\beta}_1,\boldsymbol{\gamma}_2+\boldsymbol{\beta}_2,\cdots,\boldsymbol{\gamma}_m+\boldsymbol{\beta}_m$,而$\boldsymbol{\alpha}_i=\boldsymbol{\gamma}_i+\boldsymbol{\beta}_i$, $i=1,2,\cdots,m$.所以向量组(Ⅰ)能由向量组(Ⅳ)线性表示.

设向量组(Ⅴ):$\boldsymbol{\beta}_1,\boldsymbol{\beta}_2,\cdots,\boldsymbol{\beta}_m,\boldsymbol{\gamma}_1,\boldsymbol{\gamma}_2,\cdots,\boldsymbol{\gamma}_m$,则向量组(Ⅳ)能由向量组(Ⅴ)线性表示.

设向量组(Ⅰ)、(Ⅱ)、(Ⅲ)的极大无关组分别为(Ⅰ)$'$:$\boldsymbol{\alpha}_{i_1},\boldsymbol{\alpha}_{i_2},\cdots,\boldsymbol{\alpha}_{is_1}$,(Ⅱ)$'$:$\boldsymbol{\beta}_{j_1},\cdots,\boldsymbol{\beta}_{js_2}$,(Ⅲ)$'$:$\boldsymbol{\gamma}_{k_1},\cdots,\boldsymbol{\gamma}_{ks_3}$.作向量组(Ⅴ)$'$:$\boldsymbol{\beta}_{j_1},\boldsymbol{\beta}_{j_2},\cdots,\boldsymbol{\beta}_{js_2},\boldsymbol{\gamma}_{k_1},\boldsymbol{\gamma}_{k_2},\cdots,\boldsymbol{\gamma}_{ks_3}$.

由于(Ⅰ)$'$是(Ⅰ)的极大无关组,则(Ⅰ)$'$可由(Ⅰ)线性表示,而(Ⅰ)能由(Ⅳ)线性表示,(Ⅳ)能由(Ⅴ)线性表示,而(Ⅴ)可由其极大无关组(Ⅴ)$'$表示,所以(Ⅰ)$'$可由(Ⅴ)$'$线性表示,于是$s_1\leqslant s_2+s_3$.同理可证$s_2\leqslant s_1+s_3$, $s_3\leqslant s_1+s_2$.原题得证.

126 利用向量组理论,证明下列关于矩阵的秩的结论:

(1) 设$\boldsymbol{A},\boldsymbol{B}$均为$m\times n$矩阵,证明:$r(\boldsymbol{A}+\boldsymbol{B})\leqslant r(\boldsymbol{A})+r(\boldsymbol{B})$;

(2) 设$\boldsymbol{A}$是$m\times n$矩阵,$\boldsymbol{B}$是$n\times s$矩阵,证明:$r(\boldsymbol{AB})\leqslant\min\{r(\boldsymbol{A}),r(\boldsymbol{B})\}$.

知识点睛 0307 矩阵的秩的不等式

证 (1) 设$\boldsymbol{A}=(\boldsymbol{\alpha}_1,\boldsymbol{\alpha}_2,\cdots,\boldsymbol{\alpha}_n)$,$\boldsymbol{B}=(\boldsymbol{\beta}_1,\boldsymbol{\beta}_2,\cdots,\boldsymbol{\beta}_n)$,

$$\boldsymbol{A}+\boldsymbol{B}=(\boldsymbol{\alpha}_1+\boldsymbol{\beta}_1,\boldsymbol{\alpha}_2+\boldsymbol{\beta}_2,\cdots,\boldsymbol{\alpha}_n+\boldsymbol{\beta}_n)=(\boldsymbol{\gamma}_1,\boldsymbol{\gamma}_2,\cdots,\boldsymbol{\gamma}_n),$$

其中$\boldsymbol{\alpha}_1,\boldsymbol{\alpha}_2,\cdots,\boldsymbol{\alpha}_n$和$\boldsymbol{\beta}_1,\boldsymbol{\beta}_2,\cdots,\boldsymbol{\beta}_n$及$\boldsymbol{\gamma}_1,\boldsymbol{\gamma}_2,\cdots,\boldsymbol{\gamma}_n$分别为$\boldsymbol{A},\boldsymbol{B}$及$\boldsymbol{A}+\boldsymbol{B}$的列向量组.

不妨设$\boldsymbol{\alpha}_1,\boldsymbol{\alpha}_2,\cdots,\boldsymbol{\alpha}_r(r\leqslant n)$为$\boldsymbol{A}$的列向量组的极大线性无关组,$\boldsymbol{\beta}_1,\boldsymbol{\beta}_2,\cdots,\boldsymbol{\beta}_s(s\leqslant n)$为$\boldsymbol{B}$的列向量组的极大线性无关组,显然$\boldsymbol{\gamma}_1,\boldsymbol{\gamma}_2,\cdots,\boldsymbol{\gamma}_n$可由$\boldsymbol{\alpha}_1,\boldsymbol{\alpha}_2,\cdots,\boldsymbol{\alpha}_n,\boldsymbol{\beta}_1,\boldsymbol{\beta}_2,\cdots,\boldsymbol{\beta}_n$线性表示,从而它也可由$\boldsymbol{\alpha}_1,\boldsymbol{\alpha}_2,\cdots,\boldsymbol{\alpha}_r,\boldsymbol{\beta}_1,\boldsymbol{\beta}_2,\cdots,\boldsymbol{\beta}_s$线性表示,所以向量组$\boldsymbol{\gamma}_1,\boldsymbol{\gamma}_2,\cdots,\boldsymbol{\gamma}_n$的秩不会超过向量组$\boldsymbol{\alpha}_1,\boldsymbol{\alpha}_2,\cdots,\boldsymbol{\alpha}_r,\boldsymbol{\beta}_1,\boldsymbol{\beta}_2,\cdots,\boldsymbol{\beta}_s$的秩.即有

$$r(\boldsymbol{A}+\boldsymbol{B})\leqslant r+s=r(\boldsymbol{A})+r(\boldsymbol{B}).$$

(2) 设

$$\boldsymbol{A}=\begin{pmatrix}a_{11}&a_{12}&\cdots&a_{1n}\\a_{21}&a_{22}&\cdots&a_{2n}\\\vdots&\vdots&&\vdots\\a_{m1}&a_{m2}&\cdots&a_{mn}\end{pmatrix},\quad \boldsymbol{B}=\begin{pmatrix}b_{11}&b_{12}&\cdots&b_{1s}\\b_{21}&b_{22}&\cdots&b_{2s}\\\vdots&\vdots&&\vdots\\b_{n1}&b_{n2}&\cdots&b_{ns}\end{pmatrix}=\begin{pmatrix}\boldsymbol{b}_1\\\boldsymbol{b}_2\\\vdots\\\boldsymbol{b}_n\end{pmatrix},$$

$$\boldsymbol{AB}=\begin{pmatrix}c_{11}&c_{12}&\cdots&c_{1s}\\c_{21}&c_{22}&\cdots&c_{2s}\\\vdots&\vdots&&\vdots\\c_{m1}&c_{m2}&\cdots&c_{ms}\end{pmatrix}=\begin{pmatrix}\boldsymbol{c}_1\\\boldsymbol{c}_2\\\vdots\\\boldsymbol{c}_m\end{pmatrix},$$

其中$\boldsymbol{b}_1,\boldsymbol{b}_2,\cdots,\boldsymbol{b}_n$表示矩阵$\boldsymbol{B}$的行向量,$\boldsymbol{c}_1,\boldsymbol{c}_2,\cdots,\boldsymbol{c}_m$表示矩阵$\boldsymbol{AB}$的行向量,则

$$\boldsymbol{c}_i=a_{i1}\boldsymbol{b}_1+a_{i2}\boldsymbol{b}_2+\cdots+a_{in}\boldsymbol{b}_n\quad(i=1,2,\cdots,m),$$

即矩阵$\boldsymbol{AB}$的行向量可由矩阵$\boldsymbol{B}$的行向量组线性表示,故$r(\boldsymbol{AB})\leqslant r(\boldsymbol{B})$.

再证 $r(\boldsymbol{AB})\leqslant r(\boldsymbol{A})$. 有 $r(\boldsymbol{AB})=r((\boldsymbol{AB})^{\mathrm{T}})=r(\boldsymbol{B}^{\mathrm{T}}\boldsymbol{A}^{\mathrm{T}})$，而 $r(\boldsymbol{B}^{\mathrm{T}}\boldsymbol{A}^{\mathrm{T}})\leqslant r(\boldsymbol{A}^{\mathrm{T}})=r(\boldsymbol{A})$，从而有

$$r(\boldsymbol{AB})=r(\boldsymbol{B}^{\mathrm{T}}\boldsymbol{A}^{\mathrm{T}})\leqslant r(\boldsymbol{A}).$$

综上所述,有 $r(\boldsymbol{AB})\leqslant\min\{r(\boldsymbol{A}),\ r(\boldsymbol{B})\}$.

127 已知向量组 $\boldsymbol{\alpha}_1,\boldsymbol{\alpha}_2,\cdots,\boldsymbol{\alpha}_s(s\geqslant 2)$线性无关,设

127 题精解视频

$$\boldsymbol{\beta}_1=\boldsymbol{\alpha}_1+\boldsymbol{\alpha}_2,\ \boldsymbol{\beta}_2=\boldsymbol{\alpha}_2+\boldsymbol{\alpha}_3,\cdots,\boldsymbol{\beta}_{s-1}=\boldsymbol{\alpha}_{s-1}+\boldsymbol{\alpha}_s,\boldsymbol{\beta}_s=\boldsymbol{\alpha}_s+\boldsymbol{\alpha}_1,$$

讨论向量组 $\boldsymbol{\beta}_1,\boldsymbol{\beta}_2,\cdots,\boldsymbol{\beta}_s$的线性相关性.

知识点睛 0303 线性相关与线性无关的判别——定义法及矩阵的秩

解法 1 设有一组数 $x_1,\ x_2,\cdots,\ x_s$,使得 $x_1\boldsymbol{\beta}_1+x_2\boldsymbol{\beta}_2+\cdots+x_s\boldsymbol{\beta}_s=\mathbf{0}$,则由已知条件有

$$(x_s+x_1)\boldsymbol{\alpha}_1+(x_1+x_2)\boldsymbol{\alpha}_2+\cdots+(x_{s-1}+x_s)\boldsymbol{\alpha}_s=\mathbf{0}.$$

由于 $\boldsymbol{\alpha}_1,\boldsymbol{\alpha}_2,\cdots,\boldsymbol{\alpha}_s$线性无关,故有齐次线性方程组

$$\begin{cases}x_1+x_s=0,\\ x_1+x_2=0,\\ \cdots\cdots\cdots\cdots\\ x_{s-1}+x_s=0.\end{cases}$$

该方程组的系数行列式为

$$D=\begin{vmatrix}1&0&0&\cdots&0&1\\1&1&0&\cdots&0&0\\0&1&1&\cdots&0&0\\\vdots&\vdots&\vdots&&\vdots&\vdots\\0&0&0&\cdots&1&1\end{vmatrix}=1+(-1)^{s+1}=\begin{cases}2,&s\text{ 为奇数},\\0,&s\text{ 为偶数}.\end{cases}$$

因此,当 s 为奇数时,齐次线性方程组仅有零解 $x_1=x_2=\cdots=x_s=0$,向量组 $\boldsymbol{\beta}_1,\boldsymbol{\beta}_2,\cdots,\boldsymbol{\beta}_s$线性无关;当 s 为偶数时,齐次线性方程组有非零解,向量组 $\boldsymbol{\beta}_1,\boldsymbol{\beta}_2,\cdots,\boldsymbol{\beta}_s$线性相关.

解法 2 设两个向量组均为行向量组,记

$$\boldsymbol{A}=(\boldsymbol{\alpha}_1^{\mathrm{T}},\boldsymbol{\alpha}_2^{\mathrm{T}},\cdots,\boldsymbol{\alpha}_s^{\mathrm{T}}),\quad \boldsymbol{B}=(\boldsymbol{\beta}_1^{\mathrm{T}},\boldsymbol{\beta}_2^{\mathrm{T}},\cdots,\boldsymbol{\beta}_s^{\mathrm{T}}),$$

则有等式 $\boldsymbol{B}=\boldsymbol{AC}$,其中矩阵 $\boldsymbol{C}$ 为

$$\boldsymbol{C}=\begin{pmatrix}1&0&0&\cdots&0&1\\1&1&0&\cdots&0&0\\0&1&1&\cdots&0&0\\\vdots&\vdots&\vdots&&\vdots&\vdots\\0&0&0&\cdots&1&1\end{pmatrix},\quad 且\quad |\boldsymbol{C}|=1+(-1)^{s+1}.$$

于是,当 s 为奇数时,$|\boldsymbol{C}|=2\neq 0$,有 $r(\boldsymbol{B})=r(\boldsymbol{AC})=r(\boldsymbol{C})=s$,故 $\boldsymbol{\beta}_1,\boldsymbol{\beta}_2,\cdots,\boldsymbol{\beta}_s$线性无关;当 s 为偶数时,$|\boldsymbol{C}|=0$,有 $r(\boldsymbol{B})=r(\boldsymbol{AC})=r(\boldsymbol{C})<s$,故 $\boldsymbol{\beta}_1,\boldsymbol{\beta}_2,\cdots,\boldsymbol{\beta}_s$线性相关.

【评注】解法 1 利用定义,解法 2 利用矩阵的秩.

128 已知向量组 (K 2000 数学二, 7 分)

$$\boldsymbol{\beta}_1=\begin{pmatrix}0\\1\\-1\end{pmatrix},\quad \boldsymbol{\beta}_2=\begin{pmatrix}a\\2\\1\end{pmatrix},\quad \boldsymbol{\beta}_3=\begin{pmatrix}b\\1\\0\end{pmatrix}$$

与向量组

$$\boldsymbol{\alpha}_1=\begin{pmatrix}1\\2\\-3\end{pmatrix},\quad \boldsymbol{\alpha}_2=\begin{pmatrix}3\\0\\1\end{pmatrix},\quad \boldsymbol{\alpha}_3=\begin{pmatrix}9\\6\\-7\end{pmatrix}$$

具有相同的秩，且 $\boldsymbol{\beta}_3$ 可由 $\boldsymbol{\alpha}_1,\boldsymbol{\alpha}_2,\boldsymbol{\alpha}_3$ 线性表示，求 a,b 的值.

知识点睛 向量的线性表示与线性方程组的解之间的关系

解 因 $\boldsymbol{\beta}_3$ 可由 $\boldsymbol{\alpha}_1,\boldsymbol{\alpha}_2,\boldsymbol{\alpha}_3$ 线性表示，故线性方程组

$$\begin{pmatrix}1&3&9\\2&0&6\\-3&1&-7\end{pmatrix}\begin{pmatrix}x_1\\x_2\\x_3\end{pmatrix}=\begin{pmatrix}b\\1\\0\end{pmatrix}$$

有解.对增广矩阵施行初等行变换：

$$\left(\begin{array}{ccc:c}1&3&9&b\\2&0&6&1\\-3&1&-7&0\end{array}\right)\to\left(\begin{array}{ccc:c}1&3&9&b\\0&-6&-12&1-2b\\0&10&20&3b\end{array}\right)\to\left(\begin{array}{ccc:c}1&3&9&b\\0&1&2&\dfrac{2b-1}{6}\\0&0&0&\dfrac{3b}{10}-\dfrac{2b-1}{6}\end{array}\right),$$

由非齐次线性方程组有解的条件知 $\dfrac{3b}{10}-\dfrac{2b-1}{6}=0$ 得 $b=5$.

又 $\boldsymbol{\alpha}_1$ 和 $\boldsymbol{\alpha}_2$ 线性无关，$\boldsymbol{\alpha}_3=3\boldsymbol{\alpha}_1+2\boldsymbol{\alpha}_2$，所以向量组 $\boldsymbol{\alpha}_1,\boldsymbol{\alpha}_2,\boldsymbol{\alpha}_3$ 的秩为 2.由题设知向量组 $\boldsymbol{\beta}_1,\boldsymbol{\beta}_2,\boldsymbol{\beta}_3$ 的秩也是 2，从而 $\begin{vmatrix}0&a&5\\1&2&1\\-1&1&0\end{vmatrix}=0$，解得 $a=15$.

129 设 $\boldsymbol{\alpha}_1=(1,1,1)^{\mathrm{T}},\boldsymbol{\alpha}_2=(1,2,3)^{\mathrm{T}},\boldsymbol{\alpha}_3=(1,3,t)^{\mathrm{T}}$.

(1) t 为何值时，向量组 $\boldsymbol{\alpha}_1,\boldsymbol{\alpha}_2,\boldsymbol{\alpha}_3$ 线性相关？

(2) t 为何值时，向量组 $\boldsymbol{\alpha}_1,\boldsymbol{\alpha}_2,\boldsymbol{\alpha}_3$ 线性无关？

(3) 当向量组 $\boldsymbol{\alpha}_1,\boldsymbol{\alpha}_2,\boldsymbol{\alpha}_3$ 线性相关时，将 $\boldsymbol{\alpha}_3$ 表示为 $\boldsymbol{\alpha}_1$ 和 $\boldsymbol{\alpha}_2$ 的线性组合.

知识点睛 0303 线性相关与线性无关的判别

解法 1 $|\boldsymbol{\alpha}_1,\boldsymbol{\alpha}_2,\boldsymbol{\alpha}_3|=\begin{vmatrix}1&1&1\\1&2&3\\1&3&t\end{vmatrix}=t-5$，所以，

(1) 当 $t=5$ 时，$\boldsymbol{\alpha}_1,\boldsymbol{\alpha}_2,\boldsymbol{\alpha}_3$ 线性相关.

(2) 当 $t\neq5$ 时，$\boldsymbol{\alpha}_1,\boldsymbol{\alpha}_2,\boldsymbol{\alpha}_3$ 线性无关.

(3) 当 $t=5$ 时，设 $\boldsymbol{\alpha}_3=x_1\boldsymbol{\alpha}_1+x_2\boldsymbol{\alpha}_2$，即有 $\begin{cases}x_1+x_2=1,\\x_1+2x_2=3,\\x_1+3x_2=5,\end{cases}$ 解得 $x_1=-1,\ x_2=2$. 于是有 $\boldsymbol{\alpha}_3=-\boldsymbol{\alpha}_1+2\boldsymbol{\alpha}_2$.

解法 2 设有一组数 k_1,k_2,k_3，使得 $k_1\boldsymbol{\alpha}_1+k_2\boldsymbol{\alpha}_2+k_3\boldsymbol{\alpha}_3=\boldsymbol{0}$，即有方程组

$$\begin{cases}k_1+k_2+k_3=0,\\k_1+2k_2+3k_3=0,\\k_1+3k_2+tk_3=0.\end{cases}$$

此齐次线性方程组的系数行列式:

$$\begin{vmatrix}1&1&1\\1&2&3\\1&3&t\end{vmatrix}=t-5,$$

则(1)当 $t-5=0$,即 $t=5$ 时,方程组有非零解,因此 $\boldsymbol{\alpha}_1,\boldsymbol{\alpha}_2,\boldsymbol{\alpha}_3$线性相关.(2) 当 $t-5\neq0$,即 $t\neq5$ 时,方程组仅有零解,$k_1=k_2=k_3=0$,故 $\boldsymbol{\alpha}_1,\boldsymbol{\alpha}_2,\boldsymbol{\alpha}_3$线性无关.(3) 同解法 1.

130　设 4 维向量组 $\boldsymbol{\alpha}_1=(1+a,1,1,1)^{\mathrm{T}},\boldsymbol{\alpha}_2=(2,2+a,2,2)^{\mathrm{T}},\boldsymbol{\alpha}_3=(3,3,3+a,3)^{\mathrm{T}},\boldsymbol{\alpha}_4=(4,4,4,4+a)^{\mathrm{T}}$,问 a 为何值时,$\boldsymbol{\alpha}_1,\boldsymbol{\alpha}_2,\boldsymbol{\alpha}_3,\boldsymbol{\alpha}_4$ 线性相关?当 $\boldsymbol{\alpha}_1,\boldsymbol{\alpha}_2,\boldsymbol{\alpha}_3,\boldsymbol{\alpha}_4$ 线性相关时,求其一个极大线性无关组,并将其余向量用该极大线性无关组线性表示.

K 2006 数学三、数学四,13 分

知识点睛　0304 极大线性无关组的求法

解　对$(\boldsymbol{\alpha}_1,\boldsymbol{\alpha}_2,\boldsymbol{\alpha}_3,\boldsymbol{\alpha}_4)$作初等行变换(把第 1 行的$-1$ 倍分别加至每一行),有

$$(\boldsymbol{\alpha}_1,\boldsymbol{\alpha}_2,\boldsymbol{\alpha}_3,\boldsymbol{\alpha}_4)=\begin{pmatrix}1+a&2&3&4\\1&2+a&3&4\\1&2&3+a&4\\1&2&3&4+a\end{pmatrix}\to\begin{pmatrix}1+a&2&3&4\\-a&a&0&0\\-a&0&a&0\\-a&0&0&a\end{pmatrix}.$$

若 $a=0$,则 $r(\boldsymbol{\alpha}_1,\boldsymbol{\alpha}_2,\boldsymbol{\alpha}_3,\boldsymbol{\alpha}_4)=1$,$\boldsymbol{\alpha}_1,\boldsymbol{\alpha}_2,\boldsymbol{\alpha}_3,\boldsymbol{\alpha}_4$线性相关.极大线性无关组为 $\boldsymbol{\alpha}_1$,且 $\boldsymbol{\alpha}_2=2\boldsymbol{\alpha}_1,\boldsymbol{\alpha}_3=3\boldsymbol{\alpha}_1,\boldsymbol{\alpha}_4=4\boldsymbol{\alpha}_1$.

若 $a\neq0$,则有

$$(\boldsymbol{\alpha}_1,\boldsymbol{\alpha}_2,\boldsymbol{\alpha}_3,\boldsymbol{\alpha}_4)\to\begin{pmatrix}1+a&2&3&4\\-1&1&0&0\\-1&0&1&0\\-1&0&0&1\end{pmatrix}\to\begin{pmatrix}a+10&0&0&0\\-1&1&0&0\\-1&0&1&0\\-1&0&0&1\end{pmatrix},$$

当 $a=-10$ 时,$\boldsymbol{\alpha}_1,\boldsymbol{\alpha}_2,\boldsymbol{\alpha}_3,\boldsymbol{\alpha}_4$线性相关,极大线性无关组为 $\boldsymbol{\alpha}_2,\boldsymbol{\alpha}_3,\boldsymbol{\alpha}_4$,且 $\boldsymbol{\alpha}_1=-\boldsymbol{\alpha}_2-\boldsymbol{\alpha}_3-\boldsymbol{\alpha}_4$.

【评注】当 $a=-10$ 时,

$$(\boldsymbol{\alpha}_1,\boldsymbol{\alpha}_2,\boldsymbol{\alpha}_3,\boldsymbol{\alpha}_4)\to\begin{pmatrix}0&0&0&0\\-1&1&0&0\\-1&0&1&0\\-1&0&0&1\end{pmatrix}=\boldsymbol{B},$$

显然,矩阵 $\boldsymbol{B}$ 中第 2,3,4 列线性无关,故我们可回答 $\boldsymbol{\alpha}_2,\boldsymbol{\alpha}_3,\boldsymbol{\alpha}_4$是极大线性无关组.(注:极大无关组答案不唯一),在 $\boldsymbol{B}$ 中,易见

$$(0,-1,-1,-1)^{\mathrm{T}}=-(0,1,0,0)^{\mathrm{T}}-(0,0,1,0)^{\mathrm{T}}-(0,0,0,1)^{\mathrm{T}},$$

故可回答 $\boldsymbol{\alpha}_1=-\boldsymbol{\alpha}_2-\boldsymbol{\alpha}_3-\boldsymbol{\alpha}_4$.

这种求极大线性无关组和回答线性表示的方法,大家要掌握.

K 1995 数学三，9分

131 题精解视频

131 已知向量组(Ⅰ)：$\boldsymbol{\alpha}_1,\boldsymbol{\alpha}_2,\boldsymbol{\alpha}_3$；(Ⅱ)：$\boldsymbol{\alpha}_1,\boldsymbol{\alpha}_2,\boldsymbol{\alpha}_3,\boldsymbol{\alpha}_4$；(Ⅲ)：$\boldsymbol{\alpha}_1,\boldsymbol{\alpha}_2,\boldsymbol{\alpha}_3,\boldsymbol{\alpha}_5$. 如果各向量组的秩分别为 $r(\text{Ⅰ})=r(\text{Ⅱ})=3$，$r(\text{Ⅲ})=4$.证明向量组 $\boldsymbol{\alpha}_1,\boldsymbol{\alpha}_2,\boldsymbol{\alpha}_3,\boldsymbol{\alpha}_5-\boldsymbol{\alpha}_4$的秩为 4.

知识点睛 0306 向量组的秩及其求法

证 因为 $r(\text{Ⅰ})=r(\text{Ⅱ})=3$，所以 $\boldsymbol{\alpha}_1,\boldsymbol{\alpha}_2,\boldsymbol{\alpha}_3$线性无关，而 $\boldsymbol{\alpha}_1,\boldsymbol{\alpha}_2,\boldsymbol{\alpha}_3,\boldsymbol{\alpha}_4$线性相关，因此 $\boldsymbol{\alpha}_4$可由 $\boldsymbol{\alpha}_1,\boldsymbol{\alpha}_2,\boldsymbol{\alpha}_3$线性表示，设为 $\boldsymbol{\alpha}_4=l_1\boldsymbol{\alpha}_1+l_2\boldsymbol{\alpha}_2+l_3\boldsymbol{\alpha}_3$.

若 $k_1\boldsymbol{\alpha}_1+k_2\boldsymbol{\alpha}_2+k_3\boldsymbol{\alpha}_3+k_4(\boldsymbol{\alpha}_5-\boldsymbol{\alpha}_4)=\mathbf{0}$，即

$$(k_1-l_1k_4)\boldsymbol{\alpha}_1+(k_2-l_2k_4)\boldsymbol{\alpha}_2+(k_3-l_3k_4)\boldsymbol{\alpha}_3+k_4\boldsymbol{\alpha}_5=\mathbf{0}.$$

由于 $r(\text{Ⅲ})=4$，即 $\boldsymbol{\alpha}_1,\boldsymbol{\alpha}_2,\boldsymbol{\alpha}_3,\boldsymbol{\alpha}_5$线性无关.故必有

$$\begin{cases}k_1-l_1k_4=0,\\ k_2-l_2k_4=0,\\ k_3-l_3k_4=0,\\ k_4=0.\end{cases}$$

解出 $k_1=k_2=k_3=k_4=0$.于是 $\boldsymbol{\alpha}_1,\boldsymbol{\alpha}_2,\boldsymbol{\alpha}_3,\boldsymbol{\alpha}_5-\boldsymbol{\alpha}_4$线性无关.即其秩为 4.

【评注】本题考查向量组秩的概念，涉及线性相关，线性无关等概念以及线性相关性与向量组秩之间的关系.

132 设有两个向量组

$$(\text{Ⅰ})\begin{cases}\boldsymbol{\alpha}_1=(a_{11},a_{12},\cdots,a_{1r}),\\ \boldsymbol{\alpha}_2=(a_{21},a_{22},\cdots,a_{2r}),\\ \cdots\cdots\cdots\cdots\cdots\cdots\\ \boldsymbol{\alpha}_m=(a_{m1},a_{m2},\cdots,a_{mr}),\end{cases}$$

$$(\text{Ⅱ})\begin{cases}\boldsymbol{\beta}_1=(a_{11},a_{12},\cdots,a_{1r},a_{1,r+1},\cdots,a_{1n}),\\ \boldsymbol{\beta}_2=(a_{21},a_{22},\cdots,a_{2r},a_{2,r+1},\cdots,a_{2n}),\\ \cdots\cdots\cdots\cdots\cdots\cdots\cdots\cdots\cdots\cdots\\ \boldsymbol{\beta}_m=(a_{m1},a_{m2},\cdots,a_{mr},a_{m,r+1},\cdots,a_{mn}).\end{cases}$$

(1) 证明：如果 $\boldsymbol{\alpha}_1,\boldsymbol{\alpha}_2,\cdots,\boldsymbol{\alpha}_m$线性无关，则 $\boldsymbol{\beta}_1,\boldsymbol{\beta}_2,\cdots,\boldsymbol{\beta}_m$也线性无关.

(2) 它们的逆是否成立？试举例说明.

知识点睛 0303 线性相关与线性无关的证明

(1) **证法 1** 设 $\boldsymbol{A}=\begin{pmatrix}\boldsymbol{\alpha}_1\\ \boldsymbol{\alpha}_2\\ \vdots\\ \boldsymbol{\alpha}_m\end{pmatrix}=\begin{pmatrix}a_{11}&a_{12}&\cdots&a_{1r}\\ a_{21}&a_{22}&\cdots&a_{2r}\\ \vdots&\vdots&&\vdots\\ a_{m1}&a_{m2}&\cdots&a_{mr}\end{pmatrix}$，

$$\boldsymbol{B}=\begin{pmatrix}\boldsymbol{\beta}_1\\ \boldsymbol{\beta}_2\\ \vdots\\ \boldsymbol{\beta}_m\end{pmatrix}=\begin{pmatrix}a_{11}&a_{12}&\cdots&a_{1r}&a_{1,r+1}&\cdots&a_{1n}\\ a_{21}&a_{22}&\cdots&a_{2r}&a_{2,r+1}&\cdots&a_{2n}\\ \vdots&\vdots&&\vdots&\vdots&&\vdots\\ a_{m1}&a_{m2}&\cdots&a_{mr}&a_{m,r+1}&\cdots&a_{mn}\end{pmatrix},$$

则 $r(\boldsymbol{A})\leqslant r(\boldsymbol{B})\leqslant m$.由向量组 $\boldsymbol{\alpha}_1,\boldsymbol{\alpha}_2,\cdots,\boldsymbol{\alpha}_m$线性无关知 $r(\boldsymbol{A})=m$，故 $r(\boldsymbol{B})=m$.从而向

量组 $\boldsymbol{\beta}_1,\boldsymbol{\beta}_2,\cdots,\boldsymbol{\beta}_m$ 线性无关.

证法 2 利用线性方程组理论和线性无关的定义.因为 $\boldsymbol{\alpha}_1,\boldsymbol{\alpha}_2,\cdots,\boldsymbol{\alpha}_m$ 线性无关,所以等式

$$x_1\boldsymbol{\alpha}_1+x_2\boldsymbol{\alpha}_2+\cdots+x_m\boldsymbol{\alpha}_m=\mathbf{0}$$

当且仅当 $x_1=x_2=\cdots=x_m=0$ 时成立.

也就是其对应的齐次线性方程组

$$\begin{cases}a_{11}x_1+a_{21}x_2+\cdots+a_{m1}x_m=0,\\a_{12}x_1+a_{22}x_2+\cdots+a_{m2}x_m=0,\\\cdots\cdots\\a_{1r}x_1+a_{2r}x_2+\cdots+a_{mr}x_m=0\end{cases}\qquad①$$

只有零解.考虑向量组 $\boldsymbol{\beta}_1,\boldsymbol{\beta}_2,\cdots,\boldsymbol{\beta}_m$ 对应的齐次线性方程组

$$\begin{cases}a_{11}x_1+a_{21}x_2+\cdots+a_{m1}x_m=0,\\\cdots\cdots\\a_{1r}x_1+a_{2r}x_2+\cdots+a_{mr}x_m=0,\\a_{1,r+1}x_1+a_{2,r+1}x_2+\cdots+a_{m,r+1}x_m=0,\\\cdots\cdots\\a_{1n}x_1+a_{2n}x_2+\cdots+a_{mn}x_m=0,\end{cases}\qquad②$$

显然方程组②的每一组解都是方程组①的解.既然方程组①只有零解,所以方程组②也只有零解,从而向量组 $\boldsymbol{\beta}_1,\boldsymbol{\beta}_2,\cdots,\boldsymbol{\beta}_m$ 线性无关.

(2) 若 $\boldsymbol{\beta}_1,\boldsymbol{\beta}_2,\cdots,\boldsymbol{\beta}_m$ 线性无关,不能保证 $\boldsymbol{\alpha}_1,\boldsymbol{\alpha}_2,\cdots,\boldsymbol{\alpha}_m$ 线性无关,例如,$\boldsymbol{\beta}_1=(0,0,1,0)$,$\boldsymbol{\beta}_2=(0,0,0,1)$ 线性无关,如果取 $\boldsymbol{\alpha}_1=(0,0)$,$\boldsymbol{\alpha}_2=(0,0)$,则显然 $\boldsymbol{\alpha}_1,\boldsymbol{\alpha}_2$ 线性相关.实际上,$\boldsymbol{\alpha}_1,\boldsymbol{\alpha}_2$ 是 $\boldsymbol{\beta}_1,\boldsymbol{\beta}_2$ 减少分量后得到的向量组,而 $\boldsymbol{\beta}_1,\boldsymbol{\beta}_2$ 是 $\boldsymbol{\alpha}_1,\boldsymbol{\alpha}_2$ 增加分量后得到的向量组.若一个向量组线性无关,则其增加分量后的向量组也线性无关,但反之不成立.

133 设 $\mathbf{R}^3$ 的一组基为 $\boldsymbol{\varepsilon}_1=(1,2,0)^{\mathrm{T}}$,$\boldsymbol{\varepsilon}_2=(1,-1,2)^{\mathrm{T}}$,$\boldsymbol{\varepsilon}_3=(0,1,-1)^{\mathrm{T}}$.由基 $\boldsymbol{\eta}_1,\boldsymbol{\eta}_2,\boldsymbol{\eta}_3$ 到基 $\boldsymbol{\varepsilon}_1,\boldsymbol{\varepsilon}_2,\boldsymbol{\varepsilon}_3$ 的过渡矩阵为

$$\boldsymbol{P}=\begin{pmatrix}2&1&6\\0&1&1\\1&0&2\end{pmatrix},$$

求基 $\boldsymbol{\eta}_1,\boldsymbol{\eta}_2,\boldsymbol{\eta}_3$.

知识点睛 0310 过渡矩阵的求法

解 已知

$$(\boldsymbol{\varepsilon}_1,\boldsymbol{\varepsilon}_2,\boldsymbol{\varepsilon}_3)=(\boldsymbol{\eta}_1,\boldsymbol{\eta}_2,\boldsymbol{\eta}_3)\boldsymbol{P},$$

由于过渡矩阵 $\boldsymbol{P}$ 可逆,所以

$$\begin{aligned}(\boldsymbol{\eta}_1,\boldsymbol{\eta}_2,\boldsymbol{\eta}_3)&=(\boldsymbol{\varepsilon}_1,\boldsymbol{\varepsilon}_2,\boldsymbol{\varepsilon}_3)\boldsymbol{P}^{-1}\\&=\begin{pmatrix}1&1&0\\2&-1&1\\0&2&-1\end{pmatrix}\begin{pmatrix}2&1&6\\0&1&1\\1&0&2\end{pmatrix}^{-1}=\begin{pmatrix}-3&4&7\\-2&1&6\\-3&5&6\end{pmatrix}.\end{aligned}$$

从而$\boldsymbol{\eta}_1=(-3,-2,-3)^{\mathrm{T}},\boldsymbol{\eta}_2=(4,1,5)^{\mathrm{T}},\boldsymbol{\eta}_3=(7,6,6)^{\mathrm{T}}$.

134 若向量组

$\boldsymbol{\alpha}_1=(1,1,1,1)^{\mathrm{T}},\quad \boldsymbol{\alpha}_2=(0,1,-1,2)^{\mathrm{T}},\quad \boldsymbol{\alpha}_3=(2,3,2+t,4)^{\mathrm{T}},\quad \boldsymbol{\alpha}_4=(3,1,5,9)^{\mathrm{T}}$

不是4维向量空间$\mathbf{R}^4$的一个基,则$t=$________.

知识点睛 0308 向量空间的基

解 以$\boldsymbol{\alpha}_1,\boldsymbol{\alpha}_2,\boldsymbol{\alpha}_3,\boldsymbol{\alpha}_4$为列构成矩阵$\boldsymbol{A}$,对$\boldsymbol{A}$施行初等行变换:

$$\boldsymbol{A}=\begin{pmatrix}1&0&2&3\\1&1&3&1\\1&-1&2+t&5\\1&2&4&9\end{pmatrix}\to\begin{pmatrix}1&0&2&3\\0&1&1&-2\\0&-1&t&2\\0&2&2&6\end{pmatrix}\to\begin{pmatrix}1&0&2&3\\0&1&1&-2\\0&0&t+1&0\\0&0&0&10\end{pmatrix}.$$

易知,当$t=-1$时,$r(\boldsymbol{A})=3<4$,向量组$\boldsymbol{\alpha}_1,\boldsymbol{\alpha}_2,\boldsymbol{\alpha}_3,\boldsymbol{\alpha}_4$线性相关.故当$t=-1$时,$\boldsymbol{\alpha}_1,\boldsymbol{\alpha}_2,\boldsymbol{\alpha}_3,\boldsymbol{\alpha}_4$不是向量空间$\mathbf{R}^4$的基.故应填$-1$.

135 已知$\boldsymbol{\alpha}_1,\boldsymbol{\alpha}_2,\boldsymbol{\alpha}_3$是3维向量空间$\boldsymbol{V}$的一个基,又

$$\boldsymbol{\beta}_1=\boldsymbol{\alpha}_1+\boldsymbol{\alpha}_2-\boldsymbol{\alpha}_3,\quad \boldsymbol{\beta}_2=-\boldsymbol{\alpha}_1-2\boldsymbol{\alpha}_2+2\boldsymbol{\alpha}_3,\quad \boldsymbol{\beta}_3=3\boldsymbol{\alpha}_1+4\boldsymbol{\alpha}_2-3\boldsymbol{\alpha}_3,$$

(1) 证明$\boldsymbol{\beta}_1,\boldsymbol{\beta}_2,\boldsymbol{\beta}_3$也是$\boldsymbol{V}$的一个基;

(2) 求向量$\boldsymbol{\xi}=\boldsymbol{\alpha}_1+\boldsymbol{\alpha}_2+\boldsymbol{\alpha}_3$在基$\boldsymbol{\beta}_1,\boldsymbol{\beta}_2,\boldsymbol{\beta}_3$下的坐标.

知识点睛 0308 向量空间的基, 0309 坐标变换公式

(1) 证 由题设有

$$(\boldsymbol{\beta}_1,\boldsymbol{\beta}_2,\boldsymbol{\beta}_3)=(\boldsymbol{\alpha}_1,\boldsymbol{\alpha}_2,\boldsymbol{\alpha}_3)\begin{pmatrix}1&-1&3\\1&-2&4\\-1&2&-3\end{pmatrix}.$$

因为$\begin{vmatrix}1&-1&3\\1&-2&4\\-1&2&-3\end{vmatrix}=-1$,所以$\begin{pmatrix}1&-1&3\\1&-2&4\\-1&2&-3\end{pmatrix}$是可逆矩阵,因此向量组$\boldsymbol{\beta}_1,\boldsymbol{\beta}_2,\boldsymbol{\beta}_3$线性无关,即知$\boldsymbol{\beta}_1,\boldsymbol{\beta}_2,\boldsymbol{\beta}_3$也是$\boldsymbol{V}$的一个基.

(2) 解 由(1)可得,由基$\boldsymbol{\alpha}_1,\boldsymbol{\alpha}_2,\boldsymbol{\alpha}_3$到基$\boldsymbol{\beta}_1,\boldsymbol{\beta}_2,\boldsymbol{\beta}_3$的过渡矩阵为

$$\boldsymbol{C}=\begin{pmatrix}1&-1&3\\1&-2&4\\-1&2&-3\end{pmatrix}.$$

由题设知,向量$\boldsymbol{\xi}$在基$\boldsymbol{\alpha}_1,\boldsymbol{\alpha}_2,\boldsymbol{\alpha}_3$下的坐标为$(1,1,1)^{\mathrm{T}}$.设向量$\boldsymbol{\xi}$在基$\boldsymbol{\beta}_1,\boldsymbol{\beta}_2,\boldsymbol{\beta}_3$下的坐标是$(y_1,y_2,y_3)^{\mathrm{T}}$,根据坐标变换公式,有

$$\begin{pmatrix}y_1\\y_2\\y_3\end{pmatrix}=\boldsymbol{C}^{-1}\begin{pmatrix}1\\1\\1\end{pmatrix}=\begin{pmatrix}2&-3&-2\\1&0&1\\0&1&1\end{pmatrix}\begin{pmatrix}1\\1\\1\end{pmatrix}=\begin{pmatrix}-3\\2\\2\end{pmatrix}.$$

136 已知$\mathbf{R}^3$的向量$\boldsymbol{\gamma}=(1,0,-1)^{\mathrm{T}}$及$\mathbf{R}^3$的一组基$\boldsymbol{\varepsilon}_1=(1,0,1)^{\mathrm{T}},\boldsymbol{\varepsilon}_2=(1,1,1)^{\mathrm{T}},\boldsymbol{\varepsilon}_3=(1,0,0)^{\mathrm{T}}$.$\boldsymbol{A}$是一个3阶矩阵,已知

$$\boldsymbol{A}\boldsymbol{\varepsilon}_1=\boldsymbol{\varepsilon}_1+\boldsymbol{\varepsilon}_3,\quad \boldsymbol{A}\boldsymbol{\varepsilon}_2=\boldsymbol{\varepsilon}_2-\boldsymbol{\varepsilon}_3,\quad \boldsymbol{A}\boldsymbol{\varepsilon}_3=2\boldsymbol{\varepsilon}_1-\boldsymbol{\varepsilon}_2+\boldsymbol{\varepsilon}_3,$$

求$\boldsymbol{A}\boldsymbol{\gamma}$在$\boldsymbol{\varepsilon}_1,\boldsymbol{\varepsilon}_2,\boldsymbol{\varepsilon}_3$下的坐标.

知识点睛 向量在基下的坐标，0309 坐标变换公式

解 由已知条件，有

$$A(\boldsymbol{\varepsilon}_1,\boldsymbol{\varepsilon}_2,\boldsymbol{\varepsilon}_3)=(\boldsymbol{\varepsilon}_1,\boldsymbol{\varepsilon}_2,\boldsymbol{\varepsilon}_3)\begin{pmatrix}1&0&2\\0&1&-1\\1&-1&1\end{pmatrix},$$

由于 $\boldsymbol{\varepsilon}_1,\boldsymbol{\varepsilon}_2,\boldsymbol{\varepsilon}_3$ 是 $\mathbf{R}^3$ 的一组基，它们线性无关，所以 $(\boldsymbol{\varepsilon}_1,\boldsymbol{\varepsilon}_2,\boldsymbol{\varepsilon}_3)$ 可逆，有

$$\begin{aligned}A&=(\boldsymbol{\varepsilon}_1,\boldsymbol{\varepsilon}_2,\boldsymbol{\varepsilon}_3)\begin{pmatrix}1&0&2\\0&1&-1\\1&-1&1\end{pmatrix}(\boldsymbol{\varepsilon}_1,\boldsymbol{\varepsilon}_2,\boldsymbol{\varepsilon}_3)^{-1}\\&=\begin{pmatrix}1&1&1\\0&1&0\\1&1&0\end{pmatrix}\begin{pmatrix}1&0&2\\0&1&-1\\1&-1&1\end{pmatrix}\begin{pmatrix}1&1&1\\0&1&0\\1&1&0\end{pmatrix}^{-1},\end{aligned}$$

求得

$$\begin{pmatrix}1&1&1\\0&1&0\\1&1&0\end{pmatrix}^{-1}=\begin{pmatrix}0&-1&1\\0&1&0\\1&0&-1\end{pmatrix},$$

所以

$$A=\begin{pmatrix}2&-2&0\\-1&1&1\\1&0&0\end{pmatrix},$$

$$A\boldsymbol{\gamma}=\begin{pmatrix}2&-2&0\\-1&1&1\\1&0&0\end{pmatrix}\begin{pmatrix}1\\0\\-1\end{pmatrix}=\begin{pmatrix}2\\-2\\1\end{pmatrix}.$$

设 $A\boldsymbol{\gamma}$ 在基 $\boldsymbol{\varepsilon}_1,\boldsymbol{\varepsilon}_2,\boldsymbol{\varepsilon}_3$ 下的坐标是 $\boldsymbol{x}$，则

$$A\boldsymbol{\gamma}=(\boldsymbol{\varepsilon}_1,\boldsymbol{\varepsilon}_2,\boldsymbol{\varepsilon}_3)\boldsymbol{x},$$

$$\boldsymbol{x}=(\boldsymbol{\varepsilon}_1,\boldsymbol{\varepsilon}_2,\boldsymbol{\varepsilon}_3)^{-1}A\boldsymbol{\gamma}=\begin{pmatrix}0&-1&1\\0&1&0\\1&0&-1\end{pmatrix}\begin{pmatrix}2\\-2\\1\end{pmatrix}=\begin{pmatrix}3\\-2\\1\end{pmatrix},$$

所以 $A\boldsymbol{\gamma}$ 在基 $\boldsymbol{\varepsilon}_1,\boldsymbol{\varepsilon}_2,\boldsymbol{\varepsilon}_3$ 下的坐标为 $(3,-2,1)^{\mathrm{T}}$.

137 设 $\boldsymbol{\alpha}_1=(1,1,0)^{\mathrm{T}},\boldsymbol{\alpha}_2=(0,1,1)^{\mathrm{T}},\boldsymbol{\alpha}_3=(0,0,1)^{\mathrm{T}}$ 和 $\boldsymbol{\beta}_1=(1,-1,-1)^{\mathrm{T}},\boldsymbol{\beta}_2=(1,1,-1)^{\mathrm{T}},\boldsymbol{\beta}_3=(-1,1,0)^{\mathrm{T}}$ 是向量空间 $\mathbf{R}^3$ 的两组基.

(1) 求由基 $\boldsymbol{\alpha}_1,\boldsymbol{\alpha}_2,\boldsymbol{\alpha}_3$ 到基 $\boldsymbol{\beta}_1,\boldsymbol{\beta}_2,\boldsymbol{\beta}_3$ 的过渡矩阵；

(2) 求由基 $\boldsymbol{\beta}_1,\boldsymbol{\beta}_2,\boldsymbol{\beta}_3$ 到基 $\boldsymbol{\alpha}_1,\boldsymbol{\alpha}_2,\boldsymbol{\alpha}_3$ 的过渡矩阵；

(3) 求向量 $\boldsymbol{\alpha}=\boldsymbol{\alpha}_1+2\boldsymbol{\alpha}_2-3\boldsymbol{\alpha}_3$ 在基 $\boldsymbol{\beta}_1,\boldsymbol{\beta}_2,\boldsymbol{\beta}_3$ 下的坐标.

知识点睛 0309 坐标变换公式，0310 过渡矩阵

解 (1) 设矩阵 A 是由基 $\boldsymbol{\alpha}_1,\boldsymbol{\alpha}_2,\boldsymbol{\alpha}_3$ 到基 $\boldsymbol{\beta}_1,\boldsymbol{\beta}_2,\boldsymbol{\beta}_3$ 的过渡矩阵，则

$$(\boldsymbol{\beta}_1,\boldsymbol{\beta}_2,\boldsymbol{\beta}_3)=(\boldsymbol{\alpha}_1,\boldsymbol{\alpha}_2,\boldsymbol{\alpha}_3)A,$$

即

$$\begin{pmatrix}1&1&-1\\-1&1&1\\-1&-1&0\end{pmatrix}=\begin{pmatrix}1&0&0\\1&1&0\\0&1&1\end{pmatrix}\boldsymbol{A}.$$

因此

$$\boldsymbol{A}=\begin{pmatrix}1&0&0\\1&1&0\\0&1&1\end{pmatrix}^{-1}\begin{pmatrix}1&1&-1\\-1&1&1\\-1&-1&0\end{pmatrix}=\begin{pmatrix}1&0&0\\-1&1&0\\1&-1&1\end{pmatrix}\begin{pmatrix}1&1&-1\\-1&1&1\\-1&-1&0\end{pmatrix}$$

$$=\begin{pmatrix}1&1&-1\\-2&0&2\\1&-1&-2\end{pmatrix}.$$

(2) 由$(\boldsymbol{\beta}_1,\boldsymbol{\beta}_2,\boldsymbol{\beta}_3)=(\boldsymbol{\alpha}_1,\boldsymbol{\alpha}_2,\boldsymbol{\alpha}_3)\boldsymbol{A}$可推出$(\boldsymbol{\alpha}_1,\boldsymbol{\alpha}_2,\boldsymbol{\alpha}_3)=(\boldsymbol{\beta}_1,\boldsymbol{\beta}_2,\boldsymbol{\beta}_3)\boldsymbol{A}^{-1}$,即$\boldsymbol{A}^{-1}$为由基$\boldsymbol{\beta}_1,\boldsymbol{\beta}_2,\boldsymbol{\beta}_3$到基$\boldsymbol{\alpha}_1,\boldsymbol{\alpha}_2,\boldsymbol{\alpha}_3$的过渡矩阵.有

$$\boldsymbol{A}^{-1}=\begin{pmatrix}1&1&-1\\-2&0&2\\1&-1&-2\end{pmatrix}^{-1}=\begin{pmatrix}-1&-\dfrac{3}{2}&-1\\1&\dfrac{1}{2}&0\\-1&-1&-1\end{pmatrix}.$$

(3) 已知$\boldsymbol{\alpha}$在基$\boldsymbol{\alpha}_1,\boldsymbol{\alpha}_2,\boldsymbol{\alpha}_3$下的坐标是$(1,2,-3)^{\mathrm{T}}$.设$\boldsymbol{\alpha}$在基$\boldsymbol{\beta}_1,\boldsymbol{\beta}_2,\boldsymbol{\beta}_3$下的坐标为$(y_1,y_2,y_3)^{\mathrm{T}}$,则

$$\begin{pmatrix}y_1\\y_2\\y_3\end{pmatrix}=\boldsymbol{A}^{-1}\begin{pmatrix}1\\2\\-3\end{pmatrix}=\begin{pmatrix}-1&-\dfrac{3}{2}&-1\\1&\dfrac{1}{2}&0\\-1&-1&-1\end{pmatrix}\begin{pmatrix}1\\2\\-3\end{pmatrix}=\begin{pmatrix}-1\\2\\0\end{pmatrix}.$$

K 2008 数学二、数学三,10分

138 设$\boldsymbol{A}$为3阶矩阵,$\boldsymbol{\alpha}_1,\boldsymbol{\alpha}_2$为$\boldsymbol{A}$的分别属于特征值$-1,1$的特征向量,向量$\boldsymbol{\alpha}_3$满足$\boldsymbol{A}\boldsymbol{\alpha}_3=\boldsymbol{\alpha}_2+\boldsymbol{\alpha}_3$.

(1) 证明$\boldsymbol{\alpha}_1,\boldsymbol{\alpha}_2,\boldsymbol{\alpha}_3$线性无关;

(2) 令$\boldsymbol{P}=(\boldsymbol{\alpha}_1,\boldsymbol{\alpha}_2,\boldsymbol{\alpha}_3)$,求$\boldsymbol{P}^{-1}\boldsymbol{A}\boldsymbol{P}$.

知识点睛 0303 线性无关的判别, 0510 矩阵的特征值与特征向量

解 (1)(用定义法)按特征值定义:$\boldsymbol{A}\boldsymbol{\alpha}_1=-\boldsymbol{\alpha}_1,\boldsymbol{A}\boldsymbol{\alpha}_2=\boldsymbol{\alpha}_2$,如果存在实数$k_1,k_2,k_3$,使得

$$k_1\boldsymbol{\alpha}_1+k_2\boldsymbol{\alpha}_2+k_3\boldsymbol{\alpha}_3=\boldsymbol{0},\qquad①$$

用$\boldsymbol{A}$左乘①式的两边,有

$$-k_1\boldsymbol{\alpha}_1+k_2\boldsymbol{\alpha}_2+k_3(\boldsymbol{\alpha}_2+\boldsymbol{\alpha}_3)=\boldsymbol{0},\qquad②$$

①-②,得

$$2k_1\boldsymbol{\alpha}_1-k_3\boldsymbol{\alpha}_2=\boldsymbol{0}.\qquad③$$

因为$\boldsymbol{\alpha}_1,\boldsymbol{\alpha}_2$是$\boldsymbol{A}$的属于不同特征值对应的特征向量,所以$\boldsymbol{\alpha}_1,\boldsymbol{\alpha}_2$线性无关,从而$k_1=k_3=0$.代入①式得$k_2\boldsymbol{\alpha}_2=\boldsymbol{0}$,由于$\boldsymbol{\alpha}_2\neq\boldsymbol{0}$,所以$k_2=0$,故$\boldsymbol{\alpha}_1,\boldsymbol{\alpha}_2,\boldsymbol{\alpha}_3$线性无关.

(2) 由题设,可得

$$AP = A(\boldsymbol{\alpha}_1,\boldsymbol{\alpha}_2,\boldsymbol{\alpha}_3) = (A\boldsymbol{\alpha}_1,A\boldsymbol{\alpha}_2,A\boldsymbol{\alpha}_3) = (-\boldsymbol{\alpha}_1,\boldsymbol{\alpha}_2,\boldsymbol{\alpha}_2+\boldsymbol{\alpha}_3)$$

$$=(\boldsymbol{\alpha}_1,\boldsymbol{\alpha}_2,\boldsymbol{\alpha}_3)\begin{pmatrix}-1&0&0\\0&1&1\\0&0&1\end{pmatrix}=P\begin{pmatrix}-1&0&0\\0&1&1\\0&0&1\end{pmatrix},$$

由(1)知,P 为可逆矩阵,从而

$$P^{-1}AP=\begin{pmatrix}-1&0&0\\0&1&1\\0&0&1\end{pmatrix}.$$

【评注】如果已知 $\boldsymbol{\alpha}_1,\boldsymbol{\alpha}_2,\boldsymbol{\alpha}_3$ 线性无关,且有

$$A\boldsymbol{\alpha}_1=a_{11}\boldsymbol{\alpha}_1+a_{21}\boldsymbol{\alpha}_2+a_{31}\boldsymbol{\alpha}_3,\quad A\boldsymbol{\alpha}_2=a_{12}\boldsymbol{\alpha}_1+a_{22}\boldsymbol{\alpha}_2+a_{32}\boldsymbol{\alpha}_3,\quad A\boldsymbol{\alpha}_3=a_{13}\boldsymbol{\alpha}_1+a_{23}\boldsymbol{\alpha}_2+a_{33}\boldsymbol{\alpha}_3,$$

这就有相似的背景,这是一常考的知识点,本题的(1)实际上是为(2)作提示的.

当然,本题(1)也可用反证法:

若 $\boldsymbol{\alpha}_1,\boldsymbol{\alpha}_2,\boldsymbol{\alpha}_3$ 线性相关,由于 $\boldsymbol{\alpha}_1,\boldsymbol{\alpha}_2$ 是矩阵 A 属于不同特征值对应的特征向量,$\boldsymbol{\alpha}_1,\boldsymbol{\alpha}_2$ 必线性无关,那么 $\boldsymbol{\alpha}_3$ 必可由 $\boldsymbol{\alpha}_1,\boldsymbol{\alpha}_2$ 线性表示.不妨设

$$\boldsymbol{\alpha}_3=k_1\boldsymbol{\alpha}_1+k_2\boldsymbol{\alpha}_2, \quad ①$$

用 A 左乘①式,得

$$A\boldsymbol{\alpha}_3=k_1A\boldsymbol{\alpha}_1+k_2A\boldsymbol{\alpha}_2. \quad ②$$

因为 $A\boldsymbol{\alpha}_1=-\boldsymbol{\alpha}_1,A\boldsymbol{\alpha}_2=\boldsymbol{\alpha}_2,A\boldsymbol{\alpha}_3=\boldsymbol{\alpha}_2+\boldsymbol{\alpha}_3$,有

$$\boldsymbol{\alpha}_2+\boldsymbol{\alpha}_3=-k_1\boldsymbol{\alpha}_1+k_2\boldsymbol{\alpha}_2, \quad ③$$

③-①,得

$$\boldsymbol{\alpha}_2=-2k_1\boldsymbol{\alpha}_1,$$

与 $\boldsymbol{\alpha}_1,\boldsymbol{\alpha}_2$ 线性无关相矛盾,从而 $\boldsymbol{\alpha}_1,\boldsymbol{\alpha}_2,\boldsymbol{\alpha}_3$ 线性无关.

139 设向量组 $\boldsymbol{\alpha}_1=(1,2,1)^{\mathrm{T}},\boldsymbol{\alpha}_2=(1,3,2)^{\mathrm{T}},\boldsymbol{\alpha}_3=(1,a,3)^{\mathrm{T}}$ 为 $\mathbf{R}^3$ 的一组基,$\boldsymbol{\beta}=(1,1,1)^{\mathrm{T}}$ 在这组基下的坐标为$(b,c,1)^{\mathrm{T}}$. K 2019 数学一,11 分

(1) 求 a,b,c 的值;

(2) 证明 $\boldsymbol{\alpha}_2,\boldsymbol{\alpha}_3,\boldsymbol{\beta}$ 为 $\mathbf{R}^3$ 的一组基,并求 $\boldsymbol{\alpha}_2,\boldsymbol{\alpha}_3,\boldsymbol{\beta}$ 到 $\boldsymbol{\alpha}_1,\boldsymbol{\alpha}_2,\boldsymbol{\alpha}_3$ 的过渡矩阵.

知识点睛 0310 过渡矩阵的求法

解 (1) 因 $\boldsymbol{\alpha}_1,\boldsymbol{\alpha}_2,\boldsymbol{\alpha}_3$ 是 $\mathbf{R}^3$ 的基,有

$$|\boldsymbol{\alpha}_1,\boldsymbol{\alpha}_2,\boldsymbol{\alpha}_3|=\begin{vmatrix}1&1&1\\2&3&a\\1&2&3\end{vmatrix}=4-a\neq 0,$$

又 $\boldsymbol{\beta}$ 在基 $\boldsymbol{\alpha}_1,\boldsymbol{\alpha}_2,\boldsymbol{\alpha}_3$ 下坐标为$(b,c,1)^{\mathrm{T}}$,即

$$b\boldsymbol{\alpha}_1+c\boldsymbol{\alpha}_2+\boldsymbol{\alpha}_3=\boldsymbol{\beta}.$$

有 $\begin{cases}b+c+1=1,\\2b+3c+a=1,\\b+2c+3=1,\end{cases}$ 解出 $a=3,b=2,c=-2$.

(2) 因为

$$|\boldsymbol{\alpha}_2,\boldsymbol{\alpha}_3,\boldsymbol{\beta}|=\begin{vmatrix}1&1&1\\3&3&1\\2&3&1\end{vmatrix}=2\neq 0,$$

则 $\boldsymbol{\alpha}_2,\boldsymbol{\alpha}_3,\boldsymbol{\beta}$ 线性无关，从而 $\boldsymbol{\alpha}_2,\boldsymbol{\alpha}_3,\boldsymbol{\beta}$ 也是 $\mathbf{R}^3$ 的基.

由 $\boldsymbol{\beta}=2\boldsymbol{\alpha}_1-2\boldsymbol{\alpha}_2+\boldsymbol{\alpha}_3$，有

$$(\boldsymbol{\alpha}_2,\boldsymbol{\alpha}_3,\boldsymbol{\beta})=(\boldsymbol{\alpha}_1,\boldsymbol{\alpha}_2,\boldsymbol{\alpha}_3)\begin{pmatrix}0&0&2\\1&0&-2\\0&1&1\end{pmatrix},$$

于是

$$(\boldsymbol{\alpha}_1,\boldsymbol{\alpha}_2,\boldsymbol{\alpha}_3)=(\boldsymbol{\alpha}_2,\boldsymbol{\alpha}_3,\boldsymbol{\beta})\begin{pmatrix}0&0&2\\1&0&-2\\0&1&1\end{pmatrix}^{-1}=(\boldsymbol{\alpha}_2,\boldsymbol{\alpha}_3,\boldsymbol{\beta})\begin{pmatrix}1&1&0\\-\frac{1}{2}&0&1\\\frac{1}{2}&0&0\end{pmatrix},$$

那么由基 $\boldsymbol{\alpha}_2,\boldsymbol{\alpha}_3,\boldsymbol{\beta}$ 到基 $\boldsymbol{\alpha}_1,\boldsymbol{\alpha}_2,\boldsymbol{\alpha}_3$ 的过渡矩阵

$$\boldsymbol{C}=\begin{pmatrix}1&1&0\\-\frac{1}{2}&0&1\\\frac{1}{2}&0&0\end{pmatrix}.$$

【评注】如用过渡矩阵的概念，由 $\boldsymbol{\beta}=2\boldsymbol{\alpha}_1-2\boldsymbol{\alpha}_2+\boldsymbol{\alpha}_3$，则有 $\boldsymbol{\alpha}_1=\boldsymbol{\alpha}_2-\frac{1}{2}\boldsymbol{\alpha}_3+\frac{1}{2}\boldsymbol{\beta}$，或

$$(\boldsymbol{\alpha}_1,\boldsymbol{\alpha}_2,\boldsymbol{\alpha}_3)=(\boldsymbol{\alpha}_2,\boldsymbol{\alpha}_3,\boldsymbol{\beta})\begin{pmatrix}1&1&0\\-\frac{1}{2}&0&1\\\frac{1}{2}&0&0\end{pmatrix},$$

于是过渡矩阵 $\begin{pmatrix}1&1&0\\-\frac{1}{2}&0&1\\\frac{1}{2}&0&0\end{pmatrix}$ 为所求，这样处理更简单.

Ⓚ 2015 数学一，11 分

140 设向量组 $\boldsymbol{\alpha}_1,\boldsymbol{\alpha}_2,\boldsymbol{\alpha}_3$ 为 $\mathbf{R}^3$ 的一个基，$\boldsymbol{\beta}_1=2\boldsymbol{\alpha}_1+2k\boldsymbol{\alpha}_3,\boldsymbol{\beta}_2=2\boldsymbol{\alpha}_2,\boldsymbol{\beta}_3=\boldsymbol{\alpha}_1+(k+1)\boldsymbol{\alpha}_3$.

(1) 证明向量组 $\boldsymbol{\beta}_1,\boldsymbol{\beta}_2,\boldsymbol{\beta}_3$ 为 $\mathbf{R}^3$ 的一个基；

(2) 当 k 为何值时，存在非零向量 $\boldsymbol{\xi}$ 在基 $\boldsymbol{\alpha}_1,\boldsymbol{\alpha}_2,\boldsymbol{\alpha}_3$ 与基 $\boldsymbol{\beta}_1,\boldsymbol{\beta}_2,\boldsymbol{\beta}_3$ 下的坐标相同，并求所有的 $\boldsymbol{\xi}$.

知识点睛 向量空间的基的定义

解 (1) 由已知有

$$(\boldsymbol{\beta}_1,\boldsymbol{\beta}_2,\boldsymbol{\beta}_3)=(2\boldsymbol{\alpha}_1+2k\boldsymbol{\alpha}_3,2\boldsymbol{\alpha}_2,\boldsymbol{\alpha}_1+(k+1)\boldsymbol{\alpha}_3)$$

$$=(\boldsymbol{\alpha}_1,\boldsymbol{\alpha}_2,\boldsymbol{\alpha}_3)\begin{pmatrix}2&0&1\\0&2&0\\2k&0&k+1\end{pmatrix},$$

因为$\begin{vmatrix}2&0&1\\0&2&0\\2k&0&k+1\end{vmatrix}=2\begin{vmatrix}2&1\\2k&k+1\end{vmatrix}=4\neq0$,故矩阵$\begin{pmatrix}2&0&1\\0&2&0\\2k&0&k+1\end{pmatrix}$可逆,从而

$$r(\boldsymbol{\beta}_1,\boldsymbol{\beta}_2,\boldsymbol{\beta}_3)=r(\boldsymbol{\alpha}_1,\boldsymbol{\alpha}_2,\boldsymbol{\alpha}_3)=3,$$

即$\boldsymbol{\beta}_1,\boldsymbol{\beta}_2,\boldsymbol{\beta}_3$是$\mathbf{R}^3$的一组基.

(2) 设非零向量$\boldsymbol{\xi}$在基$\boldsymbol{\alpha}_1,\boldsymbol{\alpha}_2,\boldsymbol{\alpha}_3$与基$\boldsymbol{\beta}_1,\boldsymbol{\beta}_2,\boldsymbol{\beta}_3$下坐标均为$(x_1,x_2,x_3)^{\mathrm{T}}$,则

$$\boldsymbol{\xi}=x_1\boldsymbol{\alpha}_1+x_2\boldsymbol{\alpha}_2+x_3\boldsymbol{\alpha}_3=(\boldsymbol{\alpha}_1,\boldsymbol{\alpha}_2,\boldsymbol{\alpha}_3)\begin{pmatrix}x_1\\x_2\\x_3\end{pmatrix}$$

$$=x_1\boldsymbol{\beta}_1+x_2\boldsymbol{\beta}_2+x_3\boldsymbol{\beta}_3=(\boldsymbol{\alpha}_1,\boldsymbol{\alpha}_2,\boldsymbol{\alpha}_3)\begin{pmatrix}2&0&1\\0&2&0\\2k&0&k+1\end{pmatrix}\begin{pmatrix}x_1\\x_2\\x_3\end{pmatrix}.$$

因$\boldsymbol{\alpha}_1,\boldsymbol{\alpha}_2,\boldsymbol{\alpha}_3$是$\mathbf{R}^3$的基,它们线性无关,$\boldsymbol{\xi}$在基$\boldsymbol{\alpha}_1,\boldsymbol{\alpha}_2,\boldsymbol{\alpha}_3$下坐标唯一,有

$$\begin{pmatrix}x_1\\x_2\\x_3\end{pmatrix}=\begin{pmatrix}2&0&1\\0&2&0\\2k&0&k+1\end{pmatrix}\begin{pmatrix}x_1\\x_2\\x_3\end{pmatrix},$$

故

$$\begin{cases}x_1+x_3=0,\\x_2=0,\\2kx_1+kx_3=0.\end{cases}\qquad ①$$

由$\boldsymbol{\xi}\neq\mathbf{0}$知$x_1,x_2,x_3$不全为0.那么系数行列式

$$\begin{vmatrix}1&0&1\\0&1&0\\2k&0&k\end{vmatrix}=-k=0$$

时方程组①有非零解,所以$k=0$时,存在非零向量$\boldsymbol{\xi}$,其在基$\boldsymbol{\alpha}_1,\boldsymbol{\alpha}_2,\boldsymbol{\alpha}_3$与$\boldsymbol{\beta}_1,\boldsymbol{\beta}_2,\boldsymbol{\beta}_3$下坐标相同.

由①解出:$x_1=t$, $x_2=0$, $x_3=-t$.故$\boldsymbol{\xi}=t\boldsymbol{\alpha}_1-t\boldsymbol{\alpha}_3$在这两组基下有相同的坐标.

第 4 章 线性方程组

知识要点

一、齐次线性方程组

1.线性方程组的表示形式 含有 n 个未知数，m 个一次方程的线性方程组一般有如下几种表示形式：

（1）一般形式：

$$\begin{cases} a_{11}x_1 + a_{12}x_2 + \cdots + a_{1n}x_n = b_1, \\ a_{21}x_1 + a_{22}x_2 + \cdots + a_{2n}x_n = b_2, \\ \cdots\cdots\cdots\cdots\cdots\cdots\cdots\cdots \\ a_{m1}x_1 + a_{m2}x_2 + \cdots + a_{mn}x_n = b_m. \end{cases} \qquad ①$$

如果 $b_1, b_2, \cdots, b_m$ 不全为零，则称为非齐次线性方程组.矩阵

$$\boldsymbol{A} = \begin{pmatrix} a_{11} & a_{12} & \cdots & a_{1n} \\ a_{21} & a_{22} & \cdots & a_{2n} \\ \vdots & \vdots & & \vdots \\ a_{m1} & a_{m2} & \cdots & a_{mn} \end{pmatrix}$$

和

$$\overline{\boldsymbol{A}} = \begin{pmatrix} a_{11} & a_{12} & \cdots & a_{1n} & b_1 \\ a_{21} & a_{22} & \cdots & a_{2n} & b_2 \\ \vdots & \vdots & & \vdots & \vdots \\ a_{m1} & a_{m2} & \cdots & a_{mn} & b_m \end{pmatrix}$$

分别称为非齐次线性方程组①的系数矩阵和增广矩阵.

如果线性方程组中的 $b_1 = b_2 = \cdots = b_m = 0$，即

$$\begin{cases} a_{11}x_1 + a_{12}x_2 + \cdots + a_{1n}x_n = 0, \\ a_{21}x_1 + a_{22}x_2 + \cdots + a_{2n}x_n = 0, \\ \cdots\cdots\cdots\cdots\cdots\cdots\cdots\cdots \\ a_{m1}x_1 + a_{m2}x_2 + \cdots + a_{mn}x_n = 0, \end{cases} \qquad ②$$

则称为齐次线性方程组，并称②为①的导出组.

（2）矩阵形式：非齐次线性方程组的矩阵形式：

$$\boldsymbol{Ax} = \boldsymbol{b},$$

其中

$$\boldsymbol{x} = (x_1, x_2, \cdots, x_n)^{\mathrm{T}}, \quad \boldsymbol{b} = (b_1, b_2, \cdots, b_m)^{\mathrm{T}}.$$

类似地，齐次线性方程组的矩阵形式：

$$\boldsymbol{Ax}=\mathbf{0}.$$

(3) 向量形式：若系数矩阵按列分块为 $\boldsymbol{A}=(\boldsymbol{\alpha}_1,\boldsymbol{\alpha}_2,\cdots,\boldsymbol{\alpha}_n)$，则非齐次线性方程组可写为

$$x_1\boldsymbol{\alpha}_1+x_2\boldsymbol{\alpha}_2+\cdots+x_n\boldsymbol{\alpha}_n=\boldsymbol{b}.$$

类似地，齐次线性方程组可写为

$$x_1\boldsymbol{\alpha}_1+x_2\boldsymbol{\alpha}_2+\cdots+x_n\boldsymbol{\alpha}_n=\mathbf{0}.$$

2. 齐次线性方程组解的性质和判定

(1) 如果 $\boldsymbol{\xi}_1,\boldsymbol{\xi}_2$ 是齐次线性方程组 $\boldsymbol{Ax}=\mathbf{0}$ 的解，k 为任意数，那么 $\boldsymbol{\xi}_1+\boldsymbol{\xi}_2,k\boldsymbol{\xi}_1$ 都是该齐次线性方程组的解. 因此 $\boldsymbol{Ax}=\mathbf{0}$ 的解向量的线性组合仍是它的解向量.

(2) 设齐次线性方程组 $\boldsymbol{Ax}=\mathbf{0}$ 含有 n 个未知数和 m 个方程，即系数矩阵 $\boldsymbol{A}$ 为 $m\times n$ 矩阵，则 $\boldsymbol{Ax}=\mathbf{0}$ 有非零解的充要条件是

① $r(\boldsymbol{A})<n$；

② $\boldsymbol{A}$ 的列向量组线性相关；

③ $\boldsymbol{AB}=\mathbf{0}$ 且 $\boldsymbol{B}\neq\mathbf{0}$；

④当 $m=n$ 时，$|\boldsymbol{A}|=0$；

亦即 $\boldsymbol{Ax}=\mathbf{0}$ 只有零解的充要条件是

① $r(\boldsymbol{A})=n$；

② $\boldsymbol{A}$ 的列向量组线性无关；

③ 当 $m=n$ 时，$|\boldsymbol{A}|\neq 0$.

3. 齐次线性方程组的基础解系

(1) 设 $\boldsymbol{\xi}_1,\boldsymbol{\xi}_2,\cdots,\boldsymbol{\xi}_s$ 是齐次线性方程组 $\boldsymbol{Ax}=\mathbf{0}$ 的解向量，如果

① $\boldsymbol{\xi}_1,\boldsymbol{\xi}_2,\cdots,\boldsymbol{\xi}_s$ 线性无关；

② 方程组 $\boldsymbol{Ax}=\mathbf{0}$ 的任意一个解向量都可由 $\boldsymbol{\xi}_1,\boldsymbol{\xi}_2,\cdots,\boldsymbol{\xi}_s$ 线性表示，

则称 $\boldsymbol{\xi}_1,\boldsymbol{\xi}_2,\cdots,\boldsymbol{\xi}_s$ 是齐次线性方程组 $\boldsymbol{Ax}=\mathbf{0}$ 的一个基础解系.

(2) 设 $\boldsymbol{Ax}=\mathbf{0}$ 含有 n 个未知数，则基础解系所含解向量的个数为 $n-r(\boldsymbol{A})$，即自由未知量的个数.

(3) 若 $\boldsymbol{\xi}_1,\boldsymbol{\xi}_2,\cdots,\boldsymbol{\xi}_s$ 为齐次线性方程组 $\boldsymbol{Ax}=\mathbf{0}$ 的一个基础解系，则 $\boldsymbol{Ax}=\mathbf{0}$ 的任意一个解向量都可由它们线性表示：

$$k_1\boldsymbol{\xi}_1+k_2\boldsymbol{\xi}_2+\cdots+k_s\boldsymbol{\xi}_s$$

称为齐次线性方程组 $\boldsymbol{Ax}=\mathbf{0}$ 的通解（一般解或全部解），其中 $k_1,k_2,\cdots,k_s$ 为任意常数.

4. 齐次线性方程组的解空间

齐次线性方程组 $\boldsymbol{Ax}=\mathbf{0}$ 的解向量的全体构成的向量空间，称为齐次线性方程组 $\boldsymbol{Ax}=\mathbf{0}$ 的解空间. 设 $\boldsymbol{Ax}=\mathbf{0}$ 含有 n 个未知数，则解空间的维数为 $n-r(\boldsymbol{A})$.

[注] 如无特别说明，我们总假设齐次线性方程组 $\boldsymbol{Ax}=\mathbf{0}$ 含有 n 个未知数和 m 个方程，即系数矩阵 $\boldsymbol{A}$ 为 $m\times n$ 矩阵.

二、非齐次线性方程组

1. 非齐次线性方程组解的性质和判定

设 $\boldsymbol{Ax}=\boldsymbol{b}$ 是含有 n 个未知数、m 个方程的非齐次线性方程组，

(1) 设 $\boldsymbol{\eta}_1,\boldsymbol{\eta}_2$是 $\boldsymbol{Ax}=\boldsymbol{b}$ 的两个解,则 $\boldsymbol{\eta}_1-\boldsymbol{\eta}_2$是其导出组 $\boldsymbol{Ax}=\boldsymbol{0}$ 的解;

(2) 设 $\boldsymbol{\eta}$ 是 $\boldsymbol{Ax}=\boldsymbol{b}$ 的解,$\boldsymbol{\xi}$ 是其导出组 $\boldsymbol{Ax}=\boldsymbol{0}$ 的解,则 $\boldsymbol{\eta}+\boldsymbol{\xi}$ 是 $\boldsymbol{Ax}=\boldsymbol{b}$ 的解;

(3) 设 $\boldsymbol{A}=(\boldsymbol{\alpha}_1,\boldsymbol{\alpha}_2,\cdots,\boldsymbol{\alpha}_n)$,$\overline{\boldsymbol{A}}=(\boldsymbol{\alpha}_1,\boldsymbol{\alpha}_2,\cdots,\boldsymbol{\alpha}_n,\boldsymbol{b})$ 分别是 $\boldsymbol{Ax}=\boldsymbol{b}$ 的系数矩阵和增广矩阵,则 $\boldsymbol{Ax}=\boldsymbol{b}$ 有解的充要条件是

① $r(\boldsymbol{A})=r(\overline{\boldsymbol{A}})$,即系数矩阵的秩与增广矩阵的秩相同;

② $\boldsymbol{b}$ 可由 $\boldsymbol{\alpha}_1,\boldsymbol{\alpha}_2,\cdots,\boldsymbol{\alpha}_n$线性表示;

③ 向量组 $\boldsymbol{\alpha}_1,\boldsymbol{\alpha}_2,\cdots,\boldsymbol{\alpha}_n$与 $\boldsymbol{\alpha}_1,\boldsymbol{\alpha}_2,\cdots,\boldsymbol{\alpha}_n,\boldsymbol{b}$ 等价;

④ $r(\boldsymbol{\alpha}_1,\boldsymbol{\alpha}_2,\cdots,\boldsymbol{\alpha}_n)=r(\boldsymbol{\alpha}_1,\boldsymbol{\alpha}_2,\cdots,\boldsymbol{\alpha}_n,\boldsymbol{b})$.

(4)$\boldsymbol{Ax}=\boldsymbol{b}$ 无解的充要条件是

① $r(\boldsymbol{A})\neq r(\overline{\boldsymbol{A}})$,即 $r(\boldsymbol{A})+1=r(\overline{\boldsymbol{A}})$;

② $\boldsymbol{b}$ 不能由 $\boldsymbol{\alpha}_1,\boldsymbol{\alpha}_2,\cdots,\boldsymbol{\alpha}_n$线性表示.

(5) $\boldsymbol{Ax}=\boldsymbol{b}$ 有唯一解的充要条件是

① $r(\boldsymbol{A})=r(\overline{\boldsymbol{A}})=n$;

② $\boldsymbol{b}$ 由 $\boldsymbol{\alpha}_1,\boldsymbol{\alpha}_2,\cdots,\boldsymbol{\alpha}_n$唯一线性表示;

③ 当 $m=n$ 时,$|\boldsymbol{A}|\neq 0$.

(6) $\boldsymbol{Ax}=\boldsymbol{b}$ 有无穷多解的充要条件是

① $r(\boldsymbol{A})=r(\overline{\boldsymbol{A}})<n$;

② $\boldsymbol{b}$ 可由 $\boldsymbol{\alpha}_1,\boldsymbol{\alpha}_2,\cdots,\boldsymbol{\alpha}_n$线性表示,但表示法不唯一;

③ 当 $m=n$ 时,$|\boldsymbol{A}|=0$.

2.非齐次线性方程组的通解

对非齐次线性方程组 $\boldsymbol{Ax}=\boldsymbol{b}$,若 $r(\boldsymbol{A})=r(\overline{\boldsymbol{A}})=r$,且 $\boldsymbol{\eta}$ 是 $\boldsymbol{Ax}=\boldsymbol{b}$ 的一个解,$\boldsymbol{\xi}_1,\boldsymbol{\xi}_2,\cdots,\boldsymbol{\xi}_{n-r}$是其导出组 $\boldsymbol{Ax}=\boldsymbol{0}$ 的一个基础解系,则 $\boldsymbol{Ax}=\boldsymbol{b}$ 的通解(全部解)为

$$\boldsymbol{\eta}+k_1\boldsymbol{\xi}_1+k_2\boldsymbol{\xi}_2+\cdots+k_{n-r}\boldsymbol{\xi}_{n-r},$$

其中 $k_1,k_2,\cdots,k_{n-r}$为任意常数.

三、线性方程组的同解与公共解

1.线性方程组的同解性 线性方程组有下列三种变换,称为线性方程组的初等变换.

(1) 换法变换 交换某两个方程的位置;

(2) 倍法变换 某个方程的两端同乘以一个非零常数;

(3) 消法变换 把一个方程的若干倍加到另一个方程上去.

在线性方程组的三种初等变换之下,线性方程组的同解性不变.

2.常见的同解方程组形式

(1) 设 $\boldsymbol{A}$ 为 $m\times n$ 矩阵,$\boldsymbol{P}$ 为 m 阶可逆矩阵,则 $\boldsymbol{Ax}=\boldsymbol{0}$ 与 $\boldsymbol{PAx}=\boldsymbol{0}$ 为同解方程组,$\boldsymbol{Ax}=\boldsymbol{b}$ 与 $\boldsymbol{PAx}=\boldsymbol{Pb}$ 为同解方程组.

(2) 设 $\boldsymbol{A}$ 为 n 阶实矩阵,$\boldsymbol{A}^{\mathrm{T}}$为矩阵 $\boldsymbol{A}$ 的转置,则 $\boldsymbol{Ax}=\boldsymbol{0}$ 与 $\boldsymbol{A}^{\mathrm{T}}\boldsymbol{Ax}=\boldsymbol{0}$ 为同解方程组.

(3) 设 $\boldsymbol{A}$ 为 n 阶实对称矩阵,则 $\boldsymbol{Ax}=\boldsymbol{0}$ 与 $\boldsymbol{A}^2\boldsymbol{x}=\boldsymbol{0}$ 为同解方程组.

3.有关两个方程组的公共解

(1) 由通解表达式相等求公共解 此类题目一般所给条件为方程组(Ⅰ)的基础解系及方程组(Ⅱ)的一般表示式.这时一般只需把方程组(Ⅰ)的通解代入方程组(Ⅱ)即

可求得两个方程组的公共解.

(2) 由两个方程组合并为一个新的方程组求公共解　此类题目一般所给条件为方程组(Ⅰ)、(Ⅱ)的一般表示式.这时只须把两个方程组合并为方程组(Ⅲ),则方程组(Ⅲ)的通解即为方程组(Ⅰ)、(Ⅱ)的公共解.

§4.1　齐次线性方程组的求解

1　齐次线性方程组 $\boldsymbol{Ax}=\boldsymbol{0}$ 仅有零解的充要条件是(　　).

(A)系数矩阵 $\boldsymbol{A}$ 的行向量组线性无关　(B)系数矩阵 $\boldsymbol{A}$ 的列向量组线性无关

(C)系数矩阵 $\boldsymbol{A}$ 的行向量组线性相关　(D)系数矩阵 $\boldsymbol{A}$ 的列向量组线性相关

知识点睛　齐次线性方程组仅有零解的充要条件

解　设 $\boldsymbol{A}$ 为 $m\times n$ 矩阵,齐次线性方程组 $\boldsymbol{Ax}=\boldsymbol{0}$ 仅有零解的充要条件是 $\boldsymbol{A}$ 的列向量组的秩等于 n,即系数矩阵 $\boldsymbol{A}$ 的列向量组线性无关,故应选(B).

2　齐次线性方程组 $\boldsymbol{Ax}=\boldsymbol{0}$ 有非零解的充要条件是(　　).

(A)系数矩阵 $\boldsymbol{A}$ 的任意两个列向量线性相关

(B)系数矩阵 $\boldsymbol{A}$ 的任意两个行向量线性相关

(C)系数矩阵 $\boldsymbol{A}$ 中至少有一个列向量是其余列向量的线性组合

(D)系数矩阵 $\boldsymbol{A}$ 中任一列向量是其余列向量的线性组合

知识点睛　0402 齐次线性方程组有非零解的充要条件

解　齐次线性方程组 $\boldsymbol{Ax}=\boldsymbol{0}$ 有非零解的充要条件是 $r(\boldsymbol{A})<n$,而矩阵 $\boldsymbol{A}$ 有 n 列,所以 $\boldsymbol{A}$ 的列向量组线性相关,从而至少有一个列向量是其余列向量的线性组合.

故应选(C).

3　设齐次线性方程组 $\boldsymbol{Ax}=\boldsymbol{0}$ 有非零解,$\boldsymbol{A}=\begin{pmatrix}1&2&3\\2&t&1\\-1&3&2\\-2&1&-1\end{pmatrix}$,则 $t=$________.

知识点睛　0402 齐次线性方程组有非零解的充要条件

解　$\boldsymbol{A}=\begin{pmatrix}1&2&3\\2&t&1\\-1&3&2\\-2&1&-1\end{pmatrix}\to\begin{pmatrix}1&2&3\\0&t-4&-5\\0&5&5\\0&5&5\end{pmatrix}\to\begin{pmatrix}1&2&3\\0&1&1\\0&0&1+t\\0&0&0\end{pmatrix}$,若齐次线性方程组 $\boldsymbol{Ax}=\boldsymbol{0}$ 有非零解,则 $r(\boldsymbol{A})<3$,即 $1+t=0$,解得 $t=-1$,故应填 -1.

4　齐次线性方程组 $\begin{cases}\lambda x_1+x_2+x_3=0,\\x_1+\lambda x_2+x_3=0,\\x_1+x_2+\lambda x_3=0\end{cases}$ 有非零解的充要条件是 $\lambda=$________.

知识点睛　0402 齐次线性方程组有非零解的充要条件

解　齐次线性方程组 $\begin{cases}\lambda x_1+x_2+x_3=0,\\x_1+\lambda x_2+x_3=0,\\x_1+x_2+\lambda x_3=0\end{cases}$ 有非零解的充要条件是系数矩阵的行列式

为零，即

$$\begin{vmatrix} \lambda & 1 & 1 \\ 1 & \lambda & 1 \\ 1 & 1 & \lambda \end{vmatrix} = \lambda^3 + 1 + 1 - \lambda - \lambda - \lambda = \lambda^3 - 3\lambda + 2 = (\lambda - 1)^2(\lambda + 2) = 0,$$

即 $\lambda = 1$ 或 $\lambda = -2$.故应填 1 或 -2.

5 设 $\boldsymbol{A}$ 为 $m\times n$ 矩阵,则齐次线性方程组 $\boldsymbol{Ax}=\boldsymbol{0}$ 有结论(　　).

(A)当 $m\geqslant n$ 时,方程组仅有零解

(B)当 $m<n$ 时,方程组有非零解,且基础解系中含 $n-m$ 个线性无关的解向量

(C)若 $\boldsymbol{A}$ 有 n 阶子式不为零,则方程组只有零解

(D)若所有 $n-1$ 阶子式不为零,则方程组只有零解

知识点睛　齐次线性方程组有解的条件

解　选项(A)中，$m\geqslant n$ 不能保证 $r(\boldsymbol{A})=n$,故非(A).

选项(B)中,虽然 $m<n$ 能保证 $r(\boldsymbol{A})<n$,即有非零解,但此条件不能保证 $r(\boldsymbol{A})=m$,故不能保证基础解系中含 $n-m$ 个向量,故非(B).

显然(D)不正确.

选项(C)中,由"$\boldsymbol{A}$ 有 n 阶子式不为零"有 $n\leqslant r(\boldsymbol{A})\leqslant \min\{m, n\}$,即 $r(\boldsymbol{A})=n$,从而 $\boldsymbol{Ax}=\boldsymbol{0}$ 只有零解.

故应选(C).

6 如果五元线性方程组 $\boldsymbol{Ax}=\boldsymbol{0}$ 的同解方程组是$\begin{cases} x_1=-3x_2, \\ x_2=0, \end{cases}$ 则有 $r(\boldsymbol{A})=$______,自由未知量的个数为______个，$\boldsymbol{Ax}=\boldsymbol{0}$ 的基础解系有________个解向量.

知识点睛　0405 齐次线性方程组的基础解系

解　对方程组的系数矩阵进行初等行变换后,可得

$$\boldsymbol{A}\rightarrow\begin{pmatrix} 1 & 3 & 0 & 0 & 0 \\ 0 & 1 & 0 & 0 & 0 \\ 0 & 0 & 0 & 0 & 0 \\ \vdots & \vdots & \vdots & \vdots & \vdots \\ 0 & 0 & 0 & 0 & 0 \end{pmatrix},$$

则 $r(\boldsymbol{A})=2$,进而可知自由未知量的个数为 3 ,且 $\boldsymbol{Ax}=\boldsymbol{0}$ 的基础解系有 3 个解向量,应分别填 2,3 和 3.

K 2002 数学三，3分

7 设 $\boldsymbol{A}$ 是 $m\times n$ 矩阵,$\boldsymbol{B}$ 是 $n\times m$ 矩阵,则齐次线性方程组$(\boldsymbol{AB})\ \boldsymbol{x}=\boldsymbol{0}$ (　　).

(A)当 $n>m$ 时仅有零解　　(B)当 $n>m$ 时必有非零解

(C)当 $m>n$ 时仅有零解　　(D)当 $m>n$ 时必有非零解

知识点睛　0402 齐次线性方程组有非零解的充要条件

解　当 $m>n$ 时，$r(\boldsymbol{A})\leqslant n<m$，$r(\boldsymbol{B})\leqslant n<m$，$r(\boldsymbol{AB})\leqslant \min\{r(\boldsymbol{A}),\ r(\boldsymbol{B})\}\leqslant n<m$,而$(\boldsymbol{AB})\boldsymbol{x}=\boldsymbol{0}$ 的未知量个数为 m 个,所以$(\boldsymbol{AB})\boldsymbol{x}=\boldsymbol{0}$ 必有非零解.

故应选(D).

8 已知 $\boldsymbol{\alpha}_1,\boldsymbol{\alpha}_2,\boldsymbol{\alpha}_3$是齐次线性方程组 $\boldsymbol{Ax}=\boldsymbol{0}$ 的一个基础解系,则 $\boldsymbol{Ax}=\boldsymbol{0}$ 的基础解系还可以表示为(　　).

(A)一个与 $\boldsymbol{\alpha}_1,\boldsymbol{\alpha}_2,\boldsymbol{\alpha}_3$ 等价的向量组　　(B)一个与 $\boldsymbol{\alpha}_1,\boldsymbol{\alpha}_2,\boldsymbol{\alpha}_3$ 等秩的向量组

(C) $\boldsymbol{\alpha}_1,\boldsymbol{\alpha}_1+\boldsymbol{\alpha}_2,\boldsymbol{\alpha}_1+\boldsymbol{\alpha}_2+\boldsymbol{\alpha}_3$　　(D) $\boldsymbol{\alpha}_1-\boldsymbol{\alpha}_2,\boldsymbol{\alpha}_2-\boldsymbol{\alpha}_3,\boldsymbol{\alpha}_3-\boldsymbol{\alpha}_1$

8 题精解视频

知识点睛　0405 齐次线性方程组的基础解系

解　对于选项(A),一个与 $\boldsymbol{\alpha}_1,\boldsymbol{\alpha}_2,\boldsymbol{\alpha}_3$ 等价的向量组中向量个数若多于三个,则该向量组一定线性相关,不符合基础解系中的向量必线性无关的要求,所以选项(A)不对.

对于选项(B),一个与 $\boldsymbol{\alpha}_1,\boldsymbol{\alpha}_2,\boldsymbol{\alpha}_3$ 等秩的向量组中的向量不能保证一定是 $\boldsymbol{Ax}=\boldsymbol{0}$ 的解向量,故不能构成基础解系.

选项(D)中,由 $\boldsymbol{\alpha}_2-\boldsymbol{\alpha}_3=-(\boldsymbol{\alpha}_1-\boldsymbol{\alpha}_2)-(\boldsymbol{\alpha}_3-\boldsymbol{\alpha}_1)$ 知三向量线性相关,不能构成基础解系.

事实上,选项(C)中的向量组构成 $\boldsymbol{AX}=\boldsymbol{0}$ 的一个基础解系,满足基础解系要求的条件:(1) 向量组中有三个向量;(2) 向量组线性无关;(3) 每个向量均为解向量.

故应选(C).

9　设 $\boldsymbol{\eta}_1,\boldsymbol{\eta}_2,\boldsymbol{\eta}_3$ 为线性方程组 $\boldsymbol{Ax}=\boldsymbol{0}$ 的一个基础解系,则下面也是该方程组基础解系的是(　　).

(A) $\boldsymbol{\eta}_1-\boldsymbol{\eta}_3,\ 3\boldsymbol{\eta}_2-\boldsymbol{\eta}_3,-\boldsymbol{\eta}_1-3\boldsymbol{\eta}_2+2\boldsymbol{\eta}_3$

(B) $\boldsymbol{\eta}_1+2\boldsymbol{\eta}_2+\boldsymbol{\eta}_3,\boldsymbol{\eta}_1+\boldsymbol{\eta}_2,\boldsymbol{\eta}_2+\boldsymbol{\eta}_3$

(C)与 $\boldsymbol{\eta}_1,\boldsymbol{\eta}_2,\boldsymbol{\eta}_3$ 等价的同维向量组 $\boldsymbol{\alpha}_1,\boldsymbol{\alpha}_2,\boldsymbol{\alpha}_3,\boldsymbol{\alpha}_4$

(D)与 $\boldsymbol{\eta}_1,\boldsymbol{\eta}_2,\boldsymbol{\eta}_3$ 等价的同维向量组 $\boldsymbol{\beta}_1,\boldsymbol{\beta}_2,\boldsymbol{\beta}_3$

知识点睛　0405 齐次线性方程组的基础解系

解　选项(A)、(B)的 3 个解向量都是线性相关的,不能作为基础解系;与 $\boldsymbol{\eta}_1,\boldsymbol{\eta}_2,\boldsymbol{\eta}_3$ 等价的同维向量组可以作为该方程组的基础解系,其解向量的个数应为 3 个,因此选项(C)不正确,事实上,选项(C)中的向量组也是线性相关的.故应选(D).

10　设 $\boldsymbol{A}=(a_{ij})_{n\times n}$,且 $|\boldsymbol{A}|=0$,但 $\boldsymbol{A}$ 中某元素的代数余子式 $A_{kl}\neq 0$,则齐次线性方程组 $\boldsymbol{Ax}=\boldsymbol{0}$ 的每个基础解系中向量的个数都是(　　).

(A) 1　　(B) k　　(C) l　　(D) n

知识点睛　0405 齐次线性方程组的基础解系

解　因为 $|\boldsymbol{A}|=0$,而且 $\boldsymbol{A}$ 中某元素 a_{kl} 的代数余子式 $A_{kl}\neq 0$,所以 $|\boldsymbol{A}|$ 存在非零的 $n-1$ 阶子式,从而可知 $r(\boldsymbol{A})=n-1$,故 $\boldsymbol{Ax}=\boldsymbol{0}$ 基础解系中所含向量个数为 $n-(n-1)=1$.

故应选(A).

【评注】关于基础解系中所含的向量要注意以下几点:

(1) 都是解向量;

(2) 线性无关;

(3) 个数为 $n-r(\boldsymbol{A})$.

其中(1) 容易忽略,要特别注意.(3) 说明齐次线性方程组与矩阵的秩有着密切的联系,解题时要注意两者的相互渗透和相互转化.

11　设 $\boldsymbol{A}$ 是 n 阶方阵, $r(\boldsymbol{A})=n-3$,且 $\boldsymbol{\alpha}_1,\boldsymbol{\alpha}_2,\boldsymbol{\alpha}_3$ 是线性方程组 $\boldsymbol{Ax}=\boldsymbol{0}$ 的 3 个线性无关的解向量,则 $\boldsymbol{Ax}=\boldsymbol{0}$ 的基础解系为(　　).

(A) $\boldsymbol{\alpha}_1+\boldsymbol{\alpha}_2,\boldsymbol{\alpha}_2+\boldsymbol{\alpha}_3,\boldsymbol{\alpha}_3+\boldsymbol{\alpha}_1$　　(B) $\boldsymbol{\alpha}_2-\boldsymbol{\alpha}_1,\boldsymbol{\alpha}_3-\boldsymbol{\alpha}_2,\boldsymbol{\alpha}_1-\boldsymbol{\alpha}_3$

(C) $2\boldsymbol{\alpha}_2-\boldsymbol{\alpha}_1,\frac{1}{2}\boldsymbol{\alpha}_3-\boldsymbol{\alpha}_2,\boldsymbol{\alpha}_1-\boldsymbol{\alpha}_3$　　(D) $\boldsymbol{\alpha}_1+\boldsymbol{\alpha}_2+\boldsymbol{\alpha}_3,\boldsymbol{\alpha}_3-\boldsymbol{\alpha}_2,-\boldsymbol{\alpha}_1-2\boldsymbol{\alpha}_3$

知识点睛　0405 齐次线性方程组的基础解系

解　(A)、(B)、(C)、(D)中的解向量都是线性方程组 $\boldsymbol{Ax}=\boldsymbol{0}$ 的解向量,而选项(B)中的 3 个解向量满足$(\boldsymbol{\alpha}_2-\boldsymbol{\alpha}_1)+(\boldsymbol{\alpha}_3-\boldsymbol{\alpha}_2)+(\boldsymbol{\alpha}_1-\boldsymbol{\alpha}_3)=\boldsymbol{0}$,故线性相关;选项(C)中的 3 个解向量满足$(2\boldsymbol{\alpha}_2-\boldsymbol{\alpha}_1)+2\left(\frac{1}{2}\boldsymbol{\alpha}_3-\boldsymbol{\alpha}_2\right)+(\boldsymbol{\alpha}_1-\boldsymbol{\alpha}_3)=\boldsymbol{0}$,故线性相关;选项(D)中的 3 个解向量满足$(\boldsymbol{\alpha}_1+\boldsymbol{\alpha}_2+\boldsymbol{\alpha}_3)+(\boldsymbol{\alpha}_3-\boldsymbol{\alpha}_2)+(-\boldsymbol{\alpha}_1-2\boldsymbol{\alpha}_3)=\boldsymbol{0}$,故线性相关;只有选项(A)中的 3 个解向量是线性无关的.所以,选项(A)中的 $\boldsymbol{\alpha}_1+\boldsymbol{\alpha}_2,\boldsymbol{\alpha}_2+\boldsymbol{\alpha}_3,\boldsymbol{\alpha}_3+\boldsymbol{\alpha}_1$ 可作为 $\boldsymbol{Ax}=\boldsymbol{0}$ 的基础解系,应选(A).

Ⓚ 2011 数学一、数学二,4 分

12　设 $\boldsymbol{A}=(\boldsymbol{\alpha}_1,\boldsymbol{\alpha}_2,\boldsymbol{\alpha}_3,\boldsymbol{\alpha}_4)$ 是 4 阶矩阵,$\boldsymbol{A}^*$ 为 $\boldsymbol{A}$ 的伴随矩阵.若$(1,0,1,0)^{\mathrm{T}}$ 是方程组$\boldsymbol{Ax}=\boldsymbol{0}$ 的一个基础解系,则 $\boldsymbol{A}^*\boldsymbol{x}=\boldsymbol{0}$ 的基础解系可为(　　).

(A) $\boldsymbol{\alpha}_1,\boldsymbol{\alpha}_3$.　　(B) $\boldsymbol{\alpha}_1,\boldsymbol{\alpha}_2$.　　(C) $\boldsymbol{\alpha}_1,\boldsymbol{\alpha}_2,\boldsymbol{\alpha}_3$.　　(D) $\boldsymbol{\alpha}_2,\boldsymbol{\alpha}_3,\boldsymbol{\alpha}_4$.

知识点睛　0405 齐次线性方程组的基础解系

解　本题没有给出具体的方程组,因而应当由解的结构、秩开始求解.

因为 $\boldsymbol{Ax}=\boldsymbol{0}$ 只有 1 个线性无关的解,即 $4-r(\boldsymbol{A})=1$,从而 $r(\boldsymbol{A})=3$.那么

$$r(\boldsymbol{A}^*)=1\Rightarrow n-r(\boldsymbol{A}^*)=4-1=3,$$

故 $\boldsymbol{A}^*\boldsymbol{x}=\boldsymbol{0}$ 的基础解系中有 3 个线性无关的解,可见选项(A)、(B)均错误.

再由 $\boldsymbol{A}^*\boldsymbol{A}=|\boldsymbol{A}|\boldsymbol{E}$,及$|\boldsymbol{A}|=0$,有 $\boldsymbol{A}^*\boldsymbol{A}=\boldsymbol{0}$,知 $\boldsymbol{A}$ 的列向量全是 $\boldsymbol{A}^*\boldsymbol{x}=\boldsymbol{0}$ 的解,而 $r(\boldsymbol{A})=3$,故 $\boldsymbol{A}$ 的列向量中必有 3 个线性无关.

最后,按$\boldsymbol{A}\begin{pmatrix}1\\0\\1\\0\end{pmatrix}=\boldsymbol{0}$,即$(\boldsymbol{\alpha}_1,\boldsymbol{\alpha}_2,\boldsymbol{\alpha}_3,\boldsymbol{\alpha}_4)\begin{pmatrix}1\\0\\1\\0\end{pmatrix}=\boldsymbol{0}$,即 $\boldsymbol{\alpha}_1+\boldsymbol{\alpha}_3=\boldsymbol{0}$,说明 $\boldsymbol{\alpha}_1,\boldsymbol{\alpha}_3$ 相关$\Rightarrow\boldsymbol{\alpha}_1,\boldsymbol{\alpha}_2,\boldsymbol{\alpha}_3$ 相关.从而应选(D).

【评注】不要忘记

$$r(\boldsymbol{A}^*)=\begin{cases}n, & 若\ r(\boldsymbol{A})=n,\\1, & 若\ r(\boldsymbol{A})=n-1,\\0, & 若\ r(\boldsymbol{A})<n-1,\end{cases}$$

当没有具体的方程组时,一定要利用解的结构,用秩来分析,进行推导.

13 题精解视频

13　设 $\boldsymbol{A}=\begin{pmatrix}1&2&1&2\\0&1&t&t\\1&t&0&1\end{pmatrix}$,且方程组 $\boldsymbol{Ax}=\boldsymbol{0}$ 的基础解系中含有 2 个解向量,求 $\boldsymbol{Ax}=\boldsymbol{0}$ 的通解.

知识点睛　0405 齐次线性方程组的基础解系及通解

解　对系数矩阵 $\boldsymbol{A}$ 做初等行变换化为行最简形:

$$\boldsymbol{A}=\begin{pmatrix}1&2&1&2\\0&1&t&t\\1&t&0&1\end{pmatrix}\xrightarrow{r_3-r_1}\begin{pmatrix}1&2&1&2\\0&1&t&t\\0&t-2&-1&-1\end{pmatrix}$$

$$\xrightarrow{r_3-(t-2)r_2}\begin{pmatrix}1&2&1&2\\0&1&t&t\\0&0&-(1-t)^2&-(1-t)^2\end{pmatrix}.$$

因为方程组 $\boldsymbol{Ax}=\boldsymbol{0}$ 的基础解系中含有 2 个解向量,故 $r(\boldsymbol{A})=2$,从而$(1-t)^2=0$,解得 $t=1$,此时

$$A\to\begin{pmatrix}1&0&-1&0\\0&1&1&1\\0&0&0&0\end{pmatrix},$$

同解方程组为$\begin{cases}x_1=x_3,\\x_2=-x_3-x_4,\end{cases}$ 自由未知量取 x_3, x_4,令$\begin{pmatrix}x_3\\x_4\end{pmatrix}=\begin{pmatrix}1\\0\end{pmatrix},\begin{pmatrix}0\\1\end{pmatrix}$,得基础解系为 $\boldsymbol{\xi}_1=(1,-1,1,0)^{\mathrm{T}}$,$\boldsymbol{\xi}_2=(0,-1,0,1)^{\mathrm{T}}$,通解为 $c_1\boldsymbol{\xi}_1+c_2\boldsymbol{\xi}_2$,其中 c_1, c_2为任意常数.

14 设 $\boldsymbol{A}=(\boldsymbol{\alpha}_1,\boldsymbol{\alpha}_2,\boldsymbol{\alpha}_3)$ 为 3 阶矩阵,若 $\boldsymbol{\alpha}_1,\boldsymbol{\alpha}_2$ 线性无关,且 $\boldsymbol{\alpha}_3=-\boldsymbol{\alpha}_1+2\boldsymbol{\alpha}_2$,则线性方程组 $\boldsymbol{Ax}=\boldsymbol{0}$ 的通解为________. K 2019 数学一,4 分

知识点睛 0405 齐次线性方程组的通解

解 考查抽象方程组求解,由秩出发.

由 $\boldsymbol{\alpha}_1,\boldsymbol{\alpha}_2$线性无关知 $r(\boldsymbol{A})\geqslant 2$.又 $\boldsymbol{\alpha}_3=-\boldsymbol{\alpha}_1+2\boldsymbol{\alpha}_2$知 $\boldsymbol{\alpha}_1,\boldsymbol{\alpha}_2,\boldsymbol{\alpha}_3$线性相关,有 $r(\boldsymbol{A})<3$,从而必有 $r(\boldsymbol{A})=2$,于是 $n-r(\boldsymbol{A})=3-2=1$.即 $\boldsymbol{Ax}=\boldsymbol{0}$ 的基础解系中含有 1 个解向量.

因 $\boldsymbol{\alpha}_1-2\boldsymbol{\alpha}_2+\boldsymbol{\alpha}_3=\boldsymbol{0}$,即 $\boldsymbol{A}\begin{pmatrix}1\\-2\\1\end{pmatrix}=\boldsymbol{0}$,从而 $\boldsymbol{Ax}=\boldsymbol{0}$ 的通解为 $k(1,-2,1)^{\mathrm{T}}$,k 是任意常数.

15 要使 $\boldsymbol{\xi}_1=(1,0,2)^{\mathrm{T}}$,$\boldsymbol{\xi}_2=(0,1,-1)^{\mathrm{T}}$都是齐次线性方程组 $\boldsymbol{Ax}=\boldsymbol{0}$ 的解,只需要系数矩阵为(   ).

(A) $(-2,1,1)$ (B) $\begin{pmatrix}2&0&-1\\0&1&1\end{pmatrix}$

(C) $\begin{pmatrix}-1&0&2\\0&1&-1\end{pmatrix}$ (D) $\begin{pmatrix}0&1&-1\\4&-2&2\\0&1&1\end{pmatrix}$

知识点睛 线性方程组的反问题

解 选项(A)对应的线性方程组为$-2x_1+x_2+x_3=0$,将 $\boldsymbol{\xi}_1=(1,0,2)^{\mathrm{T}}$,$\boldsymbol{\xi}_2=(0,1,-1)^{\mathrm{T}}$代入方程组均成立.

选项(B)对应的线性方程组为$\begin{cases}2x_1-x_3=0,\\x_2+x_3=0,\end{cases}$ 将 $\boldsymbol{\xi}_1=(1,0,2)^{\mathrm{T}}$代入方程组,发现 $\boldsymbol{\xi}_1=(1,0,2)^{\mathrm{T}}$不是 $x_2+x_3=0$ 的解,所以 $\boldsymbol{\xi}_1=(1,0,2)^{\mathrm{T}}$,$\boldsymbol{\xi}_2=(0,1,-1)^{\mathrm{T}}$不是方程组的解.

选项(C)对应的线性方程组为$\begin{cases}-x_1+2x_3=0,\\x_2-x_3=0,\end{cases}$将 $\boldsymbol{\xi}_1=(1,0,2)^{\mathrm{T}}$,$\boldsymbol{\xi}_2=(0,1,-1)^{\mathrm{T}}$代入方程组,方程均不成立,所以 $\boldsymbol{\xi}_1=(1,0,2)^{\mathrm{T}}$,$\boldsymbol{\xi}_2=(0,1,-1)^{\mathrm{T}}$不是方程组的解.

选项(D)对应的线性方程组为$\begin{cases}x_2-x_3=0,\\4x_1-2x_2+2x_3=0,\\x_2+x_3=0,\end{cases}$ 将 $\boldsymbol{\xi}_1=(1,0,2)^{\mathrm{T}}$代入方程组,三

个方程均不成立,所以$\boldsymbol{\xi}_1=(1,0,2)^{\mathrm{T}}$,$\boldsymbol{\xi}_2=(0,1,-1)^{\mathrm{T}}$不是方程组的解.

故应选(A).

16 设$\boldsymbol{A}=\begin{pmatrix}1&0&3&1&2\\-1&3&0&-1&1\\2&1&7&2&t\end{pmatrix}$,若齐次线性方程组$\boldsymbol{Ax}=\boldsymbol{0}$的基础解系中含有 3 个解向量,则$t=$________.

知识点睛 0405 齐次线性方程组的基础解系

解 因为$\boldsymbol{Ax}=\boldsymbol{0}$的基础解系含有 3 个解向量,所以$r(\boldsymbol{A})=5-3=2$.对矩阵$\boldsymbol{A}$施行初等行变换,得

$$\boldsymbol{A}=\begin{pmatrix}1&0&3&1&2\\-1&3&0&-1&1\\2&1&7&2&t\end{pmatrix}\to\begin{pmatrix}1&0&3&1&2\\0&1&1&0&1\\0&0&0&0&t-5\end{pmatrix},$$

由$r(\boldsymbol{A})=2$,知$t-5=0$,即$t=5$.

故应填 5.

2019 数学二、数学三,4 分

17 设$\boldsymbol{A}$是 4 阶矩阵,$\boldsymbol{A}^*$为$\boldsymbol{A}$的伴随矩阵,若线性方程组$\boldsymbol{Ax}=\boldsymbol{0}$的基础解系中只有 2 个向量,则$r(\boldsymbol{A}^*)=($ $)$.

(A) 0 (B) 1 (C) 2 (D) 3

知识点睛 0405 齐次线性方程组的基础解系

解 由$n-r(\boldsymbol{A})=4-r(\boldsymbol{A})=2$,知$r(\boldsymbol{A})=2$,再由

$$r(\boldsymbol{A}^*)=\begin{cases}n, & r(\boldsymbol{A})=n,\\1, & r(\boldsymbol{A})=n-1,\\0, & r(\boldsymbol{A})<n-1,\end{cases}$$

所以$r(\boldsymbol{A}^*)=0$,故选(A).

18 已知齐次线性方程组

$$\begin{cases}x_1+x_2+x_3=0,\\ax_1+bx_2+cx_3=0,\\a^2x_1+b^2x_2+c^2x_3=0,\end{cases}$$

(1) a, b, c满足何种关系时,方程组仅有零解.

(2) a, b, c满足何种关系时,方程组有无穷多组解,并用基础解系表示全部解.

知识点睛 0405 齐次线性方程组的基础解系及通解

解 系数行列式

$$D=\begin{vmatrix}1&1&1\\a&b&c\\a^2&b^2&c^2\end{vmatrix}=(a-b)(b-c)(c-a).$$

(1) 当$a\neq b$, $b\neq c$, $c\neq a$时, $D\neq 0$,方程组仅有零解$x_1=x_2=x_3=0$.

(2) 下面分四种情况:

① 当$a=b\neq c$时,同解方程组为

$$\begin{cases}x_1+x_2+x_3=0,\\x_3=0,\end{cases}$$

方程组有无穷多组解,全部解为 $k_1(1,-1,0)^{\mathrm{T}}$,其中 k_1 为任意常数.

② 当 $a=c\neq b$ 时,同解方程组为

$$\begin{cases}x_1+x_2+x_3=0,\\x_2=0,\end{cases}$$

方程组有无穷多组解,全部解为 $k_2(1,0,-1)^{\mathrm{T}}$,其中 k_2 为任意常数.

③ 当 $b=c\neq a$ 时,同解方程组为

$$\begin{cases}x_1+x_2+x_3=0,\\x_1=0,\end{cases}$$

方程组有无穷多组解,全部解为 $k_3(0,1,-1)^{\mathrm{T}}$,其中 k_3 为任意常数.

④ 当 $a=b=c$ 时,同解方程组为

$$x_1+x_2+x_3=0,$$

方程组有无穷多组解,全部解为 $k_4(-1,1,0)^{\mathrm{T}}+k_5(-1,0,1)^{\mathrm{T}}$,其中 k_4,k_5 为任意常数.

【评注】所给方程组的系数行列式是范德蒙德行列式,讨论含参数的线性方程组解的问题,当方程个数与未知数个数相同时,通过系数行列式利用克拉默法则进行讨论,比直接对系数矩阵作初等变换要简单.

19 设 $\boldsymbol{A}=\begin{pmatrix}1&2&-2\\4&t&3\\3&-1&1\end{pmatrix}$,$\boldsymbol{B}$ 为 3 阶非零矩阵,且 $\boldsymbol{AB}=\boldsymbol{0}$,则 $t=$________.

19 题精解视频

知识点睛 0402 齐次线性方程组有非零解的充要条件

解法 1 由 $\boldsymbol{AB}=\boldsymbol{0}$ 知矩阵 $\boldsymbol{B}$ 的列向量为齐次线性方程组 $\boldsymbol{Ax}=\boldsymbol{0}$ 的解.而 $\boldsymbol{B}$ 为 3 阶非零矩阵,故矩阵 $\boldsymbol{B}$ 至少有一个列向量非零.这说明齐次线性方程组 $\boldsymbol{Ax}=\boldsymbol{0}$ 有非零解.对于 3×3 矩阵 $\boldsymbol{A}$,要使 $\boldsymbol{Ax}=\boldsymbol{0}$ 有非零解,其等价条件是 $|\boldsymbol{A}|=0$,而

$$|\boldsymbol{A}|=\begin{vmatrix}1&2&-2\\4&t&3\\3&-1&1\end{vmatrix}=\begin{vmatrix}1&0&0\\4&t+3&11\\3&0&7\end{vmatrix}=7(t+3),$$

所以必有 $t+3=0$,即 $t=-3$.

故应填 -3.

解法 2 由 $\boldsymbol{AB}=\boldsymbol{0}$ 可推知 $r(\boldsymbol{A})+r(\boldsymbol{B})\leqslant 3$,而 $r(\boldsymbol{B})\geqslant 1$,从而 $r(\boldsymbol{A})\leqslant 2$,故有 $|\boldsymbol{A}|=0$,解得 $t=-3$.

【评注】设 $\boldsymbol{A}$ 为 $s\times n$ 矩阵,$\boldsymbol{B}$ 为 $n\times t$ 矩阵,则有关 $\boldsymbol{AB}=\boldsymbol{0}$ 的解题思路有两个:一是 $r(\boldsymbol{A})+r(\boldsymbol{B})\leqslant n$;二是矩阵 $\boldsymbol{B}$ 的列向量均为 $\boldsymbol{Ax}=\boldsymbol{0}$ 的解向量.

20 齐次线性方程组 $\begin{cases}\lambda x_1+x_2+\lambda^2x_3=0,\\ x_1+\lambda x_2+x_3=0,\\ x_1+x_2+\lambda x_3=0\end{cases}$ 的系数矩阵记为 $\boldsymbol{A}$，若存在 3 阶矩阵 $\boldsymbol{B}\neq\boldsymbol{0}$，使得 $\boldsymbol{AB}=\boldsymbol{0}$，则(　　).

(A) $\lambda=-2$ 且 $|\boldsymbol{B}|=0$　　(B) $\lambda=-2$ 且 $|\boldsymbol{B}|\neq0$

(C) $\lambda=1$ 且 $|\boldsymbol{B}|=0$　　(D) $\lambda=1$ 且 $|\boldsymbol{B}|\neq0$

知识点睛　0402 齐次线性方程组有非零解的充要条件

解　由存在 $\boldsymbol{B}\neq\boldsymbol{0}$ 使 $\boldsymbol{AB}=\boldsymbol{0}$ 知，矩阵 $\boldsymbol{B}$ 的三个列向量均为 $\boldsymbol{Ax}=\boldsymbol{0}$ 的解向量，且存在非零解向量.从而 $r(\boldsymbol{A})<3$.有

$$\boldsymbol{A}=\begin{pmatrix}\lambda&1&\lambda^2\\1&\lambda&1\\1&1&\lambda\end{pmatrix}\to\begin{pmatrix}1&1&\lambda\\0&1-\lambda&0\\0&\lambda-1&1-\lambda\end{pmatrix}\to\begin{pmatrix}1&1&\lambda\\0&1-\lambda&0\\0&0&1-\lambda\end{pmatrix},$$

故当 $\lambda=1$ 时，$r(\boldsymbol{A})=1<3$.此时，齐次线性方程组 $\boldsymbol{Ax}=\boldsymbol{0}$ 基础解系中解向量个数为

$$n-r(\boldsymbol{A})=3-1=2,$$

所以矩阵 $\boldsymbol{B}$ 的三个列向量必线性相关，从而 $|\boldsymbol{B}|=0$.故应选(C).

21 已知向量 $(1,a,2)^{\mathrm{T}},(-1,4,b)^{\mathrm{T}}$ 构成齐次线性方程组

$$\begin{cases}sx_1+x_2-2x_3=0,\\2x_1-tx_2-2x_3=0\end{cases}$$

的一个基础解系，求 a,b,s,t.

知识点睛　0405 齐次线性方程组的基础解系

解　此齐次线性方程组的基础解系包含 2 个解，未知数有 3 个，则系数矩阵

$$\begin{pmatrix}s&1&-2\\2&-t&-2\end{pmatrix}$$

的秩为 1，于是得到 $s=2,t=-1$.

于是方程组为

$$\begin{cases}2x_1+x_2-2x_3=0,\\2x_1+x_2-2x_3=0,\end{cases}$$

把 $(1,a,2)^{\mathrm{T}},(-1,4,b)^{\mathrm{T}}$ 代入，得 $a=2,b=1$.

K 2020 数学二、数学三，4 分

22 设 4 阶矩阵 $\boldsymbol{A}=(a_{ij})$ 不可逆，a_{12} 的代数余子式 $A_{12}\neq0$，$\boldsymbol{\alpha}_1,\boldsymbol{\alpha}_2,\boldsymbol{\alpha}_3,\boldsymbol{\alpha}_4$ 为矩阵 $\boldsymbol{A}$ 的列向量组，$\boldsymbol{A}^*$ 为 $\boldsymbol{A}$ 伴随矩阵，则方程组 $\boldsymbol{A}^*\boldsymbol{x}=\boldsymbol{0}$ 的通解为(　　).

(A) $\boldsymbol{x}=k_1\boldsymbol{\alpha}_1+k_2\boldsymbol{\alpha}_2+k_3\boldsymbol{\alpha}_3$，其中 k_1,k_2,k_3 为任意常数

(B) $\boldsymbol{x}=k_1\boldsymbol{\alpha}_1+k_2\boldsymbol{\alpha}_2+k_3\boldsymbol{\alpha}_4$，其中 k_1,k_2,k_3 为任意常数

(C) $\boldsymbol{x}=k_1\boldsymbol{\alpha}_1+k_2\boldsymbol{\alpha}_3+k_3\boldsymbol{\alpha}_4$，其中 k_1,k_2,k_3 为任意常数

(D) $\boldsymbol{x}=k_1\boldsymbol{\alpha}_2+k_2\boldsymbol{\alpha}_3+k_3\boldsymbol{\alpha}_4$，其中 k_1,k_2,k_3 为任意常数

知识点睛 0303 线性无关的判别，0405 齐次线性方程组的基础解系

解 选择题的 4 个选项，已经告诉你 $\boldsymbol{A}^*\boldsymbol{x}=\boldsymbol{0}$ 的基础解系由 $\boldsymbol{A}$ 的 3 个列向量所构成. 因此只要判断 $\boldsymbol{A}$ 的哪 3 个列向量是线性无关的. 而条件就是 $A_{12}\neq 0$.

因

$$A_{12}=-\begin{vmatrix} a_{21} & a_{23} & a_{24} \\ a_{31} & a_{33} & a_{34} \\ a_{41} & a_{43} & a_{44} \end{vmatrix}\neq 0,$$

意味 $(a_{21},a_{31},a_{41})^{\mathrm{T}},(a_{23},a_{33},a_{43})^{\mathrm{T}},(a_{24},a_{34},a_{44})^{\mathrm{T}}$ 线性无关，那么必有 $\boldsymbol{\alpha}_1,\boldsymbol{\alpha}_3,\boldsymbol{\alpha}_4$ 线性无关(低维向量无关增加坐标高维向量必无关). 故应选(C).

23 求齐次线性方程组 $\begin{cases} x_1+x_2+x_5=0, \\ x_1+x_2-x_3=0, \\ x_3+x_4+x_5=0 \end{cases}$ 的基础解系.

知识点睛 0405 齐次线性方程组的基础解系的求法

解 对系数矩阵 $\boldsymbol{A}$ 做初等行变换化为行最简形：

$$\boldsymbol{A}=\begin{pmatrix} 1 & 1 & 0 & 0 & 1 \\ 1 & 1 & -1 & 0 & 0 \\ 0 & 0 & 1 & 1 & 1 \end{pmatrix}\xrightarrow{r_2-r_1}\begin{pmatrix} 1 & 1 & 0 & 0 & 1 \\ 0 & 0 & -1 & 0 & -1 \\ 0 & 0 & 1 & 1 & 1 \end{pmatrix}\xrightarrow{r_3+r_2}\begin{pmatrix} 1 & 1 & 0 & 0 & 1 \\ 0 & 0 & 1 & 0 & 1 \\ 0 & 0 & 0 & 1 & 0 \end{pmatrix},$$

同解方程组为

$$\begin{cases} x_1=-x_2-x_5, \\ x_3=-x_5, \\ x_4=0, \end{cases}$$

自由未知量取 x_2,x_5，令 $\begin{pmatrix} x_2 \\ x_5 \end{pmatrix}=\begin{pmatrix} -1 \\ 0 \end{pmatrix},\begin{pmatrix} 0 \\ 1 \end{pmatrix}$，得基础解系为

$$\boldsymbol{\xi}_1=(1,-1,0,0,0)^{\mathrm{T}},\quad \boldsymbol{\xi}_2=(-1,0,-1,0,1)^{\mathrm{T}}.$$

【评注】求齐次线性方程组 $\boldsymbol{Ax}=\boldsymbol{0}$ 的基础解系的步骤：

(1) 对系数矩阵 $\boldsymbol{A}$ 进行初等行变换，从而求得 $\boldsymbol{A}$ 的秩 r 和基础解系所含向量个数 $n-r$；

(2) 写出同解方程组；

(3) 从 n 个未知数 $x_1,x_2,\cdots,x_n$ 中取 $n-r$ 个自由未知量，不妨取 $x_{r+1},x_{r+2},\cdots,x_n$，并且令

$$\begin{pmatrix} x_{r+1} \\ x_{r+2} \\ \vdots \\ x_n \end{pmatrix}，分别取\begin{pmatrix} 1 \\ 0 \\ \vdots \\ 0 \end{pmatrix},\begin{pmatrix} 0 \\ 1 \\ \vdots \\ 0 \end{pmatrix},\cdots,\begin{pmatrix} 0 \\ 0 \\ \vdots \\ 1 \end{pmatrix};$$

(4) 将自由未知量的取值代入同解方程组，求得原方程组的 $n-r$ 个解向量 $\boldsymbol{\xi}_1,\boldsymbol{\xi}_2,\cdots,\boldsymbol{\xi}_{n-r}$，即为基础解系.

2004 数学三，4分

24 设 n 阶矩阵 $\boldsymbol{A}$ 的伴随矩阵 $\boldsymbol{A}^* \neq \boldsymbol{O}$，若 $\boldsymbol{\xi}_1,\boldsymbol{\xi}_2,\boldsymbol{\xi}_3,\boldsymbol{\xi}_4$ 是非齐次线性方程组 $\boldsymbol{Ax}=\boldsymbol{b}$ 的互不相同的解，则对应的齐次线性方程组 $\boldsymbol{Ax}=\boldsymbol{0}$ 的基础解系(　　).

(A)不存在　　(B)仅含有一个非零解向量

(C)含有两个线性无关的解向量　　(D)含有三个线性无关的解向量

知识点睛　0405 齐次线性方程组的基础解系

解　因为 $\boldsymbol{\xi}_1 \neq \boldsymbol{\xi}_2$，知 $\boldsymbol{\xi}_1-\boldsymbol{\xi}_2$ 是 $\boldsymbol{Ax}=\boldsymbol{0}$ 的非零解，故 $r(\boldsymbol{A})<n$. 又因伴随矩阵 $\boldsymbol{A}^* \neq \boldsymbol{0}$，说明有代数余子式 $A_{ij}\neq 0$，即 $|\boldsymbol{A}|$ 中有 $n-1$ 阶非零子式. 因此 $r(\boldsymbol{A})=n-1$. 那么

$$n-r(\boldsymbol{A})=1,$$

即 $\boldsymbol{Ax}=\boldsymbol{0}$ 的基础解系仅含有一个非零解向量. 应选(B).

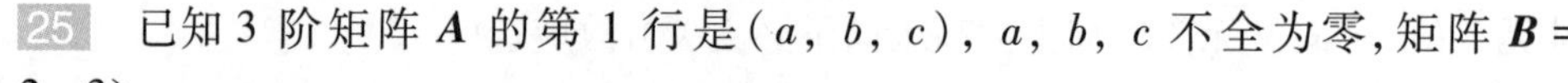

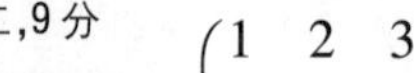

2005 数学一、数学二，9分

25题精解视频

25 已知3阶矩阵 $\boldsymbol{A}$ 的第1行是 $(a,\ b,\ c)$，$a,\ b,\ c$ 不全为零，矩阵 $\boldsymbol{B}=\begin{pmatrix}1&2&3\\2&4&6\\3&6&k\end{pmatrix}$ (k 为常数)，且 $\boldsymbol{AB}=\boldsymbol{0}$. 求线性方程组 $\boldsymbol{Ax}=\boldsymbol{0}$ 的通解.

知识点睛　0405 齐次线性方程组通解的求法

解　由于 $\boldsymbol{AB}=\boldsymbol{0}$，故 $r(\boldsymbol{A})+r(\boldsymbol{B})\leqslant 3$，又由 $a,\ b,\ c$ 不全为零，可知 $r(\boldsymbol{A})\geqslant 1$.

当 $k\neq 9$ 时，$r(\boldsymbol{B})=2$，于是 $r(\boldsymbol{A})=1$；

当 $k=9$ 时，$r(\boldsymbol{B})=1$，于是 $r(\boldsymbol{A})=1$ 或 $r(\boldsymbol{A})=2$.

对于 $k\neq 9$，由 $\boldsymbol{AB}=\boldsymbol{0}$ 可得

$$\boldsymbol{A}\begin{pmatrix}1\\2\\3\end{pmatrix}=\boldsymbol{0} \quad 和 \quad \boldsymbol{A}\begin{pmatrix}3\\6\\k\end{pmatrix}=\boldsymbol{0}.$$

由于 $\boldsymbol{\eta}_1=(1,2,3)^{\mathrm{T}}$，$\boldsymbol{\eta}_2=(3,6,k)^{\mathrm{T}}$ 线性无关，故 $\boldsymbol{\eta}_1,\boldsymbol{\eta}_2$ 为 $\boldsymbol{Ax}=\boldsymbol{0}$ 的一个基础解系，于是 $\boldsymbol{Ax}=\boldsymbol{0}$ 的通解为

$$c_1\boldsymbol{\eta}_1+c_2\boldsymbol{\eta}_2，\quad 其中\ c_1,\ c_2\ 为任意常数.$$

对于 $k=9$，分别就 $r(\boldsymbol{A})=2$ 和 $r(\boldsymbol{A})=1$ 进行讨论.

如果 $r(\boldsymbol{A})=2$，则 $\boldsymbol{Ax}=\boldsymbol{0}$ 的基础解系由一个向量构成. 又因为 $\boldsymbol{A}\begin{pmatrix}1\\2\\3\end{pmatrix}=\boldsymbol{0}$，所以 $\boldsymbol{Ax}=\boldsymbol{0}$ 的通解为 $c_1(1,2,3)^{\mathrm{T}}$，其中 c_1 为任意常数.

如果 $r(\boldsymbol{A})=1$，则 $\boldsymbol{Ax}=\boldsymbol{0}$ 的基础解系由两个向量构成. 又因为 $\boldsymbol{A}$ 的第1行为 $(a,\ b,\ c)$，且 $a,\ b,\ c$ 不全为零，所以 $\boldsymbol{Ax}=\boldsymbol{0}$ 等价于

$$ax_1+bx_2+cx_3=0.$$

不妨设 $a\neq 0$，则易求得

$$\boldsymbol{\eta}_1=(-b,\ a,\ 0)^{\mathrm{T}},\quad \boldsymbol{\eta}_2=(-c,\ 0,a)^{\mathrm{T}}$$

是 $\boldsymbol{Ax}=\boldsymbol{0}$ 的两个线性无关的解，故 $\boldsymbol{Ax}=\boldsymbol{0}$ 的通解为

$$c_1\boldsymbol{\eta}_1+c_2\boldsymbol{\eta}_2，\quad 其中\ c_1,\ c_2\ 为任意常数.$$

26 求下列齐次线性方程组

$$\begin{cases}x_1-x_2+5x_3-x_4+x_5=0,\\x_1+x_2-2x_3+3x_4-x_5=0,\\3x_1-x_2+8x_3+x_4+2x_5=0,\\x_1+3x_2-9x_3+7x_4-3x_5=0\end{cases}$$

的基础解系和通解.

知识点睛　0405 齐次线性方程组的基础解系和通解的求法

解　对系数矩阵 $\boldsymbol{A}$ 做初等行变换化为行最简形：

$$\boldsymbol{A}=\begin{pmatrix}1&-1&5&-1&1\\1&1&-2&3&-1\\3&-1&8&1&2\\1&3&-9&7&-3\end{pmatrix}\xrightarrow[r_4-r_1]{\substack{r_2-r_1\\r_3-3r_1}}\begin{pmatrix}1&-1&5&-1&1\\0&2&-7&4&-2\\0&2&-7&4&-1\\0&4&-14&8&-4\end{pmatrix}$$

$$\xrightarrow[r_4-2r_2]{r_3-r_2}\begin{pmatrix}1&-1&5&-1&1\\0&2&-7&4&-2\\0&0&0&0&1\\0&0&0&0&0\end{pmatrix}\xrightarrow[r_2+2r_3]{r_1-r_3}\begin{pmatrix}1&-1&5&-1&0\\0&2&-7&4&0\\0&0&0&0&1\\0&0&0&0&0\end{pmatrix}$$

$$\xrightarrow{\frac{1}{2}r_2}\begin{pmatrix}1&-1&5&-1&0\\0&1&-\frac{7}{2}&2&0\\0&0&0&0&1\\0&0&0&0&0\end{pmatrix}\xrightarrow{r_1+r_2}\begin{pmatrix}1&0&\frac{3}{2}&1&0\\0&1&-\frac{7}{2}&2&0\\0&0&0&0&1\\0&0&0&0&0\end{pmatrix},$$

同解方程组为

$$\begin{cases}x_1=-\dfrac{3}{2}x_3-x_4,\\x_2=\dfrac{7}{2}x_3-2x_4,\\x_5=0,\end{cases}$$

自由未知量取 x_3,x_4，令 $\begin{pmatrix}x_3\\x_4\end{pmatrix}=\begin{pmatrix}1\\0\end{pmatrix},\begin{pmatrix}0\\1\end{pmatrix}$，得基础解系为

$$\boldsymbol{\xi}_1=\left(-\frac{3}{2},\frac{7}{2},1,0,0\right)^{\mathrm{T}},\quad \boldsymbol{\xi}_2=(-1,-2,0,1,0)^{\mathrm{T}},$$

通解为 $c_1\boldsymbol{\xi}_1+c_2\boldsymbol{\xi}_2$，其中 c_1,c_2 为任意常数.

27　设 $\boldsymbol{A}$ 是 n 阶矩阵，秩 $r(\boldsymbol{A})=n-1$.

(1) 若矩阵 $\boldsymbol{A}$ 各行元素之和均为 0，则方程组 $\boldsymbol{Ax}=\boldsymbol{0}$ 的通解是________.

(2) 若行列式 $|\boldsymbol{A}|$ 的代数余子式 $A_{11}\neq 0$，则方程组 $\boldsymbol{Ax}=\boldsymbol{0}$ 的通解是________.

知识点睛　0405 齐次线性方程组的通解

解　由于 $n-r(\boldsymbol{A})=n-(n-1)=1$，故 $\boldsymbol{Ax}=\boldsymbol{0}$ 的通解形式为 $k\boldsymbol{\eta}$，只需寻找出 $\boldsymbol{Ax}=\boldsymbol{0}$ 的一个非零解就可以了.

（1）齐次线性方程组 $\boldsymbol{Ax}=\boldsymbol{0}$，即

$$\begin{cases}a_{11}x_1+a_{12}x_2+\cdots+a_{1n}x_n=0,\\a_{21}x_1+a_{22}x_2+\cdots+a_{2n}x_n=0,\\\cdots\cdots\cdots\cdots\cdots\cdots\cdots\cdots\\a_{n1}x_1+a_{n2}x_2+\cdots+a_{nn}x_n=0,\end{cases}$$

那么，各行元素之和均为 0，即

$$\begin{cases}a_{11}+a_{12}+\cdots+a_{1n}=0,\\a_{21}+a_{22}+\cdots+a_{2n}=0,\\\cdots\cdots\cdots\cdots\cdots\cdots\cdots\\a_{n1}+a_{n2}+\cdots+a_{nn}=0,\end{cases}$$

所以，$x_1=1,x_2=1,\cdots,x_n=1$ 是 $\boldsymbol{Ax}=\boldsymbol{0}$ 的一个解，因此，$\boldsymbol{Ax}=\boldsymbol{0}$ 的通解为 $k(1,1,\cdots,1)^{\mathrm{T}}$，$k$ 为任意常数.

（2）由秩 $r(\boldsymbol{A})=n-1$ 知行列式 $|\boldsymbol{A}|=0$，那么

$$\boldsymbol{AA}^*=|\boldsymbol{A}|\boldsymbol{E}=\boldsymbol{0},$$

故伴随矩阵 $\boldsymbol{A}^*$ 的每一列都是齐次方程组 $\boldsymbol{Ax}=\boldsymbol{0}$ 的解，对于

$$A^*=\begin{pmatrix}A_{11}&A_{21}&\cdots&A_{n1}\\A_{12}&A_{22}&\cdots&A_{n2}\\\vdots&\vdots&&\vdots\\A_{1n}&A_{2n}&\cdots&A_{nn}\end{pmatrix},$$

由 $A_{11}\neq 0$，故 $(A_{11},A_{12},\cdots,A_{1n})^{\mathrm{T}}$ 是 $\boldsymbol{Ax}=\boldsymbol{0}$ 的非零解，因此，$\boldsymbol{Ax}=\boldsymbol{0}$ 的通解是 $k(A_{11},A_{12},\cdots,A_{1n})^{\mathrm{T}}$，$k$ 为任意常数.

§4.2 非齐次线性方程组的求解

28 设 $\boldsymbol{A}$ 是 $m\times n$ 矩阵，非齐次线性方程组 $\boldsymbol{Ax}=\boldsymbol{b}$ 有解的充分条件是（　　）.

(A) $r(\boldsymbol{A})=m$　　　(B) $\boldsymbol{A}$ 的行向量组线性相关

(C) $r(\boldsymbol{A})=n$　　　(D) $\boldsymbol{A}$ 的列向量组线性相关

知识点睛　0403 非齐次线性方程组有解的充分条件

解　非齐次线性方程组 $\boldsymbol{Ax}=\boldsymbol{b}$ 有解的充要条件是 $r(\boldsymbol{A})=r(\overline{\boldsymbol{A}})$. 由于 $\overline{\boldsymbol{A}}=(\boldsymbol{A},\boldsymbol{b})$ 是 $m\times(n+1)$ 矩阵，有

$$r(\boldsymbol{A})\leqslant r(\overline{\boldsymbol{A}})\leqslant m.$$

如果 $r(\boldsymbol{A})=m$，则必有 $r(\boldsymbol{A})=r(\overline{\boldsymbol{A}})=m$，所以方程组 $\boldsymbol{Ax}=\boldsymbol{b}$ 有解. 但当 $r(\boldsymbol{A})=r(\overline{\boldsymbol{A}})<m$ 时，方程组仍有解，故(A)是方程组有解的充分条件.

而(B)、(C)、(D)均不能保证 $r(\boldsymbol{A})=r(\overline{\boldsymbol{A}})$. 故应选(A).

29 非齐次线性方程组 $\boldsymbol{Ax}=\boldsymbol{b}$ 的系数矩阵是 4×5 矩阵，且 $\boldsymbol{A}$ 的行向量组线性无关，则错误命题是（　　）.

(A) 齐次线性方程组 $\boldsymbol{A}^{\mathrm{T}}\boldsymbol{x}=\boldsymbol{0}$ 只有零解

(B) 齐次线性方程组 $\boldsymbol{A}^{\mathrm{T}}\boldsymbol{Ax}=\boldsymbol{0}$ 必有非零解

(C)任意列向量 $\boldsymbol{b}$,方程组 $\boldsymbol{Ax}=\boldsymbol{b}$ 必有无穷多解

(D)任意列向量 $\boldsymbol{b}$,方程组 $\boldsymbol{A}^{\mathrm{T}}\boldsymbol{x}=\boldsymbol{b}$ 必有唯一解

知识点睛　0403 非齐次线性方程组有解的充要条件

解　因为矩阵 $\boldsymbol{A}$ 的秩 $r(\boldsymbol{A})=\boldsymbol{A}$ 的行秩 $=\boldsymbol{A}$ 的列秩,由于 $\boldsymbol{A}$ 的行向量组线性无关,得$r(\boldsymbol{A})=4$.

因 $\boldsymbol{A}^{\mathrm{T}}$是 5×4 矩阵,而 $r(\boldsymbol{A}^{\mathrm{T}})=r(\boldsymbol{A})=4$,所以齐次线性方程组 $\boldsymbol{A}^{\mathrm{T}}\boldsymbol{x}=\boldsymbol{0}$ 只有零解.(A)正确.

因 $\boldsymbol{A}^{\mathrm{T}}\boldsymbol{A}$ 是 5 阶矩阵,由于 $r(\boldsymbol{A}^{\mathrm{T}}\boldsymbol{A})\leqslant r(\boldsymbol{A})=4<5$,所以齐次方程组 $\boldsymbol{A}^{\mathrm{T}}\boldsymbol{Ax}=\boldsymbol{0}$ 必有非零解,故(B)正确.

因 $\boldsymbol{A}$ 是 4×5 矩阵,$\boldsymbol{A}$ 的行向量组线性无关,那么添加分量后必线性无关,所以从行向量来看必有 $r(\boldsymbol{A})=r(\boldsymbol{A},\boldsymbol{b})=4<5$,即 $\boldsymbol{Ax}=\boldsymbol{b}$ 必有无穷多解,(C)正确.

由于 $\boldsymbol{A}^{\mathrm{T}}$列向量只是 4 个线性无关的 5 维向量,它们不能表示任一个 5 维向量,故方程组 $\boldsymbol{A}^{\mathrm{T}}\boldsymbol{x}=\boldsymbol{b}$ 有可能无解,即(D)不正确.

故应选(D).

30　设矩阵 $\boldsymbol{A}=\begin{pmatrix}1&1&1\\1&2&a\\1&4&a^2\end{pmatrix}$,$\boldsymbol{b}=\begin{pmatrix}1\\d\\d^2\end{pmatrix}$.若集合 $\Omega=\{1,2\}$,则线性方程组 $\boldsymbol{Ax}=\boldsymbol{b}$ 有无穷多解的充要条件为(　　).

Ⓚ 2015 数学一、数学二、数学三,4 分

(A)$a\notin\Omega,d\notin\Omega$　　(B)$a\notin\Omega,d\in\Omega$　　(C)$a\in\Omega,d\notin\Omega$　　(D)$a\in\Omega,d\in\Omega$

知识点睛　0403 非齐次线性方程组有解的充要条件

解　$\boldsymbol{Ax}=\boldsymbol{b}$ 有无穷多解$\Leftrightarrow r(\boldsymbol{A})=r(\overline{\boldsymbol{A}})<3$,有

$$\left(\begin{array}{ccc:c}1&1&1&1\\1&2&a&d\\1&4&a^2&d^2\end{array}\right)\to\left(\begin{array}{ccc:c}1&1&1&1\\0&1&a-1&d-1\\0&3&a^2-1&d^2-1\end{array}\right)\to\left(\begin{array}{ccc:c}1&1&1&1\\0&1&a-1&d-1\\0&0&a^2-3a+2&d^2-3d+2\end{array}\right),$$

进一步有

$$\begin{cases}a^2-3a+2=0,\\d^2-3d+2=0\end{cases}\Leftrightarrow a\in\Omega,\ d\in\Omega,$$

或 $\boldsymbol{Ax}=\boldsymbol{b}$ 有无穷多解的必要条件是$|\boldsymbol{A}|=0$.

由$|\boldsymbol{A}|=\begin{vmatrix}1&1&1\\1&2&a\\1&4&a^2\end{vmatrix}=(a-1)(a-2)=0$,得 $a=1$ 或 2.再分情况判断 $\boldsymbol{Ax}=\boldsymbol{b}$ 是否有无穷多解.亦有(D).

31　设 $\boldsymbol{A}$ 是 $m\times n$ 矩阵,$\boldsymbol{Ax}=\boldsymbol{0}$ 是非齐次线性方程组 $\boldsymbol{Ax}=\boldsymbol{b}$ 所对应的齐次线性方程组,则下列结论正确的是(　　).

(A)若 $\boldsymbol{Ax}=\boldsymbol{0}$ 仅有零解,则 $\boldsymbol{Ax}=\boldsymbol{b}$ 有唯一解

(B)若 $\boldsymbol{Ax}=\boldsymbol{0}$ 有非零解,则 $\boldsymbol{Ax}=\boldsymbol{b}$ 有无穷多解

(C)若 $\boldsymbol{Ax}=\boldsymbol{b}$ 有无穷多解,则 $\boldsymbol{Ax}=\boldsymbol{0}$ 有非零解

(D)若 $\boldsymbol{Ax}=\boldsymbol{b}$ 有无穷多解,则 $\boldsymbol{Ax}=\boldsymbol{0}$ 只有零解

知识点睛　0403 非齐次线性方程组有解的充要条件

解　选项(A)和(B)并未指明 $r(\boldsymbol{A})$ 和 $r(\overline{\boldsymbol{A}})$ 是否相等,即不能确定 $\boldsymbol{Ax}=\boldsymbol{b}$ 是否有解,故不正确.

若 $\boldsymbol{Ax}=\boldsymbol{b}$ 有无穷多解，设 $\boldsymbol{\eta}_1,\boldsymbol{\eta}_2$ 是两个不同的解，则 $\boldsymbol{\eta}_1-\boldsymbol{\eta}_2$ 是 $\boldsymbol{Ax}=\boldsymbol{0}$ 的解，且 $\boldsymbol{\eta}_1-\boldsymbol{\eta}_2\neq\boldsymbol{0}$，所以 $\boldsymbol{Ax}=\boldsymbol{0}$ 有非零解，故(C)正确，(D)不正确.

故应选(C).

【评注】$\boldsymbol{Ax}=\boldsymbol{b}$ 的解与 $\boldsymbol{Ax}=\boldsymbol{0}$ 的解之间的关系：

(1) 若 $\boldsymbol{Ax}=\boldsymbol{b}$ 有唯一解，则 $\boldsymbol{Ax}=\boldsymbol{0}$ 只有零解；若 $\boldsymbol{Ax}=\boldsymbol{b}$ 有无穷多解，则 $\boldsymbol{Ax}=\boldsymbol{0}$ 有非零解.

(2) 若 $\boldsymbol{Ax}=\boldsymbol{0}$ 有非零解，不能保证 $\boldsymbol{Ax}=\boldsymbol{b}$ 有无穷多解；若 $\boldsymbol{Ax}=\boldsymbol{0}$ 只有零解，同样不能保证 $\boldsymbol{Ax}=\boldsymbol{b}$ 有唯一解. 因为由 $r(\boldsymbol{A})<n$(或 $=n$)，不一定能得出 $r(\boldsymbol{A})=r(\overline{\boldsymbol{A}})$.

32 设线性方程组 $\boldsymbol{A}_{m\times n}\boldsymbol{x}=\boldsymbol{b}$，则正确的是(　　).

(A)若 $\boldsymbol{Ax}=\boldsymbol{0}$ 只有零解，则 $\boldsymbol{Ax}=\boldsymbol{b}$ 有唯一解

(B)若 $\boldsymbol{Ax}=\boldsymbol{0}$ 有非零解，则 $\boldsymbol{Ax}=\boldsymbol{b}$ 有无穷多解

(C)若 $\boldsymbol{Ax}=\boldsymbol{b}$ 有两个不同的解，则 $\boldsymbol{Ax}=\boldsymbol{0}$ 有无穷多解

(D)$\boldsymbol{Ax}=\boldsymbol{b}$ 有唯一解的充要条件是 $r(\boldsymbol{A})=n$

知识点睛 0403 非齐次线性方程组有解的充要条件

解 类似上题的讨论，可排除(A)、(B)、(D).

对于(C)，从 $\boldsymbol{Ax}=\boldsymbol{b}$ 有两个不同的解，可得 $\boldsymbol{Ax}=\boldsymbol{b}$ 有无穷多解，从而 $\boldsymbol{Ax}=\boldsymbol{0}$ 有非零解，所以 $\boldsymbol{Ax}=\boldsymbol{0}$ 有无穷多解.

故应选(C).

33 非齐次线性方程组 $\boldsymbol{Ax}=\boldsymbol{b}$ 中未知量个数为 n，方程个数为 m，系数矩阵 $\boldsymbol{A}$ 的秩为 r，则(　　).

(A)$r=m$ 时，方程组 $\boldsymbol{Ax}=\boldsymbol{b}$ 有解　　(B)$r=n$ 时，方程组 $\boldsymbol{Ax}=\boldsymbol{b}$ 有唯一解

(C)$m=n$ 时，方程组 $\boldsymbol{Ax}=\boldsymbol{b}$ 有唯一解　　(D)$r<n$ 时，方程组 $\boldsymbol{Ax}=\boldsymbol{b}$ 有无穷多解

知识点睛 0403 非齐次线性方程组有解的充要条件

解 对于非齐次线性方程组 $\boldsymbol{Ax}=\boldsymbol{b}$，有以下结论成立.

(1) 若 $r(\boldsymbol{A})\neq r(\overline{\boldsymbol{A}})$，则线性方程组 $\boldsymbol{Ax}=\boldsymbol{b}$ 无解；

(2) 若 $r(\boldsymbol{A})=r(\overline{\boldsymbol{A}})=n$，则线性方程组 $\boldsymbol{Ax}=\boldsymbol{b}$ 有唯一解；

(3) 若 $r(\boldsymbol{A})=r(\overline{\boldsymbol{A}})=r<n$，则线性方程组 $\boldsymbol{Ax}=\boldsymbol{b}$ 有无穷多解.

由题意知方程个数为 m，则增广矩阵 $\overline{\boldsymbol{A}}$ 的秩 $r(\overline{\boldsymbol{A}})\leqslant m$. 若 $r(\boldsymbol{A})=m$，则 $r(\overline{\boldsymbol{A}})=m$，从而 $r(\boldsymbol{A})=r(\overline{\boldsymbol{A}})$，此时线性方程组 $\boldsymbol{Ax}=\boldsymbol{b}$ 有解，选项(A)是正确的.

但当 $r=n$，$m=n$ 或 $r<n$ 时，都不能保证 $r(\boldsymbol{A})=r(\overline{\boldsymbol{A}})$，从而线性方程组 $\boldsymbol{Ax}=\boldsymbol{b}$ 不一定有解. 因此，选项(B)、(C)、(D)均不成立. 应选(A).

34 题精解视频

34 设 $\boldsymbol{A}=(a_{ij})_{3\times3}$ 是实正交矩阵，且 $a_{11}=1$，$\boldsymbol{b}=(1,0,0)^{\mathrm{T}}$，则线性方程组 $\boldsymbol{Ax}=\boldsymbol{b}$ 的解是________.

知识点睛 0407 非齐次线性方程组的解

解 由 $\boldsymbol{AA}^{\mathrm{T}}=\boldsymbol{E}$ 知 $|\boldsymbol{A}|=\pm1\neq0$，从而 $\boldsymbol{A}$ 可逆. 故方程组 $\boldsymbol{Ax}=\boldsymbol{b}$ 的解为 $\boldsymbol{x}=\boldsymbol{A}^{-1}\boldsymbol{b}=\boldsymbol{A}^{\mathrm{T}}\boldsymbol{b}$.

设 $\boldsymbol{A}=\begin{pmatrix}1 & a_{12} & a_{13}\\ a_{21} & a_{22} & a_{23}\\ a_{31} & a_{32} & a_{33}\end{pmatrix}$，由 $\boldsymbol{AA}^{\mathrm{T}}=\boldsymbol{E}$ 知 $1^2+a_{12}^2+a_{13}^2=1$，从而 $a_{12}=a_{13}=0$.所以

$$\boldsymbol{x}=\boldsymbol{A}^{\mathrm{T}}\boldsymbol{b}=\begin{pmatrix}1 & a_{21} & a_{31}\\ 0 & a_{22} & a_{32}\\ 0 & a_{23} & a_{33}\end{pmatrix}\begin{pmatrix}1\\0\\0\end{pmatrix}=\begin{pmatrix}1\\0\\0\end{pmatrix}.$$

故应填$(1,0,0)^{\mathrm{T}}$.

35 已知 $\boldsymbol{A}_{m\times n}\boldsymbol{x}=\boldsymbol{b}$ 有无穷多解，$r(\boldsymbol{A})=r<n$，则该方程组线性无关的解向量的个数最多应有(　　)个.

(A) $n-r$　　(B) r　　(C) $n-r+1$　　(D) $r+1$

知识点睛　0407 非齐次线性方程组解的结构

解　由 $r(\boldsymbol{A})=r$ 知 $\boldsymbol{Ax}=\boldsymbol{0}$ 基础解系中应有 $n-r$ 个线性无关的解向量 $\boldsymbol{\alpha}_1,\boldsymbol{\alpha}_2,\cdots,\boldsymbol{\alpha}_{n-r}$.设 $\boldsymbol{\beta}$ 为 $\boldsymbol{Ax}=\boldsymbol{b}$ 的解向量，则 $\boldsymbol{\beta},\boldsymbol{\alpha}_1,\boldsymbol{\alpha}_2,\cdots,\boldsymbol{\alpha}_{n-r}$ 线性无关.而 $\boldsymbol{Ax}=\boldsymbol{b}$ 的通解可表示为 $\boldsymbol{\beta}+k_1\boldsymbol{\alpha}_1+k_2\boldsymbol{\alpha}_2+\cdots+k_{n-r}\boldsymbol{\alpha}_{n-r}$，即 $\boldsymbol{Ax}=\boldsymbol{b}$ 的任一解均可由 $\boldsymbol{\beta},\boldsymbol{\alpha}_1,\boldsymbol{\alpha}_2,\cdots,\boldsymbol{\alpha}_{n-r}$ 线性表示，所以 $\boldsymbol{Ax}=\boldsymbol{b}$ 最多应有 $n-r+1$ 个线性无关的解向量.

故应选(C).

36 已知 $\boldsymbol{\beta}_1,\boldsymbol{\beta}_2$ 是非齐次线性方程组 $\boldsymbol{Ax}=\boldsymbol{b}$ 的两个不同的解，$\boldsymbol{\alpha}_1,\boldsymbol{\alpha}_2$ 是对应齐次线性方程组 $\boldsymbol{Ax}=\boldsymbol{0}$ 的基础解系，k_1,k_2 为任意常数，则方程组 $\boldsymbol{Ax}=\boldsymbol{b}$ 的通解是(　　).

(A) $k_1\boldsymbol{\alpha}_1+k_2(\boldsymbol{\alpha}_1+\boldsymbol{\alpha}_2)+\dfrac{\boldsymbol{\beta}_1-\boldsymbol{\beta}_2}{2}$　　(B) $k_1\boldsymbol{\alpha}_1+k_2(\boldsymbol{\alpha}_1-\boldsymbol{\alpha}_2)+\dfrac{\boldsymbol{\beta}_1+\boldsymbol{\beta}_2}{2}$

(C) $k_1\boldsymbol{\alpha}_1+k_2(\boldsymbol{\beta}_1+\boldsymbol{\beta}_2)+\dfrac{\boldsymbol{\beta}_1-\boldsymbol{\beta}_2}{2}$　　(D) $k_1\boldsymbol{\alpha}_1+k_2(\boldsymbol{\beta}_1-\boldsymbol{\beta}_2)+\dfrac{\boldsymbol{\beta}_1+\boldsymbol{\beta}_2}{2}$

知识点睛　0407 非齐次线性方程组解的结构

解　由非齐次线性方程组解的结构知：若 $\boldsymbol{\alpha}_1,\boldsymbol{\alpha}_2$ 是齐次线性方程组 $\boldsymbol{Ax}=\boldsymbol{0}$ 的基础解系，$\boldsymbol{\beta}$ 是非齐次线性方程组 $\boldsymbol{Ax}=\boldsymbol{b}$ 的一个特解，则 $k_1\boldsymbol{\alpha}_1+k_2\boldsymbol{\alpha}_2+\boldsymbol{\beta}$ 为 $\boldsymbol{Ax}=\boldsymbol{b}$ 的通解.

显然(B)满足上述条件，因$(k_1+k_2)\boldsymbol{\alpha}_1-k_2\boldsymbol{\alpha}_2$ 为 $\boldsymbol{Ax}=\boldsymbol{0}$ 的通解(k_1,k_2 为任意常数)，$\dfrac{\boldsymbol{\beta}_1+\boldsymbol{\beta}_2}{2}$ 为 $\boldsymbol{Ax}=\boldsymbol{b}$ 的特解.

(A)，(C)，(D)均不满足上述条件.实际上，(A)、(C)中 $\dfrac{\boldsymbol{\beta}_1-\boldsymbol{\beta}_2}{2}$ 不是 $\boldsymbol{Ax}=\boldsymbol{b}$ 的特解；(D)中 $\boldsymbol{\alpha}_1,\boldsymbol{\beta}_1-\boldsymbol{\beta}_2$ 虽然都是 $\boldsymbol{Ax}=\boldsymbol{0}$ 的解，但不能保证 $\boldsymbol{\alpha}_1$ 与 $\boldsymbol{\beta}_1-\boldsymbol{\beta}_2$ 线性无关，所以 $\boldsymbol{\beta}_1-\boldsymbol{\beta}_2$ 不一定是 $\boldsymbol{Ax}=\boldsymbol{0}$ 基础解系中的解向量.故应选(B).

【评注】有关非齐次线性方程组解的结构的讨论：

(1) 非齐次线性方程组通解结构包括其导出组的基础解系和自身的一个特解.这类题目的灵活性较强，一般情况下答案不唯一，其主要原因是当非齐次线性方程组有无穷多解时，其通解结构中的非齐次特解不唯一，对应的导出组基础解系不唯一.

(2) 此类题目的解题过程应注重理论分析，尽量避免做大量的机械运算，要学会善于使用题目所给条件在计算量不大的前提下求得结果.

2011 数学三，4分

37 设 $\boldsymbol{A}$ 为 4×3 矩阵，$\boldsymbol{\eta}_1,\boldsymbol{\eta}_2,\boldsymbol{\eta}_3$ 是非齐次线性方程组 $\boldsymbol{Ax}=\boldsymbol{\beta}$ 的3个线性无关的解，k_1,k_2 为任意常数，则 $\boldsymbol{Ax}=\boldsymbol{\beta}$ 的通解为（ ）.

(A) $\dfrac{\boldsymbol{\eta}_2+\boldsymbol{\eta}_3}{2}+k_1(\boldsymbol{\eta}_2-\boldsymbol{\eta}_1)$　　(B) $\dfrac{\boldsymbol{\eta}_2-\boldsymbol{\eta}_3}{2}+k_1(\boldsymbol{\eta}_2-\boldsymbol{\eta}_1)$

(C) $\dfrac{\boldsymbol{\eta}_2+\boldsymbol{\eta}_3}{2}+k_1(\boldsymbol{\eta}_2-\boldsymbol{\eta}_1)+k_2(\boldsymbol{\eta}_3-\boldsymbol{\eta}_1)$　　(D) $\dfrac{\boldsymbol{\eta}_2-\boldsymbol{\eta}_3}{2}+k_1(\boldsymbol{\eta}_2-\boldsymbol{\eta}_1)+k_2(\boldsymbol{\eta}_3-\boldsymbol{\eta}_1)$

知识点睛 0407 非齐次线性方程组解的结构

解 因为 $\boldsymbol{\eta}_1,\boldsymbol{\eta}_2,\boldsymbol{\eta}_3$ 是 $\boldsymbol{Ax}=\boldsymbol{\beta}$ 的3个线性无关的解，那么 $\boldsymbol{\eta}_2-\boldsymbol{\eta}_1,\boldsymbol{\eta}_3-\boldsymbol{\eta}_1$ 是 $\boldsymbol{Ax}=\boldsymbol{0}$ 的2个线性无关的解.从而 $n-r(\boldsymbol{A})\geqslant2$，即 $3-r(\boldsymbol{A})\geqslant2\Rightarrow r(\boldsymbol{A})\leqslant1$.显然 $r(\boldsymbol{A})\geqslant1$.因此 $r(\boldsymbol{A})=1$，由于 $n-r(\boldsymbol{A})=3-1=2$，知(A)、(B)均不正确.

又 $\boldsymbol{A}\left(\dfrac{\boldsymbol{\eta}_2+\boldsymbol{\eta}_3}{2}\right)=\dfrac{1}{2}\boldsymbol{A\eta}_2+\dfrac{1}{2}\boldsymbol{A\eta}_3=\boldsymbol{\beta}$，故 $\dfrac{1}{2}(\boldsymbol{\eta}_2+\boldsymbol{\eta}_3)$ 是方程组 $\boldsymbol{Ax}=\boldsymbol{\beta}$ 的解.故应选(C).

2019 数学三，4分

38 已知矩阵 $\boldsymbol{A}=\begin{pmatrix}1&0&-1\\1&1&-1\\0&1&a^2-1\end{pmatrix}$，$\boldsymbol{b}=\begin{pmatrix}0\\1\\a\end{pmatrix}$，若线性方程组 $\boldsymbol{Ax}=\boldsymbol{b}$ 有无穷多个解，则 $a=$________.

知识点睛 0407 非齐次线性方程组的通解

解 方程组 $\boldsymbol{Ax}=\boldsymbol{b}$ 有无穷多解 $\Leftrightarrow r(\boldsymbol{A})=r(\overline{\boldsymbol{A}})<3$.有

$$\overline{\boldsymbol{A}}=\left(\begin{array}{ccc:c}1&0&-1&0\\1&1&-1&1\\0&1&a^2-1&a\end{array}\right)\to\left(\begin{array}{ccc:c}1&0&-1&0\\0&1&0&1\\0&0&a^2-1&a-1\end{array}\right),$$

可见 $a=1$ 时 $r(\boldsymbol{A})=r(\overline{\boldsymbol{A}})=2<3$.所以 $a=1$.

2021 数学三，5分

39 设 $\boldsymbol{A}=(\boldsymbol{\alpha}_1,\boldsymbol{\alpha}_2,\boldsymbol{\alpha}_3,\boldsymbol{\alpha}_4)$ 为4阶正交矩阵，若矩阵 $\boldsymbol{B}=\begin{pmatrix}\boldsymbol{\alpha}_1^{\mathrm{T}}\\\boldsymbol{\alpha}_2^{\mathrm{T}}\\\boldsymbol{\alpha}_3^{\mathrm{T}}\end{pmatrix}$，$\boldsymbol{\beta}=\begin{pmatrix}1\\1\\1\end{pmatrix}$，$k$ 表示任意常数，则线性方程组 $\boldsymbol{Bx}=\boldsymbol{\beta}$ 的通解 $\boldsymbol{x}=$（ ）.

(A) $\boldsymbol{\alpha}_2+\boldsymbol{\alpha}_3+\boldsymbol{\alpha}_4+k\boldsymbol{\alpha}_1$　　(B) $\boldsymbol{\alpha}_1+\boldsymbol{\alpha}_3+\boldsymbol{\alpha}_4+k\boldsymbol{\alpha}_2$

(C) $\boldsymbol{\alpha}_1+\boldsymbol{\alpha}_2+\boldsymbol{\alpha}_4+k\boldsymbol{\alpha}_3$　　(D) $\boldsymbol{\alpha}_1+\boldsymbol{\alpha}_2+\boldsymbol{\alpha}_3+k\boldsymbol{\alpha}_4$

知识点睛 0407 非齐次线性方程组的通解

解 由 $\boldsymbol{A}=(\boldsymbol{\alpha}_1,\boldsymbol{\alpha}_2,\boldsymbol{\alpha}_3,\boldsymbol{\alpha}_4)$ 是正交矩阵，有 $r(\boldsymbol{A})=4$，即 $\boldsymbol{\alpha}_1,\boldsymbol{\alpha}_2,\boldsymbol{\alpha}_3,\boldsymbol{\alpha}_4$ 线性无关，且 $\boldsymbol{\alpha}_i^{\mathrm{T}}\boldsymbol{\alpha}_j=0\ (i\neq j)$，$\boldsymbol{\alpha}_i^{\mathrm{T}}\boldsymbol{\alpha}_i=1$.

而 $\boldsymbol{B}$ 是 3×4 矩阵，$r(\boldsymbol{B})=r(\boldsymbol{\alpha}_1,\boldsymbol{\alpha}_2,\boldsymbol{\alpha}_3)=3$，那么 $n-r(\boldsymbol{B})=4-3=1$.

又 $\boldsymbol{B\alpha}_4=\begin{pmatrix}\boldsymbol{\alpha}_1^{\mathrm{T}}\\\boldsymbol{\alpha}_2^{\mathrm{T}}\\\boldsymbol{\alpha}_3^{\mathrm{T}}\end{pmatrix}\boldsymbol{\alpha}_4=\begin{pmatrix}0\\0\\0\end{pmatrix}$，从而 $\boldsymbol{\alpha}_4$ 是 $\boldsymbol{Bx}=\boldsymbol{0}$ 的基础解系，故应选(D).

40 设 $\boldsymbol{\alpha}_1,\boldsymbol{\alpha}_2,\boldsymbol{\alpha}_3$ 是四元非齐次线性方程组 $\boldsymbol{Ax}=\boldsymbol{b}$ 的3个解向量，且 $r(\boldsymbol{A})=3$，$\boldsymbol{\alpha}_1=(1,2,3,4)^{\mathrm{T}}$，$\boldsymbol{\alpha}_2+\boldsymbol{\alpha}_3=(0,1,2,3)^{\mathrm{T}}$，$c$ 表示任意常数，则线性方程组 $\boldsymbol{Ax}=\boldsymbol{b}$ 的通解

$\boldsymbol{x}=($　　$)$.

(A) $\begin{pmatrix}1\\2\\3\\4\end{pmatrix}+c\begin{pmatrix}1\\1\\1\\1\end{pmatrix}$　　(B) $\begin{pmatrix}1\\2\\3\\4\end{pmatrix}+c\begin{pmatrix}0\\1\\2\\3\end{pmatrix}$　　(C) $\begin{pmatrix}1\\2\\3\\4\end{pmatrix}+c\begin{pmatrix}2\\3\\4\\5\end{pmatrix}$　　(D) $\begin{pmatrix}1\\2\\3\\4\end{pmatrix}+c\begin{pmatrix}3\\4\\5\\6\end{pmatrix}$

知识点睛　0407 非齐次线性方程组解的结构

解　根据线性方程组解的性质,可知

$$2\boldsymbol{\alpha}_1-(\boldsymbol{\alpha}_2+\boldsymbol{\alpha}_3)=(\boldsymbol{\alpha}_1-\boldsymbol{\alpha}_2)+(\boldsymbol{\alpha}_1-\boldsymbol{\alpha}_3)$$

是非齐次线性方程组 $\boldsymbol{Ax}=\boldsymbol{b}$ 导出组 $\boldsymbol{Ax}=\boldsymbol{0}$ 的一个解.因为 $r(\boldsymbol{A})=3$,所以 $\boldsymbol{Ax}=\boldsymbol{0}$ 的基础解系含 $4-3=1$ 个解向量,而 $2\boldsymbol{\alpha}_1-(\boldsymbol{\alpha}_2+\boldsymbol{\alpha}_3)=(2,3,4,5)^{\mathrm{T}}\neq\boldsymbol{0}$,故是 $\boldsymbol{Ax}=\boldsymbol{0}$ 的一个基础解系.因此 $\boldsymbol{Ax}=\boldsymbol{b}$ 的通解为 $\boldsymbol{\alpha}_1+c(2\boldsymbol{\alpha}_1-\boldsymbol{\alpha}_2-\boldsymbol{\alpha}_3)=(1,2,3,4)^{\mathrm{T}}+c(2,3,4,5)^{\mathrm{T}}$,即(C)正确.

选项(A)中 $(1,1,1,1)^{\mathrm{T}}=\boldsymbol{\alpha}_1-(\boldsymbol{\alpha}_2+\boldsymbol{\alpha}_3)$,(B)中 $(0,1,2,3)^{\mathrm{T}}=\boldsymbol{\alpha}_2+\boldsymbol{\alpha}_3$,(D)中 $(3,4,5,6)^{\mathrm{T}}=3\boldsymbol{\alpha}_1-2(\boldsymbol{\alpha}_2+\boldsymbol{\alpha}_3)$ 都不是 $\boldsymbol{Ax}=\boldsymbol{b}$ 的导出组的解.所以(A),(B),(D)均不正确.

故应选(C).

41　设 $\boldsymbol{x}_1,\boldsymbol{x}_2,\boldsymbol{x}_3$ 是四元非齐次线性方程组 $\boldsymbol{Ax}=\boldsymbol{b}$ 的 3 个解向量,且 $r(\boldsymbol{A})=3$.若 $\boldsymbol{x}_1=(1,1,1,1)^{\mathrm{T}}$, $\boldsymbol{x}_2+2\boldsymbol{x}_3=(2,3,4,5)^{\mathrm{T}}$,则方程组通解为________.

知识点睛　0407 非齐次线性方程组的通解

解　由于 $n-r(\boldsymbol{A})=4-3=1$,故方程组通解形式为 $\boldsymbol{\alpha}+k\boldsymbol{\eta}$.因为 $\boldsymbol{x}_1$ 是方程组 $\boldsymbol{Ax}=\boldsymbol{b}$ 的解,故 $\boldsymbol{\alpha}$ 可取为 $\boldsymbol{x}_1$.

如果 $\boldsymbol{\alpha}_1,\boldsymbol{\alpha}_2$ 是 $\boldsymbol{Ax}=\boldsymbol{b}$ 的解,则由 $\boldsymbol{A\alpha}_1=\boldsymbol{b},\boldsymbol{A\alpha}_2=\boldsymbol{b}$ 知 $\boldsymbol{A}(\boldsymbol{\alpha}_1-\boldsymbol{\alpha}_2)=\boldsymbol{0}$,即 $\boldsymbol{\alpha}_1-\boldsymbol{\alpha}_2$ 是 $\boldsymbol{Ax}=\boldsymbol{0}$ 的解,那么由

$$\boldsymbol{A}(\boldsymbol{x}_2+2\boldsymbol{x}_3)=\boldsymbol{Ax}_2+2\boldsymbol{Ax}_3=3\boldsymbol{b},\quad \boldsymbol{A}(3\boldsymbol{x}_1)=3\boldsymbol{b},$$

知 $\boldsymbol{A}(\boldsymbol{x}_2+2\boldsymbol{x}_3-3\boldsymbol{x}_1)=\boldsymbol{0}$,即 $(-1,0,1,2)^{\mathrm{T}}$ 是 $\boldsymbol{Ax}=\boldsymbol{0}$ 的解,所以,方程组的通解为

$$(1,1,1,1)^{\mathrm{T}}+k(-1,0,1,2)^{\mathrm{T}},\ k\ \text{为任意常数}.$$

42　已知方程组 $\begin{pmatrix}1&2&1\\2&3&a+2\\1&a&-2\end{pmatrix}\begin{pmatrix}x_1\\x_2\\x_3\end{pmatrix}=\begin{pmatrix}1\\3\\0\end{pmatrix}$ 无解,则 $a=$________.　🄺 2000 数学一,3 分

知识点睛　0403 非齐次线性方程组无解的充要条件

解　方程组无解的充要条件是 $r(\boldsymbol{A})\neq r(\overline{\boldsymbol{A}})$.故应对增广矩阵作初等行变换,由

$$\left(\begin{array}{ccc:c}1&2&1&1\\2&3&a+2&3\\1&a&-2&0\end{array}\right)\to\left(\begin{array}{ccc:c}1&2&1&1\\0&-1&a&1\\0&a-2&-3&-1\end{array}\right)\to\left(\begin{array}{ccc:c}1&2&1&1\\0&-1&a&1\\0&0&a^2-2a-3&a-3\end{array}\right)$$

可知,若 $a=-1$,则 $\overline{\boldsymbol{A}}\to\left(\begin{array}{ccc:c}1&2&1&1\\0&-1&-1&1\\0&0&0&-4\end{array}\right)$.于是有 $r(\boldsymbol{A})=2,r(\overline{\boldsymbol{A}})=3$,从而方程组无解,故应填 $a=-1$.

【评注】本题看似简单,但本题出错率较高,有些考生计算行列式

$$|A|=-(a+1)(a-3)$$

时,由$|A|=0$而认为$a=-1$或$a=3$时方程组都无解.这是错误的,因为$|A|\neq 0$时,方程组有唯一解,$|A|=0$时,方程组既可能无解也可能有无穷多解,这一点要理解清楚.

2001 数学三,3 分

43 题精解视频

43 设A是n阶矩阵,$\boldsymbol{\alpha}$是n维列向量.若秩$\begin{pmatrix} A & \boldsymbol{\alpha} \\ \boldsymbol{\alpha}^{\mathrm{T}} & O \end{pmatrix}$=秩($A$),则线性方程组(　　).

(A) $A\boldsymbol{x}=\boldsymbol{\alpha}$必有无穷多解　　(B) $A\boldsymbol{x}=\boldsymbol{\alpha}$必有唯一解

(C) $\begin{pmatrix} A & \boldsymbol{\alpha} \\ \boldsymbol{\alpha}^{\mathrm{T}} & O \end{pmatrix}\begin{pmatrix} \boldsymbol{x} \\ \boldsymbol{y} \end{pmatrix}=\boldsymbol{0}$仅有零解　　(D) $\begin{pmatrix} A & \boldsymbol{\alpha} \\ \boldsymbol{\alpha}^{\mathrm{T}} & O \end{pmatrix}\begin{pmatrix} \boldsymbol{x} \\ \boldsymbol{y} \end{pmatrix}=\boldsymbol{0}$必有非零解

知识点睛 0403 非齐次线性方程组有解的充要条件

解 因为"$A\boldsymbol{x}=\boldsymbol{0}$仅有零解"与"$A\boldsymbol{x}=\boldsymbol{0}$必有非零解"这两个命题必然是一对一错,不可能两个命题同时正确,也不可能两个命题同时错误.所以本题应当从(C)或(D)入手.其中必有一个是正确的.

由于$\begin{pmatrix} A & \boldsymbol{\alpha} \\ \boldsymbol{\alpha}^{\mathrm{T}} & O \end{pmatrix}$是$n+1$阶矩阵,$A$是$n$阶矩阵,故必有$r\begin{pmatrix} A & \boldsymbol{\alpha} \\ \boldsymbol{\alpha}^{\mathrm{T}} & O \end{pmatrix}=r(A)\leqslant n<n+1$.故应选(D).

1996 数学三,3 分

44 设$A=\begin{pmatrix} 1 & 1 & 1 & \cdots & 1 \\ a_1 & a_2 & a_3 & \cdots & a_n \\ a_1^2 & a_2^2 & a_3^2 & \cdots & a_n^2 \\ \vdots & \vdots & \vdots & & \vdots \\ a_1^{n-1} & a_2^{n-1} & a_3^{n-1} & \cdots & a_n^{n-1} \end{pmatrix}$, $\boldsymbol{x}=\begin{pmatrix} x_1 \\ x_2 \\ x_3 \\ \vdots \\ x_n \end{pmatrix}$, $\boldsymbol{b}=\begin{pmatrix} 1 \\ 1 \\ 1 \\ \vdots \\ 1 \end{pmatrix}$,其中$a_i\neq a_j(i\neq j, i,j=1,2,\cdots,n)$,则线性方程组$A^{\mathrm{T}}\boldsymbol{x}=\boldsymbol{b}$的解是______.

知识点睛 0401 克拉默法则

解 因为

$$A^{\mathrm{T}}=\begin{pmatrix} 1 & a_1 & a_1^2 & \cdots & a_1^{n-1} \\ 1 & a_2 & a_2^2 & \cdots & a_2^{n-1} \\ 1 & a_3 & a_3^2 & \cdots & a_3^{n-1} \\ \vdots & \vdots & \vdots & & \vdots \\ 1 & a_n & a_n^2 & \cdots & a_n^{n-1} \end{pmatrix},$$

当$a_i\neq a_j(i\neq j, i,j=1,2,\cdots,n)$时,$|A^{\mathrm{T}}|\neq 0$,故线性方程组$A^{\mathrm{T}}\boldsymbol{x}=\boldsymbol{b}$的解可由克拉默法则求得,即

$$x_1=\frac{D_1}{|A^{\mathrm{T}}|}=\frac{|A^{\mathrm{T}}|}{|A^{\mathrm{T}}|}=1,\quad x_i=\frac{D_i}{|A^{\mathrm{T}}|}=\frac{0}{|A^{\mathrm{T}}|}=0\ (i=2,3,\cdots,n),$$

因此$A^{\mathrm{T}}\boldsymbol{x}=\boldsymbol{b}$的解为$(1,0,\cdots,0)^{\mathrm{T}}$.

故应填$(1,0,\cdots,0)^{\mathrm{T}}$.

【评注】矩阵 $\boldsymbol{A}$ 具有范德蒙德行列式的形式，因此首先联想到结论"n 阶范德蒙德行列式 $|\boldsymbol{A}|\neq 0$ 充要条件是 $a_1, a_2, \cdots, a_n$ 互不相同".从而知 $\boldsymbol{A}^{\mathrm{T}}\boldsymbol{x}=\boldsymbol{b}$ 有唯一解，既然本题联系到范德蒙德行列式，而求唯一解的方法中克拉默法则与行列式有关，故使用克拉默法则求解.

45　设方程组 $\begin{pmatrix} a & 1 & 1 \\ 1 & a & 1 \\ 1 & 1 & a \end{pmatrix}\begin{pmatrix} x_1 \\ x_2 \\ x_3 \end{pmatrix}=\begin{pmatrix} 1 \\ 1 \\ -2 \end{pmatrix}$ 有无穷多解，则 $a=$________.　2001 数学二，3 分

知识点睛　0403 非齐次线性方程组有无穷多解的充要条件

解　对增广矩阵 $\overline{\boldsymbol{A}}$ 做初等行变换化为行最简形：

$$\overline{\boldsymbol{A}}=\begin{pmatrix} a & 1 & 1 & 1 \\ 1 & a & 1 & 1 \\ 1 & 1 & a & -2 \end{pmatrix}\xrightarrow[r_3-r_2]{r_1-ar_2}\begin{pmatrix} 0 & 1-a^2 & 1-a & 1-a \\ 1 & a & 1 & 1 \\ 0 & 1-a & a-1 & -3 \end{pmatrix}$$

$$\xrightarrow{r_1-(1+a)r_3}\begin{pmatrix} 0 & 0 & 2-a-a^2 & 4+2a \\ 1 & a & 1 & 1 \\ 0 & 1-a & a-1 & -3 \end{pmatrix}$$

$$\xrightarrow{r_1\leftrightarrow r_3}\begin{pmatrix} 0 & 1-a & a-1 & -3 \\ 1 & a & 1 & 1 \\ 0 & 0 & 2-a-a^2 & 4+2a \end{pmatrix}\xrightarrow{r_1\leftrightarrow r_2}\begin{pmatrix} 1 & a & 1 & 1 \\ 0 & 1-a & a-1 & -3 \\ 0 & 0 & 2-a-a^2 & 4+2a \end{pmatrix},$$

方程组有无穷多解，则 $r(\boldsymbol{A})=r(\overline{\boldsymbol{A}})<3$，从而 $2-a-a^2=4+2a=0$ 且 $1-a\neq 0$，解得 $a=-2$，故应填-2.

46　若线性方程组 $\begin{cases} x_1+x_2=-a_1, \\ x_2+x_3=a_2, \\ x_3+x_4=-a_3, \\ x_4+x_1=a_4 \end{cases}$ 有解，则常数 a_1,a_2,a_3,a_4 应满足条件________.

知识点睛　0403 非齐次线性方程组有解的充要条件

解　对方程组的增广矩阵 $\overline{\boldsymbol{A}}=(\boldsymbol{A},\boldsymbol{b})$ 做初等行变换化为行阶梯形：

$$\overline{\boldsymbol{A}}=\left(\begin{array}{cccc:c} 1 & 1 & 0 & 0 & -a_1 \\ 0 & 1 & 1 & 0 & a_2 \\ 0 & 0 & 1 & 1 & -a_3 \\ 1 & 0 & 0 & 1 & a_4 \end{array}\right)\rightarrow\left(\begin{array}{cccc:c} 1 & 1 & 0 & 0 & -a_1 \\ 0 & 1 & 1 & 0 & a_2 \\ 0 & 0 & 1 & 1 & -a_3 \\ 0 & -1 & 0 & 1 & a_1+a_4 \end{array}\right)$$

$$\rightarrow\left(\begin{array}{cccc:c} 1 & 1 & 0 & 0 & -a_1 \\ 0 & 1 & 1 & 0 & a_2 \\ 0 & 0 & 1 & 1 & -a_3 \\ 0 & 0 & 1 & 1 & a_1+a_2+a_4 \end{array}\right)\rightarrow\left(\begin{array}{cccc:c} 1 & 1 & 0 & 0 & -a_1 \\ 0 & 1 & 1 & 0 & a_2 \\ 0 & 0 & 1 & 1 & -a_3 \\ 0 & 0 & 0 & 0 & a_1+a_2+a_3+a_4 \end{array}\right),$$

由原方程组有解，有 $r(\boldsymbol{A})=r(\overline{\boldsymbol{A}})=3<4$，故 $a_1+a_2+a_3+a_4=0$.应填 $a_1+a_2+a_3+a_4=0$.

[K] 2022 数学二、数学三,5分

47 设矩阵 $A=\begin{pmatrix}1&1&1\\1&a&a^2\\1&b&b^2\end{pmatrix}$,$b=\begin{pmatrix}1\\2\\4\end{pmatrix}$,则线性方程组 $Ax=b$ 解的情况为(　　).

(A)无解　　　　(B)有解

(C)有无穷多解或无解　　　　(D)有唯一解或无解

知识点睛 0403 非齐次线性方程组有解的充分必要条件

解 $|A|=\begin{vmatrix}1&1&1\\1&a&a^2\\1&b&b^2\end{vmatrix}=(a-1)(b-1)(b-a)$,当$(a-1)(b-1)(b-a)\neq0$,即 $a\neq1$,$b\neq1$ 且 $b\neq a$ 时,方程组 $Ax=b$ 有唯一解,由此可以排除(A)、(C).

当 $a=b=1$ 时,

$$\begin{pmatrix}1&1&1&1\\1&a&a^2&2\\1&b&b^2&4\end{pmatrix}\to\begin{pmatrix}1&1&1&1\\1&1&1&2\\1&1&1&4\end{pmatrix}\to\begin{pmatrix}1&1&1&1\\0&0&0&1\\0&0&0&0\end{pmatrix}.$$

此时方程组 $Ax=b$ 无解,故应选(D).

【评注】方程组 $Ax=b$ 有解的充要条件 $r(A)=r(A,b)$,要牢记这一结论.

48 已知 $\xi_1=(-9,1,2,11)^T$,$\xi_2=(1,-5,13,0)^T$,$\xi_3=(-7,-9,24,11)^T$是方程组

$$\begin{cases}a_1x_1+7x_2+a_3x_3+x_4=d_1,\\3x_1+b_2x_2+2x_3+2x_4=d_2,\\9x_1+4x_2+x_3+7x_4=2\end{cases}$$

的解,则方程组的通解是________.

知识点睛 0407 非齐次线性方程组解的结构及通解

解 只要知道 $r(A)$,算出 $n-r(A)$ 就知解的结构.因为矩阵

$$A=\begin{pmatrix}a_1&7&a_3&1\\3&b_2&2&2\\9&4&1&7\end{pmatrix}$$

中有二阶子式不为零,故秩 $r(A)\geqslant2$,又因

$$\xi_1-\xi_2=(-10,6,-11,11)^T,\quad \xi_1-\xi_3=(-2,10,-22,0)^T$$

是齐次线性方程组 $Ax=0$ 的两个线性无关的解,而有

$$4-r(A)\geqslant2,\quad 即\quad r(A)\leqslant2.$$

从而得 $r(A)=2$.所以方程组的通解为:$\begin{pmatrix}-9\\1\\2\\11\end{pmatrix}+k_1\begin{pmatrix}-10\\6\\-11\\11\end{pmatrix}+k_2\begin{pmatrix}1\\-5\\11\\0\end{pmatrix}$,$k_1,k_2$为任意常数.

【评注】本题亦可利用解的概念先求出参数 a_1,a_3,b_2,d_1,d_2,然后再解方程组求解,但计算繁琐.

49题精解视频

49 设 $\boldsymbol{A}=(a_{ij})_{3\times3}$满足条件:(1) $a_{ij}=A_{ij}(i,j=1,2,3)$,其中 A_{ij}是元素 a_{ij}的代数余子式;(2) $a_{33}=-1$.求方程组 $\boldsymbol{Ax}=\boldsymbol{b}$ 的解,其中 $\boldsymbol{b}=(0,0,1)^{\mathrm{T}}$.

知识点睛 0407 非齐次线性方程组的解

解 由于 $a_{ij}=A_{ij}$,所以 $\boldsymbol{A}^{\mathrm{T}}=\boldsymbol{A}^*$,从而有 $|\boldsymbol{AA}^*|=|\boldsymbol{AA}^{\mathrm{T}}|=|\boldsymbol{A}|^2$.又

$$|\boldsymbol{AA}^*|=|\boldsymbol{A}||\boldsymbol{A}^*|=|\boldsymbol{A}||\boldsymbol{A}|^2=|\boldsymbol{A}|^3,$$

所以$|\boldsymbol{A}|^2=|\boldsymbol{A}|^3$,解得$|\boldsymbol{A}|=0$或$|\boldsymbol{A}|=1$.又 $a_{33}=-1$,于是

$$|\boldsymbol{A}|=a_{31}A_{31}+a_{32}A_{32}+a_{33}A_{33}=a_{31}^2+a_{32}^2+a_{33}^2=a_{31}^2+a_{32}^2+1,$$

从而$|\boldsymbol{A}|=1$, $a_{31}=a_{32}=0$,且方程组 $\boldsymbol{Ax}=\boldsymbol{b}$ 有唯一解,方程组 $\boldsymbol{Ax}=\boldsymbol{b}$ 的解为

$$\boldsymbol{x}=\boldsymbol{A}^{-1}\begin{pmatrix}0\\0\\1\end{pmatrix}=\frac{\boldsymbol{A}^*}{|\boldsymbol{A}|}\begin{pmatrix}0\\0\\1\end{pmatrix}=\begin{pmatrix}A_{31}\\A_{32}\\A_{33}\end{pmatrix}=\begin{pmatrix}a_{31}\\a_{32}\\a_{33}\end{pmatrix}=(0,0,-1)^{\mathrm{T}}.$$

50 求线性方程组$\begin{cases}x_1+5x_2-x_3-x_4=-1,\\x_1-2x_2+x_3+3x_4=3,\\3x_1+8x_2-x_3+x_4=1,\\x_1-9x_2+3x_3+7x_4=7\end{cases}$的通解.

知识点睛 0407 非齐次线性方程组的通解

解 $$\overline{\boldsymbol{A}}=\begin{pmatrix}1&5&-1&-1&-1\\1&-2&1&3&3\\3&8&-1&1&1\\1&-9&3&7&7\end{pmatrix}\to\begin{pmatrix}1&5&-1&-1&-1\\0&-7&2&4&4\\0&-7&2&4&4\\0&-14&4&8&8\end{pmatrix}$$

$$\to\begin{pmatrix}1&5&-1&-1&-1\\0&-7&2&4&4\\0&0&0&0&0\\0&0&0&0&0\end{pmatrix}\to\begin{pmatrix}1&0&\frac{3}{7}&\frac{13}{7}&\frac{13}{7}\\0&1&-\frac{2}{7}&-\frac{4}{7}&-\frac{4}{7}\\0&0&0&0&0\\0&0&0&0&0\end{pmatrix},$$

$r(\overline{\boldsymbol{A}})=r(\boldsymbol{A})=2$, $n=4$,因此,导出组的基础解系含2个解向量.此时,齐次同解方程组为

$\begin{cases}x_1=-\frac{3}{7}x_3-\frac{13}{7}x_4,\\x_2=\frac{2}{7}x_3+\frac{4}{7}x_4,\end{cases}$ 解得基础解系为

$$\boldsymbol{\xi}_1=\left(-\frac{3}{7},\frac{2}{7},1,0\right)^{\mathrm{T}},\quad\boldsymbol{\xi}_2=\left(-\frac{13}{7},\frac{4}{7},0,1\right)^{\mathrm{T}}.$$

又知非齐次同解方程组为

$$\begin{cases}x_1=-\frac{3}{7}x_3-\frac{13}{7}x_4+\frac{13}{7},\\x_2=\frac{2}{7}x_3+\frac{4}{7}x_4-\frac{4}{7},\end{cases}$$

特解为 $\boldsymbol{\eta}=\left(\frac{13}{7},-\frac{4}{7},0,0\right)^{\mathrm{T}}$.综上所述,所求通解为

$$\boldsymbol{\eta}+c_1\boldsymbol{\xi}_1+c_2\boldsymbol{\xi}_2=\left(\frac{13}{7},-\frac{4}{7},0,0\right)^{\mathrm{T}}+c_1\left(-\frac{3}{7},\frac{2}{7},1,0\right)^{\mathrm{T}}+c_2\left(-\frac{13}{7},\frac{4}{7},0,1\right)^{\mathrm{T}},$$

其中 c_1, c_2为任意常数.

【评注】求非齐次线性方程组 $\boldsymbol{Ax}=\boldsymbol{b}$ 通解的一般步骤:

(1) 对增广矩阵 $\overline{\boldsymbol{A}}=(\boldsymbol{A} \mid \boldsymbol{b})$ 进行初等行变换,求得原方程组的同解方程组①和导出组的同解方程组②;

(2) 求方程组②的基础解系;

(3) 令自由未知量全部取值为零,代入方程组①,求得①的一个特解;

(4) 写出原方程组的通解.

要注意的是:求导出组的基础解系和求原方程组的一个特解时,自由未知量的取值代入到不同的方程组.

51 对于线性方程组 $\begin{cases}\lambda x_1+x_2+x_3=\lambda-3,\\ x_1+\lambda x_2+x_3=-2,\\ x_1+x_2+\lambda x_3=-2,\end{cases}$ 讨论 λ 取何值时,方程组无解、有唯一解和有无穷多解,在方程组有无穷多解时,试用其导出组的基础解系表示通解.

知识点睛 0403 非齐次线性方程组有解的充要条件, 0407 非齐次线性方程组的通解

解 $$\overline{A}=\begin{pmatrix}\lambda & 1 & 1 & \lambda-3\\ 1 & \lambda & 1 & -2\\ 1 & 1 & \lambda & -2\end{pmatrix}\to\begin{pmatrix}1 & 1 & \lambda & -2\\ 1 & \lambda & 1 & -2\\ \lambda & 1 & 1 & \lambda-3\end{pmatrix}\to\begin{pmatrix}1 & 1 & \lambda & -2\\ 0 & \lambda-1 & 1-\lambda & 0\\ 0 & 1-\lambda & 1-\lambda^2 & 3\lambda-3\end{pmatrix}$$

$$\to\begin{pmatrix}1 & 1 & \lambda & -2\\ 0 & \lambda-1 & 1-\lambda & 0\\ 0 & 0 & 2-\lambda-\lambda^2 & 3\lambda-3\end{pmatrix}.$$

(1) 当 $2-\lambda-\lambda^2=0$ 且 $3\lambda-3\neq0$,即 $\lambda=-2$ 时, $r(A)=2$, $r(\overline{\boldsymbol{A}})=3$,由于 $r(\boldsymbol{A})\neq r(\overline{\boldsymbol{A}})$,所以方程组无解.

(2) 当 $2-\lambda-\lambda^2\neq0$,即 $\lambda\neq-2$ 且 $\lambda\neq1$ 时, $r(\boldsymbol{A})=r(\overline{\boldsymbol{A}})=3$,从而方程组有唯一解.

(3) 当 $\lambda=1$ 时,有 $\boldsymbol{A}\to\begin{pmatrix}1 & 1 & 1 & -2\\ 0 & 0 & 0 & 0\\ 0 & 0 & 0 & 0\end{pmatrix}$,同解方程组为 $x_1=-x_2-x_3-2$,特解为 $\boldsymbol{\eta}=\begin{pmatrix}-2\\ 0\\ 0\end{pmatrix}$,导出组为 $x_1=-x_2-x_3$,基础解系为

$$\boldsymbol{\xi}_1=\begin{pmatrix}-1\\ 1\\ 0\end{pmatrix},\quad \boldsymbol{\xi}_2=\begin{pmatrix}-1\\ 0\\ 1\end{pmatrix},$$

通解为

$$\boldsymbol{x}=\boldsymbol{\eta}+c_1\boldsymbol{\xi}_1+c_2\boldsymbol{\xi}_2=\begin{pmatrix}-2\\0\\0\end{pmatrix}+c_1\begin{pmatrix}-1\\1\\0\end{pmatrix}+c_2\begin{pmatrix}-1\\0\\1\end{pmatrix}\ (c_1,\ c_2\text{为任意常数}).$$

52 λ 取何值时，方程组 1997 数学二，8 分

$$\begin{cases}2x_1+\lambda x_2-x_3=1,\\ \lambda x_1-x_2+x_3=2,\\ 4x_1+5x_2-5x_3=-1\end{cases}$$

无解，有唯一解或有无穷多解？并在有无穷多解时写出方程组的通解.

知识点睛 0403 非齐次线性方程组有解的充要条件，0407 非齐次线性方程组的通解

解法 1 原方程组的系数行列式

$$\begin{vmatrix}2&\lambda&-1\\ \lambda&-1&1\\ 4&5&-5\end{vmatrix}=5\lambda^2-\lambda-4=(\lambda-1)(5\lambda+4),$$

故当 $\lambda\neq1$ 且 $\lambda\neq-\frac{4}{5}$ 时，方程组有唯一解.

当 $\lambda=1$ 时，原方程组为

$$\begin{cases}2x_1+x_2-x_3=1,\\ x_1-x_2+x_3=2,\\ 4x_1+5x_2-5x_3=-1.\end{cases}$$

对其增广矩阵施行初等行变换

$$\left(\begin{array}{ccc:c}2&1&-1&1\\1&-1&1&2\\4&5&-5&-1\end{array}\right)\to\left(\begin{array}{ccc:c}0&3&-3&-3\\1&-1&1&2\\0&9&-9&-9\end{array}\right)\to\left(\begin{array}{ccc:c}1&0&0&1\\0&1&-1&-1\\0&0&0&0\end{array}\right).$$

因此，当 $\lambda=1$ 时，原方程组有无穷多解，其通解为

$$\begin{cases}x_1=1,\\ x_2=-1+k,\\ x_3=k,\end{cases}$$

其中 k 为任意实数（或 $(x_1,\ x_2,\ x_3)^{\mathrm{T}}=(1,-1,0)^{\mathrm{T}}+k(0,1,1)^{\mathrm{T}}$，其中 k 为任意实数.）

当 $\lambda=-\frac{4}{5}$ 时，原方程组的同解方程组为

$$\begin{cases}10x_1-4x_2-5x_3=5,\\ 4x_1+5x_2-5x_3=-10,\\ 4x_1+5x_2-5x_3=-1,\end{cases}$$

对其增广矩阵施行初等行变换

$$\left(\begin{array}{ccc:c}10&-4&-5&5\\4&5&-5&-10\\4&5&-5&-1\end{array}\right)\to\left(\begin{array}{ccc:c}10&-4&-5&5\\4&5&-5&-10\\0&0&0&9\end{array}\right),$$

由此可知当 $\lambda=-\frac{4}{5}$ 时,原方程组无解.

解法2 对原方程组的增广矩阵施行初等行变换

$$\left(\begin{array}{ccc:c}2&\lambda&-1&1\\ \lambda&-1&1&2\\ 4&5&-5&-1\end{array}\right)\to\left(\begin{array}{ccc:c}2&\lambda&-1&1\\ \lambda+2&\lambda-1&0&3\\ -6&-5\lambda+5&0&-6\end{array}\right)\to\left(\begin{array}{ccc:c}2&\lambda&-1&1\\ \lambda+2&\lambda-1&0&3\\ 5\lambda+4&0&0&9\end{array}\right),$$

于是,当 $\lambda=-\frac{4}{5}$ 时,原方程组无解;当 $\lambda\neq1$ 且 $\lambda\neq-\frac{4}{5}$ 时,原方程组有唯一解;当 $\lambda=1$ 时,原方程组有无穷多解,其通解为

$$\begin{cases}x_1=1,\\ x_2=-1+k,\\ x_3=k,\end{cases}$$

其中 k 为任意实数(或 $(x_1,x_2,x_3)^{\mathrm T}=(1,-1,0)^{\mathrm T}+k(0,1,1)^{\mathrm T}$,其中 k 为任意实数.)

Ⓚ 2000 数学二,6分

53题精解视频

53 设 $\boldsymbol\alpha=\begin{pmatrix}1\\2\\1\end{pmatrix}$, $\boldsymbol\beta=\begin{pmatrix}1\\ \frac{1}{2}\\0\end{pmatrix}$, $\boldsymbol\gamma=\begin{pmatrix}0\\0\\8\end{pmatrix}$, $\boldsymbol A=\boldsymbol\alpha\boldsymbol\beta^{\mathrm T}$, $\boldsymbol B=\boldsymbol\beta^{\mathrm T}\boldsymbol\alpha$,其中 $\boldsymbol\beta^{\mathrm T}$ 是 $\boldsymbol\beta$ 的转置,求解方程 $2\boldsymbol B^2\boldsymbol A^2\boldsymbol x=\boldsymbol A^4\boldsymbol x+\boldsymbol B^4\boldsymbol x+\boldsymbol\gamma$.

知识点睛 矩阵方程

解 $\boldsymbol A=\begin{pmatrix}1\\2\\1\end{pmatrix}\left(1,\frac{1}{2},0\right)=\begin{pmatrix}1&\frac{1}{2}&0\\2&1&0\\1&\frac{1}{2}&0\end{pmatrix}$, $\boldsymbol B=\left(1,\frac{1}{2},0\right)\begin{pmatrix}1\\2\\1\end{pmatrix}=2.$

又 $\boldsymbol A^2=(\boldsymbol\alpha\boldsymbol\beta^{\mathrm T})(\boldsymbol\alpha\boldsymbol\beta^{\mathrm T})=\boldsymbol\alpha(\boldsymbol\beta^{\mathrm T}\boldsymbol\alpha)\boldsymbol\beta^{\mathrm T}=2\boldsymbol A$,所以

$$\boldsymbol A^4=2^3\boldsymbol A=8\boldsymbol A,$$

代入原方程,得

$$16\boldsymbol A\boldsymbol x=8\boldsymbol A\boldsymbol x+16\boldsymbol x+\boldsymbol\gamma,$$

即 $8(\boldsymbol A-2\boldsymbol E)\boldsymbol x=\boldsymbol\gamma$.有

$$\left(\begin{array}{ccc:c}-1&\frac{1}{2}&0&0\\ 2&-1&0&0\\ 1&\frac{1}{2}&-2&1\end{array}\right)\to\left(\begin{array}{ccc:c}1&0&-1&\frac{1}{2}\\ 0&1&-2&1\\ 0&0&0&0\end{array}\right),$$

所以 $\boldsymbol x=\begin{pmatrix}\frac{1}{2}\\1\\0\end{pmatrix}+k\begin{pmatrix}1\\2\\1\end{pmatrix}$, k 为任意常数.

54 已知线性方程组

$$\begin{cases}x_1+x_2-2x_3+3x_4=0,\\2x_1+x_2-6x_3+4x_4=-1,\\3x_1+2x_2+px_3+7x_4=-1,\\x_1-x_2-6x_3-x_4=t,\end{cases}$$

讨论参数 p, t 取何值时,方程组有解、无解;当有解时,试用其导出组的基础解系表示通解.

知识点睛　0403 非齐次线性方程组有解的充要条件, 0407 非齐次线性方程组的通解

解　对方程组的增广矩阵施以初等行变换

$$\overline{A}=\left(\begin{array}{cccc:c}1&1&-2&3&0\\2&1&-6&4&-1\\3&2&p&7&-1\\1&-1&-6&-1&t\end{array}\right)\rightarrow\left(\begin{array}{cccc:c}1&0&-4&1&-1\\0&1&2&2&1\\0&0&p+8&0&0\\0&0&0&0&t+2\end{array}\right).$$

(1) 当 $t\neq-2$ 时, $r(\boldsymbol{A})\neq r(\overline{\boldsymbol{A}})$,方程组无解;

(2) 当 $t=-2$ 时, $r(\boldsymbol{A})=r(\overline{\boldsymbol{A}})$,方程组有解;

(a)若 $p=-8$,得通解

$$\begin{pmatrix}-1\\1\\0\\0\end{pmatrix}+c_1\begin{pmatrix}4\\-2\\1\\0\end{pmatrix}+c_2\begin{pmatrix}-1\\-2\\0\\1\end{pmatrix},$$

其中 c_1, c_2为任意常数;

(b)若 $p\neq-8$,得通解

$$\begin{pmatrix}-1\\1\\0\\0\end{pmatrix}+c\begin{pmatrix}-1\\-2\\0\\1\end{pmatrix},$$

其中 c 为任意常数.

55　如 55 题图所示,有 3 张平面两两相交,交线相互平行,由它们的方程　Ⓚ 2019 数学一, 4 分

$$a_{i1}x+a_{i2}y+a_{i3}z=d_i\quad(i=1,2,3)$$

组成的线性方程组的系数矩阵和增广矩阵分别记为 $\boldsymbol{A}$,$\overline{\boldsymbol{A}}$,则(　　).

(A) $r(\boldsymbol{A})=2$, $r(\overline{\boldsymbol{A}})=3$

(B) $r(\boldsymbol{A})=2$, $r(\overline{\boldsymbol{A}})=2$

(C) $r(\boldsymbol{A})=1$, $r(\overline{\boldsymbol{A}})=2$

(D) $r(\boldsymbol{A})=1$, $r(\overline{\boldsymbol{A}})=1$

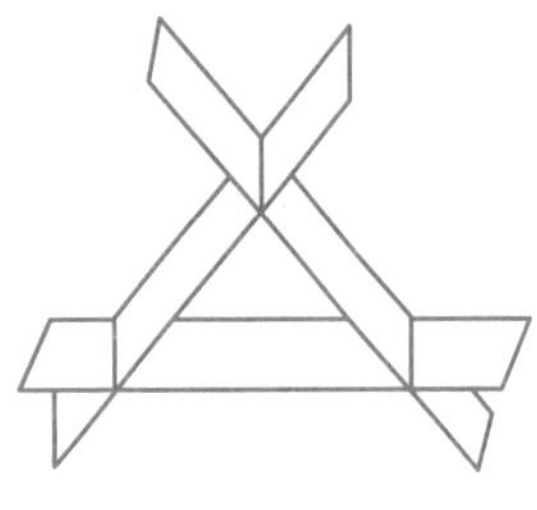

55 题图

知识点睛　0403 非齐次线性方程组有解的充要条件

解　三个平面两两相交,没有公共交点,即方程组无解,从而 $r(\boldsymbol{A})\neq r(\overline{\boldsymbol{A}})$.排除(B)、(D).

又因 3 个平面互相不平行,法向量互不平行(但共面),从

而 $r(\boldsymbol{A})=2$.应选(A).至于(C), $r(\boldsymbol{A})=1$,意味三个平面的法向量共线,三个平面平行(最多可有两个重合).排除(C).

Ⓚ 2017 数学一、数学二、数学三,11 分

56 设 3 阶矩阵 $\boldsymbol{A}=(\boldsymbol{\alpha}_1,\boldsymbol{\alpha}_2,\boldsymbol{\alpha}_3)$ 有 3 个不同的特征值,且 $\boldsymbol{\alpha}_3=\boldsymbol{\alpha}_1+2\boldsymbol{\alpha}_2$.

(1) 证明 $r(\boldsymbol{A})=2$;

(2) 若 $\boldsymbol{\beta}=\boldsymbol{\alpha}_1+\boldsymbol{\alpha}_2+\boldsymbol{\alpha}_3$,求方程组 $\boldsymbol{Ax}=\boldsymbol{\beta}$ 的通解.

知识点睛 0407 非齐次线性方程组的通解

解 (1) 由 $\boldsymbol{\alpha}_3=\boldsymbol{\alpha}_1+2\boldsymbol{\alpha}_2$ 知 $\boldsymbol{\alpha}_1,\boldsymbol{\alpha}_2,\boldsymbol{\alpha}_3$ 线性相关,故 $|\boldsymbol{A}|=0$,$\lambda=0$ 是 $\boldsymbol{A}$ 的特征值.又 $\boldsymbol{A}$ 有 3 个不同的特征值,设为 λ_1,λ_2, 0 (其中 λ_1,λ_2 不为 0),那么

$$\boldsymbol{A}\sim\begin{pmatrix}\lambda_1&&\\&\lambda_2&\\&&0\end{pmatrix},$$

所以 $r(\boldsymbol{A})=2$.

(2) 由 $\boldsymbol{\alpha}_3=\boldsymbol{\alpha}_1+2\boldsymbol{\alpha}_2$ 有 $\boldsymbol{\alpha}_1+2\boldsymbol{\alpha}_2-\boldsymbol{\alpha}_3=\boldsymbol{0}$,有

$$\boldsymbol{A}\begin{pmatrix}1\\2\\-1\end{pmatrix}=(\boldsymbol{\alpha}_1,\boldsymbol{\alpha}_2,\boldsymbol{\alpha}_3)\begin{pmatrix}1\\2\\-1\end{pmatrix}=\boldsymbol{\alpha}_1+2\boldsymbol{\alpha}_2-\boldsymbol{\alpha}_3=\boldsymbol{0},$$

即 $(1,2,-1)^{\mathrm{T}}$ 是 $\boldsymbol{Ax}=\boldsymbol{0}$ 的解.又

$$\boldsymbol{A}\begin{pmatrix}1\\1\\1\end{pmatrix}=(\boldsymbol{\alpha}_1,\boldsymbol{\alpha}_2,\boldsymbol{\alpha}_3)\begin{pmatrix}1\\1\\1\end{pmatrix}=\boldsymbol{\alpha}_1+\boldsymbol{\alpha}_2+\boldsymbol{\alpha}_3=\boldsymbol{\beta},$$

即 $(1,1,1)^{\mathrm{T}}$ 是 $\boldsymbol{Ax}=\boldsymbol{\beta}$ 的解.

由 $r(\boldsymbol{A})=2$,根据解的结构知 $\boldsymbol{Ax}=\boldsymbol{\beta}$ 的通解为 $\boldsymbol{x}=(1,1,1)^{\mathrm{T}}+k(1,2,-1)^{\mathrm{T}}$,$k$ 为任意常数.

§4.3 线性方程组的同解与公共解问题

57 题精解视频

57 设方程组

$$(\mathrm{I})\begin{cases}x_1+2x_2-x_3+x_4=l,\\3x_1+mx_2+3x_3+2x_4=-11,\\2x_1+2x_2+nx_3+x_4=-4\end{cases}\quad 与方程组\quad(\mathrm{II})\begin{cases}x_1+3x_3=-2,\\x_2-2x_3=5,\\x_4=-10\end{cases}$$

是同解方程组,试确定方程组(I) 中的参数 l, m, n 的值.

知识点睛 线性方程组的同解,0407 非齐次线性方程组的通解

解 易找到方程组(II) 的一个特解 $\boldsymbol{\eta}=\begin{pmatrix}-5\\7\\1\\-10\end{pmatrix}$,由于(I) 与(II)同解,所以 $\boldsymbol{\eta}$ 也满足方程组(I),将其代入(I),得

$$\begin{cases}-5+14-1-10=l,\\-15+7m+3-20=-11,\\-10+14+n-10=-4,\end{cases}\quad 解得\quad\begin{cases}l=-2,\\m=3,\\n=2.\end{cases}$$

经验证,当 $l=-2,\ m=3,\ n=2$ 时,(Ⅰ)与(Ⅱ)有相同的解:

$$\begin{pmatrix}-5\\7\\1\\-10\end{pmatrix}+k\begin{pmatrix}-3\\2\\1\\0\end{pmatrix},k\text{ 为任意常数.}$$

58 设 $\boldsymbol{Ax}=\mathbf{0}$ 与 $\boldsymbol{Bx}=\mathbf{0}$ 均为 n 元齐次线性方程组,$r(\boldsymbol{A})=r(\boldsymbol{B})$,且方程组 $\boldsymbol{Ax}=\mathbf{0}$ 的解均为方程组 $\boldsymbol{Bx}=\mathbf{0}$ 的解,证明:方程组 $\boldsymbol{Ax}=\mathbf{0}$ 与方程组 $\boldsymbol{Bx}=\mathbf{0}$ 同解.

知识点睛 线性方程组的同解

证 因为 $r(\boldsymbol{A})=r(\boldsymbol{B})$,不妨设它们的秩都为 r,记 $\boldsymbol{Ax}=\mathbf{0}$ 与 $\boldsymbol{Bx}=\mathbf{0}$ 的基础解系分别为:

$$(\text{Ⅰ})\ \boldsymbol{\xi}_1,\boldsymbol{\xi}_2,\cdots,\boldsymbol{\xi}_{n-r};$$
$$(\text{Ⅱ})\ \boldsymbol{\eta}_1,\boldsymbol{\eta}_2,\cdots,\boldsymbol{\eta}_{n-r}.$$

又考察

$$(\text{Ⅲ})\ \boldsymbol{\xi}_1,\boldsymbol{\xi}_2,\cdots,\boldsymbol{\xi}_{n-r},\boldsymbol{\eta}_1,\boldsymbol{\eta}_2,\cdots,\boldsymbol{\eta}_{n-r}.$$

由已知,(Ⅰ)可由(Ⅱ)线性表示,所以 $\boldsymbol{\eta}_1,\boldsymbol{\eta}_2,\cdots,\boldsymbol{\eta}_{n-r}$ 是(Ⅲ)的一个极大线性无关组,但 $\boldsymbol{\xi}_1,\boldsymbol{\xi}_2,\cdots,\boldsymbol{\xi}_{n-r}$ 也线性无关,所以 $\boldsymbol{\xi}_1,\boldsymbol{\xi}_2,\cdots,\boldsymbol{\xi}_{n-r}$ 也是(Ⅲ)的一个极大线性无关组,故 $\boldsymbol{\eta}_1,\boldsymbol{\eta}_2,\cdots,\boldsymbol{\eta}_{n-r}$ 可由 $\boldsymbol{\xi}_1,\boldsymbol{\xi}_2,\cdots,\boldsymbol{\xi}_{n-r}$ 线性表示,即(Ⅱ)可由(Ⅰ)线性表示,说明 $\boldsymbol{Bx}=\mathbf{0}$ 的任一解也是 $\boldsymbol{Ax}=\mathbf{0}$ 的解,故方程组 $\boldsymbol{Ax}=\mathbf{0}$ 与 $\boldsymbol{Bx}=\mathbf{0}$ 是同解方程组.

59 证明:$\boldsymbol{A}$ 为 n 阶方阵,则 $r(\boldsymbol{A}^n)=r(\boldsymbol{A}^{n+1})$.

知识点睛 线性方程组的同解问题

证 只需证 $\boldsymbol{A}^n\boldsymbol{x}=\mathbf{0}$ 和 $\boldsymbol{A}^{n+1}\boldsymbol{x}=\mathbf{0}$ 同解即可.

设 $\boldsymbol{\alpha}$ 是 $\boldsymbol{A}^n\boldsymbol{x}=\mathbf{0}$ 的解,则 $\boldsymbol{A}^n\boldsymbol{\alpha}=\mathbf{0}$,显然 $\boldsymbol{A}^{n+1}\boldsymbol{\alpha}=\mathbf{0}$,即 $\boldsymbol{\alpha}$ 也是 $\boldsymbol{A}^{n+1}\boldsymbol{\alpha}=\mathbf{0}$ 的解.

反之,设 $\boldsymbol{\beta}$ 是 $\boldsymbol{A}^{n+1}\boldsymbol{x}=\mathbf{0}$ 的解,则 $\boldsymbol{A}^{n+1}\boldsymbol{\beta}=\mathbf{0}$.假设 $\boldsymbol{A}^n\boldsymbol{\beta}\neq\mathbf{0}$,下面证明 $\boldsymbol{\beta},\boldsymbol{A\beta},\cdots,\boldsymbol{A}^n\boldsymbol{\beta}$ 线性无关.

设有常数 $k_0,k_1,\cdots,k_n$ 使得

$$k_0\boldsymbol{\beta}+k_1\boldsymbol{A\beta}+\cdots+k_n\boldsymbol{A}^n\boldsymbol{\beta}=\mathbf{0},$$

等式两边左乘 $\boldsymbol{A}^n$,则有

$$k_0\boldsymbol{A}^n\boldsymbol{\beta}+k_1\boldsymbol{A}^{n+1}\boldsymbol{\beta}+\cdots+k_n\boldsymbol{A}^{2n}\boldsymbol{\beta}=\mathbf{0},\quad\text{即}\quad k_0\boldsymbol{A}^n\boldsymbol{\beta}=\mathbf{0}.$$

又 $\boldsymbol{A}^n\boldsymbol{\beta}\neq\mathbf{0}$,所以 $k_0=0$,同理可得 $k_1=\cdots=k_n=0$,所以 $\boldsymbol{\beta},\boldsymbol{A\beta},\cdots,\boldsymbol{A}^n\boldsymbol{\beta}$ 线性无关.但 $\boldsymbol{\beta},\boldsymbol{A\beta},\cdots,\boldsymbol{A}^n\boldsymbol{\beta}$ 是 $n+1$ 个 n 维向量,一定线性相关,矛盾.所以 $\boldsymbol{A}^n\boldsymbol{\beta}=\mathbf{0}$,即 $\boldsymbol{\beta}$ 也是 $\boldsymbol{A}^n\boldsymbol{x}=\mathbf{0}$ 的解.

综上,$\boldsymbol{A}^n\boldsymbol{x}=\mathbf{0}$ 与 $\boldsymbol{A}^{n+1}\boldsymbol{x}=\mathbf{0}$ 同解,所以 $r(\boldsymbol{A}^n)=r(\boldsymbol{A}^{n+1})$.得证.

60 设 $\boldsymbol{A}$ 为 n 阶方阵,齐次线性方程组 $\boldsymbol{Ax}=\mathbf{0}$ 有两个线性无关的解,$\boldsymbol{A}^*$ 是 $\boldsymbol{A}$ 的伴随矩阵,则有(　　).

(A) $\boldsymbol{A}^*\boldsymbol{x}=\mathbf{0}$ 的解均为 $\boldsymbol{Ax}=\mathbf{0}$ 的解

(B) $\boldsymbol{Ax}=\mathbf{0}$ 的解均为 $\boldsymbol{A}^*\boldsymbol{x}=\mathbf{0}$ 的解

(C) $\boldsymbol{Ax}=\mathbf{0}$ 与 $\boldsymbol{A}^*\boldsymbol{x}=\mathbf{0}$ 无非零公共解

(D) $\boldsymbol{Ax}=\mathbf{0}$ 与 $\boldsymbol{A}^*\boldsymbol{x}=\mathbf{0}$ 恰好有一个非零公共解

知识点睛 线性方程组的公共解

解 由题意 $n-r(\boldsymbol{A})\geqslant 2$,从而 $r(\boldsymbol{A})\leqslant n-2$,由 $r(\boldsymbol{A})$ 与 $r(\boldsymbol{A}^*)$ 之间关系知 $r(\boldsymbol{A}^*)=0$,即 $\boldsymbol{A}^*=\boldsymbol{0}$.所以任选一个 n 维向量均为 $\boldsymbol{A}^*\boldsymbol{x}=\boldsymbol{0}$ 的解.

故应选(B).

K 2000 数学三,3 分

61 设 $\boldsymbol{A}$ 为 n 阶实矩阵,$\boldsymbol{A}^{\mathrm{T}}$ 是 $\boldsymbol{A}$ 的转置矩阵,则对于线性方程组(Ⅰ):$\boldsymbol{Ax}=\boldsymbol{0}$ 和(Ⅱ):$\boldsymbol{A}^{\mathrm{T}}\boldsymbol{Ax}=\boldsymbol{0}$,必有(　　).

(A)(Ⅱ)的解是(Ⅰ)的解,(Ⅰ)的解也是(Ⅱ)的解

(B)(Ⅱ)的解是(Ⅰ)的解,但(Ⅰ)的解不是(Ⅱ)的解

(C)(Ⅰ)的解不是(Ⅱ)的解,(Ⅱ)的解也不是(Ⅰ)的解

(D)(Ⅰ)的解是(Ⅱ)的解,但(Ⅱ)的解不是(Ⅰ)的解

知识点睛 线性方程组的公共解

解 若 $\boldsymbol{\eta}$ 是(Ⅰ)的解,则 $\boldsymbol{A\eta}=\boldsymbol{0}$,那么

$$(\boldsymbol{A}^{\mathrm{T}}\boldsymbol{A})\boldsymbol{\eta}=\boldsymbol{A}^{\mathrm{T}}(\boldsymbol{A\eta})=\boldsymbol{A}^{\mathrm{T}}\boldsymbol{0}=\boldsymbol{0},$$

即 $\boldsymbol{\eta}$ 是(Ⅱ)的解.

若 $\boldsymbol{\alpha}$ 是(Ⅱ)的解,有 $\boldsymbol{A}^{\mathrm{T}}\boldsymbol{A\alpha}=\boldsymbol{0}$,用 $\boldsymbol{\alpha}^{\mathrm{T}}$ 左乘得 $\boldsymbol{\alpha}^{\mathrm{T}}\boldsymbol{A}^{\mathrm{T}}\boldsymbol{A\alpha}=0$,即 $(\boldsymbol{A\alpha})^{\mathrm{T}}(\boldsymbol{A\alpha})=0$.亦即内积 $(\boldsymbol{A\alpha},\boldsymbol{A\alpha})=0$,故必有 $\boldsymbol{A\alpha}=\boldsymbol{0}$,即 $\boldsymbol{\alpha}$ 是(Ⅰ)的解.

所以(Ⅰ)与(Ⅱ)同解,故应选(A).

【评注】若 $\boldsymbol{\alpha}=(a_1,a_2,\cdots,a_n)^{\mathrm{T}}$,则 $\boldsymbol{\alpha}^{\mathrm{T}}\boldsymbol{\alpha}=a_1^2+a_2^2+\cdots+a_n^2$,可见 $\boldsymbol{\alpha}^{\mathrm{T}}\boldsymbol{\alpha}=0\Leftrightarrow\boldsymbol{\alpha}=\boldsymbol{0}$.

K 2003 数学一,4 分

62 设有齐次线性方程组 $\boldsymbol{Ax}=\boldsymbol{0}$ 和 $\boldsymbol{Bx}=\boldsymbol{0}$,其中 $\boldsymbol{A},\boldsymbol{B}$ 均为 $m\times n$ 矩阵,现有4个命题:

① 若 $\boldsymbol{Ax}=\boldsymbol{0}$ 的解均是 $\boldsymbol{Bx}=\boldsymbol{0}$ 的解,则 $r(\boldsymbol{A})\geqslant r(\boldsymbol{B})$;

② 若 $r(\boldsymbol{A})\geqslant r(\boldsymbol{B})$,则 $\boldsymbol{Ax}=\boldsymbol{0}$ 的解均是 $\boldsymbol{Bx}=\boldsymbol{0}$ 的解;

③ 若 $\boldsymbol{Ax}=\boldsymbol{0}$ 与 $\boldsymbol{Bx}=\boldsymbol{0}$ 同解,则 $r(\boldsymbol{A})=r(\boldsymbol{B})$;

④ 若 $r(\boldsymbol{A})=r(\boldsymbol{B})$,则 $\boldsymbol{Ax}=\boldsymbol{0}$ 与 $\boldsymbol{Bx}=\boldsymbol{0}$ 同解.

以上命题中正确的是(　　).

(A)①②　　(B)①③　　(C)②④　　(D)③④

知识点睛 线性方程组的同解与公共解

解 显然命题④错误,因此排除(C)、(D).对于(A)与(B)其中必有一个正确,因此命题①必正确,那么②与③哪一个命题正确呢?

由命题①,"若 $\boldsymbol{Ax}=\boldsymbol{0}$ 的解均是 $\boldsymbol{Bx}=\boldsymbol{0}$ 的解,则 $r(\boldsymbol{A})\geqslant r(\boldsymbol{B})$"正确,知"若 $\boldsymbol{Bx}=\boldsymbol{0}$ 的解均是 $\boldsymbol{Ax}=\boldsymbol{0}$ 的解,则 $r(\boldsymbol{B})\geqslant r(\boldsymbol{A})$"正确,可见"若 $\boldsymbol{Ax}=\boldsymbol{0}$ 与 $\boldsymbol{Bx}=\boldsymbol{0}$ 同解,则 $r(\boldsymbol{A})=r(\boldsymbol{B})$"正确.即命题③正确,故应选(B).

希望你能证明①正确,举例说明②错误.

K 2022 数学一,5 分

63 设 $\boldsymbol{A},\boldsymbol{B}$ 均为 n 阶矩阵,如果方程组 $\boldsymbol{Ax}=\boldsymbol{0}$ 与 $\boldsymbol{Bx}=\boldsymbol{0}$ 同解,则(　　).

(A) 方程组 $\begin{pmatrix}\boldsymbol{A}&\boldsymbol{O}\\\boldsymbol{E}&\boldsymbol{B}\end{pmatrix}\boldsymbol{y}=\boldsymbol{0}$ 只有零解

(B) 方程组 $\begin{pmatrix}\boldsymbol{E}&\boldsymbol{A}\\\boldsymbol{O}&\boldsymbol{AB}\end{pmatrix}\boldsymbol{y}=\boldsymbol{0}$ 仅有零解

(C) 方程组$\begin{pmatrix} \boldsymbol{A} & \boldsymbol{B} \\ \boldsymbol{O} & \boldsymbol{B} \end{pmatrix}\boldsymbol{y}=\boldsymbol{0}$与$\begin{pmatrix} \boldsymbol{B} & \boldsymbol{A} \\ \boldsymbol{O} & \boldsymbol{A} \end{pmatrix}\boldsymbol{y}=\boldsymbol{0}$同解

(D) 方程组$\begin{pmatrix} \boldsymbol{AB} & \boldsymbol{B} \\ \boldsymbol{O} & \boldsymbol{A} \end{pmatrix}\boldsymbol{y}=\boldsymbol{0}$与$\begin{pmatrix} \boldsymbol{BA} & \boldsymbol{A} \\ \boldsymbol{O} & \boldsymbol{B} \end{pmatrix}\boldsymbol{y}=\boldsymbol{0}$同解

知识点睛　线性方程组的同解

解　(A) 不正确. 例如$\boldsymbol{A}=\boldsymbol{B}=\boldsymbol{0}$时,方程组$\begin{pmatrix} \boldsymbol{A} & \boldsymbol{O} \\ \boldsymbol{E} & \boldsymbol{B} \end{pmatrix}y=\begin{pmatrix} \boldsymbol{O} & \boldsymbol{O} \\ \boldsymbol{E} & \boldsymbol{O} \end{pmatrix}\boldsymbol{y}=\boldsymbol{0}$显然有非零解.

(B) 不正确. 例如$\boldsymbol{A}=\boldsymbol{B}=\boldsymbol{O}$时,方程组$\begin{pmatrix} \boldsymbol{E} & \boldsymbol{A} \\ \boldsymbol{O} & \boldsymbol{AB} \end{pmatrix}\boldsymbol{y}=\begin{pmatrix} \boldsymbol{E} & \boldsymbol{O} \\ \boldsymbol{O} & \boldsymbol{O} \end{pmatrix}\boldsymbol{y}=\boldsymbol{0}$显然有非零解.

(C) 正确. 设$\boldsymbol{y}=\begin{pmatrix} \boldsymbol{y}_1 \\ \boldsymbol{y}_2 \end{pmatrix}$,$\boldsymbol{y}_1,\boldsymbol{y}_2$均为$n$维列向量. 若

$$\begin{pmatrix} \boldsymbol{A} & \boldsymbol{B} \\ \boldsymbol{O} & \boldsymbol{B} \end{pmatrix}\boldsymbol{y}=\begin{pmatrix} \boldsymbol{A} & \boldsymbol{B} \\ \boldsymbol{O} & \boldsymbol{B} \end{pmatrix}\begin{pmatrix} \boldsymbol{y}_1 \\ \boldsymbol{y}_2 \end{pmatrix}=\begin{pmatrix} \boldsymbol{Ay}_1+\boldsymbol{By}_2 \\ \boldsymbol{By}_2 \end{pmatrix}=\boldsymbol{0},$$

则$\boldsymbol{Ay}_1+\boldsymbol{By}_2=\boldsymbol{0}$,$\boldsymbol{By}_2=\boldsymbol{0}$,所以$\boldsymbol{Ay}_1=\boldsymbol{0}$,$\boldsymbol{By}_2=\boldsymbol{0}$. 又因为$\boldsymbol{Ax}=\boldsymbol{0}$与$\boldsymbol{Bx}=\boldsymbol{0}$同解,所以$\boldsymbol{Ay}_2=\boldsymbol{0}$,$\boldsymbol{By}_1=\boldsymbol{0}$. 于是

$$\begin{pmatrix} \boldsymbol{B} & \boldsymbol{A} \\ \boldsymbol{O} & \boldsymbol{A} \end{pmatrix}\boldsymbol{y}=\begin{pmatrix} \boldsymbol{B} & \boldsymbol{A} \\ \boldsymbol{O} & \boldsymbol{A} \end{pmatrix}\begin{pmatrix} \boldsymbol{y}_1 \\ \boldsymbol{y}_2 \end{pmatrix}=\begin{pmatrix} \boldsymbol{By}_1+\boldsymbol{Ay}_2 \\ \boldsymbol{Ay}_2 \end{pmatrix}=\boldsymbol{0}.$$

反之,若$\begin{pmatrix} \boldsymbol{B} & \boldsymbol{A} \\ \boldsymbol{O} & \boldsymbol{A} \end{pmatrix}\boldsymbol{y}=\begin{pmatrix} \boldsymbol{B} & \boldsymbol{A} \\ \boldsymbol{O} & \boldsymbol{A} \end{pmatrix}\begin{pmatrix} \boldsymbol{y}_1 \\ \boldsymbol{y}_2 \end{pmatrix}=\begin{pmatrix} \boldsymbol{By}_1+\boldsymbol{Ay}_2 \\ \boldsymbol{Ay}_2 \end{pmatrix}=\boldsymbol{0}$,则$\boldsymbol{Ay}_2=\boldsymbol{0}$,$\boldsymbol{By}_1+\boldsymbol{Ay}_2=\boldsymbol{0}$,所以$\boldsymbol{Ay}_2=\boldsymbol{0}$,$\boldsymbol{By}_1=\boldsymbol{0}$. 又由$\boldsymbol{Ax}=\boldsymbol{0}$与$\boldsymbol{Bx}=\boldsymbol{0}$同解,可知$\boldsymbol{By}_2=\boldsymbol{0}$,$\boldsymbol{Ay}_1=\boldsymbol{0}$,所以

$$\begin{pmatrix} \boldsymbol{A} & \boldsymbol{B} \\ \boldsymbol{O} & \boldsymbol{B} \end{pmatrix}\boldsymbol{y}=\begin{pmatrix} \boldsymbol{A} & \boldsymbol{B} \\ \boldsymbol{O} & \boldsymbol{B} \end{pmatrix}\begin{pmatrix} \boldsymbol{y}_1 \\ \boldsymbol{y}_2 \end{pmatrix}=\begin{pmatrix} \boldsymbol{Ay}_1+\boldsymbol{By}_2 \\ \boldsymbol{By}_2 \end{pmatrix}=\boldsymbol{0},$$

总之,(C)是正确的.

(D) 不正确. 例如$\boldsymbol{A}=\begin{pmatrix} 1 & 0 \\ 0 & 0 \end{pmatrix}$,$\boldsymbol{B}=\begin{pmatrix} 0 & 0 \\ 1 & 0 \end{pmatrix}$,易见$\boldsymbol{Ax}=\boldsymbol{0}$与$\boldsymbol{Bx}=\boldsymbol{0}$同解.

$$\boldsymbol{AB}=\begin{pmatrix} 1 & 0 \\ 0 & 0 \end{pmatrix}\begin{pmatrix} 0 & 0 \\ 1 & 0 \end{pmatrix}=\begin{pmatrix} 0 & 0 \\ 0 & 0 \end{pmatrix}=\boldsymbol{0},\quad \boldsymbol{BA}=\begin{pmatrix} 0 & 0 \\ 1 & 0 \end{pmatrix}\begin{pmatrix} 1 & 0 \\ 0 & 0 \end{pmatrix}=\begin{pmatrix} 0 & 0 \\ 1 & 0 \end{pmatrix}=\boldsymbol{B}.$$

若$\begin{pmatrix} \boldsymbol{AB} & \boldsymbol{B} \\ \boldsymbol{O} & \boldsymbol{A} \end{pmatrix}\boldsymbol{y}=\begin{pmatrix} \boldsymbol{O} & \boldsymbol{B} \\ \boldsymbol{O} & \boldsymbol{A} \end{pmatrix}\begin{pmatrix} \boldsymbol{y}_1 \\ \boldsymbol{y}_2 \end{pmatrix}=\begin{pmatrix} \boldsymbol{By}_2 \\ \boldsymbol{Ay}_2 \end{pmatrix}=\boldsymbol{0}$,则$\boldsymbol{Ay}_2=\boldsymbol{0}$,$\boldsymbol{By}_2=\boldsymbol{0}$,$\boldsymbol{y}_1$任意. 但

$$\begin{pmatrix} \boldsymbol{BA} & \boldsymbol{A} \\ \boldsymbol{O} & \boldsymbol{B} \end{pmatrix}\boldsymbol{y}=\begin{pmatrix} \boldsymbol{B} & \boldsymbol{A} \\ \boldsymbol{O} & \boldsymbol{B} \end{pmatrix}\begin{pmatrix} \boldsymbol{y}_1 \\ \boldsymbol{y}_2 \end{pmatrix}=\begin{pmatrix} \boldsymbol{By}_1+\boldsymbol{Ay}_2 \\ \boldsymbol{By}_2 \end{pmatrix}=\begin{pmatrix} \boldsymbol{By}_1 \\ \boldsymbol{0} \end{pmatrix},$$

当$\boldsymbol{By}_1\neq\boldsymbol{0}$时,$\begin{pmatrix} \boldsymbol{BA} & \boldsymbol{A} \\ \boldsymbol{O} & \boldsymbol{B} \end{pmatrix}\boldsymbol{y}\neq\boldsymbol{0}$. 故应选(C).

【评注】事实上,齐次线性方程组$\boldsymbol{Ax}=\boldsymbol{0}$与$\boldsymbol{Bx}=\boldsymbol{0}$同解当且仅当其系数矩阵$\boldsymbol{A}$与$\boldsymbol{B}$行等价,即当且仅当$r(\boldsymbol{A})=r(\boldsymbol{B})=r\begin{pmatrix} \boldsymbol{A} \\ \boldsymbol{B} \end{pmatrix}$. 在处理选择题或者填空题等小题时,上述结论可以直接应用.

64 设 $\boldsymbol{A}$ 为 $m\times n$ 矩阵,则与 $\boldsymbol{Ax}=\boldsymbol{b}$ 同解的方程组是(　　).

(A) $m=n$ 时, $\boldsymbol{A}^{\mathrm{T}}\boldsymbol{x}=\boldsymbol{b}$

(B) $\boldsymbol{QAx}=\boldsymbol{Qb}$,其中 $\boldsymbol{Q}$ 为可逆矩阵

(C) $r(\boldsymbol{A})=r(\overline{\boldsymbol{A}})$,由 $\boldsymbol{Ax}=\boldsymbol{b}$ 的前 r 个方程组成的方程组

(D) $r(\boldsymbol{A})=r(\boldsymbol{C})$, $\boldsymbol{C}_{m\times n}\boldsymbol{x}=\boldsymbol{b}$

知识点睛 线性方程组的同解

解 可直接验证(B)项. 一方面,若 $\boldsymbol{\alpha}$ 为 $\boldsymbol{Ax}=\boldsymbol{b}$ 的解,即 $\boldsymbol{A\alpha}=\boldsymbol{b}$,则 $\boldsymbol{QA\alpha}=\boldsymbol{Qb}$,$\boldsymbol{\alpha}$ 必为 $\boldsymbol{QAx}=\boldsymbol{Qb}$ 的解;另一方面,若 $\boldsymbol{\beta}$ 为 $\boldsymbol{QAx}=\boldsymbol{Qb}$ 的解,即 $\boldsymbol{QA\beta}=\boldsymbol{Qb}$,两边同时左乘 $\boldsymbol{Q}^{-1}$,有 $\boldsymbol{Q}^{-1}\boldsymbol{QA\beta}=\boldsymbol{Q}^{-1}\boldsymbol{Qb}$,即得 $\boldsymbol{A\beta}=\boldsymbol{b}$,所以 $\boldsymbol{\beta}$ 为 $\boldsymbol{Ax}=\boldsymbol{b}$ 的解.故方程组 $\boldsymbol{Ax}=\boldsymbol{b}$ 和 $\boldsymbol{QAx}=\boldsymbol{Qb}$ 同解,应选(B).

K 1994 数学一,8分

65 题精解视频

65 设四元方程组(Ⅰ)为 $\begin{cases}x_1+x_2=0,\\x_2-x_4=0,\end{cases}$ 又已知齐次线性方程组(Ⅱ)的通解为 $k_1(0,1,1,0)^{\mathrm{T}}+k_2(-1,2,2,1)^{\mathrm{T}}$,$k_1,k_2$为任意常数.

(1) 求方程组(Ⅰ)的基础解系;

(2) 问线性方程组(Ⅰ)和(Ⅱ)是否有非零公共解?若有,则求出所有的非零公共解,若没有,说明理由.

知识点睛 线性方程组的公共解

(1)解 对方程组(Ⅰ)的系数矩阵进行初等行变换

$$\boldsymbol{A}=\begin{pmatrix}1&1&0&0\\0&1&0&-1\end{pmatrix}\to\begin{pmatrix}1&0&0&1\\0&1&0&-1\end{pmatrix},$$

故(Ⅰ)的基础解系为 $\boldsymbol{\eta}_1=(0,0,1,0)^{\mathrm{T}},\boldsymbol{\eta}_2=(-1,1,0,1)^{\mathrm{T}}$.

(2)解法1 将(Ⅱ)的通解代入方程组(Ⅰ),得

$$\begin{cases}-k_2+k_1+2k_2=0,\\k_1+2k_2-k_2=0,\end{cases}$$

解得 $k_1=-k_2$,则$-k_2(0,1,1,0)^{\mathrm{T}}+k_2(-1,2,2,1)^{\mathrm{T}}$,即 $k_2(-1,1,1,1)^{\mathrm{T}}$(其中 k_2是任意常数)是方程组(Ⅰ)与(Ⅱ)的公共解.

故方程组(Ⅰ)与(Ⅱ)有非零公共解,所有非零公共解为 $k(-1,1,1,1)^{\mathrm{T}}$,其中 k 为任意非零常数.

解法2 由(Ⅰ),(Ⅱ)的通解相等,得

$$y_1\begin{pmatrix}0\\1\\1\\0\end{pmatrix}+y_2\begin{pmatrix}-1\\2\\2\\1\end{pmatrix}=y_3\begin{pmatrix}0\\0\\1\\0\end{pmatrix}+y_4\begin{pmatrix}-1\\1\\0\\1\end{pmatrix},$$

即

$$\begin{pmatrix}0&-1&0&1\\1&2&0&-1\\1&2&-1&0\\0&1&0&-1\end{pmatrix}\begin{pmatrix}y_1\\y_2\\y_3\\y_4\end{pmatrix}=0.$$

求得通解为 $k(-1,1,1,1)^{\mathrm{T}}$(k 为任意常数),即方程组(Ⅰ),(Ⅱ)的公共解为 $k(-1,1,1,1)^{\mathrm{T}}$(k 为任意常数).

因此方程组(Ⅰ)与(Ⅱ)有非零公共解,所有非零公共解为 $k(-1,1,1,1)^{\mathrm{T}}$,其中 k 为任意非零常数.

66 设四元齐次线性方程组(Ⅰ)为 2002 数学四,8 分

$$\begin{cases}2x_1+3x_2-x_3=0,\\ x_1+2x_2+x_3-x_4=0,\end{cases}$$

而已知另一四元齐次线性方程组(Ⅱ)的一个基础解系为

$$\boldsymbol{\alpha}_1=(2,-1,a+2,1)^{\mathrm{T}},\quad \boldsymbol{\alpha}_2=(-1,2,4,a+8)^{\mathrm{T}},$$

(1)求方程组(Ⅰ)的一个基础解系;

(2)当 a 为何值时,方程组(Ⅰ)与(Ⅱ)有非零公共解?在有非零公共解时,求出全部非零公共解.

知识点睛 线性方程组的公共解

解 (1)对方程组(Ⅰ)的系数矩阵作初等行变换,有

$$\begin{pmatrix}2&3&-1&0\\1&2&1&-1\end{pmatrix}\to\begin{pmatrix}1&0&-5&3\\0&1&3&-2\end{pmatrix},$$

由于 $n-r(\boldsymbol{A})=4-2=2$,基础解系由 2 个线性无关的解向量所构成,取 x_3,x_4为自由未知量,所以 $\boldsymbol{\beta}_1=(5,-3,1,0)^{\mathrm{T}}$,$\boldsymbol{\beta}_2=(-3,2,0,1)^{\mathrm{T}}$是方程组(Ⅰ)的基础解系.

(2)设 $\boldsymbol{\eta}$ 是方程组(Ⅰ)与(Ⅱ)的非零公共解,则

$\boldsymbol{\eta}=k_1\boldsymbol{\beta}_1+k_2\boldsymbol{\beta}_2=l_1\boldsymbol{\alpha}_1+l_2\boldsymbol{\alpha}_2$,其中 k_1,k_2 与 l_1,l_2 均为不全为零的常数,那么 $k_1\boldsymbol{\beta}_1+k_2\boldsymbol{\beta}_2-l_1\boldsymbol{\alpha}_1-l_2\boldsymbol{\alpha}_2=\mathbf{0}$.

由此得齐次方程组(Ⅲ)

$$\begin{cases}5k_1-3k_2-2l_1+l_2=0,\\ -3k_1+2k_2+l_1-2l_2=0,\\ k_1-(a+2)l_1-4l_2=0,\\ k_2-l_1-(a+8)l_2=0\end{cases}\qquad(\text{Ⅲ})$$

有非零解.对系数矩阵作初等行变换,有

$$\begin{pmatrix}5&-3&-2&1\\-3&2&1&-2\\1&0&-a-2&-4\\0&1&-1&-a-8\end{pmatrix}\to\begin{pmatrix}1&0&-a-2&-4\\0&1&-1&-a-8\\0&2&-3a-5&-14\\0&-3&5a+8&21\end{pmatrix}$$

$$\to\begin{pmatrix}1&0&-a-2&-4\\0&1&-1&-a-8\\0&0&-3a-3&2a+2\\0&0&5a+5&-3a-3\end{pmatrix}.$$

当且仅当 $a+1=0$ 时,$r(\text{Ⅲ})<4$,方程组有非零解.

此时,(Ⅲ)的同解方程组是$\begin{cases}k_1-l_1-4l_2=0,\\ k_2-l_1-7l_2=0,\end{cases}$ 解出$\begin{cases}k_1=l_1+4l_2,\\ k_2=l_1+7l_2.\end{cases}$于是

$$\boldsymbol{\eta}=(l_1+4l_2)\boldsymbol{\beta}_1+(l_1+7l_2)\boldsymbol{\beta}_2=l_1(\boldsymbol{\beta}_1+\boldsymbol{\beta}_2)+l_2(4\boldsymbol{\beta}_1+7\boldsymbol{\beta}_2)=l_1\begin{pmatrix}2\\-1\\1\\1\end{pmatrix}+l_2\begin{pmatrix}-1\\2\\4\\7\end{pmatrix},$$

其中 l_1, l_2 为任意实数.

67 设有方程组

$$(\text{I})\begin{cases}x_1+x_4=0,\\x_2+x_3=0,\end{cases}\qquad(\text{II})\begin{cases}x_1+2x_3=0,\\2x_2+x_4=0.\end{cases}$$

(1) 求方程组(I) 与(II) 的基础解系与通解;

(2) 求方程组(I) 与(II) 的公共解.

知识点睛 线性方程组的公共解

解 (1) 将方程组(I) 改写为

$$\begin{cases}x_1=-x_4,\\x_2=-x_3.\end{cases}$$

令 $\begin{pmatrix}x_3\\x_4\end{pmatrix}=\begin{pmatrix}1\\0\end{pmatrix},\begin{pmatrix}0\\1\end{pmatrix}$,得(I) 的基础解系

$$\boldsymbol{\alpha}_1=(0,-1,1,0)^{\mathrm{T}},\quad\boldsymbol{\alpha}_2=(-1,0,0,1)^{\mathrm{T}},$$

故(I) 的通解为

$$k_1(0,-1,1,0)^{\mathrm{T}}+k_2(-1,0,0,1)^{\mathrm{T}},\ k_1,k_2\text{ 为任意常数}.$$

又将方程组(II) 改写为

$$\begin{cases}x_1=-2x_3,\\x_4=-2x_2.\end{cases}$$

令 $\begin{pmatrix}x_2\\x_3\end{pmatrix}=\begin{pmatrix}1\\0\end{pmatrix},\begin{pmatrix}0\\1\end{pmatrix}$,得(II) 的基础解系

$$\boldsymbol{\beta}_1=(0,1,0,-2)^{\mathrm{T}},\quad\boldsymbol{\beta}_2=(-2,0,1,0)^{\mathrm{T}},$$

故(II) 的通解为

$$k_1(0,1,0,-2)^{\mathrm{T}}+k_2(-2,0,1,0)^{\mathrm{T}},\ k_1,k_2\text{ 为任意常数}.$$

(2) 要使方程组(I) 与方程组(II) 有公共解,那么联立方程组$\begin{cases}(\text{I})\\(\text{II})\end{cases}$有解,则其解为(I) 与(II) 的公共解.

把方程组(I) 与方程组(II) 联立起来,求其通解

$$\begin{cases}x_1+x_4=0,\\x_2+x_3=0,\\x_1+2x_3=0,\\2x_2+x_4=0,\end{cases}$$

对其系数矩阵 $\boldsymbol{A}$ 施行初等行变换

$$\boldsymbol{A}=\begin{pmatrix}1&0&0&1\\0&1&1&0\\1&0&2&0\\0&2&0&1\end{pmatrix}\to\begin{pmatrix}1&0&0&1\\0&1&1&0\\0&0&2&-1\\0&0&-2&1\end{pmatrix}$$

$$\to\begin{pmatrix}1&0&0&1\\0&1&1&0\\0&0&1&-\frac{1}{2}\\0&0&0&0\end{pmatrix}\to\begin{pmatrix}1&0&0&1\\0&1&0&\frac{1}{2}\\0&0&1&-\frac{1}{2}\\0&0&0&0\end{pmatrix},$$

得

$$\begin{cases}x_1=-x_4,\\x_2=-\frac{1}{2}x_4,\\x_3=\frac{1}{2}x_4.\end{cases}$$

取 $x_4=2$,得基础解系 $\boldsymbol{\xi}=(-2,-1,1,2)^{\mathrm{T}}$,通解为 $k(-2,-1,1,2)^{\mathrm{T}}$,其中 k 为任意常数,故公共解为

$$k(-2,-1,1,2)^{\mathrm{T}}.$$

68 设 $\boldsymbol{A},\boldsymbol{B}$ 均为 n 阶矩阵,且 $r(\boldsymbol{A})+r(\boldsymbol{B})<n$,证明:方程组 $\boldsymbol{Ax}=\boldsymbol{0}$ 与 $\boldsymbol{Bx}=\boldsymbol{0}$ 有非零公共解.

知识点睛 线性方程组的公共解

证 构造齐次线性方程组

$$\begin{cases}\boldsymbol{Ax}=\boldsymbol{0},\\\boldsymbol{Bx}=\boldsymbol{0}.\end{cases} \qquad ①$$

设 $\boldsymbol{\alpha}_{i_1},\boldsymbol{\alpha}_{i_2},\cdots,\boldsymbol{\alpha}_{i_r}$ 与 $\boldsymbol{\beta}_{j_1},\boldsymbol{\beta}_{j_2},\cdots,\boldsymbol{\beta}_{j_t}$ 分别是 $\boldsymbol{A}$ 与 $\boldsymbol{B}$ 的行向量组的极大线性无关组,则矩阵 $\begin{pmatrix}\boldsymbol{A}\\\boldsymbol{B}\end{pmatrix}$ 的行量组可由 $\boldsymbol{\alpha}_{i_1},\boldsymbol{\alpha}_{i_2},\cdots,\boldsymbol{\alpha}_{i_r},\boldsymbol{\beta}_{j_1},\boldsymbol{\beta}_{j_2},\cdots,\boldsymbol{\beta}_{j_t}$ 线性表示.从而

$$r\begin{pmatrix}\boldsymbol{A}\\\boldsymbol{B}\end{pmatrix}\leqslant r(\boldsymbol{\alpha}_{i_1},\boldsymbol{\alpha}_{i_2},\cdots,\boldsymbol{\alpha}_{i_r},\boldsymbol{\beta}_{j_1},\boldsymbol{\beta}_{j_2},\cdots,\boldsymbol{\beta}_{j_t})\leqslant r+t=r(\boldsymbol{A})+r(\boldsymbol{B})<n,$$

所以①有非零解,即 $\boldsymbol{Ax}=\boldsymbol{0}$ 与 $\boldsymbol{Bx}=\boldsymbol{0}$ 有非零公共解.

§4.4 综合提高题

69 设 $\boldsymbol{\eta}_1,\boldsymbol{\eta}_2,\cdots,\boldsymbol{\eta}_s$ 是非齐次线性方程组 $\boldsymbol{Ax}=\boldsymbol{b}$ 的一组解向量,如果 $c_1\boldsymbol{\eta}_1+c_2\boldsymbol{\eta}_2+\cdots+c_s\boldsymbol{\eta}_s$ 也是该方程组的一个解,则 $c_1+c_2+\cdots+c_s=$________.

知识点睛 0404 非齐次线性方程组解的性质

解 由题意知 $\boldsymbol{A\eta}_1=\boldsymbol{b},\ \boldsymbol{A\eta}_2=\boldsymbol{b},\cdots,\ \boldsymbol{A\eta}_s=\boldsymbol{b}$.若 $c_1\boldsymbol{\eta}_1+c_2\boldsymbol{\eta}_2+\cdots+c_s\boldsymbol{\eta}_s$ 为 $\boldsymbol{Ax}=\boldsymbol{b}$ 的解,则应有

$$\boldsymbol{A}(c_1\boldsymbol{\eta}_1+c_2\boldsymbol{\eta}_2+\cdots+c_s\boldsymbol{\eta}_s)=\boldsymbol{b},\quad 即\quad (c_1+c_2+\cdots+c_s)\boldsymbol{b}=\boldsymbol{b},$$

从而

$$c_1 + c_2 + \cdots + c_s = 1.$$

故应填1.

70 题精解视频

70 设 $\boldsymbol{A}$ 是 $m\times n$ 矩阵,$\boldsymbol{b}$ 是 m 维向量,求证:线性方程组 $\boldsymbol{A}^{\mathrm{T}}\boldsymbol{A}\boldsymbol{x}=\boldsymbol{A}^{\mathrm{T}}\boldsymbol{b}$ 必有解.

知识点睛 0403 非齐次线性方程组有解的充要条件

证 先证 $r(\boldsymbol{A}^{\mathrm{T}}\boldsymbol{A})=r(\boldsymbol{A}^{\mathrm{T}})$.

由 $\boldsymbol{A}^{\mathrm{T}}\boldsymbol{A}\boldsymbol{x}=\boldsymbol{0}$ 和 $\boldsymbol{A}\boldsymbol{x}=\boldsymbol{0}$ 同解,知 $r(\boldsymbol{A}^{\mathrm{T}}\boldsymbol{A})=r(\boldsymbol{A})=r(\boldsymbol{A}^{\mathrm{T}})$.

再证 $r(\boldsymbol{A}^{\mathrm{T}}\boldsymbol{A},\boldsymbol{A}^{\mathrm{T}}\boldsymbol{b})=r(\boldsymbol{A}^{\mathrm{T}}\boldsymbol{A})$.令方程组 $\boldsymbol{A}^{\mathrm{T}}\boldsymbol{A}\boldsymbol{x}=\boldsymbol{A}^{\mathrm{T}}\boldsymbol{b}$ 的常数列 $\boldsymbol{A}^{\mathrm{T}}\boldsymbol{b}=\boldsymbol{\beta}$.设

$$\boldsymbol{A}^{\mathrm{T}}=(\boldsymbol{\alpha}_1,\boldsymbol{\alpha}_2,\cdots,\boldsymbol{\alpha}_m),\quad \boldsymbol{b}=(b_1,b_2,\cdots,b_m)^{\mathrm{T}},$$

则

$$\boldsymbol{\beta}=\boldsymbol{A}^{\mathrm{T}}\boldsymbol{b}=(\boldsymbol{\alpha}_1,\boldsymbol{\alpha}_2,\cdots,\boldsymbol{\alpha}_m)\begin{pmatrix}b_1\\b_2\\\vdots\\b_m\end{pmatrix}=b_1\boldsymbol{\alpha}_1+b_2\boldsymbol{\alpha}_2+\cdots+b_m\boldsymbol{\alpha}_m,$$

即 $\boldsymbol{\beta}$ 为 $\boldsymbol{A}^{\mathrm{T}}$的各列(列向量组)的线性组合.

又设 $\boldsymbol{A}^{\mathrm{T}}\boldsymbol{A}=(\boldsymbol{\beta}_1,\boldsymbol{\beta}_2,\cdots,\boldsymbol{\beta}_n)$,$\boldsymbol{A}=(a_{ij})_{m\times n}$,则

$$\boldsymbol{A}^{\mathrm{T}}\boldsymbol{A}=(\boldsymbol{\beta}_1,\boldsymbol{\beta}_2,\cdots,\boldsymbol{\beta}_n)=(\boldsymbol{\alpha}_1,\boldsymbol{\alpha}_2,\cdots,\boldsymbol{\alpha}_m)\begin{pmatrix}a_{11}&a_{12}&\cdots&a_{1n}\\a_{21}&a_{22}&\cdots&a_{2n}\\\vdots&\vdots&&\vdots\\a_{m1}&a_{m2}&\cdots&a_{mn}\end{pmatrix},$$

故得 $\boldsymbol{\beta}_i=\sum\limits_{j=1}^{m}a_{ji}\boldsymbol{\alpha}_j(i=1,2,\cdots,n)$,即系数矩阵 $\boldsymbol{A}^{\mathrm{T}}\boldsymbol{A}$ 的列向量组也为 $\boldsymbol{A}^{\mathrm{T}}$ 的列向量组的线性组合.

这样,就得到线性方程组的增广矩阵$(\boldsymbol{A}^{\mathrm{T}}\boldsymbol{A},\boldsymbol{A}^{\mathrm{T}}\boldsymbol{b})$ 的列向量组$(\boldsymbol{\beta}_1,\boldsymbol{\beta}_2,\cdots,\boldsymbol{\beta}_n,\boldsymbol{\beta})$ 均可由 $\boldsymbol{A}^{\mathrm{T}}$的列向量组 $\boldsymbol{\alpha}_1,\boldsymbol{\alpha}_2,\cdots,\boldsymbol{\alpha}_m$线性表示.

另一方面,由 $r(\boldsymbol{A}^{\mathrm{T}}\boldsymbol{A})=r(\boldsymbol{A}^{\mathrm{T}})$ 和 $\boldsymbol{A}^{\mathrm{T}}\boldsymbol{A}$ 的列向量组 $\boldsymbol{\beta}_1,\boldsymbol{\beta}_2,\cdots,\boldsymbol{\beta}_n$可由 $\boldsymbol{A}^{\mathrm{T}}$的列向量组 $\boldsymbol{\alpha}_1,\boldsymbol{\alpha}_2,\cdots,\boldsymbol{\alpha}_m$线性表示.我们得到 $\boldsymbol{\beta}_1,\boldsymbol{\beta}_2,\cdots,\boldsymbol{\beta}_n$与 $\boldsymbol{\alpha}_1,\boldsymbol{\alpha}_2,\cdots,\boldsymbol{\alpha}_m$可以相互线性表示,从而推出 $\boldsymbol{\beta}=\boldsymbol{A}^{\mathrm{T}}\boldsymbol{b}$ 可由 $\boldsymbol{\beta}_1,\boldsymbol{\beta}_2,\cdots,\boldsymbol{\beta}_n$线性表示,即 $r(\boldsymbol{A}^{\mathrm{T}}\boldsymbol{A},\boldsymbol{A}^{\mathrm{T}}\boldsymbol{b})=r(\boldsymbol{A}^{\mathrm{T}}\boldsymbol{A})$.所以$\boldsymbol{A}^{\mathrm{T}}\boldsymbol{A}\boldsymbol{x}=\boldsymbol{A}^{\mathrm{T}}\boldsymbol{b}$ 必有解.

【评注】本题欲证 $\boldsymbol{A}^{\mathrm{T}}\boldsymbol{A}\boldsymbol{x}=\boldsymbol{A}^{\mathrm{T}}\boldsymbol{b}$ 必有解,只需证明 $r(\boldsymbol{A}^{\mathrm{T}}\boldsymbol{A})=r(\boldsymbol{A}^{\mathrm{T}}\boldsymbol{A},\boldsymbol{A}^{\mathrm{T}}\boldsymbol{b})$,即线性方程组的系数矩阵的秩等于增广矩阵的秩.考察线性方程组的常数列 $\boldsymbol{A}^{\mathrm{T}}\boldsymbol{b}$,它为 $\boldsymbol{A}^{\mathrm{T}}$的列向量组的线性组合,而系数矩阵 $\boldsymbol{A}^{\mathrm{T}}\boldsymbol{A}$ 的各列也为 $\boldsymbol{A}^{\mathrm{T}}$列向量组的线性组合.这样,我们就得到方程组增广矩阵的列向量组为 $\boldsymbol{A}^{\mathrm{T}}$列向量组的线性组合.

另一方面,从矩阵运算后秩的变化关系我们又可推得 $r(\boldsymbol{A}^{\mathrm{T}}\boldsymbol{A})=r(\boldsymbol{A})=r(\boldsymbol{A}^{\mathrm{T}})$,这样,我们就得到 $\boldsymbol{A}^{\mathrm{T}}\boldsymbol{A}$ 的列向量组与 $\boldsymbol{A}^{\mathrm{T}}$的列向量组可以互相线性表示,从而得到 $\boldsymbol{A}^{\mathrm{T}}\boldsymbol{b}$ 也可由 $\boldsymbol{A}^{\mathrm{T}}\boldsymbol{A}$ 的列向量组线性表示,于是证明了 $r(\boldsymbol{A}^{\mathrm{T}}\boldsymbol{A},\boldsymbol{A}^{\mathrm{T}}\boldsymbol{b})=r(\boldsymbol{A}^{\mathrm{T}}\boldsymbol{A})$.

71 设 $\boldsymbol{A}$ 为 n 阶方阵($n\geqslant 2$),对任意 n 维向量 $\boldsymbol{\alpha}$,均有 $\boldsymbol{A}^*\boldsymbol{\alpha}=\boldsymbol{0}$,则齐次线性方程组 $\boldsymbol{Ax}=\boldsymbol{0}$ 的基础解系中所含向量个数 k 应满足________.

知识点睛 0405 齐次线性方程组的基础解系

解 由已知条件"对任意 n 维向量 $\boldsymbol{\alpha}$,均有 $\boldsymbol{A}^*\boldsymbol{\alpha}=\boldsymbol{0}$"知齐次线性方程组 $\boldsymbol{A}^*\boldsymbol{\alpha}=\boldsymbol{0}$ 的基础解系中解向量个数应为 n 个,即

$$n-r(\boldsymbol{A}^*)=n,$$

从而

$$r(\boldsymbol{A}^*)=0 \quad \text{也即} \quad \boldsymbol{A}^*=\boldsymbol{0}.$$

根据矩阵 $\boldsymbol{A}$ 与 $\boldsymbol{A}^*$ 秩之间的关系知 $r(\boldsymbol{A})<n-1$,即 $n-k<n-1$.

故应填 $k>1$.

【评注】注意齐次线性方程组的基础解系与矩阵的秩的联系.

72 齐次线性方程组

$$\begin{cases}a_1x_1+a_2x_2+\cdots+a_nx_n=0,\\ b_1x_1+b_2x_2+\cdots+b_nx_n=0\end{cases}$$

的基础解系中含有 $n-1$ 个解向量(其中 $a_i\neq 0,\ b_i\neq 0,\ i=1,2,\cdots,n$) 的充要条件是(　　).

(A) $a_1=a_2=\cdots=a_n$　　(B) $b_1=b_2=\cdots=b_n$

(C) $\begin{vmatrix}a_1 & a_2\\ b_1 & b_2\end{vmatrix}=0$　　(D) $\dfrac{a_i}{b_i}=m\neq 0,\ i=1,2,\cdots,n$

知识点睛 0405 齐次线性方程组的基础解系

解 令 $\boldsymbol{\alpha}=(a_1,a_2,\cdots,a_n)$,$\boldsymbol{\beta}=(b_1,b_2,\cdots,b_n)$,$\boldsymbol{A}=\begin{pmatrix}\boldsymbol{\alpha}\\ \boldsymbol{\beta}\end{pmatrix}$,由于 $\boldsymbol{Ax}=\boldsymbol{0}$ 基础解系中含有 $n-1$ 个解向量,所以 $r(\boldsymbol{A})=n-(n-1)=1$.从而向量 $\boldsymbol{\alpha}$ 与 $\boldsymbol{\beta}$ 线性相关,又 $\boldsymbol{\alpha}\neq\boldsymbol{0}$,$\boldsymbol{\beta}\neq\boldsymbol{0}$,所以存在常数 $m\neq 0$,使 $\boldsymbol{\alpha}=m\boldsymbol{\beta}$,即 $\dfrac{a_i}{b_i}=m\ (i=1,2,\cdots,n)$.

故应选(D).

73 设 $\boldsymbol{A}$ 是 $m\times n$ 矩阵,它的 m 个行向量是某个 n 元齐次线性方程组的一个基础解系,$\boldsymbol{B}$ 是一个 m 阶可逆矩阵.证明:$\boldsymbol{BA}$ 的行向量组也构成该齐次线性方程组的一个基础解系.

知识点睛 0405 齐次线性方程组的基础解系

证法1 因为 $\boldsymbol{A}$ 的 m 个行向量(n 维向量)为线性方程组的基础解系,所以 $\boldsymbol{A}$ 的行向量组线性无关,即 $r(\boldsymbol{A})=m$.

又设该线性方程组为 $\boldsymbol{Cx}=\boldsymbol{0}$,则 $r(\boldsymbol{C})=n-m$.因为 $\boldsymbol{B}$ 可逆,所以 $r(\boldsymbol{BA})=m$.又 $\boldsymbol{BA}$ 仍为 $m\times n$ 矩阵,所以 $\boldsymbol{BA}$ 的行向量组线性无关.

设

$$\boldsymbol{BA}=\begin{pmatrix}\boldsymbol{\beta}_1\\ \boldsymbol{\beta}_2\\ \vdots\\ \boldsymbol{\beta}_m\end{pmatrix},\quad \boldsymbol{A}=\begin{pmatrix}\boldsymbol{\alpha}_1\\ \boldsymbol{\alpha}_2\\ \vdots\\ \boldsymbol{\alpha}_m\end{pmatrix},\quad \boldsymbol{B}=\begin{pmatrix}b_{11} & b_{12} & \cdots & b_{1m}\\ b_{21} & b_{22} & \cdots & b_{2m}\\ \vdots & \vdots & & \vdots\\ b_{m1} & b_{m2} & \cdots & b_{mm}\end{pmatrix},$$

则

$$\boldsymbol{\beta}_i = \sum_{k=1}^{m} b_{ik}\boldsymbol{\alpha}_k \quad (i=1,2,\cdots,m),$$

即 $\boldsymbol{BA}$ 的各行均为 $\boldsymbol{A}$ 的行向量组的线性组合，而 $\boldsymbol{A}$ 的行向量组为 $\boldsymbol{Cx}=\boldsymbol{0}$ 的基础解系. 所以 $\boldsymbol{BA}$ 的行向量组 $\boldsymbol{\beta}_1,\boldsymbol{\beta}_2,\cdots,\boldsymbol{\beta}_m$ 也满足 $\boldsymbol{Cx}=\boldsymbol{0}$. 又已证 $r(\boldsymbol{BA})=m=n-r(\boldsymbol{C})$，故 $\boldsymbol{\beta}_1,\boldsymbol{\beta}_2,\cdots,\boldsymbol{\beta}_m$ 构成 $\boldsymbol{Cx}=\boldsymbol{0}$ 的基础解系.

证法 2 设

$$\boldsymbol{A}=\begin{pmatrix}\boldsymbol{\alpha}_1\\ \boldsymbol{\alpha}_2\\ \vdots\\ \boldsymbol{\alpha}_m\end{pmatrix},$$

因为 $\boldsymbol{A}$ 的行向量均为 $\boldsymbol{Cx}=\boldsymbol{0}$ 的解，且 $\boldsymbol{\alpha}_1,\boldsymbol{\alpha}_2,\cdots,\boldsymbol{\alpha}_m$ 构成 $\boldsymbol{Cx}=\boldsymbol{0}$ 的基础解系，所以 $\boldsymbol{C\alpha}_1^{\mathrm{T}}=\boldsymbol{0},\boldsymbol{C\alpha}_2^{\mathrm{T}}=\boldsymbol{0},\cdots,\boldsymbol{C\alpha}_m^{\mathrm{T}}=\boldsymbol{0}$，即

$$\boldsymbol{C}(\boldsymbol{\alpha}_1^{\mathrm{T}},\boldsymbol{\alpha}_2^{\mathrm{T}},\cdots,\boldsymbol{\alpha}_m^{\mathrm{T}})=\boldsymbol{0} \quad \text{或} \quad \boldsymbol{CA}^{\mathrm{T}}=\boldsymbol{0},$$

其中 $r(\boldsymbol{A})=m$. 所以 $r(\boldsymbol{C})=n-m$. 上式两边转置，得 $\boldsymbol{AC}^{\mathrm{T}}=\boldsymbol{0}$. 两边同时左乘 $\boldsymbol{B}$，得 $\boldsymbol{BAC}^{\mathrm{T}}=\boldsymbol{0}$. 再转置得 $\boldsymbol{C}(\boldsymbol{BA})^{\mathrm{T}}=\boldsymbol{0}$，即 $\boldsymbol{BA}$ 的行向量组均为 $\boldsymbol{Cx}=\boldsymbol{0}$ 的解向量. 又 $r(\boldsymbol{BA})=m$，而

$$n-r(\boldsymbol{C})=n-(n-m)=m,$$

所以 $\boldsymbol{BA}$ 的行向量组线性无关，且所含向量个数 $m=n-r(\boldsymbol{C})$. 故 $\boldsymbol{BA}$ 的行向量组构成 $\boldsymbol{Cx}=\boldsymbol{0}$ 的基础解系.

74 已知向量组 $\boldsymbol{\alpha}_1=(1,2,0,-2)^{\mathrm{T}},\boldsymbol{\alpha}_2=(0,3,1,0)^{\mathrm{T}},\boldsymbol{\alpha}_3=(-1,4,2,a)^{\mathrm{T}}$ 和向量组 $\boldsymbol{\beta}_1=(1,8,2,-2)^{\mathrm{T}},\boldsymbol{\beta}_2=(1,5,1,-a)^{\mathrm{T}},\boldsymbol{\beta}_3=(-5,2,b,10)^{\mathrm{T}}$ 都是齐次线性方程组 $\boldsymbol{Ax}=\boldsymbol{0}$ 的基础解系，求 a,b 的值.

知识点睛 0405 齐次线性方程组的基础解系

解 对以向量 $\boldsymbol{\alpha}_1,\boldsymbol{\alpha}_2,\boldsymbol{\alpha}_3,\boldsymbol{\beta}_1,\boldsymbol{\beta}_2,\boldsymbol{\beta}_3$ 为列构成的矩阵施行初等行变换，得

$$(\boldsymbol{\alpha}_1,\boldsymbol{\alpha}_2,\boldsymbol{\alpha}_3,\boldsymbol{\beta}_1,\boldsymbol{\beta}_2,\boldsymbol{\beta}_3)=\begin{pmatrix}1&0&-1&1&1&-5\\2&3&4&8&5&2\\0&1&2&2&1&b\\-2&0&a&-2&-a&10\end{pmatrix}$$

$$\to\begin{pmatrix}1&0&-1&1&1&-5\\0&1&2&2&1&4\\0&0&a-2&0&2-a&0\\0&0&0&0&0&b-4\end{pmatrix},$$

因为 $\boldsymbol{\alpha}_1,\boldsymbol{\alpha}_2,\boldsymbol{\alpha}_3$ 和 $\boldsymbol{\beta}_1,\boldsymbol{\beta}_2,\boldsymbol{\beta}_3$ 都是方程组 $\boldsymbol{Ax}=\boldsymbol{0}$ 的基础解系，所以向量组 $\boldsymbol{\alpha}_1,\boldsymbol{\alpha}_2,\boldsymbol{\alpha}_3$ 与 $\boldsymbol{\beta}_1,\boldsymbol{\beta}_2,\boldsymbol{\beta}_3$ 都是线性无关的，且等价，因此

$$r(\boldsymbol{\alpha}_1,\boldsymbol{\alpha}_2,\boldsymbol{\alpha}_3,\boldsymbol{\beta}_1,\boldsymbol{\beta}_2,\boldsymbol{\beta}_3)=r(\boldsymbol{\alpha}_1,\boldsymbol{\alpha}_2,\boldsymbol{\alpha}_3)=r(\boldsymbol{\beta}_1,\boldsymbol{\beta}_2,\boldsymbol{\beta}_3)=3,$$

故 $a\neq 2,b=4$.

75 设 $\boldsymbol{\eta}^*$ 是非齐次线性方程组 $\boldsymbol{Ax}=\boldsymbol{b}$ 的一个解，$\boldsymbol{\xi}_1,\boldsymbol{\xi}_2,\cdots,\boldsymbol{\xi}_{n-r}$ 是其导出组 $\boldsymbol{Ax}=\boldsymbol{0}$ 的一个基础解系，证明

(1) $\boldsymbol{\eta}^*,\boldsymbol{\xi}_1,\boldsymbol{\xi}_2,\cdots,\boldsymbol{\xi}_{n-r}$线性无关;

(2) $\boldsymbol{\eta}^*,\boldsymbol{\eta}^*+\boldsymbol{\xi}_1,\boldsymbol{\eta}^*+\boldsymbol{\xi}_2,\cdots,\boldsymbol{\eta}^*+\boldsymbol{\xi}_{n-r}$线性无关.

75 题精解视频

知识点睛 0405 齐次线性方程组的基础解系

证 (1) 设有常数 $k,k_1,k_2,\cdots,k_{n-r}$,使

$$k\boldsymbol{\eta}^*+k_1\boldsymbol{\xi}_1+k_2\boldsymbol{\xi}_2+\cdots+k_{n-r}\boldsymbol{\xi}_{n-r}=\mathbf{0}, \quad ①$$

①式两边同时左乘矩阵 $\boldsymbol{A}$,有

$$k\boldsymbol{A}\boldsymbol{\eta}^*+k_1\boldsymbol{A}\boldsymbol{\xi}_1+k_2\boldsymbol{A}\boldsymbol{\xi}_2+\cdots+k_{n-r}\boldsymbol{A}\boldsymbol{\xi}_{n-r}=\mathbf{0}.$$

由已知条件知 $A\boldsymbol{\eta}^*=\boldsymbol{b},A\boldsymbol{\xi}_i=\mathbf{0},i=1,2,\cdots,n-r$,代入上式得 $k\boldsymbol{b}=\mathbf{0}$,故 $k=0$.把 $k=0$ 代回①式,得

$$k_1\boldsymbol{\xi}_1+k_2\boldsymbol{\xi}_2+\cdots+k_{n-r}\boldsymbol{\xi}_{n-r}=\mathbf{0},$$

由 $\boldsymbol{\xi}_1,\boldsymbol{\xi}_2,\cdots,\boldsymbol{\xi}_{n-r}$为 $\boldsymbol{A}\boldsymbol{x}=\mathbf{0}$ 的基础解系知

$$k_1=k_2=\cdots=k_{n-r}=0,$$

所以向量组 $\boldsymbol{\eta}^*,\boldsymbol{\xi}_1,\boldsymbol{\xi}_2,\cdots,\boldsymbol{\xi}_{n-r}$线性无关.

(2) 设有常数 $l,l_1,l_2,\cdots,l_{n-r}$,使

$$l\boldsymbol{\eta}^*+l_1(\boldsymbol{\eta}^*+\boldsymbol{\xi}_1)+l_2(\boldsymbol{\eta}^*+\boldsymbol{\xi}_2)+\cdots+l_{n-r}(\boldsymbol{\eta}^*+\boldsymbol{\xi}_{n-r})=\mathbf{0},$$

整理得

$$(l+l_1+\cdots+l_{n-r})\boldsymbol{\eta}^*+l_1\boldsymbol{\xi}_1+l_2\boldsymbol{\xi}_2+\cdots+l_{n-r}\boldsymbol{\xi}_{n-r}=\mathbf{0}.$$

由(1) 得

$$l+l_1+\cdots+l_{n-r}=0,\quad l_1=0,l_2=0,\cdots,l_{n-r}=0,$$

故

$$l=l_1=l_2=\cdots=l_{n-r}=0,$$

所以向量组 $\boldsymbol{\eta}^*,\boldsymbol{\eta}^*+\boldsymbol{\xi}_1,\boldsymbol{\eta}^*+\boldsymbol{\xi}_2,\cdots,\boldsymbol{\eta}^*+\boldsymbol{\xi}_{n-r}$线性无关.

76 设有齐次线性方程组$\begin{cases}(1+a)x_1+x_2+x_3+x_4=0,\\2x_1+(2+a)x_2+2x_3+2x_4=0,\\3x_1+3x_2+(3+a)x_3+3x_4=0,\\4x_1+4x_2+4x_3+(4+a)x_4=0,\end{cases}$试讨论 a 取何值时,该方程组有非零解,并求出其通解.

K 2004 数学三,9 分

知识点睛 0403 非齐次线性方程组有解的充要条件,0407 非齐次线性方程组的通解

解 $$A=\begin{pmatrix}1+a&1&1&1\\2&2+a&2&2\\3&3&3+a&3\\4&4&4&4+a\end{pmatrix}\to\begin{pmatrix}1+a&1&1&1\\2&2+a&2&2\\1&1-a&1+a&1\\4&4&4&4+a\end{pmatrix}$$

$$\to\begin{pmatrix}1&1-a&1+a&1\\2&2+a&2&2\\1+a&1&1&1\\4&4&4&4+a\end{pmatrix}\to\begin{pmatrix}1&1-a&1+a&1\\0&3a&-2a&0\\0&a^2&-a^2-2a&-a\\0&4a&-4a&a\end{pmatrix}$$

$$\to\begin{pmatrix}1 & 1-a & 1+a & 1\\0 & 3a & -2a & 0\\0 & 0 & -\frac{1}{3}a^2-2a & -a\\0 & 0 & -\frac{4}{3}a & a\end{pmatrix}\to\begin{pmatrix}1 & 1-a & 1+a & 1\\0 & 3a & -2a & 0\\0 & 0 & -\frac{1}{3}a^2 & -\frac{5}{2}a\\0 & 0 & -\frac{4}{3}a & a\end{pmatrix}.$$

（1）当 $a=0$ 时，$r(\boldsymbol{A})=1<4$,故方程组有非零解,其同解方程组为 $x_1+x_2+x_3+x_4=0$,由此得基础解系为

$$\boldsymbol{\eta}_1=(-1,1,0,0)^{\mathrm{T}},\quad \boldsymbol{\eta}_2=(-1,0,1,0)^{\mathrm{T}},\quad \boldsymbol{\eta}_3=(-1,0,0,1)^{\mathrm{T}},$$

于是所求方程组的通解为

$$\boldsymbol{x}=k_1\boldsymbol{\eta}_1+k_2\boldsymbol{\eta}_2+k_3\boldsymbol{\eta}_3,\text{其中 } k_1,k_2,k_3 \text{ 为任意实数}.$$

（2）当 $a\neq0$ 时,有 $\boldsymbol{A}\to\begin{pmatrix}1 & 1-a & 1+a & 1\\0 & 1 & -2 & 0\\0 & 0 & 1 & -\frac{3}{4}\\0 & 0 & 0 & 10+a\end{pmatrix}$.因此,当 $a=-10$ 时，$r(\boldsymbol{A})=3<4$,

此时

$$\boldsymbol{A}\to\begin{pmatrix}1 & 11 & -9 & 1\\0 & 1 & -2 & 1\\0 & 0 & 1 & -\frac{3}{4}\\0 & 0 & 0 & 0\end{pmatrix}\to\begin{pmatrix}1 & 0 & 0 & -\frac{1}{4}\\0 & 1 & 0 & -\frac{1}{2}\\0 & 0 & 1 & -\frac{3}{4}\\0 & 0 & 0 & 0\end{pmatrix},$$

其同解方程组为

$$\begin{cases}x_1=\frac{1}{4}x_4,\\x_2=\frac{1}{2}x_4,\\x_3=\frac{3}{4}x_4,\end{cases}$$

基础解系为 $\boldsymbol{\eta}=(1,2,3,4)^{\mathrm{T}}$,于是所求方程组的通解为 $\boldsymbol{x}=k\boldsymbol{\eta}$,其中 k 为任意实数.

Ⓚ2004 数学一，9 分

77 设有齐次线性方程组

$$\begin{cases}(1+a)x_1+x_2+\cdots+x_n=0,\\2x_1+(2+a)x_2+\cdots+2x_n=0,\\\cdots\cdots\cdots\cdots\cdots\cdots\cdots\cdots\cdots\\nx_1+nx_2+\cdots+(n+a)x_n=0,\end{cases}\quad(n\geqslant2),$$

试问 a 为何值时,该方程组有非零解,并求其通解.

知识点睛 0407 非齐次线性方程组的通解

分析 确定参数,使包含 n 个方程和 n 个未知量的齐次线性方程组有非零解,通常有两种方法:一是对其系数矩阵作初等行变换化成阶梯形;二是令其系数行列式为零求出参数值.本题的关键是参数 a 有两个值,对每个值都要进行讨论.

解 设齐次线性方程组的系数矩阵为 $\boldsymbol{A}$,则

$$|\boldsymbol{A}| = \left[a + \frac{1}{2}(n+1)n\right]a^{n-1},$$

那么,$\boldsymbol{Ax}=\boldsymbol{0}$ 有非零解$\Leftrightarrow|\boldsymbol{A}|=0 \Leftrightarrow a=0$ 或 $a=-\frac{1}{2}(n+1)n$.

当 $a=0$ 时,对系数矩阵 $\boldsymbol{A}$ 作初等行变换,有

$$\boldsymbol{A}=\begin{pmatrix}1&1&1&\cdots&1\\2&2&2&\cdots&2\\\vdots&\vdots&\vdots&&\vdots\\n&n&n&\cdots&n\end{pmatrix}\to\begin{pmatrix}1&1&1&\cdots&1\\0&0&0&\cdots&0\\\vdots&\vdots&\vdots&&\vdots\\0&0&0&\cdots&0\end{pmatrix},$$

故方程组的同解方程组为 $x_1+x_2+\cdots+x_n=0$,由此得基础解系为

$$\boldsymbol{\eta}_1=(-1,1,0,\cdots,0)^{\mathrm{T}},\boldsymbol{\eta}_2=(-1,0,1,\cdots,0)^{\mathrm{T}},\cdots,\boldsymbol{\eta}_{n-1}=(-1,0,0,\cdots,1)^{\mathrm{T}},$$

于是方程组的通解为 $\boldsymbol{x}=k_1\boldsymbol{\eta}_1+k_2\boldsymbol{\eta}_2+\cdots+k_{n-1}\boldsymbol{\eta}_{n-1}$,其中 $k_1,k_2,\cdots,k_{n-1}$ 为任意常数.

当 $a=-\frac{1}{2}(n+1)n$ 时,对系数矩阵作初等行变换,有

$$\boldsymbol{A}=\begin{pmatrix}1+a&1&1&\cdots&1\\2&2+a&2&\cdots&2\\\vdots&\vdots&\vdots&&\vdots\\n&n&n&\cdots&n+a\end{pmatrix}\to\begin{pmatrix}1+a&1&1&\cdots&1\\-2a&a&0&\cdots&0\\\vdots&\vdots&\vdots&&\vdots\\-na&0&0&\cdots&a\end{pmatrix}$$

$$\to\begin{pmatrix}1+a&1&1&\cdots&1\\-2&1&0&\cdots&0\\\vdots&\vdots&\vdots&&\vdots\\-n&0&0&\cdots&1\end{pmatrix}\to\begin{pmatrix}0&0&0&\cdots&0\\-2&1&0&\cdots&0\\\vdots&\vdots&\vdots&&\vdots\\-n&0&0&\cdots&1\end{pmatrix},$$

故方程组的同解方程组为 $\begin{cases}-2x_1+x_2=0,\\-3x_1+x_3=0,\\\cdots\cdots\cdots\cdots\\-nx_1+x_n=0,\end{cases}$ 由此得基础解系为 $\boldsymbol{\eta}=(1,2,\cdots,n)^{\mathrm{T}}$,于是方程组的通解为 $\boldsymbol{x}=k\boldsymbol{\eta}$,其中 k 为任意常数.

【评注】本题也可直接对系数矩阵 $\boldsymbol{A}$ 作初等行变换,化其为爪形

$$A\to\begin{pmatrix}1+a&1&1&\cdots&1\\-2a&a&0&\cdots&0\\\vdots&\vdots&\vdots&&\vdots\\-na&0&0&\cdots&a\end{pmatrix},$$

然后按 $a=0$ 或 $a\neq0$ 继续加减消元来求解,不必求 $|\boldsymbol{A}|$ 的值.

Ⓚ 2002 数学三，8 分

78 设齐次线性方程组

$$\begin{cases} ax_1 + bx_2 + bx_3 + \cdots + bx_n = 0, \\ bx_1 + ax_2 + bx_3 + \cdots + bx_n = 0, \\ \cdots\cdots\cdots\cdots\cdots\cdots\cdots\cdots\cdots\cdots \\ bx_1 + bx_2 + bx_3 + \cdots + ax_n = 0, \end{cases}$$

其中 $a\neq 0$, $b\neq 0$, $n\geqslant 2$.试讨论 a, b 为何值时,方程组仅有零解,有无穷多组解？在有无穷多组解时,求出全部解,并用基础解系表示全部解.

知识点睛 0407 非齐次线性方程组的通解

分析 这是 n 个未知数 n 个方程的齐次线性方程组, $\boldsymbol{Ax}=\boldsymbol{0}$ 只有零解的充分必要条件是 $|\boldsymbol{A}|\neq 0$,故可从计算系数行列式入手.

解 方程组的系数行列式

$$|\boldsymbol{A}| = \begin{vmatrix} a & b & b & \cdots & b \\ b & a & b & \cdots & b \\ b & b & a & \cdots & b \\ \vdots & \vdots & \vdots & & \vdots \\ b & b & b & \cdots & a \end{vmatrix} = [a+(n-1)b](a-b)^{n-1}.$$

(1) 当 $a\neq b$ 且 $a\neq(1-n)b$ 时,方程组只有零解.

(2) 当 $a=b$ 时,对系数矩阵作初等行变换,有

$$\boldsymbol{A} = \begin{pmatrix} a & a & a & \cdots & a \\ a & a & a & \cdots & a \\ a & a & a & \cdots & a \\ \vdots & \vdots & \vdots & & \vdots \\ a & a & a & \cdots & a \end{pmatrix} \to \begin{pmatrix} 1 & 1 & 1 & \cdots & 1 \\ 0 & 0 & 0 & \cdots & 0 \\ 0 & 0 & 0 & \cdots & 0 \\ \vdots & \vdots & \vdots & & \vdots \\ 0 & 0 & 0 & \cdots & 0 \end{pmatrix}.$$

由于 $n-r(\boldsymbol{A})=n-1$,取自由未知量为 $x_2,x_3,\cdots,x_n$,得到基础解系为:

$\boldsymbol{\alpha}_1=(-1,1,0,\cdots,0)^{\mathrm{T}}$, $\boldsymbol{\alpha}_2=(-1,0,1,\cdots,0)^{\mathrm{T}}$, $\cdots$, $\boldsymbol{\alpha}_{n-1}=(-1,0,0,\cdots,1)^{\mathrm{T}}$,
方程组的通解是: $k_1\boldsymbol{\alpha}_1+k_2\boldsymbol{\alpha}_2+\cdots+k_{n-1}\boldsymbol{\alpha}_{n-1}$,其中 $k_1,k_2,\cdots,k_{n-1}$ 为任意常数.

(3) 当 $a=(1-n)b$ 时,对系数矩阵作初等行变换,把第 1 行的 -1 倍分别加至每一行,有

$$\begin{pmatrix} (1-n)b & b & b & \cdots & b & b \\ b & (1-n)b & b & \cdots & b & b \\ b & b & (1-n)b & \cdots & b & b \\ \vdots & \vdots & \vdots & & \vdots & \vdots \\ b & b & b & \cdots & (1-n)b & b \\ b & b & b & \cdots & b & (1-n)b \end{pmatrix}$$

$$\to \begin{pmatrix} (1-n)b & b & b & \cdots & b & b \\ nb & -nb & 0 & \cdots & 0 & 0 \\ nb & 0 & -nb & \cdots & 0 & 0 \\ \vdots & \vdots & \vdots & & \vdots & \vdots \\ nb & 0 & 0 & \cdots & -nb & 0 \\ nb & 0 & 0 & \cdots & 0 & -nb \end{pmatrix} \to \begin{pmatrix} 1-n & 1 & 1 & \cdots & 1 & 1 \\ 1 & -1 & 0 & \cdots & 0 & 0 \\ 1 & 0 & -1 & \cdots & 0 & 0 \\ \vdots & \vdots & \vdots & & \vdots & \vdots \\ 1 & 0 & 0 & \cdots & -1 & 0 \\ 1 & 0 & 0 & \cdots & 0 & -1 \end{pmatrix}$$

$$\to\begin{pmatrix}1&-1&0&\cdots&0&0\\0&1&-1&\cdots&0&0\\0&0&1&\cdots&0&0\\\vdots&\vdots&\vdots&&\vdots&\vdots\\0&0&0&\cdots&1&-1\\0&0&0&\cdots&0&0\end{pmatrix}.$$

由于 $r(\boldsymbol{A})=n-1$，有 $n-r(\boldsymbol{A})=1$，即基础解系只有 1 个解向量，取自由未知量为 x_n，则基础解系为 $\boldsymbol{\alpha}=(1,1,1,\cdots,1)^{\mathrm{T}}$. 故通解为 $k\boldsymbol{\alpha}$ （k 为任意常数）.

79 求非齐次线性方程组

$$\begin{cases}x_1-kx_2+k^2x_3=k^3\\x_1+kx_2+k^2x_3=-k^3,\\2x_1+2k^2x_3=0,\\x_1+3kx_2+k^2x_3=-3k^3\end{cases}\quad(k\neq 0)$$

的通解.

知识点睛　0407 非齐次线性方程组的通解

解　方程组的增广矩阵为：

$$\overline{\boldsymbol{A}}=\begin{pmatrix}1&-k&k^2&k^3\\1&k&k^2&-k^3\\2&0&2k^2&0\\1&3k&k^2&-3k^3\end{pmatrix}\to\begin{pmatrix}1&-k&k^2&k^3\\0&2k&0&-2k^3\\0&2k&0&-2k^3\\0&4k&0&-4k^3\end{pmatrix}$$

$$\to\begin{pmatrix}1&-k&k^2&k^3\\0&k&0&-k^3\\0&0&0&0\\0&0&0&0\end{pmatrix}\to\begin{pmatrix}1&0&k^2&0\\0&1&0&-k^2\\0&0&0&0\\0&0&0&0\end{pmatrix}.$$

$r(\overline{\boldsymbol{A}})=r(\boldsymbol{A})=2<3$，所以方程组有无穷多解. 同解方程组为 $\begin{cases}x_1=-k^2x_3,\\x_2=-k^2,\end{cases}$ 易求得通解为

$$(0,-k^2,0)^{\mathrm{T}}+c(-k^2,0,1)^{\mathrm{T}},c\text{ 为任意常数}.$$

80 已知 $\boldsymbol{\alpha}_1,\boldsymbol{\alpha}_2,\boldsymbol{\alpha}_3,\boldsymbol{\alpha}_4$ 是齐次线性方程组 $\boldsymbol{Ax}=\boldsymbol{0}$ 的一个基础解系，若 $\boldsymbol{\beta}_1=\boldsymbol{\alpha}_1+t\boldsymbol{\alpha}_2,\boldsymbol{\beta}_2=\boldsymbol{\alpha}_2+t\boldsymbol{\alpha}_3,\boldsymbol{\beta}_3=\boldsymbol{\alpha}_3+t\boldsymbol{\alpha}_4,\boldsymbol{\beta}_4=\boldsymbol{\alpha}_4+t\boldsymbol{\alpha}_1$，讨论实数 t 满足什么关系时，$\boldsymbol{\beta}_1,\boldsymbol{\beta}_2,\boldsymbol{\beta}_3,\boldsymbol{\beta}_4$ 也是 $\boldsymbol{Ax}=\boldsymbol{0}$ 的一个基础解系.　Ⓚ 2001 数学二，6 分

知识点睛　0405 齐次线性方程组的基础解系

解　由于齐次线性方程组解的线性组合仍是该方程组的解，故 $\boldsymbol{\beta}_1,\boldsymbol{\beta}_2,\boldsymbol{\beta}_3,\boldsymbol{\beta}_4$ 是 $\boldsymbol{Ax}=\boldsymbol{0}$ 的解. 因此，当且仅当 $\boldsymbol{\beta}_1,\boldsymbol{\beta}_2,\boldsymbol{\beta}_3,\boldsymbol{\beta}_4$ 线性无关时，$\boldsymbol{\beta}_1,\boldsymbol{\beta}_2,\boldsymbol{\beta}_3,\boldsymbol{\beta}_4$ 才是基础解系. 又

$$(\boldsymbol{\beta}_1,\boldsymbol{\beta}_2,\boldsymbol{\beta}_3,\boldsymbol{\beta}_4)=(\boldsymbol{\alpha}_1,\boldsymbol{\alpha}_2,\boldsymbol{\alpha}_3,\boldsymbol{\alpha}_4)\begin{pmatrix}1&0&0&t\\t&1&0&0\\0&t&1&0\\0&0&t&1\end{pmatrix},$$

令

$$\boldsymbol{B}=\begin{pmatrix}1&0&0&t\\t&1&0&0\\0&t&1&0\\0&0&t&1\end{pmatrix},$$

故$\boldsymbol{\beta}_1,\boldsymbol{\beta}_2,\boldsymbol{\beta}_3,\boldsymbol{\beta}_4$线性无关当且仅当$r(\boldsymbol{B})=4$，即

$$|\boldsymbol{B}|=\begin{vmatrix}1&0&0&t\\t&1&0&0\\0&t&1&0\\0&0&t&1\end{vmatrix}\neq 0,$$

即$t^4-1\neq 0$，亦即$t\neq\pm 1$.

所以当$t\neq\pm 1$时，$\boldsymbol{\beta}_1,\boldsymbol{\beta}_2,\boldsymbol{\beta}_3,\boldsymbol{\beta}_4$是$\boldsymbol{Ax}=\boldsymbol{0}$的基础解系.

【评注】因为$\boldsymbol{\beta}_1,\boldsymbol{\beta}_2,\boldsymbol{\beta}_3,\boldsymbol{\beta}_4$都是解，且正好是4个解，所以$\boldsymbol{\beta}_1,\boldsymbol{\beta}_2,\boldsymbol{\beta}_3,\boldsymbol{\beta}_4$是基础解系的充要条件是$\boldsymbol{\beta}_1,\boldsymbol{\beta}_2,\boldsymbol{\beta}_3,\boldsymbol{\beta}_4$线性无关，故本题转化为讨论$t$为何值时，$\boldsymbol{\beta}_1,\boldsymbol{\beta}_2,\boldsymbol{\beta}_3,\boldsymbol{\beta}_4$线性无关.本题利用矩阵的秩的方法来判断$\boldsymbol{\beta}_1,\boldsymbol{\beta}_2,\boldsymbol{\beta}_3,\boldsymbol{\beta}_4$的线性相关性.

K 2001 数学一，6分

81题精解视频

81 设$\boldsymbol{\alpha}_1,\boldsymbol{\alpha}_2,\cdots,\boldsymbol{\alpha}_s$为线性方程组$\boldsymbol{Ax}=\boldsymbol{0}$的一个基础解系：

$$\boldsymbol{\beta}_1=t_1\boldsymbol{\alpha}_1+t_2\boldsymbol{\alpha}_2,\ \boldsymbol{\beta}_2=t_1\boldsymbol{\alpha}_2+t_2\boldsymbol{\alpha}_3,\ \cdots,\ \boldsymbol{\beta}_s=t_1\boldsymbol{\alpha}_s+t_2\boldsymbol{\alpha}_1,$$

其中t_1,t_2为实常数.试问t_1,t_2满足什么关系时，$\boldsymbol{\beta}_1,\boldsymbol{\beta}_2,\cdots,\boldsymbol{\beta}_s$也为$\boldsymbol{Ax}=\boldsymbol{0}$的一个基础解系.

知识点睛 0405 齐次线性方程组的基础解系

分析 如果$\boldsymbol{\beta}_1,\boldsymbol{\beta}_2,\cdots,\boldsymbol{\beta}_s$是$\boldsymbol{Ax}=\boldsymbol{0}$的基础解系，则表明

(1) $\boldsymbol{\beta}_1,\boldsymbol{\beta}_2,\cdots,\boldsymbol{\beta}_s$是$\boldsymbol{Ax}=\boldsymbol{0}$的解；

(2) $\boldsymbol{\beta}_1,\boldsymbol{\beta}_2,\cdots,\boldsymbol{\beta}_s$线性无关；

(3) $s=n-r(\boldsymbol{A})$.

那么要证$\boldsymbol{\beta}_1,\boldsymbol{\beta}_2,\cdots,\boldsymbol{\beta}_s$是基础解系，也应当证这三点.本题中(1)、(3)是容易证明的，关键是(2)中线性无关的证明.

解 由于$\boldsymbol{\beta}_i(i=1,2,\cdots,s)$是$\boldsymbol{\alpha}_1,\boldsymbol{\alpha}_2,\cdots,\boldsymbol{\alpha}_s$的线性组合，又$\boldsymbol{\alpha}_1,\boldsymbol{\alpha}_2,\cdots,\boldsymbol{\alpha}_s$是$\boldsymbol{Ax}=\boldsymbol{0}$的解，所以根据齐次方程组解的性质知$\boldsymbol{\beta}_i(i=1,2,\cdots,s)$均为$\boldsymbol{Ax}=\boldsymbol{0}$的解.

由$\boldsymbol{\alpha}_1,\boldsymbol{\alpha}_2,\cdots,\boldsymbol{\alpha}_s$是$\boldsymbol{Ax}=\boldsymbol{0}$的基础解系，知$s=n-r(\boldsymbol{A})$.

下面来证明$\boldsymbol{\beta}_1,\boldsymbol{\beta}_2,\cdots,\boldsymbol{\beta}_s$线性无关.设$k_1\boldsymbol{\beta}_1+k_2\boldsymbol{\beta}_2+\cdots+k_s\boldsymbol{\beta}_s=\boldsymbol{0}$，即

$$(t_1k_1+t_2k_s)\boldsymbol{\alpha}_1+(t_2k_1+t_1k_2)\boldsymbol{\alpha}_2+(t_2k_2+t_1k_3)\boldsymbol{\alpha}_3+\cdots+(t_2k_{s-1}+t_1k_s)\boldsymbol{\alpha}_s=\boldsymbol{0},$$

由于$\boldsymbol{\alpha}_1,\boldsymbol{\alpha}_2,\cdots,\boldsymbol{\alpha}_s$线性无关，因此有

$$\begin{cases}t_1k_1+t_2k_s=0,\\t_2k_1+t_1k_2=0,\\t_2k_2+t_1k_3=0,\\\cdots\cdots\cdots\cdots\cdots\cdots\\t_2k_{s-1}+t_1k_s=0.\end{cases}\qquad①$$

因为系数行列式

$$\begin{vmatrix} t_1 & 0 & 0 & \cdots & 0 & t_2 \\ t_2 & t_1 & 0 & \cdots & 0 & 0 \\ 0 & t_2 & t_1 & \cdots & 0 & 0 \\ \vdots & \vdots & \vdots & & \vdots & \vdots \\ 0 & 0 & 0 & \cdots & t_2 & t_1 \end{vmatrix} = t_1^s + (-1)^{s+1}t_2^s,$$

所以当 $t_1^s+(-1)^{s+1}t_2^s \neq 0$ 时，方程组①只有零解 $k_1=k_2=\cdots=k_s=0$. 从而 $\boldsymbol{\beta}_1,\boldsymbol{\beta}_2\cdots,\boldsymbol{\beta}_s$ 线性无关. 即当 s 为偶数时，$t_1\neq \pm t_2$. 当 s 为奇数时，$t_1\neq -t_2$，$\boldsymbol{\beta}_1,\boldsymbol{\beta}_2,\cdots,\boldsymbol{\beta}_s$ 也为 $\boldsymbol{Ax}=\mathbf{0}$ 的一个基础解系.

【评注】本题考查基础解系的概念及线性无关的证明，还涉及 s 阶行列式的计算. 由于有些考生概念不清，不知要证什么，有的不会证线性无关，还有同学在把 $\boldsymbol{\alpha}_1,\boldsymbol{\alpha}_2,\cdots,\boldsymbol{\alpha}_s$ 线性无关转化为齐次方程组①时，方程写得过于少，例如系数行列式成为

$$\begin{vmatrix} t_1 & 0 & \cdots & t_2 \\ t_2 & t_1 & \cdots & 0 \\ \vdots & \vdots & & \vdots \\ 0 & 0 & \cdots & t_1 \end{vmatrix},$$

结果对行列式的结构规律没有观察清楚，造成行列式计算上的失误.

行列式中已有大量的 0，直接展开就可得到行列式的值，那么本题是按第一行展开好还是按第 1 列展开好呢？

82 已知齐次线性方程组 K 2003 数学三，13 分

$$\begin{cases} (a_1+b)x_1+a_2x_2+a_3x_3+\cdots+a_nx_n=0, \\ a_1x_1+(a_2+b)x_2+a_3x_3+\cdots+a_nx_n=0, \\ a_1x_1+a_2x_2+(a_3+b)x_3+\cdots+a_nx_n=0, \\ \cdots\cdots \\ a_1x_1+a_2x_2+a_3x_3+\cdots+(a_n+b)x_n=0, \end{cases}$$

其中 $\sum\limits_{i=1}^{n} a_i \neq 0$. 试讨论 $a_1,a_2,\cdots,a_n$ 和 b 满足何种关系时，

(1) 方程组只有零解；

(2) 方程组有非零解，在有非零解时，求通解.

知识点睛 0407 非齐次线性方程组的通解

解 系数行列式：

$$\begin{vmatrix} a_1+b & a_2 & a_3 & \cdots & a_n \\ a_1 & a_2+b & a_3 & \cdots & a_n \\ a_1 & a_2 & a_3+b & \cdots & a_n \\ \vdots & \vdots & \vdots & & \vdots \\ a_1 & a_2 & a_3 & \cdots & a_n+b \end{vmatrix} = \left(\sum_{i=1}^{n} a_i+b\right) \begin{vmatrix} 1 & a_2 & a_3 & \cdots & a_n \\ 1 & a_2+b & a_3 & \cdots & a_n \\ 1 & a_2 & a_3+b & \cdots & a_n \\ \vdots & \vdots & \vdots & & \vdots \\ 1 & a_2 & a_3 & \cdots & a_n+b \end{vmatrix}$$

$$
=\left(\sum_{i=1}^{n}a_i+b\right)\begin{vmatrix}1 & a_2 & a_3 & \cdots & a_n\\ 0 & b & 0 & \cdots & 0\\ 0 & 0 & b & \cdots & 0\\ \vdots & \vdots & \vdots & & \vdots\\ 0 & 0 & 0 & \cdots & b\end{vmatrix}=\left(\sum_{i=1}^{n}a_i+b\right)b^{n-1}.
$$

(1) 当 $\sum\limits_{i=1}^{n}a_i+b\neq 0$ 且 $b\neq 0$ 时,方程组只有零解.

(2) 当 $\sum\limits_{i=1}^{n}a_i+b=0$ 时,即 $b=-\sum\limits_{i=1}^{n}a_i\neq 0$ 时, 对系数矩阵作初等行变换:

$$
\begin{pmatrix}a_1+b & a_2 & a_3 & \cdots & a_n\\ a_1 & a_2+b & a_3 & \cdots & a_n\\ a_1 & a_2 & a_3+b & \cdots & a_n\\ \vdots & \vdots & \vdots & & \vdots\\ a_1 & a_2 & a_3 & \cdots & a_n+b\end{pmatrix}\to\begin{pmatrix}a_1+b & a_2 & a_3 & \cdots & a_n\\ -b & b & 0 & \cdots & 0\\ -b & 0 & b & \cdots & 0\\ \vdots & \vdots & \vdots & & \vdots\\ -b & 0 & 0 & \cdots & b\end{pmatrix}
$$

$$
\to\begin{pmatrix}a_1+b & a_2 & a_3 & \cdots & a_n\\ -1 & 1 & 0 & \cdots & 0\\ -1 & 0 & 1 & \cdots & 0\\ \vdots & \vdots & \vdots & & \vdots\\ -1 & 0 & 0 & \cdots & 1\end{pmatrix}\to\begin{pmatrix}\sum\limits_{i=1}^{n}a_i+b & 0 & 0 & \cdots & 0\\ -1 & 1 & 0 & \cdots & 0\\ -1 & 0 & 1 & \cdots & 0\\ \vdots & \vdots & \vdots & & \vdots\\ -1 & 0 & 0 & \cdots & 1\end{pmatrix}
$$

$$
=\begin{pmatrix}0 & 0 & 0 & \cdots & 0\\ -1 & 1 & 0 & \cdots & 0\\ -1 & 0 & 1 & \cdots & 0\\ \vdots & \vdots & \vdots & & \vdots\\ -1 & 0 & 0 & \cdots & 1\end{pmatrix},
$$

同解方程组为:

$$
\begin{cases}x_1=x_2,\\ x_1=x_3,\\ \cdots\cdots\\ x_1=x_n,\end{cases}
$$

解得基础解系为 $\boldsymbol{\xi}=(1,1,\cdots,1)^{\mathrm{T}}$,所以通解为 $k\boldsymbol{\xi}$,k 为任意常数.

当 $b=0$ 时,对系数矩阵作初等行变换,

$$
\begin{pmatrix}a_1+0 & a_2 & a_3 & \cdots & a_n\\ a_1 & a_2+0 & a_3 & \cdots & a_n\\ a_1 & a_2 & a_3+0 & \cdots & a_n\\ \vdots & \vdots & \vdots & & \vdots\\ a_1 & a_2 & a_3 & \cdots & a_n+0\end{pmatrix}\to\begin{pmatrix}a_1 & a_2 & a_3 & \cdots & a_n\\ 0 & 0 & 0 & \cdots & 0\\ 0 & 0 & 0 & \cdots & 0\\ \vdots & \vdots & \vdots & & \vdots\\ 0 & 0 & 0 & \cdots & 0\end{pmatrix},
$$

同解方程组为:

$$a_1x_1+a_2x_2+\cdots+a_nx_n=0.$$

由于 $\sum_{i=1}^{n} a_i \neq 0$, $a_i(i=1,2,\cdots,n)$ 不全为零.不妨设 $a_1\neq 0$, 可得基础解系:

$$\boldsymbol{\eta}_1=\left(-\frac{a_2}{a_1},1,0,\cdots,0\right)^{\mathrm{T}},$$

$$\boldsymbol{\eta}_2=\left(-\frac{a_3}{a_1},0,1,\cdots,0\right)^{\mathrm{T}},$$

$$\cdots\cdots$$

$$\boldsymbol{\eta}_{n-1}=\left(-\frac{a_n}{a_1},0,0,\cdots,1\right)^{\mathrm{T}},$$

所以通解为 $l_1\boldsymbol{\eta}_1+l_2\boldsymbol{\eta}_2+\cdots+l_{n-1}\boldsymbol{\eta}_{n-1}$, $l_1,l_2,\cdots,l_{n-1}$ 为任意常数.

83 设 $\boldsymbol{A}$ 为 n 阶方阵,且 $r(\boldsymbol{A})=n-1$, $\boldsymbol{\alpha}_1,\boldsymbol{\alpha}_2$ 是 $\boldsymbol{Ax}=\boldsymbol{0}$ 的两个不同的解向量,则 $\boldsymbol{Ax}=\boldsymbol{0}$ 的通解为(　　).

(A) $k\boldsymbol{\alpha}_1$　　(B) $k\boldsymbol{\alpha}_2$　　(C) $k(\boldsymbol{\alpha}_1-\boldsymbol{\alpha}_2)$　　(D) $k(\boldsymbol{\alpha}_1+\boldsymbol{\alpha}_2)$.

知识点睛　0405 齐次线性方程组的通解

解　因 $n-r(\boldsymbol{A})=n-(n-1)=1$,所以 $\boldsymbol{Ax}=\boldsymbol{0}$ 的基础解系只含一个解向量,且基础解系中的解向量应是线性无关的,当然是非零向量.而 $\boldsymbol{\alpha}_1,\boldsymbol{\alpha}_2$ 是两个不同的解向量,所以 $\boldsymbol{\alpha}_1-\boldsymbol{\alpha}_2\neq\boldsymbol{0}$.又 $\boldsymbol{\alpha}_1-\boldsymbol{\alpha}_2$ 也是 $\boldsymbol{Ax}=\boldsymbol{0}$ 的解向量,故 $\boldsymbol{\alpha}_1-\boldsymbol{\alpha}_2$ 是基础解系, $\boldsymbol{Ax}=\boldsymbol{0}$ 的通解应为 $k(\boldsymbol{\alpha}_1-\boldsymbol{\alpha}_2)$,其中 k 为任意常数.

因为 $\boldsymbol{\alpha}_1,\boldsymbol{\alpha}_2,\boldsymbol{\alpha}_1+\boldsymbol{\alpha}_2$ 可能是零解向量,不能成为基础解系,所以不能选(A)、(B)、(D).故应选(C).

84 已知 $\boldsymbol{x}_1=(0,1,0)^{\mathrm{T}}$, $\boldsymbol{x}_2=(-3,2,2)^{\mathrm{T}}$是线性方程组

$$\begin{cases} x_1-x_2+2x_3=-1,\\ 3x_1+x_2+4x_3=1,\\ ax_1+bx_2+cx_3=d \end{cases}$$

的两个解,求此方程组的通解.

84 题精解视频

知识点睛　0407 非齐次线性方程组的通解

解　设线性方程组为 $\boldsymbol{Ax}=\boldsymbol{b}$,系数矩阵

$$\boldsymbol{A}=\begin{pmatrix}1&-1&2\\3&1&4\\a&b&c\end{pmatrix}.$$

由已知, $\boldsymbol{Ax}=\boldsymbol{b}$ 有两个解 $\boldsymbol{x}_1\neq\boldsymbol{x}_2$,所以 $\boldsymbol{Ax}=\boldsymbol{b}$ 有解但不唯一,即有无穷多解,从而 $r(\boldsymbol{A})=r(\overline{\boldsymbol{A}})<3$.

又 $\boldsymbol{A}$ 有二阶子式 $\begin{vmatrix}1&-1\\3&1\end{vmatrix}\neq 0$,所以 $r(\boldsymbol{A})\geqslant 2$,于是 $r(\boldsymbol{A})=2$.故齐次线性方程组 $\boldsymbol{Ax}=\boldsymbol{0}$ 的基础解系含有一个非零向量.而 $\boldsymbol{\xi}=\boldsymbol{x}_1-\boldsymbol{x}_2=(3,-1,-2)^{\mathrm{T}}\neq\boldsymbol{0}$ 是 $\boldsymbol{Ax}=\boldsymbol{0}$ 的解向量,所以 $\boldsymbol{\xi}$ 为 $\boldsymbol{Ax}=\boldsymbol{0}$ 的基础解系,从而得 $\boldsymbol{Ax}=\boldsymbol{b}$ 的通解为

$$k\boldsymbol{\xi}+\boldsymbol{x}_1=k(3,-1,-2)^{\mathrm{T}}+(0,1,0)^{\mathrm{T}},\ k\text{ 为任意常数}.$$

K 1998 数学一，5分

85 已知齐次线性方程组

$$(\mathrm{I})\begin{cases}a_{11}x_1+a_{12}x_2+\cdots+a_{1,2n}x_{2n}=0,\\a_{21}x_1+a_{22}x_2+\cdots+a_{2,2n}x_{2n}=0,\\\cdots\cdots\cdots\cdots\cdots\cdots\cdots\cdots\cdots\cdots\\a_{n1}x_1+a_{n2}x_2+\cdots+a_{n,2n}x_{2n}=0\end{cases}$$

的一个基础解系为$(b_{11},b_{12},\cdots,b_{1,2n})^{\mathrm{T}},(b_{21},b_{22},\cdots,b_{2,2n})^{\mathrm{T}},\cdots,(b_{n1},b_{n2},\cdots,b_{n,2n})^{\mathrm{T}}$.试写出齐次线性方程组

$$(\mathrm{II})\begin{cases}b_{11}y_1+b_{12}y_2+\cdots+b_{1,2n}y_{2n}=0,\\b_{21}y_1+b_{22}y_2+\cdots+b_{2,2n}y_{2n}=0,\\\cdots\cdots\cdots\cdots\cdots\cdots\cdots\cdots\cdots\cdots\\b_{n1}y_1+b_{n2}y_2+\cdots+b_{n,2n}y_{2n}=0\end{cases}$$

的通解,并说明理由.

知识点睛 0405 齐次线性方程组的通解

解 (Ⅱ)的通解为

$$c_1(a_{11},a_{12},\cdots,a_{1,2n})^{\mathrm{T}}+c_2(a_{21},a_{22},\cdots,a_{2,2n})^{\mathrm{T}}+\cdots+c_n(a_{n1},a_{n2},\cdots,a_{n,2n})^{\mathrm{T}},$$

其中$c_1,c_2,\cdots,c_n$为任意常数.

理由:方程组(Ⅰ)、(Ⅱ)的系数矩阵分别记为$\boldsymbol{A},\boldsymbol{B}$,则由(Ⅰ)的已知基础解系可知$\boldsymbol{AB}^{\mathrm{T}}=\boldsymbol{0}$,于是$\boldsymbol{BA}^{\mathrm{T}}=(\boldsymbol{AB}^{\mathrm{T}})^{\mathrm{T}}=\boldsymbol{0}$,因此可知$\boldsymbol{A}$的$n$个行向量的转置向量为(Ⅱ)的$n$个解向量.

由于$\boldsymbol{B}$的秩为n,故(Ⅱ)的解空间维数为$2n-n=n$.又$\boldsymbol{A}$的秩为$2n$与(Ⅰ)的解空间维数之差,即为n,故$\boldsymbol{A}$的n个行向量线性无关,从而它们的转置向量构成(Ⅱ)的一个基础解系.于是得到(Ⅱ)的上述通解.

K 2006 数学一、数学二,9分

86 已知非齐次线性方程组$\begin{cases}x_1+x_2+x_3+x_4=-1,\\4x_1+3x_2+5x_3-x_4=-1,\\ax_1+x_2+3x_3+bx_4=1\end{cases}$有三个线性无关的解.

(1) 证明方程组系数矩阵$\boldsymbol{A}$的秩$r(\boldsymbol{A})=2$;

(2) 求a,b的值及方程组的通解.

知识点睛 0407 非齐次线性方程组的通解

分析 本题考查含参数的非齐次线性方程组的求解问题,那么如何求参数a和b?题目给的信息是$\boldsymbol{Ax}=\boldsymbol{b}$有三个线性无关的解,如何用这信息?其实问题(1)$r(\boldsymbol{A})=2$就是提示.

解 (1) 设$\boldsymbol{\alpha}_1,\boldsymbol{\alpha}_2,\boldsymbol{\alpha}_3$是非齐次方程组的三个线性无关的解,那么$\boldsymbol{\alpha}_1-\boldsymbol{\alpha}_2,\boldsymbol{\alpha}_1-\boldsymbol{\alpha}_3$是$\boldsymbol{Ax}=\boldsymbol{0}$线性无关的解,所以$n-r(\boldsymbol{A})\geqslant 2$,即$r(\boldsymbol{A})\leqslant 2$.

显然矩阵$\boldsymbol{A}$中有二阶子式$\begin{vmatrix}1&1\\4&3\end{vmatrix}\neq 0$,又有$r(\boldsymbol{A})\geqslant 2$,从而$r(\boldsymbol{A})=2$.

(2) 对增广矩阵作初等行变换,有

$$\overline{\boldsymbol{A}}=\left(\begin{array}{cccc:c}1&1&1&1&-1\\4&3&5&-1&-1\\a&1&3&b&1\end{array}\right)\to\left(\begin{array}{cccc:c}1&1&1&1&-1\\0&-1&1&-5&3\\0&1-a&3-a&b-a&a+1\end{array}\right)$$

$$\to\begin{pmatrix}1&1&1&1&\vdots&-1\\0&1&-1&5&\vdots&-3\\0&0&4-2a&b+4a-5&\vdots&4-2a\end{pmatrix}.$$

由题设和(1)知,$r(\boldsymbol{A})=r(\overline{\boldsymbol{A}})=2$,故有

$$4-2a=0,\quad b+4a-5=0,$$

解出 $a=2,b=-3$,此时

$$\overline{\boldsymbol{A}}\to\begin{pmatrix}1&0&2&-4&\vdots&2\\0&1&-1&5&\vdots&-3\\0&0&0&0&\vdots&0\end{pmatrix}.$$

那么 $\boldsymbol{\alpha}=(2,-3,0,0)^{\mathrm{T}}$ 是 $\boldsymbol{Ax}=\boldsymbol{b}$ 的特解,且 $\boldsymbol{\eta}_1=(-2,1,1,0)^{\mathrm{T}}$,$\boldsymbol{\eta}_2=(4,-5,0,1)^{\mathrm{T}}$ 是 $\boldsymbol{Ax}=\boldsymbol{0}$ 的基础解系,所以方程组的通解是 $\boldsymbol{\alpha}+k_1\boldsymbol{\eta}_1+k_2\boldsymbol{\eta}_2$($k_1,k_2$ 为任意常数).

87 设 n 元线性方程组 $\boldsymbol{Ax}=\boldsymbol{b}$,其中

K 2008 数学一、数学二、数学三,12 分

$$\boldsymbol{A}=\begin{pmatrix}2a&1&&&&\\a^2&2a&1&&&\\&a^2&2a&1&&\\&&\ddots&\ddots&\ddots&\\&&&a^2&2a&1\\&&&&a^2&2a\end{pmatrix}_{n\times n},\quad \boldsymbol{x}=\begin{pmatrix}x_1\\x_2\\\vdots\\x_n\end{pmatrix},\boldsymbol{b}=\begin{pmatrix}1\\0\\\vdots\\0\end{pmatrix},$$

(1) 证明行列式 $|\boldsymbol{A}|=(n+1)a^n$;

(2) 当 a 为何值时,该方程组有唯一解,并求 x_1;

(3) 当 a 为何值时,该方程组有无穷多解,并求通解.

知识点睛 0407 非齐次线性方程组的通解

分析 本题考查 n 阶行列式的计算和方程组的求解.作为"三对角"行列式可用数学归纳法或"三角化";对于唯一解应用克拉默法则.

解 (1) 用数学归纳法.记 n 阶行列式 $|\boldsymbol{A}|$ 的值为 D_n.

当 $n=1$ 时,$D_1=2a$,命题正确;

当 $n=2$ 时,$D_2=\begin{vmatrix}2a&1\\a^2&2a\end{vmatrix}=3a^2$,命题正确.

设 $n<k$ 时,$D_n=(n+1)a^n$,命题正确.当 $n=k$ 时,按第 1 列展开,则有

$$D_k=2a\begin{vmatrix}2a&1&&&\\a^2&2a&1&&\\&a^2&2a&\ddots&\\&&\ddots&\ddots&1\\&&&a^2&2a\end{vmatrix}_{k-1}+a^2(-1)^{2+1}\begin{vmatrix}1&0&&&\\a^2&2a&1&&\\&a^2&2a&\ddots&\\&&\ddots&\ddots&1\\&&&a^2&2a\end{vmatrix}_{k-1}$$

$$=2aD_{k-1}-a^2D_{k-2}=2a(ka^{k-1})-a^2[(k-1)a^{k-2}]=(k+1)a^k,$$

命题正确.所以 $|\boldsymbol{A}|=(n+1)a^n$.

(2) 据(1)由克拉默法则,$|\boldsymbol{A}|\neq0$ 方程组有唯一解,故 $a\neq0$ 时方程组有唯一解,且用克拉默法则,有

$$x_1=\frac{\begin{vmatrix}1&1&&&\\0&2a&1&&\\0&a^2&2a&\ddots&\\\vdots&&\ddots&\ddots&1\\0&&&a^2&2a\end{vmatrix}}{D_n}=\frac{na^{n-1}}{(n+1)a^n}=\frac{n}{(n+1)a}.$$

(3) 当 $a=0$ 时,方程组为 $\begin{pmatrix}0&1&&&\\&0&1&&\\&&\ddots&\ddots&\\&&&\ddots&1\\&&&&0\end{pmatrix}\begin{pmatrix}x_1\\x_2\\\vdots\\x_n\end{pmatrix}=\begin{pmatrix}1\\0\\\vdots\\0\end{pmatrix}$,由 $r(\boldsymbol{A})=r(\overline{\boldsymbol{A}})=n-1$,方程组有无穷多解.根据解的结构,其通解为$(0,1,0,\cdots,0)^{\mathrm{T}}+k(1,0,0,\cdots,0)^{\mathrm{T}}$,其中 k 为任意常数.

【评注】本题的"三对角"行列式也可用逐行相加的技巧将其上三角化,即把第 1 行的$-\frac{1}{2}a$ 倍加至第 2 行,再把新第 2 行的$-\frac{2}{3}a$ 倍加至第 3 行,…

$$|\boldsymbol{A}|=\begin{vmatrix}2a&1&&&&\\a^2&2a&1&&&\\&a^2&2a&1&&\\&&\ddots&\ddots&\ddots&\\&&&a^2&2a&1\\&&&&a^2&2a\end{vmatrix}_n=\begin{vmatrix}2a&1&&&&\\0&\frac{3}{2}a&1&&&\\&a^2&2a&1&&\\&&\ddots&\ddots&\ddots&\\&&&a^2&2a&1\\&&&&a^2&2a\end{vmatrix}_n$$

$$=\begin{vmatrix}2a&1&&&&&\\0&\frac{3}{2}a&1&&&&\\&0&\frac{4}{3}a&1&&&\\&&a^2&2a&1&&\\&&&\ddots&\ddots&\ddots&\\&&&&a^2&2a&1\\&&&&&a^2&2a\end{vmatrix}_n=\cdots=\begin{vmatrix}2a&1&&&&\\0&\frac{3}{2}a&1&&&\\&0&\frac{4}{3}a&1&&\\&&\ddots&\ddots&\ddots&\\&&&0&\frac{n}{n-1}a&1\\&&&&0&\frac{n+1}{n}a\end{vmatrix}_n$$

$$=(n+1)a^n.$$

K 2009 数学一、数学二、数学三,11 分

88 设

$$\boldsymbol{A}=\begin{pmatrix}1&-1&-1\\-1&1&1\\0&-4&-2\end{pmatrix},\quad \boldsymbol{\xi}_1=\begin{pmatrix}-1\\1\\-2\end{pmatrix},$$

(1) 求满足 $\boldsymbol{A\xi}_2=\boldsymbol{\xi}_1,\boldsymbol{A}^2\boldsymbol{\xi}_3=\boldsymbol{\xi}_1$ 的所有向量 $\boldsymbol{\xi}_2,\boldsymbol{\xi}_3$;

(2) 对(1) 中的任意向量 $\boldsymbol{\xi}_2,\boldsymbol{\xi}_3$,证明 $\boldsymbol{\xi}_1,\boldsymbol{\xi}_2,\boldsymbol{\xi}_3$ 线性无关.

知识点睛 0303 线性无关的判别法, 0407 非齐次线性方程组的通解

分析 本题的第(1)问,实际是求方程组 $\boldsymbol{Ax}=\boldsymbol{\xi}_1$ 和 $\boldsymbol{A}^2\boldsymbol{x}=\boldsymbol{\xi}_1$ 的解,而且要求把通解写成向量的形式.

(1) 解 对增广矩阵 $(\boldsymbol{A}\ \vdots\ \boldsymbol{\xi}_1)$ 作初等行变换:

$$\overline{\boldsymbol{A}}=\left(\begin{array}{ccc:c}1&-1&-1&-1\\-1&1&1&1\\0&-4&-2&-2\end{array}\right)\to\left(\begin{array}{ccc:c}1&-1&-1&-1\\0&2&1&1\\0&0&0&0\end{array}\right)\to\left(\begin{array}{ccc:c}1&1&0&0\\0&2&1&1\\0&0&0&0\end{array}\right),$$

得到方程组 $\boldsymbol{Ax}=\boldsymbol{\xi}_1$ 的通解为 $(0,0,1)^{\mathrm{T}}+k(-1,1,-2)^{\mathrm{T}}$,从而 $\boldsymbol{\xi}_2=(-k,k,\ 1-2k)^{\mathrm{T}}$,$k$ 是任意常数.

由于 $\boldsymbol{A}^2=\begin{pmatrix}2&2&0\\-2&-2&0\\4&4&0\end{pmatrix}$,对 $\boldsymbol{A}^2\boldsymbol{x}=\boldsymbol{\xi}_1$,对增广矩阵作初等行变换,有

$$\left(\begin{array}{ccc:c}2&2&0&-1\\-2&-2&0&1\\4&4&0&-2\end{array}\right)\to\left(\begin{array}{ccc:c}2&2&0&-1\\0&0&0&0\\0&0&0&0\end{array}\right),$$

得方程组通解 $x_1=-\frac{1}{2}-u,\ x_2=u,\ x_3=v$,即 $\boldsymbol{\xi}_3=\left(-\frac{1}{2}-u,\ u,\ v\right)^{\mathrm{T}}$,其中 $u,\ v$ 为任意常数.

(2) 证 因为行列式

$$|\boldsymbol{\xi}_1,\boldsymbol{\xi}_2,\boldsymbol{\xi}_3|=\begin{vmatrix}-1&-k&-\frac{1}{2}-u\\1&k&u\\-2&1-2k&v\end{vmatrix}=\begin{vmatrix}0&0&-\frac{1}{2}\\1&k&u\\-2&1-2k&v\end{vmatrix}=-\frac{1}{2}\neq0,$$

所以对任意的 $k,\ u,\ v$,恒有 $|\boldsymbol{\xi}_1,\boldsymbol{\xi}_2,\boldsymbol{\xi}_3|\neq0$,即对任意的 $\boldsymbol{\xi}_2,\boldsymbol{\xi}_3$,恒有 $\boldsymbol{\xi}_1,\boldsymbol{\xi}_2,\boldsymbol{\xi}_3$ 线性无关.

【评注】本题若能发现 $\boldsymbol{A\xi}_1=\boldsymbol{0}$,那么(2)也可用定义法来处理:

由题设可得 $\boldsymbol{A\xi}_1=\boldsymbol{0}$.设存在数 k_1,k_2,k_3,使得

$$k_1\boldsymbol{\xi}_1+k_2\boldsymbol{\xi}_2+k_3\boldsymbol{\xi}_3=\boldsymbol{0},\tag{①}$$

①式两端左乘 $\boldsymbol{A}$,得

$$k_2\boldsymbol{A\xi}_2+k_3\boldsymbol{A\xi}_3=\boldsymbol{0},$$

即

$$k_2\boldsymbol{\xi}_1+k_3\boldsymbol{A\xi}_3=\boldsymbol{0}.\tag{②}$$

②式两端再左乘 $\boldsymbol{A}$,得

$$k_3\boldsymbol{A}^2\boldsymbol{\xi}_3=\boldsymbol{0},$$

即 $k_3\boldsymbol{\xi}_1=\boldsymbol{0}$,又 $\boldsymbol{\xi}_1\neq\boldsymbol{0}$.于是 $k_3=0$,代入②式,得 $k_2\boldsymbol{\xi}_1=\boldsymbol{0}$,故 $k_2=0$.将 $k_2=k_3=0$ 代入①式,可得 $k_1=0$,从而 $\boldsymbol{\xi}_1,\boldsymbol{\xi}_2,\boldsymbol{\xi}_3$ 线性无关.

89 设 $\boldsymbol{A}=\begin{pmatrix}\lambda&1&1\\0&\lambda-1&0\\1&1&\lambda\end{pmatrix}$,$\boldsymbol{b}=\begin{pmatrix}a\\1\\1\end{pmatrix}$.已知线性方程组 $\boldsymbol{Ax}=\boldsymbol{b}$ 存在2个不同的解, K 2010 数学一、数学二、数学三,11分

(1) 求 λ,a;

(2) 求方程组 $\boldsymbol{Ax}=\boldsymbol{b}$ 的通解.

知识点睛 0407 非齐次线性方程组的通解

解 (1) 因为方程组 $\boldsymbol{Ax}=\boldsymbol{b}$ 有 2 个不同的解，所以 $r(\boldsymbol{A})=r(\overline{\boldsymbol{A}})<3$，由

$$|\boldsymbol{A}|=\begin{vmatrix}\lambda & 1 & 1\\ 0 & \lambda-1 & 0\\ 1 & 1 & \lambda\end{vmatrix}=(\lambda-1)\begin{vmatrix}\lambda & 1\\ 1 & \lambda\end{vmatrix}=(\lambda+1)(\lambda-1)^2=0,$$

知 $\lambda=1$ 或 $\lambda=-1$.

当 $\lambda=1$ 时，

$$\overline{\boldsymbol{A}}=\left(\begin{array}{ccc:c}1 & 1 & 1 & a\\ 0 & 0 & 0 & 1\\ 1 & 1 & 1 & 1\end{array}\right),$$

显然 $r(\boldsymbol{A})=1, r(\overline{\boldsymbol{A}})=2$，此时方程组无解，$\lambda=1$ 舍去.

当 $\lambda=-1$ 时，对 $\boldsymbol{Ax}=\boldsymbol{b}$ 的增广矩阵施以初等行变换：

$$\overline{\boldsymbol{A}}=(\boldsymbol{A},\boldsymbol{b})=\left(\begin{array}{ccc:c}-1 & 1 & 1 & a\\ 0 & -2 & 0 & 1\\ 1 & 1 & -1 & 1\end{array}\right)\rightarrow\left(\begin{array}{ccc:c}1 & 0 & -1 & \frac{3}{2}\\ 0 & 1 & 0 & -\frac{1}{2}\\ 0 & 0 & 0 & a+2\end{array}\right),$$

因为 $\boldsymbol{Ax}=\boldsymbol{b}$ 有解，所以 $a=-2$.

(2) 当 $\lambda=-1, a=-2$ 时，

$$\overline{\boldsymbol{A}}\rightarrow\left(\begin{array}{ccc:c}1 & 0 & -1 & \frac{3}{2}\\ 0 & 1 & 0 & -\frac{1}{2}\\ 0 & 0 & 0 & 0\end{array}\right),$$

所以 $\boldsymbol{Ax}=\boldsymbol{b}$ 的通解为

$$\boldsymbol{x}=\frac{1}{2}\begin{pmatrix}3\\ -1\\ 0\end{pmatrix}+k\begin{pmatrix}1\\ 0\\ 1\end{pmatrix}，其中 k 为任意常数.$$

Ⓚ 2012 数学一、数学二、数学三，11 分

90 设 $\boldsymbol{A}=\begin{pmatrix}1 & a & 0 & 0\\ 0 & 1 & a & 0\\ 0 & 0 & 1 & a\\ a & 0 & 0 & 1\end{pmatrix}, \boldsymbol{\beta}=\begin{pmatrix}1\\ -1\\ 0\\ 0\end{pmatrix}$.

(1) 计算行列式 $|\boldsymbol{A}|$；

(2) 当实数 a 为何值时，方程组 $\boldsymbol{Ax}=\boldsymbol{\beta}$ 有无穷多解，并求其通解.

知识点睛 0407 非齐次线性方程组的通解

解 (1) 按第 1 列展开，

$$|\boldsymbol{A}|=1\cdot\begin{vmatrix}1 & a & 0\\ 0 & 1 & a\\ 0 & 0 & 1\end{vmatrix}+a(-1)^{4+1}\begin{vmatrix}a & 0 & 0\\ 1 & a & 0\\ 0 & 1 & a\end{vmatrix}=1-a^4.$$

(2) 当$|A|=0$时,方程组$Ax=\beta$有可能有无穷多解,由(1)知$a=1$或-1.

① 当$a=1$时,

$$(A\,\vdots\,\beta)=\begin{pmatrix}1&1&0&0&\vdots&1\\0&1&1&0&\vdots&-1\\0&0&1&1&\vdots&0\\1&0&0&1&\vdots&0\end{pmatrix}\to\begin{pmatrix}1&1&0&0&\vdots&1\\0&1&1&0&\vdots&-1\\0&0&1&1&\vdots&0\\0&-1&0&1&\vdots&-1\end{pmatrix}\to\begin{pmatrix}1&1&0&0&\vdots&1\\0&1&1&0&\vdots&-1\\0&0&1&1&\vdots&0\\0&0&0&0&\vdots&-2\end{pmatrix},$$

于是$r(A)\neq r(A\,\vdots\,\beta)$,故方程组$Ax=\beta$无解,舍去.

②当$a=-1$时,

$$(A\,\vdots\,\beta)=\begin{pmatrix}1&-1&0&0&\vdots&1\\0&1&-1&0&\vdots&-1\\0&0&1&-1&\vdots&0\\-1&0&0&1&\vdots&0\end{pmatrix}\to\begin{pmatrix}1&-1&0&0&\vdots&1\\0&1&-1&0&\vdots&-1\\0&0&1&-1&\vdots&0\\0&0&0&0&\vdots&0\end{pmatrix}$$

$$\to\begin{pmatrix}1&0&0&-1&\vdots&0\\0&1&0&-1&\vdots&-1\\0&0&1&-1&\vdots&0\\0&0&0&0&\vdots&0\end{pmatrix},$$

于是$r(A)=r(A\,\vdots\,\beta)=3<4$.故方程组$Ax=\beta$有无穷多解,取$x_4$为自由未知量,得方程组的通解为

$$x=(0,-1,0,0)^{\mathrm T}+k(1,1,1,1)^{\mathrm T},\ k\text{为任意常数}.$$

91 设$A=\begin{pmatrix}1&-2&3&-4\\0&1&-1&1\\1&2&0&-3\end{pmatrix}$,$E$为3阶单位矩阵.

2014 数学一、数学二、数学三,11 分

91 题精解视频

(1) 求方程组$Ax=0$的一个基础解系;

(2) 求满足$AB=E$的所有矩阵B.

分析 (1) 是基础题,化为行最简形即可.

关于(2)中矩阵B,其实就是$Ax=\begin{pmatrix}1\\0\\0\end{pmatrix}$,$Ax=\begin{pmatrix}0\\1\\0\end{pmatrix}$,$Ax=\begin{pmatrix}0\\0\\1\end{pmatrix}$三个方程组的求解问题.

知识点睛 0407 非齐次线性方程组的通解

解 (1) 对矩阵A作初等行变换,得

$$A=\begin{pmatrix}1&-2&3&-4\\0&1&-1&1\\1&2&0&-3\end{pmatrix}\to\begin{pmatrix}1&-2&3&-4\\0&1&-1&1\\0&4&-3&1\end{pmatrix}$$

$$\to\begin{pmatrix}1&-2&3&-4\\0&1&-1&1\\0&0&1&-3\end{pmatrix}\to\begin{pmatrix}1&0&0&1\\0&1&0&-2\\0&0&1&-3\end{pmatrix},$$

因$n-r(A)=4-3=1$,令$x_4=1$求出$x_3=3$, $x_2=2$, $x_1=-1$,故基础解系为

$$\eta=(-1,2,3,1)^{\mathrm T}.$$

(2)$AB=E$中B的列向量其实是三个非齐次线性方程组

$$Ax=\begin{pmatrix}1\\0\\0\end{pmatrix},\quad Ax=\begin{pmatrix}0\\1\\0\end{pmatrix},\quad Ax=\begin{pmatrix}0\\0\\1\end{pmatrix}$$

的解.由于这三个方程组的系数矩阵是相同的,所以令 $\overline{A}=(A \mid E)$ 作初等行变换:

$$\overline{A}=(A \mid E)=\left(\begin{array}{cccc:ccc}1&-2&3&-4&1&0&0\\0&1&-1&1&0&1&0\\1&2&0&-3&0&0&1\end{array}\right)\to\left(\begin{array}{cccc:ccc}1&-2&3&-4&1&0&0\\0&1&-1&1&0&1&0\\0&4&-3&1&-1&0&1\end{array}\right)$$

$$\to\left(\begin{array}{cccc:ccc}1&-2&3&-4&1&0&0\\0&1&-1&1&0&1&0\\0&0&1&-3&-1&-4&1\end{array}\right)\to\left(\begin{array}{cccc:ccc}1&-2&0&5&4&12&-3\\0&1&0&-2&-1&-3&1\\0&0&1&-3&-1&-4&1\end{array}\right)$$

$$\to\left(\begin{array}{cccc:ccc}1&0&0&1&2&6&-1\\0&1&0&-2&-1&-3&1\\0&0&1&-3&-1&-4&1\end{array}\right),$$

由此得三个方程组的通解:

$$(2,-1,-1,0)^{\mathrm{T}}+k_1\boldsymbol{\eta},\ k_1\text{ 为任意常数},$$
$$(6,-3,-4,0)^{\mathrm{T}}+k_2\boldsymbol{\eta},\ k_2\text{ 为任意常数},$$
$$(-1,1,1,0)^{\mathrm{T}}+k_3\boldsymbol{\eta},\ k_3\text{ 为任意常数},$$

故所求矩阵为

$$B=\begin{pmatrix}2-k_1&6-k_2&-1-k_3\\-1+2k_1&-3+2k_2&1+2k_3\\-1+3k_1&-4+3k_2&1+3k_3\\k_1&k_2&k_3\end{pmatrix},k_1,k_2,k_3\text{为任意常数}.$$

K 2013 数学一、数学二、数学三,11 分

92 设 $A=\begin{pmatrix}1&a\\1&0\end{pmatrix}$,$B=\begin{pmatrix}0&1\\1&b\end{pmatrix}$,当 a, b 为何值时,存在矩阵 C 使得 $AC-CA=B$,并求所有矩阵 C.

知识点睛 矩阵方程, 0403 非齐次线性方程组有解的充要条件

解 设 $C=\begin{pmatrix}x_1&x_2\\x_3&x_4\end{pmatrix}$,由 $AC-CA=B$,知

$$\begin{pmatrix}1&a\\1&0\end{pmatrix}\begin{pmatrix}x_1&x_2\\x_3&x_4\end{pmatrix}-\begin{pmatrix}x_1&x_2\\x_3&x_4\end{pmatrix}\begin{pmatrix}1&a\\1&0\end{pmatrix}=\begin{pmatrix}0&1\\1&b\end{pmatrix},$$

$$\begin{pmatrix}x_1+ax_3&x_2+ax_4\\x_1&x_2\end{pmatrix}-\begin{pmatrix}x_1+x_2&ax_1\\x_3+x_4&ax_3\end{pmatrix}=\begin{pmatrix}0&1\\1&b\end{pmatrix}.$$

即得方程组 $\begin{cases}-x_2+ax_3=0,\\-ax_1+x_2+ax_4=1,\\x_1-x_3-x_4=1,\\x_2-ax_3=b.\end{cases}$ 对增广矩阵作初等行变换,有

$$\overline{A}=\left(\begin{array}{cccc|c}0&-1&a&0&0\\-a&1&0&a&1\\1&0&-1&-1&1\\0&1&-a&0&b\end{array}\right)\to\left(\begin{array}{cccc|c}1&0&-1&-1&1\\0&1&-a&0&0\\0&0&0&0&a+1\\0&0&0&0&b\end{array}\right).$$

当 $a\neq-1$ 或 $b\neq0$ 时,方程组无解.

当 $a=-1$ 且 $b=0$ 时,方程组有解.此时存在矩阵 $\boldsymbol{C}$ 满足 $\boldsymbol{AC}-\boldsymbol{CA}=\boldsymbol{B}$.

由于方程组的通解为

$$\begin{pmatrix}x_1\\x_2\\x_3\\x_4\end{pmatrix}=\begin{pmatrix}1\\0\\0\\0\end{pmatrix}+k_1\begin{pmatrix}1\\-1\\1\\0\end{pmatrix}+k_2\begin{pmatrix}1\\0\\0\\1\end{pmatrix},\ k_1,k_2\text{ 为任意实数},$$

故当且仅当 $a=-1,\ b=0$ 时,存在矩阵

$$\boldsymbol{C}=\begin{pmatrix}1+k_1+k_2 & -k_1\\ k_1 & k_2\end{pmatrix},$$

满足 $\boldsymbol{AC}-\boldsymbol{CA}=\boldsymbol{B}$.

93 设矩阵 $\boldsymbol{A}=\begin{pmatrix}1&-1&-1\\2&a&1\\-1&1&a\end{pmatrix}$,$\boldsymbol{B}=\begin{pmatrix}2&2\\1&a\\-a-1&-2\end{pmatrix}$,当 a 为何值时,方程 $\boldsymbol{Ax}=\boldsymbol{B}$ 无解、有唯一解、有无穷多解?在有解时,求解此方程. 🄺 2016 数学一,11 分

知识点睛 矩阵方程,0407 非齐次线性方程组的通解

解 对$(\boldsymbol{A}\,\vdots\,\boldsymbol{B})$作初等行变换

$$(\boldsymbol{A}\,\vdots\,\boldsymbol{B})=\left(\begin{array}{ccc|cc}1&-1&-1&2&2\\2&a&1&1&a\\-1&1&a&-a-1&-2\end{array}\right)\to\left(\begin{array}{ccc|cc}1&-1&-1&2&2\\0&a+2&3&-3&a-4\\0&0&a-1&1-a&0\end{array}\right),$$

当 $a=-2$ 时,$r(\boldsymbol{A})=2$,$r(\boldsymbol{A}\,\vdots\,\boldsymbol{B})=3$,方程组无解.

当 $a\neq1$ 且 $a\neq-2$ 时,有唯一解.

$$\left(\begin{array}{ccc|cc}1&-1&-1&2&2\\0&a+2&3&-3&a-4\\0&0&a-1&1-a&0\end{array}\right)\to\left(\begin{array}{ccc|cc}1&-1&-1&2&2\\0&a+2&3&-3&a-4\\0&0&1&-1&0\end{array}\right)$$

$$\to\left(\begin{array}{ccc|cc}1&-1&0&1&2\\0&a+2&0&0&a-4\\0&0&1&-1&0\end{array}\right)\to\left(\begin{array}{ccc|cc}1&-1&0&1&2\\0&1&0&0&\frac{a-4}{a+2}\\0&0&1&-1&0\end{array}\right)\to\left(\begin{array}{ccc|cc}1&0&0&1&\frac{3a}{a+2}\\0&1&0&0&\frac{a-4}{a+2}\\0&0&1&-1&0\end{array}\right).$$

由两个方程组分别解出

$$x_1=1,x_2=0,x_3=-1,$$

和

$$x_1=\frac{3a}{a+2},\quad x_2=\frac{a-4}{a+2},\quad x_3=0.$$

故 $\boldsymbol{x}=\begin{pmatrix}1 & \dfrac{3a}{a+2} \\ 0 & \dfrac{a-4}{a+2} \\ -1 & 0\end{pmatrix}$.

当 $a=1$ 时,

由 $\left(\begin{array}{ccc:cc}1 & -1 & -1 & 2 & 2 \\ 0 & 3 & 3 & -3 & -3 \\ 0 & 0 & 0 & 0 & 0\end{array}\right)\to\left(\begin{array}{ccc:cc}1 & 0 & 0 & 1 & 1 \\ 0 & 1 & 1 & -1 & -1 \\ 0 & 0 & 0 & 0 & 0\end{array}\right)$,分别解出两个方程组的解

$$\boldsymbol{x}_1=(1,-1,0)^{\mathrm{T}}+k_1(0,-1,1)^{\mathrm{T}},$$
$$\boldsymbol{x}_2=(1,-1,0)^{\mathrm{T}}+k_2(0,-1,1)^{\mathrm{T}},$$

故 $\boldsymbol{Ax}=\boldsymbol{B}$ 有无穷多解,且 $\boldsymbol{x}=\begin{pmatrix}1 & 1 \\ -k_1-1 & -k_2-1 \\ k_1 & k_2\end{pmatrix}$, k_1,k_2是任意常数.

K 2018 数学一、数学二、数学三,11 分

94 已知 a 是常数,且矩阵 $\boldsymbol{A}=\begin{pmatrix}1 & 2 & a \\ 1 & 3 & 0 \\ 2 & 7 & -a\end{pmatrix}$ 可经初等列变换化为矩阵

$$\boldsymbol{B}=\begin{pmatrix}1 & a & 2 \\ 0 & 1 & 1 \\ -1 & 1 & 1\end{pmatrix}.$$

(1) 求 a;

(2) 求满足 $\boldsymbol{AP}=\boldsymbol{B}$ 的可逆矩阵 $\boldsymbol{P}$.

知识点睛 矩阵方程,0407 非齐次线性方程组的通解

解 (1) 矩阵 $\boldsymbol{A}$ 经列变换得矩阵 $\boldsymbol{B}$,即 $\boldsymbol{A}$ 和 $\boldsymbol{B}$ 等价,

$$\text{矩阵 } \boldsymbol{A} \text{ 和 } \boldsymbol{B} \text{ 等价} \Leftrightarrow r(\boldsymbol{A})=r(\boldsymbol{B}).$$

由 $|\boldsymbol{A}|=\begin{vmatrix}1 & 2 & a \\ 1 & 3 & 0 \\ 2 & 7 & -a\end{vmatrix}=\begin{vmatrix}1 & 2 & a \\ 1 & 3 & 0 \\ 3 & 9 & 0\end{vmatrix}=0$, $\forall a$,恒有 $r(\boldsymbol{A})=2$.

又 $|\boldsymbol{B}|=\begin{vmatrix}1 & a & 2 \\ 0 & 1 & 1 \\ -1 & 1 & 1\end{vmatrix}=2-a$, $\boldsymbol{B}$ 中有 2 阶子式 $\begin{vmatrix}0 & 1 \\ -1 & 1\end{vmatrix}\neq 0$. $r(\boldsymbol{B})=2\Leftrightarrow|\boldsymbol{B}|=0\Leftrightarrow a=2$,所以 $a=2$.

(2) 满足 $\boldsymbol{AP}=\boldsymbol{B}$ 的 $\boldsymbol{P}$ 就是 $\boldsymbol{Ax}=\boldsymbol{B}$ 的解.

$$(\boldsymbol{A} \vdots \boldsymbol{B})=\left(\begin{array}{ccc:ccc}1 & 2 & 2 & 1 & 2 & 2 \\ 1 & 3 & 0 & 0 & 1 & 1 \\ 2 & 7 & -2 & -1 & 1 & 1\end{array}\right)\to\left(\begin{array}{ccc:ccc}1 & 0 & 6 & 3 & 4 & 4 \\ 0 & 1 & -2 & -1 & -1 & -1 \\ 0 & 0 & 0 & 0 & 0 & 0\end{array}\right),$$

解方程组,得

$$A\begin{pmatrix}-6\\2\\1\end{pmatrix}=\mathbf{0},\quad A\begin{pmatrix}3\\-1\\0\end{pmatrix}=\begin{pmatrix}1\\0\\-1\end{pmatrix},\quad A\begin{pmatrix}4\\-1\\0\end{pmatrix}=\begin{pmatrix}2\\1\\1\end{pmatrix},$$

故 $\boldsymbol{Ax}=\boldsymbol{B}$ 的解为 $\boldsymbol{x}=\begin{pmatrix}3-6k_1 & 4-6k_2 & 4-6k_3\\-1+2k_1 & -1+2k_2 & -1+2k_3\\k_1 & k_2 & k_3\end{pmatrix}$,其中 k_1,k_2,k_3 为任意常数.

由 $|\boldsymbol{x}|=\begin{vmatrix}3-6k_1 & 4-6k_2 & 4-6k_3\\-1+2k_1 & -1+2k_2 & -1+2k_3\\k_1 & k_2 & k_3\end{vmatrix}=\begin{vmatrix}3 & 4 & 4\\-1 & -1 & -1\\k_1 & k_2 & k_3\end{vmatrix}=k_3-k_2\neq 0$,所以满足 $\boldsymbol{AP}=\boldsymbol{B}$ 的所有可逆矩阵为

$$\boldsymbol{P}=\begin{pmatrix}3-6k_1 & 4-6k_2 & 4-6k_3\\-1+2k_1 & -1+2k_2 & -1+2k_3\\k_1 & k_2 & k_3\end{pmatrix},\ 其中\ k_2\neq k_3.$$

95 设线性方程组

$$\begin{cases}x_1+\lambda x_2+\mu x_3+x_4=0,\\2x_1+x_2+x_3+2x_4=0,\\3x_1+(2+\lambda)x_2+(4+\mu)x_3+4x_4=1,\end{cases}$$

2004 数学四,13 分

已知 $(1,-1,1,-1)^{\mathrm{T}}$ 是该方程组的一个解.试求

(1) 方程组的全部解,并用对应的齐次方程组的基础解系表示全部解;

(2) 该方程组满足 $x_2=x_3$ 的全部解.

知识点睛 0407 非齐次线性方程组的通解

解 将 $(1,-1,1,-1)^{\mathrm{T}}$ 代入方程组,得 $\lambda=\mu$,对增广矩阵作初等行变换,有

$$\overline{\boldsymbol{A}}=\left(\begin{array}{cccc:c}1&\lambda&\lambda&1&0\\2&1&1&2&0\\3&2+\lambda&4+\lambda&4&1\end{array}\right)\to\left(\begin{array}{cccc:c}1&\lambda&\lambda&1&0\\0&1-2\lambda&1-2\lambda&0&0\\0&2-2\lambda&4-2\lambda&1&1\end{array}\right)$$

$$\to\left(\begin{array}{cccc:c}1&\lambda&\lambda&1&0\\0&1-2\lambda&1-2\lambda&0&0\\0&1&3&1&1\end{array}\right)\to\left(\begin{array}{cccc:c}1&\lambda&\lambda&1&0\\0&1&3&1&1\\0&0&4\lambda-2&2\lambda-1&2\lambda-1\end{array}\right).$$

(1) 当 $\lambda=\dfrac{1}{2}$ 时,

$$\overline{\boldsymbol{A}}\to\left(\begin{array}{cccc:c}1&0&-1&\frac{1}{2}&-\frac{1}{2}\\0&1&3&1&1\\0&0&0&0&0\end{array}\right),$$

因 $r(\boldsymbol{A})=r(\overline{\boldsymbol{A}})=2<4$,方程组有无穷多解,其全部解为

$\boldsymbol{x}=(1,-1,1,-1)^{\mathrm{T}}+k_1(1,-3,1,0)^{\mathrm{T}}+k_2\left(-\dfrac{1}{2},-1,0,1\right)^{\mathrm{T}}$,其中 k_1,k_2 为任意常数.

当 $\lambda \neq \frac{1}{2}$ 时,

$$\bar{A} \to \left(\begin{array}{cccc:c} 1 & \lambda & \lambda & 1 & 0 \\ 0 & 1 & 1 & 0 & 0 \\ 0 & 1 & 3 & 1 & 1 \end{array}\right) \to \left(\begin{array}{cccc:c} 1 & 0 & -2 & 0 & -1 \\ 0 & 1 & 1 & 0 & 0 \\ 0 & 0 & 2 & 1 & 1 \end{array}\right),$$

因 $r(A)=r(\bar{A})=3<4$,方程组有无穷多解,其全部解为

$$x=(1,-1,1,-1)^{\mathrm{T}}+k(2,-1,1,-2)^{\mathrm{T}}, \text{ 其中 } k \text{ 为任意常数.}$$

(2) 当 $\lambda=\frac{1}{2}$ 时,若 $x_2=x_3$,由方程组的通解,有

$$-1-3k_1-k_2=1+k_1,$$

知 $k_2=-2-4k_1$.

将其代入整理,得全部解为

$$x_1=2+3k_1, \quad x_2=1+k_1, \quad x_3=1+k_1, \quad x_4=-3-4k_1,$$

或 $x=(2,1,1,-3)^{\mathrm{T}}+k_1(3,1,1,-4)^{\mathrm{T}}$,其中 k_1 为任意常数.

当 $\lambda \neq \frac{1}{2}$ 时,由 $x_2=x_3$ 知 $-1-k=1+k$,即 $k=-1$.从而只有唯一解 $(-1,0,0,1)^{\mathrm{T}}$.

K 2016 数学二、数学三,11 分

96 设矩阵 $A=\begin{pmatrix} 1 & 1 & 1-a \\ 1 & 0 & a \\ a+1 & 1 & a+1 \end{pmatrix}$,$\beta=\begin{pmatrix} 0 \\ 1 \\ 2a-2 \end{pmatrix}$,且方程组 $Ax=\beta$ 无解.

(1) 求 a 的值;

(2) 求方程组 $A^{\mathrm{T}}Ax=A^{\mathrm{T}}\beta$ 的通解.

知识点睛　0403 非齐次线性方程组无解的条件, 0407 非齐次线性方程组的通解

解　(1) 对 $(A \mid \beta)$ 作初等行变换,有

$$(A \mid \beta)=\left(\begin{array}{ccc:c} 1 & 1 & 1-a & 0 \\ 1 & 0 & a & 1 \\ a+1 & 1 & a+1 & 2a-2 \end{array}\right) \to \left(\begin{array}{ccc:c} 1 & 1 & 1-a & 0 \\ 0 & -1 & 2a-1 & 1 \\ 0 & -a & a(a+1) & 2a-2 \end{array}\right)$$

$$\to \left(\begin{array}{ccc:c} 1 & 1 & 1-a & 0 \\ 0 & 1 & 1-2a & -1 \\ 0 & 0 & a(2-a) & a-2 \end{array}\right),$$

因方程组无解,所以 $r(A)<r(A,\beta)$, 即 $a(2-a)=0$ 且 $a-2\neq 0$,故 $a=0$.

(2) 又

$$A^{\mathrm{T}}A=\begin{pmatrix} 1 & 1 & 1 \\ 1 & 0 & 1 \\ 1 & 0 & 1 \end{pmatrix}\begin{pmatrix} 1 & 1 & 1 \\ 1 & 0 & 0 \\ 1 & 1 & 1 \end{pmatrix}=\begin{pmatrix} 3 & 2 & 2 \\ 2 & 2 & 2 \\ 2 & 2 & 2 \end{pmatrix},$$

$$A^{\mathrm{T}}\beta=\begin{pmatrix} 1 & 1 & 1 \\ 1 & 0 & 1 \\ 1 & 0 & 1 \end{pmatrix}\begin{pmatrix} 0 \\ 1 \\ -2 \end{pmatrix}=\begin{pmatrix} -1 \\ -2 \\ -2 \end{pmatrix}.$$

对 $(A^{\mathrm{T}}A \mid A^{\mathrm{T}}\beta)$ 作初等行变换,有

$$\begin{pmatrix}3&2&2&\vdots&-1\\2&2&2&\vdots&-2\\2&2&2&\vdots&-2\end{pmatrix}\to\begin{pmatrix}1&1&1&\vdots&-1\\0&1&1&\vdots&-2\\0&0&0&\vdots&0\end{pmatrix}\to\begin{pmatrix}1&0&0&\vdots&1\\0&1&1&\vdots&-2\\0&0&0&\vdots&0\end{pmatrix},$$

得方程组 $\boldsymbol{A}^{\mathrm{T}}\boldsymbol{A}\boldsymbol{x}=\boldsymbol{A}^{\mathrm{T}}\boldsymbol{\beta}$ 的通解为：

$$\boldsymbol{x}=(1,-2,0)^{\mathrm{T}}+k(0,-1,1)^{\mathrm{T}},\ k\text{ 为任意常数.}$$

97 设线性方程组

2007 数学一、数学二、数学三，11 分

$$\begin{cases}x_1+x_2+x_3=0,\\x_1+2x_2+ax_3=0,\\x_1+4x_2+a^2x_3=0\end{cases}\qquad ①$$

与方程

$$x_1+2x_2+x_3=a-1\qquad ②$$

有公共解，求 a 的值及所有公共解.

知识点睛 线性方程组的公共解

分析 本题考查两个方程组的公共解问题，应当有两种思路：一个是①与②联立方程组的解就是公共解；一个是先求①的解然后代入到②中来确定公共解.

解法 1 因为方程组①与②的公共解，即为联立方程组

$$\begin{cases}x_1+x_2+x_3=0,\\x_1+2x_2+ax_3=0,\\x_1+4x_2+a^2x_3=0,\\x_1+2x_2+x_3=a-1\end{cases}\qquad ③$$

的解.

对方程组③的增广矩阵 $\overline{\boldsymbol{A}}$ 施以初等行变换，有

$$\overline{\boldsymbol{A}}=\begin{pmatrix}1&1&1&\vdots&0\\1&2&a&\vdots&0\\1&4&a^2&\vdots&0\\1&2&1&\vdots&a-1\end{pmatrix}\to\begin{pmatrix}1&1&1&\vdots&0\\0&1&a-1&\vdots&0\\0&3&a^2-1&\vdots&0\\0&1&0&\vdots&a-1\end{pmatrix}\to\begin{pmatrix}1&1&1&\vdots&0\\0&1&0&\vdots&a-1\\0&0&a-1&\vdots&1-a\\0&0&a^2-1&\vdots&3(1-a)\end{pmatrix}$$

$$\to\begin{pmatrix}1&0&1&\vdots&1-a\\0&1&0&\vdots&a-1\\0&0&a-1&\vdots&1-a\\0&0&0&\vdots&(a-1)(a-2)\end{pmatrix}.$$

由于方程组③有解，故③的系数矩阵的秩等于增广矩阵 $\overline{\boldsymbol{A}}$ 的秩，于是 $(a-1)(a-2)=0$，即 $a=1$ 或 $a=2$.

当 $a=1$ 时，$\overline{\boldsymbol{A}}\to\begin{pmatrix}1&0&1&\vdots&0\\0&1&0&\vdots&0\\0&0&0&\vdots&0\\0&0&0&\vdots&0\end{pmatrix}$，因此①与②的公共解为：$\boldsymbol{x}=k\begin{pmatrix}-1\\0\\1\end{pmatrix}$，其中 k 为任意常数.

当 $a=2$ 时，$\overline{A}\to\begin{pmatrix}1&0&1&\vdots&-1\\0&1&0&\vdots&1\\0&0&1&\vdots&-1\\0&0&0&\vdots&0\end{pmatrix}\to\begin{pmatrix}1&0&0&\vdots&0\\0&1&0&\vdots&1\\0&0&1&\vdots&-1\\0&0&0&\vdots&0\end{pmatrix}$，因此①与②有唯一的公共解为：

$\boldsymbol{x}=\begin{pmatrix}0\\1\\-1\end{pmatrix}$.

解法 2　先求出方程组①的解，其系数行列式 $\begin{vmatrix}1&1&1\\1&2&a\\1&4&a^2\end{vmatrix}=(a-1)(a-2)$.

当 $a\neq1$，$a\neq2$ 时，方程组①只有零解，但此时 $\boldsymbol{x}=(0,0,0)^{\mathrm{T}}$ 不是方程②的解. 所以公共解发生在 $a=1$ 或 $a=2$ 时：

当 $a=1$ 时，对方程组①的系数矩阵施以初等行变换，

$$\begin{pmatrix}1&1&1\\1&2&1\\1&4&1\end{pmatrix}\to\begin{pmatrix}1&0&1\\0&1&0\\0&0&0\end{pmatrix},$$

因此①的通解为 $\boldsymbol{x}=k\begin{pmatrix}-1\\0\\1\end{pmatrix}$，其中 k 为任意常数. 此解也满足方程②，所以方程组①与②的所有公共解为：

$$\boldsymbol{x}=k\begin{pmatrix}-1\\0\\1\end{pmatrix}，其中 k 为任意常数.$$

当 $a=2$ 时，对线性方程组①的系数矩阵施以初等行变换

$$\boldsymbol{A}=\begin{pmatrix}1&1&1\\1&2&2\\1&4&4\end{pmatrix}\to\begin{pmatrix}1&0&0\\0&1&1\\0&0&0\end{pmatrix},$$

得到方程组①的通解是 $\boldsymbol{x}=k(0,-1,1)^{\mathrm{T}}$，$k$ 为任意常数，将其代入方程组②，有

$$0+2(-k)+k=1,$$

得 $k=-1$，因此①与②的唯一公共解为 $\boldsymbol{x}=(0,1,-1)^{\mathrm{T}}$.

Ⓚ 2005 数学三、数学四，13 分

98　已知齐次线性方程组

(Ⅰ) $\begin{cases}x_1+2x_2+3x_3=0,\\2x_1+3x_2+5x_3=0,\\x_1+x_2+ax_3=0.\end{cases}$ 和 (Ⅱ) $\begin{cases}x_1+bx_2+cx_3=0,\\2x_1+b^2x_2+(c+1)x_3=0\end{cases}$ 同解，求 a,b,c 的值.

知识点睛　线性方程组的同解

解　因为方程组(Ⅱ) 中方程个数<未知数个数，(Ⅱ) 必有无穷多解，所以(Ⅰ) 必有无穷多解. 因此(Ⅰ) 的系数行列式必为 0，即有

$$\begin{vmatrix}1&2&3\\2&3&5\\1&1&a\end{vmatrix}=2-a=0\Rightarrow a=2.$$

对方程组(Ⅰ)的系数矩阵作初等行变换,有

$$\begin{pmatrix}1&2&3\\2&3&5\\1&1&2\end{pmatrix}\to\begin{pmatrix}1&0&1\\0&1&1\\0&0&0\end{pmatrix},$$

可求出方程组(Ⅰ) 的通解是 $\boldsymbol{x}=k(-1,-1,1)^{\mathrm{T}}$.

因为$(-1,-1,1)^{\mathrm{T}}$应当是方程组(Ⅱ) 的解,故有

$$\begin{cases}-1-b+c=0,\\-2-b^2+c+1=0,\end{cases}$$

解得 $b=1$, $c=2$ 或 $b=0$, $c=1$.

当 $b=0$, $c=1$ 时,方程组(Ⅱ) 为

$$\begin{cases}x_1\quad+x_3=0,\\2x_1+2x_3=0,\end{cases}$$

因其系数矩阵的秩为 1,从而(Ⅰ) 与(Ⅱ) 不同解,故 $b=0$, $c=1$ 应舍去.

综上,当 $a=2$, $b=1$, $c=2$ 时,(Ⅰ) 与(Ⅱ) 同解.

99 已知下列非齐次线性方程组(Ⅰ),(Ⅱ)

K 1998 数学四,7 分

$$(\text{Ⅰ})\begin{cases}x_1+x_2\qquad-2x_4=-6,\\4x_1-x_2-x_3\ -x_4=1,\\3x_1-x_2-x_3\qquad=3\ ;\end{cases}\qquad(\text{Ⅱ})\begin{cases}x_1+mx_2-x_3\ -x_4=-5,\\\qquad nx_2-x_3-2x_4=-11,\\\qquad\qquad x_3-2x_4=-t+1,\end{cases}$$

(1) 求解方程组(Ⅰ),用其导出组的基础解系表示通解;

(2) 当方程组中的参数 m, n, t 为何值时,方程组(Ⅰ) 与(Ⅱ) 同解.

知识点睛 线性方程组的同解

解 (1) 对方程组(Ⅰ) 的增广矩阵作初等行变换,有

$$\overline{\boldsymbol{A}}_1=\left(\begin{array}{cccc:c}1&1&0&-2&-6\\4&-1&-1&-1&1\\3&-1&-1&0&3\end{array}\right)\to\left(\begin{array}{cccc:c}1&0&0&-1&-2\\0&1&0&-1&-4\\0&0&1&-2&-5\end{array}\right).$$

由 $n-r(\boldsymbol{A})=4-3=1$,取自由未知量为 x_4.

令 $x_4=0$,得方程组(Ⅰ) 的特解$(-2,-4,-5,0)^{\mathrm{T}}$,令 $x_4=1$,得(Ⅰ) 的导出组的基础解系为$(1,1,2,1)^{\mathrm{T}}$.故(Ⅰ) 的通解为:

$$\boldsymbol{x}=(-2,-4,-5,0)^{\mathrm{T}}+k(1,1,2,1)^{\mathrm{T}},k\text{ 为任意常数}.$$

(2) 把(Ⅰ) 的通解 $x_1=-2+k$, $x_2=-4+k$, $x_3=-5+2k$, $x_4=k$ 代入(Ⅱ),整理得

$$\begin{cases}(m-2)(k-4)=0,\\(n-4)(k-4)=0,\\t=6.\end{cases}$$

由于 k 是任意常数,故 $m=2$, $n=4$, $t=6$.此时(Ⅰ) 的解全是(Ⅱ) 的解.当 $m=2$, $n=4$,$t=6$ 时,易见 $r(\boldsymbol{A}_2)=r(\overline{\boldsymbol{A}}_2)=3$, (Ⅱ) 的通解为 $\boldsymbol{\alpha}+k\boldsymbol{\eta}$ 形式.

所以 $x=(-2,-4,-5,0)^{\mathrm{T}}+k(1,1,2,1)^{\mathrm{T}}$ 就是(Ⅱ)的通解,从而(Ⅰ)与(Ⅱ)同解.

100 设 A 为 $m\times n$ 矩阵,B 是 $n\times s$ 矩阵,证明 $ABx=0$ 与 $Bx=0$ 同解的充分必要条件是 $r(AB)=r(B)$.

知识点睛 线性方程组的同解

证 必要性:已知 $ABx=0$ 与 $Bx=0$ 同解,则两个线性方程组的基础解系也完全相同,当然基础解系所包括的线性无关解的个数完全相等,即 $s-r(AB)=s-r(B)$,所以 $r(AB)=r(B)$.

充分性:设 ξ 是 $Bx=0$ 的任一解向量,即 $B\xi=0$,两边左乘 A,得 $AB\xi=0$,即 ξ 也是 $ABx=0$ 的解,所以 $Bx=0$ 的解集含于 $ABx=0$ 的解集中.已知 $r(B)=r(AB)=r$,若 $r<s$,设 $\xi_1,\xi_2,\cdots,\xi_{s-r}$ 为 $Bx=0$ 的基础解系,则它们必含于 $ABx=0$ 的解集中,而 $ABx=0$ 的基础解系也应含有 $s-r$ 个线性无关解向量.故 $\xi_1,\xi_2,\cdots,\xi_{s-r}$ 也构成了 $ABx=0$ 的一组基础解系.两个线性方程组基础解系完全相同,则解集必然相等.

又若 $r(B)=r(AB)=r=s$,则两个线性方程组均只有零解,自然解集也相等.

101 若 n 元齐次线性方程组 $Ax=0$ 有 n 个线性无关的解向量,则 $A=$________.

知识点睛 0405 线性方程组的基础解系

解法1 由已知方程组 $Ax=0$ 有 n 个线性无关的解向量 $\eta_1,\eta_2,\cdots,\eta_n$,故矩阵 $B=(\eta_1,\eta_2,\cdots,\eta_n)$ 可逆,且有

$$A(\eta_1,\eta_2,\cdots,\eta_n)=AB=0,$$

从而 $A=ABB^{-1}=0\cdot B^{-1}=0$.故应填 0.

解法2 由题意知,$Ax=0$ 的基础解系中所含解向量的个数为 n,所以 $r(A)=n-n=0$,所以 $A=0$.应填 0.

102 求一个以 $k(2,1,-4,3)^{\mathrm{T}}+(1,2,-3,4)^{\mathrm{T}}$ 为通解的线性方程组.

知识点睛 线性方程组的反问题

解 由于方程组 $Ax=b$ 的通解形式为 $k(2,1,-4,3)^{\mathrm{T}}+(1,2,-3,4)^{\mathrm{T}}$,所以 $r(A)=4-1=3$.于是可设方程组为

$$\begin{cases}a_1x_1+b_1x_2+c_1x_3+d_1x_4=e_1,\\ a_2x_1+b_2x_2+c_2x_3+d_2x_4=e_2,\\ a_3x_1+b_3x_2+c_3x_3+d_3x_4=e_3,\end{cases}$$

因为 $(2,1,-4,3)^{\mathrm{T}}$ 是其对应的齐次线性方程组 $Ax=0$ 的解,所以将 $(2,1,-4,3)^{\mathrm{T}}$ 代入上述方程组对应的齐次线性方程组,得

$$\begin{cases}2a_1+b_1-4c_1+3d_1=0,\\ 2a_2+b_2-4c_2+3d_2=0,\\ 2a_3+b_3-4c_3+3d_3=0,\end{cases}$$

从而,A 的行向量是方程 $2y_1+y_2-4y_3+3y_4=0$ 的解,而该方程的基础解系为

$$\alpha_1=\begin{pmatrix}1\\-2\\0\\0\end{pmatrix},\quad \alpha_2=\begin{pmatrix}0\\4\\1\\0\end{pmatrix},\quad \alpha_3=\begin{pmatrix}0\\-3\\0\\1\end{pmatrix}.$$

又由于 $r(\boldsymbol{A})=3$,从而 $\boldsymbol{\alpha}_1,\boldsymbol{\alpha}_2,\boldsymbol{\alpha}_3$ 可作为 $\boldsymbol{A}$ 的行向量,于是有方程组

$$\begin{cases}x_1-2x_2=e_1,\\4x_2+x_3=e_2,\\-3x_2+x_4=e_3,\end{cases}$$

又 $(1,2,-3,4)^{\mathrm{T}}$ 是方程组 $\boldsymbol{Ax}=\boldsymbol{b}$ 的解,则有 $e_1=-3,\ e_2=5,\ e_3=-2$,所以方程组

$$\begin{cases}x_1-2x_2=-3,\\4x_2+x_3=5,\\-3x_2+x_4=-2\end{cases}$$

为符合要求的一个方程组.

【评注】本题在求矩阵 $\boldsymbol{A}$ 时其行向量取法不唯一,从而符合要求的方程组也不唯一.

103　设方程组

$$\begin{cases}a_{11}x_1+a_{12}x_2+a_{13}x_3=1,\\a_{21}x_1+a_{22}x_2+a_{23}x_3=1,\\a_{31}x_1+a_{32}x_2+a_{33}x_3=1\end{cases}$$

有三个解 $\boldsymbol{\alpha}_1=(1,0,0)^{\mathrm{T}},\boldsymbol{\alpha}_2=(-1,2,0)^{\mathrm{T}},\boldsymbol{\alpha}_3=(-1,1,1)^{\mathrm{T}}$.记 $\boldsymbol{A}$ 为方程组的系数矩阵,求 $\boldsymbol{A}$.

知识点睛　解线性方程组的反问题

解　由题意知

$$\boldsymbol{A\alpha}_1=\begin{pmatrix}1\\1\\1\end{pmatrix},\quad \boldsymbol{A\alpha}_2=\begin{pmatrix}1\\1\\1\end{pmatrix},\quad \boldsymbol{A\alpha}_3=\begin{pmatrix}1\\1\\1\end{pmatrix},$$

即

$$\boldsymbol{A}(\boldsymbol{\alpha}_1,\boldsymbol{\alpha}_2,\boldsymbol{\alpha}_3)=(\boldsymbol{A\alpha}_1,\boldsymbol{A\alpha}_2,\boldsymbol{A\alpha}_3)=\begin{pmatrix}1&1&1\\1&1&1\\1&1&1\end{pmatrix}.$$

记 $\boldsymbol{B}=(\boldsymbol{\alpha}_1,\boldsymbol{\alpha}_2,\boldsymbol{\alpha}_3),\boldsymbol{C}=\begin{pmatrix}1&1&1\\1&1&1\\1&1&1\end{pmatrix}$,则有

$$\boldsymbol{AB}=\boldsymbol{C},$$

因 $|\boldsymbol{B}|=\begin{vmatrix}1&-1&-1\\0&2&1\\0&0&1\end{vmatrix}=2\neq0$,对上式两边同时右乘 $\boldsymbol{B}^{-1}$,得

$$\boldsymbol{A}=\boldsymbol{CB}^{-1}=\begin{pmatrix}1&1&1\\1&1&1\\1&1&1\end{pmatrix}.$$

104　齐次线性方程组 $\boldsymbol{Ax}=\boldsymbol{0}$ 以 $\boldsymbol{\eta}_1=(1,0,1)^{\mathrm{T}},\boldsymbol{\eta}_2=(0,1,-1)^{\mathrm{T}}$ 为基础解系,则系数矩阵 $\boldsymbol{A}=$________.

知识点睛 解线性方程组的反问题——已知 $Ax=0$ 的基础解系，反求矩阵 A

解 因为基础解系所含向量个数为 $3-r(A)=2$，所以 $r(A)=1$. 从而可设方程组为 $ax_1+bx_2+cx_3=0$，将 η_1,η_2 代入可得

$$\begin{cases}a+c=0,\\ b-c=0,\end{cases}\quad \text{即}\quad \begin{cases}a=-c,\\ b=c.\end{cases}$$

所以方程组为：$-x_1+x_2+x_3=0$，即 $A=(-1,1,1)$. 故应填 $(-1,1,1)$.

105 设 $A^2=E$，E 为单位矩阵，则下列结论正确的是（ ）.

(A) $A-E$ 可逆 (B) $A+E$ 可逆

(C) $A\neq E$ 时，$A+E$ 可逆 (D) $A\neq E$ 时，$A+E$ 不可逆

知识点睛 矩阵秩的不等式，0207 逆矩阵的概念

解 若 $A=E$，则 $A-E=0$，$A+E=2E$，故 $A-E$ 不可逆，$A+E$ 可逆.

若 $A\neq E$，由 $A^2-E=0$ 可知 $(A+E)(A-E)=0$，进而有 $r(A+E)+r(A-E)\leqslant n$. 又由 $A\neq E$，知 $r(A-E)>0$，于是必有 $r(A+E)<n$，从而 $A+E$ 不可逆，故应选(D).

K 1992 数学三，6分

106 已知3阶方阵 $B\neq 0$，且 B 的每一个列向量都是以下方程组的解

$$\begin{cases}x_1+2x_2-2x_3=0,\\ 2x_1-x_2+\lambda x_3=0,\\ 3x_1+x_2-x_3=0.\end{cases}$$

(1) 求 λ 的值；

(2) 证明 $|B|=0$.

知识点睛 0402 齐次线性方程组有非零解的充要条件

(1)解 因为 $B\neq 0$，故 B 中至少有一列是非零向量，依题意，所给齐次线性方程组有非零解，故必有系数行列式

$$|A|=\begin{vmatrix}1&2&-2\\2&-1&\lambda\\3&1&-1\end{vmatrix}=5(\lambda-1)=0,$$

由此可得 $\lambda=1$.

(2)证法1 当 $\lambda=1$ 时，矩阵

$$A=\begin{pmatrix}1&2&-2\\2&-1&1\\3&1&-1\end{pmatrix}\neq 0,$$

$r(A)\geqslant 1$，则方程组 $Ax=0$ 基础解系中含线性无关解的个数 $\leqslant 3-1$，故 B 的列向量组的秩小于等于2，因此 $|B|=0$.

证法2 设 B 的列向量为 β_1,β_2,β_3，由题意 $A\beta_1=0$，$A\beta_2=0$，$A\beta_3=0$，则

$$AB=A(\beta_1,\beta_2,\beta_3)=0,$$

因为 $A\neq 0$，故必有 $|B|=0$. 否则，若 $|B|\neq 0$，则 B 可逆，从而由 $AB=0$ 可得 $A=0$，与 $A\neq 0$ 矛盾，故 $|B|=0$.

107 已知 $\alpha_1=(1,4,0,2)^{\mathrm T}$，$\alpha_2=(2,7,1,3)^{\mathrm T}$，$\alpha_3=(0,1,-1,a)^{\mathrm T}$，$\beta=(3,10,b,4)^{\mathrm T}$.

(1) a,b 取何值时，β 不能由 $\alpha_1,\alpha_2,\alpha_3$ 线性表示.

(2) a,b 取何值时，β 可由 $\alpha_1,\alpha_2,\alpha_3$ 线性表示，并写出表达式.

知识点睛 用矩阵的秩讨论向量的线性表示

解 易知$\boldsymbol{\beta}$不能由$\boldsymbol{\alpha}_1,\boldsymbol{\alpha}_2,\boldsymbol{\alpha}_3$线性表示当且仅当$r(\boldsymbol{\alpha}_1,\boldsymbol{\alpha}_2,\boldsymbol{\alpha}_3)\neq r(\boldsymbol{\alpha}_1,\boldsymbol{\alpha}_2,\boldsymbol{\alpha}_3,\boldsymbol{\beta})$；$\boldsymbol{\beta}$可由$\boldsymbol{\alpha}_1,\boldsymbol{\alpha}_2,\boldsymbol{\alpha}_3$线性表示当且仅当$r(\boldsymbol{\alpha}_1,\boldsymbol{\alpha}_2,\boldsymbol{\alpha}_3)=r(\boldsymbol{\alpha}_1,\boldsymbol{\alpha}_2,\boldsymbol{\alpha}_3,\boldsymbol{\beta})$.有

$$(\boldsymbol{\alpha}_1,\boldsymbol{\alpha}_2,\boldsymbol{\alpha}_3,\boldsymbol{\beta})=\begin{pmatrix}1&2&0&3\\4&7&1&10\\0&1&-1&b\\2&3&a&4\end{pmatrix}\to\begin{pmatrix}1&2&0&3\\0&-1&1&-2\\0&1&-1&b\\0&-1&a&-2\end{pmatrix}$$

$$\to\begin{pmatrix}1&2&0&3\\0&-1&1&-2\\0&0&0&b-2\\0&0&a-1&0\end{pmatrix}\to\begin{pmatrix}1&0&2&-1\\0&1&-1&2\\0&0&0&b-2\\0&0&a-1&0\end{pmatrix}.$$

(1) 当$b\neq2$时，即$r(\boldsymbol{\alpha}_1,\boldsymbol{\alpha}_2,\boldsymbol{\alpha}_3)\neq r(\boldsymbol{\alpha}_1,\boldsymbol{\alpha}_2,\boldsymbol{\alpha}_3,\boldsymbol{\beta})$时，从而$\boldsymbol{\beta}$不能由$\boldsymbol{\alpha}_1,\boldsymbol{\alpha}_2,\boldsymbol{\alpha}_3$线性表示.

(2) 当$b=2$时，即$r(\boldsymbol{\alpha}_1,\boldsymbol{\alpha}_2,\boldsymbol{\alpha}_3)=r(\boldsymbol{\alpha}_1,\boldsymbol{\alpha}_2,\boldsymbol{\alpha}_3,\boldsymbol{\beta})$时，从而$\boldsymbol{\beta}$可由$\boldsymbol{\alpha}_1,\boldsymbol{\alpha}_2,\boldsymbol{\alpha}_3$线性表示.表达式如下：

① 当$a=1$时，表达式为$\boldsymbol{\beta}=(-2c-1)\boldsymbol{\alpha}_1+(c+2)\boldsymbol{\alpha}_2+c\boldsymbol{\alpha}_3$，其中$c$为任意常数；

② 当$a\neq1$时，表达式为$\boldsymbol{\beta}=-\boldsymbol{\alpha}_1+2\boldsymbol{\alpha}_2$.

【评注】非齐次线性方程组$\boldsymbol{Ax}=\boldsymbol{b}$的解与线性表示之间的关系：

(1) 非齐次线性方程组$\boldsymbol{Ax}=\boldsymbol{b}$无解的充分必要条件是常数列$\boldsymbol{b}$不能由$\boldsymbol{A}$的列向量组$\boldsymbol{\alpha}_1,\boldsymbol{\alpha}_2,\cdots,\boldsymbol{\alpha}_n$线性表示；

(2) 非齐次线性方程组$\boldsymbol{Ax}=\boldsymbol{b}$有唯一解的充分必要条件是常数列$\boldsymbol{b}$可由$\boldsymbol{A}$的列向量组$\boldsymbol{\alpha}_1,\boldsymbol{\alpha}_2,\cdots,\boldsymbol{\alpha}_n$唯一线性表示；

(3) 非齐次线性方程组$\boldsymbol{Ax}=\boldsymbol{b}$有无穷多解的充分必要条件是常数列$\boldsymbol{b}$可由$\boldsymbol{A}$的列向量组$\boldsymbol{\alpha}_1,\boldsymbol{\alpha}_2,\cdots,\boldsymbol{\alpha}_n$线性表示，但表示式不唯一.

108 已知4阶矩阵$\boldsymbol{A}=(\boldsymbol{\alpha}_1,\boldsymbol{\alpha}_2,\boldsymbol{\alpha}_3,\boldsymbol{\alpha}_4)$，其中$\boldsymbol{\alpha}_1,\boldsymbol{\alpha}_2,\boldsymbol{\alpha}_3,\boldsymbol{\alpha}_4$均为4维列向量，且$\boldsymbol{\alpha}_2,\boldsymbol{\alpha}_3,\boldsymbol{\alpha}_4$线性无关，$\boldsymbol{\alpha}_1=2\boldsymbol{\alpha}_2-\boldsymbol{\alpha}_3$，如果$\boldsymbol{\beta}=\boldsymbol{\alpha}_1+\boldsymbol{\alpha}_2+\boldsymbol{\alpha}_3+\boldsymbol{\alpha}_4$，求线性方程组$\boldsymbol{Ax}=\boldsymbol{\beta}$的通解.

K 2002 数学一、数学二，6分

108 题精解视频

知识点睛 0407 非齐次线性方程组的通解

解法1 令$\boldsymbol{x}=\begin{pmatrix}x_1\\x_2\\x_3\\x_4\end{pmatrix}$，则由$\boldsymbol{Ax}=(\boldsymbol{\alpha}_1,\boldsymbol{\alpha}_2,\boldsymbol{\alpha}_3,\boldsymbol{\alpha}_4)\begin{pmatrix}x_1\\x_2\\x_3\\x_4\end{pmatrix}=\boldsymbol{\beta}$，得

$$x_1\boldsymbol{\alpha}_1+x_2\boldsymbol{\alpha}_2+x_3\boldsymbol{\alpha}_3+x_4\boldsymbol{\alpha}_4=\boldsymbol{\alpha}_1+\boldsymbol{\alpha}_2+\boldsymbol{\alpha}_3+\boldsymbol{\alpha}_4,$$

将$\boldsymbol{\alpha}_1=2\boldsymbol{\alpha}_2-\boldsymbol{\alpha}_3$代入上式，整理后得

$$(2x_1+x_2-3)\boldsymbol{\alpha}_2+(-x_1+x_3)\boldsymbol{\alpha}_3+(x_4-1)\boldsymbol{\alpha}_4=\boldsymbol{0}.$$

由$\boldsymbol{\alpha}_2,\boldsymbol{\alpha}_3,\boldsymbol{\alpha}_4$线性无关，知

$$\begin{cases}2x_1+x_2-3=0,\\-x_1+x_3=0,\\x_4-1=0.\end{cases}$$

解此方程组,得

$$\boldsymbol{x}=\begin{pmatrix}x_1\\x_2\\x_3\\x_4\end{pmatrix}=\begin{pmatrix}0\\3\\0\\1\end{pmatrix}+k\begin{pmatrix}1\\-2\\1\\0\end{pmatrix},\text{ 其中 } k \text{ 为任意常数.}$$

解法 2 由 $\boldsymbol{\alpha}_2,\boldsymbol{\alpha}_3,\boldsymbol{\alpha}_4$线性无关和 $\boldsymbol{\alpha}_1=2\boldsymbol{\alpha}_2-\boldsymbol{\alpha}_3+0\boldsymbol{\alpha}_4$,知 $\boldsymbol{A}$ 的秩为 3,因此 $\boldsymbol{Ax}=\boldsymbol{0}$ 的基础解系中只包含一个向量.

由 $\boldsymbol{\alpha}_1-2\boldsymbol{\alpha}_2+\boldsymbol{\alpha}_3+0\boldsymbol{\alpha}_4=\boldsymbol{0}$ 知$\begin{pmatrix}1\\-2\\1\\0\end{pmatrix}$为齐次线性方程组 $\boldsymbol{Ax}=\boldsymbol{0}$ 的一个解,所以其通解为

$$k\begin{pmatrix}1\\-2\\1\\0\end{pmatrix},\ k \text{ 为任意常数.}$$

再由 $\boldsymbol{\beta}=\boldsymbol{\alpha}_1+\boldsymbol{\alpha}_2+\boldsymbol{\alpha}_3+\boldsymbol{\alpha}_4=(\boldsymbol{\alpha}_1,\boldsymbol{\alpha}_2,\boldsymbol{\alpha}_3,\boldsymbol{\alpha}_4)\begin{pmatrix}1\\1\\1\\1\end{pmatrix}=\boldsymbol{A}\begin{pmatrix}1\\1\\1\\1\end{pmatrix}$知,$\begin{pmatrix}1\\1\\1\\1\end{pmatrix}$为非齐次线性方程组 $\boldsymbol{Ax}=\boldsymbol{\beta}$ 的一个特解,于是 $\boldsymbol{Ax}=\boldsymbol{\beta}$ 的通解为

$$\boldsymbol{x}=\begin{pmatrix}1\\1\\1\\1\end{pmatrix}+k\begin{pmatrix}1\\-2\\1\\0\end{pmatrix},\text{ 其中 } k \text{ 为任意常数.}$$

【评注】向量之间的线性关系与方程组的解是同一个问题的两个不同方面,本题计算中要注意把已知条件中有关向量之间的关系转化为所求非齐次线性方程组的条件用于求解.

109 今有物不知数,三三数之剩一,五五数之剩二,七七数之剩三,问:物几何?

知识点睛 0407 非齐次线性方程组的通解

解 设此物个数为 z,三三数的次数为 x_1,五五数的次数为 x_2,七七数的次数为 x_3,由题意得$\begin{cases}z-3x_1=1,\\z-5x_2=2,\\z-7x_3=3,\end{cases}$ 对该方程组的增广矩阵做初等行变换,得

$$\overline{\boldsymbol{A}}=\begin{pmatrix}1&-3&0&0&1\\1&0&-5&0&2\\1&0&0&-7&3\end{pmatrix}\rightarrow\begin{pmatrix}1&-3&0&0&1\\0&3&-5&0&1\\0&3&0&-7&2\end{pmatrix}$$

$$\rightarrow\begin{pmatrix}1&-3&0&0&1\\0&3&-5&0&1\\0&0&5&-7&1\end{pmatrix}\rightarrow\begin{pmatrix}1&0&0&-7&3\\0&1&0&-\frac{7}{3}&\frac{2}{3}\\0&0&1&-\frac{7}{5}&\frac{1}{5}\end{pmatrix},$$

方程组的同解方程组为$\begin{cases}z=7x_3+3,\\x_1=\frac{7}{3}x_3+\frac{2}{3},\\x_2=\frac{7}{5}x_3+\frac{1}{5},\end{cases}$因为 z, x_1, x_2, x_3必须为非负整数,则所有解为

$$\begin{cases}z=157+105c,\\x_1=52+35c,\\x_2=31+21c,\\x_3=22+15c,\end{cases}\quad c=0,1,2,\cdots,$$

故此物的个数为 $157+105c$ ($c=0,1,2,\cdots$).

110 营养师给某客户推荐的饮食建议中,每天应包含蛋白质 100 单位、糖类 200 单位、脂肪 50 单位.现储备食物有 4 种: A, B, C, D.每盒食物的蛋白质、糖类、脂肪的含量(各按标准单位)如表 4.1 所示,问:该客户的食物储备是否满足营养师推荐的食物组合?

表 4.1

食物	蛋白质	糖类	脂肪
A	5	20	2
B	4	25	2
C	7	10	10
D	10	5	6

知识点睛 0407 非齐次线性方程组的求解

解 设食物 A,B,C,D 分别需要 x_1,x_2,x_3,x_4盒.根据题意可列出方程组

$$\begin{cases}5x_1+4x_2+7x_3+10x_4=100,\\20x_1+25x_2+10x_3+5x_4=200,\\2x_1+2x_2+10x_3+6x_4=50,\end{cases}$$

对该上述方程组的增广矩阵进行初等行变换,得

$$\overline{A}=\begin{pmatrix}5&4&7&10&100\\20&25&10&5&200\\2&2&10&6&50\end{pmatrix}\rightarrow\begin{pmatrix}1&1&5&3&25\\4&5&2&1&40\\5&4&7&10&100\end{pmatrix}$$

$$\rightarrow\begin{pmatrix}1&1&5&3&25\\0&1&-18&-11&-60\\0&-1&-18&-5&-25\end{pmatrix}\rightarrow\begin{pmatrix}1&1&5&3&25\\0&1&-18&-11&-60\\0&0&36&16&85\end{pmatrix}$$

$$\to\begin{pmatrix}1&0&0&\frac{34}{9}&\frac{1105}{36}\\0&1&0&-3&-\frac{35}{2}\\0&0&1&\frac{4}{9}&\frac{85}{36}\end{pmatrix},$$

该方程组有无穷多解.上面最后一个行阶梯形矩阵对应的方程组是

$$\begin{cases}x_1=-\frac{34}{9}x_4+\frac{1105}{36},\\x_2=3x_4-\frac{35}{2},\\x_3=-\frac{4}{9}x_4+\frac{85}{36},\end{cases}$$

把 x_4 当作自由未知量,令 $x_4=c$,得

$$x_1=-\frac{34}{9}c+\frac{1105}{36},\quad x_2=3c-\frac{35}{2},\quad x_3=-\frac{4}{9}c+\frac{85}{36}.$$

考虑到 $x_1,x_2,x_3,x_4\geqslant0$,由 $x_2\geqslant0,x_3\geqslant0$ 得$\frac{35}{6}\leqslant c\leqslant\frac{85}{16}$,矛盾.由此可知该客户的食物储备不能满足营养师推荐的食物组合.

K 2002 数学一,3 分

111 设有三张不同平面的方程 $a_{i1}x+a_{i2}y+a_{i3}z=b_i(i=1,2,3)$,它们所组成的线性方程组的系数矩阵与增广矩阵的秩都为 2 ,则这三张平面可能的位置关系为( ).

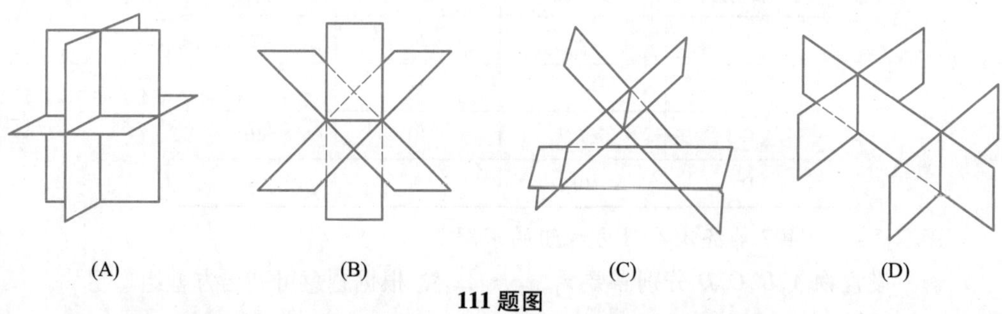

111 题图

知识点睛 用非齐次线性方程组讨论平面间的位置关系

解 对于非齐次线性方程组

$$\begin{cases}a_{11}x+a_{12}y+a_{13}z=b_1,\\a_{21}x+a_{22}y+a_{23}z=b_2,\\a_{31}x+a_{32}y+a_{33}z=b_3,\end{cases}$$

由 $r(\boldsymbol{A})=r(\overline{\boldsymbol{A}})=2<3=$未知量个数知方程组有无穷多解,即三平面共线(见 111 题图).故应选(B).

112 设 $\boldsymbol{\alpha}_1=\begin{pmatrix}a_1\\a_2\\a_3\end{pmatrix}$, $\boldsymbol{\alpha}_2=\begin{pmatrix}b_1\\b_2\\b_3\end{pmatrix}$, $\boldsymbol{\alpha}_3=\begin{pmatrix}c_1\\c_2\\c_3\end{pmatrix}$,则三条直线

K 1997 数学一,3 分

112 题精解视频

$$a_1x+b_1y+c_1=0,$$
$$a_2x+b_2y+c_2=0,$$
$$a_3x+b_3y+c_3=0$$

(其中 $a_i^2+b_i^2\neq0$, $i=1,2,3$) 交于一点的充要条件是(　　).

(A) $\boldsymbol{\alpha}_1,\boldsymbol{\alpha}_2,\boldsymbol{\alpha}_3$线性相关

(B) $\boldsymbol{\alpha}_1,\boldsymbol{\alpha}_2,\boldsymbol{\alpha}_3$线性无关

(C) $r(\boldsymbol{\alpha}_1,\boldsymbol{\alpha}_2,\boldsymbol{\alpha}_3)=r(\boldsymbol{\alpha}_1,\boldsymbol{\alpha}_2)$

(D) $\boldsymbol{\alpha}_1,\boldsymbol{\alpha}_2,\boldsymbol{\alpha}_3$线性相关,$\boldsymbol{\alpha}_1,\boldsymbol{\alpha}_2$线性无关

知识点睛　用非齐次线性方程组讨论直线间的位置关系

解　三条直线交于一点的等价条件是非齐次线性方程组

$$\begin{cases}a_1x+b_1y=-c_1,\\a_2x+b_2y=-c_2,\\a_3x+b_3y=-c_3\end{cases}$$

有唯一解,即 $r(\boldsymbol{A})=r(\overline{\boldsymbol{A}})=2$.且

$$\boldsymbol{A}=\begin{pmatrix}a_1&b_1\\a_2&b_2\\a_3&b_3\end{pmatrix},\quad\overline{\boldsymbol{A}}=\begin{pmatrix}a_1&b_1&-c_1\\a_2&b_2&-c_2\\a_3&b_3&-c_3\end{pmatrix},$$

故 $r(\boldsymbol{A})=2$ 说明 $\boldsymbol{\alpha}_1,\boldsymbol{\alpha}_2$线性无关. $r(\overline{\boldsymbol{A}})=2$ 说明 $\boldsymbol{\alpha}_1,\boldsymbol{\alpha}_2,-\boldsymbol{\alpha}_3$线性相关,从而 $\boldsymbol{\alpha}_1,\boldsymbol{\alpha}_2,\boldsymbol{\alpha}_3$线性相关.

故应选(D).

【评注】三条直线有交点的充要条件是 $\boldsymbol{\alpha}_1,\boldsymbol{\alpha}_2,\boldsymbol{\alpha}_3$线性相关,若要保证三条直线只有一个交点,则应在它们有交点的情况下,两两不能重合,即 $\boldsymbol{\alpha}_1\neq k\boldsymbol{\alpha}_2$($k\neq0$ 为常数),从而 $r(\boldsymbol{\alpha}_1,\boldsymbol{\alpha}_2)=2$,即 $\boldsymbol{\alpha}_1,\boldsymbol{\alpha}_2$线性无关.

113 已知平面上三条不同直线的方程分别为

K 2003 数学一、数学二,8 分

$$l_1:\ ax+2by+3c=0,$$
$$l_2:\ bx+2cy+3a=0,$$
$$l_3:\ cx+2ay+3b=0,$$

试证这三条直线交于一点的充分必要条件为 $a+b+c=0$.

知识点睛　用线性方程组讨论三直线的位置关系

证法 1　必要性:设三直线 l_1,l_2,l_3交于一点,则线性方程组

$$\begin{cases}ax+2by=-3c,\\bx+2cy=-3a,\\cx+2ay=-3b\end{cases}\qquad①$$

有唯一解,故系数矩阵$\boldsymbol{A}=\begin{pmatrix}a&2b\\b&2c\\c&2a\end{pmatrix}$与增广矩阵$\overline{\boldsymbol{A}}=\begin{pmatrix}a&2b&-3c\\b&2c&-3a\\c&2a&-3b\end{pmatrix}$的秩均为 2 ,于是$|\overline{\boldsymbol{A}}|=0$.

由于

$$|\overline{\boldsymbol{A}}|=\begin{vmatrix}a&2b&-3c\\b&2c&-3a\\c&2a&-3b\end{vmatrix}=6(a+b+c)(a^2+b^2+c^2-ab-ac-bc)$$
$$=3(a+b+c)[(a-b)^2+(b-c)^2+(c-a)^2],$$

但$(a-b)^2+(b-c)^2+(c-a)^2\neq0$,故 $a+b+c=0$.

充分性:由 $a+b+c=0$,则从必要性的证明可知, $|\overline{\boldsymbol{A}}|=0$,故 $r(\overline{\boldsymbol{A}})<3$.由于

$$\begin{vmatrix}a&2b\\b&2c\end{vmatrix}=2(ac-b^2)=-2[a(a+b)+b^2]=-2\left[\left(a+\frac{1}{2}b\right)^2+\frac{3}{4}b^2\right]\neq0,$$

故 $r(\boldsymbol{A})=2$.于是

$$r(\boldsymbol{A})=r(\overline{\boldsymbol{A}})=2.$$

因此方程组①有唯一解,即三直线 l_1, l_2, l_3交于一点.

证法 2 必要性:设三直线交于一点(x_0, y_0),则$\begin{pmatrix}x_0\\y_0\\1\end{pmatrix}$为 $\boldsymbol{Ax}=\boldsymbol{0}$ 的非零解,其中

$$\boldsymbol{A}=\begin{pmatrix}a&2b&3c\\b&2c&3a\\c&2a&3b\end{pmatrix},$$

于是$|\boldsymbol{A}|=0$.而

$$|\boldsymbol{A}|=\begin{vmatrix}a&2b&3c\\b&2c&3a\\c&2a&3b\end{vmatrix}=-6(a+b+c)(a^2+b^2+c^2-ab-bc-ac)$$
$$=-3(a+b+c)[(a-b)^2+(b-c)^2+(c-a)^2],$$

但$(a-b)^2+(b-c)^2+(c-a)^2\neq0$,故 $a+b+c=0$.

充分性:考虑线性方程组

$$\begin{cases}ax+2by=-3c,\\bx+2cy=-3a,\\cx+2ay=-3b.\end{cases} \quad ①$$

将方程组①的三个方程相加,并由 $a+b+c=0$ 可知,方程组①等价于方程组

$$\begin{cases}ax+2by=-3c,\\bx+2cy=-3a.\end{cases} \quad ②$$

因为

$$\begin{vmatrix}a&2b\\b&2c\end{vmatrix}=2(ac-b^2)=-2[a(a+b)+b^2]=-[a^2+b^2+(a+b)^2]\neq0,$$

故方程组②有唯一解,所以方程组①有唯一解,即三直线 l_1, l_2, l_3交于一点.

114 若方程 $a_1x^{n-1}+a_2x^{n-2}+\cdots+a_{n-1}x+a_n=0$ 有 n 个不相等实根,则必有( ).

(A) $a_1, a_2, \cdots, a_n$全为零　　　　(B) $a_1, a_2, \cdots, a_n$不全为零

(C) $a_1, a_2, \cdots, a_n$全不为零　　　　(D) $a_1, a_2, \cdots, a_n$为任意常数

知识点睛　0401 克拉默法则, 0402 齐次线性方程组只有零解的条件

解　设方程的 n 个不相等实根为 $x_1, x_2, \cdots, x_n$,则有

$$\begin{cases} a_n + a_{n-1}x_1 + \cdots + a_2x_1^{n-2} + a_1x_1^{n-1} = 0, \\ a_n + a_{n-1}x_2 + \cdots + a_2x_2^{n-2} + a_1x_2^{n-1} = 0, \\ \cdots\cdots\cdots\cdots\cdots\cdots\cdots\cdots\cdots\cdots \\ a_n + a_{n-1}x_n + \cdots + a_2x_n^{n-2} + a_1x_n^{n-1} = 0. \end{cases}$$

若 $x_1, x_2, \cdots, x_n$已知,求 $a_1, a_2, \cdots, a_n$,这是一个齐次线性方程组,其系数矩阵的行列式是

$$\begin{vmatrix} 1 & x_1 & x_1^2 & \cdots & x_1^{n-1} \\ 1 & x_2 & x_2^2 & \cdots & x_2^{n-1} \\ \vdots & \vdots & \vdots & & \vdots \\ 1 & x_n & x_n^2 & \cdots & x_n^{n-1} \end{vmatrix} = \prod_{1 \leqslant i < j \leqslant n} (x_j - x_i) \neq 0,$$

所以齐次线性方程组只有零解,即

$$a_1 = a_2 = \cdots = a_n = 0.$$

故应选(A).

第 5 章
矩阵的特征值与特征向量

知识要点

一、矩阵的特征值与特征向量

1. 基本概念

设 $\boldsymbol{A}$ 为 n 阶矩阵，λ 是一个数，若存在一个 n 维非零列向量 $\boldsymbol{x}$，使 $\boldsymbol{A}\boldsymbol{x}=\lambda\boldsymbol{x}$ 成立，则称 λ 为 $\boldsymbol{A}$ 的一个特征值，相应的非零列向量 $\boldsymbol{x}$ 称为 $\boldsymbol{A}$ 的属于 λ 的特征向量.

$\lambda\boldsymbol{E}-\boldsymbol{A}$ 称为 $\boldsymbol{A}$ 的特征矩阵，$|\lambda\boldsymbol{E}-\boldsymbol{A}|$ 称为 $\boldsymbol{A}$ 的特征多项式，$|\lambda\boldsymbol{E}-\boldsymbol{A}|=0$ 称为 $\boldsymbol{A}$ 的特征方程.

2. 特征值的性质及运算

若 λ 是 n 阶矩阵 $\boldsymbol{A}$ 的特征值，则

(1) $k\lambda$ 是 $k\boldsymbol{A}$ 的特征值.

(2) λ^m 是 $\boldsymbol{A}^m$ 的特征值.

(3) $f(\boldsymbol{A})=\sum\limits_{i=0}^{m}a_i\boldsymbol{A}^i$ 的特征值为 $f(\lambda)=\sum\limits_{i=0}^{m}a_i\lambda^i$.

(4) 若 $\boldsymbol{A}$ 可逆，则 $\lambda\neq 0$，且 $\dfrac{1}{\lambda}$ 是 $\boldsymbol{A}^{-1}$ 的特征值.

(5) 若 $\lambda\neq 0$，则 $\boldsymbol{A}^*$ 有特征值 $\dfrac{|\boldsymbol{A}|}{\lambda}$.

(6) $\boldsymbol{A}$ 与 $\boldsymbol{A}^{\mathrm{T}}$ 有相同的特征值.

(7) $\boldsymbol{AB}$ 与 $\boldsymbol{BA}$ 有相同的特征值.

(8) 0 是 $\boldsymbol{A}$ 的特征值的充要条件是 $|\boldsymbol{A}|=0$，亦即 $\boldsymbol{A}$ 可逆的充要条件是 $\boldsymbol{A}$ 的所有特征值全不为零.

(9) 零矩阵有 n 重特征值 0.

(10) 单位矩阵有 n 重特征值 1.

(11) 数量矩阵 $k\boldsymbol{E}$ 有 n 重特征值 k.

(12) 幂零矩阵($\boldsymbol{A}^m=\boldsymbol{0}$) 有 n 重特征值 0.

(13) 幂等矩阵($\boldsymbol{A}^2=\boldsymbol{A}$) 的特征值只可能是 0 或 1.

(14) 对合矩阵($\boldsymbol{A}^2=\boldsymbol{E}$) 的特征值只可能是 1 或 -1.

(15) k-幂矩阵($\boldsymbol{A}^k=\boldsymbol{E}$) 的特征值只可能是 1 的 k 次方根.

(16) 设 $\boldsymbol{A}=(a_{ij})_{n\times n}$ 的 n 个特征值为 $\lambda_1,\lambda_2,\cdots,\lambda_n$，则

① $\lambda_1+\lambda_2+\cdots+\lambda_n=a_{11}+a_{22}+\cdots+a_{nn}$，即特征值之和等于矩阵的迹；

② $\lambda_1\lambda_2\cdots\lambda_n=|\boldsymbol{A}|$，即特征值之积等于矩阵的行列式.

3. 特征向量的性质

(1) 若 $\boldsymbol{x}$ 是 $\boldsymbol{A}$ 的属于特征值 λ 的特征向量,则 $\boldsymbol{x}$ 一定是非零向量.

(2) 若 $\boldsymbol{x}_1,\boldsymbol{x}_2,\cdots,\boldsymbol{x}_m$ 都是 $\boldsymbol{A}$ 的属于同一特征值 λ 的特征向量,且 $k_1\boldsymbol{x}_1+k_2\boldsymbol{x}_2+\cdots+k_m\boldsymbol{x}_m\neq\boldsymbol{0}$,则 $k_1\boldsymbol{x}_1+k_2\boldsymbol{x}_2+\cdots+k_m\boldsymbol{x}_m$ 也是 $\boldsymbol{A}$ 的属于特征值 λ 的特征向量.

(3) 设 λ_1,λ_2 是 $\boldsymbol{A}$ 的两个不同特征值,$\boldsymbol{x}_1,\boldsymbol{x}_2$ 是 $\boldsymbol{A}$ 的分别属于 λ_1,λ_2 的特征向量,则 $\boldsymbol{x}_1+\boldsymbol{x}_2$ 不是 $\boldsymbol{A}$ 的特征向量.

(4) 若 λ 是 $\boldsymbol{A}$ 的 r 重特征值,则属于 λ 的线性无关的特征向量最多有 r 个.

(5) $\boldsymbol{A}$ 的属于不同特征值对应的特征向量线性无关.

(6) 设 λ 是 $\boldsymbol{A}$ 的特征值,$\boldsymbol{x}$ 是属于 λ 的特征向量,则

① $\boldsymbol{x}$ 是 $k\boldsymbol{A}$ 的属于特征值 $k\lambda$ 的特征向量,也是 $\boldsymbol{A}^m$ 的属于特征值 λ^m 的特征向量,还是 $f(\boldsymbol{A})=\sum\limits_{i=0}^{m}a_i\boldsymbol{A}^i$ 的属于特征值 $f(\lambda)=\sum\limits_{i=0}^{m}a_i\lambda^i$ 的特征向量;

② 若 $\lambda\neq 0$,则 $\boldsymbol{x}$ 也是 $\boldsymbol{A}^{-1}$ 的属于特征值 $\dfrac{1}{\lambda}$ 的特征向量,也是 $\boldsymbol{A}^*$ 的属于特征值 $\dfrac{|\boldsymbol{A}|}{\lambda}$ 的特征向量;

③ 若 $\boldsymbol{B}=\boldsymbol{P}^{-1}\boldsymbol{A}\boldsymbol{P}$,$\boldsymbol{P}$ 为可逆矩阵,则 λ 是 $\boldsymbol{B}$ 的特征值,且 $\boldsymbol{P}^{-1}\boldsymbol{x}$ 是 $\boldsymbol{B}$ 的属于特征值 λ 的特征向量.

4. 矩阵的特征值和特征向量的求法

(1) 对于数字型矩阵 $\boldsymbol{A}$,其特征值和特征向量的求法如下:

① 计算特征多项式 $|\lambda\boldsymbol{E}-\boldsymbol{A}|$;

② 求解特征方程 $|\lambda\boldsymbol{E}-\boldsymbol{A}|=0$,其所有根 $\lambda_1,\lambda_2,\cdots,\lambda_n$ 即为 $\boldsymbol{A}$ 的全部特征值;

③ 固定一个特征值 λ,解齐次线性方程组 $(\lambda\boldsymbol{E}-\boldsymbol{A})\boldsymbol{x}=\boldsymbol{0}$,得基础解系为 $\boldsymbol{\eta}_1,\boldsymbol{\eta}_2,\cdots,\boldsymbol{\eta}_s$,$s=n-r(\lambda\boldsymbol{E}-\boldsymbol{A})$,则 $\boldsymbol{A}$ 的属于 λ 的所有特征向量为

$$k_1\boldsymbol{\eta}_1+k_2\boldsymbol{\eta}_2+\cdots+k_s\boldsymbol{\eta}_s,\text{其中 } k_1,k_2,\cdots,k_s \text{ 不全为零.}$$

(2) 对于抽象型矩阵 $\boldsymbol{A}$,其特征值和特征向量的求法通常有两种思路:

① 利用特征值和特征向量的定义,若数 λ 和非零向量 $\boldsymbol{x}$ 满足 $\boldsymbol{A}\boldsymbol{x}=\lambda\boldsymbol{x}$,则 λ 为 $\boldsymbol{A}$ 的特征值,$\boldsymbol{x}$ 为 $\boldsymbol{A}$ 的属于 λ 的特征向量;

② 利用特征值和特征向量的性质,例如已知 $\boldsymbol{A}$ 的特征值,便可求得 $k\boldsymbol{A},\boldsymbol{A}^m,\sum\limits_{i=0}^{m}a_i\boldsymbol{A}^i$ 等矩阵的特征值.

二、矩阵的相似对角化

1. 矩阵相似的概念

设 $\boldsymbol{A},\boldsymbol{B}$ 是 n 阶矩阵,若存在可逆矩阵 $\boldsymbol{P}$,使 $\boldsymbol{P}^{-1}\boldsymbol{A}\boldsymbol{P}=\boldsymbol{B}$,则称 $\boldsymbol{B}$ 是 $\boldsymbol{A}$ 的相似矩阵,或称 $\boldsymbol{A}$ 与 $\boldsymbol{B}$ 相似,记为 $\boldsymbol{A}\sim\boldsymbol{B}$.

2. 矩阵相似的性质

(1) 若 $\boldsymbol{A}\sim\boldsymbol{B},\boldsymbol{B}\sim\boldsymbol{C}$,则 $\boldsymbol{A}\sim\boldsymbol{C}$.

(2) 若 $\boldsymbol{A}\sim\boldsymbol{B}$,则 $k\boldsymbol{A}\sim k\boldsymbol{B},\boldsymbol{A}^m\sim\boldsymbol{B}^m$,进而

$$f(\boldsymbol{A})=\sum_{i=0}^{m}a_i\boldsymbol{A}^i\sim f(\boldsymbol{B})=\sum_{i=0}^{m}a_i\boldsymbol{B}^i.$$

(3) 若 $\boldsymbol{A}\sim\boldsymbol{B}$,则 $\boldsymbol{A}^{\mathrm{T}}\sim\boldsymbol{B}^{\mathrm{T}},\boldsymbol{A}^{-1}\sim\boldsymbol{B}^{-1},\boldsymbol{A}^{*}\sim\boldsymbol{B}^{*}$, $\boldsymbol{A}+k\boldsymbol{E}\sim\boldsymbol{B}+k\boldsymbol{E}$($k$ 为常数).

(4) 若 $\boldsymbol{A}\sim\boldsymbol{B}$,则 $|\boldsymbol{A}|=|\boldsymbol{B}|$, $r(\boldsymbol{A})=r(\boldsymbol{B})$.

(5) 设 $\boldsymbol{A}=(a_{ij})$,$\boldsymbol{B}=(b_{ij})$,若 $\boldsymbol{A}\sim\boldsymbol{B}$,则 $\sum\limits_{i=1}^{n}a_{ii}=\sum\limits_{i=1}^{n}b_{ii}$, 即 $\boldsymbol{A},\boldsymbol{B}$ 有相同的迹.

(6) 若 $\boldsymbol{A}\sim\boldsymbol{B}$,则 $|\lambda\boldsymbol{E}-\boldsymbol{A}|=|\lambda\boldsymbol{E}-\boldsymbol{B}|$,即 $\boldsymbol{A},\boldsymbol{B}$ 有相同的特征值.

(7) 零矩阵、单位矩阵、数量矩阵只与自己相似.

【评注】(2)~(6)只是矩阵相似的必要条件.

3.矩阵的相似对角化

设 $\boldsymbol{A}$ 是 n 阶矩阵,若存在可逆矩阵 $\boldsymbol{P}$,使 $\boldsymbol{P}^{-1}\boldsymbol{AP}$ 为对角矩阵,则称 $\boldsymbol{A}$ 可相似对角化.

4.矩阵相似对角化的判定

(1) 矩阵 $\boldsymbol{A}$ 可相似对角化的充要条件是 $\boldsymbol{A}$ 有 n 个线性无关的特征向量;

(2) 矩阵 $\boldsymbol{A}$ 可相似对角化的充要条件是对 $\boldsymbol{A}$ 的任意特征值 λ,属于 λ 的线性无关的特征向量的个数等于 λ 的重数,亦即 $n-r(\lambda\boldsymbol{E}-\boldsymbol{A})$ 等于 λ 的重数;

(3) 矩阵 $\boldsymbol{A}$ 可相似对角化的充分条件是 $\boldsymbol{A}$ 有 n 个互不相同的特征值.

5.矩阵相似对角化的步骤

(1) 解特征方程 $|\lambda\boldsymbol{E}-\boldsymbol{A}|=0$,求出所有特征值;

(2) 对于不同的特征值 λ_i,解方程组 $(\lambda_i\boldsymbol{E}-\boldsymbol{A})\boldsymbol{x}=\boldsymbol{0}$,求出基础解系,如果每一个 λ_i 的重数等于基础解系中向量的个数,则 $\boldsymbol{A}$ 可对角化,否则,$\boldsymbol{A}$ 不可对角化;

(3) 若 $\boldsymbol{A}$ 可对角化,设所有线性无关的特征向量为 $\boldsymbol{\xi}_1,\boldsymbol{\xi}_2,\cdots,\boldsymbol{\xi}_n$,则所求的可逆矩阵 $\boldsymbol{P}=(\boldsymbol{\xi}_1,\boldsymbol{\xi}_2,\cdots,\boldsymbol{\xi}_n)$,并且有 $\boldsymbol{P}^{-1}\boldsymbol{AP}=\boldsymbol{\Lambda}$,其中

$$\boldsymbol{\Lambda}=\begin{pmatrix}\lambda_1 & & & \\ & \lambda_2 & & \\ & & \ddots & \\ & & & \lambda_n\end{pmatrix}.$$

[注] $\boldsymbol{\Lambda}$ 的主对角线元素为 $\boldsymbol{A}$ 的全部特征值,其排列顺序与 $\boldsymbol{P}$ 中列向量的排列顺序对应.

三、实对称矩阵的正交相似对角化

1.实对称矩阵的特征值和特征向量的性质

设 $\boldsymbol{A}$ 是实对称矩阵,则

(1) $\boldsymbol{A}$ 的特征值为实数,$\boldsymbol{A}$ 的特征向量为实向量.

(2) $\boldsymbol{A}$ 的不同特征值所对应的特征向量正交.

(3) $\boldsymbol{A}$ 的 k 重特征值所对应的线性无关的特征向量恰有 k 个.

(4) $\boldsymbol{A}$ 相似于对角矩阵,且存在正交矩阵 $\boldsymbol{Q}$,使

$$\boldsymbol{Q}^{-1}\boldsymbol{AQ}=\boldsymbol{Q}^{\mathrm{T}}\boldsymbol{AQ}=\begin{pmatrix}\lambda_1 & & & \\ & \lambda_2 & & \\ & & \ddots & \\ & & & \lambda_n\end{pmatrix}.$$

其中 $\lambda_1,\lambda_2,\cdots,\lambda_n$ 为 $\boldsymbol{A}$ 的特征值.

(5) 实对称矩阵 $\boldsymbol{A}$ 与 $\boldsymbol{B}$ 相似的充要条件是 $\boldsymbol{A}$ 与 $\boldsymbol{B}$ 有相同的特征值.

2. 实对称矩阵的正交相似对角化的步骤

(1) 求出矩阵 $\boldsymbol{A}$ 的全部特征值 $\lambda_1,\lambda_2,\cdots,\lambda_s$,其中 $\lambda_1,\lambda_2,\cdots,\lambda_s$ 的重数分别为 $k_1,k_2,\cdots,k_s$;

(2) 对每个 k_i 重特征值 λ_i,求方程组 $(\lambda_i\boldsymbol{E}-\boldsymbol{A})\boldsymbol{x}=\boldsymbol{0}$ 的基础解系,得 k_i 个线性无关的特征向量.再把它们正交化、单位化,得 k_i 个两两正交的单位特征向量.因 $k_1+\cdots+k_i=n$,故总共可得 n 个两两正交的单位特征向量.

(3) 把这 n 个两两正交的单位特征向量构成正交矩阵 $\boldsymbol{Q}$,便有 $\boldsymbol{Q}^{-1}\boldsymbol{A}\boldsymbol{Q}=\boldsymbol{Q}^{\mathrm{T}}\boldsymbol{A}\boldsymbol{Q}=\boldsymbol{\Lambda}$.注意 $\boldsymbol{\Lambda}$ 中对角元的排列次序应与 $\boldsymbol{Q}$ 中列向量的排列次序相对应.

§5.1 矩阵的特征值、特征向量的概念与计算

1 已知矩阵 $\boldsymbol{A}=\begin{pmatrix}1&1&1&1\\1&1&1&1\\1&1&1&1\\1&1&1&1\end{pmatrix}$,求 $\boldsymbol{A}$ 的非零特征值.

知识点睛 0501 矩阵的特征值的求法, 0505 实对称矩阵的特征值

解 由 $|\lambda\boldsymbol{E}-\boldsymbol{A}|=\begin{vmatrix}\lambda-1&-1&-1&-1\\-1&\lambda-1&-1&-1\\-1&-1&\lambda-1&-1\\-1&-1&-1&\lambda-1\end{vmatrix}=\lambda^3(\lambda-4)$,知$\boldsymbol{A}$的非零特征值为 $\lambda=4$.

2 求矩阵$\begin{pmatrix}0&-2&-2\\2&2&-2\\-2&-2&2\end{pmatrix}$的非零特征值. Ⓚ 2002 数学二,3 分

知识点睛 0501 矩阵的特征值的求法

解 这是一个基础题,由特征多项式

$$|\lambda\boldsymbol{E}-\boldsymbol{A}|=\begin{vmatrix}\lambda&2&2\\-2&\lambda-2&2\\2&2&\lambda-2\end{vmatrix}=\begin{vmatrix}\lambda&2&2\\-2&\lambda-2&2\\0&\lambda&\lambda\end{vmatrix}$$

$$=\lambda\begin{vmatrix}\lambda&2&2\\-2&\lambda-2&2\\0&1&1\end{vmatrix}=\lambda\begin{vmatrix}\lambda&0&2\\-2&\lambda-4&2\\0&0&1\end{vmatrix}=\lambda^2(\lambda-4),$$

可知非零特征值是 4.

3 设 n 阶矩阵 $\boldsymbol{A}$ 的元素全为 1,则 $\boldsymbol{A}$ 的 n 个特征值是________. Ⓚ 1999 数学一,3 分

知识点睛 0501 矩阵的特征值的求法

解 由 $|\lambda\boldsymbol{E}-\boldsymbol{A}|=\begin{vmatrix}\lambda-1&-1&-1&\cdots&-1\\-1&\lambda-1&-1&\cdots&-1\\\vdots&\vdots&\vdots&&\vdots\\-1&-1&-1&\cdots&\lambda-1\end{vmatrix}$

3题精解视频

$$=(\lambda-n)\begin{vmatrix}1&-1&-1&\cdots&-1\\1&\lambda-1&-1&\cdots&-1\\\vdots&\vdots&\vdots&&\vdots\\1&-1&-1&\cdots&\lambda-1\end{vmatrix}$$

$$=(\lambda-n)\begin{vmatrix}1&-1&-1&\cdots&-1\\0&\lambda&0&\cdots&0\\\vdots&\vdots&\vdots&&\vdots\\0&0&0&\cdots&\lambda\end{vmatrix}=(\lambda-n)\lambda^{n-1},$$

故 A 的 n 个特征值为 $n,\overbrace{0,\cdots,0}^{n-1个}$.故应填 $n,\overbrace{0,\cdots,0}^{n-1个}$.

4 已知 $\lambda_1=0$ 是3阶矩阵 $A=\begin{pmatrix}1&0&1\\0&2&0\\1&0&a\end{pmatrix}$ 的特征值,则 $a=$________,其他两个特征值 $\lambda_2=$________,$\lambda_3=$________.

知识点睛 0501 矩阵的特征值的概念

解 由 $\lambda_1=0$ 为矩阵 A 的特征值知 $|-A|=0$,从而 $|A|=2(a-1)=0$,故 $a=1$.

把 $a=1$ 代入矩阵 A,通过计算得

$$|\lambda E-A|=\lambda(\lambda-2)^2=0,$$

所以 $\lambda_2=\lambda_3=2$.故应填 1,2,2.

K 2020 数学二、数学三,4分

5 设 A 为3阶矩阵,α_1,α_2 为 A 的属于特征值1的线性无关的特征向量,α_3 为 A 的属于特征值-1的特征向量,则满足 $P^{-1}AP=\begin{pmatrix}1&0&0\\0&-1&0\\0&0&1\end{pmatrix}$ 的可逆矩阵 P 为(　　).

(A) $(\alpha_1+\alpha_3,\alpha_2,-\alpha_3)$　　(B) $(\alpha_1+\alpha_2,\alpha_2,-\alpha_3)$

(C) $(\alpha_1+\alpha_3,-\alpha_3,\alpha_2)$　　(D) $(\alpha_1+\alpha_2,-\alpha_3,\alpha_2)$

知识点睛 0501 矩阵的特征值和特征向量的概念与性质

解 本题考查 $P^{-1}AP=\Lambda$ 的基本知识,P—特征向量,Λ—对角线由特征值组成.且 P 与 Λ 的位置对应要正确.

因 α_1,α_2 是 $\lambda=1$ 对应的线性无关的特征向量,α_3 是 $\lambda=-1$ 对应的特征向量.于是 $\alpha_1+\alpha_3$ 不是 A 的特征向量,排除(A),(C).

又对角矩阵 $\Lambda=\begin{pmatrix}1&&\\&-1&\\&&1\end{pmatrix}$,故 P 中特征向量应当是 $\lambda=1,\lambda=-1,\lambda=1$ 的顺序,排除(B).

选项(D):$(\alpha_1+\alpha_2,-\alpha_3,\alpha_2)$ 中 $\alpha_1+\alpha_2$ 与 α_2 是 $\lambda=1$ 的线性无关的特征向量,$-\alpha_3$ 是 $\lambda=-1$ 的特征向量,故应选(D).

6 设 $\lambda_1=12$ 是矩阵 $A=\begin{pmatrix}7&4&-1\\4&7&-1\\-4&a&4\end{pmatrix}$ 的一个特征值,求常数 a 及 A 的其余特

征值.

知识点睛 0501 矩阵的特征值的概念及求法

解 由题意得 $|12E-A|=\begin{vmatrix}5&-4&1\\-4&5&1\\4&-a&8\end{vmatrix}=9(a+4)=0$, 故 $a=-4$,从而

$$|\lambda E-A|=\begin{vmatrix}\lambda-7&-4&1\\-4&\lambda-7&1\\4&4&\lambda-4\end{vmatrix}=(\lambda-12)(\lambda-3)^2,$$

所以 A 的其余特征值为 $\lambda_2=\lambda_3=3$.

7 设 $\lambda_1,\lambda_2,\cdots,\lambda_n$ 是 n 阶矩阵 A 的特征值, $f(x)$ 为多项式,则矩阵 $f(A)$ 的行列式的值为________.

知识点睛 0501 矩阵的特征值的概念与性质

解 因为 $|A|=\lambda_1\lambda_2\cdots\lambda_n$,所以 $|f(A)|=f(\lambda_1)f(\lambda_2)\cdots f(\lambda_n)$.

【评注】在处理矩阵的特征值与特征向量的题目时,应掌握下面的结论:

矩阵	A	kA	A^m	$f(A)=\sum_{i=0}^{n}a_iA^i$	A^T	A^{-1}	A^*	$P^{-1}AP$
特征值	λ	$k\lambda$	λ^m	$f(\lambda)=\sum_{i=0}^{n}a_i\lambda^i$	λ	λ^{-1}	$\frac{\lvert A\rvert}{\lambda}$	λ
特征向量	ξ	ξ	ξ	ξ	不确定	ξ	ξ	$P^{-1}\xi$

8 已知 3 阶矩阵 A 的特征值为$-1,1,3$,则 $|A^3-2A+2E|=$________.

知识点睛 0501 矩阵的特征值的性质及求法

解 设 $f(x)=x^3-2x+2$,则 $f(A)=A^3-2A+2E$,所以 $f(A)$ 的全部特征值为 $f(-1)=3$, $f(1)=1$, $f(3)=23$,从而可得 $|A^3-2A+2E|=3\times1\times23=69$.应填69.

9 已知 3 阶矩阵 A 的特征值为 $1,-1,2$,则矩阵 $B=2A+E$(E 为 3 阶单位阵)的特征值为________.

知识点睛 0501 矩阵的特征值的性质及求法

解 若 λ 是 A 的特征值,则 $2\lambda+1$ 是 B 的特征值,于是 B 的特征值为 $3,-1$ 和 5.

故应填 $3,-1,5$.

10 已知 3 阶矩阵 A 的特征值为 $1,2,3$,则 $\operatorname{tr}(A)=$____,$(2A^2)^{-1}$的特征值为____.

知识点睛 0501 矩阵的特征值的性质及求法

解 由特征值的性质知, $\operatorname{tr}(A)=1+2+3=6$. 设 $f(x)=2x^2$,则 $f(A)=2A^2$,所以 $f(A)$的全部特征值为 $f(1)=2$, $f(2)=8$, $f(3)=18$,从而可得 $(2A^2)^{-1}$ 的特征值为 $\frac{1}{2}$, $\frac{1}{8}$, $\frac{1}{18}$.应填 6; $\frac{1}{2}$, $\frac{1}{8}$, $\frac{1}{18}$.

11 若 n 阶可逆矩阵 A 的每行元素之和均为 $a(a\neq0)$,则数________一定是矩阵 $2A^{-1}+3E$ 的特征值, 其中 E 为 n 阶单位矩阵.

知识点睛 0501 矩阵的特征值的性质及求法

解 由于 $\boldsymbol{A}$ 的各行元素之和为 a,所以

$$\boldsymbol{A}\begin{pmatrix}1\\1\\\vdots\\1\end{pmatrix}=a\begin{pmatrix}1\\1\\\vdots\\1\end{pmatrix},$$

从而 a 是 $\boldsymbol{A}$ 的一个特征值,于是$\frac{1}{a}$是 $\boldsymbol{A}^{-1}$的特征值,故 $2\boldsymbol{A}^{-1}+3\boldsymbol{E}$ 有特征值$\frac{2}{a}+3$.

故应填$\frac{2}{a}+3$.

【评注】$\boldsymbol{A}$ 的特征值也可直接计算:

$$|\lambda\boldsymbol{E}-\boldsymbol{A}|=\begin{vmatrix}\lambda-a_{11} & -a_{12} & \cdots & -a_{1n}\\-a_{21} & \lambda-a_{22} & \cdots & -a_{2n}\\\vdots & \vdots & & \vdots\\-a_{n1} & -a_{n2} & \cdots & \lambda-a_{nn}\end{vmatrix}$$

$$\xlongequal{\text{各行元素之和为 }a}\begin{vmatrix}\lambda-a & -a_{12} & \cdots & -a_{1n}\\\lambda-a & \lambda-a_{22} & \cdots & -a_{2n}\\\vdots & \vdots & & \vdots\\\lambda-a & -a_{n2} & \cdots & \lambda-a_{nn}\end{vmatrix}$$

$$=(\lambda-a)\begin{vmatrix}1 & -a_{12} & \cdots & -a_{1n}\\1 & \lambda-a_{22} & \cdots & -a_{2n}\\\vdots & \vdots & & \vdots\\1 & -a_{n2} & \cdots & \lambda-a_{nn}\end{vmatrix},$$

故 $\boldsymbol{A}$ 有特征值 a.

12 题精解视频

12 设 n 阶可逆矩阵 $\boldsymbol{A}$ 的各行元素之和为 a,证明:

(1) $a\neq0$;

(2) $\boldsymbol{A}^{-1}$的各行元素之和为$\frac{1}{a}$;

(3) 求 $4\boldsymbol{A}^{-1}-7\boldsymbol{A}$ 的各行元素之和.

知识点睛 0501 矩阵的特征值的性质及求法

(1)证 因为 $\boldsymbol{A}$ 的各行元素之和为 a,从而

$$\boldsymbol{A}\begin{pmatrix}1\\1\\\vdots\\1\end{pmatrix}=a\begin{pmatrix}1\\1\\\vdots\\1\end{pmatrix},$$

即 a 是 $\boldsymbol{A}$ 的特征值.又 $\boldsymbol{A}$ 可逆,所以 $a\neq0$.

(2) 证 由$A\begin{pmatrix}1\\1\\\vdots\\1\end{pmatrix}=a\begin{pmatrix}1\\1\\\vdots\\1\end{pmatrix}$可得

$$A^{-1}A\begin{pmatrix}1\\1\\\vdots\\1\end{pmatrix}=aA^{-1}\begin{pmatrix}1\\1\\\vdots\\1\end{pmatrix}\quad 即\quad A^{-1}\begin{pmatrix}1\\1\\\vdots\\1\end{pmatrix}=\frac{1}{a}\begin{pmatrix}1\\1\\\vdots\\1\end{pmatrix},$$

故A^{-1}的各行元素之和为$\frac{1}{a}$.

(3) 解 因为

$$4A^{-1}\begin{pmatrix}1\\1\\\vdots\\1\end{pmatrix}-7A\begin{pmatrix}1\\1\\\vdots\\1\end{pmatrix}=\frac{4}{a}\begin{pmatrix}1\\1\\\vdots\\1\end{pmatrix}-7a\begin{pmatrix}1\\1\\\vdots\\1\end{pmatrix},$$

即

$$(4A^{-1}-7A)\begin{pmatrix}1\\1\\\vdots\\1\end{pmatrix}=\left(\frac{4}{a}-7a\right)\begin{pmatrix}1\\1\\\vdots\\1\end{pmatrix},$$

因此矩阵$4A^{-1}-7A$的各行元素之和为$\frac{4}{a}-7a$.

13 设n阶矩阵$A=(a_{ij})$的n个特征值为$\lambda_1,\lambda_2,\cdots,\lambda_n$,证明:

(1) $\lambda_1+\lambda_2+\cdots+\lambda_n=a_{11}+a_{22}+\cdots+a_{nn}$;

(2) $|A|=\lambda_1\lambda_2\cdots\lambda_n$;

(3) A可逆的充要条件为$\lambda_i\neq 0,i=1,2,\cdots,n$;

(4) 若A可逆,则伴随矩阵A^*的特征值为$\frac{|A|}{\lambda_i},i=1,2,\cdots,n$;

(5) 若A不可逆,当$r(A)<n-1$时,A^*的特征值为0;若$r(A)=n-1$时,则A^*有一个$n-1$重特征值零及一个单特征值$A_{11}+A_{22}+\cdots+A_{nn}$($A_{ii}$是$a_{ii}$的代数余子式).

知识点睛 0501 矩阵的特征值的性质

证 (1)因矩阵A的n个特征值分别为$\lambda_1,\lambda_2,\cdots,\lambda_n$,从而有

$$|\lambda E-A|=\begin{vmatrix}\lambda-a_{11}&-a_{12}&\cdots&-a_{1n}\\-a_{21}&\lambda-a_{22}&\cdots&-a_{2n}\\\vdots&\vdots&&\vdots\\-a_{n1}&-a_{n2}&\cdots&\lambda-a_{nn}\end{vmatrix}$$
$$=(\lambda-\lambda_1)(\lambda-\lambda_2)\cdots(\lambda-\lambda_n),\qquad ①$$

考察等式①两端展开式中λ^{n-1}的系数,根据行列式的定义,

$$\begin{vmatrix} \lambda - a_{11} & -a_{12} & \cdots & -a_{1n} \\ -a_{21} & \lambda - a_{22} & \cdots & -a_{2n} \\ \vdots & \vdots & & \vdots \\ -a_{n1} & -a_{n2} & \cdots & \lambda - a_{nn} \end{vmatrix}$$

中含 λ^{n-1} 的项必从乘积 $(\lambda - a_{11})(\lambda - a_{22})\cdots(\lambda - a_{nn})$ 中产生，从而其系数为 $-(a_{11} + a_{22} + \cdots + a_{nn})$，而 $(\lambda - \lambda_1)(\lambda - \lambda_2)\cdots(\lambda - \lambda_n)$ 中含 λ^{n-1} 项的系数为 $-(\lambda_1 + \lambda_2 + \cdots + \lambda_n)$，比较系数，有

$$\lambda_1 + \lambda_2 + \cdots + \lambda_n = a_{11} + a_{22} + \cdots + a_{nn}.$$

(2) 如果等式①两端用 $\lambda=0$ 代入，即有

$$(-1)^n |\boldsymbol{A}| = (-1)^n \lambda_1 \lambda_2 \cdots \lambda_n,$$

故 $|\boldsymbol{A}| = \lambda_1 \lambda_2 \cdots \lambda_n$.

(3) 由(2)直接可得证.

(4) 若 $\boldsymbol{A}$ 可逆，由(3)知，$\lambda_i \neq 0$, $i=1,2,\cdots,n$.设 $\boldsymbol{x}$ 是 $\boldsymbol{A}$ 的属于 λ_i 的特征向量，即有 $\boldsymbol{A}\boldsymbol{x} = \lambda_i \boldsymbol{x}$，又 $\boldsymbol{A}^* \boldsymbol{A} = |\boldsymbol{A}|\boldsymbol{E}$，从而有

$$\boldsymbol{A}^* \boldsymbol{A}\boldsymbol{x} = \lambda_i \boldsymbol{A}^* \boldsymbol{x} = |\boldsymbol{A}|\boldsymbol{x},$$

所以 $\boldsymbol{A}^* \boldsymbol{x} = \dfrac{|\boldsymbol{A}|}{\lambda_i}\boldsymbol{x}$，即 $\boldsymbol{A}^*$ 的特征值为 $\dfrac{|\boldsymbol{A}|}{\lambda_i}$, $i=1,2,\cdots,n$.

(5) 若 $\boldsymbol{A}$ 不可逆，当 $r(\boldsymbol{A}) < n-1$ 时，由 $\boldsymbol{A}^*$ 的定义，$\boldsymbol{A}^* = \boldsymbol{0}$，所以 $\boldsymbol{A}^*$ 的特征值全为零.

当 $r(\boldsymbol{A}) = n-1$ 时，$r(\boldsymbol{A}^*) = 1$，于是 $\boldsymbol{A}^*$ 的行向量对应分量成比例.不妨设

$$\boldsymbol{A}^* = \begin{vmatrix} A_{11} & A_{21} & \cdots & A_{n1} \\ a_2 A_{11} & a_2 A_{21} & \cdots & a_2 A_{n1} \\ \vdots & \vdots & & \vdots \\ a_n A_{11} & a_n A_{21} & \cdots & a_n A_{n1} \end{vmatrix},$$

则

$$|\lambda \boldsymbol{E} - \boldsymbol{A}^*| = \begin{vmatrix} \lambda - A_{11} & -A_{21} & \cdots & -A_{n1} \\ -a_2 A_{11} & \lambda - a_2 A_{21} & \cdots & -a_2 A_{n1} \\ \vdots & \vdots & & \vdots \\ -a_n A_{11} & -a_n A_{21} & \cdots & \lambda - a_n A_{n1} \end{vmatrix}$$

$$\xlongequal[\substack{r_2 + r_1 \times (-a_2) \\ r_3 + r_1 \times (-a_3) \\ \cdots \\ r_n + r_1 \times (-a_n)}]{} \begin{vmatrix} \lambda - A_{11} & -A_{21} & \cdots & -A_{n1} \\ -a_2 \lambda & \lambda & \cdots & 0 \\ \vdots & \vdots & & \vdots \\ -a_n \lambda & 0 & \cdots & \lambda \end{vmatrix}$$

$$\xlongequal[\substack{c_1 + c_2 \times a_2 \\ c_1 + c_3 \times a_3 \\ \cdots \\ c_1 + c_n \times a_n}]{} \begin{vmatrix} \lambda - A_{11} - a_2 A_{21} - \cdots - a_n A_{n1} & -A_{21} & \cdots & -A_{n1} \\ 0 & \lambda & \cdots & 0 \\ \vdots & \vdots & & \vdots \\ 0 & 0 & \cdots & \lambda \end{vmatrix}$$

$$=(\lambda-A_{11}-a_2A_{21}-\cdots-a_nA_{n1})\lambda^{n-1}.$$

又因为 $a_2A_{21}=A_{22},\cdots,a_nA_{n1}=A_{nn}$,所以

$$|\lambda\boldsymbol{E}-\boldsymbol{A}^*|=(\lambda-A_{11}-\cdots-A_{nn})\lambda^{n-1},$$

从而 $\boldsymbol{A}^*$ 的特征值为 $A_{11}+A_{22}+\cdots+A_{nn},\overbrace{0,\cdots,0}^{n-1\text{重}}$.

14 设 $\boldsymbol{A}$ 是 4 阶矩阵,伴随矩阵 $\boldsymbol{A}^*$ 的特征值是 1,-2,-4,8,则 $\boldsymbol{A}$ 的特征值是______.

知识点睛 0501 矩阵的特征值的性质

解 因为 $|\boldsymbol{A}^*|=(-2)(-4)\ 8=|\boldsymbol{A}|^{4-1}=|\boldsymbol{A}|^3$,所以 $|\boldsymbol{A}|=4\neq0$,即 $\boldsymbol{A}$ 可逆.

若 λ_i 是 $\boldsymbol{A}$ 的特征值,则 $\boldsymbol{A}^*$ 有特征值 $\dfrac{|\boldsymbol{A}|}{\lambda_i}(i=1,2,3,4)$,于是

$$\frac{4}{\lambda_1}=1,\quad \frac{4}{\lambda_2}=-2,\quad \frac{4}{\lambda_3}=-4,\quad \frac{4}{\lambda_4}=8,$$

所以 $\boldsymbol{A}$ 的特征值为 $4,-2,-1,\dfrac{1}{2}$.

故应填 $4,-2,-1,\dfrac{1}{2}$.

15 已知 4 阶矩阵 $\boldsymbol{A}$,$|\boldsymbol{A}|=2$,又知 $2\boldsymbol{A}+\boldsymbol{E}$ 不可逆,则 $\boldsymbol{A}^*-\boldsymbol{E}$ 的一个特征值 $\lambda=$ ______.

知识点睛 0501 矩阵的特征值的性质及求法

解 因为 $2\boldsymbol{A}+\boldsymbol{E}$ 不可逆,所以 $|2\boldsymbol{A}+\boldsymbol{E}|=0$, 即

$$\left|-2\left(-\frac{1}{2}\boldsymbol{E}-\boldsymbol{A}\right)\right|=(-2)^4\left|-\frac{1}{2}\boldsymbol{E}-\boldsymbol{A}\right|=0,$$

可见 $-\dfrac{1}{2}$ 是 $\boldsymbol{A}$ 的特征值. 由于 $|\boldsymbol{A}|=2\neq0$, $\boldsymbol{A}$ 可逆, 所以 $\boldsymbol{A}^*-\boldsymbol{E}$ 的一个特征值为 $\lambda=-4-1=-5$.

故应填-5.

16 已知 3 阶矩阵 $\boldsymbol{A}$ 的三个特征值为 1,-2,3,则 $|\boldsymbol{A}|=$________;$\boldsymbol{A}^{-1}$ 的特征值是______;$\boldsymbol{A}$ 的伴随矩阵 $\boldsymbol{A}^*$ 的特征值是______; $\boldsymbol{A}^2+2\boldsymbol{A}+\boldsymbol{E}$ 的特征值是 ______.

知识点睛 0501 矩阵的特征值的性质及求法

解 本题中 $|\boldsymbol{A}|=1\times(-2)\times3=-6$.

若设 $\boldsymbol{x}$ 为 $\boldsymbol{A}$ 的属于 $\lambda(\lambda\neq0)$ 的特征向量,则有 $\boldsymbol{A}\boldsymbol{x}=\lambda\boldsymbol{x}$,从而 $\boldsymbol{A}^{-1}\boldsymbol{x}=\dfrac{1}{\lambda}\boldsymbol{x}$,即 $\boldsymbol{A}^{-1}$ 的特征值为 $\dfrac{1}{\lambda}$. 由此,本题 $\boldsymbol{A}^{-1}$ 的特征值为 $1,-\dfrac{1}{2},\dfrac{1}{3}$.

因为 $\boldsymbol{A}^*\boldsymbol{A}=|\boldsymbol{A}|\boldsymbol{E}$,设 $\boldsymbol{x}$ 为 $\boldsymbol{A}$ 的属于 $\lambda(\lambda\neq0)$ 的特征向量,则 $\boldsymbol{A}^*\boldsymbol{A}\boldsymbol{x}=|\boldsymbol{A}|\boldsymbol{x}$,即 $\boldsymbol{A}^*\boldsymbol{x}=\dfrac{|\boldsymbol{A}|}{\lambda}\boldsymbol{x}$. 由此,本题 $\boldsymbol{A}^*$ 的特征值为-6,3,-2.

若 λ 是 $\boldsymbol{A}$ 的特征值, $f(\boldsymbol{A})$ 为 $\boldsymbol{A}$ 的矩阵多项式,则 $f(\lambda)$ 为 $f(\boldsymbol{A})$ 的特征值. 由此, $\boldsymbol{A}^2+2\boldsymbol{A}+\boldsymbol{E}$ 的特征值为 4,1,16.

故应填-6; $1,-\dfrac{1}{2},\dfrac{1}{3}$; -6,3,-2; 4,1,16.

17 设$\boldsymbol{A}$为n阶$(n\geqslant 2)$可逆矩阵，λ是$\boldsymbol{A}$的一个特征值，则$\boldsymbol{A}$的伴随矩阵$\boldsymbol{A}^*$的伴随矩阵$(\boldsymbol{A}^*)^*$的特征值之一是(　　).

(A) $\lambda^{-1}|\boldsymbol{A}|^n$　　(B) $\lambda|\boldsymbol{A}|$　　(C) $\lambda|\boldsymbol{A}|^{n-2}$　　(D) $\lambda^{-1}|\boldsymbol{A}|$

知识点睛　0501 矩阵的特征值的性质

解　由λ是可逆矩阵$\boldsymbol{A}$的一个特征值知，$\dfrac{|\boldsymbol{A}|}{\lambda}$是$\boldsymbol{A}^*$的特征值，且$|\boldsymbol{A}^*|=|\boldsymbol{A}|^{n-1}\neq 0$，所以$\dfrac{|\boldsymbol{A}^*|}{\dfrac{|\boldsymbol{A}|}{\lambda}}$是$(\boldsymbol{A}^*)^*$的一个特征值，即$\lambda|\boldsymbol{A}|^{n-2}$是$(\boldsymbol{A}^*)^*$的一个特征值，故应选(C).

18题精解视频

18 设$\boldsymbol{A}$是3阶矩阵，且$|\boldsymbol{A}-\boldsymbol{E}|=|\boldsymbol{A}+2\boldsymbol{E}|=|2\boldsymbol{A}+3\boldsymbol{E}|=0$，则$|2\boldsymbol{A}^*-3\boldsymbol{E}|=$______.

知识点睛　0501 矩阵的特征值的概念与性质

解　由$|\boldsymbol{A}-\boldsymbol{E}|=|\boldsymbol{A}+2\boldsymbol{E}|=|2\boldsymbol{A}+3\boldsymbol{E}|=0$，可得

$$|\boldsymbol{E}-\boldsymbol{A}|=|-2\boldsymbol{E}-\boldsymbol{A}|=\left|-\frac{3}{2}\boldsymbol{E}-\boldsymbol{A}\right|=0,$$

所以$\boldsymbol{A}$的特征值分别为$1,-2,-\dfrac{3}{2}$，且

$$|\boldsymbol{A}|=1\times(-2)\times\left(-\frac{3}{2}\right)=3,$$

于是$2\boldsymbol{A}^*-3\boldsymbol{E}$的特征值分别为$3,-6,-7$，故

$$|2\boldsymbol{A}^*-3\boldsymbol{E}|=3\times(-6)\times(-7)=126.$$

故应填126.

【评注】求一个矩阵多项式的行列式，我们通常是先求出其所有的特征值，则其行列式就等于所有特征值的乘积.

19 设矩阵$\boldsymbol{A}$满足$\boldsymbol{A}^2=\boldsymbol{E}$，证明：$\boldsymbol{A}$的特征值只能是1或$-1$.

知识点睛　0501 矩阵的特征值的概念与性质

证　设λ为$\boldsymbol{A}$的特征值，$f(x)=x^2-1$，则$f(\boldsymbol{A})=\boldsymbol{A}^2-\boldsymbol{E}=\boldsymbol{0}$，所以$\lambda^2-1=0$，故$\lambda=1$或$\lambda=-1$.

20 如果矩阵$\boldsymbol{A}$满足$\boldsymbol{A}^2=\boldsymbol{A}$，则称$\boldsymbol{A}$是幂等矩阵，证明：$5\boldsymbol{E}-\boldsymbol{A}$可逆.

知识点睛　0501 矩阵的特征值的性质

证　设λ为$\boldsymbol{A}$的特征值，$f(x)=x^2-x$，则$f(\boldsymbol{A})=\boldsymbol{A}^2-\boldsymbol{A}=\boldsymbol{0}$，所以$\lambda^2-\lambda=0$，解得$\lambda=1$或$\lambda=0$.进而可知$5\boldsymbol{E}-\boldsymbol{A}$的特征值为5或4，$|5\boldsymbol{E}-\boldsymbol{A}|\neq 0$，所以$5\boldsymbol{E}-\boldsymbol{A}$可逆.

21 已知矩阵$\boldsymbol{A}=\begin{pmatrix}1&-1&1\\2&4&a\\-3&-3&5\end{pmatrix}$的特征值为6,2,2，则$a=$______.

知识点睛　0501 矩阵的特征值的性质

解　$|\boldsymbol{A}|=6(a+6)=6\times 2\times 2=24$，解得$a=-2$.应填$-2$.

22 已知3阶矩阵$\boldsymbol{A}+\boldsymbol{E},\boldsymbol{A}-2\boldsymbol{E},2\boldsymbol{A}+\boldsymbol{E}$均为奇异矩阵，则$|\boldsymbol{A}|=$______.

知识点睛　0501 矩阵的特征值的性质

解 由 $A+E, A-2E, 2A+E$ 均为奇异矩阵可知，A 的 3 个特征值分别为-1，$2, -\frac{1}{2}$，所以 $|A|=(-1)\times 2\times\left(-\frac{1}{2}\right)=1$. 应填 1.

23 已知 $A=\begin{pmatrix}0 & 1\\ -1 & 0\end{pmatrix}$，求 A 的特征值和特征向量.

知识点睛 0501 矩阵的特征值与特征向量的概念及求法

解 由

$$|\lambda E-A|=\begin{vmatrix}\lambda & -1\\ 1 & \lambda\end{vmatrix}=\lambda^2+1=(\lambda+\mathrm{i})(\lambda-\mathrm{i})=0,$$

解得 $\lambda_1=-\mathrm{i}, \lambda_2=\mathrm{i}$.

对于 $\lambda_1=-\mathrm{i}$，解 $(-\mathrm{i}E-A)x=\mathbf{0}$，得基础解系为 $\begin{pmatrix}\mathrm{i}\\ 1\end{pmatrix}$，于是 $k_1\begin{pmatrix}\mathrm{i}\\ 1\end{pmatrix}$ 为属于特征值$-\mathrm{i}$ 的全部特征向量(其中 k_1 为任意非零常数).

对于 $\lambda_2=\mathrm{i}$，解 $(\mathrm{i}E-A)x=\mathbf{0}$，得基础解系为 $\begin{pmatrix}-\mathrm{i}\\ 1\end{pmatrix}$，于是 $k_2\begin{pmatrix}-\mathrm{i}\\ 1\end{pmatrix}$ 为属于特征值 i 的全部特征向量(其中 k_2 为任意非零常数).

【评注】若本题限制在实数范围内求 A 的特征值和特征向量，则 A 就没有特征值和特征向量，因为此时特征方程 $\lambda^2+1=0$ 无实数根.

24 求下列矩阵的特征值与特征向量.

(1) $A=\begin{pmatrix}1 & 0 & 0\\ 0 & 2 & 0\\ 0 & 0 & 3\end{pmatrix}$； (2) $A=\begin{pmatrix}0 & 0 & 1\\ 0 & 1 & 0\\ 1 & 0 & 0\end{pmatrix}$； (3) $A=\begin{pmatrix}2 & 0 & 0\\ 0 & 2 & 3\\ 0 & 0 & 2\end{pmatrix}$.

知识点睛 0501 矩阵的特征值与特征向量的概念及求法

解 (1) A 的特征多项式为 $|\lambda E-A|=\begin{vmatrix}\lambda-1 & 0 & 0\\ 0 & \lambda-2 & 0\\ 0 & 0 & \lambda-3\end{vmatrix}=(\lambda-1)(\lambda-2)(\lambda-3)$，所以 A 的特征值为 $\lambda_1=1, \lambda_2=2, \lambda_3=3$.

当 $\lambda_1=1$ 时，解方程组 $(E-A)X=\mathbf{0}$. 由 $E-A=\begin{pmatrix}0 & 0 & 0\\ 0 & -1 & 0\\ 0 & 0 & -2\end{pmatrix}\to\begin{pmatrix}0 & 1 & 0\\ 0 & 0 & 1\\ 0 & 0 & 0\end{pmatrix}$，得基础解系 $p_1=(1,0,0)^{\mathrm{T}}$，所以对应于 $\lambda_1=1$ 的全部特征向量为 $k_1(1,0,0)^{\mathrm{T}}, k_1\neq 0$.

当 $\lambda_2=2$ 时，解方程组 $(2E-A)X=\mathbf{0}$. 由 $2E-A=\begin{pmatrix}1 & 0 & 0\\ 0 & 0 & 0\\ 0 & 0 & -1\end{pmatrix}\to\begin{pmatrix}1 & 0 & 0\\ 0 & 0 & 1\\ 0 & 0 & 0\end{pmatrix}$，得基础解系 $p_2=(0,1,0)^{\mathrm{T}}$，所以对应于 $\lambda_2=2$ 的全部特征向量为 $k_2(0,1,0)^{\mathrm{T}}, k_2\neq 0$.

当 $\lambda_3=3$ 时，解方程组 $(3E-A)X=\mathbf{0}$. 由 $3E-A=\begin{pmatrix}2 & 0 & 0\\ 0 & 1 & 0\\ 0 & 0 & 0\end{pmatrix}\to\begin{pmatrix}1 & 0 & 0\\ 0 & 1 & 0\\ 0 & 0 & 0\end{pmatrix}$，得基础

解系 $\boldsymbol{p}_3=(0,0,1)^{\mathrm{T}}$,所以对应于 $\lambda_3=3$ 的全部特征向量为 $k_3(0,0,1)^{\mathrm{T}},k_3\neq0$.

(2) $\boldsymbol{A}$ 的特征多项式为 $|\lambda\boldsymbol{E}-\boldsymbol{A}|=\begin{vmatrix}\lambda&0&-1\\0&\lambda-1&0\\-1&0&\lambda\end{vmatrix}=(\lambda-1)^2(\lambda+1)$, 所以 $\boldsymbol{A}$ 的特征值为 $\lambda_1=\lambda_2=1,\lambda_3=-1$.

当 $\lambda_1=\lambda_2=1$ 时,解方程组 $(\boldsymbol{E}-\boldsymbol{A})\boldsymbol{X}=\boldsymbol{0}$.由 $\boldsymbol{E}-\boldsymbol{A}=\begin{pmatrix}1&0&-1\\0&0&0\\-1&0&1\end{pmatrix}\rightarrow\begin{pmatrix}1&0&-1\\0&0&0\\0&0&0\end{pmatrix}$,得基础解系 $\boldsymbol{p}_1=(0,1,0)^{\mathrm{T}},\boldsymbol{p}_2=(1,0,1)^{\mathrm{T}}$,所以对应于 $\lambda_1=\lambda_2=1$ 的全部特征向量为 $k_1(0,1,0)^{\mathrm{T}}+k_2(1,0,1)^{\mathrm{T}},k_1,k_2$ 不全为零.

当 $\lambda_3=-1$ 时,解方程组 $(\boldsymbol{A}+\boldsymbol{E})\boldsymbol{X}=\boldsymbol{0}$.由 $\boldsymbol{A}+\boldsymbol{E}=\begin{pmatrix}1&0&1\\0&2&0\\1&0&1\end{pmatrix}\rightarrow\begin{pmatrix}1&0&1\\0&1&0\\0&0&0\end{pmatrix}$,得基础解系 $\boldsymbol{p}_3=(-1,0,1)^{\mathrm{T}}$,所以对应于 $\lambda_3=-1$ 的全部特征向量为 $k_3(-1,0,1)^{\mathrm{T}},k_3\neq0$.

(3) $\boldsymbol{A}$ 的特征多项式为 $|\lambda\boldsymbol{E}-\boldsymbol{A}|=\begin{vmatrix}\lambda-2&0&0\\0&\lambda-2&-3\\0&0&\lambda-2\end{vmatrix}=(\lambda-2)^3$, 所以 $\boldsymbol{A}$ 的特征值为 $\lambda_1=\lambda_2=\lambda_3=2$.

当 $\lambda_1=\lambda_2=\lambda_3=2$ 时,解方程组 $(2\boldsymbol{E}-\boldsymbol{A})\boldsymbol{X}=\boldsymbol{0}$.由

$$2\boldsymbol{E}-\boldsymbol{A}=\begin{pmatrix}0&0&0\\0&0&-3\\0&0&0\end{pmatrix}\rightarrow\begin{pmatrix}0&0&1\\0&0&0\\0&0&0\end{pmatrix},$$

得基础解系 $\boldsymbol{p}_1=(1,0,0)^{\mathrm{T}},\boldsymbol{p}_2=(0,1,0)^{\mathrm{T}}$,所以对应于 $\lambda_1=\lambda_2=\lambda_3=2$ 的全部特征向量为 $k_1(1,0,0)^{\mathrm{T}}+k_2(0,1,0)^{\mathrm{T}},k_1,k_2$ 不全为零.

K 2005 数学一、数学二、数学三,4 分

25 设 λ_1,λ_2 是矩阵 $\boldsymbol{A}$ 的两个不同的特征值, 对应的特征向量分别为 $\boldsymbol{x}_1,\boldsymbol{x}_2$, 则 $\boldsymbol{x}_1,\boldsymbol{A}(\boldsymbol{x}_1+\boldsymbol{x}_2)$ 线性无关的充要条件是(　　).

(A) $\lambda_1=0$　　(B) $\lambda_2=0$　　(C) $\lambda_1\neq0$　　(D) $\lambda_2\neq0$

知识点睛 0501 矩阵的特征值与特征向量的概念

解 由题意有 $\boldsymbol{A}\boldsymbol{x}_1=\lambda_1\boldsymbol{x}_1,\boldsymbol{A}\boldsymbol{x}_2=\lambda_2\boldsymbol{x}_2,\lambda_1\neq\lambda_2,\boldsymbol{A}(\boldsymbol{x}_1+\boldsymbol{x}_2)=\boldsymbol{A}\boldsymbol{x}_1+\boldsymbol{A}\boldsymbol{x}_2=\lambda_1\boldsymbol{x}_1+\lambda_2\boldsymbol{x}_2$.

$\boldsymbol{x}_1$ 与 $\boldsymbol{A}(\boldsymbol{x}_1+\boldsymbol{x}_2)$ 线性无关的充要条件是方程组 $k_1\boldsymbol{x}_1+k_2\boldsymbol{A}(\boldsymbol{x}_1+\boldsymbol{x}_2)=\boldsymbol{0}$ 只有零解,即 $(k_1+\lambda_1k_2)\boldsymbol{x}_1+k_2\lambda_2\boldsymbol{x}_2=\boldsymbol{0}$ 只有零解,也即 $\begin{cases}k_1+\lambda_1k_2=0,\\k_2\lambda_2=0\end{cases}$ 只有零解.由克拉默法则, $\boldsymbol{x}_1$ 与 $\boldsymbol{A}(\boldsymbol{x}_1+\boldsymbol{x}_2)$ 线性无关当且仅当系数行列式 $\begin{vmatrix}1&\lambda_1\\0&\lambda_2\end{vmatrix}\neq0$ 时,所以 $\lambda_2\neq0$,应选(D).

26 已知 $\boldsymbol{A}$ 的各列元素之和为-1,则下列说法正确的是(　　).

(A) $\boldsymbol{A}$ 有一个特征值-1,且对应的特征向量为 $(1,1,\cdots,1)^{\mathrm{T}}$

(B) $\boldsymbol{A}$ 有一个特征值-1,但不一定有对应的特征向量 $(1,1,\cdots,1)^{\mathrm{T}}$

(C) -1 不是 $\boldsymbol{A}$ 的一个特征值

(D) 仅由题设条件无法确定 $\boldsymbol{A}$ 是否有一个特征值-1

知识点睛 0501 矩阵的特征值与特征向量的概念及性质

解 矩阵 $\boldsymbol{A}$ 和 $\boldsymbol{A}^{\mathrm{T}}$有相同的特征值,由题意,已知 $\boldsymbol{A}^{\mathrm{T}}$的各行元素之和为-1,即

$$\boldsymbol{A}^{\mathrm{T}}\begin{pmatrix}1\\1\\\vdots\\1\end{pmatrix}=(-1)\cdot\begin{pmatrix}1\\1\\\vdots\\1\end{pmatrix},$$

所以-1 是 $\boldsymbol{A}^{\mathrm{T}}$的一个特征值, $(1,1,\cdots,1)^{\mathrm{T}}$为 $\boldsymbol{A}^{\mathrm{T}}$的对应于-1 的特征向量,但它并不一定是矩阵 $\boldsymbol{A}$ 的特征向量,故应选(B).

27 设矩阵 $\boldsymbol{A}=\begin{pmatrix}a&-1&c\\5&b&3\\1-c&0&-a\end{pmatrix}$,其行列式 $|\boldsymbol{A}|=-1$,$\boldsymbol{A}$ 的伴随矩阵 $\boldsymbol{A}^*$ 有一个特征值 λ_0,属于 λ_0的一个特征向量为 $\boldsymbol{\alpha}=(-1,-1,1)^{\mathrm{T}}$,求 a,b,c 和 λ_0的值. 1999 数学一、数学三,8 分

知识点睛 0501 矩阵的特征值与特征向量的概念

解 由题设有 $\boldsymbol{A}^*\boldsymbol{\alpha}=\lambda_0\boldsymbol{\alpha}$,等式两边同时左乘 $\boldsymbol{A}$,得 $\boldsymbol{A}\boldsymbol{A}^*\boldsymbol{\alpha}=\lambda_0\boldsymbol{A}\boldsymbol{\alpha}$.又 $\boldsymbol{A}\boldsymbol{A}^*=|\boldsymbol{A}|\boldsymbol{E}$,且 $|\boldsymbol{A}|=-1$,所以 $\lambda_0\boldsymbol{A}\boldsymbol{\alpha}=-\boldsymbol{\alpha}$,即

$$\begin{cases}\lambda_0(c-a+1)=1,\\\lambda_0(-2-b)=1,\\\lambda_0(c-a-1)=-1,\end{cases}$$

解得 $a=c=2,b=-3,\lambda_0=1$.

28 设矩阵 $\boldsymbol{A}=\begin{pmatrix}1&-3&3\\3&a&3\\6&-6&b\end{pmatrix}$的特征值 $\lambda_1=-2,\lambda_2=4$,求参数 a 与 b.

知识点睛 0501 矩阵的特征值的概念

解 因为 $\boldsymbol{A}$ 有特征值 $\lambda_1=-2,\lambda_2=4$,所以

$$|-2\boldsymbol{E}-\boldsymbol{A}|=\begin{vmatrix}-3&3&-3\\-3&-2-a&-3\\-6&6&-2-b\end{vmatrix}=3(5+a)(4-b)=0,$$

$$|4\boldsymbol{E}-\boldsymbol{A}|=\begin{vmatrix}3&3&-3\\-3&4-a&-3\\-6&6&4-b\end{vmatrix}=3[-(7-a)(2+b)+72]=0.$$

解得 $a=-5,b=4$.

29 已知 3 阶矩阵 $\boldsymbol{A}=\begin{pmatrix}7&4&-1\\4&7&-1\\-4&-4&x\end{pmatrix}$有特征值 $\lambda_1=\lambda_2=3,\lambda_3=12$,则 $x=$______.

知识点睛 0501 矩阵的特征值的概念

解法 1 由 $\lambda_1+\lambda_2+\lambda_3=a_{11}+a_{22}+a_{33}$,即 $3+3+12=7+7+x$,知 $x=4$.

解法 2 因为 $\lambda_3=12$ 为矩阵 $\boldsymbol{A}$ 的特征值,即

$$|12\boldsymbol{E}-\boldsymbol{A}|=\begin{vmatrix}5&-4&1\\-4&5&1\\4&4&12-x\end{vmatrix}=9(4-x)=0.$$

所以 $x=4$.

故应填4.

30 设有4阶矩阵 $\boldsymbol{A}$ 满足条件 $|\sqrt{2}\boldsymbol{E}+\boldsymbol{A}|=0,\boldsymbol{A}\boldsymbol{A}^{\mathrm{T}}=2\boldsymbol{E},|\boldsymbol{A}|<0$,其中 $\boldsymbol{E}$ 是4阶单位矩阵.求矩阵 $\boldsymbol{A}$ 的伴随矩阵 $\boldsymbol{A}^*$ 的一个特征值.

知识点睛 0501 矩阵的特征值的概念

解 由 $|\sqrt{2}\boldsymbol{E}+\boldsymbol{A}|=|\boldsymbol{A}-(-\sqrt{2})\boldsymbol{E}|=0$,得 $\boldsymbol{A}$ 的一个特征值为 $-\sqrt{2}$.

由 $\boldsymbol{A}\boldsymbol{A}^{\mathrm{T}}=2\boldsymbol{E}$ 得 $|\boldsymbol{A}\boldsymbol{A}^{\mathrm{T}}|=|2\boldsymbol{E}|=2^4|\boldsymbol{E}|=16$,即

$$|\boldsymbol{A}\boldsymbol{A}^{\mathrm{T}}|=|\boldsymbol{A}|^2=16,$$

于是 $|\boldsymbol{A}|=\pm4$,由 $|\boldsymbol{A}|<0$ 知 $|\boldsymbol{A}|=-4$.所以 $\boldsymbol{A}^*$ 的一个特征值为 $\dfrac{-4}{-\sqrt{2}}=2\sqrt{2}$.

K 1998数学三,9分

31题精解视频

31 设向量 $\boldsymbol{\alpha}=(a_1,a_2,\cdots,a_n)^{\mathrm{T}},\boldsymbol{\beta}=(b_1,b_2,\cdots,b_n)^{\mathrm{T}}$ 都是非零向量,且满足条件 $\boldsymbol{\alpha}^{\mathrm{T}}\boldsymbol{\beta}=0$.记 n 阶矩阵 $\boldsymbol{A}=\boldsymbol{\alpha}\boldsymbol{\beta}^{\mathrm{T}}$,求

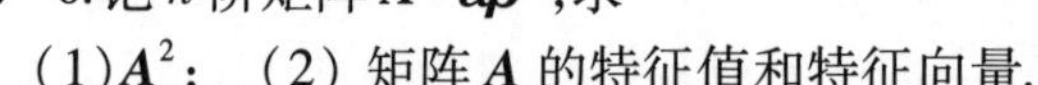

(1) $\boldsymbol{A}^2$; (2) 矩阵 $\boldsymbol{A}$ 的特征值和特征向量.

知识点睛 0501 矩阵的特征值与特征向量的求法

解 (1) 由 $\boldsymbol{A}=\boldsymbol{\alpha}\boldsymbol{\beta}^{\mathrm{T}}$ 和 $\boldsymbol{\alpha}^{\mathrm{T}}\boldsymbol{\beta}=0$,有

$$\boldsymbol{A}^2=(\boldsymbol{\alpha}\boldsymbol{\beta}^{\mathrm{T}})(\boldsymbol{\alpha}\boldsymbol{\beta}^{\mathrm{T}})=\boldsymbol{\alpha}(\boldsymbol{\beta}^{\mathrm{T}}\boldsymbol{\alpha})\boldsymbol{\beta}^{\mathrm{T}}=(\boldsymbol{\beta}^{\mathrm{T}}\boldsymbol{\alpha})\boldsymbol{\alpha}\boldsymbol{\beta}^{\mathrm{T}}=(\boldsymbol{\alpha}^{\mathrm{T}}\boldsymbol{\beta})\boldsymbol{\alpha}\boldsymbol{\beta}^{\mathrm{T}}=\boldsymbol{0}.$$

(2) 设 λ 为 $\boldsymbol{A}$ 的任一特征值,$\boldsymbol{A}$ 的属于特征值 λ 的特征向量为 $\boldsymbol{x}(\boldsymbol{x}\neq\boldsymbol{0})$,则

$$\boldsymbol{A}\boldsymbol{x}=\lambda\boldsymbol{x},$$

于是

$$\boldsymbol{A}^2\boldsymbol{x}=\lambda\boldsymbol{A}\boldsymbol{x}=\lambda^2\boldsymbol{x}.$$

因为 $\boldsymbol{A}^2=\boldsymbol{0}$,所以 $\lambda^2\boldsymbol{x}=\boldsymbol{0}$,又因 $\boldsymbol{x}\neq\boldsymbol{0}$,故 $\lambda=0$,即矩阵 $\boldsymbol{A}$ 的特征值全为零.

不妨设向量 $\boldsymbol{\alpha},\boldsymbol{\beta}$ 中分量 $a_1\neq0,b_1\neq0$,对齐次线性方程组 $(0\boldsymbol{E}-\boldsymbol{A})\boldsymbol{x}=\boldsymbol{0}$ 的系数矩阵施以初等行变换

$$-\boldsymbol{A}=\begin{pmatrix}-a_1b_1&-a_1b_2&\cdots&-a_1b_n\\-a_2b_1&-a_2b_2&\cdots&-a_2b_n\\\vdots&\vdots&&\vdots\\-a_nb_1&-a_nb_2&\cdots&-a_nb_n\end{pmatrix}\to\begin{pmatrix}b_1&b_2&\cdots&b_n\\0&0&\cdots&0\\\vdots&\vdots&&\vdots\\0&0&\cdots&0\end{pmatrix},$$

由此可得该方程组的基础解系为

$$\boldsymbol{\alpha}_1=\left(-\frac{b_2}{b_1},1,0,\cdots,0\right)^{\mathrm{T}},$$

$$\boldsymbol{\alpha}_2=\left(-\frac{b_3}{b_1},0,1,\cdots,0\right)^{\mathrm{T}},$$

……………………………

$$\boldsymbol{\alpha}_{n-1}=\left(-\frac{b_n}{b_1},0,0,\cdots,1\right)^{\mathrm{T}}.$$

于是 $\boldsymbol{A}$ 的属于特征值 $\lambda=0$ 的全部特征向量为

$$c_1\boldsymbol{\alpha}_1+c_1\boldsymbol{\alpha}_2+\cdots+c_{n-1}\boldsymbol{\alpha}_{n-1}\quad(c_1,c_2,\cdots,c_{n-1}\text{ 是不全为零的任意常数}).$$

【评注】求 $\boldsymbol{A}$ 的特征值时，利用结论：零矩阵的特征值为零. 所以由 $\boldsymbol{A}^2=\boldsymbol{0}$，可得 $\boldsymbol{A}$ 的特征值全为零. 求 $\boldsymbol{A}$ 的特征向量，即解对应的齐次线性方程组 $(\lambda\boldsymbol{E}-\boldsymbol{A})\boldsymbol{x}=\boldsymbol{0}$.

本题计算过程中用到了 $\boldsymbol{A}=\boldsymbol{\alpha\beta}^{\mathrm{T}}$ 的性质：设 $\boldsymbol{A}=\boldsymbol{\alpha\beta}^{\mathrm{T}}$，其中 $\boldsymbol{\alpha}=(a_1,a_2,\cdots,a_n)^{\mathrm{T}}$，$\boldsymbol{\beta}=(b_1,b_2,\cdots,b_n)^{\mathrm{T}}$ 为非零向量，则

(1) $\boldsymbol{A}^m=l^{m-1}\boldsymbol{A}$，其中 $l=a_1b_1+a_2b_2+\cdots+a_nb_n$；

(2) $r(\boldsymbol{A})=1$；

(3) $\boldsymbol{A}$ 的特征值满足方程 $\lambda^2=l\lambda$.

32　若 n 阶矩阵 $\boldsymbol{A}$ 有 n 个属于特征值 λ_0 的线性无关的特征向量，则 $\boldsymbol{A}=$________.

知识点睛　0501 矩阵的特征向量的性质

解　设 $\boldsymbol{\alpha}_1,\boldsymbol{\alpha}_2,\cdots,\boldsymbol{\alpha}_n$ 是 $\boldsymbol{A}$ 的属于 λ_0 的 n 个线性无关的特征向量，则

$$\boldsymbol{A}(\boldsymbol{\alpha}_1,\boldsymbol{\alpha}_2,\cdots,\boldsymbol{\alpha}_n)=\lambda_0(\boldsymbol{\alpha}_1,\boldsymbol{\alpha}_2,\cdots,\boldsymbol{\alpha}_n).$$

又因为 $\boldsymbol{\alpha}_1,\boldsymbol{\alpha}_2,\cdots,\boldsymbol{\alpha}_n$ 线性无关，从而矩阵 $(\boldsymbol{\alpha}_1,\boldsymbol{\alpha}_2,\cdots,\boldsymbol{\alpha}_n)$ 可逆，所以 $\boldsymbol{A}=\lambda_0\boldsymbol{E}$.

故应填 $\lambda_0\boldsymbol{E}$.

33　设 $\boldsymbol{A}=(a_{ij})$ 为 3 阶矩阵，A_{ij} 为 a_{ij} 的代数余子式. 若 $\boldsymbol{A}$ 的每行元素之和均为 2，且 $|\boldsymbol{A}|=3$，则 $A_{11}+A_{21}+A_{31}=$________. 2021 数学一，5 分

知识点睛　0501 矩阵的特征值与特征向量的性质

解　$\boldsymbol{A}^*=\begin{pmatrix}A_{11}&A_{21}&A_{31}\\A_{12}&A_{22}&A_{32}\\A_{13}&A_{23}&A_{33}\end{pmatrix}$，$A_{11}+A_{21}+A_{31}$ 是 $\boldsymbol{A}^*$ 第 1 行元素之和.

由 $\boldsymbol{A}\begin{pmatrix}1\\1\\1\end{pmatrix}=\begin{pmatrix}2\\2\\2\end{pmatrix}$，有

$$\boldsymbol{A}^*\begin{pmatrix}2\\2\\2\end{pmatrix}=\boldsymbol{A}^*\boldsymbol{A}\begin{pmatrix}1\\1\\1\end{pmatrix}=|\boldsymbol{A}|\boldsymbol{E}\begin{pmatrix}1\\1\\1\end{pmatrix}=\begin{pmatrix}3\\3\\3\end{pmatrix},$$

所以 $\boldsymbol{A}^*\begin{pmatrix}1\\1\\1\end{pmatrix}=\begin{pmatrix}\frac{3}{2}\\\frac{3}{2}\\\frac{3}{2}\end{pmatrix}$，即 $A_{11}+A_{21}+A_{31}=\frac{3}{2}$. 应填 $\frac{3}{2}$.

34　已知 3 阶对称矩阵 $\boldsymbol{A}$ 的一个特征值 $\lambda=2$，对应的特征向量 $\boldsymbol{\alpha}=(1,2,-1)^{\mathrm{T}}$，且 $\boldsymbol{A}$ 的主对角线上元素全为零，则 $\boldsymbol{A}=$________.

知识点睛　0501 矩阵的特征值与特征向量的概念

解　设 $A=\begin{pmatrix}0&x&y\\x&0&z\\y&z&0\end{pmatrix}$,则由 $A\alpha=2\alpha$ 有

$$\begin{pmatrix}0&x&y\\x&0&z\\y&z&0\end{pmatrix}\begin{pmatrix}1\\2\\-1\end{pmatrix}=\begin{pmatrix}2\\4\\-2\end{pmatrix},$$

即

$$\begin{cases}2x-y=2,\\x-z=4,\\y+2z=-2,\end{cases}\quad 解得\quad \begin{cases}x=2,\\y=2,\\z=-2.\end{cases}$$

故应填 $\begin{pmatrix}0&2&2\\2&0&-2\\2&-2&0\end{pmatrix}$.

35　已知 3 阶矩阵 A 的特征值分别为 $1,-1,2$,设矩阵 $B=A^5-3A^3$,求

(1) $|B|$;　　　　(2) $|A-2E|$.

知识点睛　0501 矩阵的特征值的概念、性质及求法

解　(1) 由特征值的性质可知 B 的特征值为

$\lambda_1=1^5-3\times1^3=-2$,　$\lambda_2=(-1)^5-3(-1)^3=2$,　$\lambda_3=2^5-3\times2^3=8$,

因此 $|B|=(-2)\times2\times8=-32$.

(2) 由特征值的性质,可得 $A-2E$ 的特征值为 $-1,-3,0$.因此,

$$|A-2E|=(-1)\times(-3)\times0=0.$$

36　设 3 阶矩阵 A 的特征值为 $1,2,3$,对应的特征向量分别为:$\alpha_1=(1,1,1)^T$, $\alpha_2=(1,2,4)^T$, $\alpha_3=(1,3,9)^T$,令 $\beta=(1,1,3)^T$,求 $A^n\beta$.

知识点睛　0501 矩阵的特征值与特征向量的概念

解　由题设 $A\alpha_i=i\alpha_i(i=1,2,3)$,可得

$$A(\alpha_1,\alpha_2,\alpha_3)=(\alpha_1,\alpha_2,\alpha_3)\begin{pmatrix}1&&\\&2&\\&&3\end{pmatrix}.$$

令 $P=(\alpha_1,\alpha_2,\alpha_3)$, $B=\begin{pmatrix}1&&\\&2&\\&&3\end{pmatrix}$,则 P 可逆,且 $A=PBP^{-1}$.所以

$$A^n\beta=PB^nP^{-1}\beta=\begin{pmatrix}1&1&1\\1&2&3\\1&4&9\end{pmatrix}\begin{pmatrix}1^n&&\\&2^n&\\&&3^n\end{pmatrix}\begin{pmatrix}1&1&1\\1&2&3\\1&4&9\end{pmatrix}^{-1}\begin{pmatrix}1\\1\\3\end{pmatrix}$$

$$=\begin{pmatrix}1&1&1\\1&2&3\\1&4&9\end{pmatrix}\begin{pmatrix}1^n&&\\&2^n&\\&&3^n\end{pmatrix}\frac{1}{2}\begin{pmatrix}6&-5&1\\-6&8&-2\\2&-3&1\end{pmatrix}\begin{pmatrix}1\\1\\3\end{pmatrix}$$

$$=\begin{pmatrix}2-2^{n+1}+3^n\\2-2^{n+2}+3^{n+1}\\2-2^{n+3}+3^{n+2}\end{pmatrix}.$$

37 设3阶矩阵 $\boldsymbol{A}$ 满足 $\boldsymbol{A}\boldsymbol{\alpha}_i=i\boldsymbol{\alpha}_i(i=1,2,3)$，其中列向量 $\boldsymbol{\alpha}_1=(1,2,2)^{\mathrm{T}},\boldsymbol{\alpha}_2=(2,-2,1)^{\mathrm{T}},\boldsymbol{\alpha}_3=(-2,-1,2)^{\mathrm{T}}$，求矩阵 $\boldsymbol{A}$.

37题精解视频

知识点睛 已知矩阵 $\boldsymbol{A}$ 的特征值与特征向量，反求矩阵 $\boldsymbol{A}$

解 由 $\boldsymbol{A}\boldsymbol{\alpha}_i=i\boldsymbol{\alpha}_i(i=1,2,3)$，可得

$$\boldsymbol{A}(\boldsymbol{\alpha}_1,\boldsymbol{\alpha}_2,\boldsymbol{\alpha}_3)=(\boldsymbol{\alpha}_1,2\boldsymbol{\alpha}_2,3\boldsymbol{\alpha}_3).$$

记 $\boldsymbol{P}=(\boldsymbol{\alpha}_1,\boldsymbol{\alpha}_2,\boldsymbol{\alpha}_3)$，$\boldsymbol{B}=(\boldsymbol{\alpha}_1,2\boldsymbol{\alpha}_2,3\boldsymbol{\alpha}_3)$，上式可写为 $\boldsymbol{AP}=\boldsymbol{B}$.

因

$$|\boldsymbol{P}|=|\boldsymbol{\alpha}_1,\boldsymbol{\alpha}_2,\boldsymbol{\alpha}_3|=\begin{vmatrix}1&2&-2\\2&-2&-1\\2&1&2\end{vmatrix}=-27\neq0,$$

所以矩阵 $\boldsymbol{P}$ 可逆，由此可得 $\boldsymbol{A}=\boldsymbol{BP}^{-1}$，而

$$\boldsymbol{P}^{-1}=\frac{1}{9}\begin{pmatrix}1&2&2\\2&-2&1\\-2&-1&2\end{pmatrix},$$

所以

$$\boldsymbol{A}=\frac{1}{9}\begin{pmatrix}1&4&-6\\2&-4&-3\\2&2&6\end{pmatrix}\begin{pmatrix}1&2&2\\2&-2&1\\-2&-1&2\end{pmatrix}=\begin{pmatrix}\frac{7}{3}&0&-\frac{2}{3}\\0&\frac{5}{3}&-\frac{2}{3}\\-\frac{2}{3}&-\frac{2}{3}&2\end{pmatrix}.$$

【评注】由特征值和特征向量的定义：$\boldsymbol{A}\boldsymbol{\alpha}_i=i\boldsymbol{\alpha}_i$，可得到一个矩阵关系式：

$$\boldsymbol{A}(\boldsymbol{\alpha}_1,\boldsymbol{\alpha}_2,\boldsymbol{\alpha}_3)=(\boldsymbol{\alpha}_1,2\boldsymbol{\alpha}_2,3\boldsymbol{\alpha}_3)\quad 或者\quad \boldsymbol{A}(\boldsymbol{\alpha}_1,\boldsymbol{\alpha}_2,\boldsymbol{\alpha}_3)=(\boldsymbol{\alpha}_1,\boldsymbol{\alpha}_2,\boldsymbol{\alpha}_3)\begin{pmatrix}1&0&0\\0&2&0\\0&0&3\end{pmatrix}.$$

这是解决这类问题的常用技巧.

38 设 $\boldsymbol{A}$ 是 n 阶实对称矩阵，$\boldsymbol{P}$ 是 n 阶可逆矩阵. 已知 n 维列向量 $\boldsymbol{\alpha}$ 是 $\boldsymbol{A}$ 的属于特征值 λ 的特征向量，则矩阵 $(\boldsymbol{P}^{-1}\boldsymbol{AP})^{\mathrm{T}}$ 属于特征值 λ 的特征向量是(　　).

Ⓚ 2002 数学三，3分

(A) $\boldsymbol{P}^{-1}\boldsymbol{\alpha}$　　(B) $\boldsymbol{P}^{\mathrm{T}}\boldsymbol{\alpha}$　　(C) $\boldsymbol{P}\boldsymbol{\alpha}$　　(D) $(\boldsymbol{P}^{-1})^{\mathrm{T}}\boldsymbol{\alpha}$

知识点睛 0501 矩阵的特征值与特征向量的概念及性质

解 由已知得 $\boldsymbol{A}\boldsymbol{\alpha}=\lambda\boldsymbol{\alpha}$，从而 $\boldsymbol{P}^{\mathrm{T}}\boldsymbol{A}\boldsymbol{\alpha}=\lambda\boldsymbol{P}^{\mathrm{T}}\boldsymbol{\alpha}$，也即

$$\boldsymbol{P}^{\mathrm{T}}\boldsymbol{A}(\boldsymbol{P}^{\mathrm{T}})^{-1}\boldsymbol{P}^{\mathrm{T}}\boldsymbol{\alpha}=\lambda\boldsymbol{P}^{\mathrm{T}}\boldsymbol{\alpha},$$

即

$$(\boldsymbol{P}^{-1}\boldsymbol{A}^{\mathrm{T}}\boldsymbol{P})^{\mathrm{T}}(\boldsymbol{P}^{\mathrm{T}}\boldsymbol{\alpha})=\lambda(\boldsymbol{P}^{\mathrm{T}}\boldsymbol{\alpha}).$$

再由 $\boldsymbol{A}^{\mathrm{T}}=\boldsymbol{A}$ 得

$$(\boldsymbol{P}^{-1}\boldsymbol{A}\boldsymbol{P})^{\mathrm{T}}(\boldsymbol{P}^{\mathrm{T}}\boldsymbol{\alpha}) = \lambda(\boldsymbol{P}^{\mathrm{T}}\boldsymbol{\alpha}).$$

故应选(B).

39 设 $\boldsymbol{A}$ 为 $m\times n$ 矩阵,$\boldsymbol{B}$ 为 $n\times m$ 矩阵,证明:$\boldsymbol{AB}$ 与 $\boldsymbol{BA}$ 有相同的非零特征值.

知识点睛 0501 矩阵的特征值与特征向量的概念

证 设 λ 是 $\boldsymbol{AB}$ 的一个非零特征值,$\boldsymbol{\eta}$ 是 $\boldsymbol{AB}$ 的属于特征值 λ 的特征向量,则

$$\boldsymbol{AB\eta} = \lambda\boldsymbol{\eta}. \qquad ①$$

由于 $\lambda\neq 0$, 从而 $\boldsymbol{B\eta}\neq\boldsymbol{0}$. 事实上,若 $\boldsymbol{B\eta}=\boldsymbol{0}$, 则 $\boldsymbol{AB\eta}=\boldsymbol{0}$, 即 $\lambda\boldsymbol{\eta}=\boldsymbol{0}$, 故 $\lambda=0$,矛盾.

①式两端左乘矩阵 $\boldsymbol{B}$, 得

$$\boldsymbol{BAB\eta} = \boldsymbol{B}\lambda\boldsymbol{\eta} = \lambda\boldsymbol{B\eta}, \quad \text{即} \quad \boldsymbol{BA}(\boldsymbol{B\eta}) = \lambda(\boldsymbol{B\eta}),$$

所以 λ 是 $\boldsymbol{BA}$ 的特征值.

同理可证 $\boldsymbol{BA}$ 的非零特征值亦是 $\boldsymbol{AB}$ 的特征值. 所以 $\boldsymbol{AB}$ 与 $\boldsymbol{BA}$ 有相同的非零特征值.

K 2008 数学一,4分

40 设 $\boldsymbol{A}$ 为2阶矩阵,$\boldsymbol{\alpha}_1,\boldsymbol{\alpha}_2$ 为线性无关的2维列向量,$\boldsymbol{A\alpha}_1=\boldsymbol{0}$,$\boldsymbol{A\alpha}_2=2\boldsymbol{\alpha}_1+\boldsymbol{\alpha}_2$,则 $\boldsymbol{A}$ 的非零特征值为________.

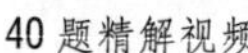

40题精解视频

知识点睛 0501 矩阵的特征值的求法

解法1(用定义) 由

$$\boldsymbol{A\alpha}_1 = \boldsymbol{0} = 0\boldsymbol{\alpha}_1, \quad \boldsymbol{A}(2\boldsymbol{\alpha}_1+\boldsymbol{\alpha}_2) = 2\boldsymbol{A\alpha}_1+\boldsymbol{A\alpha}_2 = \boldsymbol{A\alpha}_2 = 2\boldsymbol{\alpha}_1+\boldsymbol{\alpha}_2$$

知 $\boldsymbol{A}$ 的特征值为1和0. 因此 $\boldsymbol{A}$ 的非零特征值为1.

解法2(利用相似) 由题意有

$$\boldsymbol{A}(\boldsymbol{\alpha}_1,\boldsymbol{\alpha}_2) = (\boldsymbol{0},\ 2\boldsymbol{\alpha}_1+\boldsymbol{\alpha}_2) = (\boldsymbol{\alpha}_1,\boldsymbol{\alpha}_2)\begin{pmatrix}0 & 2\\ 0 & 1\end{pmatrix},$$

可知 $\boldsymbol{A}\sim\begin{pmatrix}0 & 2\\ 0 & 1\end{pmatrix}$, 亦可得 $\boldsymbol{A}$ 的特征值1和0, 因此 $\boldsymbol{A}$ 的非零特征值为1.应填1.

【评注】要掌握定义法,$\boldsymbol{A\alpha}=\lambda\boldsymbol{\alpha}$,$\boldsymbol{\alpha}\neq\boldsymbol{0}$, 通过恒等变形推导出特征值、特征向量的信息. 若已知 $\boldsymbol{\alpha}_1,\boldsymbol{\alpha}_2,\boldsymbol{\alpha}_3$ 线性无关,又有

$$\boldsymbol{A\alpha}_1 = a_1\boldsymbol{\alpha}_1+a_2\boldsymbol{\alpha}_2+a_3\boldsymbol{\alpha}_3, \quad \boldsymbol{A\alpha}_2 = b_1\boldsymbol{\alpha}_1+b_2\boldsymbol{\alpha}_2+b_3\boldsymbol{\alpha}_3, \quad \boldsymbol{A\alpha}_3 = c_1\boldsymbol{\alpha}_1+c_2\boldsymbol{\alpha}_2+c_3\boldsymbol{\alpha}_3$$

的信息,一定不要忘记这有相似的背景.

$$\begin{aligned}\boldsymbol{A}(\boldsymbol{\alpha}_1,\boldsymbol{\alpha}_2,\boldsymbol{\alpha}_3) &= (\boldsymbol{A\alpha}_1,\boldsymbol{A\alpha}_2,\boldsymbol{A\alpha}_3)\\ &= (a_1\boldsymbol{\alpha}_1+a_2\boldsymbol{\alpha}_2+a_3\boldsymbol{\alpha}_3, b_1\boldsymbol{\alpha}_1+b_2\boldsymbol{\alpha}_2+b_3\boldsymbol{\alpha}_3, c_1\boldsymbol{\alpha}_1+c_2\boldsymbol{\alpha}_2+c_3\boldsymbol{\alpha}_3)\\ &= (\boldsymbol{\alpha}_1,\boldsymbol{\alpha}_2,\boldsymbol{\alpha}_3)\begin{pmatrix}a_1 & b_1 & c_1\\ a_2 & b_2 & c_2\\ a_3 & b_3 & c_3\end{pmatrix},\end{aligned}$$

即 $\boldsymbol{P}^{-1}\boldsymbol{AP}=\boldsymbol{B}$,其中 $\boldsymbol{P}=(\boldsymbol{\alpha}_1,\boldsymbol{\alpha}_2,\boldsymbol{\alpha}_3)$,$\boldsymbol{B}=\begin{pmatrix}a_1 & b_1 & c_1\\ a_2 & b_2 & c_2\\ a_3 & b_3 & c_3\end{pmatrix}$.

K 2009 数学一,4分

41 若3维列向量 $\boldsymbol{\alpha},\boldsymbol{\beta}$ 满足 $\boldsymbol{\alpha}^{\mathrm{T}}\boldsymbol{\beta}=2$, 其中 $\boldsymbol{\alpha}^{\mathrm{T}}$ 为 $\boldsymbol{\alpha}$ 为转置, 则矩阵 $\boldsymbol{\beta\alpha}^{\mathrm{T}}$ 的非零特征值为________.

知识点睛 0501 矩阵特征值的求法

解 因为矩阵 $\boldsymbol{A}=\boldsymbol{\beta}\boldsymbol{\alpha}^{\mathrm{T}}$的秩为 1，所以矩阵 $\boldsymbol{A}$ 的特征值是 $\sum a_{ii}$，0,0.

如本题 $\sum_{i=1}^{3} a_{ii}$ 就是 $\boldsymbol{\alpha}^{\mathrm{T}}\boldsymbol{\beta}$，故 $\boldsymbol{\beta}\boldsymbol{\alpha}^{\mathrm{T}}$ 的非零特征值为 2.应填 2.

【评注】若 $\boldsymbol{\alpha}=(a_1,a_2,a_3)^{\mathrm{T}}$，$\boldsymbol{\beta}=(b_1,b_2,b_3)^{\mathrm{T}}$，则

$$\boldsymbol{A}=\boldsymbol{\beta}\boldsymbol{\alpha}^{\mathrm{T}}=\begin{pmatrix} a_1b_1 & a_2b_1 & a_3b_1 \\ a_1b_2 & a_2b_2 & a_3b_2 \\ a_1b_3 & a_2b_3 & a_3b_3 \end{pmatrix}.$$

那么 $|\lambda\boldsymbol{E}-\boldsymbol{A}|=\lambda^3-(a_1b_1+a_2b_2+a_3b_3)\lambda^2$，而 $\boldsymbol{\alpha}^{\mathrm{T}}\boldsymbol{\beta}=\boldsymbol{\beta}^{\mathrm{T}}\boldsymbol{\alpha}=a_1b_1+a_2b_2+a_3b_3$. 一般地，如 $r(\boldsymbol{A})=1$，有 $|\lambda\boldsymbol{E}-\boldsymbol{A}|=\lambda^n-\sum_{i=1}^{n}a_{ii}\lambda^{n-1}$，则 $\lambda_1=\sum_{i=1}^{n}a_{ii}$，$\lambda_2=\cdots=\lambda_n=0$.

关于秩为 1 的矩阵的特征值公式应当熟悉!

42 设 $\lambda=2$ 是非奇异矩阵 $\boldsymbol{A}$ 的一个特征值，则矩阵 $\left(\frac{1}{3}\boldsymbol{A}^2\right)^{-1}$ 有一个特征值等于(　　).

Ⓚ 1993 数学四，3 分

(A) $\frac{4}{3}$　　(B) $\frac{3}{4}$　　(C) $\frac{1}{2}$　　(D) $\frac{1}{4}$

知识点睛 0501 矩阵的特征值的性质及求法

解 由 $\boldsymbol{A}\boldsymbol{\alpha}=\lambda\boldsymbol{\alpha},\boldsymbol{\alpha}\neq\boldsymbol{0}$，有 $\boldsymbol{A}^2\boldsymbol{\alpha}=\lambda\boldsymbol{A}\boldsymbol{\alpha}=\lambda^2\boldsymbol{\alpha}$，故 $\frac{1}{3}\boldsymbol{A}^2\boldsymbol{\alpha}=\frac{1}{3}\lambda^2\boldsymbol{\alpha}$.即若 λ 是矩阵 $\boldsymbol{A}$ 的特征值，则 $\frac{1}{3}\lambda^2$ 是矩阵 $\frac{1}{3}\boldsymbol{A}^2$ 的特征值，现 $\lambda=2$，因此，$\frac{1}{3}\boldsymbol{A}^2$ 有特征值 $\frac{4}{3}$. 再利用若 $\boldsymbol{A}\boldsymbol{\alpha}=\lambda\boldsymbol{\alpha}$，则 $\boldsymbol{A}^{-1}\boldsymbol{\alpha}=\frac{1}{\lambda}\boldsymbol{\alpha}$，从而 $\left(\frac{1}{3}\boldsymbol{A}^2\right)^{-1}$ 有特征值 $\frac{3}{4}$. 故应选(B).

或者，$\left(\frac{1}{3}\boldsymbol{A}^2\right)^{-1}\boldsymbol{\alpha}=3(\boldsymbol{A}^{-1})^2\boldsymbol{\alpha}$，由 $\lambda=2$ 是 $\boldsymbol{A}$ 的特征值，知 $\frac{1}{2}$ 是 $\boldsymbol{A}^{-1}$ 的特征值，于是 $\frac{1}{4}$ 是 $(\boldsymbol{A}^{-1})^2$ 的特征值，亦知应选(B).

43 设 3 阶矩阵 $\boldsymbol{A}$ 的特征值为 2,-2,1，$\boldsymbol{B}=\boldsymbol{A}^2-\boldsymbol{A}+\boldsymbol{E}$，其中 $\boldsymbol{E}$ 为 3 阶单位矩阵，则行列式 $|\boldsymbol{B}|=$________.

Ⓚ 2015 数学二、数学三,4 分

知识点睛 0501 矩阵的特征值的性质及求法

解 由 $\boldsymbol{A}\boldsymbol{\alpha}=\lambda\boldsymbol{\alpha}\Rightarrow\boldsymbol{A}^n\boldsymbol{\alpha}=\lambda^n\boldsymbol{\alpha}$，因为 $\boldsymbol{A}$ 的特征值是 2,-2,1，所以 $\boldsymbol{B}$ 的特征值是 3,7,1，故 $|\boldsymbol{B}|=21$.应填 21.

44 设矩阵 $\boldsymbol{A}=\begin{pmatrix} 4 & 1 & -2 \\ 1 & 2 & a \\ 3 & 1 & -1 \end{pmatrix}$ 的一个特征向量为 $\boldsymbol{\alpha}=\begin{pmatrix} 1 \\ 1 \\ 2 \end{pmatrix}$，则 $a=$________.

Ⓚ 2017 数学二，4 分

知识点睛 0501 矩阵的特征值与特征向量的概念

解 按定义，设 $\boldsymbol{A}\boldsymbol{\alpha}=\lambda\boldsymbol{\alpha}$，即

$$\begin{pmatrix}4&1&-2\\1&2&a\\3&1&-1\end{pmatrix}\begin{pmatrix}1\\1\\2\end{pmatrix}=\lambda\begin{pmatrix}1\\1\\2\end{pmatrix},$$

所以$\begin{cases}4+1-4=\lambda,\\1+2+2a=\lambda,\\3+1-2=2\lambda,\end{cases}$解得 $a=-1$.应填-1.

§5.2 矩阵的相似对角化

Ⓚ 2009 数学三，4 分

45 设$\boldsymbol{\alpha}=(1,1,1)^{\mathrm T},\boldsymbol{\beta}=(1,0,k)^{\mathrm T}$. 若矩阵 $\boldsymbol{\alpha\beta}^{\mathrm T}$ 相似于$\begin{pmatrix}3&0&0\\0&0&0\\0&0&0\end{pmatrix}$，则 $k=$______.

知识点睛 0502 相似矩阵的概念与性质

解 由于 $\boldsymbol{\alpha\beta}^{\mathrm T}=\begin{pmatrix}1\\1\\1\end{pmatrix}(1,0,k)=\begin{pmatrix}1&0&k\\1&0&k\\1&0&k\end{pmatrix}$,那么由 $\boldsymbol{\alpha\beta}^{\mathrm T}\sim\begin{pmatrix}3&&\\&0&\\&&0\end{pmatrix}$知它们有相同的迹，故 $1+0+k=3+0+0$，所以 $k=2$.应填 2.

Ⓚ 2018 数学一、数学二、数学三，4 分

46 下列矩阵中与矩阵$\begin{pmatrix}1&1&0\\0&1&1\\0&0&1\end{pmatrix}$相似的为( ).

(A)$\begin{pmatrix}1&1&-1\\0&1&1\\0&0&1\end{pmatrix}$ (B)$\begin{pmatrix}1&0&-1\\0&1&1\\0&0&1\end{pmatrix}$ (C)$\begin{pmatrix}1&1&-1\\0&1&0\\0&0&1\end{pmatrix}$ (D)$\begin{pmatrix}1&0&-1\\0&1&0\\0&0&1\end{pmatrix}$

知识点睛 0502 相似矩阵的概念与性质

解 这 5 个矩阵特征值都是 1,1,1 且都没有 3 个线性无关的特征向量，即都不能相似对角化. 对(B)、(C)、(D) 选项，对 $\lambda=1$ 都有 2 个线性无关的特征向量，而$\begin{pmatrix}1&1&0\\0&1&1\\0&0&1\end{pmatrix}$与选项(A)对 $\lambda=1$ 都只有 1 个线性无关的特征向量，所以选(A).

【评注】如 $\boldsymbol{P}=\begin{pmatrix}1&1&0\\0&1&0\\0&0&1\end{pmatrix}$，则

$$\boldsymbol{P}^{-1}\begin{pmatrix}1&1&0\\0&1&1\\0&0&1\end{pmatrix}\boldsymbol{P}=\begin{pmatrix}1&-1&0\\0&1&0\\0&0&1\end{pmatrix}\begin{pmatrix}1&1&0\\0&1&1\\0&0&1\end{pmatrix}\begin{pmatrix}1&1&0\\0&1&0\\0&0&1\end{pmatrix}=\begin{pmatrix}1&1&-1\\0&1&1\\0&0&1\end{pmatrix},$$

亦知选(A).

Ⓚ 2017 数学一、数学二、数学三，4 分

47 已知矩阵 $\boldsymbol{A}=\begin{pmatrix}2&0&0\\0&2&1\\0&0&1\end{pmatrix},\boldsymbol{B}=\begin{pmatrix}2&1&0\\0&2&0\\0&0&1\end{pmatrix},\boldsymbol{C}=\begin{pmatrix}1&0&0\\0&2&0\\0&0&2\end{pmatrix}$,则有( ).

(A) $\boldsymbol{A}$ 与 $\boldsymbol{C}$ 相似, $\boldsymbol{B}$ 与 $\boldsymbol{C}$ 相似　　(B) $\boldsymbol{A}$ 与 $\boldsymbol{C}$ 相似, $\boldsymbol{B}$ 与 $\boldsymbol{C}$ 不相似

(C) $\boldsymbol{A}$ 与 $\boldsymbol{C}$ 不相似, $\boldsymbol{B}$ 与 $\boldsymbol{C}$ 相似　　(D) $\boldsymbol{A}$ 与 $\boldsymbol{C}$ 不相似, $\boldsymbol{B}$ 与 $\boldsymbol{C}$ 不相似

知识点睛　0502 相似矩阵的概念与性质

解　矩阵 $\boldsymbol{A}$ 的特征值为 2,2,1. 由 $2\boldsymbol{E}-\boldsymbol{A}=\begin{pmatrix}0&0&0\\0&0&-1\\0&0&1\end{pmatrix}$, 其秩为 1. 齐次方程组 $(2\boldsymbol{E}-\boldsymbol{A})\boldsymbol{x}=\boldsymbol{0}$ 有 2 个线性无关的解, 亦即 $\lambda=2$ 有 2 个线性无关的特征向量, 所以 $\boldsymbol{A}$ 与 $\boldsymbol{C}$ 相似.

对于矩阵 $\boldsymbol{B}$, 特征值为 2,2,1. 由于 $2\boldsymbol{E}-\boldsymbol{B}=\begin{pmatrix}0&-1&0\\0&0&0\\0&0&1\end{pmatrix}$, 其秩为 2. 齐次方程组 $(2\boldsymbol{E}-\boldsymbol{B})\boldsymbol{x}=\boldsymbol{0}$ 只有 1 个线性无关的解, 亦即 $\lambda=2$ 只有 1 个线性无关的特征向量, $\boldsymbol{B}$ 不能相似对角化, 故应选(B).

48　设 $\boldsymbol{\alpha},\boldsymbol{\beta}$ 为 3 维列向量, $\boldsymbol{\beta}^{\mathrm{T}}$ 为 $\boldsymbol{\beta}$ 的转置. 若矩阵 $\boldsymbol{\alpha\beta}^{\mathrm{T}}$ 相似于 $\begin{pmatrix}2&0&0\\0&0&0\\0&0&0\end{pmatrix}$, 则 $\boldsymbol{\beta}^{\mathrm{T}}\boldsymbol{\alpha}=$________.　　2009 数学二, 4 分

知识点睛　0502 相似矩阵的性质

解　设 $\boldsymbol{\alpha}=(a_1,a_2,a_3)^{\mathrm{T}}$, $\boldsymbol{\beta}=(b_1,b_2,b_3)^{\mathrm{T}}$, 则

$$\boldsymbol{\alpha\beta}^{\mathrm{T}}=\begin{pmatrix}a_1\\a_2\\a_3\end{pmatrix}(b_1,b_2,b_3)=\begin{pmatrix}a_1b_1&a_1b_2&a_1b_3\\a_2b_1&a_2b_2&a_2b_3\\a_3b_1&a_3b_2&a_3b_3\end{pmatrix},$$

而

$$\boldsymbol{\beta}^{\mathrm{T}}\boldsymbol{\alpha}=(b_1,b_2,b_3)\begin{pmatrix}a_1\\a_2\\a_3\end{pmatrix}=a_1b_1+a_2b_2+a_3b_3.$$

可见 $\boldsymbol{\beta}^{\mathrm{T}}\boldsymbol{\alpha}$ 正是矩阵 $\boldsymbol{\alpha\beta}^{\mathrm{T}}$ 的主对角线元素之和, 即矩阵的迹. 因为两个矩阵相似有相同的迹, 所以

$$\boldsymbol{\beta}^{\mathrm{T}}\boldsymbol{\alpha}=2+0+0=2.$$

应填 2.

49　设 $\boldsymbol{A},\boldsymbol{B}$ 是可逆矩阵, 且 $\boldsymbol{A}$ 与 $\boldsymbol{B}$ 相似, 则下列结论错误的是(　　).　　2016 数学一、数学二、数学三, 4 分

(A) $\boldsymbol{A}^{\mathrm{T}}$ 与 $\boldsymbol{B}^{\mathrm{T}}$ 相似　　(B) $\boldsymbol{A}^{-1}$ 与 $\boldsymbol{B}^{-1}$ 相似

(C) $\boldsymbol{A}+\boldsymbol{A}^{\mathrm{T}}$ 与 $\boldsymbol{B}+\boldsymbol{B}^{\mathrm{T}}$ 相似　　(D) $\boldsymbol{A}+\boldsymbol{A}^{-1}$ 与 $\boldsymbol{B}+\boldsymbol{B}^{-1}$ 相似

49 题精解视频

知识点睛　0502 相似矩阵的性质

解　由已知条件, 存在可逆矩阵 $\boldsymbol{P}$ 使 $\boldsymbol{P}^{-1}\boldsymbol{AP}=\boldsymbol{B}$. 那么

$$\boldsymbol{B}^{\mathrm{T}}=(\boldsymbol{P}^{-1}\boldsymbol{AP})^{\mathrm{T}}=\boldsymbol{P}^{\mathrm{T}}\boldsymbol{A}^{\mathrm{T}}(\boldsymbol{P}^{-1})^{\mathrm{T}}=\boldsymbol{P}_1^{-1}\boldsymbol{A}^{\mathrm{T}}\boldsymbol{P}_1,$$

其中 $\boldsymbol{P}_1=(\boldsymbol{P}^{\mathrm{T}})^{-1}$, 即 $\boldsymbol{A}^{\mathrm{T}}$ 与 $\boldsymbol{B}^{\mathrm{T}}$ 相似, (A) 正确. 又

$$\boldsymbol{B}^{-1}=(\boldsymbol{P}^{-1}\boldsymbol{AP})^{-1}=\boldsymbol{P}^{-1}\boldsymbol{A}^{-1}(\boldsymbol{P}^{-1})^{-1}=\boldsymbol{P}^{-1}\boldsymbol{A}^{-1}\boldsymbol{P},$$

即 $\boldsymbol{A}^{-1}$ 和 $\boldsymbol{B}^{-1}$ 相似, (B) 正确.

又

$$P^{-1}(A+A^{-1})P=P^{-1}AP+P^{-1}A^{-1}P=B+B^{-1},$$

即 $A+A^{-1}$ 和 $B+B^{-1}$ 相似，(D) 正确.

从而应选(C).

特别地，$A=\begin{pmatrix}1&2\\0&1\end{pmatrix}$ 与 $B=\begin{pmatrix}1&1\\0&1\end{pmatrix}$ 相似.但 $A+A^{\mathrm{T}}=\begin{pmatrix}2&2\\2&2\end{pmatrix}$ 与 $B+B^{\mathrm{T}}=\begin{pmatrix}2&1\\1&2\end{pmatrix}$ 不相似.

50 若矩阵 $A=\begin{pmatrix}4&2\\x&5\end{pmatrix}$ 与 $B=\begin{pmatrix}6&2\\-1&3\end{pmatrix}$ 相似，则 x 的值为(　　).

(A) -1　　(B) 1　　(C) 0　　(D) 2

知识点睛　0502 相似矩阵的性质

解　由 A 与 B 相似，知它们有相同的行列式，即 $20-2x=20$，得 $x=0$，应选(C).

51 已知 $A=\begin{pmatrix}1&-1&1\\2&4&-2\\-3&-3&a\end{pmatrix}$ 与 $B=\begin{pmatrix}2&0&0\\0&2&0\\0&0&b\end{pmatrix}$ 相似，则 $a=$______，$b=$______.

知识点睛　0502 相似矩阵的性质

解　因为 $A=\begin{pmatrix}1&-1&1\\2&4&-2\\-3&-3&a\end{pmatrix}$ 与 $B=\begin{pmatrix}2&0&0\\0&2&0\\0&0&b\end{pmatrix}$ 相似，所以 2 为矩阵 A 的特征值，从而 $|2E-A|=0$，可得 $a=5$. 再由相似矩阵的迹相等，有 $1+4+a=2+2+b$，得 $b=6$.应填 5,6.

52 若 A 与 B 相似，则(　　).

(A) $\lambda E-A=\lambda E-B$　　(B) $|\lambda E+A|=|\lambda E+B|$

(C) $A^*=B^*$　　(D) $A^{-1}=B^{-1}$

知识点睛　0502 相似矩阵的性质

解　由 A 与 B 相似知，存在可逆矩阵 P，使 $B=P^{-1}AP$，所以

$$\begin{aligned}|\lambda E+B|&=|\lambda E+P^{-1}AP|=|P^{-1}\lambda EP+P^{-1}AP|=|P^{-1}(\lambda E+A)P|\\&=|P^{-1}|\cdot|\lambda E+A|\cdot|P|=|\lambda E+A|,\end{aligned}$$

故应选(B).

53 设 $\alpha=\begin{pmatrix}1\\3\\2\end{pmatrix}$，$\beta=\begin{pmatrix}1\\-1\\2\end{pmatrix}$，若 A 与 $\alpha\beta^{\mathrm{T}}$ 相似，则 $(2A+E)^*$ 的特征值是______.

知识点睛　0502 相似矩阵的性质

解　因为 $\alpha\beta^{\mathrm{T}}=\begin{pmatrix}1&-1&2\\3&-3&6\\2&-2&4\end{pmatrix}$，其特征多项式为

$$|\lambda E-\alpha\beta^{\mathrm{T}}|=\begin{vmatrix}\lambda-1&1&-2\\-3&\lambda+3&-6\\-2&2&\lambda-4\end{vmatrix}=\lambda^2(\lambda-2),$$

所以 $\alpha\beta^{\mathrm{T}}$ 的特征值为 $\lambda_1=\lambda_2=0$，$\lambda_3=2$. 又 A 与 $\alpha\beta^{\mathrm{T}}$ 相似，所以 A 的特征值也是 $\lambda_1=$

$\lambda_2=0,\lambda_3=2$，故 $|2\boldsymbol{A}+\boldsymbol{E}|=5$. 从而 $(2\boldsymbol{A}+\boldsymbol{E})^*$ 的 3 个特征值为

$$\frac{5}{2\lambda_1+1}=5,\quad \frac{5}{2\lambda_2+1}=5,\quad \frac{5}{2\lambda_3+1}=1.$$

应填 5,5,1.

54 设矩阵 $\boldsymbol{A}\sim\boldsymbol{\Lambda}=\begin{pmatrix}2&&&\\&3&&\\&&1&\\&&&1\end{pmatrix}$，则 $\boldsymbol{E}-\boldsymbol{A}^2\sim$ ______，$r(\boldsymbol{E}-\boldsymbol{A}^2)=$ ______.

知识点睛 0502 相似矩阵的性质

解 $\boldsymbol{E}-\boldsymbol{A}^2\sim\begin{pmatrix}-3&&&\\&-8&&\\&&0&\\&&&0\end{pmatrix}$，所以 $r(\boldsymbol{E}-\boldsymbol{A}^2)=2$. 应填 $\begin{pmatrix}-3&&&\\&-8&&\\&&0&\\&&&0\end{pmatrix}$，2.

55 矩阵 $\boldsymbol{A}$ 与 $\boldsymbol{B}$ 相似的充分条件是(　　).

(A) $\boldsymbol{A}$ 与 $\boldsymbol{B}$ 有相同的特征值　　(B) $\boldsymbol{A}$、$\boldsymbol{B}$ 与同一个矩阵 $\boldsymbol{C}$ 相似

(C) $\boldsymbol{A}$ 与 $\boldsymbol{B}$ 有相同的特征向量　　(D) $\boldsymbol{A}^k$ 与 $\boldsymbol{B}^k$ 相似

知识点睛 0502 相似矩阵的性质

解 由相似矩阵的传递性知选项(B)正确. 设

$$\boldsymbol{A}=\begin{pmatrix}0&0\\0&0\end{pmatrix},\quad \boldsymbol{B}=\begin{pmatrix}1&-1\\1&-1\end{pmatrix}.$$

显然，$\boldsymbol{A}$ 与 $\boldsymbol{B}$ 的特征值都是 0，但对任何一个可逆阵 $\boldsymbol{P}$，有

$$\boldsymbol{P}^{-1}\boldsymbol{A}\boldsymbol{P}\neq\begin{pmatrix}1&-1\\1&-1\end{pmatrix},$$

故非(A).

由 $\boldsymbol{A}^2=\boldsymbol{0},\boldsymbol{B}^2=\boldsymbol{0}$. 显然，$\boldsymbol{A}^2\sim\boldsymbol{B}^2$，但 $\boldsymbol{A}$ 与 $\boldsymbol{B}$ 不相似，所以非(D).

再设 $\boldsymbol{A}$ 为 n 阶零矩阵，$\boldsymbol{B}$ 为 n 阶单位矩阵，则 $\boldsymbol{A}$ 的特征值为 0（n 重），$\boldsymbol{B}$ 的特征值为 1（n 重）. 由 $\boldsymbol{A}\boldsymbol{x}=0\cdot\boldsymbol{x}$ 和 $\boldsymbol{B}\boldsymbol{x}=1\cdot\boldsymbol{x}$ 知，任意非零 n 维列向量都是 $\boldsymbol{A}$ 和 $\boldsymbol{B}$ 的特征向量，但 $\boldsymbol{A}$ 与 $\boldsymbol{B}$ 显然不相似，故非(C).

故应选(B).

56 下列 4 个条件中，3 阶矩阵 $\boldsymbol{A}$ 可相似对角化的充分但非必要条件是(　　). 2022 数学一，5 分

(A) $\boldsymbol{A}$ 有 3 个不相等的特征值

(B) $\boldsymbol{A}$ 有 3 个线性无关的特征向量

(C) $\boldsymbol{A}$ 有 3 个两两线性无关的特征向量

(D) $\boldsymbol{A}$ 的属于不同特征值的特征向量相互正交

知识点睛 0503 矩阵可相似对角化的充分必要条件

解 选项(A)，当 $\boldsymbol{A}$ 有 3 个不相等的特征值时，$\boldsymbol{A}$ 的属于这 3 个特征值的特征向量是线性无关的，所以 $\boldsymbol{A}$ 可相似对角化.

选项(B)不正确. $\boldsymbol{A}$ 有 3 个线性无关的特征向量是 $\boldsymbol{A}$ 可相似对角化的充要条件.

选项(C)不正确.例如,$A=\begin{pmatrix}1&1&0\\0&1&0\\0&0&1\end{pmatrix}$,$\xi_1=(1,0,0)^{\mathrm T}$,$\xi_2=(0,0,1)^{\mathrm T}$,$\xi_3=(1,0,1)^{\mathrm T}$都是矩阵$A$的两两线性无关的特征向量,但是$A$不可相似对角化(这是因为$\lambda=1$是$A$的3重特征值,而$r(E-A)=1\neq 3-3=0$,$(E-A)x=0$的解空间维数为2).

选项(D)不正确.例如,$A=\begin{pmatrix}1&0&0\\0&3&2\\0&0&3\end{pmatrix}$,$A$的特征值$\lambda_1=1$对应的特征向量为$\xi_1=k_1(1,0,0)^{\mathrm T}$,$k_1\neq 0$. A的另两个特征值$\lambda_2=\lambda_3=3$所对应的特征向量为$\xi_2=k_2(0,1,0)^{\mathrm T}$,$k_2\neq 0$.显然$\xi_1$与$\xi_2$正交,但是$A$不可以相似对角化(因为$(3E-A)x=0$的解空间的维数为1).

故应选(A).

【评注】n阶矩阵A可以相似对角化的充要条件是有n个线性无关的特征向量.

57 设n阶矩阵A相似于某对角矩阵Λ,则( ).

(A) $r(A)=n$　　(B) A有不同的特征值

(C) A是实对称矩阵　　(D) A有n个线性无关的特征向量

知识点睛 0502 相似矩阵的性质

解 例如$A=\begin{pmatrix}1&1\\0&0\end{pmatrix}$,$r(A)=1\neq 2$;矩阵$A$的特征值为$\lambda_1=1,\lambda_2=0$. A非实对称矩阵,虽然A可对角化,但非(A),非(B),非(C).

选项(D)是A可对角化的充要条件.故应选(D).

58题精解视频

58 设A为3阶矩阵,且$A-E$, $A+2E$, $5A-3E$不可逆,试证A可相似于对角阵.

知识点睛 0502 相似矩阵的性质

证 因为$A-E$不可逆,即$|E-A|=0$,所以1是A的特征值.

同理由$A+2E$, $5A-3E$不可逆分别得出-2和$\frac{3}{5}$也是A的特征值.因此A有三个不同的特征值$1,-2,\frac{3}{5}$,从而A相似于对角阵$\begin{pmatrix}1&&\\&-2&\\&&\frac{3}{5}\end{pmatrix}$.

【评注】本题关键是由矩阵不可逆得到A的三个不同的特征值.

59 设$A\sim\begin{pmatrix}-1&0\\0&2\end{pmatrix}$,则$|A-E|=$( ).

(A) -1　　(B) 0　　(C) 1　　(D) -2

知识点睛 0502 相似矩阵的性质

解 显然A的特征值为-1和2,所以$A-E$的特征值为-2和1,$|A-E|=-2$,故应选(D).

60 若4阶矩阵 A 与 B 相似，矩阵 A 的特征值为 $\frac{1}{2},\frac{1}{3},\frac{1}{4},\frac{1}{5}$，则行列式 $|B^{-1}-E|=$________. K 2000 数学三，3分

知识点睛 0502 相似矩阵的性质

解 因 A 与 B 相似，故 A 与 B 有相同的特征值，即 B 的特征值为 $\frac{1}{2},\frac{1}{3},\frac{1}{4},\frac{1}{5}$，从而 B^{-1} 的特征值为 $2,3,4,5$，$B^{-1}-E$ 的特征值为 $1,2,3,4$. 所以

$$|B^{-1}-E|=1\times2\times3\times4=24.$$

故应填24.

61 若矩阵 A 与 B 相似，且2是矩阵 B 的一个特征值，则矩阵 $3A^2-4A+E$ 必有一个特征值为________.

知识点睛 0502 相似矩阵的性质

解 因为 A 与 B 相似，所以 A 与 B 有相同的特征值，又2是 B 的特征值，故 A 有特征值2. 因此，矩阵 $3A^2-4A+E$ 必有特征值 $3\times2^2-4\times2+1=5$.

故应填5.

62 已知 $\boldsymbol{\alpha}=(1,2,-1)$，$A=\boldsymbol{\alpha}^{\mathrm{T}}\boldsymbol{\alpha}$，若矩阵 A 与 B 相似，则 $(B+E)^*$ 的特征值为______.

知识点睛 0502 相似矩阵的性质

解 由题设知

$$A=\begin{pmatrix}1\\2\\-1\end{pmatrix}(1,2,-1)=\begin{pmatrix}1&2&-1\\2&4&-2\\-1&-2&1\end{pmatrix},$$

计算得 A 的特征值为 $6,0,0$. 由于 A 与 B 相似，故 B 的特征值也为 $6,0,0$. 从而 $B+E$ 的特征值为 $7,1,1$，从而 $|B+E|=7$. 因此，$(B+E)^*$ 的特征值为 $1,7,7$.

故应填 $1,7,7$.

63 设2阶矩阵 A 的行列式为负值，证明：A 必与一个对角矩阵相似.

知识点睛 0502 相似矩阵的性质

证 设 λ_1,λ_2 是 A 的两个特征值，则有 $|A|=\lambda_1\lambda_2<0$，即 $\lambda_1\neq\lambda_2$，于是 A 必有两个线性无关的特征向量，从而 A 与一个对角矩阵相似.

64 设方阵 A,B 分别与对角矩阵 Λ_1,Λ_2 相似，证明：分块矩阵 $\begin{pmatrix}A&O\\O&B\end{pmatrix}$ 必与一个对角矩阵相似.

知识点睛 0502 相似矩阵的判别法

证 因 $A\sim\Lambda_1,B\sim\Lambda_2$，则分别存在可逆矩阵 P_1,P_2，使得 $A=P_1^{-1}\Lambda_1P_1,B=P_2^{-1}\Lambda_2P_2$.

取 $P=\begin{pmatrix}P_1&O\\O&P_2\end{pmatrix}$，则 $|P|=|P_1||P_2|\neq0$，从而 P 可逆，且 $P^{-1}=\begin{pmatrix}P_1^{-1}&O\\O&P_2^{-1}\end{pmatrix}$，于是有

$$\begin{pmatrix}A&O\\O&B\end{pmatrix}=\begin{pmatrix}P_1^{-1}&O\\O&P_2^{-1}\end{pmatrix}\begin{pmatrix}\Lambda_1&O\\O&\Lambda_2\end{pmatrix}\begin{pmatrix}P_1&O\\O&P_2\end{pmatrix},$$

即$\begin{pmatrix} A & O \\ O & B \end{pmatrix}$与对角阵$\begin{pmatrix} \Lambda_1 & O \\ O & \Lambda_2 \end{pmatrix}$相似.

65　设A为非零的n阶方阵，如果存在正整数k，使得$A^k=0$（即A为幂零阵），证明：A不能与对角阵相似.

知识点睛　0502 相似矩阵的判别法

证　假设A与对角阵相似，即有可逆矩阵P，使得

$$P^{-1}AP = \begin{pmatrix} \lambda_1 & & & \\ & \lambda_2 & & \\ & & \ddots & \\ & & & \lambda_n \end{pmatrix},$$

所以

$$0 = P^{-1}A^kP = (P^{-1}AP)^k = \begin{pmatrix} \lambda_1^k & & & \\ & \lambda_2^k & & \\ & & \ddots & \\ & & & \lambda_n^k \end{pmatrix},$$

从而$\lambda_i=0(i=1,2,\cdots,n)$，由此可得$A=0$，这与$A$为非零的$n$阶方阵矛盾，所以$A$不能与对角阵相似.

66 题精解视频

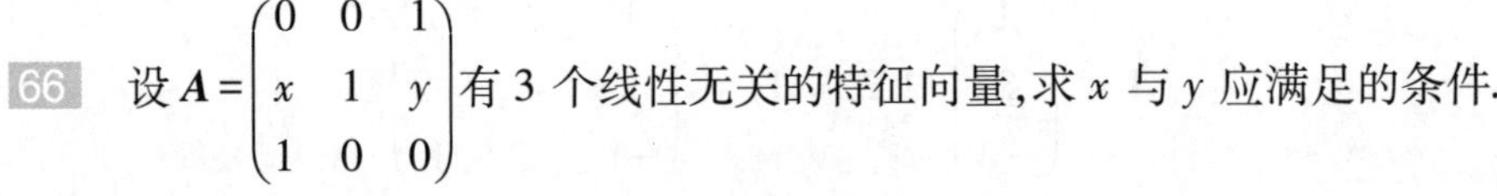

66　设$A=\begin{pmatrix} 0 & 0 & 1 \\ x & 1 & y \\ 1 & 0 & 0 \end{pmatrix}$有3个线性无关的特征向量，求$x$与$y$应满足的条件.

知识点睛　0503 矩阵可相似对角化的充要条件

解　A的特征多项式为$|\lambda E-A|=\begin{vmatrix} \lambda & 0 & -1 \\ -x & \lambda-1 & -y \\ -1 & 0 & \lambda \end{vmatrix}=(\lambda-1)^2(\lambda+1)$，所以$A$的特征值为1,1,-1. 因为$A$有3个线性无关的特征向量，所以$A$可以相似对角化，从而$r(E-A)=1$. 由$E-A=\begin{pmatrix} 1 & 0 & -1 \\ -x & 0 & -y \\ -1 & 0 & 1 \end{pmatrix}\to\begin{pmatrix} 1 & 0 & -1 \\ 0 & 0 & x+y \\ 0 & 0 & 0 \end{pmatrix}$，知$x+y=0$.

67　设$A=\begin{pmatrix} 3 & 1 \\ 5 & -1 \end{pmatrix}$.

(1)A是否与对角矩阵相似？若相似，将A对角化.（2）求$A^{50}\begin{pmatrix} 1 \\ -5 \end{pmatrix}$.

知识点睛　0503 矩阵可相似对角化的充要条件

解　(1)A的特征多项式为$|\lambda E-A|=\begin{vmatrix} \lambda-3 & -1 \\ -5 & \lambda+1 \end{vmatrix}=(\lambda-4)(\lambda+2)$，所以$A$的特征值为$\lambda_1=-2,\lambda_2=4$，故$A$可以相似对角化.

当$\lambda_1=-2$时，解方程组$(A+2E)x=0$，得基础解系为$p_1=\begin{pmatrix} 1 \\ -5 \end{pmatrix}$.

当 $\lambda_2=4$ 时，解方程组 $(4\boldsymbol{E}-\boldsymbol{A})\boldsymbol{x}=\boldsymbol{0}$，得基础解系为 $\boldsymbol{p}_2=\begin{pmatrix}1\\1\end{pmatrix}$.

令 $\boldsymbol{P}=\begin{pmatrix}1&1\\-5&1\end{pmatrix}$，则 $\boldsymbol{P}^{-1}\boldsymbol{A}\boldsymbol{P}=\begin{pmatrix}-2&0\\0&4\end{pmatrix}$.

(2) $\boldsymbol{A}^{50}\begin{pmatrix}1\\-5\end{pmatrix}=(-2)^{50}\begin{pmatrix}1\\-5\end{pmatrix}=2^{50}\begin{pmatrix}1\\-5\end{pmatrix}$.

68 设 $\boldsymbol{A}$ 为 2 阶矩阵，$\boldsymbol{P}=(\boldsymbol{\alpha},\boldsymbol{A}\boldsymbol{\alpha})$，其中 $\boldsymbol{\alpha}$ 是非零向量且不是 $\boldsymbol{A}$ 的特征向量. 2020 数学一、数学二、数学三，11 分

(1) 证明 $\boldsymbol{P}$ 为可逆矩阵；

(2) 若 $\boldsymbol{A}^2\boldsymbol{\alpha}+\boldsymbol{A}\boldsymbol{\alpha}-6\boldsymbol{\alpha}=\boldsymbol{0}$，求 $\boldsymbol{P}^{-1}\boldsymbol{A}\boldsymbol{P}$，并判断 $\boldsymbol{A}$ 是否相似于对角矩阵.

知识点睛 0208 矩阵可逆的充要条件，0503 矩阵可相似对角化的充要条件

(1) 解 因 $\boldsymbol{\alpha}\neq\boldsymbol{0}$ 且 $\boldsymbol{\alpha}$ 不是 $\boldsymbol{A}$ 的特征向量. 于是 $\boldsymbol{A}\boldsymbol{\alpha}\neq k\boldsymbol{\alpha}$，从而 $\boldsymbol{\alpha}$ 与 $\boldsymbol{A}\boldsymbol{\alpha}$ 不共线，即 $\boldsymbol{\alpha},\boldsymbol{A}\boldsymbol{\alpha}$ 线性无关，故 $\boldsymbol{P}=(\boldsymbol{\alpha},\boldsymbol{A}\boldsymbol{\alpha})$ 可逆.

或(反证法)若 $\boldsymbol{P}$ 不可逆，有

$$|\boldsymbol{P}|=|\boldsymbol{\alpha},\boldsymbol{A}\boldsymbol{\alpha}|=0,$$

$\boldsymbol{\alpha}$ 与 $\boldsymbol{A}\boldsymbol{\alpha}$ 成比例，于是 $\boldsymbol{A}\boldsymbol{\alpha}=k\boldsymbol{\alpha}$. 又 $\boldsymbol{\alpha}\neq\boldsymbol{0}$ 知 $\boldsymbol{\alpha}$ 是 $\boldsymbol{A}$ 的特征向量，与已知条件矛盾.

(2)解法 1 由 $\boldsymbol{A}^2\boldsymbol{\alpha}+\boldsymbol{A}\boldsymbol{\alpha}-6\boldsymbol{\alpha}=\boldsymbol{0}$ 有 $\boldsymbol{A}^2\boldsymbol{\alpha}=6\boldsymbol{\alpha}-\boldsymbol{A}\boldsymbol{\alpha}$，且

$$\begin{aligned}\boldsymbol{A}\boldsymbol{P}&=\boldsymbol{A}(\boldsymbol{\alpha},\boldsymbol{A}\boldsymbol{\alpha})=(\boldsymbol{A}\boldsymbol{\alpha},\boldsymbol{A}^2\boldsymbol{\alpha})=(\boldsymbol{A}\boldsymbol{\alpha},6\boldsymbol{\alpha}-\boldsymbol{A}\boldsymbol{\alpha})\\&=(\boldsymbol{\alpha},\boldsymbol{A}\boldsymbol{\alpha})\begin{pmatrix}0&6\\1&-1\end{pmatrix},\end{aligned}$$

因 $\boldsymbol{P}$ 可逆，于是

$$\boldsymbol{P}^{-1}\boldsymbol{A}\boldsymbol{P}=\begin{pmatrix}0&6\\1&-1\end{pmatrix}.$$

记 $\boldsymbol{B}=\begin{pmatrix}0&6\\1&-1\end{pmatrix}$，而 $|\lambda\boldsymbol{E}-\boldsymbol{B}|=\begin{vmatrix}\lambda&-6\\-1&\lambda+1\end{vmatrix}=\lambda^2+\lambda-6$，特征值为 2，-3. 于是 $\boldsymbol{A}$ 有 2 个不同特征值，从而 $\boldsymbol{A}$ 可相似对角化.

解法 2 因 $\boldsymbol{A}^2+\boldsymbol{A}-6\boldsymbol{E}=(\boldsymbol{A}-2\boldsymbol{E})(\boldsymbol{A}+3\boldsymbol{E})=(\boldsymbol{A}+3\boldsymbol{E})(\boldsymbol{A}-2\boldsymbol{E})$，

由 $\boldsymbol{A}^2\boldsymbol{\alpha}+\boldsymbol{A}\boldsymbol{\alpha}-6\boldsymbol{\alpha}=\boldsymbol{0}$，即 $(\boldsymbol{A}^2+\boldsymbol{A}-6\boldsymbol{E})\boldsymbol{\alpha}=\boldsymbol{0}$，于是

$$(\boldsymbol{A}-2\boldsymbol{E})(\boldsymbol{A}+3\boldsymbol{E})\boldsymbol{\alpha}=\boldsymbol{0}\quad 即\quad (\boldsymbol{A}-2\boldsymbol{E})(\boldsymbol{A}\boldsymbol{\alpha}+3\boldsymbol{\alpha})=\boldsymbol{0},$$

从而 $\boldsymbol{A}(\boldsymbol{A}\boldsymbol{\alpha}+3\boldsymbol{\alpha})=2(\boldsymbol{A}\boldsymbol{\alpha}+3\boldsymbol{\alpha})$，由 $\boldsymbol{\alpha}$ 不是 $\boldsymbol{A}$ 的特征向量，有 $\boldsymbol{A}\boldsymbol{\alpha}+3\boldsymbol{\alpha}\neq\boldsymbol{0}$，从而 $\lambda=2$ 是 $\boldsymbol{A}$ 的特征值，类似有 $\lambda=-3$ 是 $\boldsymbol{A}$ 的特征值，于是 $\boldsymbol{A}$ 有 2 个不同特征值，从而 $\boldsymbol{A}$ 可相似对角化.

69 设 $\boldsymbol{A}$ 为 n 阶可逆矩阵，若 $\boldsymbol{A}$ 相似于对角阵，则 $\boldsymbol{A}^{-1}$ 也相似于对角阵.

知识点睛 0503 相似对角阵

证 设有可逆矩阵 $\boldsymbol{P}$ 使得 $\boldsymbol{P}^{-1}\boldsymbol{A}\boldsymbol{P}=\boldsymbol{\Lambda}$(对角阵)，则 $\boldsymbol{\Lambda}$ 可逆，且

$$\boldsymbol{P}^{-1}\boldsymbol{A}^{-1}(\boldsymbol{P}^{-1})^{-1}=\boldsymbol{\Lambda}^{-1},\qquad 即\qquad \boldsymbol{P}^{-1}\boldsymbol{A}^{-1}\boldsymbol{P}=\boldsymbol{\Lambda}^{-1}(对角阵),$$

所以 $\boldsymbol{A}^{-1}$ 也相似于对角阵.

【评注】本题利用定义判定 $\boldsymbol{A}^{-1}$ 是否可相似对角化，并且用到结论：可逆对角阵的逆矩阵也是对角阵.

70 设$A=\begin{pmatrix}1&4&-2\\0&-1&0\\1&2&-2\end{pmatrix}$，求$A^{2021}$.

知识点睛 0503 矩阵可相似对角化的应用

解 A的特征多项式为$|\lambda E-A|=\begin{vmatrix}\lambda-1&-4&2\\0&\lambda+1&0\\-1&-2&\lambda+2\end{vmatrix}=\lambda(\lambda+1)^2$，所以$A$的特征值为$\lambda_1=\lambda_2=-1,\lambda_3=0$.

当$\lambda_1=\lambda_2=-1$时，解$(A+E)x=0$，得基础解系为$p_1=(-2,1,0)^T,p_2=(1,0,1)^T$.
当$\lambda_3=0$时，解$Ax=0$，得基础解系为$p_3=(2,0,1)^T$.

令$P=\begin{pmatrix}-2&1&2\\1&0&0\\0&1&1\end{pmatrix}$，则$P^{-1}AP=\Lambda=\begin{pmatrix}-1&&\\&-1&\\&&0\end{pmatrix}$，故$A=P\Lambda P^{-1}$，从而

$$A^{2021}=P\Lambda^{2021}P^{-1}=P\Lambda P^{-1}=A.$$

K 2003 数学二，10分

71 若矩阵$A=\begin{pmatrix}2&2&0\\8&2&a\\0&0&6\end{pmatrix}$相似于对角阵$\Lambda$，试确定常数$a$的值；并求可逆矩阵$P$使$P^{-1}AP=\Lambda$.

知识点睛 0504 将矩阵化为相似对角阵

解 矩阵A的特征多项式为

$$|\lambda E-A|=\begin{vmatrix}\lambda-2&-2&0\\-8&\lambda-2&-a\\0&0&\lambda-6\end{vmatrix}=(\lambda-6)[(\lambda-2)^2-16]=(\lambda-6)^2(\lambda+2),$$

故A的特征值为$\lambda_1=\lambda_2=6,\lambda_3=-2$.

由于A相似于对角矩阵Λ,故对应于$\lambda_1=\lambda_2=6$应有两个线性无关的特征向量，因此矩阵$6E-A$的秩应为1. 从而由

$$6E-A=\begin{pmatrix}4&-2&0\\-8&4&-a\\0&0&0\end{pmatrix}\rightarrow\begin{pmatrix}2&-1&0\\0&0&a\\0&0&0\end{pmatrix},$$

解得$a=0$.

进而求得对应于$\lambda_1=\lambda_2=6$的两个线性无关的特征向量为

$$\xi_1=(0,0,1)^T,\quad \xi_2=(1,2,0)^T.$$

当$\lambda_3=-2$时，

$$-2E-A=\begin{pmatrix}-4&-2&0\\-8&-4&0\\0&0&-8\end{pmatrix}\rightarrow\begin{pmatrix}2&1&0\\0&0&1\\0&0&0\end{pmatrix},$$

解得对应于$\lambda_3=-2$的特征向量$\xi_3=(1,-2,0)^T$.

令$P=\begin{pmatrix}0&1&1\\0&2&-2\\1&0&0\end{pmatrix}$，则$P$可逆，且有$P^{-1}AP=\Lambda$.

72 设矩阵 $A=\begin{pmatrix}2&0&1\\3&1&x\\4&0&5\end{pmatrix}$ 可相似对角化，求 x.

知识点睛 0503 矩阵可相似对角化的充要条件

解 (1) 先求 A 的特征值. 由

$$|\lambda E-A|=\begin{vmatrix}\lambda-2&0&-1\\-3&\lambda-1&-x\\-4&0&\lambda-5\end{vmatrix}=(\lambda-1)^2(\lambda-6),$$

得 A 的特征值为 $\lambda_1=6,\lambda_2=\lambda_3=1$.

因为 A 可相似对角化，所以对于 $\lambda_2=\lambda_3=1$，有 $r(E-A)=1$. 由

$$E-A=\begin{pmatrix}-1&0&-1\\-3&0&-x\\-4&0&-4\end{pmatrix}\to\begin{pmatrix}1&0&1\\0&0&x-3\\0&0&0\end{pmatrix},$$

知当 $x=3$ 时，$r(E-A)=1$. 即 $x=3$ 为所求.

73 设 A 为 3 阶方阵，已知 $A\begin{pmatrix}1&0\\1&0\\0&1\end{pmatrix}=\begin{pmatrix}2&0\\2&0\\0&1\end{pmatrix}$，$x=\begin{pmatrix}1\\-1\\0\end{pmatrix}$ 是齐次线性方程组 $Ax=0$ 的解.

73 题精解视频

(1) 求矩阵 A 的所有特征值和特征向量；

(2) 判断矩阵 A 是否与对角矩阵 Λ 相似，若相似，求出 Λ 及使 $P^{-1}AP=\Lambda$ 的可逆矩阵 P.

知识点睛 0501 矩阵的特征值与特征向量的求法，0504 将矩阵化为相似对角矩阵的方法

解 (1) 由条件 $A\begin{pmatrix}1&0\\1&0\\0&1\end{pmatrix}=\begin{pmatrix}2&0\\2&0\\0&1\end{pmatrix}$ 知，A 有两个特征值 $\lambda_1=2,\lambda_2=1$，且 $p_1=(1,1,0)^T$，$p_2=(0,0,1)^T$ 分别为对应于特征值 $\lambda_1=2,\lambda_2=1$ 的两个特征向量，所以对应于特征值 $\lambda_1=2,\lambda_2=1$ 的全部特征向量分别为

$$k_1p_1=k_1(1,1,0)^T,\quad k_2p_2=k_2(0,0,1)^T,\quad k_1,k_2\neq 0.$$

又 $x=(1,-1,0)^T$ 是齐次线性方程组 $Ax=0$ 的解，所以 $\lambda_3=0$ 为 A 的第 3 个特征值，且 $p_3=(1,-1,0)^T$ 为对应于特征值 $\lambda_3=0$ 的一个特征向量. 因此，对应于特征值 $\lambda_3=0$ 的全部特征向量为 $k_3p_3=k_3(1,-1,0)^T,k_3\neq0$.

(2) 由于 A 有 3 个互不相等的特征值 $\lambda_1=2,\lambda_2=1,\lambda_3=0$，故 A 与对角矩阵 Λ 相似. 令 $P=\begin{pmatrix}1&0&1\\1&0&-1\\0&1&0\end{pmatrix}$，则 $P^{-1}AP=\Lambda=\begin{pmatrix}2&&\\&1&\\&&0\end{pmatrix}$.

74 设矩阵 $A=\begin{pmatrix}1&2&-3\\-1&4&-3\\1&a&5\end{pmatrix}$ 的特征方程有一个二重根，求 a 的值，并讨论 A 是

Ⓚ 2004 数学一、数学二，9 分

否可相似对角化.

知识点睛 0504 将矩阵化为相似对角矩阵的方法

解 A 的特征多项式为

$$|\lambda E - A| = \begin{vmatrix} \lambda-1 & -2 & 3 \\ 1 & \lambda-4 & 3 \\ -1 & -a & \lambda-5 \end{vmatrix} = \begin{vmatrix} \lambda-2 & 2-\lambda & 0 \\ 1 & \lambda-4 & 3 \\ -1 & -a & \lambda-5 \end{vmatrix}$$

$$= (\lambda-2)\begin{vmatrix} 1 & -1 & 0 \\ 1 & \lambda-4 & 3 \\ -1 & -a & \lambda-5 \end{vmatrix}$$

$$= (\lambda-2)(\lambda^2 - 8\lambda + 18 + 3a).$$

若 $\lambda=2$ 是特征方程的二重根，则有 $2^2 - 16 + 18 + 3a = 0$，解得 $a=-2$.

当 $a=-2$ 时，A 的特征值为 2,2,6，矩阵 $2E-A=\begin{pmatrix} 1 & -2 & 3 \\ 1 & -2 & 3 \\ -1 & 2 & -3 \end{pmatrix}$ 的秩为 1，故 $\lambda=2$ 对应的线性无关的特征向量有两个，从而 A 可相似对角化.

若 $\lambda=2$ 不是特征方程的二重根，则 $\lambda^2 - 8\lambda + 18 + 3a$ 为完全平方，从而 $18 + 3a = 16$，解得 $a=-\frac{2}{3}$.

当 $a=-\frac{2}{3}$ 时，A 的特征值为 2,4,4，矩阵 $4E - A=\begin{pmatrix} 3 & -2 & 3 \\ 1 & 0 & 3 \\ -1 & \frac{2}{3} & -1 \end{pmatrix}$ 的秩为 2，故 $\lambda=4$ 对应的线性无关的特征向量只有一个，从而 A 不可相似对角化.

K 2022 数学二、数学三，5 分

75 设 A 为 3 阶矩阵，$\Lambda = \begin{pmatrix} 1 & 0 & 0 \\ 0 & -1 & 0 \\ 0 & 0 & 0 \end{pmatrix}$，则 A 的特征值为 $1, -1, 0$ 的充要条件是(　　).

(A) 存在可逆矩阵 P,Q，使得 $A = P\Lambda Q$　　(B) 存在可逆矩阵 P，使得 $A = P\Lambda P^{-1}$

(C) 存在正交矩阵 Q，使得 $A = Q\Lambda Q^{-1}$　　(D) 存在可逆矩阵 P，使得 $A = P\Lambda P^{\mathrm{T}}$

知识点睛 0503 矩阵可相似对角化的充分必要条件及相似对角阵

解 选项(A)不正确. 例如，若 $P = \begin{pmatrix} 1 & 0 & 0 \\ 1 & 1 & 0 \\ 0 & 0 & 1 \end{pmatrix}$，$Q = \begin{pmatrix} 1 & 1 & 0 \\ 0 & 1 & 0 \\ 0 & 0 & 1 \end{pmatrix}$，则

$$A = P\Lambda Q = \begin{pmatrix} 1 & 0 & 0 \\ 1 & 1 & 0 \\ 0 & 0 & 1 \end{pmatrix}\begin{pmatrix} 1 & 0 & 0 \\ 0 & -1 & 0 \\ 0 & 0 & 0 \end{pmatrix}\begin{pmatrix} 1 & 1 & 0 \\ 0 & 1 & 0 \\ 0 & 0 & 1 \end{pmatrix} = \begin{pmatrix} 1 & 1 & 0 \\ 1 & 0 & 0 \\ 0 & 0 & 0 \end{pmatrix},$$

$$|\lambda E - A| = \begin{vmatrix} \lambda-1 & -1 & 0 \\ -1 & \lambda & 0 \\ 0 & 0 & \lambda \end{vmatrix} = \lambda(\lambda^2 - \lambda - 1),$$

$\boldsymbol{A}$ 的特征值不是 $1,-1,0$.

选项(B)是正确的.因为 $\boldsymbol{A}=\boldsymbol{P}\boldsymbol{\Lambda}\boldsymbol{P}^{-1}$ 与 $\boldsymbol{\Lambda}$ 相似,所以 $\boldsymbol{A}$ 与 $\boldsymbol{\Lambda}$ 的特征值相同,为 $1,-1,0$.反之,若 $\boldsymbol{A}$ 的特征值是 $1,-1,0$,因为 $\boldsymbol{A}$ 的特征值两两不相同,所以 $\boldsymbol{A}$ 可以相似对角化,$\boldsymbol{A}$ 的相似标准形为 $\boldsymbol{\Lambda}$.

选项(C)不正确.(C)是 $\boldsymbol{A}$ 的特征值为 $1,-1,0$ 的充分条件,不是必要条件.例如,
$\boldsymbol{A}=\begin{pmatrix}1&1&0\\0&-1&1\\0&0&0\end{pmatrix}$,$\boldsymbol{A}$ 的特征值为 $\lambda_1=1,\lambda_2=-1,\lambda_3=0$,对应的特征向量分别为

$$\boldsymbol{\xi}_1=(1,0,0)^{\mathrm{T}},\quad \boldsymbol{\xi}_2=(1,-2,0)^{\mathrm{T}},\quad \boldsymbol{\xi}_3=(-1,1,1)^{\mathrm{T}},$$

$\boldsymbol{\xi}_1,\boldsymbol{\xi}_2,\boldsymbol{\xi}_3$ 两两不正交,所以 $\boldsymbol{Q}=(\boldsymbol{\xi}_1,\boldsymbol{\xi}_2,\boldsymbol{\xi}_3)$ 不可能是正交矩阵,从而不可能有 $\boldsymbol{A}=\boldsymbol{Q}\boldsymbol{\Lambda}\boldsymbol{Q}^{-1}$(即 $\boldsymbol{Q}^{-1}\boldsymbol{A}\boldsymbol{Q}=\boldsymbol{\Lambda}$).

选项(D)不正确.例如,$\boldsymbol{P}=\begin{pmatrix}1&0&0\\0&2&0\\0&0&3\end{pmatrix}$,$\boldsymbol{P}^{\mathrm{T}}=\begin{pmatrix}1&0&0\\0&2&0\\0&0&3\end{pmatrix}$,有

$$\boldsymbol{A}=\boldsymbol{P}\boldsymbol{\Lambda}\boldsymbol{P}^{\mathrm{T}}=\begin{pmatrix}1&0&0\\0&2&0\\0&0&3\end{pmatrix}\begin{pmatrix}1&0&0\\0&-1&0\\0&0&0\end{pmatrix}\begin{pmatrix}1&0&0\\0&2&0\\0&0&3\end{pmatrix}=\begin{pmatrix}1&0&0\\0&-4&0\\0&0&0\end{pmatrix},$$

$\boldsymbol{A}$ 的特征值不是 $1,-1,0$.

故应选(B).

【评注】牢记 n 阶矩阵 $\boldsymbol{A}$ 可相似对角化的充分必要条件是矩阵 $\boldsymbol{A}$ 有 n 个线性无关的特征向量.

76　已知 $\boldsymbol{A}=\begin{pmatrix}2&a&2\\5&b&3\\-1&1&-1\end{pmatrix}$有特征值±1.问 $\boldsymbol{A}$ 能否对角化?并说明理由.

知识点睛　0503 矩阵可相似对角化的充要条件

解　因 $\lambda=\pm1$ 是 $\boldsymbol{A}$ 的特征值,代入 $\boldsymbol{A}$ 的特征方程 $|\lambda\boldsymbol{E}-\boldsymbol{A}|=0$.

当 $\lambda=1$ 时,$|\boldsymbol{E}-\boldsymbol{A}|=\begin{vmatrix}-1&-a&-2\\-5&1-b&-3\\1&-1&2\end{vmatrix}=-7(a+1)=0$,得 $a=-1$.

当 $\lambda=-1$ 时,　$|-\boldsymbol{E}-\boldsymbol{A}|=\begin{vmatrix}-3&-a&-2\\-5&-1-b&-3\\1&-1&0\end{vmatrix}=-2(b+3)=0$,得 $b=-3$.

因此 $\boldsymbol{A}=\begin{pmatrix}2&-1&2\\5&-3&3\\-1&1&-1\end{pmatrix}$.

又特征值之和等于矩阵的迹,即 $1+(-1)+\lambda_3=2+(-3)+(-1)$,因此 $\lambda_3=-2$.这样 3 阶矩阵 $\boldsymbol{A}$ 有三个不同的特征值,故可以相似对角化.

【评注】本题利用结论：矩阵的迹等于特征值之和来求第 3 个特征值，比直接求要简便得多.

77 设矩阵 $\boldsymbol{A}=\begin{pmatrix}4&6&0\\-3&-5&0\\-3&-6&1\end{pmatrix}$，求可逆矩阵 $\boldsymbol{P}$，使 $\boldsymbol{P}^{-1}\boldsymbol{A}\boldsymbol{P}$ 为对角阵.

知识点睛 0504 将矩阵化为相似对角矩阵的方法

解 $|\lambda\boldsymbol{E}-\boldsymbol{A}|=\begin{vmatrix}\lambda-4&-6&0\\3&\lambda+5&0\\3&6&\lambda-1\end{vmatrix}=(\lambda-1)^2(\lambda+2)$，因此 $\boldsymbol{A}$ 的特征值为

$$\lambda_1=-2,\quad \lambda_2=\lambda_3=1.$$

当 $\lambda_1=-2$ 时，解 $(-2\boldsymbol{E}-\boldsymbol{A})\boldsymbol{x}=\boldsymbol{0}$ 得基础解系 $\boldsymbol{\eta}_1=(-1,1,1)^{\mathrm{T}}$，即为属于 $\lambda_1=-2$ 的特征向量.

当 $\lambda_2=\lambda_3=1$ 时，解 $(\boldsymbol{E}-\boldsymbol{A})\boldsymbol{x}=\boldsymbol{0}$ 得基础解系：

$$\boldsymbol{\eta}_2=(0,0,1)^{\mathrm{T}},\quad \boldsymbol{\eta}_3=(-2,1,0)^{\mathrm{T}},$$

即为属于 $\lambda_2=\lambda_3=1$ 的线性无关的特征向量.

因此 $\boldsymbol{A}$ 可对角化，即令 $\boldsymbol{P}=(\boldsymbol{\eta}_1,\boldsymbol{\eta}_2,\boldsymbol{\eta}_3)=\begin{pmatrix}-1&0&-2\\1&0&1\\1&1&0\end{pmatrix}$，则 $\boldsymbol{P}^{-1}\boldsymbol{A}\boldsymbol{P}=\begin{pmatrix}-2&&\\&1&\\&&1\end{pmatrix}$.

【评注】注意到，若存在可逆矩阵 $\boldsymbol{P}$ 使 $\boldsymbol{P}^{-1}\boldsymbol{A}\boldsymbol{P}$ 为对角阵，则 $\boldsymbol{P}$ 的列向量为 $\boldsymbol{A}$ 的 n 个线性无关的特征向量；而对角阵主对角线上的元素为 $\boldsymbol{A}$ 的特征值. 事实上，设

$$\boldsymbol{P}^{-1}\boldsymbol{A}\boldsymbol{P}=\begin{pmatrix}\lambda_1&&&\\&\lambda_2&&\\&&\ddots&\\&&&\lambda_n\end{pmatrix},$$

令 $\boldsymbol{P}=(\boldsymbol{\alpha}_1,\boldsymbol{\alpha}_2,\cdots,\boldsymbol{\alpha}_n)$，则

$$\boldsymbol{A}(\boldsymbol{\alpha}_1,\boldsymbol{\alpha}_2,\cdots,\boldsymbol{\alpha}_n)=(\boldsymbol{\alpha}_1,\boldsymbol{\alpha}_2,\cdots,\boldsymbol{\alpha}_n)\begin{pmatrix}\lambda_1&&&\\&\lambda_2&&\\&&\ddots&\\&&&\lambda_n\end{pmatrix},$$

即有

$$\boldsymbol{A}\boldsymbol{\alpha}_i=\lambda_i\boldsymbol{\alpha}_i,\quad i=1,2,\cdots,n.$$

所以 λ_i 为 $\boldsymbol{A}$ 的特征值，而 $\boldsymbol{\alpha}_i$ 为 $\boldsymbol{A}$ 的属于 λ_i 的特征向量.

Ⓚ 2021 数学二、数学三，12 分

78 设矩阵 $\boldsymbol{A}=\begin{pmatrix}2&1&0\\1&2&0\\1&a&b\end{pmatrix}$ 仅有两个不同的特征值. 若 $\boldsymbol{A}$ 相似于对角矩阵，求 a,b 的值，并求可逆矩阵 $\boldsymbol{P}$，使 $\boldsymbol{P}^{-1}\boldsymbol{A}\boldsymbol{P}$ 为对角矩阵.

知识点睛 0504 矩阵可相似对角化的方法

解 特征多项式

$$|\lambda E-A|=\begin{vmatrix}\lambda-2 & -1 & 0\\ -1 & \lambda-2 & 0\\ -1 & -a & \lambda-b\end{vmatrix}=(\lambda-b)(\lambda-1)(\lambda-3),$$

因为 A 只有两个不同的特征值，所以 $b=1$ 或 $b=3$.

（1）当 $b=1$ 时，A 的特征值为 $1,1,3$.由于 $A\sim\Lambda$，那么 $r(E-A)=1$.

$$E-A=\begin{pmatrix}-1 & -1 & 0\\ -1 & -1 & 0\\ -1 & -a & 0\end{pmatrix}\to\begin{pmatrix}1 & 1 & 0\\ 0 & 1-a & 0\\ 0 & 0 & 0\end{pmatrix},$$

所以 $a=1$ 且 $\lambda=1$ 对应的特征向量为 $\boldsymbol{\alpha}_1=(-1,1,0)^{\mathrm{T}},\boldsymbol{\alpha}_2=(0,0,1)^{\mathrm{T}}$.

再解 $(3E-A)x=0$ 得 $\lambda=3$ 对应的特征向量 $\boldsymbol{\alpha}_3=(1,1,1)^{\mathrm{T}}$.令

$$P_1=(\boldsymbol{\alpha}_1,\boldsymbol{\alpha}_2,\boldsymbol{\alpha}_3)=\begin{pmatrix}-1 & 0 & 1\\ 1 & 0 & 1\\ 0 & 1 & 1\end{pmatrix},$$

有 $P_1^{-1}AP_1=\Lambda=\begin{pmatrix}1 & & \\ & 1 & \\ & & 3\end{pmatrix}$.

（2）当 $b=3$ 时，A 的特征值为 $1,3,3$. 由 $A\sim\Lambda$ 知 $r(3E-A)=1$.

$$3E-A=\begin{pmatrix}1 & -1 & 0\\ -1 & 1 & 0\\ -1 & -a & 0\end{pmatrix}\to\begin{pmatrix}1 & -1 & 0\\ 0 & a+1 & 0\\ 0 & 0 & 0\end{pmatrix},$$

所以 $a=-1$. 对应的特征向量为 $\boldsymbol{\beta}_1=(1,1,0)^{\mathrm{T}}$，$\boldsymbol{\beta}_2=(0,0,1)^{\mathrm{T}}$.

再解 $(E-A)x=0$ 得 $\lambda=1$ 对应的特征向量 $\boldsymbol{\beta}_3=(-1,1,1)^{\mathrm{T}}$.令

$$P_2=(\boldsymbol{\beta}_1,\boldsymbol{\beta}_2,\boldsymbol{\beta}_3)=\begin{pmatrix}1 & 0 & -1\\ 1 & 0 & 1\\ 0 & 1 & 1\end{pmatrix},$$

有 $P_2^{-1}AP_2=\begin{pmatrix}3 & & \\ & 3 & \\ & & 1\end{pmatrix}$.

79 设矩阵 $A=\begin{pmatrix}1 & -1 & 1\\ x & 4 & y\\ -3 & -3 & 5\end{pmatrix}$.已知 A 有三个线性无关的特征向量，$\lambda=2$ 是 A 的二重特征值.试求可逆矩阵 P，使得 $P^{-1}AP$ 为对角矩阵.

79 题精解视频

知识点睛 0504 将矩阵化为相似对角矩阵的方法

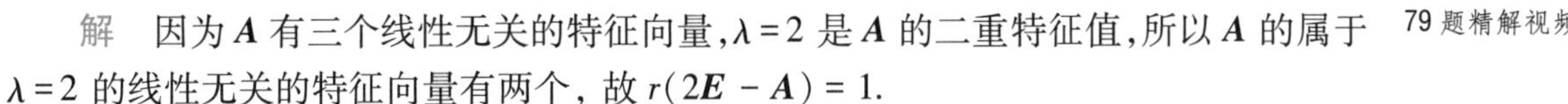

解 因为 A 有三个线性无关的特征向量，$\lambda=2$ 是 A 的二重特征值，所以 A 的属于 $\lambda=2$ 的线性无关的特征向量有两个，故 $r(2E-A)=1$.

经过初等行变换

$$2E-A=\begin{pmatrix}1&1&-1\\-x&-2&-y\\3&3&-3\end{pmatrix}\to\begin{pmatrix}1&1&-1\\0&x-2&-x-y\\0&0&0\end{pmatrix},$$

解得 $x=2,y=-2$.

于是矩阵 $A=\begin{pmatrix}1&-1&1\\2&4&-2\\-3&-3&5\end{pmatrix}$,其特征多项式

$$|\lambda E-A|=\begin{vmatrix}\lambda-1&1&-1\\-2&\lambda-4&2\\3&3&\lambda-5\end{vmatrix}=(\lambda-2)^2(\lambda-6),$$

解得特征值 $\lambda_1=\lambda_2=2,\lambda_3=6$.

对于 $\lambda_1=\lambda_2=2$,解 $(2E-A)\boldsymbol{x}=\boldsymbol{0}$,有

$$2E-A=\begin{pmatrix}1&1&-1\\-2&-2&2\\3&3&-3\end{pmatrix}\to\begin{pmatrix}1&1&-1\\0&0&0\\0&0&0\end{pmatrix},$$

对应的线性无关的特征向量为

$$\boldsymbol{\alpha}_1=(1,-1,0)^{\mathrm{T}},\quad \boldsymbol{\alpha}_2=(1,0,1)^{\mathrm{T}}.$$

对于 $\lambda_3=6$,解 $(6E-A)\boldsymbol{x}=\boldsymbol{0}$,有

$$6E-A=\begin{pmatrix}5&1&-1\\-2&2&2\\3&3&1\end{pmatrix}\to\begin{pmatrix}1&0&-\frac{1}{3}\\0&1&\frac{2}{3}\\0&0&0\end{pmatrix},$$

对应的线性无关的特征向量为 $\boldsymbol{\alpha}_3=(1,-2,3)^{\mathrm{T}}$.

令 $P=\begin{pmatrix}1&1&1\\-1&0&-2\\0&1&3\end{pmatrix}$,则 $P^{-1}AP=\begin{pmatrix}2&0&0\\0&2&0\\0&0&6\end{pmatrix}$.

80 已知 3 阶方阵 A 的三个特征值为 1,1,2, 对应的特征向量为 $(1,2,1)^{\mathrm{T}}$, $(1,1,0)^{\mathrm{T}}$, $(2,0,-1)^{\mathrm{T}}$, 问 A 是否与对角矩阵 B 相似. 如果相似, 求 A,B 及可逆矩阵 P, 使 $A=PBP^{-1}$.

知识点睛 0503 矩阵可相似对角化的充要条件

解 由 $\begin{vmatrix}1&1&2\\2&1&0\\1&0&-1\end{vmatrix}=\begin{vmatrix}3&1&2\\2&1&0\\0&0&-1\end{vmatrix}=-\begin{vmatrix}3&1\\2&1\end{vmatrix}=-1\neq0$,矩阵 A 有三个线性无关的特征向量, 从而 A 与一个对角阵相似.

又因为 $A\begin{pmatrix}1\\2\\1\end{pmatrix}=\begin{pmatrix}1\\2\\1\end{pmatrix}$,$A\begin{pmatrix}1\\1\\0\end{pmatrix}=\begin{pmatrix}1\\1\\0\end{pmatrix}$,$A\begin{pmatrix}2\\0\\-1\end{pmatrix}=2\begin{pmatrix}2\\0\\-1\end{pmatrix}$,所以

$$A\begin{pmatrix}1&1&2\\2&1&0\\1&0&-1\end{pmatrix}=\begin{pmatrix}1&1&2\\2&1&0\\1&0&-1\end{pmatrix}\begin{pmatrix}1&0&0\\0&1&0\\0&0&2\end{pmatrix},$$

从而

$$B=\begin{pmatrix}1&0&0\\0&1&0\\0&0&2\end{pmatrix},\quad P=\begin{pmatrix}1&1&2\\2&1&0\\1&0&-1\end{pmatrix},$$

$$\begin{aligned}A&=\begin{pmatrix}1&1&2\\2&1&0\\1&0&-1\end{pmatrix}\begin{pmatrix}1&0&0\\0&1&0\\0&0&2\end{pmatrix}\begin{pmatrix}1&1&2\\2&1&0\\1&0&-1\end{pmatrix}^{-1}\\&=\begin{pmatrix}1&1&2\\2&1&0\\1&0&-1\end{pmatrix}\begin{pmatrix}1&0&0\\0&1&0\\0&0&2\end{pmatrix}\begin{pmatrix}1&-1&2\\-2&3&-4\\1&-1&1\end{pmatrix}\\&=\begin{pmatrix}3&-2&2\\0&1&0\\-1&1&0\end{pmatrix}.\end{aligned}$$

【评注】根据 n 阶矩阵可对角化的充要条件是该矩阵有 n 个线性无关的特征向量，判定 A 是否与对角阵相似，只需判定所给的三个特征向量是否线性无关. 求 A,B,P 只需利用特征值，特征向量的定义便可求解.

81 已知 $\xi=\begin{pmatrix}1\\1\\-1\end{pmatrix}$是矩阵 $A=\begin{pmatrix}2&-1&2\\5&a&3\\-1&b&-2\end{pmatrix}$的一个特征向量. [K] 1997 数学一，6 分

(1) 试确定参数 a,b 及特征向量 ξ 所对应的特征值；

(2) 问 A 能否相似于对角阵？说明理由.

81 题精解视频

知识点睛 0501 矩阵的特征值与特征向量的概念，0503 矩阵可相似对角化的充要条件

解 (1) 设 ξ 是属于特征值 λ_0的特征向量，即

$$\begin{pmatrix}2&-1&2\\5&a&3\\-1&b&-2\end{pmatrix}\begin{pmatrix}1\\1\\-1\end{pmatrix}=\lambda_0\begin{pmatrix}1\\1\\-1\end{pmatrix},$$

即 $\begin{cases}2-1-2=\lambda_0,\\5+a-3=\lambda_0,\\-1+b+2=-\lambda_0,\end{cases}$ 解得 $\lambda_0=-1,a=-3,b=0.$

(2) 由

$$|\lambda E-A|=\begin{vmatrix}\lambda-2&1&-2\\-5&\lambda+3&-3\\1&0&\lambda+2\end{vmatrix}=(\lambda+1)^3,$$

知矩阵 A 的特征值为 $\lambda_1=\lambda_2=\lambda_3=-1.$ 由于

$$r(-E-A)=r\begin{pmatrix}-3&1&-2\\-5&2&-3\\1&0&1\end{pmatrix}=2,$$

从而 $\lambda=-1$ 只有一个线性无关的特征向量，故 A 不能相似对角化.

82 设矩阵 A 与 B 相似，试证明：

(1) A^{T}与 B^{T}相似；

(2) 当 A 可逆时，A^{-1}与 B^{-1}相似；

(3) A^* 与 B^* 相似；

(4) 对任意自然数 k 和任意数 c，有 A^k与 B^k相似，cA 与 cB 相似；

(5) 对任意多项式 $f(x)$，$f(A)$ 与 $f(B)$ 相似.

知识点睛 0502 相似矩阵的概念与性质

证 (1) 因 A 与 B 相似，故存在可逆矩阵 P，使得 $B=P^{-1}AP$. 这时

$$B^{\mathrm{T}}=P^{\mathrm{T}}A^{\mathrm{T}}(P^{-1})^{\mathrm{T}}=P^{\mathrm{T}}A^{\mathrm{T}}(P^{\mathrm{T}})^{-1}$$

故 A^{T}与 B^{T}相似.

(2) 因 A 与 B 相似，A 可逆，故 B 也可逆(原因是相似矩阵的行列式相等，$|B|=|A|\neq 0$). 由 $B=P^{-1}AP$ 得 $B^{-1}=P^{-1}A^{-1}(P^{-1})^{-1}=P^{-1}A^{-1}P$，故 A^{-1}与 B^{-1}相似.

(3) 因 A 与 B 相似，故存在可逆矩阵 P，使 $B=P^{-1}AP$. 从而

$$B^*=(P^{-1}AP)^*=P^*A^*(P^{-1})^*=P^*A^*(P^*)^{-1},$$

所以 A^* 与 B^* 相似.

(4) 因 A 与 B 相似，故存在可逆矩阵 P，使得 $B=P^{-1}AP$.

当 $k=0$ 时，由于 $A^k=B^k=E$，从而 A^k与 B^k相似；当 k 为正整数时，$(P^{-1}AP)^k=B^k$，即 $P^{-1}A^kP=B^k$. 从而 A^k与 B^k相似.

又$P^{-1}(cA)P=cB$，从而 cA 与 cB 相似.

(5) 因 A 与 B 相似，故存在可逆矩阵 P，使 $B=P^{-1}AP$. 设

$$f(x)=c_0x^m+c_1x^{m-1}+\cdots+c_{m-1}x+c_m,$$

则

$$\begin{aligned}f(B)&=c_0(P^{-1}AP)^m+c_1(P^{-1}AP)^{m-1}+\cdots+c_{m-1}P^{-1}AP+c_mE\\&=c_0P^{-1}A^mP+c_1P^{-1}A^{m-1}P+\cdots+c_{m-1}P^{-1}AP+c_mP^{-1}EP\\&=P^{-1}(c_0A^m+c_1A^{m-1}+\cdots+c_{m-1}A+c_mE)P\\&=P^{-1}f(A)P,\end{aligned}$$

所以 $f(A)$ 与 $f(B)$ 相似.

【评注】(1) 应注意，若 $A_1\sim B_1, A_2\sim B_2$，则不一定有

$$A_1+A_2\sim B_1+B_2.$$

例如，取

$$A_1=\begin{pmatrix}1&0\\0&0\end{pmatrix},\quad B_1=\begin{pmatrix}1&1\\0&0\end{pmatrix},\quad A_2=B_2=\begin{pmatrix}-1&0\\0&0\end{pmatrix},$$

则 $P^{-1}A_1P=B_1$，其中 $P=\begin{pmatrix}1&1\\0&1\end{pmatrix}$，即 $A_1\sim B_1, A_2\sim B_2$. 但是

$$A_1+A_2=\begin{pmatrix}0&0\\0&0\end{pmatrix},\quad B_1+B_2=\begin{pmatrix}0&1\\0&0\end{pmatrix},$$

而 A_1+A_2 与 B_1+B_2 显然不相似.

另外,一般也不一定有 $A_1A_2\sim B_1B_2$. 例如, 取 A_1,B_1 仍如上, 但取

$$A_2=B_2=\begin{pmatrix}0&0\\1&1\end{pmatrix},$$

则 $A_1\sim B_1,A_2\sim B_2$. 但是由于

$$A_1A_2=\begin{pmatrix}0&0\\0&0\end{pmatrix},\quad B_1B_2=\begin{pmatrix}1&1\\0&0\end{pmatrix},$$

显然 A_1A_2 与 B_1B_2 不相似.

(2) 判断两个矩阵 A 和 B 是否相似, 通常有三种方法:

方法 1: 利用定义, 即若存在可逆矩阵 P, 使 $P^{-1}AP=B$, 则 A 与 B 相似;

方法 2: 利用相似的必要条件, 即若 A,B 不满足相似的必要条件, 则 A 与 B 不相似;

方法 3: 利用相似的传递性, 即若存在矩阵 C, 使 A 与 C 相似, C 与 B 相似, 则 A 与 B 相似.

83 已知矩阵 A 与 C 相似, 矩阵 B 与 D 相似, 证明分块矩阵 $\begin{pmatrix}A&O\\O&B\end{pmatrix}$ 与 $\begin{pmatrix}C&O\\O&D\end{pmatrix}$ 相似.

知识点睛 利用定义证明两矩阵相似

证 由题设知, 存在可逆矩阵 P,Q, 使得 $C=P^{-1}AP,D=Q^{-1}BQ$, 取 $X=\begin{pmatrix}P&O\\O&Q\end{pmatrix}$, 则 X 可逆, 且 $X^{-1}=\begin{pmatrix}P^{-1}&O\\O&Q^{-1}\end{pmatrix}$. 这时,

$$\begin{aligned}X^{-1}\begin{pmatrix}A&O\\O&B\end{pmatrix}X&=\begin{pmatrix}P^{-1}&O\\O&Q^{-1}\end{pmatrix}\begin{pmatrix}A&O\\O&B\end{pmatrix}\begin{pmatrix}P&O\\O&Q\end{pmatrix}\\&=\begin{pmatrix}P^{-1}AP&O\\O&Q^{-1}BQ\end{pmatrix}=\begin{pmatrix}C&O\\O&D\end{pmatrix},\end{aligned}$$

即 $\begin{pmatrix}A&O\\O&B\end{pmatrix}$ 与 $\begin{pmatrix}C&O\\O&D\end{pmatrix}$ 相似.

84 设 A,B 都是 n 阶方阵, 且 $|A|\neq 0$, 证明: AB 与 BA 相似.

知识点睛 利用定义证明两矩阵相似

证 由 $|A|\neq 0$ 知 A 可逆, 则

$$A^{-1}(AB)A=(A^{-1}A)BA=BA,$$

即 AB 与 BA 相似.

85 矩阵 $\begin{pmatrix}1&1\\0&2\end{pmatrix}$ 与(　　)相似.

(A)$\begin{pmatrix}-1&0\\0&-2\end{pmatrix}$　(B)$\begin{pmatrix}1&1\\2&2\end{pmatrix}$　(C)$\begin{pmatrix}1&1\\2&0\end{pmatrix}$　(D)$\begin{pmatrix}1&0\\1&2\end{pmatrix}$

知识点睛　利用相似矩阵的必要条件证明两矩阵不相似

解　经计算$\begin{pmatrix}1&1\\0&2\end{pmatrix}$的特征值为1和2，$\begin{pmatrix}-1&0\\0&-2\end{pmatrix}$的特征值为-1和-2，故所给矩阵不与(A)相似；$\begin{vmatrix}1&1\\0&2\end{vmatrix}=2$，而$\begin{vmatrix}1&1\\2&2\end{vmatrix}=0$，$\begin{vmatrix}1&1\\2&0\end{vmatrix}=-2$，故所给矩阵不与(B)、(C)相似.从而，所给矩阵与(D)相似.

事实上，$\begin{pmatrix}1&1\\0&2\end{pmatrix}$与$\begin{pmatrix}1&0\\0&2\end{pmatrix}$相似，而$\begin{pmatrix}1&0\\1&2\end{pmatrix}$的特征值为1和2，所以也与$\begin{pmatrix}1&0\\0&2\end{pmatrix}$相似. 于是所给矩阵与(D)相似.

故应选(D).

【评注】本题通过判断矩阵不满足相似的必要条件来判定不相似.

86　下列各组矩阵相似的是(　　).

(A)$\begin{pmatrix}1&1&1\\2&2&2\\3&3&3\end{pmatrix}$与$\begin{pmatrix}1&0&0\\0&2&0\\0&0&0\end{pmatrix}$　(B)$\begin{pmatrix}1&0&0\\1&2&0\\1&1&3\end{pmatrix}$与$\begin{pmatrix}1&1&1\\0&2&1\\0&0&3\end{pmatrix}$

(C)$\begin{pmatrix}2&1&1\\1&2&1\\1&1&2\end{pmatrix}$与$\begin{pmatrix}2&0&0\\0&2&0\\0&0&2\end{pmatrix}$　(D)$\begin{pmatrix}2&1&1\\1&2&1\\1&1&2\end{pmatrix}$与$\begin{pmatrix}1&0&0\\0&1&0\\0&0&2\end{pmatrix}$

知识点睛　两矩阵相似的条件

解　因为相似矩阵的秩相等，由$\begin{pmatrix}1&1&1\\2&2&2\\3&3&3\end{pmatrix}$的秩为1，而$\begin{pmatrix}1&0&0\\0&2&0\\0&0&0\end{pmatrix}$的秩为2，故(A)中的矩阵不能相似.

因为相似矩阵的行列式相等，由于$\begin{vmatrix}2&1&1\\1&2&1\\1&1&2\end{vmatrix}=4$，而$\begin{vmatrix}2&0&0\\0&2&0\\0&0&2\end{vmatrix}=8$，故(C)中的矩阵不相似.

因为相似矩阵的特征值相同，所以它们的迹相等. 由于$\begin{pmatrix}2&1&1\\1&2&1\\1&1&2\end{pmatrix}$的对角线元素之和为6，而$\begin{pmatrix}1&0&0\\0&1&0\\0&0&2\end{pmatrix}$的对角线元素之和为4. 故(D)中的矩阵不相似. 因此只能选(B).

事实上，$\begin{pmatrix}1&0&0\\1&2&0\\1&1&3\end{pmatrix}$和$\begin{pmatrix}1&1&1\\0&2&1\\0&0&3\end{pmatrix}$都与对角矩阵$\begin{pmatrix}1&0&0\\0&2&0\\0&0&3\end{pmatrix}$相似，因而$\begin{pmatrix}1&0&0\\1&2&0\\1&1&3\end{pmatrix}$与

$\begin{pmatrix}1&1&1\\0&2&1\\0&0&3\end{pmatrix}$相似.故应选(B).

87 设 n 阶方阵 $\boldsymbol{A}$ 有 n 个互异的特征值,而矩阵 $\boldsymbol{B}$ 与 $\boldsymbol{A}$ 有相同的特征值,证明:$\boldsymbol{A}$ 与 $\boldsymbol{B}$ 相似.

知识点睛 利用相似矩阵的传递性、证明两矩阵相似

证 因 $\boldsymbol{A}$ 有 n 个互异的特征值,不妨设为 $\lambda_1,\lambda_2,\cdots,\lambda_n$,则存在可逆矩阵 $\boldsymbol{P}$,使得

$$\boldsymbol{P}^{-1}\boldsymbol{AP}=\begin{pmatrix}\lambda_1&&&\\&\lambda_2&&\\&&\ddots&\\&&&\lambda_n\end{pmatrix}.$$

又 $\lambda_1,\lambda_2,\cdots,\lambda_n$ 也是 $\boldsymbol{B}$ 的特征值,从而存在可逆矩阵 $\boldsymbol{Q}$,使得

$$\boldsymbol{Q}^{-1}\boldsymbol{BQ}=\begin{pmatrix}\lambda_1&&&\\&\lambda_2&&\\&&\ddots&\\&&&\lambda_n\end{pmatrix}.$$

于是 $\boldsymbol{P}^{-1}\boldsymbol{AP}=\boldsymbol{Q}^{-1}\boldsymbol{BQ}$,即 $\boldsymbol{B}=(\boldsymbol{PQ}^{-1})^{-1}\boldsymbol{A}(\boldsymbol{PQ}^{-1})$,所以 $\boldsymbol{A}$ 与 $\boldsymbol{B}$ 相似.

88 设矩阵 $\boldsymbol{A}=\begin{pmatrix}2&0&0\\0&0&1\\0&1&0\end{pmatrix}$,$\boldsymbol{B}=\begin{pmatrix}1&0&0\\0&-1&0\\0&-6&2\end{pmatrix}$.试判断 $\boldsymbol{A},\boldsymbol{B}$ 是否相似,若相似,求出可逆矩阵 $\boldsymbol{X}$,使 $\boldsymbol{B}=\boldsymbol{X}^{-1}\boldsymbol{AX}$.

知识点睛 0504 将矩阵化为相似对角矩阵的方法

解 由 $|\lambda\boldsymbol{E}-\boldsymbol{A}|=\begin{vmatrix}\lambda-2&0&0\\0&\lambda&-1\\0&-1&\lambda\end{vmatrix}=(\lambda-2)(\lambda^2-1)$,解得 $\boldsymbol{A}$ 的特征值为 2,1,-1.

因此 $\boldsymbol{A}$ 相似于$\begin{pmatrix}2&&\\&1&\\&&-1\end{pmatrix}$,进而求得 $\boldsymbol{A}$ 的属于特征值 2,1,-1 的特征向量为

$$\boldsymbol{\eta}_1=\begin{pmatrix}1\\0\\0\end{pmatrix},\quad \boldsymbol{\eta}_2=\begin{pmatrix}0\\1\\1\end{pmatrix},\quad \boldsymbol{\eta}_3=\begin{pmatrix}0\\1\\-1\end{pmatrix}.$$

令 $\boldsymbol{P}=(\boldsymbol{\eta}_1,\boldsymbol{\eta}_2,\boldsymbol{\eta}_3)=\begin{pmatrix}1&0&0\\0&1&1\\0&1&-1\end{pmatrix}$,则有 $\boldsymbol{P}^{-1}\boldsymbol{AP}=\begin{pmatrix}2&&\\&1&\\&&-1\end{pmatrix}$.又由

$$|\lambda\boldsymbol{E}-\boldsymbol{B}|=\begin{vmatrix}\lambda-1&0&0\\0&\lambda+1&0\\0&6&\lambda-2\end{vmatrix}=(\lambda-1)(\lambda+1)(\lambda-2),$$

解得 $\boldsymbol{B}$ 的三个不同特征值为 2,1,-1, 因此 $\boldsymbol{B}$ 也相似于$\begin{pmatrix}2&&\\&1&\\&&-1\end{pmatrix}$.

进而求得对应于特征值 2,1,-1 的特征向量为

$$\boldsymbol{\alpha}_1=\begin{pmatrix}0\\2\\1\end{pmatrix},\quad \boldsymbol{\alpha}_2=\begin{pmatrix}1\\0\\0\end{pmatrix},\quad \boldsymbol{\alpha}_3=\begin{pmatrix}0\\-1\\0\end{pmatrix}.$$

令 $\boldsymbol{Q}=(\boldsymbol{\alpha}_1,\boldsymbol{\alpha}_2,\boldsymbol{\alpha}_3)=\begin{pmatrix}0&1&0\\2&0&-1\\1&0&0\end{pmatrix}$, 则有 $\boldsymbol{Q}^{-1}\boldsymbol{BQ}=\begin{pmatrix}2&&\\&1&\\&&-1\end{pmatrix}$. 因此 $\boldsymbol{P}^{-1}\boldsymbol{AP}=\boldsymbol{Q}^{-1}\boldsymbol{BQ}$, 从而

$$\boldsymbol{B}=\boldsymbol{QP}^{-1}\boldsymbol{APQ}^{-1}=(\boldsymbol{PQ}^{-1})^{-1}\boldsymbol{A}(\boldsymbol{PQ}^{-1}).$$

令 $\boldsymbol{X}=\boldsymbol{PQ}^{-1}=\begin{pmatrix}1&0&0\\0&1&1\\0&1&-1\end{pmatrix}\begin{pmatrix}0&1&0\\2&0&-1\\1&0&0\end{pmatrix}^{-1}=\begin{pmatrix}0&0&1\\1&-1&2\\1&1&-2\end{pmatrix}$即为所求.

89 设

$$\boldsymbol{A}=\begin{pmatrix}3&4\\-1&-1\end{pmatrix},\quad \boldsymbol{P}=\begin{pmatrix}2&3\\-1&-1\end{pmatrix},\quad \boldsymbol{B}=\boldsymbol{P}^{-1}\boldsymbol{AP},$$

求 $\boldsymbol{A}^{100}$.

知识点睛 利用相似对角化,求矩阵的高次幂

解
$$\begin{aligned}\boldsymbol{B}=\boldsymbol{P}^{-1}\boldsymbol{AP}&=\begin{pmatrix}2&3\\-1&-1\end{pmatrix}^{-1}\begin{pmatrix}3&4\\-1&-1\end{pmatrix}\begin{pmatrix}2&3\\-1&-1\end{pmatrix}\\&=\begin{pmatrix}-1&-3\\1&2\end{pmatrix}\begin{pmatrix}3&4\\-1&-1\end{pmatrix}\begin{pmatrix}2&3\\-1&-1\end{pmatrix}\\&=\begin{pmatrix}1&1\\0&1\end{pmatrix},\end{aligned}$$

从而

$$\boldsymbol{B}=\begin{pmatrix}1&0\\0&1\end{pmatrix}+\begin{pmatrix}0&1\\0&0\end{pmatrix}=\boldsymbol{E}+\boldsymbol{C},$$

所以

$$\boldsymbol{B}^{100}=(\boldsymbol{E}+\boldsymbol{C})^{100}=\boldsymbol{E}^{100}+100\boldsymbol{C}=\begin{pmatrix}1&100\\0&1\end{pmatrix}.$$

又 $\boldsymbol{B}=\boldsymbol{P}^{-1}\boldsymbol{AP}$, 从而 $\boldsymbol{A}=\boldsymbol{PBP}^{-1}$, 于是

$$\begin{aligned}\boldsymbol{A}^{100}=\boldsymbol{PB}^{100}\boldsymbol{P}^{-1}&=\begin{pmatrix}2&3\\-1&-1\end{pmatrix}\begin{pmatrix}1&100\\0&1\end{pmatrix}\begin{pmatrix}-1&-3\\1&2\end{pmatrix}\\&=\begin{pmatrix}201&400\\-100&-199\end{pmatrix}.\end{aligned}$$

【评注】若 $\boldsymbol{A}$ 与 $\boldsymbol{B}$ 相似, 即 $\boldsymbol{B}=\boldsymbol{P}^{-1}\boldsymbol{AP}$, 而且 $\boldsymbol{B}^n$ 容易求得, 则先求 $\boldsymbol{B}^n$, 再利用 $\boldsymbol{A}^n=\boldsymbol{PB}^n\boldsymbol{P}^{-1}$ 间接求得 $\boldsymbol{A}^n$.

90 已知 3 阶矩阵 A 的三个特征值分别为 1,4,-2, 相应的特征向量为 $(-2,-1,2)^{\mathrm{T}}$, $(2,-2,1)^{\mathrm{T}}$和$(1,2,2)^{\mathrm{T}}$. 求 A 及 A^k(k 为正整数).

知识点睛 已知矩阵 A 的特征值与特征向量反求矩阵 A;利用相似对角化求矩阵的高次幂

解 因为 A 的三个不同特征值对应的三个特征向量是线性无关的,令

$$P=\begin{pmatrix}-2&2&1\\-1&-2&2\\2&1&2\end{pmatrix},$$

则 P 为可逆矩阵,且

$$P^{-1}AP=\Lambda=\begin{pmatrix}1&0&0\\0&4&0\\0&0&-2\end{pmatrix}.$$

于是

$$\begin{aligned}A=P\Lambda P^{-1}&=\begin{pmatrix}-2&2&1\\-1&-2&2\\2&1&2\end{pmatrix}\begin{pmatrix}1&0&0\\0&4&0\\0&0&-2\end{pmatrix}\times\frac{1}{9}\begin{pmatrix}-2&-1&2\\2&-2&1\\1&2&2\end{pmatrix}\\&=\frac{1}{9}\begin{pmatrix}-2&8&-2\\-1&-8&-4\\2&4&-4\end{pmatrix}\begin{pmatrix}-2&-1&2\\2&-2&1\\1&2&2\end{pmatrix}\\&=\begin{pmatrix}2&-2&0\\-2&1&-2\\0&-2&0\end{pmatrix},\end{aligned}$$

所以

$$A^k=P\Lambda^kP^{-1}=\begin{pmatrix}-2&2&1\\-1&-2&2\\2&1&2\end{pmatrix}\begin{pmatrix}1&0&0\\0&4^k&0\\0&0&(-2)^k\end{pmatrix}\times\frac{1}{9}\begin{pmatrix}-2&-1&2\\2&-2&1\\1&2&2\end{pmatrix}$$

$$=\frac{1}{9}\begin{pmatrix}4+4^{k+1}+(-2)^k&2-4^{k+1}+2(-2)^k&-4+2\times4^k+2(-2)^k\\2-4^{k+1}+2(-2)^k&1+4^{k+1}+4(-2)^k&-2-2\times4^k+4(-2)^k\\-4+2\times4^k+2(-2)^k&-2-2\times4^k+4(-2)^k&4+4^k+4(-2)^k\end{pmatrix}.$$

91 设矩阵 $A=\begin{pmatrix}3&2&-2\\-k&-1&k\\4&2&-3\end{pmatrix}$, 问当 k 为何值时, 存在可逆矩阵 P, 使得 $P^{-1}AP$ 为对角矩阵? 并求出 P 和相应的对角矩阵.

1999 数学四, 7 分

知识点睛 0503 矩阵可相似对角化的充要条件, 0504 将矩阵化为相似对角阵的方法

解 由矩阵 A 的特征多项式

$$|\lambda E-A|=\begin{vmatrix}\lambda-3&-2&2\\k&\lambda+1&-k\\-4&-2&\lambda+3\end{vmatrix}=\begin{vmatrix}\lambda-1&-2&2\\0&\lambda+1&-k\\\lambda-1&-2&\lambda+3\end{vmatrix}=(\lambda-1)(\lambda+1)^2,$$

得到矩阵 A 的特征值为 1,-1,-1.

由于$A\sim\Lambda$，那么$\lambda=-1$时，矩阵A必有 2 个线性无关的特征向量，因此$n-r(-E-A)=2$，即$r(-E-A)=1$. 求出$k=0$.

当$\lambda=1$时，由$(E-A)x=\mathbf{0}$得特征向量$\alpha_1=(1,0,1)^{\mathrm{T}}$；当$\lambda=-1$时，由$(-E-A)x=\mathbf{0}$得特征向量$\alpha_2=(-1,2,0)^{\mathrm{T}},\alpha_3=(0,1,1)^{\mathrm{T}}$.那么，令$P=(\alpha_1,\alpha_2,\alpha_3)=\begin{pmatrix}1&-1&0\\0&2&1\\1&0&1\end{pmatrix}$，有$P^{-1}AP=\begin{pmatrix}1&&\\&-1&\\&&-1\end{pmatrix}$.

K 1992 数学三，7 分

92 题精解视频

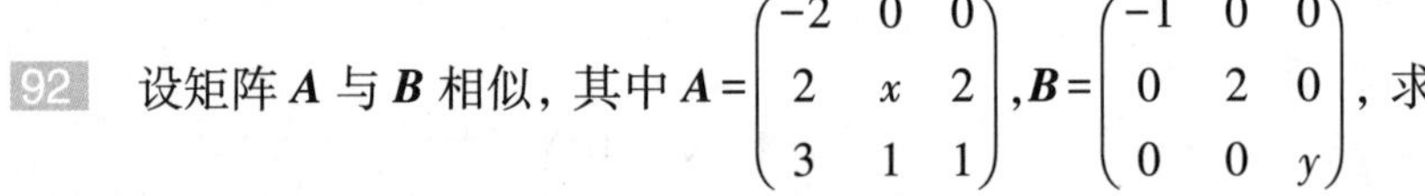

92 设矩阵A与B相似，其中$A=\begin{pmatrix}-2&0&0\\2&x&2\\3&1&1\end{pmatrix}$，$B=\begin{pmatrix}-1&0&0\\0&2&0\\0&0&y\end{pmatrix}$，求

(1) x和y的值；

(2) 可逆矩阵P，使$P^{-1}AP=B$.

知识点睛 0502 相似矩阵的性质，0504 将矩阵化为相似对角矩阵的方法

解 (1) 因为A和对角矩阵B相似，所以$-1,2,y$就是矩阵A的特征值，由

$$|\lambda E-A|=\begin{vmatrix}\lambda+2&0&0\\-2&\lambda-x&-2\\-3&-1&\lambda-1\end{vmatrix}=(\lambda+2)[\lambda^2-(x+1)\lambda+(x-2)],$$

知$\lambda=-2$是A的特征值，因此必有$y=-2$.

再由$\lambda=2$是A的特征值，知$|2E-A|=4[2^2-2(x+1)+(x-2)]=0$，得$x=0$.

(2) 由于$\begin{pmatrix}-2&0&0\\2&0&2\\3&1&1\end{pmatrix}\sim\begin{pmatrix}-1&&\\&2&\\&&-2\end{pmatrix}$，

对$\lambda=-1$，由$(-E-A)x=\mathbf{0}$得特征向量$\alpha_1=(0,-2,1)^{\mathrm{T}}$，

对$\lambda=2$，由$(2E-A)x=\mathbf{0}$得特征向量$\alpha_2=(0,1,1)^{\mathrm{T}}$，

对$\lambda=-2$，由$(-2E-A)x=\mathbf{0}$得特征向量$\alpha_3=(1,0,-1)^{\mathrm{T}}$.

令$P=(\alpha_1,\alpha_2,\alpha_3)=\begin{pmatrix}0&0&1\\-2&1&0\\1&1&-1\end{pmatrix}$，则有$P^{-1}AP=B$.

93 已知矩阵$A=\begin{pmatrix}2&0&0\\0&0&1\\0&1&a\end{pmatrix}$和矩阵$B=\begin{pmatrix}2&0&0\\0&3&4\\0&-2&b\end{pmatrix}$相似，试确定参数$a,b$.

知识点睛 0502 相似矩阵的性质

解法 1 因为$A\sim B$，所以$|\lambda E-A|=|\lambda E-B|$，即

$$\begin{vmatrix}\lambda-2&0&0\\0&\lambda&-1\\0&-1&\lambda-a\end{vmatrix}=\begin{vmatrix}\lambda-2&0&0\\0&\lambda-3&-4\\0&2&\lambda-b\end{vmatrix},$$

解得

$$(\lambda^2-a\lambda-1)(\lambda-2)=[\lambda^2-(3+b)\lambda+3b+8](\lambda-2),$$

两边比较 λ 系数，可得 $\begin{cases} a=3+b, \\ -1=3b+8, \end{cases}$ 解得 $a=0, b=-3$.

解法 2 因 $\boldsymbol{A}\sim\boldsymbol{B}$，则 $|\boldsymbol{A}|=|\boldsymbol{B}|$，因为 $|\boldsymbol{A}|=-2, |\boldsymbol{B}|=2(8+3b)$，因此，解得 $b=-3$，代入 $|\lambda\boldsymbol{E}-\boldsymbol{B}|=0$ 得到 $\boldsymbol{B}$ 的全部特征值

$$\lambda_1=2,\quad \lambda_2=1,\quad \lambda_3=-1,$$

则 1 也是 $\boldsymbol{A}$ 的特征值，因此 $|\boldsymbol{E}-\boldsymbol{A}|=a=0$，解得 $a=0, b=-3$.

94 设矩阵 $\boldsymbol{A}$ 与 $\boldsymbol{B}$ 相似，且

$$\boldsymbol{A}=\begin{pmatrix} 1 & -1 & 1 \\ 2 & 4 & -2 \\ -3 & -3 & a \end{pmatrix},\quad \boldsymbol{B}=\begin{pmatrix} 2 & 0 & 0 \\ 0 & 2 & 0 \\ 0 & 0 & b \end{pmatrix}.$$

(1) 求 a, b 的值；

(2) 求可逆矩阵 $\boldsymbol{P}$，使 $\boldsymbol{P}^{-1}\boldsymbol{A}\boldsymbol{P}=\boldsymbol{B}$.

知识点睛 0502 相似矩阵的性质，0504 将矩阵化为相似对角矩阵的方法

解 (1) $\boldsymbol{A}$ 的特征多项式为

$$|\lambda\boldsymbol{E}-\boldsymbol{A}|=\begin{vmatrix} \lambda-1 & 1 & -1 \\ -2 & \lambda-4 & 2 \\ 3 & 3 & \lambda-a \end{vmatrix}=(\lambda-2)[\lambda^2-(a+3)\lambda+3(a-1)],$$

由 $\boldsymbol{A}\sim\boldsymbol{B}$ 可知，$\boldsymbol{A}$ 与 $\boldsymbol{B}$ 有相同的特征值 $\lambda_1=\lambda_2=2, \lambda_3=b$.

由于 2 是 $\boldsymbol{A}$ 的二重特征值，因此 2 是方程 $\lambda^2-(a+3)\lambda+3(a-1)=0$ 的根. 把 $\lambda_1=2$ 代入，得 $a=5$. 因此，有

$$|\lambda\boldsymbol{E}-\boldsymbol{A}|=(\lambda-2)(\lambda^2-8\lambda+12)=(\lambda-2)^2(\lambda-6),$$

于是，$b=\lambda_3=6$.

(2) 当 $\lambda=2$ 时，解 $(2\boldsymbol{E}-\boldsymbol{A})\boldsymbol{x}=\boldsymbol{0}$，得其基础解系为 $\boldsymbol{\alpha}_1=(1,-1,0)^{\mathrm{T}}, \boldsymbol{\alpha}_2=(1,0,1)^{\mathrm{T}}$.

当 $\lambda=6$ 时，解 $(6\boldsymbol{E}-\boldsymbol{A})\boldsymbol{x}=\boldsymbol{0}$，得基础解系为 $\boldsymbol{\alpha}_3=(1,-2,3)^{\mathrm{T}}$.

令 $\boldsymbol{P}=(\boldsymbol{\alpha}_1,\boldsymbol{\alpha}_2,\boldsymbol{\alpha}_3)=\begin{pmatrix} 1 & 1 & 1 \\ -1 & 0 & -2 \\ 0 & 1 & 3 \end{pmatrix}$，则有 $\boldsymbol{P}^{-1}\boldsymbol{A}\boldsymbol{P}=\boldsymbol{B}$.

95 已知 $\boldsymbol{A}=\begin{pmatrix} 2 & 0 & 0 \\ 0 & 0 & 1 \\ 0 & 1 & x \end{pmatrix}$ 与 $\boldsymbol{B}=\begin{pmatrix} 2 & 0 & 0 \\ 0 & y & 0 \\ 0 & 0 & -1 \end{pmatrix}$ 相似，求

(1) x 和 y；

(2) 满足 $\boldsymbol{P}^{-1}\boldsymbol{A}\boldsymbol{P}=\boldsymbol{B}$ 的可逆矩阵 $\boldsymbol{P}$.

知识点睛 0502 相似矩阵的性质，0504 将矩阵化为相似对角矩阵的方法

解 (1) 因为 $\boldsymbol{B}$ 是对角阵，所以易得 $\boldsymbol{B}$ 的特征值为 $2, y, -1$. 又 $\boldsymbol{A}$ 与 $\boldsymbol{B}$ 相似，所以 $\boldsymbol{A}$ 的特征值也为 $2, y, -1$. 从而 $2+0+x=2+y-1$，$|\boldsymbol{A}|=-2=-2y$，所以 $x=0, y=1$. 故 $\boldsymbol{A}=\begin{pmatrix} 2 & 0 & 0 \\ 0 & 0 & 1 \\ 0 & 1 & 0 \end{pmatrix}$，$\boldsymbol{A}$ 的特征值为 $\lambda_1=2, \lambda_2=1, \lambda_3=-1$.

(2) 由 (1) 知 $\boldsymbol{A}$ 的特征值为 $2,1,-1$.

当 $\lambda_1=2$ 时，解 $(2\boldsymbol{E}-\boldsymbol{A})\boldsymbol{x}=\boldsymbol{0}$，得基础解系 $\boldsymbol{\alpha}_1=(1,0,0)^{\mathrm{T}}$.

当 $\lambda_2=1$ 时，解 $(\boldsymbol{E}-\boldsymbol{A})\boldsymbol{x}=\boldsymbol{0}$，得基础解系 $\boldsymbol{\alpha}_2=(0,1,1)^{\mathrm{T}}$.

当 $\lambda_3=-1$ 时，解 $(-\boldsymbol{E}-\boldsymbol{A})\boldsymbol{x}=\boldsymbol{0}$，得基础解系 $\boldsymbol{\alpha}_3=(0,1,-1)^{\mathrm{T}}$.

令 $\boldsymbol{P}=(\boldsymbol{\alpha}_1,\boldsymbol{\alpha}_2,\boldsymbol{\alpha}_3)=\begin{pmatrix}1&0&0\\0&1&1\\0&1&-1\end{pmatrix}$，即为所求的可逆矩阵，使得

$$\boldsymbol{P}^{-1}\boldsymbol{A}\boldsymbol{P}=\begin{pmatrix}2&0&0\\0&1&0\\0&0&-1\end{pmatrix}.$$

2015 数学一、数学二、数学三，11 分

96 设矩阵 $\boldsymbol{A}=\begin{pmatrix}0&2&-3\\-1&3&-3\\1&-2&a\end{pmatrix}$ 相似于矩阵 $\boldsymbol{B}=\begin{pmatrix}1&-2&0\\0&b&0\\0&3&1\end{pmatrix}$，求

(1) a,b 的值；

(2) 可逆矩阵 $\boldsymbol{P}$，使 $\boldsymbol{P}^{-1}\boldsymbol{A}\boldsymbol{P}$ 为对角矩阵.

知识点睛 0502 相似矩阵的性质，0504 将矩阵化为相似对角矩阵的方法

解 (1) $\boldsymbol{A}\sim\boldsymbol{B}\Rightarrow\sum_{i=1}^{3}a_{ii}=\sum_{i=1}^{3}b_{ii}$，$|\boldsymbol{A}|=|\boldsymbol{B}|$，有

$$\begin{cases}0+3+a=1+b+1,\\2a-3=b,\end{cases}$$

解得 $a=4,b=5$.

(2) 因为 $\boldsymbol{A}\sim\boldsymbol{B}$，$|\lambda\boldsymbol{E}-\boldsymbol{A}|=|\lambda\boldsymbol{E}-\boldsymbol{B}|=\begin{vmatrix}\lambda-1&2&0\\0&\lambda-5&0\\0&-3&\lambda-1\end{vmatrix}=(\lambda-5)(\lambda-1)^2$，

解得 $\boldsymbol{A}$ 的特征值为 1,1,5.

对 $\lambda=1$，由 $(\boldsymbol{E}-\boldsymbol{A})\boldsymbol{x}=\boldsymbol{0}$，及

$$\begin{pmatrix}1&-2&3\\1&-2&3\\-1&2&-3\end{pmatrix}\to\begin{pmatrix}1&-2&3\\0&0&0\\0&0&0\end{pmatrix},$$

得基础解系 $\boldsymbol{\alpha}_1=(2,1,0)^{\mathrm{T}},\boldsymbol{\alpha}_2=(-3,0,1)^{\mathrm{T}}$.

对 $\lambda=5$，由 $(5\boldsymbol{E}-\boldsymbol{A})\boldsymbol{x}=\boldsymbol{0}$，及

$$\begin{pmatrix}5&-2&3\\1&2&3\\-1&2&1\end{pmatrix}\to\begin{pmatrix}1&2&3\\0&1&1\\0&0&0\end{pmatrix}\to\begin{pmatrix}1&0&1\\0&1&1\\0&0&0\end{pmatrix},$$

得基础解系 $\boldsymbol{\alpha}_3=(-1,-1,1)^{\mathrm{T}}$.

令 $\boldsymbol{P}=(\boldsymbol{\alpha}_1,\boldsymbol{\alpha}_2,\boldsymbol{\alpha}_3)=\begin{pmatrix}2&-3&-1\\1&0&-1\\0&1&1\end{pmatrix}$，则有 $\boldsymbol{P}^{-1}\boldsymbol{A}\boldsymbol{P}=\begin{pmatrix}1&&\\&1&\\&&5\end{pmatrix}$.

§5.3 实对称矩阵的正交相似对角化

97 题精解视频

97 设 $\boldsymbol{A}$ 是 3 阶实对称矩阵，且 $\boldsymbol{A}^2+2\boldsymbol{A}=\boldsymbol{0}$，若 $\boldsymbol{A}$ 的秩为 2，则 $\boldsymbol{A}$ 相似于______.

知识点睛 0505 实对称矩阵的相似对角矩阵

解 由已知条件知,$\boldsymbol{A}$ 的特征值 λ 满足 $\lambda^2+2\lambda=0$，得 $\lambda=0$ 或 $\lambda=-2$. 因为 $\boldsymbol{A}$ 是 3 阶实对称矩阵，所以 $\boldsymbol{A}$ 一定可以对角化. 又 $\boldsymbol{A}$ 的秩为 2，所以 $\boldsymbol{A}$ 的特征值为 $-2,-2,0$. 故 $\boldsymbol{A}$ 相似于$\begin{pmatrix}-2&0&0\\0&-2&0\\0&0&0\end{pmatrix}$.应填$\begin{pmatrix}-2&0&0\\0&-2&0\\0&0&0\end{pmatrix}$.

98 设实对称矩阵 $\boldsymbol{A}$ 满足 $\boldsymbol{A}^3+\boldsymbol{A}^2+\boldsymbol{A}=3\boldsymbol{E}$，则 $\boldsymbol{A}=$ ________.

知识点睛 实对称矩阵特征值的性质

解 设 $\boldsymbol{A}$ 的特征值为 λ，则由 $\boldsymbol{A}^3+\boldsymbol{A}^2+\boldsymbol{A}=3\boldsymbol{E}$ 得 $\lambda^3+\lambda^2+\lambda=3$，即

$$\lambda^3+\lambda^2+\lambda-3=0,$$

因式分解,得

$$(\lambda-1)(\lambda^2+2\lambda+3)=0,$$

因为 λ 为实数，故 $\lambda^2+2\lambda+3=(\lambda+1)^2+2>0$，由此 $\boldsymbol{A}$ 的特征值是 1. 因为实对称矩阵都可对角化，所以存在可逆矩阵 $\boldsymbol{P}$，使 $\boldsymbol{P}^{-1}\boldsymbol{AP}=\boldsymbol{E}$，于是 $\boldsymbol{A}=\boldsymbol{E}$.

故应填 $\boldsymbol{E}$.

99 设 $\boldsymbol{A}$ 是 3 阶实对称矩阵，$r(\boldsymbol{A})=2$，若 $\boldsymbol{A}^2=\boldsymbol{A}$，则 $\boldsymbol{A}$ 的特征值是________.

知识点睛 实对称矩阵特征值的性质

解 设 λ 是 $\boldsymbol{A}$ 的任一特征值,$\boldsymbol{\alpha}$ 是属于 λ 的特征向量，即 $\boldsymbol{A\alpha}=\lambda\boldsymbol{\alpha}$，从而

$$\boldsymbol{A}^2\boldsymbol{\alpha}=\lambda^2\boldsymbol{\alpha},$$

又 $\boldsymbol{A}^2=\boldsymbol{A}$，所以 $\lambda^2\boldsymbol{\alpha}=\lambda\boldsymbol{\alpha}$，于是 $\lambda^2=\lambda$，故 $\boldsymbol{A}$ 的特征值是 1 或 0.

因 $\boldsymbol{A}$ 是实对称矩阵,则 $\boldsymbol{A}$ 与对角阵 $\boldsymbol{\Lambda}$ 相似，且 $\boldsymbol{\Lambda}$ 的主对角线元素为 $\boldsymbol{A}$ 的特征值，又 $r(\boldsymbol{A})=r(\boldsymbol{\Lambda})=2$，所以

$$\boldsymbol{\Lambda}=\begin{pmatrix}1&&\\&1&\\&&0\end{pmatrix}.$$

所以 $\boldsymbol{A}$ 的特征值为 1,1,0. 故应填 1,1,0.

100 已知 2 阶实对称矩阵 $\boldsymbol{A}$ 的一个特征向量为$(-3,1)^{\mathrm{T}}$，且$|\boldsymbol{A}|<0$，则必为 $\boldsymbol{A}$ 的特征向量的是(　　).

(A) $c\begin{pmatrix}-3\\1\end{pmatrix},c\neq0$　　(B) $c_1\begin{pmatrix}-3\\1\end{pmatrix}+c_2\begin{pmatrix}1\\3\end{pmatrix},c_1\neq0,c_2\neq0$

(C) $c\begin{pmatrix}1\\3\end{pmatrix},c\neq0$　　(D) $c_1\begin{pmatrix}-3\\1\end{pmatrix}+c_2\begin{pmatrix}1\\3\end{pmatrix}$,$c_1,c_2$有一为零,但不同时为零

知识点睛 0501 矩阵的特征向量的性质

解 设 $\boldsymbol{A}$ 的特征值为 λ_1,λ_2，因为$|\boldsymbol{A}|<0$，所以 $\lambda_1\lambda_2<0$，即 $\boldsymbol{A}$ 有两个不同的特征值. 又因为$\begin{pmatrix}1\\3\end{pmatrix}^{\mathrm{T}}\begin{pmatrix}-3\\1\end{pmatrix}=0$，所以不妨设$\begin{pmatrix}1\\3\end{pmatrix}$是属于 λ_1的特征向量,$\begin{pmatrix}-3\\1\end{pmatrix}$是属于 λ_2的特征

向量.

由于$c\begin{pmatrix}-3\\1\end{pmatrix}$ $(c\neq0)$ 不是属于λ_1的特征向量,故非(A). 而(B)中向量显然不是$\boldsymbol{A}$的特征向量,故非(B).由于$c\begin{pmatrix}1\\3\end{pmatrix}$ $(c\neq0)$ 不是属于λ_2的特征向量,故非(C).从而应选(D).

101 设$\boldsymbol{A}$是n阶对称阵,$\boldsymbol{B}$是反对称阵,则下列矩阵中不能正交相似对角化的是( ).

(A)$\boldsymbol{AB}-\boldsymbol{BA}$ (B)$\boldsymbol{A}^{\mathrm{T}}(\boldsymbol{B}+\boldsymbol{B}^{\mathrm{T}})\boldsymbol{A}$

(C)$\boldsymbol{BAB}$ (D)$\boldsymbol{ABA}$

知识点睛 0505 实对称矩阵可相似对角化的充要条件

解 实矩阵$\boldsymbol{A}$可正交相似对角化的充要条件是$\boldsymbol{A}$有n个相互正交的特征向量,$\boldsymbol{A}$是实对称矩阵. 选项(A)、(B)、(C) 均为对称阵.

选项(D) 中,$(\boldsymbol{ABA})^{\mathrm{T}}=\boldsymbol{A}^{\mathrm{T}}\boldsymbol{B}^{\mathrm{T}}\boldsymbol{A}^{\mathrm{T}}=-\boldsymbol{ABA}$,从而矩阵$\boldsymbol{ABA}$是反对称矩阵.故应选(D).

102 证明:实对称矩阵$\boldsymbol{A}$与$\boldsymbol{B}$相似的充要条件是$\boldsymbol{A}$与$\boldsymbol{B}$有相同的特征值.

知识点睛 0505 实对称矩阵可相似对角化的充要条件

证 若$\boldsymbol{A}$与$\boldsymbol{B}$相似,则$\boldsymbol{A}$与$\boldsymbol{B}$有相同的特征值.

反之,设$\boldsymbol{A},\boldsymbol{B}$的特征值都为$\lambda_1,\lambda_2,\cdots,\lambda_n$,由于$\boldsymbol{A}$和$\boldsymbol{B}$都是实对称矩阵,故存在可逆矩阵$\boldsymbol{P}$和$\boldsymbol{Q}$,使$\boldsymbol{A},\boldsymbol{B}$相似于同一对角阵:

$$\boldsymbol{P}^{-1}\boldsymbol{AP}=\boldsymbol{Q}^{-1}\boldsymbol{BQ}=\begin{pmatrix}\lambda_1&&&\\&\lambda_2&&\\&&\ddots&\\&&&\lambda_n\end{pmatrix}.$$

由$\boldsymbol{P}^{-1}\boldsymbol{AP}=\boldsymbol{Q}^{-1}\boldsymbol{BQ}$,得$\boldsymbol{QP}^{-1}\boldsymbol{APQ}^{-1}=\boldsymbol{B}$. 取$\boldsymbol{R}=\boldsymbol{PQ}^{-1}$,则$\boldsymbol{R}$为可逆矩阵,且$\boldsymbol{R}^{-1}\boldsymbol{AR}=\boldsymbol{B}$,即$\boldsymbol{A}$与$\boldsymbol{B}$相似.

103 题精解视频

103 设$\boldsymbol{A}$是实对称矩阵,λ_1和λ_2是$\boldsymbol{A}$的不同的特征值,$\boldsymbol{\alpha}_1,\boldsymbol{\alpha}_2$分别是属于$\lambda_1$与$\lambda_2$的特征向量,证明$\boldsymbol{\alpha}_1$与$\boldsymbol{\alpha}_2$正交.

知识点睛 实对称矩阵属于不同特征值对应的特征向量的性质

证 因为$\boldsymbol{A}^{\mathrm{T}}=\boldsymbol{A},\boldsymbol{A\alpha}_1=\lambda_1\boldsymbol{\alpha}_1,\boldsymbol{A\alpha}_2=\lambda_2\boldsymbol{\alpha}_2,\lambda_1\neq\lambda_2$,所以

$$\lambda_1\boldsymbol{\alpha}_1^{\mathrm{T}}\boldsymbol{\alpha}_2=(\lambda_1\boldsymbol{\alpha}_1)^{\mathrm{T}}\boldsymbol{\alpha}_2=(\boldsymbol{A\alpha}_1)^{\mathrm{T}}\boldsymbol{\alpha}_2=\boldsymbol{\alpha}_1^{\mathrm{T}}\boldsymbol{A}^{\mathrm{T}}\boldsymbol{\alpha}_2=\boldsymbol{\alpha}_1^{\mathrm{T}}\boldsymbol{A\alpha}_2=\lambda_2\boldsymbol{\alpha}_1^{\mathrm{T}}\boldsymbol{\alpha}_2,$$

从而$(\lambda_1-\lambda_2)\boldsymbol{\alpha}_1^{\mathrm{T}}\boldsymbol{\alpha}_2=0$.又$\lambda_1\neq\lambda_2$,所以$\boldsymbol{\alpha}_1^{\mathrm{T}}\boldsymbol{\alpha}_2=0$,即$\boldsymbol{\alpha}_1$与$\boldsymbol{\alpha}_2$正交.

【评注】本题是实对称矩阵的一个重要性质,要掌握且要灵活运用.

104 设$\boldsymbol{A}$是n阶实矩阵,证明$\boldsymbol{A}$是对称矩阵的充要条件是$\boldsymbol{A}$有n个相互正交的特征向量.

知识点睛 0505 实对称矩阵可相似对角化的充要条件

证 必要性.设$\boldsymbol{A}$是实对称矩阵,则$\boldsymbol{A}$可正交相似对角化,所以$\boldsymbol{A}$有n个相互正交的特征向量.

充分性.设$\boldsymbol{\alpha}_1,\boldsymbol{\alpha}_2,\cdots,\boldsymbol{\alpha}_n$是$\boldsymbol{A}$的$n$个相互正交的特征向量,对应的特征值分别为

$\lambda_1,\lambda_2,\cdots,\lambda_n$.把$\boldsymbol{\alpha}_1,\boldsymbol{\alpha}_2,\cdots,\boldsymbol{\alpha}_n$正交化单位化后得到的向量组记为$\boldsymbol{\beta}_1,\boldsymbol{\beta}_2,\cdots,\boldsymbol{\beta}_n$.

令$\boldsymbol{Q}=(\boldsymbol{\beta}_1,\boldsymbol{\beta}_2,\cdots,\boldsymbol{\beta}_n)$，则$\boldsymbol{Q}$为正交矩阵，即$\boldsymbol{Q}^{-1}=\boldsymbol{Q}^{\mathrm{T}}$，且

$$\boldsymbol{Q}^{-1}\boldsymbol{A}\boldsymbol{Q}=\begin{pmatrix}\lambda_1 & & & \\ & \lambda_2 & & \\ & & \ddots & \\ & & & \lambda_n\end{pmatrix},$$

亦即

$$\boldsymbol{A}=\boldsymbol{Q}\begin{pmatrix}\lambda_1 & & & \\ & \lambda_2 & & \\ & & \ddots & \\ & & & \lambda_n\end{pmatrix}\boldsymbol{Q}^{-1}=\boldsymbol{Q}\begin{pmatrix}\lambda_1 & & & \\ & \lambda_2 & & \\ & & \ddots & \\ & & & \lambda_n\end{pmatrix}\boldsymbol{Q}^{\mathrm{T}}.$$

所以$\boldsymbol{A}^{\mathrm{T}}=\boldsymbol{A}$,即$\boldsymbol{A}$是对称矩阵.

105 证明下列命题成立

(1) 若$\boldsymbol{A}$是正交阵，则$\boldsymbol{A}^{\mathrm{T}},\boldsymbol{A}^{-1},\boldsymbol{A}^*$均是正交阵；

(2) 矩阵$\boldsymbol{A}$是正交阵的充要条件是$|\boldsymbol{A}|=\pm1$，且$|\boldsymbol{A}|=1$时,$a_{ij}=A_{ij}$;$|\boldsymbol{A}|=-1$时,$a_{ij}=-A_{ij}$.

知识点睛 0314 正交矩阵的性质

证 (1) 因为$\boldsymbol{A}$正交，所以$\boldsymbol{A}^{\mathrm{T}}=\boldsymbol{A}^{-1}$，且$\boldsymbol{A}^{\mathrm{T}}(\boldsymbol{A}^{\mathrm{T}})^{\mathrm{T}}=(\boldsymbol{A}^{\mathrm{T}}\boldsymbol{A})^{\mathrm{T}}=\boldsymbol{E}$，显然$\boldsymbol{A}^{\mathrm{T}},\boldsymbol{A}^{-1}$都是正交阵.

因为$\boldsymbol{A}$是正交阵,所以$|\boldsymbol{A}|=\pm1,\boldsymbol{A}^*=\dfrac{1}{|\boldsymbol{A}|}\boldsymbol{A}^{-1}$，$(\boldsymbol{A}^*)^{\mathrm{T}}=\dfrac{1}{|\boldsymbol{A}|}(\boldsymbol{A}^{-1})^{\mathrm{T}}$,且

$$\boldsymbol{A}^*(\boldsymbol{A}^*)^{\mathrm{T}}=\left(\frac{1}{|\boldsymbol{A}|}\right)^2\boldsymbol{A}^{-1}(\boldsymbol{A}^{-1})^{\mathrm{T}}=\boldsymbol{E}.$$

从而$\boldsymbol{A}^*$是正交阵.

(2) 必要性. 若$\boldsymbol{A}$正交,$\boldsymbol{A}\boldsymbol{A}^{\mathrm{T}}=\boldsymbol{E}$，因此$|\boldsymbol{A}|^2=1$，即$|\boldsymbol{A}|=\pm1$.

当$|\boldsymbol{A}|=1$时,$\boldsymbol{A}\boldsymbol{A}^*=\boldsymbol{E}$，即$\boldsymbol{A}^*=\boldsymbol{A}^{-1}=\boldsymbol{A}^{\mathrm{T}}$，所以有$A_{ij}=a_{ij}$.

当$|\boldsymbol{A}|=-1$时,$\boldsymbol{A}\boldsymbol{A}^*=-\boldsymbol{E}$，即$\boldsymbol{A}^*=-\boldsymbol{A}^{-1}=-\boldsymbol{A}^{\mathrm{T}}$，所以有$A_{ij}=-a_{ij}$.必要性得证.

充分性. $|\boldsymbol{A}|=\pm1,\boldsymbol{A}\boldsymbol{A}^*=|\boldsymbol{A}|\boldsymbol{E}$.

当$|\boldsymbol{A}|=1$时,$a_{ij}=A_{ij}$，有$\boldsymbol{A}^*=\boldsymbol{A}^{\mathrm{T}},\boldsymbol{A}^{\mathrm{T}}\boldsymbol{A}=\boldsymbol{E}$.

当$|\boldsymbol{A}|=-1$时,$a_{ij}=-A_{ij}$，有$\boldsymbol{A}^*=-\boldsymbol{A}^{\mathrm{T}},\boldsymbol{A}\boldsymbol{A}^*=-\boldsymbol{E},-\boldsymbol{A}\boldsymbol{A}^{\mathrm{T}}=-\boldsymbol{E}$,故$\boldsymbol{A}\boldsymbol{A}^{\mathrm{T}}=\boldsymbol{E}$,因此$\boldsymbol{A}$是正交阵.充分性得证.

106 设$\boldsymbol{A}$为实对称矩阵，且$\boldsymbol{A}^2=\boldsymbol{A}$. 证明：存在正交矩阵$\boldsymbol{Q}$，使

$$\boldsymbol{Q}^{-1}\boldsymbol{A}\boldsymbol{Q}=\begin{pmatrix}1 & & & & & \\ & \ddots & & & & \\ & & 1 & & & \\ & & & 0 & & \\ & & & & \ddots & \\ & & & & & 0\end{pmatrix}.$$

知识点睛 0505 实对称矩阵的相似对角矩阵

证 设λ为A的任一特征值，且

$$A\alpha=\lambda\alpha,\quad \alpha\neq 0.$$

由于$A^2=A$，故

$$\lambda\alpha=A\alpha=A^2\alpha=A(A\alpha)=A(\lambda\alpha)=\lambda^2\alpha,$$

从而$\lambda^2=\lambda$，故$\lambda=1$或0. 即A的特征值只能是1或0.

又由于A是实对称的，故存在正交矩阵Q，使

$$Q^{-1}AQ=\begin{pmatrix}1&&&&&\\&\ddots&&&&\\&&1&&&\\&&&0&&\\&&&&\ddots&\\&&&&&0\end{pmatrix}.$$

107 设分块矩阵$X=\begin{pmatrix}A&B\\0&C\end{pmatrix}$是正交矩阵，其中$A_{m\times m},C_{n\times n}$. 证明$A,C$均为正交矩阵,且$B=0$.

知识点睛 0314 正交矩阵的性质

证 由题意知

$$\begin{pmatrix}A&B\\0&C\end{pmatrix}\begin{pmatrix}A&B\\0&C\end{pmatrix}^{\mathrm T}=\begin{pmatrix}E_m&0\\0&E_n\end{pmatrix},$$

即

$$\begin{pmatrix}A&B\\0&C\end{pmatrix}\begin{pmatrix}A^{\mathrm T}&0^{\mathrm T}\\B^{\mathrm T}&C^{\mathrm T}\end{pmatrix}=\begin{pmatrix}AA^{\mathrm T}+BB^{\mathrm T}&BC^{\mathrm T}\\CB^{\mathrm T}&CC^{\mathrm T}\end{pmatrix}=\begin{pmatrix}E_m&0\\0&E_n\end{pmatrix},$$

因此

$$AA^{\mathrm T}+BB^{\mathrm T}=E_m(*),\quad BC^{\mathrm T}=0,\quad CB^{\mathrm T}=0,\quad CC^{\mathrm T}=E_n,$$

所以C为正交矩阵,从而C可逆.

由$BC^{\mathrm T}=0$,可得$B=0$,代入$(*)$得$AA^{\mathrm T}=E$.因此A也是正交矩阵.

【评注】本题运用了正交矩阵和分块矩阵的乘法运算.

108 设A为实对称矩阵,B为实反对称矩阵，且$AB=BA$,$A-B$是可逆矩阵. 证明：$(A+B)(A-B)^{-1}$是正交矩阵.

知识点睛 0314 正交矩阵及其性质

证 因为$A^{\mathrm T}=A,B^{\mathrm T}=-B$,而$AB=BA$,于是得

$$(A-B)(A+B)=(A+B)(A-B).$$

从而

$$\begin{aligned}&[(A+B)(A-B)^{-1}]^{\mathrm T}(A+B)(A-B)^{-1}\\=&[(A-B)^{-1}]^{\mathrm T}(A+B)^{\mathrm T}(A+B)(A-B)^{-1}\\=&(A^{\mathrm T}-B^{\mathrm T})^{-1}(A^{\mathrm T}+B^{\mathrm T})(A+B)(A-B)^{-1}\\=&(A+B)^{-1}(A-B)(A+B)(A-B)^{-1}\end{aligned}$$

$$=(\boldsymbol{A}+\boldsymbol{B})^{-1}(\boldsymbol{A}+\boldsymbol{B})(\boldsymbol{A}-\boldsymbol{B})(\boldsymbol{A}-\boldsymbol{B})^{-1}=\boldsymbol{E}.$$

故$(\boldsymbol{A}+\boldsymbol{B})(\boldsymbol{A}-\boldsymbol{B})^{-1}$为正交矩阵.

109 设$\boldsymbol{A}$为n阶对称矩阵，且满足$\boldsymbol{A}^2-4\boldsymbol{A}+3\boldsymbol{E}=\boldsymbol{0}$，证明：$\boldsymbol{A}-2\boldsymbol{E}$为正交矩阵.

知识点睛 0314 正交矩阵及其性质

证 由定义，只需验证$(\boldsymbol{A}-2\boldsymbol{E})(\boldsymbol{A}-2\boldsymbol{E})^{\mathrm{T}}=\boldsymbol{E}$即可.因为$\boldsymbol{A}^{\mathrm{T}}=\boldsymbol{A}$，则

$$\begin{aligned}(\boldsymbol{A}-2\boldsymbol{E})(\boldsymbol{A}-2\boldsymbol{E})^{\mathrm{T}}&=(\boldsymbol{A}-2\boldsymbol{E})(\boldsymbol{A}^{\mathrm{T}}-2\boldsymbol{E}^{\mathrm{T}})=(\boldsymbol{A}-2\boldsymbol{E})(\boldsymbol{A}-2\boldsymbol{E})\\&=\boldsymbol{A}^2-4\boldsymbol{A}+4\boldsymbol{E}=\boldsymbol{A}^2-4\boldsymbol{A}+3\boldsymbol{E}+\boldsymbol{E}=\boldsymbol{0}+\boldsymbol{E}=\boldsymbol{E}.\end{aligned}$$

故$\boldsymbol{A}-2\boldsymbol{E}$为正交矩阵.

110 已知$\boldsymbol{A}=\begin{pmatrix}a&-\frac{3}{7}&\frac{2}{7}\\b&\frac{6}{7}&c\\-\frac{3}{7}&\frac{2}{7}&d\end{pmatrix}$为正交矩阵，求$a,b,c,d$的值.

知识点睛 0314 正交矩阵及其性质

解 由于$\boldsymbol{A}$是正交矩阵，则有$\left(a,-\frac{3}{7},\frac{2}{7}\right)$，$\left(-\frac{3}{7},\frac{2}{7},d\right)$都是单位向量，则

$$a^2+\left(-\frac{3}{7}\right)^2+\left(\frac{2}{7}\right)^2=1,\quad\left(-\frac{3}{7}\right)^2+\left(\frac{2}{7}\right)^2+d^2=1,$$

解得$a=\pm\frac{6}{7}$，$d=\pm\frac{6}{7}$. 又这两个向量正交，故有

$$-\frac{3}{7}a-\frac{6}{49}+\frac{2}{7}d=0,$$

所以，只有$a=-\frac{6}{7}$，$d=-\frac{6}{7}$.

再由列向量的正交性，可得

$$\left(-\frac{6}{7}\right)\times\left(-\frac{3}{7}\right)+\frac{6}{7}b+\left(-\frac{3}{7}\right)\times\frac{2}{7}=0,$$

$$\left(-\frac{3}{7}\right)\times\frac{2}{7}+\frac{6}{7}c+\frac{2}{7}\times\left(-\frac{6}{7}\right)=0,$$

解出$b=-\frac{2}{7}$，$c=\frac{3}{7}$.

【评注】由正交矩阵的定义，$\boldsymbol{A}$是正交阵的充要条件是$\boldsymbol{A}$的行(列)向量组是单位正交向量组.

111 已知矩阵$\boldsymbol{A}=\begin{pmatrix}1&2&0\\2&1&0\\-2&a&3\end{pmatrix}$，证明：当$a=2$时，矩阵$\boldsymbol{A}$与对角矩阵$\boldsymbol{\Lambda}$相似，并写出与$\boldsymbol{A}$相似的对角矩阵$\boldsymbol{\Lambda}$.

知识点睛 0503 矩阵可相似对角化的充要条件

证 由$|\lambda E-A|=\begin{vmatrix}\lambda-1 & -2 & 0\\ -2 & \lambda-1 & 0\\ 2 & -a & \lambda-3\end{vmatrix}=(\lambda-3)^2(\lambda+1)=0$，得 A 的特征值为 $\lambda_1=-1,\lambda_2=\lambda_3=3$. 所以矩阵 A 与对角矩阵 Λ 相似当且仅当 $r(3E-A)=3-2=1$ 时，而

$$3E-A=\begin{pmatrix}2 & -2 & 0\\ -2 & 2 & 0\\ 2 & -a & 0\end{pmatrix}\to\begin{pmatrix}0 & 0 & 0\\ 1 & -1 & 0\\ 0 & a-2 & 0\end{pmatrix},$$

故当 $a=2$ 时，矩阵 A 与对角矩阵 Λ 相似，且

$$\Lambda=\begin{pmatrix}-1 & & \\ & 3 & \\ & & 3\end{pmatrix}\quad 或\quad \Lambda=\begin{pmatrix}3 & & \\ & 3 & \\ & & -1\end{pmatrix}.$$

112 将矩阵 $A=\begin{pmatrix}1 & -2 & 2\\ -2 & -2 & 4\\ 2 & 4 & -2\end{pmatrix}$正交相似对角化，并求出正交矩阵 Q，使 $Q^{-1}AQ=\Lambda$为对角阵.

知识点睛 0505 实对称矩阵相似对角化的方法

解 由题意，$|\lambda E-A|=\begin{vmatrix}\lambda-1 & 2 & -2\\ 2 & \lambda+2 & -4\\ -2 & -4 & \lambda+2\end{vmatrix}$

$$=\begin{vmatrix}\lambda-1 & 2 & -2\\ 0 & \lambda-2 & \lambda-2\\ -2 & -4 & \lambda+2\end{vmatrix}=\begin{vmatrix}\lambda-1 & 4 & -2\\ 0 & 0 & \lambda-2\\ -2 & -\lambda-6 & \lambda+2\end{vmatrix}$$

$$=(2-\lambda)\begin{vmatrix}\lambda-1 & 4\\ -2 & -\lambda-6\end{vmatrix}=(\lambda-2)^2(\lambda+7),$$

令$|\lambda E-A|=0$，得 A 的特征值为 $\lambda_1=\lambda_2=2,\lambda_3=-7$.

当 $\lambda_1=\lambda_2=2$ 时，解$(2E-A)x=0$，得基础解系为 $\eta_1=(-2,1,0)^T,\eta_2=(2,0,1)^T$，从而 η_1,η_2是 A 的属于特征值 2 的两个线性无关的特征向量.

当 $\lambda_3=-7$ 时，解$(-7E-A)x=0$，得基础解系为 $\eta_3=(-1,-2,2)^T$，所以 η_3是 A 的属于特征值-7 的一个特征向量.

利用施密特正交化方法，把 η_1,η_2正交化(η_1,η_2与 η_3已正交)：

$$\beta_1=\eta_1,$$

$$\beta_2=\eta_2-\frac{(\eta_2,\beta_1)}{(\beta_1,\beta_1)}\beta_1=\left(\frac{2}{5},\frac{4}{5},1\right)^T.$$

再把β_1,β_2,η_3单位化

$$\alpha_1=\frac{\beta_1}{\|\beta_1\|}=\left(-\frac{2}{\sqrt5},\frac{1}{\sqrt5},0\right)^T,$$

$$\alpha_2=\frac{\beta_2}{\|\beta_2\|}=\left(\frac{2}{3\sqrt5},\frac{4}{3\sqrt5},\frac{5}{3\sqrt5}\right)^T,$$

$$\boldsymbol{\alpha}_3=\frac{\boldsymbol{\eta}_3}{\|\boldsymbol{\eta}_3\|}=\left(-\frac{1}{3},-\frac{2}{3},\frac{2}{3}\right)^{\mathrm{T}}.$$

令

$$\boldsymbol{Q}=(\boldsymbol{\alpha}_1,\boldsymbol{\alpha}_2,\boldsymbol{\alpha}_3)=\begin{pmatrix}-\frac{2}{\sqrt{5}} & \frac{2}{3\sqrt{5}} & -\frac{1}{3}\\ \frac{1}{\sqrt{5}} & \frac{4}{3\sqrt{5}} & -\frac{2}{3}\\ 0 & \frac{5}{3\sqrt{5}} & \frac{2}{3}\end{pmatrix},$$

则 $\boldsymbol{Q}$ 是正交矩阵,且

$$\boldsymbol{Q}^{-1}\boldsymbol{A}\boldsymbol{Q}=\begin{pmatrix}2&0&0\\0&2&0\\0&0&-7\end{pmatrix}.$$

113 试求一个正交的相似变换矩阵，将下列实对称矩阵化为对角矩阵.

(1) $\boldsymbol{A}=\begin{pmatrix}2&-2&0\\-2&1&-2\\0&-2&0\end{pmatrix}$; (2) $\boldsymbol{A}=\begin{pmatrix}2&2&-2\\2&5&-4\\-2&-4&5\end{pmatrix}$.

知识点睛 0505 实对称矩阵相似对角化的方法

解 (1) $\boldsymbol{A}$ 的特征多项式为 $|\lambda\boldsymbol{E}-\boldsymbol{A}|=\begin{vmatrix}\lambda-2&2&0\\2&\lambda-1&2\\0&2&\lambda\end{vmatrix}=(\lambda+2)(\lambda-1)(\lambda-4)$,

所以 $\boldsymbol{A}$ 的特征值为 $\lambda_1=-2,\lambda_2=1,\lambda_3=4$.

当 $\lambda_1=-2$ 时，解方程组 $(\boldsymbol{A}+2\boldsymbol{E})\boldsymbol{x}=\boldsymbol{0}$. 由

$$\boldsymbol{A}+2\boldsymbol{E}=\begin{pmatrix}4&-2&0\\-2&3&-2\\0&-2&2\end{pmatrix}\to\begin{pmatrix}2&0&-1\\0&1&-1\\0&0&0\end{pmatrix},$$

得基础解系为 $\boldsymbol{\xi}_1=(1,2,2)^{\mathrm{T}}$. 将 $\boldsymbol{\xi}_1$ 单位化，得 $\boldsymbol{p}_1=\frac{1}{3}(1,2,2)^{\mathrm{T}}$.

当 $\lambda_2=1$ 时，解方程组 $(\boldsymbol{E}-\boldsymbol{A})\boldsymbol{x}=\boldsymbol{0}$. 由

$$\boldsymbol{E}-\boldsymbol{A}=\begin{pmatrix}-1&2&0\\2&0&2\\0&2&1\end{pmatrix}\to\begin{pmatrix}1&0&1\\0&1&\frac{1}{2}\\0&0&0\end{pmatrix},$$

得基础解系为 $\boldsymbol{\xi}_2=(-2,-1,2)^{\mathrm{T}}$. 将 $\boldsymbol{\xi}_2$ 单位化，得 $\boldsymbol{p}_2=\frac{1}{3}(-2,-1,2)^{\mathrm{T}}$.

当 $\lambda_3=4$ 时，解方程组 $(4\boldsymbol{E}-\boldsymbol{A})\boldsymbol{x}=\boldsymbol{0}$. 由

$$4\boldsymbol{E}-\boldsymbol{A}=\begin{pmatrix}2&2&0\\2&3&2\\0&2&4\end{pmatrix}\to\begin{pmatrix}1&0&-2\\0&1&2\\0&0&0\end{pmatrix},$$

得基础解系为$\boldsymbol{\xi}_3=(2,-2,1)^{\mathrm{T}}$. 将$\boldsymbol{\xi}_3$单位化，得$\boldsymbol{p}_3=\frac{1}{3}(2,-2,1)^{\mathrm{T}}$.

以$\boldsymbol{p}_1,\boldsymbol{p}_2,\boldsymbol{p}_3$为列构成正交矩阵$\boldsymbol{Q}=\frac{1}{3}\begin{pmatrix}1&-2&2\\2&-1&-2\\2&2&1\end{pmatrix}$，有$\boldsymbol{Q}^{-1}\boldsymbol{A}\boldsymbol{Q}=\begin{pmatrix}-2&&\\&1&\\&&4\end{pmatrix}$.

(2) $\boldsymbol{A}$ 的特征多项式为$|\lambda\boldsymbol{E}-\boldsymbol{A}|=\begin{vmatrix}\lambda-2&-2&2\\-2&\lambda-5&4\\2&4&\lambda-5\end{vmatrix}=(\lambda-1)^2(\lambda-10)$，

所以$\boldsymbol{A}$ 的特征值为$\lambda_1=\lambda_2=1,\lambda_3=10$.

当$\lambda_1=\lambda_2=1$时，解方程组$(\boldsymbol{E}-\boldsymbol{A})\boldsymbol{x}=\boldsymbol{0}$. 由$\boldsymbol{E}-\boldsymbol{A}=\begin{pmatrix}-1&-2&2\\-2&-4&4\\2&4&-4\end{pmatrix}\rightarrow\begin{pmatrix}1&2&-2\\0&0&0\\0&0&0\end{pmatrix}$，

得基础解系为$\boldsymbol{\xi}_1=\begin{pmatrix}-2\\1\\0\end{pmatrix},\boldsymbol{\xi}_2=\begin{pmatrix}2\\0\\1\end{pmatrix}$. 将$\boldsymbol{\xi}_1,\boldsymbol{\xi}_2$正交化、单位化，得

$$\boldsymbol{p}_1=\frac{1}{\sqrt{5}}\begin{pmatrix}-2\\1\\0\end{pmatrix},\quad \boldsymbol{p}_2=\frac{1}{3\sqrt{5}}\begin{pmatrix}2\\4\\5\end{pmatrix}.$$

当$\lambda_3=10$时，解方程组$(10\boldsymbol{E}-\boldsymbol{A})\boldsymbol{x}=\boldsymbol{0}$. 由$10\boldsymbol{E}-\boldsymbol{A}=\begin{pmatrix}8&-2&2\\-2&5&4\\2&4&5\end{pmatrix}\rightarrow\begin{pmatrix}2&0&1\\0&1&1\\0&0&0\end{pmatrix}$，得基础解系为$\boldsymbol{\xi}_3=(-1,-2,2)^{\mathrm{T}}$. 将$\boldsymbol{\xi}_3$单位化，得$\boldsymbol{p}_3=\frac{1}{3}(-1,-2,2)^{\mathrm{T}}$.

以$\boldsymbol{p}_1,\boldsymbol{p}_2,\boldsymbol{p}_3$为列构成正交矩阵$\boldsymbol{Q}=\begin{pmatrix}-\frac{2}{\sqrt{5}}&\frac{2}{3\sqrt{5}}&-\frac{1}{3}\\\frac{1}{\sqrt{5}}&\frac{4}{3\sqrt{5}}&-\frac{2}{3}\\0&\frac{5}{3\sqrt{5}}&\frac{2}{3}\end{pmatrix}$，有$\boldsymbol{Q}^{-1}\boldsymbol{A}\boldsymbol{Q}=\begin{pmatrix}1&&\\&1&\\&&10\end{pmatrix}$.

K 2010 数学一、数学二、数学三，4 分

114 设$\boldsymbol{A}$为 4 阶实对称矩阵，且$\boldsymbol{A}^2+\boldsymbol{A}=\boldsymbol{0}$. 若$\boldsymbol{A}$的秩为 3，则$\boldsymbol{A}$相似于(　　).

(A) $\begin{pmatrix}1&&&\\&1&&\\&&1&\\&&&0\end{pmatrix}$　　(B) $\begin{pmatrix}1&&&\\&1&&\\&&-1&\\&&&0\end{pmatrix}$

(C) $\begin{pmatrix}1&&&\\&-1&&\\&&-1&\\&&&0\end{pmatrix}$　　(D) $\begin{pmatrix}-1&&&\\&-1&&\\&&-1&\\&&&0\end{pmatrix}$

知识点睛 0505 实对称矩阵的相似对角矩阵

解 这是一道常见的基础题，由 $\boldsymbol{A\alpha}=\lambda\boldsymbol{\alpha},\boldsymbol{\alpha}\neq\boldsymbol{0}$ 知 $\boldsymbol{A}^n\boldsymbol{\alpha}=\lambda^n\boldsymbol{\alpha}$，那么对于

$$\boldsymbol{A}^2+\boldsymbol{A}=\boldsymbol{O}\Rightarrow(\lambda^2+\lambda)\boldsymbol{\alpha}=\boldsymbol{0}\Rightarrow\lambda^2+\lambda=0,$$

所以 $\boldsymbol{A}$ 的特征值只能是 0 或-1.

再由 $\boldsymbol{A}$ 是实对称必有 $\boldsymbol{A}\sim\boldsymbol{\Lambda}$，而 $\boldsymbol{\Lambda}$ 即是由 $\boldsymbol{A}$ 的特征值构成，于是由 $r(\boldsymbol{A})=3$，可知(D) 正确.应选(D).

115 矩阵$\begin{pmatrix}1&a&1\\a&b&a\\1&a&1\end{pmatrix}$与$\begin{pmatrix}2&0&0\\0&b&0\\0&0&0\end{pmatrix}$相似的充要条件为(　　). 2013 数学一、数学二、数学三，4 分

(A) $a=0,b=2$　　(B) $a=0,b$ 为任意常数

(C) $a=2,b=0$　　(D) $a=2,b$ 为任意常数

知识点睛 0503 矩阵可相似对角化的充要条件

解 两个实对称矩阵相似的充要条件是有相同的特征值. 有

$$|\lambda\boldsymbol{E}-\boldsymbol{A}|=\begin{vmatrix}\lambda-1&-a&-1\\-a&\lambda-b&-a\\-1&-a&\lambda-1\end{vmatrix}=\lambda[\lambda^2-(b+2)\lambda+2b-2a^2],$$

因为

$$|\lambda\boldsymbol{E}-\boldsymbol{B}|=\begin{vmatrix}\lambda-2&&\\&\lambda-b&\\&&\lambda\end{vmatrix}=\lambda(\lambda-2)(\lambda-b),$$

由 $\lambda=2$ 必是 $\boldsymbol{A}$ 的特征值，即

$$|2\boldsymbol{E}-\boldsymbol{A}|=2[2^2-2(b+2)+2b-2a^2]=0,$$

故必有 $a=0$.

由 $\lambda=b$ 必是 $\boldsymbol{A}$ 的特征值，即 $|b\boldsymbol{E}-\boldsymbol{A}|=b[b^2-(b+2)b+2b]=0$，由此 b 可为任意常数.

所以选(B).

116 设 3 阶实对称矩阵 $\boldsymbol{A}$ 的秩为 2，$\lambda_1=\lambda_2=6$ 是 $\boldsymbol{A}$ 的二重特征值. 若 $\boldsymbol{\alpha}_1=(1,1,0)^{\mathrm{T}},\boldsymbol{\alpha}_2=(2,1,1)^{\mathrm{T}},\boldsymbol{\alpha}_3=(-1,2,-3)^{\mathrm{T}}$都是 $\boldsymbol{A}$ 的属于特征值 6 的特征向量.求

(1) $\boldsymbol{A}$ 的另一特征值和对应的特征向量；

(2) 矩阵 $\boldsymbol{A}$.

知识点睛 已知矩阵 $\boldsymbol{A}$ 的特征值与特征向量，反求矩阵 $\boldsymbol{A}$，0505 实对称矩阵特征根与特征向量的性质

解 (1) 因为 $\lambda_1=\lambda_2=6$ 是 $\boldsymbol{A}$ 的二重特征值，故 $\boldsymbol{A}$ 的属于特征值 6 的线性无关的特征向量有 2 个. 由题设可得 $\boldsymbol{\alpha}_1,\boldsymbol{\alpha}_2,\boldsymbol{\alpha}_3$的一个极大无关组为 $\boldsymbol{\alpha}_1,\boldsymbol{\alpha}_2$，故 $\boldsymbol{\alpha}_1,\boldsymbol{\alpha}_2$为 $\boldsymbol{A}$ 的属于特征值 6 的线性无关的特征向量.

由 $r(\boldsymbol{A})=2$ 可知 $|\boldsymbol{A}|=0$，所以 $\boldsymbol{A}$ 的另一特征值 $\lambda_3=0$.

设 $\lambda_3=0$ 所对应的特征向量为 $\boldsymbol{\alpha}=(x_1,x_2,x_3)^{\mathrm{T}}$，则有 $\boldsymbol{\alpha}_1^{\mathrm{T}}\boldsymbol{\alpha}=0,\boldsymbol{\alpha}_2^{\mathrm{T}}\boldsymbol{\alpha}=0$，即

$$\begin{cases}x_1+x_2=0,\\2x_1+x_2+x_3=0,\end{cases}$$

解得基础解系为 $\boldsymbol{\alpha}=(-1,1,1)^{\mathrm{T}}$，即 $\boldsymbol{A}$ 的属于特征值 $\lambda_3=0$ 的特征向量为

$$c\boldsymbol{\alpha}=c(-1,1,1)^{\mathrm{T}},\ c\ \text{为不为零的任意常数}.$$

（2）令 $\boldsymbol{P}=(\boldsymbol{\alpha}_1,\boldsymbol{\alpha}_2,\boldsymbol{\alpha})$，则 $\boldsymbol{P}^{-1}\boldsymbol{A}\boldsymbol{P}=\begin{pmatrix}6&0&0\\0&6&0\\0&0&0\end{pmatrix}$，所以 $\boldsymbol{A}=\boldsymbol{P}\begin{pmatrix}6&0&0\\0&6&0\\0&0&0\end{pmatrix}\boldsymbol{P}^{-1}$. 又

$$\boldsymbol{P}^{-1}=\begin{pmatrix}0&1&-1\\ \frac{1}{3}&-\frac{1}{3}&\frac{2}{3}\\ -\frac{1}{3}&\frac{1}{3}&\frac{1}{3}\end{pmatrix},\quad \text{故}\ \boldsymbol{A}=\begin{pmatrix}4&2&2\\2&4&-2\\2&-2&4\end{pmatrix}.$$

117 设 3 阶实对称矩阵 $\boldsymbol{A}$ 的各行元素之和均为 3，且行列式 $|\boldsymbol{A}-2\boldsymbol{E}|=0$. 向量 $\boldsymbol{\xi}=(1,-2,1)^{\mathrm{T}}$ 是线性方程组 $\boldsymbol{A}\boldsymbol{x}=\boldsymbol{0}$ 的解，求：

（1）$\boldsymbol{A}$ 的特征值与特征向量；（2）矩阵 $\boldsymbol{A}$.

知识点睛 已知矩阵 $\boldsymbol{A}$ 的特征值与特征向量，反求矩阵 $\boldsymbol{A}$，0501 矩阵的特征值与特征向量的概念

解 （1）由 $\boldsymbol{A}$ 的各行元素之和均为 3，知 $\boldsymbol{A}\begin{pmatrix}1\\1\\1\end{pmatrix}=\begin{pmatrix}3\\3\\3\end{pmatrix}=3\begin{pmatrix}1\\1\\1\end{pmatrix}$，所以 $\lambda_1=3$ 为 $\boldsymbol{A}$ 的特征值，$\boldsymbol{p}_1=(1,1,1)^{\mathrm{T}}$ 为 $\boldsymbol{A}$ 的属于特征值 $\lambda_1=3$ 的一个特征向量，$\boldsymbol{A}$ 的属于特征值 $\lambda_1=3$ 的全部特征向量为 $k_1\boldsymbol{p}_1=k_1(1,1,1)^{\mathrm{T}},k_1\neq0$.

由 $\boldsymbol{\xi}=(1,-2,1)^{\mathrm{T}}$ 是线性方程组 $\boldsymbol{A}\boldsymbol{x}=\boldsymbol{0}$ 的解，知 $\boldsymbol{A}\begin{pmatrix}1\\-2\\1\end{pmatrix}=\boldsymbol{0}$，故 $\lambda_2=0$ 为 $\boldsymbol{A}$ 的特征值，$\boldsymbol{\xi}=(1,-2,1)^{\mathrm{T}}$ 为 $\boldsymbol{A}$ 的属于特征值 $\lambda_2=0$ 的一个特征向量，$\boldsymbol{A}$ 的属于特征值 $\lambda_2=0$ 的全部特征向量为 $k_2\boldsymbol{\xi}=k_2(1,-2,1)^{\mathrm{T}},k_2\neq0$.

因为 $|\boldsymbol{A}-2\boldsymbol{E}|=0$，所以 $\lambda_3=2$ 为 $\boldsymbol{A}$ 的特征值. 设 $\boldsymbol{A}$ 的属于特征值 $\lambda_3=2$ 的一个特征向量为 $\boldsymbol{p}_3=(x_1,x_2,x_3)^{\mathrm{T}}$，由于 $\boldsymbol{A}$ 是实对称矩阵，所以 $\boldsymbol{p}_3$ 与 $\boldsymbol{p}_1$ 和 $\boldsymbol{\xi}$ 都正交，即

$$\begin{cases}x_1+x_2+x_3=0,\\x_1-2x_2+x_3=0,\end{cases}$$

得基础解系为 $\boldsymbol{p}_3=(1,0,-1)^{\mathrm{T}}$. 故 $\boldsymbol{A}$ 的属于特征值 $\lambda_3=2$ 的全部特征向量为 $k_3\boldsymbol{p}_3=k_3(1,0,-1)^{\mathrm{T}},k_3\neq0$.

（2）令 $\boldsymbol{P}=\begin{pmatrix}1&1&1\\1&-2&0\\1&1&-1\end{pmatrix}$，则 $\boldsymbol{P}^{-1}\boldsymbol{A}\boldsymbol{P}=\begin{pmatrix}3&&\\&0&\\&&2\end{pmatrix}$，从而

$$\boldsymbol{A}=\boldsymbol{P}\begin{pmatrix}3&&\\&0&\\&&2\end{pmatrix}\boldsymbol{P}^{-1}=\begin{pmatrix}2&1&0\\1&1&1\\0&1&2\end{pmatrix}.$$

118 试构造一个 3 阶实对称矩阵 $\boldsymbol{A}$，使其特征值为 $\lambda_1=\lambda_2=1,\lambda_3=-1$，且有特

征向量 $\boldsymbol{\xi}_1=(1,1,1)^{\mathrm{T}},\boldsymbol{\xi}_2=(2,2,1)^{\mathrm{T}}$.

知识点睛　已知矩阵 $\boldsymbol{A}$ 的特征值与特征向量，反求矩阵 $\boldsymbol{A}$，0505 实对称矩阵特征值与特征向量的性质

解　因为向量 $\boldsymbol{\xi}_1$，$\boldsymbol{\xi}_2$线性无关，且 $\boldsymbol{\xi}_1$与 $\boldsymbol{\xi}_2$不正交，所以 $\boldsymbol{\xi}_1$，$\boldsymbol{\xi}_2$为特征值 $\lambda_1=\lambda_2=1$ 所对应的线性无关的特征向量.

设 $\boldsymbol{\xi}=(x_1,x_2,x_3)^{\mathrm{T}}$为属于特征值 $\lambda_3=-1$ 对应的特征向量，则 $\boldsymbol{\xi}_1$，$\boldsymbol{\xi}_2$都与 $\boldsymbol{\xi}$ 正交，即

$$\begin{cases} x_1+x_2+x_3=0, \\ 2x_1+2x_2+x_3=0, \end{cases}$$

解得基础解系

$$\boldsymbol{\xi}_3=(-1,1,0)^{\mathrm{T}}.$$

令 $\boldsymbol{P}=(\boldsymbol{\xi}_1,\boldsymbol{\xi}_2,\boldsymbol{\xi}_3)$，有 $\boldsymbol{P}^{-1}\boldsymbol{A}\boldsymbol{P}=\begin{pmatrix}1&&\\&1&\\&&-1\end{pmatrix}$. 因此

$$\boldsymbol{A}=\boldsymbol{P}\begin{pmatrix}1&&\\&1&\\&&-1\end{pmatrix}\boldsymbol{P}^{-1}=\begin{pmatrix}1&2&-1\\1&2&1\\1&1&0\end{pmatrix}\begin{pmatrix}1&&\\&1&\\&&-1\end{pmatrix}\begin{pmatrix}1&2&-1\\1&2&1\\1&1&0\end{pmatrix}^{-1}$$

$$=\begin{pmatrix}1&2&-1\\1&2&1\\1&1&0\end{pmatrix}\begin{pmatrix}1&&\\&1&\\&&-1\end{pmatrix}\begin{pmatrix}-\frac{1}{2}&-\frac{1}{2}&2\\\frac{1}{2}&\frac{1}{2}&-1\\-\frac{1}{2}&\frac{1}{2}&0\end{pmatrix}=\begin{pmatrix}0&1&0\\1&0&0\\0&0&1\end{pmatrix}.$$

119　设 3 阶实对称矩阵 $\boldsymbol{A}$ 的特征值为 1,2,3，矩阵 $\boldsymbol{A}$ 的属于特征值 1,2 对应的特征向量分别是 $\boldsymbol{\alpha}_1=(-1,-1,1)^{\mathrm{T}},\boldsymbol{\alpha}_2=(1,-2,-1)^{\mathrm{T}}$. 求

1997 数学三，10 分

(1) $\boldsymbol{A}$ 的属于特征值 3 的特征向量；　(2) 矩阵 $\boldsymbol{A}$.

119 题精解视频

知识点睛　已知矩阵 $\boldsymbol{A}$ 的特征值与特征向量，反求矩阵 $\boldsymbol{A}$，0505 实对称矩阵特征值与特征向量的性质

解　(1) 设 $\boldsymbol{\alpha}_3=(x_1,x_2,x_3)^{\mathrm{T}}$为 $\boldsymbol{A}$ 的属于特征值 3 的特征向量. 由于 $\boldsymbol{A}$ 是实对称矩阵，则 $\boldsymbol{\alpha}_3$与 $\boldsymbol{\alpha}_1,\boldsymbol{\alpha}_2$都正交，故有 $\begin{cases}-x_1-x_2+x_3=0,\\ x_1-2x_2-x_3=0,\end{cases}$ 得基础解系为 $\boldsymbol{\alpha}_3=(1,0,1)^{\mathrm{T}}$. $\boldsymbol{A}$ 的属于特征值 3 的全部特征向量为 $k\boldsymbol{\alpha}_3(k\neq 0)$.

(2) 令 $\boldsymbol{P}=(\boldsymbol{\alpha}_1,\boldsymbol{\alpha}_2,\boldsymbol{\alpha}_3)=\begin{pmatrix}-1&1&1\\-1&-2&0\\1&-1&1\end{pmatrix}$，则 $\boldsymbol{P}^{-1}\boldsymbol{A}\boldsymbol{P}=\begin{pmatrix}1&&\\&2&\\&&3\end{pmatrix}$. 从而

$$\boldsymbol{A}=\boldsymbol{P}\begin{pmatrix}1&&\\&2&\\&&3\end{pmatrix}\boldsymbol{P}^{-1}=\frac{1}{6}\begin{pmatrix}13&-2&5\\-2&10&2\\5&2&13\end{pmatrix}.$$

120　设 3 阶实对称矩阵 $\boldsymbol{A}$ 的特征值为 6,3,3，与特征值 6 对应的一个特征向量

为 $\boldsymbol{p}_1=(1,1,1)^{\mathrm{T}}$,求 $\boldsymbol{A}$.

知识点睛 已知矩阵 $\boldsymbol{A}$ 的特征值与特征向量,反求矩阵 $\boldsymbol{A}$, 0505 实对称矩阵特征值与特征向量的性质

解 设$(x_1,x_2,x_3)^{\mathrm{T}}$为 $\boldsymbol{A}$ 的属于特征值 3 的特征向量,由于矩阵 $\boldsymbol{A}$ 是实对称矩阵,则 $(x_1,x_2,x_3)^{\mathrm{T}}$与 $\boldsymbol{p}_1=(1,1,1)^{\mathrm{T}}$正交,即 $x_1+x_2+x_3=0$,得基础解系为 $\boldsymbol{p}_2=\begin{pmatrix}-1\\1\\0\end{pmatrix}$,$\boldsymbol{p}_3=\begin{pmatrix}-1\\0\\1\end{pmatrix}$.

令 $\boldsymbol{P}=\begin{pmatrix}1&-1&-1\\1&1&0\\1&0&1\end{pmatrix}$,则 $\boldsymbol{P}^{-1}\boldsymbol{A}\boldsymbol{P}=\boldsymbol{\Lambda}=\begin{pmatrix}6&&\\&3&\\&&3\end{pmatrix}$,从而

$$\boldsymbol{A}=\boldsymbol{P}\begin{pmatrix}6&&\\&3&\\&&3\end{pmatrix}\boldsymbol{P}^{-1}=\begin{pmatrix}4&1&1\\1&4&1\\1&1&4\end{pmatrix}.$$

121 设 $\boldsymbol{A}=\begin{pmatrix}1&2&2\\2&1&2\\2&2&1\end{pmatrix}$, 求 $\boldsymbol{A}$ 的特征值及对应的特征向量, 矩阵 $\boldsymbol{A}$ 是否与对角矩阵相似, 若相似,写出对角阵 $\boldsymbol{\Lambda}$, 并计算 $\boldsymbol{A}^{10}\begin{pmatrix}2\\3\\1\end{pmatrix}$.

知识点睛 0501 矩阵的特征值与特征向量的求法, 0503 矩阵可相似对角化的充要条件

解 由 $|\lambda\boldsymbol{E}-\boldsymbol{A}|=\begin{vmatrix}\lambda-1&-2&-2\\-2&\lambda-1&-2\\-2&-2&\lambda-1\end{vmatrix}=(\lambda-5)(\lambda+1)^2$,解得矩阵 $\boldsymbol{A}$ 的特征值为

$$\lambda_1=5,\quad \lambda_2=\lambda_3=-1.$$

当 $\lambda_1=5$ 时, 解$(5\boldsymbol{E}-\boldsymbol{A})\boldsymbol{x}=\boldsymbol{0}$, 得属于 $\lambda_1=5$ 的全部特征向量为 $k\begin{pmatrix}1\\1\\1\end{pmatrix}$, 其中 k 为非零常数.

当 $\lambda_2=\lambda_3=-1$ 时, 解$(-\boldsymbol{E}-\boldsymbol{A})\boldsymbol{x}=\boldsymbol{0}$, 得属于 $\lambda_2=\lambda_3=-1$ 的全部特征向量为

$$k_1\begin{pmatrix}-1\\1\\0\end{pmatrix}+k_2\begin{pmatrix}-1\\0\\1\end{pmatrix},$$

其中 k_1,k_2 为不全为零的常数.

由于矩阵 $\boldsymbol{A}$ 有三个线性无关的特征向量,故 $\boldsymbol{A}$ 与对角阵 $\boldsymbol{\Lambda}$ 相似, 即存在可逆矩阵 $\boldsymbol{P}$, 使 $\boldsymbol{P}^{-1}\boldsymbol{A}\boldsymbol{P}=\boldsymbol{\Lambda}$, 其中

$$\boldsymbol{\Lambda}=\begin{pmatrix}5&&\\&-1&\\&&-1\end{pmatrix},\quad \boldsymbol{P}=\begin{pmatrix}1&-1&-1\\1&1&0\\1&0&1\end{pmatrix},$$

由 $P^{-1}AP=\Lambda$ 得 $A=P\Lambda P^{-1}$，所以

$$A^{10}\begin{pmatrix}2\\3\\1\end{pmatrix}=P\Lambda^{10}P^{-1}\begin{pmatrix}2\\3\\1\end{pmatrix}=\begin{pmatrix}2\times 5^{10}\\1+2\times 5^{10}\\-1+2\times 5^{10}\end{pmatrix}.$$

122 设 $A=\begin{pmatrix}3&-2\\-2&3\end{pmatrix}$，求 $\phi(A)=A^{10}-5A^{9}$.

知识点睛 矩阵相似对角化的应用

解 A 的特征多项式为 $|\lambda E-A|=\begin{vmatrix}\lambda-3&2\\2&\lambda-3\end{vmatrix}=(\lambda-1)(\lambda-5)$，所以 A 的特征值为 $\lambda_1=1,\lambda_2=5$.

当 $\lambda_1=1$ 时，解方程组 $(E-A)x=\mathbf{0}$. 由 $E-A=\begin{pmatrix}-2&2\\2&-2\end{pmatrix}\to\begin{pmatrix}1&-1\\0&0\end{pmatrix}$，得基础解系为 $\xi_1=\begin{pmatrix}1\\1\end{pmatrix}$. 将 ξ_1 单位化，得 $p_1=\frac{1}{\sqrt{2}}\begin{pmatrix}1\\1\end{pmatrix}$.

当 $\lambda_2=5$ 时，解方程组 $(5E-A)x=\mathbf{0}$. 由 $5E-A=\begin{pmatrix}2&2\\2&2\end{pmatrix}\to\begin{pmatrix}1&1\\0&0\end{pmatrix}$，得基础解系为 $\xi_2=\begin{pmatrix}1\\-1\end{pmatrix}$. 将 ξ_2 单位化，得 $p_2=\frac{1}{\sqrt{2}}\begin{pmatrix}1\\-1\end{pmatrix}$.

以 p_1,p_2 为列构成正交矩阵 $Q=(p_1,p_2)=\frac{1}{\sqrt{2}}\begin{pmatrix}1&1\\1&-1\end{pmatrix}$，有

$$Q^{-1}AQ=Q^{\mathrm{T}}AQ=\Lambda=\begin{pmatrix}1&\\&5\end{pmatrix},$$

从而 $\phi(A)=A^{10}-5A^{9}=Q(\Lambda^{10}-5\Lambda^{9})Q^{\mathrm{T}}=-2\begin{pmatrix}1&1\\1&1\end{pmatrix}$.

123 设矩阵 $A=\begin{pmatrix}0&1&0&0\\1&0&0&0\\0&0&y&1\\0&0&1&2\end{pmatrix}$， 1996 数学三、数学四，8 分

（1）已知 A 的一个特征值为 3，试求 y；

（2）求可逆矩阵 P，使 $(AP)^{\mathrm{T}}(AP)$ 为对角矩阵.

知识点睛 0501 矩阵的特征值的概念，0504 将矩阵化为相似对角矩阵的方法，0607 用配方法化二次型为标准形

解法 1 （1）因为

$$|\lambda E-A|=\begin{vmatrix}\lambda&-1&0&0\\-1&\lambda&0&0\\0&0&\lambda-y&-1\\0&0&-1&\lambda-2\end{vmatrix}=(\lambda^2-1)[\lambda^2-(y+2)\lambda+2y-1],$$

将 $\lambda=3$ 代入 $|\lambda E-A|=0$，解得 $y=2$，于是

$$A=\begin{pmatrix}0&1&0&0\\1&0&0&0\\0&0&2&1\\0&0&1&2\end{pmatrix}.$$

（2）由 $A^{\mathrm{T}}=A$，得 $(AP)^{\mathrm{T}}(AP)=P^{\mathrm{T}}A^2P$，而矩阵

$$A^2=\begin{pmatrix}1&0&0&0\\0&1&0&0\\0&0&5&4\\0&0&4&5\end{pmatrix}$$

的特征值求得为 $\lambda_1=\lambda_2=\lambda_3=1$（三重），$\lambda_4=9$.

对应于 $\lambda_1=\lambda_2=\lambda_3=1$ 的线性无关的特征向量为

$$\alpha_1=(1,0,0,0)^{\mathrm{T}},\quad \alpha_2=(0,1,0,0)^{\mathrm{T}},\quad \alpha_3=(0,0,-1,1)^{\mathrm{T}}.$$

正交化单位化后，得

$$\beta_1=(1,0,0,0)^{\mathrm{T}},\quad \beta_2=(0,1,0,0)^{\mathrm{T}},\quad \beta_3=\left(0,0,-\frac{1}{\sqrt{2}},\frac{1}{\sqrt{2}}\right)^{\mathrm{T}}.$$

对应于 $\lambda_4=9$ 的特征向量为 $\alpha_4=(0,0,1,1)^{\mathrm{T}}$，经单位化后，得

$$\beta_4=\left(0,0,\frac{1}{\sqrt{2}},\frac{1}{\sqrt{2}}\right)^{\mathrm{T}}.$$

令

$$P=(\beta_1,\beta_2,\beta_3,\beta_4)=\begin{pmatrix}1&0&0&0\\0&1&0&0\\0&0&-\frac{1}{\sqrt{2}}&\frac{1}{\sqrt{2}}\\0&0&\frac{1}{\sqrt{2}}&\frac{1}{\sqrt{2}}\end{pmatrix},$$

则

$$P^{\mathrm{T}}A^2P=(AP)^{\mathrm{T}}(AP)=\begin{pmatrix}1&0&0&0\\0&1&0&0\\0&0&1&0\\0&0&0&9\end{pmatrix}.$$

解法 2　（1）因为 $\lambda=3$ 是 A 的特征值，故

$$|3E-A|=\begin{vmatrix}3&-1&0&0\\-1&3&0&0\\0&0&3-y&-1\\0&0&-1&1\end{vmatrix}=\begin{vmatrix}3&-1\\-1&3\end{vmatrix}\cdot\begin{vmatrix}3-y&-1\\-1&1\end{vmatrix}=8(2-y)=0,$$

所以 $y=2$.

（2）由于 $A^{\mathrm{T}}=A$，要 $(AP)^{\mathrm{T}}(AP)=P^{\mathrm{T}}A^2P=\Lambda$，而 $A^2=\begin{pmatrix}1&0&0&0\\0&1&0&0\\0&0&5&4\\0&0&4&5\end{pmatrix}$ 是对称矩阵，故可构造二次型 $x^{\mathrm{T}}A^2x$，将其化为标准形 $y^{\mathrm{T}}\Lambda y$. 即 A^2 与 Λ 合同，亦即 $P^{\mathrm{T}}A^2P=\Lambda$. 由于

$$\begin{aligned}x^{\mathrm{T}}A^2x &= x_1^2+x_2^2+5x_3^2+5x_4^2+8x_3x_4\\&=x_1^2+x_2^2+5\left(x_3^2+\frac{8}{5}x_3x_4+\frac{16}{25}x_4^2\right)+5x_4^2-\frac{16}{5}x_4^2\\&=x_1^2+x_2^2+5\left(x_3+\frac{4}{5}x_4\right)^2+\frac{9}{5}x_4^2,\end{aligned}$$

那么，令 $y_1=x_1, y_2=x_2, y_3=x_3+\frac{4}{5}x_4, y_4=x_4$，即经坐标变换

$$\begin{pmatrix}x_1\\x_2\\x_3\\x_4\end{pmatrix}=\begin{pmatrix}1&0&0&0\\0&1&0&0\\0&0&1&-\frac{4}{5}\\0&0&0&1\end{pmatrix}\begin{pmatrix}y_1\\y_2\\y_3\\y_4\end{pmatrix},$$

有 $x^{\mathrm{T}}A^2x=y_1^2+y_2^2+5y_3^2+\frac{9}{5}y_4^2$.

$$令\ P=\begin{pmatrix}1&0&0&0\\0&1&0&0\\0&0&1&-\frac{4}{5}\\0&0&0&1\end{pmatrix}，则有 (AP)^{\mathrm{T}}(AP)=P^{\mathrm{T}}A^2P=\begin{pmatrix}1&&&\\&1&&\\&&5&\\&&&\frac{9}{5}\end{pmatrix}.$$

§5.4 综合提高题

124 设 4 阶矩阵 A 满足条件 $|3E+A|=0, AA^{\mathrm{T}}=2E, |A|<0$. 其中 E 是 4 阶单位阵. 求矩阵 A 的伴随矩阵 A^* 的一个特征值.

K 1996 数学五，7 分

124 题精解视频

知识点睛 0501 矩阵的特征值的性质

解 由 $|3E+A|=0$，知 $|-3E-A|=0$，所以 $\lambda=-3$ 是 A 的一个特征值.

由条件，有 $|AA^{\mathrm{T}}|=|2E|=2^4|E|=16$，所以 $|A|=\pm4$，由于 $|A|<0$，故 $|A|=-4$. 所以 A^* 的一个特征值为 $\frac{-4}{-3}=\frac{4}{3}$.

125 若 4 阶矩阵 A 的特征值为 $-1,1,2,3$，则 A^* 的伴随矩阵 $(A^*)^*$ 的特征值为________.

知识点睛 0501 伴随矩阵的特征值

解 由 $|A|=(-1)\times1\times2\times3=-6$，于是 $(A^*)^*=|A|^{4-2}A=36A$. 所以 $(A^*)^*$ 的特征值为

$$36\times(-1),\quad 36\times1,\quad 36\times2,\quad 36\times3,$$

故应填-36,36,72,108.

【评注】熟练掌握有关伴随矩阵的相关结论和公式.

126 设3阶矩阵 A 的特征值为0,1,2, 求 A^* 和 $(A^*)^*$ 的特征值.

知识点睛 0501 伴随矩阵的特征值

解 因 A 的特征值为0,1,2, 从而 A 相似于对角阵 $\begin{pmatrix}0&&\\&1&\\&&2\end{pmatrix}$.

令 $B=\begin{pmatrix}0&&\\&1&\\&&2\end{pmatrix}$, 则 A^* 相似于 $B^*=\begin{pmatrix}2&&\\&0&\\&&0\end{pmatrix}$. 所以 A^* 的特征值为2,0,0.进而 $(A^*)^*$ 相似于 $(B^*)^*=\mathbf{0}$, 所以 $(A^*)^*$ 的特征值为0(三重).

【评注】利用结论"相似矩阵特征值相同"求解.

127 设 A 是3阶矩阵, $A=E+\alpha\beta^{T}$, α 与 β 都是3维列向量, 且 $\alpha^{T}\beta=a\neq0$, 求 A 的特征值与特征向量.

知识点睛 0501 矩阵的特征值与特征向量的求法

解 令 $B=\alpha\beta^{T}$, 则 $A=E+B$, 如 λ 是 B 的特征值, ξ 是对应的特征向量,则

$$A\xi=(B+E)\xi=(\lambda+1)\xi,$$

可见 $\lambda+1$ 是 A 的特征值, ξ 是 A 的属于 $\lambda+1$ 的特征向量.

为此, 将求 A 的特征值、特征向量问题, 转化为求 B 的特征值、特征向量.令

$$B=\alpha\beta^{T}=\begin{pmatrix}a_1\\a_2\\a_3\end{pmatrix}(b_1,b_2,b_3)=\begin{pmatrix}a_1b_1&a_1b_2&a_1b_3\\a_2b_1&a_2b_2&a_2b_3\\a_3b_1&a_3b_2&a_3b_3\end{pmatrix},$$

则

$$B^2=(\alpha\beta^{T})(\alpha\beta^{T})=\alpha(\beta^{T}\alpha)\beta^{T}=aB,$$

从而 B 的特征值只能是0和 a. 对应于特征值0, 易知 $r(B)=1$, 故齐次线性方程组 $(0\cdot E-B)x=\mathbf{0}$ 的基础解系含 $3-1=2$ 个向量. 不妨令 $a_1b_1\neq0$,

$$B=\begin{pmatrix}a_1b_1&a_1b_2&a_1b_3\\a_2b_1&a_2b_2&a_2b_3\\a_3b_1&a_3b_2&a_3b_3\end{pmatrix}\to\begin{pmatrix}b_1&b_2&b_3\\0&0&0\\0&0&0\end{pmatrix}\to\begin{pmatrix}1&\frac{b_2}{b_1}&\frac{b_3}{b_1}\\0&0&0\\0&0&0\end{pmatrix},$$

有 $x_1=-\frac{b_2}{b_1}x_2-\frac{b_3}{b_1}x_3$, 则 $Bx=\mathbf{0}$ 的基础解系为

$$\xi_1=\begin{pmatrix}-b_2\\b_1\\0\end{pmatrix},\quad\xi_2=\begin{pmatrix}-b_3\\0\\b_1\end{pmatrix},$$

即为 B 的属于特征值0的2个线性无关的特征向量.

由于 $B^2=aB$, 记 $B=(\beta_1,\beta_2,\beta_3)$, 则有

$$\boldsymbol{B}(\boldsymbol{\beta}_1,\boldsymbol{\beta}_2,\boldsymbol{\beta}_3)=a(\boldsymbol{\beta}_1,\boldsymbol{\beta}_2,\boldsymbol{\beta}_3),$$

即 $\boldsymbol{B}\boldsymbol{\beta}_j=a\boldsymbol{\beta}_j(j=1,2,3)$.

由于 $a_1b_1\neq0$，所以$(a_1,a_2,a_3)^{\mathrm{T}}$是 $\boldsymbol{B}$ 的属于 $\lambda=a$ 的特征向量.从而,$\boldsymbol{A}$ 的特征值为 1（二重）和 $a+1$，其对应的特征向量分别为

$$k_1\begin{pmatrix}-b_2\\b_1\\0\end{pmatrix}+k_2\begin{pmatrix}-b_3\\0\\b_1\end{pmatrix}\ (k_1,k_2\text{不全为零}),\quad k_3\begin{pmatrix}a_1\\a_2\\a_3\end{pmatrix}\ (k_3\neq0).$$

【评注】(1) 求 $\boldsymbol{B}$ 的特征向量时,对应于特征值0，用的是解方程组的方法，对应于特征值 a，用的是定义的方法.

(2) 通过先求已知矩阵的特征值和特征向量，从而求得未知矩阵的特征值和特征向量，是此类问题的常用方法和技巧.

128 设矩阵 $\boldsymbol{A}=\begin{pmatrix}3&2&2\\2&3&2\\2&2&3\end{pmatrix}$,$\boldsymbol{P}=\begin{pmatrix}0&1&0\\1&0&1\\0&0&1\end{pmatrix}$,$\boldsymbol{B}=\boldsymbol{P}^{-1}\boldsymbol{A}^*\boldsymbol{P}$,求 $\boldsymbol{B}+2\boldsymbol{E}$ 的特征值与特征向量,其中 $\boldsymbol{A}^*$ 为 $\boldsymbol{A}$ 的伴随矩阵,$\boldsymbol{E}$ 为 3 阶单位矩阵. Ⓚ 2003 数学一，10 分

知识点睛 0501 矩阵的特征值与特征向量的求法

解法 1 经计算可得

$$\boldsymbol{A}^*=\begin{pmatrix}5&-2&-2\\-2&5&-2\\-2&-2&5\end{pmatrix},\quad \boldsymbol{P}^{-1}=\begin{pmatrix}0&1&-1\\1&0&0\\0&0&1\end{pmatrix},$$

$$\boldsymbol{B}=\boldsymbol{P}^{-1}\boldsymbol{A}^*\boldsymbol{P}=\begin{pmatrix}7&0&0\\-2&5&-4\\-2&-2&3\end{pmatrix},$$

从而

$$\boldsymbol{B}+2\boldsymbol{E}=\begin{pmatrix}9&0&0\\-2&7&-4\\-2&-2&5\end{pmatrix},$$

$$|\lambda\boldsymbol{E}-(\boldsymbol{B}+2\boldsymbol{E})|=\begin{vmatrix}\lambda-9&0&0\\2&\lambda-7&4\\2&2&\lambda-5\end{vmatrix}=(\lambda-9)^2(\lambda-3),$$

故 $\boldsymbol{B}+2\boldsymbol{E}$ 的特征值为 9,9,3.

当 $\lambda_1=\lambda_2=9$ 时，解 $(9\boldsymbol{E}-(\boldsymbol{B}+2\boldsymbol{E}))\boldsymbol{x}=\boldsymbol{0}$，得对应的线性无关的特征向量为

$$\boldsymbol{\eta}_1=\begin{pmatrix}-1\\1\\0\end{pmatrix},\quad \boldsymbol{\eta}_2=\begin{pmatrix}-2\\0\\1\end{pmatrix},$$

所以对应于特征值 9 的全部特征向量为

$$k_1\boldsymbol{\eta}_1+k_2\boldsymbol{\eta}_2=k_1\begin{pmatrix}-1\\1\\0\end{pmatrix}+k_2\begin{pmatrix}-2\\0\\1\end{pmatrix},$$

其中 k_1,k_2是不全为零的任意常数.

当 $\lambda_3=3$ 时, 解 $[3\boldsymbol{E}-(\boldsymbol{B}+2\boldsymbol{E})]\boldsymbol{x}=\boldsymbol{0}$, 得对应的特征向量为

$$\boldsymbol{\eta}_3=\begin{pmatrix}0\\1\\1\end{pmatrix},$$

所以,对应于特征值 3 的全部特征向量为

$$k_3\boldsymbol{\eta}_3=k_3\begin{pmatrix}0\\1\\1\end{pmatrix},$$

其中 k_3是不为零的任意常数.

解法 2 设 $\boldsymbol{A}$ 的特征值为 λ, 对应的特征向量为 $\boldsymbol{\eta}$, 即 $\boldsymbol{A\eta}=\lambda\boldsymbol{\eta}$. 由于 $|\boldsymbol{A}|=7\neq 0$, 所以 $\lambda\neq 0$.

又因 $\boldsymbol{A}^*\boldsymbol{A}=|\boldsymbol{A}|\boldsymbol{E}$, 故有 $\boldsymbol{A}^*\boldsymbol{\eta}=\dfrac{|\boldsymbol{A}|}{\lambda}\boldsymbol{\eta}$. 于是有

$$\boldsymbol{B}(\boldsymbol{P}^{-1}\boldsymbol{\eta})=\boldsymbol{P}^{-1}\boldsymbol{A}^*\boldsymbol{P}(\boldsymbol{P}^{-1}\boldsymbol{\eta})=\frac{|\boldsymbol{A}|}{\lambda}(\boldsymbol{P}^{-1}\boldsymbol{\eta}),$$

从而

$$(\boldsymbol{B}+2\boldsymbol{E})\boldsymbol{P}^{-1}\boldsymbol{\eta}=\left(\frac{|\boldsymbol{A}|}{\lambda}+2\right)\boldsymbol{P}^{-1}\boldsymbol{\eta}.$$

因此, $\dfrac{|\boldsymbol{A}|}{\lambda}+2$ 为 $\boldsymbol{B}+2\boldsymbol{E}$ 的特征值, 对应的特征向量为 $\boldsymbol{P}^{-1}\boldsymbol{\eta}$. 由于

$$|\lambda\boldsymbol{E}-\boldsymbol{A}|=\begin{vmatrix}\lambda-3&-2&-2\\-2&\lambda-3&-2\\-2&-2&\lambda-3\end{vmatrix}=(\lambda-1)^2(\lambda-7),$$

故 $\boldsymbol{A}$ 的特征值为 $\lambda_1=\lambda_2=1,\lambda_3=7$.

当 $\lambda_1=\lambda_2=1$ 时,解 $(\boldsymbol{E}-\boldsymbol{A})\boldsymbol{x}=\boldsymbol{0}$, 得对应的线性无关的特征向量为 $\boldsymbol{\eta}_1=\begin{pmatrix}-1\\1\\0\end{pmatrix}$, $\boldsymbol{\eta}_2=\begin{pmatrix}-1\\0\\1\end{pmatrix}$.

当 $\lambda_3=7$ 时,解 $(7\boldsymbol{E}-\boldsymbol{A})\boldsymbol{x}=\boldsymbol{0}$, 得对应的特征向量为 $\boldsymbol{\eta}_3=\begin{pmatrix}1\\1\\1\end{pmatrix}$.

由 $\boldsymbol{P}^{-1}=\begin{pmatrix}0&1&-1\\1&0&0\\0&0&1\end{pmatrix}$,得

$$\boldsymbol{P}^{-1}\boldsymbol{\eta}_1=\begin{pmatrix}1\\-1\\0\end{pmatrix},\quad \boldsymbol{P}^{-1}\boldsymbol{\eta}_2=\begin{pmatrix}-1\\-1\\1\end{pmatrix},\quad \boldsymbol{P}^{-1}\boldsymbol{\eta}_3=\begin{pmatrix}0\\1\\1\end{pmatrix}.$$

因此，$\boldsymbol{B}+2\boldsymbol{E}$ 的三个特征值分别为 9,9,3. 对应于特征值 9 的全部特征向量为

$$k_1\boldsymbol{P}^{-1}\boldsymbol{\eta}_1+k_2\boldsymbol{P}^{-1}\boldsymbol{\eta}_2=k_1\begin{pmatrix}1\\-1\\0\end{pmatrix}+k_2\begin{pmatrix}-1\\-1\\1\end{pmatrix},$$

其中 k_1,k_2是不全为零的任意常数.

对应于特征值 3 的全部特征向量为

$$k_3\boldsymbol{P}^{-1}\boldsymbol{\eta}_3=k_3\begin{pmatrix}0\\1\\1\end{pmatrix},$$

其中 k_3是不为零的任意常数.

【评注】解法 1 使用具体矩阵求特征值、特征向量的计算方法，而解法 2 则使用抽象矩阵有关特征值、特征向量的结论求解. 比较可知，解法 2 较易，这也是此类问题的常用解题思路.

129 设矩阵 $\boldsymbol{A}=\begin{pmatrix}2&1&1\\1&2&1\\1&1&a\end{pmatrix}$可逆，向量 $\boldsymbol{\alpha}=\begin{pmatrix}1\\b\\1\end{pmatrix}$是矩阵 $\boldsymbol{A}^*$ 的一个特征向量，λ 是 $\boldsymbol{\alpha}$ 对应的特征值，其中 $\boldsymbol{A}^*$ 是矩阵 $\boldsymbol{A}$ 的伴随矩阵. 试求 a,b 和 λ 的值.

知识点睛 0501 矩阵的特征值与特征向量的概念与性质

解 矩阵 $\boldsymbol{A}^*$ 的属于特征值 λ 的特征向量为 $\boldsymbol{\alpha}$，由于矩阵 $\boldsymbol{A}$ 可逆，故 $\boldsymbol{A}^*$ 可逆. 于是 $\lambda\neq0$，$|\boldsymbol{A}|\neq0$，且

$$\boldsymbol{A}^*\boldsymbol{\alpha}=\lambda\boldsymbol{\alpha}.$$

两边同时左乘矩阵 $\boldsymbol{A}$，得 $\boldsymbol{A}\boldsymbol{A}^*\boldsymbol{\alpha}=\lambda\boldsymbol{A}\boldsymbol{\alpha}$，$\boldsymbol{A}\boldsymbol{\alpha}=\dfrac{|\boldsymbol{A}|}{\lambda}\boldsymbol{\alpha}$，即

$$\begin{pmatrix}2&1&1\\1&2&1\\1&1&a\end{pmatrix}\begin{pmatrix}1\\b\\1\end{pmatrix}=\frac{|\boldsymbol{A}|}{\lambda}\begin{pmatrix}1\\b\\1\end{pmatrix},$$

由此，得方程组

$$\begin{cases}3+b=\dfrac{|\boldsymbol{A}|}{\lambda}, & ①\\[2mm] 2+2b=\dfrac{|\boldsymbol{A}|}{\lambda}b, & ②\\[2mm] a+b+1=\dfrac{|\boldsymbol{A}|}{\lambda}. & ③\end{cases}$$

由式①,②解得 $b=1$ 或 $b=-2$；由式①,③解得 $a=2$.

由于 $|\boldsymbol{A}|=\begin{vmatrix}2&1&1\\1&2&1\\1&1&a\end{vmatrix}=3a-2=4$，根据①式知，特征向量 $\boldsymbol{\alpha}$ 所对应的特征值

$$\lambda=\frac{|\boldsymbol{A}|}{3+b}=\frac{4}{3+b}.$$

所以,当 $b=1$ 时,$\lambda=1$;当 $b=-2$ 时,$\lambda=4$.

【评注】由解题过程可得结论：若 λ 是 $\boldsymbol{A}^*$ 的非零特征值，则 $\dfrac{|\boldsymbol{A}|}{\lambda}$ 是 $\boldsymbol{A}$ 的特征值.

Ⓚ 2001 数学一，8 分

130 已知 3 阶矩阵 $\boldsymbol{A}$ 与 3 维向量 $\boldsymbol{x}$，使得向量组 $\boldsymbol{x},\boldsymbol{Ax},\boldsymbol{A}^2\boldsymbol{x}$ 线性无关,且满足

$$\boldsymbol{A}^3\boldsymbol{x}=3\boldsymbol{Ax}-2\boldsymbol{A}^2\boldsymbol{x},$$

（1）记 $\boldsymbol{P}=(\boldsymbol{x},\boldsymbol{Ax},\boldsymbol{A}^2\boldsymbol{x})$,求 3 阶矩阵 $\boldsymbol{B}$，使 $\boldsymbol{A}=\boldsymbol{PBP}^{-1}$；

（2）计算行列式 $|\boldsymbol{A}+\boldsymbol{E}|$.

知识点睛 相似矩阵的应用，0303 线性无关的判别及应用

（1）解法 1 由于 $\boldsymbol{AP}=\boldsymbol{PB}$,即

$$\begin{aligned}\boldsymbol{A}(\boldsymbol{x},\boldsymbol{Ax},\boldsymbol{A}^2\boldsymbol{x})&=(\boldsymbol{Ax},\boldsymbol{A}^2\boldsymbol{x},\boldsymbol{A}^3\boldsymbol{x})=(\boldsymbol{Ax},\boldsymbol{A}^2\boldsymbol{x},3\boldsymbol{Ax}-2\boldsymbol{A}^2\boldsymbol{x})\\&=(\boldsymbol{x},\boldsymbol{Ax},\boldsymbol{A}^2\boldsymbol{x})\begin{pmatrix}0&0&0\\1&0&3\\0&1&-2\end{pmatrix},\end{aligned}$$

所以 $\boldsymbol{B}=\begin{pmatrix}0&0&0\\1&0&3\\0&1&-2\end{pmatrix}$.

解法 2 由于 $\boldsymbol{P}=(\boldsymbol{x},\boldsymbol{Ax},\boldsymbol{A}^2\boldsymbol{x})$ 可逆，那么 $\boldsymbol{P}^{-1}\boldsymbol{P}=\boldsymbol{E}$，即 $\boldsymbol{P}^{-1}(\boldsymbol{x},\boldsymbol{Ax},\boldsymbol{A}^2\boldsymbol{x})=\boldsymbol{E}$. 所以 $\boldsymbol{P}^{-1}\boldsymbol{x}=\begin{pmatrix}1\\0\\0\end{pmatrix}$,$\boldsymbol{P}^{-1}\boldsymbol{Ax}=\begin{pmatrix}0\\1\\0\end{pmatrix}$,$\boldsymbol{P}^{-1}\boldsymbol{A}^2\boldsymbol{x}=\begin{pmatrix}0\\0\\1\end{pmatrix}$. 于是

$$\begin{aligned}\boldsymbol{B}&=\boldsymbol{P}^{-1}\boldsymbol{AP}=\boldsymbol{P}^{-1}(\boldsymbol{Ax},\boldsymbol{A}^2\boldsymbol{x},\boldsymbol{A}^3\boldsymbol{x})=\boldsymbol{P}^{-1}(\boldsymbol{Ax},\boldsymbol{A}^2\boldsymbol{x},3\boldsymbol{Ax}-2\boldsymbol{A}^2\boldsymbol{x})\\&=(\boldsymbol{P}^{-1}\boldsymbol{Ax},\boldsymbol{P}^{-1}\boldsymbol{A}^2\boldsymbol{x},\boldsymbol{P}^{-1}(3\boldsymbol{Ax}-2\boldsymbol{A}^2\boldsymbol{x}))=\begin{pmatrix}0&0&0\\1&0&3\\0&1&-2\end{pmatrix}.\end{aligned}$$

解法 3 设 $\boldsymbol{B}=\begin{pmatrix}a_1&a_2&a_3\\b_1&b_2&b_3\\c_1&c_2&c_3\end{pmatrix}$, 则由 $\boldsymbol{AP}=\boldsymbol{PB}$,得

$$(\boldsymbol{Ax},\boldsymbol{A}^2\boldsymbol{x},\boldsymbol{A}^3\boldsymbol{x})=(\boldsymbol{x},\boldsymbol{Ax},\boldsymbol{A}^2\boldsymbol{x})\begin{pmatrix}a_1&a_2&a_3\\b_1&b_2&b_3\\c_1&c_2&c_3\end{pmatrix},$$

即

$$\begin{cases}\boldsymbol{Ax}=a_1\boldsymbol{x}+b_1\boldsymbol{Ax}+c_1\boldsymbol{A}^2\boldsymbol{x},\\\boldsymbol{A}^2\boldsymbol{x}=a_2\boldsymbol{x}+b_2\boldsymbol{Ax}+c_2\boldsymbol{A}^2\boldsymbol{x},\\\boldsymbol{A}^3\boldsymbol{x}=a_3\boldsymbol{x}+b_3\boldsymbol{Ax}+c_3\boldsymbol{A}^2\boldsymbol{x}=3\boldsymbol{Ax}-2\boldsymbol{A}^2\boldsymbol{x}.\end{cases}$$

于是

$$\begin{cases}a_1\boldsymbol{x}+(b_1-1)\boldsymbol{A}\boldsymbol{x}+c_1\boldsymbol{A}^2\boldsymbol{x}=\boldsymbol{0},\\ a_2\boldsymbol{x}+b_2\boldsymbol{A}\boldsymbol{x}+(c_2-1)\boldsymbol{A}^2\boldsymbol{x}=\boldsymbol{0},\\ a_3\boldsymbol{x}+(b_3-3)\boldsymbol{A}\boldsymbol{x}+(c_3+2)\boldsymbol{A}^2\boldsymbol{x}=\boldsymbol{0}.\end{cases}$$

因为 $\boldsymbol{x},\boldsymbol{A}\boldsymbol{x},\boldsymbol{A}^2\boldsymbol{x}$ 线性无关，故

$$a_1=0,b_1=1,c_1=0;a_2=0,b_2=0,c_2=1;a_3=0,b_3=3,c_3=-2,$$

从而求出矩阵 $\boldsymbol{B}=\begin{pmatrix}0&0&0\\1&0&3\\0&1&-2\end{pmatrix}$.

(2) 解　由(1)知 $\boldsymbol{A}\sim\boldsymbol{B}$,那么 $\boldsymbol{A}+\boldsymbol{E}\sim\boldsymbol{B}+\boldsymbol{E}$,从而

$$|\boldsymbol{A}+\boldsymbol{E}|=|\boldsymbol{B}+\boldsymbol{E}|=\begin{vmatrix}1&0&0\\1&1&3\\0&1&-1\end{vmatrix}=-4.$$

131 设 3 阶行列式 $D=\begin{vmatrix}a&-5&8\\0&a+1&8\\0&3a+3&25\end{vmatrix}=0$，而 3 阶矩阵 $\boldsymbol{A}$ 有 3 个特征值 $1,-1,0$，对应特征向量分别为 $\boldsymbol{\beta}_1=\begin{pmatrix}1\\2a\\-1\end{pmatrix},\boldsymbol{\beta}_2=\begin{pmatrix}a\\a+3\\a+2\end{pmatrix},\boldsymbol{\beta}_3=\begin{pmatrix}a-2\\-1\\a+1\end{pmatrix}$，试确定参数 a，并求 $\boldsymbol{A}$.

131 题精解视频

知识点睛　已知矩阵 $\boldsymbol{A}$ 的特征值与特征向量,反求矩阵 $\boldsymbol{A}$

解　因为

$$\begin{vmatrix}a&-5&8\\0&a+1&8\\0&3a+3&25\end{vmatrix}=\begin{vmatrix}a&-5&8\\0&a+1&8\\0&0&1\end{vmatrix}=a(a+1)=0,$$

所以 $a=0$ 或 $a=-1$.

当 $a=-1$ 时，

$$\boldsymbol{\beta}_1=\begin{pmatrix}1\\-2\\-1\end{pmatrix},\quad \boldsymbol{\beta}_2=\begin{pmatrix}-1\\2\\1\end{pmatrix},\quad \boldsymbol{\beta}_3=\begin{pmatrix}-3\\-1\\0\end{pmatrix},$$

由于 $\boldsymbol{A}$ 有 3 个不同的特征值，故 $\boldsymbol{\beta}_1,\boldsymbol{\beta}_2,\boldsymbol{\beta}_3$ 线性无关. 而 $a=-1$ 时,得到的 $\boldsymbol{\beta}_1,\boldsymbol{\beta}_2,\boldsymbol{\beta}_3$ 线性相关,故 $a\neq-1$.

当 $a=0$ 时，

$$\boldsymbol{\beta}_1=\begin{pmatrix}1\\0\\-1\end{pmatrix},\quad \boldsymbol{\beta}_2=\begin{pmatrix}0\\3\\2\end{pmatrix},\quad \boldsymbol{\beta}_3=\begin{pmatrix}-2\\-1\\1\end{pmatrix},$$

可以验证此时 $\boldsymbol{\beta}_1,\boldsymbol{\beta}_2,\boldsymbol{\beta}_3$ 线性无关,故 $a=0$.

因为 $\boldsymbol{A}\boldsymbol{\beta}_1=\boldsymbol{\beta}_1,\boldsymbol{A}\boldsymbol{\beta}_2=-\boldsymbol{\beta}_2,\boldsymbol{A}\boldsymbol{\beta}_3=0\cdot\boldsymbol{\beta}_3$,即

$$(\boldsymbol{A}\boldsymbol{\beta}_1,\boldsymbol{A}\boldsymbol{\beta}_2,\boldsymbol{A}\boldsymbol{\beta}_3)=\boldsymbol{A}(\boldsymbol{\beta}_1,\boldsymbol{\beta}_2,\boldsymbol{\beta}_3)=(\boldsymbol{\beta}_1,-\boldsymbol{\beta}_2,\boldsymbol{0}),$$

于是

$$A=(\boldsymbol{\beta}_1,-\boldsymbol{\beta}_2,\mathbf{0})(\boldsymbol{\beta}_1,\boldsymbol{\beta}_2,\boldsymbol{\beta}_3)^{-1}=\begin{pmatrix}1&0&0\\0&-3&0\\-1&-2&0\end{pmatrix}\begin{pmatrix}1&0&-2\\0&3&-1\\-1&2&1\end{pmatrix}^{-1}$$

$$=\begin{pmatrix}1&0&0\\0&-3&0\\-1&-2&0\end{pmatrix}\begin{pmatrix}-5&4&-6\\-1&1&-1\\-3&2&-3\end{pmatrix}=\begin{pmatrix}-5&4&-6\\3&-3&3\\7&-6&8\end{pmatrix}.$$

K 2016 数学一、数学二、数学三，11 分

132 已知矩阵 $A=\begin{pmatrix}0&-1&1\\2&-3&0\\0&0&0\end{pmatrix}$，

(1) 求 A^{99}；

(2) 设 3 阶矩阵 $B=(\boldsymbol{\alpha}_1,\boldsymbol{\alpha}_2,\boldsymbol{\alpha}_3)$ 满足 $B^2=BA$，记 $B^{100}=(\boldsymbol{\beta}_1,\boldsymbol{\beta}_2,\boldsymbol{\beta}_3)$，将 $\boldsymbol{\beta}_1,\boldsymbol{\beta}_2,\boldsymbol{\beta}_3$ 分别表示为 $\boldsymbol{\alpha}_1,\boldsymbol{\alpha}_2,\boldsymbol{\alpha}_3$ 的线性组合.

知识点睛 利用相似对角化求矩阵的高次幂，0302 向量的线性表示

解 (1) 由 A 的特征多项式

$$|\lambda E-A|=\begin{vmatrix}\lambda&1&-1\\-2&\lambda+3&0\\0&0&\lambda\end{vmatrix}=\lambda(\lambda+1)(\lambda+2),$$

得 A 的特征值为 $0,-1,-2$.

对 $\lambda=0$，由 $(0E-A)x=\mathbf{0}$，及

$$\begin{pmatrix}0&1&-1\\-2&3&0\\0&0&0\end{pmatrix}\to\begin{pmatrix}2&0&-3\\0&1&-1\\0&0&0\end{pmatrix}$$

得基础解系(或特征向量) $\boldsymbol{\gamma}_1=(3,2,2)^{\mathrm{T}}$.

对 $\lambda=-1$，由 $(-E-A)x=\mathbf{0}$，及

$$\begin{pmatrix}-1&1&-1\\-2&2&0\\0&0&-1\end{pmatrix}\to\begin{pmatrix}1&-1&0\\0&0&1\\0&0&0\end{pmatrix}$$

得基础解系(或特征向量) $\boldsymbol{\gamma}_2=(1,1,0)^{\mathrm{T}}$.

对 $\lambda=-2$，由 $(-2E-A)x=\mathbf{0}$，及

$$\begin{pmatrix}-2&1&-1\\-2&1&0\\0&0&-2\end{pmatrix}\to\begin{pmatrix}-2&1&0\\0&0&1\\0&0&0\end{pmatrix}$$

得基础解系(或特征向量) $\boldsymbol{\gamma}_3=(1,2,0)^{\mathrm{T}}$.

令 $P=(\boldsymbol{\gamma}_1,\boldsymbol{\gamma}_2,\boldsymbol{\gamma}_3)=\begin{pmatrix}3&1&1\\2&1&2\\2&0&0\end{pmatrix}$，有 $P^{-1}AP=\Lambda=\begin{pmatrix}0&&\\&-1&\\&&-2\end{pmatrix}$，那么由 $P^{-1}A^{99}P=\Lambda^{99}$，有

$$A^{99}=P\Lambda^{99}P^{-1}=\begin{pmatrix}3&1&1\\2&1&2\\2&0&0\end{pmatrix}\begin{pmatrix}0&&\\&(-1)^{99}&\\&&(-2)^{99}\end{pmatrix}\frac{1}{2}\begin{pmatrix}0&0&1\\4&-2&-4\\-2&2&1\end{pmatrix}$$

$$=\begin{pmatrix}-2+2^{99}&1-2^{99}&2-2^{98}\\-2+2^{100}&1-2^{100}&2-2^{99}\\0&0&0\end{pmatrix}.$$

(2) 因 $B^2=BA$，知 $B^3=B(BA)=B^2A=BA^2$，归纳得

$$B^{100}=BA^{99}=(\alpha_1,\alpha_2,\alpha_3)\begin{pmatrix}-2+2^{99}&1-2^{99}&2-2^{98}\\-2+2^{100}&1-2^{100}&2-2^{99}\\0&0&0\end{pmatrix}$$

$$=((-2+2^{99})\alpha_1+(-2+2^{100})\alpha_2,(1-2^{99})\alpha_1+(1-2^{100})\alpha_2,$$
$$(2-2^{98})\alpha_1+(2-2^{99})\alpha_2),$$

所以

$$\beta_1=(-2+2^{99})\alpha_1+(-2+2^{100})\alpha_2;$$
$$\beta_2=(1-2^{99})\alpha_1+(1-2^{100})\alpha_2;$$
$$\beta_3=(2-2^{98})\alpha_1+(2-2^{99})\alpha_2.$$

133 若 $A\sim B$, A 可逆，则在以下结论中错误的是(　　).

(A) $A^{\mathrm T}\sim B^{\mathrm T}$　　(B) $A^{-1}\sim B^{-1}$　　(C) $A^k\sim B^k$　　(D) $AB\sim BA$

知识点睛　0502 相似矩阵的性质

解　因 $A\sim B$，故存在可逆矩阵 P，使 $A=P^{-1}BP$，从而有

$$A^{\mathrm T}=(P^{-1}BP)^{\mathrm T}=P^{\mathrm T}B^{\mathrm T}(P^{\mathrm T})^{-1},$$
$$A^{-1}=(P^{-1}BP)^{-1}=P^{-1}B^{-1}P,$$
$$A^k=(P^{-1}BP)^k=P^{-1}B^kP,$$

由此可知(A)、(B)、(C)正确，而(D)一般不成立.故应选(D).

134 已知 3 阶矩阵 A 的特征值为 0,1,2，则下列结论**不正确**的是(　　).

(A) A 与 $\begin{pmatrix}1&0&0\\0&1&0\\0&0&0\end{pmatrix}$ 等价　　(B) A 与 $\begin{pmatrix}0&0&0\\0&1&0\\0&0&2\end{pmatrix}$ 正交相似

(C) A 是不可逆矩阵　　(D) 以 0,1,2 为特征值的 3 阶矩阵都与 A 相似

知识点睛　矩阵等价、正交、相似之间的关系

解　由 3 阶矩阵 A 的特征值为 0,1,2，可知 A 与 $\begin{pmatrix}0&0&0\\0&1&0\\0&0&2\end{pmatrix}$ 相似，所以 $r(A)=2$，从而 A 与 $\begin{pmatrix}1&0&0\\0&1&0\\0&0&0\end{pmatrix}$ 等价，且 A 是不可逆的，所以(A) 和(C) 的结论是正确的.

以 0,1,2 为特征值的 3 阶矩阵必与对角矩阵$\begin{pmatrix}0&0&0\\0&1&0\\0&0&2\end{pmatrix}$相似，又$\begin{pmatrix}0&0&0\\0&1&0\\0&0&2\end{pmatrix}$与$\boldsymbol{A}$相似，所以(D)的结论是正确的. 因而只能选(B).

事实上，$\boldsymbol{A}=\begin{pmatrix}0&0&1\\0&1&0\\0&0&2\end{pmatrix}$与$\begin{pmatrix}0&0&0\\0&1&0\\0&0&2\end{pmatrix}$不能正交相似，故应选(B).

135 判断矩阵$\boldsymbol{A}$与$\boldsymbol{B}$是否相似，其中

$$\boldsymbol{A}=\begin{pmatrix}1&1&1\\1&1&1\\1&1&1\end{pmatrix},\quad \boldsymbol{B}=\begin{pmatrix}1&2&2\\0&0&0\\1&2&2\end{pmatrix}.$$

知识点睛 0502 相似矩阵的性质——传递性

解 考察矩阵$\boldsymbol{B}$：

$$|\lambda\boldsymbol{E}-\boldsymbol{B}|=\begin{vmatrix}\lambda-1&-2&-2\\0&\lambda&0\\-1&-2&\lambda-2\end{vmatrix}=\lambda^2(\lambda-3),$$

所以$\boldsymbol{B}$的特征值为 0 和 3.

对于特征值 0，解方程组$\boldsymbol{Bx}=\boldsymbol{0}$，即

$$\begin{pmatrix}1&2&2\\0&0&0\\1&2&2\end{pmatrix}\begin{pmatrix}x_1\\x_2\\x_3\end{pmatrix}=\boldsymbol{0},$$

可得两个线性无关的特征向量$(-2,1,0)^{\mathrm{T}},(-2,0,1)^{\mathrm{T}}$；

对于特征值 3，显然有一个线性无关的特征向量，由此可见$\boldsymbol{B}$与对角矩阵$\begin{pmatrix}0&&\\&0&\\&&3\end{pmatrix}$相似.

因$\boldsymbol{A}$是实对称矩阵，且由于

$$|\lambda\boldsymbol{E}-\boldsymbol{A}|=\begin{vmatrix}1-\lambda&1&1\\1&1-\lambda&1\\1&1&1-\lambda\end{vmatrix}=\lambda^2(\lambda-3),$$

故$\boldsymbol{A}$也与对角阵$\begin{pmatrix}0&&\\&0&\\&&3\end{pmatrix}$相似，所以$\boldsymbol{A}$与$\boldsymbol{B}$相似.

136 题精解视频

136 设$\boldsymbol{A}$是一个n阶矩阵，满足$\boldsymbol{A}^2=\boldsymbol{A}$，$r(\boldsymbol{A})=r$，且$\boldsymbol{A}$有两个不同的特征值，

(1) 试证$\boldsymbol{A}$可对角化，并求对角阵$\boldsymbol{\Lambda}$；

(2) 计算行列式$|\boldsymbol{A}-2\boldsymbol{E}|$.

知识点睛 0503 矩阵可相似对角化的充要条件

(1)证 设λ是$\boldsymbol{A}$的特征值，由于$\boldsymbol{A}^2=\boldsymbol{A}$，所以$\lambda^2=\lambda$，又$\boldsymbol{A}$有两个不同的特征

值，从而 $\boldsymbol{A}$ 的特征值为 0 和 1.

又因为 $\boldsymbol{A}^2=\boldsymbol{A}$，即 $\boldsymbol{A}(\boldsymbol{A}-\boldsymbol{E})=\boldsymbol{0}$，故 $r(\boldsymbol{A})+r(\boldsymbol{A}-\boldsymbol{E})=n$. 事实上，因 $\boldsymbol{A}(\boldsymbol{A}-\boldsymbol{E})=\boldsymbol{0}$，所以

$$r(\boldsymbol{A})+r(\boldsymbol{A}-\boldsymbol{E})\leqslant n.$$

另一方面，由于 $\boldsymbol{E}-\boldsymbol{A}$ 同 $\boldsymbol{A}-\boldsymbol{E}$ 的秩相同，故又有

$$n=r(\boldsymbol{E})=r((\boldsymbol{E}-\boldsymbol{A})+\boldsymbol{A})\leqslant r(\boldsymbol{A})+r(\boldsymbol{E}-\boldsymbol{A})=r(\boldsymbol{A})+r(\boldsymbol{A}-\boldsymbol{E}),$$

从而

$$r(\boldsymbol{A})+r(\boldsymbol{A}-\boldsymbol{E})=n.$$

当 $\lambda=1$ 时，因为 $r(\boldsymbol{A}-\boldsymbol{E})=n-r(\boldsymbol{A})=n-r$，从而齐次线性方程组 $(\boldsymbol{E}-\boldsymbol{A})\boldsymbol{x}=\boldsymbol{0}$ 的基础解系中含有 r 个解向量. 因此 $\boldsymbol{A}$ 对于特征值 1 有 r 个线性无关的特征向量，记为 $\boldsymbol{\eta}_1,\boldsymbol{\eta}_2,\cdots,\boldsymbol{\eta}_r$.

当 $\lambda=0$ 时，因为 $r(\boldsymbol{A})=r$，从而齐次线性方程组 $\boldsymbol{A}\boldsymbol{x}=\boldsymbol{0}$ 的基础解系含 $n-r$ 个解向量. 因此 $\boldsymbol{A}$ 属于特征值 0 的线性无关的特征向量有 $n-r$ 个，记为 $\boldsymbol{\eta}_{r+1},\boldsymbol{\eta}_{r+2},\cdots,\boldsymbol{\eta}_n$.

于是 $\boldsymbol{\eta}_1,\boldsymbol{\eta}_2,\cdots,\boldsymbol{\eta}_n$ 是 $\boldsymbol{A}$ 的 n 个线性无关的特征向量. 所以 $\boldsymbol{A}$ 可对角化，并且对角阵为

$$\boldsymbol{\Lambda}=\begin{pmatrix}\boldsymbol{E}_r & \\ & \boldsymbol{0}\end{pmatrix}.$$

(2) 解　令 $\boldsymbol{P}=(\boldsymbol{\eta}_1,\boldsymbol{\eta}_2,\boldsymbol{\eta}_3,\cdots,\boldsymbol{\eta}_n)$，则 $\boldsymbol{A}=\boldsymbol{P\Lambda P}^{-1}$，所以

$$|\boldsymbol{A}-2\boldsymbol{E}|=|\boldsymbol{P\Lambda P}^{-1}-2\boldsymbol{E}|=|\boldsymbol{\Lambda}-2\boldsymbol{E}|=\begin{vmatrix}-\boldsymbol{E}_r & \\ & -2\boldsymbol{E}_{n-r}\end{vmatrix}=|-\boldsymbol{E}_r||-2\boldsymbol{E}_{n-r}|$$
$$=(-1)^r(-2)^{n-r}=(-1)^n2^{n-r}.$$

137 设 $\boldsymbol{A}$ 为实对称矩阵，试证：对任意正奇数 k，必有实对称矩阵 $\boldsymbol{B}$，使 $\boldsymbol{B}^k=\boldsymbol{A}$.

知识点睛　实对称矩阵的相似对角化的性质

证　因 $\boldsymbol{A}$ 为实对称矩阵，则存在正交矩阵 $\boldsymbol{Q}$，使

$$\boldsymbol{Q}^{-1}\boldsymbol{A}\boldsymbol{Q}=\begin{pmatrix}\lambda_1 & & & \\ & \lambda_2 & & \\ & & \ddots & \\ & & & \lambda_n\end{pmatrix},$$ 其中 λ_i 为 $\boldsymbol{A}$ 的全部特征值，且 λ_i 为实数，

所以 $\boldsymbol{A}=\boldsymbol{Q}\begin{pmatrix}\lambda_1 & & & \\ & \lambda_2 & & \\ & & \ddots & \\ & & & \lambda_n\end{pmatrix}\boldsymbol{Q}^{-1}$. 又因为 k 为奇数，因此令

$$\boldsymbol{B}=\boldsymbol{Q}\begin{pmatrix}\sqrt[k]{\lambda_1} & & & \\ & \sqrt[k]{\lambda_2} & & \\ & & \ddots & \\ & & & \sqrt[k]{\lambda_n}\end{pmatrix}\boldsymbol{Q}^{-1}$$（因任意实数都可开奇次方），

则

$$B^k=Q\begin{pmatrix}(\sqrt[k]{\lambda_1})^k&&&\\&(\sqrt[k]{\lambda_2})^k&&\\&&\ddots&\\&&&(\sqrt[k]{\lambda_n})^k\end{pmatrix}Q^{-1}=Q\begin{pmatrix}\lambda_1&&&\\&\lambda_2&&\\&&\ddots&\\&&&\lambda_n\end{pmatrix}Q^{-1}=A.$$

再验证 B 为对称矩阵.

$$B^{\mathrm{T}}=(Q^{-1})^{\mathrm{T}}\begin{pmatrix}\sqrt[k]{\lambda_1}&&&\\&\sqrt[k]{\lambda_2}&&\\&&\ddots&\\&&&\sqrt[k]{\lambda_n}\end{pmatrix}Q^{\mathrm{T}}=Q\begin{pmatrix}\sqrt[k]{\lambda_1}&&&\\&\sqrt[k]{\lambda_2}&&\\&&\ddots&\\&&&\sqrt[k]{\lambda_n}\end{pmatrix}Q^{-1}=B,$$

因此 B 为实对称矩阵.

【评注】本题关键是把 A 写成形式 $Q\Lambda Q^{-1}$，且 Λ 中的 λ_i 都为实数，可以开任意奇数次方.

138 已知 A 是3阶实对称矩阵，$\xi_1=(-1,1,0)^{\mathrm{T}}$，$\xi_2=(-1,0,1)^{\mathrm{T}}$ 是齐次线性方程组 $Ax=0$ 的两个解向量，又有非零向量 ξ_3，使 $A\xi_3=3\xi_3$，求矩阵 A.

知识点睛 已知矩阵 A 的特征值与特征向量，反求矩阵 A，0505 实对称矩阵特征向量的性质

解 由题设知 ξ_1,ξ_2 是 A 的特征值0对应的线性无关的特征向量，ξ_3 是 A 的特征值3对应的特征向量.由于 A 是实对称矩阵，故 $\xi_3=(x_1,x_2,x_3)^{\mathrm{T}}$ 与 ξ_1,ξ_2 都正交，即

$$\begin{cases}-x_1+x_2=0,\\-x_1+x_3=0.\end{cases}$$

解得 $\xi_3=(1,1,1)^{\mathrm{T}}$.于是，取 $P=\begin{pmatrix}-1&-1&1\\1&0&1\\0&1&1\end{pmatrix}$，则 P 是可逆矩阵，且 $P^{-1}AP=\begin{pmatrix}0&0&0\\0&0&0\\0&0&3\end{pmatrix}$.

因此

$$A=P\begin{pmatrix}0&0&0\\0&0&0\\0&0&3\end{pmatrix}P^{-1}=\begin{pmatrix}-1&-1&1\\1&0&1\\0&1&1\end{pmatrix}\begin{pmatrix}0&0&0\\0&0&0\\0&0&3\end{pmatrix}\begin{pmatrix}-\frac{1}{3}&\frac{2}{3}&-\frac{1}{3}\\-\frac{1}{3}&-\frac{1}{3}&\frac{2}{3}\\\frac{1}{3}&\frac{1}{3}&\frac{1}{3}\end{pmatrix}=\begin{pmatrix}1&1&1\\1&1&1\\1&1&1\end{pmatrix}.$$

139 设 A 为3阶实对称矩阵，且满足 $A^2-2A=0$. 已知 A 的秩 $r(A)=2$，$\xi=\begin{pmatrix}1\\0\\1\end{pmatrix}$ 是齐次线性方程组 $Ax=0$ 的一个解向量，求 A.

知识点睛 0501 矩阵的特征值与特征向量的概念，0505 实对称矩阵特征值的性质

解 设 λ 是 $\boldsymbol{A}$ 的任一特征值，其对应的特征向量为 $\boldsymbol{\eta}$，即 $\boldsymbol{A\eta}=\lambda\boldsymbol{\eta}$，于是

$$(\boldsymbol{A}^2-2\boldsymbol{A})\boldsymbol{\eta}=(\lambda^2-2\lambda)\boldsymbol{\eta}.$$

由题设 $\boldsymbol{A}^2-2\boldsymbol{A}=\boldsymbol{0}$，可知

$$(\lambda^2-2\lambda)\boldsymbol{\eta}=\boldsymbol{0},$$

由于 $\boldsymbol{\eta}\neq\boldsymbol{0}$，故 $\lambda^2-2\lambda=0$，解得 $\lambda=2$ 或 $\lambda=0$.

因为实对称矩阵 $\boldsymbol{A}$ 能与对角矩阵相似，又 $r(\boldsymbol{A})=2$，所以 $\boldsymbol{A}$ 的全部特征值为 $\lambda_1=\lambda_2=2,\lambda_3=0$.

由条件 $\boldsymbol{A\xi}=\boldsymbol{0}$，可知 $\boldsymbol{\xi}$ 是特征值 $\lambda_3=0$ 对应的特征向量. 属于 $\lambda_1=\lambda_2=2$ 的特征向量$(x_1,x_2,x_3)^{\mathrm{T}}$应与 ξ 正交，解线性方程组

$$x_1+x_3=0,$$

得基础解系为 $\boldsymbol{\xi}_1=(0,1,0)^{\mathrm{T}},\boldsymbol{\xi}_2=(-1,0,1)^{\mathrm{T}}$. 于是取

$$\boldsymbol{P}=(\boldsymbol{\xi}_1,\boldsymbol{\xi}_2,\xi),$$

则

$$\boldsymbol{P}^{-1}\boldsymbol{AP}=\begin{pmatrix}2&0&0\\0&2&0\\0&0&0\end{pmatrix}.$$

因此

$$\boldsymbol{A}=\boldsymbol{P}\begin{pmatrix}2&0&0\\0&2&0\\0&0&0\end{pmatrix}\boldsymbol{P}^{-1}=\begin{pmatrix}0&-1&1\\1&0&0\\0&1&1\end{pmatrix}\begin{pmatrix}2&0&0\\0&2&0\\0&0&0\end{pmatrix}\begin{pmatrix}0&1&0\\-\frac{1}{2}&0&\frac{1}{2}\\\frac{1}{2}&0&\frac{1}{2}\end{pmatrix}$$

$$=\begin{pmatrix}1&0&-1\\0&2&0\\-1&0&1\end{pmatrix}.$$

140 设 $\boldsymbol{A}$ 是 $n(n>1)$阶矩阵，$\boldsymbol{\xi}_1,\boldsymbol{\xi}_2,\cdots,\boldsymbol{\xi}_n$是 n 维列向量.若 $\boldsymbol{\xi}_n\neq\boldsymbol{0}$，且 $\boldsymbol{A\xi}_1=\boldsymbol{\xi}_2$，$\boldsymbol{A\xi}_2=\boldsymbol{\xi}_3,\cdots,\boldsymbol{A\xi}_{n-1}=\boldsymbol{\xi}_n,\boldsymbol{A\xi}_n=\boldsymbol{0}$，证明：

（1）$\boldsymbol{\xi}_1,\boldsymbol{\xi}_2,\cdots,\boldsymbol{\xi}_n$线性无关；

（2）$\boldsymbol{A}$ 不能相似于对角阵.

知识点睛 0303 线性无关的判别，0503 矩阵可相似对角化的充要条件

证 （1）由题设，知 $\boldsymbol{A\xi}_k=\boldsymbol{A}^k\boldsymbol{\xi}_1=\boldsymbol{\xi}_{k+1}(k=1,2,\cdots,n-1)$，$\boldsymbol{A}^n\boldsymbol{\xi}_1=\boldsymbol{A}^{n-1}\boldsymbol{\xi}_2=\cdots=\boldsymbol{A\xi}_n=\boldsymbol{0}$.设有一组数 $x_1,x_2,\cdots,x_n$，使

$$x_1\boldsymbol{\xi}_1+x_2\boldsymbol{\xi}_2+\cdots+x_n\boldsymbol{\xi}_n=\boldsymbol{0},$$

以 $\boldsymbol{A}^{n-1}$左乘上式两边，得 $x_1\boldsymbol{\xi}_n=\boldsymbol{0}$.由于 $\boldsymbol{\xi}_n\neq\boldsymbol{0}$，故 $x_1=0$.类似地，可得 $x_2=x_3=\cdots=x_n=0$，因此，$\boldsymbol{\xi}_1,\boldsymbol{\xi}_2,\cdots,\boldsymbol{\xi}_n$线性无关.

（2）将题设的 $\boldsymbol{A\xi}_1=\boldsymbol{\xi}_2,\boldsymbol{A\xi}_2=\boldsymbol{\xi}_3,\cdots,\boldsymbol{A\xi}_{n-1}=\boldsymbol{\xi}_n,\boldsymbol{A\xi}_n=\boldsymbol{0}$ 用矩阵表示，得

$$A(\boldsymbol{\xi}_1,\boldsymbol{\xi}_2,\cdots,\boldsymbol{\xi}_n)=(\boldsymbol{\xi}_2,\boldsymbol{\xi}_3,\cdots,\boldsymbol{\xi}_{n-1},\mathbf{0})=(\boldsymbol{\xi}_1,\boldsymbol{\xi}_2,\cdots,\boldsymbol{\xi}_n)\begin{pmatrix}0&0&\cdots&0&0\\1&0&\cdots&0&0\\\vdots&\vdots&&\vdots&\vdots\\0&0&\cdots&0&0\\0&0&\cdots&1&0\end{pmatrix},$$

因为向量组$\boldsymbol{\xi}_1,\boldsymbol{\xi}_2,\cdots,\boldsymbol{\xi}_n$线性无关，所以矩阵$\boldsymbol{P}=(\boldsymbol{\xi}_1,\boldsymbol{\xi}_2,\cdots,\boldsymbol{\xi}_n)$可逆，从而$\boldsymbol{A}$与矩阵

$$\boldsymbol{B}=\begin{pmatrix}0&0&\cdots&0&0\\1&0&\cdots&0&0\\\vdots&\vdots&&\vdots&\vdots\\0&0&\cdots&0&0\\0&0&\cdots&1&0\end{pmatrix}$$

相似.于是，$r(\boldsymbol{A})=r(\boldsymbol{B})=n-1$，故$\boldsymbol{A}$的线性无关的特征向量仅有$n-r(\boldsymbol{A})=1$个，但$\boldsymbol{A}$的特征值全为0，因此$\boldsymbol{A}$不能相似于对角矩阵.

K 2005 数学四，13 分

141 设$\boldsymbol{A}$为 3 阶矩阵，$\boldsymbol{\alpha}_1,\boldsymbol{\alpha}_2,\boldsymbol{\alpha}_3$是线性无关的 3 维列向量，且满足

$$\boldsymbol{A\alpha}_1=\boldsymbol{\alpha}_1+\boldsymbol{\alpha}_2+\boldsymbol{\alpha}_3,\quad \boldsymbol{A\alpha}_2=2\boldsymbol{\alpha}_2+\boldsymbol{\alpha}_3,\quad \boldsymbol{A\alpha}_3=2\boldsymbol{\alpha}_2+3\boldsymbol{\alpha}_3,$$

(1) 求矩阵$\boldsymbol{B}$，使得$\boldsymbol{A}(\boldsymbol{\alpha}_1,\boldsymbol{\alpha}_2,\boldsymbol{\alpha}_3)=(\boldsymbol{\alpha}_1,\boldsymbol{\alpha}_2,\boldsymbol{\alpha}_3)\boldsymbol{B}$；

(2) 求矩阵$\boldsymbol{A}$的特征值；

(3) 求可逆矩阵$\boldsymbol{P}$，使得$\boldsymbol{P}^{-1}\boldsymbol{AP}$为对角矩阵.

知识点睛 0502 相似矩阵的性质

解 (1) 按已知条件，有

$$\begin{aligned}\boldsymbol{A}(\boldsymbol{\alpha}_1,\boldsymbol{\alpha}_2,\boldsymbol{\alpha}_3)&=(\boldsymbol{\alpha}_1+\boldsymbol{\alpha}_2+\boldsymbol{\alpha}_3,2\boldsymbol{\alpha}_2+\boldsymbol{\alpha}_3,2\boldsymbol{\alpha}_2+3\boldsymbol{\alpha}_3)\\&=(\boldsymbol{\alpha}_1,\boldsymbol{\alpha}_2,\boldsymbol{\alpha}_3)\begin{pmatrix}1&0&0\\1&2&2\\1&1&3\end{pmatrix},\end{aligned}$$

所以矩阵$\boldsymbol{B}=\begin{pmatrix}1&0&0\\1&2&2\\1&1&3\end{pmatrix}$.

(2) 因为$\boldsymbol{\alpha}_1,\boldsymbol{\alpha}_2,\boldsymbol{\alpha}_3$线性无关，矩阵$\boldsymbol{C}=(\boldsymbol{\alpha}_1,\boldsymbol{\alpha}_2,\boldsymbol{\alpha}_3)$可逆，所以$\boldsymbol{C}^{-1}\boldsymbol{AC}=\boldsymbol{B}$，即$\boldsymbol{A}$与$\boldsymbol{B}$相似.由

$$|\lambda\boldsymbol{E}-\boldsymbol{B}|=\begin{vmatrix}\lambda-1&0&0\\-1&\lambda-2&-2\\-1&-1&\lambda-3\end{vmatrix}=(\lambda-1)^2(\lambda-4),$$

知矩阵$\boldsymbol{B}$的特征值是 1,1,4.故矩阵$\boldsymbol{A}$的特征值是 1,1,4.

(3) 对于矩阵$\boldsymbol{B}$，由$(\boldsymbol{E}-\boldsymbol{B})\boldsymbol{x}=\mathbf{0}$，得特征向量$\boldsymbol{\eta}_1=(-1,1,0)^{\mathrm{T}},\boldsymbol{\eta}_2=(-2,0,1)^{\mathrm{T}}$.

由$(4\boldsymbol{E}-\boldsymbol{B})\boldsymbol{x}=\mathbf{0}$，得特征向量$\boldsymbol{\eta}_3=(0,1,1)^{\mathrm{T}}$.令$\boldsymbol{P}_1=(\boldsymbol{\eta}_1,\boldsymbol{\eta}_2,\boldsymbol{\eta}_3)$，则有

$$\boldsymbol{P}_1^{-1}\boldsymbol{BP}_1=\begin{pmatrix}1&&\\&1&\\&&4\end{pmatrix},$$

从而

$$P_1^{-1}C^{-1}ACP_1=\begin{pmatrix}1&&\\&1&\\&&4\end{pmatrix}.$$

故当 $P=CP_1=(\alpha_1,\alpha_2,\alpha_3)\begin{pmatrix}-1&-2&0\\1&0&1\\0&1&1\end{pmatrix}=(-\alpha_1+\alpha_2,-2\alpha_1+\alpha_3,\alpha_2+\alpha_3)$时，

$$P^{-1}AP=\begin{pmatrix}1&&\\&1&\\&&4\end{pmatrix}.$$

142 证明 n 阶矩阵$\begin{pmatrix}1&1&\cdots&1\\1&1&\cdots&1\\\vdots&\vdots&&\vdots\\1&1&\cdots&1\end{pmatrix}$与$\begin{pmatrix}0&\cdots&0&1\\0&\cdots&0&2\\\vdots&&\vdots&\vdots\\0&\cdots&0&n\end{pmatrix}$相似.

2014 数学一、数学二、数学三，11 分

142 题精解视频

知识点睛 0502 相似矩阵的性质——传递性

证 记$A=\begin{pmatrix}1&1&\cdots&1\\1&1&\cdots&1\\\vdots&\vdots&&\vdots\\1&1&\cdots&1\end{pmatrix}$,$B=\begin{pmatrix}0&\cdots&0&1\\0&\cdots&0&2\\\vdots&&\vdots&\vdots\\0&\cdots&0&n\end{pmatrix}$,因 A 是实对称矩阵,故必与对角矩阵相似.

由$|\lambda E-A|=\lambda^n-n\lambda^{n-1}=0$,知 A 的特征值为 $n,0,0,\cdots,0(n-1$ 个 $0)$.故

$$A\sim\Lambda=\begin{pmatrix}n&&&\\&0&&\\&&\ddots&\\&&&0\end{pmatrix}.$$

又由$|\lambda E-B|=(\lambda-n)\lambda^{n-1}=0$,知矩阵 B 的特征值为 $n,0,0,\cdots,0(n-1$ 个 $0)$.

当 $\lambda=0$ 时，$r(0E-B)=r(B)=1$，有 $n-r(0E-B)=n-1$，即齐次方程组 $(0E-B)x=\mathbf{0}$ 有 $n-1$ 个线性无关的解，亦即 $\lambda=0$ 时矩阵 B 有 $n-1$ 个线性无关的特征向量. 从而矩阵 B 必与对角矩阵相似,即

$$B\sim\Lambda=\begin{pmatrix}n&&&\\&0&&\\&&\ddots&\\&&&0\end{pmatrix},$$

根据传递性,A 和 B 相似.

【评注】因为 $A\sim\Lambda$,故存在可逆矩阵 P_1 使 $P_1^{-1}AP_1=\Lambda$,又因 $B\sim\Lambda$,故存在可逆矩阵 P_2 使 $P_2^{-1}BP_2=\Lambda$,于是 $P_1^{-1}AP_1=P_2^{-1}BP_2\Rightarrow P_2P_1^{-1}AP_1P_2^{-1}=B$,令 $P=P_1P_2^{-1}$ 即有 $P^{-1}AP=B$.

2019 数学一、数学二、数学三，11 分

143 已知矩阵 $A=\begin{pmatrix}-2&-2&1\\2&x&-2\\0&0&-2\end{pmatrix}$ 与 $B=\begin{pmatrix}2&1&0\\0&-1&0\\0&0&y\end{pmatrix}$ 相似.

(1) 求 x,y;

(2) 求可逆矩阵 P 使得 $P^{-1}AP=B$.

知识点睛 0502 相似矩阵的性质，0504 将矩阵化为相似对角矩阵的方法

解 (1) 因 $A\sim B$，有 $\sum_{i=1}^{3}a_{ii}=\sum_{i=1}^{3}b_{ii}$，$|A|=|B|$. 即 $\begin{cases}x-4=y+1,\\4x-8=-2y,\end{cases}$ 解得 $x=3$，$y=-2$.

(2) 因 $|\lambda E-B|=(\lambda-2)(\lambda+1)(\lambda+2)$，矩阵 B 的特征值为 $2,-1,-2$. 又由 $A\sim B$ 知 A 的特征值为 $2,-1,-2$.

下面分别求出矩阵 A 和 B 的特征向量：由

$$2E-A=\begin{pmatrix}4&2&-1\\-2&-1&2\\0&0&4\end{pmatrix}\to\begin{pmatrix}2&1&0\\0&0&1\\0&0&0\end{pmatrix},$$

得 $\lambda=2$ 对应的特征向量 $\alpha_1=(1,-2,0)^{\mathrm T}$，由

$$-E-A=\begin{pmatrix}1&2&-1\\-2&-4&2\\0&0&1\end{pmatrix}\to\begin{pmatrix}1&2&0\\0&0&1\\0&0&0\end{pmatrix},$$

得 $\lambda=-1$ 对应的特征向量 $\alpha_2=(-2,1,0)^{\mathrm T}$，由

$$-2E-A=\begin{pmatrix}0&2&-1\\-2&-5&2\\0&0&0\end{pmatrix}\to\begin{pmatrix}2&1&0\\0&2&-1\\0&0&0\end{pmatrix},$$

得 $\lambda=-2$ 对应的特征向量 $\alpha_3=(1,-2,-4)^{\mathrm T}$.

令 $P_1=(\alpha_1,\alpha_2,\alpha_3)=\begin{pmatrix}1&-2&1\\-2&1&-2\\0&0&-4\end{pmatrix}$，有 $P_1^{-1}AP_1=\begin{pmatrix}2&&\\&-1&\\&&-2\end{pmatrix}$.

对矩阵 B，

由 $(2E-B)x=0$ 得 $\lambda=2$ 对应的特征向量 $\beta_1=(1,0,0)^{\mathrm T}$，

由 $(-E-B)x=0$ 得 $\lambda=-1$ 对应 的特征向量 $\beta_2=(-1,3,0)^{\mathrm T}$，

由 $(-2E-B)x=0$ 得 $\lambda=-2$ 对应的特征向量 $\beta_3=(0,0,1)^{\mathrm T}$.

令 $P_2=(\beta_1,\beta_2,\beta_3)=\begin{pmatrix}1&-1&0\\0&3&0\\0&0&1\end{pmatrix}$，有 $P_2^{-1}BP_2=\begin{pmatrix}2&&\\&-1&\\&&-2\end{pmatrix}$. 于是 $P_1^{-1}AP_1=P_2^{-1}BP_2$，得 $P_2P_1^{-1}AP_1P_2^{-1}=B$.

令 $P=P_1P_2^{-1}$，则有 $P^{-1}AP=B$，其中

$$P=P_1P_2^{-1}=\begin{pmatrix}1&-2&1\\-2&1&-2\\0&0&-4\end{pmatrix}\begin{pmatrix}1&\frac{1}{3}&0\\0&\frac{1}{3}&0\\0&0&1\end{pmatrix}=\begin{pmatrix}1&-\frac{1}{3}&1\\-2&-\frac{1}{3}&-2\\0&0&-4\end{pmatrix}.$$

【评注】由于特征向量是不唯一的，因此可逆矩阵 P 是不唯一的. 本题 P_1 中，如用 $-\alpha_2$ 替换 α_2 可得 $P=\begin{pmatrix}1&2&1\\-2&-1&-2\\0&0&-4\end{pmatrix}$，$P_2$ 中，如用 $\frac{1}{3}\beta_2$ 替换 β_2，P_2 就是初等矩阵，求 P_2^{-1} 是不是直接有公式？

144 设实对称矩阵 $A=\begin{pmatrix}a&1&1\\1&a&-1\\1&-1&a\end{pmatrix}$，求可逆矩阵 P，使 $P^{-1}AP$ 为对角矩阵，并计算行列式 $|A-E|$ 的值. 2002 数学四，8 分

知识点睛 0504 将矩阵化为相似对角矩阵的方法

解 由矩阵 A 的特征多项式

$$|\lambda E-A|=\begin{vmatrix}\lambda-a&-1&-1\\-1&\lambda-a&1\\-1&1&\lambda-a\end{vmatrix}=\begin{vmatrix}\lambda-a-1&\lambda-a-1&0\\-1&\lambda-a&1\\0&a+1-\lambda&\lambda-a-1\end{vmatrix}$$

$$=(\lambda-a-1)^2\begin{vmatrix}1&1&0\\-1&\lambda-a&1\\0&-1&1\end{vmatrix}=(\lambda-a-1)^2(\lambda-a+2),$$

得到矩阵 A 的特征值为 $\lambda_1=\lambda_2=a+1,\lambda_3=a-2$.

对于 $\lambda=a+1$，由 $[(a+1)E-A]x=0$，得到 2 个线性无关的特征向量

$$\alpha_1=(1,1,0)^{T},\quad \alpha_2=(1,0,1)^{T}.$$

对于 $\lambda=a-2$，由 $[(a-2)E-A]x=0$，得到特征向量 $\alpha_3=(-1,1,1)^{T}$.

那么，令 $P=(\alpha_1,\alpha_2,\alpha_3)=\begin{pmatrix}1&1&-1\\1&0&1\\0&1&1\end{pmatrix}$，有 $P^{-1}AP=\Lambda=\begin{pmatrix}a+1&&\\&a+1&\\&&a-2\end{pmatrix}$.

因为 A 的特征值是 $a+1,a+1,a-2$，故 $A-E$ 的特征值是 $a,a,a-3$. 所以

$$|A-E|=a^2(a-3).$$

【评注】由 $A\sim\Lambda$，知 $A-E\sim\Lambda-E$，于是

$$|A-E|=|\Lambda-E|=\begin{vmatrix}a&&\\&a&\\&&a-3\end{vmatrix}=a^2(a-3),$$

亦可求出行列式 $|A-E|$ 的值.

Ⓚ 2011 数学一、数学二、数学三，11 分

145 题精解视频

145 设 $\boldsymbol{A}$ 为 3 阶实对称矩阵，$\boldsymbol{A}$ 的秩为 2，且 $\boldsymbol{A}\begin{pmatrix}1&1\\0&0\\-1&1\end{pmatrix}=\begin{pmatrix}-1&1\\0&0\\1&1\end{pmatrix}$.

(1) 求 $\boldsymbol{A}$ 的所有特征值与特征向量；

(2) 求矩阵 $\boldsymbol{A}$.

知识点睛　已知矩阵 $\boldsymbol{A}$ 的特征值与特征向量反求矩阵 $\boldsymbol{A}$，0501 矩阵的特征值与特征向量的求法

分析　本题未给出具体的矩阵 $\boldsymbol{A}$，又需要求 $\boldsymbol{A}$ 的特征值、特征向量，应当考虑用定义法 $\boldsymbol{A\alpha}=\lambda\boldsymbol{\alpha},\boldsymbol{\alpha}\neq\boldsymbol{0}$ 来推理、分析、判断.

解　(1) 由 $r(\boldsymbol{A})=2$ 知 $|\boldsymbol{A}|=0$，所以 $\lambda=0$ 是 $\boldsymbol{A}$ 的特征值. 又由题意知

$$\boldsymbol{A}\begin{pmatrix}1\\0\\-1\end{pmatrix}=\begin{pmatrix}-1\\0\\1\end{pmatrix}=-\begin{pmatrix}1\\0\\-1\end{pmatrix},\quad \boldsymbol{A}\begin{pmatrix}1\\0\\1\end{pmatrix}=\begin{pmatrix}1\\0\\1\end{pmatrix},$$

所以 $\lambda=1$ 是 $\boldsymbol{A}$ 的特征值，$\boldsymbol{\alpha}_1=(1,0,1)^{\mathrm{T}}$ 是 $\boldsymbol{A}$ 属于 $\lambda=1$ 的特征向量；$\lambda=-1$ 是 $\boldsymbol{A}$ 的特征值，$\boldsymbol{\alpha}_2=(1,0,-1)^{\mathrm{T}}$ 是 $\boldsymbol{A}$ 属于 $\lambda=-1$ 的特征向量.

设 $\boldsymbol{\alpha}_3=(x_1,x_2,x_3)^{\mathrm{T}}$ 是 $\boldsymbol{A}$ 属于特征值 $\lambda=0$ 的特征向量，作为实对称矩阵，不同特征值对应的特征向量相互正交，因此 $\begin{cases}x_1+x_3=0,\\x_1-x_3=0,\end{cases}$ 解出 $\boldsymbol{\alpha}_3=(0,1,0)^{\mathrm{T}}$. 故矩阵 $\boldsymbol{A}$ 的特征值为 $1,-1,0$；特征向量依次为

$k_1(1,0,1)^{\mathrm{T}},k_2(1,0,-1)^{\mathrm{T}},k_3(0,1,0)^{\mathrm{T}}$，其中 k_1,k_2,k_3 均是不为 0 的任意常数.

(2) 由 $\boldsymbol{A}(\boldsymbol{\alpha}_1,\boldsymbol{\alpha}_2,\boldsymbol{\alpha}_3)=(\boldsymbol{\alpha}_1,-\boldsymbol{\alpha}_2,\boldsymbol{0})$，有

$$\boldsymbol{A}=(\boldsymbol{\alpha}_1,-\boldsymbol{\alpha}_2,\boldsymbol{0})(\boldsymbol{\alpha}_1,\boldsymbol{\alpha}_2,\boldsymbol{\alpha}_3)^{-1}=\begin{pmatrix}1&-1&0\\0&0&0\\1&1&0\end{pmatrix}\begin{pmatrix}1&1&0\\0&0&1\\1&-1&0\end{pmatrix}^{-1}=\begin{pmatrix}0&0&1\\0&0&0\\1&0&0\end{pmatrix}.$$

【评注】本题特征值不同的特征向量已经正交，也可考虑用正交相似对角化来求矩阵 $\boldsymbol{A}$，即令 $\boldsymbol{Q}=\begin{pmatrix}\frac{1}{\sqrt2}&0&\frac{1}{\sqrt2}\\0&1&0\\\frac{1}{\sqrt2}&0&-\frac{1}{\sqrt2}\end{pmatrix}$，则 $\boldsymbol{Q}^{-1}\boldsymbol{AQ}=\boldsymbol{\Lambda}=\begin{pmatrix}1&&\\&0&\\&&-1\end{pmatrix}$，从而有

$$\begin{aligned}\boldsymbol{A}&=\boldsymbol{Q\Lambda Q}^{-1}=\boldsymbol{Q\Lambda Q}^{\mathrm{T}}\\&=\begin{pmatrix}\frac{1}{\sqrt2}&0&\frac{1}{\sqrt2}\\0&1&0\\\frac{1}{\sqrt2}&0&-\frac{1}{\sqrt2}\end{pmatrix}\begin{pmatrix}1&&\\&0&\\&&-1\end{pmatrix}\begin{pmatrix}\frac{1}{\sqrt2}&0&\frac{1}{\sqrt2}\\0&1&0\\\frac{1}{\sqrt2}&0&-\frac{1}{\sqrt2}\end{pmatrix}=\begin{pmatrix}0&0&1\\0&0&0\\1&0&0\end{pmatrix}.\end{aligned}$$

当然也可设 $\boldsymbol{A}=\begin{pmatrix}a&b&c\\b&d&e\\c&e&f\end{pmatrix}$，由 $\boldsymbol{A}\begin{pmatrix}1&1\\0&0\\-1&1\end{pmatrix}=\begin{pmatrix}-1&1\\0&0\\1&1\end{pmatrix}$，有

$$\begin{cases} a-c=-1, \\ a+c=1, \\ b-e=0, \\ b+e=0, \\ c-f=1, \\ c+f=1, \end{cases}$$

易得 $a=0,c=1,b=0,e=0,f=0$. 即有 $\boldsymbol{A}=\begin{pmatrix}0&0&1\\0&d&0\\1&0&0\end{pmatrix}$，再由 $r(\boldsymbol{A})=2\Rightarrow d=0$. 然后再来求特征值、特征向量.

不要忘记实对称矩阵不同特征值对应的特征向量相互正交这一重要结论，由此构造齐次线性方程组可求出特征向量.

146 设 3 阶实对称矩阵 $\boldsymbol{A}$ 的各行元素之和均为 3，向量 $\boldsymbol{\alpha}_1=(-1,2,-1)^{\mathrm{T}}$，$\boldsymbol{\alpha}_2=(0,-1,1)^{\mathrm{T}}$ 是线性方程组 $\boldsymbol{Ax}=\boldsymbol{0}$ 的两个解. 2006 数学一、数学二，9 分；数学三，13 分

(1) 求 $\boldsymbol{A}$ 的特征值与特征向量；

(2) 求正交矩阵 $\boldsymbol{Q}$ 和对角矩阵 $\boldsymbol{\Lambda}$，使得 $\boldsymbol{Q}^{\mathrm{T}}\boldsymbol{AQ}=\boldsymbol{\Lambda}$；

(3) 求 $\boldsymbol{A}$ 及 $\left(\boldsymbol{A}-\dfrac{3}{2}\boldsymbol{E}\right)^6$，其中 $\boldsymbol{E}$ 为 3 阶单位矩阵.

知识点睛 施密特正交化方法，0501 矩阵的特征值和特征向量的求法

分析 本题矩阵 $\boldsymbol{A}$ 未知，而(1) 要求出 $\boldsymbol{A}$ 的特征值、特征向量. 因而要有利用定义法分析、推导的构思.

解 (1) 因为矩阵 $\boldsymbol{A}$ 的各行元素之和均为 3，即有 $\boldsymbol{A}\begin{pmatrix}1\\1\\1\end{pmatrix}=\begin{pmatrix}3\\3\\3\end{pmatrix}=3\begin{pmatrix}1\\1\\1\end{pmatrix}$，所以 3 是矩阵 $\boldsymbol{A}$ 的特征值，$\boldsymbol{\alpha}=(1,1,1)^{\mathrm{T}}$ 是 $\boldsymbol{A}$ 属于 3 的特征向量.

又 $\boldsymbol{A\alpha}_1=\boldsymbol{0}=0\boldsymbol{\alpha}_1$，$\boldsymbol{A\alpha}_2=\boldsymbol{0}=0\boldsymbol{\alpha}_2$，故 $\boldsymbol{\alpha}_1,\boldsymbol{\alpha}_2$ 是矩阵 $\boldsymbol{A}$ 属于 $\lambda=0$ 的两个线性无关的特征向量. 因此矩阵 $\boldsymbol{A}$ 的特征值是 3，0，0.

$\lambda=3$ 的特征向量为 $k(1,1,1)^{\mathrm{T}}$，其中 $k\neq 0$ 为任意常数；$\lambda=0$ 的特征向量为 $k_1(-1,2,-1)^{\mathrm{T}}+k_2(0,-1,1)^{\mathrm{T}}$，其中 k_1,k_2 是不全为 0 的任意常数.

(2) 因为 $\boldsymbol{\alpha}_1,\boldsymbol{\alpha}_2$ 不正交，故要施密特正交化.

$$\boldsymbol{\beta}_1=\boldsymbol{\alpha}_1=(-1,2,-1)^{\mathrm{T}},$$

$$\boldsymbol{\beta}_2=\boldsymbol{\alpha}_2-\frac{(\boldsymbol{\alpha}_2,\boldsymbol{\beta}_1)}{(\boldsymbol{\beta}_1,\boldsymbol{\beta}_1)}\boldsymbol{\beta}_1=\begin{pmatrix}0\\-1\\1\end{pmatrix}-\frac{-3}{6}\begin{pmatrix}-1\\2\\-1\end{pmatrix}=\frac{1}{2}\begin{pmatrix}-1\\0\\1\end{pmatrix}.$$

单位化，得 $\boldsymbol{\gamma}_1=\dfrac{1}{\sqrt{6}}\begin{pmatrix}-1\\2\\-1\end{pmatrix}$，$\boldsymbol{\gamma}_2=\dfrac{1}{\sqrt{2}}\begin{pmatrix}-1\\0\\1\end{pmatrix}$，$\boldsymbol{\gamma}_3=\dfrac{1}{\sqrt{3}}\begin{pmatrix}1\\1\\1\end{pmatrix}$.

令 $Q=(\gamma_1,\gamma_2,\gamma_3)=\begin{pmatrix}-\frac{1}{\sqrt{6}} & -\frac{1}{\sqrt{2}} & \frac{1}{\sqrt{3}}\\ \frac{2}{\sqrt{6}} & 0 & \frac{1}{\sqrt{3}}\\ -\frac{1}{\sqrt{6}} & \frac{1}{\sqrt{2}} & \frac{1}{\sqrt{3}}\end{pmatrix}$,则有 $Q^{\mathrm{T}}AQ=\Lambda=\begin{pmatrix}0 & & \\ & 0 & \\ & & 3\end{pmatrix}$.

(3) 由(2) 知 $Q^{-1}AQ=\Lambda$, 有 $A=Q\Lambda Q^{-1}=Q\Lambda Q^{\mathrm{T}}$,即

$$A=\begin{pmatrix}-\frac{1}{\sqrt{6}} & -\frac{1}{\sqrt{2}} & \frac{1}{\sqrt{3}}\\ \frac{2}{\sqrt{6}} & 0 & \frac{1}{\sqrt{3}}\\ -\frac{1}{\sqrt{6}} & \frac{1}{\sqrt{2}} & \frac{1}{\sqrt{3}}\end{pmatrix}\begin{pmatrix}0 & & \\ & 0 & \\ & & 3\end{pmatrix}\begin{pmatrix}-\frac{1}{\sqrt{6}} & \frac{2}{\sqrt{6}} & -\frac{1}{\sqrt{6}}\\ -\frac{1}{\sqrt{2}} & 0 & \frac{1}{\sqrt{2}}\\ \frac{1}{\sqrt{3}} & \frac{1}{\sqrt{3}} & \frac{1}{\sqrt{3}}\end{pmatrix}=\begin{pmatrix}1 & 1 & 1\\ 1 & 1 & 1\\ 1 & 1 & 1\end{pmatrix},$$

又

$$\begin{aligned}Q^{-1}AQ=\Lambda &\Rightarrow Q^{-1}\left(A-\frac{3}{2}E\right)Q=\Lambda-\frac{3}{2}E\\ &\Rightarrow Q^{-1}\left(A-\frac{3}{2}E\right)^6Q=\left(\Lambda-\frac{3}{2}E\right)^6=\left(\frac{3}{2}\right)^6E,\end{aligned}$$

所以 $\left(A-\frac{3}{2}E\right)^6=Q\left[\left(\frac{3}{2}\right)^6E\right]Q^{-1}=\left(\frac{3}{2}\right)^6E.$

【评注】本题也可先求出矩阵 A, 然后来完成(1) 和(2), 这样工作量会大一些,设 $A=\begin{pmatrix}a_{11} & a_{12} & a_{13}\\ a_{12} & a_{22} & a_{23}\\ a_{13} & a_{23} & a_{33}\end{pmatrix}$, 由题设有

$$\begin{cases}a_{11}+a_{12}+a_{13}=3,\\ a_{12}+a_{22}+a_{23}=3,\\ a_{13}+a_{23}+a_{33}=3,\end{cases}$$

又由 $A\alpha_1=0,A\alpha_2=0$, 有

$$\begin{cases}-a_{11}+2a_{12}-a_{13}=0,\\ -a_{12}+2a_{22}-a_{23}=0,\\ -a_{13}+2a_{23}-a_{33}=0\end{cases}\quad 和\quad \begin{cases}-a_{12}+a_{13}=0,\\ -a_{22}+a_{23}=0,\\ -a_{23}+a_{33}=0,\end{cases}$$

联立这九个方程,可得

$$A=\begin{pmatrix}1 & 1 & 1\\ 1 & 1 & 1\\ 1 & 1 & 1\end{pmatrix}.$$

进而由 $|\lambda E-A|=0\cdots$ 可完成本题.

当特征值有重根时,要小心此时的特征向量是否正交,是否要施密特正交化的考点.

147 设3阶实对称矩阵 $\boldsymbol{A}$ 的特征值 $\lambda_1=1,\lambda_2=2,\lambda_3=-2$，且 $\boldsymbol{\alpha}_1=(1,-1,1)^{\mathrm{T}}$ 是 $\boldsymbol{A}$ 的属于 λ_1 的一个特征向量，记 $\boldsymbol{B}=\boldsymbol{A}^5-4\boldsymbol{A}^3+\boldsymbol{E}$，其中 $\boldsymbol{E}$ 为3阶单位矩阵. K 2007 数学一、数学二、数学三，11分

(1) 验证 $\boldsymbol{\alpha}_1$ 是矩阵 $\boldsymbol{B}$ 的特征向量，并求 $\boldsymbol{B}$ 的全部特征值与特征向量；

(2) 求矩阵 $\boldsymbol{B}$.

知识点睛 已知矩阵 $\boldsymbol{B}$ 的特征值和特征向量，反求矩阵 $\boldsymbol{B}$，0501 矩阵的特征值与特征向量的求法

解 (1) 由 $\boldsymbol{A\alpha}=\lambda\boldsymbol{\alpha}$ 知 $\boldsymbol{A}^n\boldsymbol{\alpha}=\lambda^n\boldsymbol{\alpha}$. 那么

$\boldsymbol{B\alpha}_1=(\boldsymbol{A}^5-4\boldsymbol{A}^3+\boldsymbol{E})\boldsymbol{\alpha}_1=\boldsymbol{A}^5\boldsymbol{\alpha}_1-4\boldsymbol{A}^3\boldsymbol{\alpha}_1+\boldsymbol{\alpha}_1=(\lambda_1^5-4\lambda_1^3+1)\boldsymbol{\alpha}_1=-2\boldsymbol{\alpha}_1$，

所以 $\boldsymbol{\alpha}_1$ 是矩阵 $\boldsymbol{B}$ 属于特征值 $\mu_1=-2$ 的特征向量.

类似地，若 $\boldsymbol{A\alpha}_2=\lambda_2\boldsymbol{\alpha}_2,\boldsymbol{A\alpha}_3=\lambda_3\boldsymbol{\alpha}_3$，有

$$\boldsymbol{B\alpha}_2=(\lambda_2^5-4\lambda_2^3+1)\boldsymbol{\alpha}_2=\boldsymbol{\alpha}_2,\quad \boldsymbol{B\alpha}_3=(\lambda_3^5-4\lambda_3^3+1)\boldsymbol{\alpha}_3=\boldsymbol{\alpha}_3,$$

因此，矩阵 $\boldsymbol{B}$ 的特征值为 $\mu_1=-2,\ \mu_2=\mu_3=1$.

由矩阵 $\boldsymbol{A}$ 是实对称矩阵，知矩阵 $\boldsymbol{B}$ 也是实对称矩阵，设矩阵 $\boldsymbol{B}$ 属于特征值 $\mu=1$ 的特征向量是 $\boldsymbol{\beta}=(x_1,x_2,x_3)^{\mathrm{T}}$，因为实对称矩阵不同特征值所对应的特征向量相互正交，有

$$\boldsymbol{\alpha}_1^{\mathrm{T}}\boldsymbol{\beta}=x_1-x_2+x_3=0,$$

所以矩阵 $\boldsymbol{B}$ 属于特征值 $\mu=1$ 的线性无关的特征向量为 $\boldsymbol{\beta}_2=(1,1,0)^{\mathrm{T}},\boldsymbol{\beta}_3=(-1,0,1)^{\mathrm{T}}$.

因此，矩阵 $\boldsymbol{B}$ 属于特征值 $\mu_1=-2$ 的特征向量为 $k_1(1,-1,1)^{\mathrm{T}}$，其中 k_1 是不为0的任意常数. 矩阵 $\boldsymbol{B}$ 属于特征值 $\mu=1$ 的特征向量为 $k_2(1,1,0)^{\mathrm{T}}+k_3(-1,0,1)^{\mathrm{T}}$，其中 k_2,k_3 是不全为0的任意常数.

(2) 由 $\boldsymbol{B\alpha}_1=-2\boldsymbol{\alpha}_1,\boldsymbol{B\beta}_2=\boldsymbol{\beta}_2,\boldsymbol{B\beta}_3=\boldsymbol{\beta}_3$ 有 $\boldsymbol{B}(\boldsymbol{\alpha}_1,\boldsymbol{\beta}_2,\boldsymbol{\beta}_3)=(-2\boldsymbol{\alpha}_1,\boldsymbol{\beta}_2,\boldsymbol{\beta}_3)$. 那么

$$\begin{aligned}\boldsymbol{B}&=(-2\boldsymbol{\alpha}_1,\boldsymbol{\beta}_2,\boldsymbol{\beta}_3)(\boldsymbol{\alpha}_1,\boldsymbol{\beta}_2,\boldsymbol{\beta}_3)^{-1}\\&=\begin{pmatrix}-2&1&-1\\2&1&0\\-2&0&1\end{pmatrix}\begin{pmatrix}1&1&-1\\-1&1&0\\1&0&1\end{pmatrix}^{-1}=\begin{pmatrix}-2&1&-1\\2&1&0\\-2&0&1\end{pmatrix}\cdot\frac{1}{3}\begin{pmatrix}1&-1&1\\1&2&1\\-1&1&2\end{pmatrix}\\&=\begin{pmatrix}0&1&-1\\1&0&1\\-1&1&0\end{pmatrix}.\end{aligned}$$

【评注】本题求矩阵 $\boldsymbol{B}$，亦可用 $\boldsymbol{P}^{-1}\boldsymbol{BP}=\boldsymbol{\Lambda}$ 或 $\boldsymbol{Q}^{-1}\boldsymbol{BQ}=\boldsymbol{\Lambda}$ 的方法来实现，例如，令 $\boldsymbol{P}=(\boldsymbol{\alpha}_1,\boldsymbol{\beta}_2,\boldsymbol{\beta}_3)$ 有 $\boldsymbol{B}=\boldsymbol{P}\begin{pmatrix}-2&&\\&1&\\&&1\end{pmatrix}\boldsymbol{P}^{-1}=\cdots$. 作为复习，这里的计算建议同学动手具体做做.

要想到用正交内积为0来求特征向量.

148 设矩阵 $\boldsymbol{A}=\begin{pmatrix}1&1&a\\1&a&1\\a&1&1\end{pmatrix},\boldsymbol{\beta}=\begin{pmatrix}1\\1\\-2\end{pmatrix}$. 已知线性方程组 $\boldsymbol{Ax}=\boldsymbol{\beta}$ 有解但不唯一，试求 K 2001 数学三，9分

（1）a 的值；

（2）正交矩阵 $\boldsymbol{Q}$，使 $\boldsymbol{Q}^{\mathrm{T}}\boldsymbol{A}\boldsymbol{Q}$ 为对角矩阵.

知识点睛 用正交矩阵化实对称矩阵为对角矩阵

解法 1 （1）对线性方程组 $\boldsymbol{A}\boldsymbol{x}=\boldsymbol{\beta}$ 的增广矩阵作初等行变换，有

$$(\boldsymbol{A}\,\vdots\,\boldsymbol{\beta})=\begin{pmatrix}1&1&a&\vdots&1\\1&a&1&\vdots&1\\a&1&1&\vdots&-2\end{pmatrix}\to\begin{pmatrix}1&1&a&\vdots&1\\0&a-1&1-a&\vdots&0\\0&0&(a-1)(a+2)&\vdots&a+2\end{pmatrix},$$

因为方程组 $\boldsymbol{A}\boldsymbol{x}=\boldsymbol{\beta}$ 有解但不唯一，所以 $r(\boldsymbol{A})=r(\boldsymbol{A}\,\vdots\,\boldsymbol{\beta})<3$，故 $a=-2$.

（2）由（1）有 $\boldsymbol{A}=\begin{pmatrix}1&1&-2\\1&-2&1\\-2&1&1\end{pmatrix}$，$\boldsymbol{A}$ 的特征多项式 $|\lambda\boldsymbol{E}-\boldsymbol{A}|=\lambda(\lambda-3)(\lambda+3)$，故 $\boldsymbol{A}$ 的特征值为 $\lambda_1=3,\lambda_2=-3,\lambda_3=0$，对应的特征向量依次是

$$\boldsymbol{\alpha}_1=(1,0,-1)^{\mathrm{T}},\quad \boldsymbol{\alpha}_2=(1,-2,1)^{\mathrm{T}},\quad \boldsymbol{\alpha}_3=(1,1,1)^{\mathrm{T}}.$$

将 $\boldsymbol{\alpha}_1,\boldsymbol{\alpha}_2,\boldsymbol{\alpha}_3$ 单位化，得

$$\boldsymbol{\beta}_1=\left(\frac{1}{\sqrt{2}},0,-\frac{1}{\sqrt{2}}\right)^{\mathrm{T}},\quad \boldsymbol{\beta}_2=\left(\frac{1}{\sqrt{6}},-\frac{2}{\sqrt{6}},\frac{1}{\sqrt{6}}\right)^{\mathrm{T}},\quad \boldsymbol{\beta}_3=\left(\frac{1}{\sqrt{3}},\frac{1}{\sqrt{3}},\frac{1}{\sqrt{3}}\right)^{\mathrm{T}}.$$

令 $\boldsymbol{Q}=\begin{pmatrix}\frac{1}{\sqrt{2}}&\frac{1}{\sqrt{6}}&\frac{1}{\sqrt{3}}\\0&-\frac{2}{\sqrt{6}}&\frac{1}{\sqrt{3}}\\-\frac{1}{\sqrt{2}}&\frac{1}{\sqrt{6}}&\frac{1}{\sqrt{3}}\end{pmatrix}$，则有 $\boldsymbol{Q}^{\mathrm{T}}\boldsymbol{A}\boldsymbol{Q}=\begin{pmatrix}3&0&0\\0&-3&0\\0&0&0\end{pmatrix}$.

解法 2 （1）因为线性方程组 $\boldsymbol{A}\boldsymbol{x}=\boldsymbol{\beta}$ 有解但不唯一，所以

$$|\boldsymbol{A}|=\begin{vmatrix}1&1&a\\1&a&1\\a&1&1\end{vmatrix}=-(a-1)^2(a+2)=0.$$

当 $a=1$ 时，$r(\boldsymbol{A})\neq r(\boldsymbol{A}\,\vdots\,\boldsymbol{\beta})$，此时方程组无解；

当 $a=-2$ 时，$r(\boldsymbol{A})=r(\boldsymbol{A}\,\vdots\,\boldsymbol{\beta})$，此时方程组的解存在但不唯一，于是 $a=-2$.

（2）同解法 1.

【评注】关于 3 阶实对称矩阵 $\boldsymbol{A}$ 的正交相似对角化的计算，有以下两种情况.

情形一：矩阵 $\boldsymbol{A}$ 有三个不相同的特征值，此时三个特征值所对应的特征向量均正交，不需要正交化，直接把三个特征向量单位化即可.

情形二：矩阵 $\boldsymbol{A}$ 的三个特征值有两个特征值相同，即 $\lambda_1=\lambda_2\neq\lambda_3$. 此时应把 $\lambda_1=\lambda_2$ 所对应的两个线性无关的特征向量正交化，然后三个特征向量再单位化得结果.

Ⓚ2010 数学二、数学三，11 分

149 设 $\boldsymbol{A}=\begin{pmatrix}0&-1&4\\-1&3&a\\4&a&0\end{pmatrix}$，存在正交矩阵 $\boldsymbol{Q}$ 使得 $\boldsymbol{Q}^{\mathrm{T}}\boldsymbol{A}\boldsymbol{Q}$ 为对角矩阵，若 $\boldsymbol{Q}$ 的第 1

列为$\frac{1}{\sqrt{6}}(1,2,1)^{\mathrm{T}}$,求 a,$\boldsymbol{Q}$.

149 题精解视频

知识点睛　用正交矩阵化实对称矩阵为对角矩阵

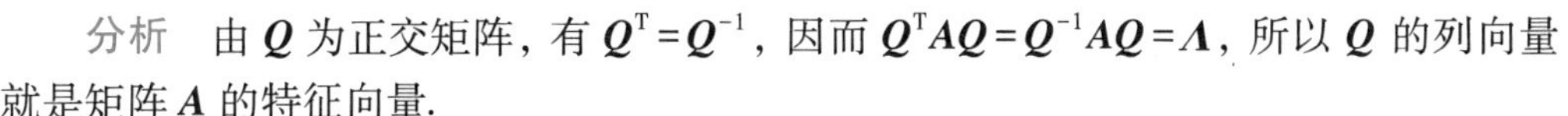

分析　由 $\boldsymbol{Q}$ 为正交矩阵，有 $\boldsymbol{Q}^{\mathrm{T}}=\boldsymbol{Q}^{-1}$，因而 $\boldsymbol{Q}^{\mathrm{T}}\boldsymbol{A}\boldsymbol{Q}=\boldsymbol{Q}^{-1}\boldsymbol{A}\boldsymbol{Q}=\boldsymbol{\Lambda}$，所以 $\boldsymbol{Q}$ 的列向量就是矩阵 $\boldsymbol{A}$ 的特征向量.

解　设$\frac{1}{\sqrt{6}}(1,2,1)^{\mathrm{T}}$是 $\boldsymbol{A}$ 关于特征值 λ_1 的特征向量,那么

$$\begin{pmatrix}0 & -1 & 4\\ -1 & 3 & a\\ 4 & a & 0\end{pmatrix}\frac{1}{\sqrt{6}}\begin{pmatrix}1\\2\\1\end{pmatrix}=\lambda_1\frac{1}{\sqrt{6}}\begin{pmatrix}1\\2\\1\end{pmatrix}\Rightarrow\begin{cases}0+(-2)+4=\lambda_1,\\ -1+6+a=2\lambda_1,\\ 4+2a+0=\lambda_1\end{cases}\Rightarrow\begin{cases}\lambda_1=2,\\ a=-1.\end{cases}$$

把 $a=-1$ 代入矩阵 $\boldsymbol{A}$,有

$$\begin{aligned}|\lambda\boldsymbol{E}-\boldsymbol{A}|&=\begin{vmatrix}\lambda & 1 & -4\\ 1 & \lambda-3 & 1\\ -4 & 1 & \lambda\end{vmatrix}\\&=\begin{vmatrix}\lambda+4 & 0 & -\lambda-4\\ 1 & \lambda-3 & 1\\ -4 & 1 & \lambda\end{vmatrix}\\&=\begin{vmatrix}\lambda+4 & 0 & 0\\ 1 & \lambda-3 & 2\\ -1 & 1 & \lambda-4\end{vmatrix}\\&=(\lambda-2)(\lambda-5)(\lambda+4),\end{aligned}$$

得矩阵 $\boldsymbol{A}$ 的特征值为 2,5,−4.

对 $\lambda=5$,由 $(5\boldsymbol{E}-\boldsymbol{A})\boldsymbol{x}=\boldsymbol{0}$，即由

$$\begin{pmatrix}5 & 1 & -4\\ 1 & 2 & 1\\ -4 & 1 & 5\end{pmatrix}\to\begin{pmatrix}1 & 2 & 1\\ 0 & 9 & 9\\ 0 & -9 & -9\end{pmatrix}\to\begin{pmatrix}1 & 0 & -1\\ 0 & 1 & 1\\ 0 & 0 & 0\end{pmatrix}$$

得特征向量 $\boldsymbol{\alpha}_2=(1,-1,1)^{\mathrm{T}}$.

对 $\lambda=-4$，由 $(-4\boldsymbol{E}-\boldsymbol{A})\boldsymbol{x}=\boldsymbol{0}$，即由

$$\begin{pmatrix}-4 & 1 & -4\\ 1 & -7 & 1\\ -4 & 1 & -4\end{pmatrix}\to\begin{pmatrix}1 & 0 & 1\\ 0 & 1 & 0\\ 0 & 0 & 0\end{pmatrix}$$

得特征向量 $\boldsymbol{\alpha}_3=(-1,0,1)^{\mathrm{T}}$.

实对称矩阵不同特征值对应的特征向量相互正交,把 $\boldsymbol{\alpha}_2$,$\boldsymbol{\alpha}_3$ 单位化,有

$$\boldsymbol{\gamma}_2=\frac{1}{\sqrt{3}}(1,-1,1)^{\mathrm{T}},\quad\boldsymbol{\gamma}_3=\frac{1}{\sqrt{2}}(-1,0,1)^{\mathrm{T}},$$

令 $\boldsymbol{Q}=\begin{pmatrix}\frac{1}{\sqrt{6}} & \frac{1}{\sqrt{3}} & -\frac{1}{\sqrt{2}}\\ \frac{2}{\sqrt{6}} & -\frac{1}{\sqrt{3}} & 0\\ \frac{1}{\sqrt{6}} & \frac{1}{\sqrt{3}} & \frac{1}{\sqrt{2}}\end{pmatrix}$，则有 $\boldsymbol{Q}^{\mathrm{T}}\boldsymbol{A}\boldsymbol{Q}=\boldsymbol{Q}^{-1}\boldsymbol{A}\boldsymbol{Q}=\begin{pmatrix}2 & & \\ & 5 & \\ & & -4\end{pmatrix}$.

【评注】要理解 $\boldsymbol{Q}$ 的列向量就是 $\boldsymbol{A}$ 的特征向量，通过特征向量来构造方程组求参数是常考的知识点.

第 6 章 二次型

知识要点

一、二次型的标准形与规范形

1.二次型的基本概念

（1）含有 n 个变量 $x_1,x_2,\cdots,x_n$ 的二次齐次函数

$$f(x_1,x_2,\cdots,x_n)=a_{11}x_1^2+a_{22}x_2^2+\cdots+a_{nn}x_n^2+2a_{12}x_1x_2+2a_{13}x_1x_3+\cdots+2a_{1n}x_1x_n+2a_{23}x_2x_3+\cdots+2a_{2n}x_2x_n+\cdots+2a_{n-1,n}x_{n-1}x_n$$

称为 n 元二次型.

（2）二次型有矩阵表示

$$f(x_1,x_2,\cdots,x_n)=\boldsymbol{x}^{\mathrm{T}}\boldsymbol{A}\boldsymbol{x},$$

其中 $\boldsymbol{x}=(x_1,x_2,\cdots,x_n)^{\mathrm{T}}$，$\boldsymbol{A}=(a_{ij})$，且 $\boldsymbol{A}^{\mathrm{T}}=\boldsymbol{A}$ 是对称矩阵，称 $\boldsymbol{A}$ 为二次型的矩阵.$r(\boldsymbol{A})$ 称为二次型的秩，记为 $r(f)$.

（3）如果二次型中只含有变量的平方项，所有混合项 $x_ix_j(i\neq j)$ 的系数全是零，即

$$\boldsymbol{x}^{\mathrm{T}}\boldsymbol{A}\boldsymbol{x}=d_1x_1^2+d_2x_2^2+\cdots+d_nx_n^2,$$

这样的二次型称为标准形.

在标准形中，如平方项的系数 d_j 为 $1,-1$ 或 0，

$$\boldsymbol{x}^{\mathrm{T}}\boldsymbol{A}\boldsymbol{x}=x_1^2+x_2^2+\cdots+x_p^2-x_{p+1}^2-\cdots-x_{p+q}^2,$$

则称其为二次型的规范形.

（4）在二次型 $\boldsymbol{x}^{\mathrm{T}}\boldsymbol{A}\boldsymbol{x}$ 的规范形中，正的平方项的个数 p 称为二次型的正惯性指数，负的平方项的个数 q 称为二次型的负惯性指数；正负惯性指数之差 $p-q$ 称为二次型的符号差.

（5）如果

$$\begin{cases}x_1=c_{11}y_1+c_{12}y_2+\cdots+c_{1n}y_n,\\ x_2=c_{21}y_1+c_{22}y_2+\cdots+c_{2n}y_n,\\ \cdots\cdots\cdots\cdots\cdots\cdots\cdots\cdots\cdots\cdots\\ x_n=c_{n1}y_1+c_{n2}y_2+\cdots+c_{nn}y_n\end{cases} \qquad ①$$

满足

$$|\boldsymbol{C}|=\begin{vmatrix}c_{11}&c_{12}&\cdots&c_{1n}\\ c_{21}&c_{22}&\cdots&c_{2n}\\ \vdots&\vdots&&\vdots\\ c_{n1}&c_{n2}&\cdots&c_{nn}\end{vmatrix}\neq 0,$$

称①为由 $\boldsymbol{x}=(x_1,x_2,\cdots,x_n)^{\mathrm{T}}$ 到 $\boldsymbol{y}=(y_1,y_2,\cdots,y_n)^{\mathrm{T}}$ 的非退化线性替换,且①可用矩阵描述,即

$$\begin{pmatrix}x_1\\x_2\\\vdots\\x_n\end{pmatrix}=\begin{pmatrix}c_{11}&c_{12}&\cdots&c_{1n}\\c_{21}&c_{22}&\cdots&c_{2n}\\\vdots&\vdots&&\vdots\\c_{n1}&c_{n2}&\cdots&c_{nn}\end{pmatrix}\begin{pmatrix}y_1\\y_2\\\vdots\\y_n\end{pmatrix},$$

或 $\boldsymbol{x}=\boldsymbol{C}\boldsymbol{y}$,其中 $\boldsymbol{C}$ 是可逆矩阵.

[注] 如果没有特别说明,本章所涉及的二次型均为实二次型,即二次型中变量的系数均为实数,所涉及的矩阵和向量都是实的.

2. 二次型的常用结论

(1) 二次型与对称矩阵一一对应.

(2) 变量 $\boldsymbol{x}=(x_1,x_2,\cdots,x_n)^{\mathrm{T}}$ 的 n 元二次型 $\boldsymbol{x}^{\mathrm{T}}\boldsymbol{A}\boldsymbol{x}$ 经过非退化线性替换 $\boldsymbol{x}=\boldsymbol{C}\boldsymbol{y}$ 后,成为变量 $\boldsymbol{y}=(y_1,y_2,\cdots,y_n)^{\mathrm{T}}$ 的 n 元二次型 $\boldsymbol{y}^{\mathrm{T}}\boldsymbol{B}\boldsymbol{y}$,其中 $\boldsymbol{B}=\boldsymbol{C}^{\mathrm{T}}\boldsymbol{A}\boldsymbol{C}$.

(3) 任意的 n 元二次型 $\boldsymbol{x}^{\mathrm{T}}\boldsymbol{A}\boldsymbol{x}$ 都可以通过非退化线性替换化成标准形 $d_1y_1^2+d_2y_2^2+\cdots+d_ny_n^2$,其中 $d_i(i=1,2,\cdots,n)$ 是实数.

(4) **惯性定理** 任意 n 元二次型 $\boldsymbol{x}^{\mathrm{T}}\boldsymbol{A}\boldsymbol{x}$ 都可通过非退化线性替换化为规范形

$$z_1^2+z_2^2+\cdots+z_p^2-z_{p+1}^2-\cdots-z_{p+q}^2,$$

其中 p 为正惯性指数,q 为负惯性指数,$p+q$ 为二次型的秩,且 p,q 由二次型唯一确定,即规范形是唯一的.

(5) 任意 n 元二次型 $\boldsymbol{x}^{\mathrm{T}}\boldsymbol{A}\boldsymbol{x}$,由于 $\boldsymbol{A}$ 是实对称矩阵,故必存在正交变换 $\boldsymbol{x}=\boldsymbol{Q}\boldsymbol{y}$($\boldsymbol{Q}$ 为正交矩阵),使得二次型化为标准形 $\lambda_1y_1^2+\lambda_2y_2^2+\cdots+\lambda_ny_n^2$,且 $\lambda_1,\lambda_2,\cdots,\lambda_n$ 是 $\boldsymbol{A}$ 的 n 个特征值.

(6) 非退化线性替换保持二次型的正负惯性指数、秩、正定性等.

二、二次型的正定性

1. 基本概念

如果实二次型 $f(x_1,x_2,\cdots,x_n)$ 对任意一组不全为零的实数 $x_1,x_2,\cdots,x_n$,都有 $f(x_1,x_2,\cdots,x_n)>0$,则称该二次型为正定二次型,正定二次型的矩阵称为正定矩阵.正定二次型与正定矩阵一一对应.

2. 实对称矩阵正定性的判定

设 $\boldsymbol{A}$ 为 n 阶实对称矩阵,则下列命题等价.

(1) $\boldsymbol{A}$ 是正定矩阵.

(2) $\boldsymbol{x}^{\mathrm{T}}\boldsymbol{A}\boldsymbol{x}$ 的正惯性指数 $p=n$.

(3) $\boldsymbol{A}$ 的顺序主子式大于0.

(4) $\boldsymbol{A}$ 的所有主子式大于0.

(5) $\boldsymbol{A}$ 合同于单位矩阵 $\boldsymbol{E}$.

(6) $\boldsymbol{A}$ 的特征值全大于0.

(7) 存在可逆矩阵 $\boldsymbol{P}$,使 $\boldsymbol{A}=\boldsymbol{P}^{\mathrm{T}}\boldsymbol{P}$.

(8) 存在非退化的上(下)三角形矩阵 $\boldsymbol{Q}$,使 $\boldsymbol{A}=\boldsymbol{Q}^{\mathrm{T}}\boldsymbol{Q}$.

3. 正定矩阵的性质

(1) 若 $\boldsymbol{A}$ 为正定矩阵，则 $|\boldsymbol{A}|>0$，$\boldsymbol{A}$ 为可逆对称矩阵.

(2) 若 $\boldsymbol{A}$ 为正定矩阵，则 $\boldsymbol{A}$ 的主对角线元素 $a_{ii}>0\ (i=1,2,\cdots,n)$.

(3) 若 $\boldsymbol{A}$ 为正定矩阵，则 $\boldsymbol{A}^{-1}$，$k\boldsymbol{A}$($k>0$ 为实数)均为正定矩阵.

(4) 若 $\boldsymbol{A}$ 为正定矩阵，则 $\boldsymbol{A}^*$，$\boldsymbol{A}^m$ 均为正定矩阵，其中 m 为正整数.

(5) 若 $\boldsymbol{A}$，$\boldsymbol{B}$ 均为 n 阶正定矩阵，则 $\boldsymbol{A}+\boldsymbol{B}$ 也是正定矩阵.

三、矩阵的合同

1. 矩阵合同的定义

设 $\boldsymbol{A}$，$\boldsymbol{B}$ 为两个方阵，若存在可逆矩阵 $\boldsymbol{C}$，使 $\boldsymbol{B}=\boldsymbol{C}^{\mathrm{T}}\boldsymbol{A}\boldsymbol{C}$ 成立，则称 $\boldsymbol{A}$ 与 $\boldsymbol{B}$ 合同.

2. 矩阵合同的性质

(1) 矩阵 $\boldsymbol{A}$ 与 $\boldsymbol{B}$ 合同的充要条件是对 $\boldsymbol{A}$ 的行和列施以相同的初等变换变成 $\boldsymbol{B}$.

(2) 矩阵 $\boldsymbol{A}$ 与 $\boldsymbol{B}$ 合同的必要条件是 $\boldsymbol{A}$ 与 $\boldsymbol{B}$ 的秩相同.

设 $\boldsymbol{A}$ 与 $\boldsymbol{B}$ 是实对称矩阵，

(3) $\boldsymbol{A}$ 与 $\boldsymbol{B}$ 合同的充要条件是二次型 $\boldsymbol{x}^{\mathrm{T}}\boldsymbol{A}\boldsymbol{x}$ 与 $\boldsymbol{x}^{\mathrm{T}}\boldsymbol{B}\boldsymbol{x}$ 有相同的正负惯性指数.

(4) $\boldsymbol{A}$ 与 $\boldsymbol{B}$ 合同的充分条件是 $\boldsymbol{A}$ 与 $\boldsymbol{B}$ 相似.

§6.1　二次型的标准形和规范形

1　设矩阵 $\boldsymbol{A}=\begin{pmatrix}1&3&5\\3&-2&-4\\5&-4&-1\end{pmatrix}$，求 $\boldsymbol{A}$ 对应的二次型的表达式.

知识点睛　0601 二次型的矩阵表示

解　设二次型的变量为 $\boldsymbol{x}=(x_1,x_2,x_3)^{\mathrm{T}}$，则

$$f=\boldsymbol{x}^{\mathrm{T}}\boldsymbol{A}\boldsymbol{x}=(x_1,x_2,x_3)\begin{pmatrix}1&3&5\\3&-2&-4\\5&-4&-1\end{pmatrix}\begin{pmatrix}x_1\\x_2\\x_3\end{pmatrix}$$

$$=x_1^2-2x_2^2-x_3^2+6x_1x_2+10x_1x_3-8x_2x_3.$$

2　二次型 $\boldsymbol{x}^{\mathrm{T}}\begin{pmatrix}2&1\\3&1\end{pmatrix}\boldsymbol{x}$ 的矩阵是________，$\boldsymbol{x}^{\mathrm{T}}\begin{pmatrix}1&2&3\\4&5&6\\7&8&9\end{pmatrix}\boldsymbol{x}$ 的矩阵是________.

知识点睛　0601 二次型的矩阵表示

解　$\boldsymbol{x}^{\mathrm{T}}\begin{pmatrix}2&1\\3&1\end{pmatrix}\boldsymbol{x}=(x_1,x_2)\begin{pmatrix}2&1\\3&1\end{pmatrix}\begin{pmatrix}x_1\\x_2\end{pmatrix}=2x_1^2+4x_1x_2+x_2^2$，故二次型的矩阵为 $\begin{pmatrix}2&2\\2&1\end{pmatrix}$. 又

$$\boldsymbol{x}^{\mathrm{T}}\begin{pmatrix}1&2&3\\4&5&6\\7&8&9\end{pmatrix}\boldsymbol{x}=(x_1,x_2,x_3)\begin{pmatrix}1&2&3\\4&5&6\\7&8&9\end{pmatrix}\begin{pmatrix}x_1\\x_2\\x_3\end{pmatrix}=x_1^2+5x_2^2+9x_3^2+6x_1x_2+10x_1x_3+14x_2x_3,$$

故二次型的矩阵为$\begin{pmatrix}1&3&5\\3&5&7\\5&7&9\end{pmatrix}$.从而应填$\begin{pmatrix}2&2\\2&1\end{pmatrix}$，$\begin{pmatrix}1&3&5\\3&5&7\\5&7&9\end{pmatrix}$.

【评注】(1)二次型的矩阵一定是对称矩阵，且二次型与对称矩阵一一对应.

(2)二次型 $\boldsymbol{x}^{\mathrm{T}}\boldsymbol{A}\boldsymbol{x}$ 的矩阵 $\boldsymbol{A}=(a_{ij})$ 按下列规则确定：a_{ii} 取 x_i^2 的系数，$a_{ij}=a_{ji}$ 取 x_ix_j 系数的一半.

2004 数学三，4分

3 二次型 $f(x_1,x_2,x_3)=(x_1+x_2)^2+(x_2-x_3)^2+(x_3+x_1)^2$ 的秩为________.

知识点睛 0603 二次型的秩

3 题精解视频

解 因为二次型 $f(x_1,x_2,x_3)=2x_1^2+2x_2^2+2x_3^2+2x_1x_2-2x_2x_3+2x_3x_1$，所以二次型的矩阵

$$\boldsymbol{A}=\begin{pmatrix}2&1&1\\1&2&-1\\1&-1&2\end{pmatrix},$$

易见 $r(\boldsymbol{A})=2$，所以二次型的秩为 2.应填 2.

【评注】本题的陷阱：注意$\begin{cases}y_1=x_1+x_2,\\y_2=x_2-x_3,\\y_3=x_1+x_3\end{cases}$不是坐标变换(因为行列式为 0)，不要误以为秩是 3.

4 二次型 $f(x_1,x_2,x_3)=x_1^2-x_2^2+3x_3^2$ 的秩为________，正惯性指数为________，负惯性指数为________.

知识点睛 0603 二次型的秩，0604 惯性定理

解 二次型 $f(x_1,x_2,x_3)=x_1^2-x_2^2+3x_3^2$ 为标准形，所以 f 的秩为 3，正惯性指数为 2，负惯性指数为 1.故应填 3，2，1.

2011 数学二，4分

5 二次型 $f(x_1,x_2,x_3)=x_1^2+3x_2^2+x_3^2+2x_1x_2+2x_1x_3+2x_2x_3$，则 f 的正惯性指数为________.

知识点睛 0604 惯性定理

解 二次型的矩阵 $\boldsymbol{A}=\begin{pmatrix}1&1&1\\1&3&1\\1&1&1\end{pmatrix}$，由

$$|\lambda\boldsymbol{E}-\boldsymbol{A}|=\begin{vmatrix}\lambda-1&-1&-1\\-1&\lambda-3&-1\\-1&-1&\lambda-1\end{vmatrix}=\lambda(\lambda-1)(\lambda-4)=0,$$

知矩阵 $\boldsymbol{A}$ 的特征值为 0，1，4，故正惯性指数 $p=2$.

或者用配方法

$$\begin{aligned}f&=x_1^2+2x_1(x_2+x_3)+(x_2+x_3)^2+3x_2^2+x_3^2+2x_2x_3-(x_2+x_3)^2\\&=(x_1+x_2+x_3)^2+2x_2^2,\end{aligned}$$

那么经坐标变换 $\boldsymbol{x}^{\mathrm{T}}\boldsymbol{A}\boldsymbol{x}=\boldsymbol{y}^{\mathrm{T}}\boldsymbol{\Lambda}\boldsymbol{y}=y_1^2+2y_2^2$，亦知 $p=2$.故应填 2.

6 设二次型$f(x_1,x_2,x_3)=a(x_1^2+x_2^2+x_3^2)+2x_1x_2+2x_2x_3+2x_1x_3$的正、负惯性指数分别为1,2,则(　　).

2016 数学二、数学三,4 分

(A) $a>1$　　(B) $a<-2$

(C) $-2<a<1$　　(D) $a=1$ 或 $a=-2$

知识点睛 0604 惯性定理

解 二次型的矩阵

$$A=\begin{pmatrix}a&1&1\\1&a&1\\1&1&a\end{pmatrix}.$$

由特征多项式

$$|\lambda E-A|=\begin{vmatrix}\lambda-a&-1&-1\\-1&\lambda-a&-1\\-1&-1&\lambda-a\end{vmatrix}=(\lambda-a-2)(\lambda-a+1)^2,$$

知矩阵A的特征值:$a+2,a-1,a-1$.由$p=1,q=2$可知$\begin{cases}a+2>0,\\a-1<0,\end{cases}$所以$-2<a<1$.

应选(C).

7 设二次型$f(x_1,x_2,x_3)=x_1^2+2x_2^2+3x_3^2+4x_1x_2-4x_2x_3$,则$f$的正惯性指数为________.

知识点睛 0604 惯性定理

解法1 用配方法化二次型f为标准形:

$$f=x_1^2+2x_2^2+3x_3^2+4x_1x_2-4x_2x_3=(x_1+2x_2)^2-2(x_2+x_3)^2+5x_3^2,$$

可知f的正惯性指数为2.

解法2 二次型f的矩阵为

$$A=\begin{pmatrix}1&2&0\\2&2&-2\\0&-2&3\end{pmatrix},$$

由A的特征多项式$|\lambda E-A|=(\lambda+1)(\lambda-2)(\lambda-5)$,得$A$的特征值$\lambda_1=-1,\lambda_2=2,\lambda_3=5$,因为$A$的特征值中有两个为正,所以$f$的正惯性指数为2.

故应填2.

8 设二次型$f(x_1,x_2,x_3)=x_1^2-x_2^2+2ax_1x_3+4x_2x_3$的负惯性指数为1,则$a$的取值范围是________.

2014 数学一、数学二、数学三,4 分

知识点睛 0604 惯性定理

解法1 由配方法可得

$$\begin{aligned}f(x_1,x_2,x_3)&=x_1^2+2ax_1x_3+a^2x_3^2-(x_2^2-4x_2x_3+4x_3^2)+4x_3^2-a^2x_3^2\\&=(x_1+ax_3)^2-(x_2-2x_3)^2+(4-a^2)x_3^2,\end{aligned}$$

因为负惯性指数是1,故$4-a^2\geqslant 0$,解出$a\in[-2,2]$.故应填$[-2,2]$.

解法2 二次型f的负惯性指数为1,则其矩阵A的特征值$\lambda_1<0,\lambda_2\geqslant 0,\lambda_3\geqslant 0$,于是

$$|\boldsymbol{A}|=\begin{vmatrix}1&0&a\\0&-1&2\\a&2&0\end{vmatrix}=\lambda_1\lambda_2\lambda_3=a^2-4\leqslant 0,$$

解得 $a\in[-2,2]$.

Ⓚ 2021 数学一、数学二、数学三，5分

9 二次型 $f(x_1,x_2,x_3)=(x_1+x_2)^2+(x_2+x_3)^2-(x_3-x_1)^2$ 的正惯性指数与负惯性指数依次为( ).

(A) 2,0 (B) 1,1 (C) 2,1 (D) 1,2

知识点睛 0604 惯性定理

解 因为 $\begin{vmatrix}1&1&0\\0&1&1\\-1&0&1\end{vmatrix}=\begin{vmatrix}1&1&0\\0&1&1\\0&1&1\end{vmatrix}=0$，所以 $\begin{cases}y_1=x_1+x_2,\\y_2=x_2+x_3,\\y_3=-x_1+x_3\end{cases}$ 不是坐标变换.

$$\begin{aligned}f&=x_1^2+2x_1x_2+x_2^2+x_2^2+2x_2x_3+x_3^2-x_1^2+2x_1x_3-x_3^2\\&=2x_2^2+2x_1x_2+2x_2x_3+2x_1x_3.\end{aligned}$$

法一 配方法

$$\begin{aligned}f&=2\left[x_2^2+x_2(x_1+x_3)+\frac{1}{4}(x_1+x_3)^2\right]-\frac{1}{2}(x_1+x_3)^2+2x_1x_3\\&=2\left(x_2+\frac{1}{2}x_1+\frac{1}{2}x_3\right)^2-\frac{1}{2}(x_1-x_3)^2.\end{aligned}$$

法二 特征值法：$\boldsymbol{A}=\begin{pmatrix}0&1&1\\1&2&1\\1&1&0\end{pmatrix}$，由

$$|\lambda\boldsymbol{E}-\boldsymbol{A}|=\begin{vmatrix}\lambda&-1&-1\\-1&\lambda-2&-1\\-1&-1&\lambda\end{vmatrix}=\begin{vmatrix}\lambda+1&0&-1-\lambda\\-1&\lambda-2&-1\\-1&-1&\lambda\end{vmatrix}=\begin{vmatrix}\lambda+1&0&0\\-1&\lambda-2&-2\\-1&-1&\lambda-1\end{vmatrix}$$

$$=(\lambda+1)(\lambda^2-3\lambda),$$

可得特征值为 3,-1,0，都有 $p=1,q=1$，故选(B).

10 二次型 $f(x_1,x_2,x_3)=x_1^2+6x_1x_2+4x_1x_3+x_2^2+2x_2x_3+tx_3^2$，若其秩为2，则 t 值应为( ).

(A) 0 (B) 2 (C) $\frac{7}{8}$ (D) 1

知识点睛 0603 二次型的秩

解 二次型的矩阵为

$$\begin{pmatrix}1&3&2\\3&1&1\\2&1&t\end{pmatrix}\to\begin{pmatrix}1&3&2\\0&1&\frac{5}{8}\\0&0&t-\frac{7}{8}\end{pmatrix},$$

故当 $t=\frac{7}{8}$ 时，其秩为2.应选(C).

11 设二次型$f(x_1,x_2,\cdots,x_n)=(nx_1)^2+(nx_2)^2+\cdots+(nx_n)^2-(x_1+x_2+\cdots+x_n)^2(n>1)$,则$f$的秩是________.

知识点睛 0603 二次型的秩

解 因为二次型f的矩阵

$$A=\begin{pmatrix} n^2-1 & -1 & -1 & \cdots & -1 \\ -1 & n^2-1 & -1 & \cdots & -1 \\ \vdots & \vdots & \vdots & & \vdots \\ -1 & -1 & -1 & \cdots & n^2-1 \end{pmatrix}\to\begin{pmatrix} n^2-n & n^2-n & n^2-n & \cdots & n^2-n \\ -1 & n^2-1 & -1 & \cdots & -1 \\ \vdots & \vdots & \vdots & & \vdots \\ -1 & -1 & -1 & \cdots & n^2-1 \end{pmatrix}$$

$$\xrightarrow[(n>1)]{}\begin{pmatrix} 1 & 1 & 1 & \cdots & 1 \\ -1 & n^2-1 & -1 & \cdots & -1 \\ \vdots & \vdots & \vdots & & \vdots \\ -1 & -1 & -1 & \cdots & n^2-1 \end{pmatrix}\to\begin{pmatrix} 1 & 1 & 1 & \cdots & 1 \\ 0 & n^2 & 0 & \cdots & 0 \\ \vdots & \vdots & \vdots & & \vdots \\ 0 & 0 & 0 & \cdots & n^2 \end{pmatrix},$$

可见f的秩为n.故应填n.

12 三元二次型$f(x_1,x_2,x_3)=x^{\mathrm{T}}\begin{pmatrix} 1 & 1 & 2 \\ 1 & 1 & 1 \\ 0 & 1 & 1 \end{pmatrix}x$的秩为________.

知识点睛 0603 二次型的秩

解 二次型$f(x_1,x_2,x_3)$的矩阵为

$$A=\begin{pmatrix} 1 & 1 & 1 \\ 1 & 1 & 1 \\ 1 & 1 & 1 \end{pmatrix},$$

由于$r(A)=1$,所以二次型f的秩为1.故应填1.

13 已知二次型$f(x_1,x_2,x_3)=a(x_1^2+x_2^2+x_3^2)+4x_1x_2+4x_1x_3+4x_2x_3$经正交变换$x=Py$可化成标准形$f=6y_1^2$,则$a=$________. 2002 数学一,3 分

知识点睛 0502 相似矩阵的性质

解 令 $A=\begin{pmatrix} a & 2 & 2 \\ 2 & a & 2 \\ 2 & 2 & a \end{pmatrix},\Lambda=\begin{pmatrix} 6 & & \\ & 0 & \\ & & 0 \end{pmatrix}$,由题设,$P^{\mathrm{T}}AP=\Lambda$.又$P$是正交矩阵,故$P^{-1}AP=\Lambda$,即$A$与$\Lambda$相似,有相同的特征值,所以解得$a=2$.

故应填2.

14 设二次型$f(x_1,x_2,x_3)$在正交变换$x=Py$下的标准形为$2y_1^2+y_2^2-y_3^2$,其中$P=(e_1,e_2,e_3)$,若$Q=(e_1,-e_3,e_2)$,则$f(x_1,x_2,x_3)$在正交变换$x=Qy$下的标准形为( ). 2015 数学一、数学二、数学三,4 分

(A) $2y_1^2-y_2^2+y_3^2$ (B) $2y_1^2+y_2^2-y_3^2$ (C) $2y_1^2-y_2^2-y_3^2$ (D) $2y_1^2+y_2^2+y_3^2$

14 题精解视频

知识点睛 正交变换

解法 1 f在正交变换$x=Py$下的标准形为$2y_1^2+y_2^2-y_3^2$,意味着A的特征值:2,1,−1.

又$P=(e_1,e_2,e_3)$说明2,1,−1的特征向量依次为e_1,e_2,e_3.由e_3是−1的特征向

量,知$-\boldsymbol{e}_3$仍是-1的特征向量,故$\boldsymbol{Q}=(\boldsymbol{e}_1,-\boldsymbol{e}_3,\boldsymbol{e}_2)$时,二次型标准形为:$2y_1^2-y_2^2+y_3^2$.故应选(A).

解法2 由

$$\boldsymbol{Q}=(\boldsymbol{e}_1,-\boldsymbol{e}_3,\boldsymbol{e}_2)=(\boldsymbol{e}_1,\boldsymbol{e}_2,\boldsymbol{e}_3)\begin{pmatrix}1&0&0\\0&0&1\\0&-1&0\end{pmatrix}=\boldsymbol{P}\begin{pmatrix}1&0&0\\0&0&1\\0&-1&0\end{pmatrix},$$

知

$$\boldsymbol{x}=\boldsymbol{Q}\boldsymbol{y}=\boldsymbol{P}\begin{pmatrix}1&0&0\\0&0&1\\0&-1&0\end{pmatrix}\begin{pmatrix}y_1\\y_2\\y_3\end{pmatrix}=\boldsymbol{P}\begin{pmatrix}y_1\\y_3\\-y_2\end{pmatrix}.$$

又因二次型$f(x_1,x_2,x_3)$在正交变换$\boldsymbol{x}=\boldsymbol{P}\boldsymbol{y}$下的标准形是$2y_1^2+y_2^2-y_3^2$,所以$f$在正交变换$\boldsymbol{x}=\boldsymbol{Q}\boldsymbol{y}$下的标准形为$2y_1^2+y_3^2-(-y_2)^2$,即$2y_1^2+y_3^2-y_2^2$.故应选(A).

Ⓚ 2008 数学一, 4分

15 设$\boldsymbol{A}$为3阶实对称矩阵,如果二次曲面方程

$$(x,y,z)\boldsymbol{A}\begin{pmatrix}x\\y\\z\end{pmatrix}=1$$

在正交变换下的标准方程的图形如15题图所示,则$\boldsymbol{A}$的正特征值的个数为( ).

(A) 0 (B) 1 (C) 2 (D) 3

z′
y′
O
x′

15 题图

知识点睛 正交变换

分析 本题把线性代数与解析几何的内容有机地联系起来,要明白所给图形是什么曲面?其标准方程是什么?

解 双叶双曲面的标准方程是:$\dfrac{x'^2}{a^2}-\dfrac{y'^2}{b^2}-\dfrac{z'^2}{c^2}=1$.

二次型经正交变换化为标准形时,其平方项的系数就是$\boldsymbol{A}$的特征值,所以应选(B).

【评注】很多考生选择(C),原因在于把标准方程记成了

$$\frac{x^2}{a^2}+\frac{y^2}{b^2}-\frac{z^2}{c^2}=-1,$$

而忽略了本题的条件$\boldsymbol{x}^{\mathrm{T}}\boldsymbol{A}\boldsymbol{x}=1$.

Ⓚ 2016 数学一, 4分

16 设二次型$f(x_1,x_2,x_3)=x_1^2+x_2^2+x_3^2+4x_1x_2+4x_1x_3+4x_2x_3$,则$f(x_1,x_2,x_3)=2$在空间直角坐标下表示的二次曲面为( ).

(A) 单叶双曲面 (B) 双叶双曲面 (C) 椭球面 (D) 柱面

知识点睛 正交变换

解 二次型的矩阵$\boldsymbol{A}=\begin{pmatrix}1&2&2\\2&1&2\\2&2&1\end{pmatrix}$,由

$$|\lambda\boldsymbol{E}-\boldsymbol{A}|=\begin{vmatrix}\lambda-1 & -2 & -2\\ -2 & \lambda-1 & -2\\ -2 & -2 & \lambda-1\end{vmatrix}=(\lambda-5)(\lambda+1)^2,$$

可知矩阵 $\boldsymbol{A}$ 的特征值为 $5,-1,-1$.

那么经直角坐标变换二次型的标准形为 $5y_1^2-y_2^2-y_3^2=2$,则 $f(x_1,x_2,x_3)=2$ 表示的二次曲面为双叶双曲面.故应选(B).

17 若二次曲面的方程 $x^2+3y^2+z^2+2axy+2xz+2yz=4$ 经正交变换化为 $y_1^2+4z_1^2=4$,则 $a=$________. 2011 数学一,4 分

知识点睛 正交变换

解 本题又是线性代数与二次曲面的简单综合题.

由于二次型 $\boldsymbol{x}\boldsymbol{A}^{\mathrm{T}}\boldsymbol{x}$ 经正交变换化为标准形时,矩阵 $\boldsymbol{A}$ 的特征值就是标准形中平方项的系数,按题意,矩阵 $\boldsymbol{A}$ 的特征值是 $0,1,4$,据 $|\boldsymbol{A}|=\prod\limits_{i=1}^{3}\lambda_i$,即

$$|\boldsymbol{A}|=\begin{vmatrix}1 & a & 1\\ a & 3 & 1\\ 1 & 1 & 1\end{vmatrix}=\begin{vmatrix}0 & a-1 & 0\\ a & 3 & 1\\ 1 & 1 & 1\end{vmatrix}=-(a-1)^2=0,$$

可见 $a=1$.应填 1.

18 设 $\boldsymbol{A}$ 是 3 阶实对称矩阵,$\boldsymbol{E}$ 是 3 阶单位矩阵.若 $\boldsymbol{A}^2+\boldsymbol{A}=2\boldsymbol{E}$,且 $|\boldsymbol{A}|=4$,则二次型 $\boldsymbol{x}^{\mathrm{T}}\boldsymbol{A}\boldsymbol{x}$ 的规范形为(　　). 2019 数学一、数学二、数学三,4 分

(A) $y_1^2+y_2^2+y_3^2$　　(B) $y_1^2+y_2^2-y_3^2$

(C) $y_1^2-y_2^2-y_3^2$　　(D) $-y_1^2-y_2^2-y_3^2$

知识点睛 0605 二次型的规范形

解 规范形由 p,q 决定,从判断特征值入手.

设 $\boldsymbol{A}\boldsymbol{\alpha}=\lambda\boldsymbol{\alpha},\boldsymbol{\alpha}\neq\boldsymbol{0}$.由 $\boldsymbol{A}^2+\boldsymbol{A}=2\boldsymbol{E}$ 有 $\boldsymbol{A}^2\boldsymbol{\alpha}+\boldsymbol{A}\boldsymbol{\alpha}-2\boldsymbol{\alpha}=\boldsymbol{0}$ 即 $(\lambda^2+\lambda-2)\boldsymbol{\alpha}=\boldsymbol{0}$,知 $\lambda^2+\lambda-2=0$,矩阵 $\boldsymbol{A}$ 的特征值只能是 1 或 -2.又因 $|\boldsymbol{A}|=4$,所以矩阵 $\boldsymbol{A}$ 的特征值是 $1,-2,-2$.从而二次型的规范形是 $y_1^2-y_2^2-y_3^2$.应选(C).

19 已知二次型

$$f(x_1,x_2,\cdots,x_n)=\sum_{i=1}^{n}\left(x_i-\frac{x_1+x_2+\cdots+x_n}{n}\right)^2,$$

求 f 的规范形.

知识点睛 0605 二次型的规范形

解 令 $\boldsymbol{X}=(x_1,x_2,\cdots,x_n)^{\mathrm{T}}$, $x=\dfrac{x_1+x_2+\cdots+x_n}{n}$,则

$$\begin{aligned}f(x)&=(x_1-x)^2+(x_2-x)^2+\cdots+(x_n-x)^2\\&=x_1^2+x_2^2+\cdots+x_n^2+nx^2-2nx^2\\&=x_1^2+x_2^2+\cdots+x_n^2-\frac{(x_1+x_2+\cdots+x_n)^2}{n},\end{aligned}$$

设$A=\begin{pmatrix}1-\frac{1}{n} & -\frac{1}{n} & \cdots & -\frac{1}{n}\\ -\frac{1}{n} & 1-\frac{1}{n} & \cdots & -\frac{1}{n}\\ \vdots & \vdots & & \vdots\\ -\frac{1}{n} & -\frac{1}{n} & \cdots & 1-\frac{1}{n}\end{pmatrix}$,则$f(x)=X^{\mathrm{T}}AX$,由$|\lambda E-A|=0$,得

$$\begin{vmatrix}\lambda+\frac{1}{n}-1 & \frac{1}{n} & \cdots & \frac{1}{n}\\ \frac{1}{n} & \lambda+\frac{1}{n}-1 & \cdots & \frac{1}{n}\\ \vdots & \vdots & & \vdots\\ \frac{1}{n} & \frac{1}{n} & \cdots & \lambda+\frac{1}{n}-1\end{vmatrix}=0,$$

解得$\lambda_1=\lambda_2=\cdots=\lambda_{n-1}=1,\lambda_n=0$,从而$f$的规范型为$y_1^2+y_2^2+\cdots+y_{n-1}^2$.

【评注】对于表达式不规范的二次型,在求其标准形或规范形时,首先应求出其矩阵,或者将其通用的表达式写出来以便找到其平方项系数与交叉项系数.此题中,二次型的表达式

$$\sum_{i=1}^{n}\left(x_i-\frac{x_1+x_2+\cdots+x_n}{n}\right)^2,$$

看似复杂,但对其化简、整理后,即可发现其平方项系数均为$1-\frac{1}{n}$,交叉项系数均为$-\frac{2}{n}$,于是利用正交变换方法即可得其规范形.

K 2011 数学三,4分

20 设二次型$f(x_1,x_2,x_3)=x^{\mathrm{T}}Ax$的秩为1,$A$的各行元素之和为3,则$f$在正交变换$x=Qy$下的标准形为________.

知识点睛 正交变换,0605 二次型的标准形

解 A的各行元素之和为3,即

$$\begin{cases}a_{11}+a_{12}+a_{13}=3,\\ a_{21}+a_{22}+a_{23}=3,\\ a_{31}+a_{32}+a_{33}=3\end{cases}\Rightarrow\begin{pmatrix}a_{11}&a_{12}&a_{13}\\a_{21}&a_{22}&a_{23}\\a_{31}&a_{32}&a_{33}\end{pmatrix}\begin{pmatrix}1\\1\\1\end{pmatrix}=\begin{pmatrix}3\\3\\3\end{pmatrix}\Rightarrow A\begin{pmatrix}1\\1\\1\end{pmatrix}=3\begin{pmatrix}1\\1\\1\end{pmatrix},$$

所以$\lambda=3$是A的一个特征值.

再由二次型$x^{\mathrm{T}}Ax$的秩为$1\Rightarrow r(A)=1\Rightarrow\lambda=0$是$A$的2重特征值.因此,正交变换下标准形为$3y_1^2$.应填$3y_1^2$.

21 二次型$f=2x_1^2+ax_2^2+ax_3^2+6x_2x_3(a>3)$的规范形为( ).

(A) $y_1^2+y_2^2+y_3^2$ (B) $y_1^2-y_2^2-y_3^2$ (C) $y_1^2+y_2^2-y_3^2$ (D) $y_1^2+y_2^2$

知识点睛 0605 二次型的规范形

解法1 用配方法把二次型化为

$$f = 2x_1^2 + a\left(x_2 + \frac{3}{a}x_3\right)^2 + \left(a - \frac{9}{a}\right)x_3^2,$$

由 $a > 3$,知 $a - \frac{9}{a} > 0$.于是,令

$$\begin{cases} y_1 = \sqrt{2}x_1, \\ y_2 = \sqrt{a}\left(x_2 + \frac{3}{a}x_3\right), \\ y_3 = \sqrt{a - \frac{9}{a}}x_3, \end{cases}$$

得 $f = y_1^2 + y_2^2 + y_3^2$,且所用的线性替换是非退化的,应选(A).

解法 2　二次型 f 的矩阵为

$$\boldsymbol{A} = \begin{pmatrix} 2 & 0 & 0 \\ 0 & a & 3 \\ 0 & 3 & a \end{pmatrix}.$$

由 $\boldsymbol{A}$ 的特征多项式 $|\lambda\boldsymbol{E} - \boldsymbol{A}| = (\lambda - 2)(\lambda - a - 3)(\lambda - a + 3)$,可知 $\boldsymbol{A}$ 的特征值为 $\lambda_1 = 2, \lambda_2 = a + 3, \lambda_3 = a - 3$,又 $a > 3$,故 f 的秩为 3,正惯性指数也为 3,所以 f 的规范形应为 $y_1^2 + y_2^2 + y_3^2$.故应选(A).

【评注】本题只要求规范形,而不需求所用的非退化线性替换,故解法 2 较易,因为特征值可以确定正负惯性指数,从而确定规范形.若题目要求求出所用的非退化线性替换,则我们可以用配方法,或正交变换法或初等变换法先求出标准形,再求出规范形.

22　已知二次型 $f = x_1^2 - 2x_2^2 + ax_3^2 + 2x_1x_2 - 4x_1x_3 + 2x_2x_3$ 的秩为 2,则 f 的规范形为________.

知识点睛　0605 二次型的规范形

解　二次型 f 的矩阵为

$$\boldsymbol{A} = \begin{pmatrix} 1 & 1 & -2 \\ 1 & -2 & 1 \\ -2 & 1 & a \end{pmatrix},$$

由 $r(\boldsymbol{A}) = 2$,知 $|\boldsymbol{A}| = 0$,即 $3(1 - a) = 0$.解得 $a = 1$.由矩阵 $\boldsymbol{A}$ 的特征多项式

$$|\lambda\boldsymbol{E} - \boldsymbol{A}| = \begin{vmatrix} \lambda - 1 & -1 & 2 \\ -1 & \lambda + 2 & -1 \\ 2 & -1 & \lambda - 1 \end{vmatrix} = \lambda(\lambda - 3)(\lambda + 3),$$

得 $\boldsymbol{A}$ 的特征值为 $0, 3, -3$.由于 $\boldsymbol{A}$ 的正、负特征值各有一个,因此 f 的规范形为 $y_1^2 - y_2^2$.应填 $y_1^2 - y_2^2$.

23　已知三元二次型 $\boldsymbol{x}^{\mathrm{T}}\boldsymbol{A}\boldsymbol{x}$ 经正交变换化为 $-y_1^2 - 2y_2^2 - y_3^2$,其中 $\boldsymbol{A}^{\mathrm{T}} = \boldsymbol{A}$,则二次型 $\boldsymbol{x}^{\mathrm{T}}\boldsymbol{A}^*\boldsymbol{x}$ 的正惯性指数为(　　).

(A) 0　　(B) 1　　(C) 2　　(D) 3

知识点睛　0604 惯性定理

解法1 由题设知,二次型的矩阵 A 与对角矩阵 $\begin{pmatrix}-1&&\\&-2&\\&&-1\end{pmatrix}$ 正交相似,即有正交矩阵 Q,使

$$Q^{T}AQ=Q^{-1}AQ=\begin{pmatrix}-1&&\\&-2&\\&&-1\end{pmatrix}.$$

于是,$|A|=-2$,且

$$Q^{-1}A^{-1}Q=Q^{-1}\left(\frac{1}{|A|}A^{*}\right)Q=\begin{pmatrix}-1&&\\&-\frac{1}{2}&\\&&-1\end{pmatrix},$$

故

$$Q^{-1}A^{*}Q=|A|\begin{pmatrix}-1&&\\&-\frac{1}{2}&\\&&-1\end{pmatrix}=\begin{pmatrix}2&&\\&1&\\&&2\end{pmatrix}.$$

即 A^{*} 的特征值为2,1,2,因此 $x^{T}A^{*}x$ 的正惯性指数为3.故应选(D).

解法2 易知 A 的特征根为-1,-2,-1,且$|A|=-2$,因而 A^{*} 的特征根为

$$\frac{-2}{-1}=2,\quad \frac{-2}{-2}=1,\quad \frac{-2}{-1}=2.$$

即 A^{*} 的特征根为2,1,2.因此 $x^{T}A^{*}x$ 的正惯性指数为3.

K 1993 数学三,9分

24 设二次型

$$f=x_1^2+x_2^2+x_3^2+2\alpha x_1x_2+2\beta x_2x_3+2x_1x_3$$

经正交变换 $x=Qy$ 化成 $f=y_2^2+2y_3^2$,其中 $x=(x_1,x_2,x_3)^{T}$ 和 $y=(y_1,y_2,y_3)^{T}$ 是3维列向量,Q 是3阶正交矩阵.试求常数 α,β.

知识点睛 正交变换,0605 二次型的标准形

解 变换前后二次型的矩阵分别为

$$A=\begin{pmatrix}1&\alpha&1\\\alpha&1&\beta\\1&\beta&1\end{pmatrix},\quad B=\begin{pmatrix}0&0&0\\0&1&0\\0&0&2\end{pmatrix},$$

二次型可以写成

$$f=x^{T}Ax \quad 和 \quad f=y^{T}By.$$

由于 $Q^{T}AQ=B$,Q 为正交矩阵,故

$$Q^{-1}AQ=B,$$

因此

$$|\lambda E-A|=|\lambda E-B|,$$

即

$$\begin{vmatrix}\lambda-1&-\alpha&-1\\-\alpha&\lambda-1&-\beta\\-1&-\beta&\lambda-1\end{vmatrix}=\begin{vmatrix}\lambda&0&0\\0&\lambda-1&0\\0&0&\lambda-2\end{vmatrix},$$

或

$$\lambda^3-3\lambda^2+(2-\alpha^2-\beta^2)\lambda+(\alpha-\beta)^2=\lambda^3-3\lambda^2+2\lambda.$$

令 $\lambda=0$ 知 $\alpha=\beta$,令 $\lambda=1$ 知 $\alpha^2+\beta^2=0$.其解 $\alpha=\beta=0$ 为所求常数.

【评注】对二次型 $\boldsymbol{x}^{\mathrm{T}}\boldsymbol{A}\boldsymbol{x}$ 作正交变换 $\boldsymbol{x}=\boldsymbol{Q}\boldsymbol{y}$,$\boldsymbol{Q}$ 为正交矩阵,得到 $\boldsymbol{y}^{\mathrm{T}}\boldsymbol{B}\boldsymbol{y}$,则 $\boldsymbol{B}=\boldsymbol{Q}^{\mathrm{T}}\boldsymbol{A}\boldsymbol{Q}=\boldsymbol{Q}^{-1}\boldsymbol{A}\boldsymbol{Q}$,即 $\boldsymbol{A}$ 与 $\boldsymbol{B}$ 相似.所以解决此类题目,要灵活运用矩阵相似的必要条件及相关结论.

25 已知二次曲面方程 $x^2+ay^2+z^2+2bxy+2xz+2yz=4$ 可以经过正交变换 $\begin{pmatrix}x\\y\\z\end{pmatrix}=\boldsymbol{Q}\begin{pmatrix}\xi\\\eta\\\zeta\end{pmatrix}$ 化为椭圆柱面方程 $\eta^2+4\xi^2=4$,求 a,b 的值和正交矩阵 $\boldsymbol{Q}$.

Ⓚ 1998 数学一,6 分

25 题精解视频

知识点睛 正交变换,0605 二次型的标准形

解 经正交变换化二次型为标准形,二次型的矩阵与标准形的矩阵既合同又相似.于是

$$\boldsymbol{A}=\begin{pmatrix}1&b&1\\b&a&1\\1&1&1\end{pmatrix}\sim\boldsymbol{B}=\begin{pmatrix}0&&\\&1&\\&&4\end{pmatrix},$$

从而 $\begin{cases}1+a+1=0+1+4,\\|\boldsymbol{A}|=(b-1)^2=|\boldsymbol{B}|=0\end{cases}\Rightarrow a=3,b=1.$

由 $(0\boldsymbol{E}-\boldsymbol{A})\boldsymbol{x}=\boldsymbol{0}$ 解出 $\lambda=0$ 对应的特征向量 $\boldsymbol{\alpha}_1=(1,0,-1)^{\mathrm{T}}$,

由 $(\boldsymbol{E}-\boldsymbol{A})\boldsymbol{x}=\boldsymbol{0}$ 解出 $\lambda=1$ 对应的特征向量 $\boldsymbol{\alpha}_2=(1,-1,1)^{\mathrm{T}}$,

由 $(4\boldsymbol{E}-\boldsymbol{A})\boldsymbol{x}=\boldsymbol{0}$ 解出 $\lambda=4$ 对应的特征向量 $\boldsymbol{\alpha}_3=(1,2,1)^{\mathrm{T}}$.

不同特征值对应的特征向量正交,将其单位化,有

$$\boldsymbol{\gamma}_1=\frac{1}{\sqrt{2}}(1,0,-1)^{\mathrm{T}},\quad\boldsymbol{\gamma}_2=\frac{1}{\sqrt{3}}(1,-1,1)^{\mathrm{T}},\quad\boldsymbol{\gamma}_3=\frac{1}{\sqrt{6}}(1,2,1)^{\mathrm{T}},$$

那么 $\boldsymbol{Q}=(\boldsymbol{\gamma}_1,\boldsymbol{\gamma}_2,\boldsymbol{\gamma}_3)=\begin{pmatrix}\frac{1}{\sqrt{2}}&\frac{1}{\sqrt{3}}&\frac{1}{\sqrt{6}}\\0&-\frac{1}{\sqrt{3}}&\frac{2}{\sqrt{6}}\\-\frac{1}{\sqrt{2}}&\frac{1}{\sqrt{3}}&\frac{1}{\sqrt{6}}\end{pmatrix}$ 为所求的正交矩阵.

26 利用正交变换法将二次型 $f(x_1,x_2,x_3)=2x_3^2-2x_1x_2+2x_1x_3-2x_2x_3$ 化为标准形.

知识点睛 0606 用正交变换化二次型为标准形

解 二次型的矩阵 $\boldsymbol{A}=\begin{pmatrix}0&-1&1\\-1&0&-1\\1&-1&2\end{pmatrix}$,由

$$|\lambda\boldsymbol{E}-\boldsymbol{A}|=\begin{vmatrix}\lambda&1&-1\\1&\lambda&1\\-1&1&\lambda-2\end{vmatrix}=\lambda(\lambda+1)(\lambda-3)=0,$$

得特征值为$\lambda_1=3,\lambda_2=-1,\lambda_3=0$.

当$\lambda_1=3$时,由$(3\boldsymbol{E}-\boldsymbol{A})\boldsymbol{x}=\boldsymbol{0}$,得$\begin{pmatrix}3&1&-1\\1&3&1\\-1&1&1\end{pmatrix}\boldsymbol{x}=\boldsymbol{0}$,得特征向量为$\boldsymbol{\xi}_1=(-1,1,-2)^{\mathrm{T}}$.

当$\lambda_2=-1$时,由$(\boldsymbol{E}+\boldsymbol{A})\boldsymbol{x}=\boldsymbol{0}$,得$\begin{pmatrix}1&-1&1\\-1&1&-1\\1&-1&3\end{pmatrix}\boldsymbol{x}=\boldsymbol{0}$,得特征向量为$\boldsymbol{\xi}_2=(1,1,0)^{\mathrm{T}}$.

当$\lambda_3=0$时,由$\boldsymbol{A}\boldsymbol{x}=\boldsymbol{0}$,得$\begin{pmatrix}0&-1&1\\-1&0&-1\\1&-1&2\end{pmatrix}\boldsymbol{x}=\boldsymbol{0}$,得特征向量为$\boldsymbol{\xi}_3=(1,-1,-1)^{\mathrm{T}}$.

因特征值互不相等,$\boldsymbol{A}$是实对称矩阵,所以$\boldsymbol{\xi}_1,\boldsymbol{\xi}_2,\boldsymbol{\xi}_3$两两正交,只需将其单位化,得$\boldsymbol{\eta}_1=\frac{1}{\sqrt{6}}\begin{pmatrix}-1\\1\\-2\end{pmatrix},\boldsymbol{\eta}_2=\frac{1}{\sqrt{2}}\begin{pmatrix}1\\1\\0\end{pmatrix},\boldsymbol{\eta}_3=\frac{1}{\sqrt{3}}\begin{pmatrix}1\\-1\\-1\end{pmatrix}$,故正交矩阵为

$$\boldsymbol{Q}=\begin{pmatrix}-\frac{1}{\sqrt{6}}&\frac{1}{\sqrt{2}}&\frac{1}{\sqrt{3}}\\\frac{1}{\sqrt{6}}&\frac{1}{\sqrt{2}}&-\frac{1}{\sqrt{3}}\\-\frac{2}{\sqrt{6}}&0&-\frac{1}{\sqrt{3}}\end{pmatrix}.$$

令$\boldsymbol{x}=\boldsymbol{Q}\boldsymbol{y}$,得所求标准形为$f(x_1,x_2,x_3)\xlongequal{\boldsymbol{x}=\boldsymbol{Q}\boldsymbol{y}}3y_1^2-y_2^2$.

27 利用正交变换将下列二次型化为标准形

$$f(x_1,x_2,x_3,x_4)=2x_1x_2+2x_1x_3-2x_1x_4-2x_2x_3+2x_2x_4+2x_3x_4.$$

知识点睛 0606 用正交变换化二次型为标准形

解 二次型的矩阵为$\boldsymbol{A}=\begin{pmatrix}0&1&1&-1\\1&0&-1&1\\1&-1&0&1\\-1&1&1&0\end{pmatrix}$,由$|\lambda\boldsymbol{E}-\boldsymbol{A}|=\begin{vmatrix}\lambda&-1&-1&1\\-1&\lambda&1&-1\\-1&1&\lambda&-1\\1&-1&-1&\lambda\end{vmatrix}=(\lambda+3)(\lambda-1)^3$,得特征值为$\lambda_1=-3,\lambda_2=\lambda_3=\lambda_4=1$.

当$\lambda_1=-3$时,由$(3\boldsymbol{E}+\boldsymbol{A})\boldsymbol{x}=\boldsymbol{0}$,得基础解系为$\boldsymbol{\xi}_1=(1,-1,-1,1)^{\mathrm{T}}$,单位化得

$$\boldsymbol{\eta}_1=\left(\frac{1}{2},-\frac{1}{2},-\frac{1}{2},\frac{1}{2}\right)^{\mathrm{T}}.$$

当$\lambda_2=\lambda_3=\lambda_4=1$时,由$(\boldsymbol{E}-\boldsymbol{A})\boldsymbol{x}=\boldsymbol{0}$,得基础解系为

$$\boldsymbol{\xi}_2=(1,1,0,0)^{\mathrm{T}},\quad \boldsymbol{\xi}_3=(1,0,1,0)^{\mathrm{T}},\quad \boldsymbol{\xi}_4=(-1,0,0,1)^{\mathrm{T}},$$

将$\boldsymbol{\xi}_2,\boldsymbol{\xi}_3,\boldsymbol{\xi}_4$正交化、标准化,得

$$\boldsymbol{\eta}_2=\left(\frac{1}{\sqrt{2}},\frac{1}{\sqrt{2}},0,0\right)^{\mathrm{T}},\quad \boldsymbol{\eta}_3=\left(\frac{1}{\sqrt{6}},-\frac{1}{\sqrt{6}},\frac{2}{\sqrt{6}},0\right)^{\mathrm{T}},\quad \boldsymbol{\eta}_4=\left(-\frac{1}{\sqrt{12}},\frac{1}{\sqrt{12}},\frac{1}{\sqrt{12}},\frac{3}{\sqrt{12}}\right)^{\mathrm{T}}.$$

于是,正交变换为

$$\begin{pmatrix}x_1\\x_2\\x_3\\x_4\end{pmatrix}=\begin{pmatrix}\frac{1}{2}&\frac{1}{\sqrt{2}}&\frac{1}{\sqrt{6}}&-\frac{1}{\sqrt{12}}\\-\frac{1}{2}&\frac{1}{\sqrt{2}}&-\frac{1}{\sqrt{6}}&\frac{1}{\sqrt{12}}\\-\frac{1}{2}&0&\frac{2}{\sqrt{6}}&\frac{1}{\sqrt{12}}\\\frac{1}{2}&0&0&\frac{3}{\sqrt{12}}\end{pmatrix}\begin{pmatrix}y_1\\y_2\\y_3\\y_4\end{pmatrix},$$

所求标准形为 $f=-3y_1^2+y_2^2+y_3^2+y_4^2$.

28 利用配方法化下列二次型为标准形,并求出所用的变换矩阵.

28 题精解视频

(1) $f(x_1,x_2,x_3)=x_1x_2+x_1x_3+x_2x_3$;

(2) $f(x_1,x_2,x_3)=2x_1^2+3x_2^2+x_3^2+4x_1x_2-4x_1x_3-8x_2x_3$.

知识点睛 0607 用配方法化二次型为标准形

解 (1) 令 $\begin{cases}x_1=y_1+y_2,\\x_2=y_1-y_2,\\x_3=y_3,\end{cases}$ 则

$$f(x_1,x_2,x_3)=x_1x_2+x_1x_3+x_2x_3=y_1^2-y_2^2+2y_1y_3=(y_1+y_3)^2-y_2^2-y_3^2.$$

令 $\begin{cases}z_1=y_1+y_3,\\z_2=y_2,\\z_3=y_3,\end{cases}$ 于是 $\begin{cases}x_1=z_1+z_2-z_3,\\x_2=z_1-z_2-z_3,\\x_3=z_3,\end{cases}$ 即 $\begin{pmatrix}x_1\\x_2\\x_3\end{pmatrix}=\begin{pmatrix}1&1&-1\\1&-1&-1\\0&0&1\end{pmatrix}\begin{pmatrix}z_1\\z_2\\z_3\end{pmatrix}$, 所求的变换矩阵为

$$\begin{pmatrix}1&1&-1\\1&-1&-1\\0&0&1\end{pmatrix},$$

因而有 $f=z_1^2-z_2^2-z_3^2$.

(2) $$\begin{aligned}f(x_1,x_2,x_3)&=2[x_1^2+2x_1(x_2-x_3)+(x_2-x_3)^2]-2(x_2-x_3)^2+3x_2^2+x_3^2-8x_2x_3\\&=2(x_1+x_2-x_3)^2+x_2^2-x_3^2-4x_2x_3=2(x_1+x_2-x_3)^2+(x_2-2x_3)^2-5x_3^2,\end{aligned}$$

令 $\begin{cases}y_1=x_1+x_2-x_3,\\y_2=x_2-2x_3,\\y_3=x_3,\end{cases}$ 所以 $\begin{cases}x_1=y_1-y_2-y_3,\\x_2=y_2+2y_3,\\x_3=y_3,\end{cases}$ 即 $\begin{pmatrix}x_1\\x_2\\x_3\end{pmatrix}=\begin{pmatrix}1&-1&-1\\0&1&2\\0&0&1\end{pmatrix}\begin{pmatrix}y_1\\y_2\\y_3\end{pmatrix}$, 所求的变换矩阵为

$$\begin{pmatrix}1&-1&-1\\0&1&2\\0&0&1\end{pmatrix},$$

得二次型的标准形为 $f=2y_1^2+y_2^2-5y_3^2$.

29 求下列二次型的标准形.

(1) $f(x_1,x_2,x_3)=(x_1,x_2,x_3)\begin{pmatrix}2&3&-2\\1&5&-3\\-2&-5&5\end{pmatrix}\begin{pmatrix}x_1\\x_2\\x_3\end{pmatrix}$;

(2) $f(x_1,x_2,x_3)=(x_1,x_2,x_3)\begin{pmatrix}0&-5&1\\1&0&3\\1&-1&0\end{pmatrix}\begin{pmatrix}x_1\\x_2\\x_3\end{pmatrix}$.

知识点睛 0606 用正交变换化二次型为标准形,0607 用配方法化二次型为标准形

(1) 解 由题设,

$$f(x_1,x_2,x_3)=2x_1^2+4x_1x_2-4x_1x_3+5x_2^2-8x_2x_3+5x_3^2.$$

解法1
$$\begin{aligned}f(x_1,x_2,x_3)&=2[x_1^2+2x_1(x_2-x_3)+(x_2-x_3)^2]+\\&\quad 3\left[x_2^2-2\times\frac{2}{3}x_2x_3+\left(\frac{2}{3}x_3\right)^2\right]+\frac{5}{3}x_3^2\\&=2(x_1+x_2-x_3)^2+3\left(x_2-\frac{2}{3}x_3\right)^2+\frac{5}{3}x_3^2.\end{aligned}$$

令$\begin{cases}y_1=x_1+x_2-x_3,\\y_2=x_2-\dfrac{2}{3}x_3,\\y_3=x_3,\end{cases}$则有

$$f(x_1,x_2,x_3)=2y_1^2+3y_2^2+\frac{5}{3}y_3^2.$$

由$\begin{cases}y_1=x_1+x_2-x_3,\\y_2=x_2-\dfrac{2}{3}x_3,\\y_3=x_3,\end{cases}$可得$\begin{cases}x_1=y_1-y_2+\dfrac{1}{3}y_3,\\x_2=y_2+\dfrac{2}{3}y_3,\\x_3=y_3,\end{cases}$ 即

$$\begin{pmatrix}x_1\\x_2\\x_3\end{pmatrix}=\begin{pmatrix}1&-1&\dfrac{1}{3}\\0&1&\dfrac{2}{3}\\0&0&1\end{pmatrix}\begin{pmatrix}y_1\\y_2\\y_3\end{pmatrix}$$

为所用的非退化线性替换.

解法2 二次型的矩阵为

$$\boldsymbol{A}=\begin{pmatrix}2&2&-2\\2&5&-4\\-2&-4&5\end{pmatrix}.$$

由

$$|\lambda\boldsymbol{E}-\boldsymbol{A}|=\begin{vmatrix}\lambda-2&-2&2\\-2&\lambda-5&4\\2&4&\lambda-5\end{vmatrix}=(\lambda-1)^2(\lambda-10),$$

得 $\boldsymbol{A}$ 的特征值为 1(二重) 与 10.

对于 $\lambda=1$,解方程组 $(\boldsymbol{E}-\boldsymbol{A})\boldsymbol{x}=\boldsymbol{0}$,得基础解系为

$$\boldsymbol{\alpha}_1=\begin{pmatrix}-2\\1\\0\end{pmatrix},\quad \boldsymbol{\alpha}_2=\begin{pmatrix}2\\0\\1\end{pmatrix},$$

所以 $\boldsymbol{\alpha}_1,\boldsymbol{\alpha}_2$ 是 $\boldsymbol{A}$ 的属于特征值 1 的两个线性无关的特征向量.

先正交化

$$\boldsymbol{\beta}_1=\boldsymbol{\alpha}_1=\begin{pmatrix}-2\\1\\0\end{pmatrix},\quad \boldsymbol{\beta}_2=\boldsymbol{\alpha}_2-\frac{(\boldsymbol{\alpha}_2,\boldsymbol{\beta}_1)}{(\boldsymbol{\beta}_1,\boldsymbol{\beta}_1)}\boldsymbol{\beta}_1=\begin{pmatrix}2\\0\\1\end{pmatrix}-\left(-\frac{4}{5}\right)\begin{pmatrix}-2\\1\\0\end{pmatrix}=\begin{pmatrix}\frac{2}{5}\\\frac{4}{5}\\1\end{pmatrix}.$$

再单位化 $\boldsymbol{\eta}_1=\dfrac{\boldsymbol{\beta}_1}{\|\boldsymbol{\beta}_1\|}=\begin{pmatrix}-\frac{2}{\sqrt5}\\\frac{1}{\sqrt5}\\0\end{pmatrix},\quad \boldsymbol{\eta}_2=\dfrac{\boldsymbol{\beta}_2}{\|\boldsymbol{\beta}_2\|}=\begin{pmatrix}\frac{2}{3\sqrt5}\\\frac{4}{3\sqrt5}\\\frac{5}{3\sqrt5}\end{pmatrix}.$

对于 $\lambda=10$,解方程组 $(10\boldsymbol{E}-\boldsymbol{A})\boldsymbol{x}=\boldsymbol{0}$,得基础解系为

$$\boldsymbol{\alpha}_3=\begin{pmatrix}1\\2\\-2\end{pmatrix},\quad \text{从而}\quad \boldsymbol{\eta}_3=\frac{\boldsymbol{\alpha}_3}{\|\boldsymbol{\alpha}_3\|}=\begin{pmatrix}\frac{1}{3}\\\frac{2}{3}\\-\frac{2}{3}\end{pmatrix}.$$

令 $\boldsymbol{Q}=(\boldsymbol{\eta}_1,\boldsymbol{\eta}_2,\boldsymbol{\eta}_3)=\begin{pmatrix}-\frac{2}{\sqrt5}&\frac{2}{3\sqrt5}&\frac{1}{3}\\\frac{1}{\sqrt5}&\frac{4}{3\sqrt5}&\frac{2}{3}\\0&\frac{5}{3\sqrt5}&-\frac{2}{3}\end{pmatrix}$,则有 $\boldsymbol{Q}^{\mathrm T}\boldsymbol{A}\boldsymbol{Q}=\begin{pmatrix}1&0&0\\0&1&0\\0&0&10\end{pmatrix}$,即经正交变换 $\boldsymbol{x}=\boldsymbol{Q}\boldsymbol{y}$,得 $f(x_1,x_2,x_3)=y_1^2+y_2^2+10y_3^2$.

(2) 由题设,$f(x_1,x_2,x_3)=-4x_1x_2+2x_1x_3+2x_2x_3$.

解法 1 $f(x_1,x_2,x_3)$ 无平方项,先设 $\begin{cases}x_1=y_1+y_2,\\x_2=y_1-y_2,\\x_3=y_3,\end{cases}$ 令 $\boldsymbol{C}_1=\begin{pmatrix}1&1&0\\1&-1&0\\0&0&1\end{pmatrix}$,得

$$f(x_1,x_2,x_3)=-4y_1^2+4y_1y_3+4y_2^2=-4\left(y_1-\frac{1}{2}y_3\right)^2+4y_2^2+y_3^2.$$

再设

$$\begin{cases}z_1=y_1-\dfrac{1}{2}y_3,\\ z_2=y_2,\\ z_3=y_3,\end{cases}\quad\text{即}\quad\begin{cases}y_1=z_1+\dfrac{1}{2}z_3,\\ y_2=z_2,\\ y_3=z_3,\end{cases}$$

令 $\boldsymbol{C}_2=\begin{pmatrix}1&0&\dfrac{1}{2}\\0&1&0\\0&0&1\end{pmatrix}$，得 $f(x_1,x_2,x_3)=-4z_1^2+4z_2^2+z_3^2$，

令 $\boldsymbol{C}=\boldsymbol{C}_1\boldsymbol{C}_2$，且 $|\boldsymbol{C}|=|\boldsymbol{C}_1||\boldsymbol{C}_2|=-2\neq0$，所以在非退化线性变化 $\boldsymbol{x}=\boldsymbol{C}\boldsymbol{z}$ 下，二次型化为

$$f(x_1,x_2,x_3)=-4z_1^2+4z_2^2+z_3^2.$$

解法 2　二次型的矩阵为 $\boldsymbol{A}=\begin{pmatrix}0&-2&1\\-2&0&1\\1&1&0\end{pmatrix}$. 由

$$|\lambda\boldsymbol{E}-\boldsymbol{A}|=\begin{vmatrix}\lambda&2&-1\\2&\lambda&-1\\-1&-1&\lambda\end{vmatrix}$$
$$=(\lambda-2)(\lambda^2+2\lambda-2)=(\lambda-2)(\lambda+1+\sqrt{3})(\lambda+1-\sqrt{3}),$$

得 $\boldsymbol{A}$ 的特征值为 $2,-1+\sqrt{3},-1-\sqrt{3}$.

当 $\lambda=2$ 时，解方程组 $(2\boldsymbol{E}-\boldsymbol{A})\boldsymbol{x}=\boldsymbol{0}$，得基础解系为 $\boldsymbol{\alpha}_1=\begin{pmatrix}-1\\1\\0\end{pmatrix}$，从而 $\boldsymbol{\alpha}_1$ 是 $\boldsymbol{A}$ 的属于特征值 2 的特征向量. 将其单位化，得

$$\boldsymbol{\eta}_1=\frac{\boldsymbol{\alpha}_1}{\|\boldsymbol{\alpha}_1\|}=\begin{pmatrix}-\dfrac{1}{\sqrt{2}}\\\dfrac{1}{\sqrt{2}}\\0\end{pmatrix};$$

当 $\lambda=-1+\sqrt{3}$ 时，解方程组 $[(-1+\sqrt{3})\boldsymbol{E}-\boldsymbol{A}]\boldsymbol{x}=\boldsymbol{0}$，得基础解系为 $\boldsymbol{\alpha}_2=\begin{pmatrix}1\\1\\\sqrt{3}+1\end{pmatrix}$，从而 $\boldsymbol{\alpha}_2$ 是 $\boldsymbol{A}$ 的属于特征值 $-1+\sqrt{3}$ 的特征向量，将其单位化，得

$$\boldsymbol{\eta}_2=\frac{\boldsymbol{\alpha}_2}{\|\boldsymbol{\alpha}_2\|}=\begin{pmatrix}\dfrac{1}{\sqrt{6+2\sqrt{3}}}\\\dfrac{1}{\sqrt{6+2\sqrt{3}}}\\\dfrac{\sqrt{3}+1}{\sqrt{6+2\sqrt{3}}}\end{pmatrix};$$

当 $\lambda=-1-\sqrt{3}$ 时，解方程组 $[(-1-\sqrt{3})\boldsymbol{E}-\boldsymbol{A}]\boldsymbol{x}=\boldsymbol{0}$，得基础解系为 $\boldsymbol{\alpha}_3=\begin{pmatrix}-1\\-1\\\sqrt{3}-1\end{pmatrix}$，

从而 $\boldsymbol{\alpha}_3$ 是 $\boldsymbol{A}$ 的属于特征值 $-1-\sqrt{3}$ 的特征向量，将其单位化，得

$$\boldsymbol{\eta}_3=\frac{\boldsymbol{\alpha}_3}{\|\boldsymbol{\alpha}_3\|}=\begin{pmatrix}-\dfrac{1}{\sqrt{6-2\sqrt{3}}}\\-\dfrac{1}{\sqrt{6-2\sqrt{3}}}\\\dfrac{\sqrt{3}-1}{\sqrt{6-2\sqrt{3}}}\end{pmatrix}.$$

令 $\boldsymbol{Q}=(\boldsymbol{\eta}_1,\boldsymbol{\eta}_2,\boldsymbol{\eta}_3)=\begin{pmatrix}-\dfrac{1}{\sqrt{2}}&\dfrac{1}{\sqrt{6+2\sqrt{3}}}&-\dfrac{1}{\sqrt{6-2\sqrt{3}}}\\\dfrac{1}{\sqrt{2}}&\dfrac{1}{\sqrt{6+2\sqrt{3}}}&-\dfrac{1}{\sqrt{6-2\sqrt{3}}}\\0&\dfrac{\sqrt{3}+1}{\sqrt{6+2\sqrt{3}}}&\dfrac{\sqrt{3}-1}{\sqrt{6-2\sqrt{3}}}\end{pmatrix}$，则有

$$\boldsymbol{Q}^{\mathrm{T}}\boldsymbol{A}\boldsymbol{Q}=\begin{pmatrix}2&0&0\\0&-1+\sqrt{3}&0\\0&0&-1-\sqrt{3}\end{pmatrix},$$

即经正交变换 $\boldsymbol{x}=\boldsymbol{Q}\boldsymbol{y}$，得

$$f(x_1,x_2,x_3)=2y_1^2+(-1+\sqrt{3})y_2^2-(1+\sqrt{3})y_3^2.$$

【评注】(1) 利用正交变换法求标准形，首要的是要正确写出二次型的矩阵.

(2) 由本题可以看出，二次型的标准形是不唯一的.

30 求二次曲面方程 $3x^2+5y^2+5z^2+4xy-4xz-10yz=1$ 的标准方程.

知识点睛 0605 二次型的标准形

解 设 $f(x,y,z)=3x^2+5y^2+5z^2+4xy-4xz-10yz$，则 $\boldsymbol{A}=\begin{pmatrix}3&2&-2\\2&5&-5\\-2&-5&5\end{pmatrix}$，由

$$|\lambda\boldsymbol{E}-\boldsymbol{A}|=\begin{vmatrix}\lambda-3&-2&2\\-2&\lambda-5&5\\2&5&\lambda-5\end{vmatrix}=\lambda(\lambda-2)(\lambda-11)=0,$$

得特征值为 2,11,0，原方程可化为 $2u^2+11v^2=1$.

31 已知二次型 $f=2x_1^2+3x_2^2+3x_3^2+2ax_2x_3\ (a>0)$ 通过正交变换化为标准形 $f=y_1^2+2y_2^2+5y_3^2$，求参数 a 及所用的正交变换矩阵. Ⓚ 1993 数学一，8 分

知识点睛 0606 用正交变换化二次型为标准形

31 题精解视频

解 原二次型的矩阵 $A=\begin{pmatrix}2&0&0\\0&3&a\\0&a&3\end{pmatrix}$ 和变换后的矩阵 $B=\begin{pmatrix}1&0&0\\0&2&0\\0&0&5\end{pmatrix}$ 相似，于是 $|A|=|B|=10$. 而 $|A|=2(9-a^2)$，即 $2(9-a^2)=10$，由 $a>0$，得 $a=2$. 易得 A 的特征值为 $\lambda_1=1,\lambda_2=2,\lambda_3=5$.

当 $\lambda_1=1$ 时，方程组 $(E-A)X=0$ 的系数矩阵可化为

$$E-A=\begin{pmatrix}-1&0&0\\0&-2&-2\\0&-2&-2\end{pmatrix}\to\begin{pmatrix}1&0&0\\0&1&1\\0&0&0\end{pmatrix},$$

得对应的特征向量为 $\xi_1=(0,1,-1)^{\mathrm{T}}$.

当 $\lambda_2=2$ 时，方程组 $(2E-A)X=0$ 的系数矩阵可化为

$$2E-A=\begin{pmatrix}0&0&0\\0&-1&-2\\0&-2&-1\end{pmatrix}\to\begin{pmatrix}0&1&0\\0&0&1\\0&0&0\end{pmatrix},$$

得对应的特征向量为 $\xi_2=(1,0,0)^{\mathrm{T}}$.

当 $\lambda_3=5$ 时，方程组 $(5E-A)X=0$ 的系数矩阵可化为

$$5E-A=\begin{pmatrix}3&0&0\\0&2&-2\\0&-2&2\end{pmatrix}\to\begin{pmatrix}1&0&0\\0&1&-1\\0&0&0\end{pmatrix},$$

得对应的特征向量为 $\xi_2=(0,1,1)^{\mathrm{T}}$.

由于实对称矩阵的不同特征值对应的特征向量是正交的，只需要将它们单位化，得

$$\eta_1=\frac{1}{\sqrt{2}}\begin{pmatrix}0\\1\\-1\end{pmatrix},\quad \eta_2=\begin{pmatrix}1\\0\\0\end{pmatrix},\quad \eta_3=\frac{1}{\sqrt{2}}\begin{pmatrix}0\\1\\1\end{pmatrix},$$

以 η_1,η_2,η_3 为列即可得到所求的正交变换矩阵

$$Q=(\eta_1,\eta_2,\eta_3)=\begin{pmatrix}0&1&0\\\frac{1}{\sqrt{2}}&0&\frac{1}{\sqrt{2}}\\-\frac{1}{\sqrt{2}}&0&\frac{1}{\sqrt{2}}\end{pmatrix}.$$

K 2020 数学一、数学三，11 分

32 设二次型 $f(x_1,x_2)=x_1^2-4x_1x_2+4x_2^2$ 经正交变换 $\begin{pmatrix}x_1\\x_2\end{pmatrix}=Q\begin{pmatrix}y_1\\y_2\end{pmatrix}$ 化为二次型 $g(y_1,y_2)=ay_1^2+4y_1y_2+by_2^2$，其中 $a\geqslant b$.

(1) 求 a,b 值；

(2) 求正交矩阵 Q.

知识点睛 0606 用正交变换化二次型为标准形

解 (1) 二次型 f 经正交变换 $x=Qy$ 化为二次型 g. 记二次型 f,g 的矩阵分别是 A 和 B. 即

$$A=\begin{pmatrix}1&-2\\-2&4\end{pmatrix},\quad B=\begin{pmatrix}a&2\\2&b\end{pmatrix}.$$

因 $A\sim B$,于是 $\sum_{i=1}^{2}a_{ii}=\sum_{i=1}^{2}b_{ii}$, $|A|=|B|$,即 $\begin{cases}a+b=5,\\ab=4.\end{cases}$ 又因 $a\geqslant b$,故 $a=4,b=1$.

(2) 对二次型 $f=x_1^2-4x_1x_2+4x_2^2$ 和 $g=4y_1^2+4y_1y_2+y_2^2$,只要令 $\begin{cases}x_1=y_2,\\x_2=-y_1,\end{cases}$ 即

$$\begin{pmatrix}x_1\\x_2\end{pmatrix}=\begin{pmatrix}0&1\\-1&0\end{pmatrix}\begin{pmatrix}y_1\\y_2\end{pmatrix},$$

则 $Q=\begin{pmatrix}0&1\\-1&0\end{pmatrix}$ 就是所求的正交矩阵.

【评注】如求出 A 的特征向量并单位化构造正交矩阵 $Q_1=\frac{1}{\sqrt5}\begin{pmatrix}1&2\\-2&1\end{pmatrix}$,经 $x=Q_1z$ 得 $x^TAx=5z_1^2$.

类似构造正交矩阵 Q_2 使 $y^TBy=5z_1^2$,即 $x=Q_1z,y=Q_2z$,有 $z=Q_2^{-1}y$,于是 $x=Q_1Q_2^{-1}y$,从而取 $Q=Q_1Q_2^{-1}$ 亦可.

33 已知二次型 $f(x_1,x_2,x_3)=(1-a)x_1^2+(1-a)x_2^2+2x_3^2+2(1+a)x_1x_2$ 的秩为2. 🄺 2005 数学一,9分

(1) 求 a 的值;

(2) 求正交变换 $x=Qy$,把 $f(x_1,x_2,x_3)$ 化成标准形;

(3) 求方程 $f(x_1,x_2,x_3)=0$ 的解.

知识点睛 0606 用正交变换化二次型为标准形

解 (1) 设 $f=x^TAx$,则二次型的矩阵为 $A=\begin{pmatrix}1-a&1+a&0\\1+a&1-a&0\\0&0&2\end{pmatrix}$,由二次型的秩为2可知 $1-a=1+a$,故 $a=0$.

(2) 由(1)知,$A=\begin{pmatrix}1&1&0\\1&1&0\\0&0&2\end{pmatrix}$.由

$$|\lambda E-A|=\begin{vmatrix}\lambda-1&-1&0\\-1&\lambda-1&0\\0&0&\lambda-2\end{vmatrix}=\lambda(\lambda-2)^2=0,$$

得特征值为 $\lambda_1=\lambda_2=2,\lambda_3=0$.

当 $\lambda_1=\lambda_2=2$ 时,由 $(2E-A)x=0$,得 $\begin{pmatrix}1&-1&0\\-1&1&0\\0&0&0\end{pmatrix}x=0$,得特征向量为 $\xi_1=(1,1,0)^T,\xi_2=(0,0,1)^T$.

当 $\lambda_3=0$ 时,由 $Ax=0$,得 $\begin{pmatrix}1&1&0\\1&1&0\\0&0&2\end{pmatrix}x=0$,得特征向量为 $\xi_3=(1,-1,0)^T$.

令 $Q=\begin{pmatrix} \frac{1}{\sqrt{2}} & 0 & \frac{1}{\sqrt{2}} \\ \frac{1}{\sqrt{2}} & 0 & -\frac{1}{\sqrt{2}} \\ 0 & 1 & 0 \end{pmatrix}$，则 Q 为正交矩阵，$f(x_1,x_2,x_3)$ 的标准形为 $f=2y_1^2+2y_2^2$.

(3) 由于 $f(x_1,x_2,x_3)=x_1^2+x_2^2+2x_3^2+2x_1x_2=(x_1+x_2)^2+2x_3^2=0$，所以

$$\begin{cases} x_1+x_2=0, \\ x_3=0, \end{cases}$$

其通解为 $x=k(1,-1,0)^{\mathrm{T}}$，其中 k 为任意常数.

K 2022 数学一，12 分

34 已知二次型 $f(x_1,x_2,x_3)=\sum\limits_{i=1}^{3}\sum\limits_{j=1}^{3}ijx_ix_j$.

(1) 写出 $f(x_1,x_2,x_3)$ 对应的矩阵；

(2) 求正交变换 $x=Qy$，将 $f(x_1,x_2,x_3)$ 化为标准形；

(3) 求 $f(x_1,x_2,x_3)=0$ 的解.

知识点睛 0606 用正交变换化二次型为标准形

解 (1) $f(x_1,x_2,x_3)=x_1^2+4x_2^2+9x_3^2+4x_1x_2+6x_1x_3+12x_2x_3=x^{\mathrm{T}}Ax$，$x=\begin{pmatrix} x_1 \\ x_2 \\ x_3 \end{pmatrix}$.

故 $f(x_1,x_2,x_3)$ 对应的矩阵 $A=\begin{pmatrix} 1 & 2 & 3 \\ 2 & 4 & 6 \\ 3 & 6 & 9 \end{pmatrix}$.

(2)
$$|\lambda E-A|=\begin{vmatrix} \lambda-1 & -2 & -3 \\ -2 & \lambda-4 & -6 \\ -3 & -6 & \lambda-9 \end{vmatrix}=\begin{vmatrix} \lambda-1 & -2 & -3 \\ -2\lambda & \lambda & 0 \\ -3 & -6 & \lambda-9 \end{vmatrix}$$
$$=\lambda\begin{vmatrix} \lambda-1 & -2 & -3 \\ -2 & 1 & 0 \\ -3 & -6 & \lambda-9 \end{vmatrix}=\lambda\begin{vmatrix} \lambda-5 & -2 & -3 \\ 0 & 1 & 0 \\ -15 & -6 & \lambda-9 \end{vmatrix}$$
$$=\lambda\begin{vmatrix} \lambda-5 & -3 \\ -15 & \lambda-9 \end{vmatrix}=\lambda^2(\lambda-14),$$

得 A 的特征值为 $\lambda_1=14$，$\lambda_2=\lambda_3=0$.

当 $\lambda_1=14$ 时，解 $(A-14E)x=\mathbf{0}$，由

$$14E-A=\begin{pmatrix} 13 & -2 & -3 \\ -2 & 10 & -6 \\ -3 & -6 & 5 \end{pmatrix}\to\begin{pmatrix} 1 & -5 & 3 \\ 0 & 3 & -2 \\ 0 & 0 & 0 \end{pmatrix}\to\begin{pmatrix} 1 & 0 & -\frac{1}{3} \\ 0 & 1 & -\frac{2}{3} \\ 0 & 0 & 0 \end{pmatrix},$$

得 $\lambda_1=14$ 对应的特征向量为 $\alpha_1=(1,2,3)^{\mathrm{T}}$.

当 $\lambda_2=\lambda_3=0$ 时，解 $Ax=\mathbf{0}$，$A=\begin{pmatrix} 1 & 2 & 3 \\ 2 & 4 & 6 \\ 3 & 6 & 9 \end{pmatrix}\to\begin{pmatrix} 1 & 2 & 3 \\ 0 & 0 & 0 \\ 0 & 0 & 0 \end{pmatrix}$，得 $\lambda_2=\lambda_3=0$ 对应的特

征向量为 $\boldsymbol{\alpha}_2=(-2,1,0)^{\mathrm{T}}$ 和 $\boldsymbol{\alpha}_3=(-3,0,1)^{\mathrm{T}}$.

由于实对称矩阵不同特征值对应的特征向量正交,故只需将 $\boldsymbol{\alpha}_2,\boldsymbol{\alpha}_3$ 正交化,得 $\boldsymbol{\xi}_2=(-2,1,0)^{\mathrm{T}},\boldsymbol{\xi}_3=(-3,-6,5)^{\mathrm{T}}$.将 $\boldsymbol{\alpha}_1,\boldsymbol{\xi}_2,\boldsymbol{\xi}_3$ 单位化,得

$$\boldsymbol{\gamma}_1=\frac{1}{\sqrt{14}}(1,2,3)^{\mathrm{T}},\quad \boldsymbol{\gamma}_2=\frac{1}{\sqrt{5}}(-2,1,0)^{\mathrm{T}},\quad \boldsymbol{\gamma}_3=\frac{1}{\sqrt{70}}(-3,-6,5)^{\mathrm{T}}.$$

令 $\boldsymbol{Q}=(\boldsymbol{\gamma}_1,\boldsymbol{\gamma}_2,\boldsymbol{\gamma}_3)$,经正交变换 $\boldsymbol{x}=\boldsymbol{Q}\boldsymbol{y}$,将 f 化为标准形 $14y_1^2$.

(3) $f(x_1,x_2,x_3)=g(y_1,y_2,y_3)=14y_1^2=0$,即 $y_1=0$.由 $\boldsymbol{x}=\boldsymbol{Q}\boldsymbol{y}$,可得

$$\boldsymbol{y}=\boldsymbol{Q}^{\mathrm{T}}\boldsymbol{x}=\begin{pmatrix}\frac{1}{\sqrt{14}} & \frac{2}{\sqrt{14}} & \frac{3}{\sqrt{14}}\\ -\frac{2}{\sqrt{5}} & \frac{1}{\sqrt{5}} & 0\\ -\frac{3}{\sqrt{70}} & -\frac{6}{\sqrt{70}} & \frac{5}{\sqrt{70}}\end{pmatrix}\begin{pmatrix}x_1\\x_2\\x_3\end{pmatrix},$$

$y_1=\dfrac{x_1+2x_2+3x_3}{\sqrt{14}}=0$ 的解为 $\boldsymbol{x}=k_1(-2,1,0)^{\mathrm{T}}+k_2(-3,0,1)^{\mathrm{T}}$,其中 k_1,k_2 为任意常数.

【评注】求 $f(x_1,x_2,\cdots,x_n)=0$ 的解时,应将二次型 $f(x_1,x_2,\cdots,x_n)$ 化为标准形.因此可结合前两小问,将正交变换的结果应用到此问.

35 已知二次型 $f(x_1,x_2,x_3)=4x_2^2-3x_3^2+4x_1x_2-4x_1x_3+8x_2x_3$. Ⓚ 1995 数学三,10 分

(1) 写出二次型 f 的矩阵表达式;

(2) 用正交变换把二次型 f 化为标准形,并写出相应的正交矩阵.

知识点睛 0606 用正交变换化二次型为标准形

解 (1) 二次型 f 的矩阵表达式为

$$f(x_1,x_2,x_3)=(x_1,x_2,x_3)\begin{pmatrix}0&2&-2\\2&4&4\\-2&4&-3\end{pmatrix}\begin{pmatrix}x_1\\x_2\\x_3\end{pmatrix}.$$

(2) 二次型 f 的矩阵 $\boldsymbol{A}$ 的特征多项式为

$$|\lambda\boldsymbol{E}-\boldsymbol{A}|=\begin{vmatrix}\lambda&-2&2\\-2&\lambda-4&-4\\2&-4&\lambda+3\end{vmatrix}=(\lambda-1)(\lambda-6)(\lambda+6),$$

知 $\boldsymbol{A}$ 的特征值 $\lambda_1=1,\lambda_2=6,\lambda_3=-6$.

对于特征值 $\lambda_1=1$,可得对应的特征向量 $\boldsymbol{\xi}_1=(-2,0,1)^{\mathrm{T}}$.

对于特征值 $\lambda_2=6$,可得对应的特征向量 $\boldsymbol{\xi}_2=(1,5,2)^{\mathrm{T}}$.

对于特征值 $\lambda_3=-6$,可得对应的特征向量 $\boldsymbol{\xi}_3=(1,-1,2)^{\mathrm{T}}$.

将 $\boldsymbol{\xi}_1,\boldsymbol{\xi}_2,\boldsymbol{\xi}_3$ 单位化,得

$$\boldsymbol{\eta}_1=\left(-\frac{2}{\sqrt{5}},0,\frac{1}{\sqrt{5}}\right)^{\mathrm{T}},\quad \boldsymbol{\eta}_2=\left(\frac{1}{\sqrt{30}},\frac{5}{\sqrt{30}},\frac{2}{\sqrt{30}}\right)^{\mathrm{T}},\quad \boldsymbol{\eta}_3=\left(\frac{1}{\sqrt{6}},-\frac{1}{\sqrt{6}},\frac{2}{\sqrt{6}}\right)^{\mathrm{T}}.$$

取

$$Q=\begin{pmatrix}-\frac{2}{\sqrt{5}} & \frac{1}{\sqrt{30}} & \frac{1}{\sqrt{6}}\\ 0 & \frac{5}{\sqrt{30}} & -\frac{1}{\sqrt{6}}\\ \frac{1}{\sqrt{5}} & \frac{2}{\sqrt{30}} & \frac{2}{\sqrt{6}}\end{pmatrix},$$

则 Q 是正交矩阵.于是,二次型 f 可通过正交变换

$$\begin{pmatrix}x_1\\x_2\\x_3\end{pmatrix}=Q\begin{pmatrix}y_1\\y_2\\y_3\end{pmatrix}$$

化为标准形 $f=y_1^2+6y_2^2-6y_3^2$.

K 2022 数学二、数学三,12 分

36 题精解视频

36 已知二次型 $f(x_1,x_2,x_3)=3x_1^2+4x_2^2+3x_3^2+2x_1x_3$.

(1) 求正交变换 $x=Qy$,将 $f(x_1,x_2,x_3)$ 化为标准形;

(2) 证明:$\min\limits_{x\neq 0}\dfrac{f(x_1,x_2,x_3)}{x^{\mathrm{T}}x}=2$.

知识点睛 0606 用正交变换化二次型为标准形

解 (1) $f=x^{\mathrm{T}}Ax$,$x=(x_1,x_2,x_3)^{\mathrm{T}}$,$A=\begin{pmatrix}3&0&1\\0&4&0\\1&0&3\end{pmatrix}$,

$$|\lambda E-A|=\begin{vmatrix}\lambda-3 & 0 & -1\\ 0 & \lambda-4 & 0\\ -1 & 0 & \lambda-3\end{vmatrix}=(\lambda-2)(\lambda-4)^2=0,$$

得 A 的特征值为 $\lambda_1=2$, $\lambda_2=\lambda_3=4$.

当 $\lambda_1=2$ 时,解 $(2E-A)x=\mathbf{0}$.由 $2E-A=\begin{pmatrix}-1&0&-1\\0&-2&0\\-1&0&-1\end{pmatrix}\rightarrow\begin{pmatrix}1&0&1\\0&1&0\\0&0&0\end{pmatrix}$,得 $\lambda_1=2$ 对应的特征向量为 $\alpha_1=(1,0,-1)^{\mathrm{T}}$.

当 $\lambda_2=\lambda_3=4$ 时,解 $(4E-A)x=\mathbf{0}$.由 $4E-A=\begin{pmatrix}1&0&-1\\0&0&0\\-1&0&1\end{pmatrix}\rightarrow\begin{pmatrix}1&0&-1\\0&0&0\\0&0&0\end{pmatrix}$,得 $\lambda_2=\lambda_3=4$ 对应的特征向量 $\alpha_2=(1,0,1)^{\mathrm{T}}$ 和 $\alpha_3=(0,1,0)^{\mathrm{T}}$.

$\alpha_1,\alpha_2,\alpha_3$ 已互相正交,故只需将其单位化,得

$$\beta_1=\frac{1}{\sqrt{2}}(1,0,-1)^{\mathrm{T}},\quad \beta_2=\frac{1}{\sqrt{2}}(1,0,1)^{\mathrm{T}},\quad \beta_3=(0,1,0)^{\mathrm{T}}.$$

令 $Q=(\beta_1,\beta_2,\beta_3)=\begin{pmatrix}\frac{1}{\sqrt{2}}&\frac{1}{\sqrt{2}}&0\\0&0&1\\-\frac{1}{\sqrt{2}}&\frac{1}{\sqrt{2}}&0\end{pmatrix}$,令 $x=Qy$,则 f 的标准形为 $f=2y_1^2+4y_2^2+4y_3^2$.

(2) 当 $\boldsymbol{x}\neq\boldsymbol{0}$ 时,有 $\boldsymbol{y}=\boldsymbol{Q}^{\mathrm{T}}\boldsymbol{x}\neq\boldsymbol{0}$,由(1)得

$$f(x_1,x_2,x_3)\xlongequal{\boldsymbol{x}=\boldsymbol{Q}\boldsymbol{y}}g(y_1,y_2,y_3)=2y_1^2+4y_2^2+4y_3^2,$$

$$\frac{f(x_1,x_2,x_3)}{\boldsymbol{x}^{\mathrm{T}}\boldsymbol{x}}=\frac{g(y_1,y_2,y_3)}{\boldsymbol{y}^{\mathrm{T}}\boldsymbol{y}}=\frac{2y_1^2+4y_2^2+4y_3^2}{y_1^2+y_2^2+y_3^2}\geqslant 2,$$

取 $y_1=1,y_2=0,y_3=0$,可得 $\dfrac{g(y_1,y_2,y_3)}{\boldsymbol{y}^{\mathrm{T}}\boldsymbol{y}}=2$.所以,$\min\limits_{x\neq 0}\dfrac{f(x_1,x_2,x_3)}{\boldsymbol{x}^{\mathrm{T}}\boldsymbol{x}}=2$.

【评注】应当注意到在正交变换 $\boldsymbol{x}=\boldsymbol{Q}\boldsymbol{y}$ 的作用下,$\boldsymbol{x}^{\mathrm{T}}\boldsymbol{x}=\boldsymbol{y}^{\mathrm{T}}\boldsymbol{y}$.故可利用正交变换将最后一问转移到对标准形的讨论上去.

37 设二次型 $f(x_1,x_2,x_3)=x_1^2+x_2^2+x_3^2+2ax_1x_2+2ax_1x_3+2ax_2x_3$ 经可逆线性变换 $\begin{pmatrix}x_1\\x_2\\x_3\end{pmatrix}=\boldsymbol{P}\begin{pmatrix}y_1\\y_2\\y_3\end{pmatrix}$ 得 $g(y_1,y_2,y_3)=y_1^2+y_2^2+4y_3^2+2y_1y_2$.

Ⓚ 2020 数学二,11 分

(Ⅰ) 求 a 的值;

(Ⅱ) 求可逆矩阵 $\boldsymbol{P}$.

知识点睛 0607 用配方法化二次型为标准形

解 (Ⅰ) 二次型 f 经坐标变换 $\boldsymbol{x}=\boldsymbol{P}\boldsymbol{y}$ 成二次型 g,故 f 和 g 有相同的正、负惯性指数.因 $g=(y_1+y_2)^2+4y_3^2$ 知 $p=2,q=0$.

于是二次型 f 的正惯性指数 $p=2$,负惯性指数为 0.

因二次型 f 的矩阵

$$\boldsymbol{A}=\begin{pmatrix}1&a&a\\a&1&a\\a&a&1\end{pmatrix},$$

由 $|\lambda\boldsymbol{E}-\boldsymbol{A}|=(\lambda-1-2a)(\lambda-1+a)^2$,得矩阵 $\boldsymbol{A}$ 的特征值为 $1-a,1-a,1+2a$.从而 $\begin{cases}1-a>0,\\1+2a=0,\end{cases}$ 故 $a=-\dfrac{1}{2}$.

(Ⅱ) 用配方法

$$\begin{aligned}f&=x_1^2+x_2^2+x_3^2-x_1x_2-x_1x_3-x_2x_3\\&=\left[x_1^2-2x_1\left(\frac{1}{2}x_2+\frac{1}{2}x_3\right)+\frac{1}{4}(x_2+x_3)^2\right]+x_2^2+x_3^2-x_2x_3-\frac{1}{4}(x_2+x_3)^2\\&=\left(x_1-\frac{1}{2}x_2-\frac{1}{2}x_3\right)^2+\frac{3}{4}(x_2-x_3)^2.\end{aligned}$$

令 $\begin{cases}z_1=x_1-\dfrac{1}{2}x_2-\dfrac{1}{2}x_3,\\z_2=\dfrac{\sqrt{3}}{2}x_2-\dfrac{\sqrt{3}}{2}x_3,\\z_3=x_3,\end{cases}$ 即 $\begin{pmatrix}x_1\\x_2\\x_3\end{pmatrix}=\begin{pmatrix}1&\frac{1}{\sqrt{3}}&1\\0&\frac{2}{\sqrt{3}}&1\\0&0&1\end{pmatrix}\begin{pmatrix}z_1\\z_2\\z_3\end{pmatrix}$,有 $f=z_1^2+z_2^2$.

再令$\begin{cases}z_1=y_1+y_2,\\ z_2=\qquad\quad 2y_3,\\ z_3=y_1,\end{cases}$即$\begin{pmatrix}z_1\\z_2\\z_3\end{pmatrix}=\begin{pmatrix}1&1&0\\0&0&2\\1&0&0\end{pmatrix}\begin{pmatrix}y_1\\y_2\\y_3\end{pmatrix}$，则有$f$经坐标变换$\boldsymbol{x}=\boldsymbol{P}\boldsymbol{y}$，

$$\boldsymbol{P}=\begin{pmatrix}1&\frac{1}{\sqrt{3}}&1\\0&\frac{2}{\sqrt{3}}&1\\0&0&1\end{pmatrix}\begin{pmatrix}1&1&0\\0&0&2\\1&0&0\end{pmatrix}=\begin{pmatrix}2&1&\frac{2}{\sqrt{3}}\\1&0&\frac{4}{\sqrt{3}}\\1&0&0\end{pmatrix},$$

得$g=y_1^2+y_2^2+4y_3^2+2y_1y_2$.

【评注】坐标变换$\boldsymbol{x}=\boldsymbol{P}\boldsymbol{y}$是不唯一的.

38 求可逆矩阵$\boldsymbol{C}$，使$\boldsymbol{C}^{\mathrm{T}}\boldsymbol{A}\boldsymbol{C}$为对角矩阵，其中$\boldsymbol{A}=\begin{pmatrix}1&1&1\\1&2&2\\1&2&1\end{pmatrix}$.

知识点睛 0602 合同变换

解

$$\begin{pmatrix}\boldsymbol{A}\\ \hdashline \boldsymbol{E}\end{pmatrix}=\begin{pmatrix}1&1&1\\1&2&2\\1&2&1\\ \hdashline 1&0&0\\0&1&0\\0&0&1\end{pmatrix}\xrightarrow[c_3+(-1)c_1]{c_2+(-1)c_1}\begin{pmatrix}1&0&0\\1&1&1\\1&1&0\\ \hdashline 1&-1&-1\\0&1&0\\0&0&1\end{pmatrix}\xrightarrow[r_3+(-1)r_1]{r_2+(-1)r_1}\begin{pmatrix}1&0&0\\0&1&1\\0&1&0\\ \hdashline 1&-1&-1\\0&1&0\\0&0&1\end{pmatrix}$$

$$\xrightarrow{c_3+(-1)c_2}\begin{pmatrix}1&0&0\\0&1&0\\0&1&-1\\ \hdashline 1&-1&0\\0&1&-1\\0&0&1\end{pmatrix}\xrightarrow{r_3+(-1)r_2}\begin{pmatrix}1&0&0\\0&1&0\\0&0&-1\\ \hdashline 1&-1&0\\0&1&-1\\0&0&1\end{pmatrix},$$

因此

$$\boldsymbol{C}=\begin{pmatrix}1&-1&0\\0&1&-1\\0&0&1\end{pmatrix},\quad \boldsymbol{C}^{\mathrm{T}}\boldsymbol{A}\boldsymbol{C}=\begin{pmatrix}1&0&0\\0&1&0\\0&0&-1\end{pmatrix}.$$

Ⓚ 2021 数学一，12分

39 已知$\boldsymbol{A}=\begin{pmatrix}a&1&-1\\1&a&-1\\-1&-1&a\end{pmatrix}$.

(1) 求正交矩阵$\boldsymbol{P}$，使得$\boldsymbol{P}^{\mathrm{T}}\boldsymbol{A}\boldsymbol{P}$为对角矩阵；

(2) 求正定矩阵$\boldsymbol{C}$，使得$\boldsymbol{C}^2=(a+3)\boldsymbol{E}-\boldsymbol{A}$.

知识点睛 0606 用正交变换化二次型为标准形，0608 正定矩阵

解 （1）$\boldsymbol{A}=\begin{pmatrix}a&1&-1\\1&a&-1\\-1&-1&a\end{pmatrix}$，有

$$|\lambda\boldsymbol{E}-\boldsymbol{A}|=\begin{vmatrix}\lambda-a&-1&1\\-1&\lambda-a&1\\1&1&\lambda-a\end{vmatrix}=\begin{vmatrix}\lambda-a+1&0&\lambda-a+1\\-1&\lambda-a&1\\1&1&\lambda-a\end{vmatrix}$$
$$=\begin{vmatrix}\lambda-a+1&0&0\\-1&\lambda-a&2\\1&1&\lambda-a-1\end{vmatrix}$$
$$=(\lambda-a+1)^2(\lambda-a-2),$$

$\boldsymbol{A}$ 的特征值为：$a-1,a-1,a+2$.

当 $\lambda=a-1$ 时，由

$$(a-1)\boldsymbol{E}-\boldsymbol{A}=\begin{pmatrix}-1&-1&1\\-1&-1&1\\1&1&-1\end{pmatrix}\to\begin{pmatrix}1&1&-1\\0&0&0\\0&0&0\end{pmatrix},$$

得特征向量 $\boldsymbol{\alpha}_1=(-1,1,0)^{\mathrm{T}},\boldsymbol{\alpha}_2=(1,1,2)^{\mathrm{T}}$.

当 $\lambda=a+2$ 时，由

$$(a+2)\boldsymbol{E}-\boldsymbol{A}=\begin{pmatrix}2&-1&1\\-1&2&1\\1&1&2\end{pmatrix}\to\begin{pmatrix}1&0&1\\0&1&1\\0&0&0\end{pmatrix},$$

得特征向量 $\boldsymbol{\alpha}_3=(-1,-1,1)^{\mathrm{T}}$.

单位化，得 $\boldsymbol{\gamma}_1=\dfrac{1}{\sqrt{2}}\begin{pmatrix}-1\\1\\0\end{pmatrix},\boldsymbol{\gamma}_2=\dfrac{1}{\sqrt{6}}\begin{pmatrix}1\\1\\2\end{pmatrix},\boldsymbol{\gamma}_3=\dfrac{1}{\sqrt{3}}\begin{pmatrix}-1\\-1\\1\end{pmatrix}$.

令 $\boldsymbol{P}=(\boldsymbol{\gamma}_1,\boldsymbol{\gamma}_2,\boldsymbol{\gamma}_3)=\begin{pmatrix}-\dfrac{1}{\sqrt{2}}&\dfrac{1}{\sqrt{6}}&-\dfrac{1}{\sqrt{3}}\\\dfrac{1}{\sqrt{2}}&\dfrac{1}{\sqrt{6}}&-\dfrac{1}{\sqrt{3}}\\0&\dfrac{2}{\sqrt{6}}&\dfrac{1}{\sqrt{3}}\end{pmatrix}$，则

$$\boldsymbol{P}^{\mathrm{T}}\boldsymbol{A}\boldsymbol{P}=\boldsymbol{P}^{-1}\boldsymbol{A}\boldsymbol{P}=\boldsymbol{\Lambda}=\begin{pmatrix}a-1&&\\&a-1&\\&&a+2\end{pmatrix}.$$

（2）记 $\boldsymbol{B}=(a+3)\boldsymbol{E}-\boldsymbol{A}$，$\boldsymbol{B}$ 是对称矩阵. 因 $\boldsymbol{A}$ 的特征值是 $a-1,a-1,a+2$，知 $\boldsymbol{B}$ 的特征值 4,4,1，从而 $\boldsymbol{B}$ 正定.

$$\boldsymbol{P}^{\mathrm{T}}\boldsymbol{B}\boldsymbol{P}=\boldsymbol{P}^{\mathrm{T}}(a+3)\boldsymbol{E}\boldsymbol{P}-\boldsymbol{P}^{\mathrm{T}}\boldsymbol{A}\boldsymbol{P}$$
$$=\begin{pmatrix}a+3&&\\&a+3&\\&&a+3\end{pmatrix}-\begin{pmatrix}a-1&&\\&a-1&\\&&a+2\end{pmatrix}=\begin{pmatrix}4&&\\&4&\\&&1\end{pmatrix},$$

即 $P^{\mathrm{T}}BP=\begin{pmatrix}2&&\\&2&\\&&1\end{pmatrix}\begin{pmatrix}2&&\\&2&\\&&1\end{pmatrix}$.从而

$$B=P\begin{pmatrix}2&&\\&2&\\&&1\end{pmatrix}P^{\mathrm{T}}P\begin{pmatrix}2&&\\&2&\\&&1\end{pmatrix}P^{\mathrm{T}},$$

$$C=P\begin{pmatrix}2&&\\&2&\\&&1\end{pmatrix}P^{\mathrm{T}}$$

$$=\begin{pmatrix}-\frac{1}{\sqrt{2}}&\frac{1}{\sqrt{6}}&-\frac{1}{\sqrt{3}}\\\frac{1}{\sqrt{2}}&\frac{1}{\sqrt{6}}&-\frac{1}{\sqrt{3}}\\0&\frac{2}{\sqrt{6}}&\frac{1}{\sqrt{3}}\end{pmatrix}\begin{pmatrix}2&&\\&2&\\&&1\end{pmatrix}\begin{pmatrix}-\frac{1}{\sqrt{2}}&\frac{1}{\sqrt{2}}&0\\\frac{1}{\sqrt{6}}&\frac{1}{\sqrt{6}}&\frac{2}{\sqrt{6}}\\-\frac{1}{\sqrt{3}}&-\frac{1}{\sqrt{3}}&\frac{1}{\sqrt{3}}\end{pmatrix}$$

$$=\frac{1}{3}\begin{pmatrix}5&-1&1\\-1&5&1\\1&1&5\end{pmatrix}.$$

【评注】当 $\lambda=a-1$,求特征向量时,可用常规的(1,0)(0,1)来赋值,则 $\boldsymbol{\alpha}_1=(-1,1,0)^{\mathrm{T}},\boldsymbol{\alpha}_2=(1,0,1)^{\mathrm{T}}$.此时 $\boldsymbol{\alpha}_1,\boldsymbol{\alpha}_2$ 不正交,需进一步用正交化来处理.

40 求一非退化线性替换化二次型 $2x_1x_2+2x_1x_3-4x_2x_3$ 为标准形.

知识点睛 0602 合同变换

解 此二次型对应的矩阵为

$$A=\begin{pmatrix}0&1&1\\1&0&-2\\1&-2&0\end{pmatrix}.$$

有

$$\begin{pmatrix}A\\\hdashline E\end{pmatrix}=\begin{pmatrix}0&1&1\\1&0&-2\\1&-2&0\\\hdashline 1&0&0\\0&1&0\\0&0&1\end{pmatrix}\xrightarrow{c_1+c_2}\begin{pmatrix}1&1&1\\1&0&-2\\-1&-2&0\\\hdashline 1&0&0\\1&1&0\\0&0&1\end{pmatrix}\xrightarrow{r_1+r_2}\begin{pmatrix}2&1&-1\\1&0&-2\\-1&-2&0\\\hdashline 1&0&0\\1&1&0\\0&0&1\end{pmatrix}$$

$$\xrightarrow[c_3+\frac{1}{2}c_1]{c_2+\left(-\frac{1}{2}\right)c_1}\begin{pmatrix}2&0&0\\1&-\frac{1}{2}&-\frac{3}{2}\\-1&-\frac{3}{2}&-\frac{1}{2}\\\hdashline 1&-\frac{1}{2}&\frac{1}{2}\\1&\frac{1}{2}&\frac{1}{2}\\0&0&1\end{pmatrix}\xrightarrow[r_3+\frac{1}{2}r_1]{r_2+\left(-\frac{1}{2}\right)r_1}\begin{pmatrix}2&0&0\\0&-\frac{1}{2}&-\frac{3}{2}\\0&-\frac{3}{2}&-\frac{1}{2}\\\hdashline 1&-\frac{1}{2}&\frac{1}{2}\\1&\frac{1}{2}&\frac{1}{2}\\0&0&1\end{pmatrix}$$

$$\xrightarrow{c_3+(-3)c_2}\begin{pmatrix}2&0&0\\0&-\frac{1}{2}&0\\0&-\frac{3}{2}&4\\\hdashline 1&-\frac{1}{2}&2\\1&\frac{1}{2}&-1\\0&0&1\end{pmatrix}\xrightarrow{r_3+(-3)r_2}\begin{pmatrix}2&0&0\\0&-\frac{1}{2}&0\\0&0&4\\\hdashline 1&-\frac{1}{2}&2\\1&\frac{1}{2}&-1\\0&0&1\end{pmatrix},$$

所以 $\boldsymbol{C}=\begin{pmatrix}1&-\frac{1}{2}&2\\1&\frac{1}{2}&-1\\0&0&1\end{pmatrix}$ 为可逆矩阵. 令 $\begin{cases}x_1=z_1-\frac{1}{2}z_2+2z_3,\\x_2=z_1+\frac{1}{2}z_2-z_3,\\x_3=z_3,\end{cases}$ 则二次型的标准形为

$$2z_1^2-\frac{1}{2}z_2^2+4z_3^2.$$

§6.2 二次型的正定性

41 若 $\boldsymbol{A},\boldsymbol{B}$ 都是 n 阶正定矩阵, 则 $\boldsymbol{A}+\boldsymbol{B}$ 也是正定矩阵.

知识点睛 0608 正定矩阵的判别

证 由于 $\boldsymbol{A},\boldsymbol{B}$ 都是正定矩阵, 故 $\boldsymbol{A},\boldsymbol{B}$ 均为实对称矩阵, 从而 $\boldsymbol{A}+\boldsymbol{B}$ 为实对称矩阵. 而且

$$f=\boldsymbol{x}^{\mathrm{T}}\boldsymbol{A}\boldsymbol{x},g=\boldsymbol{x}^{\mathrm{T}}\boldsymbol{B}\boldsymbol{x}$$

均为正定二次型. 于是, 对不全为零实数 $x_1,x_2,\cdots,x_n$ 有

$$\boldsymbol{x}^{\mathrm{T}}\boldsymbol{A}\boldsymbol{x}>0,\quad \boldsymbol{x}^{\mathrm{T}}\boldsymbol{B}\boldsymbol{x}>0,$$

故

$$h=\boldsymbol{x}^{\mathrm{T}}(\boldsymbol{A}+\boldsymbol{B})\boldsymbol{x}=\boldsymbol{x}^{\mathrm{T}}\boldsymbol{A}\boldsymbol{x}+\boldsymbol{x}^{\mathrm{T}}\boldsymbol{B}\boldsymbol{x}>0,$$

即二次型 $h=\boldsymbol{x}^{\mathrm{T}}(\boldsymbol{A}+\boldsymbol{B})\boldsymbol{x}$ 为正定的,故 $\boldsymbol{A}+\boldsymbol{B}$ 为正定矩阵.

42 设 $\boldsymbol{A}$ 为 n 阶正定矩阵,$\boldsymbol{B}$ 为 $n\times m$ 实矩阵.证明:如果 $r(\boldsymbol{B})=m$,则 m 阶实矩阵 $\boldsymbol{B}^{\mathrm{T}}\boldsymbol{A}\boldsymbol{B}$ 必为正定的.

知识点睛 0608 正定矩阵的判别

证 首先,由于 $\boldsymbol{A}$ 是正定的,因此 $\boldsymbol{B}^{\mathrm{T}}\boldsymbol{A}\boldsymbol{B}$ 是 m 阶实对称矩阵.

因 $r(\boldsymbol{B})=m$,所以齐次线性方程组 $\boldsymbol{B}\boldsymbol{x}=\boldsymbol{0}$ 只有零解,即任意非零列向量 $\boldsymbol{x}$,$\boldsymbol{B}\boldsymbol{x}\neq\boldsymbol{0}$.但由于 $\boldsymbol{A}$ 是正定的,故 $(\boldsymbol{B}\boldsymbol{x})^{\mathrm{T}}\boldsymbol{A}(\boldsymbol{B}\boldsymbol{x})>0$,即 $\boldsymbol{x}^{\mathrm{T}}(\boldsymbol{B}^{\mathrm{T}}\boldsymbol{A}\boldsymbol{B})\boldsymbol{x}>0$.

因此,$\boldsymbol{B}^{\mathrm{T}}\boldsymbol{A}\boldsymbol{B}$ 是正定矩阵.

43 设

$$\boldsymbol{A}=\begin{pmatrix}1&1&1&\cdots&1\\x_1&x_2&x_3&\cdots&x_s\\x_1^2&x_2^2&x_3^2&\cdots&x_s^2\\\vdots&\vdots&\vdots&&\vdots\\x_1^{n-1}&x_2^{n-1}&x_3^{n-1}&\cdots&x_s^{n-1}\end{pmatrix},i\neq j\text{ 时},x_i\neq x_j,$$

讨论矩阵 $\boldsymbol{A}^{\mathrm{T}}\boldsymbol{A}$ 的正定性.

知识点睛 0608 正定矩阵的判别

解 $(\boldsymbol{A}^{\mathrm{T}}\boldsymbol{A})^{\mathrm{T}}=\boldsymbol{A}^{\mathrm{T}}\boldsymbol{A}$,故 $\boldsymbol{A}^{\mathrm{T}}\boldsymbol{A}$ 是对称矩阵.

当 $s=n$ 时,$\boldsymbol{A}$ 是方阵,其行列式是范德蒙德行列式,$|\boldsymbol{A}|\neq0$,故 $\boldsymbol{A}$ 是可逆矩阵,由正定矩阵的充要条件知 $\boldsymbol{A}^{\mathrm{T}}\boldsymbol{A}$ 是正定矩阵.

当 $s>n$ 时,$\boldsymbol{A}$ 的 s 个 n 维列向量线性相关,存在非零的 $\boldsymbol{x}=(x_1,x_2,\cdots,x_n)^{\mathrm{T}}$,使得 $\boldsymbol{A}\boldsymbol{x}=\boldsymbol{0}$.故存在 $\boldsymbol{x}\neq\boldsymbol{0}$,有 $\boldsymbol{x}^{\mathrm{T}}\boldsymbol{A}^{\mathrm{T}}\boldsymbol{A}\boldsymbol{x}=\boldsymbol{0}$,$\boldsymbol{A}^{\mathrm{T}}\boldsymbol{A}$ 不是正定矩阵.

当 $s<n$ 时,$\boldsymbol{A}$ 的 s 个 n 维列向量线性无关($s=n$ 时,线性无关,减少向量个数 $s<n$ 时,仍线性无关),对任意的 $\boldsymbol{x}=(x_1,x_2,\cdots,x_n)^{\mathrm{T}}\neq\boldsymbol{0}$,有 $\boldsymbol{A}\boldsymbol{x}\neq\boldsymbol{0}$,从而有 $(\boldsymbol{A}\boldsymbol{x})^{\mathrm{T}}\boldsymbol{A}\boldsymbol{x}=\boldsymbol{x}^{\mathrm{T}}\boldsymbol{A}^{\mathrm{T}}\boldsymbol{A}\boldsymbol{x}>0$,故 $\boldsymbol{A}^{\mathrm{T}}\boldsymbol{A}$ 是正定矩阵.

【评注】正定矩阵首先是对称矩阵,对称性的验证是容易忽略的步骤,要注意.

44 已知 $\boldsymbol{A}$ 与 $\boldsymbol{A}-\boldsymbol{E}$ 均是 n 阶正定矩阵,证明:$\boldsymbol{E}-\boldsymbol{A}^{-1}$ 是正定矩阵.

知识点睛 0608 正定矩阵的判别

证 由于

$$(\boldsymbol{E}-\boldsymbol{A}^{-1})^{\mathrm{T}}=\boldsymbol{E}^{\mathrm{T}}-(\boldsymbol{A}^{-1})^{\mathrm{T}}=\boldsymbol{E}-(\boldsymbol{A}^{\mathrm{T}})^{-1}=\boldsymbol{E}-\boldsymbol{A}^{-1},$$

故 $\boldsymbol{E}-\boldsymbol{A}^{-1}$ 是对称矩阵.

设 λ 是矩阵 $\boldsymbol{A}$ 的特征值,那么 $\boldsymbol{A}-\boldsymbol{E}$ 的特征值是 $\lambda-1$,$\boldsymbol{E}-\boldsymbol{A}^{-1}$ 的特征值是 $1-\dfrac{1}{\lambda}$.

由 $\boldsymbol{A}$,$\boldsymbol{A}-\boldsymbol{E}$ 正定,知 $\lambda>0$,$\lambda-1>0$.故 $\boldsymbol{E}-\boldsymbol{A}^{-1}$ 的特征值 $\dfrac{\lambda-1}{\lambda}>0$.所以矩阵 $\boldsymbol{E}-\boldsymbol{A}^{-1}$ 正定.

45 n 阶实对称矩阵 $\boldsymbol{A}$ 为正定矩阵的充要条件是( ).

(A) 所有 k 阶子式为正($k=1,2,\cdots,n$) (B) $\boldsymbol{A}$ 的所有特征值非负

(C) $\boldsymbol{A}^{-1}$ 为正定矩阵 (D) $r(\boldsymbol{A})=n$

知识点睛 0608 正定矩阵的判别

解 (A)是充分但非必要条件,(B)、(D)是必要但非充分,只有(C)为正确选项.

事实上,设 $\boldsymbol{A}$ 的特征值为 $\lambda_1,\lambda_2,\cdots,\lambda_n$,则 $\boldsymbol{A}^{-1}$ 的特征值为$\frac{1}{\lambda_1},\frac{1}{\lambda_2},\cdots,\frac{1}{\lambda_n}$,因为 $\boldsymbol{A}^{-1}$ 正定,$\frac{1}{\lambda_i}>0$,从而 $\lambda_i>0(i=1,2,\cdots,n)$,即 $\boldsymbol{A}$ 是正定矩阵.

故应选(C).

46 n 阶实对称矩阵 $\boldsymbol{A}$ 为正定矩阵的充要条件是( ).

(A) $r(\boldsymbol{A})=n$ (B) $\boldsymbol{A}$ 的所有特征值非负

(C) $\boldsymbol{A}^*$ 为正定的 (D) $\boldsymbol{A}$ 的主对角线上元素都大于零

知识点睛 0608 正定矩阵的判别

解 对于选项(C),设 $\boldsymbol{A}$ 是正定的,则其特征值 $\lambda_i>0(i=1,2,\cdots,n)$,$\boldsymbol{A}^*$ 的特征值为$\frac{|\boldsymbol{A}|}{\lambda_i}>0(i=1,2,\cdots,n)$,即 $\boldsymbol{A}^*$ 是正定的,反之亦成立.

选项(B)显然不成立.

对于选项(A),(D)举反例,例 $\boldsymbol{A}=\begin{pmatrix}1&5\\5&2\end{pmatrix}$,$r(\boldsymbol{A})=2$,但 $\boldsymbol{A}$ 不是正定的;$a_{11}>0,a_{22}>0$,得不出 $\boldsymbol{A}$ 正定,即选项(A),(D)不成立.

故应选(C).

47 设矩阵 $\boldsymbol{A}=\begin{pmatrix}1&0&1\\0&2&0\\1&0&1\end{pmatrix}$,矩阵 $\boldsymbol{B}=(k\boldsymbol{E}+\boldsymbol{A})^2$,其中 k 为实数,求对角矩阵 $\boldsymbol{\Lambda}$,使 $\boldsymbol{B}$ 与 $\boldsymbol{\Lambda}$ 相似,并求 k 为何值时、$\boldsymbol{B}$ 为正定矩阵.

47 题精解视频

知识点睛 0608 正定矩阵的判别

解 因为 $\boldsymbol{A}$ 是对称矩阵.所以

$$\boldsymbol{B}^{\mathrm{T}}=[(k\boldsymbol{E}+\boldsymbol{A})^2]^{\mathrm{T}}=[(k\boldsymbol{E}+\boldsymbol{A})^{\mathrm{T}}]^2=(k\boldsymbol{E}+\boldsymbol{A}^{\mathrm{T}})^2=(k\boldsymbol{E}+\boldsymbol{A})^2=\boldsymbol{B}.$$

由

$$|\lambda\boldsymbol{E}-\boldsymbol{A}|=\begin{vmatrix}\lambda-1&0&-1\\0&\lambda-2&0\\-1&0&\lambda-1\end{vmatrix}=\lambda(\lambda-2)^2,$$

得 $\boldsymbol{A}$ 的特征值为 2,2,0.从而 $\boldsymbol{B}$ 的特征值为$(k+2)^2,(k+2)^2,k^2$.

令 $\boldsymbol{\Lambda}=\begin{pmatrix}(k+2)^2&&\\&(k+2)^2&\\&&k^2\end{pmatrix}$,则 $\boldsymbol{B}$ 与 $\boldsymbol{\Lambda}$ 相似.当 $k\neq-2$ 且 $k\neq0$ 时,$\boldsymbol{B}$ 的全部特征值均为正数,这时 $\boldsymbol{B}$ 为正定矩阵.

【评注】利用特征值判定正定性,要熟练掌握并灵活运用特征值的相关性质和结论.

48 证明:若 $\boldsymbol{A}=(a_{ij})$ 是 n 阶正定矩阵,则 $a_{ii}>0(1\leqslant i\leqslant n)$.

知识点睛 0608 正定矩阵的概念

证 由$\boldsymbol{A}$正定，存在可逆矩阵$\boldsymbol{P}$，使$\boldsymbol{A}=\boldsymbol{P}^{\mathrm{T}}\boldsymbol{P}$.

令$\boldsymbol{P}=(b_{ij})$，则

$$a_{ii}=b_{i1}^2+b_{i2}^2+\cdots+b_{in}^2,$$

又$\boldsymbol{P}$可逆，故$b_{i1},b_{i2},\cdots,b_{in}$不全为零，所以$a_{ii}>0(1\leqslant i\leqslant n)$.

49 设$\boldsymbol{A}$为正定矩阵.证明：对任意整数m，$\boldsymbol{A}^m$都是正定矩阵.

知识点睛 0608 正定矩阵的判别

证 因$\boldsymbol{A}$正定，故$\boldsymbol{A}$对称，从而$(\boldsymbol{A}^m)^{\mathrm{T}}=(\boldsymbol{A}^{\mathrm{T}})^m=\boldsymbol{A}^m$，$\boldsymbol{A}^m$也对称.

当$m=0$时，$\boldsymbol{A}^m=\boldsymbol{E}$当然是正定矩阵.

当$m<0$时，由于$m=-|m|$，而$\boldsymbol{A}^m=(\boldsymbol{A}^{-1})^{|m|}$且可以证明正定矩阵$\boldsymbol{A}$的逆矩阵$\boldsymbol{A}^{-1}$是正定的，故下面只需假定$m$为正整数即可.

当m为偶数时，由于$\boldsymbol{A}^{\mathrm{T}}=\boldsymbol{A}$且

$$\boldsymbol{A}^m=(\boldsymbol{A}^{\frac{m}{2}})^{\mathrm{T}}\boldsymbol{A}^{\frac{m}{2}},$$

故$\boldsymbol{A}^m$是正定的.

当m为奇数时，则由于$\boldsymbol{A}$是正定的，故存在实可逆矩阵$\boldsymbol{P}$使$\boldsymbol{A}=\boldsymbol{P}^{\mathrm{T}}\boldsymbol{P}$.由此可得

$$\boldsymbol{A}^m=\boldsymbol{A}^{\frac{m-1}{2}}\boldsymbol{A}\boldsymbol{A}^{\frac{m-1}{2}}=\boldsymbol{A}^{\frac{m-1}{2}}\boldsymbol{P}^{\mathrm{T}}\boldsymbol{P}\boldsymbol{A}^{\frac{m-1}{2}}=(\boldsymbol{P}\boldsymbol{A}^{\frac{m-1}{2}})^{\mathrm{T}}(\boldsymbol{P}\boldsymbol{A}^{\frac{m-1}{2}}),$$

从而$\boldsymbol{A}^m$是正定的.

【评注】设$\boldsymbol{A}$是n阶正定矩阵，则$\boldsymbol{A}$可逆且$\boldsymbol{A}^{-1}$也正定.事实上，

(1) 由$(\boldsymbol{A}^{-1})^{\mathrm{T}}=(\boldsymbol{A}^{\mathrm{T}})^{-1}=\boldsymbol{A}^{-1}$，故$\boldsymbol{A}^{-1}$是对称矩阵.

(2) 因$\boldsymbol{A}$正定，所以$\boldsymbol{A}$的特征值全大于零，从而$\boldsymbol{A}$可逆.设$\lambda_1,\lambda_2,\cdots,\lambda_n$是$\boldsymbol{A}$的$n$个特征值，则$\frac{1}{\lambda_1},\frac{1}{\lambda_2},\cdots,\frac{1}{\lambda_n}$是$\boldsymbol{A}^{-1}$的$n$个特征值，均大于零，所以$\boldsymbol{A}^{-1}$正定.

50 证明：若$\boldsymbol{A},\boldsymbol{B}$是$n$阶正定矩阵，则$\boldsymbol{AB}$正定的充要条件是$\boldsymbol{AB}=\boldsymbol{BA}$.

知识点睛 0608 正定矩阵的概念及判别

证 由于$\boldsymbol{A},\boldsymbol{B}$都是正定矩阵，从而$\boldsymbol{A},\boldsymbol{B}$都是实对称矩阵.

若$\boldsymbol{AB}$正定，则$\boldsymbol{AB}$亦是实对称矩阵，从而

$$(\boldsymbol{AB})^{\mathrm{T}}=\boldsymbol{AB}\quad\text{即}\quad\boldsymbol{AB}=\boldsymbol{BA}.$$

若$\boldsymbol{AB}=\boldsymbol{BA}$，则$\boldsymbol{AB}$是实对称矩阵.

由题设知，存在可逆矩阵$\boldsymbol{P}$及$\boldsymbol{Q}$，使$\boldsymbol{A}=\boldsymbol{P}^{\mathrm{T}}\boldsymbol{P}$，$\boldsymbol{B}=\boldsymbol{Q}^{\mathrm{T}}\boldsymbol{Q}$，于是

$$\boldsymbol{AB}=\boldsymbol{P}^{\mathrm{T}}\boldsymbol{P}\boldsymbol{Q}^{\mathrm{T}}\boldsymbol{Q},\ (\boldsymbol{P}^{\mathrm{T}})^{-1}\boldsymbol{AB}\boldsymbol{P}^{\mathrm{T}}=\boldsymbol{P}\boldsymbol{Q}^{\mathrm{T}}\boldsymbol{Q}\boldsymbol{P}^{\mathrm{T}}=(\boldsymbol{Q}\boldsymbol{P}^{\mathrm{T}})^{\mathrm{T}}(\boldsymbol{Q}\boldsymbol{P}^{\mathrm{T}}),$$

且$\boldsymbol{Q}\boldsymbol{P}^{\mathrm{T}}$可逆，故$(\boldsymbol{P}^{\mathrm{T}})^{-1}\boldsymbol{AB}\boldsymbol{P}^{\mathrm{T}}$正定.

而$\boldsymbol{AB}$与$(\boldsymbol{P}^{\mathrm{T}})^{-1}\boldsymbol{AB}\boldsymbol{P}^{\mathrm{T}}$相似，从而$\boldsymbol{AB}$的特征值全为正数，所以$\boldsymbol{AB}$也是正定的.

K 1999 数学三，7分

51 设$\boldsymbol{A}$为$m\times n$实矩阵，$\boldsymbol{E}$为n阶单位矩阵，已知矩阵$\boldsymbol{B}=\lambda\boldsymbol{E}+\boldsymbol{A}^{\mathrm{T}}\boldsymbol{A}$，试证：当$\lambda>0$时，矩阵$\boldsymbol{B}$为正定矩阵.

知识点睛 0608 正定矩阵的判别

证 因$\boldsymbol{B}^{\mathrm{T}}=(\lambda\boldsymbol{E}+\boldsymbol{A}^{\mathrm{T}}\boldsymbol{A})^{\mathrm{T}}=\lambda\boldsymbol{E}+\boldsymbol{A}^{\mathrm{T}}\boldsymbol{A}=\boldsymbol{B}$，故$\boldsymbol{B}$是$n$阶实对称矩阵.构造二次型$\boldsymbol{x}^{\mathrm{T}}\boldsymbol{B}\boldsymbol{x}$，则$\boldsymbol{x}^{\mathrm{T}}\boldsymbol{B}\boldsymbol{x}=\boldsymbol{x}^{\mathrm{T}}(\lambda\boldsymbol{E}+\boldsymbol{A}^{\mathrm{T}}\boldsymbol{A})\boldsymbol{x}=\lambda\boldsymbol{x}^{\mathrm{T}}\boldsymbol{x}+\boldsymbol{x}^{\mathrm{T}}\boldsymbol{A}^{\mathrm{T}}\boldsymbol{A}\boldsymbol{x}=\lambda\boldsymbol{x}^{\mathrm{T}}\boldsymbol{x}+(\boldsymbol{A}\boldsymbol{x})^{\mathrm{T}}(\boldsymbol{A}\boldsymbol{x})$.

$\forall\boldsymbol{x}\neq\boldsymbol{0}$，恒有$\boldsymbol{x}^{\mathrm{T}}\boldsymbol{x}>0$，$(\boldsymbol{A}\boldsymbol{x})^{\mathrm{T}}(\boldsymbol{A}\boldsymbol{x})\geqslant 0$.因此，当$\lambda>0$时，$\forall\boldsymbol{x}\neq\boldsymbol{0}$，有

$$x^{\mathrm{T}}Bx=\lambda x^{\mathrm{T}}x+(Ax)^{\mathrm{T}}Ax>0,$$

二次型 $x^{\mathrm{T}}Bx$ 为正定二次型,故 B 为正定矩阵.

52 下列矩阵中,正定矩阵是(   ).

(A) $\begin{pmatrix}1&2&1\\2&5&0\\1&0&-3\end{pmatrix}$ (B) $\begin{pmatrix}1&3&4\\3&9&2\\4&2&6\end{pmatrix}$ (C) $\begin{pmatrix}1&2&3\\2&5&7\\3&7&10\end{pmatrix}$ (D) $\begin{pmatrix}2&-2&0\\-2&5&-1\\0&-1&2\end{pmatrix}$

知识点睛 0608 正定矩阵的判别

解 (A) 中 $a_{33}=-3<0$,(B) 中二阶顺序主子式 $\begin{vmatrix}1&3\\3&9\end{vmatrix}=0$,(C) 中行列式 $|A|=0$,它们均不是正定矩阵,所以应选(D).

或直接地,(D) 中三个顺序主子式 $|A_1|=2$, $|A_2|=6$, $|A_3|=5$ 全大于零,从而知(D) 正定.

故应选(D).

53 如果实对称矩阵 $A=\begin{pmatrix}1&\lambda&0\\\lambda&3&1\\0&1&2\end{pmatrix}$ 是正定矩阵,则 λ 的取值范围是________.

知识点睛 0608 正定矩阵的判别

解 因为 $A=\begin{pmatrix}1&\lambda&0\\\lambda&3&1\\0&1&2\end{pmatrix}$ 是正定矩阵,故 A 的各阶顺序主子式全大于零,即有 $\begin{vmatrix}1&\lambda\\\lambda&3\end{vmatrix}=3-\lambda^2>0$, $|A|=\begin{vmatrix}1&\lambda&0\\\lambda&3&1\\0&1&2\end{vmatrix}=5-2\lambda^2>0$,得 $-\sqrt{\frac{5}{2}}<\lambda<\sqrt{\frac{5}{2}}$. 故应填

$$-\sqrt{\frac{5}{2}}<\lambda<\sqrt{\frac{5}{2}}.$$

54 若二次型 $f(x_1,x_2,x_3)=2x_1^2+x_2^2+x_3^2+2x_1x_2+tx_2x_3$ 是正定的,则 t 的取值范围是________. 【K】1997 数学三,3 分

知识点睛 0608 正定二次型的判别

解 二次型 f 的矩阵 $A=\begin{pmatrix}2&1&0\\1&1&\frac{t}{2}\\0&\frac{t}{2}&1\end{pmatrix}$, f 正定 $\Leftrightarrow A$ 的各阶顺序主子式全大于 0.且

$$\Delta_1=2,\quad \Delta_2=\begin{vmatrix}2&1\\1&1\end{vmatrix}=1,\quad \Delta_3=|A|=1-\frac{1}{2}t^2>0,$$

所以 $-\sqrt{2}<t<\sqrt{2}$.应填 $-\sqrt{2}<t<\sqrt{2}$.

55 如果二次型 $f(x_1,x_2,x_3)=x_1^2+2x_2^2+(1-k)x_3^2+2kx_1x_2+2x_1x_3$ 是正定二次型,求 k 的值.

知识点睛 0608 正定二次型的判别

55题精解视频

解 二次型$f(x_1,x_2,x_3)$的矩阵$\boldsymbol{A}=\begin{pmatrix}1&k&1\\k&2&0\\1&0&1-k\end{pmatrix}$,因为$f(x_1,x_2,x_3)$是正定二次型,故其各阶顺序主子式均大于0,即

$$\Delta_1=1>0,\quad \Delta_2=\begin{vmatrix}1&k\\k&2\end{vmatrix}=2-k^2>0,\quad \Delta_3=k(k^2-k-2)>0,$$

所以$-1<k<0$.

56 已知$\boldsymbol{A}$为n阶正定矩阵,$\boldsymbol{E}$为n阶单位矩阵,证明:$|\boldsymbol{A}+\boldsymbol{E}|>1$.

知识点睛 0608 正定矩阵的性质

证 因为$\boldsymbol{A}$是正定矩阵,所以$\boldsymbol{A}$的特征值$\lambda_1,\lambda_2,\cdots,\lambda_n$全大于零,$\boldsymbol{A}+\boldsymbol{E}$的特征值为$\lambda_1+1>1,\lambda_2+1>1,\cdots,\lambda_n+1>1$,所以$|\boldsymbol{A}+\boldsymbol{E}|=\prod\limits_{i=1}^{n}(\lambda_i+1)>1$.

57 判断下列二次型是否是正定的.

(1) $f(x_1,x_2,x_3)=55x_1^2+23x_2^2+6x_3^2-14x_1x_2-2x_2x_3+9x_1x_3$;

(2) $f(x_1,x_2,x_3,x_4)=x_1^2+x_2^2+8x_3^2+4x_4^2+6x_1x_2-2x_2x_3+4x_1x_3-2x_2x_4+2x_3x_4$.

知识点睛 0608 正定二次型的判别

解 (1) $f(x_1,x_2,x_3)$的矩阵为$\boldsymbol{A}=\begin{pmatrix}55&-7&\frac{9}{2}\\-7&23&-1\\\frac{9}{2}&-1&6\end{pmatrix}$,其各阶顺序主子式

$$\Delta_1=55>0,\quad \Delta_2=\begin{vmatrix}55&-7\\-7&23\end{vmatrix}=1\,216>0,\quad \Delta_3=|\boldsymbol{A}|=\frac{27\,353}{4}>0,$$

所以二次型是正定二次型.

(2) $f(x_1,x_2,x_3,x_4)$的矩阵为$\boldsymbol{A}=\begin{pmatrix}1&3&2&0\\3&1&-1&-1\\2&-1&8&1\\0&-1&1&4\end{pmatrix}$,其二阶顺序主子式$\Delta_2=\begin{vmatrix}1&3\\3&1\end{vmatrix}=-8<0$,故$f(x_1,x_2,x_3,x_4)$不是正定二次型.

58 t取何值时,下列二次型为正定的.

(1) $f(x_1,x_2,x_3)=x_1^2+x_2^2+x_3^2+2x_1x_2+2tx_2x_3$;

(2) $f(x_1,x_2,x_3,x_4)=t(x_1^2+x_2^2+x_3^2)+2x_1x_2-2x_2x_3+2x_1x_3+x_4^2$.

知识点睛 0608 正定二次型的判别

解 (1) f的矩阵为

$$\boldsymbol{A}=\begin{pmatrix}1&1&0\\1&1&t\\0&t&1\end{pmatrix}.$$

由于$\boldsymbol{A}$的二阶顺序主子式$\begin{vmatrix}1&1\\1&1\end{vmatrix}=0$,故不论$t$为何值,$f$都不是正定的.

(2) f 的矩阵为

$$A=\begin{pmatrix}t&1&1&0\\1&t&-1&0\\1&-1&t&0\\0&0&0&1\end{pmatrix}.$$

由 $t>0$, $\begin{vmatrix}t&1\\1&t\end{vmatrix}=t^2-1>0$, 及

$$\begin{vmatrix}t&1&1\\1&t&-1\\1&-1&t\end{vmatrix}=|A|=(t+1)^2(t-2)>0,$$

解得 $t>2$, 即当 $t>2$ 时, f 为正定的.

59 已知 A 是 n 阶正定矩阵, 证明: 存在 n 阶正定矩阵 B, 使 $A=B^2$.

知识点睛 0608 正定矩阵的性质

证 因为 A 是正定矩阵, 所以 A 是实对称矩阵, 故存在正交矩阵 P, 使

$$P^{\mathrm{T}}AP=\Lambda=\begin{pmatrix}\lambda_1&&&\\&\lambda_2&&\\&&\ddots&\\&&&\lambda_n\end{pmatrix},$$

且 $\lambda_i>0(i=1,2,\cdots,n)$. 那么

$$A=P\Lambda P^{-1}=P\begin{pmatrix}\sqrt{\lambda_1}&&&\\&\sqrt{\lambda_2}&&\\&&\ddots&\\&&&\sqrt{\lambda_n}\end{pmatrix}\begin{pmatrix}\sqrt{\lambda_1}&&&\\&\sqrt{\lambda_2}&&\\&&\ddots&\\&&&\sqrt{\lambda_n}\end{pmatrix}P^{-1}$$

$$=P\begin{pmatrix}\sqrt{\lambda_1}&&&\\&\sqrt{\lambda_2}&&\\&&\ddots&\\&&&\sqrt{\lambda_n}\end{pmatrix}P^{-1}P\begin{pmatrix}\sqrt{\lambda_1}&&&\\&\sqrt{\lambda_2}&&\\&&\ddots&\\&&&\sqrt{\lambda_n}\end{pmatrix}P^{-1}=B^2,$$

其中

$$B=P\begin{pmatrix}\sqrt{\lambda_1}&&&\\&\sqrt{\lambda_2}&&\\&&\ddots&\\&&&\sqrt{\lambda_n}\end{pmatrix}P^{-1}.$$

从而 $\boldsymbol{B}$ 与 $\begin{pmatrix} \sqrt{\lambda_1} & & & \\ & \sqrt{\lambda_2} & & \\ & & \ddots & \\ & & & \sqrt{\lambda_n} \end{pmatrix}$ 相似,则矩阵 $\boldsymbol{B}$ 的特征值 $\sqrt{\lambda_1},\sqrt{\lambda_2},\cdots,\sqrt{\lambda_n}$ 均大于零.另一方面,由 $\boldsymbol{P}$ 是正交矩阵,$\boldsymbol{P}^{-1}=\boldsymbol{P}^{\mathrm{T}}$,知 $\boldsymbol{B}$ 是对称矩阵.从而 $\boldsymbol{B}$ 是正定矩阵,且满足 $\boldsymbol{A}=\boldsymbol{B}^2$.

60 已知 $\boldsymbol{A}$ 是 n 阶实对称矩阵,且 $\boldsymbol{AB}+\boldsymbol{B}^{\mathrm{T}}\boldsymbol{A}$ 是正定矩阵,证明 $\boldsymbol{A}$ 是可逆矩阵.

知识点睛 0608 正定矩阵的概念

证 对于任意 $\boldsymbol{x}\neq\boldsymbol{0}$,由于 $\boldsymbol{AB}+\boldsymbol{B}^{\mathrm{T}}\boldsymbol{A}$ 是正定矩阵,$\boldsymbol{A}$ 是实对称矩阵,总有

$$\boldsymbol{x}^{\mathrm{T}}(\boldsymbol{AB}+\boldsymbol{B}^{\mathrm{T}}\boldsymbol{A})\boldsymbol{x}=(\boldsymbol{Ax})^{\mathrm{T}}(\boldsymbol{Bx})+(\boldsymbol{Bx})^{\mathrm{T}}(\boldsymbol{Ax})>0.$$

由此,对于任意 $\boldsymbol{x}\neq\boldsymbol{0}$,恒有 $\boldsymbol{Ax}\neq\boldsymbol{0}$,即 $\boldsymbol{Ax}=\boldsymbol{0}$ 只有零解,从而 $\boldsymbol{A}$ 可逆.

61 题精解视频

61 已知 $\boldsymbol{A}$ 是 n 阶正定矩阵,n 维非零列向量 $\boldsymbol{\alpha}_1,\boldsymbol{\alpha}_2,\cdots,\boldsymbol{\alpha}_s$ 满足

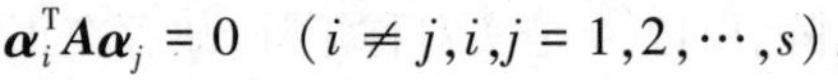

$$\boldsymbol{\alpha}_i^{\mathrm{T}}\boldsymbol{A}\boldsymbol{\alpha}_j=0 \quad (i\neq j,i,j=1,2,\cdots,s),$$

证明 $\boldsymbol{\alpha}_1,\boldsymbol{\alpha}_2,\cdots,\boldsymbol{\alpha}_s$ 线性无关.

知识点睛 0303 线性无关的判别方法,0608 正定矩阵的概念

证 设

$$k_1\boldsymbol{\alpha}_1+k_2\boldsymbol{\alpha}_2+\cdots+k_s\boldsymbol{\alpha}_s=\boldsymbol{0}, \qquad ①$$

用 $\boldsymbol{\alpha}_1^{\mathrm{T}}\boldsymbol{A}$ 左乘 ① 式,有

$$k_1\boldsymbol{\alpha}_1^{\mathrm{T}}\boldsymbol{A}\boldsymbol{\alpha}_1+k_2\boldsymbol{\alpha}_1^{\mathrm{T}}\boldsymbol{A}\boldsymbol{\alpha}_2+\cdots+k_s\boldsymbol{\alpha}_1^{\mathrm{T}}\boldsymbol{A}\boldsymbol{\alpha}_s=0. \qquad ②$$

因为 $\boldsymbol{\alpha}_i^{\mathrm{T}}\boldsymbol{A}\boldsymbol{\alpha}_j=0(i\neq j$ 时$)$,② 式为

$$k_1\boldsymbol{\alpha}_1^{\mathrm{T}}\boldsymbol{A}\boldsymbol{\alpha}_1=0.$$

因为 $\boldsymbol{A}$ 正定,$\boldsymbol{\alpha}_1\neq\boldsymbol{0}$,有 $\boldsymbol{\alpha}_1^{\mathrm{T}}\boldsymbol{A}\boldsymbol{\alpha}_1>0$,故必有 $k_1=0$.同理可证 $k_2=0,\cdots,k_s=0$.因此向量组 $\boldsymbol{\alpha}_1,\boldsymbol{\alpha}_2,\cdots,\boldsymbol{\alpha}_s$ 线性无关.

§6.3 矩阵的合同

62 设 n 阶矩阵 $\boldsymbol{A}$ 合同于对角阵

$$\boldsymbol{\Lambda}=\begin{pmatrix} \lambda_1 & & & \\ & \lambda_2 & & \\ & & \ddots & \\ & & & \lambda_n \end{pmatrix},$$

则必有( ).

(A) $\lambda_1,\lambda_2,\cdots,\lambda_n$ 是 $\boldsymbol{A}$ 的特征值　　(B) $\lambda_1\lambda_2\cdots\lambda_n=|\boldsymbol{A}|$

(C) $\boldsymbol{A}$ 为正定矩阵　　(D) $\boldsymbol{A}$ 为对称矩阵

知识点睛 0602 合同矩阵

解 由于 $\boldsymbol{A}$ 与 $\boldsymbol{\Lambda}$ 合同,即存在可逆矩阵 $\boldsymbol{C}$,使 $\boldsymbol{A}=\boldsymbol{C}^{\mathrm{T}}\boldsymbol{\Lambda}\boldsymbol{C}$.于是

$$\boldsymbol{A}^{\mathrm{T}}=\boldsymbol{C}^{\mathrm{T}}\boldsymbol{\Lambda}^{\mathrm{T}}(\boldsymbol{C}^{\mathrm{T}})^{\mathrm{T}}=\boldsymbol{C}^{\mathrm{T}}\boldsymbol{\Lambda}\boldsymbol{C}=\boldsymbol{A},$$

因此$\boldsymbol{A}$为对称矩阵.

因为$\boldsymbol{A}$与$\boldsymbol{\Lambda}$未必相似,所以选项(A),(B)都不正确.没有表明$\lambda_i(i=1,2,\cdots,n)$全为正,所以选项(C)也不正确.

故应选(D).

63 设$\boldsymbol{A}=\begin{pmatrix}\boldsymbol{A}_1 & \boldsymbol{O}\\ \boldsymbol{O} & \boldsymbol{A}_2\end{pmatrix}$,$\boldsymbol{B}=\begin{pmatrix}\boldsymbol{B}_1 & \boldsymbol{O}\\ \boldsymbol{O} & \boldsymbol{B}_2\end{pmatrix}$,证明:如果$\boldsymbol{A}_1$与$\boldsymbol{B}_1$合同,$\boldsymbol{A}_2$与$\boldsymbol{B}_2$合同,则$\boldsymbol{A}$与$\boldsymbol{B}$合同.

知识点睛 0602 合同矩阵

证 由于$\boldsymbol{A}_1$与$\boldsymbol{B}_1$合同,$\boldsymbol{A}_2$与$\boldsymbol{B}_2$合同,故存在可逆矩阵$\boldsymbol{C}_1$及$\boldsymbol{C}_2$,使

$$\boldsymbol{B}_1=\boldsymbol{C}_1^{\mathrm{T}}\boldsymbol{A}_1\boldsymbol{C}_1,\quad \boldsymbol{B}_2=\boldsymbol{C}_2^{\mathrm{T}}\boldsymbol{A}_2\boldsymbol{C}_2.$$

于是令$\boldsymbol{C}=\begin{pmatrix}\boldsymbol{C}_1 & \boldsymbol{O}\\ \boldsymbol{O} & \boldsymbol{C}_2\end{pmatrix}$,则有$\boldsymbol{B}=\boldsymbol{C}^{\mathrm{T}}\boldsymbol{A}\boldsymbol{C}$,即$\boldsymbol{A}$与$\boldsymbol{B}$合同.

64 设$\boldsymbol{A}$为n阶实对称矩阵.证明:$\boldsymbol{A}$是正定矩阵的充要条件是$\boldsymbol{A}$与单位矩阵合同.

知识点睛 0608 正定矩阵的判别

证 若$\boldsymbol{A}$是正定的,即二次型

$$f(x_1,x_2,\cdots,x_n)=\boldsymbol{x}^{\mathrm{T}}\boldsymbol{A}\boldsymbol{x}$$

是正定的,从而可通过非退化线性替换$\boldsymbol{x}=\boldsymbol{C}\boldsymbol{y}$化为

$$g(y_1,y_2,\cdots,y_n)=\boldsymbol{y}^{\mathrm{T}}(\boldsymbol{C}^{\mathrm{T}}\boldsymbol{A}\boldsymbol{C})\boldsymbol{y}=y_1^2+y_2^2+\cdots+y_n^2=\boldsymbol{y}^{\mathrm{T}}\boldsymbol{E}\boldsymbol{y},$$

于是$\boldsymbol{C}^{\mathrm{T}}\boldsymbol{A}\boldsymbol{C}=\boldsymbol{E}$,即$\boldsymbol{A}$与$\boldsymbol{E}$合同.

反之,若$\boldsymbol{A}$与$\boldsymbol{E}$合同,则由f可通过非退化线性替换化为g.因g是正定的,故f也是正定的,即$\boldsymbol{A}$为正定矩阵.

【评注】本题是判定矩阵正定的一种方法.

65 证明:任意两个n阶正定矩阵都合同,而且正定矩阵只能与正定矩阵合同.

知识点睛 0602 合同矩阵

证 设$\boldsymbol{A}$,$\boldsymbol{B}$为任意两个n阶正定矩阵,则$\boldsymbol{A}$与$\boldsymbol{B}$都与n阶单位矩阵合同,从而$\boldsymbol{A}$与$\boldsymbol{B}$合同.

另外,设$\boldsymbol{A}$为正定矩阵,则$\boldsymbol{A}$与$\boldsymbol{E}$合同.若$\boldsymbol{A}$与$\boldsymbol{B}$合同,则$\boldsymbol{B}$也与$\boldsymbol{E}$合同,故$\boldsymbol{B}$也是正定矩阵.

66 设$\boldsymbol{A}$是n阶矩阵,交换$\boldsymbol{A}$的第i列和第j列、再交换第i行和第j行,得到矩阵$\boldsymbol{B}$,则$\boldsymbol{A}$,$\boldsymbol{B}$是(　　).

(A) 等价矩阵但不相似　　(B) 相似矩阵但不合同

(C) 相似、合同矩阵,但不等价　　(D) 等价、相似、合同矩阵

知识点睛 矩阵等价、相似、合同的概念

解 $\boldsymbol{A}$的第i列第j列互换,第i行第j行互换,相当于右乘、左乘初等矩阵,即$\boldsymbol{B}=\boldsymbol{E}_{ij}\boldsymbol{A}\boldsymbol{E}_{ij}$,其中

$$E_{ij}=\begin{pmatrix}1&&&&&&&&&\\&\ddots&&&&&&&&\\&&1&&&&&&&\\&&&0&\cdots&\cdots&\cdots&1&&\\&&&\vdots&1&&&\vdots&&\\&&&\vdots&&\ddots&&\vdots&&\\&&&\vdots&&&1&\vdots&&\\&&&1&\cdots&\cdots&\cdots&0&&\\&&&&&&&&1&\\&&&&&&&&&\ddots\\&&&&&&&&&&1\end{pmatrix}\begin{matrix}\\\\\\\leftarrow\text{第}\,i\,\text{行}\\\\\\\\\leftarrow\text{第}\,j\,\text{行}\\\\\\\\\end{matrix}$$

因为 $|E_{ij}|=-1\neq 0$,E_{ij} 是可逆阵,且 $E_{ij}^{-1}=E_{ij}$,$E_{ij}^{\mathrm{T}}=E_{ij}$,即

$$B=E_{ij}AE_{ij}=E_{ij}^{-1}AE_{ij}=E_{ij}^{\mathrm{T}}AE_{ij},$$

所以 A,B 是等价、相似、合同矩阵.

故应选(D).

67 证明:矩阵 $A=\begin{pmatrix}1&0\\0&2\end{pmatrix}$,$B=\begin{pmatrix}1&0\\0&4\end{pmatrix}$ 等价、合同但不相似.

知识点睛 矩阵等价、相似、合同的概念

证 因为秩 $r(A)=r(B)$,所以 A 与 B 等价.

因为 A 与 B 特征值不相同,所以 A,B 不相似.

因为 $x^{\mathrm{T}}Ax=x_1^2+2x_2^2$ 与 $x^{\mathrm{T}}Bx=x_1^2+4x_2^2$ 有相同的正、负惯性指数,所以 A 与 B 合同.

2001 数学一,3分

68 设 $A=\begin{pmatrix}1&1&1&1\\1&1&1&1\\1&1&1&1\\1&1&1&1\end{pmatrix}$,$B=\begin{pmatrix}4&0&0&0\\0&0&0&0\\0&0&0&0\\0&0&0&0\end{pmatrix}$ 则 A 与 B( ).

68 题精解视频

(A) 合同且相似 (B) 合同但不相似

(C) 不合同但相似 (D) 不合同且不相似

知识点睛 矩阵合同、相似的判别

解 由于 $|\lambda E-A|=\lambda^4-4\lambda^3=0\Rightarrow A$ 的特征值为4,0,0,0.又因 A 是实对称矩阵,

A 必与对角矩阵 $\begin{pmatrix}4&&&\\&0&&\\&&0&\\&&&0\end{pmatrix}$ 相似.所以 A 与 B 必相似.

因为 A,B 有相同的特征值,从而二次型 $x^{\mathrm{T}}Ax$ 与 $x^{\mathrm{T}}Bx$ 有相同的正、负惯性指数,从而 A 与 B 亦合同.故应选(A).

2008 数学二、数学三,4分

69 设 $A=\begin{pmatrix}1&2\\2&1\end{pmatrix}$,则在实数域上与 A 合同的矩阵为( ).

(A) $\begin{pmatrix}-2&1\\1&-2\end{pmatrix}$ (B) $\begin{pmatrix}2&-1\\-1&2\end{pmatrix}$

(C) $\begin{pmatrix}2&1\\1&2\end{pmatrix}$ (D) $\begin{pmatrix}1&-2\\-2&1\end{pmatrix}$

知识点睛 0602 合同矩阵

解 $\boldsymbol{A}$ 与 $\boldsymbol{B}$ 合同 $\Leftrightarrow \boldsymbol{x}^{\mathrm{T}}\boldsymbol{A}\boldsymbol{x}$ 与 $\boldsymbol{x}^{\mathrm{T}}\boldsymbol{B}\boldsymbol{x}$ 有相同的正惯性指数及相同的负惯性指数.而正(负)惯性指数的问题可由特征值的正(负)来决定.因为

$$|\lambda\boldsymbol{E}-\boldsymbol{A}|=\begin{vmatrix}\lambda-1&-2\\-2&\lambda-1\end{vmatrix}=(\lambda-3)(\lambda+1)=0,$$

故 $p=1,q=1$

本题中(D)之矩阵,特征值为 $\begin{vmatrix}\lambda-1&2\\2&\lambda-1\end{vmatrix}=(\lambda-3)(\lambda+1)=0$,故 $p=1,q=1$.

所以选(D).

【评注】本题的矩阵 $\boldsymbol{A}=\begin{pmatrix}1&2\\2&1\end{pmatrix}$ 不仅和矩阵 $\begin{pmatrix}1&-2\\-2&1\end{pmatrix}$ 合同,而且它们也相似,因为它们都和对角矩阵 $\begin{pmatrix}3&\\&-1\end{pmatrix}$ 相似.

70 设矩阵 $\boldsymbol{A}=\begin{pmatrix}2&-1&-1\\-1&2&-1\\-1&-1&2\end{pmatrix}$,$\boldsymbol{B}=\begin{pmatrix}1&0&0\\0&1&0\\0&0&0\end{pmatrix}$,则 $\boldsymbol{A}$ 与 $\boldsymbol{B}$( ). K 2007 数学一、数学二、数学三,4分

(A) 合同且相似 (B) 合同但不相似

(C) 不合同但相似 (D) 既不合同也不相似

知识点睛 矩阵合同、相似的判别

解 根据相似的必要条件:$\sum\limits_{i=1}^{3}a_{ii}=\sum\limits_{i-1}^{3}b_{ii}$,易见 $\boldsymbol{A}$ 和 $\boldsymbol{B}$ 肯定不相似,由此可排除(A)与(C).而合同的充要条件是有相同的正惯性指数、负惯性指数.为此可以用特征值加以判断.由

$$|\lambda\boldsymbol{E}-\boldsymbol{A}|=\begin{vmatrix}\lambda-2&1&1\\1&\lambda-2&1\\1&1&\lambda-2\end{vmatrix}=\begin{vmatrix}\lambda&\lambda&\lambda\\1&\lambda-2&1\\1&1&\lambda-2\end{vmatrix}=\lambda(\lambda-3)^2,$$

知矩阵 $\boldsymbol{A}$ 的特征值为 3,3,0.故二次型 $\boldsymbol{x}^{\mathrm{T}}\boldsymbol{A}\boldsymbol{x}$ 的正惯性指数 $p=2$,负惯性指数 $q=0$.而二次型 $\boldsymbol{x}^{\mathrm{T}}\boldsymbol{B}\boldsymbol{x}$ 的正惯性指数亦为 $p=2$,负惯性指数为 $q=0$,所以 $\boldsymbol{A}$ 与 $\boldsymbol{B}$ 合同,故应选(B).

【评注】实对称矩阵 $\boldsymbol{A}$ 和 $\boldsymbol{B}$ 相似,则 $\boldsymbol{A}$ 和 $\boldsymbol{B}$ 必合同(因为 $\boldsymbol{A}\sim\boldsymbol{B}\Rightarrow\lambda_{\boldsymbol{A}}=\lambda_{\boldsymbol{B}}\Rightarrow p_{\boldsymbol{A}}=p_{\boldsymbol{B}}$,$q_{\boldsymbol{A}}=q_{\boldsymbol{B}}\Rightarrow A\simeq\boldsymbol{B}$),但合同不一定相似,一般情况通过特征值来判断合同是方便的.

§6.4 综合提高题

71 设二次型

$$f(x_1,x_2,x_3)=x_1^2+ax_2^2+x_3^2+2x_1x_2-2x_2x_3-2ax_1x_3$$

的正、负惯性指数都是1,则 a = ________.

知识点睛 0604 惯性定理

解 由题意 f 的秩为2,则 f 的矩阵作初等变换

$$A=\begin{pmatrix}1&1&-a\\1&a&-1\\-a&-1&1\end{pmatrix}\to\begin{pmatrix}1&1&-a\\0&a-1&a-1\\0&a-1&1-a^2\end{pmatrix}\to\begin{pmatrix}1&1&-a\\0&a-1&a-1\\0&0&2-a-a^2\end{pmatrix}.$$

可见,当 $a=1$ 时,$r(A)=1$,于是 $a\neq 1$.要使 $r(A)=2$,则必须 $2-a-a^2=0$ 即 $a=1$ 或 $a=-2$,舍去 $a=1$,得 $a=-2$ 满足题意.

故应填−2.

【评注】正负惯性指数之和等于二次型的秩.

72 题精解视频

72 设 A 是 n 阶实对称矩阵,且满足 $A^3+3A^2+3A+2E=0$,则二次型 $f=x^TAx$ 的负惯性指数为________.

知识点睛 0604 惯性定理

解 设 λ 是 A 的任一特征值,则由 $A^3+3A^2+3A+2E=0$ 知,λ 必满足方程

$$\lambda^3+3\lambda^2+3\lambda+2=(\lambda+2)(\lambda^2+\lambda+1)=0.$$

由于实对称矩阵的特征值必为实数,故 A 的特征值只能为−2.因此 A 的负惯性指数为 n.故应填 n.

【评注】正(负)惯性指数等于矩阵的正(负)特征值的个数.

73 设 A 是 n 阶实对称矩阵,秩为 r,符号差为 s,则必有( ).

(A) r 是奇数,s 是偶数

(B) r 是偶数,s 是奇数

(C) r,s 均为偶数,不能是奇数

(D) r,s 或均是偶数或均是奇数

知识点睛 0604 惯性定理

解 $r=p+q,s=p-q$,故 $r+s=2p$,从而 r,s 或同时为奇数,或同时为偶数.

故应选(D).

74 求二次型

$$f(x_1,x_2,\cdots,x_n)=\sum_{i=1}^{m}(a_{i1}x_1+a_{i2}x_2+\cdots+a_{in}x_n)^2$$

的矩阵.

知识点睛 0601 二次型的矩阵表示

解 设 $A_i=(a_{i1},a_{i2},\cdots,a_{in})(i=1,2,\cdots,m)$,且

$$A=\begin{pmatrix}a_{11}&a_{12}&\cdots&a_{1n}\\a_{21}&a_{22}&\cdots&a_{2n}\\\vdots&\vdots&&\vdots\\a_{m1}&a_{m2}&\cdots&a_{mn}\end{pmatrix}=\begin{pmatrix}A_1\\A_2\\\vdots\\A_m\end{pmatrix},$$

则

$$A^{\mathrm{T}}A=(A_1^{\mathrm{T}},A_2^{\mathrm{T}},\cdots,A_m^{\mathrm{T}})\begin{pmatrix}A_1\\A_2\\\vdots\\A_m\end{pmatrix}=\sum_{i=1}^{m}A_i^{\mathrm{T}}A_i.$$

于是

$$f=\sum_{i=1}^{m}(a_{i1}x_1+a_{i2}x_2+\cdots+a_{in}x_n)^2=\sum_{i=1}^{m}\left((x_1,x_2,\cdots,x_n)\begin{pmatrix}a_{i1}\\a_{i2}\\\vdots\\a_{in}\end{pmatrix}\right)^2$$

$$=\sum_{i=1}^{m}\left((x_1,x_2,\cdots,x_n)\begin{pmatrix}a_{i1}\\a_{i2}\\\vdots\\a_{in}\end{pmatrix}(a_{i1},a_{i2},\cdots,a_{in})\begin{pmatrix}x_1\\x_2\\\vdots\\x_n\end{pmatrix}\right)$$

$$=(x_1,x_2,\cdots,x_n)\left(\sum_{i=1}^{m}A_i^{\mathrm{T}}A_i\right)\begin{pmatrix}x_1\\x_2\\\vdots\\x_n\end{pmatrix}=x^{\mathrm{T}}(A^{\mathrm{T}}A)x.$$

由于$(A^{\mathrm{T}}A)^{\mathrm{T}}=A^{\mathrm{T}}(A^{\mathrm{T}})^{\mathrm{T}}=A^{\mathrm{T}}A$.即$A^{\mathrm{T}}A$为$n$阶实对称矩阵,故$A^{\mathrm{T}}A$就是所求的二次型$f$的矩阵.

75 设A是可逆实对称矩阵,则将$f=x^{\mathrm{T}}Ax$化为$f=y^{\mathrm{T}}A^{-1}y$的线性替换为________.

知识点睛 非退化线性替换

解 因A对称,从而$(A^{-1})^{\mathrm{T}}=(A^{\mathrm{T}})^{-1}=A^{-1}$,故$x=A^{-1}y$是非退化线性替换.在此变换下,

$$f=(A^{-1}y)^{\mathrm{T}}A(A^{-1}y)=y^{\mathrm{T}}A^{-1}y.$$

故应填$x=A^{-1}y$.

【评注】非退化线性替换可保持二次型的正负惯性指数、秩、规范形、正定性,所以解题过程中所作的都要求是非退化线性替换.

76 二次型

$$f(x_1,x_2,x_3)=-x_1^2-x_2^2-x_3^2+4x_1x_2+4x_1x_3-4x_2x_3$$

的正惯性指数为________.

知识点睛 0604 惯性定理

解 二次型的矩阵为

$$A=\begin{pmatrix}-1&2&2\\2&-1&-2\\2&-2&-1\end{pmatrix},$$

由$|\lambda E-A|=0$,得A的特征值$\lambda_1=\lambda_2=1,\lambda_3=-5$,可知$A$有两个正的特征值,因此$f$

的正惯性指数为 2.故应填 2.

77 设 $\boldsymbol{A}$ 是 3 阶实对称矩阵,且满足 $\boldsymbol{A}^2-3\boldsymbol{A}+2\boldsymbol{E}=\boldsymbol{0}$,又$|\boldsymbol{A}|=2$,则二次型 $f=\boldsymbol{x}^{\mathrm{T}}\boldsymbol{A}\boldsymbol{x}$ 经正交变换化为标准形 $f=$ ________.

知识点睛 0606 用正交变换化二次型为标准形

解 设 λ 是 $\boldsymbol{A}$ 的任一特征值.由题设 $\boldsymbol{A}^2-3\boldsymbol{A}+2\boldsymbol{E}=\boldsymbol{0}$ 知,λ 必满足方程

$$\lambda^2-3\lambda+2=0,$$

故 $\lambda=1$ 或 $\lambda=2$,因此 $\boldsymbol{A}$ 的特征值必为正.又$|\boldsymbol{A}|=2$,可知 $\boldsymbol{A}$ 的三个特征值之积为 2,所以 $\boldsymbol{A}$ 的特征值应为 $\lambda_1=\lambda_2=1,\lambda_3=2$.故二次型 $f=\boldsymbol{x}^{\mathrm{T}}\boldsymbol{A}\boldsymbol{x}$ 经正交变换化为标准形 $y_1^2+y_2^2+2y_3^2$.

故应填 $y_1^2+y_2^2+2y_3^2$.

78 求二次型

$$f(x_1,x_2,\cdots,x_n)=(n-1)\sum_{i=1}^{n}x_i^2-2\sum_{1\leqslant j<k\leqslant n}x_jx_k$$

的符号差.

知识点睛 0604 惯性定理

解 设此二次型的矩阵为 $\boldsymbol{A}$,则

$$\boldsymbol{A}=\begin{pmatrix} n-1 & -1 & -1 & \cdots & -1 \\ -1 & n-1 & -1 & \cdots & -1 \\ \vdots & \vdots & \vdots & & \vdots \\ -1 & -1 & -1 & \cdots & n-1 \end{pmatrix},$$

且

$$|\lambda\boldsymbol{E}-\boldsymbol{A}|=[\lambda-(n-1)-1]^{n-1}[\lambda-(n-1)+(n-1)]=(\lambda-n)^{n-1}\lambda,$$

所以 $\boldsymbol{A}$ 的 n 个特征值为 $\lambda_1=\cdots=\lambda_{n-1}=n,\lambda_n=0$.故

符号差 = 正惯性指数 − 负惯性指数 = 正特征值的个数 − 负特征值的个数
$=(n-1)-0=n-1.$

79 求二次型

$$f(x_1,x_2,\cdots,x_n)=\sum_{i=1}^{n}x_i^2+4\sum_{1\leqslant i<j\leqslant n}x_ix_j$$

的秩与符号差.

知识点睛 0603 二次型的秩,0604 惯性定理

解 设 f 对应的矩阵为 $\boldsymbol{A}$,则

$$\boldsymbol{A}=\begin{pmatrix} 1 & 2 & 2 & \cdots & 2 \\ 2 & 1 & 2 & \cdots & 2 \\ \vdots & \vdots & \vdots & & \vdots \\ 2 & 2 & 2 & \cdots & 1 \end{pmatrix},$$

且

$$\begin{aligned}|\lambda\boldsymbol{E}-\boldsymbol{A}|&=[(\lambda-1)+2]^{n-1}[(\lambda-1)+(n-1)(-2)]\\&=(\lambda+1)^{n-1}[\lambda-(2n-1)],\end{aligned}$$

所以 $\lambda_1=\cdots=\lambda_{n-1}=-1,\lambda_n=2n-1$.故 f 的秩为 n,f 的符号差为 $1-(n-1)=2-n$.

80 将

$$f(x_1,x_2,x_3)=ax_1^2+bx_2^2+ax_3^2+2cx_1x_3$$

化为标准形,求出变换矩阵,并指出 a,b,c 满足什么条件时,f 为正定.

知识点睛 0607 用配方法化二次型为标准形

解 (1) 当 $a=0$ 时,

$$f(x_1,x_2,x_3)=bx_2^2+2cx_1x_3,$$

作非退化线性替换

$$\begin{pmatrix}x_1\\x_2\\x_3\end{pmatrix}=\begin{pmatrix}1&0&1\\0&1&0\\1&0&-1\end{pmatrix}\begin{pmatrix}y_1\\y_2\\y_3\end{pmatrix},$$

即将 f 化为标准形

$$f(x_1,x_2,x_3)=2cy_1^2+by_2^2-2cy_3^2.$$

但这时无论 b,c 为何值,f 都不能为正定二次型.

(2) 当 $a\neq 0$ 时,有

$$f(x_1,x_2,x_3)=a\left[x_1^2+2\frac{c}{a}x_1x_3+\left(\frac{c}{a}x_3\right)^2\right]+bx_2^2+\left(a-\frac{c^2}{a}\right)x_3^2.$$

令

$$\begin{pmatrix}y_1\\y_2\\y_3\end{pmatrix}=\begin{pmatrix}1&0&\frac{c}{a}\\0&1&0\\0&0&1\end{pmatrix}\begin{pmatrix}x_1\\x_2\\x_3\end{pmatrix},$$

即作非退化线性替换

$$\begin{pmatrix}x_1\\x_2\\x_3\end{pmatrix}=\begin{pmatrix}1&0&-\frac{c}{a}\\0&1&0\\0&0&1\end{pmatrix}\begin{pmatrix}y_1\\y_2\\y_3\end{pmatrix},$$

可将 f 化为标准形

$$f(x_1,x_2,x_3)=ay_1^2+by_2^2+\left(a-\frac{c^2}{a}\right)y_3^2.$$

所以当 $a>0,b>0,\ a^2-c^2>0$ 时, f 为正定二次型.

81 已知二次型

$$f(x_1,x_2,x_3)=5x_1^2+5x_2^2+cx_3^2-2x_1x_2+6x_1x_3-6x_2x_3$$

的秩为 2.

(1) 求参数 c 及此二次型对应矩阵的特征值;

(2) 指出方程 $f(x_1,x_2,x_3)=1$ 表示何种二次曲面.

知识点睛 0603 二次型的秩,0605 二次型的标准形

解 (1) 此二次型对应矩阵为

K 1996 数学一, 8 分

81 题精解视频

$$A=\begin{pmatrix}5&-1&3\\-1&5&-3\\3&-3&c\end{pmatrix}.$$

因 $r(A)=2$,故

$$|A|=\begin{vmatrix}5&-1&3\\-1&5&-3\\3&-3&c\end{vmatrix}=0,$$

解得 $c=3$.容易验证,此时 A 的秩的确是 2.

由

$$|\lambda E-A|=\begin{vmatrix}\lambda-5&1&-3\\1&\lambda-5&3\\-3&3&\lambda-3\end{vmatrix}=\lambda(\lambda-4)(\lambda-9),$$

得 A 的特征值为 4,9,0.

(2) 由(1) 求得的特征值可知:二次型的标准形为 $4y_1^2+9y_2^2$,故 $f(x_1,x_2,x_3)=1$ 表示椭圆柱面.

2001 数学三,8 分

82 设 A 为 n 阶实对称矩阵,$r(A)=n$,A_{ij} 是 $A=(a_{ij})_{n\times n}$ 中元素 a_{ij} 的代数余子式 $(i,j=1,2,\cdots,n)$,二次型 $f(x_1,x_2,\cdots,x_n)=\sum\limits_{i=1}^{n}\sum\limits_{j=1}^{n}\frac{A_{ij}}{|A|}x_ix_j$.

(1) 记 $x=(x_1,x_2,\cdots,x_n)^{\mathrm T}$,把 $f(x_1,x_2,\cdots,x_n)$ 写成矩阵形式,并证明二次型 $f(x)$ 的矩阵为 A^{-1};

(2) 二次型 $g(x)=x^{\mathrm T}Ax$ 与 $f(x)$ 的规范形是否相同?说明理由.

知识点睛 0601 二次型的矩阵表示,0605 二次型的规范形

解法 1 (1) 二次型 $f(x_1,x_2,\cdots,x_n)$ 的矩阵形式为

$$f(x)=(x_1,x_2,\cdots,x_n)\frac{1}{|A|}\begin{pmatrix}A_{11}&A_{21}&\cdots&A_{n1}\\A_{12}&A_{22}&\cdots&A_{n2}\\\vdots&\vdots&&\vdots\\A_{1n}&A_{2n}&\cdots&A_{nn}\end{pmatrix}\begin{pmatrix}x_1\\x_2\\\vdots\\x_n\end{pmatrix},$$

因 $r(A)=n$,故 A 可逆,且 $A^{-1}=\frac{1}{|A|}A^*$,从而 $(A^{-1})^{\mathrm T}=(A^{\mathrm T})^{-1}=A^{-1}$,故 A^{-1} 也是实对称矩阵,因此二次型 $f(x)$ 的矩阵为 A^{-1}.

(2) 因为

$$(A^{-1})^{\mathrm T}AA^{-1}=(A^{\mathrm T})^{-1}E=A^{-1},$$

所以 A 与 A^{-1} 合同,于是 $g(x)=x^{\mathrm T}Ax$ 与 $f(x)$ 有相同的规范形.

解法 2 (1) 同解法 1.

(2) 对二次型 $g(x)=x^{\mathrm T}Ax$ 作非退化线性替换 $x=A^{-1}y$,其中 $y=(y_1,y_2,\cdots,y_n)^{\mathrm T}$,则

$$g(x)=x^{\mathrm T}Ax=(A^{-1}y)^{\mathrm T}A(A^{-1}y)=y^{\mathrm T}(A^{-1})^{\mathrm T}AA^{-1}y$$

$$=y^{T}(A^{T})^{-1}AA^{-1}y=y^{T}A^{-1}y,$$

由此得知 A 与 A^{-1} 合同.于是$f(x)$ 与 $g(x)$ 必有相同的规范形.

【评注】若要证明二次型$f(x)$的矩阵为A^{-1},即证明$f(x)=x^{T}A^{-1}x$,要把A^{-1}与题设中的代数余子式A_{ij}联系起来,自然想到公式$A^{-1}=\frac{1}{|A|}A^{*}$.

要说明两个二次型的规范形相同,可以从两个方面考虑:一是对应矩阵是否合同,二是同号特征值的个数是否相同.本题使用了前者.

83 设$A=(a_{ij})$为n阶实对称矩阵,二次型

$$f(x_1,x_2,\cdots,x_n)=\sum_{i=1}^{n}\left(\sum_{j=1}^{n}a_{ij}x_j\right)^2$$

为正定二次型的充要条件是( ).

(A) $|A|=0$　　　(B) $|A|\neq 0$

(C) $|A|>0$　　　(D) $|A_k|>0(k=1,2,\cdots,n)$

知识点睛　0608 正定二次型的判定

解　注意到A并不是二次型f的对应矩阵,而是化标准形(或规范形)时作线性变换的对应矩阵,即令

$$y_i=\sum_{j=1}^{n}a_{ij}x_j=a_{i1}x_1+a_{i2}x_2+\cdots+a_{in}x_n\quad(i=1,2,\cdots,n),$$

则$f=\sum_{i=1}^{n}y_i^2=y_1^2+y_2^2+\cdots+y_n^2$.

当所作变换$y=Ax$是非退化线性替换时,即$|A|\neq 0$时,f是正定二次型.

故应选(B).

84 设A,B都是$m\times n$实矩阵,且$B^{T}A$为可逆矩阵,证明$A^{T}A+B^{T}B$是正定矩阵.

知识点睛　0608 正定矩阵的判定

证　因为

$$(A^{T}A+B^{T}B)^{T}=(A^{T}A)^{T}+(B^{T}B)^{T}=A^{T}(A^{T})^{T}+B^{T}(B^{T})^{T}=A^{T}A+B^{T}B,$$

所以$A^{T}A+B^{T}B$是实对称矩阵.

由于$B^{T}A$是可逆矩阵,又$n=r(B^{T}A)\leqslant r(A)\leqslant n$,故$r(A)=n$,所以齐次线性方程组$Ax=0$只有零解.于是对任意实向量$x\neq 0$,有$Ax\neq 0$,从而

$$x^{T}A^{T}Ax=(Ax)^{T}(Ax)>0,\quad 而\quad x^{T}B^{T}Bx=(Bx)^{T}(Bx)\geqslant 0.$$

因此,对任意实向量$x\neq 0$,都有

$$x^{T}(A^{T}A+B^{T}B)x=x^{T}A^{T}Ax+x^{T}B^{T}Bx>0,$$

根据定义知,$A^{T}A+B^{T}B$为正定矩阵.

85 设实二次型$f(x_1,x_2,x_3)=(x_1-x_2+x_3)^2+(x_2+x_3)^2+(x_1+ax_3)^2$,其中$a$是参数.　K 2018 数学一、数学二、数学三,11 分

(1) 求$f(x_1,x_2,x_3)=0$的解;

(2) 求$f(x_1,x_2,x_3)$的规范形.

知识点睛　0605 二次型的规范形

解 (1) 平方和

$$f(x_1,x_2,x_3)=0\Leftrightarrow\begin{cases}x_1-x_2+\ \ x_3=0,\\ x_2\qquad+\ \ x_3=0,\\ x_1\qquad+ax_3=0.\end{cases}\qquad ①$$

由$\begin{vmatrix}1&-1&1\\0&1&1\\1&0&a\end{vmatrix}=a-2$知,如果$a\neq 2$,① 式只有零解,即$f(x_1,x_2,x_3)=0$只有零解$\boldsymbol{x}=\mathbf{0}$.

如果$a=2$,则

$$\begin{pmatrix}1&-1&1\\0&1&1\\1&0&2\end{pmatrix}\to\begin{pmatrix}1&0&2\\0&1&1\\0&0&0\end{pmatrix},$$

① 的基础解系为$(-2,-1,1)^{\mathrm T}$.

故$f(x_1,x_2,x_3)=0$的解为$\boldsymbol{x}=k(-2,-1,1)^{\mathrm T}$,$k$为任意常数.

(2) 当$a\neq 2$时,令

$$\begin{cases}y_1=x_1-x_2+\ \ x_3,\\ y_2=\qquad x_2+\ \ x_3,\\ y_3=x_1\qquad+ax_3,\end{cases}\qquad ②$$

因$\begin{vmatrix}1&-1&1\\0&1&1\\1&0&a\end{vmatrix}\neq 0$,② 是坐标变换. $f(x_1,x_2,x_3)$ 的规范形为$y_1^2+y_2^2+y_3^2$.

当$a=2$时,

$$\begin{aligned}f(x_1,x_2,x_3)&=(x_1-x_2+x_3)^2+(x_2+x_3)^2+(x_1+2x_3)^2\\&=2x_1^2+2x_2^2+6x_3^2-2x_1x_2+6x_1x_3\\&=2\left[x_1^2-x_1(x_2-3x_3)+\frac14(x_2-3x_3)^2\right]+2x_2^2+6x_3^2-\frac12(x_2-3x_3)^2\\&=2\left(x_1-\frac12x_2+\frac32x_3\right)^2+\frac32x_2^2+3x_2x_3+\frac32x_3^2\\&=2\left(x_1-\frac12x_2+\frac32x_3\right)^2+\frac32(x_2+x_3)^2,\end{aligned}$$

可得规范形$y_1^2+y_2^2$.

【评注】当$a=2$时,如注意到$(x_1-x_2+x_3)+(x_2+x_3)=x_1+2x_3$,也可先经坐标变换

$$\begin{cases}y_1=x_1-x_2+x_3,\\ y_2=\qquad x_2+x_3,\\ y_3=\qquad\qquad x_3,\end{cases}$$

得

$$f=\boldsymbol{y}^{\mathrm T}\boldsymbol{B}\boldsymbol{y}=y_1^2+y_2^2+(y_1+y_2)^2=2y_1^2+2y_2^2+2y_1y_2,$$

其中$\boldsymbol{B}=\begin{pmatrix}2&1&0\\1&2&0\\0&0&0\end{pmatrix}$,由于矩阵$\boldsymbol{B}$的特征值3,1,0,从而规范形为$z_1^2+z_2^2$.

86　设二次型

$$f(x_1,x_2,x_3)=ax_1^2+ax_2^2+(a-1)x_3^2+2x_1x_3-2x_2x_3,$$

（Ⅰ）求二次型 f 的矩阵的所有特征值；

（Ⅱ）若二次型 f 的规范形为 $y_1^2+y_2^2$，求 a 的值.

2009 数学一、数学二、数学三，11 分

知识点睛　0501 矩阵的特征值与特征向量的求法，0605 二次型的规范形

解　（Ⅰ）二次型 f 的矩阵 $\boldsymbol{A}=\begin{pmatrix}a&0&1\\0&a&-1\\1&-1&a-1\end{pmatrix}$. 由于

$$|\lambda\boldsymbol{E}-\boldsymbol{A}|=\begin{vmatrix}\lambda-a&0&-1\\0&\lambda-a&1\\-1&1&\lambda-a+1\end{vmatrix}=\begin{vmatrix}\lambda-a&\lambda-a&0\\0&\lambda-a&1\\-1&1&\lambda-a+1\end{vmatrix}$$

$$=\begin{vmatrix}\lambda-a&0&0\\0&\lambda-a&1\\-1&2&\lambda-a+1\end{vmatrix}=(\lambda-a)(\lambda-(a+1))(\lambda-(a-2)),$$

所以 $\boldsymbol{A}$ 的特征值为 $\lambda_1=a,\lambda_2=a+1,\lambda_3=a-2$.

（Ⅱ）因为二次型 f 的规范形为 $y_1^2+y_2^2$，说明正惯性指数 $p=2$，负惯性指数 $q=0$，那么二次型矩阵 $\boldsymbol{A}$ 的特征值为+，+，0（+表示正数）.

显然 $a-2<a<a+1$，所以必有 $a=2$.

【评注】只要求出特征值，或者知道特征值的+，-，0 就有了正、负惯性指数也就可写出规范形，当然也有配方法这条化标准形的道路，但本题用配方法不合适.

87　已知二次型 $f(x_1,x_2,x_3)=\boldsymbol{x}^{\mathrm{T}}\boldsymbol{A}\boldsymbol{x}$ 在正交变换 $\boldsymbol{x}=\boldsymbol{Q}\boldsymbol{y}$ 下的标准形为 $y_1^2+y_2^2$，且

$\boldsymbol{Q}$ 的第 3 列为 $\left(\dfrac{\sqrt{2}}{2},0,\dfrac{\sqrt{2}}{2}\right)^{\mathrm{T}}$.

2010 数学一，11 分

（Ⅰ）求矩阵 $\boldsymbol{A}$；

（Ⅱ）证明 $\boldsymbol{A}+\boldsymbol{E}$ 为正定矩阵，其中 $\boldsymbol{E}$ 为 3 阶单位矩阵.

87 题精解视频

知识点睛　0606 用正交变换化二次型为标准形

分析　本题已知二次型在正交变换下的标准形，实际上就可知道矩阵 $\boldsymbol{A}$ 的特征值，而 $\boldsymbol{Q}$ 的列就是 $\boldsymbol{A}$ 的特征向量，现在的问题是如何求出 $\boldsymbol{A}$ 的所有线性无关的特征向量？反求矩阵 $\boldsymbol{A}$.

解　（Ⅰ）二次型 $\boldsymbol{x}^{\mathrm{T}}\boldsymbol{A}\boldsymbol{x}$ 在正交变换 $\boldsymbol{x}=\boldsymbol{Q}\boldsymbol{y}$ 下的标准形为 $y_1^2+y_2^2$，说明二次型矩阵 $\boldsymbol{A}$ 的特征值是 1，1，0. 又因 $\boldsymbol{Q}$ 的第 3 列是 $\left(\dfrac{\sqrt{2}}{2},0,\dfrac{\sqrt{2}}{2}\right)^{\mathrm{T}}$，说明 $\boldsymbol{\alpha}_3=(1,0,1)^{\mathrm{T}}$ 是矩阵 $\boldsymbol{A}$ 关于特征值 $\lambda=0$ 的特征向量.

因为 $\boldsymbol{A}$ 是实对称矩阵，不同特征值对应的特征向量相互正交. 设 $\boldsymbol{A}$ 关于 $\lambda_1=\lambda_2=1$ 的特征向量为 $\boldsymbol{\alpha}=(x_1,x_2,x_3)^{\mathrm{T}}$，则 $\boldsymbol{\alpha}^{\mathrm{T}}\boldsymbol{\alpha}_3=0$，即 $x_1+x_3=0$.

取 $\boldsymbol{\alpha}_1=(0,1,0)^{\mathrm{T}},\boldsymbol{\alpha}_2=(-1,0,1)^{\mathrm{T}}$，那么 $\boldsymbol{\alpha}_1,\boldsymbol{\alpha}_2$ 是 $\lambda_1=\lambda_2=1$ 对应的特征向量.

由 $\boldsymbol{A}(\boldsymbol{\alpha}_1,\boldsymbol{\alpha}_2,\boldsymbol{\alpha}_3)=(\boldsymbol{\alpha}_1,\boldsymbol{\alpha}_2,\boldsymbol{0})$，有

$$\boldsymbol{A}=(\boldsymbol{\alpha}_1,\boldsymbol{\alpha}_2,\boldsymbol{0})(\boldsymbol{\alpha}_1,\boldsymbol{\alpha}_2,\boldsymbol{\alpha}_3)^{-1}=\begin{pmatrix}0&-1&0\\1&0&0\\0&1&0\end{pmatrix}\begin{pmatrix}0&-1&1\\1&0&0\\0&1&1\end{pmatrix}^{-1}$$

$$=\begin{pmatrix}0&-1&0\\1&0&0\\0&1&0\end{pmatrix}\begin{pmatrix}0&1&0\\-\frac{1}{2}&0&\frac{1}{2}\\\frac{1}{2}&0&\frac{1}{2}\end{pmatrix}=\begin{pmatrix}\frac{1}{2}&0&-\frac{1}{2}\\0&1&0\\-\frac{1}{2}&0&\frac{1}{2}\end{pmatrix}.$$

(Ⅱ) 由于$\boldsymbol{A}+\boldsymbol{E}$是对称矩阵，且矩阵$\boldsymbol{A}$的特征值是1,1,0，那么$\boldsymbol{A}+\boldsymbol{E}$的特征值是2,2,1.因为$\boldsymbol{A}+\boldsymbol{E}$的特征值全大于0，所以$\boldsymbol{A}+\boldsymbol{E}$正定.

【评注】本题也可把$\boldsymbol{\alpha}_1,\boldsymbol{\alpha}_2$单位化处理(它们已经正交!)，构造出正交矩阵$\boldsymbol{Q}$，即

$$\boldsymbol{Q}=\begin{pmatrix}0&-\frac{1}{\sqrt{2}}&\frac{1}{\sqrt{2}}\\1&0&0\\0&\frac{1}{\sqrt{2}}&\frac{1}{\sqrt{2}}\end{pmatrix},\quad 则\quad \boldsymbol{Q}^{-1}\boldsymbol{A}\boldsymbol{Q}=\boldsymbol{Q}^{\mathrm{T}}\boldsymbol{A}\boldsymbol{Q}=\begin{pmatrix}1&&\\&1&\\&&0\end{pmatrix},$$

于是有$\boldsymbol{A}=\boldsymbol{Q}\boldsymbol{\Lambda}\boldsymbol{Q}^{\mathrm{T}}=\cdots$.

因为在(Ⅰ)中已求出矩阵$\boldsymbol{A}$，那么计算$\boldsymbol{A}+\boldsymbol{E}$的顺序主子式$\Delta_1=\frac{3}{2},\Delta_2=3,\Delta_3=4$全大于0也可证出$\boldsymbol{A}+\boldsymbol{E}$正定.

本题综合性强，知识点多，复习二次型一定要搞清二次型和特征值知识点之间的衔接和转换.

K 2012 数学一、数学二、数学三，11分

88 已知$\boldsymbol{A}=\begin{pmatrix}1&0&1\\0&1&1\\-1&0&a\\0&a&-1\end{pmatrix}$，二次型$f(x_1,x_2,x_3)=\boldsymbol{x}^{\mathrm{T}}(\boldsymbol{A}^{\mathrm{T}}\boldsymbol{A})\boldsymbol{x}$的秩为2.

(Ⅰ) 求实数a的值；

(Ⅱ) 求正交变换$\boldsymbol{x}=\boldsymbol{Q}\boldsymbol{y}$将二次型$f$化为标准形.

知识点睛 0603 二次型的秩，0606 用正交变换化二次型为标准形

解 (Ⅰ) 因为$r(\boldsymbol{A}^{\mathrm{T}}\boldsymbol{A})=r(\boldsymbol{A})$，对$\boldsymbol{A}$施以初等行变换

$$\boldsymbol{A}=\begin{pmatrix}1&0&1\\0&1&1\\-1&0&a\\0&a&-1\end{pmatrix}\to\begin{pmatrix}1&0&1\\0&1&1\\0&0&a+1\\0&0&0\end{pmatrix},$$

所以当$a=-1$时，$r(\boldsymbol{A})=2$.

(Ⅱ) 由(Ⅰ) 知$\boldsymbol{A}^{\mathrm{T}}\boldsymbol{A}=\begin{pmatrix}2&0&2\\0&2&2\\2&2&4\end{pmatrix}$，那么

$$|\lambda\boldsymbol{E}-\boldsymbol{A}^{\mathrm{T}}\boldsymbol{A}|=\begin{vmatrix}\lambda-2 & 0 & -2\\ 0 & \lambda-2 & -2\\ -2 & -2 & \lambda-4\end{vmatrix}=\begin{vmatrix}\lambda-2 & 2-\lambda & 0\\ 0 & \lambda-2 & -2\\ -2 & -2 & \lambda-4\end{vmatrix}$$

$$=\begin{vmatrix}\lambda-2 & 0 & 0\\ 0 & \lambda-2 & -2\\ -2 & -4 & \lambda-4\end{vmatrix}=\lambda(\lambda-2)(\lambda-6),$$

得矩阵 $\boldsymbol{A}$ 的特征值为 0,2,6.

对 $\lambda=0$,由 $(0\boldsymbol{E}-\boldsymbol{A})\boldsymbol{x}=\boldsymbol{0}$ 得基础解系$(-1,-1,1)^{\mathrm{T}}$,

对 $\lambda=2$,由 $(2\boldsymbol{E}-\boldsymbol{A})\boldsymbol{x}=\boldsymbol{0}$ 得基础解系$(-1,1,0)^{\mathrm{T}}$,

对 $\lambda=6$,由 $(6\boldsymbol{E}-\boldsymbol{A})\boldsymbol{x}=\boldsymbol{0}$ 得基础解系$(1,1,2)^{\mathrm{T}}$.

因为实对称矩阵不同特征值对应的特征向量相互正交,故只需单位化

$$\boldsymbol{\gamma}_1=\frac{1}{\sqrt{3}}\begin{pmatrix}-1\\-1\\1\end{pmatrix},\quad \boldsymbol{\gamma}_2=\frac{1}{\sqrt{2}}\begin{pmatrix}-1\\1\\0\end{pmatrix},\quad \boldsymbol{\gamma}_3=\frac{1}{\sqrt{6}}\begin{pmatrix}1\\1\\2\end{pmatrix}.$$

令

$$\begin{pmatrix}x_1\\x_2\\x_3\end{pmatrix}=\begin{pmatrix}-\frac{1}{\sqrt{3}} & -\frac{1}{\sqrt{2}} & \frac{1}{\sqrt{6}}\\ -\frac{1}{\sqrt{3}} & \frac{1}{\sqrt{2}} & \frac{1}{\sqrt{6}}\\ \frac{1}{\sqrt{3}} & 0 & \frac{2}{\sqrt{6}}\end{pmatrix}\begin{pmatrix}y_1\\y_2\\y_3\end{pmatrix},$$

则有 $\boldsymbol{x}^{\mathrm{T}}(\boldsymbol{A}^{\mathrm{T}}\boldsymbol{A})\boldsymbol{x}=\boldsymbol{y}^{\mathrm{T}}\boldsymbol{\Lambda}\boldsymbol{y}=2y_2^2+6y_3^2$.

【评注】当然如果直接计算也行,但计算量非常大.

$$二次型矩阵\ \boldsymbol{A}^{\mathrm{T}}\boldsymbol{A}=\begin{pmatrix}1 & 0 & -1 & 0\\ 0 & 1 & 0 & a\\ 1 & 1 & a & -1\end{pmatrix}\begin{pmatrix}1 & 0 & 1\\ 0 & 1 & 1\\ -1 & 0 & a\\ 0 & a & -1\end{pmatrix}$$

$$=\begin{pmatrix}2 & 0 & 1-a\\ 0 & 1+a^2 & 1-a\\ 1-a & 1-a & 3+a^2\end{pmatrix},$$

由于 $\boldsymbol{A}^{\mathrm{T}}\boldsymbol{A}$ 中有二阶子式

$$\begin{vmatrix}2 & 0\\ 0 & 1+a^2\end{vmatrix}=2(1+a^2)\neq 0,$$

所以二次型 f 的秩为 2$\Leftrightarrow|\boldsymbol{A}^{\mathrm{T}}\boldsymbol{A}|=0$. 又

$$|\boldsymbol{A}^{\mathrm{T}}\boldsymbol{A}|=\begin{vmatrix}2 & 0 & 1-a\\ 0 & 1+a^2 & 1-a\\ 1-a & 1-a & 3+a^2\end{vmatrix}=2(1+a^2)(3+a^2)-(1-a)^2(1+a^2)-2(1-a)^2$$

$$=(a+1)^2(a^2+3),$$

所以 $a=-1$.

K 2013 数学一、数学二、数学三，11分

89 设二次型$f(x_1,x_2,x_3)=2(a_1x_1+a_2x_2+a_3x_3)^2+(b_1x_1+b_2x_2+b_3x_3)^2$，记

$$\boldsymbol{\alpha}=\begin{pmatrix}a_1\\a_2\\a_3\end{pmatrix},\quad \boldsymbol{\beta}=\begin{pmatrix}b_1\\b_2\\b_3\end{pmatrix},$$

（Ⅰ）证明二次型f对应的矩阵为$2\boldsymbol{\alpha}\boldsymbol{\alpha}^{\mathrm T}+\boldsymbol{\beta}\boldsymbol{\beta}^{\mathrm T}$；

（Ⅱ）若$\boldsymbol{\alpha},\boldsymbol{\beta}$正交且均为单位向量，证明$f$在正交变换下的标准形为$2y_1^2+y_2^2$.

知识点睛 0606 用正交变换化二次型为标准形

证 （Ⅰ）记$\boldsymbol{x}=(x_1,x_2,x_3)^{\mathrm T}$，则

$$a_1x_1+a_2x_2+a_3x_3=(x_1,x_2,x_3)\begin{pmatrix}a_1\\a_2\\a_3\end{pmatrix}=(a_1,a_2,a_3)\begin{pmatrix}x_1\\x_2\\x_3\end{pmatrix},$$

类似地$b_1x_1+b_2x_2+b_3x_3=\boldsymbol{x}^{\mathrm T}\boldsymbol{\beta}=\boldsymbol{\beta}^{\mathrm T}\boldsymbol{x}$.故

$$\begin{aligned}f(x_1,x_2,x_3)&=2(a_1x_1+a_2x_2+a_3x_3)^2+(b_1x_1+b_2x_2+b_3x_3)^2\\&=2(\boldsymbol{x}^{\mathrm T}\boldsymbol{\alpha})(\boldsymbol{\alpha}^{\mathrm T}\boldsymbol{x})+(\boldsymbol{x}^{\mathrm T}\boldsymbol{\beta})(\boldsymbol{\beta}^{\mathrm T}\boldsymbol{x})\\&=\boldsymbol{x}^{\mathrm T}(2\boldsymbol{\alpha}\boldsymbol{\alpha}^{\mathrm T}+\boldsymbol{\beta}\boldsymbol{\beta}^{\mathrm T})\boldsymbol{x}.\end{aligned}$$

又因$2\boldsymbol{\alpha}\boldsymbol{\alpha}^{\mathrm T}+\boldsymbol{\beta}\boldsymbol{\beta}^{\mathrm T}$是对称矩阵，所以二次型$f$对应的矩阵为$2\boldsymbol{\alpha}\boldsymbol{\alpha}^{\mathrm T}+\boldsymbol{\beta}\boldsymbol{\beta}^{\mathrm T}$.

（Ⅱ）因$\boldsymbol{\alpha},\boldsymbol{\beta}$均是单位向量且相互正交，有

$$\boldsymbol{A\alpha}=(2\boldsymbol{\alpha}\boldsymbol{\alpha}^{\mathrm T}+\boldsymbol{\beta}\boldsymbol{\beta}^{\mathrm T})\boldsymbol{\alpha}=2\boldsymbol{\alpha}(\boldsymbol{\alpha}^{\mathrm T}\boldsymbol{\alpha})+\boldsymbol{\beta}(\boldsymbol{\beta}^{\mathrm T}\boldsymbol{\alpha})=2\boldsymbol{\alpha},$$

$$\boldsymbol{A\beta}=(2\boldsymbol{\alpha}\boldsymbol{\alpha}^{\mathrm T}+\boldsymbol{\beta}\boldsymbol{\beta}^{\mathrm T})\boldsymbol{\beta}=2\boldsymbol{\alpha}(\boldsymbol{\alpha}^{\mathrm T}\boldsymbol{\beta})+\boldsymbol{\beta}(\boldsymbol{\beta}^{\mathrm T}\boldsymbol{\beta})=\boldsymbol{\beta},$$

$\lambda_1=2,\lambda_2=1$是$\boldsymbol{A}$的特征值.

又因为$\boldsymbol{\alpha}\boldsymbol{\alpha}^{\mathrm T},\boldsymbol{\beta}\boldsymbol{\beta}^{\mathrm T}$都是秩为1的矩阵，所以

$$r(\boldsymbol{A})=r(2\boldsymbol{\alpha}\boldsymbol{\alpha}^{\mathrm T}+\boldsymbol{\beta}\boldsymbol{\beta}^{\mathrm T})\leqslant r(2\boldsymbol{\alpha}\boldsymbol{\alpha}^{\mathrm T})+r(\boldsymbol{\beta}\boldsymbol{\beta}^{\mathrm T})=2<3,$$

故$\lambda_3=0$是矩阵$\boldsymbol{A}$的特征值.

因此经正交变换二次型f的标准形为$2y_1^2+y_2^2$.

【评注】下面给出的解也是对的.

因为二次型

$$\begin{aligned}f(x_1,x_2,x_3)&=2(a_1x_1+a_2x_2+a_3x_3)^2+(b_1x_1+b_2x_2+b_3x_3)^2\\&=2(a_1^2x_1^2+a_2^2x_2^2+a_3^2x_3^2+2a_1a_2x_1x_2+2a_1a_3x_1x_3+2a_2a_3x_2x_3)+\\&\quad(b_1^2x_1^2+b_2^2x_2^2+b_3^2x_3^2+2b_1b_2x_1x_2+2b_1b_3x_1x_3+2b_2b_3x_2x_3)\\&=(2a_1^2+b_1^2)x_1^2+(2a_2^2+b_2^2)x_2^2+(2a_3^2+b_3^2)x_3^2+2(2a_1a_2+b_1b_2)x_1x_2+\\&\quad2(2a_1a_3+b_1b_3)x_1x_3+2(2a_2a_3+b_2b_3)x_2x_3,\end{aligned}$$

所以按定义，二次型矩阵

$$\boldsymbol{A}=\begin{pmatrix}2a_1^2+b_1^2&2a_1a_2+b_1b_2&2a_1a_3+b_1b_3\\2a_1a_2+b_1b_2&2a_2^2+b_2^2&2a_2a_3+b_2b_3\\2a_1a_3+b_1b_3&2a_2a_3+b_2b_3&2a_3^2+b_3^2\end{pmatrix}$$

$$=\begin{pmatrix}2a_1^2&2a_1a_2&2a_1a_3\\2a_1a_2&2a_2^2&2a_2a_3\\2a_1a_3&2a_2a_3&2a_3^2\end{pmatrix}+\begin{pmatrix}b_1^2&b_1b_2&b_1b_3\\b_1b_2&b_2^2&b_2b_3\\b_1b_3&b_2b_3&b_3^2\end{pmatrix}.$$

故$\boldsymbol{A}=2\boldsymbol{\alpha}\boldsymbol{\alpha}^{\mathrm T}+\boldsymbol{\beta}\boldsymbol{\beta}^{\mathrm T}$.

90 设二次型$f(x_1,x_2,x_3)=2x_1^2-x_2^2+ax_3^2+2x_1x_2-8x_1x_3+2x_2x_3$在正交变换$\boldsymbol{x}=\boldsymbol{Q}\boldsymbol{y}$下的标准形为$\lambda_1y_1^2+\lambda_2y_2^2$,求$a$的值及一个正交矩阵$\boldsymbol{Q}$. 2017 数学一、数学二、数学三,11 分

知识点睛 0606 用正交变换化二次型为标准形

解 由题意知,二次型的矩阵

$$\boldsymbol{A}=\begin{pmatrix}2&1&-4\\1&-1&1\\-4&1&a\end{pmatrix}$$

在正交变换下的标准形是$\lambda_1y_1^2+\lambda_2y_2^2$,说明$\boldsymbol{A}$的特征值为$\lambda_1,\lambda_2,0$.所以

$$|\boldsymbol{A}|=\begin{vmatrix}2&1&-4\\1&-1&1\\-4&1&a\end{vmatrix}=-3(a-2)=0,$$

故$a=2$.由

$$|\lambda\boldsymbol{E}-\boldsymbol{A}|=\begin{vmatrix}\lambda-2&-1&4\\-1&\lambda+1&-1\\4&-1&\lambda-2\end{vmatrix}=\begin{vmatrix}\lambda-6&0&6-\lambda\\-1&\lambda+1&-1\\4&-1&\lambda-2\end{vmatrix}$$

$$=\begin{vmatrix}\lambda-6&0&0\\-1&\lambda+1&-2\\4&-1&\lambda+2\end{vmatrix}=\lambda(\lambda+3)(\lambda-6)=0,$$

得矩阵$\boldsymbol{A}$的特征值为$6,-3,0$.

由$(6\boldsymbol{E}-\boldsymbol{A})\boldsymbol{x}=\boldsymbol{0}$得基础解系$\boldsymbol{\alpha}_1=(1,0,-1)^{\mathrm{T}}$,即$\lambda=6$对应的特征向量.

由$(-3\boldsymbol{E}-\boldsymbol{A})\boldsymbol{x}=\boldsymbol{0}$得基础解系$\boldsymbol{\alpha}_2=(1,-1,1)^{\mathrm{T}}$,即$\lambda=-3$对应的特征向量.

由$(0\boldsymbol{E}-\boldsymbol{A})\boldsymbol{x}=\boldsymbol{0}$得基础解系$\boldsymbol{\alpha}_3=(1,2,1)^{\mathrm{T}}$,即$\lambda=0$对应的特征向量.

因实对称矩阵不同特征值对应的特征向量相互正交,故只需单位化,有

$$\boldsymbol{\gamma}_1=\frac{1}{\sqrt{2}}\begin{pmatrix}1\\0\\-1\end{pmatrix},\quad \boldsymbol{\gamma}_2=\frac{1}{\sqrt{3}}\begin{pmatrix}1\\-1\\1\end{pmatrix},\quad \boldsymbol{\gamma}_3=\frac{1}{\sqrt{6}}\begin{pmatrix}1\\2\\1\end{pmatrix},$$

那么$\boldsymbol{Q}=(\boldsymbol{\gamma}_1,\boldsymbol{\gamma}_2,\boldsymbol{\gamma}_3)=\begin{pmatrix}\frac{1}{\sqrt{2}}&\frac{1}{\sqrt{3}}&\frac{1}{\sqrt{6}}\\0&-\frac{1}{\sqrt{3}}&\frac{2}{\sqrt{6}}\\-\frac{1}{\sqrt{2}}&\frac{1}{\sqrt{3}}&\frac{1}{\sqrt{6}}\end{pmatrix}$,经$\boldsymbol{x}=\boldsymbol{Q}\boldsymbol{y}$有

$$\boldsymbol{x}^{\mathrm{T}}\boldsymbol{A}\boldsymbol{x}=\boldsymbol{y}^{\mathrm{T}}\boldsymbol{\Lambda}\boldsymbol{y}=6y_1^2-3y_2^2$$

91 设$\boldsymbol{D}=\begin{pmatrix}\boldsymbol{A}&\boldsymbol{C}\\\boldsymbol{C}^{\mathrm{T}}&\boldsymbol{B}\end{pmatrix}$为正定矩阵,其中$\boldsymbol{A},\boldsymbol{B}$分别为$m$阶,$n$阶对称矩阵,$\boldsymbol{C}$为$m\times n$矩阵. 2005 数学三,13 分

(Ⅰ) 计算$\boldsymbol{P}^{\mathrm{T}}\boldsymbol{D}\boldsymbol{P}$,其中$\boldsymbol{P}=\begin{pmatrix}\boldsymbol{E}_m&-\boldsymbol{A}^{-1}\boldsymbol{C}\\\boldsymbol{O}&\boldsymbol{E}_n\end{pmatrix}$;

(Ⅱ) 利用(Ⅰ)的结果判断矩阵 $B - C^{\mathrm{T}}A^{-1}C$ 是否为正定矩阵,并证明你的结论.

知识点睛 0608 正定矩阵的判定

解 (Ⅰ) 因为 $P^{\mathrm{T}}=\begin{pmatrix}E_m & -A^{-1}C\\ O & E_n\end{pmatrix}^{\mathrm{T}}=\begin{pmatrix}E_m & O\\ -C^{\mathrm{T}}A^{-1} & E_n\end{pmatrix}$,所以

$$P^{\mathrm{T}}DP=\begin{pmatrix}E_m & O\\ -C^{\mathrm{T}}A^{-1} & E_n\end{pmatrix}\begin{pmatrix}A & C\\ C^{\mathrm{T}} & B\end{pmatrix}\begin{pmatrix}E_m & -A^{-1}C\\ O & E_n\end{pmatrix}$$

$$=\begin{pmatrix}A & C\\ O & B-C^{\mathrm{T}}A^{-1}C\end{pmatrix}\begin{pmatrix}E_m & -A^{-1}C\\ O & E_n\end{pmatrix}=\begin{pmatrix}A & O\\ O & B-C^{\mathrm{T}}A^{-1}C\end{pmatrix}.$$

(Ⅱ) 因为 D 是对称矩阵,知 $P^{\mathrm{T}}DP$ 是对称矩阵,所以 $B - C^{\mathrm{T}}A^{-1}C$ 为对称矩阵,又因矩阵 D 与$\begin{pmatrix}A & O\\ O & B-C^{\mathrm{T}}A^{-1}C\end{pmatrix}$合同,且 D 正定,知矩阵$\begin{pmatrix}A & O\\ O & B-C^{\mathrm{T}}A^{-1}C\end{pmatrix}$正定,那么,$\forall\begin{pmatrix}O\\ Y\end{pmatrix}\neq\mathbf{0}$,恒有

$$(O,Y^{\mathrm{T}})\begin{pmatrix}A & O\\ O & B-C^{\mathrm{T}}A^{-1}C\end{pmatrix}\begin{pmatrix}O\\ Y\end{pmatrix}=Y^{\mathrm{T}}(B-C^{\mathrm{T}}A^{-1}C)Y>0,$$

所以矩阵 $B - C^{\mathrm{T}}A^{-1}C$ 正定.

【评注】对于抽象的二次型其正定性的判断往往要考虑用定义法,另外不应忘记首先要检验矩阵的对称性.

Ⓚ 2003 数学三,13 分

92 题精解视频

92 设二次型

$$f(x_1,x_2,x_3)=x^{\mathrm{T}}Ax=ax_1^2+2x_2^2-2x_3^2+2bx_1x_3\quad(b>0),$$

其中二次型的矩阵 A 的特征值之和为 1,特征值之积为-12.

(1) 求 a,b 的值;

(2) 利用正交变换将二次型 f 化为标准形,并写出所用的正交变换和对应的正交矩阵.

知识点睛 0606 用正交变换化二次型为标准形

解 (1) 二次型 f 的矩阵为 $A=\begin{pmatrix}a & 0 & b\\ 0 & 2 & 0\\ b & 0 & -2\end{pmatrix}$,设 A 的特征值为 $\lambda_i(i=1,2,3)$,由题设,有$\begin{cases}\lambda_1+\lambda_2+\lambda_3=a+2+(-2)=1,\\ \lambda_1\lambda_2\lambda_3=|A|=2(-2a-b^2)=-12\end{cases}\Rightarrow a=1,b=2$(已知 $b>0$).

(2) 由矩阵 A 的特征多项式

$$|\lambda E-A|=\begin{vmatrix}\lambda-1 & 0 & -2\\ 0 & \lambda-2 & 0\\ -2 & 0 & \lambda+2\end{vmatrix}=(\lambda-2)\begin{vmatrix}\lambda-1 & -2\\ -2 & \lambda+2\end{vmatrix}=(\lambda-2)^2(\lambda+3),$$

得 A 的特征值为 $\lambda_1=\lambda_2=2,\lambda_3=-3$.

对于 $\lambda_1=\lambda_2=2$,由 $(2E-A)x=\mathbf{0}$,及

$$\begin{pmatrix}1&0&-2\\0&0&0\\-2&0&4\end{pmatrix}\to\begin{pmatrix}1&0&-2\\0&0&0\\0&0&0\end{pmatrix},$$

得到属于 $\lambda_1=\lambda_2=2$ 的线性无关的特征向量 $\boldsymbol{\alpha}_1=(0,1,0)^{\mathrm{T}},\boldsymbol{\alpha}_2=(2,0,1)^{\mathrm{T}}$.

对于 $\lambda_3=-3$,由 $(-3\boldsymbol{E}-\boldsymbol{A})\boldsymbol{x}=\boldsymbol{0}$,及

$$\begin{pmatrix}-4&0&-2\\0&-5&0\\-2&0&-1\end{pmatrix}\to\begin{pmatrix}2&0&1\\0&1&0\\0&0&0\end{pmatrix},$$

得到属于 $\lambda_3=-3$ 对应的特征向量 $\boldsymbol{\alpha}_3=(1,0,-2)^{\mathrm{T}}$.

由于 $\boldsymbol{\alpha}_1,\boldsymbol{\alpha}_2,\boldsymbol{\alpha}_3$ 已两两正交,故只需单位化,有

$$\boldsymbol{\gamma}_1=(0,1,0)^{\mathrm{T}},\quad \boldsymbol{\gamma}_2=\frac{1}{\sqrt{5}}(2,0,1)^{\mathrm{T}},\quad \boldsymbol{\gamma}_3=\frac{1}{\sqrt{5}}(1,0,-2)^{\mathrm{T}}.$$

令 $\boldsymbol{Q}=(\boldsymbol{\gamma}_1,\boldsymbol{\gamma}_2,\boldsymbol{\gamma}_3)=\begin{pmatrix}0&\frac{2}{\sqrt{5}}&\frac{1}{\sqrt{5}}\\1&0&0\\0&\frac{1}{\sqrt{5}}&-\frac{2}{\sqrt{5}}\end{pmatrix}$,则 $\boldsymbol{Q}$ 为正交矩阵,在正交变换 $\boldsymbol{x}=\boldsymbol{Q}\boldsymbol{y}$ 下,有

$$\boldsymbol{Q}^{\mathrm{T}}\boldsymbol{A}\boldsymbol{Q}=\boldsymbol{Q}^{-1}\boldsymbol{A}\boldsymbol{Q}=\begin{pmatrix}2&&\\&2&\\&&-3\end{pmatrix}.$$

于是,二次型的标准形为 $f=2y_1^2+2y_2^2-3y_3^2$.

93 设有 n 元实二次型 2000 数学三,9 分

$$f(x_1,x_2,\cdots,x_n)=(x_1+a_1x_2)^2+(x_2+a_2x_3)^2+\cdots+(x_{n-1}+a_{n-1}x_n)^2+(x_n+a_nx_1)^2,$$

其中 $a_i(i=1,2,\cdots,n)$ 为实数. 试问:当 $a_1,a_2,\cdots,a_n$ 满足何种条件时,二次型 $f(x_1,x_2,\cdots,x_n)$ 为正定二次型.

知识点睛 0608 正定二次型的判定

解 由已知条件知,对任意的 $x_1,x_2,\cdots,x_n$,恒有 $f(x_1,x_2,\cdots,x_n)\geqslant 0$,其中等号成立的充分必要条件是

$$\begin{cases}x_1+a_1x_2=0,\\x_2+a_2x_3=0,\\\cdots\cdots\cdots\cdots\cdots\cdots\\x_{n-1}+a_{n-1}x_n=0,\\x_n+a_nx_1=0.\end{cases}\qquad①$$

根据正定的定义,只要 $\boldsymbol{x}\neq\boldsymbol{0}$,恒有 $\boldsymbol{x}^{\mathrm{T}}\boldsymbol{A}\boldsymbol{x}>0$,则 $\boldsymbol{x}^{\mathrm{T}}\boldsymbol{A}\boldsymbol{x}$ 是正定二次型,为此,只要方程组①仅有零解,就必有当 $\boldsymbol{x}\neq\boldsymbol{0}$ 时,$x_1+a_1x_2,x_2+a_2x_3,\cdots,x_{n-1}+a_{n-1}x_n,x_n+a_nx_1$ 不全为 0,从而 $f(x_1,x_2,\cdots,x_n)>0$,亦即 f 是正定二次型.

而方程组①只有零解的充分必要条件是系数行列式

$$\begin{vmatrix} 1 & a_1 & 0 & \cdots & 0 & 0 \\ 0 & 1 & a_2 & \cdots & 0 & 0 \\ 0 & 0 & 1 & \cdots & 0 & 0 \\ \vdots & \vdots & \vdots & & \vdots & \vdots \\ 0 & 0 & 0 & \cdots & 1 & a_{n-1} \\ a_n & 0 & 0 & \cdots & 0 & 1 \end{vmatrix} = 1 + (-1)^{n+1}a_1a_2\cdots a_n \neq 0, \qquad ②$$

即当 $a_1a_2\cdots a_n \neq (-1)^n$ 时,二次型 $f(x_1,x_2,\cdots,x_n)$ 为正定二次型.

Ⓚ 2002 数学三,8分

94 设 $\boldsymbol{A}$ 为3阶实对称矩阵,且满足条件 $\boldsymbol{A}^2+2\boldsymbol{A}=\boldsymbol{0}$,已知 $\boldsymbol{A}$ 的秩 $r(\boldsymbol{A})=2$.

(1) 求 $\boldsymbol{A}$ 的全部特征值;

(2) 当 k 为何值时,矩阵 $\boldsymbol{A}+k\boldsymbol{E}$ 为正定矩阵,其中 $\boldsymbol{E}$ 为3阶单位矩阵.

知识点睛 0608 正定矩阵的判定

解法1 (1) 设 λ 为 $\boldsymbol{A}$ 的一个特征值,对应的特征向量为 $\boldsymbol{\alpha}$,则

$$\boldsymbol{A\alpha}=\lambda\boldsymbol{\alpha}(\boldsymbol{\alpha}\neq\boldsymbol{0}), \quad \boldsymbol{A}^2\boldsymbol{\alpha}=\lambda^2\boldsymbol{\alpha},$$

于是 $(\boldsymbol{A}^2+2\boldsymbol{A})\boldsymbol{\alpha}=(\lambda^2+2\lambda)\boldsymbol{\alpha}$.由条件 $\boldsymbol{A}^2+2\boldsymbol{A}=\boldsymbol{0}$ 推知 $(\lambda^2+2\lambda)\boldsymbol{\alpha}=\boldsymbol{0}$.

又由于 $\boldsymbol{\alpha}\neq\boldsymbol{0}$,故有 $\lambda^2+2\lambda=0$,解得 $\lambda=-2$ 或 $\lambda=0$.

因为实对称矩阵 $\boldsymbol{A}$ 必可对角化,且 $r(\boldsymbol{A})=2$,所以

$$\boldsymbol{A}\sim\begin{pmatrix} -2 & & \\ & -2 & \\ & & 0 \end{pmatrix},$$

因此,矩阵 $\boldsymbol{A}$ 的全部特征值为 $\lambda_1=\lambda_2=-2,\lambda_3=0$.

(2) 矩阵 $\boldsymbol{A}+k\boldsymbol{E}$ 为实对称矩阵,由(1)知,$\boldsymbol{A}+k\boldsymbol{E}$ 的全部特征值为 $-2+k,-2+k,k$. 于是当 $k>2$ 时,矩阵 $\boldsymbol{A}+k\boldsymbol{E}$ 的全部特征值都大于零.因此,矩阵 $\boldsymbol{A}+k\boldsymbol{E}$ 为正定矩阵.

解法2 (1) 同解法一.

(2) 实对称矩阵必可对角化,故存在可逆矩阵 $\boldsymbol{P}$,使得

$$\boldsymbol{P}^{-1}\boldsymbol{AP}=\boldsymbol{\Lambda}, \quad 即 \quad \boldsymbol{A}=\boldsymbol{P\Lambda P}^{-1},$$

于是

$$\boldsymbol{A}+k\boldsymbol{E}=\boldsymbol{P\Lambda P}^{-1}+k\boldsymbol{PP}^{-1}=\boldsymbol{P}(\boldsymbol{\Lambda}+k\boldsymbol{E})\boldsymbol{P}^{-1},$$

所以 $\boldsymbol{A}+k\boldsymbol{E}\sim\boldsymbol{\Lambda}+k\boldsymbol{E}$.而

$$\boldsymbol{\Lambda}+k\boldsymbol{E}=\begin{pmatrix} k-2 & & \\ & k-2 & \\ & & k \end{pmatrix},$$

要使 $\boldsymbol{\Lambda}+k\boldsymbol{E}$ 为正定矩阵,只需其顺序主子式均大于零,即 k 需满足

$$k-2>0, \quad (k-2)^2>0, \quad (k-2)^2k>0.$$

因此,当 $k>2$ 时,矩阵 $\boldsymbol{A}+k\boldsymbol{E}$ 为正定矩阵.

Ⓚ 1999 数学一,6分

95 设 $\boldsymbol{A}$ 为 m 阶实对称矩阵且正定,$\boldsymbol{B}$ 为 $m\times n$ 实矩阵,$\boldsymbol{B}^{\mathrm{T}}$ 为 $\boldsymbol{B}$ 的转置矩阵,试证:$\boldsymbol{B}^{\mathrm{T}}\boldsymbol{AB}$ 为正定矩阵的充分必要条件是 $r(\boldsymbol{B})=n$.

知识点睛 0608 正定矩阵的判定

证 必要性.设 $\boldsymbol{B}^{\mathrm{T}}\boldsymbol{AB}$ 为正定矩阵,按定义,对任意 $\boldsymbol{x}\neq\boldsymbol{0}$,恒有 $\boldsymbol{x}^{\mathrm{T}}(\boldsymbol{B}^{\mathrm{T}}\boldsymbol{AB})\boldsymbol{x}>0$,即任

意 $\boldsymbol{x}\neq\boldsymbol{0}$，恒有$(\boldsymbol{Bx})^{\mathrm{T}}\boldsymbol{A}(\boldsymbol{Bx})>0$，即任意 $\boldsymbol{x}\neq\boldsymbol{0}$，恒有 $\boldsymbol{Bx}\neq\boldsymbol{0}$，因此，齐次线性方程组 $\boldsymbol{Bx}=\boldsymbol{0}$ 只有零解，从而 $r(\boldsymbol{B})=n$.

95 题精解视频

充分性. 因$(\boldsymbol{B}^{\mathrm{T}}\boldsymbol{AB})^{\mathrm{T}}=\boldsymbol{B}^{\mathrm{T}}\boldsymbol{A}^{\mathrm{T}}(\boldsymbol{B}^{\mathrm{T}})^{\mathrm{T}}=\boldsymbol{B}^{\mathrm{T}}\boldsymbol{AB}$，知 $\boldsymbol{B}^{\mathrm{T}}\boldsymbol{AB}$ 为实对称矩阵.

若 $r(\boldsymbol{B})=n$，则齐次方程组 $\boldsymbol{Bx}=\boldsymbol{0}$ 只有零解，那么任意 $\boldsymbol{x}\neq\boldsymbol{0}$ 必有 $\boldsymbol{Bx}\neq\boldsymbol{0}$，又 $\boldsymbol{A}$ 为正定矩阵，所以对于 $\boldsymbol{Bx}\neq\boldsymbol{0}$，恒有$(\boldsymbol{Bx})^{\mathrm{T}}\boldsymbol{A}(\boldsymbol{Bx})>0$，即当 $\boldsymbol{x}\neq\boldsymbol{0}$ 时，$\boldsymbol{x}^{\mathrm{T}}(\boldsymbol{B}^{\mathrm{T}}\boldsymbol{AB})\boldsymbol{x}>0$，故 $\boldsymbol{B}^{\mathrm{T}}\boldsymbol{AB}$ 为正定矩阵.

【评注】本题的证法很多. 例如，利用秩的定义和性质可证必要性.

由 $\boldsymbol{B}^{\mathrm{T}}\boldsymbol{AB}$ 是 n 阶正定矩阵，知

$$n=r(\boldsymbol{B}^{\mathrm{T}}\boldsymbol{AB})\leqslant r(\boldsymbol{B})\leqslant\min(m,n)\leqslant n,$$

所以 $r(\boldsymbol{B})=n$.（请说出上述每一步成立的理由.）

本题充分性的证明也可以用特征值法：

设 λ 是 $\boldsymbol{B}^{\mathrm{T}}\boldsymbol{AB}$ 的任一特征值，$\boldsymbol{\alpha}$ 是属于特征值 λ 对应的特征向量，即$(\boldsymbol{B}^{\mathrm{T}}\boldsymbol{AB})\boldsymbol{\alpha}=\lambda\boldsymbol{\alpha}$，用 $\boldsymbol{\alpha}^{\mathrm{T}}$ 左乘等式的两端，有$(\boldsymbol{B\alpha})^{\mathrm{T}}\boldsymbol{A}(\boldsymbol{B\alpha})=\lambda\boldsymbol{\alpha}^{\mathrm{T}}\boldsymbol{\alpha}$.

因为秩 $r(\boldsymbol{B})=n$，$\boldsymbol{\alpha}\neq\boldsymbol{0}$，知 $\boldsymbol{B\alpha}\neq\boldsymbol{0}$ 以及 $\boldsymbol{\alpha}^{\mathrm{T}}\boldsymbol{\alpha}=\|\boldsymbol{\alpha}\|^2>0$，又因 $\boldsymbol{A}$ 正定，故由

$$\lambda\boldsymbol{\alpha}^{\mathrm{T}}\boldsymbol{\alpha}=(\boldsymbol{B\alpha})^{\mathrm{T}}\boldsymbol{A}(\boldsymbol{B\alpha})>0,$$

得到 $\lambda>0$. 所以 $\boldsymbol{B}^{\mathrm{T}}\boldsymbol{AB}$ 正定.

96 设 $\boldsymbol{A}$ 是一个 n 阶实对称矩阵，且$|\boldsymbol{A}|<0$. 证明：存在 n 维向量 $\boldsymbol{x}$，使 $\boldsymbol{x}^{\mathrm{T}}\boldsymbol{Ax}<0$.

知识点睛 0601 二次型的概念

证 因为 $\boldsymbol{A}$ 是 n 阶实对称矩阵，且$|\boldsymbol{A}|<0$，故二次型 $f(x_1,\cdots,x_n)=\boldsymbol{x}^{\mathrm{T}}\boldsymbol{Ax}$ 的秩为 n，且不是正定的，故负惯性指数至少是 1. 从而 f 可经过实满秩线性替换 $\boldsymbol{x}=\boldsymbol{Cy}$，化成

$$f=\boldsymbol{x}^{\mathrm{T}}\boldsymbol{Ax}=\boldsymbol{y}^{\mathrm{T}}\boldsymbol{C}^{\mathrm{T}}\boldsymbol{ACy}=y_1^2+\cdots+y_s^2-y_{s+1}^2-\cdots-y_n^2, \quad ①$$

其中 $1\leqslant s\leqslant n$.

当 $y_n=1$，且其余 $y_i=0$ 时，上式右端小于零. 且由 $\boldsymbol{x}=\boldsymbol{Cy}$ 所确定的向量 $\boldsymbol{x}\neq\boldsymbol{0}$，使①式左右两端相等，即有实 n 维向量 $\boldsymbol{x}$，使 $\boldsymbol{x}^{\mathrm{T}}\boldsymbol{Ax}<0$.

97 设 $\boldsymbol{A}=(a_{ij})$ 是 n 阶正定矩阵，$b_1,b_2,\cdots,b_n$ 是任意 n 个非零实数，证明 n 阶矩阵 $\boldsymbol{B}=(a_{ij}b_ib_j)$ 是正定矩阵.

知识点睛 0608 正定矩阵的判定

证法 1 因为 $a_{ij}=a_{ji}$，所以 $a_{ij}b_ib_j=a_{ji}b_jb_i(i,j=1,2,\cdots,n)$，即 $\boldsymbol{B}$ 为实对称矩阵. 矩阵 $\boldsymbol{B}$ 的 $k(k=1,2,\cdots,n)$ 阶顺序主子式

$$|\boldsymbol{B}_k|=\begin{vmatrix} a_{11}b_1^2 & a_{12}b_1b_2 & \cdots & a_{1k}b_1b_k \\ a_{21}b_2b_1 & a_{22}b_2^2 & \cdots & a_{2k}b_2b_k \\ \vdots & \vdots & & \vdots \\ a_{k1}b_kb_1 & a_{k2}b_kb_2 & \cdots & a_{kk}b_k^2 \end{vmatrix}=b_1^2b_2^2\cdots b_k^2|\boldsymbol{A}_k|,$$

其中

$$|\boldsymbol{A}_k|=\begin{vmatrix} a_{11} & a_{12} & \cdots & a_{1k} \\ a_{21} & a_{22} & \cdots & a_{2k} \\ \vdots & \vdots & & \vdots \\ a_{k1} & a_{k2} & \cdots & a_{kk} \end{vmatrix}$$

是矩阵 $\boldsymbol{A}$ 的 k 阶顺序主子式.由 $\boldsymbol{A}$ 是正定矩阵,知 $|\boldsymbol{A}_k|>0$,又 $b_1,b_2,\cdots,b_n$ 是非零实数,故 $|\boldsymbol{B}_k|>0$,即 $\boldsymbol{B}$ 的各阶顺序主子式全大于零,因此 $\boldsymbol{B}$ 为正定矩阵.

证法 2　记 $\boldsymbol{C}=\begin{pmatrix} b_1 & & & \\ & b_2 & & \\ & & \ddots & \\ & & & b_n \end{pmatrix}$,则 $\boldsymbol{C}$ 是可逆矩阵.由题设,得

$$\boldsymbol{C}^{\mathrm{T}}\boldsymbol{A}\boldsymbol{C}=\boldsymbol{B}.$$

因为 $\boldsymbol{A}$ 是正定矩阵,所以存在可逆矩阵 $\boldsymbol{P}$,使 $\boldsymbol{A}=\boldsymbol{P}^{\mathrm{T}}\boldsymbol{P}$.于是,存在可逆矩阵 $\boldsymbol{PC}$,使

$$\boldsymbol{B}=\boldsymbol{C}^{\mathrm{T}}\boldsymbol{P}^{\mathrm{T}}\boldsymbol{P}\boldsymbol{C}=(\boldsymbol{PC})^{\mathrm{T}}(\boldsymbol{PC}).$$

因此 $\boldsymbol{B}$ 是正定矩阵.

98　判断二次型 $f=\sum_{i=1}^{n}x_i^2+\sum_{i=1}^{n-1}x_ix_{i+1}$ 的正定性.

知识点睛　0608 正定二次型的判定

解　f 的矩阵为:

$$\boldsymbol{A}=\begin{pmatrix} 1 & \frac{1}{2} & 0 & \cdots & 0 & 0 \\ \frac{1}{2} & 1 & \frac{1}{2} & \cdots & 0 & 0 \\ 0 & \frac{1}{2} & 1 & \cdots & 0 & 0 \\ \vdots & \vdots & \vdots & & \vdots & \vdots \\ 0 & 0 & 0 & \cdots & 1 & \frac{1}{2} \\ 0 & 0 & 0 & \cdots & \frac{1}{2} & 1 \end{pmatrix},$$

任取 $\boldsymbol{A}$ 的一个 k 阶顺序主子式,有

$$|\boldsymbol{A}_k|=\begin{vmatrix} 1 & \frac{1}{2} & 0 & \cdots & 0 & 0 \\ \frac{1}{2} & 1 & \frac{1}{2} & \cdots & 0 & 0 \\ 0 & \frac{1}{2} & 1 & \cdots & 0 & 0 \\ \vdots & \vdots & \vdots & & \vdots & \vdots \\ 0 & 0 & 0 & \cdots & 1 & \frac{1}{2} \\ 0 & 0 & 0 & \cdots & \frac{1}{2} & 1 \end{vmatrix}=\frac{1}{2^k}\begin{vmatrix} 2 & 1 & 0 & \cdots & 0 & 0 \\ 1 & 2 & 1 & \cdots & 0 & 0 \\ 0 & 1 & 2 & \cdots & 0 & 0 \\ \vdots & \vdots & \vdots & & \vdots & \vdots \\ 0 & 0 & 0 & \cdots & 2 & 1 \\ 0 & 0 & 0 & \cdots & 1 & 2 \end{vmatrix}$$

$$=\frac{1}{2^k}\begin{vmatrix} 2 & 1 & 0 & \cdots & 0 & 0 \\ 0 & \frac{3}{2} & 1 & \cdots & 0 & 0 \\ 0 & 0 & \frac{4}{3} & \cdots & 0 & 0 \\ \vdots & \vdots & \vdots & & \vdots & \vdots \\ 0 & 0 & 0 & \cdots & \frac{k}{k-1} & 1 \\ 0 & 0 & 0 & \cdots & 0 & \frac{k+1}{k} \end{vmatrix}=\frac{k+1}{2^k}>0,k=1,2,\cdots,n,$$

所以 $\boldsymbol{A}$ 正定,从而二次型正定.

99 设 $\boldsymbol{A}$ 是 n 阶实对称矩阵,若 $\boldsymbol{A}-\boldsymbol{E}$ 是正定矩阵.证明:

(1) $\boldsymbol{A}$ 是正定矩阵;

(2) $\boldsymbol{E}-\boldsymbol{A}^{-1}$ 是正定矩阵.

知识点睛 0608 正定矩阵的判定

证法 1 (1) 设 $\lambda_1,\lambda_2,\cdots,\lambda_n$ 是 $\boldsymbol{A}$ 的特征值,则 $\boldsymbol{A}-\boldsymbol{E}$ 的特征值为 $\lambda_1-1,\lambda_2-1,\cdots,\lambda_n-1$.由于$\boldsymbol{A}-\boldsymbol{E}$是正定矩阵,故 $\lambda_i-1>0$,即 $\lambda_i>1(i=1,2,\cdots,n)$.因此 $\boldsymbol{A}$ 是正定矩阵.

(2) 因为

$$(\boldsymbol{E}-\boldsymbol{A}^{-1})^{\mathrm{T}}=\boldsymbol{E}-(\boldsymbol{A}^{-1})^{\mathrm{T}}=\boldsymbol{E}-\boldsymbol{A}^{-1},$$

所以 $\boldsymbol{E}-\boldsymbol{A}^{-1}$ 是实对称矩阵,又 $\boldsymbol{E}-\boldsymbol{A}^{-1}$ 的特征值为

$$1-\frac{1}{\lambda_1},1-\frac{1}{\lambda_2},\cdots,1-\frac{1}{\lambda_n},$$

且 $\lambda_i>1(i=1,2,\cdots,n)$,故 $\boldsymbol{E}-\boldsymbol{A}^{-1}$ 的特征值全大于零,因此 $\boldsymbol{E}-\boldsymbol{A}^{-1}$ 是正定矩阵.

证法 2 (1) 因为 $\boldsymbol{A}-\boldsymbol{E},\boldsymbol{E}$ 都是正定矩阵,所以对于任意 n 维非零实向量 $\boldsymbol{x}$,都有

$$\boldsymbol{x}^{\mathrm{T}}(\boldsymbol{A}-\boldsymbol{E})\boldsymbol{x}>0,\quad \boldsymbol{x}^{\mathrm{T}}\boldsymbol{E}\boldsymbol{x}=\boldsymbol{x}^{\mathrm{T}}\boldsymbol{x}>0.$$

于是

$$\boldsymbol{x}^{\mathrm{T}}\boldsymbol{A}\boldsymbol{x}=\boldsymbol{x}^{\mathrm{T}}(\boldsymbol{A}-\boldsymbol{E})\boldsymbol{x}+\boldsymbol{x}^{\mathrm{T}}\boldsymbol{E}\boldsymbol{x}>0,$$

因此 $\boldsymbol{A}$ 是正定矩阵.

(2) 因为$(\boldsymbol{E}-\boldsymbol{A}^{-1})^{\mathrm{T}}=\boldsymbol{E}-\boldsymbol{A}^{-1}$,所以 $\boldsymbol{E}-\boldsymbol{A}^{-1}$是实对称矩阵.设 λ 是 $\boldsymbol{E}-\boldsymbol{A}^{-1}$的任一特征值,$\boldsymbol{\xi}$ 为对应于 λ 的特征向量.因为 $\boldsymbol{A}$ 和 $\boldsymbol{A}-\boldsymbol{E}$ 都为正定矩阵,又 $\boldsymbol{\xi}\neq\boldsymbol{0}$,所以

$$\boldsymbol{\xi}^{\mathrm{T}}\boldsymbol{A}\boldsymbol{\xi}>0,\quad \boldsymbol{\xi}^{\mathrm{T}}(\boldsymbol{A}-\boldsymbol{E})\boldsymbol{\xi}>0.$$

由于

$$0<\boldsymbol{\xi}^{\mathrm{T}}(\boldsymbol{A}-\boldsymbol{E})\boldsymbol{\xi}=\boldsymbol{\xi}^{\mathrm{T}}\boldsymbol{A}(\boldsymbol{E}-\boldsymbol{A}^{-1})\boldsymbol{\xi}=\lambda\boldsymbol{\xi}^{\mathrm{T}}\boldsymbol{A}\boldsymbol{\xi},$$

故 $\lambda>0$,即 $\boldsymbol{E}-\boldsymbol{A}^{-1}$的特征值均大于零,因此 $\boldsymbol{E}-\boldsymbol{A}^{-1}$是正定矩阵.

100 设 $\boldsymbol{A},\boldsymbol{B}$ 分别为 m,n 阶正定矩阵,试判定分块矩阵 $\boldsymbol{C}=\begin{pmatrix}\boldsymbol{A} & \boldsymbol{O}\\ \boldsymbol{O} & \boldsymbol{B}\end{pmatrix}$ 是否为正定矩阵. K 1992 数学三,6 分

知识点睛 0608 正定矩阵的判定

解法1 设 $\boldsymbol{x},\boldsymbol{y}$ 分别为 m 维和 n 维列向量，$\boldsymbol{z}=\begin{pmatrix}\boldsymbol{x}\\ \boldsymbol{y}\end{pmatrix}$，于是 $\boldsymbol{z}$ 是 $m+n$ 维列向量. 任取 $\boldsymbol{z}\neq\boldsymbol{0}$，则 $\boldsymbol{x}$ 与 $\boldsymbol{y}$ 不能同时为零向量，不妨设 $\boldsymbol{x}\neq\boldsymbol{0}$，由于 $\boldsymbol{A},\boldsymbol{B}$ 都是正定矩阵，有

$$\boldsymbol{x}^{\mathrm{T}}\boldsymbol{A}\boldsymbol{x}>0,\quad \boldsymbol{y}^{\mathrm{T}}\boldsymbol{B}\boldsymbol{y}\geqslant 0.$$

于是

$$\boldsymbol{z}^{\mathrm{T}}\boldsymbol{C}\boldsymbol{z}=(\boldsymbol{x}^{\mathrm{T}},\boldsymbol{y}^{\mathrm{T}})\begin{pmatrix}\boldsymbol{A}&\boldsymbol{O}\\ \boldsymbol{O}&\boldsymbol{B}\end{pmatrix}\begin{pmatrix}\boldsymbol{x}\\ \boldsymbol{y}\end{pmatrix}=\boldsymbol{x}^{\mathrm{T}}\boldsymbol{A}\boldsymbol{x}+\boldsymbol{y}^{\mathrm{T}}\boldsymbol{B}\boldsymbol{y}>0,$$

又 $\boldsymbol{C}^{\mathrm{T}}=\boldsymbol{C}$，因此 $\boldsymbol{C}$ 是正定矩阵.

解法2 由于 $\boldsymbol{A},\boldsymbol{B}$ 分别为 m,n 阶正定矩阵，故有 m 阶正交矩阵 $\boldsymbol{P}$ 和 n 阶正交矩阵 $\boldsymbol{Q}$，使

$$\boldsymbol{P}^{\mathrm{T}}\boldsymbol{A}\boldsymbol{P}=\begin{pmatrix}\lambda_1&&&\\&\lambda_2&&\\&&\ddots&\\&&&\lambda_m\end{pmatrix},\quad \boldsymbol{Q}^{\mathrm{T}}\boldsymbol{A}\boldsymbol{Q}=\begin{pmatrix}\mu_1&&&\\&\mu_2&&\\&&\ddots&\\&&&\mu_n\end{pmatrix},$$

其中 $\lambda_1,\lambda_2,\cdots,\lambda_m$ 和 $\mu_1,\mu_2,\cdots,\mu_n$ 分别为 $\boldsymbol{A}$ 和 $\boldsymbol{B}$ 的特征值，因此都为正数. 于是

$$\begin{pmatrix}\boldsymbol{P}&\boldsymbol{O}\\ \boldsymbol{O}&\boldsymbol{Q}\end{pmatrix}^{\mathrm{T}}\begin{pmatrix}\boldsymbol{A}&\boldsymbol{O}\\ \boldsymbol{O}&\boldsymbol{B}\end{pmatrix}\begin{pmatrix}\boldsymbol{P}&\boldsymbol{O}\\ \boldsymbol{O}&\boldsymbol{Q}\end{pmatrix}=\begin{pmatrix}\boldsymbol{P}^{\mathrm{T}}\boldsymbol{A}\boldsymbol{P}&\boldsymbol{O}\\ \boldsymbol{O}&\boldsymbol{Q}^{\mathrm{T}}\boldsymbol{B}\boldsymbol{Q}\end{pmatrix}=\begin{pmatrix}\lambda_1&&&&&\\&\ddots&&&&\\&&\lambda_m&&&\\&&&\mu_1&&\\&&&&\ddots&\\&&&&&\mu_n\end{pmatrix},$$

其中 $\begin{pmatrix}\boldsymbol{P}&\boldsymbol{O}\\ \boldsymbol{O}&\boldsymbol{Q}\end{pmatrix}$ 为正交矩阵，从而 $\begin{pmatrix}\boldsymbol{A}&\boldsymbol{O}\\ \boldsymbol{O}&\boldsymbol{B}\end{pmatrix}$ 的特征值为 $\lambda_1,\cdots,\lambda_m,\mu_1,\cdots,\mu_n$，全大于零，所以 $\begin{pmatrix}\boldsymbol{A}&\boldsymbol{O}\\ \boldsymbol{O}&\boldsymbol{B}\end{pmatrix}$ 正定.

101 设 $\boldsymbol{A}$ 是一个 n 阶矩阵. 证明：

(1) $\boldsymbol{A}$ 是反对称矩阵当且仅当对任意 n 维向量 $\boldsymbol{x}$，都有 $\boldsymbol{x}^{\mathrm{T}}\boldsymbol{A}\boldsymbol{x}=0$；

(2) 若 $\boldsymbol{A}$ 为对称矩阵，且对任意 n 维向量 $\boldsymbol{x}$ 都有 $\boldsymbol{x}^{\mathrm{T}}\boldsymbol{A}\boldsymbol{x}=0$，则 $\boldsymbol{A}=\boldsymbol{0}$；

(3) 若 $\boldsymbol{A}$、$\boldsymbol{B}$ 都是对称矩阵，且对任意 n 维向量 $\boldsymbol{x}$ 都有 $\boldsymbol{x}^{\mathrm{T}}\boldsymbol{A}\boldsymbol{x}=\boldsymbol{x}^{\mathrm{T}}\boldsymbol{B}\boldsymbol{x}$，则 $\boldsymbol{A}=\boldsymbol{B}$.

知识点睛 0601 二次型的概念

证 (1) 设 $\boldsymbol{A}$ 为反对称矩阵，即 $\boldsymbol{A}^{\mathrm{T}}=-\boldsymbol{A}$，则由于 $(\boldsymbol{x}^{\mathrm{T}}\boldsymbol{A}\boldsymbol{x})^{\mathrm{T}}=\boldsymbol{x}^{\mathrm{T}}\boldsymbol{A}\boldsymbol{x}$，故

$$\boldsymbol{x}^{\mathrm{T}}\boldsymbol{A}\boldsymbol{x}=\boldsymbol{x}^{\mathrm{T}}(-\boldsymbol{A}^{\mathrm{T}})\boldsymbol{x}=-(\boldsymbol{x}^{\mathrm{T}}\boldsymbol{A}\boldsymbol{x})^{\mathrm{T}}=-\boldsymbol{x}^{\mathrm{T}}\boldsymbol{A}\boldsymbol{x},$$

从而 $\boldsymbol{x}^{\mathrm{T}}\boldsymbol{A}\boldsymbol{x}=0$.

反之，若对任意 $\boldsymbol{x}$ 都有 $\boldsymbol{x}^{\mathrm{T}}\boldsymbol{A}\boldsymbol{x}=0$，令 $\boldsymbol{A}=(a_{ij})$，并取

$$\boldsymbol{x}^{\mathrm{T}}=\boldsymbol{\varepsilon}_i^{\mathrm{T}}=(0\cdots,\underset{(i)}{1},\cdots,0),$$

则由题设知

$$\boldsymbol{\varepsilon}_i^{\mathrm{T}}\boldsymbol{A}\boldsymbol{\varepsilon}_i=a_{ii}=0. \qquad ①$$

若取 $\boldsymbol{x}^{\mathrm{T}}=\boldsymbol{\varepsilon}_i^{\mathrm{T}}+\boldsymbol{\varepsilon}_j^{\mathrm{T}}$，则

$$x^{\mathrm{T}}Ax = a_{ii} + a_{ij} + a_{ji} + a_{jj} = 0,$$

从而 $a_{ij} + a_{ji} = 0$. 于是

$$a_{ij} = -a_{ji}. \qquad ②$$

因此由①,②知,$\boldsymbol{A}$ 为反对称矩阵.

(2) 因对任意 n 维向量 $\boldsymbol{x}$ 都有 $\boldsymbol{x}^{\mathrm{T}}\boldsymbol{A}\boldsymbol{x}=0$,故由(1)知,$\boldsymbol{A}$ 是反对称矩阵,即 $\boldsymbol{A}=-\boldsymbol{A}^{\mathrm{T}}$. 又因题设 $\boldsymbol{A}$ 是对称矩阵,即 $\boldsymbol{A}^{\mathrm{T}}=\boldsymbol{A}$,于是 $\boldsymbol{A}=-\boldsymbol{A}$,故必有 $\boldsymbol{A}=\boldsymbol{0}$.

(3) 因对任意 n 维向量 $\boldsymbol{x}$ 都有 $\boldsymbol{x}^{\mathrm{T}}\boldsymbol{A}\boldsymbol{x}=\boldsymbol{x}^{\mathrm{T}}\boldsymbol{B}\boldsymbol{x}$,即 $\boldsymbol{x}^{\mathrm{T}}(\boldsymbol{A}-\boldsymbol{B})\boldsymbol{x}=0$,显然 $\boldsymbol{A}-\boldsymbol{B}$ 是对称矩阵,故由(2) 知 $\boldsymbol{A}-\boldsymbol{B}=\boldsymbol{0}$,即 $\boldsymbol{A}=\boldsymbol{B}$.

102 证明:

$$f(x_1,x_2,\cdots,x_n)=\begin{vmatrix} 0 & x_1 & x_2 & \cdots & x_n \\ -x_1 & a_{11} & a_{12} & \cdots & a_{1n} \\ -x_2 & a_{21} & a_{22} & \cdots & a_{2n} \\ \vdots & \vdots & \vdots & & \vdots \\ -x_n & a_{n1} & a_{n2} & \cdots & a_{nn} \end{vmatrix}$$

是一个二次型,并求其矩阵.

知识点睛 0601 二次型的矩阵表示

证 对所给行列式按第 1 列展开,得

$$x_1\begin{vmatrix} x_1 & \cdots & x_n \\ a_{21} & \cdots & a_{2n} \\ \vdots & & \vdots \\ a_{n1} & \cdots & a_{nn} \end{vmatrix} - x_2\begin{vmatrix} x_1 & \cdots & x_n \\ a_{11} & \cdots & a_{1n} \\ a_{31} & \cdots & a_{3n} \\ \vdots & & \vdots \\ a_{n1} & \cdots & a_{nn} \end{vmatrix} - \cdots - (-1)^{n+1}x_n\begin{vmatrix} x_1 & \cdots & x_n \\ a_{11} & \cdots & a_{1n} \\ \vdots & & \vdots \\ a_{n-1,1} & \cdots & a_{n-1,n} \end{vmatrix}$$

$$= x_1\begin{vmatrix} x_1 & \cdots & x_n \\ a_{21} & \cdots & a_{2n} \\ \vdots & & \vdots \\ a_{n1} & \cdots & a_{nn} \end{vmatrix} + x_2\begin{vmatrix} a_{11} & \cdots & a_{1n} \\ x_1 & \cdots & x_n \\ a_{31} & \cdots & a_{3n} \\ \vdots & & \vdots \\ a_{n1} & \cdots & a_{nn} \end{vmatrix} + \cdots + x_n\begin{vmatrix} a_{11} & \cdots & a_{1n} \\ \vdots & & \vdots \\ a_{n-1,1} & \cdots & a_{n-1,n} \\ x_1 & \cdots & x_n \end{vmatrix},$$

对这 n 个 n 阶行列式都按 $x_1,\cdots,x_n$ 所在的行展开,得

$$\begin{aligned} f &= x_1(x_1A_{11}+\cdots+x_nA_{1n}) + x_2(x_1A_{21}+\cdots+x_nA_{2n}) + \cdots + x_n(x_1A_{n1}+\cdots+x_nA_{nn}) \\ &= \sum_{i=1}^{n}\sum_{j=1}^{n} A_{ij}x_ix_j, \end{aligned}$$

其中 A_{ij} 为 n 阶行列式 $|a_{ij}|$ 中 a_{ij} 的代数余子式. 故 f 为关于 $x_1,x_2,\cdots,x_n$ 的一个二次型,且其矩阵为第 i 行第 j 列元素为 $\frac{1}{2}(A_{ij}+A_{ji})$ 的 n 阶矩阵.

103 已知 3 阶矩阵

$$A=\begin{pmatrix}1&-2&-4\\-2&4&-2\\-4&-2&1\end{pmatrix}$$

与正交矩阵

$$T=\begin{pmatrix}\frac{\sqrt{5}}{5}&\frac{4}{15}\sqrt{5}&\frac{2}{3}\\-\frac{2\sqrt{5}}{5}&\frac{2}{15}\sqrt{5}&\frac{1}{3}\\0&\frac{1}{3}\sqrt{5}&\frac{2}{3}\end{pmatrix}$$

满足关系式

$$T^{-1}AT=\begin{pmatrix}5&&\\&5&\\&&-4\end{pmatrix},$$

试求一个 3 维向量 $\boldsymbol{\alpha}=(a_1,a_2,a_3)^{\mathrm{T}}$,使 $\boldsymbol{\alpha}^{\mathrm{T}}A\boldsymbol{\alpha}=0$.

知识点睛 0601 二次型的概念

解 因为 A 为实对称矩阵,考虑二次型 $f=\boldsymbol{x}^{\mathrm{T}}A\boldsymbol{x}$,其中 $\boldsymbol{x}=(x_1,x_2,x_3)^{\mathrm{T}}$,由题设 f 经 $\boldsymbol{x}=T\boldsymbol{y}$ 后化为 $f=5y_1^2+5y_2^2-4y_3^2$,可见,当 $y_1=\frac{1}{\sqrt{5}},y_2=0,y_3=\frac{1}{2}$时,有 $f=0$.

所以取

$$\boldsymbol{\alpha}=T\begin{pmatrix}\frac{1}{\sqrt{5}}\\0\\\frac{1}{2}\end{pmatrix}=\begin{pmatrix}\frac{\sqrt{5}}{5}&\frac{4}{15}\sqrt{5}&\frac{2}{3}\\-\frac{2\sqrt{5}}{5}&\frac{2}{15}\sqrt{5}&\frac{1}{3}\\0&\frac{1}{3}\sqrt{5}&\frac{2}{3}\end{pmatrix}\begin{pmatrix}\frac{1}{\sqrt{5}}\\0\\\frac{1}{2}\end{pmatrix}=\begin{pmatrix}\frac{8}{15}\\-\frac{7}{30}\\\frac{1}{3}\end{pmatrix}$$

时,就有 $f(a_1,a_2,a_3)=0$,亦即有 $\boldsymbol{\alpha}^{\mathrm{T}}A\boldsymbol{\alpha}=0$.